WELTWISSEN

300 Jahre Wissenschaften
in Berlin

Eine Ausstellung im Martin-Gropius-Bau Berlin
24. September 2010 – 9. Januar 2011

WELTWISSEN

300 JAHRE
WISSENSCHAFTEN
IN BERLIN

Herausgegeben von

Jochen Hennig

und

Udo Andraschke

HIRMER VERLAG MÜNCHEN

INHALT

VORWORT DER VERANSTALTER

Jeder, der mit der Berliner Wissenschaftslandschaft vertraut ist, weiß, wie eng die Netzwerke der Kooperation geknüpft sind – Netzwerke, welche die Vergangenheit dieser einzigartigen Wissenschaftslandschaft ebenso beeinflussten wie ihre Gegenwart: Gottfried Wilhelm Leibniz (1646–1716) gründete und prägte nicht nur die einst Preußische Akademie der Wissenschaften, in deren Tradition die heutige Berlin-Brandenburgische Akademie der Wissenschaften steht, sondern auch die im Berliner Stadtschloss befindliche königliche Kunstkammer, die wiederum zum Ursprung der Staatlichen Museen zu Berlin – Stiftung Preußischer Kulturbesitz und der Sammlungen der Humboldt-Universität zu Berlin wurde. An der neu gegründeten Berliner Universität hielt Alexander von Humboldt (1769–1859) einige seiner berühmten »Kosmos«-Vorlesungen (die bis auf den heutigen Tag bestbesuchte Lehrveranstaltung), hatte er doch als Akademiemitglied das Recht, öffentliche Vorlesungen an der Universität zu halten, das er auch nutzte, ebenso wie beispielsweise Albert Einstein (1879–1955) nach ihm.

Immer wieder, so scheint es, gab es Zeiten, in denen das Netz der wissenschaftlichen und institutionellen Kooperationen dichter wurde: Das Kaiserreich war eine solche Epoche, im Verlauf derer, im Jahr 1911, die Kaiser-Wilhelm-Gesellschaft gegründet wurde, Reichsanstalten aus der Taufe gehoben und auch an den bereits bestehenden, klassischen Einrichtungen neue Institute initiiert wurden. Und wir alle hoffen natürlich, dass auch die unmittelbare Gegenwart und Zukunft eine solche Zeit ist, in der die Netze wissenschaftlicher Kooperation noch enger geknüpft werden.

Das Jubiläum, das fünf der ältesten und zugleich international bekanntesten Wissenschaftseinrichtungen in diesem Jahr unter dem Motto »Berlin – Hauptstadt für die Wissenschaft« gemeinsam feiern, ist ein guter Anlass, nicht nur über den Wert intensiver Zusammenarbeit nachzudenken, sondern zugleich auch Ansporn und Auftrag, in verstärktem Maße neue Anstrengungen und Bemühungen zu unternehmen, um die vorhandenen Netzwerke und Kooperationsbeziehungen zu stärken und neue zu schaffen. Kooperationen, das gemeinschaftliche Nutzen institutioneller Verschiedenheiten und Besonderheiten, sind nicht nur eine große Chance für alle Beteiligten, sondern angesichts der Komplexität der Wissenschaften geradezu eine Notwendigkeit, wenn es darum geht, neue Wissensgebiete zu erarbeiten und zu durchdringen.

In solch einem Jahr, wie es das Jubiläumsjahr der Berliner Wissenschaft ist, kann und darf jedoch nicht vergessen werden, dass es in der deutschen (Wissenschafts-)Geschichte Zeiten gab, in denen Kooperationen, Netzwerke und Freundschaften zwischen Wissenschaftlern mutwillig und brutal zerschlagen wurden, in denen Antisemitismus, amoralische Hybris, Intellektuellenfeindlichkeit und Hass auf Andersdenkende regierten und nicht nur für die Verfolgung und Vertreibung, sondern vor allem auch für die Ermordung unzähliger Mitbürger und Wissenschaftler verantwortlich waren. Nach dem Zweiten Weltkrieg war Europa im Zuge des Kalten Krieges gespalten, und Berlin war durch die Mauer in einen östlichen und einen westlichen Teil getrennt. Doch auch im Rahmen eines solchen Jubiläumsjahres ist es wichtig, daran zu erinnern, dass es auch in den Jahrzehnten der schmerzlichen deutschen Teilung zaghafte Ansätze zu einer wissenschaftlichen Netzwerkbildung und Kommunikation über die Mauer hinweg gab.

Als die Verantwortlichen der Staatbibliothek zu Berlin, der Berlin-Brandenburgischen Akademie der Wissenschaften, der Charité – Universitätsmedizin Berlin, der Humboldt-Universität zu Berlin und der Max-Planck-Gesellschaft daran gingen, Programme für ihre jeweils anstehenden Feierlichkeiten zu entwerfen, stellte sich rasch heraus, dass eine Koordination zwischen den Jubilaren, aber vor allem die Ansprache aller in Berlin ansässigen wissenschaftlichen Institutionen sich geradezu ideal dazu eignete, ein gemeinsames Jubiläumsjahr der Berliner Wissenschaft zu gestalten. Daher war es für uns ein besonderes Erlebnis, dass alle wissenschaftlichen Institutionen unmittelbar dazu bereit waren, sich diese Idee zu eigen zu machen und damit an diesem großen Jubiläum mitzuwirken. Zu eng waren die Verbindungen durch die gemeinsame Geschichte, zu eng sind die gegenwärtigen und geplanten Kooperationen, um diesen Rahmen nicht gemeinsam zu gestalten – kaum eine wissenschaftliche Leistung, die in Berlin vollbracht wurde, wäre ohne die einzigartigen wissenschaftlichen und institutionellen Netzwerke dieser Stadt möglich gewesen.

Allein die allgemeine Bereitschaft, sich am Jubiläumsjahr 2010 der Berliner Wissenschaft zu beteiligen, dokumentiert die Vitalität und Dynamik der gegenwärtig bestehenden Netzwerke. Schnell wurde in der Vorbereitung deutlich, dass man diese eigentlich nicht beschreiben, in Festreden verherrlichen und in bunten Broschüren illustrieren, sondern dass man sie vielmehr anschaulich und wirkungsvoll zur Darstellung bringen sollte. Aus diesem Grunde sollte eine gemeinsame Ausstellung ins Werk gesetzt werden, die jedoch keine Messe oder Leistungsschau der Berliner Wissenschaft, sondern eine nachdenkliche, anregende, auf Reflexion setzende Wissenschaftsausstellung sein sollte.

Unser Dank gilt dem Team unter Leitung von Jochen Hennig für die Konzeption dieser Ausstellung, aber nicht weniger gilt es, allen weiteren Beteiligten Dank zu sagen, die dieses Vorhaben mit Vorschlägen und Kritik bereichert und somit zu dem Ergebnis geführt haben, welches nunmehr in dieser zentralen Ausstellung verwirklicht wurde. Hier richtet sich unser besonderer Dank an die Kollegen Horst Bredekamp,

Jürgen Renn und Thomas Schnalke. Der Regierende Bürgermeister von Berlin, Klaus Wowereit, und der Senator für Bildung, Wissenschaft und Forschung, Jürgen Zöllner, haben sich nicht nur die Idee eines Jubiläumsjahres der Berliner Wissenschaft engagiert zu eigen gemacht, sondern dankenswerterweise auch alles in ihren Möglichkeiten stehende dafür getan, dessen notwendige finanzielle Grundausstattung zu sichern.

Mit der Ausstellung »WeltWissen. 300 Jahre Wissenschaften in Berlin«, die den Höhepunkt des Wissenschaftsjahres bildet, wollen wir keine rein historische Ausstellung der Berliner Wissenschaftsgeschichte und auch keine rein theoretische Schau wissenschaftlicher Methoden präsentieren, sondern wir wollen vielmehr demonstrieren, was die Berliner Wissenschaftslandschaft in Vergangenheit und Gegenwart charakterisiert. Wir wollen zeigen, welche Forschungsgebiete erschlossen, welche Forschungsstränge durch die Barbarei des »Dritten Reichs« jäh durchtrennt wurden und welche dieser großen Forschungsideen heute noch tragfähig und bedeutsam sind. Wenn man der Ausstellung »WeltWissen« den Enthusiasmus aller Beteiligten anmerkt, wenn wir zeigen können, dass Berliner Wissenschaft neben allen unleugbaren Problemen vor allem auch begeistern kann, dann wäre erreicht, was wir intendiert haben und was Wissenschaft heute am nötigsten braucht, nämlich die Unterstützung einer engagierten Bürgerschaft.

Prof. Dr. Dr. h.c. Christoph Markschies, Präsident der Humboldt-Universität zu Berlin

Univ. Prof. Dr. Karl Max Einhäupl, Vorstandsvorsitzender der Charité – Universitätsmedizin Berlin

Prof. Dr. Dr. h.c. Günter Stock, Präsident der Berlin-Brandenburgischen Akademie der Wissenschaften

Prof. Dr. Peter Gruss, Präsident der Max-Planck-Gesellschaft

GRUSSWORTE

Wissenschaften in Berlin: Das ist eine einzigartige Verbindung aus Tradition, Vielfalt und Innovationskraft. Für die Tradition stehen fünf weltberühmte Wissenschaftseinrichtungen, die im Rahmen des Wissenschaftsjahres Berlin 2010 auf eindrucksvolle Jubiläen zurückschauen: 350 Jahre Staatsbibliothek, 300 Jahre Charité – Universitätsmedizin, 300 Jahre Berlin-Brandenburgische Akademie der Wissenschaften, 200 Jahre Humboldt-Universität und 100 Jahre Max-Planck-Gesellschaft. Die Einrichtungen repräsentieren die Freiheit des Geistes, Weltoffenheit und Dialog sowie den Anspruch der Wissenschaften, die Welt nicht nur besser zu verstehen, sondern auch die Lebenssituation der Menschen zu verbessern. Idealismus, Forscherdrang und eine tiefe Humanität gehören zu den Grundlagen, die Berlin vor allem seit dem 19. Jahrhundert zu dem weltweit führenden Wissenschaftsstandort gemacht haben, dem bahnbrechende Entdeckungen auf dem Gebiet der Medizin und der Naturwissenschaften zu verdanken sind. Hinzu kamen: eine hoch effiziente Wissenschaftsorganisation und der unbedingte Wille, stets die besten Köpfe für Berlin zu gewinnen.

Höhepunkt des Wissenschaftsjahres Berlin 2010 ist die Ausstellung »WeltWissen. 300 Jahre Wissenschaften in Berlin« im Martin-Gropius-Bau. Hier ist die große Tradition Berlins als einst weltweit führender Wissenschaftsstandort zu besichtigen, aber auch die Zäsuren und dunklen Kapitel zeigt die Ausstellung. So den Zivilisationsbruch ab 1933, als die Nationalsozialisten jüdische Forscherinnen und Forscher vertrieben oder ermordet, politisch Andersdenkende verfolgt, die Wissenschaften gleichgeschaltet und missbraucht haben. Nach 1945 zerriss die deutsche Teilung die Stadt und mit ihr auch die Berliner Forschungslandschaft. Unter der Diktatur der DDR waren auch Forschung und Wissenschaft nicht frei.

Heute, zwanzig Jahre nach der Friedlichen Revolution und der Wiedervereinigung, feiert Berlin nicht nur Jubiläum. Vom Wissenschaftsjahr 2010 geht auch das Signal aus: Berlin ist zurück als international angesehener Wissenschaftsstandort. Davon zeugt das wachsende Ansehen, das Berliner Forscherpersönlichkeiten und Forschungseinrichtungen weithin genießen. Berlin gehört zu den größten, vielfältigsten und innovativsten Wissenschaftsregionen in Europa. Hochschulen, Forschungseinrichtungen und Wirtschaftsunternehmen sind eng miteinander und mit Partnereinrichtungen auf der ganzen Welt vernetzt. Die Ausstellung »WeltWissen. 300 Jahre Wissenschaften in Berlin« spannt den Bogen von der großen Tradition zur nicht minder spannenden Gegenwart einer dynamischen Wissenschaftsmetropole.

Allen Besucherinnen und Besuchern wünsche ich anregende Stunden auf den Spuren von Nobelpreisträgern und großen Entdeckungen.

Klaus Wowereit

Grußwort des Senators für Bildung, Wissenschaft und Forschung

2010 präsentiert sich Berlin unter dem Motto »Berlin – Hauptstadt für die Wissenschaft«. Die runden Jubiläen von fünf der ältesten und zugleich international bekanntesten Wissenschaftseinrichtungen sind Anlass, ein gemeinsames Jahr der Wissenschaft zu feiern. Die Hauptstadt ist bekannt als Stadt der Politik, der Museen und der Kreativen. Doch welche Rolle spielt die Wissenschaft für die Zukunft Berlins? Auf zahlreichen Veranstaltungen können die Besucher dieses Jahr einen faszinierenden Einblick in die Welt der Wissenschaft bekommen und die Antwort auf diese Frage hautnah erfahren: Wissenschaft ist Berlins Zukunft. Ich freue mich, dass die Berlinerinnen und Berliner intensiv die Gelegenheit nutzen, sich mit der Wissenschaft in ihrer Stadt zu befassen, und wünsche mir, dass der Dialog zwischen Wissenschaft und Gesellschaft weiter vertieft wird. Eine einmalige Plattform für diesen intensiven Dialog bietet die Jubiläumsausstellung »WeltWissen. 300 Jahre Wissenschaften in Berlin«. Die Ausstellung, die dieser Katalog dokumentiert, ist der Höhepunkt des Berliner Wissenschaftsjahres. Durch die hier präsentierten Geschichten bzw. Biografien von Objekten, Forschenden und Institutionen wird eine anschauliche Auseinandersetzung mit der wechselhaften Geschichte unserer Wissenschaftsmetropole ermöglicht.

In diesem Jubeljahr soll nicht nur an die großen Traditionen der Wissenschaft in Berlin erinnert, sondern vor allem der Blick auf die Zukunft der exzellenten Hochschulen und Forschungseinrichtungen der Hauptstadt gelenkt werden. Der Berliner Wissenschaftsstandort sucht in Deutschland seinesgleichen. Vier Universitäten, die Charité – Universitätsmedizin Berlin, vier staatliche und zwei konfessionelle Fachhochschulen, drei Kunsthochschulen, 24 private Hochschulen sowie über 60 Forschungsstätten haben hier ihren Sitz. Auch die großen nationalen Forschungsorganisationen, Max-Planck-Gesellschaft, Helmholtz-Gemeinschaft, Fraunhofer-Gesellschaft und Leibniz-Gemeinschaft sind mit mehreren Instituten vertreten. Hier wird eine große wissenschaftliche Tradition mit exzellenter Wissenschaft für die Zukunft der Stadt verbunden. Für neue Impulse zur Verbindung von Wissenschaft und Forschung sorgt die Einstein-Stiftung Berlin. Denn in Berlin werden weder Anstrengungen gescheut, noch fehlt es an Kreativität, um die Stadt national und international als konkurrenzfähigen Standort für Wissenschaft und Forschung auszubauen – damit Berlin auch über das Jahr 2010 hinaus die Hauptstadt der Wissenschaft bleibt.

Mein Dank gilt der Stiftung Deutsche Klassenlotterie Berlin für die großzügige Unterstützung der Ausstellung. Danken möchte ich auch ihren Organisatorinnen und Organisatoren sowie den Einrichtungen und Persönlichkeiten, die durch ihr Engagement einen gemeinsamen Auftritt Berlins als Hauptstadt der Wissenschaft ermöglicht haben.

Prof. Dr. E. Jürgen Zöllner

Grußwort des Präsidenten der Alexander von Humboldt-Stiftung

Alexander von Humboldt und Berlin – eine Symbiose der besonderen Art! Zwar hat es Humboldt von Kindheit an in die Ferne gezogen, doch Berlin blieb – neben Paris – der Fixpunkt seines Wirkens: Von hier brach er auf, einem unermüdlichen universellen Wissensdrang folgend, um die Grenzen der damals bekannten Welt zu erfahren und sie zu überschreiten; hierher kehrte er zurück, um sein wissenschaftliches Lebenswerk – den das damalige Weltwissen aufzeichnenden »Kosmos« – abzuschließen, aber auch, um sein weitverzweigtes Netzwerk zum Wohle der Wissenschaften einzusetzen: Mehr als 50 000 Briefe schrieb er, und knapp 100 000 Briefe aus aller Welt erreichten ihn. Humboldt wurde zu einem wichtigen Wissenschaftsorganisator, und er war stets ein großer Förderer junger Wissenschaftstalente. Es war abermals in Berlin, wo Freunde und Bewunderer aus Paris, London und St. Petersburg ein Jahr nach seinem Tod, 1860, die erste nach Alexander von Humboldt benannte Stiftung gründeten.

Die heutige, 1953 errichtete Alexander von Humboldt-Stiftung sieht sich dem Erbe ihres Namensgebers verpflichtet und setzt die von ihm begründete Tradition der Förderung des wissenschaftlichen Nachwuchses fort. Jährlich ermöglicht sie über 2000 Wissenschaftlern aller Disziplinen einen Aufenthalt in Deutschland und pflegt die sich aus den internationalen Forschungskooperationen ergebenden Kontakte in einem weltumspannenden Netzwerk, das inzwischen mehr als 24 000 Forscher in über 130 Ländern mit Deutschland verbindet. Wissenschaft ist zu einer Diplomatie des Vertrauens geworden. Berlin und die Berliner Wissenschaften haben dabei stets eine besondere Stellung eingenommen: Mit ihrer beeindruckenden Wissenschaftslandschaft zählt die Stadt zu den attraktivsten Zielen für internationale Spitzenwissenschaftler, jährlich fördert die Stiftung hier etwa 300 Talente aus aller Welt. Sie alle gehören zu dem weltweiten Netzwerk, das schon Alexander von Humboldt vorschwebte und das die Stiftung auch heute mit der Wissenschaftsstadt Berlin verbindet. Humboldt hätte vermutlich seine Freude daran.

Prof. Dr. Drs. h. c. Helmut Schwarz

**Grußwort des Präsidenten der Helmholtz-Gemeinschaft
Deutscher Forschungszentren**

Erst im Jahr 2001 haben sich die außeruniversitären Großforschungszentren zur größten Forschungsorganisation Deutschlands, der Helmholtz-Gemeinschaft, zusammengeschlossen. Dennoch ist die Helmholtz-Gemeinschaft tief in der Berliner Wissenschaftslandschaft verwurzelt. Unser Namensgeber Hermann von Helmholtz brachte die Berliner Forschungslandschaft im ausgehenden 19. Jahrhundert zu einer europaweit einzigartigen Blüte. Helmholtz hatte sein Studium an der berühmten Friedrich-Wilhelms-Universität zu Berlin absolviert. Hier traf er auf brillante wissenschaftliche Köpfe und Förderer wie Alexander von Humboldt. Mit der Gründung der Physikalisch-Technischen Reichsanstalt 1887 baute Helmholtz die erste deutsche Großforschungseinrichtung auf, die modernste Ausrüstung für Forschung und Technologieentwicklung zur Verfügung stellte. Hier hat Wilhelm Wien die Strahlungsmessungen durchgeführt, die einen »Umsturz« im Weltbild der Physik auslösten und zur Quantenmechanik führten. Gleichzeitig profitierten die Industrie und damit auch die Wirtschaft des Landes von den dort entwickelten Präzisionstechnologien.

Die Forschungszentren der Helmholtz-Gemeinschaft orientieren sich auch heute an dieser Aufgabenstellung: Wir bauen modernste Infrastrukturen auf, um den großen Herausforderungen mit Spitzenforschung zu begegnen. Drei der insgesamt 16 Forschungszentren der Helmholtz-Gemeinschaft sind in Berlin und Potsdam positioniert: das Helmholtz-Zentrum Berlin für Materialien und Energie, das Max-Delbrück-Centrum für Molekulare Medizin in Berlin-Buch und das Helmholtz-Zentrum Potsdam – Deutsches GeoForschungsZentrum (GFZ). Dazu kommen Zweigstellen des Deutschen Elektronen-Synchrotrons DESY bei Zeuthen, des Alfred-Wegener-Instituts für Polar- und Meeresforschung in Potsdam, des Deutschen Zentrums für Luft- und Raumfahrt in Adlershof und des GKSS-Forschungszentrums Geesthacht in Teltow, wo Werkstoffe für die regenerative Medizin entwickelt werden. Unsere Forschungseinrichtungen arbeiten in vielfältigen Kooperationen mit Universitäten und Universitätskliniken in der Berliner Region, in Deutschland und weltweit zusammen und tragen dazu bei, dass Berlin auch heute wieder außerordentlich attraktiv für die besten Wissenschaftlerinnen und Wissenschaftler der Welt ist.

Prof. Dr. Jürgen Mlynek

Grußwort des Präsidenten der Deutschen Forschungsgemeinschaft (DFG)

Berlin und seine Wissenschaft feiern das Jahr 2010. Und das zu Recht. Denn mit ihren Jubilaren verfügt die Hauptstadt über eine traditionsreiche und bis heute leistungsstarke Wissenschaftslandschaft – wie sie die Ausstellung »WeltWissen. 300 Jahre Wissenschaften in Berlin« über die Jahrhunderte porträtiert. Mit den Institutionen feiert die Stadt aber auch die Forscherinnen und Forscher, die mit ihren Ideen und Erfindungen diesen Erfolg ermöglicht haben und ihn bis heute fortschreiben. Dass die Deutsche Forschungsgemeinschaft (DFG) die besten Köpfe hier mit ihrer Förderung unterstützen kann, freut mich besonders. Schon ein kurzer Blick in die lange Liste der von ihr unterstützten Projekte in Berlin verrät die Vielfalt der in der Hauptstadt ansässigen Forschung. Das reicht von vier der in der Exzellenzinitiative von Bund und Ländern geförderten Exzellenzcluster und dem Forschungszentrum Matheon bis zu fast 2000 Projekten, die in der Einzelförderung 2010 Unterstützung erhalten haben und damit das Gütesiegel exzellenter Forschung tragen. Das Themenspektrum umfasst dabei alle wissenschaftlichen Disziplinen, und in vielen Bereichen gehören Berliner Wissenschaftlerinnen und Wissenschaftler zur Weltspitze. Die Basis für diesen Erfolg bilden starke Partner und ein tragfähiges Netzwerk – auch international – und selbstverständlich die Investition in den wissenschaftlichen Nachwuchs. Auch hier ist Berlin gut aufgestellt, unter anderem mit zahlreichen Graduiertenkollegs und Graduiertenschulen der DFG. Doch Wissenschaft kann nur gedeihen, wo die Gesellschaft sie fördert und fordert. Deshalb sehe ich mit großer Freude das Engagement der Forscher, in den Dialog mit Politik und Öffentlichkeit zu treten. Von dieser Initiative zeugen nicht zuletzt die vielen Aktivitäten in diesem Jubiläumsjahr und im Besonderen auch diese Ausstellung. Die DFG und ich persönlich wünschen dafür gutes Gelingen und dem Wissenschaftsstandort Berlin eine erfolgreiche Zukunft – auf dass die Wissenschaft hier auch in den kommenden 300 Jahren gedeihe!

Prof. Dr.-Ing. Matthias Kleiner

Grußwort des Präsidenten der Wissenschaftsgemeinschaft Gottfried Wilhelm Leibniz (Leibniz-Gemeinschaft) e.V.

Die Hauptstadtregion ist das Herzland der Leibniz-Gemeinschaft: Mehr als ein Viertel unserer Einrichtungen hat seinen Sitz in und um Berlin. Diese Konzentration hat historische Ursachen. Mit dem Ende der DDR drohte ein Vakuum für Tausende von Menschen in der Wissenschaft. Von allen Forschungsorganisationen war die »Blaue Liste« – die Vorläuferin der Leibniz-Gemeinschaft – am flexibelsten für Neuaufnahmen. So wurden zwischen 1989 und 1992 aus 47 Blaue-Liste-Mitgliedern mit rund 5000 Mitarbeitern dann 81 Einrichtungen mit 9000 Beschäftigten. Heute sind es 86 Leibniz-Einrichtungen bundesweit, in denen mehr als 16 000 Menschen arbeiten; 13 haben ihren Sitz in Berlin, neun in Brandenburg, hinzu kommen neun Außenstellen. Viele unserer Einrichtungen haben ihre Wurzeln in Akademieinstituten der DDR, einige aber gab es lange vor dem Zweiten Weltkrieg.

So auch eines der renommiertesten Häuser seiner Art weltweit, das Leibniz-Institut für Evolutions- und Biodiversitätsforschung an der Humboldt-Universität zu Berlin, besser bekannt als Museum für Naturkunde. Mit mehr als 30 Millionen Sammlungsobjekten und einem öffentlichen Museum mit 6500 Quadratmetern Ausstellungsfläche ist es das größte deutsche Naturkundemuseum und eines der fünf größten weltweit. Unter dem Titel »Evolution der Vielfalt – Entwicklung der Erde und des Lebens« widmet es sich der Frage, wie die Erde entstanden und wie es zu jener Vielfalt und Fülle der Lebewesen auf ihr gekommen ist. Das ist Welt-Wissen in seiner wortwörtlichen Bedeutung.

Auch die anderen Berliner Leibniz-Einrichtungen, etwa das Deutsche Institut für Wirtschaftsforschung (DIW) oder das Wissenschaftszentrum Berlin für Sozialforschung (WZB), erarbeiten Wissen, das sie der Gesellschaft zur Verfügung stellen, oder sie tragen zur Heilung von Krankheiten bei wie das Deutsche Rheumaforschungszentrum. Alle sind sie mit den hiesigen Universitäten verknüpft. Das stellt sicher, dass Weltwissen nicht nur entsteht, sondern auch an junge Menschen weitergegeben wird.

Prof. Dr. Dr. h. c. mult. Ernst Th. Rietschel

EINFÜHRUNG

Mit der Ausstellung »WeltWissen. 300 Jahre Wissenschaften in Berlin« im Martin-Gropius-Bau begehen gleich vier traditionsreiche Institutionen ihre Jubiläen. Sie tun dies in dem Bewusstsein, dass Wissenschaft weder allein von einer Person noch allein von einer Institution betrieben wird, sondern sich im Austausch vollzieht, ja überhaupt erst durch diesen ermöglicht wird. Zudem ist Wissenschaft im engen Sinne auf Helfer und Unterstützung angewiesen, auf Strukturen und Netzwerke der verschiedensten Art.

In diesem Sinne haben sich die Jubilare zusammengetan, um gemeinsam auf Geschichte und Gegenwart der Berliner Wissenschaften zu blicken. Die Humboldt-Universität zu Berlin, die Berlin-Brandenburgische Akademie der Wissenschaften, die Charité – Universitätsmedizin Berlin sowie die Max-Planck-Gesellschaft sind jene Einrichtungen, die den Ruf Berlins als einer Wissenschaftsmetropole maßgeblich begründet haben. Ihnen allen lag in der Vorbereitung dieser Ausstellung nicht an der vordergründigen Betrachtung einzelner Institute, sondern an einem umfassenden Blick auf die Berliner Wissenschaftsgeschichte. Er wäre unvollständig ohne die Freie Universität, die Technische Universität, die Staatsbibliothek, die Staatlichen Museen zu Berlin und das Museum für Naturkunde, die neben weiteren Berliner Institutionen zu engagierten Projektpartnern wurden, ohne die diese Ausstellung in dieser Form nicht möglich gewesen wäre.

In Ausstellung und Katalog entfaltet WeltWissen ein Disziplinen und Institutionen übergreifendes Panorama 300 Jahre wissenschaftlicher Aktivität in Berlin. Gezeigt wird die Vielfalt und Lebendigkeit vergangener und aktueller Forschungsleistungen, die Berlin zu der Wissenschaftsmetropole haben werden lassen, die sie heute ist. Eine solch umfassende Zusammenschau ist aus historischer Sicht keine Selbstverständlichkeit: Anlässlich des Stadtjubiläums 1987 präsentierten sich die Ost-Berliner und die West-Berliner Wissenschaften noch separat. Zwanzig Jahre nach der Einheit vertritt das Wissenschaftspanorama der Ausstellung Gesamt-Berlin.

Dieses neue Berlin verkörpert jenen weltoffenen Ort, der auch im historischen Rückblick immer wieder erkennbar wird. Der Titel der Ausstellung zeigt dies an: »WeltWissen. 300 Jahre Wissenschaften in Berlin«. Die Berliner Wissenschaftler und Institutionen haben zu keiner Zeit einen abgeschlossenen Raum gebildet. Sie standen untereinander stets in regem Austausch, wie sie auch sich ständig wandelnde, aber nie abreißende Beziehungen zur Welt unterhielten.

So ist das Verhältnis zwischen Berlin und der »Welt« geprägt von der Neugier Berliner Wissenschaftler auf die Welt, die indes oft in Gier umgeschlagen ist, aber auch der

Anmaßung, in Berlin überlegenes Weltwissen zu erzeugen. Die Missachtung anderer Wissensformen, anderer Methoden und Zugänge, spielte in den vergangenen 300 Jahren ebenso eine Rolle wie die Offenheit und das Interesse für das Fremde und das »importierte« Wissen, das als Bereicherung verstanden wurde. Durch die konzeptionelle Entscheidung, derartige Ambivalenzen in den Blick zu nehmen, werden in der Ausstellung über der Präsentation hervorragender Leistungen und Errungenschaften auch die Um- und Abwege, die Irrtümer und Verfehlungen der Berliner Wissenschaft nicht vergessen.

Eine Großinstallation im zentralen Lichthof des Martin-Gropius-Baus, über den die Besucherinnen und Besucher in die Ausstellung eintreten, greift die Idee WeltWissen auf. Verschiedenste Objekte sind in einem großen Kugelsegment angeordnet, das das gesamte Gebäude zu durchschneiden scheint, und das – im Gegensatz zu einer Weltkugel – die zwangsläufige Ausschnitt- und Perspektivhaftigkeit des wissenschaftlichen Blicks in ein Raumbild übersetzt. Die hier versammelten Dingwelten repräsentieren Berlin als dynamischen Wissensspeicher. Durch die räumliche Nähe sonst disziplinär getrennter Objekte entsteht eine Vielzahl unerwarteter Assoziationen. Der amerikanische Künstler Mark Dion hat für diese Installation auf Arrangements und Ordnungsprinzipien der historischen Kunstkammer zurückgegriffen. Sein Streifzug durch die Institutionen war nicht nur ein Aufspüren von Dingen aus verschiedenen Zeiten, sondern zugleich eine Erkundungsreise durch unterschiedliche Disziplinen und Forschungsfelder.

Der in der Lichthof-Installation entfaltete Bezug zwischen der Berliner Wissenschaft und der Welt wird in einem ersten Erzählstrang in den Themenräumen durch die Frage nach einer »Eigenart« der Berliner Wissenschaften ergänzt. Dieser Ausstellungsteil widmet sich 300 Jahren Berliner Wissenschaften insbesondere im lokalen kulturellen und gesellschaftlichen Kontext. Am Beginn der Spurensuche steht eine Utopie des 17. Jahrhunderts: Sophopolis. Mitten im märkischen Sand sollte eine »Stadt der Weisheit« entstehen. Aus Geldmangel blieb die ausgefeilte Utopie eine solche, und in der historischen Rückschau manifestiert sich hier ein erstes Charakteristikum der Berliner Wissenschaft: das Außergewöhnliche zu wollen und das bisweilen unmöglich Erscheinende zu versuchen. Die zukunftsweisende, fächerübergreifende Konzeption der Akademie durch Leibniz erscheint als verspätete Anknüpfung daran. Die erste wirkliche Blüte erfuhr die Akademie, als französische Wissenschaftler ein Niveau einführten, dass in der Residenzstadt bis dahin nicht zu finden war: lokale Infrastruktur und Förderung, verbunden mit Offenheit für andernorts entwickelte Ideen und Positionen, waren ausschlaggebend für den Aufstieg der Berliner Wissenschaften.

Im Wechsel deutlich ausgeprägter Phasen der Toleranz und Weltläufigkeit, aber auch der Ausgrenzungen verdeutlicht der chronologische Ausstellungsteil zudem die gesellschaftliche Relevanz und Eingebundenheit von Wissenschaft. Wissenschaft erweist sich als Fokus und Impulsgeber gesamtgesellschaftlicher Entwicklungen. Gleichzeitig vertritt diese Darstellungsform auch den Anspruch, wesentliche Voraussetzungen der Wissenschaft, nämlich Reflexion und Prüfung, als Wert an sich zu vermitteln, als kritische Grundlage einer sich ihrer selbst bewussten Gesellschaft.

Dieser in die Kulturgeschichte eingebetteten Präsentation von Wissenschaft ist ein Ausstellungsbereich zur Seite gestellt, der Wissenschaft selbst als kulturelle Praxis vor Augen führt. Die »Wissenswege«, die sich über neun Ausstellungsräume erstrecken, werden zum einen räumlich aufgefasst, um den Blick auf die Transferbewegungen zwischen Berlin und anderen Orten zu richten; zum anderen sind hier Art und Methoden der Wissensgewinnung bestimmend für die Raumstrukturen des Ausstellungsparcours. So werden »Vermessen«, »Entwerfen & Verwerfen«, »Experimentieren«, »Reisen« oder »Interpretieren« jeweils zu Themen einzelner, diachron angelegter Räume. Der Zugang zu den Exponaten resultiert nicht aus dem Blick auf die Ergebnisse der Forschung, sondern aus der Aufmerksamkeit für die Praxis der Wissenschaft, ihre Räume, Medien, Dingwelten und Kommunikationsformen. Ein solcher Ansatz greift neuere Entwicklungen in der historischen und soziologischen Wissenschaftsforschung auf, wie sie auch und gerade in Berlin vorangetrieben werden. Zugleich erfolgt der Zugang über die schlichte Frage, was Wissenschaftlerinnen und Wissenschaftler eigentlich tun, wenn sie forschen. In der gezeigten Folge berühmter Forschungsreisen beispielsweise sind in diesem Sinne nicht nur Ergebnisse und Erfolge abzulesen, sondern werden die unterschiedlichen Haltungen erkennbar, mit denen Berliner Wissenschaftler an anderen Orten tätig waren. Auf diese Weise werden die oft widerstreitenden Gefühle der Forschungsreisenden spürbar, wird die mitunter schicksalhafte Intensität von Wissenschaft erfahrbar, die der Blick auf Erfolgsmeldungen gerne übersieht – etwa wenn sich am Beispiel des gefeierten Alexander von Humboldt und dessen Besteigung des Chimborazo im Delirium der Höhenkrankheit auch das streckenweise Scheitern nachvollziehen lässt.

Es liegt in der Natur der Sache, dass Wissenschaft nicht zuletzt auch als das Ergebnis von Zufällen und Arbitraritäten gezeigt wird, als unvollendet und unabgeschlossen und gerade deshalb in neue Richtungen weisend. Die Präsentation der Objekte ist mithin nicht vorrangig darauf gerichtet, deren einstige Bedeutung zu rekonstruieren, sondern ihre gegenwärtige Geltung zu betonen: Ausgestellt wird das Bild, das wir uns hier und heute von der Vergangenheit machen. Die Auswahl der Exponate, die eingesetzten Medien und die Konzeption der Rundgänge beruhen auf der Reflexion dieser Bedingtheit.

Die drei Teile der Ausstellung – Lichthof, Etappen und Wissenswege – präsentieren einander ergänzende Blicke auf die Wissenschaftslandschaft dieser Stadt. Ihre Gegenüberstellung impliziert, dass es sich um Angebote zur Deutung handelt, die keine allumfassende Sicht, keinen interpretativen Schlusspunkt suggerieren wollen. Im skizzierten Zusammenhang versteht sich die Ausstellung somit auch selbst als Wissens- und Versuchsanordnung.

Wir haben zu danken, mehr als sich hier sagen lässt. Ohne unsere Partnerinnen und Partner, Unterstützerinnen und Unterstützer wäre diese Ausstellung nicht zustande gekommen. Vom WeltWissen-Team über die Verwaltung und den Präsidialbereich der Humboldt-Universität, über die Kolleginnen und Kollegen in den beteiligten Institutionen, die Wissenschaftler und Wissenschaftlerinnen, Beiratsmitglieder, Autorinnen und Autoren, Leihgeber, Gestalterinnen und Gestalter, Agenturen und Firmen – kurzum: allen, die zum Gelingen des Gemeinschaftsprojekts beigetragen haben, sei auf das Herzlichste gedankt. Aus diesem gemeinschaftlichen Engagement resultiert unsere Hoffnung, dass viele Wissenschaftler und Nicht-Wissenschaftler, Berliner und Nicht-Berliner durch Katalog und Ausstellung Freude, Inspiration und Anstöße erfahren und den Wissenschaften weiterhin mit der für Berlin charakteristischen Offenheit begegnen.

Jochen Hennig, Udo Andraschke

AUFSÄTZE

AUFBRÜCHE UND ZÄSUREN.
STATIONEN DER BERLINER WISSENSCHAFTSGESCHICHTE

Rüdiger vom Bruch

Legt ein historischer Rückblick auf den Wissenschaftsraum Berlin die Assoziation Weltwissen nahe? Eine Stichprobe in Jahrhundertabständen könnte eine affirmative Antwort liefern: Um 1700 entwarf der weltberühmte Philosoph und Mathematiker Gottfried Wilhelm Leibniz, einer der letzten großen europäischen Universalgelehrten, die Konzeption für eine Gelehrtensozietät, also eine im deutschen Raum bislang so nicht vorhandene Wissenschaftsakademie. Um 1800 erwarb Alexander von Humboldt Weltruhm, jener aus Schloss Tegel bei Berlin stammende, naturforschende Besucher des amerikanischen Kontinents, der 1828 das Berliner Publikum mit seinen »Kosmos«-Vorlesungen faszinierte und seine letzten Lebensjahrzehnte als Kammerherr der preußischen Könige in Berlin verbrachte. Nach 1900 schließlich revolutionierte der knapp zwei Jahrzehnte in Berlin als Akademieprofessor und Institutsdirektor lebende Albert Einstein das Weltbild der Physik. Aber waren dies Exempel eines spezifischen Berliner Weltwissens? Leibniz war ein europäischer Weltbürger und international aktiver Projektemacher, Berlin war dabei eine und vielleicht nicht einmal die wichtigste seiner Stationen. Der Weltreisende Humboldt lebte mit Vorliebe und jahrzehntelang in Paris, der damaligen wissenschaftlichen Welthauptstadt. Einstein erzielte seine wissenschaftlichen Durchbrüche in seinem *annus mirabilis* 1905 als Angestellter des Patentamtes im schweizerischen Bern. Weltwissen in Berlin – eher ein Zufall?

Stellen wir jenes Hybridwort ein wenig zurück und fragen nach dem Wissenschaftsraum Berlin. Auch dann taugt eine Musterung jener drei Zeiträume, denn Jahrhundertwenden als zunächst eher zufällige Fluchtpunkte erweisen sich in auffälliger Weise jeweils als markante Umbruchphasen im Berliner Wissenschaftsgeschehen. Zunächst, wenig dramatisch, aber doch folgenreich, um 1700: Die auf Leibniz' Plänen basierende Akademiegründung von 1700, der wenige Jahre früher jene einer Kunstakademie vorangegangen war, fiel zusammen mit dem Aufstieg des Kurfürstentums Brandenburg zu einer europäischen Mittelmacht, dann mit der Erhebung zum Königreich Preußen 1701. In der Folge kam es in Berlin zur Gründung einer Vielzahl bedeutender wissenschaftlicher Einrichtungen, vornehmlich für medizinische Zwecke, im Sinne der frühen Aufklärung auf eine nützliche Verbindung von Erkenntnis und praktischer Anwendung ausgerichtet.

Einschneidend war dann eine Zäsur nach 1800. Die Praxisgesinnung eines nunmehr aufgeklärten Absolutismus erlahmte auch im Wissenschaftsbetrieb, ein ganz neuer Wissenschaftsgeist befeuerte einen systematischen Erkenntniswillen im Gewand des philosophischen Idealismus, der zugleich auf Persönlichkeitsformung und Charakterbildung zielte, verbunden mit der Ausdifferenzierung autonomer Fachdisziplinen. Beide Bestrebungen trafen zusammen im institutionellen Rahmen der 1810 von Wilhelm von Humboldt in Berlin begründeten Universität. Dieser Moment in der Genese der modernen deutschen Forschungsuniversität mit einer im 19. und 20. Jahrhundert weltweit ausstrahlenden Erfolgsgeschichte verdankte sich aber nicht zuletzt katastrophalen Erschütterungen. In den Jahren der Zerschlagung des alten friderizianischen Preußens zwischen 1806/07 und den Befreiungskriegen von 1813 erwuchs Berlin zu einer Kultur- und Wissenschaftsmetropole, die im deutschen Raum ihresgleichen suchte, dabei aber in krassem Widerspruch zur armseligen äußeren Erscheinung jener gebeutelten Stadt im märkischen Sand stand.

Abb. 1 Ansicht der Städte Berlin und Cöln, Caspar Merian in »Topographia Electoratus Brandenburgici et Ducatus Pomeraniae«, um 1646/51, Radierung

Eine weitere bedeutsame Zäsur vollzog sich um 1900. Hatte sich die kurfürstliche Residenzstadt Berlin von 1700 mit ihren zwar bemerkenswerten, aber doch sehr überschaubaren und eher vereinzelten Wissenschaftsstandorten innerhalb eines Jahrhunderts zu einer stadträumlich eng verflochtenen, aber immer noch mühelos zu durchschreitenden Kultur- und Wissenschaftsmetropole gewandelt, so stellte sich nach 1900 das zur Reichshauptstadt aufgestiegene und expandierende Berlin als reich gegliederte Wissenschaftslandschaft dar. Berlin war nun vieles zugleich: höfisches, politisches und diplomatisches Zentrum, mächtigste Industrie- und Arbeiterstadt des Reiches mit zugleich opulenten Quartieren für ein selbstbewusst sich zur Schau stellendes Großbürgertum; Bürgerstadt, Handels- und Bankenzentrum, eine Stadt mit vielfältigen Lebensgefühlen und Lebensweisen, mit mäzenatischer Kunstgesinnung und in avantgardistischer Aufbruchstimmung. Überdies war Berlin eine Stadt der Wissenschaft mit einer kaum noch überschaubaren Fülle von Ausbildungs- und Forschungsstätten im Dienste einer industriellen Massengesellschaft mit Weltmachtanspruch, aber doch auch fragmentiert und finanziell in den überkommenen staatlichen Grenzen überfordert. Gerade im Wissenschaftsbereich verband sich bei vielen Zeitgenossen stolzes Selbstbewusstsein mit der Ahnung künftiger Krisen, noch bevor der Erste Weltkrieg dann eine viel bewunderte Weltgeltung deutscher Wissenschaft in extreme Notlagen und die Gefahr provinzieller Abschottung stürzte.

Wenn auch der nach 1800 mächtige und einheitsstiftende Wissenschaftsgeist, welcher all die sich verselbstständigenden Disziplinen durch die gemeinsame Überzeugung einer Bildung durch Forschung verbunden hatte, mit der Wende zum 20. Jahrhundert einer gleichsam industriellen Arbeitsteilung in einem durchorganisierten Wissenschaftsbetrieb hatte weichen müssen, so bestanden einige für Berlin bedeutsame Parameter doch fort.

Zum einen waren alle Bereiche von staatlicher Patronage, Kontrolle und Disziplinierung geprägt, zugleich aber konfrontiert mit den eigenwilligen Positionen markanter Persönlichkeiten mit ihrem auf Unabhängigkeit bedachten wissenschaftlichen, gelegentlich auch politischen Wirkungswillen. Dieses Erbe der Hohenzollern von den kurfürstlichen bis zu den kaiserlichen Zeiten sollte auch nach deren Abtreten im 20. Jahrhundert in mehrfach umgestalteten politischen Systemen seine autoritäre Dynamik nicht verlieren, wenn auch mit unterschiedlichen ideologischen Vorzeichen.

Zum anderen bestand eine enge Verflechtung von Sammlungsleidenschaft und Forschungseifer. Bereits die Akademie von 1700 konnte auf umfangreiche Bestände der fürstlichen Kunst- und Wunderkammer zurückgreifen; auch die zahlreichen privaten Kunst- und Kultursammlungen und naturkundlichen Kabinette zeugen vom enzyklopädischen Sammlungs- und Klassifizierungsdrang des 18. Jahrhunderts. Nach 1800 bilden alle diese Sammlungen ein zentrales Fundament für die neue Forschungsuniversität, die ihrerseits in methodengenauer Systematik die unterschiedlichsten Kollektionen fördert und schließlich in Verbindung mit der Akademie großbetrieblich inszenierte Sammlungen in Langzeitunternehmungen in Angriff nimmt, von Wörterbüchern und antiken Inschriften über neuartig konzipierte Naturaliensammlungen bis zur Ausbeute großer Forschungsexpeditionen. Die einzigartigen Schätze etwa der Museumsinsel und des Naturkundemuseums dokumentieren diese Eigenart des Berliner Wissenschaftsraums.

Eine weitere Jahrhundertwende liegt eben hinter uns, und für ihre wissenschaftsgeschichtliche Einordnung ist es naturgemäß noch zu früh. Allerdings zeichnet sich ab, dass sich nach Zusammenführung und Neuordnung einer über vier Jahrzehnte geteilten Stadt eine metropolitane, räumlich gegliederte, synergetisch und zugleich intern konkurrierend angelegte Wissenschaftslandschaft herausbildet. Sie knüpft an Grundstrukturen an, die sich bereits um 1900 entwickelten, und greift zugleich weit darüber hinaus: Neben den mittlerweile vier Universitäten und einer Vielzahl hochschulartiger Einrichtungen umfasst diese Struktur auch unterschiedlich finanzierte Forschungsinstitute, einen in Hinsicht auf Erkenntnisabsichten, Personal und Know-how interaktiven Wissenschaftspark wie Adlershof sowie Standorte in der Peripherie des seit 1920 kommunalpolitisch erweiterten Groß-Berlin. Mit der großflächigen Wissenschaftslandschaft korrespondieren intern strukturierende, interdisziplinär angelegte Cluster- und Zentrenbildungen.

Hat diese Vielfalt noch mit jenem Berlin zu tun, dessen Möglichkeiten zur Wissensvermittlung sich um 1700 auf einige angesehene Gymnasien konzentrierte, in dem ein repräsentationsbedürftiger Fürstenhof einzelne Sammlungen und Wissenschaftseinrichtungen förderte, das immerhin schon eine wohlausgestattete Bibliothek aufweisen konnte und im Übrigen jenseits der nordwestlichen Stadtmauer über ein Pestkrankenhaus verfügte, dessen Name niemand mit einem künftig weltberühmten medizinischen Forschungszentrum in Verbindung gebracht hätte? Es scheint an der Zeit, nach den an Jahrhundertachsen angelegten Querschnittsskizzen einigen markanten Entwicklungslinien nachzugehen, erst im aufgeklärt-nutzorientierten 18., dann im bürgerlich-arbeitsamen, von diszipliniertem Forschungsethos durchdrungenen 19. und schließlich im politisch-ideologisch zerrissenen 20. Jahrhundert mit einem in jeder Hinsicht entgrenzten Wissenschaftsbetrieb.

Die »churfürstliche« Residenzstadt Berlin war um 1700 gewiss kein Mittelpunkt der Wissenschaften, bot aber einige günstige Bedingungen. Um den Ruhm eines politischen, wirtschaftlichen und eben auch wissenschaftlichen Weltzentrums wetteiferten über Jahrhunderte Paris und London; noch um 1800 spielte die preußische Hauptstadt Berlin nicht in der gleichen Liga, zu der sie erst in der Zeit des deutschen Kaiserreichs um 1900 aufschloss (Abb. 1). Paris war denn auch um 1700 bewundertes Vorbild, etwa für die in Berlin 1696 errichtete Kunstakademie oder für die vier Jahre später gegründete Gelehrtensozietät. Immerhin gab es in Berlin bereits eine beachtliche, wenn auch im Vergleich mit den anderen deutschen Staaten keineswegs einzigartige Infrastruktur gelehrter Einrichtungen. 1661 gründete der Große Kurfürst die spätere Staats-Bibliothek. Hohe

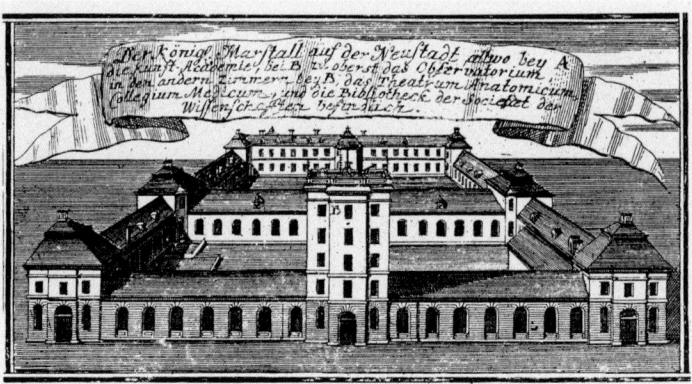

Abb. 2 Königlicher Marstall in Berlin mit Observatorium, dem Anatomischen Theater und der Bibliothek der Berliner Akademie der Wissenschaften

Anerkennung erwarb sich das bereits seit 1547 bestehende Gymnasium zum Grauen Kloster; nach dem Übertritt des Herrscherhauses zum reformierten Glauben kam 1607 das Joachimsthaler Gymnasium hinzu, 1685 das Französische Gymnasium als Sammelpunkt für die mit offenen Armen aufgenommenen, aus Frankreich geflohenen Hugenotten. Im wissenschaftlichen Rang ihrer Professoren konnten es diese Schulen mit zahlreichen Universitäten ihrer Zeit aufnehmen: Gegen Ende des 18. Jahrhunderts gehörten Gelehrte wie Friedrich Gedike, Rektor des Friedrichwerderschen Gymnasiums, zu den führenden Köpfen der deutschen Spätaufklärung.

Die Gelehrtensozietät wurde nach erheblichen Anlaufschwierigkeiten und einer jahrzehntelangen Missachtung unter dem Soldatenkönig Friedrich Wilhelm I. erst 1744 durch Friedrich II. in engster Anlehnung an das Pariser Vorbild reformiert und zu einer leistungsfähigen Wissenschaftsakademie ausgebaut. Dabei verfügte das arme Preußen nicht über wohlhabende Privatforscher wie die Royal Society in London und konnte sich auch keine vom Hof bezahlten Wissenschaftsbeamten leisten wie Paris. Die Akademie trug sich, in Verbindung mit einer eigenen Sternwarte, im Wesentlichen selbst durch das ihr zugestandene Kalendermonopol, denn ihre Gründung fiel nicht zufällig mit dem verspätet auch in protestantischen Territorien 1699/1700 vollzogenen Übergang zum gregorianischen Kalender zusammen (Abb. 2). Ruhm erwarb sich Berlin frühzeitig als Zentrum moderner Medizin – und das meinte zunächst weniger jenes Charité genannte ehemalige Pestkrankenhaus, sondern Einrichtungen für das im preußischen Militärstaat so wichtige stehende Heer: zunächst 1713 ein anatomisches Theater für Militärchirurgen, 1724 erweitert zum angesehenen Collegium medico-chirurgicum, und nach weiteren Einrichtungen, etwa der 1797 gegründeten Pépenière zur Ausbildung vor allem begabter, aber unbemittelter künftiger Militärärzte, um die

Mitte des 19. Jahrhunderts die weitgehende Zusammenführung der nun bedeutenden Hochschul- und Militärmedizin.

Doch erst nach der Jahrhundertmitte wuchs die Stadt zu einem geistigen Zentrum heran, in dem sich zwei Grundtendenzen – keineswegs spannungsfrei – verschränkten: eine von Friedrich II. geprägte »Potsdamer Aufklärung« und eine von einzelnen Gelehrten, im Rahmen gebildeter bürgerlicher Geselligkeit und durch reformgesinnte hohe Staatsbeamte geprägte, schließlich in ständeübergreifenden Zirkeln vorangetriebene »Berliner Aufklärung«. Man schaute in deutschen Landen staunend auf die Residenz des »Philosophenkönigs«, dessen frankophil neu-organisierte Wissenschaftsakademie das Muster für weitere Gründungen in Erfurt und Göttingen, München und Mannheim abgab und deren Preisaufgaben allgemeine Beachtung fanden.

Gegen Ende der Regierungszeit Friedrichs entwickelte sich eine spezifische Ausrichtung eben jener Berliner Aufklärung, deren Mittelpunkt der Verleger Friedrich Nicolai und der jüdische Philosoph Moses Mendelssohn darstellten, Letzterer Mitgestalter einer jüdischen Aufklärung und einer Überführung der Juden in die junge deutsche Kulturnation. Seit 1749, vermehrt in den 1780er-Jahren, organisierte sich in Vereinigungen wie dem Montagsclub oder der Mittwochsgesellschaft in Berlin eine gelehrte Geselligkeit, im Rahmen derer gebildete Bürger und liberale, aufgeschlossene Adelige und Staatsbeamte fachwissenschaftliche Probleme ebenso erörterten wie wünschenswerte Verbesserungen im Staatswesen. Große Beachtung fand ihr Organ »Berlinische Monatsschrift«, welche nicht zuletzt die berühmte – und dann von Immanuel Kant so meisterhaft beantwortete – Frage »Was ist Aufklärung?« stellte.

Nicht spezifisch für Berlin, aber doch bedeutsam war die im Geist aufgeklärter Freimaurerei errichtete Gesellschaft Naturforschender Freunde, welche sich dann im 19. Jahrhundert zu einer botanischen Fachgesellschaft in enger Verbindung mit der 1810 gegründeten Universität wandelte. Begünstigt wurde solch gelehrte Geselligkeit insbesondere durch die Verbindung von den in Berlin zahlreichen hoch gebildeten Gymnasiallehrern mit Gelehrten an den bereits vorhandenen hochschulartigen Einrichtungen. Einen neuen Ton fügte das letzte Jahrzehnt des 18. Jahrhunderts dieser Form des Austauschs mit einer eigentümlichen Salonkultur hinzu, welche neben empfindsamem Freundschaftskult bereits den Geist romantischen Idealismus atmete. In einer für das Deutschland dieser Zeit einzigartigen Weise prägten diese Zusammenkünfte insbesondere hoch gebildete jüdische Frauen, früh schon Henriette Herz mit ihrem wesentlich älteren, noch ganz der Aufklärung verhafteten Mann, dem Mediziner Marcus Herz, oder die für ihren Scharf-

sinn berühmte Rahel Levin, spätere Rahel Varnhagen. Hier bereitete sich lange vor Preußens Katastrophe 1806 und seiner nachfolgenden Erneuerung schon jener philosophische, auf eine neue Wissenschaftssystematik drängende Idealismus vor, aus dem der wissenschaftliche Aufbruch um 1810 eine seiner maßgeblichen Triebkräfte beziehen sollte.

Doch bevor wir den Bogen ins 19. Jahrhundert schlagen, sind zwei seit etwa 1700 für den Wissenschaftsstandort Berlin maßgebliche Strukturmuster hervorzuheben, verdichtet in den Begriffen Toleranz und Disziplin, zugespitzt in der Maxime: Jeder kann und jeder soll ein nützlicher Staatsbürger dieses preußischen Staates werden. Religiöse Toleranz war in dem gemischt konfessionellen Land unverzichtbar; zugleich erforderte das zwischen Rhein und Memel verstreute Staatsgebilde Preußen eine Idee von Staatsräson als verbindender Klammer. Loyalität der Untertanen gegenüber dem Staat und dessen Duldsamkeit gegenüber Herkunft und Bekenntnis der Untertanen waren zwei Seiten einer Medaille. Zusätzliche Dynamik ging insbesondere in Berlin noch vor 1700 von den französischen, im Vergleich zur ansässigen Bevölkerung ungewöhnlich gebildeten und handwerklich tüchtigen Glaubensflüchtlingen aus. Mag es auch paradox klingen: Der preußische Staat war autoritär und tolerant zugleich. Durch vielfältige Disziplinierung wurden nützliche Staatsbürger und eine leistungsfähige Armee herangebildet in diesem Land der Schulen und Kasernen, das im frühen 18. Jahrhundert die allgemeine Schulpflicht und im frühen 19. Jahrhundert die allgemeine Wehrpflicht einführte. Toleranz und Disziplin begegnen ebenfalls zu Beginn des 19. Jahrhunderts in einem ganz anderen Kontext: Unter dem Motto »Einsamkeit und Freiheit« suchte Wilhelm von Humboldt seine Berliner Universitätsschöpfung 1809/10 so weit wie möglich von staatlichem Einfluss fernzuhalten, damit diese sich ganz der wissenschaftlichen Erkenntnis als solcher zuwende. Doch nicht nur unterlag diese buchstäblich im Zentrum des preußischen Machtstaats angesiedelte Hochschule reglementierender und misstrauischer staatlicher Kontrolle, wurde gar von einem ihrer Rektoren im Deutsch-Französischen Krieg 1870/71 zum »geistigen Leibregiment der Hohenzollern« stilisiert; vielmehr ging die gleichwohl weitestgehend autonome Binnenentwicklung der in Berlin betriebenen Wissenschaften mit einer besonders markanten Ordnung im Sinne einer nach Fachrichtungen ausgerichteten Struktur einher.

Die Situation im Berlin der Jahre 1806/07 konnte trostloser kaum sein: Nicht nur war das Heilige Römische Reich Deutscher Nation 1806 endgültig zusammengebrochen und beherrschte Napoleon weite Teile Europas, vor allem aber hatte er Preußen vernichtend geschlagen, war in Berlin eingezogen,

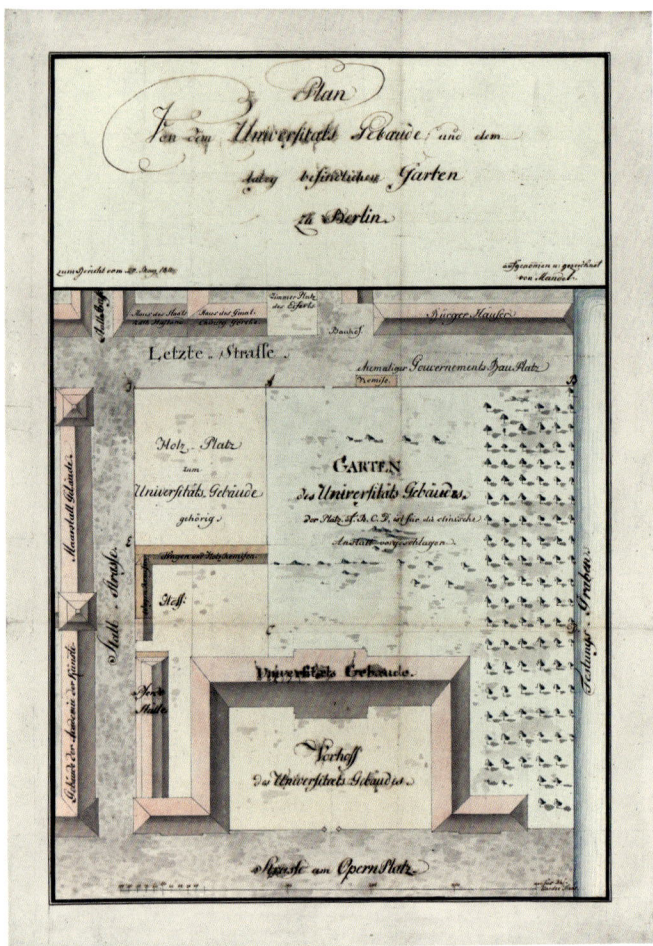

Abb. 3 Lageplan des Universitätsgrundstücks, 1811, kolorierte Zeichnung

das über viele Jahre hinweg von den Franzosen besetzt blieb. Der Staat war auf die östliche Hälfte geschrumpft und hatte ungeheure Kontributionen an den Sieger zu zahlen. Das längst erstarrte Staatsgebilde Preußen litt unter extremer Finanznot und hatte zugleich höchsten Reformbedarf. In dieser Situation setzten die wegweisenden preußischen Reformen ein, auch im Bildungsbereich, und der König begründete die Errichtung einer neuartigen höheren Bildungsanstalt in Berlin mit dem Anspruch, der Staat müsse durch geistige Kräfte ersetzen, was er an physischen verloren habe. Freilich dachte er an die Ausbildung tüchtiger Experten, zumal das schon in der Spätaufklärung verbreitete Spezialschulmodell nun von Frankreich aus eine ungehinderte Sogwirkung zu entfalten schien. Doch was 1810 unter Leitung Wilhelm von Humboldts in Berlin entstand, war etwas völlig anderes (Abb. 3).

Zwei neue Zentralbegriffe beherrschten nun die Diskussion: Nation und Wissenschaft, genauer: die Idee der Kulturnation und die Idee einer in reinem Erkenntnisdrang wurzelnden Wissenschaft. Die politisch geschundene, ihrer selbst noch wenig

bewusste Nation präsentierte sich dem Ausland gegenüber in neuartiger Kulturblüte, nicht nur in Weimar, sondern auch in Berlin. Der Philosoph Johann Gottlieb Fichte hielt hier 1808 seine »Reden an die deutsche Nation«, gleichzeitig publizierte der evangelische Theologe Friedrich Schleiermacher »Gelegentliche Gedanken über Universitäten in deutschem Sinne«; 1809/10 begann Wilhelm von Humboldt seine Denkschrift über die neue Universität in Berlin mit den Worten: »Der Begriff der höheren wissenschaftlichen Anstalten als des Gipfels, in dem alles, was unmittelbar für die moralische Kultur der Nation geschieht, zusammenkommt, beruht darauf, […] die Wissenschaft im tiefsten und weitesten Sinne des Wortes zu bearbeiten und als einen nicht absichtlich, aber von selbst zweckmäßig vorbereiteten Stoff der geistigen und sittlichen Bildung zu seiner Benutzung hinzugeben.«

Wie ein Brennspiegel bündelte dieser Text den neuen Wissenschaftsgeist. Es komme darauf an, »innerlich die objektive Wissenschaft mit der subjektiven Bildung, äußerlich den vollendeten Schulunterricht mit dem beginnenden Studium […] zu verknüpfen«, an der Universität sei nicht der Lehrer für den Schüler, nicht der Schüler für den Lehrer da, sondern beide für die Wissenschaft, »als etwas noch nicht ganz Gefundenes und nie ganz Aufzufindendes«, beide müssten daher »immer im Forschen bleiben«. Der Staat habe sich ganz aus der Sache herauszuhalten und sich auf den äußeren Rahmen und die notwendigen Finanzen zu beschränken. Zudem ordnete Humboldt die Universität in einen Bildungsgesamtplan von der Elementarschule bis zur Wissenschaftsakademie ein. Überdies sollten alle Schüler gleiche Bildungschancen erhalten und nicht mehr durch Standesschranken voneinander abgeschottet werden.

War das realitätsfremde Fantastik? Humboldt entwickelte nüchtern und präzise Vorstellungen für seine Berliner Schöpfung und repräsentierte zugleich ein neues, national konnotiertes Forschungsethos. Bildung durch Wissenschaft und Wissenschaft als Forschung – diese Maximen beherrschten die reformierte deutsche Universität des 19. Jahrhunderts. An die Stelle der früheren »Familienuniversität« mit ihrer Versorgungsmentalität trat eine Bestenauslese, beginnend mit Humboldts Berufungspolitik für Berlin, gegründet auf exzellente – naturgemäß spezialisierte – Forschung. Die einzelnen Fachgebiete gewannen ein schärferes und zunehmend differenziertes Profil mit je eigenständiger Methodik und Erkenntnisinteresse (Abb. 4). Es entstanden auch neue Disziplinen wie etwa die Agrarwissenschaft durch Albrecht Daniel Thaer, dessen Berufung Humboldt mehr im Ahnen als im Wissen um seine innovative Begabung so wichtig gewesen war. Mit der Disziplinierung der

Abb. 4a Julius Schoppe, Das gelehrte Berlin I, um 1810, Lithografie.
1 Wilhelm von Humboldt, 2 Christoph Wilhelm Hufeland, 3 Alexander von Humboldt,
4 Karl Ritter, 5 Johann August Wilhelm Neander, 6 Friedrich Ernst Daniel Schleiermacher, 7 Georg Wilhelm Friedrich Hegel

Abb. 4b K. Loeillot de Mars, Das gelehrte Berlin II, um 1810, Lithografie.
1 Martin Heinrich Karl Lichtenstein, 2 Christian Samuel Weiß, 3 Paul Erman,
4 Heinrich Friedrich Link, 5 Friedrich Carl von Savigny, 6 Philipp Konrad Marheinecke,
7 Friedrich Ludwig Raumer

Fachgebiete ging eine Professionalisierung ihrer Absolventen einher, gerade auch in der bislang weitgehend »berufsfreien« philosophischen Fakultät mit ihrem nunmehrigen Schwerpunkt auf der Lehrerausbildung (Abb. 5).

Vieles wurde gleichwohl verwässert, entwickelte sich gegen Humboldts Maximen, so eine hierarchisch sich verfestigende Ordinarienuniversität, der Verlust einer geistigen Mitte der immer mehr auseinanderdriftenden Fachgebiete, die soziale Abgrenzung des Gymnasiums, auch wenn dieses besser vorbereitete Schüler an die Universität entsandte als die vormaligen Lateinschulen, und nicht zuletzt die Pervertierung von lebendiger Bildungsaneignung zu formal berechtigenden Bildungspatenten. Doch das Fundament war gelegt, auf dem die so ungemein erfolgreiche Forschungsuniversität des 19. Jahrhunderts aufbaute, das Zentrum wissenschaftlicher Reputation und Karrieren. Auch der Gegensatz zwischen Forschungsakademie und Lehruniversität wurde entschärft, unter anderem durch

Humboldts Reform beider in den Jahren 1810/12. »Akademiker« lehrten nun an der Universität in Berlin, und deren Professoren bestimmten zunehmend die Forschungsprojekte der Akademie. Bereits in der frühen Phase setzte unter dem Altphilologen August Boeckh ein neuer Forschungsumgang mit Sammlungen ein, aus dem die zunächst vorwiegend altertumswissenschaftlichen Langzeitprojekte der Akademie erwuchsen – arbeitsteilig organisiert und in der Regel von einem Universitätsprofessor geleitet –, Vorformen der modernen Großforschung.

Wenig günstig waren die politischen Rahmenbedingungen für Humboldts Leitspruch »Einsamkeit und Freiheit«. Unmittelbar nach seinem desillusionierten Rückzug aus Berlin kehrte mit seinem Nachfolger Friedrich von Schuckmann noch 1810 eine obrigkeitsstaatliche Bevormundung nicht lebendiger freier Wissenschaft, sondern drangsalierter Untertanen ein, verschärft mit den reaktionären Karlsbader Beschlüssen 1819 und einer

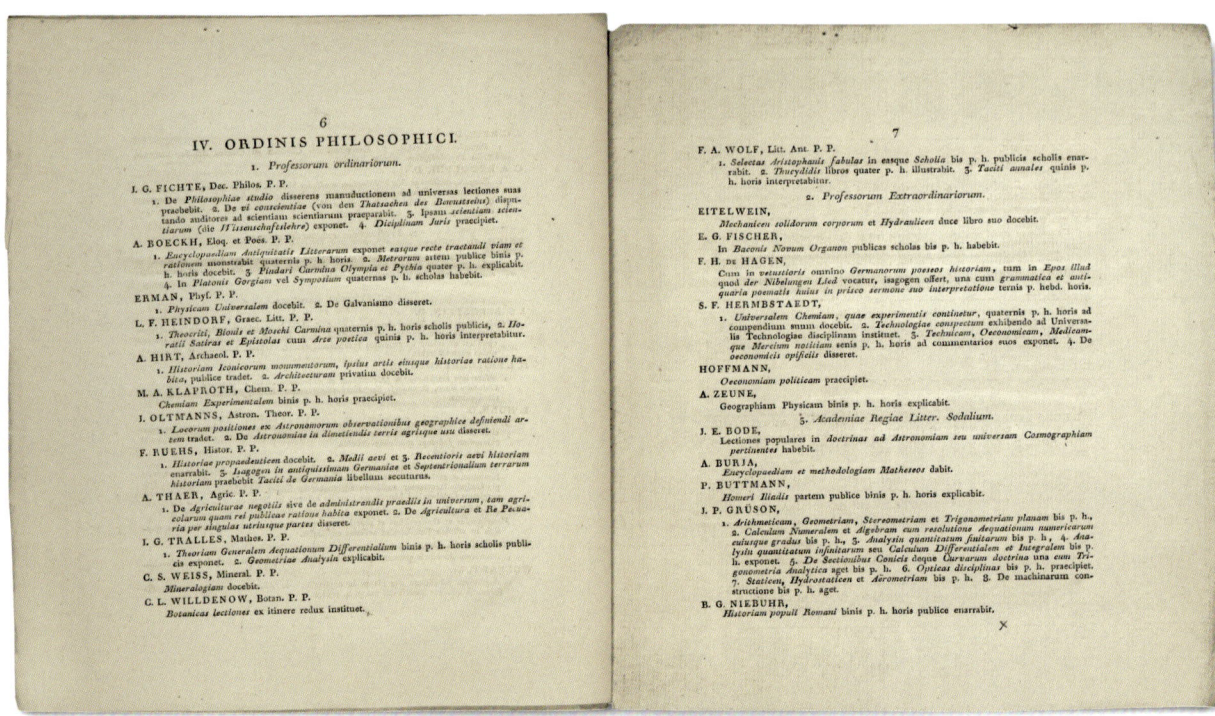

Abb. 5 Erstes Vorlesungsverzeichnis der Berliner Universität vom Oktober 1810

in Berlin besonders heftigen »Demagogenverfolgung«, welche sich gerade gegen führende liberale Köpfe wie Schleiermacher, aber auch gegen Humboldt richtete. Politischer Reformwille wurde den Professoren ausgetrieben. Sie begeisterten sich umso mehr für eine der Nation dienende, exzellente Wissenschaft, gerade in Berlin eingebettet in eine mächtige nationale Kunstbewegung. Neben der neuen literarischen Hochkultur zeigte sich diese in der Musik mit der in Berlin maßgeblich geförderten Beethoven-Interpretation, der von Berlin 1829 ausgehenden Bach-Renaissance des 19. Jahrhunderts oder dem ebenda 1821 uraufgeführten »Freischütz« als deutscher Nationaloper, sodann in der bildenden Kunst mit dem von Schinkel erbauten und von Wilhelm von Humboldt 1830 konzeptionell begleiteten Alten Museum.

In diesem Kontext verstanden die Professoren ihre Arbeit als »nationale Wissenschaft«, und zwar in dreifacher Weise: 1813 waren Berliner Studenten und Professoren in großer Zahl in die Befreiungskriege gezogen, nicht als Untertanen, sondern mit glühendem Freiheitspathos, ihre Kreise pflegten diesen Mythos ein Jahrhundert lang; nationale Wissenschaft wurde überdies als Überlegenheit im internationalen Vergleich verstanden; drittens prägten auch entschiedene Liberaldemokraten wie Rudolf Virchow den Begriff einer »deutschen Wissenschaft«, nicht deutschtümelnd, sondern als ein für Deutschland reklamiertes Ethos, Wissenschaft nur um ihrer selbst willen zu betreiben –

entsetzt hätte Virchow die ab 1933 missbräuchliche Verwendung von »deutscher Wissenschaft«.

Lediglich kurz umrissen seien die von Berlin ausgehenden, teils auch hier verankerten großen geistigen Strömungen in den Wissenschaftsentwicklungen des 19. Jahrhunderts.

Die verschiedenen Erscheinungsformen der kulturell geprägten Welt in ihren geschichtlichen Entwicklungszusammenhängen zu verstehen, dies war das Anliegen des Historismus, der die Geistes- und Sozialwissenschaften im gesamten 19. Jahrhundert prägte. Von Beginn an durch Schleiermacher und andere in der Theologie verortet sowie in der historischen Rechtsschule eines Friedrich Carl von Savigny, der die geschichtliche Genese aller Rechtsbeziehungen lehrte, verbreitete sich ein entwicklungsgeschichtliches Denken in der Sprach- und Literaturforschung, erst recht in der Verfachlichung einer von Barthold Georg Niebuhr, Leopold von Ranke und Johann Gustav Droysen quellenkritisch geprägten Geschichtswissenschaft, in der zweiten Jahrhunderthälfte dann in der historischen Schule der Nationalökonomie.

Teils damit einhergehend, teils in bewusster Abwehr fasste im zweiten Drittel des Jahrhunderts ein hochspezialisierter Positivismus in den Philologien, später auch in der Geschichtswissenschaft Fuß, der weniger auf große Entwicklungslinien denn auf unangreifbare Detailuntersuchungen achtete. Die Anhänger dieser Wissenschaftsrichtung setzten in erster Linie auf Exaktheit und sahen sich damit im Einklang mit einer zunehmend populären naturwissenschaftlichen Denkhaltung, die sich jedweder spekulativen Sinnsuche verwehrte, wie sie im ersten Drittel des Jahrhunderts etwa in der romantischen Naturphilosophie verbreitet war. Sie vertraute nur den nachprüfbaren Ergebnissen experimenteller Laborforschung und begründete damit den Weltruhm der Berliner Medizin.

Bahnbrechend wurde die physiologische Schule Johannes Müllers, der selber noch der Naturphilosophie nahestand, dessen Schüler aber wie Emil Du Bois-Reymond oder Rudolf Virchow die experimentelle Elektrophysiologie bzw. die Zellularpathologie begründeten. Laborversuche und methodische Exaktheit – mit diesem Glaubensbekenntnis setzten sich die deutschen und insbesondere die Berliner Naturwissenschaftler an die Spitze eines internationalen Rankings; innerhalb der Universität verfochten sie selbstbewusst einen Führungsanspruch gegenüber den lange Zeit tonangebenden Geisteswissenschaftlern. Virchow etwa rühmte in seiner Berliner Rektoratsrede 1893 den Übergang seiner Universität »vom philosophischen in das naturwissenschaftliche Zeitalter«, das eigentlich schon mit Alexander von Humboldts Berliner »Kosmos«-Vorlesungen 1828/29 eingesetzt habe. Die Auseinandersetzung zwischen Geistes- und Naturwissenschaftlern war geprägt von gegenseitigem Respekt und wurde ausgefochten in einer gemeinverbindlichen, auf dem Gymnasium erlernten Bildungssprache. Man schottete sich nicht voneinander ab in »zwei Kulturen«; vor allem gegen Ende des Jahrhunderts stritt man produktiv um die jeweiligen erkenntniskritischen und methodologischen Positionen von Natur- und Kulturerforschung.

Wir befinden uns damit in der Zeit des Kaiserreichs, als die in Berlin betriebene Wissenschaft Weltruhm genoss und ein Ruf nach Berlin in der Regel als Krönung einer Karriere galt. Das neue politische Schwergewicht der Reichshauptstadt stärkte diese Entwicklung. Berlin entwickelte nun eine institutionell hoch differenzierte und vernetzte Wissenschaftslandschaft, in der die Universität herausragte, aber erst innerhalb dieser Landschaft ihre besondere Bedeutung entfaltete. Einige Beispiele nur: Der Althistoriker Theodor Mommsen zog sich von der ungeliebten Lehrtätigkeit an der Universität weitgehend zurück und nutzte die Ressourcen der Akademie für seine international bewunderten Großforschungsprojekte; der Mediziner Virchow mit seinem breiten politischen und fächerübergreifenden Tätigkeitsspektrum bewegte sich souverän in dem einzigartig verzweigten wissenschaftlichen Vereinswesen von Berlin; sein Antipode Robert Koch, Begründer der modernen

Abb. 6 Der Präsident der Kaiser-Wilhelm-Gesellschaft Adolf von Harnack neben dem Kaiser, Berlin-Dahlem, 23.10.1912

Bakteriologie, wirkte vornehmlich im Kaiserlichen Reichsgesundheitsamt; der Mediziner und Physiker Hermann von Helmholtz wurde erster Präsident der 1887 geschaffenen Physikalisch-Technischen Reichsanstalt und galt nun als »Reichskanzler der Physik«. Neben zahlreichen Hochschulen war Berlin Zentrum einer neu entstehenden Staatsforschung mit einer Fülle von Einzeleinrichtungen, daneben Zentrum einer leistungsstarken privaten Industrieforschung vornehmlich in Pharmazie, Teerfarbenchemie und Elektrophysik.

So eindrucksvoll sich diese Wissenschaftslandschaft auch ausnahm, die kostspielige moderne Naturwissenschaft sprengte den finanziellen Rahmen des sparsamen preußischen Staates. Alternativ entstand 1911 die Kaiser-Wilhelm-Gesellschaft als Dachorganisation privat finanzierter, staatlich kontrollierter und wissenschaftlich autonom geleiteter Forschungsinstitute in Dahlem (Abb. 6). Hier sollte nach den Plänen des einflussreichen Wissenschaftsbeamten Friedrich Althoff als großzügiger Campus auf königlichem Domänenbesitz ein »deutsches Oxford« entstehen, um die Universität aus der beengten Innenstadtlage zu verlegen. Von vielen Professoren wurde diese Initiative mit Unbehagen registriert. War das die notwendige Erweiterung von Humboldts Ideen im Industriezeitalter, oder traten Spitzenforschung und Universitätsausbildung wieder auseinander wie vor Humboldts Zeit? Ohne Zweifel wurde unter Althoff eine systematische Weiterentwicklung der deutschen und insbesondere auch Berliner Wissenschaft betrieben, wie sie unter gegenwärtigen Kultusverwaltungen nicht selten schmerzlich vermisst wird. Zugespitzt formuliert: Wilhelm von Humboldt hatte in Berlin die Ideen für eine Entwicklung von der inneren zur äußeren Organisation reiner Wissenschaft be-

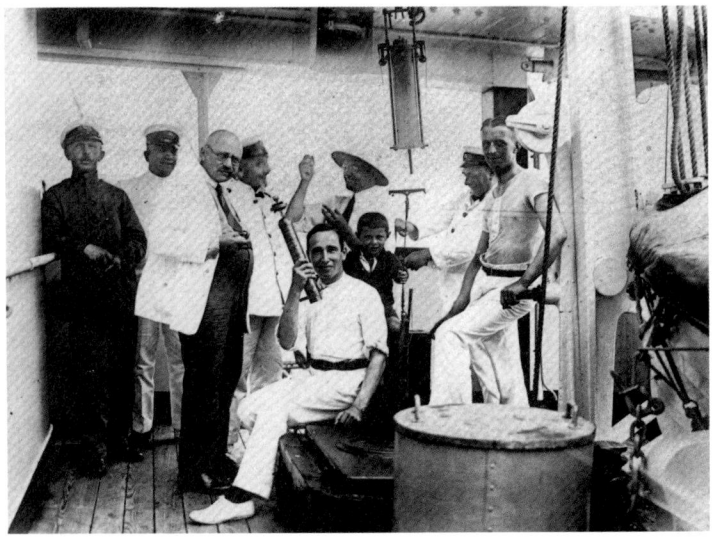

Abb. 7 Fritz Haber auf dem Forschungsschiff »Hansa«, 1923

Mit dem Kriegsausbruch 1914 war die internationale *scientific community* weitestgehend zusammengebrochen. Einst bestens miteinander verbundene Gelehrte hatten sich gegenseitig des kriegshetzerischen Nationalismus und der Lügenpropaganda beschuldigt; scharenweise waren sie aus »feindlichen« Wissenschaftsakademien ausgetreten oder ausgeschlossen worden. Insbesondere deutsche Professoren meinten, hinter der militärischen Front an der »inneren Front« als selbsternannte Führer der Nation auftreten zu sollen. Besonders negativ wirkte sich im Ausland der Aufruf »An die Kulturwelt« von 93 prominenten, vorwiegend Berliner Gelehrten im Oktober 1914 aus, in welchem sie entrüstet deutsche Gräueltaten vor allem in Belgien dementierten. Nicht nur in Deutschland stellten Wissenschaftler Prestige und Expertise in den Dienst der Kriegsführung, doch die Beiträge der Deutschen erregten international besonderes Aufsehen und bewirkten nach dem Krieg eine verheerende Isolation deutscher Wissenschaft.

Vor allem mit der 1920 gegründeten »Notgemeinschaft für die deutsche Wissenschaft« (später umbenannt in Deutsche Forschungsgemeinschaft) suchte man die verbliebenen Kräfte zu bündeln und zunächst schwere Defizite in der Literaturversorgung, in der experimentellen Forschung und in der Nachwuchsförderung auszugleichen. Ab 1926 galten ihre Bemühungen neuartigen interdisziplinären Großprojekten zur Förderung von »Volksgesundheit« und »Volkswohlstand«, aber auch zur kulturpolitisch untermauerten Revision der durch den Versailler Vertrag gesetzten neuen Reichsgrenzen, etwa durch volkskundliche und Sprachatlanten. Aus der Not geboren wurden erstaunliche Energien freigesetzt, bis hin zu so fantastischen Projekten wie den Expeditionen Fritz Habers im Südatlantik zur Gewinnung von »Meergold« (Abb. 7).

Entscheidend war dabei der paradigmatische Wechsel von »Staat« zu »Volk«. Der jungen Demokratie in der Weimarer Republik misstrauten die mehrheitlich nationalkonservativen Wissenschaftler. Sie wollten nicht dem Parteienstaat, wohl aber einer imaginären Größe namens Volk dienen und zeigten sich weit stärker als bereits vor 1914 anfällig für ideologische Parolen. An Radikalität übertroffen wurden sie von einer jungen Generation, die erst in den politischen und ökonomischen Erschütterungen der Nachkriegsjahre, dann unter dem Druck der Weltwirtschaftskrise kaum Aufstiegschancen sah und ihre Fähigkeiten in den Dienst des aufstrebenden Nationalsozialismus stellte. Das war die Mehrheit, aber es gab auch andere, nüchterne Wissenschaftler, die sich gegen Ideologien verwahrten, wenige Pazifisten und vor allem eine nicht unbeträchtliche Gruppe von Linksliberalen und Demokraten. Zudem strömten vor allem aus Ost- und Südosteuropa im Gefolge der politischen

reitgestellt; Friedrich Althoff vollzog den Schritt von bloß regulierender Wissenschaftsverwaltung zu planmäßig steuernder Wissenschaftspolitik im imperialistischen Industriezeitalter. Effizienz und Expertise sind die Signaturen unserer modernen, um 1900 bereits hoch entwickelten Wissensgesellschaft.

Der Erste Weltkrieg bewirkte schon im Bewusstsein der Zeitgenossen einen einschneidenden Wandel von der »Weltgeltung« zur »Not der deutschen Wissenschaft«, wieder einmal dramatisch zugespitzt in der Reichshauptstadt Berlin. Vor dem Krieg sah man sich im Zentrum internationaler Achtung, so bei glanzvollen Kongressen wie dem Internationalen Historikertag in Berlin 1908, bei der Hundertjahrfeier der Berliner Universität 1910 oder dem deutsch-amerikanischen Professorenaustausch zwischen Berlin und den Universitäten Harvard bzw. Columbia. Stolz hatte der Berliner evangelische Theologe und exzellente Wissenschaftsorganisator Adolf Harnack, erster Präsident der Kaiser-Wilhelm-Gesellschaft, in seiner an den Kaiser gerichteten Denkschrift zu deren Begründung 1909 vermerkt, die neue Weltstellung des Reiches gründe auf seiner Wirtschaft, seiner Wissenschaft und seiner »schimmernden Wehr«. Völlig anders war die Situation dann nach Kriegsende: Die »Wehr« war zerschlagen, die Wirtschaft lag am Boden, die Wissenschaft war abgeschnitten von dringend benötigten Ressourcen und lebenswichtigen internationalen Kontakten. Nun suchte Harnack mit dem Berliner Chemiker Fritz Haber und dem preußischen Wissenschaftspolitiker Friedrich Schmidt-Ott nach Mitteln zur Förderung der Wissenschaft, in ihren Augen eine entscheidende Voraussetzung für einen auch politischen Aufstieg des demoralisierten und innen- wie außenpolitisch instabilen Reiches.

Abb. 8 Eröffnung der Saarsammlung in einem Appell an die Studenten, Berlin, Januar/Februar 1935

forcierten Aufrüstung ab 1936 mit einer gigantischen Mobilisierung wirtschaftlicher und wissenschaftlicher Ressourcen wurde deutlich, dass eine ideologisch zuverlässige selten eine nützliche Wissenschaft war. Eine klare Trennung zwischen »schlechter«, weil ideologisierter, und »guter«, weil »reiner«, Wissenschaft, wie sie nach 1945 von deutschen Wissenschaftlern mit einigem Erfolg als Entlastungsstrategie betrieben wurde, hatte es so bis 1945 nicht gegeben. Fachwissenschaftlich exzellente Forscher stellten sich den Zielen des NS-Regimes willig und in großer Zahl zur Verfügung. Angesichts der Konzentration von Wissenschaftseinrichtungen in Berlin lassen sich hier solche markanten Verhaltensmuster in bedrückender Dichte beobachten.

Die Quellen belegen eindringlich, wie lange man vielerorts bis in das Frühjahr 1945 hinein an einem »normalen« Wissenschaftsbetrieb festhielt. Man suchte, seine gewohnte Arbeit zu verrichten; einige glaubten wohl immer noch an ein politisch-militärisches Wunder, andere hielten sich am Pathos strenger Wissenschaft aufrecht, wieder andere arbeiteten auf die Fortführung ihrer Forschungen in der Nachkriegszeit hin. Diese setzte mit dem Einmarsch und der Herrschaftsausübung der Sowjets im Mai/Juni 1945 ein, wenig später rückten die Westalliierten in ihre späteren Sektoren vor. Die Berliner Wissenschaftslandschaft war zersplittert und aufgeteilt, sie stand unter Konkursverwaltung nach alliierten Vorgaben (Abb. 9).

Umbrüche 1919/20 hochbegabte Intellektuelle und Forscher nach Berlin. Ein uneinheitliches Bild boten auch die Wissenschaften im Berlin dieser Zeit selbst. Vor allem in der Medizin und den Naturwissenschaften wurden Durchbrüche erzielt, von denen die vielen Nobelpreise zeugen; zugleich drohte in manchen bislang weltweit tonangebenden Geisteswissenschaften provinzielle Abgrenzung.

Die »braune Revolution« von 1933 bedeutete dann Kulturschock und Wissenschaftskatastrophe zugleich, sie zerstörte und errichtete nichts Neues (Abb. 8). Der erzwungene massenhafte Exodus vornehmlich jüdischer Gelehrte bewirkte einen Kahlschlag innerhalb des Geistes und Niveaus deutscher Spitzenforschung, Widerstand dagegen blieb in Berlin fast vollständig aus; Opportunisten und glühende Ideologen waren die Profiteure. Doch so stark die Berliner Wissenschaftseinrichtungen auch politisch exponiert waren, die Schlagworte »Säuberung«, »Gleichschaltung«, »gelenkte Wissenschaft« und »Führeruniversität« hatten hier nicht weniger, aber auch nicht mehr Tragweite als an anderen Universitäten im Deutschen Reich. Zudem war der Nationalsozialismus zwar seiner Ideologie nach wissenschaftsfeindlich, nicht aber in der Praxis. Spätestens seit der

Konkursmasse waren vor allem die Hochschulen, Akademien und die über ganz Berlin verstreuten Forschungsinstitute bzw. -ressourcen der Kaiser-Wilhelm-Gesellschaft; sie ordneten sich nun neu gemäß den sektoralen politischen Magnetfeldern. Über

Abb. 9 Zerstörtes Hauptgebäude der Humboldt-Universität zu Berlin, 1946

Abb. 10 Eine Studentin transportiert für die Freie Universität gespendete Möbel über die Boltzmannstraße, Herbst 1948

versität als einer Translokation von oppositionellen Studenten und Professoren aus der Universität in Mitte verdrängt wurde (Abb. 10). Sowjets und SED wiederum wiesen der vormaligen Friedrich-Wilhelms-Universität nun den Rang einer sozialistischen Kaderschmiede zu. Deren Wiedereröffnung Ende Januar 1946, zunächst namenlos, 1949 mit der bereits von Anfang an kursierenden Benennung Humboldt-Universität, verletzte zwar im Alleingang Gesamtberliner alliiertes Recht, tastete aber die historisch gewachsene Kontinuität dieser Schöpfung von 1810 nicht an. Grundlegend umgestaltet wurde nach und nach die lange noch als Gesamtberliner, ja gesamtdeutsche Einrichtung fortbestehende Wissenschaftsakademie, welche in Verbindung mit verbliebenen Instituten der Kaiser-Wilhelm-Gesellschaft bzw. neuen Forschungsinstituten nach sowjetischem Vorbild den Charakter einer monumentalen Zentralakademie in Verbindung von Gelehrtensozietät und Forschungskombinat annahm.

Unter den Vorzeichen des Kalten Krieges folgte in der Frontstadt Berlin nach Zersplitterung, Aufteilung und neuer Arrondierung eine jahrzehntelange Phase finanziell wie institutionell hochgeputschter und konfrontativer Dopplung. Freier Westen und sowjetisch dominierter Sozialismus konkurrierten im Schaufenster Berlin um öffentliches Prestige und systemgebundene Leistungsfähigkeit der Wissenschaften. Die Erlangung und Verbreitung eines sich der Welt öffnenden wie auch im weltweiten Wettbewerb führenden Wissens unterlag streckenweise einer ideologischen Polarisierung.

nur geringfügige Ressourcen verfügte der französische Sektor; Pläne für Wissenschaftsinstitutionen auf dem Reichssportfeld im britischen Sektor zerschlugen sich, als Neuschöpfung erwuchs hier aus der Technischen Hochschule Charlottenburg 1946 eine Technische Universität mit Elementen des britischen Studium generale. Die Hauptmasse konzentrierte sich im sowjetischen Sektor, während der US-Sektor über nicht unerhebliche Bestände der Kaiser-Wilhelm-Gesellschaft verfügte, aus denen 1948 eine kurzlebige Forscherhochschule hervorging, die aber rasch von der gleichfalls 1948 errichteten Freien Uni-

Vor diesem Hintergrund erklären sich die extremen Herausforderungen einer Transformation und Neuordnung der Berliner Wissenschaftslandschaft seit 1990, längst bemüht um synergetische Strukturen. Über Erfolge und Grenzen dieser Neuordnung kann der historische Rückblick nicht urteilen, allenfalls Perspektiven auf gewachsene Strukturen, Potenziale wie auch Problemlagen einer wohl einzigartigen Wissenschaftslandschaft freilegen, die im viel zitierten Zeitalter der Globalisierung Bestand hat und in dieser Weise Weltwissen in mittlerweile gänzlich anders verstandenem Sinne repräsentiert.

Literatur:

Buddensieg, Tilmann (Hg.): Wissenschaften in Berlin. Diziplinen, Objekte, Gedanken, 3 Bde., Berlin 1987.

Bruch, Rüdiger vom/Henning, Eckart: Wissenschaftsfördernde Institutionen im Deutschland des 20. Jahrhunderts, Berlin 1999.

Bruch, Rüdiger vom/Kaderas, Brigitte (Hg.): Wissenschaften und Wissenschaftspolitik. Bestandsaufnahmen zu Formationen, Brüchen und Kontinuitäten im Deutschland des 20. Jahrhunderts, Stuttgart 2002.

Bruch, Rüdiger vom/Schalenberg, Marc: London, Paris, Berlin, in: Richard van Dülmen und Sina Rauschenbach (Hg.), Macht des Wissens. Entstehung der modernen Wissensgesellschaft, Köln u.a. 2004, S. 681–699.

Bruch, Rüdiger vom/Jahr, Christoph (Hg.): Die Berliner Universität in der NS-Zeit, 2 Bde., Stuttgart 2005.

Bruch, Rüdiger vom: Gelehrtenpolitik, Sozialwissenschaften und akademische Diskurse in Deutschland im 19. und 20. Jahrhundert, Stuttgart 2006.

Bruch, Rüdiger vom (Hg.): Die Berliner Universität im Kontext der deutschen Universitätslandschaft nach 1800, um 1860 und um 1910, München 2010.

Bruch, Rüdiger vom/Tenorth, Heinz-Elmar (Hg.): Geschichte der Universität Unter den Linden 1810–2010, Bd. 4: Heinz-Elmar Tenorth (Hg.): Genese der Disziplinen. Die Konstitution der Universität, Berlin 2010.

d'Aprile, Iwan/Disselkamp, Martin/Sedlarz, Claudia (Hg.): Tableau de Berlin. Beiträge zur »Berliner Klassik« (1786–1815), Hannover 2005.

Der Präsident der Humboldt-Universität zu Berlin (Hg.): Gründungstexte. Johann Gottlieb Fichte, Friedrich Daniel Ernst Schleiermacher, Wilhelm von Humboldt, Berlin 2010.

Fischer, Wolfram (Hg.): Die Preußische Akademie der Wissenschaften zu Berlin 1914–1945, Berlin 2000.

Geier, Manfred: Die Brüder Humboldt. Eine Biographie, Reinbek bei Hamburg 2009.

Goenner, Hubert: Einstein in Berlin, München 2005.

Hamel, Jürgen/Knobloch, Eberhard/Pieper, Herbert (Hg.): Alexander von Humboldt in Berlin, Augsburg 2003.

Hansen, Reimer/Ribbe, Wolfgang (Hg.): Geschichtswissenschaft in Berlin im 19. und 20. Jahrhundert, Berlin 1992.

Hoffmann, Dieter: Einsteins Berlin. Auf den Spuren eines Genies, Weinheim 2006.

Humboldt, Wilhelm von: Über die innere und äußere Organisation der höheren wissenschaftlichen Anstalten in Berlin (1809/10), in: Preußische Akademie der Wissenschaften (Hg.): Wilhelm von Humboldts gesammelte Schriften, Abt. 2: Politische Denkschriften, Bd. 10: Bruno Gebhardt (Hg.): 1802–1810, Berlin 1903, S. 250–260.

Kocka, Jürgen (Hg.): Die Königlich Preußische Akademie der Wissenschaften zu Berlin im Kaiserreich, Berlin 1999.

Kocka, Jürgen (Hg.): Die Berliner Akademien der Wissenschaften im geteilten Deutschland 1945–1990, Berlin 2002.

Kraus, Hans-Christof: Bildung und Wissenschaft im 19. Jahrhundert, München 2008.

Kroll, Frank-Lothar: Bildung und Wissenschaft im 20. Jahrhundert, München 2003.

Laitko, Hubert u.a. (Hg.): Wissenschaft in Berlin. Von den Anfängen bis zum Neubeginn nach 1945, Berlin 1987.

Neugebauer, Wolfgang/Holtz, Bärbel: Kulturstaat und Bürgergesellschaft. Preußen, Deutschland und Europa im 19. und 20. Jahrhundert, Berlin 2010.

Schindling, Anton: Bildung und Wissenschaft in der Frühen Neuzeit 1650–1800, München 1999.

Schottlaender, Rudolf: Verfolgte Berliner Wissenschaft, Berlin 1988.

Schwinges, Rainer Christoph (Hg.): Humboldt International. Der Export des deutschen Universitätsmodells im 19. und 20. Jahrhundert, Basel 2001.

Thom, Ilka/Weining, Kirsten (Hg.): Mittendrin. Eine Universität macht Geschichte, Berlin 2010.

Treue, Wolfgang/Gründer, Karlfried (Hg.): Wissenschaftspolitik in Berlin. Minister, Beamte, Ratgeber, Berlin 1987.

Wazeck, Milena: Einsteins Gegner, Frankfurt am Main 2009.

Ziolkowski, Theodore: Berlin. Aufstieg einer Kulturmetropole um 1810, Stuttgart 2002.

Zitate

Wilhelm von Humboldt, Über die innere und äußere Organisation der höheren wissenschaftlichen Anstalten in Berlin (1809/10), in: Preußische Akademie der Wissenschaften (Hg.): Wilhelm von Humboldts gesammelte Schriften, Abt. 2: Politische Denkschriften, Bd. 10: Bruno Gebhardt (Hg.): 1802–1810, Berlin 1903, S. 250–260.

WIE WISSEN UNSERE WELT FORMT

Jürgen Renn, Simone Rieger

Die Evolution des Weltwissens

Seit sich der moderne Mensch (*Homo sapiens*) von Afrika aus über die ganze Welt ausbreitete, haben auch Produkte und Innovationen die Kontinente überquert – das Phänomen des Weltwissens ist also nicht neu. Vor allem Handelsbeziehungen förderten in der Folge das Entstehen einer zusammenhängenden Welt: Ein die Kontinente verbindender Schiffsverkehr ermöglichte es, dass schon 6000 Jahre vor unserer Zeitrechnung Bananen von Neuguinea nach Afrika transportiert wurden. Ungefähr zur gleichen Zeit durchquerten Menschen und Güter – Obsidian, Lapislazuli, Muscheln, Elfenbein sowie Kupfer und andere Metalle – mithilfe des Baktrischen Kamels den eurasischen Kontinent.

Diese frühe Globalisierung betraf allerdings nicht nur die Wirtschaft, es gab auch eine Globalisierung von Wissen, beispielsweise in Landwirtschaft und Technologie. Derartige Entwicklungen veränderten das menschliche Leben nachhaltig und unwiederbringlich. Die Ausbreitung der Landwirtschaft in der Jüngeren Steinzeit, während der sogenannten Neolithischen Revolution, ist hierfür ein gutes Beispiel. Sie führte zu einem Wachstum der menschlichen Bevölkerung, das die Rückkehr zu einer Gesellschaft von Jägern und Sammlern schließlich unmöglich machte.

Seit dem dritten Jahrtausend vor Christus breitete sich die Schrift von Mesopotamien über die ganze Welt aus, zunächst in Iran und Syrien. Ein Jahrtausend später erreichte sie die Indus-Kultur, und ein weiteres Jahrtausend danach China. Es lässt sich nicht ausschließen, dass es unabhängige Erfindungen der Schrift gab – in Amerika war das sicherlich der Fall. Aber was sich vermutlich über den ganzen eurasischen Kontinent hin fortpflanzte, war vor allem die Idee des Schreibens. Die Verbreitung der Schriftkultur war die Voraussetzung für die Entstehung von Wissenschaft.

Wissenschaft entstand an verschiedenen Orten der antiken Welt: Die griechische und die chinesische Wissenschaft entwickelten sich unabhängig voneinander mehr oder weniger gleichzeitig um die Mitte des ersten Jahrtausends vor Christus. Vom hellenistischen Griechenland ausgehend, verbreitete sie sich, und durch den Kontakt mit anderen Kulturen, etwa mit der arabischen und indischen Welt, unterlag sie weitreichenden Veränderungen. Das Weltwissen der heutigen Zeit ist das Ergebnis einer lange währenden Globalisierung. So wären neue wissenschaftliche Entwicklungen in der Renaissance – so zum Beispiel die Entstehung des kopernikanischen Weltbildes – ohne die Beiträge der Araber zur Astronomie undenkbar gewesen, die wiederum auf dem Wissen der Babylonier und der Griechen aufbauen konnten.

Wissenschaft war anfänglich ein Nebenprodukt der gesellschaftlichen Entwicklung. Sie ging etwa aus einem Nachdenken über die Formen und Mittel der Arbeit hervor: Die babylonische Mathematik war das Ergebnis der Reflexion über die Techniken der Verwaltung in einem zentralistisch organisierten Staatswesen. In Griechenland hingegen war die Wissenschaft eher Selbstzweck – ein Nachdenken um seiner selbst willen, das ursprünglich mehr von Neugier und Prestigedenken als von praktischen Interessen getrieben war. In der frühen Neuzeit trat Wissenschaft mit dem Anspruch auf, Natur und Gesellschaft mittels Vernunft zu beherrschen. Erst mit der Industrialisierung nahm die Wissenschaft aber eine Schlüsselrolle im Hinblick auf die gesellschaftliche Reproduktion ein, eine Rolle, die sich seither kontinuierlich ausgeweitet hat. Gänzlich unvorhersehbare Entdeckungen und Innovationen waren die Folge, die zum Teil enorme gesellschaftliche und ökonomische Auswirkungen hatten. Damit wurde unsere Welt verstehbarer und zugleich komplexer.

Die Religionen gehören seit jeher zu den wichtigsten Trägern des Weltwissens und seiner Verbreitung. Astronomisches Wissen breitete sich mit dem Islam aus, linguistisches mit dem Buddhismus und physikalisches Wissen mit dem Christentum. So brachten jesuitische Missionare, darunter Schüler von Galileo Galilei, die frühneuzeitliche Wissenschaft nach China. Doch ihr großer Einsatz hatte keinen Erfolg, da ihr Wissen mit dem vorherrschenden System unvereinbar war, in dem es etwa für eine physikalische Begründung der Astronomie keinen Platz gab. Wissen ist letztlich an lokale Bedingungen seiner Reproduktion gebunden, und Konflikte zwischen Wissenssystemen, die in verschiedene lokale Bedingungen eingebettet sind, stellen ein durchgängiges Merkmal der historischen Entwicklung dar. Mit der Zeit bildeten sich neue Potenziale für eine Globalisierung des Wissens heraus – von Forschungsreisen bis zum Internet. Aber alte Barrieren für den Wissenstransfer haben Bestand, während gleichzeitig neue entstehen: In Teilen Afrikas wird Aids nicht als Krankheit aufgefasst, sondern in ein magisches Weltverständnis eingefügt. Stammzellenforschung wird in Ländern wie Singapur und Israel gefördert, in Deutschland ist sie jedoch aus religiösen und ethischen Gründen Beschränkungen unterworfen.

Die historische Entwicklung lehrt allerdings, dass Wissen sich auf lange Sicht fast immer ausbreitet und zu einem Teil des Weltwissens wird. Dies ist eine wichtige Lehre, wenn wir beispielsweise an die Proliferation der Kerntechnologie denken. Wissen breitet sich jedoch nicht in Form isolierter Erkenntnisse aus, sondern als Teil eines in soziale und kulturelle Kontexte eingebundenen Wissenssystems, das Veränderungen unterworfen ist. Um beispielsweise der Entwaldung in einem bestimmten Gebiet Afrikas entgegenzusteuern, wurde ein Kochtopf entwickelt, der Solarenergie nutzt. Die Neuerung konnte sich aber nicht durchsetzen, weil es zu den lokalen Gebräuchen gehörte, erst nach Sonnenuntergang zu kochen. Ohne die Berücksichtigung solcher Zusammenhänge lässt sich technisches Wissen nicht vermitteln. Was bei einem Aufeinandertreffen von globalem und lokalem Wissen entsteht, ist letztlich unvorhersehbar – meist führt es zu Veränderungen beider Seiten. Allgemein gesprochen, entsteht Weltwissen aus einer Synthese vieler lokaler Traditionen und ist keineswegs nur das Ergebnis einer Dominanz westlicher Denkmodelle und -traditionen. Der Prozess, aus dem die globalisierte Wissenschaft hervorging, ist nicht einfach eine Fortschrittsgeschichte. Er war abhängig von

Abb. 1 Heinrich Scherer, Critica quadri partita, in qua plura recens inventa, et emendata circa geographiae artificium, historiam, technicam, et astrologiam scitu dignissima explicantur, 1710, Titelblatt

verschiedenartigen politischen und ökonomischen Kontexten – man denke etwa an den europäischen Kolonialismus –, aus dem sich im Laufe der Zeit die Voraussetzungen für weitere Entwicklungen herausgebildet haben, etwa mit dem Ergebnis, dass die Wissenskulturen Mittel- und Südamerikas weitgehend ausgelöscht wurden.

Schon seit der Steinzeit hat die gesellschaftliche Entwicklung die biologische Evolution überlagert. Das Überleben unserer Spezies hängt nicht nur von den natürlichen Bedingungen, sondern auch von dieser »selbst gemachten« Evolution und den durch sie geschaffenen materiellen und kulturellen Voraussetzungen ab. Auch wenn wir wollten, könnten wir nicht einfach zu einem vermeintlichen Ursprungszustand zurückkehren. Die Vertreibung aus dem Paradies ist unwiderruflich.

Es ist bemerkenswert, wie sich aus einem scheinbaren Nebenprodukt der biologischen Evolution, den Fähigkeiten des Menschen zu einer bestimmten Form von Werkzeuggebrauch und sozialer Interaktion, eine Entwicklung mit eigenständiger Dynamik ergeben hat (»sozioökonomische Evolution«). Zu dieser Entwicklung von Gesellschaft und Kultur gehörte von Anfang an auch die Erzeugung und Weitergabe von Wissen, später auch von Wissenschaft. Inzwischen aber hängt das weitere Überleben unserer Spezies in einer Weise von der Entwicklung wissenschaftlichen Wissens ab, die es nahelegt, auch hier von einer Evolution mit eigenständiger Dynamik zu sprechen (»epistemische Evolution«). Sie ist ebenfalls als Nebenprodukt entstanden, gewissermaßen aus dem Wissensüberschuss, den die gesellschaftliche Entwicklung hervorgebracht hat. Doch heute ist die Erzeugung und Weitergabe von wissenschaftlichem Wissen nicht mehr nur eine Begleiterscheinung gesellschaftlicher Prozesse, sondern immer mehr ihr zentraler Motor. Das Weltwissen unterliegt politischen und ökonomischen Gesetzmäßigkeiten, die wir erst noch genauer verstehen lernen müssen. Deutlich ist jedoch, dass bei der Evolution des Weltwissens, wie bei anderen Formen der Evolution auch, aus mehr oder weniger zufälligen Randbedingungen schließlich unabdingbare Voraussetzungen für weitere Entwicklungen werden, auch wenn die Evolutionsgesetze im Einzelfall verschieden sind. Gemeinsam ist allen Formen der Evolution die fehlende Ausrichtung auf ein vorbestimmtes Ziel und der Bezug der Entwicklung auf ihre eigenen Resultate, somit auch ihre Unumkehrbarkeit.

Die charakteristischen Züge der Wissensevolution treten am deutlichsten hervor, wenn man die großen Herausforderungen betrachtet, denen die Menschheit heute beim Umgang mit dem Weltwissen gegenübersteht. Ersichtlich werden sie als Folgen gesellschaftlicher Prozesse, wie im Fall der Klima- und Energieprobleme, und des machtvollen Wissens, das in dieser Entwicklung gewissermaßen als Nebenprodukt entstanden ist, beispielsweise über die Ausbeutung fossiler Brennstoffe. Der Umgang mit den Konsequenzen solcher ungeplanten globalen Experimente erfordert allerdings mehr Wissen, als es bisher auf traditionelle Weise erzeugt werden kann, also insbesondere mithilfe der staatlich unterstützten Grundlagenforschung oder der marktgetriebenen angewandten Forschung. Stattdessen werden wir auf die neue, noch weitgehend unbekannte Dynamik der Wissensevolution und ihre Gestaltung angewiesen sein, um die durch das Weltwissen selbst aufgeworfenen Herausforderungen zu bewältigen. Denn auch für sie gilt die Dialektik von Freiheit und Notwendigkeit, die Karl Marx meinte, als er festhielt: »[...] die Menschen machen ihre eigene Geschichte, aber sie machen sie nicht aus freien Stücken, nicht unter selbstgewählten, sondern unter unmittelbar vorgefundenen, gegebenen und überlieferten Umständen.«[1]

Um die Dynamik der Wissensevolution besser zu verstehen, sollen drei historische Beispiele betrachtet werden, an denen sich heute die Grenzen traditioneller Wissensproduktion ablesen lassen. Sie alle gehen auf wissenschaftliche und technische Innovationen aus Berlin zurück, die zum Ausgangspunkt für die Entstehung von Weltwissen wurden: die Entdeckung des Erregers der Tuberkulose 1882, die Entdeckung der Kernspaltung 1938 und die Entwicklung des ersten universellen Computers 1941.

Das globale Gesundheitssystem[2]

Seit Robert Koch 1882 den Erreger der Tuberkulose entdeckte, spielt die Infektionsbiologie auch in der Berliner Wissenschaft eine wichtige Rolle. Sie liefert zugleich ein Beispiel für die Grenzen traditioneller Wissenserzeugung: Krankheiten sind nicht nur mit unserer biologischen Evolution, sondern auch mit unserer gesellschaftlichen Entwicklung verbunden. Denn sie sind unter anderem aus dem Kontakt zwischen Menschen und Tieren im Domestizierungsprozess entstanden, etwa die Pocken, die vor einigen Tausend Jahren, in der Jungsteinzeit, von Nagetieren auf Menschen übertragen wurden. Heute haben der globale Reiseverkehr, globale Nahrungsketten und Ungleichheiten in den Lebensbedingungen neue Rahmenbedingungen für die Entstehung und Verbreitung bakterieller und viraler Krankheiten geschaffen. Krankheiten können Herausforderungen darstellen, die Gesellschaften und Ökonomien im globalen Maßstab betreffen, auch wenn sie das in verschiedenen Teilen der Welt auf sehr unterschiedliche Weise tun. Wissen, das auf traditionelle Weise erzeugt wird, also durch Grundlagenforschung und marktgetriebene Innovationen, reicht offenbar nicht aus, um mit diesen Problemen fertigzuwerden.

Der globale pharmazeutische Markt wird dominiert durch die Herstellung von Medikamenten für die sogenannte Erste Welt. Die Aufgaben, die sich angesichts der am weitesten verbreiteten Krankheiten wie Tuberkulose, Malaria und Aids in den Entwicklungsländern stellen, sind nicht nur ökonomischer Art, es sind auch Herausforderungen für die Produktion und Weitergabe von Wissen. Es ist offenkundig, dass sich Millionen von HIV-Kranken in den Entwicklungsländern Medikamente auf dem gegenwärtigen Preisniveau der reichen Industrieländer nicht leisten können. Weniger bekannt ist, dass pharmazeutische Forschung und Industrie es über Jahrzehnte versäumt haben, das für die Herstellung dringend benötigter Medikamente erforderliche Wissen zu produzieren, wodurch sich die in den Entwicklungsländern am häufigsten auftretenden Krankheiten möglicherweise ausrotten ließen. Von den 1400 Medikamenten, die in den letzten Jahrzehnten des 20. Jahrhunderts zugelassen wurden, waren nur drei für die Behandlung von

Abb. 2 Atelierfotografie Robert Kochs

Tuberkulose bestimmt, vier gegen Malaria und 13 gegen sämtliche der vernachlässigten Tropenkrankheiten zusammengenommen. Demgegenüber wurden 180 Medikamente genehmigt, die für die Behandlung von Herz-Kreislauf-Krankheiten bestimmt waren.

Dieses Versäumnis hat seinen Preis. Im Fall der Tuberkulose ist das Wissen über Diagnose und Impfung mehr als 100 Jahre alt – seitdem ist es nicht substanziell erweitert worden. Und während das Wissen über die Behandlung der Krankheit keine Fortschritte gemacht hat, veränderte sich die Krankheit selbst: Neue Formen einer vielfach medikamentenresistenten Tuberkulose haben sich entwickelt. Wenn die Medikamentenentwicklung keine signifikanten Fortschritte macht, werden in der ersten Dekade des 21. Jahrhunderts 100 Millionen Fälle dieser vielfachresistenten Tuberkulose zu verzeichnen sein. Es handelt sich hierbei um eine globale Herausforderung, denn die Krankheit ist längst wieder nach Europa zurückgekehrt. 14 der 20 Länder, die Höchstraten an Infektionen mit vielfachresistenter Tu-

berkulose verzeichnen, liegen in Europa. Wir müssen also nach neuen Mechanismen suchen, um das Wissen zu erzeugen, mit dem sich dieser Situation entgegentreten lässt.

Das globale Energieproblem[3]
Die Brisanz der Wissensevolution lässt sich auch am Beispiel der Entwicklung und Verbreitung der Nukleartechnologie veranschaulichen, nicht zuletzt aufgrund ihres Dual-use-Charakters, also der Unvermeidlichkeit der militärischen Dimension dieser Technologie. Sie geht zurück auf die Entdeckung der Kernspaltung 1938 durch Otto Hahn, Fritz Straßmann und Lise Meitner in Berlin. Die Entdeckung kam unerwartet, fand aber sofort weltweite Resonanz unter Physikern. Die heutige wirtschaftliche und militärische Bedeutung der Kerntechnologie ist aber einer zielgerichteten industriellen Entwicklung geschuldet, wie sie ähnlich auch von denen gefordert wird, die neue Technologien zur Kontrolle des Klimawandels einführen wollen. Diese »industrielle Revolution« reicht möglicherweise bis zu den Wirtschaftsreformen Franklin D. Roosevelts während der Großen Depression zurück, aber ihren eigentlichen Schub erhielt sie durch die Notsituation des Zweiten Weltkrieges und das Manhattan-Projekt zur Herstellung der Atombombe. Aus einer mehr oder weniger zufälligen Entdeckung entstand so schließlich ein Komplex von Wissen, Technologie und gesellschaftlichen Strukturen, der nach allem, was wir heute wissen, weiterhin bestehen wird.

Angesichts der Gefahren allein der natürlichen Radioaktivität für das menschliche Leben ist die Technologie von zwiespältigem Nutzen. Aber selbst wenn es uns gelänge, sie abzuschaffen, bliebe das Wissen über Nuklearsprengstoffe erhalten und wäre leicht zu reproduzieren. Die enormen Mengen von radioaktivem Material können nicht einfach entsorgt werden: Der globale Vorrat an hoch angereichertem Uran liegt bei etwa 1800 Tonnen.[4] Jedes Jahr fallen weltweit ungefähr 10 000 Tonnen verbrauchter Brennstoffe aus Kernreaktoren an.[5] Auch der militärisch-industrielle Komplex, ein anderes Resultat dieser Wissensevolution, ist nicht ohne Weiteres aus der Welt zu schaffen. Denn die fünf größten Rüstungsunternehmen in den Vereinigten Staaten beschäftigen mehr als eine halbe Million Menschen bei einer Wirtschaftsleistung von über 80 Milliarden Dollar jährlich.[6] Diese Fakten machen deutlich, wie unwiderruflich solche Experimente im globalen Maßstab letztlich sind. Da das Weltwissen, das sie produzieren, nicht mehr ausgelöscht oder gar unter Verschluss gehalten werden kann, wird es erst dann kontrollierbar, wenn weiteres Wissen erzeugt wird – nicht nur technologischer Art, sondern auch über die gesellschaftlichen und politischen Prozesse –, um mit den langfristigen Folgen leben zu können.

Abb. 3 Otto Hahn und Lise Meitner im Labor des Kaiser-Wilhelm-Instituts für Chemie, Berlin, um 1915

um von einem Versuchsreaktor zum ersten Megawatt-Kraftwerk zu gelangen. Die bisherigen Versuche zur Lösung des Energieproblems erscheinen wenig produktiv: Biokraftstoff beispielsweise hat nur wenig Bedeutung für die globale Energieversorgung, übt aber großen und unvorhersehbaren Einfluss auf die Lebensmittelmärkte aus. Sämtliche Konzepte einer künftigen Energieversorgung müssen hinsichtlich ihrer Auswirkungen auf die verschiedenen biologischen und physikochemischen Regulationssysteme auf der Erde entworfen und überprüft werden.

Das Energieproblem ist derart komplex, dass die Forschung sich nicht vorzeitig auf eine Richtung festlegen und nicht nur die technischen Herausforderungen im Blick haben darf, sondern mit alternativen verallgemeinerten Energieversorgungsszenarien arbeiten muss, in denen die jeweiligen Systeme auf Engpässe hin analysiert werden. Gleichzeitig sind die Randbedingungen der Skalierbarkeit, der Nachhaltigkeit und der Klimaverträglichkeit zu berücksichtigen. Beispielsweise stellen die Schwierigkeiten einer mit gegenwärtigen Technologien realisierbaren effektiven chemischen Energiespeicherung den größten einzelnen Engpass dar, der einem umfassenden Einsatz von Sonnenenergie im Wege steht. Hier wäre eine konzentrierte internationale Forschungs- und Entwicklungsarbeit nötig – in der Größenordnung des Manhattan-Projekts oder des CERN. Angesichts der gesellschaftlichen Auswirkungen jeder verallgemeinerten Schlussfolgerung, die aus dieser Forschung gezogen wird, besteht die größte Herausforderung wohl darin, die nötige unvoreingenommene Wissensproduktion in einem Maßstab zu ermöglichen, der die solcher Forschung traditionell gesetzten Grenzen sprengt.

Die Herausforderung einer globalen Informations-Infrastruktur[7]

Die aufgeführten Beispiele zeigen, dass die großen Herausforderungen der Menschheit ein strukturelles Wissensdefizit offenlegen. Die gegenwärtig praktizierten Methoden der Wissensproduktion und -verbreitung werden kaum ausreichen, um mit diesen Problemen fertigzuwerden. Die Wissensevolution, auf die wir angewiesen sind, steht gerade erst am Anfang. Ihre Beziehung zur voranschreitenden Globalisierung des Wissens ist offensichtlich, aber viele andere ihrer Merkmale sind noch unklar. Eindeutig ist hingegen, dass sie eine ihrer wesentlichen Voraussetzungen in einer globalen Infrastruktur des Wissens hat, wie sie das World Wide Web ermöglicht hat. Wenn wir heute von einer globalen Wissens- oder Wissenschaftsgesellschaft sprechen, sind damit immer auch deren technische Voraussetzungen gemeint, die der Computer und das Internet erst geschaffen haben. 1941 konstruierte Konrad Zuse in Berlin den ersten frei programmierbaren Computer. In den frühen 1960er-

Wie schwierig es ist, solches Wissen unter heutigen Bedingungen zu gewinnen, wird erkennbar, wenn man die Kerntechnologie nicht isoliert, sondern im Zusammenhang mit den Herausforderungen globaler Energieversorgung betrachtet. Ein zukünftiges Energieversorgungssystem wird in verschiedenen Schritten entwickelt werden müssen, wobei jeder Schritt neues Wissen sowie beträchtliche soziale und ökonomische Anpassungen erforderlich macht. Nach jahrzehntelangen Anstrengungen ist der Anteil der Solarenergie am globalen Energiehaushalt gegenwärtig immer noch verschwindend gering – er liegt bei weniger als einem Prozent –, obwohl die Energiezufuhr durch die Sonne unseren gesamten Energiebedarf decken könnte. Die Kernenergie liefert ungefähr sechs Prozent. Dabei erscheint es unrealistisch, dass dieser Anteil zu einem wesentlichen Beitrag zur globalen Energieversorgung ausgebaut werden könnte – von einem Nachweis, dass die Fusionsenergie prinzipiell erschließbar ist, sind wir noch Jahrzehnte entfernt. Zudem brauchen sämtliche Entwicklungsprozesse neuer Technologie vom Nachweis der prinzipiellen Machbarkeit bis zur industriellen Einführung viel Zeit. Es dauerte mehr als 60 Jahre,

Jahren stellte Ted Nelson die Idee eines globalen Hypertexts vor, um potenziell das kollektive Wissen der Menschheit in neuer Weise zu repräsentieren: als wechselseitig verlinkte Texte. Realisiert wurde es erst in den späten 1980er-Jahren, als das World Wide Web am CERN entwickelt wurde, anfänglich als Kommunikationsplattform für Physiker. Erst zu diesem Zeitpunkt war die technische Kompetenz vorhanden, die schließlich die Verwirklichung dieser Idee ermöglichte.

Das Internet bietet gänzlich neue Möglichkeiten der Repräsentation von Wissen. Informationen, die von einzelnen Individuen geliefert werden, können unvorhergesehene weltweite Bedeutung erlangen. Wie Wikipedia und andere Projekte zeigen, erlaubt das Netz eine kooperative Skalierbarkeit, die ebenfalls keine Vorläufer hat und die Kooperation von Tausenden Individuen bei der Produktion von Wissen ermöglicht. Das Web bietet eine nahezu universelle Vernetzung, indem es im Prinzip jedes Dokument mit jedem anderen verknüpft. Es besitzt eine außergewöhnliche Plastizität, die es erlaubt, verfügbare Informationen schnell zu korrigieren oder zu reorganisieren. Darüber hinaus können Informationen rasch gefunden werden, und mit der sehr geringen Latenzzeit sind Produktion und Verbreitung von Information nicht mehr durch lange Zeitintervalle getrennt.

Die heutige gesellschaftliche, wirtschaftliche und wissenschaftliche Realität ist ohne das Web undenkbar. Das Netz schafft viele der essenziellen Voraussetzungen, um die Wissensevolution so zu gestalten, dass Lösungen für die beschriebenen Probleme gefunden werden können. Im Prinzip ermöglicht es erstmals in der Menschheitsgeschichte eine globale, dynamische Repräsentation menschlichen Wissens mit einem starken selbst organisierenden Potenzial. Der damit verbundene, potenziell universelle Zugang zu Information kann daher als maßgeblicher Katalysator für eine global vernetzte und gut informierte öffentliche Meinung wirken, die als Motor und Korrektiv der politischen und ökonomischen Entscheidungsfindung dient.

Das Web konfrontiert uns allerdings auch mit der Tatsache, dass in seiner gegenwärtigen Beschaffenheit kaum eines dieser Potenziale bereits realisiert ist. Es besteht sogar die Gefahr, dass es mehr und mehr zu einer Plattform verkommt, die hauptsächlich der Vermarktung von Information dient, statt diese offen zugänglich zu machen und zu vernetzen. Die Vision eines freien Zugangs zu wissenschaftlicher Information und zum kulturellen Erbe, wie sie beispielsweise in der von der Max-Planck-Gesellschaft initiierten »Berliner Erklärung« von 2003 gefordert wird, ist von der Verwirklichung noch weit entfernt.

Und was tatsächlich vonnöten wäre, geht über diese Visionen noch hinaus: ein epistemisches Web, ein Netz, das nicht nur für die Repräsentation von Information, sondern von Weltwissen optimiert ist.

Die Entwicklung des Webs unterscheidet sich also im Grunde nicht von anderen Pfaden in Richtung einer Wissensevolution. Es entstand völlig unerwartet als eine Art Nebenprodukt gesellschaftlicher und wissenschaftlicher Prozesse, hat aber eine neue Realität geschaffen, die ohne dieses Medium nicht mehr vorstellbar ist und die kritische Rolle des Wissens in zukünftigen Entwicklungen noch weiter stärkt. Wie in den anderen Fällen, die wir betrachtet haben, konfrontiert uns das Web zum einen mit technischen Problemen wie Bandbreite oder Geschwindigkeit, und zum anderen mit gesellschaftlichen Fragen wie etwa jener des offenen Zugangs zu Wissen. Zusammengenommen repräsentieren alle genannten Beispiele die Herausforderungen einer neuen Wissensökonomie – die unsere Gesellschaft so gestalten kann, dass das dringend benötigte Weltwissen hervorgebracht und jedem, der es zu bestem Nutzen einzusetzen vermag, zugänglich gemacht werden kann.

1 Marx, Karl: Der achtzehnte Brumaire des Louis Bonaparte, 1852, in: Marx, Karl/Engels, Friedrich: Werke, Bd. 8, Berlin 1960, S. 115.
2 Dieser Abschnitt stützt sich auf Kaufmann, Stefan H.E./Wiegandt, Klaus (Hg.): Wächst die Seuchengefahr? Globale Epidemien und Armut: Strategien zur Seucheneindämmung in einer vernetzten Welt, Frankfurt am Main 2008.
3 Dieser Abschnitt geht zurück auf Beiträge von Angelo Baracca und Robert Schlögl in Renn, Jürgen (Hg.): The Globalization of Knowledge and its Consequences, (in Vorbereitung).
4 The International Panel on Fissile Materials: Global Fissile Material Report 2008, S. 7.
5 Feiveson, Harold A.: Faux Renaissance: Global Warming, Radioactive Waste Disposal, and the Nuclear Future, in: Arms Control Today, 05, 2007, http://www.arms-control.org/act/2007_05/feiveson (Stand 20.9.2009).
6 Hennes, Michael: Der neue Militärisch-Industrielle Komplex in den USA, in: Aus Politik und Zeitgeschichte, 46, 2003.
7 Dieser Abschnitt beruht auf einer gemeinsamen Arbeit der Autoren mit Malcolm Hyman.

BÜHNEN DES WISSENS – ORTE DER ANSCHAUUNG.
ZU DEN ANFÄNGEN ÖFFENTLICHER WISSENSCHAFT IN BERLIN

Andreas W. Daum

»Der Zug der Zeit geht auf die Popularisierung der Künste und Wissenschaften.«[1] So sieht es die »Berliner National-Zeitung« bereits im Jahr 1889. Ihre Beobachtung wird von vielen Zeitgenossen geteilt. Noch ist es jedoch mehr als ein Jahrhundert hin, bis die Berliner die erste, dann jährlich stattfindende »Lange Nacht der Wissenschaften« (seit 2001) besuchen können. Doch schon damals nehmen Technik und Wissenschaft eine wichtige Rolle im öffentlichen Leben Berlins ein und tragen dazu bei, dass die Welt der Berliner schneller, komplexer und – dank der Einrichtung elektrischer Beleuchtung – auch im wörtlichen Sinne heller wird. Berlin ist auf dem Weg, eine Metropole zu werden, eine Massenstadt, die bald mit New York und Chicago verglichen werden wird.

In Lichterfelde verkehrt seit 1881 eine elektrische Straßenbahn, das Telefon ist eine begeisternde Innovation. Telegrafenverkehr und ein expandierendes Eisenbahnnetz verknüpfen Berlin mit der Welt (Abb. 1). Wissenschaften und Forschung florieren. Sie machen die rapide wachsende Stadt an der Spree zu einem national und auch international attraktiven Wissenschaftsstandort. Die Friedrich-Wilhelms-Universität hat inzwischen Weltgeltung erlangt. Die Technische Hochschule Charlottenburg, 1879 gegründet, etabliert sich 1884 mit einem riesigen Gebäude im Stadtbild: Innerhalb der Grenzen Preußens wird es nur vom Kölner Dom an Größe übertroffen. Durch dieses Auftreten wie auch durch die prominente Lage der älteren Universität Unter den Linden sowie die neuen Museen machen die modernen Wissenschaften schon architektonisch ihren Anspruch auf eine wichtige Rolle in der Stadt geltend.

Die Wissenschaften verstecken sich nicht hinter den Mauern der Hochschulen, sondern zeigen sich in der Öffentlichkeit.

Dem entspricht die – durchaus nicht neue – Aufforderung der »National-Zeitung«, Wissenschaft »populär« zu machen; Ende des Jahrhunderts ist sie in aller Munde. Der Ruf nach »Popularisierung« spiegelt fundamentale Veränderungen im Verhältnis von Wissen, Öffentlichkeit und urbanem Leben wider. Er enthält die spätestens seit der Revolution von 1848 verbreitete demokratische Idee, Teilhabe an Wissen möglichst vielen Bevölkerungsgruppen zu ermöglichen und dadurch Reformen in der deutschen Gesellschaft einzuleiten. Daher meint »Popularisierung« nicht allein den Versuch, Wissen an ein mutmaßlich unkundiges Publikum weiterzugeben. Vielmehr treten die Produzenten und die Konsumenten von Wissen in eine neue Beziehung zueinander: Beide bewegen sich auf einem expandierenden Markt öffentlichen Wissens, auf dem Laien selbst aktiv werden – etwa in Vereinen – und sogenannte Experten auf populäres Wissen zurückgreifen. Solche Interaktionen entfachen eine neue intellektuelle und soziale Dynamik.[2] Sie ist besonders spürbar in Ballungsräumen wie Berlin, in denen sich nicht nur Bildungseinrichtungen und Wissensreservoirs konzentrieren, sondern die Teilhabe an Wissen politische Brisanz besitzt. Und gerade der großstädtische Kontext Berlins bietet neuen Protagonisten von Öffentlichkeit – Journalisten, als Volksbildner bezeichneten Dozenten der Arbeiterschicht, selbst ernannten Weltdeutern und vielen anderen – die Chance, »Wissen und Aufklärung in die Massen zu tragen«.[3]

Dank der zunehmenden Anzahl repräsentativer Bauten, der langen Prachtstraßen und nicht zuletzt aufgrund der Aufmerksamkeit, die Berlin als potente Wirtschaftsstadt, als kulturelles Zentrum im Kaiserreich und als urbanes Laboratorium der Moderne auf sich zieht, ergänzen sich im 19. Jahrhundert die Bemühungen um Popularisierung von Wissen und die allgemeine

Abb. 1 Ansicht des Potsdamer Platzes mit Pferdebahnen und Pferdeomnibussen. Im Hintergrund das »Palasthotel« und das »Grand Hotel Bellevue«, um 1900

Tendenz zur Theatralisierung des Lebens. Die aufstrebende Großstadt wird selbst zur Bühne. Sie inszeniert sich, wird betrachtet, bewundert und auch mit Buhrufen bedacht. Berlin ist zugleich Kulisse, Arena und Zuschauerraum, die städtische Bevölkerung übernimmt den Part von Publikum und Kritiker. Nicht nur die vielen Schauspielhäuser tragen zur Theatralisierung des Stadtlebens bei – 1910 spielten in der Saison jeden Abend dreißig Bühnen[4] –, wichtig sind in diesem Zusammenhang auch solche Bühnen, auf denen Wissen für ein breites Publikum inszeniert wird.

Genau darauf weist die »National-Zeitung« in dem oben zitierten Artikel hin. Ausgiebig widmet sich das Blatt der Urania, die im Juli 1889 in der Invalidenstraße ihre Pforten öffnet. Die Urania ist offiziell schon 1888 als Aktiengesellschaft unter reger Beteiligung des bildungsbürgerlichen und Wirtschaftsbürgertums Berlins gegründet worden. Ausdrücklich soll sie den Berlinern

eine »Schaustätte« zur »naturwissenschaftlichen Anschauung und Belehrung« bieten (Abb. 2). Die neue Bildungseinrichtung ist sofort überaus beliebt. Schon 1892 strömen über 116 000 Besucher in die Urania, 1905 sind es über 220 000.[5] Öffentliche Wissenschaft ist spätestens jetzt, in der heterogenen Gesellschaft Berlins – der bürgerlichen, der proletarischen und selbst der höfischen –, zu einem bedeutenden Fokus städtischer und auch individueller Identität geworden.

Für den Handwerker und Fabrikarbeiter Bruno Bürgel, der als Autodidakt astronomische Studien betreibt, bringt die Existenz der Urania und die Begegnung mit ihrem ersten Direktor, Max Wilhelm Meyer, gar die »große Wendung« in seinem Leben. Meyer erlaubt ihm, in dem neuen Institut zu arbeiten und die Sternwarte zu nutzen. Bürgel schreibt später, ihm sei in diesem Moment zumute gewesen wie einem Gläubigen, »der nach langer Pilgerfahrt endlich den Fuß in den geweihten Tempel

Abb. 2 Nikola Tesla, amerikanischer Physiker und Elektrotechniker, in Anwesenheit des Hofes und unter praktischer Teilnahme des Prinzen Heinrich in der Urania, 1895, Holzstich

setzt«.[6] Es ist der Beginn der bemerkenswerten Karriere Bürgels als naturkundlicher Publizist.

Neben der Sternwarte bietet das Urania-Gebäude den Besuchern ein Ensemble aus Projektionssaal, Demonstrationsobjekten, Bibliothek, Fachabteilungen und physikalischem Experimentierraum. Das Glanzstück des Hauses ist das sogenannte Wissenschaftliche Theater. Die Anleihe bei der Welt des Schauspiels ist dabei nicht nur begrifflich. Das Wissenschaftliche Theater besteht aus einer Bühne, die mit wechselnden Dioramen und Objekten ausstaffiert ist, und einem klassisch angeordneten Zuschauerraum mit Parkett und zwei Rängen; bis zu 740 Personen finden hier Platz. Dem »Drehbuch« Meyers folgend, werden hier in szenischer Abfolge und mithilfe ausgeklügelter Lichteffekte, begleitet von einem Sprecher am Rande der Bühne, wechselnde Themen aus der Natur wie aus der Menschheitsgeschichte dargestellt: Sonnen- und Mondfinsternisse, Reisen zum Mond, die Urzeit des Menschen, eine Amerikareise und anderes.

Dem Wissenschaftlichen Theater geht es darum, die Natur und deren Erkundung anschaulich, hörbar und spürbar zu machen – sie dem Publikum zum Greifen nahezubringen. Dabei soll diese Bühne des Wissens an die Erfahrungen der städtischen Bevölkerung anknüpfen. Das erste Stück gilt der großen Sonnenfinsternis vom 19. August 1887, die aufgrund der schlechten Witterungsbedingungen von den Berlinern nur unzulänglich verfolgt werden konnte: »Wie viele von denen, die damals durchkältet, ermattet und enttäuscht heimkehrten, werden in dem ›wissenschaftlichen Theater‹ die verschiedenen Phasen [...] mit Entzücken an sich vorbeiziehen lassen!«[7] Die hochmoderne Technik der Urania ermöglichte nun eine Neuinszenie-

rung. Schon bei der Voraufführung gerät die »National-Zeitung« ins Schwärmen:

»Durchaus nicht frei von dramatischer Mache, die aber bei den öffentlichen Schaustellungen am Platze sind, begleitet er [der am Rande der Bühne stehende Vortragende] mit seinem sonoren, modulationsfähigen Organ die einzelnen Bilder in melodramatischer Schilderung, den Stoff wissenschaftlich beherrschend, dabei oft in poesievoller, blühender Sprache und geschickter Verquickung des Belehrenden, Schildernden und Anregenden. In zwei Akten, die ganz bühnenmäßig durch eine Pause getrennt waren, sehen wir die (damals verunglückte) Sonnenfinsterniß [...] in der Nähe eines Havelsees von Potsdam aus [...]. Dann wenden wir uns hauptsächlich dem Monde zu. Und da wir nach und nach seine Verfinsterung und seine Erleuchtung kennen lernten, da wir auf ihm umherwandeln, seine Kettenzüge und Ringe und Krater fast mit Händen greifen konnten, da wir seine Entstehung in faßlicher Darstellung kennen lernen [...] so schieden wir von ihm wie von einem vertrauten Bekannten.«

Die populärwissenschaftliche Zeitschrift »Die Natur« ergänzt wohlwollend, man habe »selten bei Schaustellungen eine so andachtsvolle, feierliche Ruhe im Auditorium beobachtet«.[8] Selbst Kaiser Wilhelm II. lässt es sich später nicht nehmen, der Urania seine Reverenz zu erweisen.

Mit der Urania und ihrem Wissenschaftlichen Theater findet die Inszenierung von Natur in der gebauten Welt der Großstadt einen spektakulären Höhepunkt – und die Theatralisierung von Wissenschaft einen lange nachwirkenden, wenn auch keineswegs unumstrittenen Ausdruck. Dabei sind Max Wilhelm Meyers Naturdramen alles andere als der Beginn öffentlicher Wissenschaft in der Stadt. Vielmehr kulminieren in der Gründung der Urania langjährige Bemühungen, Wissen für das städtische Publikum anschaulich zu machen und Bühnen für seine Präsentation zu errichten. Diese Entwicklung ist nie geradlinig verlaufen, und sie hat sich aus unterschiedlichsten Quellen gespeist. Die Vorstellungen von Öffentlichkeit und von Wissenschaft haben sich dabei ebenso gewandelt wie die soziale Reichweite von Wissen. Vor allem bleiben Öffentlichkeit und Wissen in diesem Prozess keine getrennten Bereiche. Sie beginnen stattdessen, auf vielfältige Weise zu interagieren, und schaffen in diesem Austausch gerade in Berlin ein dichtes kommunikatives Netzwerk.

Der politische und kulturelle Bedeutungszuwachs der Stadt seit der Ära Friedrichs II., ihre Rolle als Zentrum der Salongeselligkeit und der Druckerzeugnisse seit der Aufklärung sowie die

Gründung der Universität 1810 tragen bereits maßgeblich dazu bei, dass in Berlin eine urbane Topografie von Lokalitäten und Räumen entsteht, in denen Wissen öffentlich verhandelt, dargeboten und schließlich auch auf ein breiteres Publikum hin orientiert wird. Die Neugründung der Berliner Akademie der Wissenschaften durch Friedrich II. 1740, die Begründung der »Spenerschen Zeitung« drei Jahrzehnte später, die Treffen einer Lesegesellschaft im Haus des Philosophen Moses Mendelssohn, die Eröffnung der Tierarzneischule 1790 oder die privaten Vorlesungen des Chemikers Franz Carl Achard, eines wissenschaftlichen Multitalents, dem wir die Begründung der Rübenzuckerindustrie verdanken, sind in diesem Kontext bedeutende Initiativen. Sie alle sind Beispiele für den Prozess, in dem sich öffentliches Wissen in Berlin mit unterschiedlichem Anspruch und oft noch mit exklusiver sozialer Bindung formiert.

Dieser Prozess trägt erheblich dazu bei, die Stadt von einer Außenstelle im kulturellen Hinterland in ein Zentrum des intellektuellen Lebens in Deutschland zu verwandeln. Wie kein anderer verkörpert der Buchhändler, Verleger und Schriftsteller Friedrich Nicolai diesen Aufschwung. Er schafft wichtige kommunikative Plattformen mit seiner zwölfbändigen »Bibliothek der schönen Wissenschaften und der freien Künste« und vor allem mit der langlebigen Zeitschrift »Allgemeine Deutsche Bibliothek«. Um 1800 gibt es in Berlin bereits 34 Buchhandlungen, 32 Druckereien, 15 Leihbibliotheken und zahlreiche Lesezirkel.[9]

Literarische Erzeugnisse und die Treffen bürgerlicher Intellektueller, auch wenn sie, wie in der Mittwochsgesellschaft und den Salons von Henriette Herz und Rahel Levin, hinter verschlossenen Türen stattfinden, sind indes nicht die einzigen Möglichkeiten, den Berlinern anschauliches – und angewandtes – Wissen zu präsentieren. 100 Jahre bevor die Berliner zu Tausenden in die Urania strömen, um mit Fernrohren das Weltall zu erkunden, richteten sie ihren Blick schon zum Himmel, um eine aufsehenerregende Inszenierung mitzuerleben: Am 27. September 1788 setzte der französische Luftschiffer Nicolas François Blanchard zum ersten bemannten Ballonflug über Berlin an (Abb. 3). Viele Stadtbewohner schauten mit Begeisterung zu, wie ihre Stadt zur Kulisse für technologischen Fortschritt und menschlichen Erfindungsreichtum wird.

Aber auch das gesprochene Wort, zumal aus gelehrtem Munde, wird zum öffentlichen Ereignis. Von 1801 bis 1804 hält der Schriftsteller und, wie man heute sagen würde, Literaturwissenschaftler August Wilhelm Schlegel in der Singakademie Vorlesungen über Literatur und Kunst. Wenige Jahre später, noch ist Berlin von französischen Truppen besetzt, hält der Philosoph

Abb. 3 Erster bemannter Ballonflug über Berlin des französischen Luftschiffers Nicolas François Blanchard am 27. September 1788, Radierung

Johann Gottlieb Fichte in 14 Sonntagsmatineen im alten Akademiegebäude Unter den Linden seine »Reden an die deutsche Nation«. Sie erregen viel Aufsehen als Versuch, eine nationale Identität zu finden. Der Theologe Friedrich Schleiermacher nutzt sowohl die Kanzel in seiner Pfarrei, der Dreifaltigkeitskirche, als auch nach 1810 als ordentlicher Professor das Rednerpult an der von ihm intellektuell mitbegründeten Universität, um seine Gedanken zu Staat, Wissenschaft und Glauben publik zu machen.

So entstehen neue Bühnen des Wissens in Berlin, und der Bedarf steigt. Das städtische Publikum wird nicht nur größer und heterogener. Es beginnt auch seit dem frühen 19. Jahrhundert, seinen Anspruch auf Teilhabe an Wissen und auf Öffentlichkeit in politischen und kulturellen Angelegenheiten zu formulieren. Dieser Anspruch wird in der Revolution von 1848 zu Gehör gebracht. Aber schon zuvor kommt Bewegung in das Verhältnis von Wissenschaft und Publikum. Der Universalgelehrte und weit gereiste Naturforscher Alexander von Humboldt setzt ein

Zeichen, das vielen wie ein Befreiungsschlag erscheint. Im Mai 1827 soeben nach zwanzig Jahren aus Paris nach Berlin zurückgekehrt, hält Humboldt zwischen November 1827 und April 1828 an der Universität 61 Vorlesungen über physikalische Geografie. Obwohl selbst nicht Professor, ist er dazu als Mitglied der Preußischen Akademie der Wissenschaften berechtigt.

Der Hörsaal ist stets überfüllt, Interessierte reisen von weit her an. Humboldt entschließt sich daher, parallel eine zeitlich wie thematisch komprimierte Vorlesungsreihe in der Singakademie abzuhalten. Diese Stätte der Kulturpflege hat erst im Frühjahr ihr neues Gebäude am Kastanienwäldchen eröffnet. Die 16 dort gehaltenen Vorlesungen wollen das Ganze der Natur erfassen; die Ausführungen reichen vom Planetensystem bis zu den Anwendungen der Elektrizität. Später profitiert Humboldts Monumentalwerk »Kosmos« von diesem Versuch. Die Vorlesungen sind ein ambitioniertes, ja verwegenes Unternehmen und überfordern viele der Zuhörer. Doch die öffentliche Wirkung ist spektakulär. Stets ist der 800 Plätze bietende Raum der Singakademie überfüllt. Auffällig viele Frauen und Angehörige des Hofes nehmen teil, zuweilen selbst der König. »Überhaupt hat man nie ein so gemischtes Auditorium gesehen«, beobachtet Alexanders Bruder Wilhelm von Humboldt.[10]

Die Vorlesungen werden zum Stadtgespräch und gelten später vielen als Geburtsstunde der Wissenschaftspopularisierung in Berlin. Humboldt selbst erkennt, dass die Stadt daran arbeiten muss, mehr Orte der Anschauung für eine wissenshungrige Bevölkerung zu schaffen. Er ist die treibende Kraft hinter der Idee, eine Sternwarte zu errichten, und fordert, sie solle dem Publikum an zwei Abenden im Monat zur Belehrung offenstehen. 1835 wird die Königlich Preußische Sternwarte tatsächlich eröffnet. Gerade weil ihre Kapazitäten dem zunehmenden Laieninteresse nicht gerecht werden, entwickelt der spätere Direktor Wilhelm Foerster gemeinsam mit Max Wilhelm Meyer 1888 die Idee, die Urania als Bildungsanstalt und Sternwarte für ein breites Publikum zu gründen.

Alexander von Humboldt übernimmt noch eine andere wichtige Rolle: 1828 tagt in Berlin die Versammlung deutscher Naturforscher und Ärzte, und Humboldt fungiert als ihr Präsident. In seinem Roman »Die Vermessung der Welt« hat zuletzt der Schriftsteller Daniel Kehlmann die Begegnung zwischen Humboldt und dem Mathematiker Carl Friedrich Gauß anlässlich dieser Versammlung in den Blick genommen. Hunderte von Teilnehmern kommen zum Teil von weit her und verschaffen den Naturwissenschaften so erneut Publizität. Humboldt selbst nutzt die Gelegenheit, ein Plädoyer für die Einheit Deutschlands

zu halten. Als fast sechzig Jahre später, 1886, die Versammlung wieder in Berlin tagt, werden über 4000 Teilnehmer registriert, und alle Tageszeitungen der Stadt berichten darüber. Die Wissenschaftlerversammlung wird zum gesellschaftlichen Ereignis. In der allgemeinen Sitzung, deren Reden stets auf die breite Öffentlichkeit zielen, proklamiert der liberale Ingenieur und Unternehmer Werner Siemens nun das »naturwissenschaftliche Zeitalter«.[11]

Die sich intensivierenden Bemühungen, Wissen öffentlich zu machen, werden im Vormärz sowohl von Gelehrten als auch von staatlichen und städtischen Autoritäten argwöhnisch beäugt. Aber sie fördern die kommunikative Mobilisierung der bürgerlichen und der gelehrten Welt. Anfang der 1840er-Jahre werden mit der Physikalischen Gesellschaft und dem Verein für wissenschaftliche Vorträge zwei Vereinigungen in Berlin gegründet, die der Stadt als Wissenschaftsstandort zusätzlich Profil verleihen. Die Revolution von 1848 setzt dann ein Fanal. Nicht zufällig klopft die Öffentlichkeit im Juni 1848 an das Portal der ehrwürdigen Preußischen Akademie der Wissenschaften: Auf Initiative der Physikalischen Gesellschaft wird der Akademieleitung ein Aufruf zugestellt, der einige Wochen Unter den Linden ausgelegen hat. Es geht den Unterzeichnenden – ganz dem Elan des Revolutionsjahres entsprechend – darum, die »Macht der öffentlichen Meinung« deutlich zu machen und das »Prinzip der Oeffentlichkeit« jetzt auch auf den Bereich der Wissenschaft auszudehnen. Alle thematisch angelegten Akademiesitzungen, so die Forderung, sollen öffentlich abgehalten werden, und die Tagespresse soll die Diskussionen nach außen tragen.[12] Hier zeigt sich, in welchem Maße Demokraten und Liberale den Bereich von Wissenschaft, von Wissen überhaupt, als Testfall sehen, um autoritäre Strukturen in der deutschen Gesellschaft aufzubrechen. Insofern haftet dem Ruf nach Öffentlichkeit für Wissenschaft ein antielitärer Zug an.

Die Akademie weiß diesen Vorstoß abzufedern. Im Januar 1849 klagen die »Berlinischen Nachrichten«, die Gelehrteninstitution habe das Volk wieder vergessen und sei in so klugen Dingen wie dem »Beschauen eines altägyptischen Topfes verloren«.[13] Allerdings wählt die Akademie später einen der Drahtzieher der Petition, den ehrgeizigen Physiologen Emil Du Bois-Reymond, zum Sekretär ihrer physikalisch-mathematischen Klasse. Du Bois-Reymond erhält damit in Berlin die doppelte Gelegenheit, sowohl die Akademie als auch sein Ordinariat und zwei Amtszeiten als Rektor an der Universität als Plattform für seinen Aufstieg zum Festredner der Nation wahrzunehmen. Er nutzt diese Position, um die in der zweiten Jahrhunderthälfte ungeheuer selbstbewusst gewordene Naturwissenschaft der Öffentlichkeit zu präsentieren.

Tatsächlich weitet sich nach der Revolution der Markt öffentlichen Wissens auch in Berlin erheblich aus. Er bietet jetzt immer mehr Schnittflächen mit dem Unterhaltungssektor. Neue Bühnen des Wissens und der Natur in städtischer Einkleidung entstehen. Auf ihnen fließen Belehrung, Entertainment und auch wirtschaftliches Gewinnstreben zusammen. An erster Stelle steht in diesem Zusammenhang der Zoologische Garten. Wieder ist Alexander von Humboldt involviert. Seit der frühen Regierungszeit König Friedrich Wilhelms III. (1797–1840) existiert nahe Potsdam auf der Pfaueninsel eine Menagerie. Sie weist 1832 immerhin fast hundert Arten auf.[14] Aber das ist eine exklusive Anlage, dem Publikum kaum zugänglich. Beeindruckt von der Gründung des Zoos in London 1828 und unterstützt von Alexander von Humboldt, treibt der Berliner Professor, Zoologe und Museumsdirektor Martin Hinrich Lichtenstein den Plan voran, auch in Berlin einen Zoologischen Garten als bürgerliche Einrichtung zu schaffen. Nach einigen Komplikationen wird die Anlage schließlich 1844 eröffnet; der berühmte Landschaftsarchitekt Peter Joseph Lenné liefert den Entwurf. Neun Monate später wird eine Aktiengesellschaft zur Finanzierung gegründet. Das Berliner Bürgertum kann nun an Affen, Elefanten, Bären und Bisons vorbeiflanieren und im Zoorestaurant entspannen (Abb. 4).

Nur zwei Wochen nach der Zooeröffnung kommen die ersten von schließlich über 260 000 Besuchern in die Allgemeine Gewerbe-Ausstellung im Zeughaus, eine monumentale Schau von Erzeugnissen aus Technik, Wissenschaft, Handwerk und Industrie. Diese beiden Ereignisse läuten die Epoche der Schaustellungen in Berlin ein. Der Zoologische Garten wird schließlich von seinem dritten Direktor, Heinrich Bodinus, seit 1869 umfassend modernisiert. Bodinus legt ein wissenschaftliches Konzept von Akklimatisation und biologischem Tierstudium zugrunde. Tierbestand und Wasseranlagen werden massiv erweitert. Neue, »exotische« Bauten wie das Elefantenhaus im maurischen Stil sorgen für Aufsehen. In der Zeit des Kaiserreichs wird der Zoo zu einer wirklichen Attraktion für die Berliner. Das Tierleben wird zum domestizierten Gut, das einen Platz in der Konsumwelt der städtischen Bevölkerung findet. Die Eröffnung des Antilopenhauses 1872 findet in Anwesenheit Kaiser Wilhelms I. statt, der vier Monate später sogar Zar Alexander I. und Österreichs Kaiser Franz Joseph zu einer Besichtigung einlädt.[15]

Der Zoo bleibt nicht ohne Konkurrenz. Das Angebot an hybriden Unternehmen, in denen sich wissenschaftliche Motive und pädagogische Absicht mit Vergnügungszweck und Profitstreben mischen, wird in der expandierenden Großstadt immer größer. 1869 öffnet das Berliner Aquarium Unter den Linden seine Pfor-

Abb. 4 Das Elefantenhaus im Zoologischen Garten (Elefantenpagode, errichtet 1873), 1874, Holzstich nach einer Zeichnung von Paul Meyerheim

Abb. 5 Die Schlangenabteilung des Berliner Aquariums, um 1869, kolorierter Holzstich nach einer Zeichnung von E. Schmidt

ten (Abb. 5). Dem ersten Direktor, Alfred Brehm, eilt der Ruf des begnadetsten Wissenschaftspublizisten und einfallsreichsten Populärzoologen Europas voraus. Sein »Thierleben«, das 1864–1869 in der ersten von vielen Auflagen erscheint, wird zum Bestseller. Auch beim Aquarium sorgt ein Aktienverein für die Verankerung im Bürgertum. Der Begriff Aquarium indessen ist ein Understatement. Brehm betreibt in Berlin ein dreistöckiges, mit viel Fantasie ausgestattetes Haus. Dessen Kernstück ist die »geologische Grotte«, ein Stück illusionistische Innenarchitektur aus Natursteinen und Felsblöcken, komponiert von dem Architekten Wilhelm Lüer aus Hannover. Neben dem eigentlichen Aquarium können die Besucher ein Vivarium und ein Vogelhaus erkunden. Brehm selbst verweist auf über 210 000 Besucher jährlich in seiner Amtszeit, die 1874 endet.[16] Sein Nachfolger, Otto Hermes, ist nicht weniger umtriebig. Er lässt Salzwasser produzieren (und verkaufen), und die Berliner staunen, als er 1876 im Berliner Aquarium erstmals einen Gorilla in Deutschland ausstellt.

Abb. 6 Ausstellung der indischen Kunstsammlung des Londoner South-Kensington-Museums im Lichthof des von Martin Gropius erbauten Deutsche-Gewerbe-Museums, 1881

Seit der Gründung des Kaiserreichs 1871 und vor allem seit den 1880er-Jahren boomt der Markt des populären Wissens in Berlin. Populärwissenschaftliche Zeitschriften schießen wie Pilze aus dem Boden. Berliner Tageszeitungen – so die liberale »Vossische Zeitung« in ihrer Sonntagsbeilage – führen Rubriken zur Naturkunde und »wissenschaftliche Feuilletons« ein. Die Museumslandschaft wird noch breiter. 1868 wird das Deutsche-Gewerbe-Museum eröffnet (Abb. 6), 1873 das Museum für Völkerkunde. Das ältere Museum für Naturkunde findet 1889 eine neue Heimat in einem riesigen Repräsentationsbau in der Invalidenstraße, zu dessen Eröffnung auch Kaiser Wilhelm II. erscheint. Unter seinem neuen Direktor, dem Zoologen Karl Möbius, führt das Naturkundemuseum wie viele andere Mu-

seen eine Trennung zwischen Schausammlung, die auf das Laienpublikum zielt, und wissenschaftlicher Sammlung ein. Allerdings bleibt Erstere in Berlin eher konservativ strukturiert.

Vor allem aber expandiert das Vereinswesen. Bürgerliche Liberale um Alfred Brehm, Werner Siemens, den Pathologen Rudolf Virchow, den Politiker Hermann Schulze-Delitzsch und andere rufen 1871 in Berlin die Gesellschaft für Verbreitung von Volksbildung ins Leben. Diesem Dachverband gehören 1913 über 8400 Vereine an, darunter auch 260 Arbeitervereine. In Berlin ist die Gesellschaft ein Motor des Vortragswesens, und in Anlehnung daran wird 1878 zudem die Humboldt-Akademie gegründet. Sie soll der »Ausbreitung der Wissenschaft« dienen,

Anschaulichkeit des Wissens fördern und in ihrem breit gefächerten Vortragsprogramm völlige Lehrfreiheit und Zugang für beide Geschlechter garantieren. Am Jahrhundertende ist die Mehrheit der Hörerschaft weiblich.[17]

Max Hirsch, der liberale Reichstagsabgeordnete und Generalsekretär der Humboldt-Akademie, beschreibt 1896 treffend den Spagat, den seine Institution ebenso wie viele andere Volksbildungseinrichtungen vollbringen muss. Er beklagt die Distanz der Universitätsprofessoren, verwahrt sich energisch gegen jedes »Verfallen in Oberflächlichkeit und Unterhaltungssucht«, besteht aber auf »Anregung der Selbstthätigkeit der Hörer« als einem Leitprinzip.[18] Die Populärwissenschaft hat sich inzwischen als eigenständiges Genre etabliert und professionalisiert. Bezeichnenderweise wird 1894 im Berliner Dorotheen-Gymnasium die Deutsche Gesellschaft für volkstümliche Naturkunde gegründet; bis 1909 steigt ihre Mitgliederzahl auf über 1400.[19] Diese Vereinigung konzentriert sich auf Berlin und das märkische Umland. Sie organisiert Exkursionen, bietet Vorträge und Lehrkurse an und arbeitet mit lokalen Lehrervereinen, der Urania und der Zentralstelle für Arbeiter-Wohlfahrtseinrichtungen zusammen. Auch hier spielen die Dramatisierung von Naturszenen und das visuelle Erleben mithilfe moderner Technik eine wichtige Rolle. Beim Vortrag des Landesgeologen Felix Wahnschaffe im Februar 1896 versetzte eine »stattliche Schaustellung von Photographien, Wandtafeln, kunstvollen Modellen, Gesteinsproben und Überresten vorweltlicher Tiere […] das Publikum von vornherein in eine erwartungsvolle Stimmung«.[20]

Abb. 7 Panopticum-Passage, Berlin, Fotografie, ohne Jahr

Andererseits ist das Wissen, wie es in diesem Segment vermittelt wird, keineswegs abgekoppelt von der Praxis der Universitätsgelehrten und deren Interessen. Die sogenannte Elitenkultur und die weit gefächerte Populärkultur überschneiden sich. Die Deutsche Gesellschaft für volkstümliche Naturkunde rekrutiert Vortragende aus den Berliner Museen und anderen Forschungseinrichtungen. Entgegen einem langlebigen Stereotyp sperren sich die Hochschullehrer in Berlin und anderswo um 1900 keineswegs schlicht gegen die »Popularisierung der Wissenschaft«, wie sie der Berliner Realschuldirektor Karl Müllenhoff 1896 angesichts der Eröffnung des neuen Gebäudes der Urania lobt.[21] Gewiss, es gibt Reibungspunkte und Konflikte, denen auch der Urania-Direktor Max Wilhelm Meyer nicht ausweichen kann. Die von ihm betriebene Theatralisierung von Wissen hat ihren Preis. Nicht nur Meyers umstrittenes Geschäftsgebaren, sondern auch die im wissenschaftlichen Umfeld wachsende »Abneigung« gegen das von ihm propagierte »Dekorative Genre« und dessen »theatralische Wirkungen« führen 1897 zu seiner Entlassung.[22]

Zwischen Populärwissenschaft und Fachwissenschaft kommt es in Berlin auch zu zunächst unwahrscheinlich erscheinenden Allianzen. Sie konkretisieren sich in den neuen urbanen Stätten der Anschauung. Aus der Verquickung von wissenschaftlichem Interesse, Kommerz und Show erwachsen in Berlin wie in vielen anderen Städten zwei überaus beliebte Typen von multimedialem Infotainment, wie man heute sagen würde: die Völkerschauen und das Panoptikum. Seit den 1870er-Jahren werden in Deutschland Vertreter von sogenannten Naturvölkern, vorzugsweise aus Afrika und Asien, als scheinbar exotische Objekte in Zoologischen Gärten und eigens arrangierten Völkerschauen präsentiert; der Hamburger Carl Hagenbeck ist der Begründer dieser Mode. Das städtische Publikum erlebt die Völkerschauen in fremdländisch anmutender Architektur, oft werden auch außereuropäische Tiere gezeigt. So arrangieren im Sommer 1898 die Brüder John und Gustav Hagenbeck am Kurfürstendamm »Hagenbeck's Indien«: Mehr als sechzig Schausteller, zumeist Tamilen aus Sri Lanka, treten dabei auf.[23]

Abb. 8 Das scheckige Mädchen aus Böhmen, Marietta Schöbl, 4 ½ Jahre alt, Fotografie, Carl Günther (?), 1894

zur Verfügung. Sie lenken so noch mehr Aufmerksamkeit auf ihr Etablissement, das seinerseits an wissenschaftlicher Seriosität gewinnt.[24]

Vor dem Ersten Weltkrieg können die Berliner, soweit es ihre Zeit und ihr Budget erlauben, ein breit gefächertes Spektrum der öffentlichen und unterhaltsamen Wissensvermittlung nutzen, das zur Weiterbildung anregt. Längst sind Natur- und Tierwelt, die scheinbar exotische und die heimische, auf zahlreichen Bühnen zu bewundern. Nicht zuletzt dank neuer technologischer Errungenschaften ist Wissenschaft zum Erlebnis und zum Konsumgut der Massengesellschaft geworden.

Allerdings segmentiert sich dieser Markt zunehmend und verfestigt sich in weltanschaulichen Lagern. Viele der älteren Gründungen halten der wachsenden Konkurrenz nicht mehr stand und müssen neuen Attraktionen wie der nach 1919 aufblühenden Kinematografie weichen. Die Urania gibt Meyers Wissenschaftliches Theater nach 1900 auf und verlegt sich mehr auf Projektionsvorträge. Das von Alfred Brehm gegründete Aquarium Unter den Linden schließt 1910, ein neues entsteht 1913 auf dem Gelände des Zoologischen Gartens. Dieser bietet 1907 die Kulisse für ein spektakuläres Wortgefecht, umgeben von Tiergeruch: Im Februar 1907 diskutiert im Großen Saal des Zoologischen Gartens vor etwa 2000 Zuhörern der Jesuit Erich Wasmann, oft als »Ameisenpater« tituliert, mit Vertretern aus Populär- und Fachwissenschaft das Verhältnis von Naturwissenschaft und christlichem Glauben, insbesondere im Licht der Darwin'schen Entwicklungslehre. Wasmann hatte zuvor drei gut besuchte Vorträge zur Entwicklungslehre im Oberlichtsaal der Philharmonie gehalten. Popularisierung von Wissenschaft ist zu Beginn des 20. Jahrhunderts damit auch nicht mehr allein ein Anliegen von Demokraten und Liberalen. Auch Konservative und kirchlich gebundene Wissenschaftler und Publizisten engagieren sich in diesem Markt. Und so erregt die Wasmann-Diskussion *tout* Berlin. In »voller Oeffentlichkeit«, wie das »Berliner Tageblatt« schreibt, wird nun »der Streit um die Weltanschauung« ausgetragen.[25]

Das 20. Jahrhundert schafft sich schließlich eigene Bühnen des Wissens und Orte der Anschauung, im geteilten Berlin des Kalten Krieges oft in asymmetrischer Spiegelung. Manches ist neu, zumal die technische – und heute auch virtuelle – Inszenierung sich wandelt. Aber die Schaustellungen der viel beschworenen Wissensgesellschaft des globalen Zeitalters stehen auch in der Tradition der zahlreichen und unterschiedlichen Anfänge öffentlichen Wissens in Berlin im 19. Jahrhundert.

Auch die beliebten Berliner Panoptiken fördern solche Schaustellungen. Das Panoptikum von Louis und Gustav Castan zieht 1873 in die Kaisergalerie an der Behrenstraße im Zentrum Berlins, um von dort 1888 in das direkt gegenüber gelegene Pschorrbräuhaus verlegt zu werden. Seinen Platz nimmt nun das Passagen-Panoptikum ein (Abb. 7). Beide Einrichtungen bieten Wachsfiguren, ethnografische Objekte und »exotische« Menschenfiguren, die in Gruppen zusammengestellt sind. Vermeintliche Abnormitäten wie Kleinwüchsige und »Giganten« werden zudem im Passagen-Panoptikum in einem riesigen Theaterraum zur Schau gestellt (Abb. 8). Sowohl Hagenbeck als auch die Brüder Castan arbeiten eng mit Berliner Anthropologen zusammen. Wenn auch die Motive unterschiedlich sind, so verbindet sie das Interesse an einer exakten Beschreibung der »Naturvölker«. Die Castans stellen das Panoptikum Rudolf Virchow und den Mitgliedern der Berliner Gesellschaft für Anthropologie, Ethnologie und Urgeschichte für Studienzwecke

1 Berliner National-Zeitung, Nr. 380 (Beiblatt), 29.6.1889.

2 Daum, Andreas W.: Varieties of Popular Science and the Transformations of Public Knowledge. Some Historical Reflections, in: Isis 100, 2009, S. 319–332.

3 Ebd.

4 Winteroll, Michael: Die Geschichte Berlins. Ein Stadtführer durch die Jahrhunderte, Berlin 2002, S. 84.

5 Daum, Andreas W.: Wissenschaftspopularisierung im 19. Jahrhundert. Bürgerliche Kultur, naturwissenschaftliche Bildung und die deutsche Öffentlichkeit, 1848–1914, München 2002, S. 180, 182.

6 Bürgel, Bruno H.: Vom Arbeiter zum Astronomen. Der Aufstieg eines Lebenskämpfers, Berlin 1919, S. 74, 78.

7 Haff, Robert: Die »Urania« in Berlin, in: Daheim 25, 1888/89, S. 238.

8 Ein großartiges gemeinnütziges naturwissenschaftliches Unternehmen, in: Die Natur 37, N.F. 14, 1888, S. 102.

9 Materna, Ingo/Ribbe, Wolfgang: Geschichte in Daten: Berlin, München 1997, S. 101.

10 Beck, Hanno: Alexander von Humboldt. Vom Reisewerk zum »Kosmos« 1804–1859, Wiesbaden 1961, S. 83.

11 Siemens, Werner: Das naturwissenschaftliche Zeitalter, in: Tageblatt der 59. Versammlung Deutscher Naturforscher und Ärzte zu Berlin, 18.–24. September 1886, Berlin 1886, S. 92–96.

12 Daum: Wissenschaftspopularisierung im 19. Jahrhundert, S. 1 und S. 441 f.

13 Ebd., S. 442.

14 Strehlow, Harro: Zoos and Aquariums of Berlin, in: Hoage, R. J./Deiss, William A. (Hg.): New Worlds, New Animals. From Menagerie to Zoological Park in the Nineteenth Century, Baltimore 1996, S. 64.

15 Rieke-Müller, Annelore/Dietrich, Lothar: Der Löwe brüllt nebenan. Die Gründung Zoologischer Gärten im deutschsprachigen Raum 1833–1869, Köln 1998, S. 264.

16 Haemmerlein, Hans-Dietrich: Der Sohn des Vogelpastors. Szenen, Bilder, Dokumente aus dem Leben von Alfred Edmund Brehm, Berlin 1987, S. 193.

17 Daum: Wissenschaftspopularisierung im 19. Jahrhundert, S. 171 und 177.

18 Hirsch, Max: Wissenschaftlicher Centralverein Humboldt-Akademie. Skizze ihrer Tätigkeit und Entwicklung 1878–1896, Berlin 1896, S. 25.

19 Naturwissenschaftliche Wochenschrift 24, N.F. 8, 1909, S. 159.

20 Natur und Haus 4, 1895/96, S. 173.

21 Müllenhoff, Karl: Die neue Urania in Berlin, in: Die Natur 45, N.F. 22, 1896, S. 298.

22 Meyer, M. Wilhelm: Denkschrift betreffend meinen Konflikt mit dem Aufsichtsrat der Gesellschaft Urania, O.O., o.J. [Berlin 1897], S. 5.

23 Ames, Eric: Carl Hagenbeck's Empire of Entertainments, Seattle 2008, S. 116–118.

24 Zimmermann, Andrew: Anthropology and Antihumanism in Imperial Germany, Chicago 2001, S. 16–18; Kornmeier, Uta: Taken from Life. Madame Tussaud und die Geschichte des Wachsfigurenkabinetts vom 17. bis frühen 20. Jahrhundert, Berlin 2002, S. 251–252; ich danke Anna Franziska Dannemann für den Hinweis auf die letztgenannte Studie und die Bereitstellung einiger Presseartikel.

25 Berliner Tageblatt, 19.2.1907.

BILD, BESCHLEUNIGUNG UND DAS GEBOT DER HERMENEUTIK

Horst Bredekamp

1. Der Atavismus der »Zwei Kulturen«

»Wir haben sehr wenig Zeit.« Mit diesen Worten ließ der britische Schriftsteller und Wissenschaftler Charles P. Snow jenen im Jahr 1959 gehaltenen Vortrag enden, der das Wort von den »Zwei Kulturen« prägen sollte.[1] Getrieben von der Furcht, dass die westliche Kultur der sowjetischen Forcierung ihres industriell-militärischen Komplexes nicht gewachsen sei, sah Snow als Hauptproblem die Verfügung über das kostbarste aller Güter: Zeit.[2] Seine Rede privilegierte die Naturwissenschaften, weil sie Fortschritt nicht als Metapher, sondern als eine an den unerbittlichen Zeittakt gebundene Größe empfänden, wohingegen die an der Geschichte orientierten Geisteswissenschaften glaubten, über eine unbegrenzte Zeit verfügen zu können.

Snow hat dazu beigetragen, die Geisteswissenschaften in einen Kokon von Vorurteilen einzuspinnen, aus dem sie ihrerseits durch eine Fetischisierung des Begriffs »Innovation« und eine immer stärker beschleunigte Suche nach neuen Themen zu entkommen hoffte. Ohne Räume einer unbedrängten Zeit aber kann es keine Suche nach Grundalternativen und nach den philosophischen Konsequenzen des eigenen Tuns geben, und dies gilt gleichermaßen für Geistes- wie Naturwissenschaften. Das intellektuelle Klima, dem Snow eine zugespitzte Formulierung zu geben vermochte, hat sich langfristig als eine Strangulierung erwiesen, die von den so Gefesselten angesichts der Aussichtslosigkeit, dem immer enger werdenden Zeitkäfig zu entkommen, als Tugend ausgegeben wird.

Ironischerweise war es jedoch gerade die Forderung der Beschleunigung, die Snows Rede von den »Zwei Kulturen« bereits im Moment ihrer Formulierung als überholt erscheinen ließ. Denn in den 1950er-Jahren hatte unter den Vorzeichen des Zeit-

gewinns jene umfassende Visualisierung begonnen, die sich als einer der tiefsten Einschnitte in der Geschichte der Naturwissenschaften herausstellen sollte. Zu ihrem Wesen gehört es aber, Natur- und Geisteswissenschaften nicht zu trennen, sondern zu koppeln.

Die sechs Jahre vor Snows Rede in der Zeitschrift »Nature« veröffentlichte Doppelspirale der DNS ist hierfür ein Beispiel. Der gesamte Jahrgang war – getreu jener tief sitzenden Bildskepsis, die in den Naturwissenschaften bis in die Mitte des 20. Jahrhunderts überall dort gepflegt wurde, wo die Forschung nicht unmittelbar auf die Morphologie wie etwa die Kristallografie oder auch die Biologie angewiesen war – mit nur wenigen Abbildungen ausgekommen.[3] In dem Artikel von J.D. Watson und F.H. Crick befindet sich jedoch mit der schematischen Darstellung der Doppelhelix ein Diagramm (Abb. 1).[4] Es folgt der bis auf Leonardo da Vinci zurückgehenden Erkenntnis, dass die Bedeutung visueller Gebilde im Bruchteil von Sekunden erfasst werden kann.[5] Sie hat sich in der kunsttheoretisch, philosophisch und militärstrategisch erörterten Lehre des *coup d'œil* als dem schlaglichthaften Erfassen selbst komplexer Felder verfestigt,[6] um spätestens mit Charles Darwin auch in den Naturwissenschaften zu reüssieren. Am Ende von »On the Origin of Species« führte dieser aus, dass die Verzweigungen einer alten Familie ohne Stammbaum kaum nachzuvollziehen seien; dies gelte umso mehr für die natürlichen Familien der Arten, deren Beziehungen untereinander unmittelbar zu begreifen hoffnungslos, mithilfe eines Diagramms aber mit einem Blick erfassbar sei.[7] Darwins Prinzip ist der Regelfall geworden, weil so gut wie alle Naturwissenschaften mit Datenmengen operieren, die sich der Bewältigung zunächst entziehen. Die Verbildlichung ist die Konsequenz einer überbordenden Fülle von In-

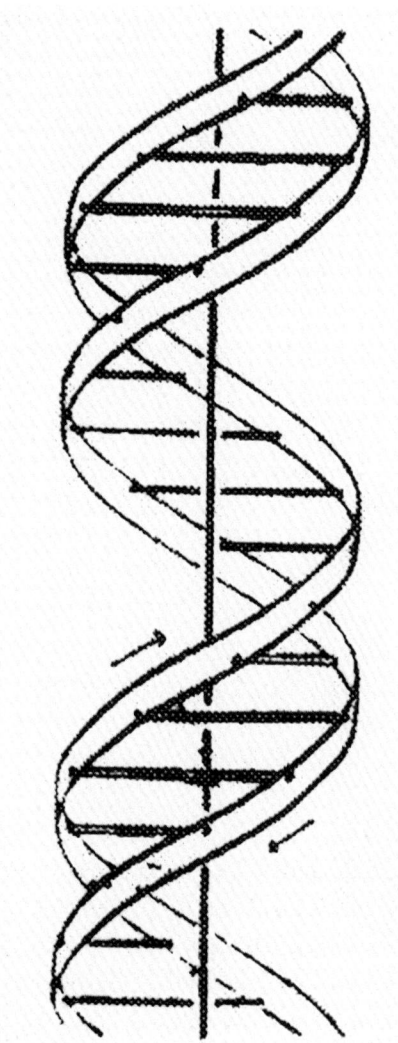

Abb. 1 Odile Crick, Schema der Doppelhelix, Grafik, in:
Nature, 25. April 1953, S. 737

rizonterweiterung erfüllt sie das Hauptmotiv von Snows Rede, um deren wissenschaftspolitische Stoßrichtung im Gegenzug ins Leere laufen zu lassen.

2. Der hermeneutische Druck

Die skrupulöse Anmerkung Odile Cricks zu der von ihr entwickelten grafischen Veranschaulichung der Doppelhelix, dass es sich hierbei nur um eine »rein diagrammatische« (»purely diagrammatic«) Darstellung handele, bezieht sich darauf, dass das mirakulöse Doppelvermögen von Diagrammen, schier unbegrenzte Informationen aufzunehmen und zugleich Verständlichkeit zu erzeugen,[10] einen Überschuss erzeugt, der in einem Distanzverhältnis zu jener Wirklichkeit steht, die das Schema komprimiert. Wenn diese Spanne angesichts der Schönheit und Eingängigkeit der Bilder verkleinert oder ausgeblendet wird, tendieren Bilder dazu, sich an die Stelle des Dargestellten zu schieben.[11] Ebendies ist Odile Cricks Diagramm geschehen. Die bezwingende Klarheit ihres Schemas trug zu jenem fast ein halbes Jahrhundert während »Genozentrismus« bei, der sich erst zögerlich in einen Zustand der »Postgenomik« aufgelöst hat.[12] Bilder und insbesondere Diagramme können in unnachahmlicher Geschwindigkeit Erkenntnisse erzeugen, vermitteln und den Denkhorizont erweitern, dabei gerät aber leicht in Vergessenheit, dass sie Wirklichkeit nicht darstellen, sondern symbolisieren und teils ihrerseits gestalten. Hierauf verweist das »lediglich diagrammatisch« intendierte Urbild der Doppelhelix, und gerade hierin besitzt es exemplarischen Charakter.

Die Verbilderung der Naturwissenschaften stand von Beginn an unter teils heftiger Kritik.[13] Im Extrem wurde gefordert, in den Naturwissenschaften eine Art Bildpolizei einzurichten.[14] Dies wäre nicht notwendig gewesen, wenn das in Cricks Bildlegende angelegte Gebot befolgt worden wäre: Bilder im Sinne einer systematischen Bildhermeneutik in die Analyse dessen einzubeziehen, was sie zeigen. Während sich die Trennung von Natur- und Geisteswissenschaften rhetorisch vollzog, wurden beide durch den Problemdruck der Visualisierung unerwartet auf einer methodologischen Metaebene miteinander verbunden. Auf dem Feld der Visualisierung von den »Zwei Kulturen« zu sprechen, heißt daher, tief gehende Fragen der Objektkonstitution auszublenden, deren Beantwortung Natur- wie Geisteswissenschaften gleichermaßen herausfordert.

3. Das Prinzip der Disjunktion

Die Grundfrage der Visualisierung, ob die Verbildlichung dem dargestellten Gegenstand äußerlich bleibt oder ob sie diesen intrinsisch verändert, reicht weitaus tiefer, als es die gegenwärtige Epoche des naturwissenschaftlichen *iconic turn* erscheinen lässt. Sie zeigt sich an jener Regel, die als »Prinzip der Disjunk-

formationen. Bilder lassen ungeheure Datenmengen begreifbar werden, und sie vermögen in unvergleichbarer Geschwindigkeit Erkenntnis zu vermitteln. Der aus diesen Möglichkeiten der Visualisierung hervorgehende Anspruch hat seit den 1990er-Jahren dazu geführt, dass sich naturwissenschaftliche Publikationen von asketischen Bleiwüsten in Hochglanzprodukte verwandelt haben, die mit Kunstzeitschriften konkurrieren können.[8]

Wie »Nature« in einer jüngeren Ausgabe betont, wird mit der Verbildlichung und deren zeitlicher Kompression der Informationserfassung ein weiterer Vorzug verbunden: »Das Wunderbare am visuellen Denken ist, dass es so einfach ist, in großen Dimensionen zu denken. Und genau das ist es, was Forscher tun sollten, wenn sie voranschreiten.«[9] Durch Informationsverdichtung eröffnet die Visualisierung neue Gedankenräume: mit dieser Koppelung von Zeitersparnis und systematischer Ho-

Abb. 2 Johannes Müller, Haie, Feuchtpräparate, ca. 1838

nige, weil dazu wirkliche Künstler gehören.«[17] Das auf dem Gelände der Berliner Charité im Jahr 1891 eröffnete Pathologische Museum war für Virchow gleichermaßen ein Medizin- wie Kunstmuseum, denn für ihn stand fest, dass Gestaltungsaspekte über die Grenzen seiner Disziplin hinausführten.

Müller und Virchow konnten ihre Fähigkeiten nicht zufällig in Berlin ausbauen. Es ist keine Fiktion, diese Stadt als einen besonderen Ort anzuerkennen, an dem die Möglichkeiten und Probleme der Visualisierung und des disjunktiven Verhältnisses von Bild und Objekt immer neu durchgespielt wurden. Der historische Ursprung liegt darin, dass Gottfried Wilhelm Leibniz' Akademiegründung mit der Idee verbunden war, Sammlungen aller zu erforschenden Gebiete anzulegen und hierfür visuelle Arbeitsmittel wie Atlanten, Bildenzyklopädien und Diagramme einzusetzen.[18] Sein Impuls, die Akademie mit der Kunstkammer des Berliner Schlosses zu vereinen, um Erkenntnisse aus dem unmittelbaren Kontakt mit der Materie und deren Visualisierung zu ermöglichen, zündete mit über hundert Jahren Verspätung im Jahr 1810, als die medizinischen und naturwissenschaftlichen Sammlungen an die Universität übergeben wurden.[19]

Dass die Friedrich-Wilhelms-Universität als ein Museum mit angeschlossenem Lehrbetrieb konzipiert war, muss bei Studenten wie Dozenten einen unauslöschlichen Eindruck hinterlassen haben. Die Disziplinen differenzierten sich entsprechend der Aufteilung ihrer Sammlungen aus und die Methoden der Fächer wurden auch danach bewertet, wie die Exponate erschlossen, konserviert, für die Analysen genutzt und als visuelle Mittel eingesetzt werden konnten.[20] In diesem Klima hat sich früh die Tendenz gezeigt, die Grenze zwischen Naturobjekten und Bildern porös werden zu lassen und damit das Prinzip der Disjunktion methodisch reflektiert einzusetzen.

4. Fotografien als Realobjekte

Auf besonders spektakuläre Weise vollzog sich dieser Prozess in der Fotografie, die auf bis heute kaum erforschte Weise das Naturobjekt als Bild seiner selbst einzusetzen verstand. So vertrat der Berliner Kunsthistoriker Herman Grimm die Überzeugung, die beobachtende Subjektivität des Betrachters könne mithilfe dieses Mediums in eine störungsfreie Selbstrepräsentation des Objektes verwandelt werden. Ein Fotoalbum sei »vielleicht wichtiger heute als die größten Galerien von Originalen«.[21]

Wenige Jahre später argumentierte Robert Koch in ähnlicher Weise. Nachdem er bereits 1877 einen seiner grundlegenden Artikel zur Bakteriologie mit drei Tafeln ausgestattet hatte, die

tion« bezeichnet werden kann und derzufolge die zu untersuchenden Organismen und Objekte umso stärker künstlich geprägt werden, je natürlicher sie wirken.[15]

Dies gilt zuerst für Präparate, die, wie etwa die Nasspräparate des Berliner Anatomen Johannes Müller, eine lebendige Physis als Bilder ihrer selbst bewahren (Abb. 2).[16] Rudolf Virchow sah in dieser Form die Möglichkeit, Missbildungen zum Objekt massenhafter Vergleiche zu machen. Mithilfe dieser Präparatbilder nutzte er die morphologische Vergleichsmethode der Archäologie und Kunstgeschichte, um durch Reihenbildung das »Beobachten und Sehen« zu schulen und auf diese Weise jeglichem Aberglauben den Boden zu entziehen. Keine Frage konnte es für ihn und seine Mitarbeiter sein, dass sie als Mediziner auch als Künstler tätig waren: »zur Vollendung gelangen we-

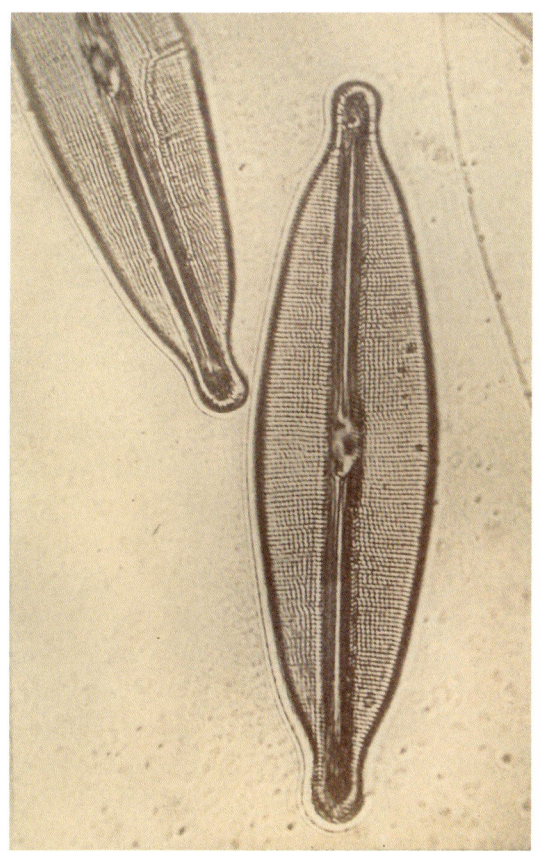

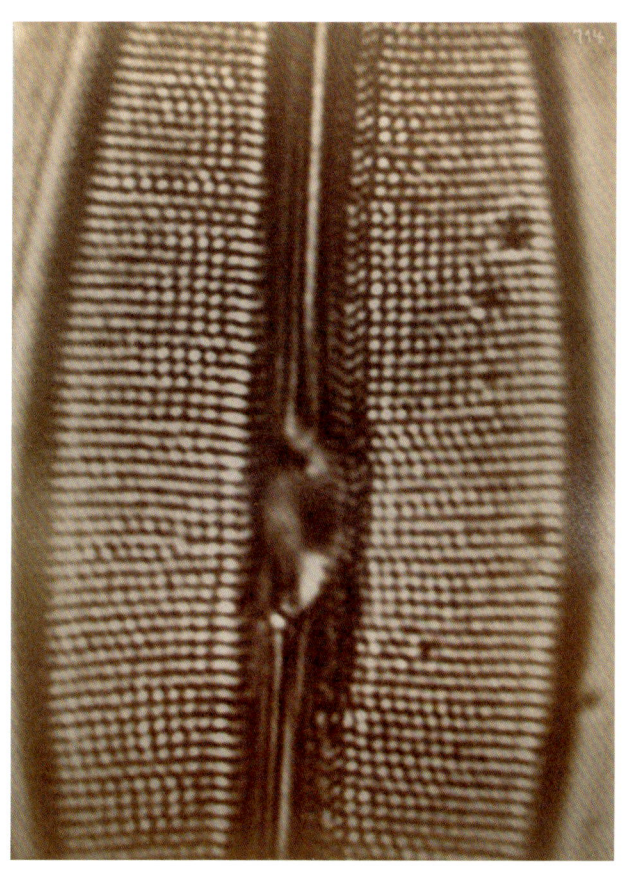

Abb. 3a Robert Koch und Emil Zettnow, Mikroaufnahme der Diatomee van Heurkia, um 1880, Fotografie, Abzug Nr. 712, Humboldt-Universität zu Berlin, Robert-Koch-Institut, Archiv

Abb. 3b Robert Koch und Emil Zettnow, Mikroaufnahme von Abb. 3a, um 1880, Fotografie, Abzug Nr. 714, Humboldt-Universität zu Berlin, Robert-Koch-Institut, Archiv

Fotografien von 700-facher Vergrößerung enthielten,[22] publizierte er fünf Jahre später einen weiteren mit Mikroskopaufnahmen illustrierten Artikel, um im Hochgefühl seiner Bildanalysen zu konstatieren, er halte »das photographische Bild eines mikroskopischen Gegenstandes […] unter Umständen für wichtiger, als diesen selbst«.[23]

Koch nahm zudem nicht die Objekte selbst, sondern deren Fotografien bis zu zwölfmal neu auf, um damit über die Grenze der mithilfe des Mikroskops möglichen Grade der Vergrößerung hinauszugelangen.[24] Gemeinsam mit Emil Zettnow, dem Leiter der Fotoabteilung des kaiserlichen Gesundheitsamts, reproduzierte er auch etwa die Aufnahme der *Diatomee van Heurkia*, einer extrem kleinen Kieselalge (Abb. 3a), mehrfach durch Mikroaufnahmen, sodass neue Strukturen zum Vorschein kamen (Abb. 3b), bis sich die weiteren Vergrößerungen in fast abstrakte Formen verwandelten. Die Grenze der mikroskopischen Iterationsfähigkeit der Fotografie wurde zum Maßstab der Naturerkenntnis.[25] Die Fotografie hatte die Natur vollgültig ersetzt, und was in den Publikationen als Natur erschien, war das Ergebnis eines disjunktiven Kreislaufs von Kunstprodukten.

Grimm, der 1873 zum ersten Ordinarius für Kunstgeschichte an die Berliner Universität berufen wurde, hat in einem weiteren Schritt nicht nur die fotografische Reproduktion, sondern auch die Projektion von Diapositiven als ein Mittel begriffen, die Originale in einer neuen Form erhöhter Präsenz vorstellbar zu machen und formale Details durch vergrößerte Projektion wie unter einem Mikroskop hervorzuholen und zu analysieren. Er erkannte intuitiv die Geistes- wie Naturwissenschaften gleichermaßen umfassenden Konsequenzen, die sich aus den Möglichkeiten der Projektion ergaben.[26] Beide, der Kunsthistoriker Grimm wie der Mediziner Koch, haben je auf ihrem Gebiet die Analyse- und Darstellungsmethoden in durchaus paralleler Ausrichtung neu definiert.

5. Gestalttheorie

Grimms Methode, die Diaprojektion als Darstellungs- wie auch Analysemittel zu nutzen, wurde von seinem Nachfolger am Berliner Lehrstuhl Heinrich Wölfflin weitergeführt, und vermutlich war es der aus Halle berufene Spezialist für die Skulptur des Mittelalters Adolph Goldschmidt, der die Doppelprojektion systematisch einsetzte und damit die bis heute unübertroffene Methode des vergleichenden Sehens begründete.[27]

Die überaus populären kunsthistorischen Vorlesungen liefen parallel zu jenen mithilfe der Diaprojektion, der Experimentalfilme und anderer bildtechnischer Verfahren angestellten Experimenten, die seit 1920 im Berliner Stadtschloss stattfanden. Durchgeführt wurden sie vom psychologischen Institut der Universität, das Wolfgang Köhler mit Kollegen wie Max Wertheimer und Kurt Lewin leitete. Seit 1920 verfügte es über Räume im Berliner Schloss: ein Vorgang, der Leibniz begeistert hätte. Bei den besonders aufsehenerregenden Ganzfeld-Untersuchungen Wolfgang Metzgers schwebte in dem barocken Saal des Schlosses eine riesige Leinwand, vor der die Farb- und Beleuchtungswahrnehmungen der Probanden gemessen wurden (Abb. 4).[28] Rudolf Arnheim, der gewissermaßen die Brücke zwischen der Kunstgeschichte und dieser spektakulären Art der Wahrnehmungspsychologie verkörperte, unterrichtete nach seiner Emigration in die USA Generationen von Studenten in

Abb. 4 Ganzfeldexperiment des Psychologischen Instituts der Berliner Universität, Fotografie, um 1930, ullstein bild Zander & Labisch, Nr. 12908

Kunstpsychologie. Über ihn hat die Berliner Gestaltforschung die amerikanische Praxis und Theorie des Design bis hin zur grafischen Gestaltung der Computerscreens mitgeprägt.[29]

Nicht weniger wichtig für die Geschichte der Visualisierung war die Erfindung des Elektronenmikroskops. Zeitgleich mit den Experimenten der Gestaltpsychologie im Berliner Schloss gelang dem Doktoranden der Technischen Universität Berlins Ernst Ruska gemeinsam mit Max Knoll die Bündelung von Elektronenstrahlen, die durch ihre gegenüber dem Licht erheblich geringere Wellenlänge eine unvergleichlich höhere Auflösung erlaubten. Ende 1933 konnte Ruska erstmals die Auflösungsgrenze des Lichts unterschreiten. Da die unterhalb der Lichtschwelle sich ereignenden Strahlungsergebnisse ihrerseits durch Fotografien sichtbar gemacht werden mussten, wies die Elektronenmikroskopie der Fotografie den Status der Realität selbst zu.[30] Zudem müssen Naturprodukte durch die Aufstäubung einer feinen Schicht aus Gold oder Kohlenstoff in Bildwerke verwandelt werden, um in der Vakuumröhre ihre Oberfläche bewahren und den Beschuss von Elektronenstrahlen angemessen reflektieren zu können. Als Produkte der Goldkunst sind sie zu Artefakten geworden, die den Prozess der Disjunktion durchlaufen haben müssen, bevor sie zum Objekt der Mikroskopie gemacht werden können.[31]

6. Berliner Kontinuitäten

Es gibt für Kontinuitäten keine Zwangsläufigkeit, aber es kann doch vermutet werden, dass die Gründe für die komplexe Bildwelt der Naturwissenschaften, wie sie gegenwärtig auch in Berlin produziert wird, in ihrer hier skizzierten Vorgeschichte liegen. In Einzelfällen wie dem im Jahr 1955 gegründeten Institut für Elektronenmikroskopie am Fritz-Haber-Institut in Berlin-Dahlem, das noch auf Ernst Ruska zurückgeht, ist diese Kontinuität auch personell zu verfolgen.

Die nur einen Ausschnitt der Interessen und Leistungen bietenden Beispiele der jüngsten Zeit wurden gewählt, um eine möglichst große Spanne zu zeigen: zwischen scheinbarem Kunstprodukt und mimetischer Hyperrealität, zwischen Mikrobereich und Astronomie. So halten die wissenschaftlichen Filme des Max-Delbrück-Centrums für Molekulare Medizin Berlin-Buch vom Herzen der Zebrafische in ihrer traumartigen Präsenz jeden Vergleich mit elektronischer Kunst aus (Abb. 5). Den Gegenpol bietet die Extremform mimetischer Bildgebung, die in der Medizin zur beherrschenden Diagnose- und auch Behandlungstechnik geworden ist. Die vom Max-Delbrück-Centrum für Molekulare Medizin hergestellten MRT-Sequenzen schlagender Herzen vermitteln in ihrer Unmittelbarkeit den Eindruck, diese Lebensorgane nicht zu zeigen, sondern zu sein (vgl. Kat. 16-13). Hierin liegt mehr als nur Metaphorik. Die an der Charité erprobte Überführung von Informationen physikalischer, chemischer und biologischer Natur in körpermimetische Bilder erzeugt so komplexe wie fragile und immer deutungsrelevante Gebilde – »Bilder in Aktion«.[32] Gerade hierin besitzen sie eine Lebensnähe, aufgrund derer sie kaum noch als Bilder anzusprechen sind; dies lässt auch sie zu einem Extremfall des Disjunktionsprinzips werden.

Der konstruktive Charakter der Bilder tritt auch bei den spektakulären Marsaufnahmen des Deutschen Zentrums für Luft- und Raumfahrt in Adlershof zutage, so etwa bei einem Blick auf den Olympus Mons des Mars, mit 24 Kilometern Höhe der höchste Vulkan des Sonnensystems (vgl. Kat. 16-17). Von einer High-Resolution-Stereo-Camera während 18 Vorbeiflügen der Planetensonde Mars Express aufgenommen, wurden 16 Bildstreifen zu einem lotrechten Ortho-Bildmosaik zusammengesetzt. Zudem gehört die geologisch klärende Kolorierung zu einem bei Weltraumbildern üblichen Bearbeitungsschritt. Die Aufnahme erlaubt, wie durch ein Fernglas eine höhere Auflösung der Oberfläche zu wählen und hierbei bis zu einer Kartenauflösung von 50 Metern zu gelangen.[33]

Eines der anspruchsvollsten Projekte des 1984 eingerichteten Konrad-Zuse-Zentrums für Informationstechnik Berlin (ZIB) versucht, nicht etwa weit Entferntes nahezubringen, sondern mit Gravitationswellen, die Einsteins Relativitätstheorie vorhersagt, definitiv Unsichtbares zu visualisieren.[34] Nach den Mustern dynamischer Spiralen, wie sie auch aus der Kunst des Futurismus am Beginn des 20. Jahrhunderts bekannt sind, werden die sich wandelnden Kraftfelder sichtbar gemacht, kreisend um Zentren in Kugelform (Abb. 6).

Die mit dem Einsatz des Rastertunnelmikroskops verbundene Möglichkeit, den Untersuchungsgegenstand durch Berührung aufzunehmen und zu versetzen, sodass das Mittel der Analyse zum Akteur der zu analysierenden Sache gerät,[35] wurde schließlich in dem am Institut für Physik der Humboldt-Universität entwickelten Verfahren genutzt, um erstmals ein einzelnes synthetisches Makromolekül mit einem DNA-Molekül kovalent zu verbinden (Abb. 7). Hier wird das Rasterkraftmikroskop zum bildgesteuerten Gestalter, indem es dazu gebracht wird, mit seiner Spitze die Moleküle aufeinander zuzubewegen (*Move*), diese dann an ihrer Kontaktstelle mittels UV-Bestrahlung zu verbinden (*Connect*) und schließlich durch Zug mit dem Mikroskop zu überprüfen, ob die Verknüpfung gelungen ist (*Prove*).[36] Es handelt sich um ein eindrucksvolles Beispiel dafür, dass Bilder das Verhältnis des Analyseinstruments zum Objekt grundlegend erweitern und gar verkehren können.

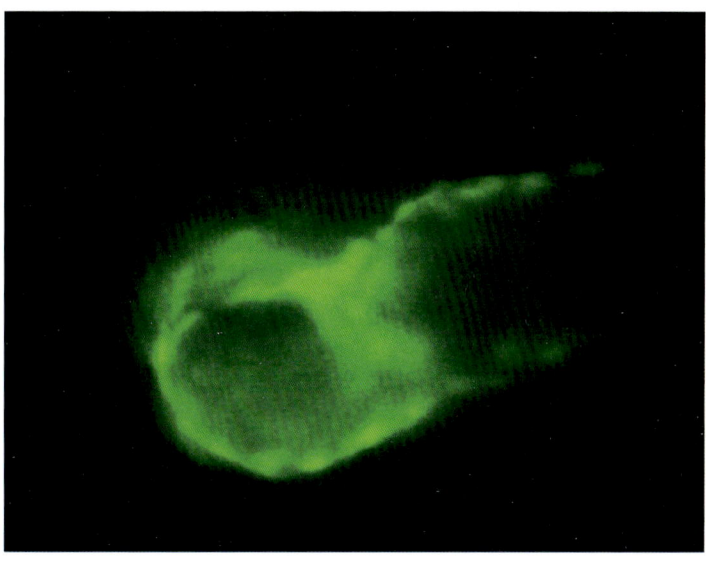

Abb. 5 S. Seyfried, C. Otten, S. Rohr, J. Veerkamp, Sichtbarmachung der Herzentwicklung bei Zebrafischen, Fluoreszenz-Mikroskopie, Filmstill, 2010, Max-Delbrück-Centrum für Molekulare Medizin Berlin-Buch

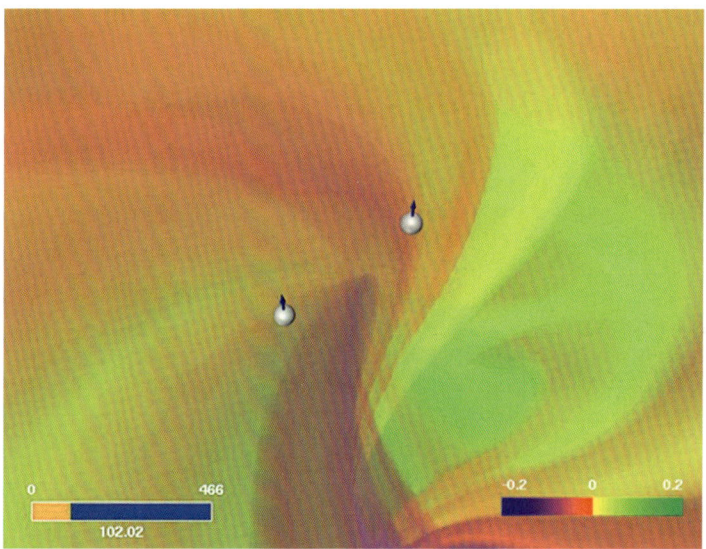

Abb. 6 Sichtbarmachung von Gravitationswellensignalen, 2009, Konrad-Zuse-Zentrum für Informationstechnik Berlin, Filmstill, Simulation

Auch hier zeigt sich, dass die Bildgebung eine eigene, schöpferische Dimension besitzt, und dies gilt für alle hier aufgeführten Bereiche des Sehens, des Wahrnehmens, des Analysierens, des Simulierens und des Gestaltens. Wer Bilder nur illustrativ versteht, wird von ihnen gesteuert. Wer sie als eigene und eigenwillige Erkenntnismittel begreift und gestaltet, gewinnt dagegen einen Kosmos hinzu, in dem sich Zeitgewinn und reflexive Entschleunigung die Waage halten. In der Bildwelt selbst steckt eine aktive Kraft, welche sich die Natur nach eigenen Regeln gestaltet. Wir nennen sie den »Bildakt«.[37] Er bindet

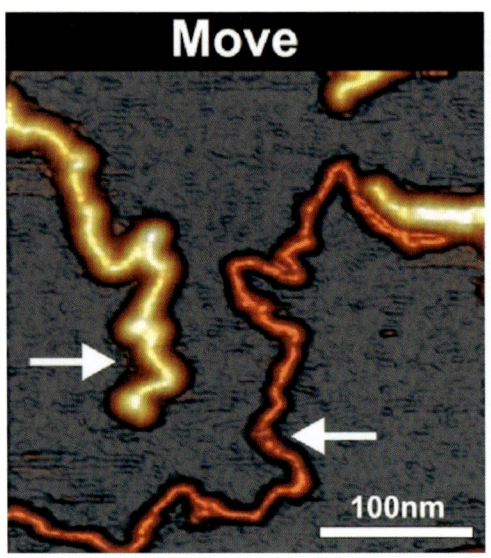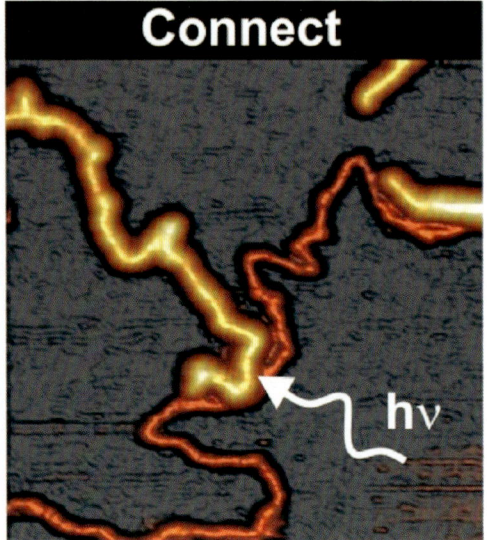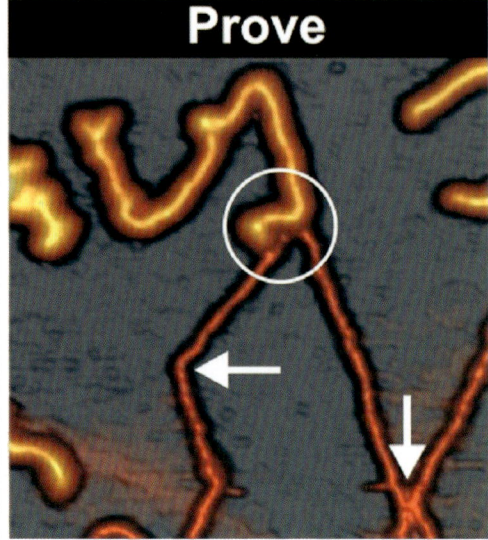

Abb. 7 J. Barner, R. Al-Hellani, A. D. Schlüter, J. P. Rabe, Verbindung eines synthetischen Makromoleküls mit einem DNA-Molekül, 2010, in: Macromolecular Rapid Communications 31, 4, 2010, Titelblatt

Naturwissenschaften und Bildgeschichte stärker zusammen, als es die Trennung der Kulturen wahrhaben möchte. Wer von den »Zwei Kulturen« spricht, steckt aus Sicht der Bildgeschichte im »Snow« von gestern.

1 »We have very little time«, Snow, Charles P.: The two cultures and the scientific revolution, New York 1961, S. 54.

2 Oels, David: »Den zweiten Hauptsatz der Thermodynamik angeben«. Zu einem unpassenden Beispiel von C.P. Snows Zwei Kulturen, in: Non Fiktion. Arsenal der anderen Gattungen – Entropie 4, 2009, Heft 2, S. 51–69.

3 Zur Überwindung der Bildaskese am Beispiel der Hirnbilder: Hagner, Michael: Der Geist bei der Arbeit. Historische Untersuchungen zur Hirnforschung, Göttingen 2006, S. 195–222.

4 Watson, J.D./Crick, F. H., Molecular Structure of Nucleic Acids. A Structure for Desoxyribose Nucleic Acid, in: Nature, 25. April 1953, S. 737.

5 »La pittura ti rappresenta in un subito la sua essenza nella virtù visiva«, Leonardo da Vinci: Trattato della pittura, Hg. Ettore Camesasca, Mailand 1995, Par. 19, S. 17.

6 Bredekamp, Horst: Die Erkenntniskraft der Plötzlichkeit: Hogrebes Szenenblick und die Tradition des Coup d'œil, in: Festschrift für Wolfram Hogrebe, 2010 [im Druck].

7 Darwin, Charles: On the Origin of Species. A Facsimile of the First Edition, Cambridge, MA, 2001, S. 431.

8 Kemp, Martin: Bilderwissen. Die Anschaulichkeit naturwissenschaftlicher Phänomene, Köln 2003.

9 »The wonderful thing about thinking visually is that it is so easy to think big. And that's exactly what researchers should do as they move ahead«, Abbot, Alison: Seeing is Achieving. New miracles from microscopes, in: Nature 459, 2009, S. 615, 629–639, 642–644.

10 Zur Geschichte der Wissensdiagramme: Siegel, Steffen: Tabula. Figuren der Ordnung um 1600, Berlin 2009.

11 Bredekamp, Horst: Modelle der Kunst und der Evolution, in: Modelle des Denkens. Streitgespräch in der Wissenschaftlichen Sitzung der Versammlung der Berlin-Brandenburgischen Akademie der Wissenschaften am 12. Dezember 2003,

hg. vom Präsident der Berlin Brandenburgischen Akademie der Wissenschaften, Debatte, Heft 2, Berlin 2005, S. 13–20.

12 Fox Keller, Evelyn: Das Jahrhundert des Gens, Frankfurt am Main 2001; Müller-Wille, Staffan/Hans-Jörg Rheinberger: Das Gen im Zeitalter der Postgenomik. Eine wissenschaftliche Bestandsaufnahme, Frankfurt am Main, S. 102ff.

13 Die Kritik galt vor allem für die Bilder des Gehirns. Vgl. Randolf Menzel (S. 9–18), David Poeppel (S. 19–29) und Michael Hagner (S. 43–51), in: Bildwelten des Wissens. Kunsthistorisches Jahrbuch für Bildkritik, Bd. 6,1: Ikonografie des Gehirns, Berlin 2008.

14 Vgl. M. Ottino, Julio: Is a picture worth 1,000 words?, in: Nature 421, 30. Januar 2003, S. 474–476; Pearson, Helen: CSI: cell biology, in: Nature 434, 2005, S. 952–953; dies., The Good, the Bad and the Ugly, in: Nature 447, 10. Mai 2007, S. 138–140.

15 Bredekamp, Horst/Fischel, Angela/Schneider, Birgit/Werner, Gabriele: Bildwelten des Wissens, in: Bilder in Prozessen. Bildwelten des Wissens. Kunsthistorisches Jahrbuch für Bildkritik, Bd. I,1, 2003, S. 9–20, hier: S. 15.

16 Theatrum Naturae et Artis, Katalogband, S. 152. Vgl. Münch, Ragnhild: Theater des Todes – Museum des Lebens, in: Theatrum Naturae et Artis, Essays, S. 135–142, 140. Vgl. allgemein: Racek, Milan: Mumia viva – Kulturgeschichte der Human- und Animalpräparation, Graz 1990, und Rheinberger, Hans-Jörg: Präparate – »Bilder« ihrer selbst, in: Bildwelten des Wissens, Bd. 1,2, Berlin 2003, S. 9–19.

17 Matyssek, Angela: Das Pathologische Museum der Friedrich-Wilhelms-Universität, Magisterarbeit, Berlin 1998, S. 64.

18 Bredekamp, Horst: Die Fenster der Monade. Gottfried Wilhelm Leibniz' Theater der Natur und Kunst, Berlin 2004, S. 170–174 und passim.

19 Zur Vorgeschichte: Dolezel, Eva: »Lehrreiche Unterhaltung« oder »Wissenschaftliche Hülfsmittel«? Die Berliner Kunstkammer um 1800. Eine Sammlung am Schnittpunkt zweier musealer Konzepte, in: Jahrbuch der Berliner Museen 2004, N.F., Bd. 46, S. 147–160.

20 Bredekamp, Horst/Brüning, Jochen/Weber, Cornelia (Hg.): Theater der Natur und Kunst. Theatrum Naturae et Artis. Wunderkammern des Wissens, Katalogband und Essayband, Berlin 2000; Bredekamp, Horst/Labuda, Adam: Kunstgeschichte, Universität, Museum und die Mitte Berlins 1810–1873, in: Tenorth, Heinz-Elmar (Hg.): Geschichte der Universität 1810–2010, Bd. 4: Genese der Disziplinen. Die Konstitution der Universität, Berlin 2010, S. 237–263, hier: S. 237–242.

21 Grimm, Herman, Über Künstler und Kunstwerke, Jg. 1, Februar 1865, S. 38.

Vgl. als Vorbild: Gerlach, Joseph: Die Photographie als Hülfsmittel mikroskopischer Forschung, Leipzig 1863, Einleitung.

22 Koch, Robert: Verfahren zur Untersuchung, zum Conservieren und Photographieren der Bacterien, in: Cohns Beiträge zur Biologie der Pflanzen, Bd. 2, 1877, Nr. 3, S. 399–434.

23 Koch, Robert: Zur Untersuchung von pathogenen Organismen, in: Mitteilungen des kaiserlichen Gesundheitsamts, Bd. 1, 1881, S. 1–48, hier: S. 11. Hierzu: Brons, Franziska: Das Versprechen der Retina. Zur Mikrofotografie Robert Kochs, in: Instrumente des Sehens. Bildwelten des Wissens. Kunsthistorisches Jahrbuch für Bildkritik, Bd. 2, 2, 2004, S. 19–28. Allgemein: Daston, Lorraine/Galison, Peter: Das Bild der Objektivität, in: Geimer, Peter (Hg.): Ordnungen der Sichtbarkeit. Fotografie in Wissenschaft, Kunst und Technologie, Frankfurt am Main 2002, S. 29–99.

24 Zu dieser Technik: Breidbach, Olaf: Representation of the Microcosm. The Claim for Objectivity in 19th Century Scientific Microphotography, in: Journal of the History of Biology 35, 2002, S. 221–250.

25 Franziska Brons hat diese Fotografien im Archiv des Robert-Koch-Instituts entdeckt. Vgl. ausführlich: Derenthal, Ludger/Stahl, Christiane: Mikrofotografie. Schönheit jenseits des Sichtbaren, Berlin 2010.

26 Grimm, Herman: Die Umgestaltung der Universitätsvorlesungen über Neuere Kunstgeschichte durch die Anwendung des Skioptikons, in: ders., Beiträge zur Deutschen Culturgeschichte, Berlin 1897, S. 276–395, hier: S. 362.

27 Dilly, Heinrich: Weder Grimm, noch Schmarsow, geschweige denn Wölfflin … Zur jüngsten Diskussion über die Diaprojektion um 1900, in: Caraffa, Constanza (Hg.), Fotografie als Instrument und Medium der Kunstgeschichte, Berlin und München 2009, S. 91–116.

28 Ash, Mitchell G.: Gestalt psychology in German culture, 1890–1967. Holism and the quest for objectivity, Cambridge 1995, S. 229f. Vgl. Hoormann, Anne: Schwindel im Ganzfeld und Farb-Täuschung. Wahrnehmungsschwellen im Werk von James Turrell, in: Hoormann, Anne/Schawelka, Karl (Hg.), Who's Afraid of. Zum Stand der Farbforschung, Weimar 1998, S. 336–365.

29 Hierzu grundlegend: Pratschke, Margarete: Windows als Tableau. Zur Bildgeschichte grafischer Benutzeroberflächen, Phil. Diss., Humboldt-Universität zu Berlin, 2010. Vgl. dies.: Digitale Architektur als Tableau – »overlapping windows« zwischen Displays und gebautem Raum, in: Beyer, Andreas/Burioni, Matteo/ Grave, Johannes (Hg.): Das Auge der Architektur. Zur Frage der Bildlichkeit in der Baukunst, München 2010 [im Druck].

30 Breidbach, Olaf: Schattenbilder: Zur elektronenmikroskopischen Photographie in den Biowissenschaften, in: Beiträge zur Wissenschaftsgeschichte 28, 2005, S. 160–171, hier: S. 162 und S. 167.

31 Ditzen, Stefan: Kunstformen instrumenteller Sichtbarkeit. Etappen einer Bildgeschichte des Mikroskops, Aachen 2008.

32 R. Badakhshi, Harun: Körper in/aus Zahlen. Digitale Bildgebung in der Medizin, in: Hinterwaldner, Inge/Buschaus, Markus (Hg.): The Picture's Image. Wissenschaftliche Visualisierung als Komposit, München 2006, S. 199–205, hier: S. 204.

33 Vgl. Uhlig, Franziska: Ready-made Farbe. Vom Mond aus betrachtet, in: Bildwelten des Wissens, Bd. 4/1: Farbstrategien, Berlin 2006, S. 25–33; Elkins, James: An den Grenzen des Darstellbaren. Bilder in der neueren astrophysikalischen Bildgebung, in: Reichle, Ingeborg/Siegel, Steffen (Hg.): Maßlose Bilder. Visuelle Ästhetik der Transgression, München 2009, S. 195–318.

34 Die Visualisierungen werden unter Leitung von Hans-Christian Hege in der Abteilung »Visualisierung und Datenanalyse« des Zuse-Instituts vorgenommen.

35 Hennig, Jochen: Bildtradition und Differenz. Visuelle Erkenntnisgewinnung in der Wissenschaft am Beispiel der Rastertunnelmikroskopie, in: Bredekamp, Horst/Schneider, Birgit/Dünkel, Vera (Hg.): Das Technische Bild. Kompendium zu einer Stilgeschichte wissenschaftlicher Bilder, Berlin 2008, S. 86–95.

36 Barner, Jörg/Al-Hellani, Rabie/Schlüter, A. Dieter/Rabe, Jürgen P.: Synthesis with Single Macromolecules: Covalent Connection between a Neutral Dendronized Polymer and Polyelectrolyte Chains as well as Graphene Edges, in: Macromol. Rapid Commun. 31, 2010, S. 362–367.

37 Bredekamp, Horst: Theorie des Bildakts. Über das Lebensrecht der Bilder, Berlin 2010.

DAS DING AN SICH.
ZUR GESCHICHTE EINES BERLINER GALLENSTEINS

Thomas Schnalke

Ein kleines Glas, zylindrisch rund. Darin ein Stein, orange bis rötlich, kaum größer als eine Kirsche, in der Mitte durchgeschnitten (Abb. 1). Die beiden Hälften sind, voneinander abgewandt, auf einem Papierstreifen fixiert, der in einem Wattebett versinkt. Die Steinhälften scheinen fast zu schweben in ihrem gedoppelten Etui. Gold? Silber? Edelstein? Wertvoll allemal. Was ist das für ein Ding? Woher diese gespaltene Formation? Weshalb hat sie Aufmerksamkeit auf sich gezogen? Genauer: Was wurde einst darin gesehen? Und: Was sagt das Objekt heute aus? Wofür steht es in der Sammlung, die es beherbergt, und in der Ausstellung, die es zeigt?

Fragen türmen sich ohne Ende, nimmt man ein historisches Sammlungsstück wie diesen Winzling erst einmal ins Visier, stellt ihn vor sich hin und versucht sich in einer Disziplin, in der Forscher bis ins ausgehende 18. Jahrhundert Meister waren: in der Kunst der *observatio*, der konzentrierten, strukturierten und reflektierten Wahrnehmung.[1] Diese setzt mit einer offenen, nicht vorgefassten, aber wohl vorinformierten Betrachtung des Gegenstandes ein, mit einem achtsamen Sich-Versenken in alle Aspekte des Phänomens. Das Objekt auf dem Tisch lässt sich vor dem Auge drehen und wenden. Das Beobachtete lässt sogleich und unmittelbar die eben gestellten ersten Fragen aufkommen, aber auch schon erste Deutungen entwickeln und – assoziativ gekoppelt – weitergehende Gedanken und Ideen.[2]

Im Zentrum also steht ein Ding, das Ding an sich.[3] Darum herum kreist der Blick des Exegeten, löst eine dichte, in wechselwirkenden Impulsen feuernde Erkenntnisspirale aus Wahrnehmungssplittern, Fragen, Vermutungen, neuen Fragen, weitergreifenden Interpretationen und schließlich ersten Darlegungen und Analysen aus. Die geübte *observatio* resultiert in

einer Objektgeschichte, einer Kasuistik. Erkennbar wird im Einzelfall aus dieser Rekonstruktion zuallererst ein konkretes Objekt in seiner ursprünglichen Präsenz und Funktion. Induktiv lässt sich daraus jedoch vor allem auch das über die Zeiten hinweg bis heute immer differenzierter gewebte Bedeutungsfeld – der Kontext – dieses Stücks erhellen.[4]

Versuchen wir also eine Objektgeschichte für den besagten Stein und beginnen mit einer konzentrierteren Wahrnehmung nochmals von vorne: Der Stein ist klein, in etwa kugelförmig und weist einen Durchmesser von circa 10 Millimetern auf. Auf seiner Schnittfläche lässt sich ein dunkler, fast ins Schwärzliche übergehender Kern erkennen. Das Areal darum herum ist von leicht durchscheinend rötlicher Farbe, die im Randbereich ins Orangefarbene spielt. Die Form des ganzen Stücks ist uneinheitlich: Äußerlich rau, gezackt, durchsetzt mit vielen Graten ohne erkennbares Muster, zeigt das Objekt auch im Schnitt eine zerfurchte Oberfläche. Allerdings wartet diese mit einem interessanten Muster auf. Das dunkle Zentrum sendet Strahlen aus, lineare Materiestränge, die offenbar den ganzen Stein bis in die Peripherie durchsetzen.

Wo lag nur dieser Stein, aus welchen geologischen Schichten – glazial im Dolomit oder vulkanisch gar im Magmatrichter – wurde er geborgen? Aus welchem Erdzeitalter stammt er: Kambrium, Devon, Pleistozän? Aus welch entfernten Regionen – Galapagos, Mauretanien, Himalaja vielleicht? Der Mineraloge aber kennt ihn ebenso wenig wie der Geologe. Es gibt ihn gar nicht, diesen Stein. Zumindest ist er nicht von jener Welt. Dennoch ist er unbestreitbar da. Vom Himmel gefallen, ein *fake*, ein übler Scherz? Oder doch ganz neu und nie gesehen, mithin eine wahre Sensation?

Abb. 1

MUSEUM
ANATOMICUM.
PER
DECEM, ET QUOD EXCURRIT, LUSTRA
MAXIMO STUDIO CONGESTUM INDEFESSOQUE
LABORE PERFECTUM
A
JOHANNE GOTTLIEB WALTER,
A CONSILIIS INTIMIS REGIS BORUSSORUM, MEDICINAE DOCTORE, PHYSICES ET ANATOMIAE PROFESSORE PRIMARIO COLLEGII REGII MEDICO - CHIRURGICI BEROLINENSIS, SOCIETATIS MEDICORUM PARISIENSIS, COLLEGII REGII MEDICI MATRITENSIS, COLLEGII REGII MEDICI EDINBURGENSIS, SOCIETATIS REGALIS SCIENTIARUM LONDINENSIS, ET ACADEMIAE SCIENTIARUM BEROLINENSIS MEMBRO,
NUNC PRO SUMMA
FRIDERICI WILHELMI TERTII
BORUSSORUM REGIS SEMPER AUGUSTI
MUNIFICENTIA AC LIBERALITATE
PUBLICI JURIS FACTUM,
QUA
MAJORA INDE RES MEDICA AC CHIRURGICA
IN POSTERORUM SALUTEM
CAPIAT INCREMENTA.

Impensis Scholae regiae chirurgicae militaris Borussicae.

BEROLINI.
PROSTAT IN IPSIUS SCHOLAE AEDIBUS.
MDCCCV.

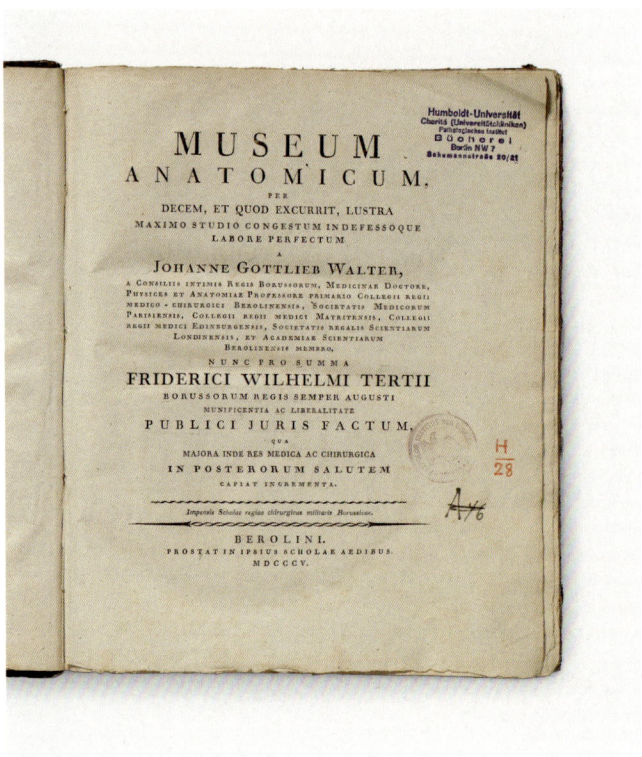

Abb. 2

Das Ding an sich, es schweigt, ist stumm. Präsentiert nur seine Hüllen, gewährt gerade einmal einen Blick auf seine innerlichen Oberflächen. Provoziert den zornigen Impuls, dem Stück zu Leibe zu rücken, eine Probe zu nehmen, um diese chemisch zu analysieren. Doch das verbietet sich. Noch zumindest, denn wer weiß, vielleicht ist es wirklich wertvoll, und ein Zugriff dieser Art würde womöglich das Allerwertvollste zerstören.

Wie weiter? Noch ist die genauere Betrachtung gar nicht abgeschlossen. Der Stein liegt ja mitnichten offen vor dem Auge. Er steckt in einem Glas. Sorgfältig ist das Gefäß am oberen Rand mit einer schwarzen Kittmasse abgedichtet. Diese Art der Vorhaltung, der Präsentation ist bekannt. Aus Sammlungen, naturkundlichen zumal. Sammlung ja, aber was für eine?[5] Möglicherweise gar keine geologische, mineralogische. Der Stein – ein Präparat? Nur aus welcher Fakultät? Und wer war wohl der Sammler? Vielleicht ließe sich über ihn Näheres in Erfahrung bringen zu diesem Ding. Was hat ihn einst so fasziniert an diesem Stück? Und: Gibt es vielleicht noch mehr davon?

Der Stein selbst zeigt sich eitel. Auf alle Fragen antwortet er bislang nur mit seiner physischen Präsenz, seinen gekrümmten Oberflächen, worauf der Betrachter seine Ideen projiziert. Vermutungen werden losgetreten, die Spekulationen immer wilder. Die Gefahr ist gar nicht gering, dass alles im theoretischen Raunen enden wird. Wie also die Gedanken erden?

In jedem Objekt steckt ein Text. Bisweilen ist dieser so versteckt eingeschrieben, so unwiederbringlich weggeschlossen, dass er sich nie mehr bergen lässt. Dann bleibt das Stück ein schillerndes Kleinod, ein recht mystisches Ding. Zumeist finden sich vom Eingravierten zumindest einige Spuren: Textfragmente, Worte, Buchstaben, Kürzel, Ziffern, Zahlen … – literale oder numerische Brückenelemente, die in die Reiche des Wissens überleiten, indem sie einen Kurzschluss bieten zu Karteien, Archiven oder Bibliotheken. Über sie lassen sich die Dinge aufschließen und letztlich lesen. Über sie wird es möglich, die Ideen aufzufinden, die sich mit jedem überdauerten Objekt verbinden.

Unser Stein im Glas hat einen solchen Text. Ein Etikett! Verblichen sind die Einträge, kaum noch leserlich. Was noch zu entziffern ist: »2119 Mus. Anat.« steht mit kräftiger Tinte und von offenkundig jüngerer Hand in der oberen Zeile geschrieben. Darunter findet sich in Fraktur die Aufschrift: »No. 2119. Mu. Anat. // Calculus felleus […]« Ein Gallenstein (*Calculus felleus*) also ist das Stück, rötlich-orange! Mitnichten ein geologisches Ding, sondern ein biologisches Produkt. Es stammt somit aus einem ganz andersartig ersten Ort, aus den Tiefen eines Körpers. Wer war sein Träger, Mensch oder Tier? Wann lebte er? Ein zweiter Ort ist zugleich benannt. Der Stein gehörte wohl in ein »Mus[eum] Anat[omicum]«, offenkundig mit einer Sammlung reich gesegnet. Die hohe Nummer 2119 markiert vermutlich die Position darin.

Soviel verrät das Ding im Rahmen einer ersten Autopsie. Allein, die eigentliche Recherche beginnt erst: Wie verhält es sich mit dem anatomischen Museum? Wann gab es das, wo stand es, wer betrieb es? Wer sammelte dort mit Eifer, vielleicht sogar

Pondus. . . . . Omnium scrupulus unus, decem grana.
Habitus hepatis. . . Sanus.
Bilis. . . . . . Naturalis.

2119. (No. 242.) Calculus felleus pellucidus cum superficie aspera. Tab. II.
Aetas. . . . . . Ex femina triginta aliquot annorum.
Pondus. . . . . Drachma una, quindecim grana.
Habitus hepatis. . . Sanus.
Bilis. . . . . . Naturalis.

2120. (No. 243.) Duo calculi fellei corticati. Tab. III.
Aetas. . . . . . Ex femina triginta aliquot annorum.
Pondus. . . . . Amborum drachma una, duo scrupuli.
Habitus hepatis. . . Sanus.
Bilis. . . . . . Naturalis.

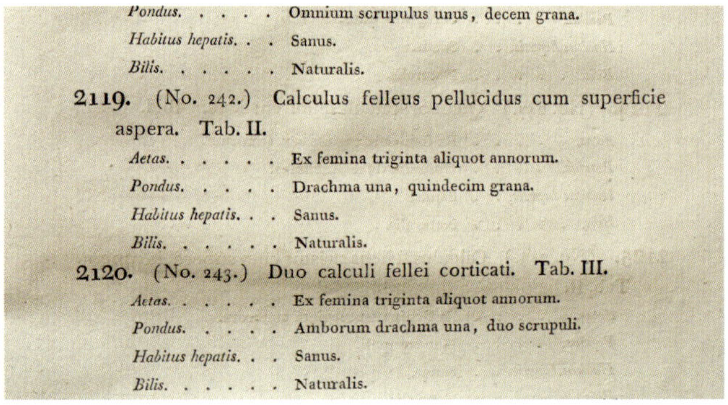

Abb. 3

von wissenschaftlichem Ernst erfüllt? Heute ist der Stein ein Berliner Stück. Für gewöhnlich bietet er sich, fein ausgeleuchtet, in einer Schauvitrine des Berliner Medizinhistorischen Museums der Charité den Augen der Betrachter dar.[6] Berlin hat medizinisch eine lange Sammeltradition. Darin eingebunden, formte an der jungen Universität Johannes Müller, Anatom und Physiologe, ab 1833 im Kreise ambitionierter Schüler die Keimzelle der naturwissenschaftlichen Lebensforschung. Viele Forschungsgegenstände fanden sich in seinem gut bestückten Anatomisch-zootomischen Museum im Westflügel des Hauptgebäudes der Friedrich-Wilhelms-Universität.[7]

Medizinisch gesammelt wurde in Berlin jedoch schon im 18. Jahrhundert im großen, wenngleich noch ganz anderen Stil. Anatomen waren es zumeist, die auf dem Anatomischen Theater, 1713 in einem Gebäudetrakt des ehemaligen Marstalls (heute Ecke Charlotten-/Dorotheenstraße) gegründet, nicht nur sezierten und ihre Befunde demonstrierten, sondern auch mit großer Leidenschaft Organe präparierten, konservierten und ... mit nach Hause nahmen.[8] In Berlin blühte im Jahrhundert der Aufklärung eine Szene medizinischer Privatsammlungen, in aller Regel auf die Erforschung und Dokumentation der Anatomie von Mensch und Tier hin angelegt. Die einschlägigen Kollektionen markierten für ihre Besitzer den geballten Stolz sowie den Anspruch höchster fachlicher Gelehrsamkeit. Sie lieferten aber auch die Gegenstände für einen *privatim* angebotenen und finanziell ob der liquidierten Hörergelder durchaus lukrativen Unterricht. Vor allem jedoch lieferten die in den Sammlungsdingen aufgehobenen Phänomene die Impulse für eine fortgesetzte Beteiligung an der wissenschaftlichen Enträtselung der Natur.[9]

Wie verhält es sich aber mit dem Gallenstein? Es hilft nichts, notwendig ist eine aufwendige Suche in Berliner Sammlungen, Archiven, Bibliotheken und Museen, das Studium von Präparaten, Instrumenten, Zeichnungen, Akten, Briefen ... Dann ein Fund: ein Buch im handlich-stattlichen Quartformat. Der Titel elektrisiert: »Museum anatomicum [...].«[10] (Abb. 2) Zahllose Einträge finden sich darin. Knappe zumeist. Alles in Latein. Ein Katalog offenbar.

Innen der Schlüssel zur Objektgeschichte: Auf Seite 411 steht unter Nummer 2119 der passgenaue Eintrag: »Calculus felleus pellucidus cum superficie aspera.«[11] (Abb. 3) Ein durchsichtiger Gallenstein also mit rauer Oberfläche. Gleich erfahren wir noch mehr. Der Gallenstein stammt aus einer »Frau von einigen dreißig Jahren« (Ex femina triginta aliquot annorum), er wiegt »eine Drachme, fünfzehn Gran« (Drachma una, quindecim grana), der Zustand der Leber wird mit »gesund« (Sanus), jener des

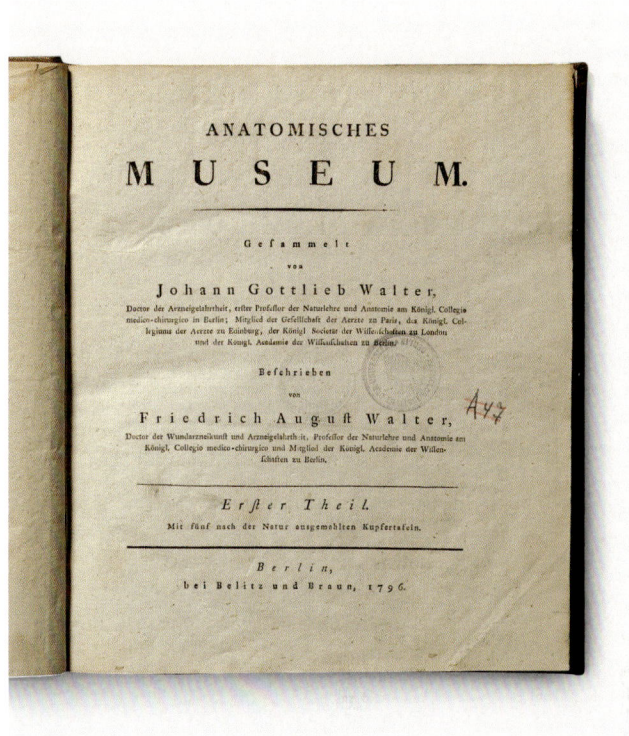

Abb. 4

Gallensaftes mit »natürlich« (Naturalis) angegeben. Der *Calculus felleus* Nr. 2119 ist bei Weitem nicht der einzige Gallenstein, der in diesem Katalog verzeichnet steht. 247 Einträge beziehen sich auf Konkremente, von Menschen zumeist, aber auch von Tieren.

Wer die Sammlung zusammengetragen hat, verrät das Titelblatt. Johann Gottlieb Walter wird als Urheber des Museum anatomicum und als Autor des Katalogs genannt.[12] Erschienen ist das Werk in Berlin, gewidmet dem preußischen König Friedrich Wilhelm III. im Jahre 1805. Doch halt, da stand noch eine

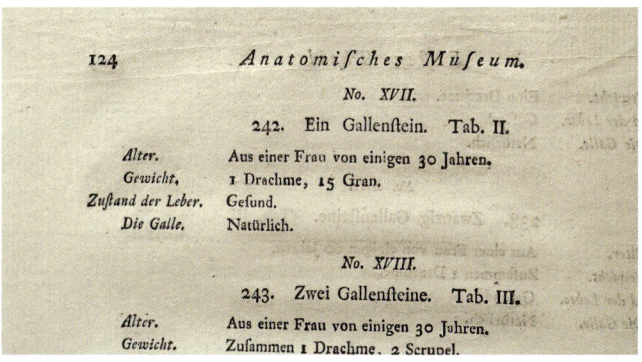

Abb. 5

Abb. 6

andere Zahl. Rasch zurückgeblättert. Der Anfang des Eintrags zu dem Gallenstein lautet vollständig: »2119. (No. 242.) Calculus [...].«[13] Die »No. 242« stammt offenkundig aus einer anderen Zählung. Gibt es eventuell ein früheres, ein ursprüngliches Register? Vielleicht finden sich dort noch weitere Informationen. Die Vermutung lässt sich leicht bestätigen. Eine Eingabe der Begriffe »Walter« und »Museum anatomicum«, respektive seine deutsche Fassung »Anatomisches Museum« in einschlägigen Suchmaschinen großer digitaler Bibliothekskataloge fördert einen weiteren Titel zutage: »Anatomisches Museum. Gesammelt von Johann Gottlieb Walter [...]. Beschrieben von Friedrich August Walter [...].«[14] (Abb. 4) Ein zweiter Walter also, Friedrich August, kommt ins Spiel. Der Ort, Berlin, er bleibt derselbe. Die Zeit ist jedoch eine andere: 1796 erscheint bereits das Werk, in Deutsch verfasst. Auch diesen Katalog gibt es noch. Er ist eine Rarität und wissenschaftshistorisch eine Sensation.

Allerdings macht sich zunächst Enttäuschung breit. Der Eintrag zu »Nr. 242« deckt sich nämlich ganz und gar mit seinem lateinischen Pendant (Abb. 5).[15] Doch wieder ist es wichtig, genauer hinzusehen. Im Titel des Eintrags findet sich als Er-

gänzung: »Tab. II.« Tatsächlich weist der deutsche Katalog am Buchende, übersät mit Steinen, fünf kolorierte Kupferstiche auf. Die zweite Tafel zeigt unter der entsprechenden Nummer unser Stück (Abb. 6, 7).[16]

Bei dieser Illustration stutzt der Betrachter. Dargeboten sind aus der Sammlung nur ausgewählte Steine, die schönsten vielleicht, wie im Raster in Reih und Glied gestellt. »Ordnung« scheint die Botschaft dieser Selektion, »System« und »Reglement«. Ähnliche Arrangements kommen in den Sinn, für das 18. Jahrhundert zumindest aus allen Reichen der Natur. Carl von Linné, der schwedische Arzt, hatte es mit seinen 24 künstlichen Klassen der Sexualorgane der Pflanzen 1737 vorgemacht.[17] Bis heute gilt für die Botanik seine daraus abgeleitete binäre Nomenklatur.

Auf etlichen Walter'schen Blättern erscheinen die Steine interessanterweise in doppelter Wiedergabe. Jedes Konkrement kommt mit seiner äußeren Ober- sowie seiner inneren Schnittfläche aufs Papier. Täuscht es, oder legten Stecher, Illustrator und Autor besonderen Wert auf das »Innenleben«, auf die Wiedergabe von Form und Farbe der inneren Struktur? Verwunderlich wäre dies beileibe nicht, bedenkt man die Profession der beiden Walter. Das Titelblatt des »Anatomischen Museums« verrät es schon. Vater und Sohn sind nicht nur geachtete Doktoren der »Arzneigelahrtheit« und Mitglieder der »Königlichen Academie der Wissenschaften zu Berlin«, sondern – und zwar im Kerngeschäft – Professoren der Anatomie auf dem Berliner Anatomietheater.[18] Dort sezieren sie zwischen 1756 und 1796 rund 8000 Körper verstorbener Menschen, richten ihre fachlichen Blicke somit ganz ausdrücklich auf die Strukturen unter der Haut, im Inneren des Körpers. Was sie hier wahrnehmen, treibt sie um, macht sie wundern, macht sie fragen, lässt sie nicht mehr los. Ihre medizinischen Rätsel zu lösen, dazu schaffen sie sich eine Sammlung an, deren Bestand und Wert sie selbstbewusst umreißen.[19] Ihr Museum enthalte »viel Tausend Stükke«, schreibt Friedrich August Walter in der »Vorerinnerung« zum ersten Teil des Katalogs. Es ließen sich darin »Ausarbeitungen [...] finden, die Bewunderung erregen, und Aussprüzzungen, die man als das Plus non ultra wird anerkennen müssen«. Kurz, man könne, nachdem man die einschlägigen »Sammlungen in Deutschland, Frankreich und England gesehen habe, ohne Prahlerei und ohne erröthen zu dürfen, sagen, daß es die größeste und schönste ist, welche Menschen je zu Stande gebracht haben«.[20]

Der heutige Leser des deutschen Katalogs reibt sich verwundert die Augen. Denn, was darüber steht, ist gar nicht darin. Als gedrucktes »Anatomisches Museum« kündigen die Autoren in mehreren Bänden die Vorstellung ihrer gesamten Sammlung

Abb. 7

lensteinen liefert ihnen dabei das exemplarische wissenschaftliche Beobachtungsfeld. Ihr privates Museum gestalten sie für ihre Forschungen im Laufe der Jahre zu einem regelrechten Objektlabor. Darin klären sie durch »Verbrennen«, dass etwa die »lokkern und undurchsichtigen Gallensteine [...]« aus »lauter Erde« bestünden, und weisen darauf hin, dass die Antwort auf die Frage, »was für salzige Theile sich mit diesen verbinden, [...] nur allein die Chemie lehren [könne]«.[22] Eine fortgesetzte, von ihnen schon als sinnvoll und ertragreich erahnte Experimentalpraxis würde sie hier voranbringen. Allerdings gehen sie diesen zukunftsweisenden Weg nicht weiter. Vielmehr verbleiben sie im Forschungsstil der Zeit und erproben mit ihren vielen Gallensteinen vor allem verschiedene Arrangements: Nach der genaueren Bestimmung legen sie die Einzelstücke aufgeschnitten in Reih und Glied, neben- und übereinander. Sie vergleichen sie, fragen nach Ähnlichkeiten und Verschiedenheiten, nach optischen Grundmustern und -farben. Schließlich entwickeln sie daraus ein System, das sie in ihrem Katalog erläutern und – so dürfen wir vermuten – in den Vitrinen ihres Museums ganz real in Szene setzen.

Der Stein Nr. 242 findet sich im deutschen Katalog des Walter'schen Anatomiemuseums in dreifacher Weise näher bestimmt. Zunächst wird er, wie schon im lateinischen Katalog, in klassischer Manier nach einer Reihe sachlicher Kategorien, die den Befund im Moment der Steinentnahme aus dem Körper wiedergeben, hinsichtlich Alter der Trägerin, Steingewicht sowie Zustand von Leber und Gallensaft vorgestellt. Sodann ist er, wie alle anderen Steinbefunde auch, in einem Thesaurus gruppiert, der das jeweilige Objekt in seinem primären medizinischen Kontext verortet. Dieser gliedert sich in folgende (nicht immer konsequent gefüllte) Äste:

- anatomischer Ort der Steinablagerung
- Spezies des vom Krankheitsgeschehen Betroffenen (Mensch – Tier)
- Geschlecht des Steinträgers (Mann – Frau)
- Art der Präparategewinnung (von selbst abgegangen – operiert – seziert)
- Krankheitsverlauf (geheilt – verstorben)
- Art des Präparats (feucht – trocken).

Der Gallenstein Nr. 242 steht zusammen mit 35 ähnlich gelagerten Einträgen unter der Rubrik »Gallensteine aus Menschen« / »Weibliches Geschlecht« / »Gallensteine, welche nach dem Tod gefunden« / »Aus der Gallenblase herausgenommen«.[23]

Von entscheidender Bedeutung ist für die beiden Walter allerdings eine dritte Ordnung, die die Forscher aus der Zusam-

an. Im ersten Teil von 1796 jedoch beginnen sie mit dem, was ihnen offenkundig wissenschaftlich unter den Nägeln brennt. Nicht die fortgesetzte Erforschung des normalen anatomischen Körperbaus ist ihr Ziel, sondern ein Einstieg in die nähere Betrachtung der Pathologie. In zwei großen Kapiteln handeln sie zum einen von Nieren-, Harnblasen- und Gallensteinen sowie von anderen »erdigen Concrementen« und andererseits von »kranken Knochen«.[21] Die krankhaft veränderte Körperstruktur fasziniert also ihren Forschergeist. Vor allem jedoch die Steine haben es ihnen angetan. Diese Stücke einer genaueren wissenschaftlichen Analyse zu unterziehen, um das Wesen krankhafter Prozesse im Körper besser zu verstehen, sind sie angetreten.

Die Anatomen Walter betreiben Körpermineralogie und werden auf diesem Wege zu Pathologen. Ihre Sammlung von Gal-

menschau aller ihrer Gallensteine entwickeln. Sie leiten ihr System aus der intensiven Betrachtung jener Strukturmuster ab, die sich auf den inneren Flächen der in der Mitte durchgeschnittenen Steine entdecken lassen. Drei künstliche Klassen glauben sie definieren zu dürfen: »1. Gestreifte (Striati). 2. Blättrichte (Lamellati). 3. Mit einer Rinde umzogene (Corticati).« Bei den *Striati*, der seltensten Steingruppe, bilden sich, so führen die Autoren näher aus, aus einem Kern »dreiekkige Streifen, deren Spizze sich im Mittelpunct des Steins, und deren Grundfläche im Umfang desselbigen sich endiget. Jeder Stein läßt sich in viele durchsichtige Blättchen oder Schichten theilen, ebenso wie Frauen-Eis; sie glänzen sämtlich wie Diamanten.« Die *Lamellati*, ebenfalls rar, weisen auch »einen Kern oder Mittelpunkt« auf, um den sich nun jedoch »verschiedenes Blätterartiges Schicht auf Schicht bis an den äußersten Umfang des Stein, nach Art der Zwiebeln ansezt […]«. Die häufigsten, aber auch die vielgestaltigsten Gallensteine sind die *Corticati*. Bemerkenswert an diesen sei »der Kern, die Schaale und die Substanz zwischen Kern und Schaale«. Wie verschieden hier die Verhältnisse lägen, würden »am besten die Kupfertafeln erklären«, also die Illustrationen im Anhang des Bandes.[24]

Aus der distinkt wahrnehmbaren Struktur des Gallensteins versuchen die beiden Forscher, eine Abteilung ihrer Sammlung, eine Untergruppe aus dem Reich der Entäußerungen der menschlichen Natur, genauer zu fassen und durch sie Aufschluss über Fragen wie diese zu erhalten: Was ist Krankheit? Wie lassen sich die zugrunde liegenden Prozesse verstehen? Gerade ihre Steine eignen sich besonders gut für derartige Betrachtungen, denn sie passen ins Weltbild der zeitgenössischen Medizin. Danach wird der menschliche Körper in seinen innersten Strukturen und Bewegungen mit Blick auf seine Anfälligkeit für Krankheit gerne noch, dem Modell der antiken Humoralpathologie folgend, als gefährdetes Säftegleichgewicht verstanden. Gerät die Mischung aus der Balance, droht Ungemach. Gerade die Absonderung der flüssigen Substanz an einen verborgenen Körperort birgt Risiken, denn dort kann sie sich heimlich und in aller Stille verdichten und verhärten. Sie wird zum »sündigen« Substrat, zur *Materia peccans*.

Die Galle gilt als ein Kardinalsaft der menschlichen Natur, die Gallenblase als ihr verborgenes Reservoir. Vor allem »Wasser, Salz, Oehl und Erde« bilden, so die beiden Walter, die »Grundtheile« dieses Fluidums. Sie stehen zueinander in einem spezifischen Verhältnis, das »auf mancherley Art« aus den Fugen geraten kann. Ein jeder Gallenstein entsteht demnach »ohne Unterschied seines Ursprungs, Orts, Größe, Figur, Farbe oder Festigkeit, mit einem Wort ohne irgendeine Ausnahme, […] nur dann […], wenn etwas Schweres, so wenig es auch sein mag,

sich in der Galle an einer Stelle anhäuft«. Hier formiert sich »der erste Punkt oder der Kern des Gallensteins«. Von dort aus wächst der Stein, wird größer und erhält seine charakteristische Struktur.[25] Diese weiter zu enträtseln, sei erklärtermaßen eine Aufgabe der Chemie, die die beiden Walter in ihrem Objektlabor selbst jedoch nicht tiefergehend betreiben wollen oder können.

In der weiteren Forschung bleibt die Walter'sche Gallensteinsystematik unberücksichtigt. Jedoch erscheint es aus heutiger Sicht von besonderer Bedeutung, dass sich in Berlins Mitte Ende des 18. Jahrhunderts zwei Anatomen anschickten, die Welt der Krankheiten durch einen zeitgemäßen modernen Zugriff auf die Natur systematisch zu erforschen. Freilich müssen sie erkennen, dass es nahezu unmöglich ist, auf organischer und anorganischer Ebene im Reich der menschlichen Leiden befriedigend Ordnung zu stiften. Hatte es die Anatomie zwischen dem 16. und 18. Jahrhundert noch geschafft, das Normhafte des gesunden menschlichen Körpers in seinen inneren Strukturen zu ermitteln und in Texten, Bildern, Präparaten und Modellen auf den anatomischen Theatern und in den ersten anatomischen und naturkundlichen Museen grandios zu dokumentieren und in Szene zu setzen,[26] ringt die Pathologie – über die beiden Walter hinweg – bis heute mit der schillernden Vielgestaltigkeit körperlicher Veränderungen, mit dem Unerklärlichen eines jeden individuell ausgeprägten Krankheitsbildes um eine allgemeingültige Auffassung vom Wesen der Krankheit.

Der Walter'sche Gallenstein Nr. 242 wird neun Jahre später, 1805, zum *Calculus felleus* und erhält die Nummer 2119. Was ist passiert? Dem deutschen Katalog von 1796 folgen zunächst nicht, wie beabsichtigt, weitere Bände mit der Vorstellung anderer Abteilungen des Anatomischen Museums nach. Ein ungeheuerlicher Vorgang bahnt sich an. Von allerhöchster Stelle wird Interesse signalisiert. Schließlich kauft Friedrich Wilhelm III. Ende 1803 die komplette Walter'sche Sammlung für die astronomische Summe von 100 000 Talern auf. Als königliches Anatomiemuseum soll sie fortan neben dem Berliner Anatomietheater einschlägiges Fachwissen an die Adepten der Medizin und medizinisches Grundwissen an die interessierte Öffentlichkeit vermitteln. Ein separat gedrucktes Verzeichnis weist zum Zeitpunkt des Kaufabschlusses den Umfang der Sammlung mit 2868 Präparaten aus.[27] Johann Gottlieb Walter betreut und vermehrt die Bestände weiter. Und er bereitet neben einem Reglement für die Nutzung des Museums, 1804 bestätigt durch den König, einen lateinischen Katalog seiner Sammlung vor, der 1805 mit 3092 Einträgen schließlich alle Stücke der Sammlung listet und bestimmt.[28]

Zusammen mit allen anderen Dingen befindet sich der Gallenstein im Frühjahr 1804 noch im Mietshaus der Walter. Allerdings gibt es Streit. Der König hat in einer »Wohlthat« dem hochgeachteten Bildhauer und Direktor des Preußischen Oberhofbauamtes Johann Gottfried Schadow in unmittelbarer Nachbarschaft des Walter'schen Anwesens ein Haus geschenkt. Schadow baut nun aus. Ein zweites Haus wird hochgezogen, das Grundstück mit einer Brandschutzmauer eingefasst. Die Mauer nimmt den Präparaten nebenan das Licht. Überdies ist der Vermieter des Walter'schen Domizils nicht gewillt, einen ausgedehnten Museumsbetrieb in seinem Haus zu dulden. Letztlich sieht sich Johann Gottlieb Walter genötigt, den Mietvertrag zu kündigen. Jedoch wohin mit einem ganzen Museum im Gepäck? In einer konzertierten Aktion von oberster Medizinalbehörde – deren Direktor Christoph Wilhelm Hufeland ist in den Vorgang involviert –, Akademie der Wissenschaften und dem Generalchirurgus Johann Goercke findet sich eine Lösung. Vorübergehend zieht das Museum in das Palais des preußischen Majors von Hünerbein, gleichfalls sehr zentral, Unter den Linden, gelegen. Von dort gelangen die Bestände schließlich 1810 als Grundstock der anatomischen Sammlung der Medizinischen Fakultät ins Hauptgebäude der neu gegründeten Berliner Universität.[29] Der Gallenstein Nr. 2119 (oder 242) hat Glück. Er überdauert alle Wirren der Zeit. Was ihm im 19. und 20. Jahrhundert widerfährt, ist jedoch bis heute sein Geheimnis.

1 Zur naturkundlichen Forschungshaltung in der Frühen Neuzeit vgl. nach wie vor grundlegend sowie im Überblick Findlen, Paula: Possessing Nature. Museums, Collecting and Scientific Culture in Early Modern Italy, Berkeley u.a. 1994; Daston, Lorraine: Neugierde als Empfindung und Epistemologie in der frühmodernen Wissenschaft, in: Grothe, Andreas (Hg.), Macrocosmos in Microcosmo. Die Welt in der Stube. Zur Geschichte des Sammelns 1450 bis 1800, Opladen 1994, S. 35–59, sowie andere einschlägige Beiträge in Grothe 1994.

2 Vgl. Schnalke, Thomas: Ausstellen, Forschen, Lehren. Das Medizinhistorische Museum zwischen universitärer Medizin und Öffentlichkeit, in: N.T.M. Zeitschrift für Geschichte der Wissenschaften, Technik und Medizin 18, 2010, S. 61–67; ders.: Vom Objekt zum Subjekt. Grundzüge einer materialen Medizingeschichte, in: Kunst, Beate/Schnalke, Thomas/Bogusch, Gottfried (Hg.), Der zweite Blick. Besondere Objekte aus den historischen Sammlungen der Charité, Berlin 2010, S. 1–15.

3 Zum Status des Objekts, der Sammlung und des Sammelns in der Wissenschafts- und Medizingeschichte vgl. Habrich, Christa: Zur Bedeutung von Sammlungen und Museen für die Wissenschafts- und Medizingeschichte, in: Deutsche Gesellschaft für Geschichte der Medizin, Naturwissenschaft und Technik e.V. (Hg.), Ideologie der Objekte – Objekte der Ideologie. Naturwissenschaft, Medizin und Technik in Museen des 20. Jahrhunderts, Kassel 1991, S. 15–30; te Heesen, Anke/Spary, Emma C. (Hg.): Sammeln als Wissen. Das Sammeln und seine wissenschaftsgeschichtliche Bedeutung, Göttingen 2002; te Heesen, Anke/Lutz, Petra (Hg.): Dingwelten. Das Museum als Erkenntnisort, Köln 2005; Rheinberger, Hans-Jörg: Epistemologie des Konkreten. Studien zur Geschichte der modernen Biologie, Frankfurt am Main 2006.

4 Vgl. in diesem Zusammenhang den Versuch, in ähnlicher Weise Objektgeschichten zu schreiben, bei Schnalke, Thomas: Stumme Gesänge. Zur Geschichte einer Sirene im Berliner Medizinhistorischen Museum, in: Dotzler, Bernhard J./Schmidgen, Henning (Hg.), Parasiten und Sirenen. Zwischenräume als Orte der materiellen Wissensproduktion, Bielefeld 2008, S. 179–194, und die Beiträge in Beate Kunst et al.: Der zweite Blick.

5 Zur intensiveren Beschäftigung mit naturkundlichen Objekten insbesondere aus universitären Sammlungen vgl. in einer Auswahl Schnalke, Thomas (Hg.): Natur im Bild. Anatomie und Botanik in der Sammlung des Nürnberger Arztes Christoph Jacob Trew, Erlangen 1995; Bredekamp, Horst/Brüning, Jochen/Weber, Cornelia (Hg.): Theater der Natur und Kunst. Theatrum naturae et artis, 2 Bde., Essays und Katalog, Berlin 2000; Andraschke Udo/Ruisinger, Marion Maria (Hg.): Die Sammlungen der Universität Erlangen-Nürnberg, Nürnberg 2007.

6 Die Objektlegende lautet: Gallenstein vor 1796. Trockenpräparat, Inv.-Nr. 1796/242.

7 Zu den Sammlungen der Berliner Humboldt-Universität vgl. einführend Bredekamp/Brüning/Weber (Hg.): Theater der Natur und Kunst. Zum Forschungs- und Sammlungskosmos Johannes Müllers vgl. Otis, Laura: Müller's Lab, Oxford 2007.

8 Vgl. Schnalke, Thomas: Bühne, Sammlung und Museum. Zur Funktion des Berliner Anatomischen Theaters im 18. Jahrhundert, in: Schramm, Helmar et al. (Hg.), Spuren der Avantgarde, Bd. 2: Theatrum anatomicum. Frühe Neuzeit und Moderne im Kulturvergleich, Berlin 2010, S. 1–27.

9 Sehr früh weist der Berliner Pathologe Rudolf Virchow auf die Bedeutung der ärztlichen Privatsammlungen im medizinischen Berlin hin, deren Geschichte bislang noch nicht befriedigend aufgearbeitet ist. Vgl. Virchow, Rudolf: Die Eröffnung des Pathologischen Museums der König[lichen] Friedrich-Wilhelms-Universität zu Berlin […], Berlin 1899.

10 Walter, Johann Gottlieb: Museum anatomicum […], Berlin 1805.

11 Ebd., S. 411. Die folgenden Zitate entstammen diesem Eintrag.

12 Vgl. ebd.

13 Ebd., S. 411.

14 Walter, Friedrich August: Anatomisches Museum, Berlin 1796.

15 Ebd., S. 124.

16 Ebd., Anhang, Tabula II.

17 Vgl. Linné, Carl von: Genera plantarum […], Leiden 1737.

18 Walter: Antomisches Museum, Titelblatt.

19 Vgl. Schnalke, Thomas: Von erdigen Konkrementen und kranken Knochen. Systematisierende Bestrebungen für die Pathologie im Walterschen Anatomischen Museum zu Berlin, in: Schultka, Rüdiger/Neumann, Josef N. (Hg.), Anatomie und Anatomische Sammlungen im 18. Jahrhundert anlässlich der 250. Wiederkehr des Geburtstages von Philipp Friedrich Theodor Meckel (1755–1803), Münster 2007, S. 295–316.

20 Walter: Antomisches Museum, Erster Theil, S. II.

21 Ebd.

22 Ebd., S. 88, § 3.

23 Ebd., S. 112–129.

24 Ebd., S. 93–95.

25 Ebd., S. 88, § 2 u. 3.

26 Vgl. Schnalke, Thomas: Der expandierte Mensch. Zur Konstitution von Körperbildern in anatomischen Sammlungen des 18. Jahrhunderts, in: Stahnisch, Frank/Steger, Florian (Hg.), Medizin, Geschichte und Geschlecht. Körperhistorische Rekonstruktion von Identitäten und Differenzen, Stuttgart 2005, S. 63–82.

27 Vgl. Bogusch, Gottfried: Zergliederte Körper – Die Anatomische Sammlung Walter, in: Bredekamp/Brüning/Weber (Hg.): Theater der Natur und Kunst, Katalog, S. 149.

28 Vgl. Walter: Museum anatomicum.

29 Vgl. Bogusch: Zergliederte Körper – Die anatomische Sammlung Walter.

SCHLEIERMACHERS »GRUNDHEFT HERMENEUTIK« ALS EXPONAT. MUSEOLOGISCHE BETRACHTUNG ALS HERMENEUTISCHE PRAXIS[1]

Holger Helbig

I've written these before, these modest facts,
But their meaning has no bottom in my mind.
John Updike, *Peggy Lutz, Fred Muth*

Das Wort Wissen verweist auf alle Verfahren und
Erkenntniseffekte, die in einem bestimmten Diskursfeld zu
einem bestimmten Zeitpunkt akzeptabel sind.
Michel Foucault, *Was ist Aufklärung?*

In Raum 11 ist ein von Hand beschriebenes Blatt zu sehen. Das
Blatt bildet als Bestandteil eines Heftes den Inhalt einer Vitrine,
die in einem Raum steht, der den Titel »Lehren« trägt und zu
einer Ausstellung gehört, die mit »Weltwissen. 300 Jahre Wissenschaften in Berlin« überschrieben ist. Das Blatt steht im Zusammenhang von Räumen, Zeiten und Themen, sowohl denen
der Ausstellung als auch denen, die es auf seinem Weg dorthin
durchlief: Das dürften eben jene sein, die in der Ausstellung
sichtbar gemacht werden.

Was ist zu sehen?

Die Suche nach einer Antwort folgt dem Blick des Betrachters.
Betrachtet werden das Blatt und die Spuren, die Räume, Zeiten
und Themen auf ihm hinterlassen haben. Die Deutung des Gesehenen rekonstruiert die Besonderheiten des Exponats. Immer
wieder wird dabei der Zusammenhang zwischen Blatt und
Vitrine, Blatt und Raum – historischem und konkretem – sowie
Blatt und Ausstellung interpretiert, immer wieder werden dabei
das Ding und sein Text zum Kontext ins Verhältnis gesetzt. »Die
hermeneutische Aufgabe kehrt immer wieder.« Dieser Satz ist
auf dem Blatt zu lesen.

Das Blatt ist – aus Gründen, die im Verlauf der Darstellung
sichtbar werden – besonders gut geeignet, um zu rekonstruieren, wie eine Ausstellung im Allgemeinen funktioniert und
wovon diese spezielle, in der es als Exponat gezeigt wird, handelt. Zu den Voraussetzungen einer solchen Rekonstruktion gehört es, das Blatt nicht auf den Text zu reduzieren, den es transportiert. Es kommt vielmehr darauf an, das Papier und den Text
in ihrer materiellen Beschaffenheit als die Einheit zu betrachten, als die sie ausgestellt sind.

Die folgende Betrachtung des Blattes illustriert einen Kernsatz
aus Schleiermachers »Hermeneutik«: »Alles bedarf näherer Bestimmung und erhält sie erst im Zusammenhange.« Der Satz
findet sich auf S. 14 des Heftes, ist also ausgestellt, aber nicht zu
sehen.

**1. Zu sehen ist ein einzelnes Blatt, beschrieben und datiert von
Friedrich Daniel Ernst Schleiermacher.**

Es handelt sich um deutsche Kurrentschrift.

Die Information, dass es sich um ein Blatt von Schleiermacher
handelt, ist dem Blatt selbst nur über die Handschrift zu entnehmen. Die Zuordnung zu einem Schreiber ist nicht auf den
ersten Blick sichtbar, aber mit (mehr oder weniger) Aufwand
dem Blatt abzulesen.

Ausgestellt wird Schleiermacher.
Schleiermacher (21.11.1768–12.2.1834), evangelischer Theologe, Philosoph und Philologe, ist eine der großen Figuren der
deutschen Geistesgeschichte. Er lehrte auch in Berlin. Schleiermacher wurde in Breslau geboren, studierte 1787–1789 in

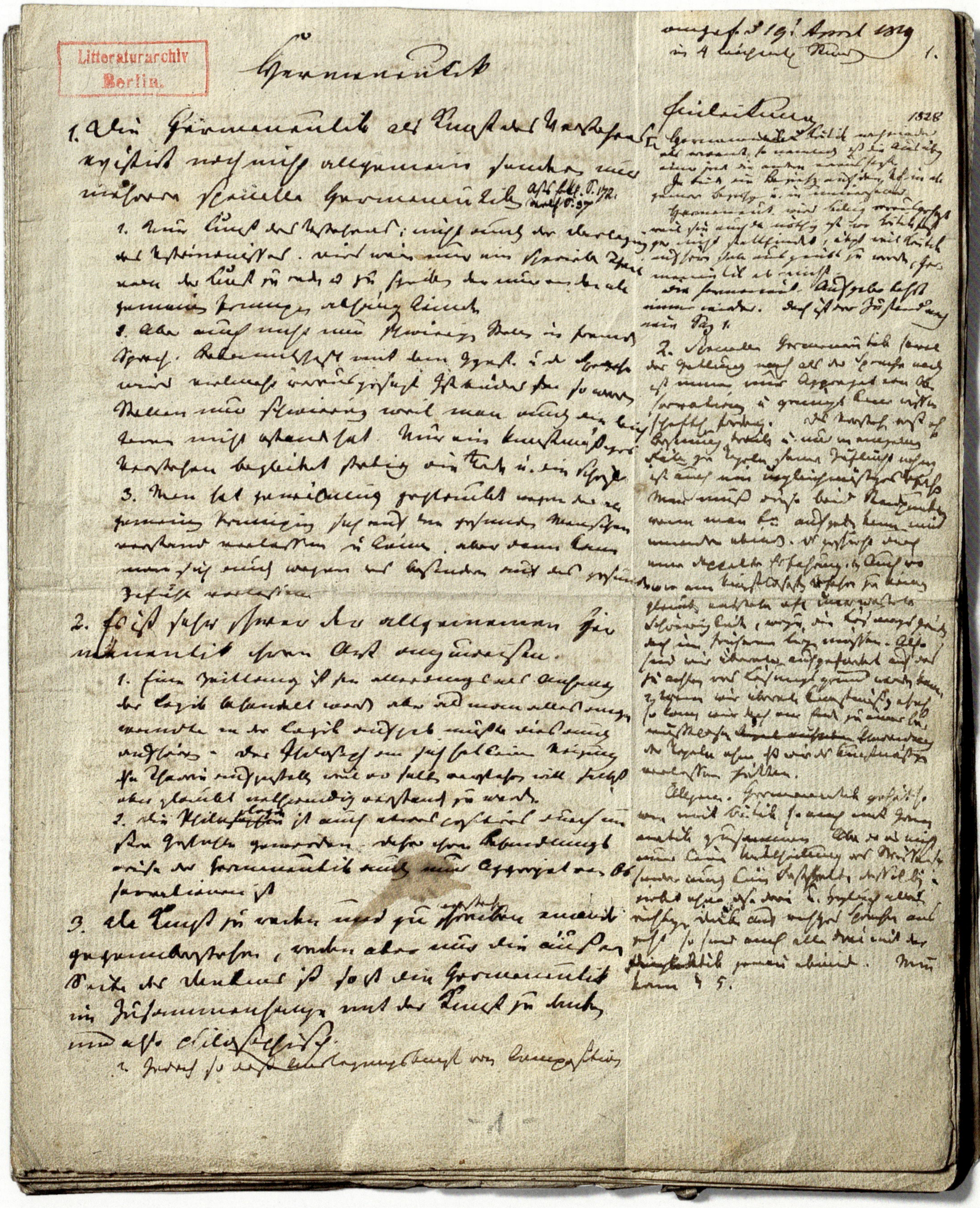

Hermeneutik

1. Die Hermeneutik als Kunst des Verstehens
existirt noch nicht allgemein sondern nur
mehrere specielle Hermeneutiken

1. [...]
2. [...]
3. [...]

2. [...]

1. [...]
2. [...]
3. [...]

Einleitung   1828

1. [...]
2. [...]

Halle, arbeitete als Pfarrer, legte 1790 sein Examen in Berlin ab.[2] Dann verließ er die Stadt, um als Hauslehrer unterzukommen. Er kehrte 1793/94 für ein halbes Jahr wieder, als Schüler der ersten preußischen Lehrerbildungsanstalt, Friedrich Gedikes Seminarium. Schleiermacher brach die Ausbildung im März 1794 ab und wurde Hilfsprediger in Warthe. 1796 kam er für längere Zeit nach Berlin, als Prediger an der Charité. Er nahm eine Wohnung in der Nähe des Oranienburger Tors, im Dezember 1797 zog Friedrich Schlegel bei ihm ein. In den Briefen aus der Zeit sind Beschreibungen einer veritablen Intellektuellen-WG überliefert: »Schlegel steht gewöhnlich eine Stunde früher auf als ich […]. Er liegt aber auch im Bette und liest, ich erwache gewöhnlich durch das Klirren seiner Kaffeetasse. Dann kann er von seinem Bett aus die Thüre […] öffnen, und so fangen wir unser Morgengespräch an. Wenn ich gefrühstückt habe, arbeiten wir einige Stunden, ohne daß einer vom anderen weiß; gewöhnlich wird aber vor Tisch noch eine kleine Pause gemacht […]; dabei sprechen wir gewöhnlich über die Gegenstände unserer Studien.«[3] 1802 verließ Schleiermacher die Stadt für eine Stelle in Stolpe. Auf diese Weise entzog er sich auch den gesellschaftlichen Schwierigkeiten, die sein Wunsch verursacht hatte, die Frau seines lutherischen Kollegen solle sich scheiden lassen, um ihn zu heiraten. 1807 kam er wieder nach Berlin, und zwar aus Halle. Dort war er seit 1804 als Universitätsprediger und außerordentlicher Professor angestellt gewesen und 1806 als erster reformierter Theologe zum ordentlichen Professor ernannt worden. Er verließ Halle aus politischen Gründen, in der Annahme, »dass eine französische Regierung unmöglich kann eine deutsche Universität bestehen lassen«.[4] Schleiermacher floh nicht vor Napoleon, er ging ins preußische Kernland.

Ausgestellt wird eine der zentralen Figuren der Gründungsgeschichte der Berliner Universität.

Der preußische König Friedrich Wilhelm III. zog sich im Februar 1807 mit seiner Familie nach Memel zurück, um die Erfolge Napoleons aus der Distanz zu beobachten. In dieser Zeit schrieb ein findiger Jurist seinem König den unglaublichen Satz zu, man müsse durch geistige Kräfte ersetzen, was man an physischen verloren habe.[5] Theodor Schmalz, der den Satz nach einer Audienz in Memel überlieferte, wurde drei Jahre später der erste Rektor der heutigen Humboldt-Universität.

Schleiermacher war ihr vierter Rektor. Er folgte auf Johann Gottlieb Fichte und Friedrich Carl von Savigny und amtierte für das Rektoratsjahr 1815/16. Am 31.12.1807 schrieb Schleiermacher an seine Schwägerin Charlotte von Kathen: »Die Regierung hat […] die Absicht erklärt hier eine Universität zu gründen in die Stelle der verlornen, und ich bin dazu vorläufig mit in Be-

schlag genommen.«[6] Vorläufig hielt er Privatvorlesungen von der Philosophiegeschichte über die Hermeneutik bis hin zur Theorie des Staates.[7] Mit Politik beschäftigte er sich zudem auch praktisch. 1808 erschien seine noch in Halle begonnene bildungspolitische Reformschrift »Gelegentliche Gedanken über Universitäten in deutschem Sinn«. Sie wirkte langsam, aber nachhaltig.[8] Die Gründung der Berliner Universität beruhte wesentlich auf Schleiermachers Systematik der Bildungsinstitutionen und Humboldts praktisch ausgerichteter Bildungspolitik.[9] Ab September 1810 gehörte Schleiermacher als Staatsrat der Unterrichtsabteilung des Departments für Kultus und öffentlichen Unterricht an und war stellvertretender Präsident der Einrichtungskommission für die neue Universität. Zugleich fungierte er als Gründungsdekan der Theologischen Fakultät.

Schleiermacher war an der Reform der preußischen Kirchenverfassung beteiligt, ein knappes Jahr (1810/11) stand er der Examinationsbehörde für höhere Schulbediente vor; er war der Direktor der Berliner Wissenschaftlichen Disputation und verantwortete als solcher den Lehrplan für die gelehrten Schulen.

Seit 1809 war er Prediger an der Dreifaltigkeitskirche und nahm alle Pflichten eines Pfarrers wahr, von der Armenpflege bis zur Seelsorge. Vor allem aber predigte er mit enormer öffentlicher Wirkung. Wie groß diese war, lässt sich an seinem Begräbnis erkennen: Die Berichterstatter überboten einander mit den Zahlen der Trauergäste. Es waren mehrere Tausend.[10]

Ausgestellt wird ein für die Entwicklung der Institution wichtiges Mitglied der Preußischen Akademie der Wissenschaften.

Schleiermacher wird 1810 in die philosophische Klasse der Königlich Preußischen Akademie der Wissenschaften aufgenommen. Er hat damit das Recht, an der Philosophischen Fakultät der Universität zu lesen. 1814 wird er Sekretär dieser Klasse, 1826 Sekretär der historisch-philologischen Klasse. Schließlich werden auf sein Betreiben beide Klassen 1827 vereinigt.[11] Hinter der Zusammenlegung der Klassen verbirgt sich ein institutioneller Schachzug: Schleiermacher verhindert, dass Hegel in die Akademie aufgenommen wird; dieser gründet daraufhin die Societät für wissenschaftliche Kritik – der Schleiermacher nicht angehört. Die persönliche Dimension der philosophischen Auseinandersetzung schlägt an dieser Stelle ins Institutionelle um. Das ist Material für eine aufschlussreiche Fallstudie über das Funktionieren von Wissenschaft. Beider Ideen sind bis heute wirksam geblieben.[12] »Schleiermacher hat die moderne, arbeitsteilige Forschung und die idealistische Systemphilosophie, die auch und zentral praktische Philosophie war, zu verbinden gesucht. Seine Philosophie war von Anfang an, seit er sie in seinen Vorlesungen systematisch entwickelte, auch eine Philosophie der Akademie.«[13]

2. Zu sehen ist ein einzelnes, herausgehobenes Wort; es fungiert als Überschrift: Hermeneutik.

Hermeneutik, abgeleitet vom griechischen Begriff für Vermittlung, bezeichnet sowohl die Praxis der deutenden Auslegung von Texten als auch die Theorie des Verstehens und Interpretierens. Die Überschrift gilt dem gesamten Heft.

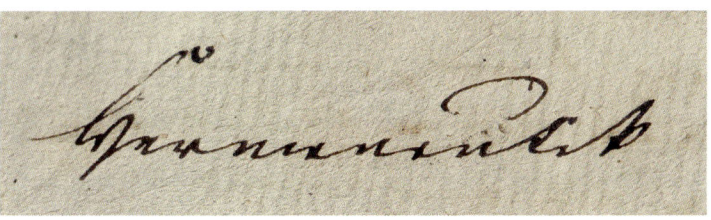

Ausgestellt wird eine Etappe der Geistesgeschichte.
Ausgestellt wird ein Klassiker der Hermeneutik.
Der erste Satz des Blattes lautet: »1. Die Hermeneutik als Kunst des Verstehens existirt noch nicht allgemein sondern nur mehrere specielle Hermeneutiken.«

Der Satz markiert einen Wendepunkt in der Geschichte der Hermeneutik. Lange Zeit galt Schleiermacher als Begründer einer allgemeinen Hermeneutik, so wie sie hier als fehlend angezeigt wird. Die Lehren vom Verstehen waren auf einzelne Disziplinen und deren kanonische Texte beschränkt. Man erschloss sich das Neue Testament oder ein Gesetzbuch, indem man den Auslegungsregeln des Faches folgte. Schleiermacher ging davon aus, dass diese auf gemeinsamen, allgemeinen Annahmen über das Verstehen eines Textes beruhen und sich auf einen allgemeingültigen Vorrat von Regeln zur Erschließung von Bedeutung zurückführen lassen.

Ein solches Verständnis von Hermeneutik wird nicht erst von Schleiermacher entwickelt. Vor dem Hintergrund der Theorien seiner Vorgänger wird seine Leistung inzwischen als Vollendung und Überwindung der Aufklärungshermeneutik beschrieben.[14] In Jean Grondins aktuellem Überblick zu den historischen Stationen und gegenwärtigen Formen der Interpretationsphilosophie steht Schleiermacher für das »Entstehen einer universelleren Hermeneutik«.[15] Die Ablösung der Auslegungskunst von der Schrift und vom Bezug auf die Bibel wird vollendet. Schriftliche und mündliche Texte bedürfen der Auslegung, heilige wie profane. Zudem wird die Vorstellung einer Hermeneutik, »die zum Verstehen führen solle«,[16] überwunden.

Es ist »der Verstehensvorgang selbst, der der Absicherung durch eine Kunstlehre bedarf«.[17] In einem solchen Verständnis von Hermeneutik ist die universelle Nutzung der Methodik des Verstehens angelegt. Sie nimmt »die Form einer Rekonstruktion an«.[18] Rekonstruiert werden Kontexte, die für die Bedeutung der sprachlichen Zeichen relevant sind. »Alles bedarf näherer Bestimmung und erhält sie erst im Zusammenhange.« Das können sowohl gesellschaftliche und fachliche Kontexte sein als auch, den Urheber einer Aussage betreffend, individuelle. In der Summe tragen sie dazu bei, Missverständnisse zu vermeiden und die Bedeutung des Gesprochen oder Geschriebenen einzuengen.

3. Zu sehen ist: Das Blatt ist doppelt datiert.

Rechts oben ist zu lesen: »angef.[angen] d.[en] 19t.[en] April 1819, in 4 wöchentl.[ichen] Stunden«. Darunter steht am äußeren rechten Rand eine Jahreszahl: »1828«.

Ausgestellt werden zwei Stationen der Geschichte der Hermeneutik.
Die erste Datierung bezieht sich auf den Beginn einer Vorlesung. Sie gibt Auskunft über die Zeit der Niederschrift des Textblocks auf der linken Seite des Blattes. Im Sommersemester 1819 hielt Schleiermacher eine Vorlesung mit dem Titel »Die *Hermeneutik*, sowohl im Allgemeinen als die des N[euen] T[estaments]«, sie umfasste vier Stunden pro Woche.[19]

Auch die zweite Datierung, 1828, bezieht sich auf eine Vorlesung. Im Wintersemester 1828/29 las Schleiermacher über »Die Grundsätze der Auslegungskunst und der Kritik«, fünfmal eine Stunde pro Woche.[20] Aus dieser Zeit stammt der Text auf der rechten Seite.

Beide Textblöcke zusammen geben Aufschluss über die Entwicklung der Lehre von der Hermeneutik.

Ausgestellt wird ein Ausschnitt aus der Berliner Universitätsgeschichte.
Der Ausschnitt umfasst neun Jahre und stammt aus der Lehre.

Der Vorlesungsturnus im Sommersemester 1819 erstreckte sich vom 19. April bis zum 6. August, Schleiermacher las viermal wöchentlich von 7 bis 8 Uhr. 51 Hörer folgten ihm.[21]

Im Wintersemester 1828/29 las Schleiermacher ab dem 22. Oktober 1828 und endete, nach 99 Sitzungen, am 24. März 1829. Die Vorlesung fand fünfmal wöchentlich von 8 bis 9 Uhr statt. Für dieses Semester sind 115 Hörer verzeichnet.[22]

In den Jahren zwischen 1819 und 1828 hat Schleiermacher den Stoff der Vorlesung ausgebaut. Im Sommersemester 1822 las er Hermeneutik vierstündig, mit insgesamt 58 Sitzungen, im Wintersemester 1826/27 bereits fünfstündig, mit 89 Terminen. Die Vorlesung war ein Erfolg, die Hörerzahlen belegen es. Im Jahr 1822 waren es 77, vier Jahre später 107.[23]

Das Blatt gibt, zumindest zum Teil, auch Auskunft darüber, wie der Erfolg zustande kam (siehe Punkt 6).

Ausgestellt werden zwei Vorlesungszyklen und ihre Entstehungsgeschichte.

Die Vorlesungszyklen bilden in mehrfacher Hinsicht den Schnittpunkt von Geistes- und Institutionengeschichte. Die Geschichte der Hermeneutik und die Entwicklung der Theologie als universitäres Fach in Berlin sind von Schleiermachers Biografie nicht zu trennen. Zugleich entspricht es der Eigenart seiner Lehre, dass er an zwei Fakultäten Vorlesungen über denselben Gegenstand hielt. Das wiederum war nur möglich, weil er sowohl der Universität als auch der Akademie angehörte.

Die erste Beschäftigung mit der Hermeneutik fand in Halle statt. Den Literaturhinweisen eines informierten Freundes folgend, bereitete Schleiermacher als frisch berufener Theologieprofessor 1805 eine Vorlesung vor: »Ich lese Hermeneutik und suche, was bisher nur eine Sammlung von unzusammenhängenden und zum Theil sehr unbefriedigenden Observationen ist, zu einer Wissenschaft zu erheben.«[24] Drei Monate später resümierte er: »Die Hermeneutik ist diesmal noch sehr unvollkommen in der Ausführung gewesen [...]. Aber die Idee des Ganzen hat sich mir immer mehr bestätigt, je tiefer ich hinein gekommen bin.«[25]

In Berlin setzte Schleiermacher die Arbeit fort. Er hielt 1809/10, unmittelbar vor der Gründung der Universität, und im Wintersemester 1810/11, gleich nach der Gründung, Vorlesungen zur Hermeneutik, jeweils zweimal die Woche.[26] Die Fortsetzung der Arbeit lässt sich durch ein Notizbuch belegen, das 1805 in Halle begonnen und später in Berlin ergänzt wurde.[27] Ebenso lässt sich der inhaltliche Neuansatz *materialiter* nachweisen. Schleiermacher legte für die erste Berliner Hermeneutik-Vorlesung ein neues Heft an. Das lag nicht zuletzt daran, dass er nicht wie in Halle in der Theologischen Fakultät, sondern öffentlich las, im Heinrichschen Palais, und die Hermeneutik als philosophische Wissenschaft präsentierte.

Diese Entscheidung trug dem schon zitierten berühmten Befund Rechnung, die Hermeneutik existiere bisher nur in verschiedenen Fächern und sei noch nicht als allgemeine Theorie entwickelt worden. Schleiermachers Verständnis der Sache wurde im Sommersemester 1814 vollends deutlich, als er die allgemeinen Grundsätze der Auslegungskunst in der Philosophischen und die Hermeneutik des Neuen Testaments in der Theologischen Fakultät vortrug, und zwar als Folge. In der Theologie las er erst, nachdem er die Vorstellung des allgemeinen Teils abgeschlossen hatte. Das war systematisch konsequent. In der Theologie war er angekündigt als »Herr Prof.«, in der Ankündigung der Philosophie fehlte der Titel.[28] Dort trat Schleiermacher als Akademiemitglied auf. Die Feinheiten der Ankündigungstexte illustrieren die Geltung der Institutionen und die damit zusammenhängende Trennung der Fächer ebenso wie die Universalität der Hermeneutik. Noch in dem Umstand, dass es eben zwei Hefte waren, auf die Schleiermacher bei der Gelegenheit zurückgriff, schlägt sich die Geschichte der Disziplin nieder.

All dies ist ausgestellt, auch wenn es nicht zu sehen ist: 1819 war die Vorlesung an der Theologischen Fakultät eigens als Zusammenführung der beiden Bereiche angekündigt, aber eins der beiden Hefte war dem Professor abhandengekommen. Über die Vorbereitung der Vorlesung schreibt er an Sack: »Mir ist das Unglük begegnet mein hermeneutisches Heft verloren zu haben, das macht mir einen bedeutenden Strich durch die Zeit, da ich mir nun doch beim Lesen ein Neues anlegen muß, und leider nicht einmal dafür stehen kann daß es so gut wird als das Alte war.«[29] Diesem Umstand verdankt sich das Ausstellungsstück. Es ist das neue Heft, von dem hier die Rede ist.

4. Zu sehen ist ein einzelnes Wort, das zwischen den beiden Datierungen steht: Einleitung.

Mit an Sicherheit grenzender Wahrscheinlichkeit gehört das Wort zu dem Text, den Schleiermacher 1819 in die linke Spalte schrieb. Es gehört zur Gliederung des Textes auf der höchsten Ebene und bestimmt die Funktion des ersten Teils. Auf dieser Ebene hat der Text noch zwei weitere Teile, in denen die »grammatische« und die »technische« Auslegung behandelt werden.

Ausgestellt wird ein Blick in Schleiermachers Werkstatt.

Von 1819 bis 1828 fungierte die rechte Spalte als Marginalspalte. Als sie 1828 aufgefüllt wurde, verlor sie ihre orientierende Funktion. Und sie enthielt nicht länger Marginalien.

Es spricht vieles dafür anzunehmen, dass Schleiermacher die rechte Spalte für spätere Ergänzungen vorgesehen hatte. Das lässt sich schon aufgrund ihrer Breite vermuten (dies umso mehr, wenn man weiß, dass Schleiermacher im Alter geizig wurde und sich der Geiz auch auf das Papier erstreckte).[30] Eine solche Vermutung zieht die Frage nach sich, weshalb er den Platz 1822 und 1826/27 nicht nutzte. Um sie zu beantworten, ist zum einen das Gesamt von Schleiermachers Beschäftigungen in Rechnung zu stellen – es war ein Zeitproblem – und zum anderen der Stand der Ausarbeitung der Hermeneutik, der erreicht war. Um ihn genauer bestimmen zu können, genügt es, das Blatt weiter zu betrachten.

5. Zu sehen ist: In beiden Spalten sind die Texte nummeriert, in der linken gibt es eine Nummerierung zweiter Ordnung. Die Schriftgröße variiert. Der Text ist zudem in beiden Spalten deutlich und mehrfach gegliedert.

Ausgestellt wird eine strenge Systematik.
Sie belegt Schleiermachers Bemühen um diszipliniertes Denken.

Die nummerierten einzelnen Sätze in der linken Spalte sind in einem größeren Schriftgrad geschrieben als die auf sie folgenden Absätze. Auch der Abstand zwischen den Buchstaben ist etwas breiter als in den untergeordneten Abschnitten. Diese sind wiederum deutlich größer geschrieben als die Ergänzungen in der rechten Spalte. Rechts hat Schleiermacher seine Aufzeichnungen einheitlich in einem kleinen Schriftgrad gehalten.

In der linken Spalte sind die kleiner geschriebenen und mit Zahlen zweiter Ordnung versehenen Abschnitte eingerückt.

Die Nummerierung weist die einzelnen Abschnitte als Folge aus. Links ist innerhalb eines Abschnitts ein zweites Mal mithilfe von Zahlen gegliedert. Die Dopplung ist ein Anzeichen von systematischer Strenge und argumentativer Disziplin. Ein solches Ordnungsprinzip zeigt Konsequenz und Folgerichtigkeit an. In der rechten Spalte hat Schleiermacher einfach durchnummeriert. Sie verhält sich damit ergänzend zur linken. Auf den späteren Blättern beziehen sich die Zahlen offensichtlich auf die Vorlesungen, die er 1828 gehalten hat, sie sind gelegentlich ergänzt um einen Zusatz wie »5t.[e] St.[unde]«.

Damit sind insgesamt drei gliedernde Verfahren miteinander verbunden worden. In der rechten Spalte ist beim letzten Absatz die erste Zeile eingezogen, offensichtlich kommt Schleiermacher hier mit einer einfachen Gliederung aus.

Ausgestellt wird der Entwurf einer Lehre.
Die Gesamtheit der Gliederungen repräsentiert eine systematische Hierarchie. Die Formalia zeigen an, dass jeweils auf den Hauptsatz ein systematischer Kommentar folgt. Die gegliederte Explikation ist darauf ausgerichtet, die Implikationen des Hauptsatzes offenzulegen. 1819 waren die Grundzüge von Schleiermachers Hermeneutik offensichtlich ausgearbeitet.

Die starke Gliederung und die Frage, weshalb er den Platz 1822 und 1826/27 nicht nutzte, sind Argumente für diese Annahme. 1819 zeigte die leere rechte Spalte an, dass die Lehre *als Text* noch nicht fertig war. Der freie Raum auf dem Blatt ist für künftige Ergänzungen bestimmt; er zeigt an, dass es sich noch um einen Entwurf handelt. Aus dieser Perspektive gehören die Vorlesungen von 1822 und 1826/27 zur Erprobungsphase der Lehre und des Textes, der sie vermitteln soll.

Ausgestellt wird, wie sich Schleiermacher sein künftiges Buch vorstellte.
Die starke Gliederung ist ein Hinweis darauf, dass Schleiermacher 1819 ein Buch entwirft, bis hin zu typografischen Feinheiten. Seit 1805 hält sich bei ihm der Plan, die Hermeneutik zu publizieren.[31] Die sorgfältige Ausführung der Gliederung in der Handschrift belegt, dass er den Plan über all die Jahre nicht aufgegeben hat. Sie ist ein Indiz dafür, dass sich das Buch in einem späten Stadium seiner Planung und Entstehung befand.

6. Zu sehen ist: Der Text auf dem Blatt ist deutlich und mehrfach gegliedert.

Es lassen sich ein oder zwei Haupttexte sowie Paratexte, den Haupttext begleitende und ergänzende Texte, unterscheiden.

Ausgestellt wird Schleiermachers Arbeitsweise als Professor, zumindest zum Teil auch sein Werkbegriff.
Schleiermacher arbeitete effektiv und lehrte forschungsnah. Der Entwurf zu einem Buch ist zugleich das Manuskript der Vorlesung. Das Blatt ist sowohl Vorbereitung für den akademischen Lehrvortrag als auch dessen Ergebnis: Nach der Vorlesung wurde der Text ergänzt. Die Vorlesung bot die Gelegenheit, die zur Publikation bestimmte Lehre einer weiteren Prüfung zu unterziehen, im besten Falle: sie der Kritik auszusetzen. Aus der Sicht des Buches fungiert die Vorlesung als Vorveröffentlichung in einem flüchtigen Medium. Erst die Publikation schreibt den Wortlaut der Lehre fest, nicht die Mitschrift. Wurde eine Vorlesung gedruckt, so »*vernichtete* er offenbar sämtliche Manuskripte«.[32] Schleiermacher las dann mithilfe des publizierten Textes.

Wie die steigenden Hörerzahlen beweisen, setzt die Tradierung der Lehre allerdings deutlich vor ihrer Publikation als Buch ein. Schleiermacher war sich dieses Zusammenhangs wohl bewusst.

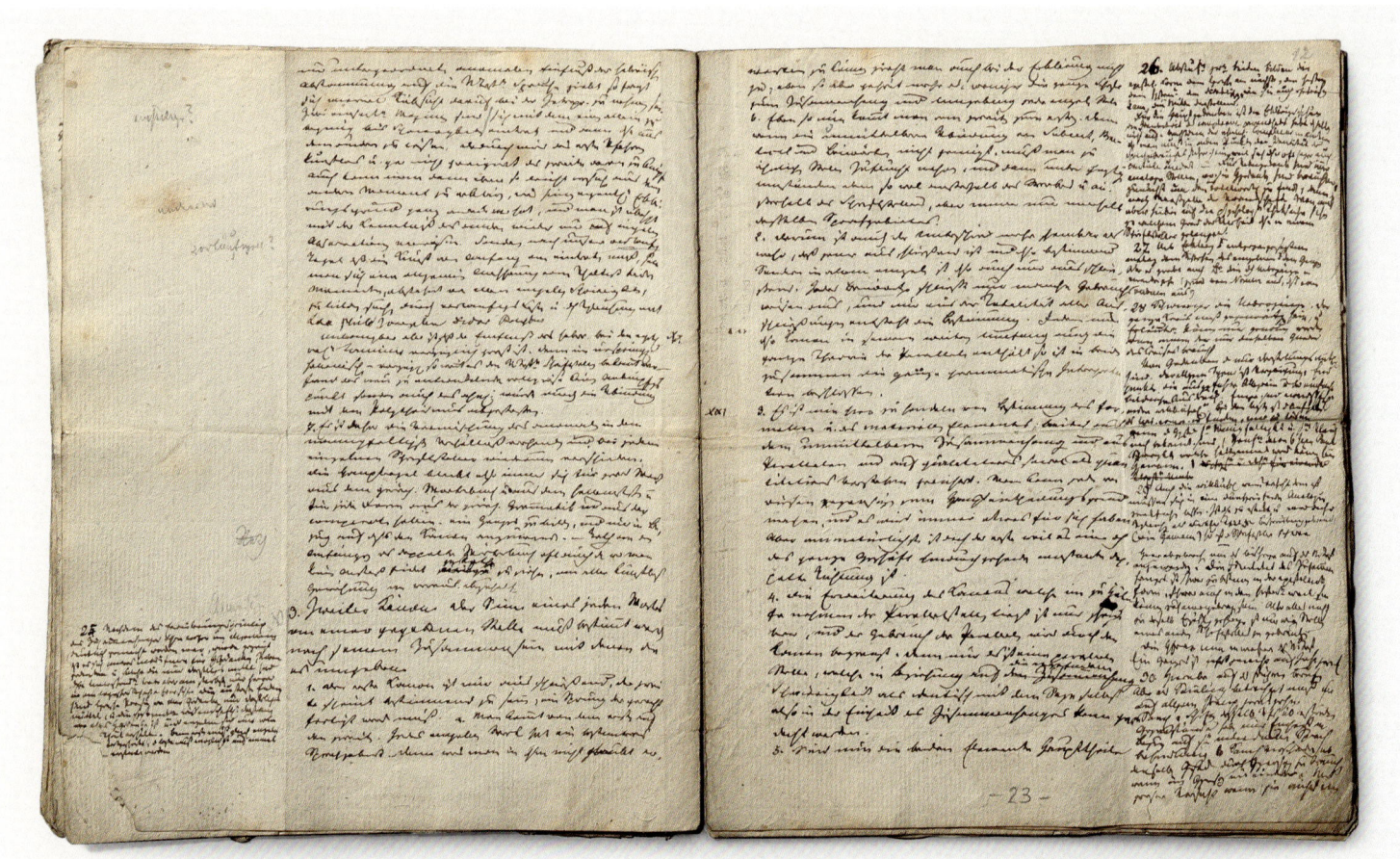

Ausgestellt wird die Unmöglichkeit, eine Vorlesung auszustellen.
Das Blatt steht im Kontext zweier Vorlesungen. Der Text der linken Spalte entstand 1819 als Vorbereitung einer Vorlesung. 1828 wurde er anlässlich deren (dritter) Wiederholung um den Text der rechten Spalte ergänzt. Gesprochen, also: *vorgelesen* worden ist keiner von beiden.

Der durchstrukturierte Text links ist offensichtlich unfertig. Der Nachtrag rechts kommentiert und ergänzt ihn. Beide Texte zusammen bildeten einen dritten. Er repräsentierte 1828 die Lehre in ihrer aktuellen Fassung. Auf diesen Text kam es an, jedenfalls den Studenten, die ihn hörten. Er dürfte kaum zu rekonstruieren sein. Er wurde am 22. Oktober 1828 zwischen 8 und 9 Uhr gesprochen, es ist keine zuverlässige Mitschrift überliefert.

Anhand der Angaben in der linken Spalte lässt sich zumindest teilweise rekonstruieren, in welcher Stunde des Turnus welcher Abschnitt der rechten Spalte behandelt worden ist (vgl. Punkt 5). Für die mündliche Darstellung dessen, was der Text des ersten Blattes meinte, benötige Schleiermacher demnach zwei Stunden. Er las nicht etwa den Text vor, sondern erklärte den Hörern, was er bedeutete.

Ausgestellt werden Schleiermachers Verständnis von Vorlesung und Schleiermacher als Lesender.
Im Zusammenhang mit der starken Gliederung des Textes ist die Datierung ein Ausdruck von Schleiermachers Verständnis von akademischer Lehre im Allgemeinen und von Vorlesung im Speziellen.

Schleiermacher erschien nicht unvorbereitet. Ihm war der Stoff in seiner Komplexität vertraut, ja im wörtlichen Sinne: vor Augen. Vor Augen hatte er ebenso den »mutmaßlichen Zustand [,] in welchem sich die Zuhörer befinden«, ihr »Nichtwissen«.[33] Aus diesen beiden Voraussetzungen leitete Schleiermacher seine Forderung an den akademischen Lehrer ab. Dieser »muß alles was er sagt vor den Zuhörern entstehen lassen; er muß nicht erzählen was er weiß, sondern sein eignes Erkennen, die Tat selbst, reproduzieren, damit sie beständig nicht etwa nur Kenntnisse sammeln, sondern die Tätigkeit der Vernunft im Hervorbringen der Erkenntnis unmittelbar anschauen und anschauend nachbilden«.[34]

Schleiermacher stellte höchste Ansprüche an den Vorlesenden. In seinem Verständnis von Universität nimmt die Vorlesung den zentralen Platz in der Lehre ein. Der »wahre eigentümliche Nutzen, den ein Universitätslehrer stiftet« stand für ihn »in gradem Verhältnis mit seiner Fertigkeit« im Kathedervortrag.[35] Dass es ihm oft gelungen ist, die eigenen Anforderungen zu erfüllen, ist mehrfach belegt. Sein Schüler Steffens entwarf in seiner Grabrede auf Schleiermacher ein Bild des akademischen Lehrers als Vorlesender: »Wie er den Gegenstand scharf auffaßte, in allen Beziehungen betrachtete, wie er den klaren Gang der Entwickelung verfolgte, nie den Faden verlor, was in einer Beziehung gewonnen war, mit Sicherheit hinlegte, dann eine andere Richtung mit gleicher Bestimmtheit, ja die vielfältigsten verfolgte, – wie die Klarheit des Vortrags nie durch diese scheinbar verschlungenen Gänge der Betrachtungen getrübt wurde, wie er das in allen Richtungen Gewonnene aufzunehmen, zu verknüpfen; zu einem großen Ganzen zu vereinigen, ja wie er die Ahnung, dass das scheinbar in sich Geschlossene und Abgemachte auf eine höhere Vereinigung deute, immer lebendig zu erhalten wußte, dass der aufmerksame Zuhörer immer stärker angezogen, gefesselt, angeregt ward, ist allen seinen vielen Zuhörern bekannt. Der Denkproceß schien sein innerstes Geheimnis zu verraten und trat, auch ohne selbst Gegenstand der Darstellung zu seyn, als ein Lebendiges, Erzeugendes hervor, nicht als ein Ueberliefertes. So bildete er Denker, weil er selbst lebendig dachte.«[36] Selbst wenn man das der Textsorte geschuldete Lob in Rechnung stellt, dürfte das realistisch sein, was Schleiermachers Attraktivität als Vorlesender angeht. Es reisten eigens Kollegen an, um ihn zu hören. Anfang 1833 kam Ernst Henke, habilitierter Theologe und Gymnasialprofessor in Braunschweig, während eines vierteljährigen Urlaubs zu diesem Zweck nach Berlin. Er hörte die exegetische Vorlesung über Matthäus und war mit dem Stoff hinreichend vertraut, um neben der Mitschrift noch einige Porträts des Lesenden anzufertigen.[37] Neben der kleinen, etwas verwachsenen Statur lassen sie vor allem eins erkennen: Konzentration.

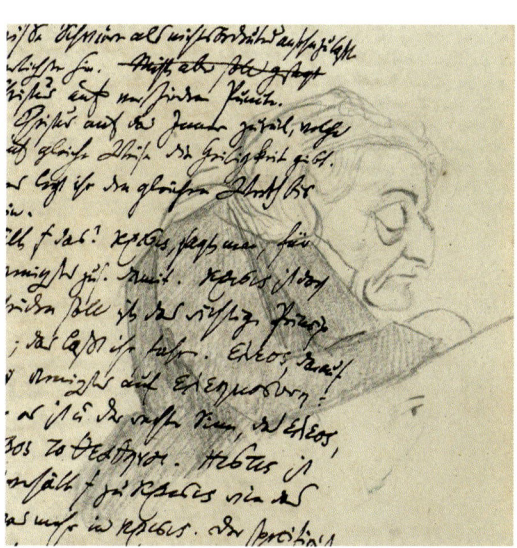

7. Zu sehen ist: Der Text auf der ersten Seite bricht im Satz ab. Das Blatt liegt in einem Heft obenauf.

Ausgestellt wird ein editorisches Problem.

Schon die von den Vorlesungen begeisterten Schüler erkannten das Problem: »[…] das unvollendete Fragment – es erhielt durch den lebendigen Vortrag seinen höchsten Wert, nie durch Schrift zu ersetzen.«[38]

Schleiermacher hat kein Buch mit dem Titel »Hermeneutik« publiziert. Herausgegeben wurden Manuskripte und Nachschriften aus verschiedenen Stadien der Arbeit. Die Herausgeber bemühten sich dabei, Schleiermachers Wünsche für das Layout zu berücksichtigen.[39] Auf dem Weg ins (posthume) Buch verwandelt sich, was in der Ausstellung zu sehen ist, in eine Beschreibung im Anhang. Für die Publikation steht der Wortlaut des Textes auf dem Blatt im Zentrum der Aufmerksamkeit. Er wurde hier nicht interpretiert, aber seine Lektüre wurde vorbereitet.

Legte man alle Überlieferungen aneinander, Manuskripte, Nachschriften, Briefstellen, so ließe sich an der Reihe die Geschichte von Schleiermachers Denken rekonstruieren. Dem ausgestellten Blatt ist diese Möglichkeit anzusehen.[40] Es macht neugierig auf die Zukunft der Texte: Die Edition des Vorlesungsbandes zur Hermeneutik in den Kritischen Schriften steht noch aus. Der Band II.4 wird die besagte Reihe der Dokumente enthalten. Eines ihrer großen Abenteuer hat die Ideengeschichte also noch vor sich.

Was ist in der Ausstellung zu sehen?

Zu sehen ist ein Stück Papier aus dem Alltag eines Professors, an sich nichts Besonderes. Was das Blatt im Zusammenhang der Ausstellung sichtbar macht, bedarf der Rekonstruktion, »weil das alltägliche, banale Objekt sich nur funktionalen, historischen oder symbolischen Anordnungen erschließt«.[41] Schon die Datierungen verweisen darauf, dass das Objekt Teil einer Geschichte ist. Welche das ist, hängt von dem Kontext ab, in den das Exponat gestellt wird und/oder in dem man es betrachtet. Ersteres ist, was die Ausstellungsmacher getan haben, Letzteres, was die Betrachter tun.

Aus der Anlage der Ausstellung und der Beschaffenheit des Blattes ergibt sich, dass es in mehreren Zusammenhängen bedeutungsvoll ist, etwa der Biografie Schleiermachers, der Geschichte der Hermeneutik oder jener der Berliner Universität. Diese Kontexte werden repräsentiert durch die Exponate in weiteren Vitrinen und das Vorhandensein weiterer Säle. Je nachdem, welchen Weg die Besucher nehmen und was sie zuvor gesehen haben, wird ihr Blick auf das Papier und den Text variieren. Materialiter bleiben Blatt und Text davon unberührt, zeichentheoretisch verändert sich ihre Bedeutung. Im Arrangement der Ausstellung werden sie zu einem Objekt, dessen verschiedene Aspekte auf je unterschiedliches Wissen verweisen. Zudem geht der Text auf dem Blatt im Text der Ausstellung auf, das Objekt bildet seinerseits den Kontext für andere Exponate. Das Blatt ist umstellt von Bedeutung, wie es auch selbst Bedeutungen generiert.

Der besondere Reiz des Exponats besteht allerdings in dem selbstreflexiven Moment, das das Blatt erst im Kontext *dieser* Ausstellung gewinnt. Im Gegensatz zu anderen Objekten nämlich ist das Blatt von Schleiermacher auch sprechend, was das zeichentheoretische Wissen angeht. Dieser Behauptung liegt eine Ausweitung des Textbegriffs zugrunde, die ganz im Sinne Schleiermachers ist. Sein hermeneutischer Ansatz lässt sich mühelos auf das Verstehen im Museum übertragen. Er betrifft auch die Lesbarkeit von Ausstellungen. In der Möglichkeit dieses Übertrags liegt das universelle Moment seiner Methode.

Exponate in einer Ausstellung lassen sich als Aussagen auffassen, als Glieder einer syntagmatischen Struktur, deren Bedeutung durch verschiedene Kontexte bestimmt und eingeengt wird. Als solche haben sie narrativen Charakter und tragen zu einer Erzählung bei. Mieke Bal hat eine entsprechende Theorie explizit ausgearbeitet, die Ansätze von Gottfried Korff und Hans-Jörg Rheinberger implizieren ein solches Verständnis.[42] Das Blatt und sein Text sind Bestandteile verschiedener Erzählungen und verweisen auf diese. Vermittelt über die Schrift, die Daten, den Text und seine Anordnung, werden die Person, eine Lehre als Theorie und die akademische Lehre als Praxis sowie die Geschichte zweier Institutionen präsentiert. Das einzelne Blatt verweist dabei mehrfach auf Geschichten im Sinne einer zeitlichen Folge miteinander verbundener Ereignisse: durch den Abstand der beiden Daten und durch die Differenz von schriftlichem Entwurf, mündlicher Aufführung und (zu vermutender) schriftlicher Nacharbeit mindestens zweier Vorlesungen.

Über das selbstreflexive Moment der Ausstellung hinaus ergibt sich daraus eine Pointe für den Platz von Schleiermachers Hermeneutik im Gefüge seiner wissenschaftlichen Systematik. Sie betrifft den Zusammenhang des Sichtbaren und des Ausgestellten auf spezielle Weise: Die Methodik der Rekonstruktion ist nicht nur die Rezeptionsstrategie der Hermeneutik, sie liegt auch der theoretischen Konzeption der Vorlesungen zugrunde. Schleiermacher bringt sie für seine Hörer in Anschlag. Der Kathedervortrag soll die Rekonstruktion seiner Ideen ermöglichen. Der Theorie des Verstehens korrespondiert eine Theorie der Lehre. In seinen Vorlesungen zur Hermeneutik überführte Schleiermacher beide Theorien in die Praxis.

1 Ich danke Dr. Wolfgang Virmond von der Schleiermacher-Forschungsstelle der Berlin-Brandenburgischen Akademie der Wissenschaften für seine umstandslose Hilfe und sachdienliche Hinweise aller Art.

2 Die biografischen Angaben folgen Nowak, Kurt: Schleiermacher. Leben, Werk und Wirkung, Göttingen 2001.

3 Schleiermacher als Mensch. Sein Werden. Familien- und Freundesbriefe 1783 bis 1804, hg. von Heinrich Meisner, Gotha 1922, S. 98 (an die Schwester Charlotte, 21.11.1797).

4 Ebd., S. 97 (an Charlotte v. Kathen, 31.12.1807).

5 Vgl. Nowak: Schleiermacher, S. 189.

6 Schleiermacher als Mensch, Bd. 2, S. 97 (an Charlotte v. Kathen, 31.12.1807).

7 Vgl. Virmond, Wolfgang: Schleiermachers Vorlesungen in thematischer Folge, in: New Athenaeum/Neues Athenaeum 3, 1992, S. 127–151.

8 2008 erschien etwa in »Forschung & Lehre« unter dem Titel »Erkennen, nicht lernen ist der Zweck der Universität« eine Schleiermacher-Collage, vgl. dazu http://www.forschung-und-lehre.de/wordpress/?p=1214#more-1214 (Stand 05/2010).

9 Vgl. dazu etwa: Clark, William: Academic Charisma and the Origins of the Research University, Chicago 2006, S. 443–446; Tenorth, Heinz-Elmar: Wilhelm von Humboldts (1767–1835) Universitätskonzept und die Reform in Berlin – eine Tradition jenseits des Mythos, in: Zeitschrift für Germanistik (ZfGerm) 1, 2010, S. 15–28.

10 Friedrich Carl von Savigny zufolge waren bei diesem Ereignis mehr »als 5000 Menschen […] in Bewegung […], und die ganze Stadt fühlte durch alle Stände hindurch, es sei etwas Großes geschehen«. Leopold Ranke schrieb von einem Ereignis »ohnegleichen. 20 000 bis 30 000 Menschen erfüllten die Straßen«. Die beiden gingen im Leichenzug nebeneinander. Zit. nach Nowak: Schleiermacher, S. 454.

11 Vgl. Birkner, Hans Joachim: Schleiermacher als philosophischer Lehrer, in: ders., Schleiermacher-Studien, Berlin 1996, S. 237–250, hier: S. 241.

12 Vgl. dazu etwa die Erwähnungen Schleiermachers in: Stock, Günther (Hg.): Akademie. Tradition mit Zukunft?, Berlin 2009, darin bes. Voßkamp, Wilhelm: Die wissenschaftliche Einheit des Ganzen: Schleiermachers ideale Akademie, S. 69f.

13 Scholtz, Gunter: Die Philosophie und die Wissenschaften in der Akademie. Schleiermacher und Hegel, in: ders., Ethik und Hermeneutik. Schleiermachers Grundlegung der Geisteswissenschaften, Frankfurt am Main 1995, S. 147–169, hier: S. 161.

14 Vgl. zusammenfassend Arndt, Andreas: Kommentar zu Hermeneutik (1819) in: ders. (Hg.): Friedrich Schleiermacher. Schriften, Frankfurt am Main 1996, S. 1269–1279.

15 Grondin, Jean: Hermeneutik, Göttingen 2009, S. 17.

16 Ebd., S. 20.

17 Ebd.

18 Ebd., S. 21.

19 Vgl. dazu Virmond: Schleiermachers Vorlesungen in thematischer Folge, S. 133.

20 Vgl. ebd.

21 Ebd., S. 133.

22 Ebd.

23 Vgl. ebd.

24 Zit. nach: Virmond, Wolfgang: Neue Textgrundlagen zu Schleiermachers früher Hermeneutik. Prolegomena zur kritischen Edition, in: Fischer, Hermann (Hg.): Schleiermacher-Archiv, Berlin 1985, S. 575–590, hier: S. 584f. (an von Willich, 13.6.1805).

25 Ebd., S. 585 (an Gaß, 6.9.1805).

26 Vgl. Virmond: Schleiermachers Vorlesungen in thematischer Folge, S. 132.

27 Die Zuordnung einzelner Passagen ist unklar, vgl. zu den Details und zum Folgenden Virmond: Neue Textgrundlagen zu Schleiermachers früher Hermeneutik.

28 Vgl. Virmond: Schleiermachers Vorlesungen in thematischer Folge, S. 132, sowie Birkner: Schleiermacher als philosophischer Lehrer, S. 242.

29 Schleiermacher, Friedrich: Briefe an einen Freund, hg. von H. W. Schmidt, Weimar 1939, S. 16 (an Karl Heinrich Sack, Sommer 1819).

30 Vgl. dazu Virmond, Wolfgang: Schleiermacher als Dozent in der Berliner Universität, in: Meckenstock, Günter (Hg.): Schleiermacher-Tag 2005. Eine Vortragsreihe, Göttingen 2006, S. 103–112, hier: S. 109.

31 Vgl. Virmond: Neue Textgrundlagen zu Schleiermachers früher Hermeneutik, S. 577.

32 Ebd., S. 575f.

33 Schleiermacher, Friedrich: Gelegentliche Gedanken über Universitäten in deutschem Sinn, in: ders., Schriften, hg. von Andreas Arndt, Frankfurt am Main 1996, S. 335–438, hier: S. 372.

34 Ebd.

35 Ebd., S. 371.

36 Drei Reden am Tage der Bestattung des weiland Professors der Theologie und Predigers Herrn Dr. Schleiermacher am 15ten Februar 1834 gehalten, Berlin 1834, S. 30.

37 Vgl. dazu die Abbildung [Katalog Nr. 19] in: Friedrich Schleiermacher zum 150. Todestag. Handschriften und Drucke, bearb. von Andreas Arndt und Wolfgang Virmond, Berlin 1984, S. 36.

38 Drei Reden am Tage der Bestattung des weiland Professors der Theologie und Predigers Herrn Dr. Schleiermacher am 15ten Februar 1834 gehalten, S. 31.

39 Vgl. etwa die Ausgaben der Hermeneutik von Heinz Kimmerle (Heidelberg 1959) und Andreas Arndt (Frankfurt am Main 1996).

40 Vgl. zu weiterführenden Überlegungen: Jaeschke, Walter: Manuskript und Nachschrift. Überlegungen zu ihrer Edition an Hand von Hegels und Schleiermachers Vorlesungen, in: Stern, Martin (Hg.): Textkonstitution bei mündlicher und bei schriftlicher Überlieferung, Tübingen 1991, S. 82–89.

41 Korff, Gottfried: Speicher und/oder Generator. Zum Verhältnis von Deponieren und Exponieren, in: ders./Eberspächer, Martina/König, Gudrun Marlene/Tschofen, Bernhard (Hg.): Museumsdinge: Deponieren – Exponieren, Köln 2002, S. 167–178, hier: S. 171.

42 Vgl. dazu etwa Bal, Mieke: Telling Objects: A Narrative Perspective on Collecting, in: Elsner, John/Cardinal, Roger (Hg.): The Cultures of Collecting, London 1994, S. 97–115. Korff: Speicher und/oder Generator; Rheinberger, Hans-Jörg: Objekt und Repräsentation, in: Heintz, Bettina/Huber, Jörg (Hg.): Mit dem Auge denken. Strategien der Sichtbarmachung in wissenschaftlichen und virtuellen Welten, Zürich 2001, S. 55–61.

MOLEKULARE MODELLE ALS EPISTEMISCHE OBJEKTE.
RIBOSOMEN IM SPIEGEL VON 50 JAHREN FORSCHUNG

Hans-Jörg Rheinberger

Epistemische Objekte, also solche Gegenstände der Betrachtung, die der Erschließung und Beantwortung wissenschaftlicher Fragestellungen dienen, können mannigfaltige Formen annehmen. In vielen Wissenschaften spielen Modelle unterschiedlicher Art eine ganz besondere Rolle. Ein allgemeines Charakteristikum von Modellen ist es, dass sie einen Medienwechsel voraussetzen – das unterscheidet sie von Präparaten, die an der Materialität der Wissensobjekte partizipieren, im Grunde identisch sind mit diesen. Das Modell ist in einem anderen Medium angesiedelt als der Forschungsgegenstand, auf den es sich bezieht. Sie können rein schematisch sein und sich in erster Linie im Medium des Papiers realisieren. Sie können aber auch die Gestalt von materiellen Werkmodellen annehmen, handwerklich gefertigt, nicht selten zerlegbar und beweglich. Heute sind Computermodelle in den Laboratorien allgegenwärtig. Alle drei Formen haben in der Erforschung des Ribosoms, das hier als Beispiel dienen soll, eine Rolle gespielt. Ribosomen sind gewissermaßen die Eiweißfabriken der Zelle. Das Ribosom der Bakterienzelle, um das es hier allein gehen soll, ist aus drei Nukleinsäuremolekülen und aus mehr als fünfzig Proteinen aufgebaut. Es ist also ein höchst komplizierter makromolekularer Komplex. Das Wissen darüber ist nicht zuletzt durch Modelle gewonnen worden. In der Erarbeitung dieser Modelle spielte unter anderen Laboren in aller Welt auch das Berliner Max-Planck-Institut für Molekulare Genetik eine entscheidende Rolle.

Zunächst treten wir aber einen Schritt zurück und fragen nach den Voraussetzungen für die Konstruktion solcher Modelle. Die modernen empirischen Wissenschaften beruhen auf dem Experiment. Ein Experiment ist jedoch kein einzelner, in sich geschlossener Vorgang, sondern erfolgt meist in Serien. In ausgearbeitetem Zustand nennt man solche seriellen, sich oft über längere Zeiträume erstreckenden Anordnungen auch Experimentalsysteme. Im Wesentlichen geschieht in solchen Anordnungen Folgendes: Ein epistemisches Objekt wird mit einer technischen Umgebung in einer Weise in Verbindung gebracht, dass es »Spuren« erzeugt. Diese primären Spuren sind in der Regel indexikalischer bzw. hinweisender Natur und zumeist nicht dauerhaft. Sie müssen also auf die eine oder andere Weise gesichert werden, entweder so, dass die Materialität der Spur in anderer Form erhalten bleibt, oder numerisch. Gesicherte Spuren werden daher auch als Daten bezeichnet. Der nächste Schritt besteht darin, Daten miteinander in Beziehung zu setzen, was bedeutet, ein Modell zu erstellen. Modelle sind also, um einen anderen Ausdruck zu gebrauchen, so etwas wie »Datenverbünde«. Sie erlauben es, gewissermaßen auf einen Blick eine Vielzahl von Daten zu betrachten, und geben ein Gerüst ab, das als Ganzes sensibel reagiert, wenn Veränderungen an einer bestimmten Stelle vorgenommen werden. Die Arbeit am Modell kann dann ihrerseits Anlass zu weiteren Datenerhebungen geben. Auf diese Weise entsteht ein Kreislauf, der in einem permanenten Medienwechsel besteht. Diese Skizze nimmt nicht für sich in Anspruch, sämtlichen Formen von Modellen in den Wissenschaften gerecht zu werden, kann aber als Grundlage weiterer Ausdifferenzierungen dienen. So ist weiterhin zwischen Funktionsmodellen und Strukturmodellen zu unterscheiden, stärker passiven und stärker aktiven Modellen, also solchen, die selbst Mechanismen zur Spurenerzeugung und damit Datengenerierung enthalten. Die hier beschriebenen Modelle sind eher von der ersten Art, was aber nicht ausschließt, dass sie selbst aktive Erkenntniswerkzeuge darstellen, wie zu zeigen sein wird.

Funktionsmodelle

Die Ribosomenforschung geht auf die frühen 1940er-Jahre zurück. Sie begann mit der Identifizierung einer Partikelklasse im Zellplasma, die aufgrund ihrer geringen Größe zunächst als Mikrosomen bezeichnet wurden. Um 1950 wurden die Mikrosomen als Orte der Proteinbiosynthese in der Zelle erkannt. Erste Funktionsmodelle begriffen die Mikrosomen lediglich als Matrize, entlang welcher der Proteinfaden beim Wachstum geführt wird. Es sollte ein ganzes weiteres Jahrzehnt verstreichen, bis die zusätzlichen, wesentlich an diesem Prozess beteiligten Komponenten identifiziert waren: Es handelte sich dabei insbesondere um zwei Moleküle der Ribonukleinsäure (RNS), die als Transfer-RNS und als Boten-RNS bekannt wurden. Außerdem hatte man während dieser Zeit gelernt, die Mikrosomen, deren gereinigte Formen als Ribosomen bezeichnet wurden, in eine größere und in eine kleinere Untereinheit zu zerlegen und das Partikel aus diesen Untereinheiten auch wieder zusammenzusetzen. Nachdem man im Reagenzglasversuch mithilfe des Antibiotikums Puromycin gelernt hatte, zwei Bindungszustände eines mit Aminosäure beladenen Transfer-RNS an das Ribosom zu unterscheiden, kristallisierte sich zu Beginn der 1960er-Jahre ein detailreicheres, aber rein formales Funktionsmodell des Bakterienribosoms heraus (Abb. 1).

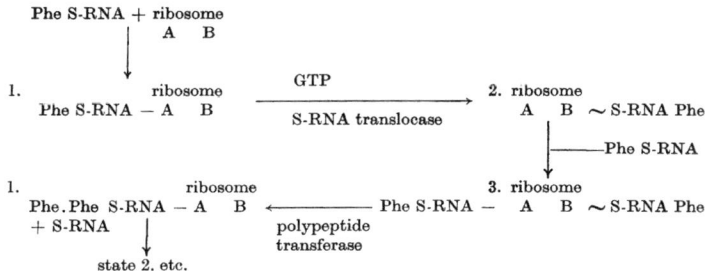

Abb. 1 Modell des ribosomalen Elongationszyklus auf der Basis von zwei Bindestellen für Transfer-RNA. Watson, James D., The synthesis of proteins upon ribosomes, Abb. 20, in: Bulletin de la Société de Chimie Biologique 46, 1964, S. 1399–1425

Dieses Modell von 1964 verdanken wir James Watson von der Harvard-Universität. Es geht davon aus, dass sich die Synthese von Eiweißen am Ribosom als zyklischer Prozess der Zufügung von Aminosäuren zu einem wachsenden Kettenmolekül vollzieht, einem Polypeptid. Die Reihenfolge der Aminosäuren wird bestimmt durch die Reihenfolge der sogenannten Codons auf der Boten-RNS, die ihrerseits von den beiden ribosomalen Untereinheiten umschlossen wird. Vermittelt wird der Synthesevorgang durch Adaptoren, die Transfer-RNS-Moleküle, die an ihrem einen Ende die Codons abtasten und am anderen Ende Aminosäure und wachsenden Aminosäurefaden so im enzy-

matischen Zentrum des Partikels positionieren, dass eine Kondensation stattfinden kann.

Schematische Funktionsmodelle dieser Art wurden mit Watsons erstem großem Lehrbuch der Molekularbiologie (»The Molecular Biology of the Gene«, 1965; dt. »Molekularbiologie des Gens«, 1975) zum Leitbild einer neuen, auf Visualisierung setzenden Generation von Textbüchern. Sie lösten die text- und formelzentrierten Lehrbücher der Biochemie der ersten Hälfte des 20. Jahrhunderts ab. Doch das oben beschriebene Modell hatte nicht nur kommunikative und didaktische Funktion. Es kondensierte eine ganze Reihe experimenteller Befunde der vorausgehenden Jahre zu einem synthetischen Bild, auf dessen Grundlage sich weitergehende experimentelle Fragestellungen entwickeln ließen. Es diente als Richtschnur für die Kultur der In-vitro-Proteinsyntheseforschung für die kommenden Jahrzehnte.

Es ist eine Eigenart dieser Funktionsmodelle, dass sie im Grunde genommen molekulare Prozesse als molekularmechanische Vorgänge repräsentieren. Die biochemischen Aspekte des Vorgangs – etwa katalytische Eigenschaften – treten dabei weitgehend in den Hintergrund. Das wird besonders deutlich an der metallenen, dreidimensionalen Ausführung eines solchen Modells (Abb. 2), das 1969 auf einem Symposium über Proteinsynthese in Cold Spring Harbor im US-Bundesstaat New York vorgestellt wurde. Diese Beschränkung ist aber zugleich ein Vorteil solcher Modelle. Aus den Festlegungen lassen sich Voraussagen ableiten, die im Sinne des in der Einleitung skizzierten Zirkels ihrerseits der experimentellen Überprüfung unterzogen werden können. Das Modell wird so zur indirekten Quelle einer neuen Erzeugung von Spuren und Fixierung von

Abb. 2 Spirin, Alexander S., A model of the functioning ribosome: Locking and unlocking of the ribosome subparticles, in: The Mechanism of Protein Synthesis. Cold Spring Harbor, NY, 1969, S. 197–207, hier: S. 201, Abb. 4.

Daten, die wiederum auf ihre Kompatibilität mit dem existierenden Modell befragt werden und modifizierend darin eingehen können.

Diese Modelle erlaubten es, weitere Faktoren zu identifizieren, die im Elongationszyklus der Eiweißsynthese eine Rolle spielen. In der Folge wurde das Modell erweitert – unter anderem um eine dritte Transfer-RNS-Bindestelle – und der zyklische Charakter des Prozesses wurde stärker hervorgehoben. Zudem fand auch die allosterische Dynamik, die der repetitiven Knüpfung von Peptidbindungen unterliegt, Eingang in das Modell.

Abbildung 3 zeigt das Funktionsmodell des Ribosoms in einer zeitgenössischen Version. Das Beispiel erhellt, wie eine molekulare Modellvorstellung in einem Experimentalprozess über Jahrzehnte hinweg Forschung zu bündeln erlaubt und ständig zu neuen Fragen Anlass gibt, was hier leider nur summarisch konstatiert und nicht im Einzelnen nachgezeichnet werden kann.

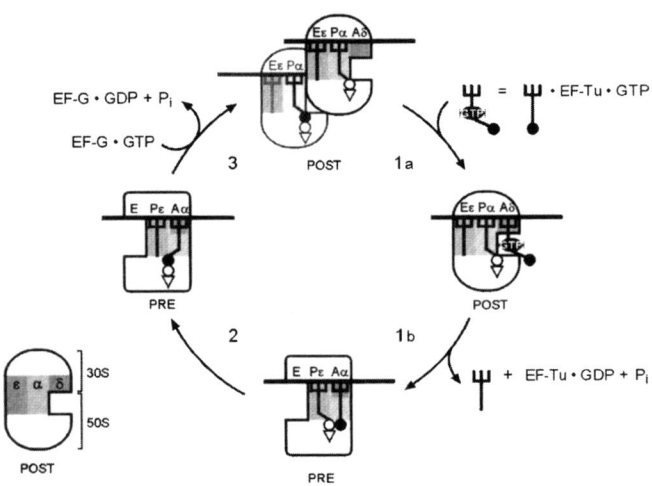

Abb. 3 Nierhaus, Knud H., The elongation cycle, in: ders./Wilson, Daniel (Hg.), Protein Synthesis and Ribosome Structure, Wiley-VCH, Weinheim 2004, S. 323–366, hier: S. 327, Abb. 8-2 B.

Strukturmodelle

Die 1960er- und 1970er-Jahre waren die Zeit, in der die komplexe Zellorganelle Ribosom mit physikalischen und chemischen Methoden zerlegt und ihre Nukleinsäure- sowie Proteinbestandteile isoliert und einzeln charakterisiert wurden. Parallel dazu gab es Anstrengungen, zu verstehen, wie die einzelnen Komponenten zusammenhängen und untereinander in Wechselwirkung stehen, und welche Abhängigkeiten beim Aufbau aus den Einzelkomponenten im Reagenzglas zu beobachten waren. Zudem offenbarten die gereinigten Partikel bzw. ihre Untereinheiten gewisse Umrisse und Oberflächenformen im Elektronenmikroskop.

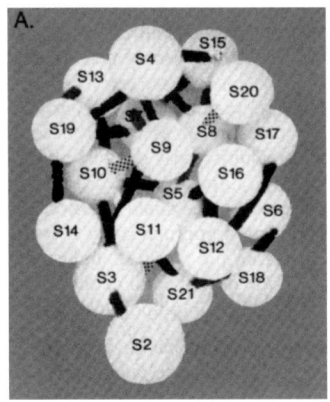

Abb. 4 Traut, R. R. et al., Protein topography of ribosomal subunit from Escherichia coli, in: Nomura, Masayasu et al. (Hg.), Ribosomes. Cold Spring Harbor, NY, 1979, S. 271–308, hier: S. 273, Abb. 1.

Eine Proliferation von Strukturmodellen war die Folge. Abbildung 4 zeigt ein frühes Proteinmodell der kleinen ribosomalen Untereinheit. Die Proteine sind durch Styroporkugeln dargestellt, von 1 bis 21 durchnummeriert und mit unterschiedlich schraffierten Balken untereinander verbunden. Die Balken stehen dabei für unterschiedliche experimentelle Zugänge: chemische Vernetzung nach Behandlung des Partikels mit Reagenzien, aus dem sukzessiven Aufbau im Reagenzglas gewonnene Abhängigkeitsdaten und Schutz von Oberflächeneinwirkung beim sukzessiven In-vitro-Aufbau.

Solche Modelle sind Versuche, den inneren Aufbau der Organelle zu repräsentieren. Daneben gab es Versuche, seine äußere Form zu modellieren. Die Methode, die hierzu vorwiegend die Daten lieferte, war die Transmissions-Elektronenmikroskopie. Vergleich, Serienbildung und Superposition von Einzelbildern führten zu durchaus konkurrierenden dreidimensionalen Modellen, von denen hier eines aus Styropor gezeigt ist, das die beiden Untereinheiten mit deutlich asymmetrischen Konturen darstellt (Abb. 5).

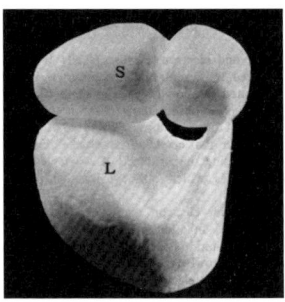

Abb. 5 Lake, James A. et al., Ribosome structure as studied by electron microscopy, in: Nomura, Masayasu et al. (Hg.), Ribosomes, Cold Spring Harbor, NY, 1979, S. 543–557, hier: S. 544, Abb. 1.

Damit sind die beiden Parameter benannt, die solchen Strukturmodellen zugrunde liegen: die äußere Gestalt im dreidimensionalen Raum und die innere Gliederung und Lagerung der Komponenten gegeneinander, oft auch als Quaternärstruktur bezeichnet, weil es um die Verhältnisbestimmung an sich schon dreidimensionaler Makromoleküle zueinander geht – eine Sisyphusaufgabe bei mehr als 50 Komponenten.

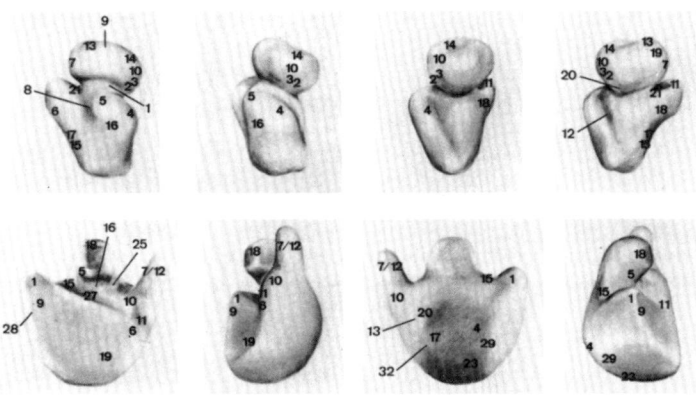

Abb. 6 Stöffler, Georg/Stöffler-Meilicke, Marina, Immuno electron microscopy on Escherichia coli ribosomes, in: Boyd Hardesty und Gisela Kramer (Hg.), Structure, Function, and Genetics of Ribosomes, New York 1986, S. 28–46, hier: S. 34, Abb. 2.5.

Es gab aber auch experimentelle Ansätze, die dazu dienten, die beiden Parameter zu verbinden. Abbildung 6 dokumentiert den Versuch, eine Lokalisierung einzelner ribosomaler Proteine an definierten Stellen auf der Oberfläche der großen und der kleinen Untereinheit vorzunehmen. Die Daten zu diesem Modell

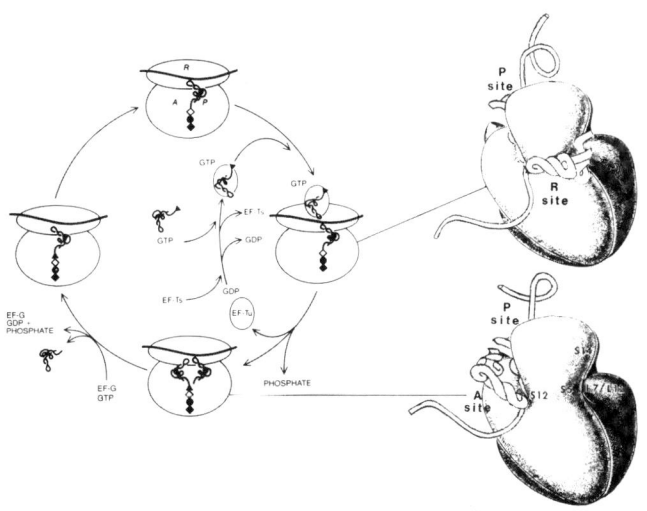

Abb. 7 Oakes, M. et al., Ribosome structure, function, and evolution: Mapping ribosomal RNA, proteins, and functional sites in three dimensions, in: Hardesty, Boyd/Kramer, Gisela (Hg.), Structure, Function, and Genetics of Ribosomes, New York 1986, S. 47–67, hier: S. 57, Abb. 3.10.

wurden dadurch gewonnen, dass man die Partikel mit gegen einzelne Proteine gerichteten Antikörpern reagieren ließ, die Reaktionsprodukte ausfällte und das Ergebnis wiederum elektronenmikroskopisch untersuchte. Schließlich blieb es auch nicht aus, Funktionsmodelle, wie wir sie im ersten Abschnitt dieser Darstellung kennengelernt haben, auf Strukturmodelle zu beziehen. Abbildung 7 bietet ein Beispiel dafür. Hier sind spezielle Funktionszustände des elongierenden Ribosoms, das einen Synthesezyklus durchläuft – wie links dargestellt – mit der entsprechenden Positionierung von Boten-RNS im Zwischenraum der beiden Untereinheiten in Bezug zueinander gesetzt.

Deutlich wird, dass es im Forschungsprozess nicht nur eine zyklische Rückkopplung zwischen Modellen und der Produktion von Daten gibt, sondern auch eine Rückkopplung gewissermaßen zweiter Ordnung, nämlich die zwischen unterschiedlichen Modellen, die auf verschiedenen Datensets beruhen. Die mangelnde Übereinstimmung einander gegenübergestellter Modelle kann wiederum zur Produktion neuer Daten und zum Abgleich der Modelle veranlassen. Hier geht es weniger um das Verhältnis eines Referenten zu seiner Referenz, in der man letztlich nach der Bedeutung der Referenz fragt, sondern um das Verhältnis zwischen unterschiedlichen Referenzen, in dem etwas – um mit Gottlob Frege zu sprechen – vielmehr Sinn ergibt oder nicht.

Computermodelle

In den frühen 1980er-Jahren begannen Heinz Günter Wittmann und Ada Yonath am Berliner Max-Planck-Institut für Molekulare Genetik damit, Ribosomen zu kristallisieren und mittels Röntgenbeugung den Versuch zu unternehmen, die Strukturaufklärung der Organelle in atomare Dimensionen – das heißt in den Ångström-Bereich – voranzutreiben. Das gelang zwar zunächst nur rudimentär und wurde von nicht wenigen Ribosomen- und Proteinsyntheseforschern auch als aussichtslos erachtet. Denn wie die bisherigen Strukturmodelle zeigten, waren die Partikel entschieden asymmetrisch und bestanden schließlich aus Hunderttausenden von Atomen. Zunächst waren es zweidimensionale kristalline Anordnungen, deren Beugungsmuster computergrafisch erfasst und auf ein physisches Modell projiziert werden konnte (Abb. 8).

Diese Abbildung ist einem Arbeitsbericht von 1990 entnommen. Zehn Jahre später lieferten Daten von dreidimensionalen Kristallen Modelle, deren Auflösung zwischen 5 und 12 Å lag. Nun wetteiferten drei Gruppen um höhere Auflösung. Neben der von Ada Yonath (Rehovot/Berlin/Hamburg) waren es die Gruppen um Venkatraman Ramakrishnan (Salt Lake City) und Thomas

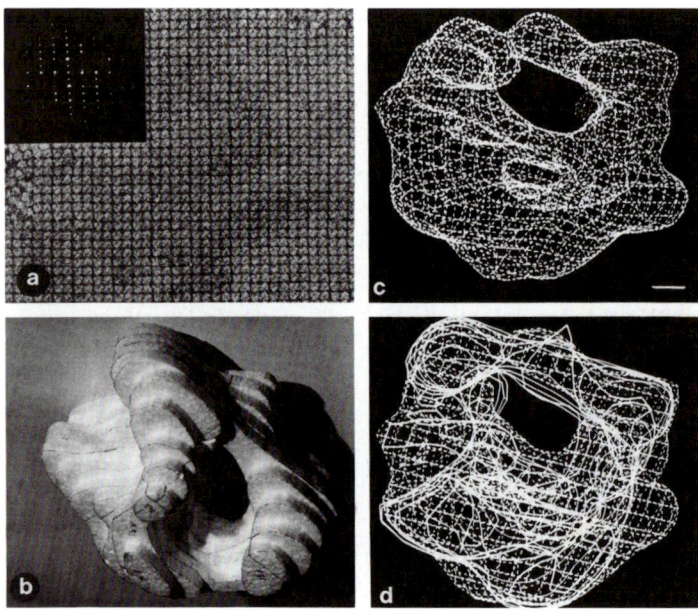

Abb. 8 Yonath, Ada et al., Crystallography and image reconstructions of ribosomes, in: Hill, Walter et al. (Hg.), The Ribosome. Structure, Function, and Evolution, Washington 1990, S. 134–147, hier: S. 142, Abb. 5.

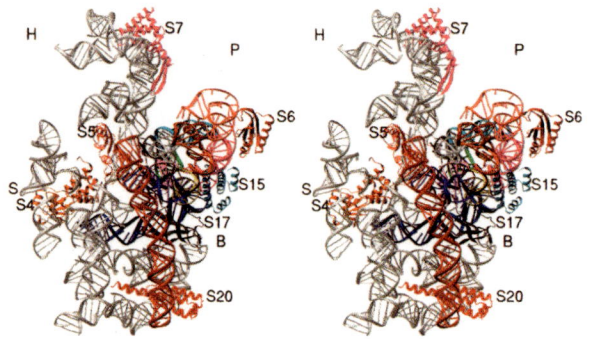

Abb. 9 Ramakrishnan, Venkatraman et al.: Progress toward the crystal structure off a bacterial 30S ribosomal subunit, in: Garrett, Roger et al. (Hg.), The Ribosome. Structure, Function, Antibiotics, and Cellular Interactions, Washington 2000, S. 3–9, hier: S. 7, Abb. 6.

Steitz (New Haven). Die Abbildungen 9 bis 11 zeigen die Vielfalt der computergrafischen Darstellungsoptionen. Abbildung 9 ist eine Stereodarstellung der kleinen Untereinheit bei einer Auflösung von 5,5 Å, bei der Ribonukleinsäure und Proteine in der standardisierten Form ihrer Sekundärstruktur gezeigt werden (Doppelhelixbereiche für RNS, α-Helices und β-Faltblätter für die Proteine). Abbildung 10 zeigt eine kompakte Oberflächendarstellung der großen Untereinheit, beruhend auf Strukturdaten mit einer Auflösung von 5 bis 9 Å, und Abbildung 11 ein Elektronendichtemodell der kleinen Untereinheit auf der Basis einer Strukturauflösung von 7 bis 12 Å im Vergleich zu elektronenoptischen Modellen. Auch hier ist die Praxis des Vergleichs von Modellen untereinander in ihrem Erkenntnispotenzial überaus deutlich. Alle drei Gruppen verfeinerten ihre Modelle im Laufe des ersten Jahrzehnts des neuen Jahrtausends erheblich. Sie wurden schließlich 2009 für ihre Arbeit mit dem Nobelpreis für Chemie ausgezeichnet.

Die Ressourcen für computergrafisches Modellieren sind offensichtlich multipler Natur. Dabei gehören auch Darstellungsoptionen, die bereits vor der Zeit der Computermodelle für Makromoleküle wie Nukleinsäuren und Proteine entwickelt wurden, zum Repertoire. Der vielleicht innovativste Aspekt der Computermodellierung kann jedoch an einem traditionellen, statischen Modellobjekt gar nicht mehr gezeigt werden. Es ist ihre Beweglichkeit im virtuellen Raum, die zugleich die Möglichkeit bietet, Funktionszustände und deren Sequenz in der Zeit zu simulieren. An diesem Punkt stellt sich allerdings die Frage, ob Computersimulationen, insbesondere solche, bei denen auch die zugrunde liegenden Daten noch – zumindest teilweise – computergeneriert sind, nicht eine Kategorie von epistemischen Objekten darstellen, die mit dem klassischen Modellbegriff, der dieser Darstellung zugrunde lag, gar nicht mehr erfasst werden können – Anlass für weitergehende epistemologische Überlegungen.

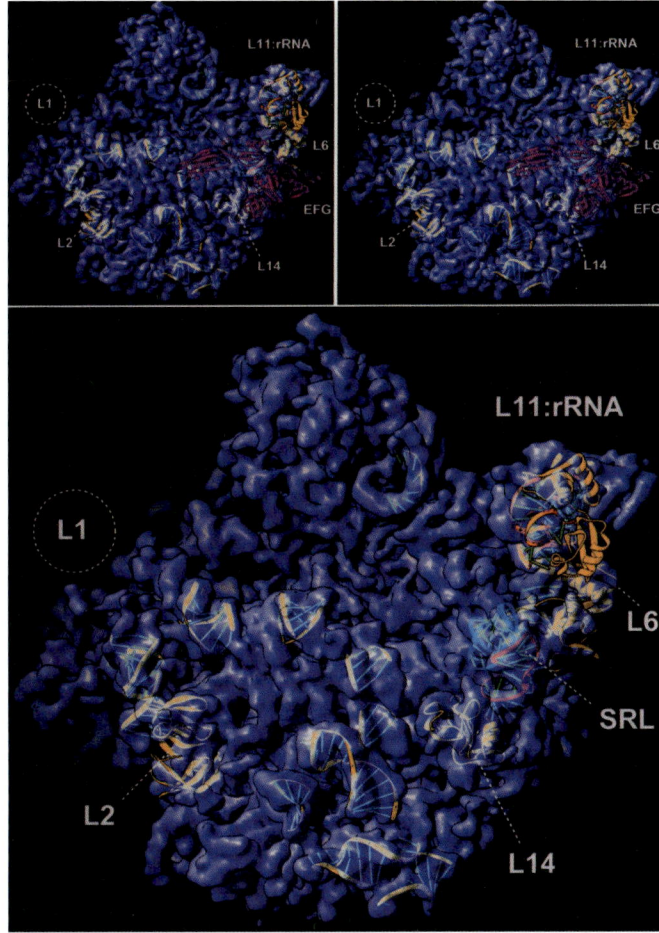

Abb. 10 Ban, Nenad et al.: Crystal structure of the large ribosomal subunit at 5-Ångström Resolution, in: Garrett, Roger et al. (Hg.), The Ribosome. Structure, Function, Antibiotics, and Cellular Interactions, Washington 2000, S. 11–20, hier: S. 15, Abb. 2.

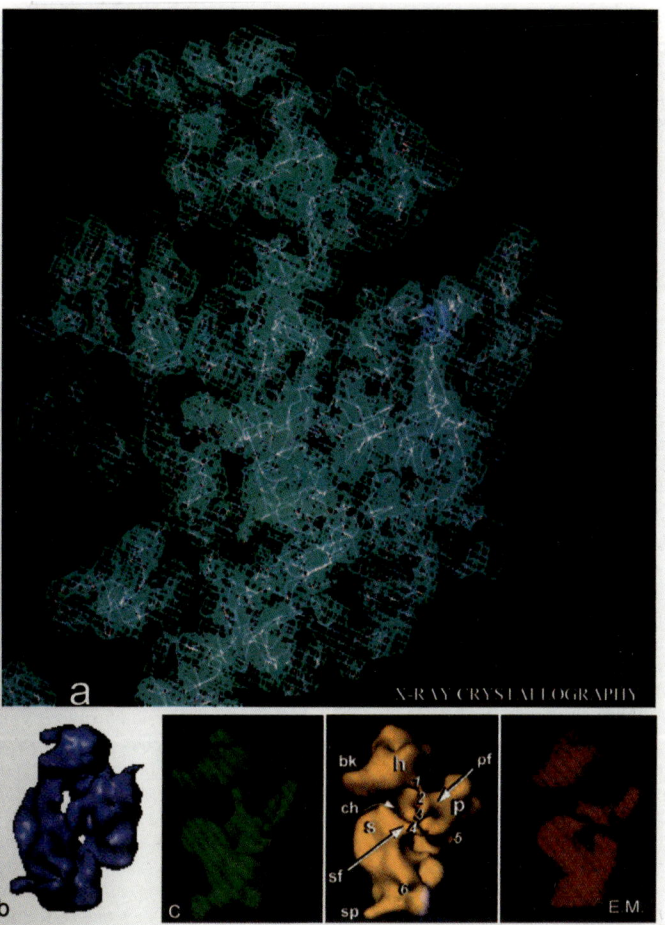

Abb. 11 Bashan, Anat et al.: Identification of selected ribosomal compounds in crystallographic maps of procaryotic ribosomal subunits at medium resolution, in: Garrett, Roger et al. (Hg.), The Ribosome. Structure, Function, Antibiotics, and Cellular Interactions, Washington 2000, S. 21–33, hier: S. 23, Abb. 1.

AUSSTELLUNGSPLAN

Martin-Gropius-Bau, EG

Etappen

1	1710 – 1810	Anfänge
2	1810 – 1848	Forschungsdrang und Freiheitskämpfe
3	1848 – 1914	Spezialisierung und Weltgeltung
4	1914 – 1945	Entgrenzung und Abbruch
5	1945 – 1989	Geteilte Stadt – Geteilte Wissenschaft
6	Nach 1989	Zusammenführung und Neuformierung

Wissenswege

7	Entwerfen und Verwerfen
8	Experimentieren
9	Reisen
10	Sammeln
11	Lehren
12	Kooperieren
13	Streiten
14	Vermessen
15	Rechnen
16	Interpretieren
17	Visualisieren

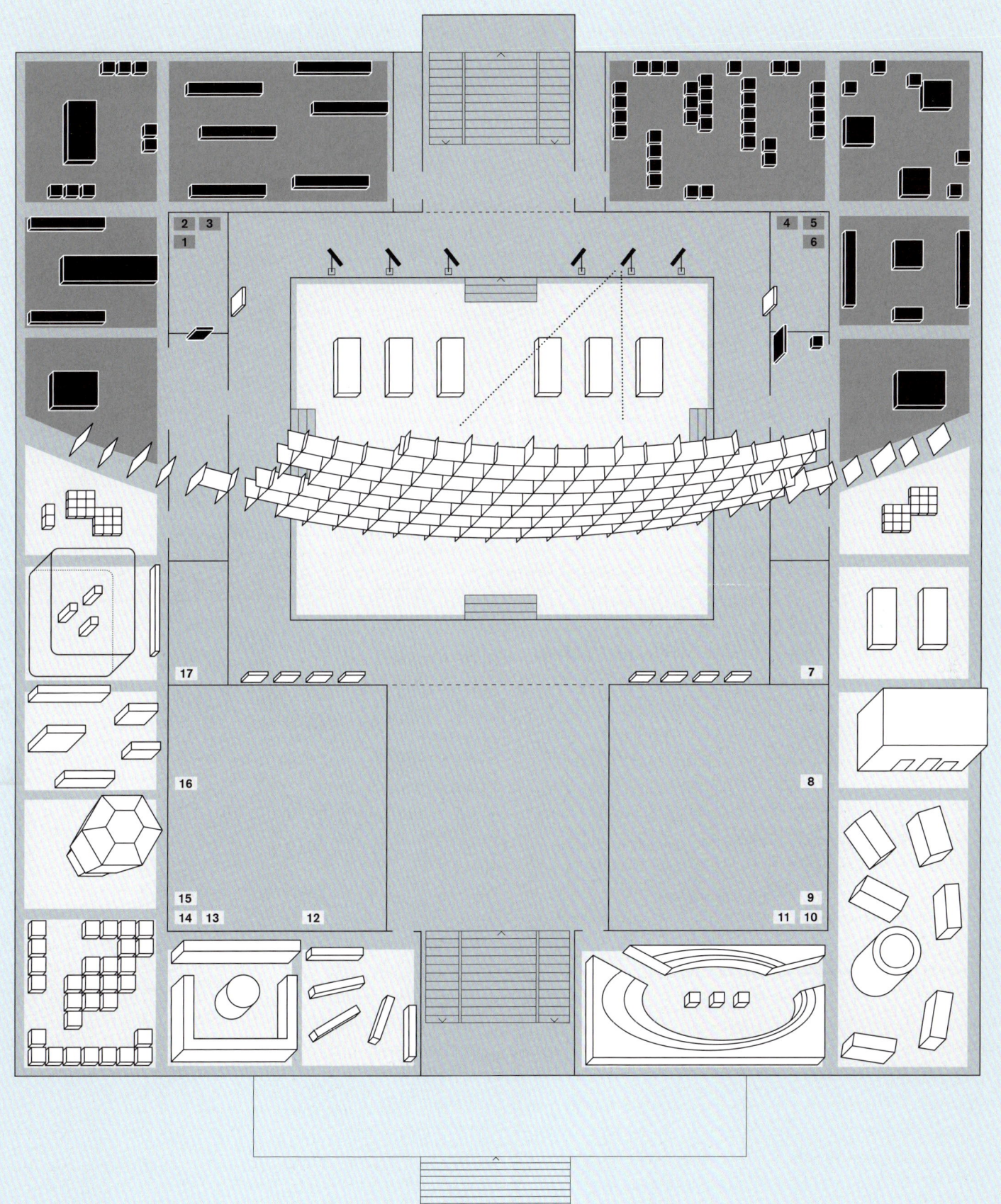

ZUR AUSSTELLUNGSGESTALTUNG

Henning Meyer

Ausstellungen sind räumliche Ereignisse. Sie geben Inhalten eine Form. Die Besucher betrachten die Exponate in Abhängigkeit von der konkreten räumlichen Situation, der Sinnzusammenhang der Objekte ergibt sich aus der Inszenierung im Raum. Wenn also – wie in unserem Fall – schon durch die Architektur des Ausstellungsortes eine starke räumliche Struktur vorgegeben ist, besteht die Aufgabe der Gestaltung darin, sie für die Repräsentation der Inhalte zu nutzen. Der Martin-Gropius-Bau teilt sich in zwei grundlegende Bereiche:

Der zentrale Lichthof, der größte und ausdrucksstärkste Raum, ist von den übrigen Räumen auf mehreren Etagen umgeben. Aus diesen Gegebenheiten haben die Ausstellungsmacher ein dreiteiliges Konzept entwickelt. Die Ausstellung beginnt und endet im Lichthof, er ist Prolog und Epilog zugleich. Der mehrdeutige Begriff des »WeltWissens« erfährt hier seine erste Ausdeutung und seine letzte Ergänzung. In den Raumfluchten um dieses Zentrum laufen zwei unterschiedliche Darstellungsweisen aufeinander zu: Die Geschichte der Berliner Wissenschaften wird in einer thematischen und in einer historische Folge präsentiert. Inhaltlich wie räumlich sind die beiden Aspekte durch zwei »neutrale« Gelenk- und Orientierungsräume voneinander getrennt und zugleich miteinander verbunden. Die Ausstellung verdeutlicht die Struktur des Wissens und seine Geschichte: Wissenswege und Etappen.

Der Lichthof

Die zentrale Objekt-Installation befindet sich im Lichthof. Sie setzt sich mit dem Konzept »WeltWissen« auseinander und verortet das Projekt in der Tradition des Museums und seiner Sammlungen: Ein großes Regal beansprucht die gesamte Breite des Raums. Seine in der Horizontale leicht gebogene Form nimmt die Krümmung der (Welt-)Kugel auf. Setzt man die so angedeutete Linie gedanklich fort, sprengt das Objekt die Dimensionen des Gebäudes. Das Regal dokumentiert die praktischen Grenzen dieses Gedankens. Was in ihm versammelt ist, bewahrt dennoch eine romantische Idee. Bei der Auswahl der Objekte, die der amerikanische Künstler Mark Dion für die Installation ausgesucht hat, galten weniger strenge Kriterien als für die anderen Exponate der Ausstellung. Inmitten der Gesetzmäßigkeiten und der Ordnung ist Raum für das freie Spiel der Ideen. Wie so oft spiegelt die Kunst den Kern der Wissenschaft und ihre Grenzen. Das Regal, auf den ersten Blick mehr Lager- als Schaumöbel, entfaltet zusammen mit den davor aufgebauten Arbeitstischen ein Spannungsverhältnis von Deponieren und Exponieren. Die im Regal zusammengebrachten Objekte sind Zeugen und Zeugnisse einer Berliner Wissenschaftsgeschichte. Aus dem Speicher der Welt wählt die Wissenschaft ihre Objekte. Als Teile eines Mosaiks lassen sie nunmehr die Idee eines gewaltigen Wissensspeichers vor Ort bildlich werden – geht es doch darum, die unüberschaubare Fülle an Informationen, Fakten und Objekten, die 300 Jahre Wissen-

Abb. 1 Modellfoto Lichthof

schaft in dieser stets getriebenen und treibenden Stadt hervorgebracht haben, wenigstens anzudeuten. Nicht zuletzt soll der Besucher durch sie und ihre Anordnung im Raum zum Staunen gebracht werden, Urgrund jeder wissenschaftlichen Betätigung. Die Gestaltung versucht dafür eine Dramaturgie des Verbergens und Offenbarens einzusetzen, die ihren Anfang bereits beim Eintritt in die Ausstellung nimmt. Den Besuchern zeigt sich zu Beginn nur ein Schattenspiel auf der Rückwand der Installation, Vorahnung all der Dinge, die dahinter zu sehen sind. Wer sich seinen Weg auf die andere Seite bahnt, überschaut das Ganze. Im Tableau der Dinge überlagern sich dann die Exponate, sind über-, um- und gelegentlich hintereinander angeordnet. Medial unterstützte Fernrohre ermöglichen eine genauere Betrachtung auch der weiter entfernten Objekte. Die unmittelbare Begegnung mit den Exponaten findet schließlich im Zuge des folgenden Ausstellungsrundgangs statt.

Etappen

Die Raumgestaltung der historischen Etappen beruht auf einer konsequenten Haltung. Die Konzentration gilt den geschichtlichen Entwicklungslinien. Die Präsentation folgt einem strengen und einheitlichen Raumkonzept, bis hin zur Gestaltung der Ausstellungsmöbel. Anzahl, Größe und Anordnung der architektonischen Sequenzen spiegeln die inhaltliche Gliederung wider. Im Vordergrund stehen die Objekte und ihre Wirkung, atmosphärische – gestalterische – Nuancierungen treten in den Hintergrund. Der Betrachter begegnet den Exponaten unmittelbar, die Gestaltung verzichtet auf zusätzliche Interpretationsangebote. Was Exponate und Räume verbindet, ist die synchrone Erzählung, die Orientierung an der Chronologie, die von einem Band der Geschichte unterstützt wird, das sich an die Wände der Etappenräume schmiegt.

Wissenswege

Die räumliche Umsetzung der thematischen Ordnung der »Wissenswege« basiert auf einer nicht minder konsequenten Überlegung. Die Inszenierung der Exponate verhindert eine lineare Betrachtung, wie sie in den Etappenräumen vorherrscht. Sie provoziert stattdessen Bewegung und Erlebnis, indem sie das räumliche Verhältnis zwischen Objekt und Betrachter immer wieder neu variiert.

Im Abschnitt »Entwerfen« beispielsweise führt die Choreografie zur Raummitte, in der zwei überdimensionierte Entwurfstische stehen. Von der Decke abgehängte Leuchten simulieren eine konzentrierte Arbeitssituation und setzen jedes ausgesuchte Objekt ins rechte Licht. Mehr noch: Um sie genauer betrachten zu können, müssen sich die Besucher über die Exponate beugen. Statt statischer Beobachtung ist körperliche Bewegung erforderlich. Die Beobachter nähern sich den Objekten, müssen immer wieder neue Standpunkte beziehen und Perspektiven wechseln. So wird die Vorläufigkeit und die Fragilität des Gezeigten – Skizzen, Notate, flüchtige Entwürfe auf Papier – betont. Im Themenraum »Experimentieren« dominiert hingegen die Erfahrung des Grenzüberschreitens, die jedem Experiment innewohnt, das Raumbild. Unter der Überschrift »Lehren« wird der Besucher selbst Teil der Inszenierung. Die Anordnung der Exponate zwingt ihn ins Zentrum der Dinge: Das Verhältnis kehrt sich um, denn sie scheinen ihn zu betrachten. Das Changieren zwischen Subjekt und Objekt greift die Kommunikationssituation der Lehre auf, verstärkt durch klassische Attribute wie Lehrpulte und Sammlungsschränke, die das Raumbild in abstrahierter Form aufnimmt. Beim »Vermessen« schließlich entziehen sich die Objekte jeglichem hierarchischen Verhältnis. Die Besucher betreten eine Landschaft, die sich einer strengen Geometrie verdankt. Die Exponate, allesamt Zeugnisse des Vermessens und Normierens, begeben sich darin in eine Ordnung, der sich am Ende auch die Besucher unterwerfen müssen. Durch diese Art der Gestaltung weist jeder Raum einen Weg zum Wissen, der mit der jeweiligen Themensetzung korrespondiert. Bei aller Unterschiedlichkeit der räumlichen Inszenierung gleicht sich die gestalterische Grundhaltung. In allen drei Teilen der Ausstellung ist die Präsentation im ursprünglichen Sinne des Wortes »dekorativ«: Der Begriff *decorum* bezeichnet in der antiken Rhetorik das Angemessene: Er bestimmt die Relation zwischen einem Sachverhalt und der Art und Weise, wie er ausgedrückt wird. Die Darbietung der Ausstellung lebt von eindrücklichen, klaren Bildwelten. In jedem Raum können die Besucher in einen kleinen Kosmos eindringen und das Regelwerk entdecken, das ihm zugrunde liegt. Diese Welt des Wissens ist der Beitrag der Gestaltung.

Abb. 2 Modellfoto Wissensweg »Vermessen«

LICHTHOF

DAS BILD DER UNENDLICHEN MENGE

Anke te Heesen

Am Ausgang der Aufklärung und unmittelbar vor dem Anbruch eines neuen Jahrhunderts stellt sich der Naturforscher Georg Forster 1794 im Angesicht der zahlreichen Objekte der Natur die fast schon verzweifelte Frage: »Wer kann eine unendliche Menge von Gegenständen ordnen? [...] wer vermag es, einen Blick in das Weltall zu thun, und gerade das Merkwürdige da herauszuheben, wo alles gleich wichtig und gleich wunderbar [...] ist? Wo ist Anfang und Ende eines solchen Blickes?«[1] Über 200 Jahre später, im Rückblick auf eine Geschichte der Berliner Wissenschaften, wird diese Frage 2010 erneut aufgeworfen und in einer Ausstellung an zentraler Stelle thematisiert. Die objektbasierte Großinstallation im Lichthof des Martin-Gropius-Baus stellt einen Versuch dar, ein Bild für diese Vielfalt und ihre zeitliche Offenheit zu finden. Sie wurde von den Gestaltern space 4/teamstratenwerth im Auftrag des Ausstellungsteams entworfen und von dem Künstler Mark Dion eingeteilt und gefüllt. Worauf beruht diese zentrale Installation, die das Bild einer auf einen Blick zu erfassenden Ordnung darstellt? An welche Ausstellungstradition knüpft sie an?

Die Bilder der Ordnung sind zahlreich. Auch Ordnungen, die mit dem vergleichenden Blick erfasst werden können, sind spätestens aus dem Zeitalter Forsters bekannt, in dem große gezeichnete und in einen kolorierten Kupferstich übersetzte Tableaus mit naturgeschichtlichen Objekten die Klassifikation der Naturreiche veranschaulichten. Die naturgeschichtlichen Sammlungsräume dieser Zeit waren ähnlichen Ordnungen gefolgt und hatten möglichst eine überblicksmäßige, jede Gattung oder Familie mit einem Objekt veranschaulichende Präsentation gewählt. Es galt, das Ganze zu erfassen. Doch Forsters Befürchtungen bezogen sich nicht nur auf die Aufnahmefähigkeit des sehenden Menschen, sondern auch auf die von diesem gemachten räumlichen Ordnungsentwürfe: Im Laufe des 19. Jahrhunderts konnte keine Sammlung, kein Museum mehr für sich beanspruchen, »alles« zu zeigen und einen Überblick über den Bestand zu bieten. Vielmehr ging es ab diesem Zeitpunkt darum, ausgewählte thematische Segmente en détail vorzuführen und Kontextualisierungen vorzunehmen. Diese – naturgemäß hier verkürzte – Darstellung und Entwicklung des »Bildes einer unendlichen Menge« ist deshalb interessant, weil eine solche Darbietungsform spätestens seit den 1990er-Jahren in den gestalteten Räumen des neueren Ausstellungswesens wieder aufgenommen wurde und heute – wenn auch in erheblichen Abwandlungen – unter dem Begriff Schaudepot firmiert.

Eine der ersten in dieser Weise erfolgten Anordnungen von Ausstellungsobjekten ist seit 1994 in Paris zu finden: Das der Zoologie gewidmete zentrale Haus des Muséum national d'Histoire naturelle wurde im Juni jenes Jahres von François Mitterrand als Grande Galerie d'Évolution wiedereröffnet. Die Neugestaltung des Museums gehörte zu den zentralen Anliegen des französischen Präsidenten, dessen Amtszeit durch zahl-

1 Forster, Georg: Ein Blick in das Ganze der Natur (1794), in: Kleine Schriften zur Philosophie und Zeitgeschichte. Georg Forsters Werke, Bd. 8, Berlin 1974, S. 97.

reiche spektakuläre architektonische Projekte gekennzeichnet war. In der Mitte der alles beherrschenden, von Galerien umgebenen Halle wird man unmittelbar mit einer dahinschreitenden Gruppe von Tieren konfrontiert. Die Spitze des Zuges führt ein Elefant an, ihm folgen Nashörner, Giraffen, Zebras, Stachelschweine, Antilopen und vieles mehr (Abb. 1). Die konservierten Tiere durchqueren die gesamte Halle, kleinere Tiere scheinen in separaten Gruppen zu dem Hauptstrom hinzuzukommen. Abtrennendes Vitrinenglas wurde vermieden, und die Tiere wurden so re-präpariert, dass ihre Hufe und Klauen nicht etwa auf einer Nachbildung afrikanischen Savannenbodens ruhen, sondern auf dem Boden des 20. Jahrhunderts. Der Besucher kann zwischen den Präparaten umhergehen und mit ihnen dem visuellen Richtungssog nachgeben. Doch sobald man den Zug der Tiere von den Galerien aus betrachtet, gewinnt man einen fulminanten Blick auf das Spektrum der Lebewesen auf der Welt. Nicht paarweise, aber in lockeren Gruppierungen sind sie in der profanisierten Arche Noah, dem Museum, angekommen und machen so Aufbruch und Ankunft in einem sinnfällig. Auch wenn die ausgestellten Präparate den geringsten Teil dessen sichtbar werden lassen, was hinter den Kulissen selbst ruht, ist durch ihr zahlreiches Erscheinen, durch mehrere Vertreter einer Art ein Depot-Effekt erreicht: Nicht nur das Tier und die Wissenschaft vom Lebendigen werden hier thematisiert, sondern auch die Funktionalisierung des Präparats im und für das Museum zur Präsentation und Archivierung. Die Tiere aus der Werkstatt des Präparators geben sich lebensnah, zugleich aber als gespeicherte Sammlungsobjekte zu erkennen.

In dieser Darstellungstradition des »Bildes einer unendlichen Menge« steht auch die 2007 im Museum für Naturkunde in Berlin eröffnete, über Jahre vorbereitete neue Dauerausstellung. Auch sie hat die Vielfalt der Tiere und die Evolution zum Thema: Beim Betreten des großen Raums steht man heute unmittelbar vor einer 5 × 15 m großen Vitrine mit verschiedenen Tieren (Abb. 2). Von Insekten und Mollusken bis zu Säugetieren ist von jeder Tiergruppe ein Exemplar vorhanden. Die im internen Sprach-

Abb. 2 Museum für Naturkunde Berlin, Biodiversitätswand

gebrauch als »Biodiversitätswand« bezeichnete Vitrine umfasst Groß und Klein, Wasser- und Landtier; ihre schiere Größe und die Anzahl der hier vorgestellten Präparate ist überwältigend.[2] Ähnlich wie in der Grande Galerie d'Évolution sorgt ein nicht nur der Konservierung geschuldetes, gedimmtes Licht für eine geradezu sakrale Atmosphäre. Nicht chronologische Einteilung, sondern panoramatische Vielfalt auf einen Blick bestimmt den Eindruck. Auch hier wurden die Tierbälger, wie die Ausstellungsgestalter es forderten, möglichst »naturfern« präpariert und ohne Beschriftung an die Wand montiert. Hier wird keine didaktisch aufbereitete Verlaufserzählung der Evolution vorgeführt, sondern den Besuchern ein Entdeckungszusammenhang geboten, der sie in eine besondere Beobachtungssituation versetzt: Die Bestückung der Vitrine suggeriert eine Sammlungssituation, die den Betrachter in die Rolle des forschenden Kurators versetzen soll. Eindeutige Bewertungskriterien wurden eliminiert, Hierarchien vermieden, der Status »ausgestorben« oder »gefährdet« noch nicht thematisiert und die konventionelle Darstellungssituation einer »Vernatürlichung« der Tiere durch illusionistische Elemente unterlassen. Einmal mehr zeigt sich damit die Selbstthematisierung des Museums als Ort der Speicherung.

Mit den Arrangements des Muséum national d'Histoire naturelle und des Berliner Naturkundemuseums wurden zwei überzeugende Präsentationsformen gefunden, deren Gemeinsamkeit in einem ausdrucksstarken Bild liegt. Bei einem Raum-Bild einer Ausstellung werden Objekte so positioniert, dass eine Aussage entsteht und der betrachtende Besucher zu Assoziationen eingeladen wird. In einem solchen Bild wirken vor allem die einzelnen Objekte, doch in ihrem Arrangement entfaltet sich zugleich ein Resonanzraum, der eine über die Bedeutung der einzelnen Dinge hinausgehende Sinnkomponente evoziert. Im besten Fall kommt ein solches Bild durch die enge Zusammenarbeit von Kurator und Ausstellungsgestalter zustande, die gemeinsam eine räumliche Umsetzung erarbeiten, in der sinnliche Wahrnehmung, Ausstellungsarchitektur und inhaltliches Konzept in bestmöglicher Weise zusammenfinden. Eine solche gelungene Zusammenarbeit, die weder dem Gestalter eine das Konzept illustrierende Funktion zuweist, noch den Kurator allein bemüht, um in die zugewiesenen Orte Objekte einzusetzen, zeigt sich in der Präsentation selbst. Neben Kurator, Gestalter und Künstler treten Raum und Objekte als das Bild generierende Faktoren hinzu: Nicht in jedem Raum kann ein Zug der Tiere so eindrücklich formiert werden wie im

2 Ich danke Ferdinand Damaschun für Informationen und Erklärungen zur Installation.

Pariser Museum mit seiner an die Architektur der Weltausstellungen erinnernden Halle. Die Situation im Berliner Naturkundemuseum ist nicht zuletzt den wunderbaren, noch aus der Gründungszeit des Museums stammenden Vitrinen geschuldet, ohne die man vermutlich eine andere Darstellungsform gewählt hätte.

Das eindrucksvolle Bild der Vielfalt – die dem Betrachter panoramatisch dargebotene Ordnung auf einen Blick – besitzt eine Geschichte, die in Paris eine ihrer ersten überzeugenden Darstellungen gefunden hat. Diese Aufbereitung steht in starkem Kontrast zu dem bis in die heutige Zeit gültigen Darstellungsparadigma, nach dem einzelne Objekte, zumal wertvolle, herausgehoben und in einem schützenden Rahmen wie einer Vitrine als von allen Seiten zu betrachtende Preziosen ausgestellt werden. Doch mit der zunehmenden Auflösung der Trennung zwischen *high* and *low*, Hochkultur und Populärkultur seit den 1960er-Jahren wurden auszustellende Objekte von neuen Fragen begleitet und somit andere Darstellungsformen notwendig. In der Genese solcher Präsentationen wie in Paris oder Berlin zeigt sich zum einen das Bewusstsein, dass wir uns seit dem 19. Jahrhundert in einer Zeit der massenhaften, seriellen Fertigung von Gütern und Waren befinden. Dies gilt für Objekte des Wissens, wie etwa seriell hergestellte Modelle der Embryonalentwicklung, ebenso wie für alltägliche Gebrauchsgegenstände. Zum anderen wird mit einer solchen Aufstellung die sammelnde Institution selbst reflektiert – das Museum, das Archiv oder auch die Universität. Denn die Diskursanalyse und nicht zuletzt die Sammlungsgeschichte haben gezeigt, dass der Prozess des Sammelns, die damit zusammenhängenden Institutionen wie auch die zur Verfügung stehenden Objekte und ihre Behältnisse unser Wissen strukturieren und notwendige Bestandteile der fortdauernden Wissensgenese sind. Beide Aspekte werden unterschwellig in den oben beschriebenen Präsentationen verhandelt, ohne dafür eigens genannt zu werden. Sie bewegen sich in einer gerahmten Unendlichkeit, die eine Vielfalt innerhalb der Einheit zeigt, ohne überfordernd zu wirken. Durch die Herausforderung, zunächst ohne textliche Beschreibung auszukommen und mithilfe einer vergleichenden Betrachtung selbst Ordnungsmuster zu entwerfen, entsteht für den Besucher ein Entdeckungsparadigma, das weder Wissen noch Information bereithält, sondern auf den überwältigenden sinnlichen Zugang setzt.

Am vorläufigen Ende der geschilderten Genese des »Bildes der unendlichen Menge« steht das gemeinsam errichtete Großregal von »WeltWissen«, space 4/teamstratenwerth und Mark Dion (Abb. 3). Allein die Tatsache, dass so viele Personen an einer Installation beteiligt sind, deutet darauf hin, dass es sich hier nicht einfach um ein Regal mit beliebig einzusetzenden Objekten handelt, sondern um ein sorgfältig durchdachtes Konstrukt, das selbst eine Wandlung vollzogen hat: Im ursprünglichen Entwurf waren noch unterschiedlich große Fächer vorgesehen, die eine Gewichtung der Objekte nach Größe oder Wert erlaubt hätten. Die endgültige Gestaltung legte schließlich ein einheitliches Fachmaß von 2,10 × 2,10 m fest. Der besondere Reiz dieses Regals liegt aber in der suggerierten Unendlichkeit und unterscheidet es so von den beiden vorangestellten Beispielen. Während sowohl im Muséum national d'Histoire naturelle als auch im Berliner Naturkundemuseum ein abschließender Rahmen für die Unendlichkeit der Objekte gefunden, eine sichtbare Begrenzung der Vielfalt als eine mögliche Antwort geboten wird, sind die Enden des Regals im Gropius-Bau nicht erkennbar. Mehr noch: Eine leichte Krümmung des Gestells aus Stahl lässt ein Segment einer Kugel assoziieren, die sich – in gedachter Linie – innerhalb und außerhalb des Gebäudes fortsetzt. Die Überblick gewährende Ordnung dagegen, den Rahmen, schaffen die gefüll-

Abb. 3 Mark Dion, früher Entwurf der Installation im Lichthof, 2009

ten Fächer. Während die Form ins Unendliche verweist, sind die sichtbaren Fächer durchaus endlich gefüllt. Ihnen liegt eine von Mark Dion entworfene Ordnung nach Wissensbeständen zugrunde (Abb. 4): Der erste Teil ist den Sammlungen und Erforschungen der drei Naturreiche (Säugetiere, Vögel, Fische, pflanzliche und tierische Fossilien, Mineralien etc.) gewidmet; der zweite Teil dem Menschen (Skelett, Auge, Herz, Lunge etc.) und seinen Ausprägungen in den verschiedenen Weltteilen; der dritte Teil schließlich ist den Wissenschaften und Wissensbeständen (Archäologie, Ökonomie, Mathematik, Ingenieurswesen, Medienwissenschaft etc.) zugeeignet. Der Dreischritt Naturalia, Humania und Artificialia wiederum verweist auf alte Sammlungskonzepte. Die Einteilung und Auswahl der Objekte orientiert sich an den Rastern des Regals und an den Sammlungen der Berliner Universität(en). Die Objekte stellen eine ortsspezifische Auswahl dar und implizieren zugleich den Verweis auf ein – wie auch immer gestaltetes – Weltwissen. In der Form und ihrer Füllung, in dem Kugelsegment und in den Objekten liegt deshalb etwas Paradoxes: Während die thematischen Einteilungen an die Geschichte des Wissens anknüpfen und davon zeugen, wie in den vergangenen Jahrhunderten der massenhafte Eingang der Objekte in die Sammlungen kanalisiert und geordnet wurde, deutet die Form des unendlichen Regals in eine andere Richtung: Sie zeugt von dem Druck, den die schier unüberschaubaren Mengen an Sammlungsgegenständen ausüben und der zu einer Revision der sammelnden

Abb. 4 Mark Dion, Konzeptskizze, 2009

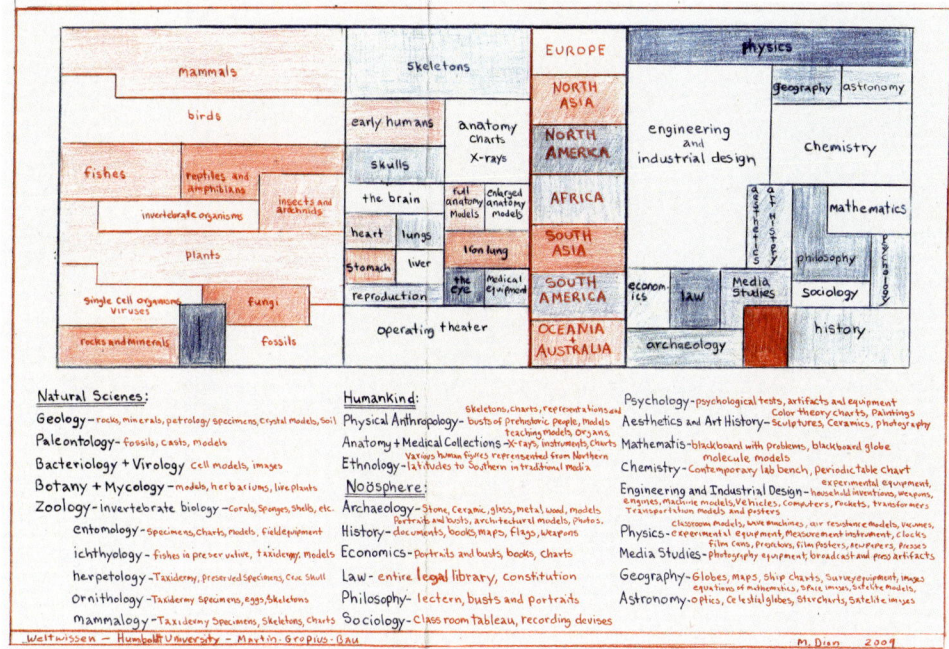

Institution als solcher auffordert. In diesen beiden Bewegungen aber ist zusammengefasst, was die Moderne und ihr Wissen ausmacht: Wir arbeiten weiterhin nach dem akkumulierenden Prinzip des »Weltwissens«, der unaufhörlichen Sammlung und Ordnung von Objekten und Tatsachen, während die eigentlichen Speicher nicht mehr zu überblicken, ja so umfangreich sind, dass sie allem Neuen zur Störung werden. In dieser Dialektik bewegt sich das »Weltwissen«, und die Antwort auf Forsters Frage, wie man die Vielfalt der Dinge ordnen und zugleich das Wichtigste erkennen kann, liegt in dem Gewahrwerden dieser Spannung, zum Ausdruck gebracht in einem überdimensionierten Kugelsegment.

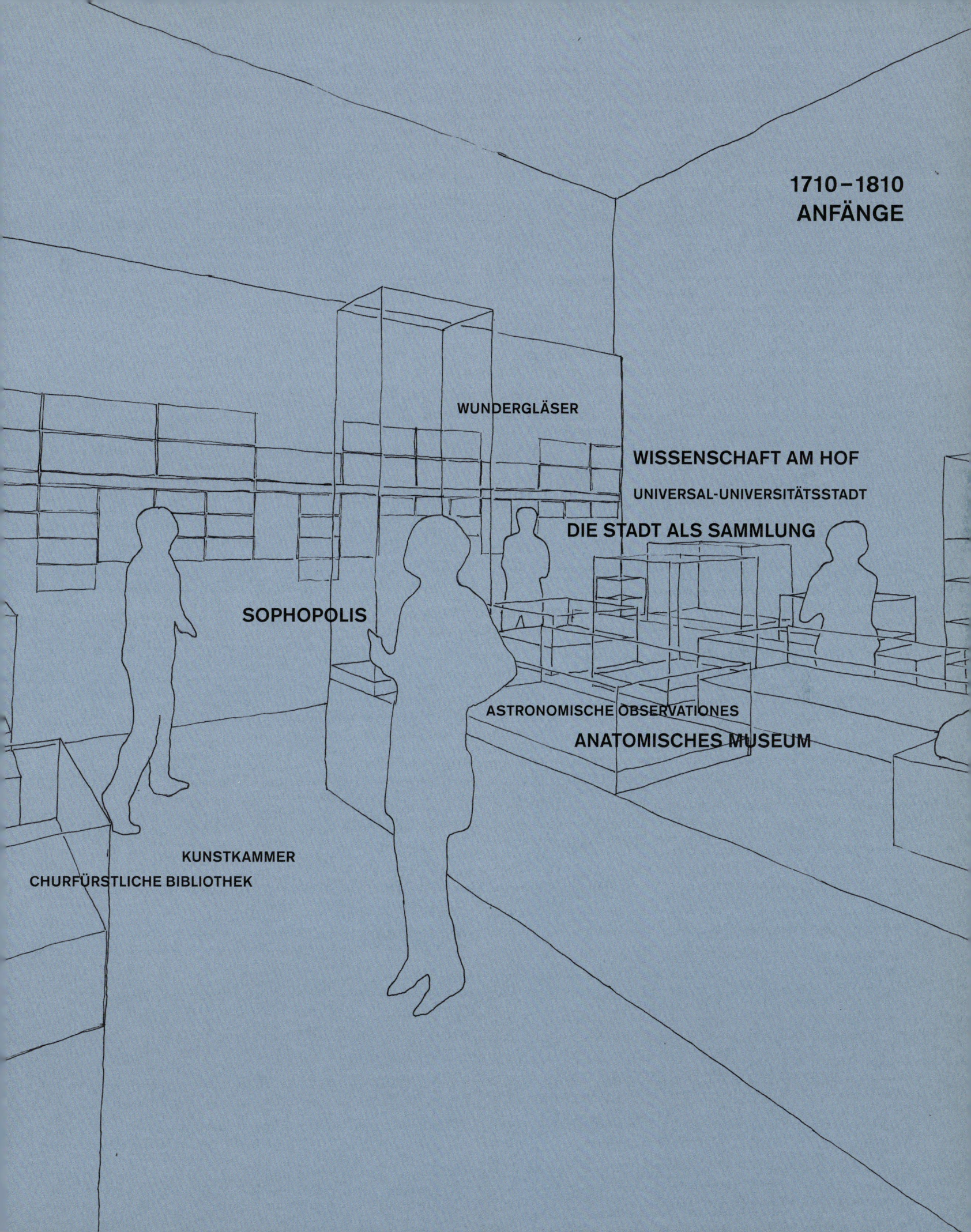

DER SPÄTE BEGINN. BERLINER WISSENSCHAFT IM 18. JAHRHUNDERT

Eberhard Knobloch

Der geschickten, erfolgreichen Politik des Großen Kurfürsten Friedrich Wilhelm (1620–1688) war es zu verdanken, dass das Kurfürstentum Brandenburg nach dem unerwarteten Sieg von 1675 über das schwedische Heer bei Fehrbellin unter die ernst zu nehmenden europäischen Mächte aufstieg. Mit seinem Edikt von Potsdam 1685 lockte er die aus Frankreich vertriebenen Hugenotten zum Vorteil Brandenburgs ins Land. Bereits 1689 kam es zur Gründung einer eigenen frankophonen Bildungsstätte in Berlin, dem Collège Français. Dies war der Beginn einer bis heute in Berlin erhalten gebliebenen französischen Tradition.

Zu diesem Zeitpunkt gab es in Berlin die im Schloss untergebrachte kurfürstliche Bibliothek und die ebenfalls dort befindliche brandenburgisch-preußische Kunstkammer sowie zwei Gymnasien, das Berlinische Gymnasium zum Grauen Kloster und das Joachimsthalsche Gymnasium, jedoch weder eine Akademie noch eine Universität. Berlin war Ende des 17. Jahrhunderts tiefe wissenschaftliche Provinz und nicht ansatzweise vergleichbar mit den europäischen Wissenschaftsmetropolen Paris oder London, die seit langem über derartige Forschungs- und Bildungseinrichtungen verfügten.

Mit dem Regierungsantritt des Kurfürsten Friedrich III. (1657–1713), des Sohnes des Großen Kurfürsten, im Jahre 1688 änderte sich dies bald. 1696 gründete er in Berlin die Akademie der Künste. Bereits im Jahr darauf erörterte die Kurfürstin Sophie Charlotte mit dem Hofprediger Daniel Jablonski die Möglichkeit, in Berlin ein Observatorium nach dem Pariser Vorbild zu bauen. Diesen Gedanken griff wiederum der in den Diensten des hannoverschen Kurfürsten stehende Leipziger Universalgelehrte Gottfried Wilhelm Leibniz (1646–1716) auf und warb für den weitergehenden Plan, darüber hinaus eine Sozietät der Wissenschaften zu gründen.

Am 11. Juli 1700 unterschrieb Friedrich III. den von Leibniz entworfenen Stiftungsbrief für die Brandenburgische Sozietät der Wissenschaften, deren erster Präsident Leibniz selbst wurde und bis zu seinem Lebensende blieb. Sie sollte in den folgenden Jahrzehnten zum Zentrum der Berliner Wissenschaft werden.

Überhaupt war das 18. Jahrhundert das Jahrhundert der Akademiegründungen in Europa; am Ende waren es über vierzig. Die großen wissenschaftlichen und geistesgeschichtlichen Tendenzen dieses Zeitalters – Wissensaufbereitung und -vermittlung, Aufklärung, Newtonianismus, Expeditionen – prägten mittelbar oder unmittelbar auch die Berliner Wissenschaft jener Epoche. Leibniz hatte seine Akademie mit Blick auf die bereits bestehenden europäischen Akademien geplant. Die 1652 gegründete Academia Naturae Curiosorum, die heutige Deutsche Akademie der Naturforscher Leopoldina, Nationale Akademie der Wissenschaften, war eine Ärzteakademie. Die Royal Society (1662) und die Académie des Sciences (1666) waren ausschließlich naturwissenschaftlich orientiert. Die Leibniz'sche Gründung vereinte dagegen Natur- und Geisteswissenschaften, sollte Theorie und Praxis miteinander verbinden und dem gemeinen Besten dienen. Seine Idee, das theoretische und praktische Wissen seiner Zeit in einer Enzyklopädie zu ordnen und aufzubereiten sowie eine Kunstkammer als Theater der Natur und der Kunst anzulegen, konnte Leibniz in Berlin hingegen nicht verwirklichen. Zar Peter I. griff schließlich bei der Gründung der St. Petersburger Akademie 1724 den Leibniz'schen Kunstkammer-Gedanken auf, während die »Encyclopédie française«, das zentrale Großprojekt der europäischen Aufklärung, den Leibniz'schen Entwurf einer Enzyklopädie realisierte.

In Berlin wurde die neu errichtete, erst 1709 eingeweihte Sternwarte Sitz der Akademie. Am 11. Januar 1711 fand dort die Eröffnung als nunmehr königliche Sozietät statt, da sich Friedrich III. 1701 im preußischen Königsberg zum König Friedrich I. in Preußen hatte krönen lassen. Bereits im Jahr zuvor war der erste Band der akademieeigenen wissenschaftlichen Publikationsreihe »Miscellanea Berolinensia« erschienen. Die neue Sozietät blieb gleichwohl mehrere Jahrzehnte in einer schwierigen Situation. Der kurfürstliche Gründungsakt hatte eine Institution geschaffen, die – anders als in London oder Paris – auf keine vorhandenen wissenschaftlichen Gelehrtenzirkel zurückgreifen konnte. Die Situation verschärfte sich 1713 mit dem Regierungsantritt Friedrich Wilhelms I. Dieser sah seine dringendste Aufgabe darin, die durch die väterliche Prunksucht zerrütteten Staatsfinanzen zu sanieren. Für die mehr und mehr in wissenschaftlicher Bedeutungslosigkeit verharrende Sozietät zeigte er mehr Verachtung als Verständnis. 1718 ernannte er den Historiker Jacob Paul von Gundling zu deren Präsidenten. Zugleich musste Gundling im Tabakskollegium des Königs im Schloss Königs Wusterhausen den Hofnarren spielen. Im renovierten Schloss kann man noch heute ein satirisches Porträt Gundlings aus der Zeit um 1725 besichtigen. Der König demütigte die Sozietät überdies, indem er ihr die Kosten für den Hofnarren auferlegte; aber er löste sie nicht auf.

Die von Beginn an enge Verbindung zwischen Sternwarte und Akademie entsprach dem französischen Vorbild. Der Akademieastronom spielte in Berlin darüber hinaus eine entscheidende Rolle, da er für die Kalenderberechnungen zuständig war. Das Kalenderprivileg der Akademie musste deren Finanzierung während des gesamten 18. Jahrhunderts sichern. Keiner der fünf preußischen Könige dieses Zeitraums änderte etwas an dieser Regelung; auch Friedrich II. stellte keine zusätzlichen staatlichen Mittel zur Verfügung. Das erste Akademiemitglied war deshalb nicht zufällig ein Astronom, Gottfried Kirch, der bei seinen Beobachtungen von seiner Familie unterstützt wurde. Im Laufe des Jahrhunderts kamen weitere Institutionen wie ein anatomisches Theater, ein von dem angesehenen Botaniker und Begründer der Forstwissenschaft, Johann Gottlieb Gleditsch, angelegter botanischer Garten (ab 1744) oder ein chemisches Laboratorium (1753) hinzu.

Die medizinische Forschung sollte nach dem Willen von Leibniz von Anfang an zu den Aufgaben der Akademie gehören. Eines ihrer ersten Mitglieder war Christian Maximilian Spener, der 1713 das Theatrum Anatomicum gründete, das vier Jahre später der Akademie unterstellt wurde. 1724 ging daraus das Collegium medico-chirurgicum hervor, eine Ausbildungsstätte für Militärärzte und für Ärzte auf dem flachen Land, die erst mit der Gründung der Berliner Universität 1810 vorübergehend aufgelöst wurde. Für die benötigten Leichen zahlte die Akademie Honorare an Totengräber; eine der vielen administrativen Aufgaben, mit denen sich später auch der berühmte Leonhard Euler zu befassen hatte.

Oft wurden die Leibärzte der preußischen Könige Akademiemitglieder. Zu ihnen gehörten Bernhard Albinus, Friedrich Hoffmann – nach ihm sind die »Hoffmanns-Tropfen« benannt –, Johann Theodor Eller oder Christian Andreas Cothenius, nicht jedoch Ernst Stahl, Leibarzt des Soldatenkönigs Friedrich Wilhelm I., obwohl er 1703 die einflussreiche sogenannte Phlogiston-Theorie begründet hatte. Danach bestanden Metalle aus Metallkalk und einem Stoff mit negativem Gewicht, dem Phlogiston, das beim Verkalken freigesetzt wurde. Diese falsche Theorie wurde erst von dem Erneuerer der theoretischen Chemie Antoine Lavoisier in den 1770er- und 1780er-Jahren überwunden.

Anders als Stahl gehörten alle namhaften Chemiker Berlins im 18. Jahrhundert der Akademie an, von Johann Heinrich Pott über Andreas Sigismund Marggraf und Franz Karl Achard bis zu Martin Heinrich Klaproth, dem wohl bedeutendsten deutschen Chemiker seiner Zeit. Die Entdeckung des Zuckers in der Runkelrübe durch Marggraf war für die Ernährung der Brandenburger Bevölkerung von größtem Belang, nachdem dessen Schüler Achard für die landwirtschaftliche Nutzung durch entsprechenden Anbau in Kaulsdorf sorgte, einem Ortsteil des heutigen Bezirks Marzahn-Hellersdorf.

Die Glanzzeit der Berliner Akademie und damit der Berliner Wissenschaft fiel in die Regierungszeit Friedrichs II. (1712–1786). Viele Mitarbeiter der französischen Enzyklopädie wurden unter Friedrich II. Mitglieder der, seit 1743 Académie Royale des Sciences et Belles Lettres genannten, reformierten Berliner Akademie und standen im Dienst des Königs. Der Mathematiker, Philosoph und Schriftsteller Jean Le Rond d'Alembert wurde auswärtiger Berater, der Philosoph Julien Offray de La Mettrie Gesellschafter (1748) und der Philosoph und Schriftsteller François-Marie Arouet Voltaire Kammerherr (1752/53) Friedrichs II. Präsident der französisch ausgerichteten Akademie wurde 1741 der weithin berühmte Naturwissenschaftler Pierre Louis Moreau de Maupertuis (1698–1759). Maupertuis hatte 1736/37 erfolgreich die von der Pariser Académie des Sciences organisierte Expedition nach Lappland geleitet. Ziel dieser Unternehmung war es, durch Vermessung nachzuweisen, dass die Erde gemäß der newtonschen Gravitationstheorie – und im Widerspruch zum Cartesianismus – an den Polen abgeplattet ist. Dies bedeutete, dass dort der Abstand zwischen zwei Breitengraden größer sein musste als am Äquator. Die Vergleichsdaten wurden zwischen 1735 und 1743 von einer zweiten Expedition nach Peru erhoben und erbrachten das erwartete Ergebnis.

Die experimentelle Bestätigung des Newtonianismus hatte also mittelbar entscheidenden Einfluss auf die Berliner Wissenschaft. Der Newtonianer Maupertuis stand nicht zuletzt deshalb in der Gunst Friedrichs II., weil er als erfolgreicher Expeditionsleiter nach Paris zurückgekehrt war, denn das 18. Jahrhundert war auch das Zeitalter der wissenschaftlichen Expeditionen zur Erforschung der Erde.

Unmittelbare Bedeutung gewann der Newtonianismus in Gestalt des herausragenden Schweizer Mathematikers Leonhard Euler (1707–1783), der von 1741 bis 1766 in Berlin wirkte. Eulers astronomisches Forschungsprogramm galt der Himmelsmechanik. Seine erste Mondtheorie von 1753 diente dem Göttinger Tobias Mayer zur Berechnung der Mondtafeln, mit deren Hilfe die geografische Länge auf See bestimmt werden konnte. Die Berliner Wissenschaft war somit indirekt an der Lösung eines praktischen Problems beteiligt, für das englische und französische Regierungsstellen hohe Prämien ausgesetzt hatten.

Eulers in Berlin verfasste Lehrbücher zur Variations-, Differential- und Integralrechnung haben Generationen von Mathematikern geprägt. Seine »Briefe an eine deutsche Prinzessin« über Themen der Philosophie und Physik erfreuten sich größter Beliebtheit und wurden zum Bestseller einer Zeit, die von einem lebhaften pädagogischen Interesse bestimmt wurde und darauf bedacht war, Wissenschaft zu popularisieren und insbesondere auch Frauen zu vermitteln. Euler nahm auch erfolgreich an den Wettbewerben europäischer Akademien teil und war selbst an der Ausarbeitung von 65 Themen beteiligt, die an der Berliner Akademie im Laufe des 18. Jahrhunderts gestellt wurden, darunter solche wie »Über die Natur des Salpeters«, »Über die Konstruktion von Öfen«, »Über die Wirkung der Dichtkunst auf die Sitten der Völker« und andere mehr. Die Fragen ließen kaum ein Gebiet aus.

Eulers Nachfolger, der auch seine astronomischen Interessen teilte, war der ihm ebenbürtige italienische Mathematiker Giuseppe Lodovico Lagrangia (1736–1813), bekannt unter dem Namen Joseph-Louis Lagrange. Als Lagrange nach dem Tode Friedrichs II. Berlin 1787 Richtung Paris verließ, war der zeitweise Niedergang der Mathematik in Berlin nicht aufzuhalten. Zwar wurde an militärischen Einrichtungen wie der Académie militaire (seit 1765) oder der Artillerieschule (seit 1791) auch Mathematik von Akademiemitgliedern gelehrt, mathematische Forschung fand dort jedoch nicht statt.

Naturwissenschaftliche Interessen hatten sich mittlerweile indes auch außerhalb der Akademie der Wissenschaften herausgebildet. 1773 wurde die noch heute tätige Gesellschaft Naturforschender Freunde zu Berlin gegründet, die eine Vielzahl der privaten naturkundlichen Sammlungen der Stadt – um die Jahrhundertwende zählte man über 200 – zu einem dichten Netz des gelehrten Austausches verband. Dazu kamen etliche private Kunst-, Münz- und Medaillensammlungen, wie sie Friedrich Nicolai in seiner umfassenden »Beschreibung der königlichen Residenzstädte Berlin und Potsdam« verzeichnet hat.

Mit der Akademie und ihren wissenschaftlichen Einrichtungen, der königlichen Bibliothek, der Kunstkammer, der Hofapotheke sowie den reichhaltigen Sammlungen verfügte Berlin gegen Ende des 18. Jahrhunderts trotz der anfänglichen Verspätung und mancher Rückschläge über eine wissenschaftliche Infrastruktur, die einen fruchtbaren Boden für den weiteren Ausbau bildete. Wilhelm von Humboldt sah in der Vielzahl der vorhandenen Institutionen ein zentrales Standortargument für die Errichtung jener »allgemeinen und höheren Lehranstalt«, die im Wintersemester 1810 ihren Lehr- und Forschungsbetrieb Unter den Linden aufnahm.

Literatur:

Grau, Conrad: Die Preußische Akademie der Wissenschaften zu Berlin. Eine deutsche Gelehrtengesellschaft in drei Jahrhunderten, Heidelberg 1993.

Knobloch, Eberhard: Die Astronomie an der Sozietät der Wissenschaften, in: Studia Leibnitiana, Sonderheft 16, 1990, S. 231–240.

Knobloch, Eberhard: Die Wissenschaften an der Berliner Akademie im 18. Jahrhundert, in: Dina Emundts (Hg.), Immanuel Kant und die Berliner Aufklärung, Wiesbaden 2000, S. 30–39.

Sophopolis – »Internationale Brandenburgische Universal-Universitätsstadt für Wissenschaften und Künste« von 1667

Im Herbst 1666 reiste der humanistisch gebildete schwedische Politiker Benedictus Skytte nach Berlin, um den Großen Kurfürsten für eine Wissenschaftsakademie nach dem Vorbild der kurz zuvor gegründeten Royal Society in London und der Société des Sciences in Paris zu begeistern. Skytte schwebte eine *Sophopolis*, eine »Stadt der Weisen« vor. Nichts weniger als einen neuen geistigen Weltmittelpunkt hatte er im Sinn. Der Kurfürst ließ sich dafür gewinnen. Ein solches Projekt schien ihm langfristig auch ökonomisch lohnend.

Als jedoch kurz nach Abfassung der Gründungsurkunde am 12. April 1667 bekannt wurde, dass Skytte unter Verdacht des Hochverrats seine Ämter in Schweden hatte aufgeben müssen, nahm Friedrich Wilhelm dies zum willkommenen Anlass, die ebenso gewaltige wie kostspielige Unternehmung im Sande verlaufen zu lassen. Aus dem stolzen Vorhaben einer internationalen »Universal-Universitätsstadt« auf märkischem Boden wurde damit die Geschichte eines folgenreichen Scheiterns: Nach seiner Abreise aus Berlin berichtete Skytte dem jungen Gelehrten Gottfried Wilhelm Leibniz von seinen Akademieplänen und dem missglückten Versuch bei Hofe. Die Idee einer Gelehrtenakademie ließ Leibniz nicht mehr los. Jahre später sollte er zur Gründerfigur der Berliner »Societät der Wissenschaften« werden. *jl/ua*
Lit. Arnheim 1908; Grau 1993; Lazardzig 2007

1-1 Memorial an Friedrich Wilhelm

Berlin, 1667, Benedictus Skytte
Schriftstück, 35,5 × 23
Geheimes Staatsarchiv Preußischer Kulturbesitz,
Sign. I. HA Rep. IX AV K lit. M II Fasz. 1

Die Urkunde vom 12. April 1667, unterzeichnet vom Kurfürsten Friedrich Wilhelm, war das Gründungsdokument einer »Internationalen Brandenburgischen Universal-Universitätsstadt für Wissenschaften und Künste«. Sie wurde in Form eines Aufrufes an Gelehrte aller Nationen und – in damaliger Zeit eine Seltenheit – aller Religionen gerichtet. *jl*

1-2 Stadtplan von Berlin

Berlin, 1688, Johann Bernhard Schultz
Kupferstich, 50 × 147
Staatsbibliothek zu Berlin – Preußischer Kulturbesitz,
Kartenabteilung III C, ohne Sign.

Auf eine Anordnung des Kurfürsten Friedrich Wilhelm hin zeichnete dessen

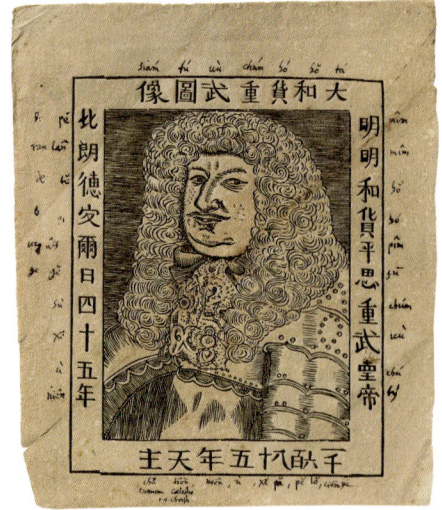

1-9

Militärarchitekt Johann Bernhard Schultz diese Ansicht Berlins. Die Vogelperspektive von Süden ermöglichte die detaillierte Darstellung aller Gebäude im Grund- und Aufriss. Ab 1658 begannen die Bauarbeiten am Festungswerk, das auf der Vedute eindrucksvoll hervorgehoben ist. *mh*

Die brandenburgisch-preußische Kunstkammer

Die brandenburgisch-preußische Kunstkammer war der Ursprung der heutigen Berliner Museen. Erstmals von Kurfürst Joachim II. angelegt, gingen ihre Bestände im Laufe des Dreißigjährigen Krieges weitgehend verloren. Kurfürst Friedrich Wilhelm veranlasste den Neuaufbau der Kunstkammer. Unter seiner Regentschaft und der seines Sohnes Friedrich III./I. erlebte sie eine Blütezeit.
Die Kunstkammer diente den brandenburgischen Fürsten nicht nur als Instrument höfischer Selbstdarstellung: Als Mikrokosmos bildete sie eine dingliche »Enzyklopädie alles Wissbaren«. Sie enthielt neben Werken der Kunst auch Naturalien, Antiken, Kuriositäten und wissenschaftliche Instrumente. Zugleich war sie ein Ort des gelehrten Austausches und der Erforschung der Objekte.
In der zweiten Hälfte des 18. Jahrhunderts wenig beachtet, wurden die Bestände der Kunstkammer ab 1810 teilweise an die neu gegründete Berliner Universität und dann an die im Laufe des 19. Jahrhunderts entstehenden Berliner Museen abgegeben. *md/ua*
Lit. Dolezel 2004; Segelken 2010; Theuerkauff 1981

1-3 Inventar der Kunstkammer von 1694

Berlin, 1694
Schriftstück, 35 × 26
Geheimes Staatsarchiv Preußischer Kulturbesitz,
Sign. HA I, Hofverwaltung, Rep. 36, Nr. 2710

Dieses Inventar zählt zu den wenigen erhaltenen Verzeichnissen aus der rund 300-jährigen Geschichte der Berliner Kunstkammer. Es umfasst über 800 Objekte aus Kunst, Natur und Wissenschaft und ist in elf Gruppen gegliedert, darunter Bernsteinarbeiten, gedrechselte »Sachen« aus Elfenbein, »Optische Sachen«, »Mechanische Modelle und Instrumente« sowie »Allerhand Figuren«. Ein Teil der aufgezählten Objekte ist noch heute in den Berliner Museen zu finden. *ed*
Lit. Segelken 2010

1-4 Horn der Heiligen drei Könige (Trinkhorn)

Norddeutsch oder skandinavisch, 2. Hälfte
15. Jahrhundert
Horn, Kupfer, vergoldet, 34 × 47,7
Staatliche Museen zu Berlin, Kunstgewerbemuseum,
Inv.-Nr. K 4178

Im späten Mittelalter deutete man Tierhörner unklarer Herkunft häufig als die Klauen eines Greifs, eines mythischen Mischwesens aus Adler und Löwe. Der Wert dieser begehrten Sammelobjekte wurde noch gesteigert, wenn die Naturalie kunstvoll bearbeitet oder aufwendig in Gold oder Silber gefasst wurde. Im Inventar von 1964 wird die Berliner »Greifenklaue« als »Horn von denen heyl. drey Königen« bezeichnet, »worinnen sie Weyrauch und Myrrhen geopfert haben sollen«. An der Mündung des Gefäßes finden sich die Namen der drei: »melchior baltasar casper«. *ua*
Lit. Theuerkauff 1981

Die Churfürstliche Bibliothek

Um die wissenschaftliche und kulturelle Anziehungskraft der brandenburgischen Hauptstadt zu steigern, machte Kurfürst Friedrich Wilhelm im Jahre 1661 seine Privatbibliothek der Öffentlichkeit zugänglich. Als Churfürstliche Bibliothek (ab 1701 Königliche Bibliothek, ab 1918 Preußische Staatsbibliothek, heute Staatsbibliothek zu Berlin – Preußischer Kulturbesitz) stand sie seitdem interessierten Geistlichen, Professoren und Gelehrten sowie höheren Hofbeamten und Offizieren zur Benutzung offen.
Durch Gewährung großzügiger Mittel, Ankäufe kompletter Privatbibliotheken sowie das Umsetzen von Kirchenbibliotheken und Kriegsbeute wuchs ihr Bestand rasch an und umfasste 1687 über

40 JO. SIG. ELSHOLTII
Carotide ad octo uncias. Durante operatione bene habuit ægrotus, nisi quod sentire se diceret insignem calorem à foramine venæ apertæ ad axillam usque: qui sensus proculdubio à calore currentis arteriosi sanguinis provenit. Obligata vena se statim leviorem sensit, inter prandendum non amplius obdormivit, paulatimque hilarior factus, vigilantiam suam sequentibus diebus excusso torpore recuperavit.

Explicatio literarum in Fig. IV.
qua ostenditur
Transfusio sangui-
nis ex animali in Hominem.

a. a. *Arteria cruralis Agni detecta.*
b. *Vinculum strictum.*
c. *Vinculum laxum.*
d. *Tubulus argenteus primus, arteriæ insertus.*
e. *Vinculum arteriam constringens circa Tubulum.*
f. *Mediana secta.*

g. Tu-

1-7

20 000 und 1715 bereits über 50 000 Bände. Bis zu ihrem Einzug in den 1788 fertiggestellten Neubau am Opernplatz residierte die Bibliothek im ersten Obergeschoss des Apothekerflügels des Berliner Schlosses. *md*

1-5 Friedrich Wilhelm I. an den Geheimen Rat in Cölln

Wiborg in Jütland, 20. April 1659
Manuskript, 32 x 21
Geheimes Staatsarchiv – Preußischer Kulturbesitz,
Inv.-Nr. I. HA, Rep. 9 F 5 Fasc. 2

Mit diesem Schreiben verfügte Kurfürst Friedrich Wilhelm die Ordnung und Verzeichnung des Bestandes seiner privaten Büchersammlung durch Johann Raue, zuvor Professor am Joachimsthalschen Gymnasium. Raues Tätigkeit für die Bibliothek gilt als wenig erfolgreich. Erst sein Mitarbeiter und Nachfolger Christoph Hendreich bemühte sich ab 1665 um eine Katalogisierung und geordnete Aufstellung der Bücher. Die Verfügung gilt als Gründungsurkunde der Churfürstlichen Bibliothek. *md*

1-6 Ars Vitraria Experimentalis, Oder Vollkommene Glasmacher-Kunst

1679, Johannes Kunckel von Löwenstern
Universitätsbibliothek der Freien Universität Berlin,
Sign. 48/74/11232(0)-1/2

Johannes Kunckel wurde auf Empfehlung Christian Mentzels an den brandenburgischen Hof berufen. In der Anstellung des Glasmachers und Alchemisten zeigen sich die wissenschaftlichen wie wirtschaftlichen Bestrebungen Friedrich Wilhelms. Kunckels Gläser waren überaus gefragte Produkte, insbesondere das Goldrubinglas. Die Hochachtung des Kurfürsten für Kunckels Arbeit kam in der Schenkung der Pfaueninsel zum Ausdruck. Sein dort errichtetes Laboratorium ging jedoch bald in Flammen auf. In seiner »Ars vitaria experimentalis« fasste Kunckel das Fachwissen über die Glasherstellung zusammen und verfasste damit ein Standardwerk der Glasmacherkunst. *kb*

1-7 Clysmatica Nova

Berlin, 1667, 2. Auflage, Johann Sigismund Elsholtz
Staatsbibliothek zu Berlin – Preußischer Kulturbesitz,
Sign. Iv 9511

Johann Sigismund Elsholtz studierte in Wittenberg, Königsberg und Padua Medizin. 1657 wurde er Botanicus der Lustgärten in Berlin, Potsdam und Oranienburg und außerdem zum Hofmedicus ernannt. 1661 führte er ein in seinen Worten »neues und unbezweifelbares Experiment« durch: die intravenöse Injektion an einer Leiche. Es folgten Infusions- und Transfusionsversuche an lebenden Hunden sowie schließlich an drei Soldaten, die

er mit einer leicht auszuführenden Injektionstechnik mit Medikamenten versorgte. 1665 veröffentlichte er die Ergebnisse in seiner »Neuen Clystierkunst«, die 1667 unter dem Titel »Clysmatica Nova« in zweiter, ergänzter Auflage erschien. *ua*
Lit. Noack/Splett (Hg.) 1997; Winau 1987

1-8 Kurtze chinesische Chronologia

Berlin, 1696, Christian Mentzel
Staatsbibliothek zu Berlin – Preußischer Kulturbesitz,
Historische Drucke, Sign. Bibl. Diez 4°288

Schon 1665 gehörten chinesische Bücher zum Bestand der Hofbibliothek des Großen Kurfürsten. Die Sammlung zeugt ebenso vom Interesse Friedrich Wilhelms am Fernen Osten wie vom Einsatz seines Hofarztes Christian Mentzel. Er beschaffte im kurfürstlichen Auftrag einen großen Teil der »Sinica« und widmete sich selbst ausführlich dem Studium der chinesischen Sprache und Kultur. Die seltenen Schriften gelangten meist durch Missionare, Reisende oder über die Wege der Handelskompanien nach Europa. *afd*

1-9 Bildnis des Großen Kurfürsten

Berlin, 1685, Christian Mentzel
Einblattdruck, 16,5 x 20
Staatsbibliothek zu Berlin – Preußischer Kulturbesitz,
Ostasienabteilung, Sign. Libri sin. 19=Ms sin. 19

Das Porträt, das den Großen Kurfürsten zeigt, wurde nach einer Skizze seines Leibarztes Christian Mentzel zum 45. Regierungsjubiläum angefertigt. Mentzel kombinierte Friedrichs Konterfei mit barocker Perücke und in klassischer Positur mit einer Rahmung aus chinesischen Schriftzeichen – und charakterisierte den Regenten damit als weltgewandt und gebildet. Die ungeübt aufgebrachten Schriftzeichen zeugen vom Versuch, sich der in dieser Zeit kaum bekannten und nur schwer verständlichen chinesischen Schrift anzunehmen. *afd*
Lit. Generaldirektion der Staatlichen Schlösser und Gärten 1988

1-10 De rebus gestis Friderici Wilhelmi

Berlin, 1695, Samuel Freiherr von Pufendorf
Staatsbibliothek zu Berlin – Preußischer Kulturbesitz,
Historische Drucke, Sign. 4"300931

»Und alles liest, ich weiß, den Puffendorf«, heißt es in Heinrich von Kleists »Der zerbrochene Krug«. Mit seiner Abhandlung über die sozialen Pflichten »De officio Hominis et civis« sowie seinem Hauptwerk »De iure naturae et gentium« war dem Juristen Pufendorf großer Erfolg beschieden. 1688 erhielt er den Ruf als Historiograf an den Brandenburgischen Hof. Das Titelbild seiner Geschichte der

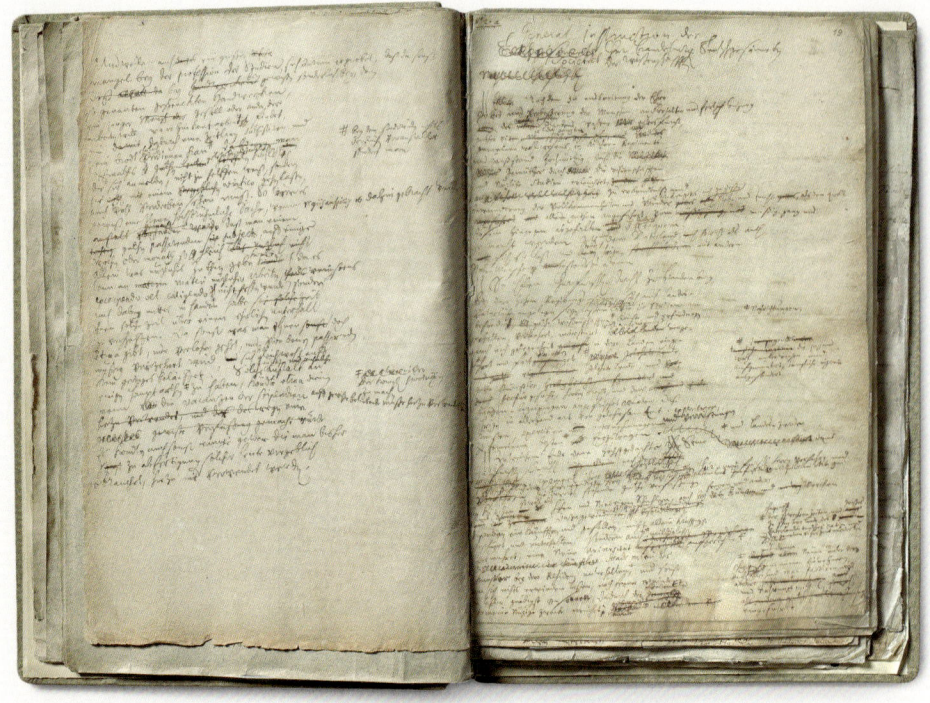

1-13

Taten Friedrich Wilhelms zeigt Minerva, die Schutzgöttin der Künste und Wissenschaften, wie sie Klio, der Muse der Geschichtsschreibung, Bericht erstattet. *ua*
Lit. Schmidt-Biggemann 1999; Rassem/ Stagl (Hg.) 1994

Die Churfürstlich Brandenburgische Societät der Wissenschaften

Nach den Vorstellungen Kurfürst Friedrichs III., dem späteren König Friedrich I., sollte Berlin zu einer prächtigen Residenz nach Pariser Vorbild ausgebaut werden. Die Förderung der Künste und Wissenschaften spielte dabei eine wichtige Rolle: 1696 wurde die »Akademie der bildenden Künste und mechanischen Wissenschaften« gegründet, am 17. Juli 1700 folgte die »Societät der Wissenschaften«. Für Gottfried Wilhelm Leibniz, von dem die entscheidende Anregung zur Gründung ausgegangen war, sollte dieser Zusammenschluss von Gelehrten dazu dienen, »nützliche Gedancken, Inventa et Experimenta« zusammenzutragen. Auch wenn sich die ersten Jahre schwierig gestalteten, war die Gründung der »Societät« maßgeblich für die weitere Entfaltung des wissenschaftlichen Lebens in Berlin. Die Berliner Akademie war zudem die erste, die sowohl Natur- als auch Geisteswissenschaften unter einem Dach vereinte. *md*

Lit. Brather 1993; Grau 1993; Hartkopf/ Wangermann 1991

1-11 Brief an Kurfürstin Sophie Charlotte
Hannover, 14. Dezember 1697, Gottfried Wilhelm Leibniz
Manuskript, 17 x 10
Gottfried Wilhelm Leibniz Bibliothek – Niedersächsische Landesbibliothek, Hannover, Sign. LBr. F 27, Bl. 6–7

1697 richtete sich der Universalgelehrte Gottfried Wilhelm Leibniz an den Berliner Hof, um seine Ideen zur Einrichtung einer Sozietät der Wissenschaften vorzustellen. In seinen Briefen wandte sich Leibniz auch an Sophie Charlotte, die er in dem Schreiben vom 14. Dezember wortreich für seine Pläne zu gewinnen versuchte. Die Kurfürstin wurde in der Folge seine wichtigste Fürsprecherin und hatte wesentlichen Anteil an der Gründung der Sozietät. *ua*
Lit. Poser (Hg.) 1990; van den Heuvel (Hg.) 1987

1-12 Brief an Gottfried Wilhelm Leibniz
Berlin, 15. März 1702, Sophie Charlotte, Königin in Preußen
Manuskript, 22 x 17
Gottfried Wilhelm Leibniz Bibliothek – Niedersächsische Landesbibliothek, Sign. LBr. F 27, Bl. 35

In Lietzenburg (heute Charlottenburg), dem neuerbauten Schloss Sophie Charlottes, war Leibniz ein gern gesehener Gast.

Im vorliegenden Brief drängte die im Jahr zuvor gekrönte Königin den gerade in Hannover weilenden Gelehrten dazu, nach Berlin und insbesondere nach Lietzenburg zu kommen. *ua*
Lit. van den Heuvel (Hg.) 1987

1-13 Konzept der Generalinstruktion
Berlin, 11. Juli 1700, Gottfried Wilhelm Leibniz
Manuskript, 35 x 24,5
Berlin-Brandenburgische Akademie der Wissenschaften, Akademiearchiv, Bestand PAW, I-I-2, Bl. 19

Dem Entschluss des Kurfürsten, eine Sozietät einzurichten, waren zahlreiche Entwürfe, Briefe und Denkschriften vorausgegangen, in denen Leibniz seine Akademiepläne entwickelte. Seine Generalinstruktion fasst die wichtigsten von ihnen zusammen. Sie beschreibt Zielsetzung, Aufgabengebiete und Aufbau der neuen Institution, die »Theorie mit Praxis« vereinen und dem Gemeinwohl dienen sollte. Breiter Raum gilt außerdem ihrer Finanzierung – der Kurfürst hatte der Gründung nur unter der Bedingung zugestimmt, dass sie ihn nichts kosten würde. *ua*
Lit. Brather 1993

1-14 Essais de Theodicée
Ohne Jahr, Gottfried Wilhelm Leibniz
Manuskript von Schreiberhand mit eigenhändigen Ergänzungen von Gottfried Wilhelm Leibniz (Faksimile)
Gottfried Wilhelm Leibniz Bibliothek – Niedersächsische Landesbibliothek, Sign. LH I, Vol. I Bl. 21 r°

Die »Theodicée« war Leibniz' einziges Werk größeren Umfangs, das zu seinen Lebzeiten veröffentlicht wurde. Seine Lehre von der Gerechtigkeit Gottes ist eine Rechtfertigung des Übels auf der Welt. Die Existenz des Bösen sei demnach kein Grund, Gott zu leugnen, sondern vielmehr Bedingung für Freiheit und moralisches Handeln. Leibniz' religionsphilosophische Schrift verdankte sich wesentlich den Park- und Kamingesprächen in Lietzenburg im Sommer 1702. »Was meine Essais […] angeht, sage ich Ihnen, daß die verstorbene Königin von Preußen die Gelegenheit zu diesem Werk gegeben hat«, äußerte er rückblickend in einem Brief an Christoph Nicolai von Greiffencrantz. *ua*
Lit. van den Heuvel (Hg.) 1987

1-15 Büste von Leibniz
Um 1788, Johann Gottfried Schmidt
Gips, 65 x 47 x 30
Gottfried Wilhelm Leibniz Bibliothek – Niedersächsische Landesbibliothek, ohne Inv.-Nr.

Der aus Hannover stammende Bildhauer Johann Gottfried Schmidt fertigte die

Büste von Gottfried Wilhelm Leibniz nach einem Kupferstich von Martin Bernigeroth aus dem Jahr 1690. Der Philosoph und Initiator der »Akademie der Wissenschaften« wird ohne barocke Perücke und barhäuptig dargestellt; sein Blick ist gesenkt, der Kopf neigt sich zur linken Seite. Die introvertierte und ruhende Position kennzeichnet ihn als Denker. *afd*

1-16 Stiftungsbrief der Kurfürstlich Brandenburgischen Sozietät

Berlin, 11. Juli 1700
Schriftstück, 36 x 28
Berlin-Brandenburgische Akademie der Wissenschaften, Akademiearchiv, Bestand PAW, I-I-1, Bl. 73–74, 97–110

1-17 Miscellanea Berolinensia

Berlin, 1710, Königliche Akademie der Wissenschaften
Frontispiz: Johann Georg Wolfgang Werner nach einer Vorlage von Joseph Werner
Berlin-Brandenburgische Akademie der Wissenschaften, Akademiebibliothek, Z 342

1710 erschien mit der »Miscellanea Berolinensia« die erste wissenschaftliche Publikation der Akademie. Das Frontispiz zeigt Minerva, die Schutzgöttin der Künste und Wissenschaften, inmitten von Instrumenten, Demonstrationsobjekten, Versuchsaufbauten und mathematischen Formeln. Ihr zu Füßen befindet sich rechts ein kniender Chronos mit dem Buch der Geschichte auf dem Rücken. Zu ihrer Linken ist eine Personifikation der Akademie zu sehen, die Minerva zu sich heraufzieht. In der Hand hält Minerva das Auge der Erkenntnis. Darüber befindet sich die ins Profil gerückte Büste Friedrichs I., im Hintergrund ist die Sternwarte der Akademie zu sehen. *afd*
Lit. Brather 1993; Holländer 2000

1-17

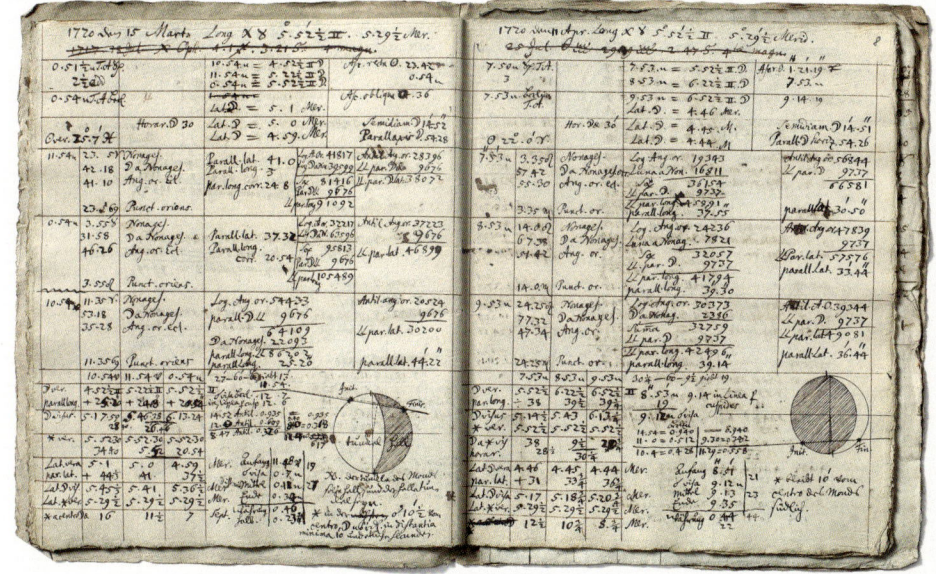

1-21

1-18 Miscellanea Berolinensia

Berlin, 1737
Königliche Akademie der Wissenschaften
Berlin-Brandenburgische Akademie der Wissenschaften, Akademiebibliothek, Z 342

1-19 Kurze Erzählung, welchergestalt von Sr. Kön. Maj. in Preußen Friederich dem I. in Dero Hauptsitz Berlin die Societæt der Wissenschafften Oder zu mehrer Aufnahme des gelehrten Wesens abzielende Gesellschafft gestiftet worden

Berlin, 1712, anonym
Berlin-Brandenburgische Akademie der Wissenschaften, Akademiearchiv, Handbibliothek IV, 6

Das Titelblatt der Festschrift zur Eröffnung der Akademie zeigt die Ansicht des Nordflügels des Neuen Marstalls an der heutigen Dorotheenstraße. Der von Martin Grünberg errichtete Turm des Observatoriums war 26 Meter hoch. Seine Plattform diente der Aufstellung astronomischer Mess- und Beobachtungsgeräte. *ua*

Gründung der Sternwarte

Im Mai 1700 berief Friedrich III. Gottfried Kirch, einen der führenden deutschen Astronomen und Kalendermacher, an die »Societät der Wissenschaften« nach Berlin. Kirch trat dort die Stelle des »astronomo ordinario«, des ersten Astronomen der Sternwarte an. Die Sternwarte allerdings war noch zu bauen. Sie wurde erst Jahre später, im August 1709, übergeben. Bis dahin beobachtete Kirch den Himmel vom Dachboden seiner Wohnung aus, unterstützt von seiner Frau Maria Margaretha

und seinem Sohn Christfried. Ab 1706 nutzte er außerdem den Rohbau des Observatoriums für seine Studien.
Mit der Einrichtung der Sternwarte hatte der Kurfürst auch ein »Kalenderpatent« verliehen. Es sicherte der Akademie das alleinige Recht, Kalender herauszugeben. Für die dazu notwendigen astronomischen Berechnungen war Gottfried Kirch zuständig. Der Kalenderverkauf war bis 1812 die Haupteinnahmequelle der Akademie. *ua*
Lit. Dick/Fritze (Hg.) 2000; Hamel 2002; Herbst 1999

1-20 Wandkalender mit Landkarte

Berlin, 1708, Johann Georg Wolfgang nach Johann Friedrich Wenzel
Radierung, 105 x 66
Staatsbibliothek zu Berlin – Preußischer Kulturbesitz, Handschriftenabteilung, Sign. YB 2180gr.

1-21 Astronomische Observationes

Berlin, 1700–1701, Gottfried Kirch
Manuskript, 21 x 17
Berlin-Brandenburgische Akademie der Wissenschaften, Akademiearchiv, NL Kirch, Nr. 1

Die Beobachtungstagebücher Gottfried Kirchs gewähren einen einzigartigen Einblick in die Anfänge der astronomischen Forschung in Berlin. Kirch notierte darin akribisch Beschreibungen der Positionen von Planeten, Sternen und Kometen sowie astronomische Berechnungen. Seine persönlichen Anmerkungen entwerfen darüber hinaus ein reiches Bild der damaligen, oft provisorischen Forschungssituation. *afd*
Lit. Herbst 1999

1-22 Astronomische Observationes
Berlin, 1704–1707, Gottfried Kirch
Manuskript, 20 x 18
Berlin-Brandenburgische Akademie der Wissenschaften,
Akademiearchiv, NL Kirch, Nr. 3

Das Konvolut der »Astronomischen Observationes Nr. 3« umfasst neben täglichen
astronomischen und meteorologischen
Beobachtungen der Jahre 1704–1707 eine
genaue Beschreibung der von Kirch und
seiner Familie verwendeten Instrumente,
darunter auch das von Kirch erfundene
Schraubenmikrometer. Zugleich verdeutlichen sie – etwa in der Skizze eines am
Fenster der Studierstube Kirchs aufgestellten Fernrohres – die rückständigen instrumentellen und räumlichen Möglichkeiten
des ersten Direktors der Sternwarte: Im
Eintrag vom 20. Juni 1705 lamentiert
Kirch über »2 Haußhaltungen Wäsche«,
die den Blick in den Himmel verstellt
hätten. Erst durch den Einzug in das neu
gebaute Observatorium im Königlichen
Marstall verbesserten sich die Beobachtungs- und Forschungsbedingungen. *afd*
Lit. Riekher/Hamel/Keil (Hg.) 2007

1-23 Kasten mit selbst geschliffenen Linsen
Leipzig, vor 1700
Holz, Glas, Papier, 12 x 34 x 25
Astrophysikalisches Institut Potsdam, Inv.-Nr. 03786

Gottfried Kirch hatte bereits in Leipzig
hochwertige Objektive und Okulare selbst
gefertigt. Dazu zählte auch dieser Kasten
mit selbst geschliffenen Linsen, den er
nach Berlin mitbrachte. Da ihm hier nur
ein bescheidenes Instrumentarium zur
Verfügung stand und die vorhandenen
Mittel keine größeren Anschaffungen erlaubten, musste er auch als Direktor der
Sternwarte auf seine eigenen Gerätschaften zurückgreifen. *ua*
Lit. Herbst 2007

1-24 Astronomische Observations
Berlin, 1702–1703, Gottfried Kirch
Manuskript, 22 x 17,5
Berlin-Brandenburgische Akademie der Wissenschaften,
Akademiearchiv, NL Kirch, Nr. 2

Gottfried Wilhelm Leibniz bezeichnete
Maria Magdalena Kirch als eine der »gelehrtesten Frauen« Berlins: »Sie beobachtet wie der beste Astronom und weiß mit
Quadranten und großen Fernrohren vorzüglich umzugehen.« 1702 entdeckte sie
einen neuen Kometen. Die Aufnahme in
die Akademie blieb ihr als Frau gleichwohl verwehrt. *ua*
Lit. van den Heuvel (Hg.) 1987

1-25 Eclipsis Solishorizentalis Anno 1720
Berlin, 1720, Christfried Kirch
Handzeichnung auf Papier, 31 x 20
Berlin-Brandenburgische Akademie der Wissenschaften,
Akademiearchiv, NL Kirch, Nr. 85

Christfried Kirchs umfassende Beobachtungsprotokolle führten die Aufzeichnungen seines Vaters fort. Er beschäftigte sich
unter anderem mit der Bewegung der Planeten und Kometen, der Sonne und den
Polarlichtern. Das kunstvoll ausgeführte
Blatt zeigt neben der Skizze einer beginnenden Sonnenfinsternis eine astronomische Tabelle, in der die Positionen der
Sonne und des Mondes sowie die genauen
Zeitangaben aufgelistet sind. Nach seinem
Tod 1740 nahm seine Schwester Christine,
die ihn bereits zuvor bei seinen Forschungen unterstützt hatte, die Aufgabe der Protokollierung und Kalenderberechnung
wahr. *afd*
Lit. Wattenberg 1973

1-26 Schema »Transitus Venesis«
Berlin, 1720, Christfried Kirch
Handzeichnung auf Papier, 33 x 21,5
Berlin-Brandenburgische Akademie der Wissenschaften,
Akademiearchiv, NL Kirch, Nr. 55

Wenige Jahre nach Gottfried Kirchs Tod
folgte ihm sein Sohn Christfried als Direktor der Sternwarte nach. Seine Zeichnung
zeigt die schematische Darstellung des
Venustransits. Bei diesem astronomischen
Phänomen verläuft die Bahn der Venus
zwischen Erde und Sonne. Die Bewegung
der Erde und anderer Planeten wurden
in der Forschung um 1700 vor allem im
Zusammenhang der Ephemeriden- und
Kalenderberechnung lebhaft diskutiert.
afd
Lit. Wattenberg 1973

Das Berliner Anatomische Theater

1713 wurde auf Vorschlag von Friedrich
Hoffmann, Leibarzt des preußischen Königs Friedrich I., im sogenannten Neuen
Stall das erste anatomische Theater der
Residenzstadt eingerichtet. Zum ersten
Lehrer der Anatomie wurde der Hofarzt
Christian Maximilian Spener bestimmt,
der am 29. November 1713 erstmals »alle
Liebhaber der Anatomie zu […] theils
nothwendig, theils nützlichen Besichtigungen und darüber vorfallenden Auslegungen« einlud. Gleich mehrmals im Jahr
sollten »öffentliche Demonstrationes […]
in deutscher Sprache« abgehalten werden.
1717 wurde das Anatomische Theater der
Akademie unterstellt. Der anatomisch-
chirurgische Kurs war bald Pflicht für
jeden Arzt und Chirurgen, der in Preußen
praktizieren wollte. In der zweiten Hälfte

des 18. Jahrhunderts fanden hier etwa
8000 Sektionen statt, mehr als an jedem
anderen anatomischen Theater. *rh*
Lit. Artelt 1936; Schnalke 2010a; Stürzbecher 1958

1-27 Theatrum Anatomicum Berolinense
Berlin, um 1730, A.B. König
Kupferstich, 21,5 x 18
Staatsbibliothek zu Berlin – Preußischer Kulturbesitz,
Kartenabteilung, III, C, Sign. Y 44702

Der Kupferstich zeigt das Anatomische
Theater, angelegt als Amphitheater. Der
geöffnete Vorhang gibt den Blick frei auf
den zur Sektion vorbereiteten Leichnam
und die ihn umgebenden Ränge. Die aufsteigenden Sitzreihen waren unterschiedlichen Personengruppen vorbehalten:
die erste Bank Professoren und Doktoren,
die zweite Regimentsfeldscheren, Medizinstudenten, Amtschirurgen und Apothekern, die dritte Garnisonsfeldscheren, die
vierte Barbieren und Apothekergesellen
und die oberen Bänke anderen Interessierten. Schränke und Regale dienten der
Aufbewahrung anatomischer Präparate.
rh
Lit. Schnalke 2010a; Wolf-Heidegger/
Cetto 1967

1-28 Einladung zur anatomischen Demonstration
Berlin, 1714, Christian Maximilian Spener
Berlin-Brandenburgische Akademie der Wissenschaften,
Akademiearchiv, Bestand PAW, I-XIV-1, Bl. 16

Mindestens sieben anatomische Sektionen
– an menschlichen Leichnamen wie an
Tieren – führte Christian Maximilian
Spener in seiner nur fünf Monate währenden Amtszeit am Anatomischen Theater
durch. Die meisten anderen Universitäten
praktizierten damals allenfalls einmal
im Jahr oder noch seltener Körperzergliderungen zu Lehrzwecken. *rh*

1-29 »Langer Kerl«
18. Jahrhundert
Höhe ca. 212
Brandenburgisches Landesinstitut für Rechtsmedizin,
ohne Inv.-Nr.

Neben der Herstellung von anatomischen
Lehrpräparaten im Gefolge der öffentlichen Sektionen wurden am Anatomischen
Theater auch gezielt »monstreuse«, pathologische Fallbeispiele gesammelt. Vermutlich vom König selbst bewilligt, kamen
Leichname der Soldaten aus seiner Garde
»langer Kerle« hinzu, die von außerordentlicher Größe waren. Auch der Kupferstich
des Theatrum Anatomicum weist das riesenhafte Skelett eines solchen »Langen
Kerls« in der Sammlung aus. *rh*

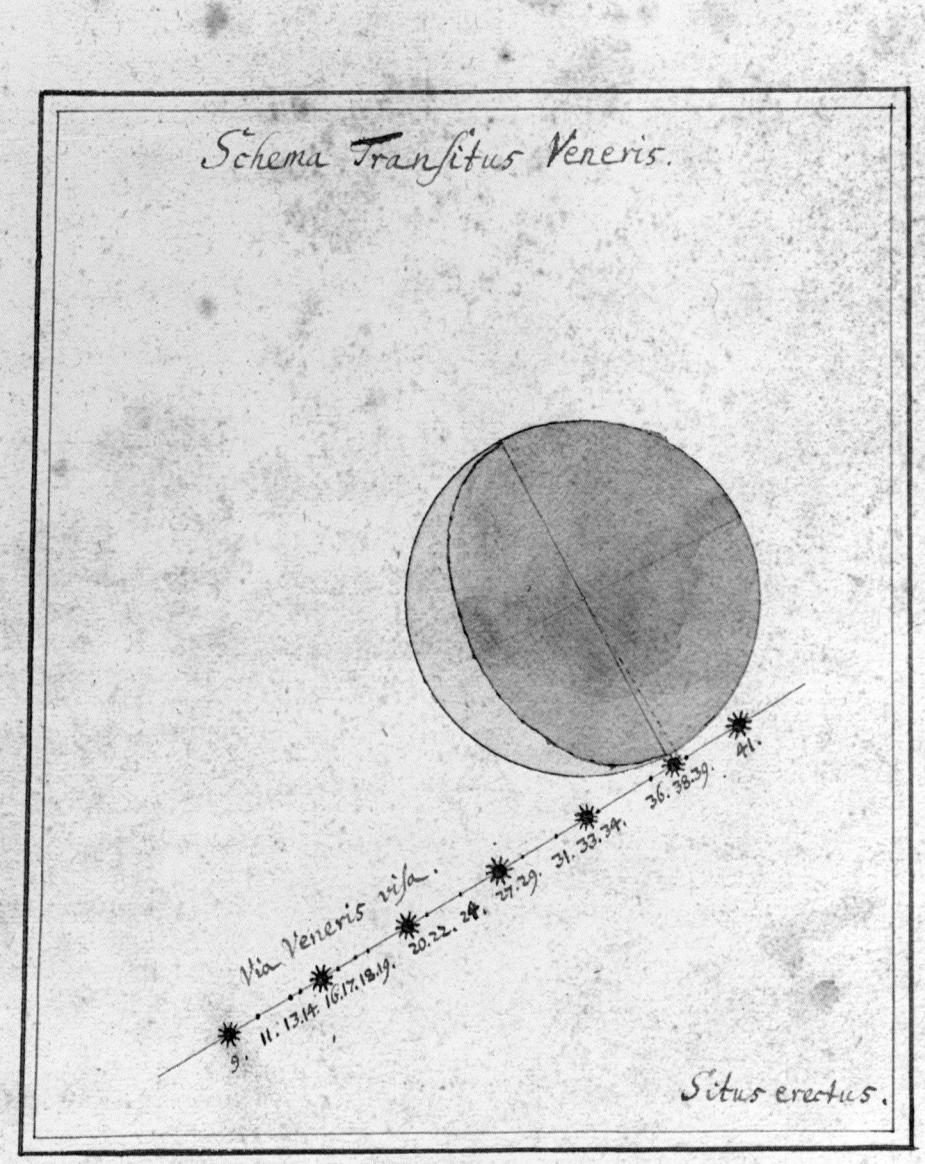

Schema Transitus Veneris.

Via Veneris visa.

9. 11. 13.14. 16.17.18.19. 20.22. 24. 27.29. 31.33.34. 36.38.39. 41.

Situs erectus.

Circa correctionem temporis monendum, quod singulis altitudinibus 6 minuta addere debuerim, ob vitiosum situm superioris pinnacidii, in meo quadrante. Ascensionem rectam Arcturi 210°. 44½ ejusq Declinationem 20°. 42'. Sept. supposui, Medium eligens ex placitis recentiorum Astronomorum. Praeterea etiam rationem habui motus Horologii, qui paulo celerior justo erat, id quod aliunde mihi innotuit.

1-27

1-30 Verzeichniß der Merckwürdigkeiten, welche bei dem Anatomischen Theater zu Berlin befindlich sind

Berlin, 1750, August Schaarschmidt
Staatsbibliothek zu Berlin – Preußischer Kulturbesitz,
Historische Drucke, Sign. Kt 2010 R

In seinem 1750 erschienenen Verzeichnis dokumentierte Schaarschmidt, Prosektor des Anatomischen Theaters, den damaligen Bestand der anatomischen Sammlung: Der Schwerpunkt lag danach auf Präparaten, die der Lehre vorbehalten waren, doch auch einige Kuriositäten ergänzten die Sammlung. Das Skelett eines der »Langen Kerls« aus der Leibgarde des Königs oder die »eilf kleine(n) Kinder-Geribbe, die wiederum verschiedene musicalische Instrumente in den Händen haben« sind Hinweis darauf, dass auch Stücke Eingang fanden, die vorrangig der Schaulust des Publikums dienten. *ua*

Die Académie Royale des Sciences et Belles Lettres

Vom »Soldatenkönig« Friedrich Wilhelm I. vernachlässigt und einer rigiden Sparpolitik unterworfen, erlebte die Akademie der Wissenschaften unter Friedrich II. eine ihrer glanzvollsten Zeiten. Mit Mitgliedern wie Voltaire, d'Alembert, La Mettrie und Maupertuis öffnete sie sich insbesondere den Ideen der französischen Aufklärung und gewann weit über Preußen hinaus Bedeutung.
Dazu trug auch die von der Pariser Akademie übernommene Praxis der Preisaufgaben bei, die in ganz Europa Beachtung fanden und die Entwicklung des wissenschaftlichen Diskurses im 18. Jahrhundert entscheidend vorantrieben. Die Orientierung an Frankreich zeigte sich ferner in dem neuen Namen »Académie Royale des Sciences et Belles Lettres« seit 1746 und

der Einführung des Französischen als Amtssprache der Akademie. Die öffentlichen Vorträge der Akademie stießen auch beim Berliner Publikum auf reges Interesse. *md*
Lit. Grau 1993

1-31 Der Königliche Marstall, allwo bey A die Kunst-Academie, bey B zu oberst das Theatrum Anatomicum, Collegium Medicum, und die Bibliothek der Societät der Wissenschaften befindlich

Berlin 1. Hälfte 18. Jahrhundert, anonym
Kupferstich, 8 x 14,5
Staatsbibliothek zu Berlin – Preußischer Kulturbesitz,
Kartenabteilung, III, C, Sign. Kart. Y 44648

Der Kupferstich zeigt den Königlichen Marstall, der die Akademie der Künste und die »Societät der Wissenschaften« beherbergte. Im Vordergrund sind der neu angelegte Innenhof sowie der ab 1700 zu einem fünfgeschossigen Observatorium ausgebaute nördliche Mittelbau zu sehen. 1711 bezog die Akademie der Wissenschaften die Obergeschosse des kompakten Turmes, in denen auch das Anatomische Theater, eine Bibliothek und ein Archiv untergebracht wurden. *afd*
Lit. Grau 1993

1-32 Pierre-Louis Moreau de Maupertuis

Berlin, um 1750, Johann Jacob Haid nach Robert Levrac-Tournières
Schabkunstblatt, 50 x 34
Berlin-Brandenburgische Akademie der Wissenschaften,
Akademiearchiv, Grafikporträtslg., Nr. 135Ü

Die Ernennung des französischen Physikers, Mathematikers und Philosophen Pierre-Louis Moreau de Maupertuis zum Präsidenten im Jahre 1746 stand für eine neue Ausrichtung der Berliner Akademie. Mit der Bestätigung der Newton'schen Theorie, nach der die Erde an den Polen abgeplattet sein müsse, hatte Maupertuis großen Ruhm erlangt. Seine auf dem Globus liegende Hand verweist auf diesen wissenschaftlichen Erfolg. Weniger glücklich agierte er dagegen in einer Auseinandersetzung mit dem Mathematiker Johann Samuel König um das »Prinzip der geringsten Aktion«. Der Streit, der bald zur persönlichen Fehde wurde, provozierte ungewollte Aufmerksamkeit. Für zusätzlichen Spott sorgte Voltaire mit einer satirischen Schrift auf den Akademiepräsidenten, die auf Befehl des Königs schließlich öffentlich verbrannt wurde. *md/ua*

1-33 Skizze der Sitzordnung nach Reorganisation

Berlin, 1744
Schriftstück, 37,5 x 25
Berlin-Brandenburgische Akademie der Wissenschaften,
Akademiearchiv, Bestand PAW, I-I-5, Bl. 148–149,
Bl. 154

Unter der Regentschaft von Friedrich II. erfolgte eine umfassende Reform der Akademie. Unter dem Namen »Académie Royale des Sciences et Belles Lettres« konstituierte sich die Forschungsstätte neu. Die Zahl von vier Klassen wurde beibehalten, ihre Aufgaben aber teilweise neu bestimmt. Darüber hinaus wurden die bis dahin getrennten Klassensitzungen zugunsten einer Gesamtversammlung der Akademiemitglieder abgeschafft. Die veränderte Sitzordnung dokumentiert mithin auch ein sich veränderndes Verständnis von Wissenschaft. *ua*

1-34 Lieberkühn'sches Mikroskop

Berlin, um 1738, Johann Nathanael Lieberkühn
Metall, Glas, 60 x 34 x 25
Charité – Universitätsmedizin Berlin, CCM, Centrum für Anatomie, Inv.-Nr. ANA A2-43

Der Arzt und Anatom Johann Nathanael Lieberkühn stellte nicht nur die Präparate für seine Sammlung selbst her, sondern zum Teil auch die Mikroskope zu deren Betrachtung. Noch im 19. Jahrhundert fertigten Berliner Manufakturen Instrumente, die auf seinen Vorlagen beruhten. *rh*
Lit. Zaun/Kettenmann 2001

1-35 »Wundergläser«

Berlin, um 1745, Johann Nathanael Lieberkühn
Glas, Holz, 11 x 9 x 22 (Kasten)
Charité – Universitätsmedizin Berlin, CCM, Centrum für Anatomie, Inv.-Nr. ANA A2-52

Johann Nathanael Lieberkühn, zeitweise Leibarzt Friedrichs II., galt seiner Zeit als ein Meister der Injektionstechnik zur Herstellung anatomischer Präparate. Die Darstellungen feinster Blutgefäße gelangen ihm durch das behutsame Einspritzen erwärmter Wachsmischungen und das sich daran anschließende Auflösen der umgebenden Gewebe in schwachen Säuren. Der Begriff »Wundergläser« soll auf Goethe zurückgehen, der Lieberkühns anatomische Sammlung kannte. *rh*
Lit. Bredekamp/Brüning/Weber (Hg.) 2000

1-36 Mikroskopische Präparate in Kasten

Berlin, um 1750, Johann Nathanael Lieberkühn
Karton, Holz, Glas, 15 x 22 x 7
Charité – Universitätsmedizin Berlin, CCM, Centrum für Anatomie, Inv.-Nr. ANA A2-51

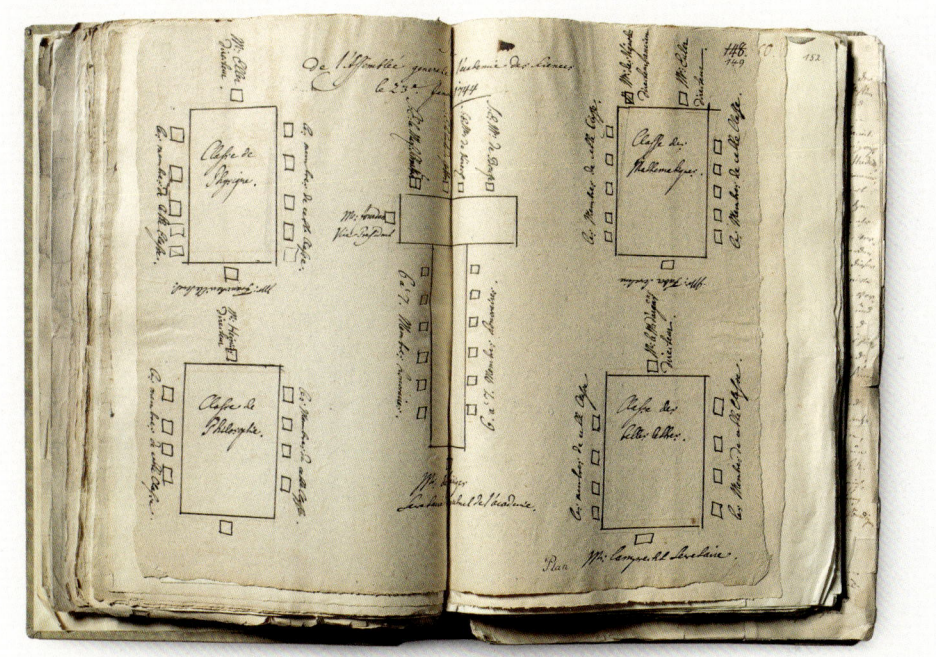

1-33

Neben der Präsentation in durchsichtigen Glasküvetten entwickelte Lieberkühn noch einen weiteren Präparatehalter, in dem das Objekt in einen Messingring ein- und hinter Glas abgeschlossen wurde. Der stielförmige Halter diente der Fixierung in dem von Lieberkühn konstruierten Mikroskop, das sich ursprünglich ebenfalls in dem Kasten befand. *rh*
Lit. Bredekamp/Brüning/Weber (Hg.) 2000

1-37 Akademievortrag über den Zuckergehalt einheimischer Pflanzen

Berlin, 1747, Andreas Sigismund Marggraf
Manuskript, 36 x 25
Berlin-Brandenburgische Akademie der Wissenschaften,
Akademiearchiv, Bestand PAW, I-M 218 in: C5,
Bl. 248–255

Im November 1747 berichtete der Apotheker und Chemiker Andreas Sigismund Marggraf der Akademie von seinen Versuchen, aus einheimischen Pflanzen Zucker zu gewinnen. Insbesondere aus der Runkelrübe, so Marggraf, könne man eine Substanz scheiden, die süß schmecke und dieselbe kristalline Struktur wie der (kostbare) indische Rohrzucker aufweise. Wenngleich Marggraf selbst keine technische Lösung fand, um die Saccharose gewinnbringend zu extrahieren, schuf er die Voraussetzung für die Zuckerrübenproduktion in Berlin und Brandenburg. *ua*
Lit. Knobloch 2000; Kraft 2009

1-38 Ausführliche Beschreibung der Methode, nach welcher bei der Kultur der Runkelrübe verfahren werden muß

Berlin, 1799, Franz Carl Achard
Sächsische Landesbibliothek – Staats- und Universitätsbibliothek Dresden, Sign. Technol. B.354.m

Ein halbes Jahrhundert nach Marggrafs Entdeckung konnte sein Schüler Franz Carl Achard die Eignung der Runkelrübe für die Zuckergewinnung bestätigen. Mit seiner Abhandlung »Ueber die Bereitung des Zuckers aus der Runkel-Rübe« sowie den Gutachten des Hofgärtners Johann Wilhem Sello und des Chemikers Martin Heinrich Klaproth überzeugte er auch Friedrich Wilhelm III. vom Nutzen des einheimischen Zuckers. Das Laboratorium der Akademie wurde daraufhin zur »Königlichen Rohzuckerfabrik« umgebaut. *ua*
Lit. Knobloch 2000; Olbrich 1998

1-39 Von Datteln, welche auf eine merkwürdige Art reif geworden

In: Physikalische Belustigungen 1, 1751, S. 81
Berlin, 1751, Johann Gottlieb Gleditsch
Staatsbibliothek zu Berlin – Preußischer Kulturbesitz, Sign. Lc 6582-1,1/10,1751 <a>

Johann Gottlieb Gleditsch war Direktor des Botanischen Gartens in Schöneberg, als er mit seinem sogenannten »Experimentum Berolinense« den Nachweis erbrachte, dass auch bei Pflanzen eine sexuelle Vermehrung stattfindet. Er bestäubte hierzu eine weibliche Dattelpalme, die noch nie Früchte getragen

1-34

hatte, mit dem Samen einer männlichen. Die künstliche Bestäubung gelang, die Palme bildete Früchte aus. *ua*
Lit. Bredekamp/Brüning/Weber (Hg.) 2000

1-40 Briefe an eine junge Prinzessin

Leipzig, 1773, Leonhard Euler
Staatsbibliothek zu Berlin – Preußischer Kulturbesitz,
Historische Drucke, Sign. 8" Bibl. Diez oct. 7217

Der Basler Mathematiker Leonhard Euler folgte 1741 dem Ruf Friedrichs II. an die Preußische Akademie der Wissenschaften. Er leitete dort die mathematische Klasse und schuf bis zu seinem Weggang im Jahre 1766 grundlegende Werke zur Himmelsmechanik, zur Mechanik der Festkörper und zur Variationsrechnung. Darüber hinaus fühlte er sich als der Aufklärung verbundener Naturforscher verpflichtet, sein Wissen in allgemein verständlicher Form zugänglich zu machen. Seine 234 Briefe an die junge Tochter des mit ihm befreundeten Markgrafen Friedrich Heinrich von Brandenburg-Schwedt sind eine populärwissenschaftliche Einführung in die Naturkunde und Philosophie, die bald in mehrere Sprachen übersetzt und zum Bestseller wurde. *ua/afd*

1-41 Uranographia

Berlin, 1801, Johann Elert Bode
Staatsbibliothek zu Berlin – Preußischer Kulturbesitz,
Kartenabteilung, III, C, Sign. Kart Gr. 2° A 290b

Johann Elert Bode war ab 1787 als Direktor der Berliner Sternwarte tätig. Zwischen 1797 und 1801 erschien eines seiner herausragenden Werke, die »Uranographia«. Das ambitionierte Tafelwerk verzeichnet 99 Sternbilder mit 17 240 Sternen. Den Angaben zu etwa 1250 Sternen lagen Bodes eigene Beobachtungen zugrunde. Die Zahl bereits bestehender Sternbilder ergänzte er, indem er nicht nur Friedrich II. einen Himmelseintrag widmete, sondern auch einigen experimentellen Gerätschaften der Zeit wie Luftpumpe und Elektrisiermaschine. Obwohl Bodes Sternbilder heute keinen Bestand mehr haben, zählen seine Kartenwerke zu den genauesten des 18. Jahrhunderts. *ua*
Lit. Schwemin 2006, Zögner 1989

1-42 Manuskript zum Berliner Astronomischen Jahrbuch

Berlin, 1778, Johann Elert Bode
Manuskript, 22,5 x 10,5
Berlin-Brandenburgische Akademie der Wissenschaften,
Akademiearchiv, NL Bode, Nr. 40

1774 gab Bode den ersten Jahrgang des »Astronomischen Jahrbuches« heraus, das schon bald hohes Ansehen gewann. Nahezu alle namhaften Astronomen der Zeit publizierten in Bodes Periodikum. Da die Akademie aufgrund der zu geringen Einnahmen dennoch bald das Interesse verlor, führte Bode das Unternehmen alleine weiter. Das ausgestellte Manuskript für das »Astronomische Jahrbuch« zeigt – zum Teil eingeklebt – Skizzen einiger Beobachtungsinstrumente. *ua*
Lit. Herrmann/Hoffmann (Hg.) 1997

1-43 Beschreibung und Gebrauch einer auf den Horizont von Berlin entworfenen Weltcharte in zween Hemisphären worauf die neuesten Entdeckungen angezeigt werden

Berlin, 1783, Johann Elert Bode
Staatsbibliothek zu Berlin – Preußischer Kulturbesitz,
Historische Drucke, Sign. Bibl. Diez fol. 933 <a>

Die Preisaufgaben der Akademie

Die sogenannten »Preisaufgaben« der gelehrten Gesellschaften waren im 18. Jahrhundert fester Bestandteil des öffentlichen Diskurses in der Welt der Gelehrten. 1744 begann auch die Berliner Akademie damit, solche Aufgaben zu stellen, die bald in ganz Europa Beachtung fanden. Die Fragen ließen kaum ein Gebiet aus. Sie geben Auskunft über die wissenschaftlichen Interessen der Zeit und insbesondere der neu organisierten Akademie. Neben der berühmten Intervention Friedrichs II., ob es für das Volk unter bestimmten Umständen »nützlich« sein könne, betrogen zu werden, oder der Preisfrage nach dem Ursprung der Sprache, die Johann Gottfried Herder für sich entscheiden konnte, waren es häufig solche nach dem praktischen Nutzen. Die Abhandlungen mussten anonym eingereicht werden, die ausgezeichneten Antworten wurden auf Kosten der Akademie gedruckt. *ua*
Lit. Grau 1993; Harnack 1900

1-44 Abhandlung über die Evidenz in Metaphysischen Wissenschaften, welche den von der Königlichen Academie der Wissenschaften in Berlin auf das Jahr 1763 ausgesetzten Preis erhalten hat

Berlin, 1764, Moses Mendelssohn
Staatsbibliothek zu Berlin – Preußischer Kulturbesitz,
Historische Drucke, Sign. Nm 2698 <a> R

Moses Mendelssohn war neben Friedrich Nicolai und Gotthold Ephraim Lessing einer der führenden Vertreter der Berliner Aufklärung und einer der Protagonisten der deutschen Philosophie der Aufklärung überhaupt. Seine Abhandlung über die Evidenz in Metaphysischen Wissenschaften gewann 1763 den Preis der Königlichen Akademie der Wissenschaften in Berlin, noch vor Immanuel Kants Beitrag zum Thema. *ua*

1-45 Sitzungsbericht der Akademie

Berlin, 1771
Manuskript
Berlin-Brandenburgische Akademie der Wissenschaften,
Akademiearchiv, Bestand PAW, I-IV-32, Bl. 88

Der Sitzungsbericht vom 7. (8.) Februar 1771 protokolliert den Vorschlag der 19 anwesenden Akademiemitglieder, den »Juden Moses« (Mendelssohn) in die Akademie aufzunehmen. König Friedrich II. ging zunächst nicht darauf ein, ließ die Akademie aber im September wissen, dass ein anderes Mitglied für die philosophische Klasse gewählt werden sollte. *ua*

1-46 Beantwortung der Preisfrage für 1771

Berlin, 1770, Johann Gottfried Herder
Manuskript, 23 x 20
Berlin-Brandenburgische Akademie der Wissenschaften,
Akademiearchiv, Bestand PAW, I-M 684, Bl. 40-41

Bereits Leibniz hatte mit seinen Überlegungen zur Herkunft der Sprache am Beginn des 18. Jahrhunderts lang anhaltende Diskussionen über deren »Ursprung« angestoßen. Jahrzehnte später gewann Herder mit seinem bei der Akademie eingereichten Aufsatz den Wettbe-

werb um die Beantwortung der Preisfrage,
ob Menschen, ihren natürlichen Fähigkeiten überlassen, in der Lage seien, eine
Sprache zu erfinden. In seiner Antwort
lehnte Herder sowohl die Annahme eines
göttlichen Ursprungs der Sprache als auch
die Idee ihrer »Erfindung« ab, indem er
sie als Ergebnis einer langen Entwicklung
darstellte. Seine später auch gedruckte
»Abhandlung über den Ursprung der
Sprache« übte nachhaltig Einfluss auf die
Sprachphilosophie aus. *ua*

1-47 Preisfrage: Nützt es dem Volke, betrogen zu werden

Berlin, 16. Oktober 1777, Friedrich II.
Manuskript, 22,5 x 18,5 (Blatt)
Berlin-Brandenburgische Akademie der Wissenschaften,
Akademiearchiv, Bestand PAW, I-VI-10, Bl. 33

Die Preisaufgabe des Jahres 1780 hatte
Friedrich II. selbst angeregt. In seiner
Korrespondenz mit d'Alembert war es zu
der Frage gekommen, ob es nicht legitim
sei, das Volk zu täuschen, wenn dies zu
dessen eigenem Wohle geschehe. Der
Monarch bejahte die Frage, stellte sie aber
zur öffentlichen Diskussion. Sie blieb
gleichwohl unentschieden: Die Akademie
vergab zwei erste Preise. *ua*
Lit. Adler (Hg.) 2007

Die Stadt als Sammlung

Keine andere Stadt verfügte in der zweiten
Hälfte des 18. Jahrhunderts über so viele
Sammlungen wie Berlin; um 1800 waren
es über 200. Die wichtigsten finden sich
in Friedrich Nicolais »Beschreibung der
königlichen Residenzstädte Berlin und
Potsdam«. Ihre Besitzer waren häufig
Geistliche, Kaufleute, Geheimräte, Mediziner oder Apotheker. Sie trugen Pflanzen,
Tiere und Gesteine, aber auch Bücher,
Kupferstiche und Münzen zusammen.
Unter dem Einfluss der sich allmählich
herausbildenden, empirisch und methodisch fundierten Forschung wurden die
Sammlungsräume immer mehr zu Laboratorien, in denen die moderne Wissenschaft Gestalt annahm. Nicht zuletzt
waren sie Treffpunkte einer aufgeklärten,
urbanen Gesellschaft, die ihren Zusam-
menhalt zunehmend in der bürgerlichen
Kultur fand. Eine wichtige Rolle kam
dabei der 1773 gegründeten »Gesellschaft
Naturforschender Freunde« zu, die eine
Vielzahl der privaten Sammlungen miteinander vernetzte. *ua*
Lit. Ennenbach 1980; Nicolai 1786;
te Heesen 2001a

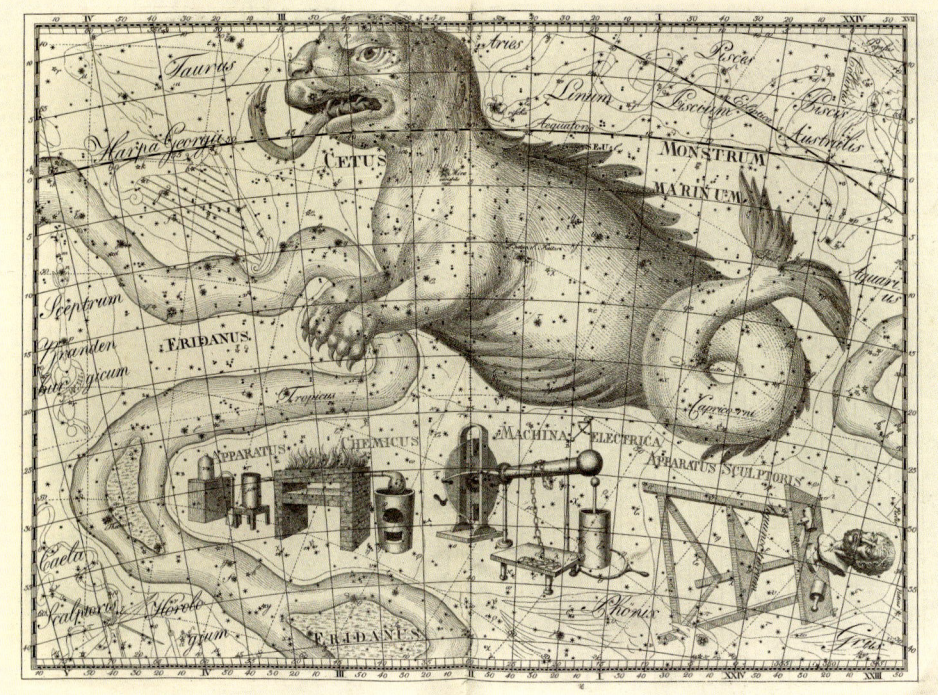

1-41

1-48 Beschreibung der königlichen Residenzstädte Berlin und Potsdam, aller daselbst befindlichen Merkwürdig- keiten, und der umliegenden Gegenden

Berlin, 1786, 3., völlig umgearbeitete Auflage,
Friedrich Nicolai
Staatsbibliothek zu Berlin – Preußischer Kulturbesitz,
Historische Drucke, Sign. Bibl. Varnhagen 1250

Friedrich Nicolai war die Integrationsfigur
der Berliner Aufklärung. Selbst der pro-
duktivste Autor seines Verlages, machte er
sich vor allem als Herausgeber maßgeblicher Periodika der Aufklärung wie der
»Allgemeinen deutschen Bibliothek« einen
Namen. Seine für die Reiseliteratur weg-
weisende Beschreibung der Städte Berlin
und Potsdam gibt auch ausführlich Auskunft über die zahlreichen Sammlungen,
ihren Bestand und die Lokalitäten. *ua*
Lit. Falk/Kosenina 2008; Raabe 1983

Die Anatomische Sammlung Walter

Christian Maximilian Spener, Johann Nathanael Lieberkühn und Johann Friedrich
Meckel der Ältere – im Umfeld des Berliner Anatomischen Theaters entstanden
im 18. Jahrhundert bedeutende ärztliche
Privatsammlungen. Die größte und wichtigste entfaltete sich unter den geschickten
Händen von Johann Gottlieb Walter sowie
dessen Sohn Friedrich August Walter. Die
beiden Anatomieprofessoren sezierten
und präparierten auf dem Anatomischen

Theater. Einen Großteil der gefertigten
Präparate übernahmen sie dabei in ihr
eigenes »Anatomisches Museum«. Die
gesammelten 2863 Stücke gingen 1803
durch Ankauf in den Besitz König Friedrich Wilhelms III. über, der sie wiederum
sieben Jahre später der neugegründeten
Friedrich-Wilhelms-Universität zu Berlin
überantwortete. *rh*
Lit. Schnalke 2007

1-49 Anatomisches Museum

Berlin, 1796, Friedrich August Walter
Buch mit handschriftlichem Eintrag
Staatsbibliothek zu Berlin – Preußischer Kulturbesitz,
Historische Drucke, Sign. 4"Kt 3080 - 1/2 - R

Der deutschsprachige Katalog der Walter'-
schen Sammlung von 1796 stellt vermutlich nur den Beginn eines größeren Publi-
kationsvorhabens dar. Er enthält mit der
Darstellung von Konkrementen (Nieren-,
Harnblasen und Gallensteinen) und
»kranken Knochen« nur einige hundert
der fast 3000 Exponate der Sammlung.
1805 erschien eine Gesamtdarstellung in
lateinischer Sprache, die nunmehr 3092
Objekte umfasste. Eine Fortführung des
deutschen Katalogs blieb Desiderat. *rh*

1-50 Arterien der Hand

1798, Johann Gottlieb Walter
Trockenpräparat, 40 x 20 x 13
Charité – Universitätsmedizin Berlin, CCM, Centrum für
Anatomie, ohne Inv.-Nr.

Eines der wenigen verbliebenen anatomischen Präparate der Sammlung Johann Gottlieb und Friedrich August Walters zeigt die arterielle Versorgung des Unterarms und der Hand. Aus didaktischen Gründen wurden die Arterien mit einer roten Injektionsmasse gefüllt und dadurch sichtbar gemacht. Zur Konservierung wurde das Präparat getrocknet. *ua*

1-51 Zunge eines Mannes
Um 1800
Feuchtpräparat, 23 x 9 x 7
Centrum für Anatomie der Charité – Universitätsmedizin Berlin, Inv.-Nr. ANA 2006/703

1-52 Becken einer Frau
Vermutl. 18. Jahrhundert
Trockenpräparat, 37 x 25, Durchmesser 16 (Sockel)
Centrum für Anatomie der Charité – Universitätsmedizin Berlin, Inv.-Nr. ANA 2006/887

Trocken- und Knochenpräparate waren wichtig für die Lehre, weil an ihnen auch unterrichtet werden konnte, wenn nicht genügend Leichen für anatomische Sektionen zur Verfügung standen. Das Trockenpräparat dieses weiblichen Beckens weist noch Reste der Muskulatur auf. *ua*

1-53 Gallenblasenstein
Vor 1796
Trockenpräparat, Höhe 9,5, Durchmesser 4,5
Centrum für Anatomie der Charité – Universitätsmedizin Berlin, ohne Inv.-Nr.

Die Abbildung dieses Gallenblasensteins »aus einer Frau von einigen 30 Jahren« findet sich, einschließlich einer kurzen Beschreibung, auf den Farbtafeln des Walter'schen Kataloges. *rh*

Die Fischsammlung Marcus Elieser Blochs

Die Fischsammlung des jüdischen Arztes und Fischkundlers Marcus Elieser Bloch zählte bereits zu dessen Lebzeiten zu den bedeutendsten Sammlungen ihrer Art. Auf der Grundlage seiner Sammeltätigkeit gelang es Bloch, den Kreis der damals bekannten Fischarten von 400 auf 1400 zu erweitern. Dafür nutzte er das weit gespannte Netzwerk, das die Gelehrtenrepublik verband und den Austausch von Objekten auch über weite Distanzen hinweg ermöglichte. Seine umfangreiche Sammlung von Fischen aus aller Welt dokumentierte er unter anderem in seiner zwölfbändigen »Allgemeinen Naturgeschichte der Fische« (1782–1795). Mit der Verbindung von wissenschaftlich fundierter Beschreibung und naturgetreuer Abbildung schuf er nicht nur ein Meisterwerk der

1-51

Zoologie, sondern auch eine frühe Grundlage ichthyologischer Nomenklatur und Systematik. 1801 an die Akademie veräußert,
ging seine Sammlung 1810 in den Besitz der Berliner Universität über. *ua*
Lit. Lesser 1999; Paepke 2001

1-54 Madüsee-Maräne
Coregonus maraena (Bloch 1779)
19. Jahrhundert
Alkoholpräparat, Höhe 56, Durchmesser 17 (Glas)
Museum für Naturkunde Berlin, Fischsammlung, Inv.-Nr. ZMB 16212

Im Vorwort zu seinem ersten Band der »Ökonomischen Naturgeschichte der Fische Deutschlands« aus dem Jahr 1782 berichtet Bloch über die Anfänge seiner Sammelleidenschaft: »Ein Zufall führte mich auf die Untersuchung der Fische. Es ward mir nämlich eine große Maräne aus dem Madui-See zugesandt; sogleich nahm ich meinen Linné zur Hand, um zu sehen, was er davon sage: zu meiner Verwunderung aber fand ich, daß er so wenig diese, als die kleine Maaräne, die doch in Mecklenburg, in der Kurmark, Schlesien,

Pommern und Preussen gar sehr gemein ist, gekannt hatte.« Der Zufall und die Leerstelle in Linnés Systematik führten damit zu einer der größten Fischsammlungen des 18. Jahrhunderts, deren erstes Sammlungsstück eine Maräne aus dem Madüsee war. *ce/ua*
Lit. Bloch 1782

1-55 Ökonomische Naturgeschichte der Fische in den preußischen Staaten, besonders der Märkischen und Pommerschen Provinzen
Berlin, 1780
Manuskript, 21,5 x 19
Museum für Naturkunde Berlin, Historische Bild- und Schriftgutsammlung, Bestand GNF, Sign. S. Bloch 1

Zwei Jahre vor seiner ersten ausführlichen Abhandlung über Fische verfasste Bloch für die »Schriften der Berlinischen Gesellschaft naturforschender Freunde« diesen Aufsatz, eine Bestandsaufnahme zu Maräne, Giebel, Aal, Quappe, Zander und Stichling. Das Jahr 1780 bildete zugleich den Auftakt für Blochs intensive Beschäftigung mit der Naturgeschichte der Fische – eine Passion, die in den folgenden zwei Jahrzehnten die Grundlage für sein Lebenswerk werden sollte. *ce*

1-56 Stacheloses Dreieck oder Perlen-Kofferfisch
Ostracion triqueter (Bloch 1785)
= *Lactophrys triqueter* (Linnaeus 1758)
18. Jahrhundert
Alkoholpräparat, Höhe 11, Durchmesser 7 (Glas)
Museum für Naturkunde Berlin, Sammlung Bloch, Inv.-Nr. ZMB 4190

Der Perlen-Kofferfisch ist in den Korallenriffen der Karibik und des tropischen Westatlantiks zu Hause, wo er als Einzelgänger oder paarweise lebt. Seine eigentümliche Form veranlasste Bloch zu der Bemerkung: »In Deutschland wird dieser Fisch glattes Dreieck, oder Biegeleisen, von der holländischen Benennung Strykyzer-Visch, von der Aehnlichkeit die er mit dem Pletteisen hat, genannt.« (Bloch, 1785, S. 100). Einige seiner Fische kaufte Bloch bei Naturalienhändlern, wobei er fehlerhafte Fundortangaben in Unkenntnis übernahm. In diesem Fall versetzte Bloch den in westindischen Gefilden lebenden Fisch in den Indischen Ozean. *ce*

1-57 Schnabelfisch oder Kupferstreifen-Pinzettfisch
Chaetodon rostratus (Bloch 1787)
= *Chaetodon rostratus* (Linnaeus 1758)
18. Jahrhundert
Alkoholpräparat, Höhe 17, Durchmesser 13 (Glas)
Museum für Naturkunde Berlin, Sammlung Bloch, Inv.-Nr. ZMB 1270

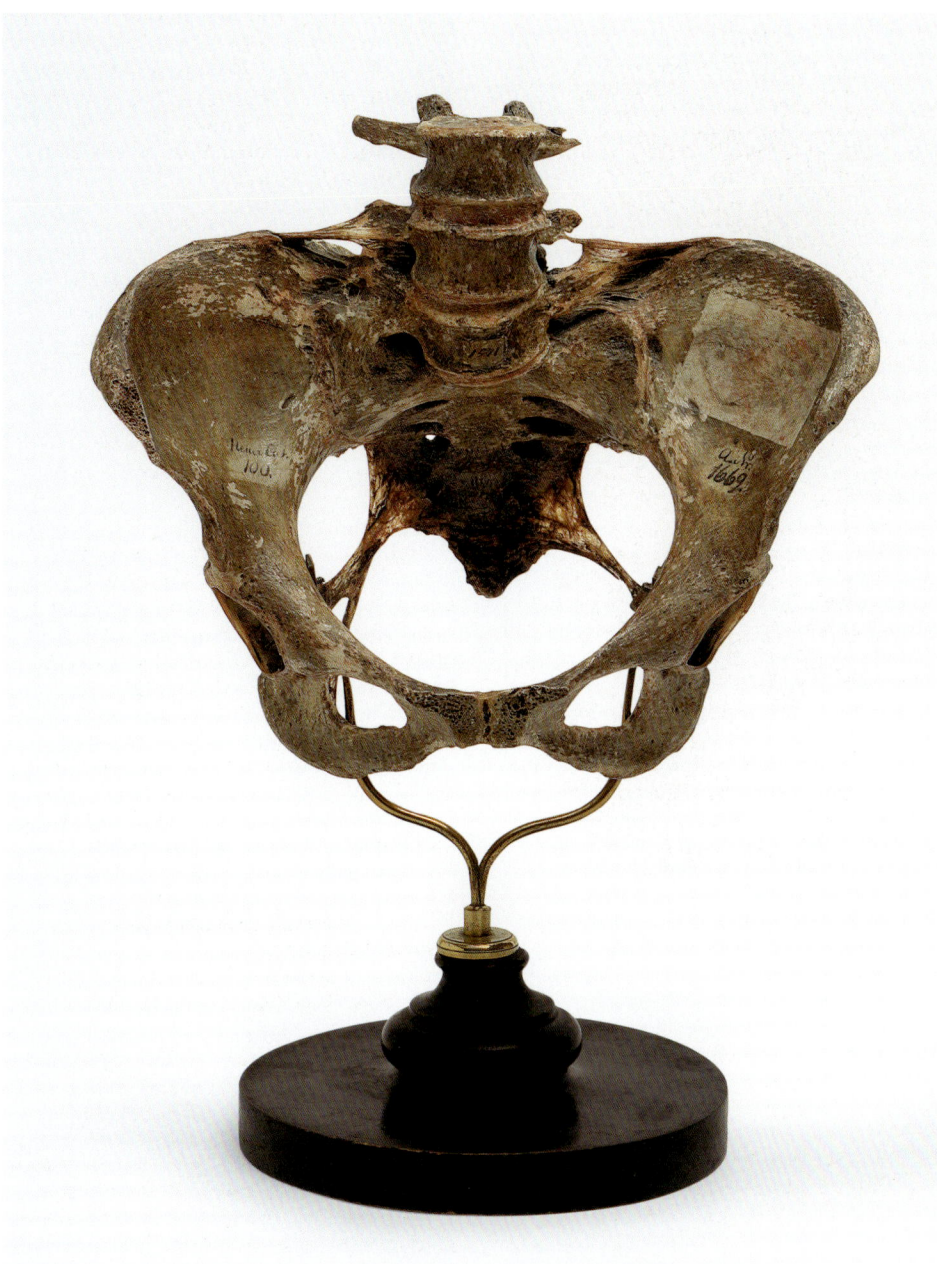

1-52

mischen Naturgeschichte der Fische
Deutschlands« enthält nicht nur anato-
mische, züchterische und historische
Fakten, sondern auch Ratschläge für die
Zubereitung des Fisches. *ce*
Lit. Bloch 1782

1-59 Karpfen

Cyprinus carpio (Bloch 1782)
= *Cyprinus carpio* (Linnaeus 1758)
18. Jahrhundert
Alkoholpräparat, Höhe 28, Durchmesser 12 (Glas)
Museum für Naturkunde Berlin, Sammlung Bloch,
Inv.-Nr. ZMB 3196

1-60 Stachelschwanz oder Picasso-Drückerfisch

Balistes aculeatus (Linnaeus 1758)
= *Rhinecanthus aculeatus* (Linnaeus 1758)
18. Jahrhundert
Alkoholpräparat, Höhe 21, Durchmesser 8 (Glas)
Museum für Naturkunde Berlin, Sammlung Bloch,
Inv.-Nr. ZMB 4092

Der bis zu 30 Zentimeter lange Fisch ist
ein Riffbewohner des Indo-Pazifiks. Die
prachtvoll gefärbten Tiere leben einzeln
oder paarweise in geringer Tiefe und betreiben Brutpflege, wobei sie den Laich
oft aggressiv verteidigen. In der Beschreibung des Fisches schloss Bloch auf dessen
Ernährung: »Er lebt von Krebsbrut, wenigstens habe ich Trümmer davon in
seinem Magen gefunden.« Tatsächlich
hat der Fisch ein sehr breites Nahrungs-
spektrum, zu dem auch Würmer, Seeigel,
Mollusken und Algen zählen. *ce*
Lit. Bloch 1786

1-61 Orfe oder Aland

Cyprinus orfus (Bloch 1782)
= *Leuciscus idus* (Linnaeus 1758)
18. Jahrhundert
Trockenpräparat, 21 x 37 x 7
Museum für Naturkunde Berlin, Sammlung Bloch,
Inv.-Nr. ZMB 32985

»Die schöne Orangefarbe, womit dieser
Fisch pranget, und die vierzehn Strahlen
an der Afterflosse machen ihn kenntbar.«
Mit diesen Worten beginnt Blochs Be-
schreibung der Orfe. Den Fisch erhielt
Bloch von dem Nürnberger Buchhändler
Gabriel Nicolaus Raspe, dem Herausgeber
bedeutender naturwissenschaftlicher
Schriften, unter denen die Werke Carl
von Linnés in deutscher Sprache einen
besonderen Platz einnahmen. *ce*
Lit. Bloch 1784

1-62 Masken-Drückerfisch

Sufflamen fraenatus (Latreille 1804)
18. Jahrhundert
Trockenpräparat, 23 x 30 x 6
Museum für Naturkunde Berlin, Sammlung Bloch,
Inv.-Nr. ZMB 5909

Den tropischen Riffbewohner beschrieb
Bloch im dritten Teil seiner »Naturgeschichte der ausländischen Fische« von
1787. Die Lebendfärbung zeichnet sich
durch vier senkrechte, orangefarbene
Streifen aus. Auf der Rückenflosse sitzt ein
schwarzer Augenfleck, der Fressfeinde
täuscht. Hinter der verlängerten Mund-
öffnung, dem scheinbaren Schnabel, verbergen sich langgestreckte Kiefer, besetzt
mit borstenartigen Zähnchen. Der Fisch
ernährt sich von kleinen Krebstierchen,
die er an sandigen Stellen aufpickt. *ce*
Lit. Bloch 1787

1-58 Karpfen

Cyprinus carpio (Bloch 1782)
= *Cyprinus carpio* (Linnaeus 1758)
18. Jahrhundert
Alkoholpräparat, Höhe 21, Durchmesser 7 (Glas)
Museum für Naturkunde Berlin, Sammlung Bloch,
Inv.-Nr. ZMB 3187

Bloch vermutete die ursprüngliche Heimat des Karpfens in den »südlichen
Theilen Europens [...], denn schon Aristoteles und Plinius gedenken seiner bereits«.
Tatsächlich wurde der damals wichtigste
Speisefisch von den Römern aus Asien
nach Europa gebracht. Die Darstellung
des Fisches im ersten Band der »Ökono-

1-62

Die Sammlung Hoffmannsegg

Zu den bedeutenden Privatsammlern, die sich um 1800 in Berlin ansiedelten, gehörte auch Johann Centurius von Hoffmannsegg. Er verwandte sein Erbe für eine Forschungsreise nach Portugal, auf die er sich zusammen mit dem Botaniker Heinrich Friedrich Link und seinem Kammerdiener Friedrich Wilhelm Sieber begab. Derlei naturkundliche Expeditionen markierten einen Wendepunkt in der Sammelstrategie an der Schwelle zum 19. Jahrhundert. Nach ihrer Rückkehr entstand das prachtvoll ausgestattete botanische Tafelwerk »Flore Portugaise«, für dessen Herstellung eigens eine Druckwerkstatt in Berlin eingerichtet wurde. Jahre später sandte der Graf Sieber mit detaillierten Instruktionen in die brasilianische Provinz Pará, von wo aus dieser zwischen 1803 und 1811 Säugetiere, Vögel, Insekten, Pflanzen und Ethnographica nach Berlin transportieren ließ. Diese Objekte und die Hellwig-Hoffmannsegg'sche Insektensammlung bildeten den Grundstock für das Zoologische Museum, das auf Initiative des Grafen an der neuen Universität gegründet wurde. ce

Der Missionar Christoph Samuel John legte auf seinen Reisen durch Südostindien umfangreiche naturkundliche Sammlungen an. Viele seiner Funde sandte er nach Europa, auch an Marcus Elieser Bloch. Zum Dank benannte der Fischforscher in Berlin die tropische Gattung »Johnius« nach dem lutherischen Pietisten. Der mit dem Fundort Tranquebar ausgewiesene Drückerfisch von John befindet sich zwar in der Sammlung Blochs, wurde von ihm jedoch in keinem seiner Werke erwähnt. ce

1-63 Geigenrochen

Rhinobatus rhinobatus (var. b Bloch & Schneider 1801)
= *Rhinobatos granulatus* (Cuvier 1829)
18. Jahrhundert
Trockenpräparat, 16 x 69 x 8
Museum für Naturkunde Berlin, Sammlung Bloch,
Inv.-Nr. ZMB 5935

1-64 Große Anakonda

Eunectes murinus (Linnaeus 1758)
18. Jahrhundert
Alkoholpräparat, Höhe 30, Durchmesser 7,5 (Glas)
Museum für Naturkunde Berlin, Sammlung Bloch,
Inv.-Nr. ZMB 1519

1-65 Köhlerschildkröte

Chelonoidis carbonaria (Spix 1824)
18. Jahrhundert
Alkoholpräparat, Höhe 11, Durchmesser 10 (Glas)
Museum für Naturkunde Berlin, Sammlung Bloch,
Inv.-Nr. ZMB 204

1-66 Große Wabenkröte

Pipa pipa (Linnaeus, 1758)
18. Jahrhundert
Alkoholpräparat, Höhe 25,3, Durchmesser 10,5 (Glas)
Museum für Naturkunde Berlin, Sammlung Bloch,
Inv.-Nr. ZMB 3561

1-67 Tagebuch der Gesellschaft Naturforschender Freunde zu Berlin. Band 1

Eintrag vom 17. August 1773: »VII^te Versammlung beim H. D. Bloch«
Manuskript, 22 x 36 x 5
Museum für Naturkunde Berlin, Historische Bild- und Schriftgutsammlung, Bestand GNF, Sign. S. TB I., S. 18f.

Bloch war eines der Gründungsmitglieder der »Gesellschaft Naturforschender Freunde zu Berlin«, die am 9. Juli 1773 auf Initiative des Arztes und Naturforschers Friedrich Martini ins Leben gerufen wurde. Das Tagebuch der Gesellschaft protokolliert unter anderem die Zusammenkünfte der Freunde. Unter dem 17. August 1773 hält es fest: »Heute nachmittag versammelten sich die Mitglieder schon gegen 3 Uhr beym Herrn D. Bloch, wo wir uns gemeinschaftlich mit Betrachtung seines ansehnlichen Kabinets bis 5 Uhr beschäftigten. Die Sammlung ist in der That schon zu weitläufig, als daß man in einem einzelnen Nachmittag sie anders, als mit flüchtigen Blicken übersehen dürfte.« ce
Lit. Böhme-Kaßler 2005

1-68 Insektenkasten mit Libellen

Ende 18./Anfang 19. Jahrhundert
Trockenpräparate, Holz, Glas, 6 x 36 x 25
Museum für Naturkunde Berlin, Sammlung Odonata,
ohne Inv.-Nr.

Zwischen 1797 und 1799 erkundete Hoffmannsegg die Flora und Insektenfauna Portugals. Angeregt durch eine Notiz Carl von Linnés, wonach die Natur dieses Landes weit weniger bekannt sei als manche Gegenden Indiens, brach er mit seinen zwei Begleitern zu der lang vorbereiteten Expedition auf. Das Land durchquerten sie zum großen Teil zu Fuß. Die hier gezeigten Libellen sind nur ein geringer Teil der von ihnen zusammengetragenen Sammlungsstücke, die heute im Museum für Naturkunde sowie im Botanischen Museum in Berlin aufbewahrt werden. ce

1-69 Insektenkasten mit Käfern

Ende 18./Anfang 19. Jahrhundert
Trockenpräparate, Holz, Glas, 5 x 24 x 18
Museum für Naturkunde Berlin, Sammlung Coleoptera,
ohne Inv.-Nr.

Um 1800 brachen zahlreiche Naturforscher in ferne Länder auf, aber auch die einheimische Flora und Fauna wurde neu entdeckt. Die hier gezeigten Käfer kamen aus Südafrika, gesammelt von Martin Hinrich Lichtenstein, sowie aus Brasilien, das Friedrich Wilhelm Sieber im Auftrag des Grafen von Hoffmannsegg bereiste, und von dem Berliner Geistlichen Johann

1-69

Friedrich Wilhelm Herbst, der die Käfer-
fauna seiner Heimat erforschte. *ce*

1-70 Natursystem aller bekannten in- und ausländischen Insekten

Berlin, 1783, Carl Gustav Jablonsky/Johann Friedrich
Wilhelm Herbst
Staatsbibliothek zu Berlin – Preußischer Kulturbesitz,
Historische Drucke, Sign. 4° Ls 3021-11

Im 18. Jahrhundert entwickelte sich Berlin zu einem Zentrum der botanischen
und zoologischen Illustration. Tafelwerke
wie das von Herbst und Jablonsky trugen
entscheidend zur naturhistorischen Wissensvermittlung bei und waren nicht selten publizistische Großunternehmungen.
Im Titel als »Fortsetzung« der populären
Naturgeschichte des Comte de Buffon an-
gepriesen, wurden viele der im Buch gezeigten Insekten erstmalig beschrieben.

Die Autoren folgten dabei weniger der
naturhistorischen Erzählung Buffons, als
dem binären Klassifikationsmodell Carl
von Linnés, der als Begründer der wissenschaftlichen Systematik gilt. Herbst war
ordentliches Mitglied der »Gesellschaft
Naturforschender Freunde«. Seine Insektensammlung befindet sich heute im
Museum für Naturkunde zu Berlin. *ua*

Die Mineraliensammlung Martin Heinrich Klaproths

Martin Heinrich Klaproth ließ sich 1771
als Apotheker in Berlin nieder. Hier baute
er eine umfangreiche Mineraliensamm-
lung auf, die ihm als Arbeitsgrundlage für
seine mineralchemischen Untersuchungen diente. Aus aller Welt wurden ihm
Gesteine und Minerale zugesandt. 1789

entdeckte er bei der Analyse eines dieser
Sammlungsstücke ein bis dahin unbe-
kanntes Element: das Uran. 1810 wurde
Klaproth zum ersten ordentlichen Professor der Chemie in Berlin berufen. Seine
Sammlung, die auch Lehrzwecken diente,
zählte am Ende etwa 4800 Stücke. Sie
wurde nach seinem Tod an die Berliner
Universität verkauft und befindet sich
heute zu großen Teilen im Museum für
Naturkunde. Viele der Stücke tragen noch
immer die von seiner Hand beschriebenen Etiketten. *ua*
Lit. Engel 2002; Hoppe 1989; Hoppe 1993

1-71 Beiträge zur chemischen Kenntnis der Mineralkörper

Posen/Berlin, 1795–1810, 5 Bände, Martin Heinrich
Klaproth
Museum für Naturkunde Berlin, Bibliothek, Bestand
GNF, Rara, ohne Sign.

1-80

Klaproth fasste seine Publikationen zwischen 1795 und 1815 in dem mehrbändigen Werk »Beiträge zur chemischen Kenntnis der Mineralkörper« zusammen. Die Einzelbände widmete er seinen Förderern wie Dietrich Ludwig Gustav Karsten oder Alexander von Humboldt. Aufgeschlagen ist sein berühmter Aufsatz zur Entdeckung des Urans. Klaproth wies es als Oxid einer Pechblende nach. Er benannte das neue Element nach dem von Friedrich Wilhelm Herschel 1781 entdeckten Planeten Uranus. *ce*

1-72 Antimonit (Antimonglanz)
Grube Sihilsk nordöstlich von Nertschinsk in Daurien, Südost-Sibirien, Russland
Mineral, 9 x 3,5 x 3,5
Museum für Naturkunde Berlin, Sammlung Mineralogie, Inv.-Nr. Min 1996-2799

1-73 Tellur, gediegen
Fata Baij (Faczebaja), Rumänien (Siebenbürgen)
Mineral, 11 x 7 x 4
Museum für Naturkunde Berlin, Sammlung Mineralogie, Inv.-Nr. Min 1997-2420

»*Aurum paradoxum* oder *Metallum problematicum* aus der Grube Mariahilf im Faczebayer Gebirge bei Zalathna in Siebenbürgen.« Das 1782 von dem Hermannstädter Bergrat Müller von Reichenstein beschriebene Metall unterzog Klaproth nochmals einer Analyse und belegte es mit »dem von der Mutter Erde entlehnten Namen Tellurium«. *ce*
Lit. Klaproth 1798

1-74 Azurit (Kupferlasur)
Pamplona in Neu-Grenada, Kolumbien
Mineralkörner in rundem Glasröhrchen mit Korkstopfen, 5,5 x 1,5
Museum für Naturkunde Berlin, Sammlung Mineralogie, Inv.-Nr. Min 1996-4444

»Die Schnelligkeit der Verbindung zwischen den Küsten von Columbia und von Europa mögen selbst den Kupferminen von Venezuela und Neu-Grenada Teilnahme zuwenden«, schrieb Alexander von Humboldt nach seiner Südamerikareise. Kupferlasur, ein Mineral aus der Verwitterungszone dieser natürlichen Vorkommen in der Erdkruste (Lagerstätten), fand als Mineralpigment (blaue Farbe) in Europa breite Verwendung. *ce*

1-75 Topas
Schneckenstein im Vogtland, Sachsen
Einzelkristalle in rundem Glasröhrchen mit Korkstopfen, 7 x 2 (Glas)
Museum für Naturkunde Berlin, Sammlung Mineralogie, Inv.-Nr. Min 1998-5543

Zwischen 1734 und 1800 baute die Zeche »Königskrone« bei Klingenthal im Vogtland blassgelbe Topase in Edelsteinqualität ab. In seiner Arbeit »Chemische Untersuchung des Topases« verglich Klaproth die sächsischen Steine mit brasilianischen. Die Hauptkomponenten waren die gleichen: Kieselerde, Alaunerde, Flusssäure und eine Spur Eisen, das die charakteristische gelbe Färbung verursacht. *ce*

1-76 Cinnabarit (Zinnober)
Almaden, Spanien
Mineral, 9 x 8 x 4
Museum für Naturkunde Berlin, Sammlung Mineralogie, Inv.-Nr. Min 2005-7691

Der Name Zinnober leitet sich vom persischen *zinjifrah* ab und bedeutet Drachenblut in Anspielung auf die tiefrote Farbe dieses Minerals. *ce*

1-77 Lasurit (Lapislazuli)
Sludjanka, Süd-Ufer des Baikalsees, Südost-Sibirien, Russland
Gesteinssplitter in rundem Glasröhrchen mit Korkstopfen, 7,5 x 2,5 (Glas)
Museum für Naturkunde Berlin, Sammlung Mineralogie, Inv.-Nr. Min 2000-5362

Der schon im alten Ägypten geschätzte intensiv blaue Schmuckstein war bis zum Ende des 18. Jahrhunderts auf Vorkommen im westlichen Hindukusch beschränkt. Im Zuge der sogenannten Akademie-Expedition des Berliner Naturforschers Peter Simon Pallas wurde 1772 ein weiteres Vorkommen an der Südspitze des Baikalsees entdeckt. *ce*

1-78 Türkis
Nischapur, Iran
Mineralkörner in rundem Glasröhrchen mit Korkstopfen, 5,5 x 2 (Glas)
Museum für Naturkunde Berlin, Sammlung Mineralogie, Inv.-Nr. Min 1998-6228

1-79 Chrysoberyll
Minas Novas, Brasilien
Mineralkörner in rundem Glasröhrchen mit Korkstopfen, 5,5 x 1,5 (Glas)
Museum für Naturkunde Berlin, Sammlung Mineralogie, Inv.-Nr. Min 1998-5543

»Der Chrysoberyll, dessen Vaterland Brasilien ist […] kommt […] als Geschiebe, in abgerundeten Körnern, von der Größe kleinerer und grösserer Erbsen vor, von lichtgelber, unmerklich ins grünlichte sich ziehende Farbe.« So beschrieb Klaproth den begehrten Edelstein in seiner ersten chemischen Analyse. Die Belegstücke waren durch die Brasilienreisenden Friedrich Sellow und Ignaz von Olfers in die Sammlung des Apothekers gelangt. *ce*
Lit. Klaproth 1795

1-80 Bindheimit (Bleiniere)
Grube Klitschinskoi bei Nertschinsk in Transbaikalien, Südost-Sibirien, Russland
Sammlungen M. H. Klaproth und D. L. G. Karsten
2 Stücke einer zusammengehörigen Mineralkonkretion, 5,5 x 5 x 4; 3 x 2,5 x 3
Museum für Naturkunde Berlin, Sammlung Mineralogie, Inv.-Nr. Min 1997-3737; Min 1999-8046

Der aus dem Brandenburgischen stammende Johann Jacob Bindheim praktizierte mehrere Jahre als Apotheker in Moskau. Wie Klaproth experimentierte er im eigenen Laboratorium. Seine chemischen Analysen ließ er von seinen Berliner Kollegen überprüfen, mit denen er in engem Austausch stand. Das Blei-Antimon-Oxid aus Sibirien ist daher sowohl in der Sammlung von Dietrich Ludwig Gustav Karsten zu finden, als auch in der von Klaproth. Das Mineral erhielt später den Namen Bindheimit. *ce*

1-81 Bernstein in Raseneisenerz

Zehdenick in Brandenburg
Fossiles Harz, 6 x 5,5 x 4
Museum für Naturkunde Berlin, Sammlung Mineralogie,
Inv.-Nr. Min 2006-7028

1-82 Quarz (Bergkristall)

Waren, Schweiz
Einzelkristall, 8 x 6 x 6 cm
Museum für Naturkunde Berlin, Sammlung Mineralogie,
Inv.-Nr. Min 2003-5531

1-83 Meteorit, Chupaderos

Chupaderos, Mexiko, 1804
Gestein, Eisen-/Nickel-Meteorit, 10,5 x 5 x 4,5
Museum für Naturkunde Berlin, Sammlung Meteoriten,
Inv.-Nr. Met 1700

1-84 Meteorit, Siena

Siena, Toskana, Italien, 16. Juni 1794
Gestein, Chondrit (Steinmeteorit), 4,5 x 3 x 3
Museum für Naturkunde Berlin, Sammlung Meteoriten,
Inv.-Nr. Met 1075

»Gegen 7 Uhr Abends sahe man unweit Siena ein kleines Wölkchen, drohend und schwarz im Zenith [...] während der Himmel sonst hell und klar blieb, und gleich darauf hörte man eine heftige Detonation mit einer Entzündung begleitet, welche beinahe der Abfeuerung einer Batterie glich« – so der von Klaproth wiedergegebene Bericht eines Augenzeugen über einen Meteorfall in der Toskana 1794. Die chemische Analyse des Gesteins ergab den Hinweis auf Einsprenglinge von gediegenem Eisen sowie auf Nickel. Beide Elemente sind als sogenanntes Nickeleisen ein Merkmal extraterrestrischer Materie. *ce*
Lit. Klaproth 1815

1-85 Meteorit, Doroninsk

Doroninsk bei Irkutsk, Südost-Sibirien, Russland,
6. April 1805
Gestein, Chondrit (Steinmeteorit), 4,5 x 3 x 3
Museum für Naturkunde Berlin, Sammlung Meteoriten,
Inv.-Nr. Met 1260

Mit einer heftigen Detonation kündigte sich am 6. April 1805 zwischen dem Baikalsee und dem Oberlauf des Amur in Sibirien ein Meteoritenfall an. Das Ereignis wurde von Hirten beobachtet, die den feuerroten Stein bei seinem Aufprall am gefrorenen Boden sahen. Der in Teile zerbrochene Steinmeteorit hat ein Gesamtgewicht von 3891 Gramm. Bruchstücke davon kamen nach Moskau, Wien und Berlin. Ein Splitter von 1,6 Gramm befindet sich auch in der Sammlung des Vatikans. *ce*

1-86 Gold, gediegen

Desconosida, Chile, Südamerika
Mineral, 8 x 6 x 4
Museum für Naturkunde Berlin, Sammlung Mineralogie,
Inv.-Nr. Min 1999-9748

1-87 Beryll

Nertschinsk, Südost-Sibirien, Russland
Mineral, 8,5 x 6 x 6
Museum für Naturkunde Berlin, Sammlung Mineralogie,
Inv.-Nr. Min 2000-5362

Der französische Chemiker Louis-Nicolas Vauquelin isolierte 1798 ein neues Element in Form seines Oxides aus dem Edelstein Smaragd; er nannte es Süßerde. Um die Entdeckung zu überprüfen, beschaffte sich Klaproth den weniger wertvollen Beryll aus Sibirien. Er bestätigte Vauquelin in seiner Analyse, änderte aber die Bezeichnung. In Abgrenzung zur ebenfalls süßlichen Verbindung der Yttererde, schlug Klaproth den Namen Beryllerde oder Beryllina vor. *ce*

Das Herbarium Carl Ludwig Willdenows

Carl Ludwig Willdenow absolvierte eine Apothekerlehre, bevor er in Halle Medizin und Botanik studierte. 1798 wurde er als Professor für Naturgeschichte an das Collegium Medico-chirurgicum nach Berlin berufen. 1801 zum Kurator des »Königlichen Botanischen Gartens« in Schöneberg ernannt, fand er diesen »als eine Wüste [vor], die kaum den Namen Garten verdiente«. Seine eigene Sammlung getrockneter Pflanzen beinhaltete zu dieser Zeit etwa 20 000 Arten und war das größte Herbarium der Stadt. Für den Aufbau und die Komplettierung dieser wissenschaftlichen Sammlung spielten vor allem seine weitreichenden Kontakte eine Rolle. Zu den vielen Zuträgern von Pflanzen und Sämereien zählten auch die Weltreisenden Alexander von Humboldt, Peter Simon Pallas und Johann Reinhold Forster. Von seiner Witwe an den preußischen Staat veräußert, bildete Willdenows Sammlung später den Grundstock für das heutige Herbarium des Botanischen Gartens und Botanischen Museums der Freien Universität Berlin. *ua*
Lit. Bredekamp/Brüning/Weber (Hg.) 2000

1-88 *Bigonia Chica*

Carl Ludwig Willdenow
Herbarbeleg, 39,5 x 32,5
Botanischer Garten und Botanisches Museum Berlin-Dahlem, Freie Universität Berlin, Inv.-Nr. Willdenow-Herbarium B-W 11422-01-0

1-84

Jasminum hispid
muleosatum 161.
Marmelon in horto botan.
Octob. 9, 1799. (Klein)

Flores.

Klein Ind. 1802. W.

1-90

1-89 *Tonsella laevigata*

Gesammelt von Johann Centurius Graf von Hoffmans-
egg in Brasilien, Carl Ludwig Willdenow
Herbarbeleg, 39,5 x 32,5
Botanischer Garten und Botanisches Museum Berlin-
Dahlem, Freie Universität Berlin, Inv.-Nr. Willdenow-
Herbarium B-W 00859-01-0

1-90 *India Occidentalis* (Jasmin)

Von Carl Ludwig Willdenow als *Jasminum sesili florum*
beschrieben
Herbarbeleg, 39,5 x 32,5
Botanischer Garten und Botanisches Museum Berlin-
Dahlem, Freie Universität Berlin, Inv.-Nr. Willdenow-
Herbarium B-W 00094-00-0

**1-91 Hortus Berolinensis, sive icones et
descriptiones plantarum rariorum vel
minus cognitarum, quae in horto regio
botanico Berolinensi excoluntur**

Berlin, 1816, Carl Ludwig Willdenow
Staatsbibliothek zu Berlin – Preußischer Kulturbesitz,
Abteilung Historische Drucke, Inv.-Nr. Lz 25678 R

Willdenow veröffentlichte sein Werk über
die Flora Berlins ursprünglich in einer
Folge von Einzelheften, die mit je zwölf
illuminierten Kupfertafeln aufwendig
gestaltet waren. Nach seinem Tod 1812
wurde es von Heinrich Friedrich Link
erneut herausgegeben. Viele der in dem
Band gezeigten Pflanzen wurden von
Willdenow zum ersten Mal benannt und
beschrieben. Seiner genauen Beobachtung
der Natur entsprach nicht nur eine exakte
Gattungsbeschreibung, sondern auch
die detailgetreue Wiedergabe im wissenschaftlichen Bild. Die Vorlagen der insgesamt 108 Kupferstiche des Bandes
gehen auf den Berliner Zeichner und
Kupferstecher Friedrich Guimpel zurück.
ua
Lit. Effinger/Zimmermann 2009

1810–1848
FORSCHUNGSDRANG UND FREIHEITSKÄMPFE

NEPTUN-ENTDECKUNG

KOSMOS-VORLESUNGEN

PHILOSOPHIE

PALMENHAUS

DENKSCHRIFTEN

UNIVERSITÄTSGRÜNDUNG

BEFREIUNGSKRIEGE

»NUR IN BERLIN«. DIE UNIVERSITÄT IN IHRER WELT

Heinz-Elmar Tenorth

»Nur in Berlin«, stellt Wilhelm von Humboldt in seinem »Antrag auf Errichtung der Universität Berlin« am 24. Juli 1809[1] apodiktisch fest, könne die zu gründende Universität mit Aussicht auf Erfolg an ihrer Zukunft bauen. Nur hier, so begründet er seine These, bestehe die Vielfalt wissenschaftlicher Einrichtungen, mit denen die Universität ihre Ansprüche von Forschung und Lehre einlösen und Bildung durch Wissenschaft verwirklichen könne: »[…]die Akademie der Wissenschaften, die der Künste, die wissenschaftlichen Institute, namentlich die klinischen, anatomischen und medicinischen, überhaupt in so fern sie rein wissenschaftlicher Natur sind, die Bibliotheken, das Observatorium, den botanischen Garten, und die naturhistorischen und Kunst-Sammlungen.«[2] Alle diese Einrichtungen seien als »ein organisches Ganzes zu verbinden« – und zwar mit und durch die Universität. Diese Welt schließt auch die höheren Schulen ein, denn die klassischen Gymnasien mit ihren Lehrern bewährten sich als ideale Anstalten der Vorbereitung auf die akademischen Studien. Wissenschaft in Berlin, die Universität zu Berlin, das bedeutet deshalb Lehre und Forschung inmitten der Stadt. Sie selbst wird zum Mikrokosmos für Geistes- und Naturwissenschaften. Die Akademie der Wissenschaften und die Universität werden zum Zentrum der wissenschaftlichen Kommunikation, nicht im Elfenbeinturm, sondern über die akademischen Einrichtungen hinaus, auch jenseits der Disziplinengrenzen, von denen die Universität bestimmt ist, in die Öffentlichkeit hinein.

Die Gründung der Universität entfaltet sich in dieser Welt institutionell, indem sie mit den anderen Einrichtungen von Beginn an kooperiert, zum Beispiel über die an der Universität lehrenden Mitglieder und die universitär genutzten Labore der Akademie. Die Vernetzung basiert aber auch auf Kommunikation, denn die Arbeit an der neuen, forschungsorientierten Wissenschaft geschieht nicht primär und nicht allein in der stillen Studierstube, sondern in der akademischen und politischen Öffentlichkeit. Die Vorlesungen der berühmten Gelehrten werden zum Treffpunkt der städtischen Eliten: Der Jurist Friedrich Carl von Savigny hat in seinen Vorlesungen die Beamten und Politiker zu Gast, die an den preußischen Reformen arbeiten; Savigny selbst besucht die historischen Vorlesungen bei Barthold Georg Niebuhr und lernt, was historische Methode bedeutet und wie sich »historische« Rechtswissenschaft quellenkritisch und theoretisch begründen kann. Entsprechend findet sich die Vernetzung universitärer Arbeit mit den gesellschaftlichen Problemen der Stadt und Preußens bei Albrecht Daniel Thaer, der die Landwirtschaft zum Thema der Wissenschaft macht, oder in den Texten von Philologen wie August Boeckh, für die Bildung zum Begriff wird, die Konstitution der Nation zu befördern. Der Theologe Friedrich Schleiermacher trägt nicht nur für die angehenden Theologen vor, sondern auch für die kirchlichen Amtsträger und die gebildete Berliner Gesellschaft. Wilhelm von Humboldt selbst plädiert zwar für »Einsamkeit und Freiheit«, wenn er die »innere und äußere Organisation der höheren

1 Humboldt, Wilhelm von: Antrag auf Errichtung der Universität Berlin, 24. Juli 1809, in: Flitner, Andreas/Giel, Klaus (Hg.), Humboldt, Werke, Bd. 4, Darmstadt 1981, hier: S. 115.
2 Ebd.

Lehranstalten in Berlin«[3] diskutiert, aber diese Funktionsprinzipien werden gefordert, damit die universitären Disziplinen der sozialen Funktion der Wissenschaft vom eigenen Standpunkt aus mit Blick auf Staat und Kirche, das Rechtswesen, die Medizin und das Bildungssystem gerecht werden können.

Die Frage, wie diese Funktion von Wissenschaft angemessen wahrgenommen werden kann, beschäftigt natürlich die Universität selbst – und sie findet durchaus kontroverse Antworten darauf. Johann Gottlieb Fichte, der erste gewählte Rektor, sieht schon seit seiner Jenenser Zeit »die wahre Bestimmung des Gelehrtenstandes« darin, »die oberste Aufsicht über den wirklichen Fortgang des Menschengeschlechts im allgemeinen« zu fördern[4] und erwartet auch von den Studierenden, dass sie sich nur an solchen heroischen Erwartungen orientieren, nicht etwa an Beruf, Amt und Broterwerb, sonst würden sie zur Quelle für »die einzig mögliche Störung der akademischen Freiheit«, wie er in seiner Berliner Rektoratsrede von 1811 befürchtet. Auch Hegel, spricht zwar dem »bloß empirischen Wissen«, wie schon Fichte, eigenen Wert nicht ab, sieht aber erst in der Philosophie den Ort, an dem die Vernunft wirklich zur Geltung kommt. Die Einzelwissenschaften unterwerfen sich solchen Ansprüchen der Philosophie in Wirklichkeit aber nicht. Bildung durch Wissenschaft, Kompetenz in der Forschung, so schon Schleiermacher in seiner Gründungsschrift »Gelegentliche Gedanken über Universitäten in deutschem Sinn«[5], würden erst möglich »auf demjenigen Gebiet der Erkenntnis, dem jeder sich besonders widmen will, sodass es ihnen zur Natur werde, alles aus dem Gesichtspunkt der Wissenschaft zu betrachten«, denn »dies ist das Geschäft der Universität«.[6] Aber das ist kein Geschäft jenseits der eigenen Profession. Savigny oder Boeckh, der Geograf Carl Ritter, Thaer, die Mediziner sowieso, sie alle wissen, dass nicht die Philosophie und das System des Wissens, sondern Staat und Gesellschaft, Individuen und Nation ihre Referenzpunkte sind. Auf diese Adressaten sind die Forschungen ausgerichtet, und sie beruhen auf der Methode, wie sie in der »Encyklopädie und Methodologie« als der einzigen Pflichtvorlesung für jeden Studierenden des jeweiligen Faches dargestellt wird.

Die Naturwissenschaften folgen ebenfalls diesem Kriterium der fachspezifischen Methodik. Die zahlreichen Sammlungen sind die erste Grundlage der Forschung, die Einbindung in die philosophische Fakultät statt in den Kontext der Medizin bestärkt den Forschungsimperativ, und die Berufungen orientieren sich daran. Die Universität muss entsprechend Labore bereitstellen, um den internationalen Wettbewerb zu bestehen, und nutzt für die Anfangsphase die Möglichkeiten, die mit den Forschungseinrichtungen der Akademie zur Verfügung stehen. Wohl kritisiert noch 1840 der Gießener Doyen der deutschen Chemie, Justus Liebig, in seinem Pamphlet »Über den Zustand der Chemie in Preußen« die Arbeitssituation auch in Berlin wegen der vermeintlich fehlenden Labore, doch das verkennt die Situation. Zwar wird erst 1869, nach der Berufung von August Wilhelm von Hofmann, das erste große Laborgebäude gebaut, aber schon vorher hatten Professoren und Studenten hinreichende Arbeitsgelegenheiten. Für die Physik wiederum hatte der 1845 berufene Gustav Magnus sein Haus bereitgestellt. Die Zeit, als die Arbeitszimmer der Professoren den Ort der Forschung definierten, näherte sich ihrem Ende, die Großforschung kündigte sich seit Boeckhs Editionen des »Corpus Inscriptionum Graecarum« auch in den Geisteswissenschaften an. Also nicht jenseits aller Empirie, sondern in den Disziplinen selbst und an den neuen Orten der Forschung, in Seminar und Labor, in Universität und Akademie, lebte die Wissenschaft. Die historischen und philologischen Methoden

3 Ders.: Über die innere und äußere Organisation der höheren wissenschaftlichen Anstalten in Berlin, in: Humboldt, Werke, Bd. 4, S. 255–266.
4 Fichte, Johann Gottlieb: Werke, Bd. 6, Berlin 1845–1846, S. 328.
5 Schleiermacher, Friedrich Daniel Ernst: Gelegentliche Gedanken über Universitäten in deutschem Sinn (1808), in: Weniger, Erich/Schultze, Theodor (Hg.), Pädagogische Schriften, Düsseldorf 1957, Bd. 2, S. 81–139.
6 Ebd., S. 95.

definieren die Leitwissenschaft der Gründungsphase; sie zeigen Universität und Wissenschaften ihren Ort in der Gesellschaft. Staat und Nation erfahren, was Bildung durch Wissenschaft leisten kann. Mit Labor und Experiment kündigen sich die neuen Formen der Forschung und die Leitwissenschaften der Folgezeit an.

Die mit der Gründung der Universität verbundene wissenschaftliche Zäsur in der Praxis und in Hinblick auf das Selbstbild schlägt sich auch in den oft harten, mitunter bizarren Kontroversen der neuen Disziplinen und zwischen ihren Protagonisten nieder: Die Philologen erzeugen in diesen Auseinandersetzungen die folgenreichen Differenzen zwischen klassischer und »germanischer« Philologie, zwischen Deutung der Texte und Analyse der Kultur; Archäologen und Kunsthistoriker bestimmen kontrovers Thema und Methode ihrer Arbeit und grenzen sich allmählich gegeneinander ab; Savigny verhindert kontinuierlich und beharrlich die Berufung des Hegel-Schülers Eduard Gans zum ordentlichen Professor an die juristische Fakultät, und dies nicht nur wegen der jüdischen Konfession von Gans, sondern weil er dessen hegelianisches Verständnis von Jurisprudenz nicht teilt; Hegel lässt Schopenhauer und auch die empiristische Philosophie von Beneke nicht zur Geltung kommen; Schleiermacher setzt in der Akademie der Wissenschaften durch, dass Hegel nicht Mitglied wird, weil der Philosoph den Standards der Forschung, die in der Akademie gelten sollen, nicht entspreche, sondern in der Spekulation verharre.

Schleiermacher, die Gebrüder Humboldt sowie weitere Mitglieder der Universität definieren deren Rolle jenseits der akademischen Kultur. Die von gebildeten Damen wie Henriette Herz oder Rahel Varnhagen von Ense inspirierend geleiteten Salons der Stadt bilden den Ort der öffentlichen Debatten und der kritischen Reflexion in der Verbindung von Wissenschaft, Staat und kulturellem Leben. Die »Kosmos«-Vorlesungen, die Alexander von Humboldt 1827/28 nach der Rückkehr aus Paris hält, faszinieren nicht nur die Experten, sondern auch das große Publikum. Die offene kommunikative Verbindung von Stadt und Wissenschaft hat auch politische Implikationen: 1819 wird der Theologe Friedrich de Wette wegen eines Trostbriefes an die Mutter des Kotzebue-Attentäters und Burschenschaftlers Karl Sand aus der Universität ausgeschlossen, Schleiermacher wird in der einsetzenden Phase der politischen Reaktion zum Objekt der Beobachtung der preußischen Zensur. Nach Hegels Tod, 1831, bemüht sich sogar der König selbst um die Berufung eines Philosophen, der dem Konflikt von Religion, Staat und Philosophie und damit den problematischen politischen Folgen der Hegel'schen Philosophie, deren »Drachensaat«, wie der König sagte, begegnen kann. Die Wahl fällt auf den Münchener Philosophen Friedrich Wilhelm Schelling. Der verspricht, »die Hydra des Hegelianismus und alles Sumpfgevögel, das aus [...] dem Gestrüpp moralischer und philosophischer Begriffsverwirrung« aufgestiegen sei, zu vernichten.[7]

Aber Schelling kann die Rolle nicht ausfüllen, die ihm zugedacht war. Zu seiner ersten Vorlesung ist der Andrang kaum zu bewältigen, später bleibt er allein. Kritische Zuhörer wie Friedrich Engels oder Sören Kierkegaard berichten irritiert von einem Ereignis, bei dem der berühmte Philosoph alle Erwartungen enttäuscht. Kierkegaard resümiert 1842: »Schelling schwatzt grenzenlos, sowohl in extensivem wie in intensivem Sinne. Ich verlasse Berlin und eile nach Kopenhagen.«[8] Schelling liefert nur ein kurzes Gastspiel. Sein Ende liest sich wie ein Abgesang auf die Mythen über die erste Phase der Universität in Berlin.

7 Nachweise im Einzelnen bei Lenz, Max: Geschichte der Königlichen Friedrich-Wilhelms-Universität zu Berlin, Halle 1918, Bd. 2,2, S. 42 ff.
8 Für den Abdruck des Briefes vom 27.1.1842 siehe Weischedel, Wilhelm (Hg.): Idee und Wirklichkeit einer Universität, Dokumente zur Geschichte der Friedrich-Wilhelms-Universität zu Berlin, Berlin 1960, S. 354.

Die Idee der Universität

Vorstellungen über die neu zu gründende Universität schlugen sich in zahlreichen Gutachten und Denkschriften nieder. Neben Überlegungen zu ihrer inneren Verfasstheit sowie der Abgrenzung zu Schule und Akademie wurden auch Fragen nach dem Einfluss des Großstadtlebens auf die Studenten diskutiert. Entscheidend für Berlin waren die Schriften von Friedrich Schleiermacher und Wilhelm von Humboldt. Beide betonten die Notwendigkeit der inneren Unabhängigkeit der Wissenschaft vom Staat, der »immer hinderlich ist, sobald er sich hineinmischt« (Humboldt). Berufungen allerdings sollten den Gelehrten aufgrund der Neigung zu »kleinlicher Intrige« (Schleiermacher) nicht allein überlassen bleiben. *mk*
Lit. Müller (Hg.) 1990; Weischedel (Hg.) 1960

2-10

2-1 Über die innere und äussere Organisation der höheren wissenschaftlichen Anstalten in Berlin

Berlin, 1809/10, Wilhelm von Humboldt
Manuskript, 35,8 x 22,5 x 2
Berlin-Brandenburgische Akademie der Wissenschaften, Akademiearchiv, Bestand PAW, I-I-25a, Bl. 17–24

Von Februar 1809 bis April 1810 stand Wilhelm von Humboldt der neu gebildeten »Section des Cultus und öffentlichen Unterrichts« vor. Neben der Reform des Schulwesens wurde auch die Gründung der Universität maßgeblich von ihm beeinflusst. Sein unabgeschlossenes Manuskript über deren »innere und äussere Organisation« ist heute wesentlicher Referenzpunkt akademischer Bildungsdiskussionen. In den zeitgenössischen Auseinandersetzungen konnte auf den Text selbst noch nicht Bezug genommen werden. Publiziert wurde er erst 1900, nach seiner Wiederauffindung im Archiv. *mk*
Lit. Müller (Hg.) 1990; Schwinges (Hg.) 2001

2-2 Deducirter Plan einer zu Berlin zu errichtenden höhern Lehranstalt

Stuttgart und Tübingen, 1807, Johann Gottlieb Fichte
Staatsbibliothek zu Berlin – Preußischer Kulturbesitz, Historische Drucke, Sign. Ay 13004

2-3 Gelegentliche Gedanken über Universitäten in deutschem Sinn

Berlin, 1808, Friedrich Daniel Ernst Schleiermacher
Staatsbibliothek zu Berlin – Preußischer Kulturbesitz, Historische Drucke, Sign. Ay 732

2-4 Ueber die Idee der Universitäten

Berlin, 1809, Henrik Steffens
Staatsbibliothek zu Berlin – Preußischer Kulturbesitz, Historische Drucke, Sign. Ay 744

2-5 Soll in Berlin eine Universität seyn?

Berlin, 1808, anonym
Staatsbibliothek zu Berlin – Preußischer Kulturbesitz, Historische Drucke, Sign. Ay 60

Aus der Anfangszeit der Universität

Am 10. Oktober 1810 fand die erste Senatssitzung der Berliner Universität statt. Designierter Rektor war der Jurist Theodor Anton Heinrich Schmalz. Wenige Tage später begannen die Lehrveranstaltungen. Den Sitz der neuen Universität bildete das ehemalige Prinz-Heinrich-Palais Unter den Linden. Das erste Vorlesungsverzeichnis vermerkte neben den Lehrveranstaltungen der Professoren auch die Tätigkeiten der Sprachmeister, Fechtmeister und Reitlehrer. Die Studentenschaft war bereits in den Anfangsjahren international: Neben Studierenden aus den einzelnen deutschen Staaten schrieben sich Schweizer, Franzosen, Russen,

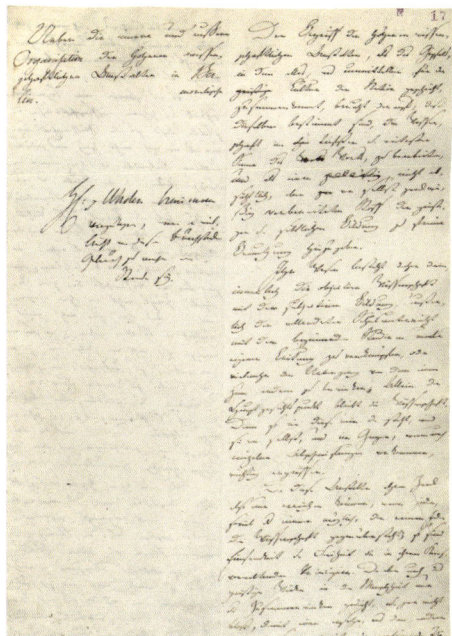

2-1

Polen, Schweden, Dänen und auch Nordamerikaner ein. *mk*
Lit. Müller (Hg.) 1990; Weischedel (Hg.) 1960

2-6 Universitati Litterariae. Kantate auf den 15ten October 1810

Berlin, 1810, Clemens Brentano
Druck
Universitätsbibliothek der Humboldt-Universität zu Berlin, Sign. Rara Yt 16383: F 8

2-7 Index Lectionum (Erstes Vorlesungsverzeichnis)

Berlin, 1810
Druck, 25 x 22
Universitätsarchiv der Humboldt-Universität zu Berlin

2-8 Album Civium Universitatis Litterariae Berolinensis (1. Matrikelbuch)

Berlin, 1810–1826
47 x 35 x 7,5
Universitätsarchiv der Humboldt-Universität zu Berlin, Sign. Matrikel 1810–1826

2-9 Acta die Anstellung von Professoren und Lectoren bey der Universität betreffend

Berlin, ab 1819
Akte, mit eingebundenen Schriftstücken, 36 x 23 x 3,5
Universitätsarchiv der Humboldt-Universität zu Berlin, Sign. Nr. 319

2-10 Rektorenzepter der Berliner Universität

Anfang 15. Jahrhundert
Silber, teilweise feuervergoldet, Höhe 108
Kustodie – Kunstschätze der Humboldt-Universität zu Berlin, ohne Inv.-Nr.

1412 schenkte Kaiser Sigismund der Erfurter Universität ein Zepterpaar. Nach der Auflösung dieser Universität kam das Zepter 1818 auf ministeriellen Beschluss nach Berlin. Dies entsprach dem Willen der Professorenschaft. Auch die im Zuge der preußischen Reformen neu gegründete Universität griff in ihrem Selbstverständnis somit auf traditionelle Hoheitszeichen zurück. *mk*
Lit. Bredekamp/Brüning/Weber (Hg.) 2000; Müller 1990

»Das philosophische Zeitalter«

Philosophen prägten die Anfangsjahre der Universität maßgeblich. Führende Vertreter ihres Faches wie Fichte, Hegel und Schelling lehrten in Berlin. Ihre Vorlesungen führten weit über die Universität hinaus zu kontroversen Debatten. In seiner Antrittsrede vom 22. Oktober 1818 betonte Georg Wilhelm Friedrich Hegel: »Hier ist die Bildung und die Blüte der Wissenschaften eines der wesentlichen Momente selbst im Staatsleben; auf hiesiger Universität, der Universität des Mittelpunktes, muß auch der Mittelpunkt aller Geistesbildung und aller Wissenschaft und Wahrheit, die Philosophie, ihre Stelle und vorzügliche Pflege finden.« *mk*
Lit. Müller (Hg.) 1990; Weischedel (Hg.) 1960

2-11 Ueber die einzig moegliche Stoerung der akademischen Freiheit
Berlin, 1812, Johann Gottlieb Fichte
Staatsbibliothek zu Berlin – Preußischer Kulturbesitz, Sign. Ay. 768

1811 wurde Fichte der erste gewählte Rektor der Universität. In seiner Antrittsrede bezeichnete er diese als »das Heiligste […] was das Menschengeschlecht besitzt«. Der »eigentlich belebende Odem« der Universität war für ihn die akademische Freiheit. Auf keiner Universität wäre diese »mehr gesichert, und fester begründet« als in Berlin. Doch drohten studentische Verbindungen, eigenen Sitten und Gesetzen gehorchend, sowohl die persönliche als auch die akademische Freiheit zu vernichten. *mk*
Lit. Rohs 2007; Weischedel (Hg.) 1960

2-12 Aufzeichnungen zur Wissenschaftslehre
a) Manuskriptseite, 1814, 21,2 x 8,6
b) Manuskriptseite, 1814, 20,8 x 8,5
Staatsbibliothek zu Berlin – Preußischer Kulturbesitz, Handschriftenabteilung, Sign. Nachlass Johann Gottlieb Fichte, A 32, Blatt 1 (a), Blatt 7 (b)

Auf den Winter 1793/94 gehen Fichtes Überlegungen zu einem neuen System der Philosophie zurück. Diese Auseinandersetzung sollte ihn unter dem Begriff der »Wissenschaftslehre« – Philosophie übernimmt hier die Rolle der Wissenschaft von der Wissenschaft – sein Leben lang begleiten. Fichte überarbeitete seine Überlegungen regelmäßig. Die ausgestellten Seiten zeigen die letzten, von ihm kurz vor seinem Tod notierten Zeilen zur Wissenschaftslehre. *mk*
Lit. Gamm 1997; Rohs 2007

2-13 Georg Wilhelm Friedrich Hegel
Berlin, 1831, Johann Jakob Schlesinger
Öl auf Leinwand, 36 x 28,8
Staatliche Museen zu Berlin, Nationalgalerie, Inv.-Nr. A I 556

1818 wurde Hegel von Minister von Altenstein zum Nachfolger Fichtes berufen. In seiner Antrittsrede formulierte der Philosoph, Preußen habe sich »durch das geistige Übergewicht […] zu seinem Gewicht in der Wirklichkeit und im Politischen emporgehoben«. Drei Jahre später erschien in Berlin sein letztes umfassendes systematisches Werk, die »Rechtsphilosophie«. Das Porträt Schlesingers zeigt Hegel 1831 kurz vor seinem Tod. *mk*
Lit. Weischedel (Hg.) 1960; Wiedmann 2003

2-14 Grundlinien der Philosophie des Rechts
Berlin, 1821, Georg Wilhelm Friedrich Hegel
Staatsbibliothek zu Berlin – Preußischer Kulturbesitz, Handschriftenabteilung, Sign. Libri impressi cum notis manuscriptis oct. 633

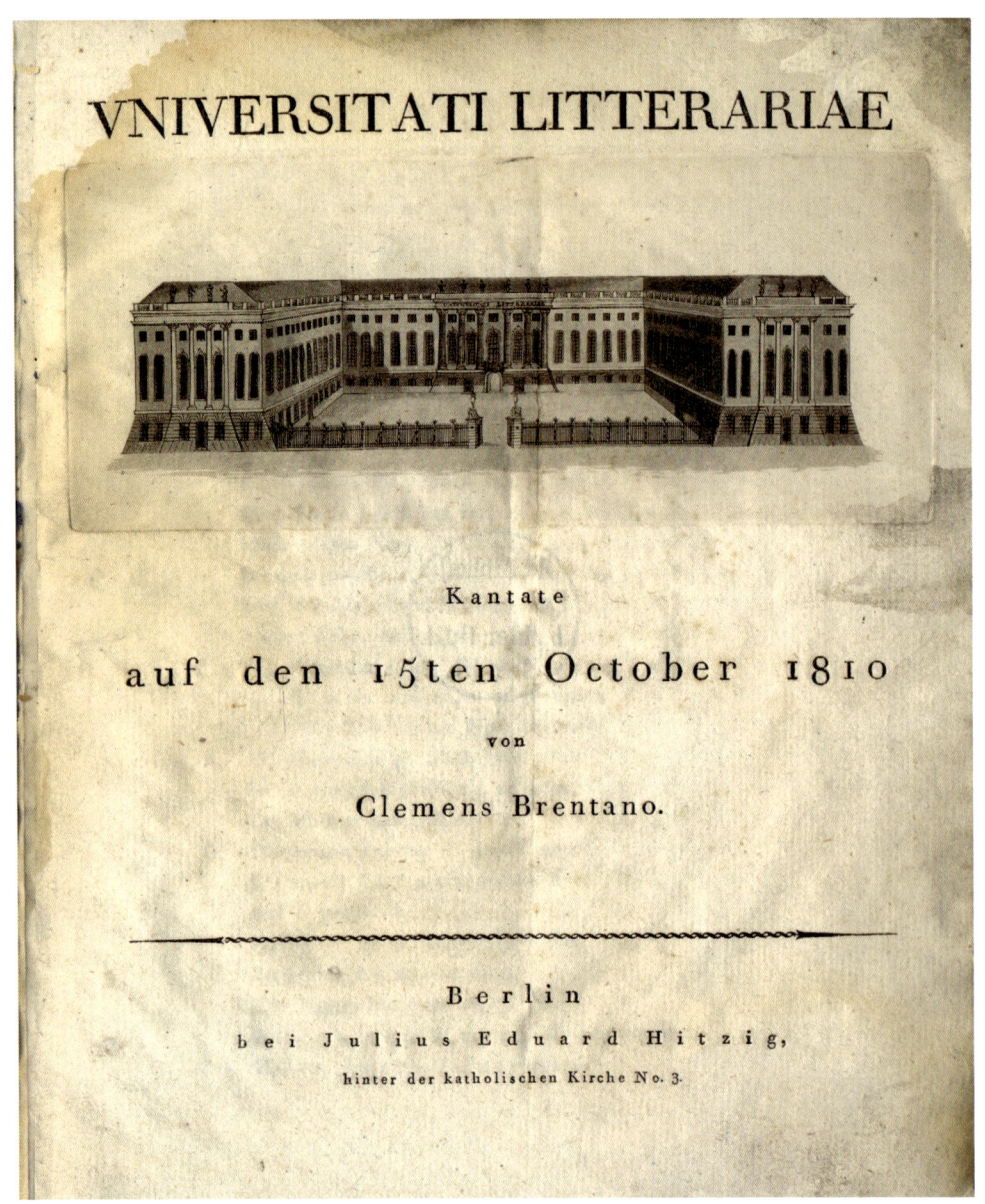

2-6

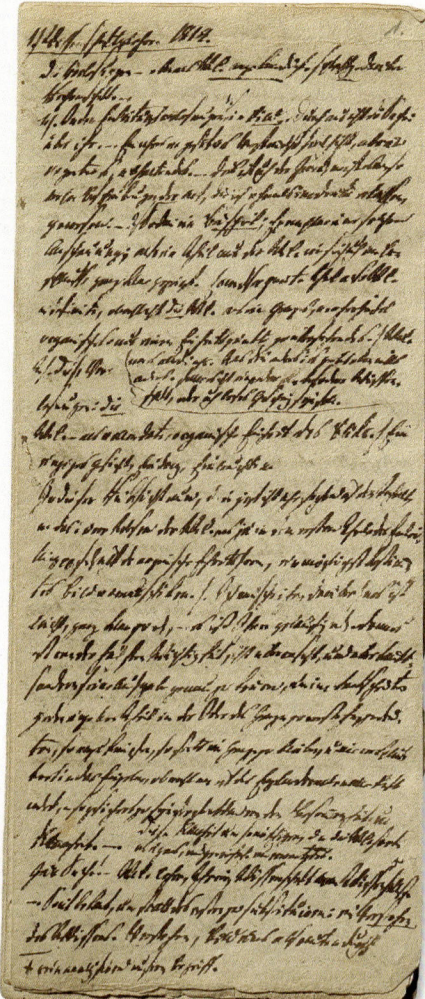

2-12

2-13

Forschung und Lehre

Bei ihrer Gründung war die Universität
in vier Fakultäten – die theologische, die
juristische, die medizinische und die philosophische – gegliedert. Von Anfang an
gelang es, gezielt hervorragende Gelehrte
zu berufen. Der Forschungsimperativ,
die Einheit von Forschung und Lehre, das
damit verbundene Ideal eines »forschenden Lehrens« sowie von »Wissenschaft
als Bildung«, wie auch die Zusammenarbeit mit den bereits vorhandenen
Sammlungen und Institutionen brachten
ein rasches Aufblühen der Berliner
Wissenschaft. Spezialisierung und neue
Forschungsansätze führten bald zur
Herausbildung neuer Fachrichtungen. *mk*

2-15 Der Gang der Weltgeschichte

Aus: Einleitung der Vorlesungen über Philosophie der
Weltgeschichte
Berlin, ab 8. November 1830, Georg Wilhelm Friedrich
Hegel
Manuskript, 36,5 x 22,3
Staatsbibliothek zu Berlin – Preußischer Kulturbesitz,
Handschriftenabteilung, Sign. Nachlass Hegel 2. Bl. 80

2-16 Über 4 verschiedene Arten von Ursachen

Berlin, 1820, Arthur Schopenhauer
Manuskript, 27 x 19
Staatsbibliothek zu Berlin – Preußischer Kulturbesitz,
Handschriftenabteilung, Sign. Nachlass Schopenhauer
29. Heft 10

1820 habilitierte sich Arthur Schopenhauer in Berlin. Seine Veranstaltungen
wurden von ihm bewusst teilweise zeitgleich zur Vorlesung Hegels angesetzt.
Doch fanden sie nur geringen Zuspruch.
1831 floh Schopenhauer vor der Cholera
nach Frankfurt am Main. Sein großer
Kontrahent Hegel hingegen erlag in
Berlin der Epidemie. *mk*
Lit. Detemple (Hg.) 1988; Wiedmann 2003

2-17 Schelling's Erste Vorlesung in Berlin

Stuttgart und Tübingen, 1841, Friedrich Wilhelm Joseph
Schelling
Staatsbibliothek zu Berlin – Preußischer Kulturbesitz,
Historische Drucke, Sign. Nm 6272 R

1841 wurde Friedrich Wilhelm Joseph
Schelling als Nachfolger Hegels nach
Berlin berufen. Doch vermochte er die
Erwartungshaltungen nicht zu erfüllen.
Waren seine ersten Vorlesungen noch
überlaufen, so nahm das Interesse an seinen Ausführungen rasch ab. Wenige Jahre
nach seiner Berufung stellte Schelling
seine Lehrtätigkeit in Berlin wieder ein.
mk
Lit. Braun 1995; Weischedel (Hg.) 1960

2-18 Kurze Darstellung des theologischen Studiums zum Behuf einleitender Vorlesungen

Berlin, 1811, Friedrich Daniel Ernst Schleiermacher
Staatsbibliothek zu Berlin – Preußischer Kulturbesitz,
Historische Drucke, Sign. Bc 1364/R

2-19 Geschichte des Römischen Rechts im Mittelalter

Heidelberg, 1815, Friedrich Carl von Savigny
Staatsbibliothek zu Berlin – Preußischer Kulturbesitz,
Sign. G 4250

2-20 Die Staatshaushaltung der Athener

Berlin, 1817, August Boeckh
Staatsbibliothek zu Berlin – Preußischer Kulturbesitz,
Sign. Uh 5590a

2-21 Umrisse zu den physischen Verhältnissen des von Herrn Professor Örsted entdeckten elektro-chemischen Magnetismus

Berlin, 1821, Paul Erman
Universitätsbibliothek der Humboldt-Universität zu Berlin,
Sign. 2926 mh

2-22 Makrobiotik oder Die Kunst, das menschliche Leben zu verlängern

Berlin, 1823, Christoph Wilhelm Hufeland
Staatsbibliothek zu Berlin – Preußischer Kulturbesitz,
Sign. Ji 1047-1/2 <5>

2-23 Encyclopaedia juris per Europam communis

Berlin, 1827, Theodor Anton Heinrich Schmalz
Universitätsbibliothek der Humboldt-Universität zu Berlin,
Sign. G 49384 3a

2-24 Entwurf zu einer Karte vom ganzen Gebirgssysteme des Himálaja

Berlin, 1832, Carl Ritter
Staatsbibliothek zu Berlin – Preußischer Kulturbesitz,
Kartenabteilung III C, Sign. Kart. E 5760

2-25 Preußische Geschichte. Band 1

Berlin, 1847, Leopold von Ranke
Staatsbibliothek zu Berlin – Preußischer Kulturbesitz,
Sign. St. 1944a (1)

2-26 Geschichte der Preußischen Politik. Band 1

Berlin, 1855, Johann Gustav Droysen
Staatsbibliothek zu Berlin – Preußischer Kulturbesitz,
Sign. HB 7 Ga 700-1

2-27 De vi ancorae in electromagnetes et chalybomagnetes

Berlin, 1836, Gustav Magnus
Staatsbibliothek zu Berlin – Preußischer Kulturbesitz,
Sign. My 12785

2-28 Handbuch der analytischen Chemie

Berlin, 1838, Heinrich Rose
Staatsbibliothek zu Berlin – Preußischer Kulturbesitz,
Mr 13011-1

2-29 Handbuch der Physiologie des Menschen

Koblenz, 1834, Johannes Müller
Staatsbibliothek zu Berlin – Preußischer Kulturbesitz,
Sign. Ku-2300-1

2-30 Systematische Beschreibung der Plagiostomen

Berlin, 1841, Johannes Müller/Jacob Henle
Universitätsbibliothek der Humboldt-Universität zu Berlin,
Zweigbibliothek Campus Nord, Sign. ZJ 467

2-31 Feuchtpräparate aus der Sammlung von Johannes Müller

a) Rochen (*Rhinobatus annulatus*), um 1830,
20 x 10 x 10

b) Rochen (*Trygon bennetti*), um 1830, 26 x 10 x 10

c) Anatomisches Präparat einer Glatthai-Placenta
(*Mustelus vulgaris*), um 1850, 32 x 17 x 8

d) Mittelamerikanische Haubennatter (*Xenodon rhabdocephalus*), um 1830, 25 x 5 x 5

e) Seegurke mit parasitisch lebenden Schnecken
(*Synapta digitata* mit Eingeweideschnecke *Helicosyrinx parasita*), um 1840, 15 x 8 x 8

f) Essbarer Seeigel (*Echinus esculentus*), um 1840,
13 x 11 x 11

g) Seegurke (*Mülleria echinites*), um 1840,
26 x 11 x 11

Museum für Naturkunde Berlin
Sammlung Fische, Inv.-Nr. Pisces ZMB 4546 (a), Pisces
ZMB 4625 (b), Pisces ZMB 33843 (c), Sammlung
Reptilien, Amphibien, Inv.-Nr. Rept. ZMB 2333 (d),
Sammlung Marine Wirbellose, Inv.-Nr. Echin ZMB 3541
(e), Echin ZMB 3831 (f), Inv.-Nr. Echin ZMB 5368 (g)

Kritik am vorherrschenden Bildungsideal

Vertreter der aufkommenden Bio- und Experimentalwissenschaften stellten gegen Ende der ersten Hälfte des 19. Jahrhunderts die Leitfunktion von Philosophie und humanistischem Bildungsideal infrage. Der in Gießen wirkende Chemiker Justus Liebig polemisierte gegen einen Bildungsbegriff, der sich nur »auf Kenntniß der klassischen Sprachen, Geschichte und Literatur erstreckt«. Die Naturphilosophie nannte er eine »falsche Göttin«, deren Ergebnisse bloße Meinungen seien. Liebig beklagte die mangelhaften Arbeitsmöglichkeiten von Physikern und Chemikern in Preußen, wobei er seine Berliner Kollegen Heinrich Rose und Gustav Magnus ausdrücklich lobend hervorhob. *mk*

2-32 Ueber das Studium der Naturwissenschaften und über den Zustand der Chemie in Preußen

Braunschweig, 1840, Justus Liebig
Staatsbibliothek zu Berlin – Preußischer Kulturbesitz,
Historische Drucke, Sign. Ld 9481 / R

2-33 Schelling's und Hegel's Verhältniss zur Naturwissenschaft

Leipzig, 1844, Matthias Jacob Schleiden
Staatsbibliothek zu Berlin – Preußischer Kulturbesitz,
Sign. 50 MA 17702

Die Brüder Grimm in Berlin

Jacob und Wilhelm Grimm wandten sich 1837 gemeinsam mit fünf weiteren Professoren – den sogenannten »Göttinger Sieben« – gegen die Aufhebung des 1833 in Kraft getretenen Staatsgrundgesetzes des Königreichs Hannover. Ihr mutiges Auftreten bezahlten die Gelehrten mit ihrer Entlassung. Drei Jahre später wurden die Brüder Grimm nach Berlin an die Akademie berufen. Am 16. November 1840 schrieb Jacob Grimm an Bettina von Arnim: »Ich gehe nach Preußen nicht in dem Glauben, daß dort das Himmelreich erschienen ist, vielmehr sehe ich voraus, daß dem Recht und der Freiheit noch Kämpfe bevorstehen, ehe sie siegen. Aber der König ist voll reinen, edlen Willens, und er wird geneigt sein, alles Geistige, auch wo es seinen Absichten widerstrebt, zu schützen und zu gewähren zu lassen. In welchem anderen deutschen Lande wäre mehr zu hoffen?« *mk*

Lit. Harder/Kaufmann (Hg.) 1985; Martus 2010

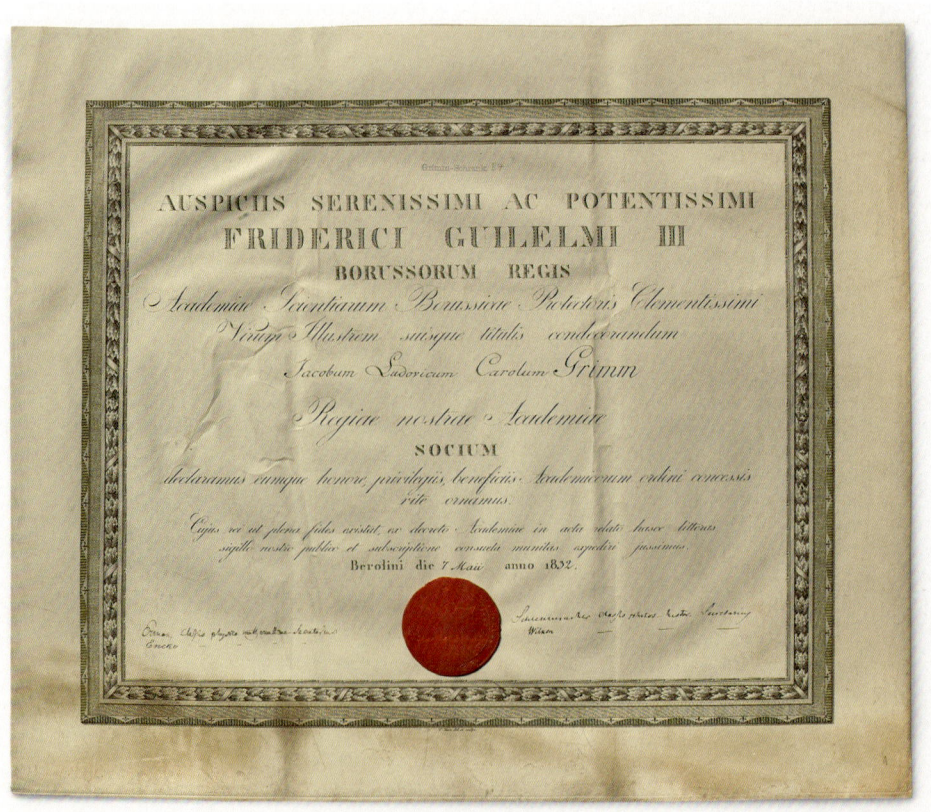

2-35

2-34 Jacob Grimm über seine Entlassung

Basel, 1838, Jacob Grimm
Druck
Staatsbibliothek zu Berlin – Preußischer Kulturbesitz,
Handschriftenabteilung, Sign. Nachlass Jacob Grimm,
Nr. 281

Nach seiner Entlassung durch König
Ernst August musste Jacob Grimm nicht
nur die Göttinger Universität, sondern
binnen drei Tagen auch das Königreich
Hannover verlassen. In der von den Brü-
dern gemeinsam verfassten Rechtferti-
gungsschrift legten sie die Beweggründe
für ihr Handeln dar. Der Text beginnt mit
dem Zitat »war sint die eide kommen?«
(Wohin ist es mit den Eiden gekommen?)
aus dem Nibelungenlied und nimmt
damit Bezug auf die Maßnahme des
neuen Königs, alle Beamten von dem
auf die Verfassung geleisteten Eid zu
entbinden. *mk*
Lit. Harder/Kaufmann (Hg.) 1985;
Martus 2010

2-35 Urkunden von Jacob und Wilhelm Grimm über die Mitgliedschaft in der Preußischen Akademie der Wissenschaften

a) Urkunde für Jacob Grimm, 7. Mai 1832, 39 x 44,5
b) Urkunde für Wilhelm Grimm, 9. März 1841,
38,5 x 45,2
Staatsbibliothek zu Berlin – Preußischer Kulturbesitz,
Handschriftenabteilung, Sign. Nachlass Jacob Grimm,
o. Nr. B 7

1840 wurden beide Brüder an die Preußische Akademie der Wissenschaften berufen, der sie zuvor bereits als korrespon-
dierendes bzw. auswärtiges Mitglied
angehörten. Die Mitgliedschaft beinhaltete
unter anderem das Recht, an der Universität Vorlesungen zu halten. Mit der
Berufung nach Berlin wurde, so Jacob
Grimm, »der hannöversche bann ge-
sprengt«. *mk*
Lit. Harder/Kaufmann (Hg.) 1985;
Martus 2010

2-36 Ballotage-Kugel (hell)

Ohne Jahr
Metall, Durchmesser 6
Berlin-Brandenburgische Akademie der Wissenschaften,
Akademiearchiv, Bestand Geräteslg., K/G-0023

Die Kugeln wurden in der Preußischen
Akademie der Wissenschaften bei der
Abstimmung über die Aufnahme neuer
Mitglieder verwendet. Eine helle Kugel
bedeutete Zustimmung, die Abgabe einer
dunklen Kugel signalisierte die Ablehnung des Kandidaten. *mk*

2-36

2-37 Über Schule Universität Academie

Berlin, 1849, Jacob Grimm
Druck
Staatsbibliothek zu Berlin – Preußischer Kulturbesitz,
Sign. Ay 1024

Am 8. November 1849 hielt Jacob Grimm
an der Akademie der Wissenschaften
seine »Berliner Bildungsrede Über Schule
Universität Academie«. Die Akademie
bezeichnete er als »gipfel aller wissenschaftlichen einrichtungen«. Unterschiede
zwischen den drei Institutionen charakterisierte er unter anderem wie folgt: »in
zweien, der schule und universität waltet
die lehre, die academie ist von ihr ent-
bunden. Die schule zeigt aber lehrzwang,
die universität lehrfreiheit.« Kritik übte
Grimm an der Überfrachtung schulischer
Lehrpläne sowie an der Prüfungsflut der
Universität, »die nur erhitzte vorbereitungen und treibhausfrüchte zu erzeugen
pflegt, welche unreif abfallen, nachdem
das examen bestanden ist«. *mk*

2-38 Kinder- und Hausmärchen gesammelt durch die Brüder Grimm. Kleine Ausgabe. Zehnte Auflage

Berlin, 1858, Jacob und Wilhelm Grimm
Staatsbibliothek zu Berlin – Preußischer Kulturbesitz,
Kinder- und Jugendbuchabteilung, Sign. B IV 1b,
123 (10)

1812 publizierten die Grimms bei Reimer
in Berlin die erste Fassung ihrer »Kinder-
und Hausmärchen«. Ein Verkaufserfolg
wurde das Buch allerdings erst nach Einführung der »kleinen Ausgabe« ab 1825.
Neuausgaben enthielten regelmäßig auch
neue Texte. Die Weiterarbeit an diesem
bis heute meistaufgelegten und meist-
übersetzten Buch deutscher Sprache lässt
sich daher auch für die Berliner Zeit der
Grimms nachweisen. Das Haus ihres Verlegers Georg A. Reimer zählte nach 1806
zu den Versammlungsorten preußischer
Gelehrter im Kampf gegen Napoleon. *mk*
Lit. Harder/Kaufmann (Hg.) 1985; Martus
2010; Rölleke 2004

2-40

2-39 Ausweis Jacob Grimms für die Nationalversammlung
22. Mai 1848
Vordruck mit Eintragungen, 12,7 x 18,3
Staatsbibliothek zu Berlin – Preußischer Kulturbesitz, Handschriftenabteilung, Sign. Nachlass Jacob Grimm, Nr. 415

1848 zählte Jacob Grimm zu den Delegierten in der Frankfurter Nationalversammlung. Berühmt wurde sein Antrag, dem geplanten Artikel 1 einer künftigen Verfassung einen Artikel mit dem Wortlaut voranzustellen: »Das deutsche Volk ist ein Volk von Freien und deutscher Boden duldet keine Knechtschaft. Fremde Unfreie, die auf ihm verweilen, macht er frei.« Der Antrag wurde mit knapper

Mehrheit abgelehnt. *mk*
Lit. Harder/Kaufmann (Hg.) 1985

Zwischen Freiheit und Kontrolle

An den Befreiungskriegen nahmen 1813 auch zahlreiche Studenten und einige Professoren teil. Mit dem Sieg war die Hoffnung auf stärkere politische Mitbestimmung verbunden. Doch folgte auf das Ende der französischen Vorherrschaft eine Zeit der Restauration. Die »Karlsbader Beschlüsse« (1819) führten mit der Neuregelung der universitären Gerichtsbarkeit zu einer intensiveren Kontrolle der Gelehrten. Zeitschriften und Bücher waren der Zensur unterworfen. Burschen-

schaften wurden verboten. Studenten durften ohne offizielles »Zeugniß ihres Wohlverhaltens« nicht mehr an eine andere Universität wechseln. Erst mit der Revolution von 1848 wurden diese Gesetze in wesentlichen Teilen außer Kraft gesetzt. *mk*
Lit. Hachtmann 1997; Reinalter (Hg.) 1993

2-40 Portal der Universität zu Berlin
Berlin, 1832, Eduard Gaertner
Lithografie, 47 x 34,8
Stiftung Stadtmuseum Berlin, Inv.-Nr. GDR 67/28

Vom Ehrenhof des Prinz-Heinrich-Palais, seit 1810 Sitz der Universität, richtet sich der Blick auf die beiden Schilderhäuser im Eingangsbereich, die in der eingenommenen Perspektive die gegenüberliegende Oper rahmen. Im Mittelpunkt stehen zwei Gruppen diskutierender Studenten. Tageszeit, Kleidung sowie die beiden degenartigen Waffen, die die mittlere Person bei sich trägt, deuten an, dass es sich um Burschenschaftler bei der Vorbereitung zu einem Duell handelt. *mk*
Lit. Bartmann (Hg.) 2001

2-41 Reden an die deutsche Nation durch Johann Gottlieb Fichte
Berlin, 1808, Johann Gottlieb Fichte
Staatsbibliothek zu Berlin – Preußischer Kulturbesitz, Historische Drucke, Sign. Nd 1728

In seinen »Reden« versuchte Fichte »für das im Widerstand gegen die Napoleonischen Eroberungsfeldzüge erwachte deutsche Nationalbewußtsein die sprach- und kulturphilosophische Begründung zu liefern« (Gamm). Als im Frühjahr 1813 erneut der Krieg gegen Napoleon ausbrach, meldete sich Fichte freiwillig zum Landsturm. Seine Frau betreute als Pflegerin Verletzte. Dabei erkrankte sie an Typhus, an dem sich schließlich auch Fichte ansteckte und daran 1814 verstarb. *mk*
Lit. Gamm 1997; Rohs 2007

2-42 Mitteilung des Dekans der Philosophischen Fakultät an seine Dozenten (Weiterleitung des ministeriellen Aufrufs zur Unterstützung der aus dem Befreiungskrieg zurückkehrenden Studenten)
Berlin, 28. Juni 1814, Karl Solger
Schriftstück, 32 x 20,2
Universitätsarchiv der Humboldt-Universität zu Berlin, Inv.-Nr. Phil. Fak., Akte 155, Bl. 1

2-43 Verzeichniß von Gemälden und Kunstwerken, welche durch die Tapferkeit der vaterländischen Truppen wieder erobert worden
Berlin, 1815
Universitätsbibliothek Leipzig, Sign. Hist. Bor. 855-oc

2-44 Meister Floh. Ein Märchen in sieben Abenteuern zweyer Freunde

Wien, 1825, Ernst Theodor Amadeus Hoffmann
Staatsbibliothek zu Berlin – Preußischer Kulturbesitz,
Sign. 7 Y 582

Als Berliner Kammergerichtsrat hatte
E.T.A. Hoffmann Einblick in die im Rahmen der »Demagogenverfolgung« erhobenen Vorwürfe und Denunziationen. Im »Meister Floh« karikierte er in der Figur des Knarrpanti den Berliner Polizeidirektor und späteren Justizminister Kamptz. Dieser hatte in der Diskussion um die studentische Opposition dafür plädiert, dass nicht erst die Tat, sondern bereits die Gesinnung den Tatbestand des »Hochverrats« erfüllen könne. *mk*
Lit. Nolte 2007; Segebrecht (Hg.) 1985

2-45 Auszüge aus den Polizeiakten zu Friedrich Schleiermacher

Berlin, 1817/19, diverse Autoren
Abschrift unbekannter Herkunft, 34 x 21
Staatsbibliothek zu Berlin – Preußischer Kulturbesitz,
Handschriftenabteilung, Sign. Dep. 42 (de Gruyter).
R1 (Schleiermacher, Friedrich D. E.)

Auch der Theologieprofessor Friedrich Schleiermacher war von Bespitzelung und Denunziation betroffen. In den im vorliegenden Schriftstück notierten Mitteilungen des Staatskanzlers von Hardenberg an Minister von Altenstein heißt es über seine Vorlesungen: »Sie hatten hauptsächlich eine politische Tendenz und dienten ohne einen reellen Nutzen zu gewähren nur dazu die Gemüther zu bewegen und zu entzweien. Seine Majestät der König

haben sich mehrmals mißfällig über selbige geäußert und sie dürfen unter diesen Umständen nicht ferner gestattet werden.« Namen von Studenten, die Schleiermachers Predigten gehört hatten, wurden ebenfalls vermerkt. *mk*
Lit. Arndt/Virmond (Hg.) 1984; Kantzenbach 1967

2-46 Ein Wort über freie Staatsverfassung

Hamburg, 1841, Karl Nauwerck
Druck
Staatsbibliothek zu Berlin – Preußischer Kulturbesitz,
Sign. 8" Fa 295

Karl Nauwerck war seit 1836 Privatdozent an der Universität. Sein liberaldemokratisches Engagement brachte ihm den Vorwurf ein, »subversive Ideen« zu verfechten. Seine Vorlesung »Über den Begriff des Staates« wurde auf ministerielle Anordnung geschlossen und Nauwerck 1844 aus der Universität entlassen. In der Bevölkerung war sein Ansehen jedoch ungebrochen. 1846 wurde er zum Stadtabgeordneten gewählt, 1848 zu einem der Berliner Vertreter in der Frankfurter Nationalversammlung. *mk*
Lit. Hachtmann 1997

2-47 Erinnerung an den Befreiungskampf in der verhängnisvollen Nacht vom 18–19 März 1848. Treueste Auffassung, Bl. II. Barricade Breite-Str.

Ohne Jahr
Kolorierte Lithografie, 33,5 x 44
Kunstbibliothek – Staatliche Museen zu Berlin,
Inv.-Nr. Kasten Nr. 1951 O. Berolinensien

2-48 Protest der Berliner Studentenschaft gegen die Rückberufung des Prinzen Wilhelm

Berlin, 13. Mai 1848
Druck (Faksimile), 35 x 42
Universitätsbibliothek der Humboldt-Universität zu Berlin,
Sign. Dokumentationssammlung 1848/49; Nr. 254

Prinz Wilhelm, der jüngere Bruder des Königs und designierte Amtsnachfolger, zählte zu den Befürwortern einer militärischen Niederschlagung der Märzrevolution. Zeitgenossen wie Rudolf Virchow sahen in ihm die Verkörperung des Militärstaates. Im Anschluss an die Kämpfe floh Wilhelm nach London ins Exil. Gegen seine Rückkehr gab es auch von der Berliner Studentenschaft heftige Proteste, die allerdings erfolglos blieben. *mk*
Lit. Hachtmann 1997; Hein 2007

Alexander von Humboldt

Alexander von Humboldt zählte zu den bedeutendsten Gelehrten des frühen 19. Jahrhunderts. Neben botanischen, geografischen, geologischen und astronomischen Arbeiten umfassten seine Studien auch Beiträge zu Themen der Meereskunde, Zoologie und Klimatologie sowie zu Geschichte, Sprachforschung, Archäologie und Kunstbetrachtung.
Nach seiner Amerikareise lebte Humboldt zunächst über zwanzig Jahre in Paris. 1827 verlegte er seinen Wohnsitz endgültig zurück in seine Geburtsstadt Berlin. Im Winter 1827/28 hielt Humboldt 61 Vorlesungen an der Universität sowie 16 öffentliche Vorträge an der Singakademie. Diese später so genannten »Kosmos«-Vorlesungen waren ein öffentliches Ereignis. Der Zutritt war frei. Die Zuhörerschaft reichte von akademisch nicht gebildeten Personen über Gelehrte bis hin zu König Friedrich Wilhelm III. »800 Menschen atmen kaum, um den einen zu hören«, schrieb Karl von Holtei damals an Goethe. *mk*
Lit. Biermann/Schwarz 1999; Ette/Lubrich 2004; Hamel/Tiemann 2004

2-49 Alexander von Humboldt in seinem Arbeitszimmer

Berlin, 1845, E. Bartenschläger, nach Eduard Hildebrandt
Lithografie, 40 x 49,5
Kustodie – Kunstschätze der Humboldt-Universität zu Berlin, ohne Inv.-Nr.

Bereits in Paris hatte Humboldt eine Reihe von Vorträgen zu seinem »Kosmos«-Projekt gehalten. Ausarbeitung und Publikation sollten ihn nach der Rückkehr nach Berlin schließlich bis an sein Lebensende beschäftigen. Die Lithografie zeigt Humboldt in seiner Berliner Wohnung in der Oranienburger Straße 67. Rechts unter-

2-49

2-52

halb des Bildspiegels findet sich gedruckt der Hinweis: »Ein treues Bild meines Arbeitszimmers, als ich den zweiten Theil des Kosmos schrieb. A. Humboldt«. *mk*
Lit. Biermann/Schwarz 1999; Keune 2000, S. 277

2-50 Alexander von Humboldt

Neusalza, um 1860, C. Golbs
Lithografie, 31,8 x 23,7
Stiftung Deutsches Historisches Museum, Berlin, Inv.-Nr. 1989/1157.194

Die Lithografie zeigt Humboldt, gerahmt von acht Szenen aus seinen Forschungsreisen, die ihn unter anderem von 1799 bis 1804 in das spanische Kolonialreich Amerikas und in die USA sowie 1829 nach Russland führten (vgl. Kap. 9). *mk*
Lit. Laufer/Ottomeyer (Hg.) 2008

2-51 Alexander von Humboldt

Um 1840, Franz Krüger
Bleistift, Aquarell, Bleiweiß, 18 x 14,9
Staatliche Museen zu Berlin, Kupferstichkabinett, Inv.-Nr. SZ Krüger Kat. 318

Zwischen 1840 und 1843 arbeitete Franz Krüger an dem großformatigen Gemälde »Die Huldigung der preußischen Stände vor Friedrich Wilhelm IV. in Berlin am 15. Oktober 1840«. Obwohl Humboldt an diesem Tag nicht in Berlin war, findet er sich in die dargestellte Szenerie aufgenommen. Das Aquarell zeigt eine Vorstudie. *mk*

Lit. Achenbach (Hg.) 2009 b; Generaldirektion der Stiftung Preußischer Schlösser und Gärten Berlin-Brandenburg (Hg.) 1995

2-52 Alexander von Humboldt im Vorzimmer des Königs

Nach 1844, Julius Schnorr von Carolsfeld
Bleistift und Rötelspuren auf Papier, 27,6 x 22,2
Stiftung Stadtmuseum Berlin, Inv.-Nr. GHZ 69/5

2-53 Porträt Alexander von Humboldt

Ohne Jahr, August Weger nach Carl Begas
Kupferstich, 31 x 23,7
Berlin-Brandenburgische Akademie der Wissenschaften, Akademiearchiv, Grafikporträtslg. Nr. 265

2-54 Alexander von Humboldt

Um 1855, A. Schwartz und J. Zschille
Fotografie, 15,5 x 12
Stiftung Stadtmuseum Berlin, ohne Inv.-Nr.

2-55 Alexander von Humboldt

Ohne Jahr, L. Brandt, nach R. Weber
Lithografie, 27 x 21
Berlin-Brandenburgische Akademie der Wissenschaften, Akademiearchiv, Grafikporträtslg. Nr. 43

2-56 Physikalische Geographie von Heinr. Alex. Freiherr v. Humboldt vorgetragen im Wintersemester 1827−28

»Geschlossen den 26. April 1828«, Otto von Stückradt
Kollegnachschrift, 24 x 20 x 6
Ibero-Amerikanisches Institut, Stiftung Preußischer Kulturbesitz, Sign. Humboldt, Alexander von, Ms. I ea 1

Trotz des Drängens seines Verlegers konnte sich Humboldt nicht zur unmittelbaren Publikation seiner »Kosmos«-Vorlesungen entschließen. Überliefert sind seine Ausführungen in Form von Mitschriften faszinierter Zeitgenossen. Der Datumseintrag in der vorliegenden Nachschrift entspricht dem Tag der letzten Vorlesung an der Universität. *mk*
Lit. Halbrock (Hg.) 1969; Hamel/Tiemann 2004

2-57 Schreiben an König Friedrich Wilhelm III.

Berlin, 10. Oktober 1828, Alexander von Humboldt
Manuskript, eingebunden, 33,5 x 21
Geheimes Staatsarchiv – Preußischer Kulturbesitz, Sign. I. HA Rep 76 Kultusministerium Va Sekt 2 Tit X Nr. 102 Bd. III

Im Anschluss an den Erfolg seiner »Kosmos«-Vorlesungen setzte sich Humboldt 1828 beim König für die Errichtung einer neuen Sternwarte ein. Im vorliegenden Schreiben plädierte er unter anderem für den Kauf eines großen Refraktors aus der Werkstatt Fraunhofers in München. Zudem bot er an, weitere Informationen über Sternwarten zusammenzustellen. Am 15. Oktober 1828 genehmigte Friedrich Wilhelm III. den Kauf. *mk*
Lit. Pieper 2004

2-58 Brief an Samuel Heinrich Spiker

Berlin, vor dem 12. April 1829, Alexander von Humboldt
Manuskript (Faksimile), 23,5 x 14,6 x 4,5
Staatsbibliothek zu Berlin – Preußischer Kulturbesitz, Handschriftenabteilung, Sign. Ms Boruss. oct 95 (Brief Nr. 102)

Zeitlebens bemühte sich Humboldt, andere Wissenschaftler und Künstler zu unterstützen. Auch für die Entwicklung des Wissenschaftsstandorts Berlin setzte er sich ein. Im vorliegenden, im Original in französischer Sprache geschriebenen Brief an Samuel Heinrich Spiker heißt es: »Berlin muss mit der Zeit die erste Sternwarte, die erste chemische Anstalt, den ersten botanischen Garten, die erste Schule für transzendente Mathematik besitzen. Da haben Sie das Ziel meiner Arbeiten und den Zusammenhang meiner Anstrengungen.« *mk*
Lit. Pieper 2004; Schwarz 2007

2-59 Eigenhändiger Entwurf für das Titelblatt des »Kosmos«

Berlin, 1834, Alexander von Humboldt
Manuskript, 25,5 x 20
Staatsbibliothek zu Berlin – Preußischer Kulturbesitz, Handschriftenabteilung, Sign. Nachlass Alexander von Humboldt, gr. K. 8, Nr. 11

Humboldt hatte lange geschwankt, welchen Titel er seinem »Entwurf einer physischen Weltbeschreibung« geben solle. Am 24. Oktober 1834 schrieb er Varnhagen von Ense, dass er sich für »Kosmos« entschieden habe: »Ich fange den Druck meines Werks [...] an. Ich habe den tollen Einfall, die ganze materielle Welt, alles, was wir heute von den Erscheinungen der Himmelsräume und des Erdenlebens, von den Nebelsternen bis zur Geographie der Moose auf den Granitfelsen wissen, alles in einem Werke darzustellen, und in einem Werke, das zugleich in lebendiger Sprache anregt und das Gemüth ergötzt [...]. Ich weiß, daß Kosmos sehr vornehm ist und nicht ohne eine gewisse Afféterie, aber der Titel sagt mit einem Schlagworte *Himmel und Erde* [...].« *mk*
Lit. Hahlbrock (Hg.) 1969; Werner 2004

2-60 Schreibfedern von Alexander von Humboldt

a) 3 Gänsefederkiele, ohne Datum, Höhe 17−19
b) Handschriftliche Widmung, 13. Februar 1861, 22 x 23
Stiftung Deutsches Historisches Museum, Berlin, Inv.-Nr. Do 55/561

Johannes Seifert war der Diener Alexander von Humboldts. Mit seiner Familie

wohnte er in Humboldts Berliner Wohnung. Auf dem Schriftstück, das zu den drei Gänsefederkielen gehört, findet sich handschriftlich folgende Widmung: »Am 13. Februar 1861. Diese drei Federn mit denen Alexander von Humboldt an seinem ›Kosmos‹ geschrieben verehre ich dem Herrn Doctor Moritz Levinson zum Andenken an diesen unsterblichen Greis. Johannes Seifert« *mk*
Lit. Biermann/Schwarz 1999

2-61 Kosmos. Entwurf einer physischen Weltbeschreibung. Band 1–4

Stuttgart, 1845–1858, Alexander von Humboldt
Staatsbibliothek zu Berlin – Preußischer Kulturbesitz, Sign. Lf 951-1 a, Lf 951-3 a, Lf 951-4 a
Staatsbibliothek zu Berlin – Preußischer Kulturbesitz, Kartenabteilung III C, Sign. Kart LS HM Lf 951-2

Zwischen 1845 und 1862 – der letzte Band wurde posthum veröffentlicht – erschienen insgesamt fünf Bände des »Kosmos«. Humboldt vereinigte hier seine Erkenntnisse zu einer umfassenden Synthese. Sein Ziel, so heißt es zu Beginn des Werkes, war es, »die Erscheinungen der körperlichen Dinge in ihrem allgemeinen Zusammenhange, die Natur als ein durch innere Kräfte bewegtes und belebtes Ganzes aufzufassen«. Mit zahlreichen Kollegen im In- und Ausland stand Humboldt in regem Briefverkehr. Im »Kosmos« konnte er daher eine Vielzahl von Korrekturen und Anmerkungen berücksichtigen, die allein für ihn verfasst worden waren (vgl. Kap. 12). *mk*
Lit. Ette/Lubrich 2004; Werner 2004

2-62 Medaille auf Alexander von Humboldt und die beiden ersten Bände des »Kosmos«

Berlin, 1847, Johann Karl Fischer
Silber, Durchmesser 6,3
Münzkabinett der Staatlichen Museen zu Berlin, Inv.-Nr. Acc. 1847/41; Objekt-Nr. 11100 (18210984)

Bereits 1828, im Anschluss an seine »Kosmos«-Vorlesungen, war Humboldt eine Gedenkmedaille verehrt worden. Die ausgestellte Medaille, geprägt 1847 in der Berliner Münze, war ein Geschenk Friedrich Wilhelms IV. an Humboldt aus Anlass der Publikation seines »Kosmos«, dessen zweiter Band 1847 erschienen war. *mk*
Lit. Achenbach (Hg.) 2009b; Hamel/Tiemann 2004

2-63 Brief an Alexander Mendelssohn

Berlin, 22. Januar 1856, Alexander von Humboldt
Manuskript, 21,8 x 13,8
Staatsbibliothek zu Berlin – Preußischer Kulturbesitz, Handschriftenabteilung, Sign. Nachlass Familie Mendelssohn, K. 1, Serie A I c, Nr. 107

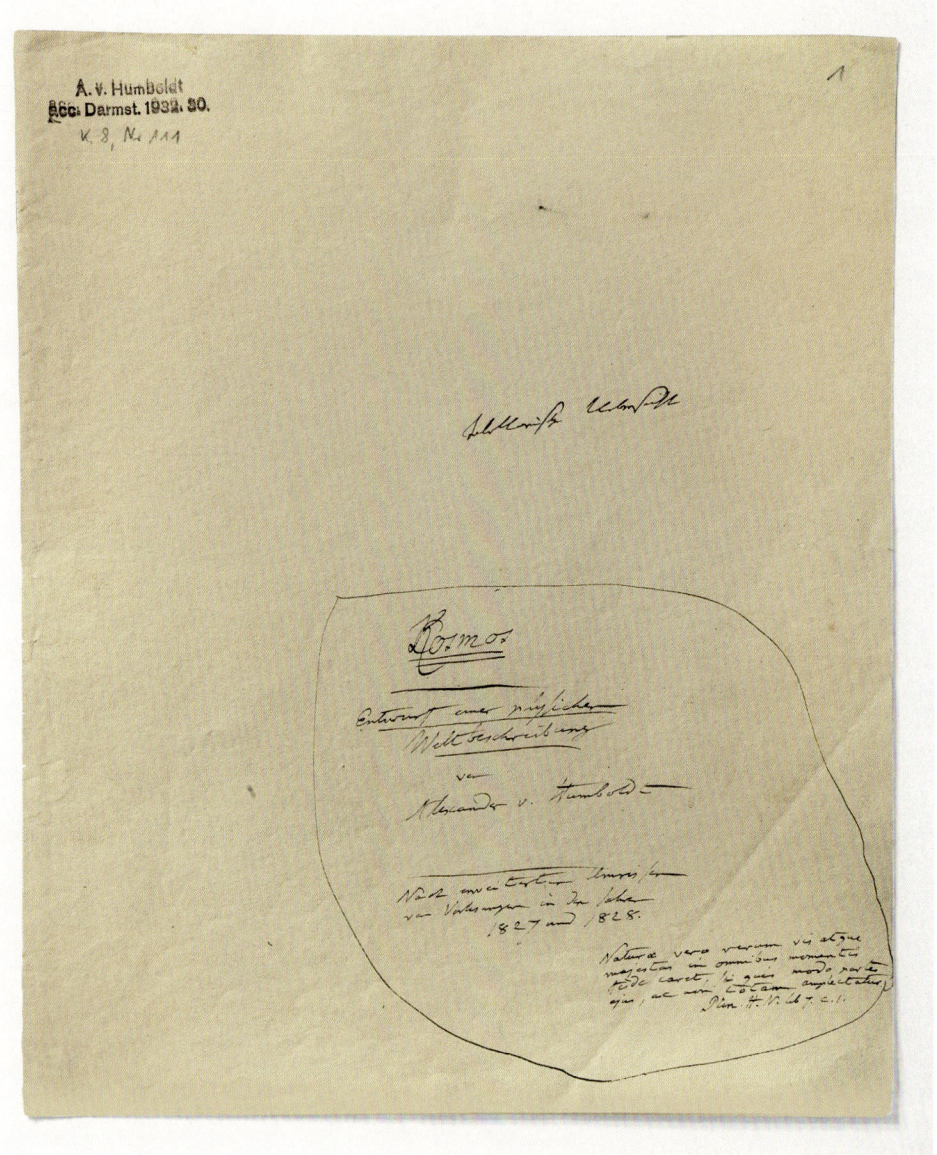

2-59

Im Oktober 1849 war Humboldt von der Stadt Potsdam zum Ehrenbürger ernannt worden. Diese Ehre wurde ihm 1856 auch in Berlin zuteil. Im Brief an den Bankier Mendelssohn bemerkte Humboldt über die bevorstehende Veranstaltung: »Mein theurer Freund! Schlagen Sie mir meine Bitte nicht ab und opfern Sie mir ½ Stunde! Zu meiner grössten Unruhe geht Donnerstag 24 Januar um zwölf Uhr wie ein Erdbeben durch meine, mit Papieren und Büchern belasteten Zimmer. Der Magistrat bringt mir einen Ehrenbürgerbrief. Ich lade (weil ich mich schämen sollte, so verherrlicht zu werden) nur 3 Personen ein [...] Drei Reden werden mir gehalten. Eine Antwort lese ich ab. Hören Sie das alles mit an. Der Mensch kann viel ertragen.« *mk*
Lit. Schwarz 2006

2-64 Neue Sternwarte Berlin

1836, nach Karl Friedrich Schinkel
Kupferstich, 41,2 x 51,8
Stiftung Stadtmuseum Berlin, Inv.-Nr. VII 63/1126 w b

Nach dem Kauf des Refraktors von Fraunhofer wurde von Karl Friedrich Schinkel zwischen 1832 und 1835 die neue Berliner Sternwarte erbaut. Neben Johann Franz Encke, seit 1825 Direktor der Berliner Sternwarte, fanden hier auch weitere Astronomen Beschäftigung. Als erster Observator wurde Johann Gottfried Galle eingestellt. Sowohl Encke als auch Galle wurden von Humboldt bei der Erstellung des »Kosmos« regelmäßig zu astronomischen Fachfragen konsultiert. *mk*
Lit. Dick 2000; Werner 2004

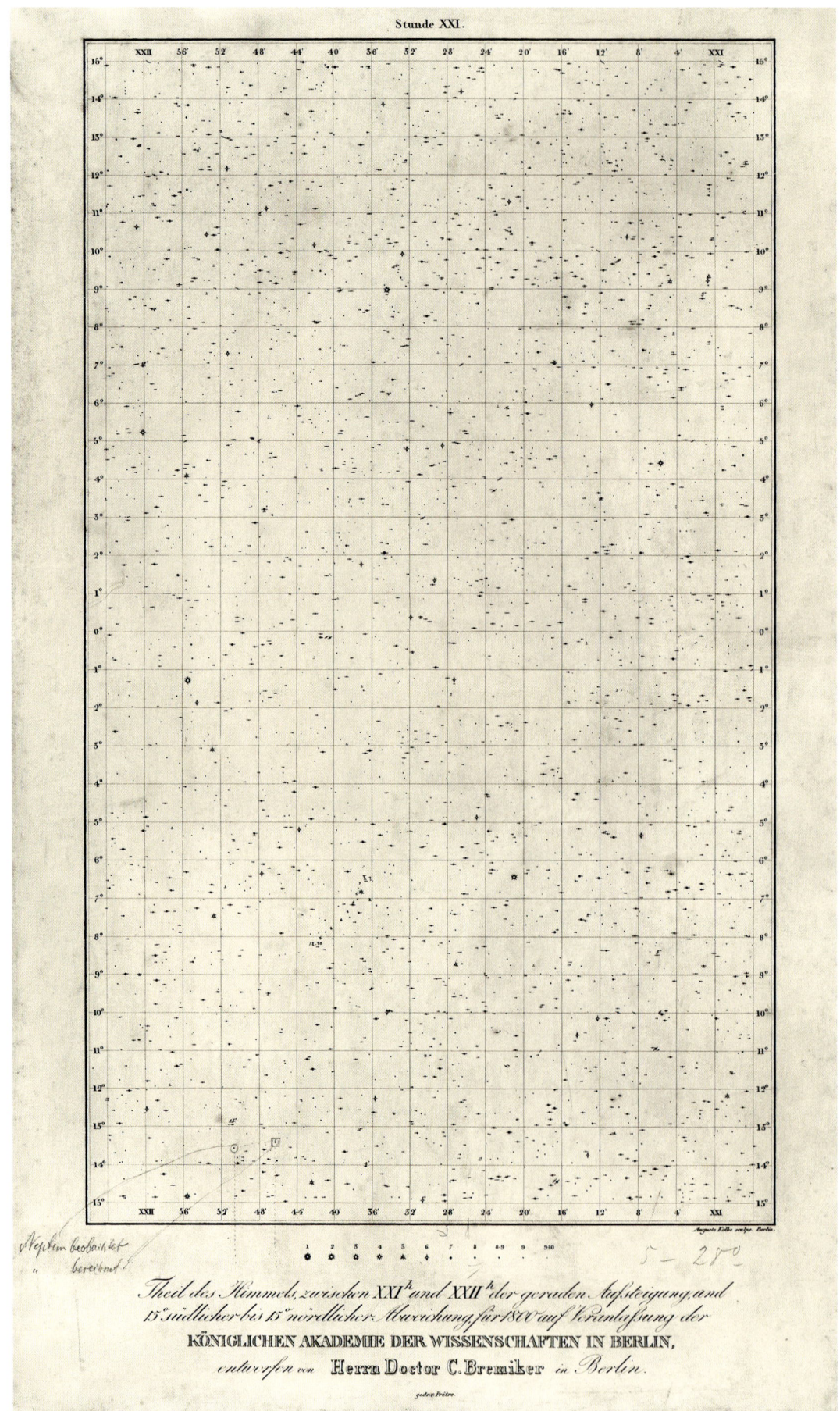

2-66

2-65 Kupferplatte zur Herstellung der Sternenkarte Hora XXI

Berlin, 1845, Carl Bremiker
Kupfer, 53 x 33 x 0,5
Berlin-Brandenburgische Akademie der Wissenschaften,
Akademiearchiv, Bestand PAW, II-VIII-9

2-66 Blatt XXI des Akademischen Himmelsatlas mit Originaleintragung von Johann Gottfried Galle zur Neptunentdeckung

Berlin, 1845/46, Carl Bremiker, Johann Gottfried Galle
Druck mit handschriftlicher Eintragung, 50 x 30
Astrophysikalisches Institut Potsdam, ohne Inv.-Nr.

Am 23. September 1846 wurde an der neuen Berliner Sternwarte von Johann Gottfried Galle und Heinrich Ludwig d'Arrest zum ersten Mal der Planet Neptun gesichtet. Der Eintrag findet sich in einer der Berliner Akademischen Sternkarten (Hora XXI), die Carl Bremiker kurz zuvor erstellt hatte. Bei seiner Beobachtung stützte sich Galle auf ein Schreiben des Astronomen Urbain Jean Joseph Leverrier aus Paris, in dem dieser ihn über seine Berechnungen zur Bahn des Planeten informiert hatte. *mk*
Lit. Dick 2000; Hamel 1989

2-67 Das Innere des Palmenhauses

Berlin, 1832–1834, Carl Blechen
Öl auf Leinwand, 74 x 65
Stiftung Preußische Schlösser und Gärten Berlin-
Brandenburg, Inv.-Nr. GK I 5055

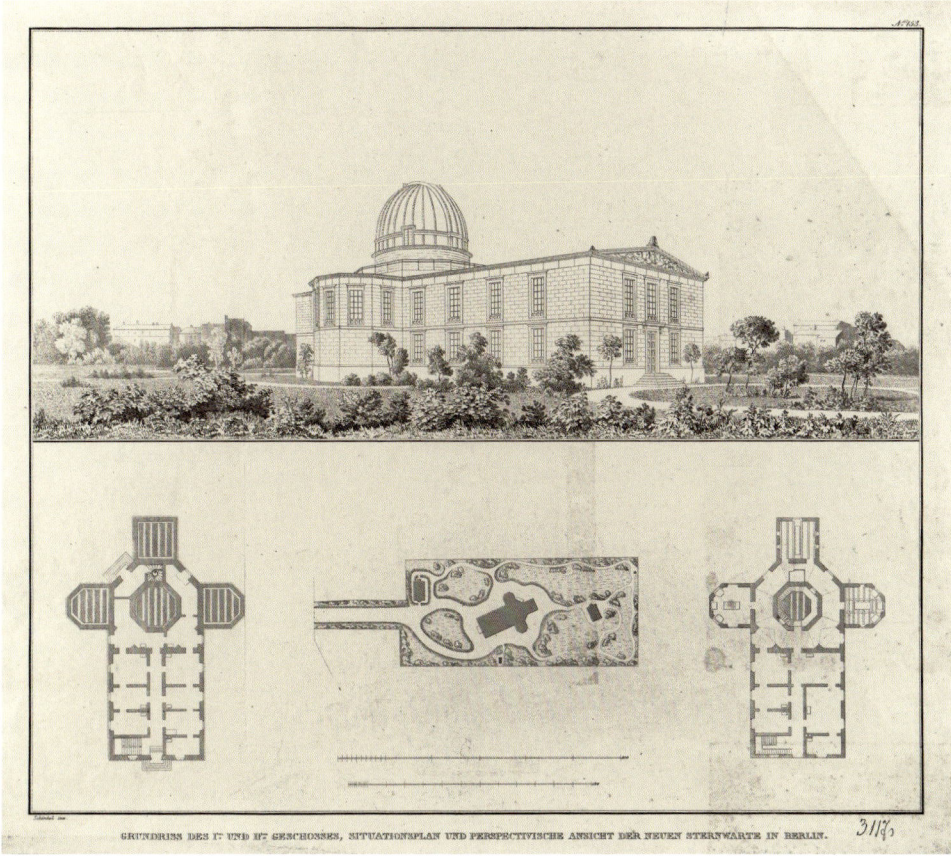

2-64

Für eine 1830 erworbene Sammlung großer Palmen ließ Friedrich Wilhelm III. auf der Pfaueninsel nach einem Entwurf Schinkels ein Palmenhaus erbauen. Alexander von Humboldt erwähnt im zweiten Band seines »Kosmos« fasziniert die tropische Anmutung. Carl Blechen, Mitglied der Königlichen Akademie der Künste und Professor für Landschaftsmalerei, bekam 1832 vom König den Auftrag, das Palmenhaus zu malen. Im Mai 1880 fiel das Gebäude einem Brand zum Opfer. *mk*
Lit. Kunst- und Ausstellungshalle der BRD (Hg.) 1999; Schuster (Hg.) 1990

2-68 Perspektivische Ansicht des Neuen Museums in Berlin

Um 1825, Carl Friedrich Thiele, nach Karl Friedrich Schinkel
Kolorierte Radierung, 31,8 x 53
Stiftung Stadtmuseum Berlin, Inv.-Nr. GDR 64/110

Von Karl Friedrich Schinkel in klassizistischem Stil entworfen, öffnete 1830 das Museum – das erst 1850 mit der Realisierung weiterer Museumsbauten zum »Alten Museum« wurde – seine Pforten. Unter anderem die Skulpturen- und die Gemäldesammlung sowie das Münzkabinett waren nunmehr öffentlich zu-

gänglich. Städtebaulich waren somit neben dem König (Schloss), der Kirche (Dom) und dem Militär (Zeughaus) auch Wissenschaft und Kunst bzw. die Bildungsinteressen des Bürgertums an der Prachtstraße Unter den Linden in die symbolische Selbstdarstellung des preußischen Staates integriert. *mk*
Lit. Bernau 1995

2-69 Plan eines Kultur- und Wissenschaftszentrums auf der nördlichen Spreeinsel

Berlin, 1841, Friedrich August Stüler
Kupferstich, 43,2 x 55
Stiftung Preußische Schlösser und Gärten Berlin-
Brandenburg, Inv.-Nr. Kupferstichbände B 73

Mit der Order vom 8. März 1841 bestimmte Friedrich Wilhelm IV. »die ganze Spree-Insel hinter dem Museum [heute das »Alte Museum«] zu einer Freistätte für Kunst- und Wissenschaft umzuschaffen«. Der Schinkel-Schüler Friedrich August Stüler übernahm die Planungen zum »Neuen Museum« (1843–1855). Auch Entwurfszeichnungen (1864/65) zur Nationalgalerie, die nach Stülers Tod von Heinrich Strack gestaltet wurde, stammten noch von seiner Hand. *mk*

Lit. Generaldirektion der Stiftung Preußischer Schlösser und Gärten Berlin-Brandenburg (Hg.) 1995; Wesenberg 1995

2-67

1848–1914
SPEZIALISIERUNG UND WELTGELTUNG

INDUSTRIALISIERUNG
PATENTRECHT

TECHNISCHE HOCHSCHULE
THEORIE VERSUS PRAXIS

KAISER-WILHELM-GESELLSCHAFT

PHYSIKALISCH-TECHNISCHE REICHSANSTALT

KOLONIALISMUS

MUSEUMSGRÜNDUNGEN

WELTGELTUNG UND NATIONALISMUS.
DIE BERLINER WISSENSCHAFT IN PREUSSEN UND IM KAISERREICH

Wolfgang König

Um die Mitte des 19. Jahrhunderts gab es in Berlin eine Fülle wissenschaftlicher und wissenschaftsnaher Institutionen. Die Vorzeigeeinrichtungen in Forschung und Lehre waren zweifellos die Friedrich-Wilhelms-Universität und die Akademie der Wissenschaften. Zur Berliner Wissenschaftslandschaft gehörten außerdem kleinere Lehr- und Forschungsstätten wie die Königliche Artillerie- und Ingenieurschule, wissenschaftliche Vereinigungen wie die Physikalische Gesellschaft zu Berlin, das Alte Museum und der wissenschaftliche Verlag Duncker & Humblot. Die Berliner Wissenschaft profitierte von den Ministerien und Behörden, der städtischen Infrastruktur und dem Gewerbewesen. Außerdem finanzierte der preußische Staat die meisten wissenschaftlichen Einrichtungen direkt oder indirekt über Forschungsaufträge. Namentlich stand auch das Angebot der handwerklichen Instrumentenmacherei zur Verfügung.

Die Gründung des Kaiserreichs und die Erhebung Berlins zur Reichshauptstadt erweiterten die Möglichkeiten der Berliner Wissenschaft ungemein. Der Wissenschaftsetat Preußens erhöhte sich kontinuierlich. Reichsregierung und ihr zugeordnete Ämter nutzten die in der Stadt vorhandenen Ressourcen, bestehende wissenschaftliche Institutionen wurden in die Obhut des Reichs überführt, etwa das Deutsche Archäologische Institut, das in der Folgezeit Ausgrabungen in Olympia und Pergamon sowie an anderen bedeutenden antiken Orten unternahm. Das Reich gründete eigene wissenschaftliche Einrichtungen wie das Reichsgesundheitsamt, an dem auch Robert Koch (1843–1910) arbeitete. Nationale und internationale Organisationen entschieden sich vermehrt für Berlin als Veranstaltungsort.

Berlin und das benachbarte Charlottenburg erlebten ein dramatisches Bevölkerungswachstum. Die Stadt begann sich in Verwaltungs- oder gewerbliche Viertel aufzugliedern und in Arbeiterbezirke oder bürgerliche Wohngebiete im Westen und Südwesten, in denen auch die meisten Professoren lebten. Und es bildeten sich zwei wissenschaftliche Zentren heraus: die Berliner Mitte mit der Universität und der Akademie der Wissenschaften sowie das »Knie« in Charlottenburg – der heutige Ernst-Reuter-Platz – mit der Technischen Universität und der Physikalisch-Technischen Reichsanstalt. Der Ausbau des Verkehrswesens mit elektrischen Straßenbahnen, der U-Bahn, der Stadtbahn und den Vorortbahnen ermöglichte es, die Stätten der Wissenschaft bequem zu erreichen.

Im Kaiserreich erlangten die deutsche und die Berliner Wissenschaft Weltgeltung. In einer Reihe von Ländern orientierte man sich bei der Gründung von Universitäten an der Friedrich-Wilhelms-Universität, bei der Gründung Technischer Hochschulen an der Technischen Hochschule Berlin-Charlottenburg. Noch während des Kaiserreichs wurde das Werk von Berliner Universitätsprofessoren mit dem Nobelpreis gewürdigt:

Emil Fischer (1852–1919) erhielt den Nobelpreis für Chemie, Robert Koch für Medizin und der Althistoriker Theodor Mommsen (1817–1903) für Literatur.

Die seit der Industrialisierung aufstrebenden Technikwissenschaften standen lange Zeit hinter den traditionsreichen Universitätswissenschaften zurück. Zwar konnte die 1821 von Christian Peter Wilhelm Beuth (1781–1853) gegründete Technische Hochschule Erfolge in der preußischen Gewerbeförderung vorweisen, dies aber nicht zuletzt deshalb, weil sie sich von allzu großen wissenschaftlichen Ambitionen fernhielt. Nach der 1879 erfolgten Vereinigung der Bau- und Gewerbeakademie forcierte die neue Technische Hochschule die Verwissenschaftlichung der Technik. Das 1884 eingeweihte Hochschulgebäude in Charlottenburg demonstrierte die gewachsene Bedeutung von Technik und Industrie: Es war nach dem Kölner Dom das zweitgrößte Gebäude in Preußen, größer als das Berliner Stadtschloss, wie Zeitgenossen penibel notierten. Die preußischen Technischen Hochschulen betrachteten das ihnen 1899 von Wilhelm II. (1859–1941) verliehene Promotionsrecht als definitive Bestätigung ihrer Gleichwertigkeit mit den Universitäten. Wilhelm II., der ein Faible für die Technik hatte, stand mit Adolf Slaby (1849–1913), dem Professor für Elektrotechnik, in freundschaftlicher Verbindung.

Die Technische Hochschule, aber auch die Universität und zahlreiche andere wissenschaftliche Institutionen profitierten von der Industrialisierung Berlins, in deren Zentrum der Maschinenbau und später die Elektrotechnik standen. Besonders die Elektroindustrie mit den beiden Großfirmen Siemens & Halske sowie der Allgemeinen Elektrizitäts-Gesellschaft (AEG) unterhielt ausgedehnte Kontakte zur Wissenschaft. Siemens & Halske stellten im Bereich der Elektrotechnik geradezu eine Professorenschmiede dar. Der Firmengründer Werner von Siemens (1816–1892) war ein großer Förderer der Wissenschaft; die Akademie der Wissenschaften dankte es ihm mit der Aufnahme als Akademiemitglied.

Für neue, vom Reich gegründete Forschungsstätten gelang es, finanzielle Unterstützung aus der Industrie und der Kaufmannschaft zu aktivieren. Werner von Siemens zum Beispiel engagierte sich bei der 1887 gegründeten Physikalisch-Technischen Reichsanstalt (PTR). Hinsichtlich deren Aufgaben herrschten freilich konträre Vorstellungen; sie bewegten sich zwischen reiner Wissenschaft und Technikentwicklung. Schließlich konzentrierte sich die PTR auf die Vereinheitlichung des Maß-, Gewichts- und Zeitwesens. Die 1910 ins Leben gerufene Kaiser-Wilhelm-Gesellschaft zur Förderung der Wissenschaften sollte, frei von universitären Lehrverpflichtungen, große Forschungsunternehmen ermöglichen. Die Protagonisten aus der Wissenschaft, mit dem Theologen Adolf von Harnack (1851–1930) an ihrer Spitze, gewannen die Unterstützung Wilhelms II., indem sie die nationale, politische und wirtschaftliche Bedeutung der Wissenschaft hervorhoben. Der Kaiser veranlasste – »mit dem Klingelbeutel« in der Hand, wie ein Kommentator vermerkte – die Berliner Geldaristokratie zu Spenden, so den Bankier Leopold Koppel (1854–1933) und den Textilkaufmann James Simon (1851–1932). Simon tat sich darüber hinaus als Mäzen der Archäologie und des Museumswesens hervor.

Wilhelm II. hatte für die Berliner Wissenschaft eine durchaus ambivalente Bedeutung. Im Unterschied zu seinem Großvater Wilhelm I. war er an wissenschaftlichen Fragen tatsächlich interessiert. Allerdings konzentrierte sich sein Interesse auf die Technikwissenschaften und die angewandte naturwissenschaftliche Forschung sowie auf einzelne Fachgebiete wie die Archäologie und die Germanistik. Bei Einweihungen und Jubelfeiern inszenierte er sich als Förderer der Wissenschaft und damit als Mann der Moderne. Damit zog er die Wissenschaft in das problematische politische Fahrwasser des Wilhelminischen Reichs: Anwendungsorientierte Wissenschaft hieß damals immer auch Heeresrüstung, Flottenbau, Kolonialismus und deren geistige Legitimation.

Im 19. Jahrhundert distanzierte sich die Wissenschaft von spekulativer Transzendenz und propagierte stattdessen ein positivistisches Methodenideal. Die philosophische Frage nach den letzten Dingen sollte aus der Wissenschaft ausgeklammert werden. Stattdessen beanspruchten Wissenschaftler für sich, aus Beobachtungen unbezweifelbare wahre Aussagen ableiten zu können. Experimente und Messungen sollten die Gesetzlichkeiten der Natur ergründen. In den Naturwissenschaften trieben unter anderem der Physiologe Emil Du Bois-Reymond (1818–1896) und der Physiker Hermann von Helmholtz (1821–1894) die Abkehr von der Naturphilosophie voran, und in den philologischen Seminaren und Instituten entsprachen dieser Tendenz zum Empirismus formale Methoden der Quellenkritik und -interpretation.

Empirismus und Positivismus hieß jedoch nicht, dass die Wissenschaft Distanz zur Politik wahrte. Der Mediziner Rudolf Virchow (1821–1902), ein Vertreter des alten Liberalismus, betonte den Zusammenhang zwischen Wissenschaft, Politik und Gesellschaft und engagierte sich in der Berliner Stadtverordnetenversammlung, im Preußischen Abgeordnetenhaus und im Deutschen Reichstag. Im Kaiserreich schlug sich die Wissenschaft schließlich mehrheitlich auf die Seite des nationalen Lagers. Dazu gehörte das Engagement in nationalen Verbänden und Kolonialgesellschaften, im Alldeutschen Verband und im Deutschen Flottenverein. Besonders Geisteswissenschaftler und Nationalökonomen unterstützten als »Flottenprofessoren« in Vorträgen und Aufsätzen den deutschen »Griff nach der Weltmacht«. Natur- und Technikwissenschaftler dienten dem deutschen Imperialismus und Militarismus durch ihre Arbeiten im Labor und am Reißbrett. Den unrühmlichen Höhepunkt des wissenschaftlichen Chauvinismus bildete der nach Kriegsbeginn 1914 formulierte »Aufruf an die Kulturwelt«, mit dem deutsche Wissenschaftler den Einmarsch in Belgien legitimierten. Die Wissenschaft unterstützte die politischen Ambitionen durch die Einrichtung von Kolonialinstituten, Schiffbauabteilungen und Museen. Auch wissenschaftliche Unternehmungen wie die Ausgrabungen in Babylon und Assur standen im Zusammenhang mit der deutschen Orientpolitik.

Große Verdienste um die Qualität der Berliner Wissenschaft erwarb sich der autoritär agierende Ministerialbeamte Friedrich Althoff (1839–1908) durch seine Berufungspolitik. Gleichzeitig sorgte das preußische Kultusministerium aber auch für eine nationalpolitische Auslese der Professoren. »Kathedersozialisten«, das heißt Sozial- und Wirtschaftswissenschaftler, welche die soziale Frage thematisierten, hatten es schwer, in Berlin Fuß zu fassen, und dem Physiker Leo Arons (1860–1919) wurde die Privatdozentur entzogen, weil er sich zur Sozialdemokratie bekannte.

Jüdischen Wissenschaftlern blieb der Zugang zu den höchsten akademischen Stellen zwar nicht de jure, aber de facto versperrt. Dies ging mit einem zunehmenden Antisemitismus im Kaiserreich einher. Ein um 1880 unter den Historikern der Berliner Universität ausgetragener Streit über den Antisemitismus schlug in der Öffentlichkeit große Wellen. Der Nationalgeschichtsschreiber Heinrich von Treitschke (1834–1899) zog aus der von ihm behaupteten mangelnden Assimilationsbereitschaft den Schluss: »Die Juden sind unser Unglück!« Dagegen distanzierte sich der Althistoriker Theodor Mommsen von einer derartigen nationalistischen Politisierung der Wissenschaft und sprach sich für einen kulturellen Pluralismus aus.

Das Kaiserreich ist ein besonders eklatantes Beispiel für den engen Zusammenhang zwischen Wissenschaft und Gesellschaft. Die kulturelle Orientierung Deutschlands, die Reichseinigung und die Hochindustrialisierung schufen einen fruchtbaren Nährboden für den Aufstieg der deutschen und der Berliner Wissenschaft zur Weltgeltung. Gleichzeitig leistete die Wissenschaft jedoch auch ihren Beitrag zum kaiserzeitlichen Nationalismus sowie zu Kolonialismus und Antisemitismus.

Literatur:

Bruch, Rüdiger vom/Tenorth, Heinz-Elmar: Geschichte der Universität zu Berlin 1810–2010: Biographie einer Institution, Bd. 1: 1810–1918, Berlin 2011.

Cahan, David: Meister der Messung. Die Physikalisch-Technische Reichsanstalt im Deutschen Kaiserreich, Weinheim 1992.

Kocka, Jürgen (Hg.): Die Königlich Preußische Akademie der Wissenschaften zu Berlin im Kaiserreich, Berlin 1999.

König, Wolfgang: Wilhelm II. und die Moderne. Der Kaiser und die technisch-industrielle Welt, Paderborn 2007.

Marienfeld, Wolfgang: Wissenschaft und Schlachtflottenbau in Deutschland 1897–1906, Berlin 1957.

Rürup, Reinhard (Hg.): Wissenschaft und Gesellschaft. Beiträge zur Geschichte der Technischen Universität Berlin 1879–1979, 2 Bde., Berlin 1979.

Simon, Christian: Kaiser Wilhelm II. und die deutsche Wissenschaft, in: Röhl, John C. G. (Hg.), Der Ort Kaiser Wilhelms II. in der deutschen Geschichte, München 1991, S. 91–110.

Vierhaus, Rudolf/Brocke, Bernhard vom (Hg.): Forschung im Spannungsfeld von Politik und Gesellschaft. Geschichte und Struktur der Kaiser-Wilhelm-/Max-Planck-Gesellschaft. Aus Anlaß ihres 75jährigen Bestehens, Stuttgart 1990.

Von der Werkstatt zum Weltkonzern

Naturwissenschaftliche Entdeckungen bildeten im 19. Jahrhundert zunehmend die Basis für neue Industriezweige. Immer stärker entwickelte sich auch eine eigenständige Industrieforschung. Werner Siemens verkörperte hierbei wie kaum ein Zweiter die Verbindung von Wissenschaft, Technik und Unternehmertum. Die 1847 gemeinsam mit dem Feinmechaniker Johann Georg Halske vorgenommene Firmengründung war der Grundstein für einen Weltkonzern. Zu den zentralen Geschäftszweigen zählten anfangs Entwicklungen im Bereich der Telegrafie. 1881 nahm Siemens & Halske in Berlin die erste elektrische Straßenbahn der Welt in Betrieb. *mk*
Lit. Hoffmann/Schreier (Hg.) 1995

3-1 Elektrischer Zeigertelegraf

Berlin, 1847, Werner Siemens/Telegraphen-Bauanstalt Siemens & Halske
Holz, Metall, Glas, Porzellan, 22 x 35 x 40
Deutsches Technikmuseum Berlin,
Inv.-Nr. 1/1995/1230

Die erste Erfindung von Werner Siemens wurde bereits eine Woche nach der Firmengründung patentiert. Sein neuartiger Zeigertelegraf mit Selbstunterbrechung war so zuverlässig und einfach, dass ihn selbst Laien bedienen konnten. Wurde der Buchstabenzeiger des Senders verstellt, drehte er sich ebenso beim Empfänger. Bewährt hat sich das Gerät 1848, als die Beschlüsse der Frankfurter Nationalversammlung an den König in Berlin telegrafiert wurden. *ek*

3-2 Entwurf des Gesellschaftsvertrags zwischen dem Lieutnant W. Siemens, dem Mechaniker Halske und dem Justizrath Georg Siemens

In: Privat-Acten des Justiz-Raths Siemens betr. Siemens & Halske
Um 1847, Werner Siemens
Manuskript, 35,5 x 23,5
Staatsbibliothek zu Berlin – Preußischer Kulturbesitz, Handschriftenabteilung, Sign. Nachlass 305 (Werner von Siemens)

3-3 Dynamomaschine

Werner Siemens/Siemens & Halske
Nachbildung (Original 1866)
Drahtspule mit Weicheisenkern, unterschiedliche Metalle, Holz, 21 x 59 x 38
Deutsches Museum, München, Inv.-Nr. 59641

Mit der Dynamomaschine von Siemens begann 1866 das Zeitalter der Starkstromtechnik. Während Strom zuvor aus Batterien oder Dauermagneten gewonnen werden musste, konnte nun ein Generator Strom selbst erzeugen. Nach dem dynamoelektrischen Prinzip kann der schwache Restmagnetismus in der Spule zur wechselseitigen Verstärkung von Magnetfeld und Stromspannung genutzt werden. Erstmals eingesetzt wurde die Maschine auf dem Berliner Kreuzberg zur Erzeugung elektrischen Lichts. *ek*

Berlin leuchtet

Technische Innovationen veränderten Alltag und Stadtbild Berlins im letzten Drittel des 19. Jahrhunderts. So begann die Elektrifizierung der Stadt mit der Erfindung der Bogenlampe. Technologische Verbesserungen und die billige Massenproduktion von Glühlampen trugen dazu bei, dass die Nächte in Berlin heller wurden. Da die Produktion elektrischer Beleuchtung hohe Profite abwarf, erwarben aufstrebende Elektrounternehmen wie die AEG Glühlampenpatente und richteten eigene Entwicklungslabore zur Erforschung neuer Materialien und technischer Verfahren ein. Um 1900 war Berlin die führende Entwicklungs- und Produktionsstätte elektrischen Lichts in Europa. *ek*
Lit. Veigel 2008

3-4 Differential-Kohlebogenlampe mit Lampenschirm

Berlin, 1878, Friedrich von Hefner-Alteneck/ Siemens & Halske
Glas, Metall, Kohlestifte, 142 x 51 x 51
Siemens Corporate Archives, München, Inv.-Nr. 12070

Im Juni 1879 flanieren erstaunte Besucher in der hell erleuchteten »Kaisergalerie« im Zentrum Berlins. Die ein Jahr zuvor vom Chefkonstrukteur von Siemens & Halske erfundene Differential-Bogenlampe wurde hier erstmals öffentlich präsentiert und sollte schon bald das nächtliche Bild der Stadt prägen. Die technische Neuerung bestand darin, dass mehrere Lampen an einen Generator angeschlossen werden konnten und die Kohlestäbe automatisch nachreguliert wurden. *ek*

3-5 Differential-Bogenlampe

In: Katalog der seitens der Firmen Siemens & Halske A.-G., Berlin, und Siemens-Schuckertwerke G.m.b.H., Berlin, dem Deutschen Museum von Meisterwerken der Naturwissenschaft und Technik zu München gestifteten Gegenstände, darstellend die f. d. Entwicklung d. Elektrotechnik wichtigen Erzeugnisse ihrer Werke
Dortmund, 1906
Staatsbibliothek zu Berlin – Preußischer Kulturbesitz, Sign. 4" Op 29905

3-6 Kohlefadenlampe

1899/1900, Siemens & Halske
Glas, Metall, Kohlefaden, 12 x 5 x 5
Deutsches Technikmuseum Berlin,
Inv.-Nr. 1/2005/0295

3-1

3-7 Arons-Lampe

Berlin, nach 1892, Leo Arons
Glas, verschiedene Metalle, 22,2 x 8,2 x 2,4
Deutsches Museum, München, Inv.-Nr. 5576

Die Aronslampe war ein zufälliges Neben-
produkt der Forschungen des Physikers
Leo Arons. Bei seinen Versuchen zur
Spektralzerlegung des Lichts hatte der
Privatdozent der Friedrich-Wilhelms-Uni-
versität einen hellen Quecksilber-Licht-
bogen erzeugt. Die Lampe war wegen
ihrer hohen Lichtausbeute und langen
Lebensdauer aber auch zur elektrischen
Beleuchtung geeignet. In Kooperation
mit der AEG entwickelte Arons 1906 aus
seiner Laborlampe ein kommerzielles
Produkt. *ek*
Lit. Wolff 2003

3-8 Nernstlampe, Modell A

Berlin, ohne Jahr (Serienproduktion ab 1901), Walther
Nernst/AEG
Glas, Metall, Glühstäbchen, 40 x 20 x 20
Deutsches Technikmuseum Berlin,
Inv.-Nr. 1/2005/0300

3-9 Tantallampe

1908/10, Werner Bolton/Siemens & Halske
Glas, Metall, Keramik, Tantalfaden, 12 x 6 x 6
Deutsches Technikmuseum Berlin, Inv.-Nr. 1/2005/0297

3-10 Wolframlampe

Ohne Jahr (Serienproduktion ab 1905), Auer-Gesell-
schaft/OSRAM
Glas, Metall, Wolframfaden, 13 x 6 x 6
Deutsches Technikmuseum Berlin,
Inv.-Nr. 1/2005/0299

3-11 Glühlampenfabrik, Montier-Abteilung

Um 1912, AEG Berlin
Fotoalbum, 38 x 45 x 2,5
Deutsches Technikmuseum Berlin, Historisches Archiv,
Inv.-Nr. I.2.060 ALB, Nr. 43

3-12 Nernstlampenfabrikation

In: Die Allgemeine Elektricitäts-Gesellschaft
1883/1908
Berlin, 1908, AEG
Fotoalbum, 33 x 39 x 4,5
Deutsches Technikmuseum Berlin, Historisches Archiv,
Inv.-Nr. I.2. 060 ALB 387

3-13 Reklame Nernstlampe

Berlin, 1903, AEG
Grafik, 28,7 x 20,4
Deutsches Technikmuseum Berlin, Inv.-Nr. I.2.060 P,
Nr. 00019

3-14 Reklame Tantallampe

Berlin, 1906, Siemens & Halske
Grafik, 26,7 x 17,5
Siemens Corporate Archives, München

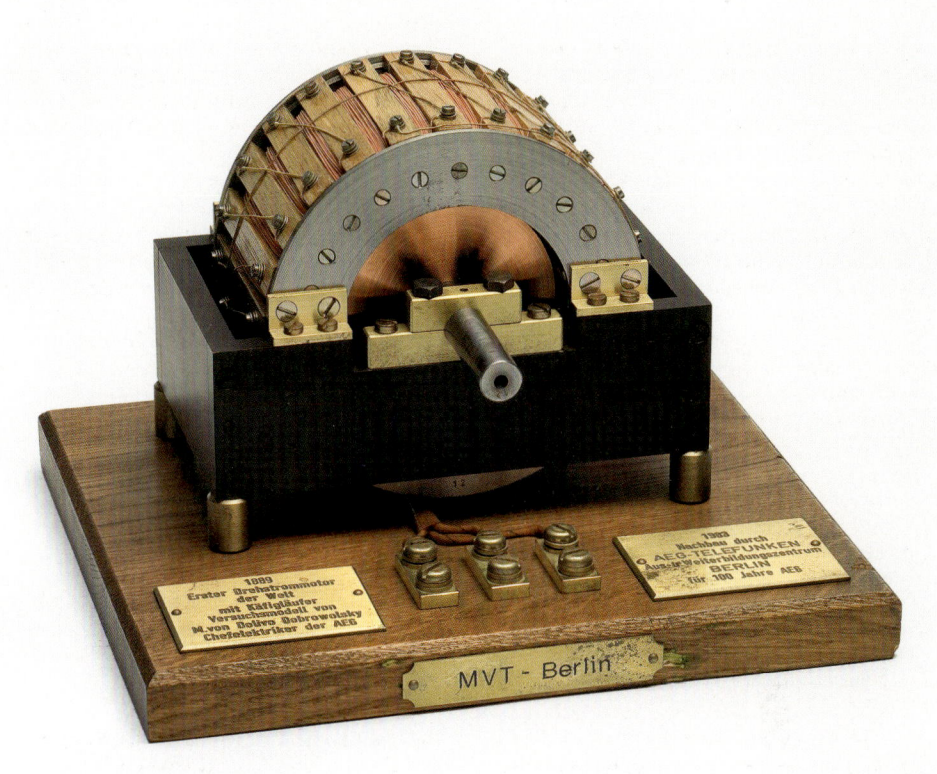

3-18

**3-15 Reklame Dr. Arons-Quecksilber-
Dampflampe**

Berlin, 1907, AEG
Grafik, 26,3 x 20,3
Deutsches Technikmuseum Berlin, Historisches Archiv,
Inv.-Nr. I.2.06P, Nr. 00302

3-16 Reklame Osramlampe

Um 1910, Julius Klinger
Farblithografie, 56 x 84
Staatliche Museen zu Berlin, Kunstbibliothek,
Inv.-Nr. Kat. 1676

Patentstreitigkeiten

Im Zuge der Industrialisierung vermochten sich kapitalintensive Großunternehmen bei der erfolgreichen Vermarktung
neuer Erfindungen zunehmend durchzu-
setzen. 1889 entwickelte Michael Dolivo-
Dobrowolsky für die AEG in Berlin einen
Drehstrommotor. Bereits 1887 war durch
den Ingenieur Friedrich A. Haselwander
eine Drehstrommaschine in Offenburg
in Betrieb genommen worden. Doch die
Absicherung seiner Entwicklung beim
Patentamt hatte sich verzögert. Über den
Klageweg erreichte die AEG zudem die
Einschränkung des gewährten Rechtsan-
spruchs. Vergeblich versuchte Haselwander in den Folgejahren, die Vorrangigkeit
seiner Erfindung bestätigen zu lassen. *mk*

Lit. Hillebrand 1959; Laitko u.a. (Hg.)
1987; Neidhöfer 2004

**3-17 Patenturkunde No. 55978 für Fried-
rich August Haselwander (Fernleitungs-
system für Wechselströme)**

Berlin, 24. April 1891 (Anfang des Patents:
30. Juni 1889), Kaiserliches Patentamt
Urkunde, 29,1 x 20
Landesarchiv Baden-Württemberg, Abteilung Generallandesarchiv Karlsruhe, Sign. N Haselwander No. 282

3-18 Drehstrommotor

Berlin, Michael Dolivo-Dobrowolsky/A.E.G.
Nachbau (Original 1889), 20 x 24 x 26
Deutsches Technikmuseum Berlin,
Inv.-Nr. 1/2004/0419

**3-19 Einspruch beim Kaiserlichen Patent-
amt gegen das Patentgesuch »Fernlei-
tungssystem für Wechselströme«**

Berlin, 12. Juni 1890, AEG
Schriftstück (Duplikat), 33 x 21
Landesarchiv Baden-Württemberg, Abteilung General-
landesarchiv Karlsruhe, Sign. N Haselwander No. 282

Die Entstehung der Technischen
Hochschule

Aus der Vereinigung der Gewerbe-Akademie mit der 1799 als Allgemeine Bau-

schule entstandenen Bauakademie ging 1879 die Technische Hochschule hervor. Architekten, Mathematiker, Naturwissenschaftler und Ingenieure wurden hier ausgebildet. Ein besonderes Gewicht besaßen bald die modernen anwendungsorientierten Wissenschaften Elektrotechnik, Chemie und Maschinenbau. Mit Verweis auf die Bauakademie konnte die von Politik und Industrie geförderte Hochschule bereits zwanzig Jahre nach der Gründung ihre 100-Jahr-Feier begehen. Zu diesem Anlass verlieh ihr Kaiser Wilhelm II. das bislang den Universitäten vorbehaltene Promotionsrecht. *sw*
Lit. Brachmann/Suckale (Hg.) 1999; Rürup (Hg.) 1979

3-20 Hauptgebäude der Technischen Hochschule Berlin-Charlottenburg, Aufriss der Hauptfront und Grundriss des Hauptgeschosses

1878, Friedrich Hitzig
Tusche aquarelliert auf Karton, 71,6 x 106
Architekturmuseum der Technischen Universität Berlin in der Universitätsbibliothek, Inv.-Nr. 1854

3-21 Einladung zur Hundertjahrfeier der Königlichen Technischen Hochschule zu Berlin

Berlin, 1899
Druck, 22 x 29,2 x 0,5
Universitätsarchiv der Technischen Universität Berlin in der Universitätsbibliothek, Sign. TH-100-J-Feier 1899 Einladung

3-22 Fest-Kommers zur Hundertjahrfeier der Koeniglichen Technischen Hochschule zu Berlin

Berlin, 1899, A. Scharr (Titelblattgestaltung)
Universitätsarchiv der Technischen Universität Berlin in der Universitätsbibliothek, Sign. TH-100-J-Feier 1899

Modellbildung und Systematisierung

Franz Reuleaux wurde 1864 zum Professor für Maschinenkunde an das Berliner Gewerbeinstitut berufen. Auf die Entwicklung der Technischen Hochschule, der er zeitweise auch als Rektor vorstand, nahm er großen Einfluss. 1875 erschien sein Buch »Theoretische Kinematik«. Darin versuchte er, »die Grundgesetze, welche allen Maschinen hinsichtlich ihrer Bildung gemeinsam sind«, aufzuzeigen. Reuleaux, der in Bonn und Berlin auch Philosophie studiert hatte, entwickelte ein abstraktes Zeichensystem, das zur Beschreibung aller vorkommenden Maschinen diente. Seine theoretischen Überlegungen sollten Erfindungen im Maschinenbau unterstützen. *mk*
Lit. König 1999

3-23 Theoretische Kinematik. Grundzüge einer Theorie des Maschinenwesens

Braunschweig, 1875, Franz Reuleaux
Technische Universität Berlin, Universitätsbibliothek, Sign. P 187 Reu 8 Bi 1577

3-24 Atlas zur theoretischen Kinematik

Braunschweig, 1875, Franz Reuleaux
Technische Universität Berlin, Universitätsbibliothek, Sign. P 187 Reu 8 Bi 1577 / A

3-25 Kinematische Modelle nach Franz Reuleaux

a) Konisches Kurbelviereck
Um 1880
66 x 40 x 27
Deutsches Museum, München, Inv.-Nr. 6207
b) Ebenes Kurbelviereck andere Aufstellung
Um 1875
16 x 29,5 x 10,5
Deutsches Museum, München, Inv.-Nr. 6210

c) Doppeltes Hook'sches Gelenk
Um 1875
18,2 x 53,8 x 33,6
Deutsches Museum, München, Inv.-Nr. 6216
d) Angehängter Ellipsenlenker I. Art
Um 1875
22,5 x 20 x 10,5
Deutsches Museum, München, Inv.-Nr. 6217
e) Reibrädergetriebe
Um 1875
26,5 x 30 x 19
Deutsches Museum, München, Inv.-Nr. 6232
f) Staffelrädergetriebe
Um 1875
21,5 x 21,5 x 16
Deutsches Museum, München, Inv.-Nr. 6236
g) Schraubenrädergetriebe mit parallelen Achsen
Um 1875
21,5 x 21,5 x 16
Deutsches Museum, München, Inv.-Nr. 6237
h) Schraubenrädergetriebe
Um 1875
21 x 25 x 14,5
Deutsches Museum, München, Inv.-Nr. 6238
i) Stirnradgetriebe
Um 1875
23,5 x 25 x 14,5
Deutsches Museum, München, Inv.-Nr. 6240
j) Rückkehrendes Räderwerk
Um 1875
22,7 x 20 x 13,9
Deutsches Museum, München, Inv.-Nr. 6244
k) Evolventenverzahnung
Um 1875
53,5 x 33,5 x 16,5
Deutsches Museum, München, Inv.-Nr. 6250
l) Doppelte Punktverzahnung
Um 1875
38,5 x 42,5 x 18,5
Deutsches Museum, München, Inv.-Nr. 6256
m) Hölzernes Schraubenräderpaar
Um 1875
27 x 42 x 19,5
Deutsches Museum, München, Inv.-Nr. 6259

Die von Reuleaux entwickelten »Kinematischen Modelle« wurden in der mechanischen Werkstatt von Gustav Voigt in Berlin hergestellt. Von einer kleinen hydraulischen Maschine betrieben, kamen sie im Unterricht zum Einsatz. Ihre Bewegungen wurden mit Spezialinstrumenten gemessen. Reuleaux' Modelle wurden rasch über Berlin hinaus berühmt und auch an andere Hochschulen geliefert. *mk*
Lit. Buddensieg u.a. (Hg.) 1997, Bd. 2; König 1999

Theoriebildung gegen Praxisbezug

Gegen Ende des 19. Jahrhunderts kam es zu einem heftigen Konflikt über das richtige Verhältnis von Theorie und Praxis im Maschinenbaustudium. Die theoretische Ausrichtung von Franz Reuleaux wurde ebenso kritisiert wie die starke Betonung der Mathematik. Streitlustiger Vertreter der »Praktiker« war der 1888 nach Berlin berufene Alois Riedler, der sich für stär-

3-20

3-25i

kere Verbindungen zwischen Hochschule und Industrie einsetzte. Laboratorien wurden eingeführt und die Aufwertung des Konstruktionsunterrichts durchgesetzt. Kritik an Riedler kam unter anderem von studentischer Seite, da sein privatwirtschaftliches Engagement seine Lehrtätigkeit regelmäßig einschränkte. *mk*
Lit. König 1999

3-26 Der Constructeur. Ein Handbuch zum Gebrauch beim Maschinen-Entwerfen. 2. Auflage

Braunschweig, 1865, Franz Reuleaux
Technische Universität Berlin, Universitätsbibliothek, Sign. 8B1274'2

3-27 Das Maschinen-Zeichnen

Berlin, 1896, Alois Riedler
Technische Universität Berlin, Universitätsbibliothek, Sign. 4B398

Großlabor und Spitzenforschung

Zunehmende Spezialisierung und Ausdifferenzierung des existierenden Fächerkanons kennzeichneten die Universitätsentwicklung in der zweiten Hälfte des 19. Jahrhunderts. Die Studentenzahlen stiegen deutlich. Vor allem die Naturwissenschaften, die nach wie vor in die Philosophische Fakultät eingegliedert waren, sowie die Medizin verzeichneten einen großen Aufschwung. Neue Institute mit modernen Laboratorien wurden errichtet. Auch in den Geisteswissenschaften entstanden – teilweise in Verbindung mit der Akademie – Großprojekte, die nur über das Zusammenwirken zahlreicher Spezia-

listen organisiert werden konnten. *mk*
Lit. Kraus 2008; Nipperdey 1998b; Thom/Weining (Hg.) 2010

3-28 Kleines Schiek-Mikroskop

Berlin, 1857, Friedrich Wilhelm Schiek
zaponiertes und geschwärztes Messing, gebläuter Stahl, Höhe 26,2, Durchmesser 7,2 (Fuß)
Dr. Timo Mappes, Karlsruhe, www.musoptin.com

Mit dem Aufschwung der experimentellen Wissenschaften nahm auch der Bedarf an hochwertigen Instrumenten zu. Forschung und Feinmechanik bildeten in Berlin eine fruchtbare Symbiose. Mikroskope von Schiek nutzten beispielsweise Johannes Müller und Rudolf Virchow für ihre Forschungsarbeiten. Das ausgestellte Stück stammt vermutlich aus dem Besitz des finnischen Mediziners Otto Edward August Hjelt, eines Virchow-Schülers, der unter anderem in Berlin studiert hatte. *mk*
Lit. Kettenmann (Hg.) 2001; www.musoptin.com

3-29 Dampfentwickler, verwendet von August Wilhelm von Hofmann

Ohne Jahr
66 x 27 x 40
Deutsches Museum, München, Inv.-Nr. 30655

August Wilhelm von Hofmann hatte in Gießen bei Justus Liebig Chemie studiert und später nahezu zwanzig Jahre in London gearbeitet, bevor er 1865 an die Berliner Universität berufen wurde. Hofmann setzte sich für die Institutsneubauten in Bonn und Berlin ein und war maßgeblich an der Gründung der Deutschen Chemi-

3-25k

schen Gesellschaft beteiligt. Mit seinen Arbeiten zu künstlichen Farbstoffen leistete er einen entscheidenden Beitrag zum Aufschwung der deutschen Chemieindustrie. *mk*
Lit. Engel/Engel (Hg.) 1992; Laitko u.a. (Hg.) 1987

3-30 Untersuchungen in der Puringruppe

Berlin, 1907, Emil Fischer
Staatsbibliothek zu Berlin – Preußischer Kulturbesitz, Sign. Ms 15481

1892 gewann Friedrich Althoff den damals in Würzburg lehrenden Chemiker Emil Fischer für die Nachfolge Hofmanns an der Berliner Universität. Fischers weites Arbeitsspektrum umfasste Untersuchungen zu künstlichen Farbstoffen, Gerbstoffen, Arzneimitteln wie auch zu Purinen, Proteinen und Zucker. Unermüdlich setzte er sich in Berlin für den Neubau des Chemischen Instituts ein, der im Jahr 1900 eröffnet werden konnte. Auch bei der Entstehung der Kaiser-Wilhelm-Gesellschaft spielte er eine wichtige Rolle. Die Wahl, in die Hauptstadt umzuziehen, so Fischer rückblickend, war ihm zunächst keineswegs leichtgefallen, stand er 1892 doch »vor der Notwendigkeit, zwischen Würzburg, wo ich mich so glücklich fühlte, und Berlin, wovor mir graute, zu entscheiden«. *mk*
Lit. Kähler 2009

3-31 Drei Originalpräparate von Emil Fischer

Deutsches Museum, München, Inv.-Nr. 29113 (a), 29114 (b), 29116 (c)

3-25l

3-29

gestellte Manuskriptseite zum geplanten
Sechsten Buch des IV. Bandes der »Römischen Geschichte« zeigt Spuren des Bran-
des, der im Juli 1880 in Mommsens Haus
einen Großteil seiner eigenen Aufzeichnungen sowie wertvolle Bücher und namhafte Handschriften vernichtete. *mk*
Lit. Rebenich 2007

3-33 Visitenkarte mit Grußschreiben vom »Nobel-Fest«

11. Dezember 1902, Emil Fischer
Druck, mit handschriftlichem Eintrag, 6,4 x 10,5
Staatsbibliothek zu Berlin – Preußischer Kulturbesitz,
Handschriftenabteilung, Sign. Nachlass Mommsen I,
K. 29, Fischer, Emil

Theodor Mommsen bekam 1902 als
Historiker unter besonderer Berücksichtigung seines Werkes zur »Römischen Ge-
schichte« den Literaturnobelpreis verlie-
hen. Im gleichen Jahr erhielt Emil Fischer
für seine Arbeiten über Zucker und
Purine den Nobelpreis für Chemie. An
Mommsen, der nicht nach Stockholm
reisen konnte, schrieb Fischer auf seiner
Visitenkarte: »Hochgeehrter Herr College!
Vom glänzend verlaufenen Nobel-Feste,
bei dem Ihrer in ehrenvollster Weise wie-
derholt gedacht wurde, erlaube ich mir,
Ihnen herzlichen Glückwunsch und
Gruss zu senden. Ihr ergebenster Emil
Fischer. Stockholm 11. XII. 02« *mk*
Lit. Schlange-Schöningen 2005

3-34 Über neuere thermodynamische Theorien (Nernstsches Wärmetheorem u. Quantenhypothese). Vortrag, gehalten in Berlin

Leipzig, 1912, Max Planck
Staatsbibliothek zu Berlin – Preußischer Kulturbesitz,
Sign. Mx 20552

Max Planck, der unter anderem bei Helmholtz, Kirchhoff und Weierstraß in Berlin
studiert hatte, wurde 1885 von Friedrich
Althoff zunächst zum außerordentlichen
Professor in Kiel berufen. 1889 wechselte
er schließlich an die Friedrich-Wilhelms-
Universität. 1892 wurde er hier zum
Direktor des Instituts für Theoretische
Physik ernannt. In das Jahr 1899 fällt
seine Entdeckung der Naturkonstante h,
des sogenannten »Planck'schen Wirkungs-
quantum«. *mk*
Lit. Beck (Hg.) 2008; Hermann 1997

3-35 Die Gründung der Berliner Universität und der Uebergang aus dem philosophischen in das natur-wissenschaftliche Zeitalter

Berlin, 1893, Rudolf Virchow
Staatsbibliothek zu Berlin – Preußischer Kulturbesitz,
Sign. Ay 13155

3-32 Manuskriptfragment – Entwurf zum Anfang des IV. Bandes der »Römischen Geschichte« (Sechstes Buch: Die Konsolidierung der Monarchie)

Vor dem 12. Juli 1880, Theodor Mommsen
Manuskript, angesengt, 21 x 34
Berlin-Brandenburgische Akademie der Wissenschaften,
Akademiearchiv, Sign. NL Mommsen, Nr. 47/1, Blatt 6

Theodor Mommsen, Jurist und Altertums-
wissenschaftler, erhielt 1857 in Berlin
eine Forschungsprofessur an der Akademie. Vier Jahre später wurde er an die
Friedrich-Wilhelms-Universität berufen.
Neben eigenen Arbeiten zu Recht und Geschichte Roms engagierte er sich für den
Aufbau arbeitsteiliger Großprojekte, die
zu einer immensen Ausweitung der vorhandenen Quellenbasis führten. Die aus-

1892 wurde Rudolf Virchow zum Rektor der Friedrich-Wilhelms-Universität ernannt. In seiner Antrittsrede charakterisierte er die Anfangszeit der Universität als »philosophisches Zeitalter«; doch sei trotz aller Leistungen aus »den Studierzimmern der Philosophen [...] kein Aufschluß über wirkliche Naturvorgänge hervorgegangen«. Die Wende zum »naturwissenschaftlichen Zeitalter« – Virchow verwendet hier eine Formulierung Werner Siemens' – sah er 1827 mit der Rückkehr Humboldts nach Berlin gekommen. Im Kaiserreich entstanden schließlich »die Paläste für das physiologische und das physikalische Institut« sowie die neuen Anstalten für Chemie, Pharmakologie, Anatomie, Zoologie und Hygiene. Wichtigstes Mittel zur Naturerkenntnis war nunmehr das Experiment. *mk*
Lit. Saherwala u.a. (Hg.) 2002; Weischedel (Hg.) 1960

3-36 Über die akademische Freiheit der deutschen Universitäten

Berlin, 1877, Hermann von Helmholtz
Staatsbibliothek zu Berlin – Preußischer Kulturbesitz,
Sign. Lf Ay 72-21

1877 wurde Helmholtz Rektor der Berliner Universität. In seiner Antrittsrede verwies er auf den Wandel durch das Aufkommen der Naturwissenschaften und fragte zugleich nach den bewahrenswerten Errungenschaften der deutschen Universität. Als Grund für ihren Erfolg sah er neben der Lehrfreiheit und der Einheit von Forschung und Lehre die Eigenverantwortung der Studenten, wie sie in der freien Wahl von Studienort, Fach, Lehrer und Stundenplanung gegeben ist. Auch wenn manche hieran scheitern mögen, so ist dem »Staat und der Nation [...] besser gedient mit denjenigen, welche die Freiheit ertragen können und welche zeigen, daß sie aus eigener Kraft und Einsicht, aus eigenem Interesse an der Wissenschaft zu arbeiten und zu streben wissen«. *mk*

3-37 Helmholtz-Medaille

1892, Josef Tautenhayn/Helmholtz-Stiftung Berlin
Gold, geprägt und graviert, 9 x 9 x 0,6
Berlin-Brandenburgische Akademie der Wissenschaften,
Akademiearchiv, Bestand Medaillenslg., Nr. 56

Die Helmholtz-Medaille ist die höchste wissenschaftliche Auszeichnung der Berlin-Brandenburgischen Akademie der Wissenschaften. Noch zu Lebzeiten Helmholtz' eingeführt, überreichte Emil Du Bois-Reymond die Medaille ihrem Namensgeber zu dessen 70. Geburtstag. Das ausgestellte Stück trägt auf der Rückseite die Gravur »Karl Weierstrass 1892«. Der verdiente Mathematiker, der am

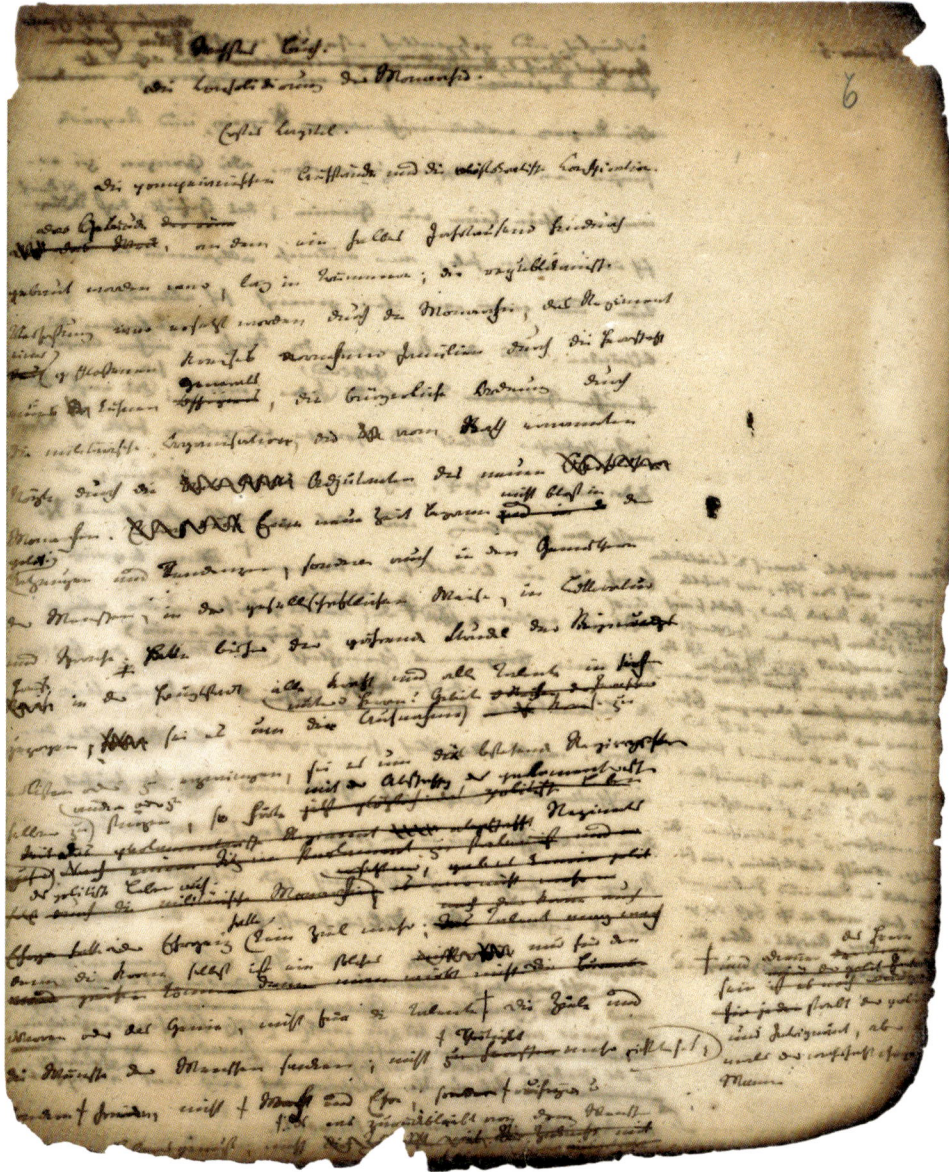

3-32

Berliner Gewerbeinstitut unterrichtete und 1864 als ordentlicher Professor an die Universität berufen wurde, zählte zu den ersten Gelehrten, die mit der Medaille geehrt wurden. *sb*
Lit. Ansprachen 1892; Hartkopf 1992; Laitko u.a. (Hg.) 1987

3-38 Satire auf die Bilderstürmer an der Berliner Universität

Um 1905, Fritz Gehrke
Tinte auf Papier, 30,5 x 24,1
Stiftung Stadtmuseum Berlin, Inv.-Nr. VII 60/134 W

Hermann von Helmholtz, 1871 als Ordinarius für Physik an die Berliner Universität berufen, zählte zu den überragenden Wissenschaftlern seiner Zeit. 1905 sorgten Pläne zur Versetzung des 1899 aufgestell-

ten Helmholtz-Denkmals für großen Unmut: Die Zeichnung zeigt, wie die Figur den eigenen Sockel auf einem Wagen zieht. Zudem entfernen zwei Dekane der Universität die Humboldt-Denkmäler. Der Respekt vor dem unlängst verstorbenen Physiker war groß, und das Monument blieb. *sb*
Lit. Gandert 1992; Ruoff 2008

Das »System Althoff«

Friedrich Theodor Althoff prägte die Berliner Wissenschaft im ausgehenden 19. Jahrhundert als preußischer Ministerialdirektor nachhaltig. Zu seinen Verdiensten zählen die Reform des Hochschulwesens, die mit Gründung der Kaiser-

3-38

Wilhelm-Gesellschaft realisierte Idee eines »deutschen Oxford« in Berlin-Dahlem oder die Neuorganisation der Charité. Die Hochschulen, deren Ausbau er strategisch vorantrieb, begriff er als akademische Großbetriebe. Enge Beziehungen zu Politik und Wirtschaft nutzte er zur Drittmitteleinwerbung. Seine weitreichenden Befugnisse führten indes auch zu Kritik: Mittels eines weitgespannten Netzwerks von Vertrauensmännern beeinflusste Althoff inhaltliche Entscheidungen, griff in Berufungsvorgänge ein und beschnitt so die Autonomie der Universitäten. *sw*
Lit. vom Brocke (Hg.) 1991; Kraus 2008

3-39 Brief an Prof. Du Bois-Reymond

Berlin, 27. Oktober 1884, Friedrich Althoff
Manuskript, 28,2 x 22
Staatsbibliothek zu Berlin – Preußischer Kulturbesitz,
Handschriftenabteilung, Sign. Slg. Darmstaedter 2 c
1890: Althoff, Friedrich Bl. 38

Der Brief verdeutlicht Althoffs Form der Einflussnahme auf Berufungsverhandlungen an der Universität. Althoff schreibt: »Der Hr Minister, den ich eben zu sprechen die Ehre hatte, billigt meine prinzipielle Auffassung der Sache vollständig. Die Entscheidung liegt also ganz allein in Ihrer Hand. Aber der Hr Minister wünscht noch viel dringender als ich, daß Hr Professor Langendorff berücksichtigt werden möge [...]. Ich werde mir erlauben, in einer Stunde bei Ihnen in Ihrem Institut vorzusprechen. In bekannter Verehrung Ihr ganz ergebenster Althoff« *mk*

3-40 Brief an Prof. Theodor Wilhelm Engelmann

Berlin, 25. Mai 1897, Friedrich Althoff
Manuskript, 26,4 x 20,8
Staatsbibliothek zu Berlin – Preußischer Kulturbesitz,
Handschriftenabteilung, Sign. Slg. Darmstaedter 2 c
1890: Althoff, Friedrich Bl. 52

In diesem Brief informierte Althoff Theodor Engelmann darüber, dass bei den Überlegungen zur Neubesetzung der Professur des verstorbenen Du Bois-Reymond Engelmanns »geschätzer Name mit an erster Stelle genannt« wurde. »Es bestehen aber Zweifel«, so Althoff weiter, »ob Sie mit Rücksicht auf Ihre verdienstvolle Wirksamkeit in Utrecht überhaupt geneigt sein würden, einem Rufe hierher zu entsprechen. Es liegt mir aber daran, bevor ich die Angelegenheit dem Herrn Minister vortrage, über Ihre prinzipielle Stellung zu der Frage aufgeklärt zu sein [...]. Ich würde Ihnen demnach sehr verbunden sein, wenn Sie die Güte haben wollten, mir die gewünschte Aufklärung mit einigen Worten zu ertheilen.« *mk*

Gesellschaftspolitisches Engagement

Zahlreiche Wissenschaftler nutzten ihre Expertise, um sich neben Forschung und Lehre auch in Gesellschaft und Politik zu engagieren. Herausragend waren die Aktivitäten des Mediziners Rudolf Virchow, der bereits 1848 demokratische Ideen unterstützt und sich an den Barrikadenkämpfen beteiligte hatte und der später als Abgeordneter in der Stadt- und Landespolitik eine Vielzahl von Maßnahmen im Hygiene- und Gesundheitsbereich initiierte. Der Bau von Krankenhäusern, die Einführung von Markthallen und des Schlachthofs, einschließlich dessen tierärztlicher Überwachung, wie auch die Einrichtung der Berliner Kanalisation zählen zu den von ihm unterstützen Neuerungen. *mk*
Lit. Goschler 2002; Saherwala u.a. (Hg.) 2002

3-41 Karikatur in der Zeitung »Helmerding« bezüglich des Duells Virchow-Bismarck

Berlin, 1865
Druck, 32,8 x 23,8
Berlin-Brandenburgische Akademie der Wissenschaften,
Akademiearchiv, Sign. NL Virchow, Nr. 2751

Bei einer Debatte um die Erhöhung des Marineetats unterstellte Virchow 1865 im Preußischen Landtag Otto von Bismarck, dass dieser ein bestimmtes Schriftstück entweder nicht gelesen habe oder aber an der Wahrhaftigkeit seiner Aussagen zu zweifeln sei. Bismarck sah sich in seiner

Ehre gekränkt und forderte Virchow zum Duell. Der Fall führte zu heftigen Kontroversen im Abgeordnetenhaus und in der Öffentlichkeit. Virchow lehnte das Duell ab. Seine Äußerungen zog er allerdings zurück. *mk*
Lit. Goschler 2002; Schmiedel 1992

3-42 Solidaritätsbekundung zahlreicher Bürger an Virchow bezüglich der Ablehnung der Duell-Forderung

a) Brief, ohne Datum
34 x 21
Berlin-Brandenburgische Akademie der Wissenschaften,
Akademiearchiv, Sign. NL Virchow, Nr. 2751
b) Unterschriftenliste, ohne Datum
34 x 21
Berlin-Brandenburgische Akademie der Wissenschaften,
Akademiearchiv, Sign. NL Virchow, Nr. 2751

3-43 Ein Wort über unser Judenthum (Separatabdruck aus dem 44., 45. und 46. Bande der Preußischen Jahrbücher)

Berlin 1881, 4. vermehrte Auflage, Heinrich von Treitschke
Separatdruck
Staatsbibliothek zu Berlin – Preußischer Kulturbesitz,
Sign. Ez 17167 4a

1879 publizierte der Historiker Heinrich von Treitschke in den angesehenen »Preußischen Jahrbüchern« einen Artikel voll antisemitischer Vorurteile. Vor allem nach dem Wiederabdruck seiner Äußerungen erzielten diese eine große Breitenwirkung. Treitschke begrüßte, »daß ein Uebel, das Jeder fühlte und Niemand berühren wollte, jetzt offen besprochen wird [...]. Bis in die Kreise der höchsten Bildung [...] ertönt es heute wie aus einem Munde: ›die Juden sind unser Unglück!‹« Er forderte die Juden auf, »sich den Sitten und Gedanken ihrer christlichen Mitbürger« anzunähern, »sich rückhaltlos [zu] entschließen Deutsche zu sein«, auch wenn die Kluft seiner Meinung nach nie ganz geschlossen werden könne. *mk*
Lit. Malitz 2005; Rebenich 2007

3-44 Auch ein Wort über unser Judenthum

Berlin 1880, 2. Abdruck, Theodor Mommsen
Staatsbibliothek zu Berlin – Preußischer Kulturbesitz,
Sign. Ez 17171, 2

Theodor Mommsen, überzeugter Liberaler, hatte sich bereits 1848/49 politisch engagiert, was zu seiner Entlassung an der Universität Leipzig führte. In Berlin war er streitbares Mitglied des Preußischen Abgeordnetenhauses sowie des Reichstags. Auch zu Treitschkes antisemitischen Thesen nahm er Stellung. Er geißelte sie als »Mißgeburt des nationalen Gefühls«. Treitschke, so Mommsen, würde »den Bürgerkrieg predigen«. Seine Äußerungen hätten den Antisemitismus salonfähig

gemacht. Die Freundschaft zwischen Treitschke und Mommsen, der auch Gründungsmitglied im »Verein zur Abwehr des Antisemitismus« wurde, zerbrach über dieser Auseinandersetzung. Allerdings befürwortete auch Mommsen die Taufe der Juden als Zeichen der Integration. *mk*
Lit. Malitz 2005; Rebenich 2007

3-45 Schreiben des Königlichen Polizeipräsidenten an das Königliche Universitätskuratorium bezüglich Leo Arons

16. August 1893
Manuskript (Abschrift), 33 x 21
Universitätsarchiv der Humboldt-Universität zu Berlin, Sign. Phil.-45, Sign. 0105, Blatt 135

Leo Arons, Privatdozent für Physik und seit 1899 an der Berliner Universität tätig, trat 1891 in die SPD ein. Im vorliegenden Schriftstück informiert das Polizeipräsidium den Universitätsrichter Daude, dass Arons als Redner in der sozialdemokratischen Arbeiterbildungsstätte aufgetreten sei und sich zum wiederholten Male »in öffentlichen Versammlungen zu sozialdemokratischen Lehren bekannt hat«. Mehrfach forderte das Ministerium die

Fakultät zu einem Verfahren gegen Arons auf. *mk*
Lit. Buddensieg u.a. (Hg.) 1987, Bd. 3; Wolff 2003

3-46 Einladung des Dekans an die ordentlichen Professoren der Philosophischen Fakultät, sich anlässlich des vom Minister angeordneten Disziplinarverfahrens gegen Leo Arons am 22. Juli 1899 zusammenzufinden

Berlin, 17. Juli 1899, H. A. Schwarz
Schriftstück, 33 x 21
Universitätsarchiv der Humboldt-Universität zu Berlin, Sign. Phil.-45, Sign. 0106, Bl. 53

Mit den Worten »Ich dulde keine Sozialisten unter Meinen Beamten, also auch nicht unter den Lehrern an den Kgl. Hochschulen« reagierte Wilhelm II. 1897 auf den Fall Arons. Die Universität stand jedoch hinter ihrem Dozenten. Im Juni 1898 trat schließlich ein neues Gesetz in Kraft, das dem Staat auch gegen den Willen der Fakultät ein Disziplinarverfahren ermöglichte. Im Januar 1900 wurde Arons die Privatdozentur aberkannt. Seine Forschungen führte er später bei der AEG weiter. Erst 1919 wurde Arons an der

Universität rehabilitiert. *mk*
Lit. Buddensieg u.a. (Hg.) 1987, Bd. 3; Wolff 2003

Frauen an der Berliner Universität

Um 1900 wurde die Frauenbildung zu einem gesamtgesellschaftlichen Anliegen, sodass sich die Protagonisten der »alten und bewährten Ordnung« ernstlich mit Befürwortern des Frauenstudiums auseinandersetzen mussten. Der Weg zur Öffnung der Berliner Universität führte über beharrliche Petitionen und Einzelgesuche von Vertreterinnen der bürgerlichen Frauenbewegung. 1908 – spät im nationalen Vergleich – wurde die reguläre Einschreibung von Frauen zum Universitätsstudium erreicht. Zuvor war Teilhabe an universitärer Bildung nur durch aufwendige Antragsverfahren möglich: Seit 1894/95 gab es erste Gasthörerinnen, ab 1899 wurden in Einzelfällen Ausnahmepromovendinnen zugelassen. *sb*
Lit. Ausstellungsgruppe an der Humboldt-Universität (Hg.) 2003; Zentrum für transdisziplinäre Geschlechterstudien (Hg.) 2010

3-47 Die Ursachen der ungleichen Entlohnung von Männer- und Frauenarbeit

Leipzig, 1906, Alice Salomon
Alice Salomon Archiv der Alice Salomon Hochschule Berlin, Sign. 42423

Alice Salomon zählte zu den Ausnahmepromovendinnen: Nach bürokratischem Hürdenlauf promovierte sie 1906 bei den »Kathedersozialisten« Max Sering und Gustav Schmoller. In ihrer Dissertation erklärt sie die niedrigere Bezahlung von Frauenarbeit nicht vorrangig als Folge patriarchalischer Unterdrückung, sondern als systematisches Resultat mangelnder Berufsbildung. 1908 gründete Salomon die »Soziale Frauenschule«, heute Alice Salomon Hochschule Berlin. *sb*
Lit. Kuhlmann 2003; Zentrum für transdisziplinäre Geschlechterstudien (Hg.) 2010

3-48 Antwort des Rektors und Senats der Königlichen Friedrich-Wilhelms-Universität an den Minister der geistlichen, Unterrichts- und Medizinal-Angelegenheiten, Berlin, 1. März 1907 zum Erlass vom 19. Januar 1907 U I. 18293 des Herrn Dr. Elster

Berlin, 1. März 1907
Schriftstück, 33 x 21
Geheimes Staatsarchiv Preußischer Kulturbesitz, Sign. I. HA Rep 76 Kultusministerium, Va, Sekt. 1, Tit. VIII, Nr. 8 Adhib. III, Bd. 1, fol. 9: I. N° 79

3-50b

Nach der Reichsgründung 1871 entstand eine Reihe von Instituten, in denen Wissenschaftler neben Grundlagenforschung auch mit staatlichen Aufgaben von Daseinsfürsorge und technischer Kontrolle betraut waren. Kennzeichnend waren oftmals enge Beziehungen zur Wirtschaft sowie die Entlastung der Forscher von Lehrverpflichtungen.

1876 wurde in Berlin das Kaiserliche Gesundheitsamt gegründet. Von 1880 bis 1885 war hier Robert Koch tätig, der zuvor mit Studien zu Milzbrand und Wundinfektion auf sich aufmerksam gemacht hatte. Auf seine Anregung hin richtete man das bakteriologische Laboratorium des Amtes ein. In die Zeit seiner Tätigkeit am Gesundheitsamt fallen Kochs bahnbrechende Arbeiten über Tuberkulose- und Choleraerreger. 1885 wurde er Direktor des neu geschaffenen Hygiene-Instituts an der Berliner Universität, doch legte er die ungeliebte Professur nach wenigen Jahren nieder. 1891 wurde er Direktor des neu eingerichteten Instituts für Infektionskrankheiten. *mk*
Lit. Elkeles 1991; Gradmann 2005a; Ritter 1992

Noch 1907 verwahrten sich Rektor und Senat gegen die Habilitation von Frauen: »Eurer Exzellenz berichten wir in Ehrerbietung, daß wir keine Veranlassung sehen, uns in einem anderen Sinne auszusprechen als die Fakultäten, nach deren Gutachten die Zulassung von Frauen zur Habilitation weder mit der gegenwärtigen Verfassung noch mit dem Interesse der Universitäten überhaupt vereinbar ist.« Erst 1920 wurde Frauen dieses Recht durch ministeriellen Erlass zugesprochen. *sb*
Lit. Ausstellungsgruppe an der Humboldt-Universität (Hg.) 2003

3-49 Allerhöchster Erlaß […] betr. Ermächtigung wegen der Zulassung der Frauen zum Universitätsstudium
Berlin, 15. August 1908, Ludwig Holle
Schriftstück, 33 x 20,8
Geheimes Staatsarchiv Preußischer Kulturbesitz, Sign. I. HA Rep. 76 Kultusministerium, V a Sekt. 1 Tit. VIII Nr. 8, Bd. 12 - fol. 19

Der von Kultusminister Ludwig Holle unterzeichnete Erlass erwirkte 1908 die Zulassung von Frauen zum Universitätsstudium. Der dritte Paragraf bot Professoren die Möglichkeit, Frauen von Vorlesungen auszuschließen, wovon einige Dozenten grundsätzlich Gebrauch machten. Dies führte zu heftiger Kritik und der Forderung nach uneingeschränkter und gleich-

berechtigter Zulassung zum Studium. *sb*
Lit. Zentrum für transdisziplinäre Geschlechterstudien (Hg.) 2010

3-50 Frauen in der Wissenschaft: Historische Fotografien
a) Junge Ärztinnen im Labor
1910
Reproduktion
ullstein bild, Berlin, Inv.-Nr. 00244180
b) Lydia Rabinowitsch-Kempner, Bakteriologin und erste Professorin in Preußen
Um 1915
Reproduktion
Bildagentur für Kunst, Kultur und Geschichte (bpk), Inv.-Nr. 10012217

Die Mikrobiologin und Tuberkuloseforscherin Lydia Rabinowitsch-Kempner arbeitete nach ihrer Dissertation zur »Entwickelungsgeschichte der Fruchtkörper einiger Gastromyceten« ab 1894 als Assistentin an dem von Robert Koch geleiteten Institut für Infektionskrankheiten. 1912 wurde sie als erste Frau in Berlin zur Professorin ernannt. Ihr Professorentitel war jedoch nicht mit einer Anstellung an der Universität verbunden: Habilitation und Lehre blieben ihr verwehrt. *sb*
Lit. Schimpke 1996

3-51 Kleiner Brutschrank
Ohne Jahr, Robert Koch
54,5 x 41 x 39
Deutsches Medizinhistorisches Museum, Ingolstadt, ohne Inv.-Nr.

3-52 Abschiedsbrief an Emil von Behring
Berlin, 27. März 1892, Shibasaburo Kitasato
Manuskript, 20 x 26
Emil-von-Behring-Bibliothek für Geschichte und Ethik der Medizin, Philipps-Universität Marburg, Inv.-Nr. Nachlass Behring 0000328

Emil von Behring und Shibasaburo Kitasato gehörten zum Berliner Schülerkreis von Robert Koch. Gemeinsam waren sie an Entwicklungen zur Grundlage der Serumtherapie beteiligt. Im Abschiedsbrief an Behring betonte Kitasato, dass »die Zeit meines gemeinsamen Arbeitens mit Ihnen zu den angenehmsten Stunden meines Berliner Aufenthaltes« zählte. *mk*

3-53 Dankesbrief einer Berliner Mutter an Emil von Behring
Berlin, 2. April 1912, Asta Friedrich
Manuskript, 18 x 13,5
Emil-von-Behring-Bibliothek für Geschichte und Ethik der Medizin, Philipps-Universität Marburg, Inv.-Nr. Nachlass Behring 000.0119/1 und /2

Fortschritte in Bakteriologie und Immunologie leiteten eine neue Epoche der Krankheitsbekämpfung ein. Im Schreiben an den mittlerweile in Marburg arbeitenden Emil von Behring brachte die Berlinerin Asta Friedrich, die A. Lazarus mit dem von Behring entwickelten Serum gegen Diphtherie behandelt hatte, ihre Freude »über das wiedergewonnene Leben« zum Ausdruck. Weiter heißt es: »[...] dank Ihrer wunderbaren, segensreichen Erfindung bin ich meinen Kindern erhalten geblieben.« *mk*

Die Gründung der Physikalisch-Technischen Reichsanstalt (PTR)

Die Gründung der staatlich geförderten Physikalisch-Technischen Reichsanstalt (1887) ging wesentlich auf die Initiativen des Industriellen Werner Siemens, des Physikers und Mediziners Hermann von Helmholtz und des Astronomen Wilhelm Förster zurück. Siemens stiftete das Grundstück in Charlottenburg, Helmholtz, dessen wissenschaftspolitische Vormachtstellung sich im Beinamen »Reichskanzler der deutschen Physik« ausdrückte, wurde erster Präsident.
Die neue Einrichtung war ganz auf Forschung ausgerichtet. Mit der Durchführung von Messungen als zentraler Aufgabe ging der Wunsch nach Normierung des Maß-, Gewicht- und Zeitwesens in Deutschland einher. *jh*
Lit. Lemmerich 1987

3-54 Abbildung des Strahlenlabors

In: Müller-Pouillets Lehrbuch der Physik und Meteorologie in vier Bänden. Zweiter Band – Erste Abteilung
Braunschweig, 1907, Leopold Pfaundler
Staatsbibliothek zu Berlin – Preußischer Kulturbesitz,
Sign. Mv 5379-2,1 <10;a>

Messungen im Strahlenlabor der PTR gingen anwendungsorientierten Fragen nach maximaler Effizienz des elektrischen Lichts und physikalischen Grundlagen zu Strahlungsgesetzen nach. Eine Messung 1899 zeigte weitgehende Übereinstimmung mit dem damals gültigen Strahlungsgesetz von Helmholtz' Assistenten Wilhelm Wien, gleichzeitig zeigten sich im Detail Abweichungen zwischen Gesetz und Messwerten. Die hohe Präzision der Messung ließ damit Zweifel an der allgemeinen Gültigkeit des Wien'schen Gesetzes aufkommen. *jh*
Lit. Hoffmann/Lemmerich 2000

3-55 Teile des Strahlenlabors (Nachbau)

a) Hohlraumstrahler
43 × 33 × 50
Physikalisch-Technische Bundesanstalt – Institut Berlin,
Foto: Antonia Weiße, Berlin
b) Fernrohr
34 × 35 × 12,5
Physikalisch-Technische Bundesanstalt – Institut Berlin

c) Amperemeter »Siemens & Halske«
38 × 24 × 13
Physikalisch-Technische Bundesanstalt – Institut Berlin

Ein Hohlraumstrahler, auch schwarzer Körper genannt, ist eine ideal gedachte thermische Strahlungsquelle, die elektromagnetische Strahlung wie beispielsweise Wärme nur in Abhängigkeit von der Temperatur aussendet. Der Hohlraumstrahler im Strahlungslabor der PTR von Lummer und Kurlbaum kam diesem theoretischen Ideal sehr nahe, zugleich war er handlicher als seine Vorläufermodelle. In einem Porzellanrohr konnte mit elektrischem Strom ein Platinblech auf über 1500 Grad erhitzt werden. *jh*
Lit. Hoffmann/Lemmerich 2000

3-56 Handschriftlich geführtes Protokollbuch der Deutschen Physikalischen Gesellschaft

1900
Protokollbuch, 25,5 × 16 × 1,3
Deutsche Physikalische Gesellschaft e.V. (DPG),
Inv.-Nr. 10008

Max Planck stützte sich auf Messungen im Strahlungslabor der PTR, als er ein Strahlungsgesetz formulierte, das er vor der Deutschen Physikalischen Gesellschaft vorstellte. Die Deutung seines Formalismus führte in die Quantenphysik und prägte die Physik des 20. Jahrhunderts. Eine ursprünglich stark anwendungsorientierte Forschung zur Effizienz von Beleuchtungen hatte unvorhersehbar zu einer neuen Theorie geführt, die das klassische physikalische Weltbild auf den Kopf stellte. *jh*

Gründung der Kaiser-Wilhelm-Gesellschaft

1911 wurde die Kaiser-Wilhelm-Gesellschaft ins Leben gerufen. Mit ihr entstanden neue Strukturen zur Förderung der Naturwissenschaften. Anders als an den Universitäten förderte sie einzelne Spitzenforscher, nicht bereits etablierte Fächer. Diese sollten ohne Lehrpflicht in eigenen Instituten arbeiten. Die staatliche Gesellschaft stand unter dem persönlichen Schutz des Kaisers, was ihr hohes Prestige verlieh. So gelang es, namhafte private Geldgeber aus Industrie und Bankwesen zu gewinnen. Mit der KWG entstand eine unabhängige wissenschaftliche Elite, die angewandte Forschung und Grundlagenforschung verband. Schon bald förderte sie nicht nur die Naturwissenschaften. *sk*
Lit. Lemmerich u.a. (Hg.) 1981; Vierhaus/vom Brocke (Hg.) 1990

3-57 Denkschrift Adolf von Harnacks an Kaiser Wilhelm II. über Wissenschaft und Forschung in Preußen

Berlin, 21. November 1909, Adolf von Harnack
Schriftstück, 29 × 22
Archiv der Max-Planck-Gesellschaft, Berlin-Dahlem,
Sign. Abt. I Rep. 1a Nr. 3-2/7

Adolf von Harnack, Theologieprofessor an der Berliner Universität, zählte zu den einflussreichsten Personen der Wissenschaftspolitik. Sein Plädoyer gab Wilhelm II. den Anstoß, die Kaiser-Wilhelm-Gesellschaft zu gründen. Es beschrieb detailliert die Struktur der neuen Einrichtung.

3-51

Harnack beschwor dabei auch die Angst vor der Konkurrenz aus dem Ausland. Nur Forschung könne Deutschlands Spitzenstellung in der Welt retten. *sk*

3-58 Aufforderung des Chefs des Geheimen Civil Cabinets, Rudolf von Valentini, im Namen Wilhelms II. an Adolf Harnack bezüglich Gesellschaft zur Förderung der Wissenschaft

Berlin, 2. Dezember 1909, Rudolf von Valentini
Schriftstück, 26,5 x 21
Archiv der Max-Planck-Gesellschaft, Berlin-Dahlem, Sign. Abt. I Rep. 1A 3-2/8, Bl. 1-2r

Harnacks Eingabe vom November 1909 war erfolgreich. Damit war der erste Schritt zur Gründung der Kaiser-Wilhelm-Gesellschaft getan. Harnack selbst wurde schließlich ihr erster Präsident. Er amtierte bis 1930. *sk*

3-59 Mitteilung des Ministers für geistliche, Unterrichts- und Medizinal-Angelegenheiten, von Trott zu Solz, an Kaiser Wilhelm II.

Berlin, 14. Januar 1911, Minister von Trott zu Solz
Schriftstück, 29 x 21,5
Archiv der Max-Planck-Gesellschaft, Berlin-Dahlem, Inv.-Nr. Abt. I Rep. 1a Nr. 5/6, Bl. 155a

Das Schreiben berichtet über die Gründungssitzung der Kaiser-Wilhelm-Gesellschaft am 11. Januar 1911. Die Sitzung, in der die Satzung der KWG beschlossen wurde, fand in der Akademie der Künste am Brandenburger Tor statt. Bereits im Herbst 1911 übernahm die KWG mit der Zoologischen Station in Rovigno/Istrien ihr erstes Forschungsinstitut. Gleichzeitig begannen Bauarbeiten in Berlin. Im Oktober 1912 wurden die ersten beiden eigenen Institutsbauten in Berlin-Dahlem eingeweiht. *sk*

3-60 Stempel »Kaiser-Wilhelm-Gesellschaft zur Förderung der Wissenschaften«

Ohne Jahr
Holz, Gummi, 8 x 3,7 x 3,7
Archiv der Max-Planck-Gesellschaft, Berlin-Dahlem, Sign. Abt. Vc Rep. 11 Nr. 2

3-61 Einladungskarte zur Hauptversammlung der Kaiser-Wilhelm-Gesellschaft im KWI für physikalische Chemie und Elektrochemie

Oktober 1913
Schriftstück, 26,5 x 21,5
Archiv der Max-Planck-Gesellschaft, Berlin-Dahlem, Sign. Abt. I Rep. 1a Nr. 845-2, Bl. 31

3-62 Fotografien der ersten Kaiser-Wilhelm-Institute

a) Gebäude des Kaiser-Wilhelm-Institut für physikalische Chemie und Elektrochemie, um 1912
Reproduktion
Archiv der Max-Planck-Gesellschaft, Berlin-Dahlem, Sign. Abt. 6 – Foto Q 16-3-69-1
b) Kaiser-Wilhelm-Institut für physikalische Chemie und Elektrochemie, Innenansicht, 1914–1918
Reproduktion
Archiv der Max-Planck-Gesellschaft, Berlin-Dahlem, Sign. Abt. 6 – KWI Physikal. Chem – 5/II
c) Gebäude des Kaiser-Wilhelm-Instituts für Biologie mit Beeten
Reproduktion
Archiv der Max-Planck-Gesellschaft, Berlin-Dahlem, Sign. Abt. 6 – KWI Physikal. Chem – 5/II
d) Luftbild von Dahlem, um 1918
Archiv der Max-Planck-Gesellschaft, Berlin-Dahlem

Der Aufbau der Museen

Das 19. Jahrhundert erlebte einen Gründerboom im Museumswesen, der durch repräsentative Neubauten auch das Stadtbild Berlins veränderte. Einzelne Abteilungen älterer Sammlungen wurden zu eigenständigen Museen erhoben, ihre Bestände systematisch ausgebaut. Kunst- und Bildungsinteressen spielten dabei ebenso eine Rolle wie nationales Prestigedenken oder die Suche nach der eigenen kulturellen Identität. Auch der Prozess der zunehmenden Spezialisierung und Ausdifferenzierung, wie er sich an der Universität in zahlreichen Fachneubildungen ausdrückte, spiegelte sich hier wider. Mit der sich weltweit ausdehnenden Sammeltätigkeit waren zudem gezielte Forschungsarbeiten verbunden. Die rasch wachsenden Bestände sollten möglichst detailliert dokumentiert und wissenschaftlich erschlossen werden. *mk*
Lit. Hartung 2010; Joachimides u.a. (Hg.) 1995

3-63 Historische Fotografien Berliner Museumsbauten

a) Altes Museum – Blick vom Lustgarten auf die Südfassade (Eröffnung 1830), 1910
Reproduktion
Bildagentur für Kunst, Kultur und Geschichte (bpk), Inv.-Nr. 40004416
b) Neues Museum – Blick von Südwest auf das Museum mit dem Packhof davor (Eröffnung 1850), 1919
Reproduktion
Bildagentur für Kunst, Kultur und Geschichte (bpk), Inv.-Nr. 40004253

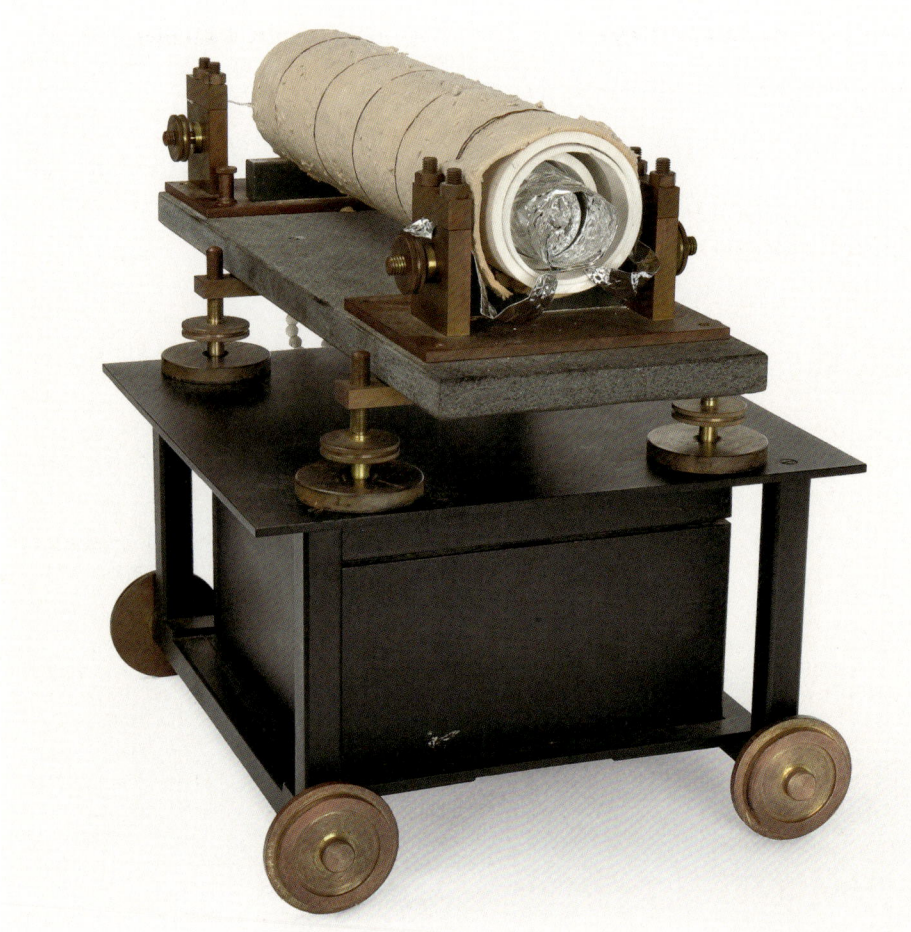

3-55a

c) Die Nationalgalerie auf der Museumsinsel
(Eröffnung 1876), 1910
Reproduktion
Bildagentur für Kunst, Kultur und Geschichte (bpk),
Inv.-Nr. 40008863

d) Das Kunstgewerbemuseum in der Prinz-Albrecht-
Straße (heute Martin-Gropius-Bau) (Eröffnung 1881),
Ohne Jahr
Reproduktion
Bildagentur für Kunst, Kultur und Geschichte (bpk),
Inv.-Nr. 40006484

e) Ausstellung der Sammlung Riebeck im Lichthof des
Kunstgewerbemuseums, 1883
Reproduktion
Bildagentur für Kunst, Kultur und Geschichte (bpk),
Inv.-Nr. 40007220

f) Das Museum für Völkerkunde in der Königgrätzer-,
Ecke Prinz-Albrecht-Straße (Eröffnung 1886), 1905
Reproduktion
Bildagentur für Kunst, Kultur und Geschichte (bpk),
Inv.-Nr. 40004241

g) Das Museum für Naturkunde in der Invalidenstraße
42/43 (Eröffnung 1889), 1910
Reproduktion
Bildagentur für Kunst, Kultur und Geschichte (bpk),
Inv.-Nr. 40007126

h) Das Kaiser Friedrich-Museum auf der Museumsinsel
(heute Bode-Museum) (Eröffnung 1904), 1910
Reproduktion
Bildagentur für Kunst, Kultur und Geschichte (bpk),
Inv.-Nr. 40004215

Die in Klammern aufgeführten Daten beziehen sich nicht
auf die Sammlungsgründung, sondern auf die Eröffnung
des Hauses am abgebildeten Standort.

3-64 Kleinbronzen

a) Marsbüste
Ohne Jahr
Vergoldete Bronze, Höhe 12
Staatliche Museen zu Berlin, Antikensammlung,
Inv.-Nr. Fr. 1851

b) Einhenkeliger Krug mit Musendarstellungen
Spätantik
Bronze, 22 x 13 x 13
Staatliche Museen zu Berlin, Antikensammlung,
Inv.-Nr. Fr. 1628

c) Etruskischer Spiegel
Ohne Jahr
Bronze, 18,8 x 13,9
Staatliche Museen zu Berlin, Antikensammlung,
Inv.-Nr. Fr. 135

d) Etruskischer Spiegel
Ohne Jahr
Bronze, 31 x 18,4
Staatliche Museen zu Berlin, Antikensammlung,
Inv.-Nr. Fr. 174

3-65 Standfigur einer Königin (wohl vergöttlichte Ahmes-Nefertari)

Ägypten, 1279 v. Chr. – 1213 v. Chr.
Grauwacke, 55 x 12 x 15
Staatliche Museen zu Berlin, Ägyptisches Museum und
Papyrussammlung, Inv.-Nr. ÄM 10114

3-66 Babylonische Keilschrifturkunden

a) Neubabylonischer Tonzylinder, enthält die Bau-
urkunde von Nebukadnezar II., König von Babylon
6. Jahrhundert v. Chr.
12 x 24,3 x 12,8
Staatliche Museen zu Berlin, Vorderasiatisches Museum,
Inv.-Nr. VA 3097

3-62 d

b) Neubabylonischer Tonzylinder, enthält die Bau-
urkunde von Nabonid, König von Babylon
6. Jahrhundert v. Chr.
14,5 x 24,5 x 12
Staatliche Museen zu Berlin, Vorderasiatisches Museum,
Inv.-Nr. VA 2536

3-67 Statuette – Venus mit Delphin

1. Hälfte 16. Jahrhundert
Bronze, schwarzer Lack auf tiefbraunem Grund,
27,8 x 11,2 x 7,5
Staatliche Museen zu Berlin – Skulpturensammlung
und Museum für Byzantinische Kunst, Bodemuseum,
Inv.-Nr. 1812

3-68 Tazza, sogenannte »Cellini-Schale«

Paris, vor 1867
Silber, getrieben/galvanoplastische Nachbildung
(Original Augsburg, um 1620/30), 16 x 18
Staatliche Museen zu Berlin, Kunstgewerbemuseum,
Inv.-Nr. 1867,51

3-69 Große Maske

Brasilien, Xingu-Quellgebiet, vor 1887, Mehinakú
Holz, bemalt, Bastfasern, 64 x 24,5
Staatliche Museen zu Berlin, Ethnologisches Museum,
Inv.-Nr. VB 2591

3-70 Teeschale

Japan, Ôgaya/Mino, letztes Viertel des 16. Jahrhunderts
Sandfarbener, rötlich verfärbter Scherben, Unterglasur-
malerei in Eisenoxydrot und -braun, grau-weiß gekrackte
Feldspatglasur, 10,1 x 14
Staatliche Museen zu Berlin, Museum für Asiatische
Kunst, Ostasiatische Kunstsammlung, Inv.-Nr. 23

3-71 Votiv-Stupa

China, Khocho, 5. Jahrhundert n. Chr.
Roter Sandstein, 66 x 23 x 23
Staatliche Museen zu Berlin, Museum für Asiatische
Kunst, Kunstsammlung Süd-, Südost- und Zentralasien,
Inv.-Nr. MIK III 6838

3-72 Schwingelblatt mit Schiffs-darstellung

Lobbe, Rügen, Pommern, 1855
Holz, mit farbigen Wachseinlagen, 43,5 x 25,5
Staatliche Museen zu Berlin, Museum Europäischer
Kulturen, Inv.-Nr. I (15 H) 76/1953, 89 d

3-73 Urnen aus der Eisenzeit

a) Gesichtsurne
7. bis 2. Jahrhundert v. Chr.
Ostroschken, 23,5 x 23 x 23
Museum für Vor- und Frühgeschichte der Staatlichen
Museen zu Berlin, Inv.-Nr. Ib 690a

b) Urne mit Leichenbrand
7. bis 2. Jahrhundert v. Chr.
Ostroschken, 31 x 27,5 x 27,5
Museum für Vor- und Frühgeschichte der Staatlichen
Museen zu Berlin, Inv.-Nr. Ib 690k

3-74 Fragment eines sogenannten Vasenteppichs

Iran, um 1600
175 x 215
Staatliche Museen zu Berlin, Museum für Islamische
Kunst, Inv.-Nr. I. 31

3-75 Denkschrift betreffend Erweiterungs- und Neubauten bei den Königlichen Museen in Berlin

Berlin, 1907, Wilhelm Bode
Druck
Staatsbibliothek zu Berlin – Preußischer Kulturbesitz,
Sign. Ns 5207 / 24

Wilhelm Bode war seit 1872 zunächst
als Assistent, später als Direktor der Ge-
mälde- und Skulpturensammlung für die
Königlich Preußischen Museen tätig. 1905
wurde er zum Generaldirektor ernannt.
Neben staatlichen Mitteln gelang es ihm
regelmäßig, private Sammler und Mäzene
für Ausbau und Förderung der Sammlun-

3-65

3-69

3-67

3-71

3-72

3-73a

gen zu gewinnen. Mit seinen vielfältigen Initiativen trug er maßgeblich dazu bei, dass die Berliner Museumslandschaft Weltgeltung erlangte. *mk*
Lit. Enderlein 1995; Gaehtgens 1992

Der Kaiser und die Wissenschaft

Wissenschaftlichen Forschungen brachte Wilhelm II. zeitlebens großes Interesse entgegen. Regelmäßig lud er anerkannte Fachleute zu sich ein, um sie über den

neuesten Stand ihrer Arbeiten berichten zu lassen. Zeitgenossen bescheinigten dem Kaiser wiederholt technische Kompetenz. Vor allem der Kriegs- und Handelsmarine, dem Kanalbau sowie der Funk- und der Elektrotechnik galt seine Begeisterung. Auch an archäologischen Ausgrabungen nahm er teil. Die Aufgeschlossenheit für wissenschaftliche Entwicklungen war dabei regelmäßig mit politischen und geostrategischen Interessen des Kaisers verbunden. *mk*
Lit. König 2007; Trümpler (Hg.) 2008

3-76 **Der Kaiser und die Wissenschaft: Historische Fotografien**

a) Kaiser Wilhelm II. besucht die 100-Jahr-Feier der Technischen Hochschule zu Berlin, 1899
Reproduktion
Universitätsarchiv Technische Universität Berlin, Bildarchiv, Sign. 7 – X 99

b) Kaiser Wilhelm II. mit Adolf Slaby und Graf von Arco bei der Besichtigung der Funkstation in Nauen, 7. November 1906
Reproduktion
Deutsches Technikmuseum Berlin, Historisches Archiv, Sign. I.4.048 F, 143-002

c) Kaiser Wilhelm II. und Adolf von Harnack bei der Einweihung des Kaiser-Wilhelm-Instituts für experimentelle Therapie, 28. Oktober 1913
Reproduktion
Archiv der Max-Planck-Gesellschaft, Inv.-Nr. Abt. 6 – Foto Q 16-5-31-4

d) Kaiser Wilhelm II. mit Wilhelm Dörpfeld bei den Ausgrabungen des Artemistempels von Korfu, Mai 1914
Reproduktion
Stadtarchiv Wuppertal, NDS 23, Teilnachlass Wilhelm Dörpfeld

Funktechnik für Heer und Marine

Telegrafiekabel, wie sie Europa seit den 70er-Jahren des 19. Jahrhunderts mit allen anderen Erdteilen verbanden, waren für die Kommunikation zwischen sich bewegenden Zielen, wie Schiffen, Eisenbahnen oder Truppenteilen, ungeeignet. Eine Lösung stellte die Entwicklung der Funktechnik dar. Experimente hierzu wurden von Anfang an durch das Militär begleitet. Mobile Stationen kamen ab 1899 zum Einsatz. 1906 nahm Telefunken westlich von Berlin die Funkstation Nauen in Betrieb. Seit 1911 stand man in Nauen mit der deutschen Kolonie Togo in regelmäßiger Verbindung. Die dortige Funkstation war teilweise von afrikanischen Zwangsarbeitern errichtet worden. Funktelegrafen hatten zuvor bereits beim Vernichtungskrieg gegen die Nama und Herero im damaligen Deutsch-Südwestafrika Verwendung gefunden. *mk*
Lit. Klein-Arendt 2005; König 2007

3-77 Die Funkentelegrafie
Berlin, 1897, Adolf Slaby
Universitätsarchiv der Technischen Universität Berlin in der Universitätsbibliothek, Sign. 4B1482

Adolf Slaby war Professor an der Technischen Hochschule Berlin. In technischen Fragen zählte er zu den engsten Beratern des Kaisers. Für seine Funkexperimente stellte ihm Wilhelm II. die Königlichen Gärten in Potsdam zur Verfügung. Auch das Schloss auf der Pfaueninsel sowie der Turm der Sacrower Heilandskirche wurden für diese Versuche genutzt. Unterstützung erhielt Slaby dabei von der Besatzung der Königlichen Matrosenstation. Den wichtigsten Verwendungszweck für die neue Technik sah er auf militärischem Gebiet. *mk*
Lit. Blumtritt 2003; König 2007

3-78 Briefentwurf an Kaiser Wilhelm II. zur erfolgreichen Gründung von Telefunken
Berlin, 1903, Emil Moritz Rathenau
Matrizenkopie mit Bleistiftanmerkungen
Deutsches Technikmuseum Berlin, Historisches Archiv, Sign. I.2.060 A, Nr. 00060, Bl. 38

International war die englische Marconi Company im Funkverkehr auf den Welt-

3-84c

meeren führend. Im Deutschen Reich konkurrierten zwei Systeme miteinander, die Ferdinand Braun mit Siemens & Halske bzw. Adolf Slaby und Graf von Arco mit AEG entwickelt hatten. Die Firmen konnten sich bei Heer und Marine zunächst jeweils unterschiedliche Marktsegmente sichern. Die Aufhebung der innerdeutschen Konkurrenz sowie die Unabhängigkeit von ausländischen Entwicklungen galten jedoch bald als Angelegenheit von nationalem Interesse. 1903 wurden die funktechnischen Abteilungen der beiden Großkonzerne zur Gesellschaft für drahtlose Telegraphie (Telefunken) fusioniert. *mk*
Lit. Blumtritt 2003; König 2007

3-79 Historische Fotoaufnahmen von Telefunken zu mobilen Telegrafie-Stationen
a) Tragbare Station Bulgarien, um 1911
Fotografie, 28 x 22,4
Deutsches Technikmuseum Berlin, Historisches Archiv, Inv.-Nr. I.2.060.FS 039-3-43-03
b) Vorderwagen der Fliegerstation mit Sender und Empfänger, ohne Jahr
Fotografie, 22,5 x 28
Deutsches Technikmuseum Berlin, Historisches Archiv, Inv.-Nr. I.2.060.FS 040-1-31-01
c) Motorkarren mit Teleskop-Antennenmast, ohne Jahr
Fotografie, 28 x 22,5
Deutsches Technikmuseum Berlin, Historisches Archiv, Inv.-Nr. I.2.060.FS 039-3-43-02
d) Am Nonnendamm, August 1907
Fotografie, 18,0 x 24
Deutsches Technikmuseum Berlin, Historisches Archiv, Inv.-Nr. I.2.060.FS 039-3-43-01
Die Bilder a, b und c tragen jeweils den Stempel »Geheim«.

Koloniale Eroberungen

In seinem Vortrag »Zielpunkte des Deutschen Kolonialwesens« betonte Bernhard Dernburg, der 1907 Staatssekretär im Reichskolonialamt wurde, die »hundertfältige[n] Beziehungen« der Wissenschaft zur Kolonialpolitik. Forschungen unter Ausnutzung kolonialer Machtstrukturen, gewaltsame Aneignungen von materiellem Besitz sowie rücksichtslose medizinische Experimente in Übersee waren ebenso Bestandteil dieser wissenschaftlichen Verflechtungen wie die Ausbildung von Kolonialbeamten, das »Untersuchen« fremder Menschen auf heimischen »Völkerschauen« oder die wissenschaftliche »Bestätigung« der Rückständigkeit außereuropäischer Kulturen. *mk*
Lit. Eckart 1997; van der Heyden/Zeller (Hg.) 2002; van der Heyden/Zeller (Hg.) 2005

3-80 Erstes Verzeichnis der aus den Deutschen Schutzgebieten eingegangenen wissenschaftlichen Sendungen
Berlin, 1891
Druck
Berliner Gesellschaft für Anthropologie, Ethnologie und Urgeschichte, Inv.-Nr. BGAEU Mus 14-6

Zugänge aus den Kolonien führten im Kaiserreich zu einer immensen Ausweitung des Sammlungsbestandes Berliner Museen. Ein Bundesratsbeschluss vom 21. Februar 1899 legte fest, »daß die ethnographischen und naturwissenschaftlichen Sammlungen, welche von den auf Reichskosten nach den deutschen Schutzgebie-

ten ausgerüsteten Expeditionen eingehen, nach Aussonderung der Dubletten den hiesigen [= Berliner] Königlichen Museen für Völkerkunde und Naturkunde bzw. den Botanischen Anstalten der hiesigen Universität gegen Erstattung der Anschaffungs-, Verpackungs- und Transportkosten eigenthümlich überlassen werden«. *mk*
Lit. Essner 1986

3-81 Gedenkkopf aus dem Königreich Benin

Nigeria, vor 1899
Bronze, Höhe 53, Durchmesser 32
Staatliche Museen zu Berlin, Ethnologisches Museum, Inv.-Nr. III C 10467

Das Königreich Benin, im heutigen Nigeria gelegen, war 1897 Ziel einer britischen »Strafexpedition«. Die Hauptstadt des Reiches wurde geplündert, Kunstschätze aus dem Königspalast als Kriegsbeute nach England gebracht. Über den Kunsthandel gelangten die Objekte schließlich in europäische und außereuropäische Museen, so auch nach Berlin. Der deutsche Konsul überreichte Kaiser Wilhelm II. zwei Leopardenfiguren als Geschenk. Während in der Presse das zerstörte Reich zumeist als »barbarisch« dargestellt wurde, um die Gewalt der europäischen Kolonialmacht zu rechtfertigen, konzentrierte sich die Fachwelt auf die Diskussion um eine Neubewertung afrikanischer Kunst. *mk*
Lit. Plankensteiner (Hg.) 2007

3-82 Deutsche Kolonialausstellung

In: Berlin und seine Arbeit. Amtlicher Bericht der Berliner Gewerbe-Ausstellung 1896
Berlin, 1901, Fritz Kühnemann (Hg.)
Staatsbibliothek zu Berlin – Preußischer Kulturbesitz, Sign. 50 MB 5138

1896 fand im Rahmen der Berliner Gewerbeausstellung im Treptower Park die »1. Deutsche Kolonialausstellung« statt. Die teils mithilfe der Kolonialabteilung des Auswärtigen Amtes zusammengetragenen Exponate aus Anthropologie, Ethnografie, Geologie, Zoologie und Botanik bildeten später den Grundstock der Sammlungen des Deutschen Kolonialmuseums. Auch in den Kolonien angeworbene Eingeborene wurden während der Ausstellung zur Schau gestellt. *mk*
Lit. Bezirksamt Treptow von Berlin (Hg.) 1996; van der Heyden/Zeller (Hg.) 2002

3-83 Zielpunkte des Deutschen Kolonialwesens. Zwei Vorträge

Berlin, 1907, Bernhard Dernburg
Druck
Staatsbibliothek zu Berlin – Preußischer Kulturbesitz, Sign. Sa 5923/182 (6)

Kolonisation, so Bernhard Dernburg in seinem Vortrag, »heißt die Nutzbarmachung des Bodens, seiner Schätze, der Flora, der Fauna und vor allem der Menschen zugunsten der Wirtschaft der kolonisierenden Nation, und diese ist dafür zu der Gegengabe ihrer höheren Kultur, ihrer sittlichen Begriffe, ihrer besseren Methode verpflichtet«. Zu den wesentlichen Mitteln, um dieses Ziel zu erreichen, zählte er die »fortgeschrittene theoretische und angewandte Wissenschaft auf allen Gebieten«. *mk*

3-84 Historische Fotografien zu Kolonialismus und Imperialismus

a) Massai-Krieger aus Ostafrika, zur Schau gestellt auf der »Deutschen Kolonialausstellung« im Treptower Park
Franz Kullrich, 1896
Reproduktion
Bildagentur für Kunst, Kultur und Geschichte (bpk), Inv.-Nr. 30024676
b) Frauen und Männer aus Togo, zur Schau gestellt auf der »Deutschen Kolonialausstellung« im Treptower Park
Franz Kullrich, 1896
Reproduktion
Bildagentur für Kunst, Kultur und Geschichte (bpk), Inv.-Nr. 30024678
c) Einheimische Männer beim Tragen eines Stuhls mit Bernhard Dernburg (Originaltitel: Exzellenz Dernburg in Ostafrika, 1907 In der Machilla)
1907
Reproduktion
Bundesarchiv, Koblenz, Inv.-Nr. Bild 146-1984-041-07
d) Schleppkähne auf der Spree, im Hintergrund das Deutsche Kolonialmuseum, Landesausstellungsgebäude und Lehrter Bahnhof
Stengel, um 1899
Reproduktion
Bildagentur für Kunst, Kultur und Geschichte (bpk), Inv.-Nr. 40004594
e) Haupteingang des Museums für Meereskunde
Reproduktion
Deutsches Technikmuseum Berlin, Inv.-Nr. VI.1.001 Q 01 002
f) Besuchergruppe im Museum für Meereskunde
Reproduktion
Deutsches Technikmuseum Berlin, VI.1.001 Q 03 009

Museum und Propaganda

1899 wurde in Berlin das Deutsche Kolonialmuseum eröffnet. Sein Ziel war es, für die Kolonialbewegung zu werben. Ausgestellt waren neben importierten Rohstoffen und Exportwaren auch Ethnographica aus den »Deutschen Schutzgebieten« sowie militärische Trophäen. Auch die Missionsarbeit in Übersee wurde thematisiert. Während das Kolonialmuseum in privater Trägerschaft, ohne wissenschaftlichen Anspruch geführt wurde, war das 1900 gegründete und 1906 eröffnete Museum und Institut für Meereskunde eng mit dem Geografischen Institut der Friedrich-Wilhelms-Universität verbunden. Neben seinen ozeanografischen Bildungs-

und Forschungsaufgaben diente das Meereskundemuseum als Propagandamittel für die deutsche Flottenpolitik. Beide Einrichtungen existieren heute nicht mehr. Sie wurden 1915 bzw. 1946 aufgelöst. Ihre Bestände sind verloren oder wurden von anderen Museen übernommen. *mk*
Lit. Bredekamp/Brüning/Weber (Hg.) 2000; Möbius (Hg.) 1983; Zeller 2002

3-85 Objekte aus der Sammlung des ehemaligen Deutschen Kolonialmuseums

a) Helmmaske der Duala (Gebiet: heutiges Kamerun)
vor 1917
76 x 32
Linden-Museum Stuttgart, Staatliches Museum für Völkerkunde, Inv.-Nr. 103933
b) Schwert mit Scheide (Gebiet: heutiges Ruanda)
vor 1917
54 x 5 / 48 x 5
Linden-Museum Stuttgart, Staatliches Museum für Völkerkunde, Inv.-Nr. 103651 a-b
c) Koranschultafel (Gebiet: heutiges Togo)
vor 1917
34 x 14,5
Linden-Museum Stuttgart, Staatliches Museum für Völkerkunde, Inv.-Nr. 103616
d) Melkgefäß der Herero (Gebiet: heutiges Namibia)
vor 1917
15 x 15 x 15
Linden-Museum Stuttgart, Staatliches Museum für Völkerkunde, Inv.-Nr. 104430 b

3-86 Objekte aus der Sammlung des ehemaligen Museums für Meereskunde

a) Schiffstachometer
Um 1900, Fa. J. Bundschuh
41 x 12 x 24
Deutsches Technikmuseum Berlin, Inv.-Nr. 1/1991/0160
b) Marinekompass, M-332 Modell 94
Letztes Viertel 19. Jahrhundert, Fa. Bamberg
22 x 37 x 37
Deutsches Technikmuseum Berlin, Inv.-Nr. 1/1991/0153

3-87 Werbeplakat des Deutschen Kolonialmuseums

Berlin, 1900, Carl Schnebel
Lithografie, 74 x 46
Staatliche Museen zu Berlin, Kunstbibliothek, Sign. DI Schnebel, Carl 14030724 [Kat.-Nr. 2945]

3-88 »Wie Schiffe entstehen und vergehen« (Wissenschaftliches Theater für Meereskunde)

Berlin, 1908, Hans Bohrdt
Farblithografie, 69,5 x 94
Staatliche Museen zu Berlin, Kunstbibliothek

3-89 Deutsche Armee- Marine- u. Kolonial-Ausstellung

Berlin, 1907, Rudolph Hellgrewe
Farblithografie, 72 x 47,5
Münchner Stadtmuseum, Inv.-Nr. A/14/38

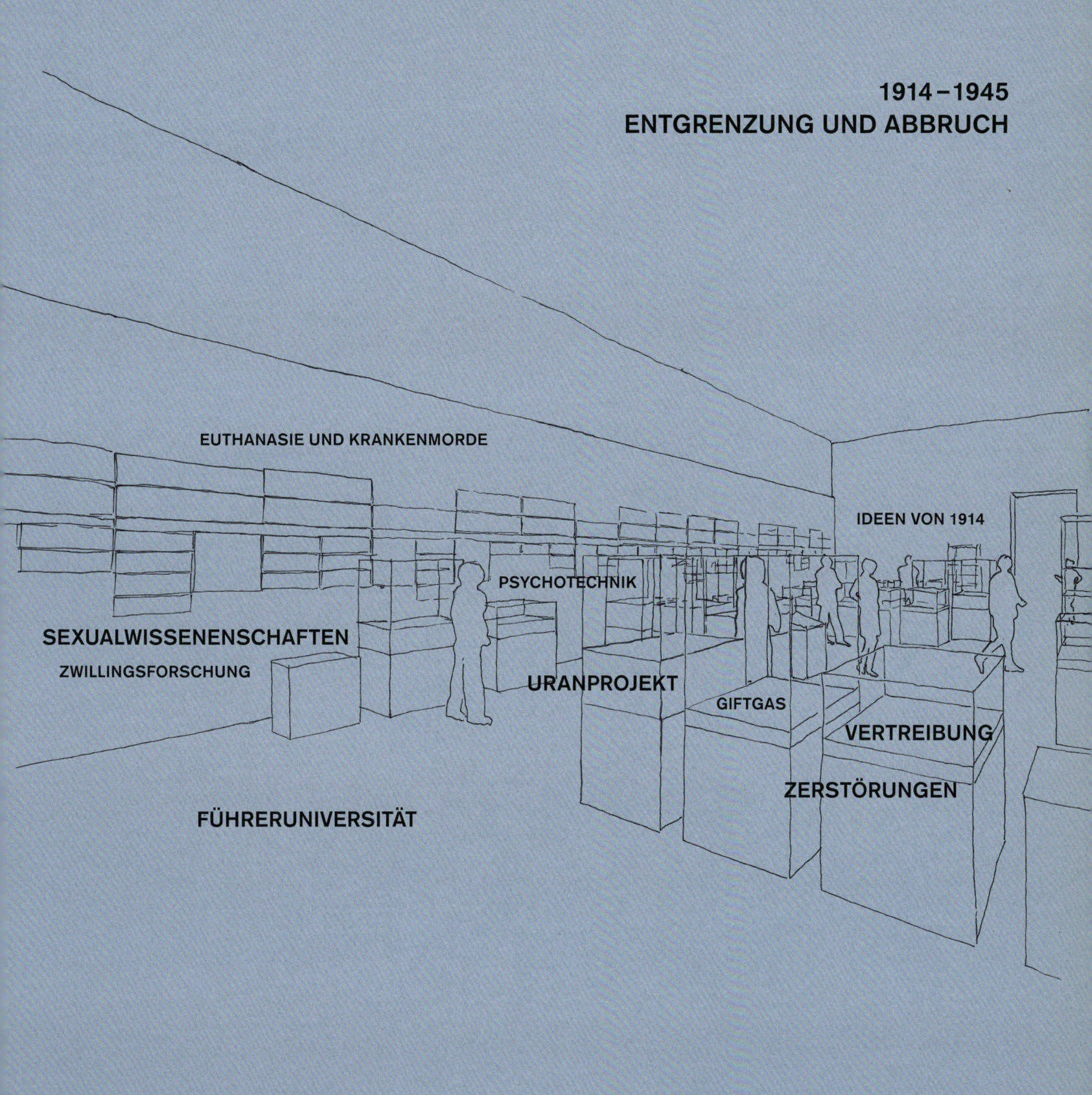

1914–1945
ENTGRENZUNG UND ABBRUCH

EUTHANASIE UND KRANKENMORDE

IDEEN VON 1914

PSYCHOTECHNIK

SEXUALWISSENENSCHAFTEN

ZWILLINGSFORSCHUNG

URANPROJEKT

GIFTGAS

VERTREIBUNG

ZERSTÖRUNGEN

FÜHRERUNIVERSITÄT

»STURZ IN EINE NEUE, UNERGRÜNDLICH TIEFE WELT«. GLANZ, ELEND UND GEWISSENLOSIGKEIT DER WISSENSCHAFT IN BERLIN IM ZEITALTER DER WELTKRIEGE

Christoph Jahr

Im Sommer 1914 war Berlin das Zentrum der Wissenschaft in Deutschland und einer der wichtigsten Forschungsstandorte der Welt. 31 Jahre später lag die Stadt in Trümmern – und mit ihr die Wissenschaft. Der Sturz war tief. Wie war es dazu gekommen? Eine der Ursachen war der Erste Weltkrieg, denn er bedeutete den weitgehenden Abbruch der internationalen wissenschaftlichen Kommunikation. Viele Professoren gaben von Katheder und Schreibtisch aus dem Krieg einen höheren Sinn und sprachen von den »Ideen von 1914« als undeutsch diffamierten »Ideen von 1789«, den Prinzipien der Französischen Revolution: Freiheit, Gleichheit, Brüderlichkeit. Zahlreiche Berliner Geistesgrößen wie Gustav Schmoller, Franz von Liszt oder Adolf von Harnack unterzeichneten den Aufruf der 93 »An die Kulturwelt«, in dem sie den »deutschen Militarismus« priesen, ohne den »die deutsche Kultur längst vom Erdboden getilgt« wäre. Weiter hieß es: »Deutsches Heer und deutsches Volk sind eins.«[1]

Auch »Heer und deutsche Wissenschaft«, muss man ergänzen. August Bier entwickelte an der Charité den neuen, ab 1916 eingesetzten Stahlhelm für die deutsche Armee, Fritz Haber das im Frühjahr 1915 erstmals vor Ypern eingesetzte Giftgas, was ihn 1918 auf die alliierte Kriegsverbrecherliste brachte. Wilhelm Doegen, seit 1916 Leiter der Lautabteilung der Berliner Staatsbibliothek, sammelte Tonaufnahmen in 250 Sprachen in Kriegsgefangenenlagern. Felix von Luschan, seit 1911 ordentlicher Professor auf dem ersten Lehrstuhl für Anthropologie in Berlin und ab 1917 Direktor des Königlichen Museums für Völkerkunde, nahm anthropologische Messungen an Kriegsgefangenen vor. Dieser »wissenschaftlich fundierte« Rassismus floss auch in die Propaganda gegen die Kriegsgegner ein. Selbst der Historiker Hermann Oncken, sonst kein chauvinistischer Scharfmacher, warf den Engländern vor, durch den Einsatz von Kolonialtruppen in Europa »einen niemals wieder abzuwaschenden Verrat an der weißen Kultur«[2] begangen zu haben.

Nur wenige widerstanden dem chauvinistischen Taumel. Albert Einstein, im Frühjahr 1914 als Akademiemitglied nach Berlin gekommen, wirkte an dem von dem Mediziner Georg Friedrich Nicolai initiierten, mangels Unterstützung freilich nie veröffentlichten »Aufruf an die Europäer« mit, in dem vor einem »Bruderkrieg« gewarnt wurde, der »kaum einen Sieger, sondern wahrscheinlich nur Besiegte zurücklassen«[3] werde. »Die internationale Katastrophe lastet schwer auf mir internationalem Menschen«[4], schrieb Einstein Ende 1914 resigniert an den österreichischen Physiker Paul Ehrenfest. Und der Theologe Ernst Troeltsch, zunächst den »Ideen von 1914« zugeneigt, stellte kurz vor Kriegsende fest: »Das ist in Preußen so üblich; vorbeugende Reformen gibt es bei der Gewaltsamkeit und Kurzsichtigkeit dieser Herrenschicht nicht. Ohne militärische Niederlage sind keine Reformen […] möglich.«[5]

1 Zit. n. Ungern-Sternberg, Jürgen von/Ungern-Sternberg, Wolfgang von: Der Aufruf »An die Kulturwelt!«. Das Manifest der 93 und die Anfänge der Kriegspropaganda im Ersten Weltkrieg, Stuttgart 1996, S. 158.
2 Zit. n. Koller, Christian: »Von Wilden aller Rassen niedergemetzelt«. Die Diskussion um die Verwendung von Kolonialtruppen in Europa zwischen Rassismus, Kolonial- und Militärpolitik (1914–1930), Stuttgart 2001, S. 122.
3 Zit. n. Ungern-Sternberg: Der Aufruf »An die Kulturwelt!«, S. 63.
4 Zit. n. Einstein, Albert: Über den Frieden. Weltordnung oder Weltuntergang?, hg. von Otto Nathan/Heinz Norden, Neu-Isenburg 2004, S. 20.
5 Zit. n. Fromm, Eberhard: Religionsphilosoph der christlichen Kulturwelt? Ernst Troeltsch, in: Berlinische Monatsschrift 7, 1998, S. 37.

Die Niederlage kam, die Reformen blieben dagegen weitgehend aus. Mehrheitlich wollten sich die Wissenschaftler, wie die anderen Eliten aus Militär, Verwaltung und Wirtschaft, nicht mit der neuen, republikanisch-demokratischen Ordnung der Weimarer Republik anfreunden. Stattdessen sollte, wie schon nach Preußens Niederlage 1806, die Wissenschaft dazu dienen, den wirtschaftlichen und politischen Niedergang zu kompensieren. Zu diesem Zweck wurde Ende 1920 auf Anregung von Fritz Haber und ihrem ersten Präsidenten Friedrich Schmidt-Ott die »Notgemeinschaft der Deutschen Wissenschaft« als Zusammenschluss der wichtigsten wissenschaftlichen Institutionen und Verbände gegründet. Mit dieser 1929 in Deutsche Forschungsgemeinschaft umbenannten Institution war in Berlin ein zukunftsweisendes, von Schmidt-Ott freilich autoritär geführtes Instrument staatlicher Forschungsförderung entstanden.

Tatsächlich konnte die Wissenschaft in Berlin bald wieder an die glanzvollen Zeiten vor 1914 anknüpfen. Insbesondere für die Physik waren die 1920er-Jahre ein »goldenes Zeitalter«, in dem fast jährlich Nobelpreise an die Spree verliehen wurden, so etwa für Max Planck, dessen Quantentheorie die Physik revolutionierte. Mit dem erklärten Ziel, Deutschlands außenpolitische Isolation zu überwinden, wurde 1929 das durch öffentliche Gelder und zahlreiche Spenden aus der Industrie finanzierte »Harnack-Haus« der Kaiser-Wilhelm-Gesellschaft eingeweiht. Es war von Adolf von Harnack und Friedrich Glum als Ort des internationalen wissenschaftlichen Austausches konzipiert worden und trug viel zum »Mythos Dahlem« bei. Am anderen, dem nordöstlichen Ende der Stadt wurde 1930 in Berlin-Buch das Kaiser-Wilhelm-Institut für Hirnforschung unter Oskar Vogt errichtet, das weltweit größte und modernste Institut seiner Art; Magnus Hirschfeld gründete 1919 das erste Institut für Sexualwissenschaft und der Historiker Eckart Kehr schrieb eine bahnbrechende Dissertation über »Schlachtflottenbau und Parteipolitik«, in der er, an Karl Marx und Max Weber orientiert, die traditionelle historistische Perspektive überwand.

Während die in Berlin beheimatete Wissenschaft international Triumphe feierte und neue Wege beschritt, schwanden gleichzeitig ihre gesellschaftlichen und politischen Grundlagen. So lobte Kehrs Doktorvater Friedrich Meinecke, der immerhin als ein »Vernunftrepublikaner« galt, dessen Arbeiten als »sehr gut, sehr interessant [...] aber schrecklich radikal. Wie soll der junge Mann nur vorwärtskommen, wenn er sich nicht mäßigt?«[6] Tatsächlich wurde, wer sich als Liberaler, als Sozialist oder gar als Pazifist zu erkennen gab, in seiner Karriere oft behindert. Nicolai, der 1914 als bekennender Pazifist Mut bewiesen hatte, wurde 1920 zur Zielscheibe pöbelnder rechtsradikaler Studenten, und auch der Senat der Berliner Universität verurteilte ihn scharf; 1922 verließ er Deutschland. Antisemitisch gefärbten Angriffen waren viele Wissenschaftler ausgesetzt, neben anderen auch der Nobelpreisträger Einstein.

Unter Anspielung auf Einsteins Relativitätstheorie schrieb der Berliner Architekt und Publizist Adolf Behne 1922 in der »Weltbühne«: »Die Leistungen der Wissenschaften haben einen neuen Charakter«, denn sie sind ein »Sturz in eine neue, unergründlich tiefe Welt, gewaltige Krisen der Erkenntnis«.[7] Auf die Erfahrungen von Krise, Unsicherheit und Umsturz in der Politik, der Gesellschaft wie auch in der Wissenschaft reagierten viele Akademiker mit einer zunehmenden politischen Radikalisierung. Nirgendwo war das deutlicher als bei den Studenten, von denen sich viele um ihre Zukunftsperspektiven gebracht wähnten. Sie suchten und fanden ihre Heimat im radikal-völkischen Lager und standen schon vor 1933 mehrheitlich dem Nationalsozia-

6 Zit. n. Wehler, Hans-Ulrich: Eckart Kehr, in: ders. (Hg.), Deutsche Historiker, Göttingen 1973, S. 103.
7 Behne, Adolf: Der Staatsanwalt schützt das Bild, in: Die Weltbühne 18, 1922, S. 545–548, zit. n. Bienert, Michael: Die eingebildete Metropole. Berlin im Feuilleton der Weimarer Republik, Stuttgart 1992, S. 71.

listischen Deutschen Studentenbund nahe. Immer wieder kam es zu organisierten Gewalttaten rechtsradikaler Studenten. »Unsere Gegner schlugen mit Reitpeitschen, Schlüsseln und Koppelschlössern auf uns ein«,[8] schilderte das Mitglied einer jüdischen Studentenverbindung einen solchen Vorfall im Januar 1932.

Als ein Jahr später Hitler zum Reichskanzler ernannt wurde, war das Programm der prügelnden Studenten zur Staatsdoktrin erhoben. Die akademische Welt zeigte sich größtenteils begeistert. Am 22. April 1933 veröffentlichte der Verband der deutschen Hochschullehrer ein von dem Berliner Pädagogikprofessor Eduard Spranger entworfenes Bekenntnis zum neuen Regime, in dem die »Wiedergeburt des deutschen Volkes« als Erfüllung der an den deutschen Hochschulen »stets glühend empfundenen Hoffnungen«[9] gefeiert wurde. Doch als Erstes glühten die Stapel der verbrannten Bücher am Abend des 10. Mai 1933 auf dem Opernplatz gegenüber der Universität. Nichts weniger als die »Ersetzung des Gebildeten durch den Typus des Soldaten«[10] forderte der frisch ordinierte Pädagogikprofessor Alfred Baeumler in seiner Antrittsvorlesung unmittelbar vor der Bücherverbrennung als geistige Quintessenz des Nationalsozialismus.

Noch katastrophalere Folgen als dieses makabre Schauspiel, das heute als Schandmal der deutschen Geisteswelt im öffentlichen Bewusstsein verankert ist, hatte das »Gesetz zur Wiederherstellung des Berufsbeamtentums« vom 7. April 1933. Auf dessen Grundlage wurden in den folgenden Jahren systematisch politisch missliebige Wissenschaftler vertrieben, vor allem wenn sie als »jüdisch« galten. Lebensläufe wurden zerstört und Forschungstraditionen abgebrochen. Der Aderlass war gewaltig, allein die Berliner Universität verlor über ein Drittel ihres Lehrkörpers durch Vertreibung und Emigration. Selbst Fritz Haber, dessen deutschnationale Haltung unzweifelhaft war, musste die Leitung seines Instituts niederlegen. Der Heidelberger Philipp Lenard, Protagonist einer »deutschen Physik« und Nobelpreisträger von 1905, jubelte im Mai 1933 im »Völkischen Beobachter« darüber, dass »der Relativitätsjude« Einstein, »dessen mathematisch zusammengestoppelte Theorie […] nun schon allmählich in Stücke zerfällt«,[11] von einem USA-Aufenthalt nicht mehr nach Deutschland zurückkehrte. Auch der Nobelpreisträger Johannes Stark lebte seinen wilden Antisemitismus in der Wissenschaft aus, diffamierte 1937 in einem »›Weiße Juden‹ in der Wissenschaft« betitelten Artikel Werner Heisenberg als »›Ossietzky‹ der Physik« und beklagte sich darüber, dass der »jüdische Geist« noch immer »Verteidiger und Fortsetzer in den arischen Judengenossen und Judenzöglingen«[12] finde. Diese Äußerungen mochten vielen Zeitgenossen absurd erschienen, aber Stark hatte 1933 als neuer Leiter der Physikalisch-Technischen Reichsanstalt in Berlin und als neuer Direktor der Deutschen Forschungsgemeinschaft ab 1934 enorme institutionelle Macht. Überall sollte nun das »Führerprinzip« gelten, Wissenschaft als »ewige Diskussion«[13] wurde für überholt erklärt, die politische Kontrolle durch das 1934 geschaffene Reichswissenschaftsministerium zentralisiert. Wirtschaftliche Autarkie und Aufrüstung zu ermöglichen, war der zentrale Beitrag der Wissenschaften zur Ausgestaltung der NS-Herrschaft, was nicht zuletzt durch die Gründung des Reichsforschungsrates im März 1937 unter General Karl Becker deutlich wurde.

Der Versuch, die Wissenschaften völlig unter Kontrolle zu bringen, gelang freilich nur teilweise, und das Regime blieb gegenüber der alten Wissenschaftselite skeptisch, war aber mangels Alternativen weiter auf sie angewiesen. Tatsächlich gab es immer wie-

8 Artikel »Die Berliner Universitätskrawalle«, in: Central-Verein-Zeitung, 5, 29.1.1932, S. 37.
9 Zit. n. Lösch, Anna-Maria von: Der nackte Geist. Die Juristische Fakultät der Berliner Universität im Umbruch von 1933, Tübingen 1999, S. 146.
10 Zit. n. Baeumler, Alfred: Männerbund und Wissenschaft, Berlin 1934, S. 129.
11 Zit. n. Schönbeck, Charlotte: Albert Einstein und Philipp Lenard. Antipoden im Spannungsfeld von Physik und Zeitgeschichte, Berlin 2000, S. 1.
12 Das Schwarze Korps, 15. 7.1937, S. 17.
13 So der Greifswalder Jurist Köttgen, Arnold: Deutsches Universitätsrecht, Tübingen 1933, S. 50.

der auch Akte der Selbstbehauptung, so etwa als Max Planck 1935 trotz des Verbots eine Gedenkfeier für den im Exil verstorbenen Fritz Haber abhielt. Eduard Spranger protestierte mit einem – bald widerrufenen – Rücktritt 1933 halbherzig gegen die Auswüchse des neuen Regimes, der Pharmakologe Otto Krayer weigerte sich als Einziger, auf einen durch die Vertreibung eines jüdischen Kollegen frei gewordenen Posten nachzurücken.

Solch offener Widerstand war jedoch die Ausnahme, Anpassung und Konjunkturrittertum überwogen. Manche verknüpften ihre Forschung mit dem aktiven Bekenntnis zur NS-Ideologie und dem Willen zur Politikgestaltung. Eugen Fischer, seit 1927 Leiter des Kaiser-Wilhelm-Instituts für Anthropologie, menschliche Erblehre und Eugenik, 1933 bis 1935 auch Rektor der Berliner Universität, verlieh der NS-Rassenideologie nicht nur wissenschaftliche Reputation, sondern war durch seine Gutachtertätigkeit und ratgebende Beteiligung an der Gesetzgebung auch an ihrer Durchsetzung beteiligt. Nicht ohne Berechtigung konnte daher sein Schüler und Nachfolger als Institutsdirektor, Otmar Freiherr von Verschuer, zu Fischers siebzigstem Geburtstag verkünden, dass dessen Name »heute zum wissenschaftlichen Programm geworden« sei, weil er »an der Formung des Rassegedankens der Gegenwart als einer geistigen Voraussetzung für die Rassenpolitik des Nationalsozialismus mitgewirkt«[14] habe. Verschuers Schüler Josef Mengele unternahm im Vernichtungslager Auschwitz menschenverachtende Experimente an Häftlingen. Diese Forschungen wurden von der Deutschen Forschungsgemeinschaft finanziert sowie von Verschuer in Berlin koordiniert, wohin auch Organproben ermordeter Häftlinge zur weiteren Auswertung gelangten.

Doch auch die Geisteswissenschaften beteiligten sich am »Weltanschauungskrieg«. Die 1920 gegründete Deutsche Hochschule für Politik, die sich um die Erziehung zur Demokratie bemüht hatte, wurde erst zur regimetreuen Reichsanstalt umgeformt und 1940 schließlich als Auslandswissenschaftliche Fakultät der Universität eingegliedert. Ihr Dekan, Franz Alfred Six, war ein führender SS-Intellektueller und brachte es bis zum Chef des Amtes Gegnerforschung beim Reichssicherheitshauptamt, der Terrorzentrale des NS-Staates. Der Raumplaner Konrad Meyer, Agrarwissenschaftler an der Berliner Universität und SS-Oberführer, legte mit dem unter seiner Regie im Frühjahr 1942 in einer ersten Fassung fertiggestellten »Generalplan Ost« die planerischen Grundlagen für ein gewaltsames, in der Region Zamo in Polen versuchsweise umgesetztes Umsiedlungsprojekt in Osteuropa vor, das die Zwangsumsiedlung von über 30 Millionen Menschen vorsah.

Auch an der Militarisierung und Vorbereitung sowie Durchführung des nächsten Krieges waren zahlreiche Wissenschaftsdisziplinen beteiligt. Die Wehrwissenschaften wurden an der Universität etabliert, und im Herbst 1937 feierte man die Grundsteinlegung für den Neubau einer Wehrtechnischen Fakultät der Technischen Hochschule. Sie sollte den Kern einer gigantischen Hochschulstadt im Grunewald bilden, deren Bau jedoch 1940 kriegsbedingt eingestellt wurde. Von 1942 bis 1945 leitete Werner Heisenberg das einst für Einstein gegründete Kaiser-Wilhelm-Institut für Physik, wo er am deutschen Uranprojekt des Heereswaffenamtes beteiligt war, das auch auf den militärischen Einsatz der Kernenergie hinarbeitete.

14 Zit. n. Gessler, Bernhard: Eugen Fischer (1874–1967). Leben und Werk des Freiburger Anatomen, Anthropologen und Rassenhygienikers bis 1927, Frankfurt am Main 2000, S. 1.

Als die Reichshauptstadt am 2. Mai 1945 kapitulierte, fand das NS-Regime sein Ende. Viele Wissenschaftler hatten die verlockenden Möglichkeiten ergriffen, die ihnen ein vom ersten Tag an erkennbar verbrecherisches System geboten hatte. Niemand musste sich dafür als fanatischer Nationalsozialist präsentieren, es hatte genügt, sich auf den Standpunkt vermeintlich wertfreier Wissenschaft zurückzuziehen. Im Zeitalter der Weltkriege hatte sich jedoch nicht nur in Berlin – aber auch dort – sehr drastisch gezeigt, dass Wissenschaft und Barbarei keine unüberbrückbaren Gegensätze sind, sondern zwei Seiten derselben Medaille sein können, wenn ethische Schranken fehlen oder systematisch abgebaut werden. Opportunismus, Karrierestreben und Geltungsdrang sind normale Erscheinungen des Wissenschaftsbetriebs, doch im »Zeitalter der Extreme« (Eric Hobsbawm) ist deutlich geworden, dass dieses »normale« Verhalten in einer Epoche des permanenten Ausnahmezustandes ein ungeahntes Zerstörungspotenzial entfalten kann. Allzu viele Wissenschaftler hatten das nicht klar genug erkannt, keine erkennbaren Konsequenzen daraus gezogen oder sogar davon profitiert. Der Absturz von den Idealen, auf die sich die Wissenschaft seit Humboldt berufen hatte, hätte drastischer nicht sein können.

Literatur:

Bruch, Rüdiger vom/Tenorth, Heinz-Elmar (Hg.): Geschichte der Universität zu Berlin, 1810–2010: Biographie einer Institution, Bd. 2: 1918–1945, Berlin 2011.

Bruch, Rüdiger vom/Jahr, Christoph, in Zusammenarbeit mit Rebecca Schaarschmidt (Hg.): Die Berliner Universität in der NS-Zeit, 2 Bde., Stuttgart 2005.

Fischer, Wolfram (Hg.): Die Preußische Akademie der Wissenschaften zu Berlin 1914–1945, Berlin 2000.

Flachowsky, Sören: Von der Notgemeinschaft zum Reichsforschungsrat. Wissenschaftspolitik im Kontext von Autarkie, Aufrüstung und Krieg, Stuttgart 2008.

Hammerstein, Notker: Die Deutsche Forschungsgemeinschaft in der Weimarer Republik und im Dritten Reich. Wissenschaftspolitik in Republik und Diktatur 1920–1945, München 1999.

Maier, Helmut: Forschung als Waffe. Rüstungsforschung in der Kaiser-Wilhelm-Gesellschaft und das Kaiser-Wilhelm-Institut für Metallforschung 1900–1945/48, Göttingen 2007.

Vierhaus, Rudolf/Brocke, Bernhard vom (Hg.): Forschung im Spannungsfeld von Politik und Gesellschaft. Geschichte und Struktur der Kaiser-Wilhelm-/Max-Planck-Gesellschaft. Aus Anlaß ihres 75jährigen Bestehens, Stuttgart 1990.

Für Anregungen und Kritik danke ich Susanne Kiewitz.

Die »Ideen von 1914«

Als der Erste Weltkrieg begann, wurde er anfangs von vielen unterstützt. Das »Augusterlebnis«, eine durch den Krieg ausgelöste nationale Aufbruchstimmung, war ein Massenphänomen. Die Begeisterung reichte bis in die Universitäten, denn diesem Krieg wurde eine schöpferische Kraft zugeschrieben, die das Deutsche Reich erneuern sollte. Grausamkeiten und Unrechtmäßiges verdrängte man zunächst. Wissenschaftler und Intellektuelle bezogen Stellung für das Kaiserreich. Folgenreich für die internationalen Wissenschaftsbeziehungen war etwa der Aufruf »An die Kulturwelt!«. Initiiert von den Autoren Ludwig Fulda und Hermann Sudermann, leugnete der von 93 Personen unterzeichnete Text die Zerstörungen von Kulturgut in Belgien.

Spätestens ab 1916 begann der »Geist von 1914« zu zerfallen. Der im Juli 1917 befohlene »Vaterländische Unterricht« sollte die Stimmung unter den Soldaten beeinflussen. Auch Berliner Wissenschaftler, wie Richard Seeberg und Ulrich von Wilamowitz-Moellendorff, beteiligten sich mit Vorträgen. *jf*

4-1 **An die Kulturwelt!**

4. Oktober 1914
Druck, 26,5 x 21
Berlin-Brandenburgische Akademie der Wissenschaften, Akademiearchiv, NL E. Meyer, Nr. 331

4-2 **An unser Volk!**

Aufruf von Professoren der Friedrich-Wilhelms-Universität
Berlin, 19. Juli 1916, Ulrich von Wilamowitz-Möllendorf, Otto von Gierke, Wilhelm Kahl, Eduard Meyer, Dietrich Schäfer, Reinhold Seeberg, Adolf Wagner
Druck, 29,5 x 23
Bibliothek für Zeitgeschichte in der Württembergischen Landesbibliothek Stuttgart, Sammlung Dokumente 1914–1918

4-3 **Konvolut von 18 Feldpostkarten**

1913–1915, Hans Meder
Manuskript, je 9 x 14
Museum für Kommunikation Berlin, Inv.-Nr. 3.2002.9108

4-4 **Studenten feiern die Kriegserklärung Unter den Linden**

Berlin, 1. August 1914
Fotografie
ullstein bild, Berlin, Bild-Nr. 40083703

4-5 **Vaterländischer Unterricht. Vorträge deutscher Gelehrter über deutsches Geistesleben**

Reval, 19. April–11. Mai 1918, Oberkommando der 8. Armee
Druck, 37 x 23
Berlin-Brandenburgische Akademie der Wissenschaften, Akademiearchiv, NL E. Meyer, Nr. 338

4-6 **Anträge auf Ausschluss ausländischer Mitglieder aus der Königlich Preußischen Akademie der Wissenschaften. Vorlage für die Gesamtsitzung am 22. Juli 1915**

Berlin, 16. Juli 1915
Druck, 26,4 x 20,9
Berlin-Brandenburgische Akademie der Wissenschaften, Akademiearchiv, NL E. Meyer, Nr. 331

Nachdem deutsche Mitglieder aus englischen und belgischen Akademien sowie der Académie Française ausgeschlossen wurden, stellten einige Wissenschaftler der Preußischen Akademie den Antrag, ihrerseits ausländische Mitglieder auszuschließen. Mehrere Anträge wurden eingereicht, die man in der Folge ihres Eingangs auflistete. Der Althistoriker Eduard Meyer etwa plädierte für den Ausschluss von Ausländern, der Physiker Max Planck wollte die Entscheidung bis Kriegsende vertagen. *jf*

4-7 **Feldpost-Brief von Otto Hahn an seine Frau**

Warneton, Belgien, 5. Dezember 1914, Otto Hahn
Manuskript, 18,5 x 14,5
Stiftung Deutsches Historisches Museum, Berlin, Inv.-Nr. Do2 98/587

Der Chemiker Otto Hahn absolvierte seinen Militärdienst in der von seinem Fachkollegen Fritz Haber geleiteten Abteilung für chemische Kriegsführung. In dem Feldpostbrief beschreibt Hahn sein Ge-

AN DIE KULTURWELT!

Wir als Vertreter deutscher Wissenschaft und Kunst erheben vor der gesamten Kulturwelt Protest gegen die Lügen und Verleumdungen, mit denen unsere Feinde Deutschlands reine Sache in dem ihm aufgezwungenen schweren Daseinskampfe zu beschmutzen trachten. Der eherne Mund der Ereignisse hat die Ausstreuung erdichteter deutscher Niederlagen widerlegt. Um so eifriger arbeitet man jetzt mit Entstellungen und Verdächtigungen. Gegen sie erheben wir laut unsere Stimme. Sie soll die Verkünderin der Wahrheit sein.

Es ist nicht wahr, daß Deutschland diesen Krieg verschuldet hat. Weder das Volk hat ihn gewollt noch die Regierung noch der Kaiser. Von deutscher Seite ist das Äußerste geschehen, ihn abzuwenden. Dafür liegen der Welt die urkundlichen Beweise vor. Oft genug hat Wilhelm II. in den 26 Jahren seiner Regierung sich als Schirmherr des Weltfriedens erwiesen; oft genug haben selbst unsere Gegner dies anerkannt. Ja, dieser nämliche Kaiser, den sie jetzt einen Attila zu nennen wagen, ist jahrzehntelang wegen seiner unerschütterlichen Friedensliebe von ihnen verspottet worden. Erst als eine schon lange an den Grenzen lauernde Übermacht von drei Seiten über unser Volk herfiel, hat es sich erhoben wie ein Mann.

Es ist nicht wahr, daß wir freventlich die Neutralität Belgiens verletzt haben. Nachweislich waren Frankreich und England zu ihrer Verletzung entschlossen. Nachweislich war Belgien damit einverstanden. Selbstvernichtung wäre es gewesen, ihnen nicht zuvorzukommen.

Es ist nicht wahr, daß eines einzigen belgischen Bürgers Leben und Eigentum von unseren Soldaten angetastet worden ist, ohne daß die bitterste Notwehr es gebot. Denn immer wieder und immer wieder, allen Mahnungen zum Trotz, hat die Bevölkerung sie aus dem Hinterhalt beschossen, Verwundete verstümmelt, Ärzte bei der Ausübung ihres Samariterwerkes ermordet. Man kann nicht niederträchtiger fälschen, als wenn man die Verbrechen dieser Meuchelmörder verschweigt, um die gerechte Strafe, die sie erlitten haben, den Deutschen zum Verbrechen zu machen.

Es ist nicht wahr, daß unsere Truppen brutal gegen Löwen gewütet haben. An einer rasenden Einwohnerschaft, die sie im Quartier heimtückisch überfiel, haben sie durch Beschießung eines Teils der Stadt schweren Herzens Vergeltung üben müssen. Der größte Teil von Löwen ist erhalten geblieben. Das berühmte Rathaus steht gänzlich unversehrt. Mit Selbstaufopferung haben unsere Soldaten es vor den Flammen bewahrt. — Sollten in diesem furchtbaren Kriege Kunstwerke zerstört

4-14

burtstagsgeschenk für seine Ehefrau Edith: »eine kleine Musterkollektion des wichtigsten Gebrauchsgegenstandes des Krieges« – scharfe Patronen deutscher, englischer, französischer und belgischer Produktion, denen Hahn »großen ideellen Wert« zuschrieb. *jf*

4-8 »Meine Meinung über den Krieg«
23. Oktober – 11. November 1915, Albert Einstein
Manuskript, 29 x 21
Staatsbibliothek zu Berlin – Preußischer Kulturbesitz, Handschriftenabteilung, Slg. Darmstaedter, F 1e 1908: Einstein, Albert, Bl. 9–10

Der Berliner »Goethebund«, eine 1900 unter anderem von Theodor Mommsen gegründete Vereinigung deutscher Wissenschaftler und Künstler, beteiligte sich an der Kriegspropaganda des Deutschen Reiches. In einem Sammelband wurden Texte von mehr als 120 Autoren veröffentlicht, die von ausgeprägtem Nationalismus zeugen. Der Beitrag Albert Einsteins unterschied sich grundlegend von den übrigen: Er warnte vor dem Krieg. Sein Text wurde für die Publikation in Buchform abgemildert. *jf*

Fritz Haber: Die Entwicklung chemischer Waffen

Bereits kurz nach Kriegsbeginn 1914 zeichnete sich durch die britische Seeblockade eine Munitionskrise des Deutschen Reichs ab. Daher setzten Forschungen nach synthetischen Alternativen zu den natürlich begrenzten Rohstoffen ein. Fritz Habers Arbeit am Kaiser-Wilhelm-Institut für physikalische Chemie bildete die Grundlage für die chemischen Massenvernichtungswaffen des deutschen Militärs. Neben der Entwicklung der Giftgase prägte Haber als Leiter der chemischen Abteilung des Kriegsministeriums auch die Technik ihrer Anwendung. Im Frühjahr 1915 entschloss sich das deutsche Militär zum Einsatz von Chlorgas an der Front. Haber leitete den ersten Giftgaseinsatz am 22. April 1915 im belgischen Ypern persönlich. Tausende Soldaten starben. Die deutschen Giftgasangriffe verstießen gegen das geltende Kriegs- und Völkerrecht. Haber wurde zum Hauptmann ernannt.
1916 wurde Habers Institut dem Militär unterstellt und personell verstärkt. Seit Februar 1916 arbeitete es ausschließlich

für die Heeresverwaltung, die für alle Kosten aufkam. Die Herstellung der Massenvernichtungswaffen erfolgte zu einem großen Teil bei den Farbenfabriken Bayer sowie bei der Farbwerke Hoechst AG. *jf*
Lit. Stoltzenberg 1994; Szöllösi-Janze 1998

4-9 Zweiseitiges Schreiben Habers an die Direktion der Farbwerke Hoechst AG
Berlin, 30. Mai 1916, Fritz Haber
Typoskript (Reproduktion), 29,6 x 20,9
Archiv der Max-Planck-Gesellschaft, Berlin-Dahlem, Inv.-Nr. VI. Abt., HA, Bildersammlung, Bild-Nr. 5/XIII

4-10 Giftgastests: Fritz Haber und Oberst Goslich
1914–1918
Fotografie, 8 x 12
Archiv der Max-Planck-Gesellschaft, Berlin-Dahlem, Inv.-Nr. VI. Abt., HA, Bildersammlung, Bild-Nr. 9

4-11 Therapie der Kampfgasvergiftungen
1918
Broschur, 15,7 x 10
Archiv der Max-Planck-Gesellschaft, Berlin-Dahlem, Inv.-Nr. VI. Abt., Rep. 5, Mappe 524

4-12 **7,5-cm-Gassprenggranate c/96**

Nachträglich bemalt, Höhe 30,5, Durchmesser 7,8
Militärhistorisches Museum der Bundeswehr, Dresden,
Inv.-Nr. BAAZ5561

4-13 **Gasmaske**

1917
Glas, gummierter Stoff, Filter, 24 x 13 x 13,5
Bayerisches Armeemuseum Ingolstadt

4-14 **Deutsche Soldaten im Gaskrieg an der Westfront**

Flandern, 1. Januar 1915
Fotografie
ullstein bild, Berlin, Bild-Nr. 00013722

4-15 **Wachsmoulage einer Hirnhälfte**

Schöneiche, um 1910–1940, Fritz Kolbow Lehrmittel-
werkstätten
Wachs, 15 x 12 x 5
Berliner Medizinhistorisches Museum der Charité,
Inv.-Nr. 2007/M65

Bei ab Mai 1915 folgenden Gasangriffen gegen russische Truppen fügte das deutsche Militär dem Chlorgas das noch wesentlich giftigere Phosgen bei. Phosgen blockiert wichtige Stoffwechselprozesse im menschlichen Körper. Die Moulage zeigt eine Stauungsblutung im Gehirn infolge einer Phosgenvergiftung. Zudem musste nun ein Schutz gegen die selbst und später auch von anderen Staaten eingesetzten Kampfstoffe entwickelt und die neuen Schutzgeräte den Soldaten zur Verfügung gestellt werden. *jf*

Medizin und Erster Weltkrieg

Im Ersten Weltkrieg wurde die Medizin zum festen Bestandteil eines industriell geführten Krieges.

Die Durchsicht medizinischer Fachzeitschriften der Jahre 1914–1918 zeigt fast ausschließlich Artikel, die sich mit den Folgen des Krieges befassen. Dabei ging es nicht nur um Lazarette, Verwundungen, Amputationen und Prothesen, sondern auch um Tuberkulose in Massenquartieren, Geschlechtskrankheiten, Seuchen und Kriegsneurosen. Musterungsuntersuchungen und Obduktionen lieferten statistische Daten über den Gesundheitszustand erwachsener Männer im Alter von 18 bis 40 Jahren, deren Auswertung noch Jahre nach Kriegsende nicht abgeschlossen war.

Im Verlauf des Krieges rückten sozialmedizinische Aspekte in den Vordergrund: Hunger, die Wiedereingliederung Schwerverwundeter, Geburtenrückgang und Sexualität. Kritische Stimmen wurden lauter. Mediziner empörten sich über eine vom Staat als Milchersatz empfohlene Säuglingsnahrung aus Malzbrei und diskutierten die Lockerung des Abtreibungsparagrafen 218. *po*

4-16 **Entwicklung des Stahlhelms**

a) Stahlhelm Modell 1916 (M1916)
Deutschland, 1916–1918
Modell aus gezogenem Stahl und Leder,
17,5 x 31 x 23
Bayerisches Armeemuseum Ingolstadt

b) Kiefermoulage: Zustand nach einer Schuss-
verletzung
1914–1919
Wachs, Tuch, Holz, Metall, 29,5 x 29,8 x 2,1 (Platte),
22,7 x 23,2 x 12,4 (Moulage)
Berliner Medizinhistorisches Museum der Charité,
Inv.-Nr. M 2

Am 30. Januar 1916 wurden in Verdun 30 000 moderne Stahlhelme getestet. Form und Funktion waren das Ergebnis wissenschaftlicher Forschung. Die Initiative zur Entwicklung des Stahlhelms ging von dem Berliner Chirurgen August Bier aus, der seit Kriegsbeginn Feldlazarette an der Westfront leitete und den Generalstab mit Nachdruck aufforderte, die Schädel aller Frontsoldaten durch Metallkappen zu schützen. Bier hatte mit Friedrich Schwerd, Professor für Werkzeugmaschinen, zuvor mit Magneten experimentiert, die Granatsplitter aus dem Hirngewebe entfernen sollten. Nun erhielt Schwerd den Auftrag, einen Helm zu entwickeln. Sein Entwurf aus Chrom-Nickel-Stahl mit seitlich eingeschraubten Luftlöchern überzeugte das Kriegsministerium, weil er in nur sechs Arbeitsschritten kostengünstig industriell herzustellen war. Die hohe Helmglocke und der weit geschwungene Schutz an Nacken und Hals verliehen dem Stahlhelm eine klassische Anmutung: Er verkörperte technischen Fortschritt und moderne Kriegsführung, sodass er zum Symbol für nationalen Pathos und Soldatentum wurde. *po/tk*

4-17 **Lumbalpunktionsbesteck**

Firma AESCULAP, Tuttlingen/Berlin, 1910–1930
Metall, Glas, 7,5 x 15 x 3,2 (Besteckkasten),
9 x 1,5 x 1,5 (Spritze)
Privatbesitz

Die von August Bier 1899 in der »Zeitschrift für Chirurgie« vorgestellte »Cocainisierung des Rückenmarks« ermöglichte Amputationen und umfangreiche Operationen in örtlicher Betäubung. Bier und sein Assistent Hildebrand hatten sich in Selbstversuchen unter örtlicher Betäubung gegenseitig Blutergüsse und Hodenquetschungen beigebracht, ohne dabei Schmerz zu verspüren. Im Ersten Weltkrieg wurde die sogenannte Leitungsanästhesie dann zum Nothelfer der Frontchirurgie, denn Kokain wirkt auch an großen Nervensträngen. Jenseits der Injektionsstelle liegende Körperregionen wurden für Stunden schmerzunempfindlich. *po*

Prothetik: Ferdinand Sauerbruch

Der prominenteste Chirurg der Berliner Charité, Ferdinand Sauerbruch, erlebte

4-16

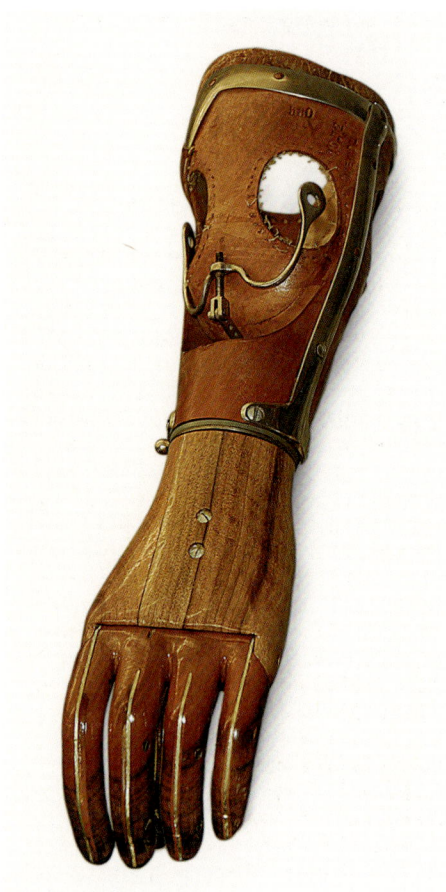

4-18

seinen wissenschaftlichen Durchbruch schon als Assistent. Er konstruierte eine Unterdruckkammer, mithilfe derer Operationen am geöffneten Brustkorb und damit erstmals Eingriffe an Herz und Lungen möglich wurden. Sauerbruchs Ruhm überdauerte den kurzen Siegeszug seiner störanfälligen Apparatur.
Seine Rolle als Arzt im Ersten Weltkrieg war hingegen umstritten. Zu dieser Zeit Ordinarius in Zürich, leitete Sauerbruch Lazarette bei Straßburg und Singen – und versuchte öffentlich, Schweizer Ärzte für den kaiserlichen Lazarettdienst zu rekrutieren. Zudem missachtete er die Neutralität der Eidgenossenschaft, als er kriegswichtiges Gerät nach Deutschland ausführte. *po*
Lit. Eckart 2008

4-18 Sauerbruchprothese

1943, Ferdinand Sauerbruch
Leder, Metall und Elfenbein, 38 x 9
Deutsches Medizinhistorisches Museum, Ingolstadt, Inv.-Nr. 92/2

»Arbeitsklaue« nannte Ferdinand Sauerbruch die Unterarmprothese, die er am 13. November 1917 auf dem »Kriegsärztlichen Abend« in Berlin vorstellte. Das

Besondere der Konstruktion war ihre robuste Stabilität: Ihre Träger konnten damit nach längerem Training schwere Gegenstände heben. Vor Anpassung der Prothese war eine Operation nötig. Aus Haut und Sehnen fertigte der Chirurg dabei stabile Ösen an den Ansätzen der Streck- und Beugemuskeln des Unterarms. Dort wurden Haltestäbe eingeführt. So konnten die Muskeln mithilfe eines Seilzugs die Funktionen der Kunsthand bedienen. Eine Streckbewegung öffnete die Klaue, und ein Zahnrad arretierte den Daumen in der gewünschten Position. Der Mechanismus schonte die empfindliche Haut am Ansatz der Seilzüge, denn um die Arretierung zu lösen, musste der Arm lediglich gestreckt werden. *po*

4-19 Fotodokumentation Sauerbruch-Prothese

Abzüge der Diapositivdokumentation von Ferdinand Sauerbruch
Berlin, Oskar-Helene-Heim, 1920er-Jahre
Fotografie, 46,6 x 31,8
Institut für Geschichte der Medizin, Charité – Universitätsmedizin Berlin, Dok.-Nr. 606

Hunderte von Schautafeln dokumentieren die Behandlung von Soldaten des Ersten Weltkriegs in sogenannten Speziallazaretten und zeigen die Rekonstruktion von Gesichtern und den Heilungsprozess schwerer Verwundungen. Die Bilder dienten der medizinischen Ausbildung, der Verlaufskontrolle sowie der Propaganda. Fotografien »schaurig aufklaffender Wunden«, so ein zeitgenössischer Bericht, wurden sogar in öffentlichen Kriegsausstellungen gezeigt. Die Leiden der Verwundeten sollten an der »Heimatfront« Solidarität hervorrufen, Wut auf den Feind schüren und die Fortschritte der Medizin wie auch die Fürsorge des Staates vorführen. Diese Tafel zeigt in Berlin hergestellte Sauerbruch-Prothesen, die von Orthopädiemechanikern angepasst wurden. *po*

4-20 Die willkürlich bewegbare künstliche Hand

1937, Ferdinand Sauerbruch, Produktion: Reichsstelle für Unterrichtsfilm
Stummfilm, s/w, 7:30 min.
Bundesarchiv-Filmarchiv, Berlin

Für einen Lehrfilm des NS-Reichserziehungsministeriums ließ Sauerbruch seine Prothese von einem armamputierten Soldaten vorführen. Der Film wurde nur einem ausgewählten Publikum gezeigt, denn das Propagandaministerium verbot die bildliche Darstellung von Verwundeten und Kriegsopfern. Jahrelange Übung war erforderlich, um eine Prothese mit der im Film gezeigten Selbstverständlichkeit zu bedienen. In Speziallazaretten

wurde Verwundeten diese Disziplin abverlangt. Bereits bei der Amputation wurde die Länge des verbleibenden Armstumpfs der zukünftigen Prothese angepasst. Die erneute Einsatzfähigkeit war oberstes Ziel der Lazarettversorgung. *po*

Die Rehabilitation verwundeter Soldaten im Ersten Weltkrieg.

Im Januar 1915 veröffentlichten mehrere Tageszeitungen »Leitsätze zur Kriegskrüppelfürsorge«, sie lauteten:
»1. Keine Wohltat, sondern Arbeit für verkrüppelte Krieger.
2. Zurückschaffung in die Heimat und die alten Verhältnisse, wo möglich die alte Arbeitsstelle.
3. Verstreuung unter die Masse des schaffenden Volkes, als wenn nichts geschehen wäre.
4. Es gibt kein Krüppeltum, wenn der eiserne Wille besteht, die Behinderung der Bewegungsfreiheit zu überwinden.« Rehabilitation, die Wiedereingliederung in Beruf und Gesellschaft war das oberste Ziel der »Kriegskrüppelfürsorge«. Die Bezeichnung selbst und das Konzept waren umstritten. Der Generalstab protestierte energisch dagegen, verwundete Soldaten als Krüppel zu bezeichnen. Für Mediziner bedeutete Kriegskrüppelfürsorge, die Konzepte, die sie bei körperbehinderten Kindern erprobt hatten, auf die Lazarettversorgung zu übertragen. Medizinische Behandlung war dort nur ein Bestandteil der Therapie. Handfertigkeitsunterricht, Schulung und körperliche Ertüchtigung bestimmten den Alltag in orthopädischen Speziallazaretten. In psychotechnischen Eignungsprüfungen entschieden Ärzte und Pädagogen, welchen Beruf ein Verwundeter zukünftig auszuüben habe. Die Ausbildung begann im Lazarett. Wer sich verweigerte, hatte mit denselben Disziplinarmaßnahmen zu rechnen wie in einer Kaserne. Fluchtartig verließen die Insassen bei Kriegsende die orthopädischen Reservelazarette. *po*

4-21 Kriegskrüppelfürsorge. Ein Aufklärungswort zum Troste und zur Mahnung

Leipzig/Hamburg, 1915, Konrad Biesalski
Institut für Geschichte und Ethik der Medizin, Ruprecht-Karls-Universität Heidelberg

150 000 Exemplare des reich bebilderten Heftes wurden ab 1915 an Hilfsorganisationen verteilt. Der Verfasser, Konrad Biesalski, leitete mehrere Speziallazarette und sah sich als Architekt der »Kriegskrüppelfürsorge«. Abbildungen zeigen Männer, die durch chirurgische Eingriffe von ihren Verletzungen geheilt wurden,

oder präsentieren arm- und beinamputierte Soldaten bei der Arbeit. Suggestiv lässt Biesalski einen fiktiven Lazarettinsassen ausrufen:
»Ja, ich brauche kein nutzloser Krüppel zu bleiben, ich darf wieder mit meiner Familie mein eigen Brot essen und werde bis auf den kleinen Schaden, den ich um des Vaterlandes willen als ein Ehrenzeichen auf mich nehmen will, derselbe sein, der ich vorher war.« po

4-22 Krüppelnot und Krüppelhilfe

1920, Regie: Nicholas Kaufmann, Produktion: Universum-Film AG (Ufa)
Stummfilm, s/w, 52 min.
Bundesarchiv-Filmarchiv, Berlin

Als erster »abendfüllender Kulturfilm der Ufa« gilt der im September 1920 in Berlin uraufgeführte Film »Krüppelnot und Krüppelhilfe«. Ein kleines Mädchen mit Kinderlähmung wird von ihren Eltern in die orthopädische Klinik Oskar-Helene-Heim in Berlin-Zehlendorf gebracht. Dort ist sie Zeugin von medizinischen Behandlungen, Schulunterricht und Berufsausbildung. Eine Szene zeigt die Turnübungen der sogenannten »Ohnhänder«. Sosehr Prothesen aber als Errungenschaften moderner Technik gepriesen wurden: Patienten sahen sie als Ballast. Ärzte und Pädagogen gingen darauf ein. In den 20er-Jahren traten Leibesübungen und Handfertigkeitsunterricht an die Stelle des Prothesentrainings. po

4-23 Jahrbuch des Deutschen Kriegerbundes

Berlin, 1917
Privatbesitz

Das Berliner Oskar-Helene-Heim, benannt nach den Stiftern Oskar Pintsch und seiner Frau Helene, diente dem preußischen Staat als Modellanstalt für Krüppelfürsorge. Als es im Juni 1914 eröffnet wurde, waren alle Patienten Kinder. Drei Monate später zogen statt ihrer Verwundete von der Westfront ein. Das Bild des armamputierten Gärtners wurde in vielen Zeitungen abgedruckt: »Ihre Majestät die Kaiserin sieht bei ihrem Besuch am 8. Oktober 1915 einem Soldaten zu, dem der rechte Arm im Schultergelenk abgesetzt ist und der mit einem in der Anstalt gefertigten Kunstarm alle landwirtschaftlichen Arbeiten zu verrichten vermag.« po

Die Motivation Kriegsinvalider

Angesichts des Leidens versehrter Soldaten sah sich Carl Hermann Unthan verpflichtet, diesen dabei zu helfen, mit ihrer

Behinderung zu leben. Unthan selbst war von Geburt an behindert: Ohne Arme geboren, erweiterte er durch Training das Funktionsspektrum seiner Füße und Beine – und führte damit ein weitgehend eigenständiges Leben. Er konnte sich selbst ankleiden, mit Messer und Gabel essen sowie mit Mund und Füßen leserlich schreiben. Als talentierter Geigenspieler trat er weltweit auf Konzertbühnen und im Zirkus auf. 1915 demonstrierte er seine Fähigkeiten auf der ersten Konferenz zur Kriegsorthopädie. Das auf Anregung von Medizinern veröffentlichte Buch »Ohne Arme durchs Leben« sollte Versehrte motivieren und die Öffentlichkeit sensibilisieren. Unthans Auftritte vor Kriegsinvaliden waren unter Medizinern jedoch umstritten. Für Konrad Biesalski widersprach die offene Zurschaustellung den medizinischen Vorstellungen, wie Behinderte in die Gesellschaft einzugliedern seien. nd
Lit. Schmitz 2009; Stegmeier 2000

4-24 Lebendabgüsse des rechten Fußes von Carl Hermann Unthan

Berlin, 1884, Adolf Seifert, Hans Virchow
Gips, je 20 x 14 x 27
Charité – Universitätsmedizin Berlin, CCM, Centrum für Anatomie, Inv.-Nr. 1884/91

4-25 Ohne Arme durchs Leben

Karlsruhe, 1915, Carl Hermann Unthan
Staatsbibliothek zu Berlin – Preußischer Kulturbesitz, Sign. Fd 10303/8

4-26 Ausbildung der Füße als Hände

1915, Carl Hermann Unthan, Produktion: National-Hygiene-Museum
Stummfilm, s/w, 6:20 min.
Deutsches Hygiene-Museum, Dresden

Die Berliner Dschihad-Debatte

Das Osmanische Reich trat im Oktober 1914 an der Seite Deutschlands in den Ersten Weltkrieg ein. Am 11. November 1914 wurde der Dschihad, der heilige Krieg der Muslime, vom Kalifen erklärt und durch die Verlesung einer Fatwa am 14. November verkündet. Der Dschihad sollte das osmanische Heer moralisch stärken und darüber hinaus zu einer weltweiten Unterstützung Deutschlands durch die Muslime führen. Deutschland wurde von der englischen Presse und internationalen Fachleuten wie dem bedeutenden niederländischen Islamwissenschaftler Christiaan Snouck Hurgronje vorgeworfen, die Erklärung des Dschihad souffliert zu haben. Dieser Vorwurf kann heute wissenschaftlich zum Teil bestätigt werden. Damals wiesen ihn die deutschen Islamwissenschaftler Carl Heinrich Becker, Martin Hartmann und Karl E. Schabinger empört zurück. Dieser Vorgang zeigt die politische Involvierung der Islamwissenschaften zu dieser Zeit und kann als paradigmatisch für die Entwicklung der Wissenschaft im Krieg verstanden werden. lm
Lit. Hanisch 1992; Hanisch 2003; Heine 1984; Landau-Tasseron 2003; Schwanitz 2003

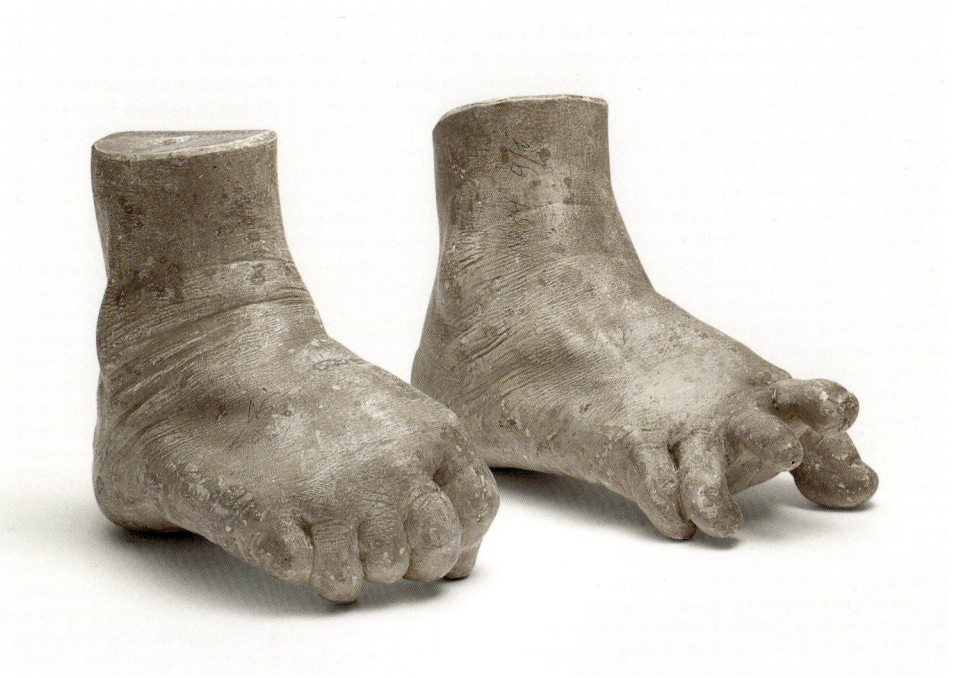

4-24

4-27 The Holy War »Made in Germany«
New York, 1915, Christiaan Snouck Hurgronje
Bayerische Staatsbibliothek, München, Sign. H. Un.
App. 41o

Hurgronje betonte, dass die Nutzung des
Dschihad-Begriffs in der deutschen und
osmanischen Propaganda im Widerspruch
zur islamischen Tradition stehe, besonders eine Ausrufung des Dschihad sei un-
üblich. Hurgronje folgerte, dass deutsche
Wissenschaftler Einfluss darauf genommen hatten. Vor allem Becker reagierte in
mehreren Artikeln gekränkt auf die Vorwürfe. Während Becker den Dschihad als
Ausdruck der modernen Nutzbarmachung
traditioneller Strukturen des Islams pries,
prangerte ihn Hurgronje als Rückkehr zu
mittelalterlichen Fanatismen an. *lm*

4-28 Ankündigung des Dschihad
1914–1918
Postkarte, 12 x 15
Privatbesitz

Zu Beginn des Krieges wurde in Deutschland eine gewisse Skepsis bezüglich des
gemeinsamen Kampfes mit den Dschiha-
disten erwartet, da viele diese als fanati-
sierte Glaubenskrieger wahrnahmen.
Daher setzte von offizieller Seite eine umfassende Propaganda für den Dschihad
ein. Die hier gezeigte Postkarte warb –
ebenso wie Propagandaschriften, Vorträge
und Lieder – für den Kriegseintritt des
Osmanischen Reichs. Sie zeigt Kaiser Wilhelm II. von Deutschland, Kaiser Franz
Joseph I. von Österreich-Ungarn und den
Sultan und Kalifen Mehmed V. Reschad
Seite an Seite. *lm*

**4-29 Denkschrift betreffend die Revolu-
tionierung der islamischen Gebiete
unserer Feinde**
Berlin, 1914, Max Freiherr von Oppenheim
Hausarchiv des Bankhauses Sal. Oppenheim AG & Co.
KGaA, Köln, Inv.-Nr. Nachlass MvO-25/10

Max von Oppenheim veröffentlichte die
Denkschrift 1914 in Berlin. Darin for-
mulierte er erstmals die Ziele des von
Deutschland unterstützten osmanischen
Dschihads. Oppenheim lieferte detaillierte
Berichte zur Lage und Stimmung in den
für die deutsche Außenpolitik wichtigen
islamischen Ländern und machte Vor-
schläge zur Kriegsführung. Viele von
Oppenheims Aktionsplänen wurden vom
Deutschen Reich zunächst durchaus
ernsthaft verfolgt, blieben jedoch erfolg-
los. *lm*
Lit. Bragulla 2007; Teichmann 2003

4-30 Nachrichtenstelle für den Orient
a) Pass von Martin Ohnesorge (Pseudonym von
Max v. Oppenheim)
Berlin, 1915
Druck, 32,5 x 20,8
Hausarchiv des Bankhauses Sal. Oppenheim AG & Co.
KGaA, Köln, Inv.-Nr. Nachlass MvO-28
b) Die Nachrichtensaal-Organisation und die wirtschaft-
liche Propaganda in der Türkei
Berlin, 1917, Max von Oppenheim
Druck, 22,2 x 29 x 0,8
Hausarchiv des Bankhauses Sal. Oppenheim AG & Co.
KGaA, Köln, Inv.-Nr. J8/300/7
c) Propagandaatlas »Recht und Unrecht«
Berlin, 1916, Nachrichtenstelle für den Orient
Druck, 10 x 10
Auswärtiges Amt, Politisches Archiv, Inv.-Nr. IA Deutsch-
land 126g adh.1, Band 23, r 1532,
Nr. 13756

Das Osmanische Reich wurde ab 1915 mit
einem Netz von »Nachrichtensälen« überzogen, um deutsches Propagandamaterial
zu verbreiten. Geplant wurde dies von
Max von Oppenheim und der von ihm gegründeten zivilen Propagandaorganisa-
tion »Nachrichtenstelle für den Orient« in
Berlin. Um die Nachrichtensäle vor Ort zu
organisieren, reiste Oppenheim 1915 nach
Konstantinopel. Zentrales Propagandame-
dium war der Atlas »Recht und Unrecht«,
der auf Arabisch, Türkisch, Persisch und
Urdu erschien und die britische Kolonialpolitik angriff. *lm*
Lit. Bragulla 2007; Teichmann 2003

**4-31 Die Wahrheit über den
Glaubenskrieg**
Berlin, 1915, Schaich Salih Aschscharif Attunisi
aus dem Arabischen von Karl E. Schabinger, mit einem
Geleitwort von Martin Hartmann
Staatsbibliothek zu Berlin – Preußischer Kulturbesitz,
Sign. Krieg 1914/5952

Attunisi, ein osmanischer Geistlicher, verfasste 1914 die Schrift zur Popularisierung
des Dschihad. Er erklärte darin die Ver-
einbarkeit des Dschihad mit der modernen Kriegsführung und argumentierte,
dass der Dschihad auf einen Teil der Un-
gläubigen begrenzt werden könne, während andere Ungläubige als »Bündnispart-
ner« mit der muslimischen Welt kämpften.
Um eine möglichst hohe Akzeptanz zu
erreichen, wurde der Text von dem deutschen Wissenschaftler Karl E. Schabinger
übersetzt und von Martin Hartmann kommentiert. *lm*

Kriegsgefangene als Studienobjekte.
Die Preußische Phonographische
Kommission und das Lautarchiv

Auf Initiative des Lehrers Wilhelm Doegen
zog ab 1915 die Königlich Preußische Phonographische Kommission in geheimem

Auftrag durch vierzig ausgewählte Kriegs-
gefangenenlager des Deutschen Reichs.
Die Kommission aus mehr als dreißig
Philologen, Anthropologen und Musik-
wissenschaftlern leitete der Psychologe
Carl Stumpf.
Sie sollten mithilfe der Internierten von
fünf Kontinenten ein Beispielarchiv der
Idiome und Musikstile aufbauen. Die
Sprachvielfalt wurde auf rund 250 Spra-
chen und Dialekte geschätzt. Für das
»Stimmenmuseum der Völker« erstellten
die Wissenschaftler 1650 Platten und 1022
Wachswalzen. Außerdem wurden die
Gefangenen fotografiert und teils ihre
Körper anthropologisch vermessen.
Das 45 Kilometer südöstlich von Berlin
in Wünsdorf gelegene »Halbmondlager«
suchte die Kommission besonders häufig
auf. Hier wurden muslimische Söldner,
aber auch Hindi und Sikh der westlichen
Kolonialmächte festgehalten. Die russischen Gefangenen muslimischen Glau-
bens waren im Lager »Weinberge« am
Rande Zossens interniert.
Die Plattenaufnahmen bildeten unter anderem den Grundstock für die Gründung
der »Lautabteilung an der Staatsbibliothek«, des heutigen »Lautarchivs« der
Humboldt-Universität. *jm*
Lit. Bayer 2000; Mahrenholz 2000; Ziegler
2006

4-32 Berliner Phonogramm-Archiv
a) Excelsior-Phonograf
Um 1902
66 x 31,5 x 22
Ethnologisches Museum, Staatliche Museen zu Berlin,
Inv.-Nr. MV R 686e 16-5
b) »Schünemann Tunesisch 116«
Um 1920, Kopie
Wachs, 10 x 5,5
Ethnologisches Museum, Staatliche Museen zu Berlin,
Inv.-Nr. VII W 126
c) Protokollheft der Phonographischen Kommission,
Kriegsgefangenenlager Wünsdorf 108–146
Wünsdorf/Zossen, 1916
Tinte auf Papier, 21 x 16
Ethnologisches Museum, Staatliche Museen zu Berlin,
Inv.-Nr. VII W 126
d) »Mruba Fnäni«
Tunesisches Volkslied
Wünsdorf/Zossen, 5. Juni 1916
Phonographische Kommission, Walzenaufnahme 116,
Gesang: Mohammed Salah, Gesang und Bendir:
Hammed ben Ali Embarek, Rheita: Mohammed ben
Mohammed Buuza, 1:34 min.
Ethnologisches Museum, Staatliche Museen zu Berlin,
Berliner Phonogramm-Archiv, VII W 126

Die Tonaufnahmen der Königlich Preußischen Phonografischen Kommission,
die zwischen 1915 und 1918 in deutschen
Kriegsgefangenenlagern gemacht wurden,
dokumentieren sowohl Sprache wie auch
Musik fremder Völker. Der Musikwissen-
schaftler Georg Schünemann nahm für
das 1900 von Carl Stumpf gegründete Berliner Phonogramm-Archiv traditionelle

Musik mit einem tragbaren Phonografen auf Wachswalzen auf. Die Walzen wurden anschließend kopiert; die Töne konnten so in Noten gesetzt und analysiert werden. Sie stellen in vielen Fällen die ältesten Tondokumente von Musikkulturen außerhalb Europas dar. *sz*

4-33 Aufnahmen auf Platten

a) Wilhelm Doegen, Alois Brandl und andere bei einer Schallaufnahme
Berlin, Oktober 1916, Wilhelm Doegen
Fotografie, 8,8 x 13
Lautarchiv der Humboldt-Universität zu Berlin, Bilddokument 8247

b) Übersetzung zur Aufnahme PK 607
Wünsdorf/Zossen, 9. Dezember 1916, gesprochen von Pala Singh
Typoskript, 29,5 x 21
Lautarchiv der Humboldt-Universität zu Berlin, Inv.-Nr. PK 607

c) »Die zwei Katzen«
Erzählung in pandschabischer Sprache
Wünsdorf/Zossen, 9. Dezember 1916, gesprochen von Pala Singh
1:06 min.
Lautarchiv der Humboldt-Universität zu Berlin, Inv.-Nr. PK 607/1

Die Herstellung einer Schellackplatte war mit höherem technischen und personellen Aufwand verbunden, der jedoch mit besserer akustischer Qualität belohnt wurde. Ein Techniker sowie Wilhelm Doegen selbst unterstützten die Kommissionsmitglieder (im Bild der Anglist Alois Brandl) bei ihrer Arbeit. Die Dokumentation umfasst einen standardisierten Personalbogen, eine orthografische Umschrift, eine phonetische Transkription und eine deutsche Übersetzung der Texte und Lieder. Neben biblischen Textvorlagen wurden auch Zahlwörter (Numerale), Erzählungen, Anekdoten, Märchen und Fabeln aufgezeichnet. *jm*

4-34 »Halbmondlager«, Wünsdorf/Zossen

a) Vor einer Ansprache
Fotografie
Staatliche Museen zu Berlin, Museum Europäischer Kulturen, Inv.-Nr. Eu 27600a

b) Rituelle Fußwaschung vor dem Gebet
Wünsdorf/Zossen, 1915–1918, Otto Stiehl
Fotografie
Bildagentur für Kunst, Kultur und Geschichte (bpk), Berlin, Bild-Nr. 00070116

c) Farbige Franzosen – im Halbmondlager
Wünsdorf/Zossen, 1915–1918, Otto Stiehl
Fotografie
Bildagentur für Kunst, Kultur und Geschichte (bpk), Berlin, Bild-Nr. 00070144

Der stellvertretende Kommandant des Lagers, Otto Stiehl, war Architekt und ein ambitionierter Fotograf. Die meisten seiner Bildplatten zeigen Porträts der Internierten, nur selten Baracken und Stacheldraht. Gemäß der politischen Intention wird das Lagerleben positiv dargestellt, bestimmt durch religiöse und kulturelle Freiheit.

Nach Ausrufung des »Heiligen Krieges« gegen die Entente durch Sultan-Kalif Mehmed V. Reschad Ende 1914 in Istanbul sollten die Gefangenen der Sonderlager dazu bewegt werden, gegen ihre Kolonialherren zu kämpfen. Mittelpunkt der propagandistischen Aktivität im »Halbmondlager« war die zentral gelegene Moschee, deren Vorplatz häufig als Sammelpunkt genutzt wurde. *jm*

4-35 Rassenelemente der Sikh. Mit einem Anhang über biometrische Methoden

In: Zeitschrift für Ethnologie 52/53, 1920/21, S. 317
Berlin, 1921, Egon von Eickstedt
Staatsbibliothek zu Berlin – Preußischer Kulturbesitz, Sign. Zsn 6081 51-53 1919/21

Als ein Schüler Felix von Luschans, Anthropologe und Mitglied der Phonographischen Kommission, erhob Egon von Eickstedt von Januar 1916 bis Februar 1917 in 16 Internierungslagern von 1784 Gefangenen anthropometrische Daten, die er im Rahmen seiner Dissertation verwendete. In seinem Aufsatz wertete er gesondert die insgesamt 3724 Maße aller 76 Sikhs des »Halbmondlagers« aus. Das – aus heutiger Sicht nicht überraschende – Ergebnis lautete, dass es keine eindeutigen Rassenmerkmale unter den Sikh gibt, sie vielmehr eine stark heterogene Bevölkerung in der Osthälfte des Punjabs bilden. *jm*

»Der Kern der Universität ist gesund« Wissenschaft zu Beginn der Weimarer Republik

Die große Mehrheit der Berliner Universitätsprofessoren erlebte die deutsche Niederlage im Ersten Weltkrieg und das Ende des Kaiserreichs 1918 als einen »Zusammenbruch«. Aus einer national-konservativen, meist monarchistisch geprägten Grundeinstellung heraus lehnten sie die aus der Revolution von 1918/19 hervorgegangene Weimarer Republik ab. Obwohl sie sich selbst in der Rolle von »unpolitischen Professoren« sahen, war ihre Haltung gegenüber der demokratischen Republik alles andere als neutral. Viele hielten sich zwar bewusst aus der verachteten Tagespolitik heraus, machten aber aus ihrer antirepublikanischen und deutsch-nationalen Gesinnung keinen Hehl. Anders als in anderen Universitätsstädten gab es jedoch eine starke Minderheit, die die Republik als »Vernunftrepublikaner« akzeptierte oder ausdrücklich bejahte. Einigkeit herrschte allerdings

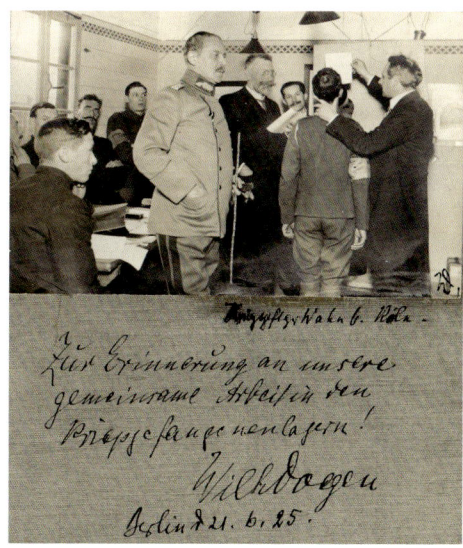

4-33a

in der Ablehnung des Versailler Vertrages von 1919 und seiner Folgen. So protestierten Rektor und Senat der Universität ebenso wie die übrigen Hochschullehrer und Studenten gegen die Auslieferung von Deutschen, denen die früheren Kriegsgegner die Beteiligung an Kriegsverbrechen im Ersten Weltkrieg zur Last legten. In der nationalistisch aufgeheizten Kampagne gehörte der angesehene Althistoriker Eduard Meyer, 1919/20 Rektor der Universität, zu den aktivsten Berliner Professoren. Im Februar 1919 sprach Meyer auf einer gegen die Auslieferungsforderungen gerichteten Großkundgebung vor der Berliner Studentenschaft. *jt*
Lit. Grüttner 2010; Hardtwig 2000; Sösemann 1990

4-36 Großkundgebung der Berliner Studentenschaft im Hof der Universität gegen die alliierten Auslieferungsforderungen, Ansprache von Eduard Meyer

Vossische Zeitung, Titelblatt der Beilage »Zeitbilder«, Nr. 7, 15. Februar 1920
Fotografie
ullstein bild, Berlin

Nach der Veröffentlichung der alliierten Auslieferungsliste von Deutschen, denen die Beteiligung an Kriegsverbrechen zur Last gelegt wurde, initiierte der geachtete Althistoriker Eduard Meyer im Juli 1919 einen Aufruf »Für Ehre, Wahrheit und Recht«. Gemeinsam mit anderen Berliner Universitätsprofessoren wies er die Auslieferungsforderungen strikt zurück. Den Aufruf wollten sie als Signal gegen die »armselige Selbsterniedrigung« Deutschlands nach dem Krieg verstanden wissen. Viele Kollegen unterschrieben den Aufruf, nur wenige Hochschullehrer, wie der Kirchenhistoriker Adolf von Harnack oder

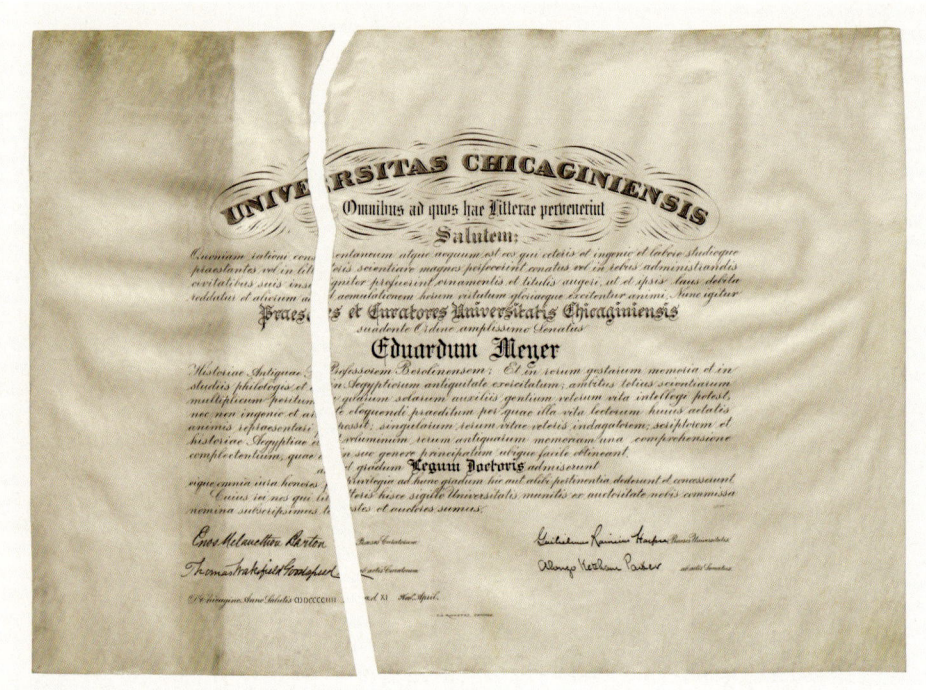

4-38a

der klassische Philologe Eduard Norden, lehnten es ab, den Aufruf zu unterzeichnen. *jt*

4-37 Für Ehre, Wahrheit und Recht. Erklärung deutscher Hochschullehrer zur Auslieferungsfrage

Berlin, 1919, Eduard Meyer
Druck, 20,3 × 13,4
Berlin-Brandenburgische Akademie der Wissenschaften,
Akademiearchiv, NL E. Meyer, Nr. 335

4-38 Protest gegen die Versailler Verträge

a) Ehrendoktorurkunde der University of Chicago,
von Eduard Meyer 1919 zerrissen
11. April 1904, C. L. Ricketts, University of Chicago
Pergament, 37,2 × 49,6
Berlin-Brandenburgische Akademie der Wissenschaften,
Akademiearchiv, NL E. Meyer, Nr. 30
b) A. Steiner an Eduard Meyer
Berlin, 5. Februar 1920
Postkarte mit aufgeklebtem Zeitungsausschnitt,
9 × 14
Berlin-Brandenburgische Akademie der Wissenschaften,
Akademiearchiv, NL E. Meyer, Nr. 336
c) Georg Scheffauer an Eduard Meyer
Berlin, 7. Februar 1920
Postkarte, 8,7 × 13,8
Berlin-Brandenburgische Akademie der Wissenschaften,
Akademiearchiv, NL E. Meyer, Nr. 336

Aus Protest gegen die Auslieferungsforderungen der Alliierten zerriss Eduard Meyer die Urkunden seiner Ehrendoktorwürden, die ihm vor dem Ersten Weltkrieg von englischen und amerikanischen Universitäten verliehen worden waren, darunter auch Diplome aus Oxford und

Harvard. Entgegen seiner Ankündigung, die Urkunden auch zurückzusenden, befindet sich das zerrissene Diplom der Chicagoer Universität bis heute im Nachlass Meyers im Archiv der Akademie der Wissenschaften. *jt*

Der Fall Nicolai

Exemplarisch für die Verhältnisse an der Berliner Universität war der »Fall Nicolai«. Durch gewaltsame Störung seines Unterrichts hatten im Januar 1920 nationalistische Studenten einen Abbruch der Lehrveranstaltungen des überzeugten Pazifisten und Medizinprofessors Georg Friedrich Nicolai erzwungen. In der anschließenden Untersuchung des Vorfalls stellte sich die Universitätsleitung unter dem damaligen Rektor Eduard Meyer nicht hinter ihren Kollegen. Stattdessen befanden sie, dass Nicolai es nicht »würdig sei, seine Lehrtätigkeit an der Universität fortzusetzen«. *md*

4-39 Die Biologie des Krieges. Betrachtungen eines Naturforschers den Deutschen zur Besinnung

Zürich, 1919, Georg Friedrich Nicolai
Druck
Staatsbibliothek zu Berlin – Preußischer Kulturbesitz,
Historische Drucke, Sign. Krieg 1914 - 15252-1<2a>R

Nicolais Antikriegsbuch »Die Biologie des Krieges« erschien erstmals 1917 in der

Schweiz und führte zu einer militärgerichtlichen Untersuchung. Als Nicolai – obwohl anerkannter Herzspezialist – aufgrund seiner pazifistischen Einstellung 1918 zur kämpfenden Truppe strafversetzt werden sollte, entschloss er sich zu desertieren. *md*

4-40 Der Fall Nicolai

Friedrich-Wilhelms-Universität, Berlin, August 1920
Druck
Berlin-Brandenburgische Akademie der Wissenschaften,
Akademiearchiv, NL E. Meyer, Nr. 285

Anstatt die Studenten für die Störung von Nicolais Lehrveranstaltungen zur Rechenschaft zu ziehen, machte der Senat der Berliner Universität die politische Einstellung des Mediziners zum Gegenstand einer Untersuchung und sprach ihm die moralische Eignung zum Hochschullehrer ab. *md*

4-41 Richtigstellung zu dem Gutachten des Senats der Friedrich-Wilhelms-Universität in Berlin

Berlin, 1920, Georg Friedrich Nicolai
Druck
Berlin-Brandenburgische Akademie der Wissenschaften,
Akademiearchiv, NL E. Meyer, Nr. 285

Trotz der Zurückweisung der Anschuldigungen des Senats der Universität und der Unterstützung durch das Preußische Kultusministerium war es Nicolai nicht mehr möglich, seine Lehrtätigkeit an der Universität wieder aufzunehmen. 1922 wanderte er nach Argentinien aus. *md*

4-42 Schlachtflottenbau und Parteipolitik: 1894–1901. Versuch eines Querschnitts durch die innenpolitischen, sozialen und ideologischen Voraussetzungen des deutschen Imperialismus

Berlin, 1930, Eckart Kehr
Druck
Universitätsbibliothek der Humboldt-Universität zu Berlin,
Sign. NK 1000 H673-197

Demokratische Reformansätze

In der Weimarer Republik wurden verschiedene Ansätze zu einer Reform der Hochschulen verfolgt. Insbesondere der Preußische Kultusminister und Islamwissenschaftler Carl Heinrich Becker verkörperte die neue Internationalität und Völkerverständigung der deutschen Wissenschaft. Beckers bildungspolitische Initiativen zielen auf eine Anpassung der Hochschulen an zeitgemäße Anforderungen unter Beibehaltung der akademischen Strukturen. Die Universität sollte nicht ausschließlich Spezialwissen vermitteln, sondern gleichzeitig Forscher-, Berufs- und Staatsbürgerschule in sich vereinen. Praxisnähe und demokratische Staatsbürgerkunde waren die Grundlagen der 1920 von Becker, Friedrich Naumann, Friedrich Meinecke, Max Weber und Ernst Jaeckh gegründeten »Deutschen Hochschule für Politik«. Die Reformpläne Beckers scheiterten letztlich am Widerstand nationalistischer und konservativer Kräfte, die in der Weimarer Republik gerade an den Universitäten stark vertreten waren. Die private »Deutsche Hochschule für Politik« wurde während des Nationalsozialismus in eine regimetreue Reichsanstalt umgeformt und 1940 als Auslandswissenschaftliche Fakultät in die Berliner Universität integriert. *md*

Lit. Missiroli 1988; Müller 1991; Müller 1997; Ritter 1963; Schaeder 1950

4-43 Fuad v. Ägypten in Berlin 1929 im Gespräch mit dem Preußischen Kultusminister Carl Heinrich Becker

Berlin, 11. Juni 1929, Erich Salomon
Fotografie
ullstein bild, Berlin, Bild-Nr. 00068417

4-44 Hochschulreform

a) Gedanken zur Hochschulreform
Berlin, 1919, Carl Heinrich Becker
Druck
Privatbesitz

b) Carl Heinrich Becker, Rede in der Sitzung des Hauptausschusses des Preußischen Landtags
Berlin am 31. Oktober 1923, aufgezeichnet von Wilhelm Doegen, 5. Juli 1924
4:11 min.
Lautarchiv der Humboldt-Universität zu Berlin, Inv.-Nr. Aut 62

Carl Heinrich Becker veröffentlichte bereits 1918/19 seine bis heute rezipierte Schrift »Gedanken zur Hochschulreform«. Zu den zentralen Anliegen Beckers zählten die rechtliche und finanzielle Gleichstellung von Ordinarien und Extra-Ordinarien, erweiterte Mitbestimmungsrechte der Studierenden sowie die Einrichtung von Lehrstühlen für die Fächer Soziologie, Politikwissenschaften und Zeitgeschichte. Das Scheitern von Beckers Plänen zeichnete sich bereits 1924 durch die politische Abwehr der Reform des Seminars für Orientalische Sprachen ab, die Becker als erster Schritt der pädagogischen Veränderungen galt. *lm*

Die Deutsche Hochschule für Politik

Die Anfänge der 1920 gegründeten Deutschen Hochschule für Politik reichen in das letzte Jahr des Ersten Weltkriegs zurück, als der linksliberale Politiker Friedrich Naumann eine »Staatsbürgerschule« zur Ausbildung des parteipolitischen Nachwuchses ins Leben gerufen hatte. Sie wurde nach Naumanns Tod in die »Deutsche Hochschule für Politik« umgewandelt und überparteilich reorganisiert. Die Zusammensetzung der Hochschule war in den ersten Jahren sehr heterogen. Erst ab Mitte der zwanziger Jahre kam es zu einer stärkeren Akademisierung, und ab dem Wintersemester 1927/28 konnte das Studium mit einer Diplomprüfung abgeschlossen werden. Die meisten Dozenten waren Männer aus der politischen Praxis oder Professoren der Berliner Universität. Der spätere Bundespräsident Theodor Heuss unterrichtete als Dozent an der Hochschule. *md*

Friedrich-Wilhelms-Universität

Berlin, im August 1920.

Tagebuch-Nr. 1816.

Der Fall Nicolai.

Die Angelegenheit des hiesigen außerordentlichen Professors Dr. med. Nicolai hat das Interesse weitester Kreise erregt. Gegenüber den vielfach einseitigen und irreführenden Presseberichten bringen wir im folgenden einen kurzen aktengetreuen Bericht über den Fall nebst einer zusammenfassenden Schlußbemerkung.

Am 12. Januar 1920 verhinderten Studierende gewaltsam die Vorlesung des Professors Nicolai in der Universität mit der Begründung, daß Professor Nicolai durch sein Verhalten während des Krieges des Lehramtes unwürdig geworden sei. Hiervon erfuhren Rektor und Universitätsrichter am folgenden Tage; sie trafen sofort die erforderlichen Maßnahmen, um die beteiligten Studierenden disziplinarisch zur Rechenschaft zu ziehen. Unmittelbar darauf griff das Ministerium für Wissenschaft, Kunst und Volksbildung ein. Herr Staatssekretär Becker erklärte auf die Bemerkung des Universitätsrichters, daß die disziplinarische Verfolgung der Studierenden eingeleitet sei, eine solche Verfolgung läge nicht in den Wünschen des Ministeriums und solle unterbleiben; vielmehr solle der akademische Senat die Prüfung und Regelung der Angelegenheit selbst in die Hand nehmen; auch Professor Nicolai habe im Ministerium darum gebeten.

Daraufhin erließ der Rektor in Gemeinschaft mit Professor Nicolai folgende Mitteilung an die Studierenden:

Berlin, den 17. Januar 1920. Urkunde I.

„Herr Professor Dr. Nicolai hat sich anläßlich der Störung seines Kollegs durch Berliner Studenten und nicht der Berliner Studentenschaft angehörige Elemente an Rektor und Senat gewendet, und es ist ihm ordnungs- und pflichtgemäß Schutz seiner Lehrtätigkeit zugesagt.

Bei dem notwendigen Vertrauensverhältnis zwischen Lehrern und Schülern scheint es mir — ebenso wie Professor Nicolai — jedoch richtiger, von allen Zwangsmaßregeln abzusehen. Rektor und Senat werden im Fall Nicolai prüfen und möglichst bald der Studentenschaft das Ergebnis der Untersuchung bekanntgeben.

Inzwischen aber fordere ich die Studentenschaft aufs ernstlichste auf, vorläufig von jeder weiteren Erörterung oder Kundgebung in dieser Angelegenheit abzusehen und nach Möglichkeit dahin zu wirken, daß auch in der Presse nichts mehr veröffentlicht wird.
Der Rektor.
gez. Eduard Meyer.

„Unter Bezugnahme auf obigen Anschlag des Herrn Rektors teile ich hierdurch mit, daß ich den Beginn meiner Vorlesungen vorläufig noch aussetze. Das Weitere wird durch Anschlag am schwarzen Brett seinerzeit bekanntgegeben werden.
gez. Georg Fr. Nicolai.“

Nachdem auch die Studentenvertretung die Vermittlung des Senats erbeten hatte, trat dieser, bestehend aus:

dem Rektor Geheimem Regierungsrat Professor Dr. Eduard Meyer,
dem Prorektor Geheimem Konsistorialrat Professor D. Dr. Seeberg,
dem Universitätsrichter, Geheimem Regierungsrat Dr. Wollenberg,
den Dekanen: Wirklichen Geheimem Rat Professor D. Dr. v. Harnack, Geheimem Justizrat Professor Dr. Stutz, Geheimem Obermedizinalrat Professor Dr. Rubner und Geheimem Regierungsrat Professor Dr. Cohn,
den Wahlsenatoren: Geheimem Regierungsrat Professor Dr. Rubens, Geheimem Medizinalrat Professor Dr. Heffter, Geheimem Regierungsrat Professor Dr. Penck, Geheimem Justizrat Professor Dr. Stammler, Geheimem Ober-Regierungsrat Professor Dr. Diels, Professor Dr. Dessoir,

An
die Herren Rektoren und Senate
der Deutschen Universitäten und
Technischen Hochschulen.

4-40

4-43

von technischen und naturwissenschaftlichen Fächern ein, welche die Volksgesundheit unterstützen sollten. *nd*
Lit. Szöllösi-Janze 2002; Witt 1990

**4-45 Vorlesungsverzeichnis der
Deutschen Hochschule für Politik.
Wintersemester 1925/26**

Berlin, 1925
Druck
Geheimes Staatsarchiv Preußischer Kulturbesitz,
Inv.-Nr. VI. HA Nachlass Becker, C.H., 7067

Erklärtes Ziel der Hochschule war die
Ausbildung von politischen Führern für
die moderne Demokratie. Daneben vermittelte sie Fähigkeiten für die Partei-,
Verbands- und politische Öffentlichkeits-
arbeit und bot Fortbildungsprogramme
für Pädagogen und für staatliches Verwal-
tungspersonal an. In der Studienordnung
von 1925 sind Veranstaltungen zur allgemeinen Politik, auswärtigen Politik, inneren Politik und zu Rechtsgrundlagen der
Politik verpflichtend. Die Seminare der
»Deutsche Hochschule für Politik« fanden in den frühen Abendstunden statt,
damit auch Berufstätige das Lehrangebot
nutzen konnten. *lm*

**4-46 Ausstellung von Wahlplakaten in der
Deutschen Hochschule für Politik**

Berlin, Juli 1932
Fotografie
ullstein bild, Berlin, Bild-Nr. 00961691

Die »Deutsche Hochschule für Politik«
beschäftigte sich auch mit Fragen der politischen Propaganda, wie die Ausstellung
von Wahlplakaten aus dem letzten Jahr
der Weimarer Republik belegt. *md*

4-47 Politik als Wissenschaft

Berlin, 1930, Ernst Jaeckh (Hg.)
Druck
Staatsbibliothek zu Berlin – Preußischer Kulturbesitz,
Sign. Ay 13430/10

Der Titel der Festschrift zum zehnjährigen
Bestehen der »Deutschen Hochschule für
Politik« brachte ihr Programm auf den
Punkt: Politik als lehr- und erlernbare
Wissenschaft. *md*

Wissenschaftsförderung

Die wissenschaftliche Vorrangstellung
Berlins war eine der wenigen mehrheits-
fähigen Überzeugungen der ansonsten
zerstrittenen politischen Parteien. Die
desolate Situation nach dem verlorenen
Krieg und dem inflationsbedingten Weg-
fall privater Förderer machte ein ver-
stärktes staatliches Engagement in
Forschungsfragen notwendig. In der »Notgemeinschaft der Deutschen Wissenschaft
e.V.« schlossen sich Deutsches Reich,
Länder und Industrie 1920 zu einem
eigenständigen Stifterverband zusammen.
Die zunehmende Verstaatlichung der Förderung betraf auch die Kaiser-Wilhelm-
Gesellschaft. Ab 1921 übernahmen das
Reich und Preußen einen Großteil der
laufenden Institutskosten. Zunehmende
Bedeutung gewannen auch internationale
Verbindungen zu Stiftungen, wie etwa zur
Rockefeller Foundation. Ab 1925 setzte
mit langfristig angelegten Schwerpunkt-
forschungen die koordinierte Förderung

**4-48 Kaiser-Wilhelm-Institut für
Hirnforschung**

Berlin-Buch, 1931
Fotografie
Archiv der Max-Planck-Gesellschaft, Berlin-Dahlem,
Inv.-Nr. IV. Abt., HA Bildersammlung, Bild-Nr. 3

4-49 Harnack-Haus

Berlin-Dahlem, um 1939/40
Fotografie
Archiv der Max-Planck-Gesellschaft, Berlin-Dahlem,
Inv.-Nr. III. Abt., HA Bildersammlung, ZA 52, Thiessen,
Bild-Nr. I/34

**4-50 Kaiser-Wilhelm-Institut für
Züchtungsforschung**

Müncheberg/Mark, 29. September 1928
Fotografie
Archiv der Max-Planck-Gesellschaft, Berlin-Dahlem,
Inv.-Nr. VI. Abt., HA Bildersammlung, Bild-Nr. 32/I

**4-51 Kaiser-Wilhelm-Institut für
Zellphysiologie**

Berlin-Dahlem, um 1935
Fotografie
Archiv der Max-Planck-Gesellschaft, Berlin-Dahlem,
Inv.-Nr. VI. Abt., HA Bildersammlung, Neg.-Nr. Q16-3-45-8

**4-52 Physikalisches Institut, Technische
Hochschule**

Ansicht Kurfürstenallee
Berlin, 1932
Fotografie
Architekturmuseum der Technischen Universität Berlin
in der Universitätsbibliothek, Inv.-Nr. F 8105

**4-53 Physikalisches Institut, Technische
Hochschule**

Großer Hörsaal, Innenansicht
Berlin, 1932
Fotografie
Architekturmuseum der Technischen Universität Berlin
in der Universitätsbibliothek, Inv.-Nr. F 8106

4-54 Universitäts-Frauenklinik

Berlin, 1931
Fotografie
Bildagentur für Kunst, Kultur und Geschichte (bpk),
Berlin, Inv.-Nr. 40004143

**4-55 Deutsche Versuchsanstalt für
Luftfahrt**

Großer Windkanal
Berlin-Adlershof, März 1937
Fotografie
Bildagentur für Kunst, Kultur und Geschichte (bpk),
Berlin, Inv.-Nr. 30009040

4-56 Hochschule für Leibesübungen

Berlin-Charlottenburg, März 1936, Werner und Walter
March
Fotografie
Landesarchiv Berlin, Inv.-Nr. 6 185

4-57 Gästebuch des Harnack-Hauses
7. Mai 1929 – 8. März 1964, Kaiser-Wilhelm-Gesellschaft/Max-Planck-Gesellschaft zur Förderung der Wissenschaften
Autograf, 36,5 x 25
Archiv der Max-Planck-Gesellschaft, Berlin-Dahlem, Inv.-Nr. I. Abt., Rep. 1C, Nr. 21

Im Mai 1929 wurde das internationale Gästehaus der Kaiser-Wilhelm-Gesellschaft in Dahlem eröffnet. Benannt nach Adolf von Harnack, dem Präsidenten der Gesellschaft, sollte es dazu beitragen, die kriegsbedingte Isolation der deutschen Wissenschaft zu überwinden. Vor dem Reichstag begründete von Harnack den luxuriösen Bau damit, dass »Bildung […] national, die Wissenschaft aber streng international« sei. An der Einweihung nahmen Wissenschaftler, Politiker und Botschafter teil. *nd*

4-58 Harnack-Medaille
Kaiser-Wilhelm-Gesellschaft/Max-Planck-Gesellschaft zur Förderung der Wissenschaften
Berlin, 1925, Georg Kolbe
Bronze, Durchmesser 13
Archiv der Max-Planck-Gesellschaft, Berlin-Dahlem, Inv.-Nr. I. Abt., Rep. 1C

4-59 Mitgliederabzeichen der Kaiser-Wilhelm-Gesellschaft
Ab 1927
Bronze, 9 x 3
Archiv der Max-Planck-Gesellschaft, Berlin-Dahlem, Inv.-Nr. I. Abt., Rep. 1C

4-60 Unterstützung durch die Rockefeller Foundation
a) Telegramm an Adolf Morsbach
Berlin, 29. April 1929, Friedrich Glum
Typoskript, 16,6 x 21,5
Archiv der Max-Planck-Gesellschaft, Berlin-Dahlem, Inv.-Nr. I. Abt., Rep. 1A, 1613-2,35
b) Finanzierung durch die Rockefeller Foundation
Stockholm, 24. Mai 1929, Alan Gregg, Rockefeller Foundation
Typoskript, 14,5 x 20,8
Archiv der Max-Planck-Gesellschaft, Berlin-Dahlem, Inv.-Nr. I. Abt., Rep. 1A, 1613-3, 38

Die finanzielle Unterstützung der Rockefeller Foundation, New York, ermöglichte den Neubau des Kaiser-Wilhelm-Instituts für Hirnforschung in Berlin-Buch. Nachdem aufgrund der Weltwirtschaftskrise 1929 die staatliche Förderung für die Kaiser-Wilhelm-Gesellschaft beschnitten wurde, fehlten die Mittel zur Unterhaltung des Forschungsbetriebs. Bereits am 3. Juni 1919 war der Ausbau des Instituts von Oskar Vogt per Senatsbeschluss offiziell. Die vorgesehene Mischfinanzierung durch das Deutsche Reich, Preußen und mit Geldern der Stiftung Krupp reichte nicht aus. *nd*

Nobelpreisträger

Im Zeitraum von 1914 bis 1932 wurden allein zehn Nobelpreise an Berliner Wissenschaftler verliehen: Max von Laue (Physik, 1914), Richard Willstätter (Chemie, 1915), Fritz Haber (Chemie, 1918), Max Planck (Physik, 1918), Walther Nernst (Chemie, 1920), Albert Einstein (Physik, 1921), Otto Meyerhof (Medizin, 1922), James Franck (Physik, 1925), Carl Bosch (Chemie, 1931) und Otto Heinrich Warburg (Medizin, 1931). Die mit einem Nobelpreis ausgezeichneten Forschungen entstanden nur teilweise in Berlin, mitunter waren sie zuvor andernorts durchgeführt worden: Die Zahl der Nobelpreise ist sowohl Ausdruck des Forschungsniveaus wie auch der Berliner Berufungspolitik von Spitzenwissenschaftlern.
Im Nationalsozialismus wurde 1937 »reichsdeutschen« Wissenschaftlern die Annahme des Nobelpreises untersagt, nachdem das schwedische Nobelpreiskomitee 1934 den Pazifisten Carl von Ossietzky nominiert hatte. Als Alternative führte das NS-Regime den »Deutschen Nationalpreis für Kunst und Wissenschaft« ein, der neunmal verliehen wurde. *lm*
Lit. Kazemi 2006; Laitko 1987

4-61 Entdeckung der Diffraktion der Röntgenstrahlen in Kristallen
Nobelurkunde Max von Laue
Stockholm, 1. Juni 1916
Aquarell, Pergament, Ledereinband, 39 x 29
Archiv der Max-Planck-Gesellschaft, Berlin-Dahlem, Inv.-Nr. Vc. Abt., Rep. 13, Nr. 115 / Nobelurkunde Max von Laue

Max von Laue erhielt den Nobelpreis für Physik 1914. Mit seiner Untersuchung über die »Diffraktion der Röntgenstrahlen in Kristallen« wies er nach, dass Röntgenstrahlen kurzwellige, elektromagnetische Wellen sind und dass die Atome in den Kristallen regelmäßig angeordnet seien. Von 1922 bis 1958 war von Laue zuerst stellvertretender Direktor und dann Direktor des Kaiser-Wilhelm-Instituts für Physik in Berlin. *lm*

4-62 Methode der Synthese von Ammoniak aus den Elementen Stickstoff und Wasserstoff
Nobelurkunde Fritz Haber
Stockholm, 1. Juni 1920
Aquarell, Pergament, Ledereinband, 39 x 29
Archiv der Max-Planck-Gesellschaft, Berlin-Dahlem, Inv.-Nr. Vc. Abt., Rep. 13, Nr. 75 / Nobelurkunde Fritz Haber

4-63 Entstehung und Entwicklung der chemischen Hochdruckverfahren
Nobelurkunde Carl Bosch
Stockholm, 10. Dezember 1931

Aquarell, Pergament, Ledereinband, 39 x 29
Archiv der Max-Planck-Gesellschaft, Berlin-Dahlem, Inv.-Nr. Vc. Abt., Rep. 13, Nr. 87 / Nobelurkunde Carl Bosch

Carl Bosch erhielt 1931 den Nobelpreis für Chemie gemeinsam mit Friedrich Bergius. Die Entwicklung chemischer Hochdruckmethoden erlaubte die Herstellung wichtiger Stoffe, insbesondere die von Ammoniak aus den Elementen Stickstoff und Wasserstoff. Durch die industrielle Verwertung von Boschs Methode konnte nun Stickstoff für die Landwirtschaft in fast unbegrenzter Menge und auch kostengünstiger als zuvor hergestellt werden. *lm*

4-64 Entdeckung der Natur und Funktion des Atmungsferments
Nobelurkunde Otto Heinrich Warburg
Stockholm, 29. Oktober 1931
Aquarell, Pergament, Ledereinband, 39 x 29
Archiv der Max-Planck-Gesellschaft, Berlin-Dahlem, Inv.-Nr. Vc. Abt., Rep. 13, Nr. 5 / Nobelurkunde Otto Heinrich Warburg

4-65 Erforschung der Sexualhormone
Nobelmedaille Adolf Butenandt
Stockholm, 1939
Gold, Durchmesser 6
Archiv der Max-Planck-Gesellschaft, Berlin-Dahlem, Inv.-Nr. Vc. Abt., Rep. 5 / Nobelmedaille Adolf Butenandt

Albert Einstein und die Debatte um die Relativitätstheorie

1915 veröffentlichte Albert Einstein die Allgemeine Relativitätstheorie. Nach dem Ersten Weltkrieg stützten Forschungen der englischen Royal Astronomical Society seine Theorie: Bei der Sonnenfinsternis im Jahr 1919 konnte die von Einstein prognostizierte Ablenkung des Lichts im Schwerefeld beobachtet werden. Die Bestätigung der Theorie von einer englischen Forschergruppe wurde zum internationalen Medienereignis.
Einsteins Konzept von Zeit und Raum wurde dennoch angegriffen und von Wissenschaft und Öffentlichkeit diskutiert. Einstein publizierte nicht nur für ein Fachpublikum, sondern verfasste auch Zeitungsartikel und allgemein verständliche Texte.
Mit der Relativitätstheorie wurde viel mehr verbunden als mit anderen neuen Theorien der Physik. Die zeitgenössischen Medien zogen Parallelen zu den Umbrüchen in Gesellschaft, Politik und Kunst. Im ausgeprägt politischen Klima der Weimarer Republik erschienen unzählige Anti-Einstein-Schriften, die oftmals politisch motivierte Stellungnahmen enthielten. In der Folge kam es zu Mordaufrufen an Einstein durch nationalistische Extremisten. *jf*

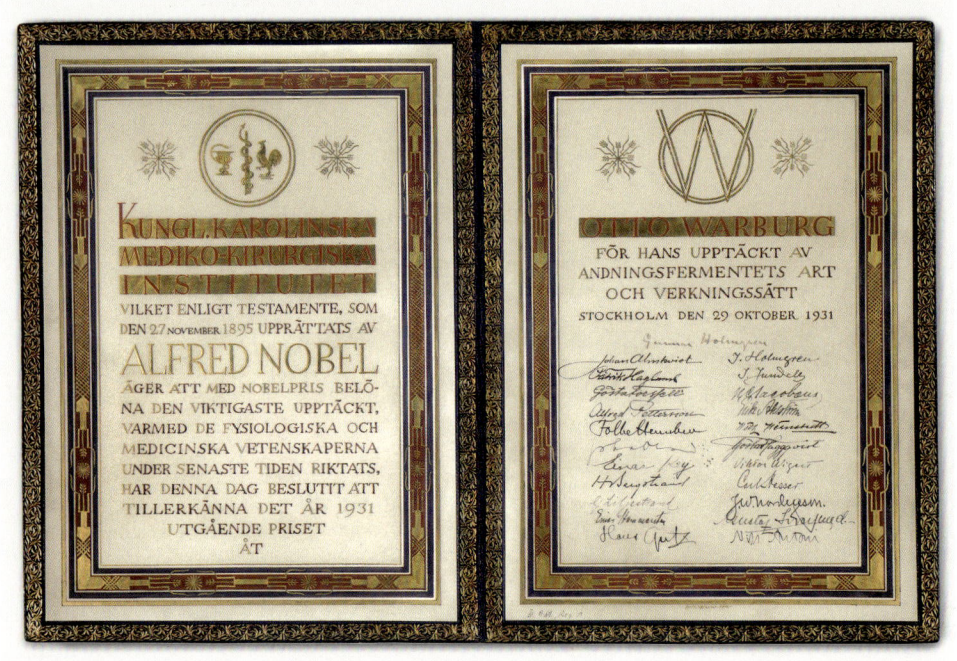

4-64

Lit. Bracher/Sichau 2005; Grundmann 1998; Renn 2005

4-66 Bestätigung der Relativitätstheorie
Leiden, Niederlande, 23. Oktober 1919, Albert Einstein an Max Planck
Postkarte, 8,9 x 14
Archiv der Max-Planck-Gesellschaft, Berlin-Dahlem, Inv.-Nr. Va. Abt., Rep. 002, Nr. 21

4-67 Modell des Einsteinturms
1995, Ulrich Höhn
Kopie nach dem Originalmodell von Erich Mendelsohn
Gips, Holz, 36 x 25 x 59
Berlinische Galerie – Landesmuseum für Moderne Kunst, Fotografie und Architektur, Inv.-Nr. BG-AS 118.1

Um die Relativitätstheorie zu belegen, wurde 1919 der Architekt Erich Mendelsohn beauftragt, ein geeignetes Gebäude für Versuche zu entwerfen. Man benötigte ein Turmteleskop, um die Gravitationsrotverschiebung zu messen. Der Astronom Erwin F. Freundlich trieb die Planung voran, und da Mittel für die Wissenschaften knapp waren, akquirierte er einen Teil bei Privatpersonen und Firmen. Der 1920 bis 1922 errichtete Turm gilt als eines der bedeutendsten Bauwerke des 20. Jahrhunderts. *jf*

4-68 Brief an Max Planck
Kiel, 6. Juli 1922, Albert Einstein
Manuskript, 29,7 x 21
Archiv der Max-Planck-Gesellschaft, Berlin-Dahlem, Inv.-Nr. Va. Abt., Rep. 002, Nr. 26

Nach dem Mord an Außenminister Walther Rathenau am 24. Juni 1922 wurde die Situation für den Demokraten und Juden Albert Einstein immer unsicherer. Die seit 1920 stets auch politisch motivierte Debatte um die Relativitätstheorie erhielt nun eine antisemitische Dimension. Einstein wurde gewarnt, von nationalistischer Seite plane man Attentate auf ihn. In einem Brief an Max Planck berichtete er von seinem Entschluss, sich vorerst aus der Öffentlichkeit zurückzuziehen. *jf*

4-69 Ablehnung der Relativitätstheorie
a) 2 x 2 = 4. Antwort auf Albert Einsteins gemeinverständliche Schrift »Über die spezielle und die allgemeine Relativitätstheorie«
Wien, 1921, H. Rosen
Archiv der Max-Planck-Gesellschaft, Berlin-Dahlem, Dienstbibliothek B 5791

b) Die Massensuggestion der Relativitätstheorie. Kulturhistorisch-psychologische Dokumente
Berlin, 1924, Ernst Gehrke
Archiv der Max-Planck-Gesellschaft, Berlin-Dahlem, Dienstbibliothek B 8302

c) Hundert Autoren gegen Albert Einstein
Leipzig, 1931, Hans Israel/Erich Ruckhaber/Rudolf Weinmann (Hg.)
Archiv der Max-Planck-Gesellschaft, Berlin-Dahlem, Dienstbibliothek B 5785

Die Debatte um die Relativitätstheorie führte zu einer Vielzahl zumeist populärwissenschaftlicher Anti-Einstein-Schriften, die die Theorie und ihren Begründer angriffen. Von dem Ingenieur Israel, dem Schauspieler Weinmann und dem Schriftsteller Ruckhaber herausgegeben, versammelt »100 Autoren gegen Einstein« 28 Essays von Einstein-Gegnern sowie zahlreiche Auszüge aus bereits veröffentlichten Texten. *jf*

Psychotechnik

Die sogenannte Psychotechnik wandte psychologische Konzepte in der Betriebswissenschaft an, um Arbeitsverfahren und -leistungen zu rationalisieren und zu optimieren. Vor allem nach dem Ersten Weltkrieg nutzten Militär, Verkehrswesen und herstellende Industrie ihre Verfahren. 1918 gründeten Walter Moede und Georg Schlesinger das erste und in der Folgezeit führende Institut für industrielle Psychotechnik an der Technischen Hochschule Charlottenburg. Hier entwickelten sie Konkurrenz-Ausleseverfahren, die insbesondere bei der Lehrlingseinstellung in der Industrie Verwendung fanden. Mithilfe von Gerätschaften wie dem Winkelschätzapparat wurden in wissenschaftlich-psychologischen Untersuchungen Intelligenz und technische Geschicklichkeit geprüft. »Den geeigneten Menschen finden und ihn an den richtigen Platz stellen«, lautete Schlesingers Motto. Die Wissenschaft der Psychotechnik gilt damit als Vorläufer der heutigen Arbeitspsychologie. *fk*
Lit. Hanf 1987; Spur 2008

4-70 Winkelschätzapparat
Berlin, ohne Jahr, Ludwig Loewe & Co. Berlin
Glas, Messing, Holz, 31,5 x 11,5 x 10
Deutsches Technikmuseum Berlin, Inv.-Nr. 1/2004/0941 0, RZ 7.1.2. R 21 Gewerbe

4-71 Würfel
Berlin, ohne Jahr
Holz, 10 x 10 x 10
Privatbesitz

4-72 Psychotechnik und Betriebswissenschaft
Leipzig, 1920, Georg Schlesinger
Staatsbibliothek zu Berlin – Preußischer Kulturbesitz, Sign. Ky 17435/315-1

4-73 Experimentelle Massenpsychologie
Leipzig, 1920, Walther Moede
Staatsbibliothek zu Berlin – Preußischer Kulturbesitz, Sign. Ky 17435/315-3

Performanz: Wissenschaftlicher Film in der Kunstgeschichte

Die Diskussion um die filmische Repräsentation von Kunst in der Kunstgeschichte konzentrierte sich weniger auf die Vermittlung kunsthistorischen Wissens, als auf den zu erwartenden wissen-

4-67

4-78 **Raum im kreisenden Licht**
Berlin, 1936, Buch und Regie: Carl Lamb,
Produktion: TOBIS Kulturfilm
Tonfilm, s/w, 15 min.
Nachlass Carl Lamb

Der Film stellt mithilfe eines Zeitraffers die Wanderung des Lichteinfalls in Bauwerken unterschiedlicher Epochen dar, etwa in der barocken Wieskirche, die für das Zusammenspiel von Architektur und Licht geschätzt wird. Der Kunsthistoriker, Filmemacher und Fotograf Carl Lamb nutzte Zeitraffer, die zuvor nur im naturwissenschaftlichen Film eingesetzt wurden. Er kombinierte sie mit einer schnitttechnischen Dynamisierung des Lichtspiels, indem er nahe und weite Einstellungen abwechselte. Lamb betrachtete den Film als originäres Forschungsmedium, das neue Erkenntnisse über die Wahrnehmung insbesondere von Architektur ermöglichen sollte. *nd*
Lit. Schroedl 2005

Zwillingsforschung am Kaiser-Wilhelm-Institut für Anthropologie

Die internationale Humangenetik suchte in den 1920er-Jahren intensiv nach Methoden, um zu Erkenntnissen über das Wechselspiel zwischen genetischen Anlagen und Umwelteinflüssen bei der Ausprägung menschlicher Merkmale zu gelangen. Amerikanische Forscher konzentrierten sich auf die Chromosomen und deren Weitergabe im Erbgang. In Deutschland wurde diese Transmissionsgenetik als unzureichend empfunden. Das 1927 gegründete Institut für Anthropolo-

schaftlichen Erkenntnisgewinn. Der wissenschaftliche Film sollte Forschungsmittel und -methode sein. Nachdem sich Film in den naturwissenschaftlichen Disziplinen als Visualisierungsmedium durchgesetzt hatte, sah man das Potenzial für die Kunstgeschichte in der Repräsentation des architektonischen Raumes und der Plastik. Insbesondere für die Epoche des Barock erschien der Film geeigneter als das stehende Bild, da mit ihm ein »Raumerlebnis« hervorgerufen werden konnte.

Die Auseinandersetzung mit dem Moment der Bewegung und wechselnden Betrachterstandpunkten führte auch erste performative Ansätze in das Fach ein. Frühe Beispiele für kunstwissenschaftliche Filme sind der Zyklus »Schaffende Hände« von Hans Cürlis und der Experimentalfilm »Raum im kreisenden Licht« von Carl Lamb. *nd*

4-74 **Schaffende Hände: Lovis Corinth**
Berlin, 1922, Hans Cürlis, Produktion: Institut für
Kulturforschung Dr. H. Cürlis
Stummfilm, s/w, 4:30 min.
IWF, Göttingen

4-75 **Schaffende Hände: Emil Orlik im Hof der Kunsthochschule**
Berlin, 1924, Hans Cürlis, Produktion: Institut für
Kulturforschung Dr. H. Cürlis
Stummfilm, s/w, 3 min.
IWF, Göttingen

4-76 **Schaffende Hände: Wassily Kandinsky in der Galerie Nierendorf**
Berlin, 1927, Hans Cürlis, Produktion: Institut für
Kulturforschung Dr. H. Cürlis
Stummfilm, s/w, 4 min.
IWF, Göttingen

4-77 **Schaffende Hände: Max Pechstein**
Berlin, 1927, Hans Cürlis, Produktion: Institut für
Kulturforschung Dr. H. Cürlis
Stummfilm, s/w, 5:30 min.
IWF, Göttingen

Der Kunsthistoriker und Kulturfilmregisseur Hans Cürlis begann 1922 mit dem Aufbau eines Archivs, dessen Filme den Entstehungsprozess von Kunstwerken dokumentierten. Der als »Schaffende Hände« betitelte Zyklus wandte sich an Wissenschaftler und sollte mittels Großaufnahmen der zeichnenden, malenden oder modellierenden Hände durch vergleichende Betrachtung die individuelle Arbeitsweise und -technik einzelner Künstler veranschaulichen. Die ersten filmischen Atelierbesuche entstanden 1922 und zeigen die Maler Max Liebermann, Max Slevogt und Lovis Corinth. Bereits 1919 gründete Cürlis das Institut für Kulturforschung e. V. in Berlin. Nach dem Zweiten Weltkrieg setzte Cürlis den Zyklus mit Filmen über Heinz Trökes, Hann Trier, Alexander Calder und Renée Sintenis fort. Insgesamt halten 87 kurze Filmporträts die typische Handschrift eines Künstlers fest. *nd*
Lit. Döge 2005

4-70

4-74

Archiv der Max-Planck-Gesellschaft, Berlin-Dahlem, Inv.-Nr. IV. Abt., HA Bildersammlung, Bild-Nr. 18/II (a)

c) Abnahme von Hand- und Fingerabdrücken
Berlin, 1928
Fotografie
Archiv der Max-Planck-Gesellschaft, Berlin-Dahlem, Inv.-Nr. IV. Abt, HA Bildersammlung, Bild-Nr. 10/II

d) Haarfarbenbestimmung
Berlin, Februar 1928
Fotografie
Archiv der Max-Planck-Gesellschaft, Berlin-Dahlem, Inv.-Nr. IV. Abt., HA Bildersammlung, Bild-Nr. 12/II

e) Messung des Lungenvolumens mit Spirometer
Berlin, 1928
Fotografie
Archiv der Max-Planck-Gesellschaft, Berlin-Dahlem, Inv.-Nr. IV. Abt., HA Bildersammlung, Bild-Nr. 15/II

Die gegen Ende der zwanziger Jahre entstandenen Aufnahmen zeigen den späteren Direktor des Instituts für Anthropologie, menschliche Erblehre und Eugenik, Otmar Freiherr von Verschuer, bei der systematischen Datenerhebung an erwachsenen und minderjährigen Zwillingspaaren. Durch die Unterstützung von Behörden und medizinischen Einrichtungen im Großraum Berlin konnte man die weltweit größte Zwillings-Kartothek aufbauen. Neben serologischen Untersuchungen und Intelligenztests wurden Merkmale wie Fingerabdrücke oder Augen- und Haarfarben verglichen sowie das Lungenvolumen mithilfe des Spirometers bestimmt. 1927 fasste von Verschuer erste umfassende, an etwa 150 gleichgeschlechtlichen ein- und zweieiigen Zwillingspaaren gewonnene Ergebnisse in der Studie »Die Vererbungsbiologische Zwillingsforschung« zusammen. *st*

gie setzte gezielt auf die Zwillingsforschung. Direktor Eugen Fischer und Nachfolger Otmar von Verschuer erschien diese Methode trotz erkennbarer theoretischer und methodischer Schwächen als Königsweg. Sie war auf vielfältige Bereiche wie Erbpathologie, Tuberkuloseforschung, Blutgruppen- und Blutbildforschung sowie Erbpsychologie anwendbar. Ende der 30er-Jahre häufte sich die Kritik, mit Fritz Lenz sogar aus dem eigenen Institut: Gene und Umwelteinflüsse würden sich nicht nur addieren, sondern stünden in einem komplexeren Verhältnis. Die Erkenntnismöglichkeiten aus der Zwillingsforschung wurden als sehr begrenzt erkannt. Dennoch hielt Verschuer an der Zwillingsforschung fest. Sein ehemaliger Doktorand, Josef Mengele, baute in Auschwitz ein Zwillingslager auf, in dem er die Forschungen eigenständig und unter Verletzung der Menschenrechte massiv ausweitete. Er versorgte Kollegen in Berlin-Dahlem mit »Untersuchungsmaterial« wie Augenpaaren (Heterochromie), Blutproben (serologischer Rassentest) und Skelettsammlungen. *st*
Lit. Fangerau 2000; Schmuhl 2005

4-79 Grundriss der menschlichen Erblichkeitslehre und Rassenhygiene

München, 1921, 2 Bände, Erwin Baur/Eugen Fischer/Fritz Lenz
Archiv der Max-Planck-Gesellschaft, Berlin-Dahlem, Inv.-Nr. III. Abt., Rep. 94

Das Werk eines Genetikers, eines Anthropologen und eines Erbpathologen galt etwa zwanzig Jahre lang als Standardwerk zur Erblichkeitslehre und praktischen Rassenhygiene in Deutschland. Bis 1940 erfuhr es fünf Auflagen, wurde ins Englische übersetzt und trotz spekulativer und antisemitischer Inhalte über 300 Mal nahezu uneingeschränkt positiv rezensiert. Der »Baur/Fischer/Lenz« lieferte das wissenschaftliche Fundament für die spätere nationalsozialistische Rassengesetzgebung. *st*
Lit. Fangerau 2000

4-80 Haarbestimmungstafel

Ohne Jahr, Eugen Fischer
Metall, 11 x 40,5 x 1,5
Archiv der Max-Planck-Gesellschaft, Berlin-Dahlem, Inv.-Nr. III. Abt., Rep. 94

4-81 Metallzirkel für Kopfmessungen

Metall, 27,6 x 21,3
Staatssammlung für Anthropologie und Paläoanatomie, Abt. Anthropologie, München

4-82 Zwillingsforschung

a) Die Vererbungsbiologische Zwillingsforschung. Ihre biologischen Grundlagen
Berlin, 1927, Otmar Freiherr von Verschuer
Archiv der Max-Planck-Gesellschaft, Berlin-Dahlem, Dienstbibliothek D 3014

b) Augenfarbenbestimmung
Berlin, 1928
Fotografie

Magnus Hirschfeld: Institut für Sexualwissenschaften

Der Mediziner Magnus Hirschfeld gründete 1919 mit Arthur Kornfeld und Friedrich Wertheim das weltweit erste Institut für Sexualwissenschaft. Bis zur gewaltsamen Schließung durch die Nationalsozialisten 1933 wurden hier Aspekte der menschlichen Sexualität erforscht. Hirschfeld vertrat einen sexualbiologischen Ansatz – zunächst auf der Grundlage der Vererbungslehre, dann basierend auf der neu aufkommenden Hormonlehre und Reizphysiologie.
In der Sexualwissenschaft sah Hirschfeld den Motor für Reformen des Sexualstrafrechts, insbesondere die Entkriminalisierung von Homosexualität und Transsexualität. Gesundheitspolitische Aufklärung betrieb das Institut mit Ehe- und Sexualberatungen.
Hirschfelds Lebensmotto »Per scientiam ad iustitiam« (»Durch Wissenschaft zur Gerechtigkeit«) ist hingegen ambivalent.

Als Vertreter der Eugenik teilte er die Vorstellung von höherwertigem und minderwertigem Leben und einer natürlichen Selektion. *nd*

Lit. Haeberle 1984; Herrn 2010; Schoeps 2004; Seek 2003; Siebenhaar 1987; Wolf 1985

4-83 Geschlechtskunde auf Grund dreißigjähriger Forschung und Erfahrung

Stuttgart, 1926–1930, 5 Bände, Magnus Hirschfeld
Staatsbibliothek zu Berlin – Preußischer Kulturbesitz, Historische Drucke, Sign. 4" Kd 1300/475-4<a>

Die fünfbändige Geschlechtskunde fasst Hirschfelds theoretische Position und therapeutischen Ansätze zusammen. Seine Forschungen umfassen die von den vorherrschenden Geschlechtsbildern abweichen, hybriden Formen der Sexualität. So beruhte die »Zwischenstufentheorie« auf der Annahme einer Mischgeschlechtlichkeit, die einfach erscheinende Formel »m+w« sollte die bei jedem vorhandene Mischung männlicher und weiblicher Eigenschaften veranschaulichen. Auch Homosexuelle, Androgyne, Hermaphroditen und Transvestiten entsprächen dieser Regel und wären also keine krankhaften Abweichungen, wie es die herrschende wissenschaftliche Meinung unterstellte. *nd*

4-84 Anders als die Andern

1918/19, Regie: Richard Oswald, Buch: Richard Oswald und Magnus Hirschfeld, Produktion: Richard Oswald-Film GmbH, Berlin
Stummfilm, s/w, 51 min.
Bundesarchiv-Filmarchiv, Berlin

Der Spielfilm »Anders als die Andern« thematisierte erstmals öffentlich gleich-geschlechtliche Liebe anhand der Geschichte des homosexuellen Violinisten Paul Körner, der Opfer einer Erpressung wird und sich nach gerichtlicher Verurteilung das Leben nimmt. Hirschfeld nutzte den Film als Aufklärungsmedium. Er selbst trat in der Gerichtsverhandlung als Sexualarzt auf. Der Film polarisierte und führte zur Wiedereinführung der Filmzensur. 1921 wurde die öffentliche Aufführung verboten. *nd*
Lit. Steakley 2007

4-85 Reform des Sexualstrafrechts

a) Gegen-Entwurf. Zu den Strafbestimmungen des Amtlichen Entwurfs eines Allgemeinen Deutschen Strafgesetzbuches
Berlin, 1926, Kartell für Reform des Sexualstrafrechts
Broschüre
Privatbesitz
b) § 297,3 »Unzucht zwischen Männern«? Ein Beitrag zur Strafgesetzreform
Berlin, 1929, unter Mitwirkung von Sanitätsrat Dr. Magnus Hirschfeld, Krim.-Kommissar a.D. Gotthold Lehnert, Stadtarzt Max Hodann und Peter Martin Lampel
Broschüre
Magnus-Hirschfeld-Gesellschaft e. V., Berlin

Ziel des »Kartells für die Reform des Sexualstrafrechts« war die Überwindung des wilhelminischen Sexualstrafrechts. Zu dem bedeutendsten sexualpolitischen Bündnis der Weimarer Republik schlossen sich 1925 unter der Leitung von Kurt Hiller linksliberale Organisationen zusammen, darunter die »Deutsche Liga für Menschenrechte« und der »Bund für Mutterschutz und Sozialreform«. Gefordert wurde die Straffreiheit für ärztliche Abtreibung und Ehebruch sowie die Abschaffung der Paragraphen 175 RStGB und 297 RStGB, die Homosexualität unter Strafe stellten. Seit 1898 trat Hirschfeld mit Petitionen für die Streichung des »Homosexuellenparagraphen 175« ein.

Sein Fazit 1931 war ernüchternd: Er hatte keines seiner Ziele erreicht. *nd*

4-86 Psychobiologischer Fragebogen

Berlin, 1911, Magnus Hirschfeld
Broschüre
Magnus-Hirschfeld-Gesellschaft e. V., Berlin

Der Fragebogen wurde von Medizinern, Psychiatern und Vertretern der Psychoanalyse entwickelt und sollte Aufschluss über die körperliche und seelische Entwicklung von Patienten geben. Von dem Verfahren der medizinischen Anamnese erhoffte man sich Erkenntnisse über frühkindliche Entwicklung, Pubertät und Erwachsenenleben sowie sexuelle Praxis und Vorlieben. Der von »H. Ritter, 33 Jahre« ausgefüllte Fragebogen aus dem Jahr 1911 zählt zu den über 40 000 gesammelten Berichten. *nd*

4-87 Transvestit

a) Transvestitenschein von Eva (Gert) Katter
Berlin, 6. Dezember 1928, Polizeipräsident von Berlin
Druck, Fotografie, 19 x 23,5
Magnus-Hirschfeld-Gesellschaft e. V., Berlin
b) Ärztliche Bescheinigung für Eva Katter
Berlin, 23. November 1928, Magnus Hirschfeld, Institut für Sexualwissenschaft
Druck, 15,7 x 25
Magnus-Hirschfeld-Gesellschaft e. V., Berlin
c) Zahlungsbeleg
Berlin, 3. September 1928, Magnus Hirschfeld, Institut für Sexualwissenschaft
Typoskript, 9,2 x 19,5
Magnus-Hirschfeld-Gesellschaft e. V., Berlin

Für Homosexuelle und Transvestiten war das Institut für Sexualwissenschaft eine Beratungsstelle. Patienten sollten darin bestärkt werden, »ihrer Natur entsprechend« zu leben. Dazu gehörte die Ausfertigung von Gutachten für Trans-

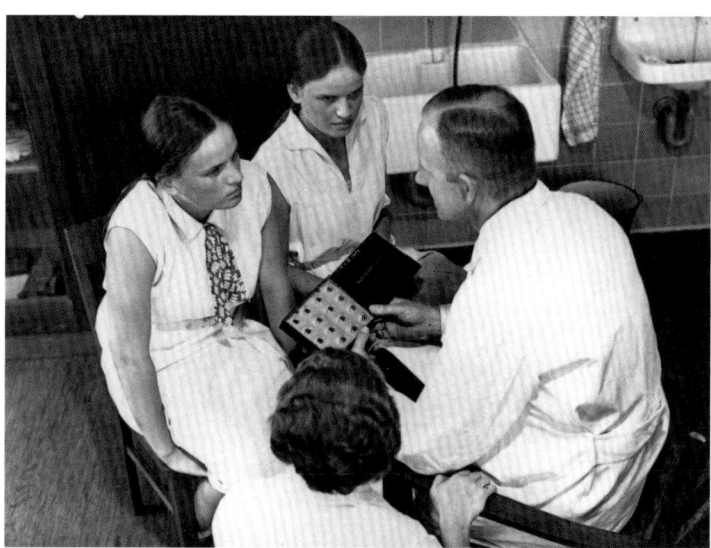

4-82b

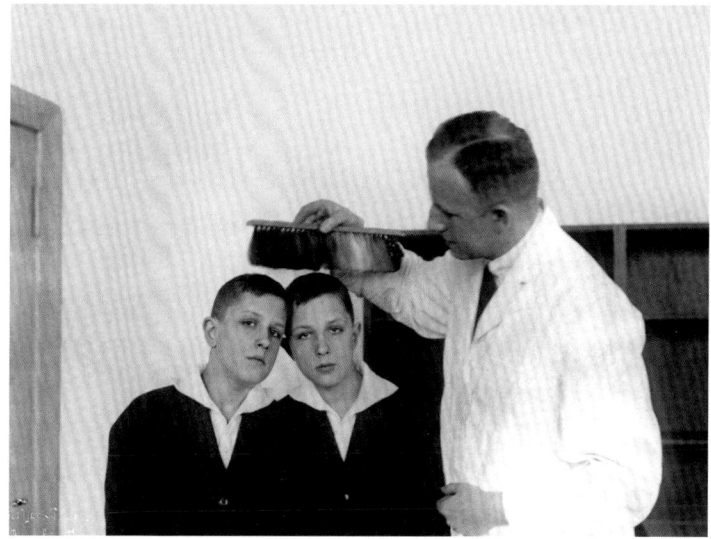

4-82d

4-91 c

Lit. Bahar 1992; Grüttner 1995a; Grüttner 2010

Im Vergleich zu anderen Universitäten gab es an der Friedrich-Wilhelms-Universität jedoch eine starke Minderheit liberaler und linker Studierender. Ende der 1920er-Jahre traten dezidiert politische Studentenorganisationen auf, wie der »Nationalsozialistische Studentenbund« oder die »Rote Studentengruppe«, die der KPD nahestand. Zwischen den verfeindeten Gruppen kam es zwischen 1929 und 1933 häufig zu gewalttätigen Auseinandersetzungen. *jt*

4-90 Anklage gegen Hitlers Tributpolitik

Einladung zu einer antifaschistischen Diskussionsveranstaltung der »Roten Studentengruppe« mit dem KPD-Funktionär und Reichstagsabgeordneten Theodor Neubauer
21. Juli 1932, Herbert Pels (verantwortlicher Redakteur)
Handzettel, 21 x 14,8
Stiftung Deutsches Historisches Museum, Berlin, Inv.-Nr. Do 59/1.1

4-91 Ausschreitungen

a) Aufruf zum Beitritt in den Nationalsozialistischen Deutschen Studentenbund
Berlin, Juni 1932, Fritz Hippler (Hg.)
Flugblatt, 26,1 x 19,5
Stiftung Deutsches Historisches Museum, Berlin, Inv.-Nr. Do 59/6.5
b) Kundgebung der nationalsozialistischen »Deutschen Studentenschaft« gegen das »Versailler System«
Berlin, 28. Juni 1932
Fotografie
Bildagentur für Kunst, Kultur und Geschichte (bpk), Berlin, Bild-Nr. 00961550
c) Gewaltaktionen von Mitgliedern des Nationalsozialistischen Studentenbundes
Berlin, Juni/Juli 1932
Fotografie
Bildagentur für Kunst, Kultur und Geschichte (bpk), Berlin, Bild-Nr. 30003945

Die Mitglieder des seit 1926 an der Berliner Universität aktiven »Nationalsozialistischen Studentenbundes« steigerten ihren Einfluss unter den Kommilitonen vor allem mithilfe groß angelegter Propagandaaktionen und durch brutale Gewalt. Die nationalsozialistischen Studenten betrachteten die Universität als »Kampfplatz« zur Durchsetzung ihrer politischen Ziele. Opfer der von ihnen provozierten Übergriffe waren zumeist linke oder jüdische Studenten. Professoren und Universitätsleitung reagierten auf die Gewaltaktionen teils mit Sympathie, teils mit Ablehnung und Sanktionen. *jt*

vestiten, auf deren Grundlage sie einen »Transvestitenschein« vom Polizeipräsidenten erhielten und ihre Vornamen ändern konnten. Die Dokumente schützten sie vor Anzeigen und Verhaftungen. Bereits 1910 prägte Hirschfeld die Bezeichnung Transvestit für Personen, die die Kleidung des anderen Geschlechts tragen. *nd*

4-88 Die Aufklärung. Monatsschrift für Sexual- und Lebensreform

Berlin, 1931, Jg. 3, Heft 3
Stiftung Deutsches Historisches Museum, Berlin, Inv.-Nr. ZA 4974 3.1931 H.3

Mit Zeitschriften betrieb das Institut gesellschaftspolitische Aufklärung. Gemeinsam mit Maria Krische gab Hirschfeld zwischen 1929 und 1933 die Monatsschrift »Die Aufklärung« heraus. Ihre Themen zielten auf die gesellschaftliche Liberalisierung, im Mittelpunkt standen die Gleichberechtigung und Selbstbestimmung der Frau. Themen zu Sexualität und Ehe behandelt die Illustrierte »Die Ehe« ab 1926. *nd*

4-89 Das Recht auf Liebe

1930, Regie: Jacob Fleck/Luise Fleck, Produktion: Hegewald Film
Aufklärungsfilm mit Spielhandlung
Bundesarchiv-Filmarchiv, Berlin

Zum Selbstverständnis der Sexualwissenschaft gehörte die Eugenik, die Lehre vom »guten Erbe«. Hirschfeld und die Mitarbeiter des Instituts verfolgten eine aufklärerische Eugenik, die auf den freiwilligen Verzicht der Fortpflanzung hinwirken sollte. Der Glaube an eine wissenschaftlich regulierbare »Menschenverbesserung« schloss Zwangsmaßnahmen wie Sterilisierungen von Behinderten und Sexualverbrechern nicht aus. Hirschfeld förderte den Film, der Gesundheitstests als Bedingung einer glücklichen Ehe propagierte. Im Unterschied zur Mehrheit der Rassenhygieniker betonte Hirschfeld die Vorteile der »Rassenmischung«, deren Vorzüge er in dem Buch »Racism« behandelte, das ein Londoner Verlag 1938 posthum veröffentlichte. *nd*

Radikalisierung der Studierenden

Die Mehrheit der Studierenden der Berliner Universität sympathisierte während der Weimarer Republik mit der radikalen Rechten. Nationalismus, Antisemitismus, die Ablehnung von Demokratie und Republik sowie der als »Versailler System« verunglimpften Nachkriegsordnung gehörten zu den Grundelementen ihrer ideologischen Ausrichtung. Überwogen in den ersten Jahren der Republik noch deutschnationale und monarchistische Einstellungen, so bestimmte gegen Ende der Republik der Nationalsozialismus Denken und Handeln vieler Berliner Studenten.

4-92 Harro Schulze-Boysen

a) Gegner von heute – Kampfgenossen von morgen
Berlin, 1932, Harro Schulze-Boysen
Flugschrift
Stiftung Deutsches Historisches Museum, Berlin, Inv.-Nr. Do2 2008/3058

4-93

b) Gegner. Zeitschrift für eine neue Einheit
Berlin, 15. Januar 1932, Heft 1/2, Harro Schulze-
Boysen (Hg.)
Broschur
Stiftung Deutsches Historisches Museum, Berlin,
Inv.-Nr. Do 56/1660

Der Publizist Harro Schulze-Boysen engagierte sich zunächst in nationalliberalen,
nationalrevolutionären und rechtsintel-
lektuellen Kreisen. Nach einer Frank-
reichreise orientierte er sich politisch
immer weiter nach links und trat 1932
der KPD bei. 1931/32 wurde der Jura-
student Herausgeber der linksliberalen
Zeitschrift »Der Gegner«. Sie verstand sich
als Sprachrohr einer neuen, gegen den
aufkommenden Nationalsozialismus gerichteten Jugendbewegung und wollte
vor allem Studenten ansprechen. 1933
stürmte die SA die Redaktionsräume und
verhaftete Schulze-Boysen und seine Mitarbeiter. Als späterer Kopf der Wider-
standsorganisation »Rote Kapelle« wurde
er 1942 gemeinsam mit seiner Frau Libertas hingerichtet. *jt*

10. Mai 1933: Bücherverbrennung

Die Bücherverbrennung am 10. Mai 1933
war Höhepunkt der Kampagne »Wider
den undeutschen Geist« des Hauptamtes
für Presse und Propaganda der Deutschen
Studentenschaft. Nach der Antrittsvorlesung von Alfred Baeumler, dem neu beru-
fenen Ordinarius für Philosophie und
politische Pädagogik, vernichteten Mitglieder der Deutschen Studentenschaft
auf dem Berliner Opernplatz etwa 25 000
Werke deutscher Philosophen, Wissenschaftler, Romanautoren und Lyriker.
In Berlin begleitete Joseph Goebbels die
Bücherverbrennung mit einer Hetzrede
gegen jüdische, sozialistische und demokratische Autoren, die im nationalsozialistischen Staat keinen Platz finden sollten.
Bis Ende Mai 1933 wurden allein aus
Berliner Bibliotheken 10 000 Zentner
Literatur beschlagnahmt. Ein Jahr später
umfassten die »schwarzen Listen« mehr
als 3000 Titel verbotener Schriften. *fk*
Lit. Benz 2003; Jarausch 1995;
Wiesner 2003

4-93 **Bücherverbrennung**

Berlin, Opernplatz, 10. Mai 1933, Heinrich Hoffmann
Fotografie, 8 x 11
Bildagentur für Kunst, Kultur und Geschichte (bpk),
Berlin, Bild-Nr. 50055852

4-94 **Wider den undeutschen Geist**

Berlin, 12. April 1933, Deutsche Studentenschaft
Flugblatt (Faksimile), 15 x 8
Staatsarchiv Würzburg, Akten der Deutschen
Studentenschaft, I 21 C 14/I

Am 12. April 1933 kündigte die Deutsche
Studentenschaft die Aktion »Wider den
undeutschen Geist« an. Die zwölf Thesen
auf dem Flugblatt benannten die Art von
Publikationen, die nicht mehr als deutsch
zu gelten hatte. Bücher der Autoren, die
unter dieses Verdikt fielen, wurden aus
öffentlichen Bibliotheken entfernt und
auf »schwarzen Listen« veröffentlicht. *nd*

4-95 Geschlechtskunde auf Grund dreißigjähriger Forschung und Erfahrung. Band 1: Die körperseelischen Grundlagen

Stuttgart, 1930, Magnus Hirschfeld
Staatsbibliothek zu Berlin – Preußischer Kulturbesitz, Historische Drucke, Sign. 4" Kd 1300/475-1<a>

Die Publikationen Hirschfelds standen nach der Machtübernahme der Nationalsozialisten auf dem Index. Die 1926 erschienene »Geschlechtskunde« gilt als das Hauptwerk Hirschfelds. Hier findet sich ein Stempel der »Zentralpolizeistelle zur Bekämpfung unzüchtiger Bilder, Schriften und Inserate« aus dem Jahre 1933. Am 6. Mai 1933 hatten Studenten der Hochschule für Leibesübungen das Institut für Sexualwissenschaft geplündert. Vier Tage darauf wurde die Literatur der Bibliothek bei der Bücherverbrennung auf dem Opernplatz vernichtet, eine Büste Hirschfelds dabei weithin sichtbar präsentiert. *fk*

»Deutsche Wissenschaft« und Führeruniversität

Zahlreiche Wissenschaftler begrüßten öffentlich die Machtübernahme der Nationalsozialisten. In Reden oder Denkschriften formulierten sie den Neubeginn der »deutschen« Wissenschaft. An den Hochschulen wurde ab 1933 das Konzept der »Führeruniversität« proklamiert, das Forschung und Lehre an die nationalsozialistische Ideologie band. Mit Aufhebung der universitären Selbstverwaltung im Oktober nahm das Regime direkten Einfluss auf die Rektorenwahlen. Die Entscheidungsbefugnis der universitären Gremien wurde durch das Mitspracherecht parteilicher Instanzen wie der NS-Dozentenführung und dem NS-Studentenbund eingeschränkt. Beim wissenschaftlichen Nachwuchs entschied neben der fachlichen Qualifikation nunmehr auch die »charakterliche Eignung« über eine universitäre Karriere.
Unter den Rektoren Eugen Fischer, Wilhelm Krüger, Willy Hoppe und Lothar Kreuz wurde die Friedrich-Wilhelms-Universität im Sinne des NS-Regimes transformiert, die Vertreibung »nichtarischer« Dozenten und Studenten durchgesetzt und »Rasse« als wissenschaftliche Kategorie verankert. *fk*
Lit. Jahr 2005; Jarausch 1995; Maier 2002; Seier 1964

4-96 Rundfunkansprache zur Volksabstimmung

12. November 1933, Ferdinand Sauerbruch
5:16 min.
Deutsches Rundfunkarchiv

Die Rolle des Chirurgen Ferdinand Sauerbruch in der NS-Zeit war ambivalent. Die NS-Propaganda nutzte das Ansehen des Chirurgen. Im Privaten bezog er Position gegen Antisemitismus und lehnte einen Eintritt in die NSDAP ab. 1940 intervenierte er gegen die einsetzende Ermordung von Kranken in Kliniken, Pflegeheimen und psychiatrischen Anstalten. Als wissenschaftlicher Gutachter aber war er in die Bewilligung von Menschenversuchen in Konzentrationslagern eingebunden. Ende der vierziger Jahre wechselte er nach Westberlin. *nd*

4-97 Denkschrift über eine Neuorientierung der Kaiser-Wilhelm-Gesellschaft

Berlin, 1933, Wilhelm Eitel
Typoskript, 29 x 21
Archiv der Max-Planck-Gesellschaft, Berlin-Dahlem, Inv.-Nr. I. Abt., Rep. 1A, Nr. 793, Bl. 102–105

Der Mineraloge Wilhelm Eitel, Direktor des 1926 gegründeten Instituts für Silikatforschung, forderte in einer an Innenminister Wilhelm Frick adressierten Denkschrift die Reorganisation der Kaiser-Wilhelm-Gesellschaft mit Ausrichtung auf die staatliche Rüstungsforschung. Auf den zementtechnologischen Forschungen des Instituts beruhte der nationalsozialistische Autobahnbau. Das Agieren Eitels war exemplarisch für die Selbst- und Ressourcenmobilisierung, um Wissenschaft den Interessen des nationalsozialistischen Staates verfügbar zu machen. Bei der Ausplünderung der eroberten Silikatindustrie in der Sowjetunion sollte Eitels Institut eine führende Rolle übernehmen. *fk*
Lit. Stoff 2006

4-98 Eröffnungsrede des Berliner Rechtsphilosophen Carl Schmitt

In: Das Judentum in der Rechtswissenschaft, Bd. 1: Die Deutsche Rechtswissenschaft im Kampf gegen den jüdischen Geist, Berlin, 1936, Carl Schmitt
Broschur
Universitätsbibliothek der Humboldt-Universität zu Berlin, Sign. G 647:F8

»Indem ich mich des Juden erwehre, kämpfe ich für das Werk des Herrn«, zitierte Carl Schmitt aus Hitlers »Mein Kampf« bei der Eröffnungsrede der Tagung »Deutsche Rechtsprechung im Kampf gegen den jüdischen Geist« 1936. Der Staatsrechtler war 1933 an die Friedrich-Wilhelms-Universität berufen worden. Auf der Tagung 1936 prangerte Schmitt die »jüdische Infektion« der deutschen Rechtswissenschaft an und verteidigte die Rassengesetze. Der drastische Antisemitismus der Rede kann als deutliches Bekenntnis zum NS-Regime gewertet werden, nachdem Schmitt bereits massiven Angriffen der NSDAP ausgesetzt

war, die seinen Ausschluss aus der Partei betrieb. *fk*
Lit. Müller 2007

4-99 Deutsche Kunstgeschichte

In: Deutsche Wissenschaft. Arbeit und Aufgabe, Festschrift für Adolf Hitler, S. 11
Leipzig, 1939, Wilhelm Pinder
Staatsbibliothek zu Berlin – Preußischer Kulturbesitz, Sign. 4" At 884/300<a>

Die Festschrift erschien vor Beginn des Zweiten Weltkrieges anlässlich Hitlers 50. Geburtstag. Darin stellten Wissenschaftler den Beitrag ihres Faches hinsichtlich der Kriegsanforderungen dar. Die Geisteswissenschaften galten neben der militärischen und industriell-ökonomischen als »dritte Front«. Die Kunstgeschichte ist mit zwei Beiträgen vertreten. Neben Alfred Stange bekannte sich Wilhelm Pinder zum Nationalsozialismus. Zusammen mit Richard Sedlmair entwarf er kurz nach Kriegsausbruch ein Programm für den »Kriegseinsatz der Geisteswissenschaften« (Aktion Ritterbusch). Es fasste die wichtigsten Aufgaben der damaligen Kunstgeschichte zusammen. Die europäische Kunst sollte als »Sonderleistung« und »Ausstrahlung« deutschen Geistes erforscht werden. *nd*
Lit. Arend 2005; Aurenhammer 2003

4-100 Pflichtenheft des Studenten-Arbeitsdienstes von Gerhard Schürmann

Berlin, 3. Oktober 1933, Studentenschaft der Technischen Hochschule Berlin
Druck mit Handschrift, 14,4 x 9,8
Stiftung Deutsches Historisches Museum, Berlin, Inv.-Nr. Do2 88/487.372

4-101 Dokumentation mit den Reden einer Kundgebung des NSD-Dozentenbundes zum Thema »Wissenschaft und Vierjahresplan«

Berlin, 1937, NSD-Dozentenbund, Gau Groß-Berlin
Broschur, 20,8 x 14,8
Stiftung Deutsches Historisches Museum, Berlin, Inv.-Nr. Do2 2002/1015

4-102 Hochschulstadt der »Reichshauptstadt Germania«

a) Hauptgebäude
Berlin, 1937–38, Otto Kohtz
Zeichnung, 83,5 x 119,2
Architekturmuseum der Technischen Universität Berlin in der Universitätsbibliothek, Inv.-Nr. 9831
b) Architektur-Wettbewerb
Berlin, 1937, Generalbauinspektion für die Reichshauptstadt Berlin
Wettbewerbsunterlagen, Broschur mit eingelegter Fotografie, 31,8 x 22,5
Landesarchiv Berlin, Inv.-Nr. F Rep. 270, Allgemeine Kartensammlung, 8711

4-102a

Als Teil der nationalsozialistischen Um-
bauplanungen für Berlin sollte eine neue
Hochschulstadt entstehen, in der alle
Hochschulen und Kliniken zusammengefasst werden sollten. Unter der Leitung
des Generalbauinspektors Albert Speer
wurde ein Wettbewerb ausgeschrieben.
Von 743 eingesandten Entwürfen gelangten 15 in die engere Auswahl. Der Entwurf des Architekten Otto Kohtz zeigt ein
monumentales Achsenkreuz, dessen Seiten von stereometrischen Baukörpern
flankiert werden. Ein Hochhausblock mit
einzelnen in den Himmel aufragenden
Spitzen bildet den Endpunkt. Der Beginn
des Zweiten Weltkrieges bedeutete das
Ende für die Planung der »größten deutschen Geistesstätte«. *fk*
Lit. Mallinckrodt 1999; Schäche 1990

Vertreibungen

Politisch missliebige, vor allem aber jüdische Gelehrte und Studierende wurden
nach 1933 zielstrebig und kompromisslos
aus der Berliner Wissenschaft vertrieben.
Bis 1945 verloren 278 Dozenten die Lehrbefugnis, von denen 90% jüdischer Herkunft waren. Ohne nennenswerten Widerstand ihrer Kollegen wurden die meisten

von ihnen auf der Grundlage des »Gesetzes zur Wiederherstellung des Berufsbeamtentums« vom 7. April 1933 entlassen
oder in den Ruhestand versetzt.
Jüdischen Studienbewerbern wurde zeitgleich mit dem »Gesetz gegen die Über-
füllung deutscher Hochschulen« vom
25. April 1933 der Zugang zur Hochschule
entscheidend erschwert. Bereits immatri-
kulierten jüdischen Studenten konnte das
Weiterstudium ganz verweigert werden.
Das 1937 verhängte Promotionsverbot
schloss sie endgültig von einer wissenschaftlichen Laufbahn aus.
Kündigungen innerhalb der Kaiser-Wilhelm-Gesellschaft betrafen zahlreiche international renommierte Wissenschaftler.
Auch die Versuche des Präsidenten Max
Planck, die Entlassungen hinauszuzögern,
scheiterten. Die Vertreibungspolitik der
Nationalsozialisten steht nicht nur für den
bedeutendsten wissenschaftlichen Aderlass der Berliner Universität, sondern
auch für unzählige Lebensschicksale und
mutwillig zerstörte wissenschaftliche
Karrieren. *fk*
Lit. Beyler 2004; Grüttner/Kinas 2007;
Jarausch 1995; Rürup 2008; Schwarzenbach 2005; Ziegelmann 2005

4-103 **Chronik der Friedrich-Wilhelms-
Universität zu Berlin.**
Berlin, 1935
Staatsbibliothek zu Berlin – Preußischer Kulturbesitz,
Sign. Ay 12965-1932/35

Die Chronik der Jahre 1932 bis 1935 verzeichnet über 130 Angehörige der Berliner Universität, die aufgrund ihrer jüdischen Herkunft (§3), ihrer politischen
Einstellung (§4) oder zur »Vereinfachung
der Verwaltung« (§6) aus dem Lehrkörper
der Universität entfernt wurden. Am
6. Mai 1933 wurde der Geltungsbereich
des Gesetzes auf alle nichtbeamteten
Hochschullehrer und Lehrbeauftragen
ausgedehnt. §3 war der »Arierparagraph«;
§4 richtete sich gegen politische Widersa-
cher der Nationalsozialisten, wurde aber
auch gegen jüdische Wissenschaftler
angewandt, wenn diese als Teilnehmer
des Ersten Weltkrieges von §3 nicht betroffen waren. *nd*

4-104 **Entzug der Lehrbefugnis
für Dr. Hedwig Hintze**
Berlin, 2. September 1933
Typoskript, 29,1 x 19,5
Universitätsarchiv der Humboldt-Universität zu Berlin,
Sign. PA 331 (Hedwig Hintze), Bl. 2

Am 2. September 1933 wurde die Privatdozentin Hedwig Hintze aufgrund ihrer jüdischen Herkunft aus dem Hochschuldienst entlassen. Bereits im Mai hatten die Herausgeber der »Historischen Zeitschrift« Friedrich Meinecke und Albert Brackmann die habilitierte Historikerin aus der Redaktion ausgeschlossen. Im August 1939 emigrierte Hintze in die Niederlande. Einen Ruf an die New York School of Social Research konnte sie nicht antreten, da ihr die Vereinigten Staaten im November 1940 die Einreise verweigerten. Sie starb am 19. Juli 1942 in einem Utrechter Krankenhaus. *nd*

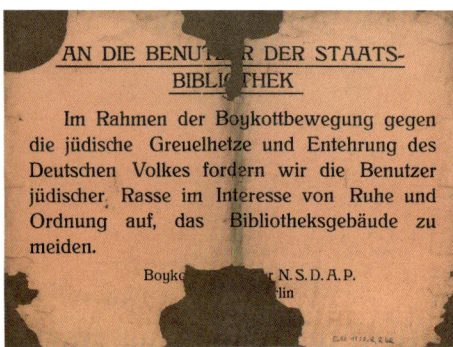

4-105

4-105 An die Benutzer der Staatsbibliothek

Berlin, Frühjahr 1938
Typoskript, 30 x 40
Staatsbibliothek zu Berlin – Preußischer Kulturbesitz, Handschriftenabteilung, Sign. Einbl. 1938, 002,00 2 kl

Im Rahmen der Aufrufe zum Boykott jüdischer Geschäfte forderte die NSDAP bereits 1933 jüdische Bürger auf, die Staatsbibliothek in Berlin nicht mehr zu betreten. Das offizielle Verbot der Nutzung öffentlicher Bibliotheken erfolgte erst nach dem Novemberpogrom von 1938. *md*

4-106 Austrittserklärung aus der Preußischen Akademie der Wissenschaften

S. S. Belgenland, 28. März 1933, Albert Einstein
Manuskript, 29,5 x 21
Berlin-Brandenburgische Akademie der Wissenschaften, Akademiearchiv, Bestand PAW, II-III-57, Bl. 6

Angesichts der »in Deutschland gegenwärtig herrschenden Zustände« erklärte Albert Einstein im März 1933 seinen Austritt aus der Preußischen Akademie der Wissenschaften. Der Nobelpreisträger war seit 1914 Mitglied der Akademie und leitete das Kaiser-Wilhelm-Institut für Physik. Er kam damit – ohne es zu wissen – einer Überprüfung seiner Mitgliedschaft zuvor, die wohl den Ausschluss bedeutet hätte. Einstein emigrierte in die Vereinigten Staaten. *fk*

4-107 Intervention gegen die Entlassung Richard Goldschmidts

Berlin, 15. Oktober 1935, Max Planck
Typoskript, 29 x 21
Archiv der Max-Planck-Gesellschaft, Berlin-Dahlem, Inv.-Nr. I. Abt., Rep. 1A, Nr. 545

Der Biologe Richard Goldschmidt war aufgrund seiner Verbeamtung vor dem 1. August 1914 nicht vom Gesetz zur Wiederherstellung des Berufsbeamtentums betroffen. Auf der Grundlage des Reichsbürgergesetzes wurde er jedoch am 31. Dezember 1935 zwangspensioniert. Der Präsident der Kaiser-Wilhelm-Gesellschaft, Max Planck, intervenierte erfolglos gegen seine Entlassung. Nach einer ersten Mitarbeiterüberprüfung im Juni 1933 galten 27 Mitarbeiter als »nichtarisch«. Max Plancks Bericht berücksichtigte nur die Institute, die zu mehr als 50% aus öffentlichen Mitteln finanziert wurden, und ignorierte die Institutsdirektoren. Erst 1938 verschickte Planck den Abstammungsfragebogen an alle Mitglieder der KWG. Daraufhin traten Max Sering und Otto Hintze aus, Felix Jacoby und Hans Horst Meyer legten ihre Mitgliedschaft nieder. Richard Goldschmidt emigrierte in die Vereinigten Staaten und lehrte ab 1936 Genetik und Zytologie an der University of California in Berkley. *nd*

4-108 Rücktrittserklärung

Berlin, 25. Juli 1933, Fritz Haber
Typoskript, 28,1 x 21,7
Bundesarchiv, Berlin, Inv.-Nr. R 4901/13302

Nach den Bestimmungen des Gesetzes zur Wiederherstellung des Berufsbeamtentums war Fritz Haber, Direktor des Kaiser-Wilhelm-Instituts für physikalische Chemie und Elektrochemie, nicht von einer Entlassung bedroht, widersetzte sich aber der geforderten Entlassung seiner Mitarbeiter. Haber bat um die Versetzung in den Ruhestand, zuvor hatte er unter anderem die Mitgliedschaft in der Preußischen Akademie der Wissenschaften niedergelegt. Der Nobelpreisträger emigrierte 1933 nach Cambridge und starb 1934 in Basel. *nd*
Lit. Schmaltz 2005

4-109 Exil-Gästebuch

Paris, 1933–1935, Magnus Hirschfeld
19,5 x 13
Deutsches Literaturarchiv Marbach, Inv.-Nr. Zug. Nr. 85.451

Als Jude, Homosexueller und Anhänger der Geburtenkontrolle war Hirschfeld in mehrfacher Hinsicht ein Feindbild der Nationalsozialisten. Von Freunden gewarnt, kehrte er 1932 von einer Weltreise nicht nach Deutschland zurück. Nach einem kurzen Aufenthalt in Ascona ging

Hirschfeld im Frühjahr 1933 nach Paris. Der Versuch, dort ein neues Institut zu eröffnen, scheiterte. Bereits im Dezember 1934 schließt das »Institut des sciences sexologiques«. Das Exil-Gästebuch führt die deutschen Intellektuellen auf, die ebenfalls nach Frankreich emigriert waren, darunter Alfred Kantorowicz, Heinrich Mann, Joseph Roth, Egon Erwin Kisch, Lion Feuchtwanger, Anna Seghers und Paul Westheim. Hirschfeld starb am 14. Mai 1935 in Nizza. *nd*
Lit. Keilson-Lauritz 2004

4-110 Deutung der Kernspaltung aus der Emigration

a) Taschenkalender
Stockholm, 11.–17. Dezember 1938, Lise Meitner
Druck, 12,2 x 8,2
Churchill Archives Centre, Churchill College, Cambridge, Inv.-Nr. MTNR 2/15
b) Taschenkalender
Berlin, 1.–7. Januar 1939, Otto Hahn
Druck, 11,9 x 9,5
Archiv der Max-Planck-Gesellschaft, Berlin-Dahlem, Inv.-Nr. III. Abt., 14B, 1939

Am 17. Dezember 1938 gelang Otto Hahn und Fritz Straßmann die Kernspaltung von Uran und Thorium. Nicht mehr beteiligt an den Versuchen war die Kernphysikerin Lise Meitner. Bereits 1934 initiierte Meitner die gemeinsam durchgeführten Forschungen zu Transuranelementen am Kaiser-Wilhelm-Institut für Chemie. Im September 1933 entzog die Berliner Universität Lise Meitner die Lehrbefugnis. Doch erst der »Anschluss« Österreichs beendete die Experimente mit Hahn und Straßmann. Am 13. Juli 1938 floh Lise Meitner über die Niederlande nach Schweden. Hier setzte sie ihre Arbeit am Nobel-Institut für Experimentalphysik fort. Aus dem Exil lieferte Lise Meitner im Januar 1939 die entscheidende theoretische Interpretation der Kernspaltung von Uran und Thorium. *nd*

4-111 Reisepass

Berlin, 7. März 1936, Max Delbrück
Druck, 16 x 11
Archives, California Institute of Technology, Pasadena, Kalifornien, Inv.-Nr. Delbrück Folder 42.8

Die Berliner Universität verweigerte Max Delbrück 1934 die Habilitation in Theoretischer Physik. Erst 1936 erhielt er den Titel des Dr. phil. habil. Seine Zulassung als Privatdozent wurde aufgrund seiner distanzierten Haltung gegenüber dem Nationalsozialismus abgelehnt. Der Assistent von Lise Meitner untersuchte seit 1932 die Mutationen auslösende Wirkung von Röntgenstrahlen. Ein Stipendium ermöglichte Delbrück die Fortsetzung seiner molekulargenetischen Forschungen am

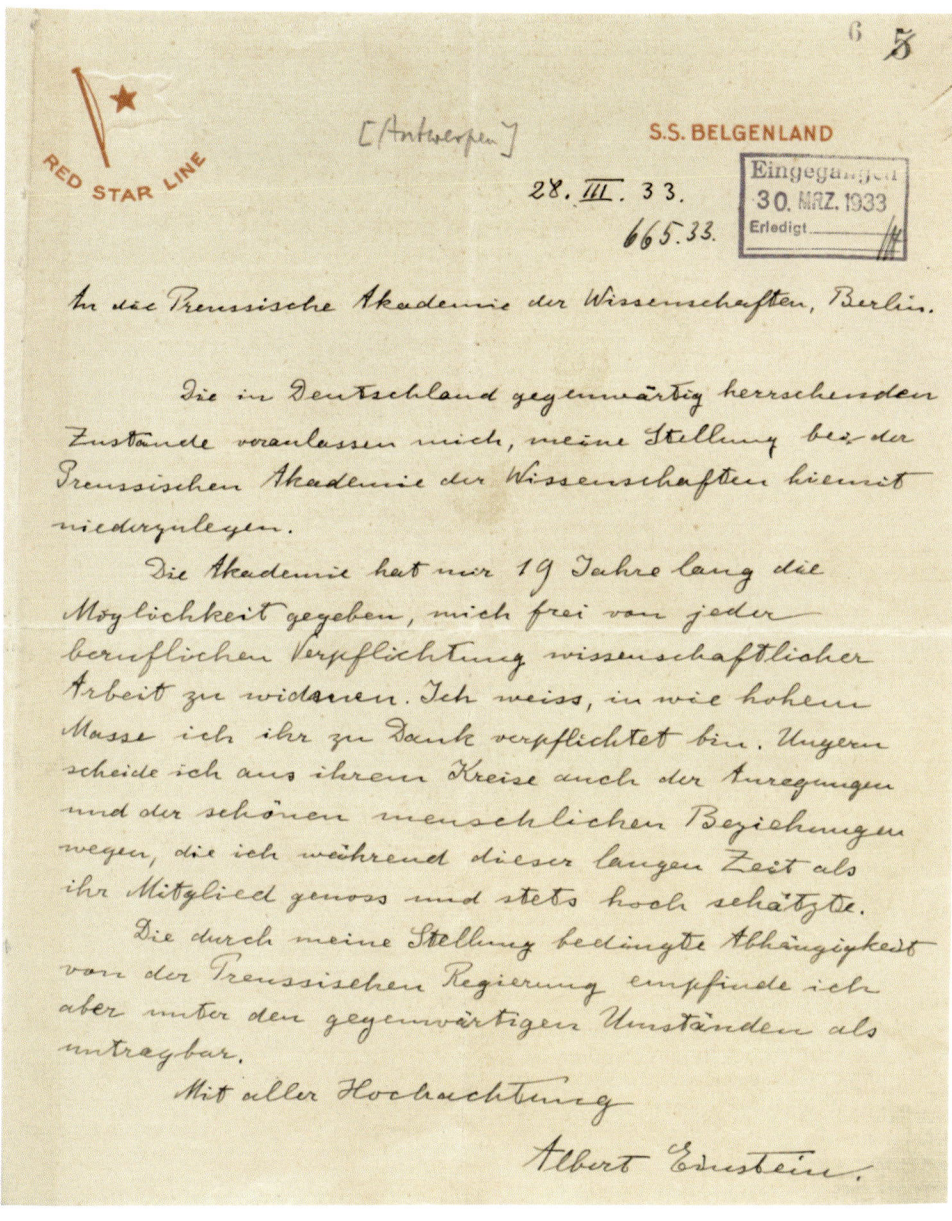

4-106

»Die Entstehung der berufsmäßigen Schauspielkunst im Altertum und in der Neuzeit«. Das unvollendete Manuskript überstand den Zweiten Weltkrieg in einem Banksafe und erschien erst zwanzig Jahre nach seinem Tod.
1942 wurde der Begründer der deutschen Theaterwissenschaft Herrmann in das Ghetto Theresienstadt deportiert, wo er im selben Jahr verstarb. Sein Eintreten für eine Entliterarisierung des Theaters zugunsten der Rekonstruktion von Aufführungen führte 1923 zur Einrichtung eines eigenständigen Theaterwissenschaftlichen Instituts an der Friedrich-Wilhelms-Universität. Doch erst 1930 erhielt Herrmann aufgrund seiner jüdischen Herkunft ein Ordinariat. Vor seiner Entlassung nahm Herrmann öffentlich Stellung gegen die von der Deutschen Studentenschaft verfasste Erklärung »Wider den undeutschen Geist«. *nd*
Lit. Mövius 2003

4-114 Deportationsschein von Julius Magnus

Westerbork, Niederlande, 12. September 1943
Typoskript, 14,4 x 22,5
Netherlands Institute for War Documentation, Inv.-Nr. 250i/340

Im September 1933 verlor der Berliner Notar Julius Magnus seinen Lehrauftrag für Urheber- und Patentrecht an der Friedrich-Wilhelms-Universität. Bereits im Mai 1933 musste er als Mitherausgeber der »Juristischen Wochenschrift« zurücktreten. 1939 emigrierte Magnus in die Niederlande. Die Arbeit an einem Wörterbuch der Rechtssprache konnte er bis zur Internierung im KZ Westerbork fortsetzen, wurde aber 1944 in das Konzentrationslager Theresienstadt deportiert, wo er vermutlich an Hunger und Schwäche starb. *nd*
Lit. Göppinger 1990

Die Wehrtechnische Fakultät

Die 1933 als »Fakultät für Allgemeine Technologie« gegründete Wehrtechnische Fakultät stand in engem Zusammenhang mit den nationalsozialistischen Aufrüstungsbestrebungen und sollte zum Zentrum der militärtechnischen Forschung und Ausbildung werden. Der Dekan Karl Emil Becker nahm eine Schlüsselrolle bei der Militarisierung des Wissenschaftssystems ein. Enge Beziehungen bestanden zum Heereswaffenamt. Die Hörer waren zum großen Teil zum Studium abkommandierte Offiziere.
Pläne, die Fakultät zu einem Betrieb mit 900 Mitarbeitern und 1500 Studenten auszubauen, wurden ebenso wenig realisiert

Californian Institute of Technology. Er kehrte nicht mehr nach Deutschland zurück. Gemeinsam mit Salvador Edward Luria und Alfred Day Hershey erhielt er 1969 den Nobelpreis für Physiologie und Medizin. *nd*

4-112 »What Does American Democracy Mean To Me?«

New York, 23. November 1939, Alice Salomon
Radiointerview
U.S. National Archives, Washington, D.C.

Das Interview mit der Frauenrechtlerin Alice Salomon entstand nach ihrer Emigration in die Vereinigten Staaten. Darin schildert sie ihre positiven Eindrücke der amerikanischen Gesellschaft. Die Gründerin der »Sozialen Frauenschule« (1908) und der »Deutschen Akademie für soziale und pädagogische Frauenarbeit« (1925) wurde 1937 von der Gestapo gezwungen, Deutschland zu verlassen. Nach ihrer Ausbürgerung 1939 erkannte die Berliner Universität ihr den Doktortitel ab. *nd*
Lit. Kuhlmann 2004

4-113 Die Entstehung der berufsmäßigen Schauspielkunst

Berlin, bis 1942, Max Herrmann
3-teiliges unvollendetes Manuskript
Staatsbibliothek zu Berlin – Preußischer Kulturbesitz, Handschriftenabteilung, Slg. Max Herrmann I–III

Nach seiner Entlassung 1933 arbeitete Max Herrmann an seinem letzten Werk

wie der Fakultätsneubau am Grunewald.
nd
Lit. Ciesla 2002; Ebert 1979

4-115 Promotionsurkunde von Karl Ritter von Weber

Berlin-Charlottenburg, 9. Juli 1935, Wehrtechnische
Fakultät der Technischen Hochschule Berlin
Druck, 48 x 32,2
Universitätsarchiv der Technischen Universität Berlin in
der Universitätsbibliothek, Promotionsurkunden der
Wehrtechnischen Fakultät der TH Berlin (1935–1944)

Die Dissertation des »Hochschuloffiziers«
Karl Ritter von Weber, »Über M.G.-Ent-
wicklung«, wurde von dem Ballistiker und
Generalleutnant der Wehrmacht Karl
Emil Becker betreut. Unter Becker absol-
vierten bis zu Beginn des Zweiten Weltkriegs etwa 100 aktive Wehrmachtsoffi-
ziere ein Ingenieurstudium. Sie sollten
gemeinsam mit Industrie und Forschung
die Waffenentwicklung vorantreiben.
Nach einer Auswahlprüfung zur General-
stabslaufbahn und einer mathematisch-
naturwissenschaftlichen Zusatzprüfung
studierten sie Mathematik, Chemie, Physik, Maschinenbau und Elektrotechnik,
vereinzelt Bauingenieurwesen und Volks-
wirtschaft. *nd*

4-116 Tremometer

Berlin, 1919, Walther Moede
Messing, 16,9 x 31,5 x 0,1
Privatbesitz

4-117 Auswahl und Anlernung von Erwerbslosen für die Luft-Rüstungs-Industrie

Berlin, 1939, Otto Schmidt
Dissertation Technische Hochschule, Universitätsbiblio-
thek der Humboldt-Universität zu Berlin, Sign. Berlin:
TH:Diss.:1939:Schmidt,Otto:F4

4-118 Entwurf zu den Neubauten der Wehrtechnischen Fakultät Berlin

Vogelperspektive des Gesamtkomplexes
19. Februar 1938, Hans Malwitz
Lichtpause, 21,2 x 29,8
Landesarchiv Berlin, Inv.-Nr. A Pr. Br. Rep. 107 (Karten)
Generalbauinspektor f. d. Reichshauptstadt,
Plankammer 142

Die Grundsteinlegung der Wehrtechnischen Fakultät durch Adolf Hitler am
27. November 1937 sollte den Auftakt für
die Umgestaltung ganz Berlins bilden.
Das von Hans Malwitz entworfene Gebäude sah ein quadratisches, burgartiges
Hauptgebäude und zweigeschossige
Institutsbauten vor. Es war als die erste
Einrichtung eines militärischen For-
schungskomplexes, bestehend aus der
Deutschen Akademie für Luftfahrtfor-
schung und dem Heeresvermessungsamt,
geplant. *nd*

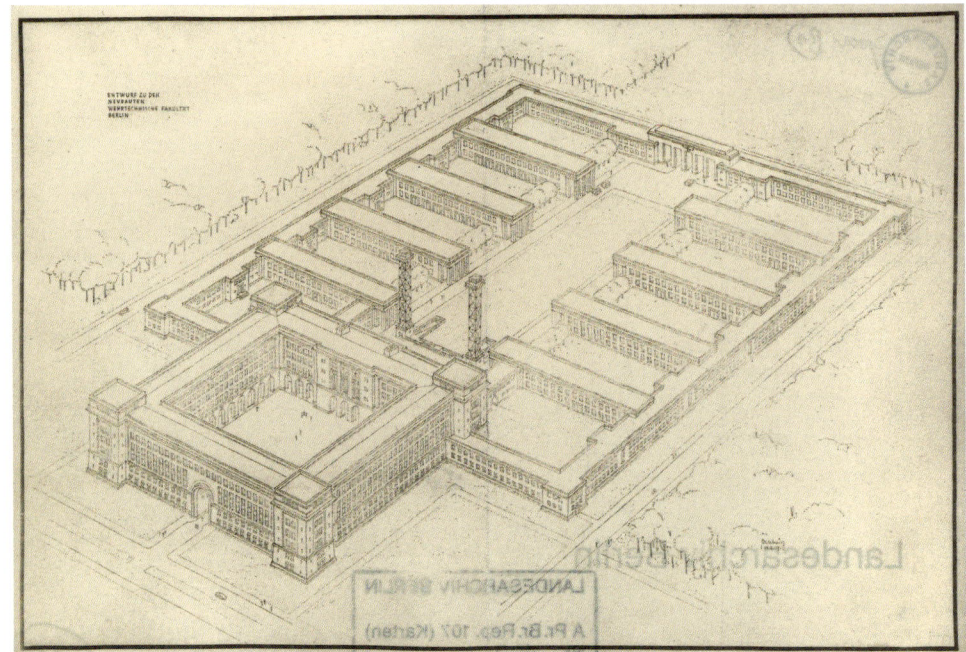

4-118

Eugenik und Zwangssterilisierungen: »Rheinlandkinder«

Nach dem Ersten Weltkrieg waren aus
Beziehungen zwischen deutschen Frauen
und dunkelhäutigen französischen, belgischen und amerikanischen Besatzungs-
soldaten Kinder hervorgegangen, die in
Deutschland als »Rheinlandbastarde« oder
»Schwarze Schmach« diffamiert wurden.
Hermann Göring ordnete 1933 eine statistische Erfassung an. Mit der Begutachtung
betraute das Innenministerium den als
Experten ausgewiesenen Eugen Fischer,
der diese Aufgabe an seinen Assistenten
Wolfgang Abel übertrug. Vier Jahre später
wurden die mittlerweile jugendlichen
Mädchen und Jungen mithilfe der Gestapo ausfindig gemacht und 385 von ihnen
illegal sterilisiert. Für diese Geheimaktion
waren ausschließlich Mitarbeiter des Kaiser-Wilhelm-Instituts für Anthropologie,
menschliche Erblehre und Eugenik tätig:
Wolfgang Abel, Engelhard Bühler, Herbert
Göllner und in einem Fall Eugen Fischer.
Bereits seit Inkrafttreten des Erbgesund-
heitsgesetzes (1933) und der Nürnberger
Rassengesetze (1935) war das Institut mit
einer Flut von Anfragen konfrontiert und
erstellte in der Folge Hunderte von Rasse-,
Vaterschafts- und Erbgesundheitsgutach-
ten. Durch ihre wissenschaftliche Expertise waren die Wissenschaftler an der
Legitimation, Vorbereitung und Umsetzung der nationalsozialistischen Bevölke-
rungs- und Rassenpolitik beteiligt. *st*
Lit. Lilienthal 1980; Lösch 1997; Pommerin 1979, Schmuhl 2003; Schmuhl 2005

4-119 Sterilisierungskarte der Wittenauer Heilstätten

Berlin, um 1935
Druck, 12 x 16
Universitätsarchiv der Freien Universität Berlin,
Inv.-Nr. Sammlung Rott, 8/4a

4-120 Zwangssterilisation der »Rheinlandkinder«

a) Rheinlandkinder
Wolfgang Abel
Glasdiapositiv, farbig, 8,5 x 10
Senckenbergisches Institut für Geschichte und Ethik
der Medizin, Frankfurt a. M., Inv.-Nr. 5.89
b) Rheinlandkinder
Wolfgang Abel
Glasdiapositiv, farbig, 8,5 x 10
Senckenbergisches Institut für Geschichte und Ethik
der Medizin, Frankfurt a. M., Inv.-Nr. 5.89

4-121 Bastarde am Rhein

In: Neues Volk 2, 1934, S. 6f.
Berlin, Wolfgang Abel
Archiv der Max-Planck-Gesellschaft, Berlin-Dahlem,
Dienstbibliothek Z 704

4-122 Lebensgeschichte Hans Hauck

a) Hans Hauck
Fotografie
Privatbesitz
b) Bericht Hans Hauck
20. April 1992, Interview: Tina Campt, Bearbeitung:
Nicola Lauré al-Samarai
Privatbesitz

Im Zuge der Untersuchungen Wolfgang
Abels an den »Rheinlandkindern« fertigte
er auf Glasdias Frontalporträts der Kinder
an. Die Fotografien waren wie folgt
beschriftet: »Rheinlandmischling aus

d. franz. Besatzungszeit. Vater: Anamite, Mutter: Deutsche«. Abel wertete seine Studienergebnisse wissenschaftlich und propagandistisch aus. Unter dem Titel »Bastarde am Rhein« bezeichnete er die Kinder in einem Zeitschriftenartikel als »Überreste des Versailler Vertrages«, »[...] die durch die Rasseneigentümlichkeiten ihrer Väter lebendige Wahrzeichen des traurigsten Verrates der weißen Rasse gegen sich selbst sind und auch bleiben«. *st*

4-123 Rassekopf, dinarisch

Berlin, 1935, Kaiser-Wilhelm-Institut für Anthropologie, menschliche Erblehre und Eugenik
Gips, farbig gefasst, 38 x 19 x 19
Deutsches Blinden-Museum Berlin, Inv.-Nr. 236

Das lebensgroße Modell diente im Unterricht an Blindenschulen zur Vermittlung der Kopfformen unterschiedlicher Rassetypen. Es wurde auf Anregung des Berliner Blindenoberlehrers Kurt Hildebrand im Kaiser-Wilhelm-Institut für Anthropologie, menschliche Erblehre und Eugenik hergestellt. Den Modellen lag die Einteilung von Hans F.K. Günther zugrunde, die den nordischen, fälischen, ostischen und dinarischen Typ unterschied. Als Gegensatz zu den »arischen« Typen diente der Kopf eines Schwarzen. Die Köpfe wurden von den blinden Schülern ertastet und mit Messinstrumenten vermessen. Der Rassenkundeunterricht an Blindenschulen folgte einer zynischen Logik: Von Geburt an blinde Kinder sollten zur Einsicht in ihre Zwangssterilisation bewegt werden. Auf der Grundlage des Gesetzes zur Verhütung erbkranken Nachwuchses vom 14. Juli 1933 wurden Behinderte zwangssterilisiert. *nd*

Das Uranprojekt des Heereswaffenamtes

Hinter dem deutschen Uranprojekt verbarg sich ein Forschungsprogramm des Heereswaffenamtes (HWA), das die wirtschaftlichen und militärischen Einsatzmöglichkeiten der wenige Monate zuvor erfolgten Kernspaltung untersuchen sollte. Am 29. April 1939 lud das Reichserziehungsministerium einige der wichtigsten Physiker zu einer Konferenz zum Thema Kernphysik ein und bildete eine Forschungsgruppe (Uranverein). Kurz darauf, am 15. Juni 1939, wurde bei der Forschungsabteilung des HWA ein Referat »Atomphysik« unter der Leitung von Kurt Diebner gegründet.
Mit Beginn des Zweiten Weltkrieges drängte das HWA darauf, die Möglichkeiten der militärischen Nutzung der Kernspaltung auszuloten. Das Berliner Kaiser-Wilhelm-Institut für Physik wurde unter Werner Heisenberg zum Leitinstitut für das auf verschiedene Standorte im Reich verteilte Uranprojekt. Nachdem sich das HWA auf der Basis der theoretischen Überlegungen Heisenbergs für die Verwendung von schwerem Wasser als Moderatorsubstanz entschloss, begannen die ersten Experimente mit Versuchsanordnungen in Berlin, Leipzig, Hamburg und Heidelberg. Differenzen zwischen einzelnen Mitgliedern des Uranvereins, die unterschiedliche Reaktorkonzepte favorisierten, sowie Probleme bei der Versorgung mit Uran und schwerem Wasser erschwerten die Arbeiten jedoch. Hinzu kam, dass sich vor allem die Gruppe um Heisenberg nach 1941 nicht mehr ernsthaft für den Bau einer Atombombe einsetzte. Da die Kernspaltung in absehbarer Zeit keinen militärischen Nutzen versprach, zog sich das HWA 1942 aus der Leitung des Uranvereins zurück, ließ aber Diebners Forschungsgruppe in Gottow auf dem Gelände der Heeresversuchsanstalt Kummersdorf bei Berlin weiter an Reaktorexperimenten arbeiten. Außerdem wurde in Kummersdorf an alternativen Konzepten zur Auslösung von Kernreaktionen auf Basis von Hohlladungen geforscht und experimentiert. Die Reaktorversuche am Kaiser-Wilhelm-Institut für Physik wurden unter der Aufsicht des Reichsforschungsrats fortgesetzt, kamen aber bis zum Kriegsende nicht zum Erfolg. *sf*
Lit. Karlsch 2005; Karlsch/Petermann 2007; Walker 1990; Walker 2005

4-124 Die Möglichkeit der technischen Energiegewinnung aus der Uransplatung

Berlin/Leipzig, 6. Dezember 1939, Werner Heisenberg
Typoskript, 29 x 21,5
Deutsches Museum, München, Inv.-Nr. FA 002/461

Werner Heisenberg stellte 1939 eine Theorie zur Energiegewinnung durch Kernspaltung auf, die die Grundlage für den Bau von Kernreaktoren bildete. Kombinierte man Uran mit einer Neutronen bremsenden Substanz, dem sogenannten Moderator, könne man die Kernspaltung aufrechterhalten und dadurch Energie in Form von Wärme erzeugen. Neben der Möglichkeit von Reaktoren für kontrollierte Kernspaltungen verwies er auf eine weitere Option: Gelänge es, nahezu reines Uran 235 herzustellen, wäre das Uranisotop von bisher unbekannter Zerstörungskraft. *sf*

4-125 Eine Möglichkeit der Energiegewinnung aus Uran 238

Berlin, 17. Juli 1940, Carl Friedrich von Weizsäcker
Typoskript, 29 x 21,5
Deutsches Museum, München, Inv.-Nr. FA 002/501

Bei seinen Untersuchungen über Wirkungsweise und Aufbau eines Reaktors (Uranmaschine) gelangte Carl Friedrich von Weizsäcker zu dem Ergebnis, dass neben Uran 235 auch das schwerere Uran 238 durch langsame (thermische) Neutronen gespalten werden könne. Diese Spaltung sei jedoch das Ergebnis nicht eines, sondern zweier nacheinander absorbierter Elektronen. Beim Zerfall des Uranisotops entstehe das neue Element »Eka Rhenium 239« (Element 94 oder Neptunium, heute: Plutonium), das ebenso spaltbar

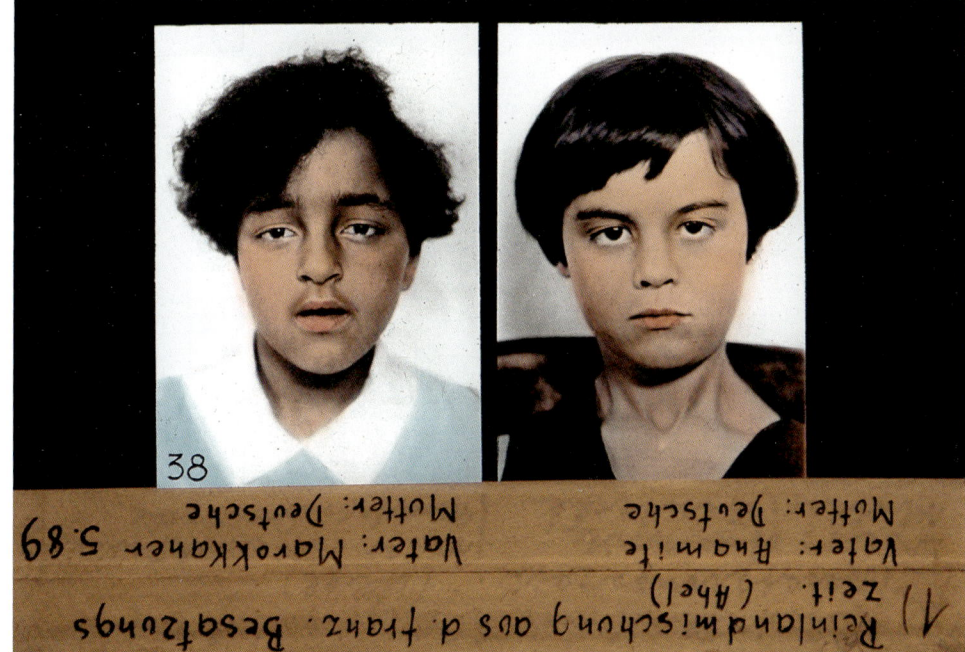
38
1) Rheinlandmischung aus d. franz. Besatzungs
zeit. (Abel)
Vater: Bhamite   Vater: Marokkaner 5.89
Mutter: Deutsche   Mutter: Deutsche

sei wie Uran 235. Im Unterschied zur aufwendigen Gewinnung von Letzterem könne das neue Element aber in einem Reaktor erzeugt werden. Dies biete die Möglichkeit zum Bau kleiner Uranmaschinen, aber auch zur Herstellung von Kernsprengstoffen. *sf*

4-126 Energieerzeugung aus dem Uranisotop der Masse 238 und anderen schweren Elementen (Herstellung Verwendung des Elements 94)

Frühjahr 1941, Carl Friedrich von Weizsäcker
Typoskript
Archiv der Max-Planck-Gesellschaft, Berlin-Dahlem,
Inv.-Nr. KWI-P 7H Pu 6-11

Dem Bericht waren sechs Patentansprüche von Weizsäcker beigefügt, von denen fünf die Möglichkeit der Energiegewinnung aus Plutonium behandelten. Besonderes Gewicht legte Weizsäcker auf den Bau kleiner Reaktoren, verwies aber auch auf die Bedeutung des Elements Plutonium als Kernsprengstoff. Für die Reali-

sierung einer solchen Bombe fehlten zwar die materiellen Voraussetzungen, doch mit seinem Entwurf hatte Weizsäcker den aus physikalischer Sicht besten Weg zur Gewinnung von Spaltstoffen beschrieben. Ob er die Plutoniumbombe nur als eine in ferner Zukunft liegende Möglichkeit ansah und sich Rechte an ihrer Verwertung sichern wollte, ist unklar. Es ist jedoch bemerkenswert, dass er diesen Punkt überhaupt in seine Schrift aufnahm. *sf*

4-127 Energiegewinnung aus Uran. Ergebnisse der vom Heereswaffenamt veranlaßten Forschungsarbeiten zur Nutzbarmachung von Atomkernenergien

Berlin, Februar 1942, Heereswaffenamt, Kurt Diebner
Druck, 29,7 x 21,2
Archiv der Max-Planck-Gesellschaft, Berlin-Dahlem,
Inv.-Nr. I. Abt., Rep. 34, 105

Die Rückschläge der Wehrmacht vor Moskau und der Kriegseintritt der USA Ende 1941 hatten zur Folge, dass nur noch Forschungsprojekte mit absehbarem militärischen Nutzen gefördert wurden. In einem

Bericht betonten die Kernphysiker des Heereswaffenamtes, dass nicht nur ein Reaktorbau möglich, sondern auch eine Atombombe prinzipiell machbar sei. Einzig der Zeitpunkt verwertbarer Ergebnisse sei nicht abschätzbar. Auf zwei Tagungen zum Uranprojekt im Februar und Juni 1942 verwies Heisenberg auf das militärische Potenzial der Kernspaltung; man sollte sich jedoch auf das Nahziel eines Reaktorbaus konzentrieren, denn technische Probleme würden den baldigen Bau einer Bombe ausschließen. Mit der fernen Aussicht auf eine Waffe wollte Heisenberg die Behörden überzeugen, das Projekt weiter zu finanzieren und Wissenschaftler vom Kriegsdienst freizustellen – er hatte Erfolg. *sf*

Euthanasie und Krankenmorde

Seit dem ausgehenden 19. Jahrhundert war in Deutschland eine Debatte über die medizinische Behandlung unheilbar kranker Menschen entbrannt. Ausgehend von Literatur und Philosophie, fand die Frage nach der Euthanasie, dem »guten

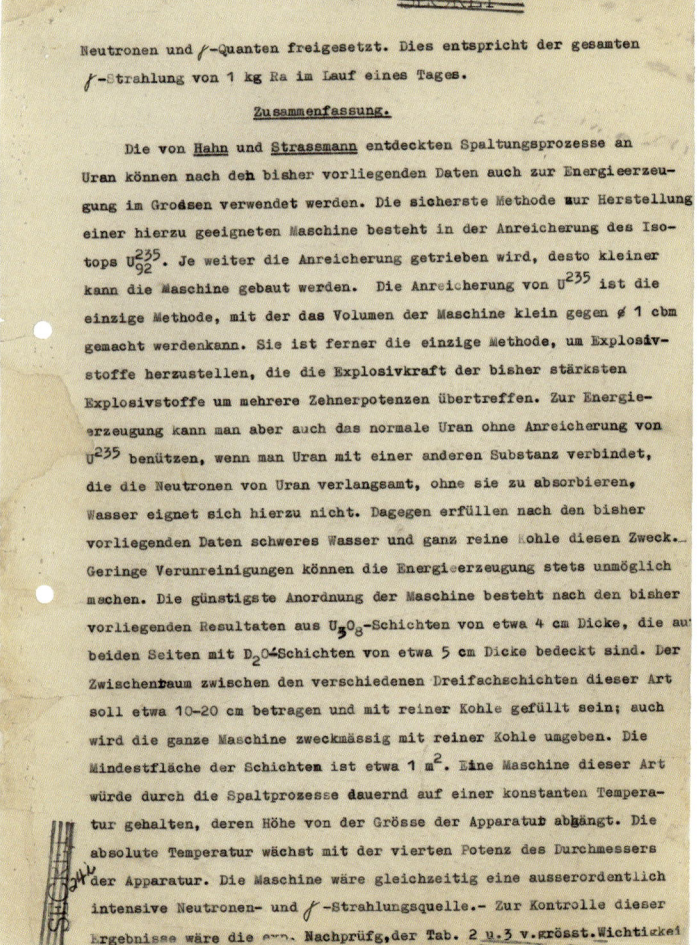

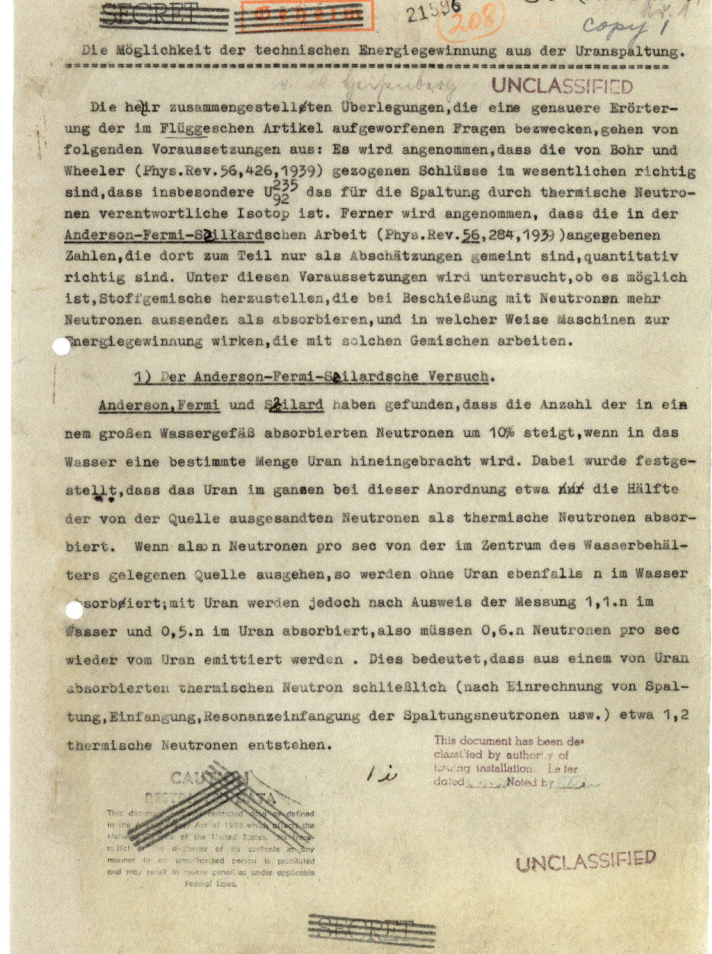

4-124

Tod«, Eingang in Medizin und Rechtsprechung. Infolge des verlorenen Ersten Weltkriegs verschärfte sich die Diskussion. Befürworter einer gesetzlichen Lösung verknüpften die Forderung nach der Selbstbestimmung über den eigenen Tod zunehmend mit dem Wert oder Unwert des Einzelnen für die Gesellschaft. In der Schrift »Die Freigabe der Vernichtung lebensunwerten Lebens. Ihr Maß und ihre Form« (1920) von Karl Binding und Alfred Hoche wurde arbeitsunfähigen und kranken Menschen unter Vorgabe des Mitleidmotivs ein Lebensrecht abgesprochen. Die Vorstellung, erbkranke Menschen seien von der Fortpflanzung auszuschließen und auf Staatskosten untergebrachte Patienten in Heil- und Pflegeanstalten vorrangig nach ihrer Arbeitsleistung zu beurteilen, mündete seit 1934 in der zwangsweisen Sterilisierung von etwa 400 000 Personen und während des Zweiten Weltkriegs in der geheimen Durchführung von Krankenmordprogrammen, denen circa 300 000 Menschen zum Opfer fielen. *st*
Lit. Bock 2008; Fuchs u.a. (Hg.) 2007; Rotzoll u.a. (Hg.) 2010

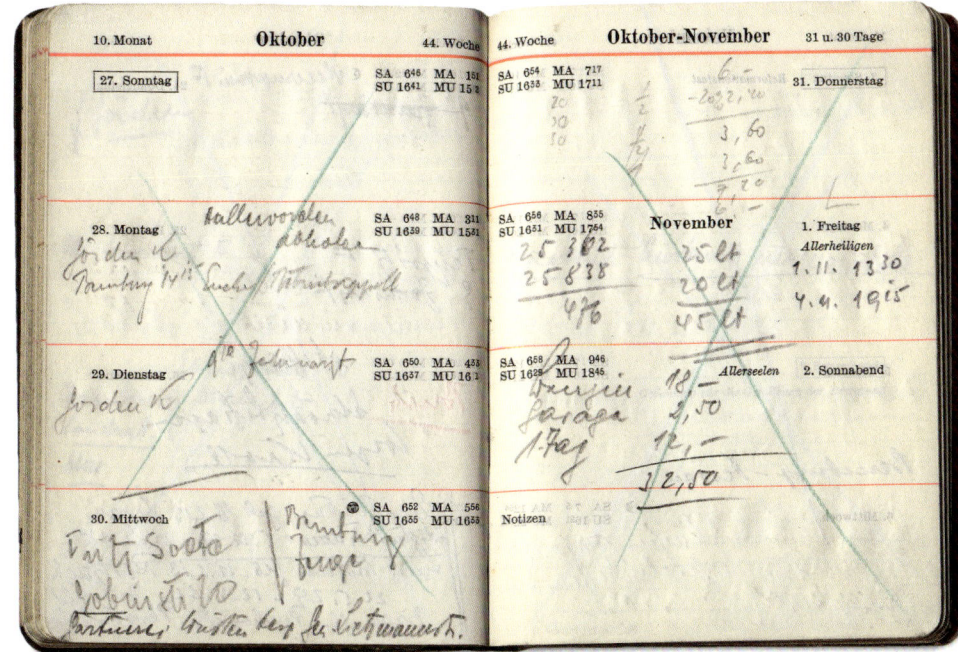

4-130

4-128 Menschenversuche

a) Krankenakte Werner B.
Berlin, bis 1942, Städtische Nervenklinik für Kinder, Berlin-Wittenau
Akte, 36 x 25
Landesarchiv Berlin

b) Sektionsbericht Werner B.
Berlin, 12. November 1942, Berthold Ostertag, Städtische Nervenklinik für Kinder, Berlin-Wittenau
Typoskript, 36 x 25
Landesarchiv Berlin

Der zwölfjährige Werner B. wurde am 26. März 1942 auf Veranlassung des »Reichsausschusses zur wissenschaftlichen Erfassung erb- und anlagebedingter schwerer Leiden« in die »Kinderfachabteilung« der Nervenklinik für Kinder in Berlin-Reinickendorf aufgenommen. Dieser Tarneinrichtung zur Ermordung behinderter Kinder fielen zwischen 1939 und 1945 mehr als 5000 Kinder zum Opfer. Bei Werner lag eine schwere Entwicklungsstörung vor. In der Klinik unterzog man ihn einer Reihe diagnostischer Verfahren, unter anderem einer schmerzhaften Luftenzephalografie, bei der für eine kontrastreiche Röntgenaufnahme des Gehirns das Hirnwasser gegen Luft ausgetauscht wurde.
Man gelangte zu dem Ergebnis, dass Werner nicht bildungs- und entwicklungsfähig sei und daher getötet werden sollte. Zunächst blieb er allerdings noch in der Nervenklinik und wurde dort in Tuberkuloseimpfversuche der Berliner Universitätskinderklinik unter der Leitung von Prof. Bessau einbezogen. Das vorgeblich lebensunwerte Leben sollte vor seiner

Auslöschung noch der Wissenschaft dienen. Werner starb am 10. November 1942, angeblich an einem »akuten Magendarmkatarrh«, tatsächlich aber wohl an den Folgen der Impfversuche. *tb*

4-129 Hirnschnittakten

Ab 1940
Berlin, Kaiser-Wilhelm-Institut für Hirnforschung
Julius Hallervorden
Typoskript mit handschriftlichen Eintragungen, Fotografie, 31 x 21,5
Archiv der Max-Planck-Gesellschaft, Berlin-Dahlem, Inv.-Nr. III. Abt., Rep. 55, 21

Die 1939 begonnenen Euthanasie-Programme stellten für Wissenschaftler eine Versuchung dar, Untersuchungsmaterial der zu tötenden Patienten für die Forschung nutzbar zu machen, so auch im Fall von Julius Hallervorden vom Kaiser-Wilhelm-Institut für Hirnforschung und dem an der Euthanasie beteiligten Leiter der Landesheilanstalt Görden, Hans Heinze. Um Erkenntnisse über angeborene oder erworbene Ursachen neurologischer Erkrankungen und eine genauere Indikation für zukünftige Euthanasieentscheidungen zu gewinnen, stellte Heinze im Mai, Juni und Oktober 1940 für die Euthanasie-Aktion T4 fünf Gördener Kindertransporte zusammen, die den Verdacht einer Tötung auf Bestellung nahelegen. Am 28. Oktober 1940 fanden mindestens 59 vorselektierte Kinder in der Gaskammer Brandenburg den Tod, von denen Hallervorden persönlich 40 Gehirne für die Institutssammlung entnahm. *st*

Lit. Beddies 2004; Beddies/Hübener 2004; Topp/Pfeiffer 2007

4-130 Taschenkalender

Brandenburg, 1940, Irmfried Eberl, Landespflegeanstalt Brandenburg a.d. Havel
Druck, 11 x 9
Hessisches Hauptstaatsarchiv Wiesbaden, Inv.-Nr. Abt. 631a Nr. 1611

Der Arzt Irmfried Eberl leitete zwei von sechs Tötungsanstalten der Euthanasie-Aktion T4. Sein Taschenkalender dokumentiert neben privaten Notizen (Termine, Einkaufsliste, Kochrezept) die Logistik der Patientenverlegungen nach Brandenburg und Bernburg. Zwischen März 1940 und Januar 1941 finden sich über 100 Einträge von Transporten aus umliegenden Heil- und Pflegeanstalten, gekennzeichnet nach Anzahl und Geschlecht der Deportierten. Sonderverlegungen jüdischer Patienten markierte er mit: »J«. Das Kalenderblatt belegt die Beteiligung der Hirnforschung an der Tötung vorausgewählter Kinder am 28. Oktober 1940: »Hallervorden abholen, Görden K«. *st*

Widerstand

Nur eine kleine Minderheit Berliner Studenten und Hochschullehrer leistete aktiven Widerstand gegen den Nationalsozialismus. Die Mehrheit der Universitätsangehörigen passte sich den Machtverhältnissen nach 1933 bereitwillig an oder unterstützte den Nationalsozialismus

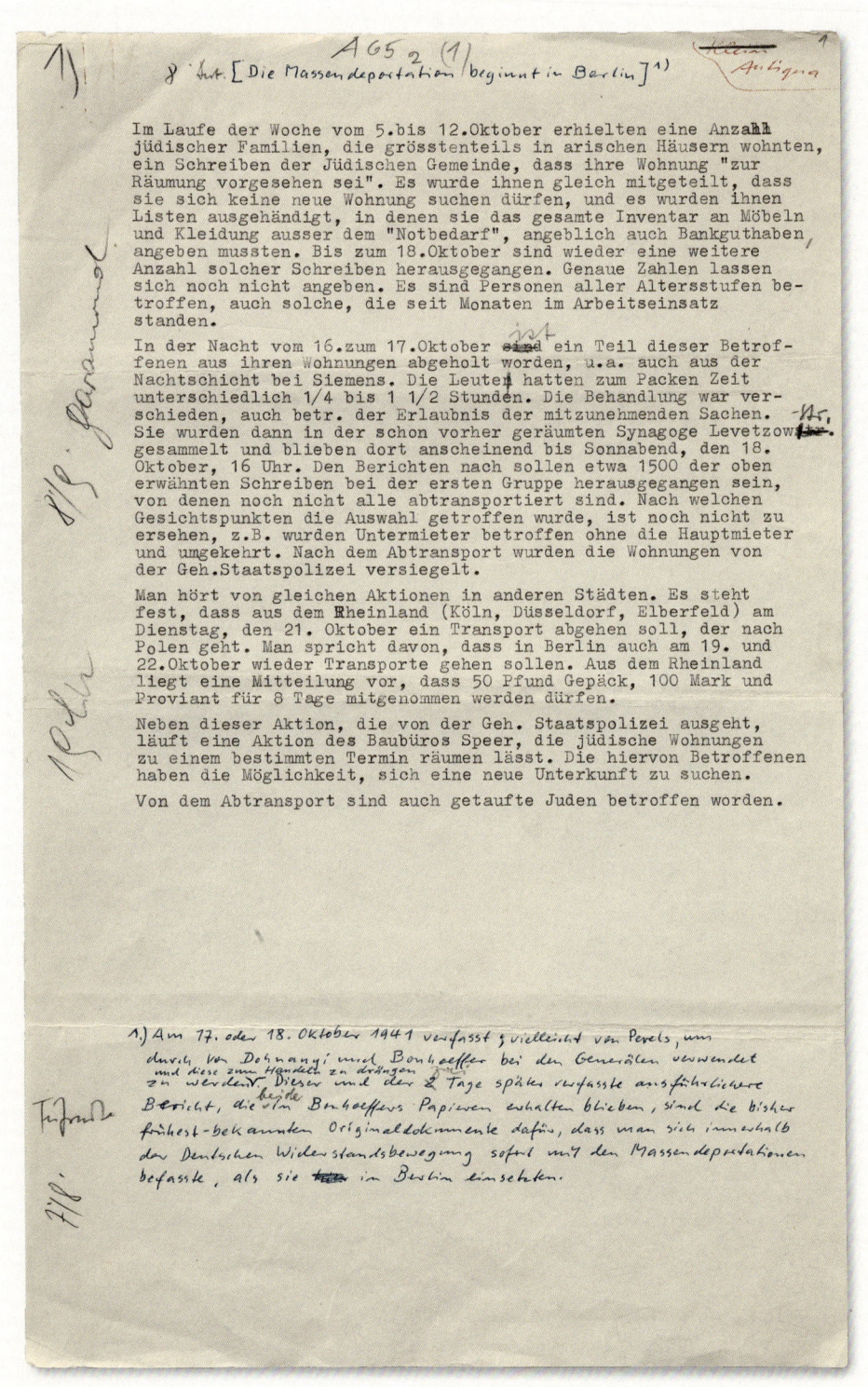

4-131

ebenso für verfolgte Juden ein wie die Genetikerin Elisabeth Schiemann oder die Romanistin Margot Sponer.
Einige Berliner Wissenschaftler beteiligten sich am organisierten Widerstand, so der Mediziner Georg Groscurth und der Physikochemiker Robert Havemann in der »Europäischen Union« oder die Literaturwissenschaftlerin Mildred Harnack in der »Roten Kapelle«.
Ein Ort der Kritik und des konspirativen Gesprächs war die »Mittwochs-Gesellschaft«, ein elitärer Kreis konservativer Gelehrter und Beamter. jt

Lit. Brysac 2003; Florath 2005; John 1984; Schlingensiepen 2006; Schlüter-Ahrens 2001; Scholder (Hg.) 1984

4-131 Berichte über die Nichtarier-Evakuierung

Berlin, 17./18. Oktober 1941, Dietrich Bonhoeffer
Typoskript, 32,9 x 21
Staatsbibliothek zu Berlin – Preußischer Kulturbesitz, Handschriftenabteilung, Nachlass 299 (Dietrich Bonhoeffer), A 65, 2 (1)

Der Theologe Dietrich Bonhoeffer war vor 1933 Assistent, später Privatdozent an der Theologischen Fakultät der Berliner Universität und Studentenpfarrer an der Technischen Hochschule. 1936 wurde ihm die Lehrbefugnis entzogen. 1940 erhielt der zur »Bekennenden Kirche« gehörende Bonhoeffer Rede- und Schreibverbot. Im Auftrag der NS-Gegner innerhalb des Amtes Ausland/Abwehr im Oberkommando der Wehrmacht knüpfte er Kontakte zum Ausland. Unter dem Eindruck der Deportationen von Juden verfasste er 1941 ein Memorandum, das die militärische Führung zum Handeln bewegen sollte. Es gilt als eines der frühesten Dokumente des deutschen Widerstands gegen Massendeportationen. jt

4-132 »Rote Kapelle«

a) Polizeifotos von Harro Schulze-Boysen
Berlin, 31. August 1942
Fotografie, 7,7 x 17,3
Stiftung Deutsches Historisches Museum, Berlin, Inv.-Nr. F71/406
b) Hinrichtung von Mildred Harnack im Gefängnis Plötzensee
Berlin
Karte aus der Häftlingskartei (Reproduktion), 12,7 x 17,8
Bundesarchiv, Berlin, DY 55/V. Nr. 278/5/46 BD. 2

Nach 1933 begann der im Reichsluftfahrtministerium tätige Harro Schulze-Boysen ein illegales Netz von NS-Gegnern zu organisieren, aus dem später die Widerstandsgruppe »Rote Kapelle« hervorging. Zu dieser gehörten der Volkswirt Arvid Harnack und seine aus den Vereinigten Staaten stammende Ehefrau, die Literaturwissenschaftlerin Mildred Harnack-

aktiv. Das schloss einen zeitweiligen oder partiellen Dissens in weltanschaulichen, politischen oder wissenschafts- und hochschulpolitischen Fragen nicht aus.
Die Vertreibungen politisch missliebiger und jüdischer Hochschulangehöriger zerstörten früh mögliches Widerstandspotenzial. Anfängliche Widerstandsaktionen

kommunistischer oder anderer linker Studenten blieben eine Randerscheinung. Oppositionelle Impulse kamen auch aus den Reihen von Studierenden und Dozenten der Theologischen Fakultät, vor allem, wenn sie in Verbindung mit der »Bekennenden Kirche« standen. Zu ihnen gehörte Dietrich Bonhoeffer. Er setzte sich

Fish. Diese wurde am 16. Februar 1943 in Berlin-Plötzensee hingerichtet. Auf der Karte der Häftlingskartei sind der Tag der Verurteilung und die zugrundegelegte Straftat mit einem Fragezeichen versehen. Mildred Harnack war am 19. Dezember 1942 zu einer sechsjährigen Gefängnisstrafe verurteilt worden. Hitler hatte veranlasst, die Haftstrafe gegen sie in ein Todesurteil umzuwandeln. Ihr Mann Arvid Harnack und Harro Schulze-Boysen waren bereits 1942 hingerichtet worden. *jt*

4-133 Entlassung von Hans John
Berlin, 29. November 1944, der Chef der Sicherheitspolizei und des Sicherheitsdienstes
Typoskript mit handschriftlichen Eintragungen (Reproduktion), 29 x 21
Bundesarchiv, Berlin, VGH-Z-J, Nr. 153

Hans John, seit 1939 Assistent am Institut für Luftfahrtrecht an der Berliner Universität, unterstützte aktiv die Widerstandsgruppe im Amt Ausland/Abwehr des Oberkommandos der Wehrmacht. Nach dem 20. Juli wurde er verhaftet, vom Volksgerichtshof zum Tode verurteilt und am 23. April 1945 im Zellengefängnis Lehrter Straße erschossen. Ende November 1944 war er aus dem Beamtenverhältnis entlassen worden. *jt*

4-134 Entzug der Lehrbefugnis für Jens Jessen
Berlin, 28. November 1944, Der Reichsminister für Wissenschaft, Erziehung und Volksbildung
Typoskript mit handschriftlichen Eintragungen (Reproduktion), 29 x 21
Bundesarchiv, Berlin, VGH-Z-J, Nr. 154

Jens Jessen, Ordinarius an der Handelshochschule, später an der Universität Berlin, galt als einer der profiliertesten nationalsozialistischen Wirtschaftswissenschaftler. Als Mitarbeiter im Stab des Generalquartiermeisters schloss sich das Mitglied der »Mittwochs-Gesellschaft« dem militärischen Widerstand an. Nach dem missglückten Attentat vom 20. Juli 1944 verhaftet, wurde er am 30. November 1944 in Berlin-Plötzensee erhängt. Zuvor entzog ihm das Reichserziehungsministerium die Lehrbefugnis. *jt*

Der Generalplan Ost

Der sogenannte »Generalplan Ost« projektierte die gewaltsame »Germanisierung« Osteuropas in einem Zeitraum von 25 Jahren. Er war das Resultat einer groß angelegten interdisziplinären Forschungs- und Planungsanstrengung, angeregt und koordiniert vom Berliner Agrarwissenschaftler Konrad Meyer. Seit Beginn des Zweiten Weltkrieges leitete dieser die

»Hauptabteilung Planung und Boden« beim SS-Stabshauptamt Reichskommissar für die Festigung deutschen Volkstums (RKF).
Nach verschiedenen Vorarbeiten – unter anderem einer nicht erhaltenen Version vom 15. Juli 1941, zu der lediglich das hier gezeigte Anschreiben Meyers an Himmler überliefert ist – sandte Meyer im Juni 1942 ein ausführliches Planungswerk an Heinrich Himmler: Der »Generalplan Ost« sah die Eindeutschung Polens, von Teilen des Baltikums, der Ukraine und der westlichen Sowjetunion durch Ansiedlung von rund fünf Millionen Reichs- und Volksdeutschen sowie durch die Zwangseindeutschung, Vertreibung, Versklavung und Ermordung von Teilen der lokalen Bevölkerung vor. Die Ermordung der jüdischen Bevölkerung wurde vorausgesetzt, Opfer unter der nichtjüdischen Zivilbevölkerung waren ebenfalls vorgesehen. Der »Generalplan Ost« war ein systematisches Konzept, das die Vorstellungen der Nationalsozialisten über die ethnische Neuordnung Osteuropas zu einem menschenverachtenden, rassistischen Umsiedlungsszenario verdichtete. Es basierte auf teilweise staatlich geförderter Grundlagenforschung von Wissenschaftlern verschiedener Disziplinen, welche dem ganzen Vorhaben den Anschein wissenschaftlicher Seriosität verlieh. *ih*
Lit. Heinemann 2006; Madajczyk 1994

4-135 Generalplan Ost
Berlin, Juni 1942, Konrad Meyer
Typoskript, Durchschrift des Originals, 29,5 x 21
Bundesarchiv, Koblenz, R 49/157a

4-136 Brief an Heinrich Himmler
Berlin, 15. Juli 1941, Konrad Meyer
Typoskript (Reproduktion), 29,5 x 21
Bundesarchiv, Berlin, NS 19/1739, Bl. 2

4-137 Der neue Osten
In: Landvolk im Werden. Material zum ländlichen Aufbau in den neuen Ostgebieten und zur Gestaltung des dörflichen Lebens, Taf. I
Berlin, 1941, Konrad Meyer
Berlin-Brandenburgische Akademie der Wissenschaften, Akademiebibliothek, Me 92810

Der Band »Landvolk im Werden« lieferte mit dem Argument der Stärkung »deutschen Bauerntums« eine sachliche Begründung für das groß angelegte Umsiedlungs- und Germanisierungsprojekt. Konrad Meyer publizierte darin den aktuellen Forschungsstand zur Volkstums- und Lebensraumpolitik. Die Arbeiten entstammen zumeist aus dem agrarwissenschaftlichen Institut an der Berliner Universität und der SS-Planungsabteilung beim RKF. Im Fokus der Arbeiten standen die »ländliche Neuordnung« des Altreichs und der annektierten Regionen Westpo-

lens durch Ansiedlung der Volksdeutschen aus dem Baltikum und der westlichen Sowjetunion. *ih*

Zerstörungen

Als Zentrale des NS-Regimes war Berlin seit 1940 das bevorzugte Ziel alliierter Bombenangriffe. Am Ende des Krieges sollte weitaus mehr als die Hälfte der Stätten der Berliner Wissenschaft zerstört sein. Besonders betroffen waren die in der Innenstadt gelegenen Institutionen, von denen manche noch in den letzten Kriegstagen bei der Eroberung Berlins durch sowjetische Truppen schwere Schäden davontrugen. Einzelne Institutionen, wie die Staatsbibliothek oder die Staatlichen Museen, hatten bereits 1941 mit umfangreichen Bergungsaktionen begonnen, um ihre Kulturgüter vor der drohenden Vernichtung zu schützen. Ebenso verlagerte die Kaiser-Wilhelm-Gesellschaft zur Förderung der Wissenschaften ihre Berliner Institute in weniger vom Luftkrieg bedrohte Gebiete. An den Berliner Hochschulen wurde dagegen der Lehr- und Ausbildungsbetrieb auch während des Krieges fortgesetzt, allerdings zunehmend auf kriegswichtige Fachrichtungen beschränkt. *md*
Lit. Breslau 1995; Laitko 1987; Schochow 2003; Voigt 1995

4-138 Verlustliste der Studenten
Berlin, 1944
Typoskript, 29,7 x 20,9
Universitätsarchiv der Humboldt-Universität zu Berlin, Inv.-Nr. HUA R/S 25/10, Bl. 104

4-139 Verlustliste der Mitarbeiter
Berlin, 1944
Typoskript, 29,7 x 20,9
Universitätsarchiv der Humboldt-Universität zu Berlin, Inv.-Nr. HUA R/S, 25/10, Bl. III

4-140 Sarcófagos romano-cristianos esculturados
Barcelona, 1895, Joaquín Botet y Sisó
Staatsbibliothek zu Berlin – Preußischer Kulturbesitz, Sign. 4" Cc 16288

4-141 Weather Forecasting in the United States
Washington, 1916, U.S. Dep. of Agriculture, Weather Bureau
26,5 x 17,2
Staatsbibliothek zu Berlin – Preußischer Kulturbesitz, Sign. 4" Ov 14160/47

Trotz umfangreicher Bergungsmaßnahmen konnten nicht alle Bücher der Staatsbibliothek vor Kriegsschäden wie Bombentreffern, Bränden, Löschwasser oder sogar Gewehrkugeln geschützt werden. *md*

4-142

4-142 **Der zerstörte Säulensaal**
des Ägyptischen Museums
Berlin, 1945
Fotografie
Bildagentur für Kunst, Kultur und Geschichte (bpk),
Berlin, Bild-Nr. 00040531

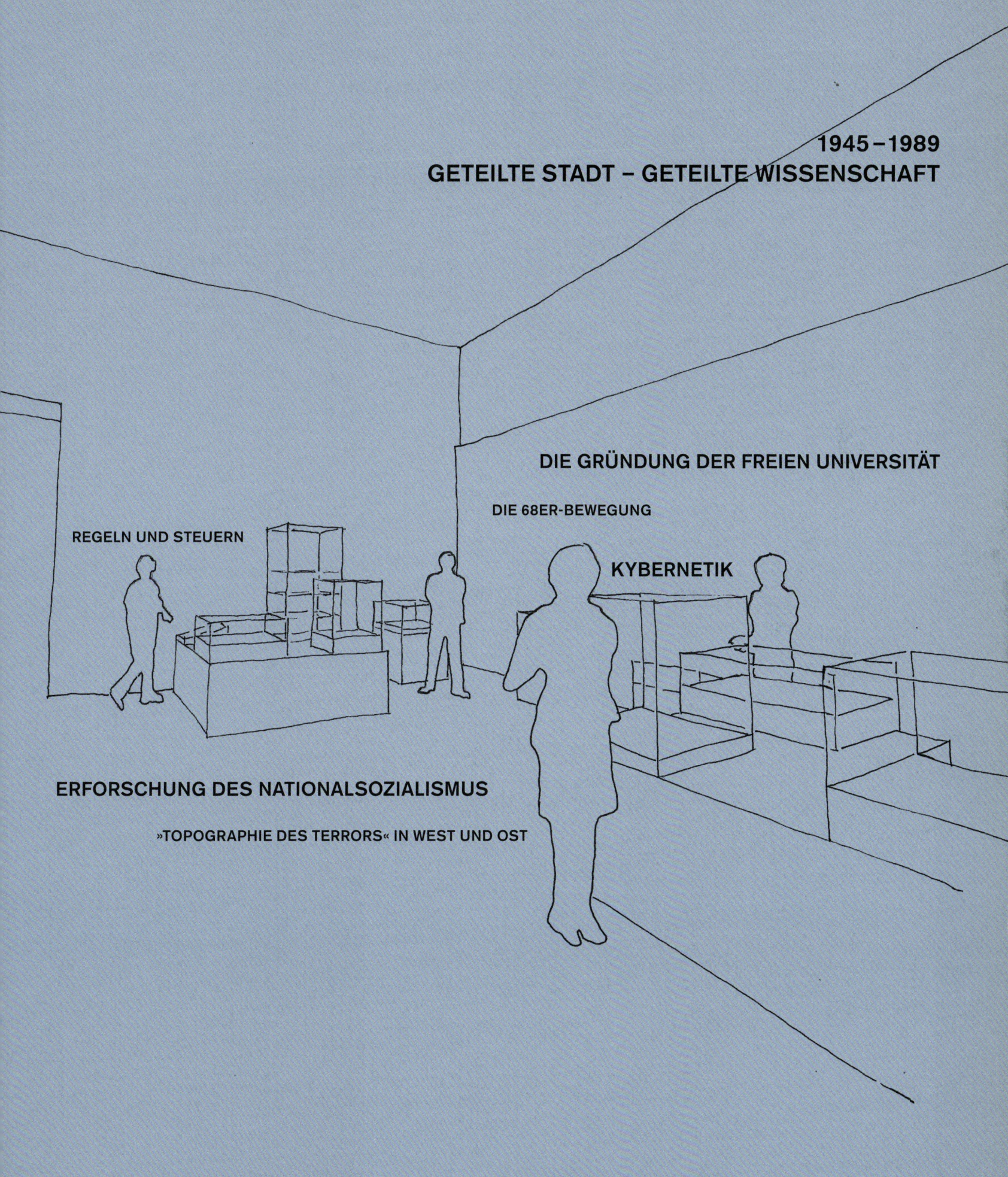

1945–1989

GETEILTE STADT – GETEILTE WISSENSCHAFT

DIE GRÜNDUNG DER FREIEN UNIVERSITÄT

DIE 68ER-BEWEGUNG

REGELN UND STEUERN

KYBERNETIK

ERFORSCHUNG DES NATIONALSOZIALISMUS

»TOPOGRAPHIE DES TERRORS« IN WEST UND OST

BESCHEIDENER NEUAUFBAU, BELASTENDE TEILUNG, BEWEGTE ZEITEN. WISSENSCHAFT IN DER GETEILTEN STADT

Paul Nolte

Im Mai 1945 war der Kampf um die Reichshauptstadt Berlin zu Ende, der Diktator darin untergegangen, die Konzentrationslager waren befreit. Unter den Bedingungen der Zerstörung begann in Ost und West ein Neuaufbau mit der Aussicht auf eine demokratische Wissenschaft. Die Hybris des Tausendjährigen Reiches, das auch durch wissenschaftliche Leistungen seine Machtstellung befestigen und seine Feinde bekämpfen wollte, war zerfallen. Die Zeit des Neuaufbaus setzte sich entschieden von der vorangegangenen Zeit ab, und im Osten wie im Westen entwickelte sich seit den späten vierziger Jahren ein selbstbewusstes Bild der eigenen wissenschaftlichen Leistungen. Die »Hauptstadt der DDR« setzte, in freilich reduzierter Form, den Anspruch Berlins fort, zentraler Standort der deutschen Wissenschaften zu sein. Insofern kam die zentralistische, alle föderalen Traditionen beseitigende Denkweise des realen Sozialismus Berlin durchaus zugute. Aus dem Streben nach »demokratischer« Transformation und einer neuen, »antifaschistischen«, Indienstnahme der Wissenschaft entstand jedoch innerhalb weniger Jahre ein politisch kontrolliertes Zwangssystem, das Freiheit und Demokratie Hohn sprach – auch wenn sich bis in die 1950er-Jahre zahlreiche hoch angesehene Vertreter des Geistes und der Künste mit viel Idealismus dem neuen System verschrieben. Das Selbstbewusstsein West-Berlins und seiner Wissenschaften war dagegen ein ganz anderes. Es beruhte auf der Rolle der Halbstadt als Vorposten der Systemauseinandersetzung, auf dem ebenso pathetischen wie verzweifelten Bewusstsein, ein Leuchtturm der Freiheit zu sein, die sich nicht zuletzt als Freiheit des Geistes, mithin auch der Wissenschaft, zu beweisen habe. Es war kein Zufall, dass die Luftbrücke und die Gründung der Freien Universität in dasselbe Jahr 1948 fielen.

Waren also die Jahrzehnte der Teilung eine gute Zeit für Berlin? Vor dem Mauerfall war dies die offizielle Position des SED-Regimes, aber auch im Westen akzeptierten viele den prekären Zustand als eine Antwort auf die Verbrechen des nationalsozialistischen Regimes. Zwanzig Jahre nach der Wiedervereinigung hat sich die Sicht erheblich verschoben. Vor dem Hintergrund dessen, was jetzt offenbar möglich ist, erscheint das, worauf man vor zwanzig Jahren noch stolz war, in einem viel bescheideneren Licht. Die kulturelle und wissenschaftliche Prosperität des vereinten und wieder zur Hauptstadt gewordenen Berlin schärft den Blick auf die Belastungen und die Schattenseiten der Teilungsjahrzehnte. Nicht nur war die Stadt mit ihren Gebäuden, ihrer Infrastruktur – auch der wissenschaftlichen – weithin zerstört. Der Substanzverlust betraf zuallererst die Menschen.

Der Aderlass reichte bis in das Jahr 1933 zurück, als die Vertreibung der jüdischen Wissenschaftler und die politische Verfolgung der Linken und der Demokraten begann, und setzte sich 1945 fort, als Berlin ein Viertel seiner Bevölkerung verlor und zahlreiche Forscherinnen und Forscher mit ihren Familien wegzogen, meist nach

Westen und oft genug den Instituten und Arbeitsmöglichkeiten hinterher. Die zerstörten Institute der Kaiser-Wilhelm-Gesellschaft zogen von Berlin weg in die Westzonen und kehrten nicht mehr zurück. Nach der politischen Korrumpierung der medizinischen und naturwissenschaftlichen Forschung im Dritten Reich lag darin auch ein symbolischer Schnitt, eine räumlich markierte Zäsur der Wissenschaftskultur. Geräte und Sammlungen, auch zentrales Archivgut etwa des Reichsarchivs oder des Preußischen Geheimen Staatsarchivs, waren zerstört oder ausgelagert. Wissenschaft und Forschung im Westteil der Stadt widerfuhr Ähnliches wie der Industriewirtschaft: die Abwanderung in die Bundesrepublik und der Aufbau neuer Gravitationszentren fernab von Berlin. Nicht nur Siemens zog nach München; bald befand sich dort auch die Zentrale der Max-Planck-Gesellschaft als Nachfolgerin der Kaiser-Wilhelm-Gesellschaft. Andere wichtige Institutionen der Wissenschaft wie die Deutsche Forschungsgemeinschaft, die Alexander von Humboldt-Stiftung oder der Wissenschaftsrat siedelten sich in der neuen Bundeshauptstadt Bonn an.

Der Verlust industrieller Grundlagen wirkte auch unmittelbar auf die Möglichkeiten der Forschung zurück: Unternehmensbasierte Forschung und die Verknüpfung von Industrie und Universitäten in der hochtechnologischen Wissenschaft spielten nur noch eine geringe Rolle. In Ost-Berlin sah die Situation zwar anders aus, doch von Substanzverlust und Provinzialisierung blieb das in die Parteiideologie eingebundene Wissenschaftssystem erst recht nicht verschont. Die internationale Ausstrahlung der Wissenschaften in der DDR war weithin auf den Ostblock begrenzt, in dem die Deutschen gemeinsam mit den Sowjets eine technologische und intellektuelle Führungsrolle beanspruchten. Kein Zweifel: Die Jahrzehnte der Teilung waren trotz vielfach ermutigendem Neuaufbau schwierige Zeiten, in denen die Berliner Wissenschaft an internationaler Geltung verlor. Der Strom der Nobelpreisträger versiegte – und kam es dennoch zu einer Ehrung, hatten die Geehrten ihre bahnbrechenden Leistungen meist lange vor 1945 erbracht, wie der 1986 in der Physik ausgezeichnete Ernst Ruska, einer der Erfinder des Elektronenmikroskops.

Der Systemkonflikt des Kalten Krieges trieb die Wissenschaften in Berlin sehr schnell auseinander, obwohl es, wie in vielen anderen Bereichen, einen alltäglichen Austausch gab, den erst der Mauerbau im August 1961 beendete. Die Humboldt-Universität Unter den Linden geriet innerhalb weniger Jahre unter die Kontrolle der Sozialistischen Einheitspartei Deutschlands; Maßstäbe der politischen Zuverlässigkeit verdrängten die Freiheit von Forschung und Lehre. Als Reaktion darauf gründeten Studierende und Professoren mit amerikanischer Hilfe im Westen eine neue Universität, die »Freie« Universität, mit der zugleich – nach dem Verlust vieler Institute der Kaiser-Wilhelm-Gesellschaft – die Kontinuität des Standorts Dahlem gesichert werden konnte. Die Supermächte wirkten hier wie dort als Magnete für die Neuausrichtung des Wissenschaftssystems. So knüpfte die Ost-Berliner Akademie der Wissenschaften der DDR (bis 1972 noch als Deutsche Akademie der Wissenschaften) zwar an die alte Preußische Akademie an, verwandelte sie aber nach sowjetischem Vorbild in einen großorganisatorischen Komplex der privilegierten Forschung, hinter dem die Universitäten lediglich eine zweitrangige Rolle spielten.

Demgegenüber war die Freie Universität nur in mancher Hinsicht amerikanisch geprägt: Sie genoss die ideelle und materielle Unterstützung der Besatzungsmacht; viele vertriebene Wissenschaftler wie Ernst Fraenkel oder Franz Neumann kehrten in den

1950er-Jahren zurück und hauchten der neuen Universität und dem akademischen Leben in Deutschland demokratischen Geist ein. Andererseits war die Freie Universität, auch in ihrer Organisations- und Studienstruktur, kein deutsches Harvard, vielmehr verknüpfte sie eher die deutschen Traditionen der universitären Freiheit mit dem internationalen Streben nach Reform. Gemeinsam wiederum war dem Westen wie dem Osten – jedenfalls dem Anspruch nach –, Wissenschaft in gesellschaftlicher und demokratischer Verantwortung zu betreiben. Während die sozialistische Wissenschaft dabei bald in eine Sackgasse der Bevormundung und Unfreiheit geriet, übernahmen die beiden Universitäten im Westteil, Freie Universität und Technische Universität, je auf ihre Weise Pionierfunktionen für die Bundesrepublik und teils weit darüber hinaus.

Die Technische Hochschule in Charlottenburg wurde 1946 als Technische Universität neu gegründet. Dazu gehörten auch Geisteswissenschaften, die mit ihrem humanistischen Profil Naturwissenschaftler und Ingenieure vor vermeintlich unpolitischer Auslieferung ihres Expertenwissens schützen sollten. An der Freien Universität entzündete sich ab Mitte der 1960er-Jahre studentischer Protest, in dem eine neue Generation gegen die als »restauriert« empfundene Nachkriegsordnung aufbegehrte. Ebenso verbanden sich weitgespannte wie diffuse Hoffnungen auf eine neue, humane Gesellschaftsordnung jenseits des Kapitalismus und der liberalen Demokratie, die sich mit dem wirkungsvollen Protest gegen den Krieg der USA in Vietnam wirkungsvoll verknüpften und in Rudi Dutschke einen charismatischen Sprecher fanden. Auch wenn die Bewegung nach 1968 sehr schnell zusammenfiel, blieben von ihr doch mehr als nur organisatorische Reformen, aus denen die durch Mitbestimmung geprägte »Gruppenuniversität« hervorging. Die Freie Universität prägte auch in den 1970er- und 1980er-Jahren ein spezifisches Milieu der Wissenschaft zwischen Dahlem und Kreuzberg, in dem sich ein neuer Typus des akademischen Mittelstands konstituierte: politisiert und vielfach aktiv in sozialen Bewegungen, aber auch zutiefst verunsichert und teils sektiererisch eingekapselt.

Trotz des Mauerbaus blieb Berlin eine Nahtstelle der Wissenschaften, an der sich Ost und West begegneten, aber auch kritisch beäugten. Über die Mauer hinweg gelang es, Kontakte zu knüpfen, besonders seit den Reiseerleichterungen der 1970er-Jahre und einer weiteren Lockerung der Begegnungs- und Gesprächsmöglichkeiten im Jahrzehnt vor dem Mauerfall. Gespräche von Wissenschaftlern dienten der Erprobung dessen, was im offiziellen politischen Raum noch nicht möglich war. Daneben kam es indessen immer wieder zu Abgrenzung, Geheimnistuerei und Spionage auf beiden Seiten. Als die Mauer fiel, existierte neben zahllosen Kontakten und besonderen Beziehungen, die aufrechtzuerhalten oft große Anstrengung gekostet hatte, eine Art negativer Verflechtung in der Abgrenzung, in der besonderen Fixierung auf das Feindbild der jeweils anderen Seite. Neben hervorragenden Leistungen und wissenschaftlichen Impulsen bestanden Schwierigkeiten unterschiedlicher Art in Ost und West, die den Abstand zu früheren Glanzzeiten Berliner Wissenschaft im ersten Drittel des 20. Jahrhunderts nur allzu deutlich markierten. Die Geschichte der Berliner Wissenschaften seit 1989 beweist, wie weit sich Ost und West auch in dieser Hinsicht auseinandergelebt hatten. Sie beweist aber ebenso, welches Potenzial in Berlin und seiner Wissenschaft steckt, das auch unter schwierigsten äußeren Bedingungen nicht ganz verloren gegangen war.

Literatur:

Bauerkämper, Arnd: Americanisation as Globalisation? Remigrés to West Germany after 1945 and Conceptions of Democracy. The Cases of Hans Rothfels, Ernst Fraenkel and Hans Rosenberg, in: Leo Baeck Institute Yearbook 49, 2004, S. 153–170.

Geschichte der Universität Unter den Linden 1810–2010, Bd. 3: Von 1945 bis zur Gegenwart, Konrad Jarausch (Hg.), Berlin 2010.

Jessen, Ralph/John, Jürgen (Hg.): Wissenschaft und Universitäten im geteilten Deutschland der 1960er Jahre, Stuttgart 2005.

Kocka, Jürgen (Hg.): Die Berliner Akademien der Wissenschaften im geteilten Deutschland 1945–1990, Berlin 2002.

Large, David Clay: Berlin. Biographie einer Stadt, München 2002.

Rott, Wilfried: Die Insel. Eine Geschichte West-Berlins, 1948–1990, München 2009.

Tent, James F.: Freie Universität Berlin, 1948–1988. Eine deutsche Hochschule im Zeitgeschehen, Berlin 1988.

Die Ideologisierung der Berliner Universität

Am 29. Januar 1946 wurde auf Betreiben der Sowjetischen Militäradministration in Deutschland (SMAD) in den kriegszerstörten Gebäuden Unter den Linden die ehemalige Friedrich-Wilhelms-Universität als Berliner Universität wieder eröffnet und 1949 in Humboldt-Universität umbenannt.

In den folgenden Jahren wurde der Lehrbetrieb nach sowjetischem Vorbild umstrukturiert. Die Zulassung von Bewerbern, die nicht aus einer Arbeiter- oder Bauernfamilie stammten, wurde stark eingeschränkt. Protesten von Studierenden und Lehrkräften folgten Verhaftungen und Verschleppungen.

Der Ausschluss von Redaktionsmitgliedern der Studierendenzeitung »Colloquium« wegen der Veröffentlichung kritischer Artikel war im April 1948 schließlich Anlass, die Gründung einer Freien Universität zu fordern. *pk*

5-1 Arbeiter und Bauern an die Hochschulen

Berlin, Sowjetische Besatzungszone, Juli 1947,
Monogrammist VT5 (1947)
Plakat (Lithografie), 58,8 x 41,8
Stiftung Deutsches Historisches Museum, Berlin,
GOS-Nr. PLI08656, Inv. Nr. P 90/4537

5-2 Abend-Vorlesungen über Wissenschaftlichen Sozialismus

Berlin, Sowjetische Besatzungszone, März 1948
Plakat, 61 x 43
Stiftung Deutsches Historisches Museum, Berlin,
GOS-Nr. D2A22108, Inv. Nr. DG 90/3966

5-3 Berliner Jungen und Mädel!

Berlin, Sowjetische Besatzungszone, Januar 1946,
Hauptjugendausschuss Groß-Berlin
Plakat, 61 x 43
Stiftung Deutsches Historisches Museum, Berlin,
GOS-Nr. D2A21630, Inv. Nr. DG 90/3698

5-4 Filmsequenz zur Nachkriegszeit

a) Eröffnung der Berliner Universität
Berlin, 1946
Der Augenzeuge, Nr. 1/46, Anlaufdatum 19.2.1946
DEFA-Studio für Wochenschau und Dokumentarfilme
© DEFA-Stiftung 1999. All rights reserved.
Lizenzgeber: Progress Film-Verleih GmbH, Berlin
b) Wiedereröffnung der Staatsbibliothek
Berlin, 1946
Der Augenzeuge, Nr. 23/46, Anlaufdatum 18.10.1946
DEFA-Studio für Wochenschau und Dokumentarfilme
© DEFA-Stiftung 1999. All rights reserved.
Lizenzgeber: Progress Film-Verleih GmbH, Berlin

c) Wiederaufnahme der Forschungsstätte in Buch
Berlin, 1947
Der Augenzeuge, Nr. 65/47, Anlaufdatum 8.8.1947
DEFA-Studio für Wochenschau und Dokumentarfilme
© DEFA-Stiftung 1999. All rights reserved.
Lizenzgeber: Progress Film-Verleih GmbH, Berlin
d) Wiederaufbau der Technischen Universität
Berlin, 1947
Welt im Film, Nr. 119/1947, veröffentlicht am 5.9.1947
Produziert im Auftrag der amerikanischen und britischen
Besatzungsbehörden
© Deutsche Wochenschau GmbH, Hamburg
e) Studenten helfen beim Wiederaufbau der
Technischen Universität Berlin
Berlin, 1947
Der Augenzeuge, Nr. 70/47, Anlaufdatum 19.9.1947
DEFA-Studio für Wochenschau und Dokumentarfilme
© DEFA-Stiftung 1999. All rights reserved.
Lizenzgeber: Progress Film-Verleih GmbH, Berlin
f) »Um die akademische Freiheit«
Berlin, 1948
Welt im Film, Nr. 154/1948, veröffentlicht am 7.5.1948
Produziert im Auftrag der amerikanischen und britischen
Besatzungsbehörden
© Deutsche Wochenschau GmbH, Hamburg
g) Ein neues Haus für die Akademie der
Wissenschaften
Berlin, 1949
Der Augenzeuge, Nr. 17/1949, Anlaufdatum 29.4.1949
DEFA-Studio für Wochenschau und Dokumentarfilme
© DEFA-Stiftung 1999. All rights reserved.
Lizenzgeber: Progress Film-Verleih GmbH, Berlin
h) Westberliner Terror gegen wissenschaftliche Institute
in Dahlem
Berlin, 1949
Der Augenzeuge, Nr. 22/49, Anlaufdatum 3.6.1949
DEFA-Studio für Wochenschau und Dokumentarfilme
© DEFA-Stiftung 1999. All rights reserved.
Lizenzgeber: Progress Film-Verleih GmbH, Berlin
i) »… und wieder 48!«
Berlin,1948
Buch und Regie: Gustav von Wangenheim, Kamera:
Bruno Mondi
Spielfilm, s/w, 101 min.
DEFA-Studio für Spielfilme
© DEFA-Stiftung 1999. All rights reserved.
Lizenzgeber: Progress Film-Verleih GmbH, Berlin
j) Eine freie Universität
Berlin, 1948
Film von Wolfgang Kiepenheuer und Edith Lindner
Dokumentarfilm, s/w, 14 min.
Ikaros-Film
© R.C.F.-Film Gesellschaft, Berlin

5-5 Colloquium – Zeitschrift für junge Akademiker

Berlin, Sowjetische Besatzungszone, Januar 1948,
Otto Heß und Joachim Schwarz (Hg.)
Universitätsarchiv der Freien Universität Berlin

5-6 Sonderausgabe des studentischen Periodikums »Colloquium«

Berlin, Sowjetische Besatzungszone, April 1948,
Otto Heß und Joachim Schwarz (Hg.)
Universitätsarchiv der Freien Universität Berlin

5-7 Neue Berliner Illustrierte, Nr. 8, 1946

Berlin, Sowjetische Besatzungszone, 1946
Allgemeiner Deutscher Verlag, Berlin/Hans Reuter
(verantwortlicher Redakteur)
Stiftung Deutsches Historisches Museum, Berlin,
GOS-Nr. D2A20819, Inv. Nr. DG 90/3188

5-8 Studienbuch der Friedrich-Wilhelms-Universität Berlin von Annemarie Glemann

Berlin, Sowjetische Besatzungszone, 1946, Friedrich-
Wilhelms-Universität, Berlin
Druck, geklebt, Karton (grau), Papier, 20,8 x 15,1
Stiftung Deutsches Historisches Museum, Berlin,
GOS-Nr. D2C00869, Inv. Nr. DG 88/2

Die Gründung der Freien Universität

Im Juni 1948 verfasste ein studentischer Vorbereitungsausschuss das Manifest »Aufruf zur Gründung einer Freien Universität Berlin«. Unterstützung fanden die Mitglieder in den Kreisen der Politik und bei den drei westlichen Besatzungsmächten. Bereits im Juli trugen sich erste Bewerber in Listen ein. Im November fanden die ersten Vorlesungen statt. In ihrem ersten Semester hatte die Freie Universität (FU) 2140 Studierende und 128 Lehrende. Im Besitz der Universität befanden sich bereits 350 000 Bücher, die innerhalb von drei Monaten durch Spenden und Ankäufe erworben werden konnten. Am 4. Dezember 1948 wurde die FU im Titania-Palast feierlich eröffnet. Die Rede ihres erkrankten Gründungsdirektors Friedrich Meinecke übertrug der RIAS direkt in die Veranstaltung. Damit war die FU eine Universität mit einer auch für westliche Verhältnisse ungewöhnlich starken Selbstverwaltung – nicht direkt dem Staat, sondern einem Kuratorium unterstellt, in dem auch Studierende Mitspracherechte besaßen. *pk*

5-9 Barett der Freien Universität

Berlin, 1948/49
Baumwolle (rot), Regeneratzellulose (grau), Samt,
Höhe: 9, Durchmesser 31
Stiftung Deutsches Historisches Museum, Berlin,
GOS-Nr. FM101859, Inv. Nr. KTe 77/130.b

5-10 Talar der Freien Universität

Berlin, 1948/49
Wolle (schwarz), Baumwolle (rot), Regeneratzellulose
(grau), Metall/Samt, 140 x ca. 50 x 30–40
Stiftung Deutsches Historisches Museum, Berlin,
GOS-Nr. FM101858, Inv. Nr. KTe 77/130.a

5-26

5-19 **Beschlussprotokoll und geheimer Zusatz der Sitzung des Vorbereitenden Ausschusses vom 13. November 1948 zur Besetzung des Lehrkörpers**
Berlin, 15. November 1948
Typoskript, 3 Blätter, je 30 x 21,5
Universitätsarchiv der Freien Universität Berlin, Kuratorialverwaltung 1948, Akte Gründungsvorgänge Kurator 1948

5-20 **Erstes Personal- und Vorlesungsverzeichnis der Freien Universität**
Berlin, Februar 1949
Druck, 22 x 14,3 x 1,5
Universitätsarchiv der Freien Universität Berlin, ohne Sign.

Die 68er-Bewegung

Die internationale Studentenbewegung der 1960er-Jahre war sehr vielschichtig. Mit fantasievollen Protestaktionen rebellierte sie gegen politische Missstände wie den Vietnamkrieg, beschäftigte sich – zumal in Deutschland – mit der nationalsozialistischen Vergangenheit der Vätergeneration oder wandte sich gegen die »prüde« Sexualmoral der 50er-Jahre. Berliner Protagonisten wie Rudi Dutschke, Fritz Teufel und Mitglieder der Kommune I wurden Idole oder Ziel heftiger Anfeindungen.
Spätestens mit dem Tod Benno Ohnesorgs auf einer Demonstration gegen den persischen Schah in Berlin am 2. Juni 1967 eskalierten die Konflikte. *pk*

5-11 **Friedrich Meineckes Rede zur Eröffnungsfeier der Freien Universität im RIAS Berlin**
Berlin, 4. Dezember 1948, RIAS Berlin
Audiostation, 7:03 min.
Universitätsarchiv der Freien Universität Berlin, TON_1001
© RIAS Berlin. Lizenzgeber: Deutschlandradio

5-12 **Eine Studentin transportiert gespendete Möbel über die Boltzmannstraße**
Berlin, Herbst 1948, Tagesspiegel, Berlin
Reproduktion
Bildarchiv Heinrich von der Becke im Sportmuseum Berlin

5-13 **Liste über gespendetes und geliehenes Mobiliar**
Berlin, September 1948
Druck und Manuskript, ca. 27 x 21
Universitätsarchiv der Freien Universität Berlin, Kuratorium

5-14 **Erstes Matrikelbuch der Freien Universität**
Berlin, November 1948
Manuskript, 42 x 31,7 x 2
Universitätsarchiv der Freien Universität Berlin, Rektorat, Immatrikulationsbüro, Matrikelbuch I (1-5193)

5-15 **Studienbuch von Stanislaw Kubicki, Matrikelnummer 1 der Freien Universität**
Berlin, 5. November 1948
Druck und Manuskript, 20,7 x 15
Universitätsarchiv der Freien Universität Berlin, Bestand Dokumentation

5-16 **Einladung zur ersten Zusammenkunft des Gründungsausschusses am 19. Juni 1948**
Berlin, 15. Juni 1948, C. von Brentano u.a.
Typoskript, 29,6 x 20,4
Universitätsarchiv der Freien Universität Berlin, Persönl. Akte Kurator, »Gründungsvorgänge«

5-17 **Liste der Eingeladenen zur ersten Sitzung des Gründungsausschusses**
Berlin, Juni 1948
Typoskript, 26,8 x 20,3
Universitätsarchiv der Freien Universität Berlin, Persönl. Akte Kurator, »Gründungsvorgänge«

5-18 **Aufruf des Vorbereitenden Ausschusses zur Gründung einer Freien Universität**
Berlin, 23. Juli 1948
Typoskript, 33 x 20,1
Universitätsarchiv der Freien Universität Berlin, Rektorat, R 1867

5-21 **Alle reden vom Wetter – Wir nicht. SDS Sozialistischer Deutscher Studentenbund**
Westberlin, 1973, Juergen Vetter
Plakat, 85 x 60
Universitätsarchiv der Freien Universität Berlin, ohne Inv.-Nr.

5-22 **Bekanntmachung der Urabstimmung über die Gründung der Kritischen Universität durch den Konvent der FU Berlin**
Westberlin, November 1967, Konvent der FU Berlin
Plakat, 61 x 51
Universitätsarchiv der Freien Universität Berlin, Inv.-Nr. APO-Archiv: Sign 0417

5-23 **Mit den Porträts des Schahs von Persien und seiner Frau beklebte Einkaufstüten**
Westberlin, Juni 1967, Kommune I
Kopien auf Papiertüten, 38,5 x 26,5
Freie Universität Berlin, Universitätsarchiv der FU Berlin, Foto: Uwe Dettmar

5-24 **Man geht nicht mehr ohne Tüte**
Westberlin, Juni 1967, Kommune I
Typoskript, 21 x 29,7
Universitätsarchiv der Freien Universität Berlin, ohne Inv.-Nr.

5-25 **Demonstration gegen den Besuch des Schahs von Persien**
Westberlin, 2. Juni 1967
Reproduktion
Archiv des Hamburger Instituts für Sozialforschung, ohne Inv.-Nr.

5-26 **Lederjacke Rudi Dutschkes**
1960er-Jahre
Leder mit Strickansatz, 60 x 61 x 6
Heimatmuseum Luckenwalde, ohne Inv.-Nr.

5-27 **Schreiben eines Schülers an die Kommune I**
Hamburg, 15. April 1968
Brief, 29,7 x 21
Archiv des Hamburger Instituts für Sozialforschung, SAK 130,02

5-28 **Alte kommunistische Drecksau!**
Deutschland, April 1968, anonym
Brief, 29,7 x 21
Archiv des Hamburger Instituts für Sozialforschung, RUD 300,02

Studentische Begegnungen Ost–West

In der sogenannten »Deutschen Frage« befürworteten Studierendenorganisationen bald eine Anerkennung der DDR als eigenständiger Staat. Vor allem der Allgemeine Studentenausschuss (AStA) der Freien Universität versuchte ab Mitte der 1960er-Jahre, mit der Humboldt-Universität im Osten der Stadt auf der Ebene der Studierenden Kooperationen aufzubauen. Es kam zu ersten gemeinsamen Vorlesungsveranstaltungen und Gesprächen über die Anerkennung von sogenannten »Scheinen«, den die Semester beschließenden Leistungsnachweisen an beiden Universitäten. Allerdings stießen die Bemühungen bei der Westberliner Presse und bei einigen Professoren aus Ostberlin nicht nur auf Gegenliebe. *pk*

5-29 **Mit FDJlern in Klausur**
Westberlin, 8. Juni 1966, Der Abend
Reproduktion
Universitätsarchiv der Freien Universität Berlin, APO-Archiv, Karton Ost-West-Kontakte

5-30 **FU-AStA empfing FDJ-Funktionäre**
Westberlin, 7. Juni 1966, Berliner Morgenpost
Reproduktion
Universitätsarchiv der Freien Universität Berlin, APO-Archiv

5-31 **Schreiben des AStA der Freien Universität Berlin an Dr. Thielecke, Institut für politische Ökonomie der Humboldt-Universität zu Berlin**
Westberlin, 1. März 1966, Stephan Leibfried
Typoskript/Brief, 29,7 x 21
Universitätsarchiv der Freien Universität Berlin, APO-Archiv, Karton Ost-West-Kontakte

5-32 **Protokoll eines Treffens des ASTA der Freien Universität Berlin mit der FDJ-Kreisleitung der Humboldt-Universität zu Berlin**
Westberlin, 17.3.1966, Margaret Wirth
Typoskript, 29,7 x 21, 2 Seiten
Universitätsarchiv der Freien Universität Berlin, APO-Archiv, Karton Ost-West-Kontakte

5-33 **Schreiben Prof. H. Klein, Pädagogische Fakultät, Abteilung Allgemeine Pädagogik und Schulpädagogik HU, an den AStA der FU**
Ostberlin, 21. Oktober 1965, Prof. H. Klein
Brief, Schreibmaschinendurchschlag, 29,7 x 21
Universitätsarchiv der Freien Universität Berlin, APO-Archiv, Karton Ost-West-Kontakte

5-34 **Protokoll eines Treffens von HU-Rektorat und AStA wegen der Genehmigung von Gasthörerscheinen an der HU für FU-Studenten**
Westberlin, 26. Februar 1966
Brief, Schreibmaschinendurchschlag, 2 Seiten, je 21 x 29,7
Universitätsarchiv der Freien Universität Berlin, APO-Archiv, Karton Ost-West-Kontakte

Dutschke, Havemann und der Prager Frühling

Ende Januar 1968 trafen sich DDR-Oppositionelle und Vertreter des Sozialistischen Deutschen Studentenbundes (SDS) im Haus Robert Havemanns in Ostberlin. Man wollte Möglichkeiten erörtern, wie die Demokratisierungsbestrebungen der tschechoslowakischen Regierung unterstützt werden könnten. Ein Informant des Staatssicherheitsdienstes berichtete anschließend, die Studierenden hätten sich enttäuscht über die »kleinbürgerliche« Zögerlichkeit ihrer Gesprächspartner geäußert. Was sie übersahen, war die existenzielle Bedrohung, der die Dissidenten ausgesetzt waren. Nach dem Einmarsch der Truppen des Warschauer Pakts unter sowjetischer Führung in Prag musste sich Havemann um die Freilassung seiner verhafteten Söhne bemühen. Sie hatten gegen die Militäraktion protestiert. *pk*

5-35 **Warum sind wir für die Anerkennung der DDR?**
Westberlin, Mitte Dezember 1967, APO-Extra
Flugblatt, 29,7 x 21
Universitätsarchiv der Freien Universität Berlin, APO-Archiv Flugblätter 1419 1967/68 Dez.–Dez.

5-36 **Aufforderung zu neuer Ostpolitik**
Westberlin, 4. Dezember 1967, Republikanischer Club
Flugblatt, 29,7 x 21
Universitätsarchiv der Freien Universität Berlin, ohne Inv.-Nr.

5-37 **Ost-Berlin wirbt nun um Studenten**
Westberlin, 12. Juni 1968, B.Z.
Reproduktion
Axel Springer AG, B.Z., 12.6.1968

5-38 **Bericht über ein Treffen Robert Havemanns und Wolf Biermanns mit Rudi Dutschke, Fritz Teufel u.a.**
Ostberlin, 23. Februar 1968, Ministerium für Staatssicherheit der Deutschen Demokratischen Republik
Reproduktion
Robert-Havemann-Gesellschaft, Schutzkopie HA/EV Einschätzungen Robert Havemanns durch das MfS

5-39 **Zwischen Wasserstrudel und Kirchhofs-Muff – Die »Rebellen« Havemann und Biermann äußern sich zu den westdeutschen Studentenunruhen**
Frankfurt am Main, 26. April 1968, Frankfurter Rundschau, Deutschland-Ausgabe
Zeitungsartikel (Reproduktion)
Frankfurter Rundschau

5-40 **MfS-Einschätzung zur strafrechtlichen Relevanz der Äußerungen R. Havemanns**
In: Neue Rheinzeitung, 16 Juli 1968
Ostberlin, 22. Juli 1968, Ministerium für Staatssicherheit der Deutschen Demokratischen Republik
Reproduktion
Robert-Havemann-Gesellschaft, Ordner Havemann, Robert, MfS AU /45/90 Bd. 6 HA/EV Blatt BStU 00009090

5-41 **Extra-Dienst Berlin**
Westberlin, 24. August 1968, Westberliner Zeitungsgesellschaft mbH
Reproduktion
Universitätsarchiv der Freien Universität Berlin, Inv.-Nr. APO-Archiv: Extra-Dienst, Zeitschriften Regal

5-42 **Die Invasion der ČSSR durch Truppen des Warschauer Pakts beendet den »Prager Frühling«**
Prag, 21. August 1968, Hilmar Pabel
Reproduktion
Bildagentur für Kunst, Kultur und Geschichte (bpk), Pb P022-12

5-43 **Pfeifende Demonstrantin vor einem Panzer der Roten Armee**
Prag, 21. August 1968, Hilmar Pabel
Reproduktion
Bildagentur für Kunst, Kultur und Geschichte (bpk), Pb P11-17

5-44 **Brief Robert Havemanns an das Oberste Gericht der DDR**
Berlin, 5. September 1968, Robert Havemann
Reproduktion
Robert-Havemann-Gesellschaft, Ordner Korrespondenz R. Havemann 1968 RH-AE 59

5-45 **»Ich schäme mich für die DDR«**
Ostberlin, 1968, Franz Goess
Reproduktion
© Franz Goess

Von ideologischer Vereinnahmung zu allmählicher Öffnung

Die Geschichtswissenschaft in der DDR hatte die Aufgabe, den Sozialismus politisch-ideologisch zu legitimieren. Diese Vorgabe prägte die Forschung zum Nationalsozialismus. Das Selbstverständnis des Staates gründete sich auf die »Nachfolge« im antifaschistischen Widerstand der Kommunisten. Der Monopolkapitalismus galt als Verursacher von Krieg und Faschismus. Daher grenzte sich die ostdeutsche Geschichtswissenschaft scharf von der »bürgerlichen« westdeutschen Geschichtsschreibung ab.

Mitte der 80er-Jahre öffnete sich die DDR ideologisch. Ostberliner Einrichtungen luden Westberliner Historiker ein. Forschungsthemen und Standpunkte wurden vielfältiger. *ct*

5-46 Antifaschistischer Widerstand

a) Die Humboldt-Universität. Gestern – Heute – Morgen
Ostberlin, 1960, Rudi Berthold/Autorenkollektiv
Humboldt-Universität zu Berlin, Universitätsbibliothek,
AL 50713 B542
b) Einweihung der Gedenkstele im Innenhof der HU
Ostberlin, 12. September 1976, Hartmut Reiche
Reproduktion
Bundesarchiv, Berlin, Bild 183-R0912-015

c) Widerstand hinter Stacheldraht
Ostberlin, 1962, Klaus Drobisch
Universitätsbibliothek der Humboldt-Universität zu Berlin,
Pol. P. 1326:7:F8
d) Der KZ-Staat
Ostberlin, 1960, Heinz Kühnrich
Universitätsbibliothek der Humboldt-Universität zu Berlin,
BR 9430

Um 1960 hoben Ostberliner Historiker die Rolle des kommunistischen Widerstands besonders hervor. Ihre Buchtitel zeigten antifaschistische Symbole wie den roten Winkel der politischen Häftlinge oder Fritz Cremers Skulpturengruppe für das Buchenwald-Denkmal.

Auch die Humboldt-Universität berief sich auf den antifaschistischen Widerstand. An widerständige Hochschulangehörige unterschiedlicher Weltanschauungen erinnerte eine Festschrift zum 150. Bestehen der Universität, ebenso eine Gedenkstele. *ct*

Von Ignoranz zu Auseinandersetzung

Die Erforschung des Nationalsozialismus bildete lange Zeit einen randständigen Bereich der Westberliner Wissenschaft. Bemühungen um ein Internationales Dokumentationszentrum scheitern in den 60er-Jahren an unzureichender

politischer und gesellschaftlicher Unterstützung.

Ein grundlegender Wandel setzte um 1980 ein. Lokale Geschichtsinitiativen richteten ihr Augenmerk auf historische Orte und erforschten den Alltag im Nationalsozialismus. Ausstellungen wurden zu einem bedeutenden Medium der Geschichtsvermittlung. An der Technischen Universität Berlin entstand eine hochschuleigene Forschungs- und Dokumentationseinrichtung. *ct*

5-47 »Holocaust«

Holocaust. Die Geschichte der Familie Weiss
USA, 1978, Regie: Marvin J. Chomsky, Buch: Gerald Green, Kamera: Brian West, Musik: Morton Gould, Produzent: Robert Berger, mit: Fritz Weaver, Rosemary Harris, Blanche Baker, Joseph Bottoms, James Woods, Meryl Streep, Michael Moriarty, Deborah Norton u.a.
TV-Drama, 416 min.
Mit freundlicher Genehmigung der polyband Medien GmbH

Im Januar 1979 strahlte das deutsche Fernsehen die US-amerikanische TV-Serie »Holocaust – Die Geschichte der Familie Weiss« aus. Zehn bis fünfzehn Millionen Zuschauer verfolgten die fiktive Geschichte einer jüdischen Arztfamilie aus Berlin, die bis auf den jüngsten Sohn von den Nationalsozialisten ermordet wird.

5-58

Ein medienwissenschaftliches Forschungsprojekt an der Technischen Universität Berlin untersuchte ab 1979 Zuschauerreaktionen auf die Serie. *ct*

5-48 Frühe Initiative

a) Satzung des Internationalen Dokumentationszentrums zur Erforschung des Nationalsozialismus und seiner Folgeerscheinungen e.V.
Westberlin, 1966, Internationales Dokumentationszentrum zur Erforschung des Nationalsozialismus und seiner Folgeerscheinungen e.V.
Broschüre, 14,8 x 10,5
Landesarchiv Berlin, B Rep. 014-626, Bl. 48
b) Schreiben an Prof. Dr. Werner Stein
Westberlin, 27. Juli 1967, Joseph Wulf/Peter Heilmann
Reproduktion
Landesarchiv Berlin, B Rep. 014-626, Bl. 56-57
c) Vom Leben Kampf und Tod im Ghetto Warschau
Bonn, 1958, Josef Wulf
Universitätsbibliothek der Humboldt-Universität zu Berlin, NQ 2360 W961

Der Verein Internationales Dokumentationszentrum zur Erforschung des Nationalsozialismus und seiner Folgeerscheinungen bemühte sich ab 1966 um eine Forschungseinrichtung am historischen Ort der Wannsee-Konferenz. Treibende Kraft war der Historiker Joseph Wulf, ehemaliger jüdischer Widerstandskämpfer und Überlebender des KZ Auschwitz. Trotz internationaler Fürsprache scheiterte das Projekt an der mangelnden Unterstützung des Westberliner Senats. *ct*

5-49 »Topographie des Terrors« in West und Ost

a) Begleitprogramm »Topographie des Terrors«
Ostberlin, 1989, Sektion Geschichte der Humboldt-Universität zu Berlin
Faltblatt, 21 x 29,8
Bundesarchiv, Berlin, SAPMO-BArch DY 30/7361
b) Politiker aus Ost und West bei der Ausstellungseröffnung
Ostberlin, 2. Februar 1989, E. Schönborn
Fotografie, 14,8 x 23,6
Stiftung Topographie des Terrors, Berlin, 53
c) Topographie des Terrors
Westberlin, 1987, Reinhard Rürup
Universitätsbibliothek der Humboldt-Universität zu Berlin, NQ 2340 10
d) Neues Deutschland
Ostberlin, 11./12. Februar 1989
Zeitung, 59 x 41,5
ND, Organ des Zentralkomitees der SED
Stiftung Topographie des Terrors, Berlin, ohne Inv.-Nr.
e) Ausstellungeröffnung
Westberlin, 4. Juli 1987, Landesbildstelle Berlin
Reproduktion
Landesarchiv Berlin, 19 AM Ausstellungen, Bestell-Nr. 288497

1987 dokumentierte eine Westberliner Ausstellung auf dem Prinz-Albrecht-Gelände den nationalsozialistischen Terrorund Verfolgungsapparat. Dort befanden sich bis 1945 die Zentralen von Gestapo, SS und Reichssicherheitshauptamt. Zu-

nächst temporär geplant, wurde die Ausstellung zur Dauereinrichtung. Auch die Stadtbibliothek in Ostberlin zeigte die Dokumentation 1989. Im Begleitprogramm diskutierten Historiker aus beiden Teilen Berlins miteinander. *ct*

5-50 Geschichte »von unten«

a) Projekt: Spurensicherung
Westberlin, 1983, Berliner Geschichtswerkstatt e.V.
Broschüre, 20,2 x 14
Berliner Geschichtswerkstatt e.V., GWB-00017
b) Programm der Berliner Geschichtswerkstatt
Westberlin, 1983, Berliner Geschichtswerkstatt e.V.
Faltblatt, 20,9 x 9,8
Berliner Geschichtswerkstatt e.V., ohne Inv.-Nr.
c) Ausstellungsaufbau »Spurensicherung«
Westberlin, 1983, Berliner Geschichtswerkstatt e.V./Bek
Fotografie, 7,4 x 10,5
Berliner Geschichtswerkstatt, aus-92-NS 33
d) Rundbrief der Berliner Geschichtswerkstatt
Westberlin, 1983, Berliner Geschichtswerkstatt e.V.
Broschüre, 20,9 x 14,8
Berliner Geschichtswerkstatt, ohne Inv.-Nr.
e) Ausstellung »Spurensicherung«
Westberlin, 1983, Berliner Geschichtswerkstatt e.V./ Cohn
Fotografie, 9,4 x 14,6
Berliner Geschichtswerkstatt e.V., aus-6-spu
f) Faltblatt der Berliner Geschichtswerkstatt
Westberlin, ca. 1986, Berliner Geschichtswerkstatt e.V.
Broschüre, 20,2 x 14
Berliner Geschichtswerkstatt e.V., ohne Signatur

Am 25. Mai 1981 gründete sich die Berliner Geschichtswerkstatt. Der Westberliner Verein wollte »den staatlich verordneten Geschichtsbildern Alternativen ›von unten‹ entgegensetzen«. Vereinsmitglieder befragten Zeitzeugen, um den Alltag der Menschen in Berlin während des Nationalsozialismus zu erforschen. Die Ausstellung »Spurensicherung – Alltag und Widerstand im Berlin der 30er Jahre« machte 1983 Ergebnisse dieser Arbeit öffentlich. *ct*

5-51 Universitäre Institutionalisierung

a) Lerntag über den Antisemitismus und dessen Abwehr
Westberlin, 1984, Herbert A. Strauss/Norbert Kampe
Humboldt-Universität zu Berlin, Universitätsbibliothek, Sign. 85 A 1301
b) Gästebuch des Zentrums für Antisemitismusforschung
Westberlin, 1982–1985, Zentrum für Antisemitismusforschung der Technischen Universität Berlin, ohne Inv.-Nr.
c) Redetyposkript anlässlich der Einrichtung eines Instituts zur Erforschung des Antisemitismus an der TU
Westberlin, 8. November 1978, Dietrich Stobbe
Reproduktion
Landesarchiv Berlin, B Rep 002 Nr. 12732/1, Bl. 85
d) Zwangssterilisation im Nationalsozialismus. Studien zur Rassenpolitik und Frauenpolitik.
Westberlin, 1986, Gisela Bock
Universitätsbibliothek der Humboldt-Universität zu Berlin, Sign. NQ 2120 B665

Mit der Antrittsvorlesung des ersten Leiters, Prof. Herbert A. Strauss, fand am 9. November 1982 die Gründung des Zentrums für Antisemitismusforschung der Technischen Universität Berlin (TU) statt. Bereits 1978 kündigte der Regierende Bürgermeister Dietrich Stobbe die Einrichtung des Westberliner Forschungsinstituts in einer Gedenkrede an. Rolf Berger, Präsident der TU, und Heinz Galinski, Vorsitzender der Jüdischen Gemeinde, hatten sich zuvor dafür eingesetzt. *ct*

5-52 Judenverfolgung im Blickpunkt

a) »Und lehrt sie: Gedächtnis!«
Ostberlin, 1988, Jörn Grabowski/Ministerium für Kultur
b) Besucher vor der Ausstellung »Und lehrt sie: Gedächtnis!«
Ostberlin, 1988, Edward Serotta
Reproduktion
Edward Serotta, ohne Inv.-Nr.
c) Pogromnacht
Ostberlin, 1988, Kurt Pätzold/Irene Runge
Universitätsbibliothek der Humboldt-Universität zu Berlin, Sign. NQ 2360 P126 P9
d) Steinerne Zeugen
Westberlin, 1982, Wolfgang Wippermann
Universitätsbibliothek der Humboldt-Universität zu Berlin, Sign. NR 6910 W797
e) Kristallnacht
Köln, 1988, Kurt Pätzold/Irene Runge
Humboldt-Universität zu Berlin, Universitätsbibliothek, Sign. VGH-Z-J, Nr. 154

Großes Interesse erfuhr 1988 die Ostberliner Ausstellung »Und lehrt sie: Gedächtnis!« zum Gedenken an das Novemberpogrom von 1938. Staatliche Stellen richteten sie zusammen mit dem Verband der Jüdischen Gemeinden in der DDR aus. Im Frühjahr 1989 zeigte auch der Westberliner Martin-Gropius-Bau die Schau. Veröffentlichungen in Ost und West dokumentieren eine wachsende Auseinandersetzung mit der nationalsozialistischen Judenverfolgung. *ct*

5-53 Neue Perspektiven auf den Widerstand

a) Anschreiben an Dieter Lentz, Zentralkomitee der SED Abteilung Wissenschaften
Ostberlin, 13. Februar 1984, Karl Drechsler
Reproduktion
Bundesarchiv, Berlin, SAPMO-BArch DY 30/8095
b) Widerstand in einem Arbeiterbezirk
Westberlin, 1983, Hans-Rainer Sandvoß
c) Widerstand in Steglitz und Zehlendorf
Westberlin, 1986, Hans-Rainer Sandvoß
d) SED-Hausmitteilung an Kurt Hager
Ostberlin, 28. Juli 1984, Johannes Hörnig
Reproduktion
Bundesarchiv, Berlin, SAPMO-BArch DY 30/8095
e) Einladung »Der Platz des 20. Juli 1944 ...«
Ostberlin, 1984, Historiker-Gesellschaft der DDR/ Zentralinstitut für Geschichte der Akademie der Wissenschaften der DDR
Reproduktion
Bundesarchiv, Berlin, SAPMO-BArch DY 30/8095

5-59

Ostberliner Historiker widmeten sich 1984 dem militärischen Widerstand, der bis dahin in der DDR als »reaktionär« bezeichnet wurde. Anlässlich des 40. Jahrestages des Attentats auf Hitler fand ein Kolloquium statt.
Die Westberliner Gedenk- und Bildungsstätte Stauffenbergstraße veröffentlichte ab 1983 eine »Schriftenreihe über den Widerstand in Berlin von 1933 bis 1945«. Sie dokumentierte Widerstandsgruppen, die in der Bundesrepublik lange vernachlässigt worden waren. *ct*

Geheime Dissertationen der DDR

Die Geheimhaltung von Dissertationen setzte in der DDR bereits in den 50er-Jahren ein. Die Gründe sind vielfältig und aus heutiger Sicht zum Teil schwer verständlich. Die Zensur sollte beispielsweise die Lebensmittelproduktion vor Sabotage schützen oder militärische Geheimnisse hüten. Vermutlich bewahrten einzelne Sekretierungen aber schlicht hochrangige Staatsvertreter vor Verunglimpfungen. Die Geheimhaltung war spätestens seit 1973 per Gesetz genau geregelt. In der Universitätsbibliothek der Humboldt-Universität befanden sich 1989, in immerhin acht Geheimhaltungsstufen untergeteilt, circa 8800 geheime Dissertationen aus Ostberliner Wissenschaftsinstituten. *pk*

5-54 (Un-)Bedenklichkeitsbescheinigung

Ostberlin, 1962
15 x 21
Universitätsbibliothek der Humboldt-Universität zu Berlin, ohne Inv.-Nr.

5-55 Zettelkasten mit geheimen Dissertationen

Ostberlin, ohne Jahr
10 x 16 x 43,5
Universitätsbibliothek der Humboldt-Universität zu Berlin, ohne Inv.-Nr.

5-56 Das Hochschulwesen in der Bundesrepublik Deutschland in der psychologischen Kriegsführung gegen den Sozialismus

Ostberlin, 1973, Hubert Helbig, Promotion A
Universitätsbibliothek der Humboldt-Universität zu Berlin, Sign. 74 HB Co13/a

5-57 Untersuchungen zur Fruchtbarkeit bei Milchkühen

Ostberlin, 1978, Helmut Großhans
Universitätsbibliothek der Humboldt-Universität zu Berlin, Sign. 78 HB 6597

Kybernetik – Regeln und Steuern

Kybernetik ist die Wissenschaft von der »Kunst des Steuerns«. Ihre Grundlegung erfuhr sie in den 1940er-Jahren durch den amerikanischen Mathematiker Norbert Wiener. In beiden Teilen Deutschlands kam es vor allem in den 60er-Jahren zu Institutionalisierungen als eigenständiges Fach. Zentrale Aufgabe ist das Verstehen

von Ursache-Wirkungs-Prinzipien unterschiedlichster Systeme in der Technik, der Wirtschaft oder auch sozialer Gemeinschaften. Aufgrund der Vielfältigkeit ihrer Untersuchungsgegenstände lösten sich die Institute für Kybernetik später zumeist in Teilbereiche einzelner Fächer auf. Hier spielt sie bis heute eine Rolle. *pk*

5-58 Zwei mechanische Schildkröten, als Verhaltensmodelle Hinz und Kunz genannt

Westberlin, 1963, Prof. Dr. O. W. Haseloff, Pädagogische Hochschule Berlin
14,3 x 20,5 x 26
Deutsches Museum, München, 1988-279

Die Schildkröten Hinz und Kunz sind mit Infrarotsensoren ausgestattet, die sie bei der Navigation unterstützen. Experimente mit ihnen sollten helfen, menschliches Verhalten besser zu verstehen.

5-59 Kybernet – Kybernetisches Spielzeugauto

Ostberlin, 1961–1974, Firma Piko
Kunststoff, 31 x 9 x 15
Medienarchäologischer Fundus am Lehrgebiet Medientheorien des Instituts für Musikwissenschaft und Medienwissenschaft, ohne Inv.-Nr.

Mitunter finden Erkenntnisse der Wissenschaft auch Eingang in die Produktion von Spielzeug. »Kybernet« fährt unterschiedliche Kurvenfolgen, die man mit der Reihenfolge der unterschiedlich farbigen

Steine auf seiner Motorhaube bestimmen kann.

5-60 Karikatur zur Kybernetik der DDR

Ostberlin, 1969, Zeitschrift »Eulenspiegel«
Reproduktion
Eulenspiegel Nr. 26, 4. Juniheft 1969, S. 12
Mit freundlicher Genehmigung von Peter Dittrich

Ein DDR-Tiefraum-Speicher für die internationale Phobos-Mission

1988 startete unter sowjetischer Projektleitung eine internationale Weltraummission zum Marsmond Phobos, von dem man sich Informationen über die Entstehung unseres Sonnensystems erhoffte. Partner des Teilprojekts »Fregat« war das Zentralinstitut für Kybernetik und Informationsprozesse der Akademie der Wissenschaften der DDR (ZKI). »Fregat« sollte mit seinen Kameras mögliche Landeplätze auf dem Mars sondieren und von Phobos Bilder liefern. Diese wurden für die Anflugnavigation und die wissenschaftliche Auswertung benötigt. Besondere Bedingungen im All sowie die Kürze der zur Verfügung stehenden Sendezeiten zur Erde erforderten einen hochwertigen Bildspeicher. Das ZKI lieferte ihn mit dem sogenannten »R3m«. *pk*

5-61 R3m

Ostberlin, 1988, Zentralinstitut für Kybernetik und Informationsprozesse
Digitaler Satelliten-Video-Speicher, 25 x 60 x 23,3
Deutsches Museum, München, Inv.-Nr. 1994-472

Parameter
Speicherkapazität: 200 MByte
Speicherdichte: 860 bit/mm
Bandbreite: 6,25 mm
Spuranzahl: 16
Kopfanzahl (versetzt): 2
Energieverbrauch: 33 Watt
Arbeitstemperaturbereich: 0 bis +45 °C
Vibrationsfestigkeit: 0 bis 11 g bei 0 bis 3 kHz
Lebensdauer (wartungsfrei): > 3 Jahre
Fehlerrate: $\le 10^{-4}$

5-62 Fregatbild vom Marsmond »Phobos«

1988
Reproduktion
Bildrechte: Ted Stryk, Herkunft der Vorlage: Russische Akademie der Wissenschaften

5-63 Die Sonde der Phobos-Mission

1988
Reproduktion
Bildrechte: Ted Stryk, Herkunft der Vorlage: Russische Akademie der Wissenschaften

5-60

5-64 Die Umlaufbahn der Sonde um Phobos

1988
Reproduktion
Russische Akademie der Wissenschaften, Institut für Kosmosforschung, Moskau

Die Anfänge der universitären Frauenforschung

Die Westberliner Frauenforschung entstand innerhalb der Neuen Frauenbewegung. Von 1976 bis 1983 fand an der Freien Universität regelmäßig die Sommeruniversität für Frauen statt. Diskussionen um Autonomie oder Institutionalisierung begleiteten die Veranstaltungen. 1981 gründete sich die Zentraleinrichtung zur Förderung von Frauenstudien und Frauenforschung an der FU. In Ostberlin organisierten sich Frauenforscherinnen in den 80er-Jahren unabhängig von politischen Vorgaben. Daraus ging 1989 die Initiative für ein Zentrum interdisziplinäre Frauenforschung an der Humboldt-Universität hervor. Im Oktober 1989 diskutierten Ost- und Westberliner Frauenforscherinnen erstmals gemeinsam. *ct*

5-65 Veranstaltungsprogramm der Zentraleinrichtung zur Förderung von Frauenstudien und Frauenforschung

Westberlin, 1982/83, Zentraleinrichtung zur Förderung von Frauenstudien und Frauenforschung
Universitätsarchiv der Freien Universität Berlin, ohne Inv.-Nr.

5-66 Programm »Begegnungen von Künstlerinnen und Wissenschaftlerinnen aus beiden deutschen Staaten«

Westberlin, 1989, Hilde Schramm/AL-Fraktion
Faltblatt, 20 x 29,5 (aufgeklappt)
Universitätsarchiv der Freien Universität Berlin, ohne Inv.-Nr.

5-67 4. Sommeruniversität für Frauen

Westberlin, 6. Oktober 1979, DB Wieselhuber
Reproduktion
dpa Picture-Alliance GmbH, 2131805

5-68 Button »6. Sommeruniversität für Frauen 1982«

Westberlin, 1982, Sommeruniversität für Frauen
Metall, Höhe 0,3, Durchmesser 5,5
Frauenforschungs-, -bildungs- und -informationszentrum FFBIZ e.V., I Rep. 2 Berlin 20.8 b (211)

5-69 Frauenforschung in der Bundesrepublik

Ostberlin, 1989/90, Mitteilungen aus der kulturwissenschaftlichen Forschung/Sektion Kulturwissenschaften und Ästhetik der Humboldt-Universität zu Berlin
Zentrum für transdisziplinäre Geschlechterstudien an der Humboldt-Universität zu Berlin, ohne Sign.

5-70 Logo des Zentrums interdisziplinäre Frauenforschung

Ostberlin, 1989, Zentrum interdisziplinäre Frauenforschung
Reproduktion
Zentrum für transdisziplinäre Geschlechterstudien an der Humboldt-Universität zu Berlin, ohne Inv-Nr.

5-61

5-71 Aufruf zur Gründung eines Zentrums interdisziplinäre Frauenforschung an der Humboldt-Universität

Ostberlin, 1989, Irene Dölling/Anneliese Neef/Hildegard Maria Nickel/Heidi Kuhlmey-Oehlert
Typoskript, 2 Blätter, je 29,5 x 21
Zentrum für transdisziplinäre Geschlechterstudien an der Humboldt-Universität zu Berlin, ohne Sign.

»Mathematiker« und »Institutssommer« – Arbeitsalltag zweier Welten

Die Gesellschafts- und Wissenschaftssysteme der DDR und der Bundesrepublik Deutschland unterschieden sich deutlich voneinander. Damit waren auch die Aufgaben und Rahmenbedingungen für die Menschen, die in der und für die Wissenschaft arbeiteten, gänzlich verschiedene.

Die hier gezeigten Filmausschnitte verschaffen Einblicke in den Arbeitsalltag zweier Fächer in Ost- und Westberlin Ende der 1960er- bzw. in den 1970er-Jahren. Sie erzählen gleichzeitig viel über die Verhältnisse in beiden Teilen Berlins. *pk*

5-72 Mathematiker

Ostberlin, 1971, Regie: Richard Cohn-Vossen, Buch und Kommentar: Wolfgang Thierse
Dokumentarfilm, s/w, Ausschnitte, 25 min.
© DEFA-Stiftung 1999. All rights reserved.
Lizenzgeber: Progress Film-Verleih GmbH, Berlin

5-73 Institutssommer

Westberlin, 1969/70, Buch und Regie: Klaus Wildenhahn, Kamera: Michael Busse
TV-Dokumentarfilm, s/w, Ausschnitte, 88 min.
Produktion: NDR 1969, © NDR

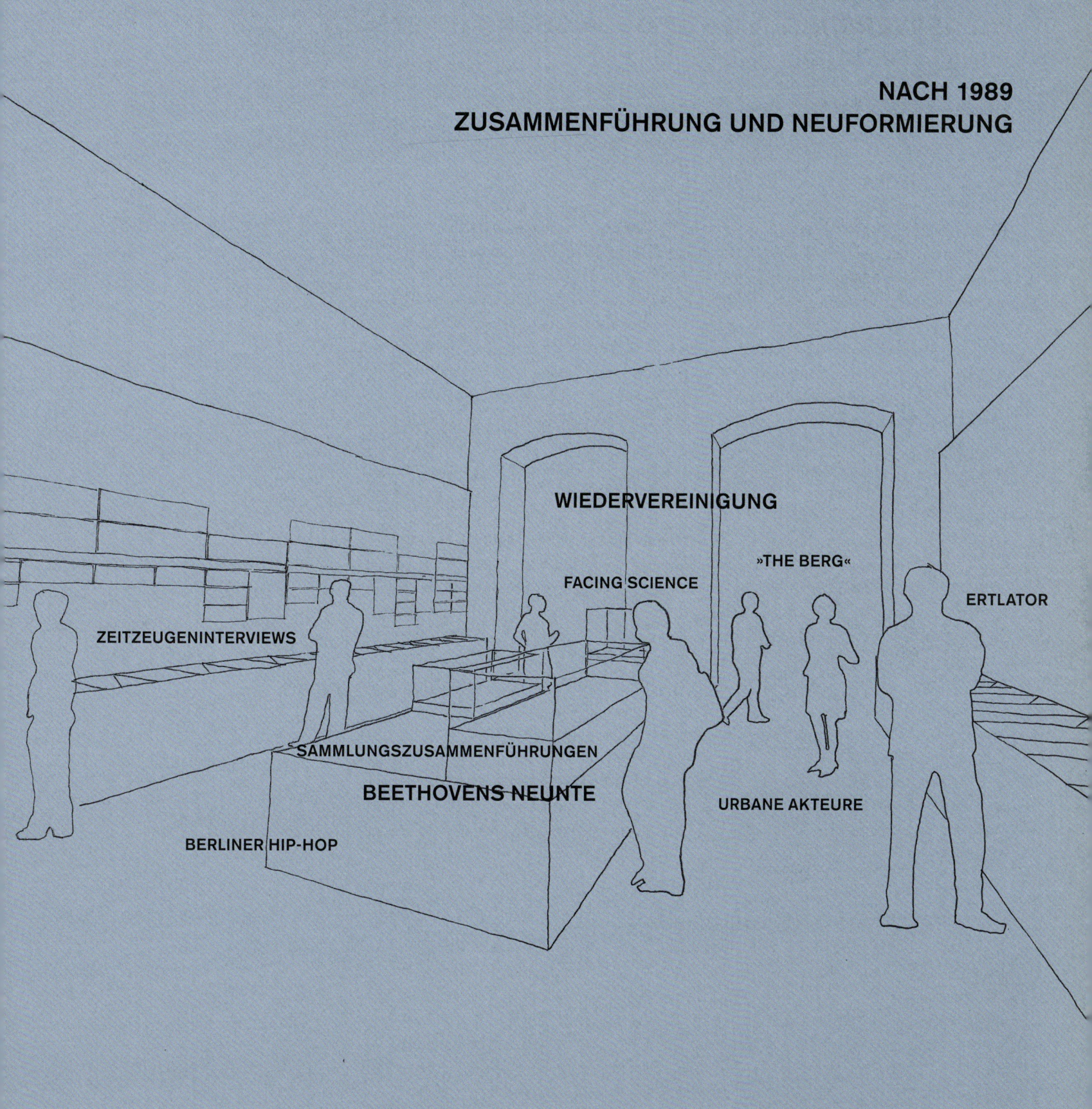

NACH 1989
ZUSAMMENFÜHRUNG UND NEUFORMIERUNG

WIEDERVEREINIGUNG

FACING SCIENCE

»THE BERG«

ERTLATOR

ZEITZEUGENINTERVIEWS

SAMMLUNGSZUSAMMENFÜHRUNGEN

BEETHOVENS NEUNTE

URBANE AKTEURE

BERLINER HIP-HOP

NACH DEM MAUERFALL. FOLGEN DER DEUTSCHEN WIEDERVEREINIGUNG FÜR DIE WISSENSCHAFTSSTADT BERLIN

Mitchell G. Ash

»Wie im Westen, so auf Erden.« Mit dieser bitter ironischen Wendung beschrieben viele der damals Beteiligten aus den neuen Bundesländern das Ergebnis der deutschen Vereinigung. Aus der Distanz einer Generation erscheint dieses Ereignis – jedenfalls im Bereich der Wissenschaften – weder nur als »Kolonisierung« des Ostens durch den Westen mit allseits bekannten, bedauernswerten Konsequenzen noch allein als grundsätzlich positive »Erneuerung«, sondern als Prozess. Das heißt, als Vorgang, dessen Ergebnisse im Einzelnen – und für viele Einzelne – von niemandem so vorherzusehen und schon gar nicht so geplant waren. Im Folgenden wird zunächst dieser Prozess kurz mit Blick auf den Sonderfall Berlin skizziert, danach werden Weiterentwicklungen mit klarem Ergebnis benannt: Eine Wandlung, die zunächst auf den Osten begrenzt blieb, ist gesamtdeutsch geworden, und die Folgen sind auch in der Wissenschaftsstadt Berlin sichtbar.

Ende der 1980er-Jahre bestanden in den beiden deutschen Staaten getrennte Hochschul- und Forschungslandschaften, mit vorsichtigen Verbindungen in Einzelfällen. Alle Beteiligten wurden vom Mauerfall überrascht und waren zunächst wohl zutiefst irritiert. Die große Mehrheit der Wissenschaftler und Hochschullehrer der untergehenden DDR waren treue Anhänger oder Dulder des SED-Regimes. In der alten Bundesrepublik wurde im November 1989 zumindest im Hinblick auf die Hochschulen von »Stagnation«, »Dauerkrise« und »Reformstau« gesprochen; auf einen grundlegenden Wandel des westdeutschen Hochschul- und Wissenschaftssystems bestand ebenso wenig Aussicht wie auf die deutsche Wiedervereinigung.

Die Vereinigung im Hochschul- und Wissenschaftsbereich war also eine Folge des politischen Geschehens, die sich in mehreren, teilweise sich überlappenden Phasen entfaltete. In jeder dieser Phasen sind Entscheidungen gefallen, die nicht unbedingt alternativlos waren.

Schon Ende 1989 begann ein Kampf um die inhaltliche Bedeutung der Stichworte »Demokratie« und »Erneuerung« an den Hochschulen sowie an den Instituten der Akademie der Wissenschaften der DDR. Den einen ging es wohl um Machterhalt, den anderen, die mehrheitlich aus dem wissenschaftlichen Mittelbau kamen, um eine Art Basisdemokratie und damit um die Stärkung der eigenen Position. An vielen Akademie- und Hochschulinstituten kam es zur Abwahl der Leitung und im Sommer 1990 sogar zur erstmaligen Direktwahl der Gesamtleitung der Akademie, die aber nicht das Vertrauen der im März gewählten Regierung de Maizière genoss. In diesen Monaten wurde an vielen Forschungsinstituten eine Vielzahl von Reformkonzepten entwickelt, die sich allesamt als Illusion erwiesen.

Statt einer Reform von unten und innen kam es nach der Wahl zur Volkskammer der DDR im März 1990 und den bald darauf folgenden Schritten zur deutschen Einheit zu einer Umstrukturierung von oben und außen, die fortan »Erneuerung« hieß. Getragen wurde diese von einer Allianz westdeutscher Hochschulpolitiker und Wissenschaftler und ostdeutscher Landespolitiker, die von der Reformfähigkeit der ostdeutschen Institutionen wenig hielten. Zu jener Zeit fielen auf Jahre hinaus weiterwirkende Schlagworte: So beschrieb der damalige Präsident der Max-Planck-Gesellschaft, Hans Zacher, die Forschungslandschaft der DDR in einem viel zitierten Interview als eine »Wüste«.[1] Angeblich waren damit nur die Sozial- und Geisteswissenschaften gemeint, die Entwertung wurde aber bald verallgemeinert. Das Magazin »Der Spiegel« betitelte einen Artikel über die Akademie der Wissenschaften der DDR mit »Im Mittelmaß Weltspitze«.[2] Spätere Evaluierungsurteile des Wissenschaftsrates waren weitaus differenzierter,[3] aber solche Formulierungen hatten ihre Wirkung bereits getan.

Am 6. Juli 1990 publizierte der westdeutsche Wissenschaftsrat die folgenden, seitdem viel zitierten Worte: »Insgesamt gesehen kann es nicht einfach darum gehen, das bundesdeutsche Wissenschaftssystem auf die DDR zu übertragen. Vielmehr bietet der Prozess der Vereinigung auch der BRD die Chance, selbstkritisch zu prüfen, inwieweit Teile ihres Bildungs- und Forschungssystems der Neuordnung bedürfen.«[4] Fast zeitgleich beschlossen die Forschungsminister der beiden deutschen Staaten die Abtrennung der Forschungsinstitute von der »Gelehrtengesellschaft« der DDR-Akademie und ihre »Einpassung« nach einer Evaluierung in die institutionelle Forschungslandschaft der Bundesrepublik.

Artikel 38 des Einigungsvertrags ging sogar noch weiter, insofern er die Auflösung der DDR-Akademie und die »Einpassung« ihrer Einrichtungen in die bestehende Forschungslandschaft der Bundesrepublik verfügte. Das ist die einzige explizit wissenschaftspolitische Festlegung in diesem Dokument. Was genau »Einpassung« sein sollte oder durfte, legte dieser Artikel jedoch nicht fest. In der Folge entstand eine Vielfalt neuer Forschungseinrichtungen mit unterschiedlichen Trägerschaften.

Die sogenannte »Abwicklung« an den Hochschulen wurde durch Artikel 13 des Vertrags begründet. Dieser besagt, dass Einrichtungen des Staatsdienstes bis zum 31. Dezember 1990 *entweder* abgewickelt *oder* neu gegründet werden sollten. Wie Kritiker bald feststellten, hätte man demnach die Hochschulen insgesamt schließen und grundsätzlich andere Einrichtungen schaffen müssen. Dies ist später im Falle mehrerer Hoch- und Fachschulen, aber nicht im Falle der Universitäten geschehen. Für Letztere bestimmten Landespolitiker unter heute kaum nachvollziehbarem Zeitdruck diejenigen Fächer, deren Politiknähe zu DDR-Zeiten offenkundig erschien. Auf der Liste der damaligen Berliner Wissenschaftssenatorin Barbara Riedmüller (SPD) standen die Philosophie, Rechtswissenschaften, Geschichtswissenschaften, Erziehungswissenschaften und Sozialwissenschaften wie die Kriminologie, die Soziologie hingegen nicht. Verschont blieben hier wie andernorts die sogenannten »Kulturwissenschaften«, obwohl diese zu DDR-Zeiten kaum weniger ideologieträchtig waren als beispielsweise die Pädagogik. Vorerst ebenfalls noch nicht tangiert waren die Natur-, Medizin- und Technikwissenschaften, obwohl die Leitung dieser Bereiche ebenso wie die der genannten Fächer vielfach in den Händen von SED-Funktionären lag.[5]

1 Wüste. Kritik an der DDR-Wissenschaft in: Frankfurter Allgemeine Zeitung, 21.6.1990, S. 31.
2 »Im Mittelmaß Weltspitze«. Die DDR-»Akademie der Wissenschaften« kämpft ums überleben, in: Der Spiegel 30, 1990, S. 136ff.
3 »Ihr habt viele niedergemäht«. Dieter Simon, der Vorsitzende des Wissenschaftsrates, über die Zukunft der Forschung in der Ex-DDR, in: Der Spiegel 27, 1991, S. 40ff.
4 Wissenschaftsrat, Perspektiven für Wissenschaft und Forschung auf dem Weg zur deutschen Einheit. Zwölf Empfehlungen, Köln 1990, S. 7.
5 Als einer der ersten hat Wolf Lepenies, Folgen einer unerhörten Begebenheit. Die Deutschen nach der Vereinigung, Berlin 1992, S. 25ff., darauf hingewiesen.

Mit der Abwicklung und Neugründung der derart ausgewählten Fachrichtungen an den Universitäten wurden, wie der Soziologe M. Rainer Lepsius schrieb, »die rechtsstaatlichen und arbeitsrechtlichen Garantien der Bundesrepublik einfach unterlaufen«.[6] Tatsächlich lautete die damalige Losung in Berlin: »Abwicklung vor Kündigungsschutz.« Neben stürmischen Protesten von Studierenden und Lehrenden klagten die Historiker an der Humboldt-Universität (HU) Berlin als Gruppe beim Verwaltungsgericht. Sie hatten Erfolg, aber die Entscheidung kam zu spät und der damalige Rektor Heinrich Fink bat ausdrücklich um die Fortsetzung der Neuberufungen, die schon im Gang waren. So bestand an der HU Berlin jahrelang faktisch ein Geschichtsinstitut mit doppelter Besetzung aus Ost und West.

In dieser Phase wurde der dreifache Druck deutlich, unter dem der ganze Vereinigungsprozess stand: Zeitdruck, Finanzdruck und Legitimierungsdruck. Was Letzteren betrifft, sprach Hans Joachim Meyer – vormals Anglist an der HU Berlin, dann letzter Bildungsminister der DDR, danach Minister für Bildung, Wissenschaft und Kunst in Sachsen – schon 1991 von einer »Umwertung der Werte«.[7] So mutierte das noch im Herbst 1989 für krisenhaft befundene Hochschulsystem der alten Bundesrepublik zum einzig möglichen aller Hochschulsysteme, und das bundesdeutsche Hochschulrahmengesetz (HRG) wurde zur Richtschnur des Handelns.

In Berlin verfügte ein Ergänzungsgesetz zum Berliner Hochschulgesetz (18. Juli 1991) die Einsetzung von Struktur- und Berufungskommissionen und schuf zwei Kategorien: HRG-konformes und (noch) nicht HRG-konformes Personal. Die Übernahme von Personal der zweiten Kategorie in die erste wurde vom Ergebnis einer personellen und wissenschaftlichen Einzelfallevaluierung abhängig gemacht. Faktisch vollzog sich der strukturelle Umbau der Ostberliner Hochschulen nach bundesrepublikanischem Muster, die Evaluierung des Personals und die Ausschreibungen neuer Professuren und Neuberufungen geschahen gleichzeitig, bei laufendem Betrieb und unter zunehmendem Finanzdruck. Im Klartext formuliert: Während die Lehrenden der Ostberliner Hochschulen sich um die Stellen, die sie bis dahin innehatten, neu bewerben mussten, wurde gleichzeitig andernorts entschieden, ob es diese Stellen überhaupt noch geben sollte oder könnte. Auf diese Gemengelage reagierte man mit Dauerimprovisation. So wurden Wissenschaftler aus »abgewickelten« wie aus anderen Fächern entlassen, frühpensioniert oder individuell abgefunden; einige gingen selbst, um einer Entlassung als ehemalige Stasi-Mitarbeiter oder wegen Mitarbeit in der Sozialistischen Einheitspartei Deutschland (SED) zu entgehen. Zahlreiche Angehörige vor allem des Mittelbaus wurden trotz positiver Evaluierung entlassen, weil für sie keine Stelle mehr vorhanden sei. Von 2755 Wissenschaftlern auf Dauerstellen an der Humboldt-Universität im Jahre 1989 verblieben 1997 nur noch 452 (16,4 Prozent).[8]

Das tumultartige Geschehen in Berlin zu jener Zeit ist vielen noch in Erinnerung. Beim Antrittsbesuch des neuen Wissenschaftssenators Manfred Erhardt (CDU) im Senatssaal der HU Berlin Anfang 1991 forderte ihn der damalige Rektor Heinrich Fink auf, »Erneuerung mit den vorhandenen Personen« zu schaffen.[9] Im November desselben Jahres entließ der Senator den Rektor wegen ehemaliger Stasi-Mitarbeit. Dies wurde wohl zu Recht auch als endgültige Absage an das von Fink artikulierte Programm interpretiert. Seine Forderung war aus politischen, finanziellen und strukturellen Gründen nicht durchsetzbar gewesen.

6 Lepsius, M. Rainer: Zum Aufbau der Soziologie in Ostdeutschland, in: Kölner Zeitschrift für Soziologie und Sozialpsychologie 45, 1993, hier: S. 308f.
7 Meyer, Hans Joachim: Higher Education Reform in the New German States, Vortrag an der Jahrestagung der German Studies Association, Los Angeles, Kalifornien, 24. 9. 1991.
8 Jarausch, Konrad H.: Säuberung oder Erneuerung? Zur Transformation der Humboldt-Universität 1985–2000, in: Grüttner et al. (Hg.): Gebrochene Wissenschaftskulturen. Universität und Politik im 20. Jahrhundert, Göttingen 2010, hier: S. 343.
9 Der Autor dieser Zeilen war bei dieser Begegnung anwesend.

Parallel zu alledem verlief die bereits vor dem Oktober 1990 begonnene, vom Wissenschaftsrat organisierte Evaluierung der Institute und Mitarbeiter der Akademie der Wissenschaften. Mehrere natur- und medizinwissenschaftliche Institute wurden positiv evaluiert und wenigstens zum Teil übernommen – allerdings mit neuen Namen und neuer Leitung. Aus anderen bildete man Schwerpunkte, die in neue beziehungsweise bestehende Max-Planck-, Fraunhofer- oder andere Einrichtungen integriert wurden; für geistes- und sozialwissenschaftliche Institute fand man solche Lösungen nur in wenigen Fällen. Bei positiv evaluierten Forschern, die in diesem Rahmen nicht untergebracht werden konnten – das waren immerhin mehrere Tausend –, ging man von der Annahme aus, diese würden zur Stärkung der universitären Forschung benötigt und auch dort unterzubringen sein. Die Annahme war falsch, die Unterbringung fand zum größten Teil nicht statt. Eine Folge dieser Fehleinschätzung war ein erzwungener Berufswechsel, die Frühpensionierung oder die Arbeitslosigkeit für Tausende ehemalige Mitarbeiter der Akademieinstitute. Deutlich wurde dies vor allem in Berlin, denn hier hatten bei weitem die meisten Akademieinstitute ihren Standort. Das Fazit des damaligen Vorsitzenden des Wissenschaftsrates Dieter Simon konnte kaum schärfer ausfallen: »Ich glaube, wenn schließlich was Gutes bei der Evaluiererei herausgekommen ist, dann war das Zufall.«[10]

In einer kurzen Glosse der Berliner Tageszeitung kommentierte der Historiker und Journalist Götz Aly das Ergebnis sinngemäß wie folgt: Die Bundesrepublik muss wohl ein sehr reiches Land sein, um auf derart viele Wissenschaftler verzichten zu können. Damit war auch Inhaltliches gemeint; alles, was mit dem Marxismus zu tun zu haben schien, konnte lange als diskreditiert gelten. Aber auch die praktischen Fähigkeiten der Instrumentenbauer, die in der DDR-Zeit mit dem Materialien- und Devisenmangel fantasiereich umzugehen gelernt hatten, waren plötzlich entwertet worden; neue Geräte konnten nun aus dem Katalog bestellt werden.

Entgegen der oben erwähnten, vom Wissenschaftsrat hoffnungsvoll formulierten Empfehlung von 1990 wurde die deutsche Vereinigung nicht als Chance begriffen, in der neuen Bundesrepublik insgesamt und nicht nur im Osten eine grundlegende Reform der Hochschul- und Wissenschaftspolitik zu wagen. Stattdessen kam es erst nach dem Umbau im Osten zu den weitreichenden Wandlungen auf diesem Gebiet, die unter Namen wie »Bologna« und »Exzellenzinitiative« allseits bekannt geworden sind. Doch in der Folge der Vereinigung wurde nicht nur die im Einigungsvertrag anvisierte »Einpassung« von DDR-Einrichtungen durchgeführt, sondern ist vielmehr eine neue Hochschul- und Wissenschaftslandschaft entstanden. Die Liste der unerwarteten Ergebnisse ist lang:

1. Die personellen Einschnitte infolge des Umbaus an den Hochschulen nach bundesdeutschem Muster waren weitaus einschneidender als die publizistisch wirksamere Entlassung ehemaliger Stasi-Mitarbeiter oder SED-Funktionäre. Die Bemühungen um eine »sozial verträgliche« Gestaltung dieses Vorgangs führten zu befristeten Verträgen oder Frühpensionierung für viele, Entlassung und sozialstaatliche Alimentierung für mehrere. Nur wenige fanden neue Positionen an anderen Orten Deutschlands oder im Ausland.

2. Eine »Verwestdeutschung« in personeller Hinsicht ist keinesfalls derart flächendeckend ausgefallen, wie es oft dargestellt wird. An der HU Berlin zum Beispiel waren

10 Zit. n. Etzold, Sabine: Der Spötter aus dem Pfälzer Wald, in: Die Zeit, 19. 6. 1992, Nr. 26.

von den neu ernannten Professoren in den oben genannten »abgewickelten« Fächern bis Februar 1995 immerhin 18,3 Prozent aus den neuen Bundesländern. In den nicht »abgewickelten« Kulturwissenschaften waren fast die Hälfte (43,2 Prozent), in der Medizin, der Mathematik und den Naturwissenschaften etwas mehr als die Hälfte (52,4 Prozent) der bis 1995 ernannten Professoren Ostdeutsche.[11]

3. Bedeutende Innovationen sind trotz alledem möglich geworden. Beispiele aus den Kulturwissenschaften sind die Gründung des Max-Planck-Instituts für Wissenschaftsgeschichte (1994) – heute weltweit führend auf diesem Gebiet – und der drei Geisteswissenschaftlichen Forschungszentren Berlin (1996). Die bereits 1992 gegründete Berlin-Brandenburgische Akademie der Wissenschaften stellt durch das Zusammengehen zweier Bundesländer sowie die Verbindung von projektförmigen interdisziplinären Arbeitsgruppen und aus der DDR-Akademie übernommenen geisteswissenschaftlichen Langzeitvorhaben zweifelsohne etwas Neues dar.

Aus Instituten der ehemaligen DDR-Akademie sind mehrere neue Einrichtungen mit unterschiedlichen Trägerschaften hervorgegangen. So sind die medizin- und lebenswissenschaftlichen Institute in Berlin-Buch als Max-Delbrück-Centrum für Molekulare Medizin (MDC) und drei ehemalige Akademieinstitute in Berlin-Adlershof in die Gesellschaft der Großforschungseinrichtungen aufgenommen worden; mehrere neue Fraunhofer- und Max-Planck-Institute kamen hinzu. Von niemand vorhergesehen wurde die Vermehrung der Institute der sogenannten »Blauen Liste«, die zu fünfzig Prozent vom Bund und fünfzig Prozent vom jeweiligen Bundesland gefördert werden. Durch den Zusammenschluss dieser Institute ist 1992 ein neuer Akteur im deutschen Wissenschaftssystem entstanden, der seit 1997 den Namen »Wissenschaftsgemeinschaft Gottfried Wilhelm Leibniz« trägt. Von den heute neunzig Leibniz-Instituten befinden sich 16 in Berlin, wie zum Beispiel das Max-Born-Institut für Nichtlineare Optik und Kurzzeitspektroskopie in Adlershof.

Eine schwierige Daueraufgabe bleibt bis heute die Vernetzung der Forschungseinrichtungen der beiden Teile Berlins. Positive Beispiele hierfür sind die Staatsbibliothek Preußischer Kulturbesitz und das Exzellenzcluster UniCAT (Unifying Concepts in Catalysis); Letzteres verbindet Kräfte der TU, der HU und der FU Berlin sowie der Universität Potsdam mit den Forschungsschwerpunkten zweier Max-Planck-Institute. Versuche, die medizinischen Kliniken, Fächer und Forschungseinrichtungen der Stadt zusammenzuführen, sind im Vergleich zu den ambitionierten Zielsetzungen der 1990er-Jahre nur teilweise erfolgreich geblieben. Auch in der Wissenschafts- wie in der Kulturpolitik besteht ein Spannungsverhältnis zwischen Konkurrenzdenken und Beharrungsvermögen und den neuen Chancen, die sich aus Synergien und Allianzen ergeben könnten. Nicht alles, was heute die Wissenschaftsstadt Berlin ausmacht, ist als Folge der deutschen Vereinigung beschreibbar. Gleichwohl sind im Transformationsprozess Weichen gestellt worden, die bis heute nachwirken.

11 Raiser, Thomas: Schicksalsjahre einer Universität. Die strukturelle und personelle Neuordnung der Humboldt-Universität zu Berlin 1989–1994, Berlin 1998, S. 94 (Tabelle 9). In den neuen Bundesländern außerhalb Berlins ist der Unterschied zwischen der Dominanz westdeutscher Wissenschaftler in den ›abgewickelten‹ Geisteswissenschaften und der Mehrheit der Ostdeutschen in den Natur-, Medizin- und Technikwissenschaften noch viel größer.

Literatur:

Ash, Mitchell G.: Die Universitäten im deutschen Vereinigungsprozess – ›Erneuerung‹ oder Krisenimport? In: ders. (Hg.): Mythos Humboldt – Vergangenheit und Zukunft der deutschen Universitäten, Wien 1999, S. 105–135.

Buck-Bechler, Gertraude/Schaefer, Hans-Dieter/Wagemann, Carl-Hellmut (Hg.): Die Hochschulen in den Neuen Bundesländern. Ein Handbuch der Hochschulerneuerung, Weinheim 1997.

Jarausch, Konrad H.: Säuberung oder Erneuerung? Zur Transformation der Humboldt-Universität 1985–2000, in: Grüttner, Michael/Hachtmann, Rüdiger/Jarausch, Konrad H./John, Jürgen/Middell, Matthias (Hg.), Gebrochene Wissenschaftskulturen. Universität und Politik im 20. Jahrhundert, Göttingen 2010, S. 327–352.

Kocka, Jürgen/Mayntz, Renate (Hg.): Wissenschaft und Wiedervereinigung. Disziplinen im Umbruch, Berlin 1998.

Kocka, Jürgen/Weber, Corina/Bilavsky, Jörg von (Hg.): Wissenschaft und Wiedervereinigung. Bilanz und offene Fragen. Dokumentation des Symposiums im Rahmen des Wissenschaftsjahres »Forschungsexpedition Deutschland«, Berlin 2010. Im Internet: http://edoc.bbaw.de/volltexte/2010/1314/pdf/DOKUMENTATION_Symposium_Wissenschaft_und_Wiedervereinigung.pdf

Riedmüller, Barbara: Wissenschaftsstadt Berlin. Hochschulen und Forschung im Einigungsprozess, in: Süß, Werner (Hg.): Berlin. Die Hauptstadt. Vergangenheit und Zukunft einer europäischen Metropole, Berlin 1999. Im Internet: http://www.poliwiss.fu-berlin.de/people/Ried/BlnWissendownload.pdf.

Simon, Dieter: Wissenschaft, in: Korte, Karl R./Weidenfeld, Werner (Hg.): Handbuch zur deutschen Einheit, Frankfurt am Main 1993, S. 725–735.

Simon, Dieter: Wiedervereinigung des deutschen Hochschulwesens, in: Führ, Christian/Furck, Carl-Ludwig (Hg.): Handbuch der deutschen Bildungsgeschichte. Bd. 6, 1945 bis zur Gegenwart, 2: DDR und neue Bundesländer, München 1998, S. 390–397.

Ziegler, Hansgeorg: Ein Stück Zukunft vertan: Der Niedergang der Industrieforschung Ost, in: Deutschlandarchiv 26, 1993, S. 689–702.

Staatsbibliothek – Die Handschrift der 9. Sinfonie Beethovens

1846 erwarb die Königliche Bibliothek große Teile der Handschrift der 9. Sinfonie Ludwig van Beethovens. 1901 folgten fehlende Teile des Finales. 1941 wurde die Handschrift zusammen mit anderen Musikautografen zum Schutz vor Bombenschäden ausgelagert.

Das Hauptkorpus gelangte mit Kriegsende in die Jagiellonen-Bibliothek in Krakau. Seit 1946 galt es als verschollen, wurde aber 1977 überraschend bei einem Staatsbesuch des polnischen Präsidenten an die Staatsbibliothek im Ostteil Berlins zurückgegeben.

Dagegen wurden die später zugekauften Teile des Finales seit Kriegsende in der Universitätsbibliothek Tübingen verwahrt. Von dort fanden sie 1967 ihren Weg in die Staatsbibliothek im Westen Berlins.

1997 konnten die Teile schließlich wieder zusammengeführt werden. Mit der Verarbeitung von Schillers »Ode an die Freude« ist die Handschrift zu einem Symbol der deutschen Wiedervereinigung geworden. Seit 2003 gehört sie zum Weltdokumentenerbe der UNESCO. *pk*

6-1 Autograf der 9. Sinfonie, op. 125, Hauptband

1822–1824, Ludwig van Beethoven
Manuskript, 25 x 63 x 4,5
Staatsbibliothek zu Berlin – Preußischer Kulturbesitz, Musikabteilung, Mus.ms.autogr. Beethoven 2

6-2 Autograf der 9. Sinfonie, op. 125, Band 4

1822–1824, Ludwig van Beethoven
Manuskript , 25 x 63 x 4,5
Staatsbibliothek zu Berlin – Preußischer Kulturbesitz, Musikabteilung, Mus.ms.autogr. Beethoven Artaria 204 (4)

6-3 Sinfonie Nr. 9, d-Moll, op. 125 1822–1824, Ludwig van Beethoven

Leonhard Bernstein
Mitschnitt des Konzerts am 25. Dezember 1989 im Schauspielhaus, Ostberlin
© 1990 Deutsche Grammophon GmbH, Hamburg
© 1990 Leonhard Bernstein, Justus Frantz, Hanno Rinke

Zusammenführung von Werk und Information

Das Gemälde »Lustige Gesellschaft auf einer Terrasse« von Johann Georg Platzer gehört zu den Beständen der Berliner Gemäldegalerie, die sich bis Ende der 1930er-Jahre im Bode-Museum befanden. Es wurde 1939 mit anderen Werken der Sammlung zum Schutz vor Bombenschäden in ein Thüringer Salzbergwerk ausgelagert und nach Kriegsende in den soge-

6-1

nannten Collecting Point der Amerikaner in Wiesbaden verbracht. Von dort gelangte es im Zuge der geplanten Gründung der Stiftung Preußischer Kulturbesitz 1955 nach Westberlin.

Das zugehörige Dossier mit Informationen, die für Sammlungsverantwortliche und Wissenschaftler große Bedeutung haben, lag bis zur Wiedervereinigung nahezu unerreichbar im Ostteil der Stadt. Erst die Zusammenführung ermöglichte es, sowohl ein Gesamtverzeichnis »Sammlung der Gemäldegalerie« als auch eine »Dokumentation der Verluste« zu erstellen. *pk*

6-4 Lustige Gesellschaft auf einer Terrasse

18. Jahrhundert, Johann Georg Platzer
Öl auf Leinwand, 23,5 x 35,5
Staatliche Museen zu Berlin, Gemäldegalerie, Kat.-Nr. 2044

6-5 Dossier zu Johann Georg Platzers »Lustige Gesellschaft auf einer Terrasse«

1928
Papier, Plastikhülle, 25 x 34,5 x 4,5
Staatliche Museen zu Berlin, Gemäldegalerie, Kat.-Nr. 2044

6-6 Gesamtverzeichnis der Gemäldegalerie Berlin

1996/97, Henning Bock
28,5 x 23,5 x 4
Technische Universität Berlin, Universitätsbibliothek, KAT-1 MUS BERLI 2/2-2

6-6 Staatliche Museen zu Berlin – Preußischer Kulturbesitz – Dokumentation der Verluste. Band 1: Gemäldegalerie

Berlin, 1995, Rainer Michaelis
broschiert, 112 Seiten, 575 Abb.

Lebenswege durch die Wiedervereinigung

Im Zuge der Wiedervereinigung Deutschlands galt es, zwei grundlegend unterschiedliche Wissenschaftssysteme zusammenzuführen. Nach 1990 wurden die zentralen Wissenschaftsinstitutionen der DDR weitgehend aufgelöst. Es folgte die – im Artikel 38 des Einigungsvertrages als »Einpassung« bezeichnete – Übernahme ausgewählter Einzeleinrichtungen in das auf die neuen Bundesländer ausgedehnte westdeutsche System. Die Grundlage für die Personalpolitik in Berlin bildete das Ergänzungsgesetz zum Berliner Hochschulgesetz vom Juli 1991. Universitätsinstitute wurden geschlossen, Lehrstühle und Fächer neu strukturiert. Viele Universitätsangehörige verloren ihren Arbeitsplatz. Die Einschnitte waren tief greifend: Von 1989 bis 1997 verließen allein an der

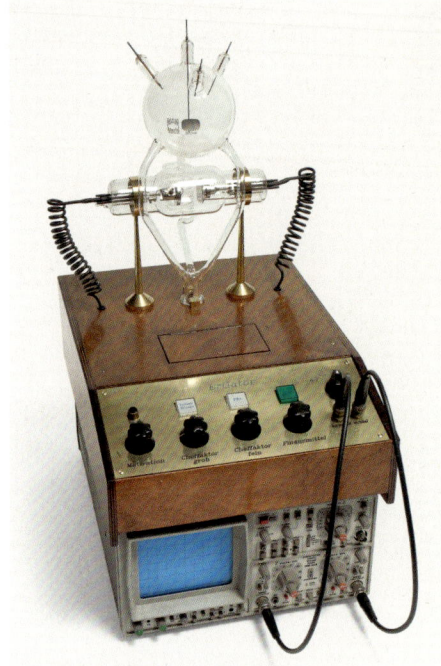

6-9

Humboldt-Universität 83,6 Prozent des dauerhaft beschäftigten Wissenschaftspersonals die Universität, viele von ihnen unfreiwillig. Viele Lebens- und Arbeitswege änderten sich grundlegend. 16 Wissenschaftlerinnen und Wissenschaftler aus Ost und West, die 1989 im Berliner Hochschulbetrieb tätig waren oder sich politisch mit diesem auseinandergesetzt haben, schildern die Ereignisse zur Zeit der Wende aus ihrer persönlichen Sicht. Interviewt wurden: Oksana Bulgakowa, Manfred Erhardt, Frank Hörnigk, Gisela Jacobasch, Angelika Keune, Jürgen Kocka, Thomas Kuczynski, Hubert Laitko, Roswitha März, Joachim Sauer, Sibylle Schmerbach, Richard Schröder, Dieter Simon, Heinz-Elmar Tenorth, Wolfgang Thierse, Sven Vollrath. *pk, nb*

6-8 16 Zeitzeugeninterviews

Berlin, 2010
Medienstation, ca. 100 min.
teamstratenwerth, Basel

6-9 Ertlator

Berlin, 1996
Holz, Messing, Glas, 59 x 31 x 44
Prof. G. Ertl, Fritz-Haber-Institut der MPG, ohne Inv.-Nr.

Der »Ertlator« wurde dem späteren Nobelpreisgewinner Prof. Gerhard Ertl von seinen Mitarbeitern zum 60. Geburtstag geschenkt. Verschiedene Knöpfe bestimmen das Maß des Einflusses verschiedener Parameter auf die Erfüllung von Aufgaben des Wissenschaftlers. Daraus wird

das entstehende Chaos errechnet und auf dem Oszilloskop abgebildet. Erreicht das Chaos sein Höchstmaß, öffnet sich auf dem Gerät eine Klappe. Der Wissenschaftler wird mit einem Keks belohnt. *pk*

Flughafen, Tourismus und Straßenhändler – Berlin aus dem Blickwinkel der Metropolenforschung

Berlin galt in den 1920er-Jahren neben Paris und London als eine der florierendsten Metropolen Europas. Können jedoch die kulturellen, politischen und gesellschaftlichen Merkmale aktueller Metropolen wie New York, Tokio oder Kairo auch heute für Berlin reklamiert werden? Ist Berlin, zwanzig Jahre nach der Wiedervereinigung, ein ökonomisches, politisches, soziales und kulturelles Zentrum von internationalem Rang?

Um diesen Fragen nachzugehen, kommen Wissenschaftler aus unterschiedlichen Fachbereichen im Rahmen der »Metropolenforschung« zusammen. Ihre Ansätze und Methoden sind ebenso vielfältig wie die Themen, denen sich dieser Forschungszweig widmet.

In Berlin bestimmt der urbane und soziale Wandel der Stadt die aktuelle Metropolenforschung: So sind der neue Flughafen Berlin-Brandenburg International oder die Umgestaltung des städtischen Raumes durch den zunehmenden Tourismus ebenso Gegenstand der Untersuchungen wie die Migrationsprozesse der Berliner Straßenhändler. *fs*

Gentrifizierungsprozesse – Stadterneuerung in Ostberlin

Berlin nimmt aufgrund seiner Geschichte als geteilte Stadt auch im Bereich der Stadtplanung eine Sonderstellung ein: Die Sanierung des Bezirks Prenzlauer Berg ist beispielhaft für die Politik der Stadterneuerung in Verschränkung mit Gentrifizierungsprozessen. Als Gentrifizierung wird die Entwicklung einer baulichen und wirtschaftlichen Aufwertung von Stadtteilen bezeichnet, mit der die Verdrängung vor allem sozial und ökonomisch benachteiligter Bevölkerungsgruppen einhergeht. Obwohl eine Sanierung von außen erkennbar ist, sagt sie dennoch nichts über den Aushandlungsprozess zwischen Mieter, Eigentümer und Investor aus und inwieweit die Modernisierung staatlich reguliert und gefördert wurde. Die Berliner Soziologen Hartmut Häußermann und Andrej Holm erforschten am Beispiel des Prenzlauer Bergs die Stadterneuerungsprozesse und schildern, wie man einer Gentrifizierung entgegenwirken kann. Dazu untersuchten sie beispielsweise die Bevölkerungsstruktur vor

6-10

und nach der Sanierung, den Eigentümer-typus und deren Investitionsverhalten. *fs*

6-10 Dimitroffstraße, Schönhauser Allee, Berlin-Prenzlauer Berg

Berlin, 1985
Reproduktion
Harald Hauswald/OSTKREUZ

In der DDR gab es keine flächendeckende Stadterneuerung wie in der Bundesrepublik. In Ostberlin spielte die Sanierung von Altbauten eine untergeordnete Rolle. Die staatlichen Instandsetzungsmaßnahmen gewährleisteten häufig nur die Bewohnbarkeit der Häuser. *fs*

»Pack die Badehose ein …« – Ein Pilotprojekt zur Säuberung der Flüsse

Bis in die 1920er-Jahre hinein konnten die Berliner noch in der Spree baden. Es gab über 15 Flussbäder in der Stadt – bis diese infolge des desolaten hygienischen Zustandes des Flusses schließen mussten. Eine Ursache für die Verschmutzung war damals wie heute vor allem das Einleiten von Abwasser aus der Mischkanalisation: Bei starken Regenfällen läuft die Kanalisation über, damit gelangen Regen- und Haushaltsabwässer ungeklärt in die Spree. Mit dem innovativen Verfahren des Berliner Ingenieurs Ralf Steeg kann dies nun stark reduziert werden. In Kooperation mit Wissenschaftlern der Technischen Universität Berlin unter Leitung von Matthias Barjenbruch, sechs Ingenieurbüros, dem Kompetenzzentrum Wasser und den

Berliner Wasserbetrieben entwickelte Steeg unter dem Projektnamen SPREE 2011 ein Modulsystem, das es erlaubt, Abwasser zwischenzuspeichern, bevor es in die Kläranlagen abgeführt wird. Die Umsetzung des Pilotprojekts, das auch als Beitrag auf der EXPO 2010 in Shanghai zu sehen ist, wird im Herbst 2010 am Osthafen in Berlin beginnen. *fs*

6-11 Die Idee zu »SPREE 2011«

Berlin, 2010
Grafik
1-luri@Weyermann-Flechsenhaar

Anfangs planten Ralf Steeg und sein Team, das Abwasser in stillgelegte Frachtschiffe zu leiten. Als realisierbar erwies sich schließlich ein Modulsystem, das flexibel einsetzbar ist und in Serie hergestellt werden kann. Zudem lässt sich die neu entstandene Oberfläche vielfältig nutzen. *fs*

»The Berg« – Ein Wahrzeichen für Berlin

Architekturbüros sind keine klassischen Orte der Wissenschaft. Doch beruht ihre Arbeit auf Methoden, wie sie in der Forschung üblich sind: Experimentieren, Rechnen, Entwerfen und Verwerfen. Ende September 2009 wurde von der Berliner Senatsverwaltung für Stadtentwicklung ein Ideenwettbewerb zur Bebauung des nördlichen Flugfeldes des ehemaligen Flughafens Berlin-Tempelhof ausgeschrieben. Der Flughafen gehörte zu den ersten innerstädtischen Verkehrsflughäfen in Deutschland und avancierte zum Symbol

der Berliner Luftbrücke. Der Berliner Architekt und damalige Dozent an der Technischen Universität Berlin, Jakob Tigges, beteiligte sich an der Ausschreibung mit »The Berg«: »Auch sonst nicht verlegen, behaupten wir einfach, einen Berg zu haben.« Obwohl die technischen Anforderungen der Ausschreibung erfüllt wurden, war der tatsächliche Bau des über 1000 Meter hohen Berges nie beabsichtigt. Vielmehr ist dieses Projekt als subversive Kritik an den engen Bebauungsauflagen des Berliner Senats zu verstehen. *fs*

Urbane Akteure – Studierende der Humboldt-Universität zu Berlin erforschen ihre Stadt

Berlin ist Standort von drei Universitäten mit über 500 wissenschaftlichen Einrichtungen. Mehr als 170 000 Studierende forschen, lernen und arbeiten dort. Die Zahlen belegen: Berlin als Ausbildungsort ist beliebt. Wie nehmen die Studierenden aber selbst die Stadt wahr, wie das Lernen und Arbeiten an der Universität? Das studentische Milieu prägt in Berlin ganze Stadtteile, aber wie prägt die Stadt die Studierenden? Seit dem Sommersemester 2009 gehen Studierende des Studiengangs Europäische Ethnologie der Humboldt-Universität zu Berlin unter der Leitung von Wolfgang Kaschuba und Falk Blask in dem Forschungsseminar »Studierende als urbane Akteure« diesen und ähnlichen Fragen empirisch nach. Sie beobachten, wie die Studierenden in Berlin leben, fragen nach ihren Gewohnheiten, ihren Glaubensvorstellungen, ihren Netzwerken und suchen ihre Treffpunkte auf. Und nicht zuletzt erforschen sie damit auch sich selbst und ihre Methoden. *fs*

Berliner Hip-Hop – Jugendkultur zwischen Hype und »Realness«

Hip-Hop ist eine der vielseitigsten Jugendkulturen. Neben Städten wie Mannheim, Stuttgart oder Hamburg gibt es auch in Berlin eine bedeutende Hip-Hop-Szene. Allerdings provozierten Berliner Künstler oft mit aggressiven Inhalten und hatten damit großen Erfolg. Der von den Medien hergestellte Zusammenhang zwischen Hip-Hop und Gewalt und die zwischen Fiktion und Wirklichkeit schwankende Repräsentation im Hip-Hop selbst sind ein jüngeres Phänomen, konstatiert die Romanistin Susanne Stemmler. Entsprechend ihrer Forschungen entstand Hip-Hop zu Beginn aus der Umwandlung sozialer Spannungen in etwas Kreatives. Ob die Wurzeln des Hip-Hop wieder neu entdeckt wurden oder aggressive Texte einfach weniger gefragt sind, untersuchten im Auftrag der Universal-Music-Group

6-11

Studierende des Forschungszentrums Populäre Musik der Humboldt-Universität zu Berlin unter der Leitung Lutz Fahrenkrog-Petersens. Universal hatte 2007 das vielversprechende Hip-Hop-Label »Aggro Berlin« übernommen und wollte mithilfe wissenschaftlicher Methodik feststellen, warum der Erfolg zurückging. *fs*

6.12 Facing science
Berlin, 2010, Tim Otto Roth
Filmprojektion, animiert aus einzelnen Porträts, Rückprojektionsfolie, um 200 x 150; Netzwerkvisualisierung (SemaSpace) auf Touchscreen

»The experimenter is not one person, but a composite.« Alan Moulton Thorndike, 1967 Im Gesicht eines Menschen findet seine Persönlichkeit ihren bildlichen Ausdruck. Für die vielen Gesichter, die eine ganze Forschungslandschaft ausmachen, wurde im Rahmen des Projekts »facing science« eine eigene Bildform gefunden. Die vielen, kaum zu erfassenden Gesichter, die die Welt des Wissens in Berlin repräsentieren – 24 Porträts pro Sekunde – ziehen in einer Filmprojektion vorbei und setzen sich im Auge des Betrachters stets neu zu einem dynamischen Antlitz zusammen.

Das Projekt repräsentiert zudem die netzwerkartigen Strukturen, die sich hinter den Gesichtern verbergen. Die Webschnittstelle unter www.facingscience.net, über die die Forscher ihre Gesichter in eine Datenbank laden, dient gleichzeitig als soziale Plattform, über die das Projekt an Kollegen kommuniziert werden kann. Durch die Visualisierung des Netzwerks lässt sich verfolgen, auf welche Weise verschiedene Disziplinen, Institute und Standorte miteinander verknüpft sind.
tor

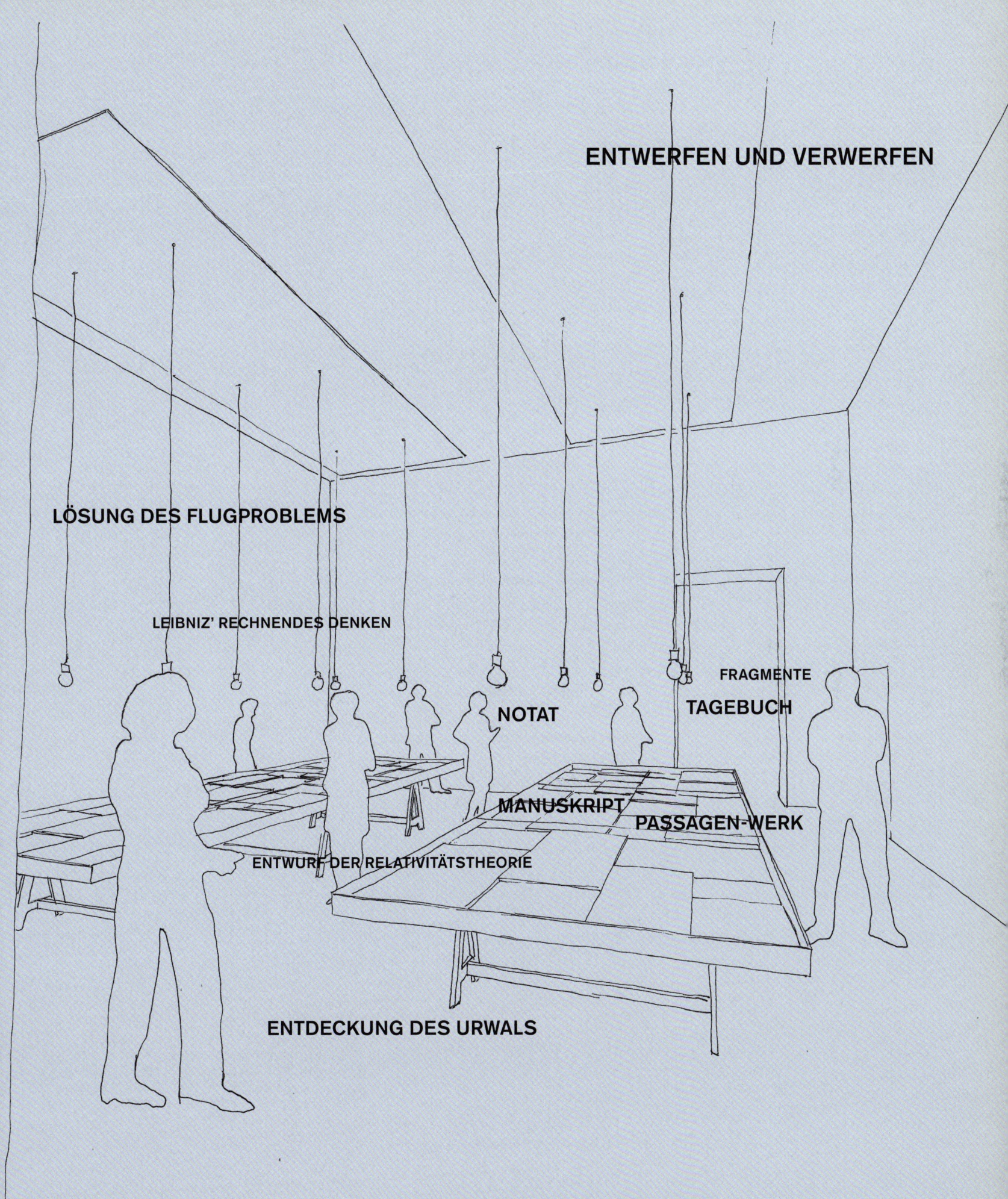

ENTWERFEN UND VERWERFEN

LÖSUNG DES FLUGPROBLEMS

LEIBNIZ' RECHNENDES DENKEN

FRAGMENTE

NOTAT

TAGEBUCH

MANUSKRIPT

PASSAGEN-WERK

ENTWURF DER RELATIVITÄTSTHEORIE

ENTDECKUNG DES URWALS

ENTWERFEN UND VERWERFEN

Nikola Doll

Worin bestand der Gedanke, wie er vor dem Ausdruck vorhanden war?
Ludwig Wittgenstein, *Philosophische Untersuchungen*

Laß dir keinen Gedanken inkognito passieren und führe dein Notizheft
so streng wie die Behörde das Fremdenregister.
Walter Benjamin, *Die Technik des Schriftstellers in 13 Thesen*

Die Anfänge liegen im Dunkeln, sagt man. Mit der Metapher von Tag- und Nachtwissenschaft unterschied der französische Molekularbiologe François Jacob öffentliche und nichtöffentliche Formen der Wissenschaft. Während die Tagseite die Entstehung eines wissenschaftlichen Tatbestandes als »Königsweg von der Finsternis ins Licht« repräsentiere, verschatte sie bewusst ihre Anfänge. Dieser Wissenschaft der wohlgeordneten Ergebnisse, des geraden Erkenntnisweges, der Entdeckungen, Durchbrüche, Geistesblitze und fortgesetzter Geniestreiche, die ihr Gemachtsein verbirgt, setzte Jacob jene Nachtseite entgegen, auf »der das künftige Material der Wissenschaft ausgearbeitet werde«.[1] Die praxeologische Wende in der Wissenschaftsgeschichte Mitte der 1980er-Jahre lenkte die Aufmerksamkeit auf Tätigkeiten und Orte der Forschung, an denen Wissen entsteht und als solches hervorgebracht wird. Besondere Aufmerksamkeit erfuhren dabei die sogenannten »literarischen Technologien« der rhetorischen Überformung und die materielle Kultur der Wissensproduktion.[2] Ins Zentrum des Interesses gerieten nunmehr die Materialien und Gegenstände, die der Historiker Johann Gustav Droysen bereits Mitte des 19. Jahrhunderts als »Überreste« bezeichnet hatte: »zufällig oder teilweise erhaltende Momente aus der Kontinuität von Geschäften, [hingegen] nicht die Geschäfte selbst.«[3] Doch während die Entstehung von Wissen mit erhaltenen Entwürfen belegt werden kann, sind Überbleibsel der nicht überwundenen Hindernisse und ungelösten Widersprüche selten. Das Scheitern oder Verwerfen artikuliert sich zumeist nicht materiell und bleibt für die Nachwelt ohne Resonanz.

Geistes-, Natur- und Technikwissenschaften verbindet die Tätigkeit des Aufzeichnens. Sie veranschaulicht die grundsätzliche Literalität wissenschaftlichen Handelns und Denkens. Versteht man Schreiben und Zeichnen als Erkenntnis stiftende Verfahren, die grundlegend an der Entfaltung wissenschaftlicher Gegenstände teilhaben, markieren Entwürfe die Schwelle zwischen der gedanklichen und materiellen Konzeptualisierung. Im Fokus steht also das Erarbeiten von noch Ungesagtem und Unsichtbarem in jenem Raum des Vorläufigen, den Notate und Skizzen eröffnen. Die konkreten Verfahren, die in Labortagebüchern und Karteikartensammlungen zu entdecken sind, sind Belege einer Wissenschaftswirklichkeit, der bereits Gottfried Wilhelm Leibniz epistemischen Wert beimaß: die papierne Gestalt der lebendigen Praxis.

1 Jacob, François: Die Maus, die Fliege und der Mensch, Berlin 1998, S. 163–164.
2 Latour, Bruno/Woolgar, Steve (Hg.): Laboratory Life. The Construction of Scientific Facts, Princeton 1986; Holmes, Frederic L./Rheinberger, Hans-Jörg (Hg.): Reworking the Bench. Research Notebooks in the History of Science, Dordrecht 2003; Hoffmann, Christoph: Festhalten, Bereitstellen. Verfahren der Aufzeichnung, in: Hoffmann, Christoph (Hg.): Daten sicher. Schreiben und Zeichnen als Verfahren der Aufzeichnung, Zürich 2008, S. 7–20.
3 Droysen, Johann Gustav: Grundriß der Historik in der ersten handschriftlichen (1857/58) und in der letzten gedruckten Fassung (1882), in: Johann Gustav Droysen, Historik, hg. v. Peter Ley, Stuttgart 1977, Bd. 1, S. 76.
4 Die überlieferten Bücher wurden größtenteils zerschnitten und die Zeichnungen auf einzelne Blätter aufgeklebt. Rave, Paul Ortwin: Schinkels Skizzenbücher, in: Zeitschrift für Kunstgeschichte 1, 1932, S. 126–139.

Für den Architekten Karl Friedrich Schinkel waren Skizzen- und Notizbücher ständige Reisebegleiter. Anhand der wenigen im Nachlass erhaltenen Bände[4] lässt sich die Funktion des Notats als Mittel der gedanklichen Aneignung nachvollziehen. Im Unterschied zu reinen Skizzenbüchern, in denen überwiegend Architektur- und Landschaftszeichnungen mit kurzen Beischriften zu finden sind, zeigt das Tagebuch, das Schinkel während seiner Reise durch England, Schottland und Wales (1826) führte, Schrift und Zeichnung als gleichrangige, sich ergänzende Systeme.

Für die zukünftige Entwicklung Schinkels als Architekt besetzte das Tagebuch eine Schlüsselstelle. Während er offiziell zum Studium englischer Museumsbauten bei der Vorbereitung der Planungen zum Bau des Alten Museums in Berlin nach London reiste, dokumentieren seine Eintragungen und Handskizzen auf den Seiten des diskreten Reisebegleiters sein auffälliges Interesse an Ingenieurbauten und den Architekturen der industriellen Revolution. Schinkel, als Architekt und Maler gewohnt, Gesehenes in Eile festzuhalten, erfasste Brückenkonstruktionen, Fabriken, konstruktive Details von Stützen und Gebälk mit schnellen, sicheren Federstrichen und hob die technische Funktionalität der Bauwerke zeichnerisch hervor. Zusammen mit prägnanten, textlichen Erläuterungen veranschaulichen die Skizzen das Flickwerk der vielfältigen Eindrücke. Die Aufzeichnungen leisten mehr als das visuelle Gedächtnis: Neben der Konservierung unmittelbarer Beobachtung bildet sich auf den Buchseiten die intellektuelle Durchdringung des Gesehenen ab. Das passive Notizbuch wird somit zum materiellen Träger eines gedanklichen Imports: Im Aufzeichnungsraum der Skizzen und Notate wird die Wende zu einer funktionalen Bauweise in Schinkels Werk vorstrukturiert. Das Notizbuch des reisenden Architekten ist das unscheinbare, zentrale Werkzeug vor der Entwicklung der Fotografie. Es leistet die systematische Verknüpfung von Beobachtung und Aneignung. Als privates Archiv erschließen Skizzen und Notate Antworten auf Fragen, die noch nicht eindeutig gestellt sind.

Private Aufzeichnungen begleiten fast jede Forschungspraxis. Ein Beispiel aus der Geschichte der Zellpathologie veranschaulicht, wie sich aus dem Protokollieren und Beschreiben experimenteller Zusammenhänge neues Wissen formieren kann. Im Frühjahr 1842 begann der Berliner Mediziner Robert Remak eine Serie von embryologischen Untersuchungen zu Zellbildungsvorgängen, in deren Verlauf er die endogene Zellbildung belegen konnte. In einem Labortagebuch protokollierte Remak seine Experimente an Hühner- und Säugetierembryonen aus den Jahren 1843 bis 1845. Die durchgeführten Versuchsreihen bestätigten zunächst die Unwahrscheinlichkeit einer freien Zellbildung. Vielmehr führten ihn seine wiederholten mikroskopischen Untersuchungen zur Annahme von Wachstumsvorgängen durch Kern- und Zellteilung. 1852 konnte Remak seine Erkenntnis, dass sämtliche »aus der Furchung hervorgehenden Embryonalzellen sich bei ihrem Uebergange in die Gewebe durch Theilung vermehren«,[5] belegen und auch auf das Wachstum von pathologischem Gewebe übertragen. Remak revidierte damit die bislang vorherrschende Schwann'sche Theorie, die von einem Zellwachstum durch Schichtanlagerung ausging.[6]

Für die Formulierung der Zelltheorie ist das Labortagebuch grundlegend. Remak hielt darin seine Beobachtungen in aphoristischen Notaten fest und ergänzte sie mit flüchtigen Skizzen. Behandelt man die Protokolle jedoch nicht nur als Belege der experimentellen Realität, wird sichtbar, was auf den beschriebenen Buchseiten stattfindet. Die Aufzeichnungen selbst wurden zum Arbeitsmaterial Remaks, der die sequenziell

5 Remak, Robert: Ueber extracellulare Entstehung thierischer Zellen und über Vermehrung derselben durch Theilung, in: Archiv für Anatomie und Physiologie, Berlin 1852, S. 47–57.
6 Schmiedebach, Heinz-Peter: Robert Remak (1815–1865). Ein jüdischer Arzt im Spannungsfeld von Wissenschaft und Politik, Stuttgart 1995.
7 Krämer, Sybille: Wo also ist eine Spur? Und worin besteht ihre epistemologische Rolle? Eine Bestandsaufnahme, in: Krämer, Sybille/Kogge, Werner/Grube, Gernot (Hg.), Spurenlesen als Orientierungstechnik und Wissenskunst, Frankfurt am Main 2007, S. 11–33, 13.

gewonnenen Ergebnisse innerhalb des Labortagebuches nunmehr vergleichend betrachtete. Nachträglich eingefügte Anmerkungen, Unter- und Durchstreichungen treten dabei als Spuren seiner theoretischen Konzeptualisierung in Erscheinung. Sie zeigen eine bewusste Neuordnung der aus der morphologischen Beschreibung gewonnenen Daten an und machen damit die »Nahtstelle der Entstehung von Sinn aus Nichtsinn«[7] kenntlich. Bleiben Remaks Überlegungen während der Versuche noch unsichtbar, so treten sie in der grafischen Bearbeitung und Prozessualisierung der schriftlich und zeichnerisch gesicherten Ergebnisse in Erscheinung.

Parallel zur nachfolgenden begrifflichen Vereindeutigung der Theorie vollzog sich die visuelle Vereindeutigung der histologischen Zeichnungen. Die zunächst skizzenhaften Darstellungen wurden präzisiert und verbildlichten nunmehr ausschließlich signifikante Stadien des Teilungsprozesses. Die Bearbeitung veranschaulicht die graduellen Übergänge von der Hervorbringung neuen Wissens und seiner sukzessiven Disziplinierung. In der Publikation »Untersuchungen über die Entwickelung der Wirbelthiere« (1855) wurde die individuelle Handschrift Remaks durch den objektivierenden Duktus eines wissenschaftlichen Zeichners ersetzt. Aus dem Experiment und seiner Beobachtung gewonnene Erkenntnisse wurden entsprechend zeittypischer Darstellungskonventionen standardisiert und erst dann als gesicherte Tatbestände veröffentlicht.

Im Unterschied zum wissenschaftlichen Visualisierungsprozess unterliegt Entwürfen das kreative Prinzip der Eigenhändigkeit, der *poiesis*. Denn in den Hinterzimmern der Wissenschaft lassen sich die Idiosynkrasien der Akteure auch von digitalen und mechanischen Aufzeichnungsverfahren nicht unterkriegen. Natur- und Geisteswissenschaften sind Papierwissenschaften, wenn es um den Entwurf geht und nicht um den Geltungsanspruch des Ergebnisses. Die subjektive Geste des Entwerfens, die Formulierung von Hand mithilfe von Stift und Blatt erzeugt eine Wirklichkeit auf dem Papier und veranschaulicht den Zusammenhang zwischen leiblichem Sehen und Erkennen. Und bereits die Wahl der Schreib- und Zeicheninstrumente oder die Anordnung der Schrift auf dem Papier bringt nicht allein die Überlegungen eines forschenden Individuums zur Anschauung, sondern dessen lebendiges Agieren in einem epistemischen Prozess. Entwürfe besitzen also jene leibliche Präsenz, die Wilhelm Dilthey »Atem des Menschen« nannte.[8] Sie konstituieren Identitäten und konstruieren die Verbindungen zwischen Personen und Gegenständen.

Autorschaft zeichnet sich in epistemischen Prozessen zumeist auf Papier ab. Jenseits der Handschriftlichkeit gewinnt der Entwurfsprozess jedoch auch in der Anordnung von beschriebenen Blättern an Kontur. Aus der Arbeit mit Papieren eröffnen kleine Verschiebungen neue Sichtweisen, verändern ungewöhnliche Konstellationen neue Erkenntniswege.[9] Derart verzettelte Kombinatorik hat sich in Walter Benjamins Textkonvolut zu seinem unvollendeten »Passagen-Werk« erhalten. Benjamin sammelte frühe Beobachtungen und erste Ideen in Notizbüchern und fasste Exzerpte wissenschaftlicher Literatur und Belletristik auf gefalteten Bögen handschriftlich zusammen. Anhand der weiteren Bearbeitung der Materialsammlungen lässt sich seine eigensinnige wie kontrollierte Gegenstandsaneignung ablesen. Um die Fülle des beschriebenen Papiers theoretisch und begrifflich zu durchdringen, entwickelte er ein spezielles Notationssystem aus Farbsymbolen. Auf den Manuskriptseiten des »Passagen-Werks« sind die dreißig unterschiedlichen Farbzeichen überliefert. Sie finden sich in Kombi-

8 Dilthey, Wilhelm: Archive für Literatur, in: ders.: Gesammelte Schriften, Bd. 15: Zur Geistesgeschichte des 19. Jahrhunderts. Portraits und biographische Skizzen, Quellenstudien und Literaturberichte zur Theologie und Philosophie im 19. Jahrhundert, hg. v. Ulrich Herrmann, Göttingen 1991, S. 1–16, hier: S. 4–6.
9 Latour, Bruno: Drawing things together. Die Macht der unveränderlichen mobilen Elemente, in: Belliger, Andréa/Krieger, David J. (Hg.), ANThology. Ein einführendes Handbuch zur Akteur-Netzwerk-Theorie, Bielefeld 2006, S. 259–307.

nation auf Markierungsstreifen, die einzelnen Kapiteln zugeordnet waren, und neben unterschiedlichen Textpassagen. In einem Brief an Raymond Aron erläuterte Benjamin die Funktion der Indizierung. Jedes Farbzeichen repräsentierte einen bestimmten Begriff. Diese Begriffe bildeten das motivische und theoretische Rückgrat seiner Schrift über Charles Baudelaire, die Benjamin selbst als »Modell der Passagenarbeit« betrachtete. Die Signete ordneten einzelne Textpassagen Begriffen zu und setzten disparate Papiere durch extra angelegte Motivverzeichnisse miteinander in Beziehung. Die auf verschiedenen Bögen fixierten Inhalte wurden durch die Arbeit mit den Papieren neu semantisiert, bereits zusammengefügte Exzerpte und Beobachtungen durch Symbolkombination zerlegt und ihre Teilstücke zu neuen Inhalten geordnet, sodass ein neuer, eigenständiger Textkörper entstehen konnte. Das grafische Notationssystem übersetzt Benjamins Textarbeit in einen Anschauungsraum und macht, mit Georg Simmel gesprochen, die im angelagerten Material »aufgespeicherte Geistigkeit«[10] sichtbar.

In Walter Benjamins tastendem, explorativem Schreiben halten sich zwei Hände im Gleichgewicht: die Hand des Entwerfens und die Hand des Verwerfens. Auf das wuchernde Weiterschreiben der einen reagiert die andere mit kritischer Disziplinierung. In Textanordnungen und Skizzen werden Begriffe und Denkfiguren in Spannung gehalten und Wissen wird sukzessive sedimentiert. Damit scheinen die Vorgehensweisen des Bastlers und des Ingenieurs miteinander versöhnt zu werden, die der Ethnologe Claude Lévi-Strauss in seinem Buch »Das wilde Denken«[11] als wissenschaftliche Techniken zweier konträrer, jedoch gleichwertiger Akteure charakterisiert hatte: das wilde Denken des Bastlers, der zufällig aus Vorarbeiten schöpft und durch Kombination von Fragmenten neue Zusammenhänge herstellt, und das moderne, zielgerichtete Denken des Ingenieurs. Die implizierte Spannung dieser scheinbar gegensätzlichen Verfahren fällt im Entwurf in sich zusammen: Zufälle durchkreuzen den planvoll zielgerichteten Erkenntnisvorsatz, die Subjektivität des Autors unterläuft die intendierte wissenschaftliche Objektivität und fest geglaubte wissenschaftliche Gebäude werden zufällig zu Ruinen geschrieben.

Handskizzen, Modellzeichnungen und Konstruktionspläne, Schmierzettel, Manuskriptbögen, Protokollbücher und Arbeitsjournale sind das tragende Gerüst lebendiger Praxis. Die Konzentration auf schlichte Papiere belegt die epistemische Funktion des Entwurfs für alle Wissenschaftsbereiche. Ob durch Graphem, Symbol, Gekrakel oder durch Anordnung beschriebener Blätter, die spezifische Materialität eröffnet im Sinne eines am Objekt geführten Diskurses[12] die Möglichkeit, einen intellektuellen Prozess sowohl sinnlich zu erfassen als auch rational zu verstehen.

Die Einzigartigkeit und Verstecktheit dieser Objekte erlauben es, die geistigen Anfänge eines Erkenntnisprozesses zu verorten und kognitiven Vorgängen eine reale Präsenz zu verleihen. Doch auch Entwürfe erlauben bestenfalls Annäherungen. Das kontingente Arsenal der überlieferten Vor- und Zwischenstufen repräsentiert lediglich Ausschnitte, nie einen geschlossenen Gesamteindruck. Unsichtbar bleiben zumeist die flüchtigen Einträge, die kurze Zeit später vergessen sind, die Widersprüche und zahlreichen Holzwege, wenn sie als solche erkannt und verworfen wurden. Entwürfe und Verwürfe sind Residuen wissenschaftlicher Praxis, die als Ganzes nicht zu erfassen ist. Sie repräsentieren die fragile Signatur einer noch uneindeutigen, suchenden Wissenschaft als »Werkstatt des Möglichen«.[13]

10 Simmel, Georg: Persönliche und sachliche Kultur, in: ders., Gesamtausgabe, hg. v. Ottheim Rammstedt, Bd. 5: Aufsätze und Abhandlungen 1894–1900, hg. v. Heinz-Jürgen Dahme/David P. Frisby, Frankfurt am Main 1992, S. 560–582, hier: S. 564.
11 Lévi-Strauss, Claude: Das wilde Denken, Frankfurt am Main 1979.
12 Te Heesen, Anke: Verkehrsformen der Objekte, in: te Heesen, Anke/Lutz, Petra (Hg.): Dingwelten. Das Museum als Erkenntnisort (Schriften des Deutschen Hygiene-Museums Dresden, hg. v. Staupe, Gisela, Bd. 4) Köln 2005, S. 53–64, hier: S. 64.
13 Jacob, François: Die Maus, die Fliege und der Mensch, Berlin 1998, S. 164.

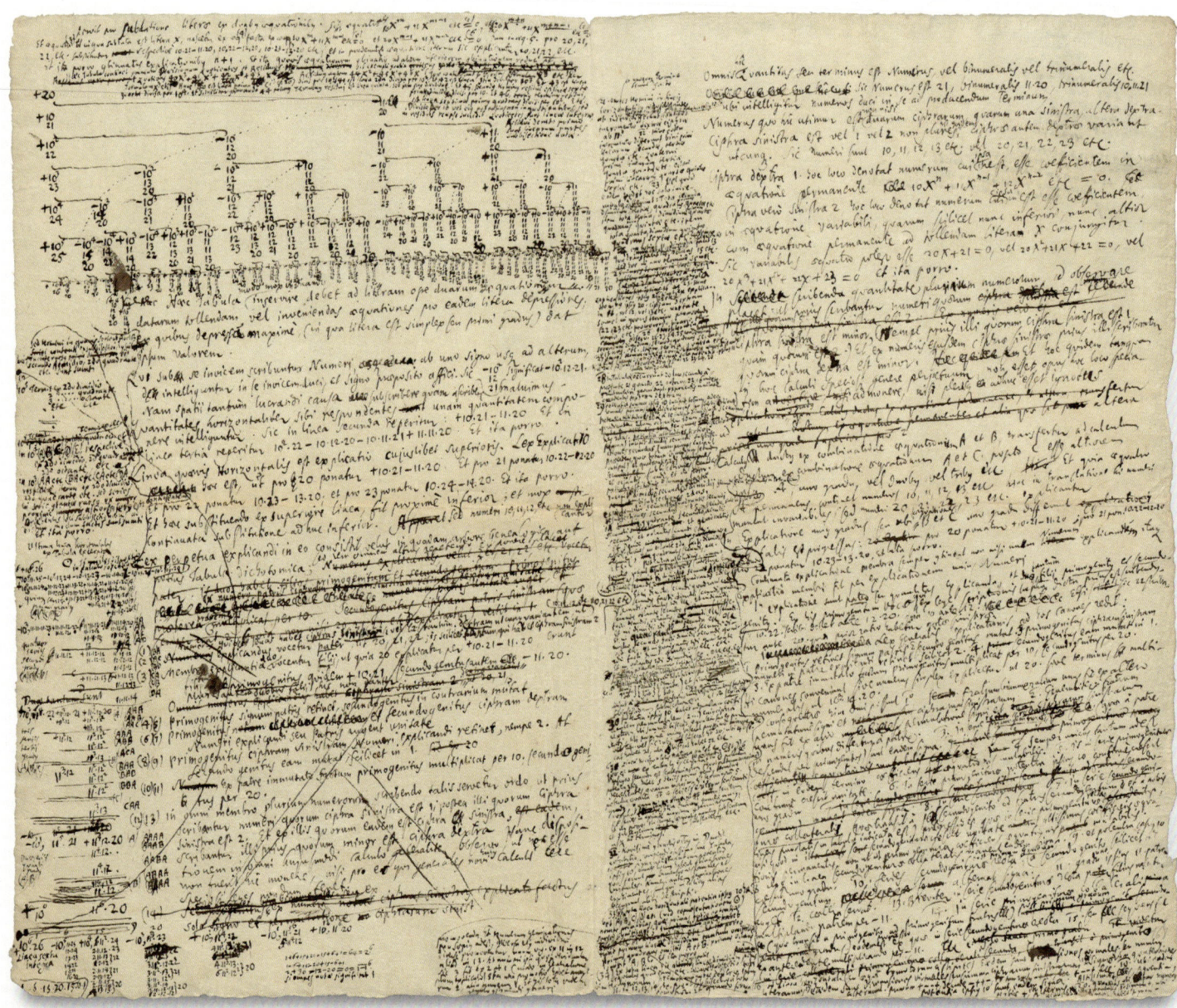

7-1

7-1 **Leibniz' rechnendes Denken**

a) De tollendis incognitos
1670–1681, Gottfried Wilhelm Leibniz
Tinte auf Pergament, 34,5 x 20,5
Gottfried Wilhelm Leibniz Bibliothek – Niedersächsische
Landesbibliothek, Inv. Nr. LH 35, XIV, 1, f. 182 r
b) Sublatio Terminorum ex aequationibus
Mai 1683, Gottfried Wilhelm Leibniz
Tinte auf Pergament, 34,5 x 40
Gottfried Wilhelm Leibniz Bibliothek – Niedersächsische
Landesbibliothek, Inv.-Nr. LH 35, XIV, 1, f. 185 v–186 r
c) Eliminationstheorie
um 1693/94, Gottfried Wilhelm Leibniz
Tinte auf Pergament, 34,5 x 40
Gottfried Wilhelm Leibniz Bibliothek – Niedersächsische
Landesbibliothek, Inv.-Nr. LH 35, XIV, 1, f. 167 v–168 r

»Die Menschen haben etwas von dem Weg, zur Sicherheit zu gelangen, gewußt«, schreibt Gottfried Wilhelm Leibniz in seinem Entwurf des mathematischen Denkens, »davon ist die Logik des Aristoteles und der Stoiker und besonders das Beispiel der Mathematiker ein Beweis; und ich kann noch das der römischen Rechtsgelehrten hinzufügen, bei denen mehrere Schlußfolgerungen in den Digesten sich in nichts von einem Beweise unterscheiden.« Leibniz' Konzept zur Herausbildung eines universalen Wissens und die damit einhergehende Beweisführung ist an seine Visionen des rechnenden Denkens gekoppelt. Seiner Ansicht nach war dieses Vorgehen seit Jahrhunderten vernachlässigt und den Menschen vorenthalten worden;

man hielt sich nicht streng genug an die mathematisch vorgegebenen und an der Natur ablesbaren Ordnungsbeziehungen, obwohl die aristotelischen Ansichten über die Natur der mathematischen Erkenntnis vom Beginn der Renaissance bis zum Ende des 17. Jahrhunderts allgemein anerkannt waren. Zur Entfaltung der Harmonie der Welt waren insbesondere jene neuen mathematischen Einsichten erforderlich, die für Leibniz in der sinnlichen Erkenntnis des mathematischen Kalküls liegen. Mit den Notizen der Jahre 1670–1681 eröffnete er seine erfinderischen Aufzeichnungen und führte seine Eliminationstheorie in die Algebra ein. Bei der sogenannten Elimination einer gemeinsamen Unbekannten aus algebraischen

Gleichungen mit zwei oder mehr Variablen geht es in erster Linie darum, die gemeinsame Unbekannte auszusondern. Eine notwendige und hinreichende Bedingung dafür sah Leibniz darin, dass die Gleichungen einen nichtkonstanten gemeinsamen Faktor besitzen, der sich dadurch darstellen lässt, dass die Reste der entsprechenden algebraischen Divisionen Null sein müssen. Dieser in seiner Einfachheit geniale Ansatz unterstreicht Leibniz' Überzeugung, dass vermittels einer rechnerischen Determination nicht nur Gott, sondern auch ein »endlicher Geist geschickt genug sein könnte«, komplizierteste Konstruktionen zu erfinden und somit auch die Welt neu zu gestalten. *wv*
Lit. Knobloch 1974; Leibniz 1960

7-2 Modell einer Vergleichenden Sprachwissenschaft

Über die Verschiedenheiten des menschlichen Sprachbaues
Berlin, 1827–29, Wilhelm von Humboldt
Tinte auf Papier, je 36 x 22,5
Staatsbibliothek zu Berlin – Preußischer Kulturbesitz, Handschriftenabteilung, Inv.-Nr. Coll. ling. fol. 146, 2, Bl. 67, 72v, 73r, 83v, 84r, 197r, 198v

Wilhelm von Humboldt, bekannt als Politiker und Diplomat, Staatsreformer, Begründer der Berliner Universität und Schöpfer des humanistischen Gymnasiums ist als Sprachforscher und Sprachphilosoph nahezu vergessen, obwohl er einer der umfassendsten Sprachenkenner seiner Zeit war. Bereits früh beherrschte er Griechisch, Latein und Französisch; später auch Englisch, Italienisch und Spanisch. Neben den für seine diplomatische Laufbahn wichtigen Verkehrs- und Bildungssprachen erlernte er aus sprachwissenschaftlichem Interesse im Laufe seines Lebens Ungarisch, Tschechisch und Litauisch, die Indianersprachen Amerikas, Indonesisch und die Sprachen Polynesiens, Chinesisch und Japanisch sowie Altägyptisch und Sanskrit. Dank der Kenntnis eines repräsentativen Teils der Sprachen der Welt gelang es Humboldt, das Wesen der Sprache zu erforschen, um sie als »Typus« zu erfassen. Mit seinem Verständnis von Sprache als lebendiger Erscheinung knüpfte er an die Sprachphilosophie Johann Gottfried Herders und Anthony Ashley-Cooper Shaftesburys an. Humboldt begriff Sprache als dialogisches Prinzip, als eine von Subjektivität und Objektivität durchsetzte Einheit von Sprechen und Denken. In der Vorstufe zu dem 1836 publizierten Essay »Über die Verschiedenheit des menschlichen Sprachbaues und ihren Einfluß auf die geistige Entwicklung des Menschengeschlechts«, der seinerseits Vorstufe zur Einleitung des Kawi-Werks ist, formulierte Humboldt Ansätze zu einer vergleichen-

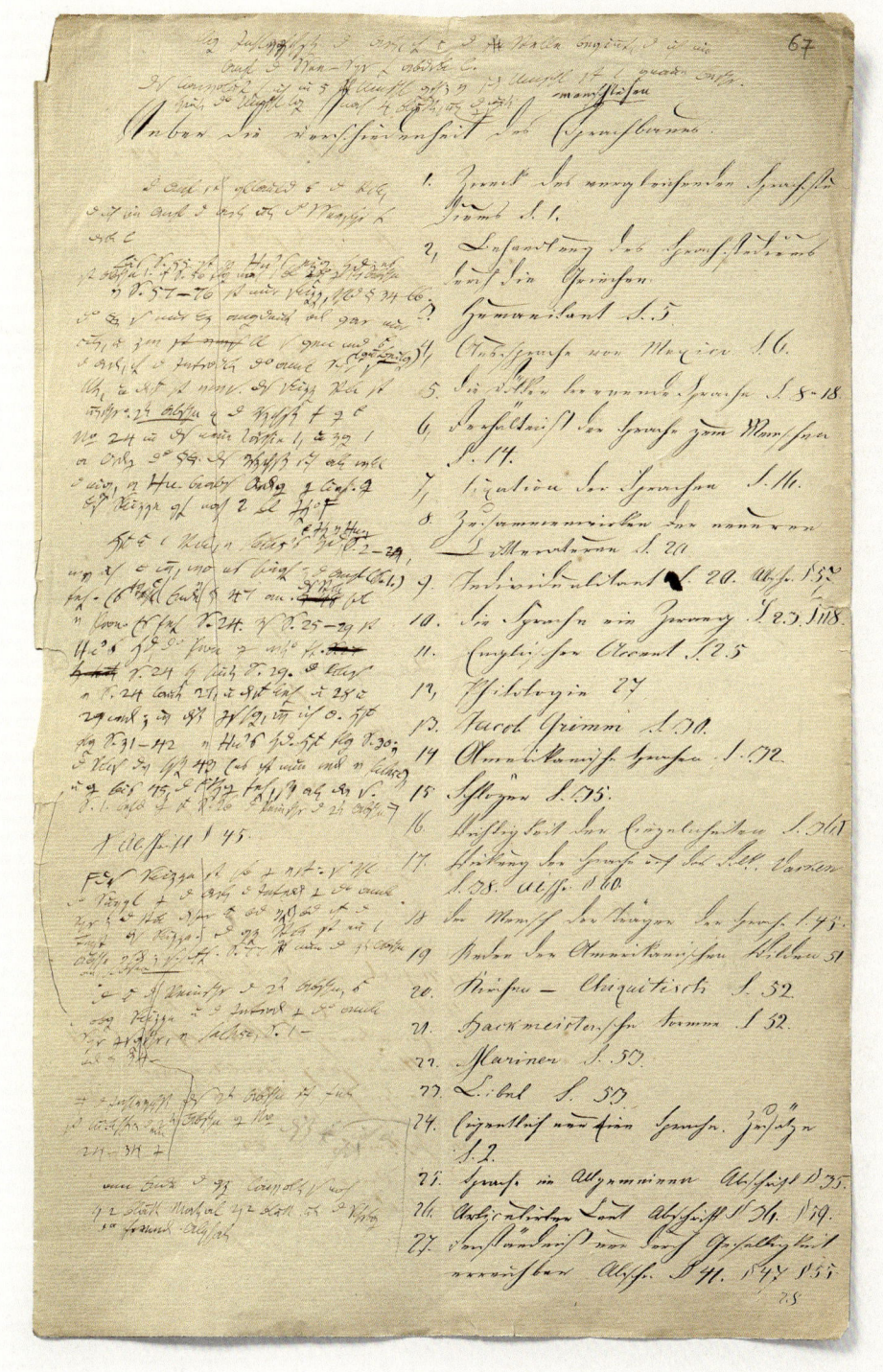

7-2

den Sprachwissenschaft. Bereits 1808 hatte Friedrich Schlegel einen systematischen Sprachvergleich gefordert, und Jacob Grimm hatte mit der Grammatik des Deutschen (1819–1837) die Grundlagen der Germanistik geschaffen. Wilhelm von Humboldts Verdienst liegt in dem Versuch, die Sprache interdisziplinär zu untersuchen und damit dem »zwischen allen Sprachen« Erkennbaren näherzu-

kommen: »Im Grund ist alles, was ich treibe, Sprachstudium. Ich glaube die Kunst entdeckt zu haben, die Sprache als ein Vehikel zu gebrauchen, um das Höchste und Tiefste und die Mannigfaltigkeit der ganzen Welt zu durchfahren.« (Wilhelm von Humboldt, 1805) *wv*
Lit. Humboldt 1836; Mueller-Vollmer 1993; Schneider 1995

Zu keiner anderen Arbeit hat Walter Benjamin eine vergleichbare Fülle von Aufzeichnungen, Entwürfen und Notizen hinterlassen wie zu dem unvollendeten Passagen-Werk. Sie dokumentieren die sich über mehr als ein Jahrzehnt erstreckende Beschäftigung mit Paris im 19. Jahrhundert und geben Einblick in seine Arbeitsweise. 1932 schrieb Benjamin von seinen unabgeschlossenen Werken als von der »eigentlichen Trümmer- und Katastrophenstätte«. Dies galt bereits zu diesem Zeitpunkt für die »Pariser Passagen«. Dass sie Fragment blieben, obwohl ihr Autor sie wenigstens zeitweise als sein Hauptwerk betrachtete, liegt in erster Linie an den Bedingungen des Exils in Frankreich. Nur zwei Texte aus dem Passagenkomplex können als abgeschlossen gelten, das Exposé »Paris, die Hauptstadt des 19. Jahrhunderts« (1935) und der Essay über Charles Baudelaire (1939). Erhalten sind Benjamins Materialsammlungen: Fotografien von Pariser Passagen, Straßen und Schaufenstern, zahllose Notizen und Exzerpte und damit die Anfänge, die Benjamins methodologische Ansätze und die thematische Gliederung der designierten »Urgeschichte« (Walther Boehlich) der Moderne enthalten. *nd*
Lit. Kohn 2000; Tiedemann/Gödde/Lonitz 1990

a) Schwarzes Notizbuch
1927, Walter Benjamin
Tinte auf Papier, Pappe, Leder, 20,2 x 16,4
Akademie der Künste, Berlin, Walter Benjamin Archiv / Hamburger Stiftung zur Förderung von Wissenschaft und Kultur, Inv.-Nr. WBA Ms 673

Während eines Aufenthaltes in Paris von April bis Oktober 1927 begann Benjamin eigene Beobachtungen und Literaturzitate zunächst ungeordnet unter dem Titel »Pariser Passagen« in ein Notizbuch einzutragen. Nach seiner Rückkehr nach Berlin weitete er die Materialsammlungen aus. In den Jahren 1928 und 1929 entstanden noch unzusammenhängende Niederschriften für einen geplanten Essay »Pariser Passagen. Eine dialektische Feerie«. In dieser frühen Phase der Arbeit am Passagen-Werk wurde das Sammeln von Eindrücken modellhaft für ein historiografisches Verfahren, bislang unbeachtete Bereiche der Geschichte zu erschließen, »Lumpen« zu sammeln.
Bei seinen Vorstudien notierte Benjamin zunächst einzelne Motive, Literaturhinweise, Exzerpte aus Schriften anderer und eigenen Aufzeichnungen. Die so entstandene Materialsammlung ordnete er nach thematisch zusammengehörenden Komplexen. Parallel dazu entstanden Dispositionen und Schemata, die ihm als Leitfaden dienten und die spätere Gliederung der Arbeit erkennen lassen. Die frühen

Entwürfe, von zufälligen Zitaten und Kommentaren überzogen, blieben hingegen fragmentarisch. *nd*
Lit. Kohn 2000; Tiedemann/Gödde/Lonitz 1990

b) Erste Übertragung
1934, Walter Benjamin
Tinte auf Papier, 22,6 x 9,5
Akademie der Künste, Berlin, Walter Benjamin Archiv / Hamburger Stiftung zur Förderung von Wissenschaft und Kultur, Inv.-Nr. WBA Ms 1557/1556r

Erst Anfang 1934 nahm Benjamin im Pariser Exil die Arbeit am Passagen-Werk wieder auf. Er bearbeitete und vervollständigte seine ersten Materialfassungen und verbrachte Tag um Tag lesend und exzerpierend in der Bibliothèque Nationale. Bereits Ende März lag eine erste Kapiteleinteilung vor. Die Studien dieser Zeit übertrug Benjamin in das Manuskript der »Aufzeichnungen und Materialien«, das er bereits 1928 begonnen hatte. Bis zu seiner Flucht aus Paris im Juni 1940 bearbeitete er seine Aufzeichnungen. Das Manuskript umfasst 426 Doppelblätter und ist nach Motiven und Themen geordnet. *nd*
Lit. Kohn 2000; Tiedemann/Gödde/Lonitz 1990

c) Dialektisches Schema
Ohne Jahr, Walter Benjamin
Tinte auf Papier, 21 x 13,5
Akademie der Künste, Berlin, Walter Benjamin Archiv / Hamburger Stiftung zur Förderung von Wissenschaft und Kultur, Inv.-Nr. WBA Ms 1127

d) Methodische Überlegungen
Ohne Jahr, Walter Benjamin
Bleistift, Tinte auf Papier, 10 x 5
Akademie der Künste, Berlin, Walter Benjamin Archiv / Hamburger Stiftung zur Förderung von Wissenschaft und Kultur, Inv.-Nr. WBA Ms 1130

e) Bogen J 56
Dezember 1937 – Mai 1940, Walter Benjamin
Buntstift, Tinte auf Papier, 22 x 14
Akademie der Künste, Berlin, Walter Benjamin Archiv / Hamburger Stiftung zur Förderung von Wissenschaft und Kultur, Inv.-Nr. WBA Ms 2305/2306v

f) Bogen A 3
1927 – Juni 1935, Walter Benjamin
Schwarze Tinte auf Papier, 22 x 14
Akademie der Künste, Berlin, Walter Benjamin Archiv / Hamburger Stiftung zur Förderung von Wissenschaft und Kultur, Inv.-Nr. WBA Ms 2014

g) Motivverzeichnis, Der Flaneur und die Masse
Ohne Jahr, Walter Benjamin
Buntstift, Tinte auf Papier, 22,5 x 7
Akademie der Künste, Berlin, Walter Benjamin Archiv / Hamburger Stiftung zur Förderung von Wissenschaft und Kultur, Inv.-Nr. WBA 284/20

h) Motivverzeichnis, Die Ware
Ohne Jahr, Walter Benjamin
Buntstift, Tinte auf Papier, 22,5 x 7
Akademie der Künste, Berlin, Walter Benjamin Archiv / Hamburger Stiftung zur Förderung von Wissenschaft und Kultur, Inv.-Nr. WBA 284/29

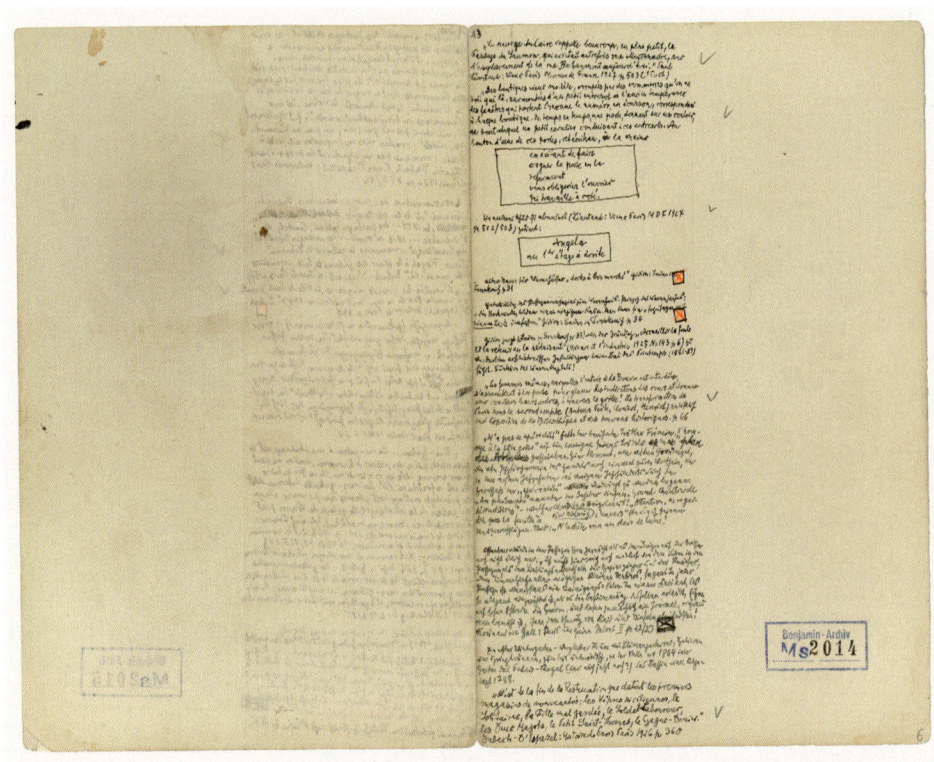

7-3 f

Motivverzeichnisse und Manuskriptseiten entstammen dem größeren Konvolut des Passagen-Werks und wurden für den Essay über Charles Baudelaire verwendet. Diese fragmentarische Arbeit entstand zwischen 1937 und 1939. Sie kann als Modell des Passagen-Werks gelten. Die Manuskripte zeigen die für Benjamins Arbeitsweise charakteristischen Aufzeichnungsformen: eine Gliederung nach Motivkomplexen, die die spätere Gliederung des Textes bereits vollständig erkennen lässt. Neben Gegenständen wie Panoramen, der Spleen, Mode, der Flaneur, die Hure, der Spieler oder das Geld finden sich Themen wie »Haussmannisierung«, soziale Bewegung oder die Eisenbahn. Die Sammlung von Exzerpten zu Marx, Fourier und Saint-Simon bildet den geschichtsphilosophischen Hintergrund. *nd*
Lit. Giuriato/Kammer 2006; Tiedemann/Gödde/Lonitz 1990

i) Farbsiglenstreifen
1927 – Juni 1935, Walter Benjamin
Buntstift, Tinte auf Papier, 22,2 x 3,5
Akademie der Künste, Berlin, Walter Benjamin Archiv / Hamburger Stiftung zur Förderung von Wissenschaft und Kultur, Inv.-Nr. WBA Ms 2009
j) Farbsiglenstreifen
Sommer 1938, Walter Benjamin
Buntstift, Tinte auf Papier, 22,2 x 3,2
Akademie der Künste, Berlin, Walter Benjamin Archiv / Hamburger Stiftung zur Förderung von Wissenschaft und Kultur, Inv.-Nr. WBA Ms 2294

Die zugeschnittenen Papierstreifen mit farbigen Signets waren mit Büroklammern an den Manuskript-Sammlungen befestigt. Jedes Farbzeichen bezeichnet einen Motivkomplex oder ein Thema. Ein ähnliches experimentelles Verfahren wendet Benjamin bei seinem Essay über Franz Kafka an, um durch unterschiedliche Anordnungen von Manuskript-Streifen den Text gedanklich zu ordnen. *nd*
Lit. Giuriato/Kammer 2006

7-4 Entwurf der Relativitätstheorie

a) Züricher Notizbuch
Winter 1912/13, Albert Einstein
Tinte auf Papier
The Albert Einstein Archives, The Hebrew University, Jerusalem, Inv.-Nr. 3-006
b) Brief an Arnold Sommerfeld
Bern, 5.1.1908, Albert Einstein
Tinte auf Papier
Deutsches Museum, München, Archiv NL 89, 007
c) Brief an Arnold Sommerfeld
Berlin, 28.11.1915, Albert Einstein
Tinte auf Papier
Deutsches Museum, München, Archiv NL 89, 1977-28/A, 78(2)
d) Was ist Relativitätstheorie?
Manuskript für einen Artikel in der London Times, 1919, Albert Einstein
Tinte auf Papier

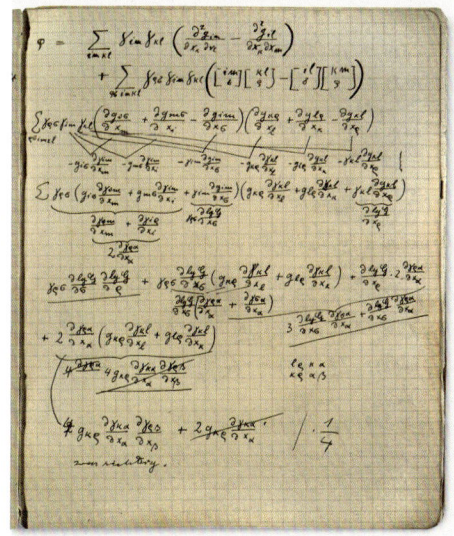

7-4a

The Albert Einstein Archives, The Hebrew University, Jerusalem, Inv.-Nr. 1-002

Einstein formulierte 1905 die spezielle Relativitätstheorie. Diese beantwortet ein Rätsel der klassischen Physik: Wie kommt es, dass sich die Lichtgeschwindigkeit nicht ändert, wenn man von einem ruhenden zu einem bewegten System übergeht? Denn nach der klassischen Physik ändern sich Geschwindigkeiten, sobald man sie von einem anders bewegten Bezugssystem aus misst. Einstein beantwortete diese Frage durch die Einführung neuer Begriffe von Raum und Zeit. Er führte ein Relativitätsprinzip ein, nach dem alle gleichförmig zueinander bewegten Bezugssysteme gleichberechtigt sind. 1907 fand er heraus, dass sich dieses Prinzip auf beschleunigte Systeme erweitern lässt, da Beschleunigung und Gravitation sich gegenseitig aufheben können. So treten im fallenden Aufzug keine Kräfte auf. Auf der Idee der Gleichartigkeit von Schwerkraft und Beschleunigungskräften aufbauend entwarf Einstein 1912 in seinem Notizbuch eine neue Theorie der Schwerkraft. 1915 verwarf er seine Entwurftheorie und ersetzte sie durch die allgemeine Relativitätstheorie. Sie ging aus dem Entwurf durch kleine Abänderungen beim Verständnis physikalischer Größen hervor. *jr*
Lit. Renn/Sauer 1999; Renn/Sauer 2003

7-5 Entstehung der Zelltheorie

a) Protokollbuch
1842–1845, Robert Remak
Feder, Papier, Pappe
Staatsbibliothek zu Berlin – Preußischer Kulturbesitz, Handschriftenabteilung, Nachlass 187 (Robert Remak), K 2, XIV

b) Leberzirrhose
Notizbuch mit mikroskopischen Zeichnungen
Ohne Jahr, Robert Remak
Bleistift auf Papier
Staatsbibliothek zu Berlin – Preußischer Kulturbesitz, Handschriftenabteilung, Nachlass 187 (Robert Remak), K 3, 15/1
c) Zellteilung, Huhn
Mikroskopische Zeichnung
Ohne Jahr (1842), Robert Remak
Bleistift auf Papier
Staatsbibliothek zu Berlin – Preußischer Kulturbesitz, Handschriftenabteilung, Nachlass 187 (Robert Remak), K 3, 16
d) Zellteilung, Huhn
Mikroskopische Zeichnung
Ohne Jahr (1842), Robert Remak
Bleistift auf Papier
Staatsbibliothek zu Berlin – Preußischer Kulturbesitz, Handschriftenabteilung, Nachlass 187 (Robert Remak), K 3, 16
e) Zellteilung, Huhn
Mikroskopische Zeichnung
Ohne Jahr (1841–1845), Robert Remak
Bleistift auf Papier
Staatsbibliothek zu Berlin – Preußischer Kulturbesitz, Handschriftenabteilung, Nachlass 187 (Robert Remak), K 3, 15/2
f) Zellteilung, Kaulquappe
Mikroskopische Zeichnung
Ohne Jahr (1841–1845), Robert Remak
Bleistift auf Papier
Staatsbibliothek zu Berlin – Preußischer Kulturbesitz, Handschriftenabteilung, Nachlass 187 (Robert Remak), K 3, 16
g) Zellteilung, Kaulquappe
Mikroskopische Zeichnung
Ohne Jahr (1841–1845), Robert Remak
Bleistift auf Papier
Staatsbibliothek zu Berlin – Preußischer Kulturbesitz, Handschriftenabteilung, Nachlass 187 (Robert Remak), K 3, 16

»Omnis cellula e cellula.« Vor etwas mehr als 150 Jahren veränderte dieser lateinische Satz die Vorstellung vom Ursprung des Lebens: »Jede Zelle entsteht aus einer Zelle.« Denn seit Aristoteles galt die Verbindung von Seele und Materie als Ursprung des Lebens. Mitte des 19. Jahrhunderts wurden bald die Nerven als Überträger der Lebensreize angesehen, bald entfaltete sich eine lebensstiftende Vitalkraft in der Gallertmasse zwischen den Zellen. Der Berliner Arzt Robert Remak widersprach dieser Vorstellung als Erster. Bei seinen Forschungen an Hühnerembryonen hatte er beobachtet, dass sich alle Gewebe des Körpers aus nur drei embryonalen Ursprungsgeweben entwickeln.

Remak konnte sich auf Kenntnisse stützen, die zunächst Botaniker bei mikroskopischen Untersuchungen gewonnen hatten. 1838 stand für den Berliner Pflanzenphysiologen Matthias Jacob Schleiden fest: Alle Pflanzen bestehen aus Zellen; der Mediziner Theodor Schwann erweiterte den Grundsatz auf tierische Gewebe. Den Durchbruch meldete der Redakteur der Prager »Zeitschrift für Heilkunde«, Joseph Ritter von Hasner, im Herbst 1852: »Remak ist es wirklich gelungen zu ermitteln, dass sämtliche [...] Embryonalzellen sich [...] durch Teilung vermehren.«

Die Erkenntnis über die Entstehung des Lebens war zugleich ein Schlüssel zum Verständnis der Krankheiten und ihrer Entstehung. Wegen seines Bekenntnisses zum Judentum verzögerte sich die Habilitation von Remak. Alexander von Humboldt setzte sich für ihn ein, stieß aber auf hartnäckigen »ministeriellen Judenhass«. Als Urheber der Zellularpathologie wurde nicht er, sondern Rudolf Virchow bekannt. Virchow prägte den Satz »omnis cellula e cellula« und verfasste als Erster ein Lehrbuch der Zellularpathologie. Beide hatten sich um die Professur beworben, Remak kam auf Platz zwei, Virchow wurde berufen. Virchow protestierte in den folgenden Jahren energisch gegen die antisemitischen Angriffe auf seinen Vordenker, dennoch vergaß er, Remaks Rolle in seinen wissenschaftlichen Publikationen angemessen zu würdigen. *po*
Lit. Hasner 1852; Schmiedebach 1995

7-6 **Entdeckung des Urwals**
Notizbuch mit Zeichnungen des Basilosauruskiefers
Berlin, 1847, Johannes Peter Müller
Tinte auf Papier, 22 x 18 x 3
Universitätsarchiv der Humboldt-Universität zu Berlin,
Nachlass Johannes Müller, 0131 (1834)

1847 präsentierte der Fossiliensammler Albert Koch aus St. Louis, Missouri, in Dresden, Leipzig und Berlin ein Skelett, das er in den USA bereits mit großem Erfolg gezeigt hatte. Er behauptete, es handele sich um eine Seeschlange und taufte sie *Hydrarchos harlani*.
In Berlin weckte das vermeintliche Fossil zunächst die Aufmerksamkeit, dann das Misstrauen und schließlich den Forschergeist von Johannes Peter Müller, Professor für Anatomie, Physiologie und allgemeine Pathologie an der Friedrich-Wilhelms-Universität. Die Eintragungen einer Literaturrecherche zu Urwalzähnen und die Knochenskizzen in seinem Notizbuch belegen die genaue anatomische Untersuchung der Knochenfunde. Daraus leitete er seine These ab: »In der ganzen Conformation des Schädels kommt nicht das geringste von einem Reptil, sondern alles nur wie bei den Säugethieren vor.« Anhand der fossilen Gehörgänge und der Gelenkhöcker identifizierte Müller zwei verschiedene Arten des Urwals *Basilosaurus Cetoides*. Er entlarvte nicht nur den sensationsheischenden Betrug, sondern führte mit der anatomischen Beschreibung eine neue Methode zur Bestimmung fossiler Knochenfunde ein und begründete damit die Paläontologie. Insgesamt bestand das 35 Meter lange Skelett aus fünf bis sechs unterschiedlichen fossilen Mee-

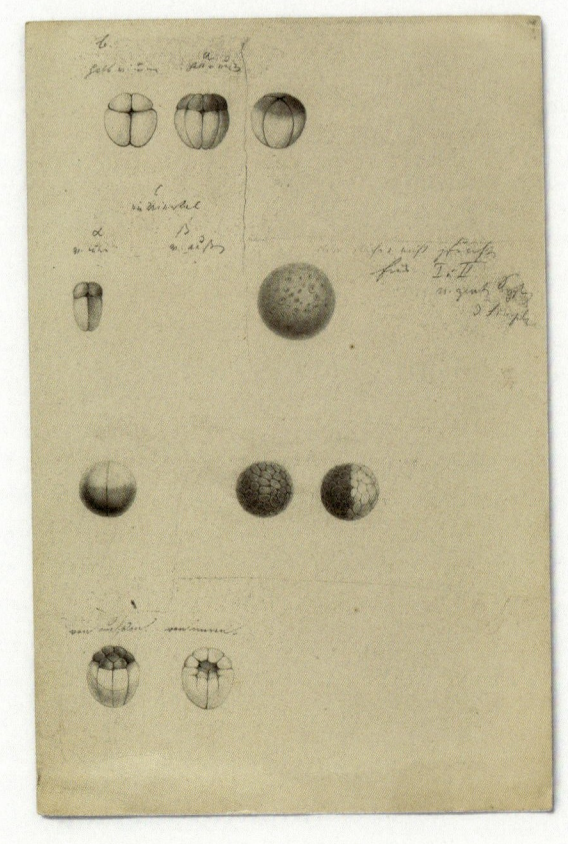

7-5e

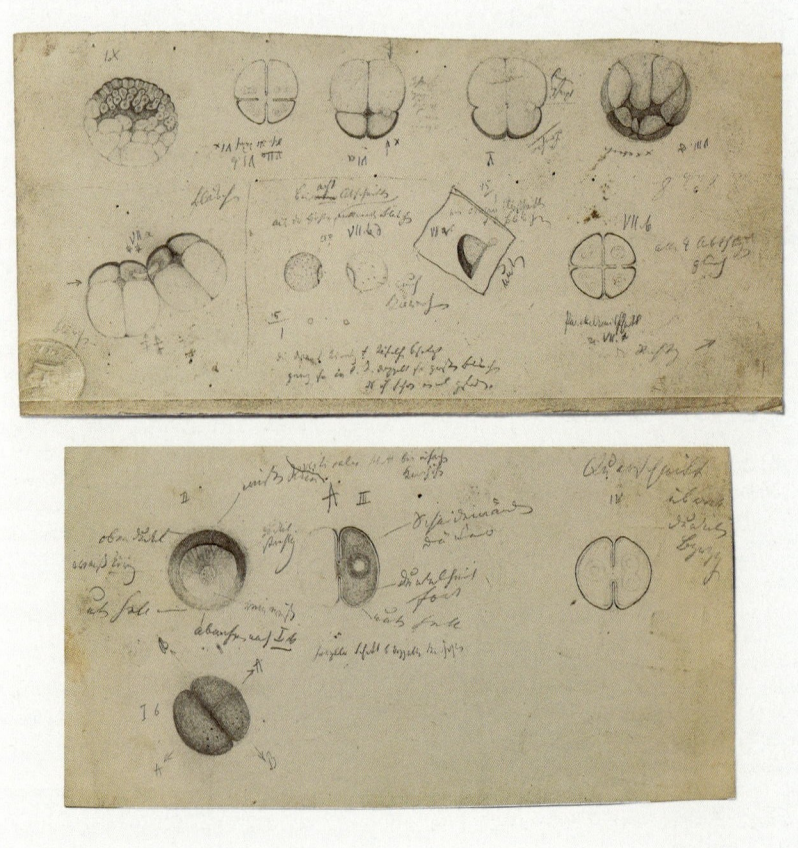

7-5f, g

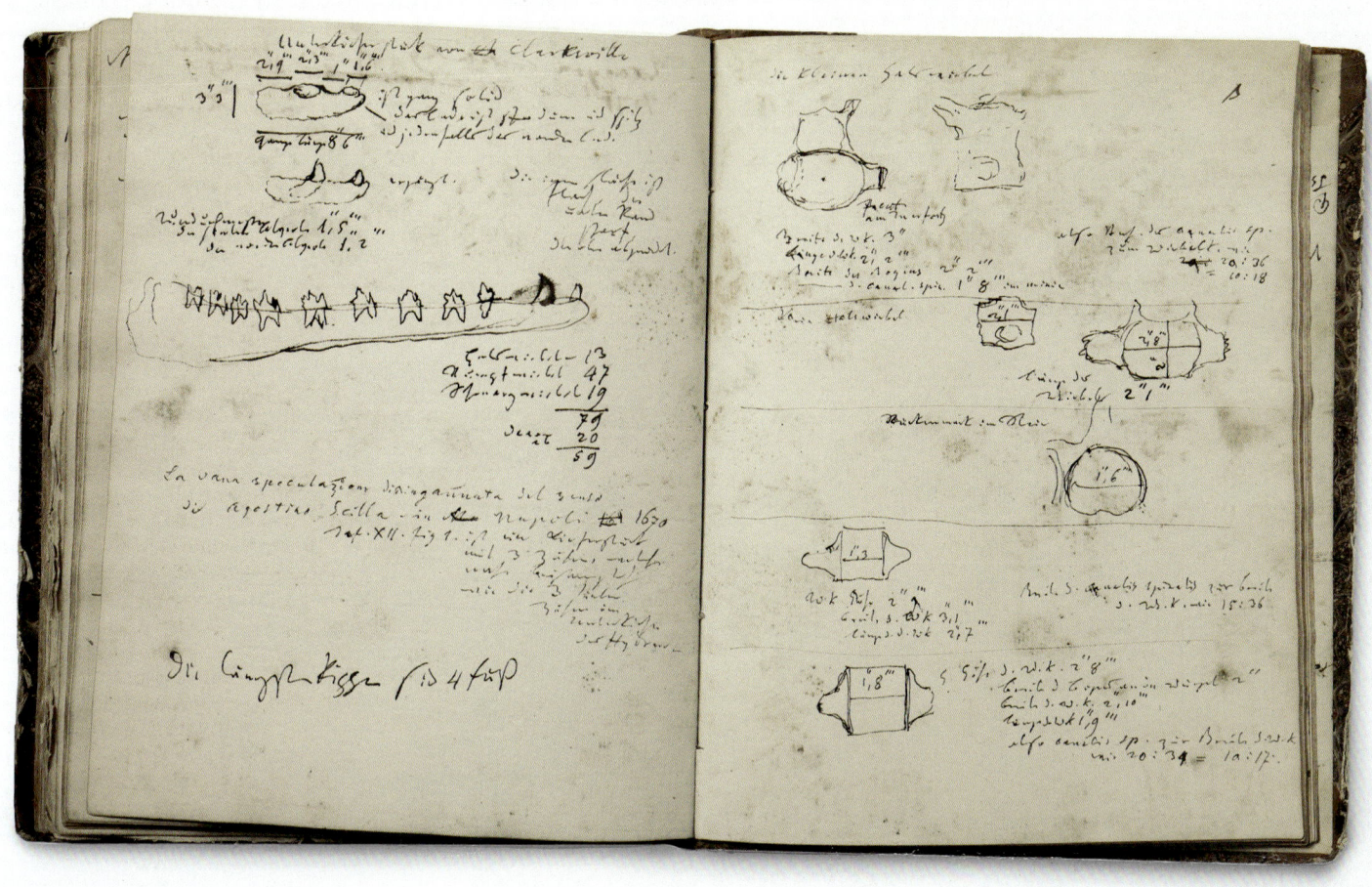

7-6

restieren, die zwei Gattungen und drei Arten angehörten. *pk*
Lit. Hampe 2000; Otis 2007

7-7 Wasserspiele von Sanssouci – ein gescheitertes Projekt

a) Brief an Friedrich II.
Berlin, 17. Oktober 1749, Leonhard Euler
Tinte auf Papier, 36 x 22,5
Geheimes Staatsarchiv Preußischer Kulturbesitz,
I. HA Rep. 96, fol. 10
b) Konstruktionszeichnung der Wasserpumpen »drei Zeichnungen der Wassermaschine Büchtens«.
Berlin, 17. Oktober 1749
Tinte auf Papier, 39,5 x 50,5
Geheimes Staatsarchiv Preußischer Kulturbesitz,
I. HA Rep. 96, fol. 54, Überformat

Am 17. Oktober 1749 schrieb Leonhard Euler einen Brief an ›seinen König‹ Friedrich II., in dem er seine Berechnungen bezüglich der Wasserkunstanlage von Sanssouci auflistete. Dem vorausgegangen war der Fontänenraum des Preußenkönigs, das Wasser hundert Fuß hoch steigen zu lassen und somit die Fontänen von Versailles zu übertreffen. Die Vorführung der Wasserspiele, deren bauliche Erprobung bereits seit 1748 lief und bis zum Ende des Siebenjährigen Krieges im Jahr 1756 erfolglos andauern sollte, scheiterte beim ersten Versuch. Die aus etwa 800 Fichtenstämmen zusammengesetzte, ein Kilometer lange Rohrleitung zwischen Pumpe und Hochreservoir platzte, und die Träume Friedrich II. zerrannen. Dies führte dazu, dass der Preußenkönig Euler mit dem Gutachten für die neue Anlage beauftragte. In seiner Antwort berichtete der Mathematiker, dass seinen Berechnungen nach »die Maschine noch weit von einem perfekten Zustand entfernt ist« (17. Oktober 1749). Euler empfahl, stabilere Leitungsrohre mit einem weitaus größeren Durchmesser zu verwenden, denn bei ihrem gegenwärtigen Zustand sei es ziemlich sicher, dass die Anlage »niemals einen Tropfen Wasser bis zum Reservoir hochbringen wird, und die ganze Pumpenkraft nur dazu aufgewendet wird, die Maschine und die Rohre zu zerstören«. Am 21. Oktober dankte Friedrich II. dem Mathematiker mit einem kurzen Brief; Eulers Vorschläge wurden allerdings aufgrund der enormen Kosten nicht umgesetzt.
Als sich der Preußenkönig und Euler überwarfen, schrieb Friedrich II. 1778 an Voltaire: »Ich wollte in meinem Garten einen Springbrunnen anlegen; Euler berechnete die Leistung des Räderwerks, damit das Wasser in ein Bassin hinaufgelange, über Kanäle wieder abfließe, um in Sanssouci aufzusteigen. Meine Mühle wurde nach allen Regeln der Mathematik gebaut, und sie konnte keinen einzigen Wassertropfen weiter als fünfzig Schritt unter das Bassin hinaufpumpen. Eitelkeit der Eitelkeiten! Eitelkeit der Mathematik!« *vl*
Lit. Eckert 2002; Eckert 2008; Euler 1986; Manger 1789

7-8 Entwurf zu einer neuen Architektur

Tagebuch der Reise nach Frankreich und England, 1826, Karl Friedrich Schinkel
Tinte auf Papier, 21 x 23
Staatliche Museen zu Berlin, Zentralarchiv, Nachlass Schinkel 5, Reisen III, Mappe 094

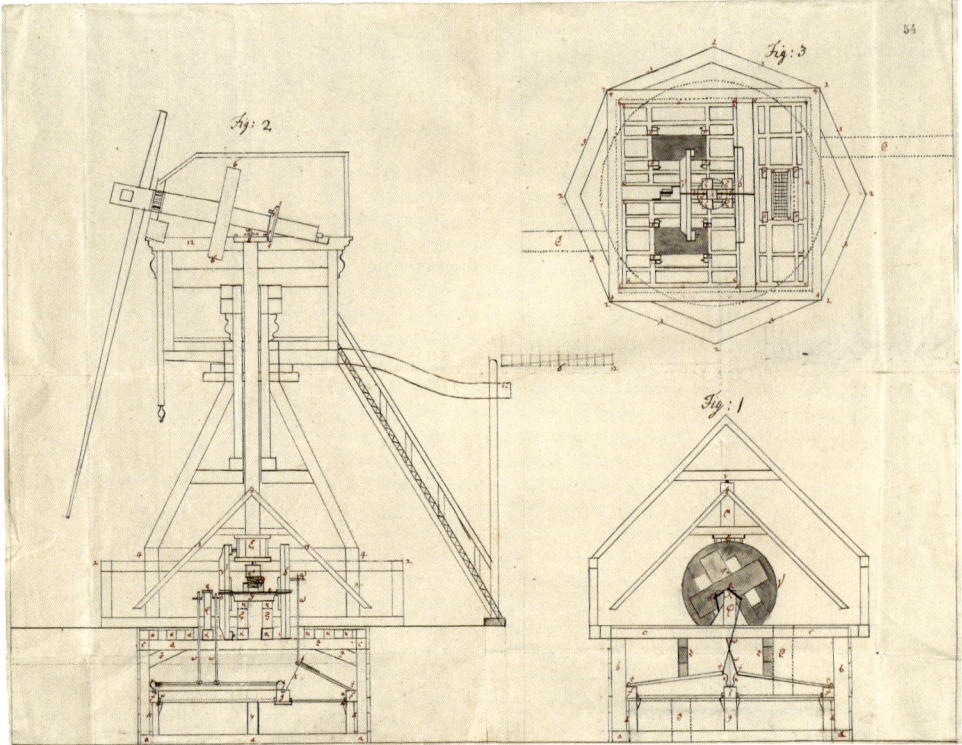

7-7

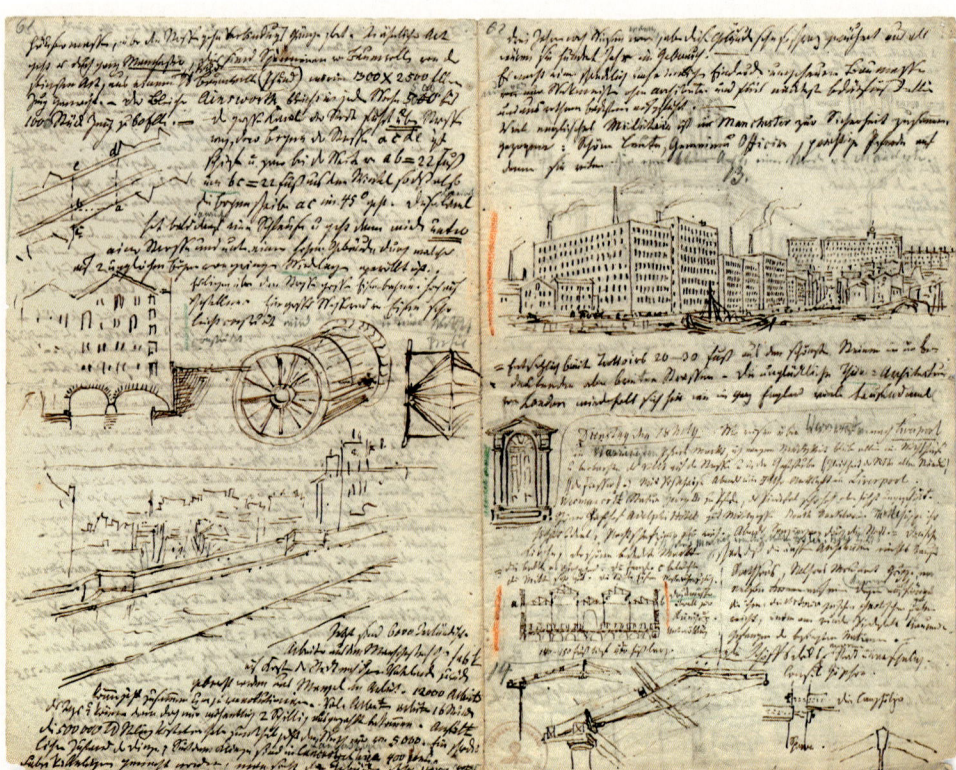

7-8

1826 reiste der Architekt, Stadtplaner und Maler Karl Friedrich Schinkel zusammen mit dem Leiter der »Technischen Deputation« des preußischen Ministeriums für Handel, Gewerbe und Bauwesen, Christian Wilhelm Peter Beuth, nach England, um die technischen Entwicklungen der Industrialisierung zu erkunden. Die Reise im Auftrag König Wilhelms III. diente offiziell dem Ziel, Anregungen für die Gestaltung der Innenräume und das Ausstellungskonzept des sich damals im Bau befindlichen »Alten Museums« zu gewinnen. Schinkel nahm dabei auch die Realität der Industriellen Revolution, die gesellschaftlichen Veränderungen und baulich-technischen Neuerungen auf. Seine Skizzen zeigen Maschinen und ihre Bestandteile sowie Gebäudeformen und Bauweisen, etwa von Warenlagern und Fabrikhallen. Das Interesse der Reisenden aus Preußen, wo die Industrialisierung gerade erst einsetzte, galt auch Verkehrswegen und hoch entwickelten Ingenieurbauten wie den Hängebrücken von Thomas Telford. Die Auseinandersetzung mit der Ingenieurbaukunst, die »von nur Werkmeistern ohne Architektur« ausgeführt ist, erweiterte Schinkels Verständnis des Bauwesens. Die überlieferten Seiten des unvollendeten architektonischen Lehrbuchs dokumentieren seinen Wechsel von einem ideellen Klassizismus zu einer funktionalen Architektur nach 1826.

Das Gebäude der Berliner Bauakademie (1832–1936) sowie die nicht realisierten Entwürfe einer Bibliothek (1835) und eines Kaufhauses Unter den Linden (1827) setzten mit ihren flexiblen Raumstrukturen durch nicht tragende Trennwende und ein Stützenraster Maßstäbe für die Architektur der Moderne. nd
Lit. Buddensieg 1981; Oechslin 2003; Riemann 1981; Riemann/Heese 1996; Wegener 1990

7-9 Entwurf eines Konzertbaus

a) Erste Skizze (Urskizze)
Konzerthaus des Berliner Philharmonischen Orchesters, Berlin-Wilmersdorf, Bundesallee
Ohne Jahr (1956), Hans Scharoun
Buntstift auf Transparentpapier, 50 x 32
Akademie der Künste, Archiv, Nachlass Hans Scharoun, Sch-12-2696
b) Gedankenskizze
Ohne Jahr (1958), Hans Scharoun
Bleistift auf Transparentpapier, 29,5 x 21
Akademie der Künste, Archiv, Nachlass Hans Scharoun, Vorlesungen XI, 24
c) Gedankenskizze
Ohne Jahr (1958), Hans Scharoun
Bleistift auf Transparentpapier, 29,5 x 21
Akademie der Künste, Archiv, Nachlass Hans Scharoun, Vorlesungen XI, 24

Die Berliner Philharmonie ist das Hauptwerk des Architekten Hans Scharoun. Sein Entwurf eines neuartigen Konzertsaals

als Zentralraum setzte sich 1956 in einem
Wettbewerb gegen elf Mitbewerber durch.
Das differenzierte raummusikalische
Konzept formulierte er bereits in der sogenannten »Urskizze«. Darin treten die
Erscheinungsform der Architektur, Farb-
werte und differenzierte Raumformen aus
der Gestik abstrakter Linien hervor und
lassen erkennen, dass der Baukörper nach
den funktionalen Anforderungen eines
Konzertsaales entwickelt wurde. Um das
Zentrum des Konzertpodiums steigen
terrassenartig versetzt die Ränge der Zuschauer an. Die zeltartige Deckenkon-
struktion mit herunterhängenden Reflek-
toren entwickelte Scharoun auf der
Grundlage der akustischen Berechnungen
von Lothar Cremer. Scharouns Konzept
der »Musik im Mittelpunkt« wie in einem
»Tal zwischen Weinbergen« entstand aus
der Auseinandersetzung mit Raumstrukturen historischer Sakralbauten und
deren Akustik.
Der Entwurf war umstritten, da er sich
über europäische Musiktraditionen hin-
wegsetzte, wonach die Ausführungspraxis
von Orchesterwerken das Gegenüber von
Bühne und Zuschauerraum voraussetzte.
Hans Scharoun belegte seinen Entwurf
selbst mit dem Nimbus der »Urskizze«,
der ersten Übersetzung seiner Vorstellung,
der *idea*, in einen Anschauungsraum. In
der Darstellung des reinen Baukörpers
ohne Rahmen und Verortung drückt sich
der ästhetische Gestus der Moderne aus.
Statt der bildhaften Reduktion von Architektur wird die transbildliche Qualität von
Architektur in der Skizze veranschaulicht,
und die autonome Objektivität des Gebäudes tritt in der Vorstellung des Betrachters
als Möglichkeit hervor. In Scharouns
»Urskizze« der Philharmonie repräsentiert
sich Architektur als Bild der zeichnend-
denkenden Hand des Architekten. *nd*
Lit. Bredekamp 2004a; Bundell Jones
1995; Linfert 1931a; Pfankuch 1993

7-10 Entwürfe zur Lösung des Flugproblems

a) Mechanik des Fluges
Erste Niederschrift, 1880er-Jahre, Arnold Böcklin
Tusche auf Papier, 22,4 x 36
Graphische Sammlung, Schweizerische Nationalbibliothek Bern, Arnold Böcklin, KLff 2088, 10-1
b) Herstellung der Flugmaschine
Erste Niederschrift, 1880er-Jahre, Arnold Böcklin
Tusche auf Papier, 29 x 22
Graphische Sammlung, Schweizerische Nationalbibliothek Bern, Arnold Böcklin, KLff 2088-8
c) Lenker an Propeller und Kurbeln und Details
der Propellerschaufeln
Tusche auf Papier, 1889, Arnold Böcklin
31 x 46
Graphische Sammlung, Schweizerische Nationalbibliothek Bern, Arnold Böcklin, KLff 2088-28
d) Der fertige Apparat
1892, Carlo Böcklin
Aquarell, Tusche auf Papier, 54 x 80,5

7-9a

Graphische Sammlung, Schweizerische Nationalbibliothek Bern, Arnold Böcklin, KLff 2088-38

»Ich möchte probieren, ob ich ein wenig
von dieser langweiligen Erde loskommen
kann.« So umreißt der Schweizer Maler
Arnold Böcklin 1884 in einem Brief an
George von Marées seine Motivation zu
fliegen. Seit den 1850er Jahren konstruierte Böcklin, ausgehend von seinen
Beobachtungen des Vogelflugs, unterschiedliche Flugapparate. Seine aus der

Anschauung und dem Studium der Ther-
mik gewonnenen Prinzipien des rein
dynamischen, antriebslosen Gleitfluges
formulierte er in der 1889 veröffentlichten
Schrift »Mechanik des Fluges«.
Die preußische Armee gestattete Böcklin
ab 1883, Schwebeflugversuche auf dem
Tempelhofer Feld zu unternehmen, die
jedoch erfolglos blieben. Dafür entwickelte er in Zusammenarbeit mit der Berliner Luftschifferabteilung ein Fluggerät
in Gestalt eines Vogels mit ausgebreiteten

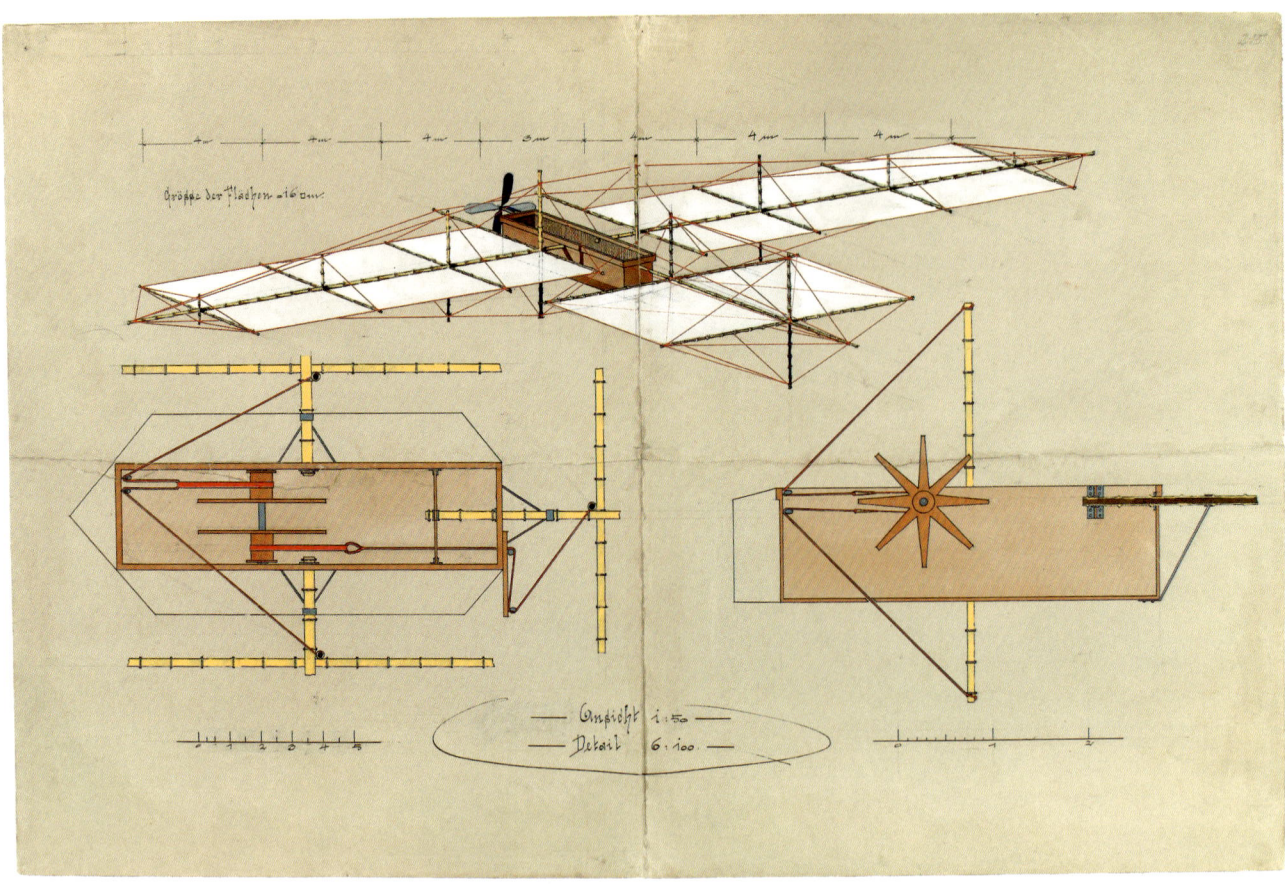

7-10d

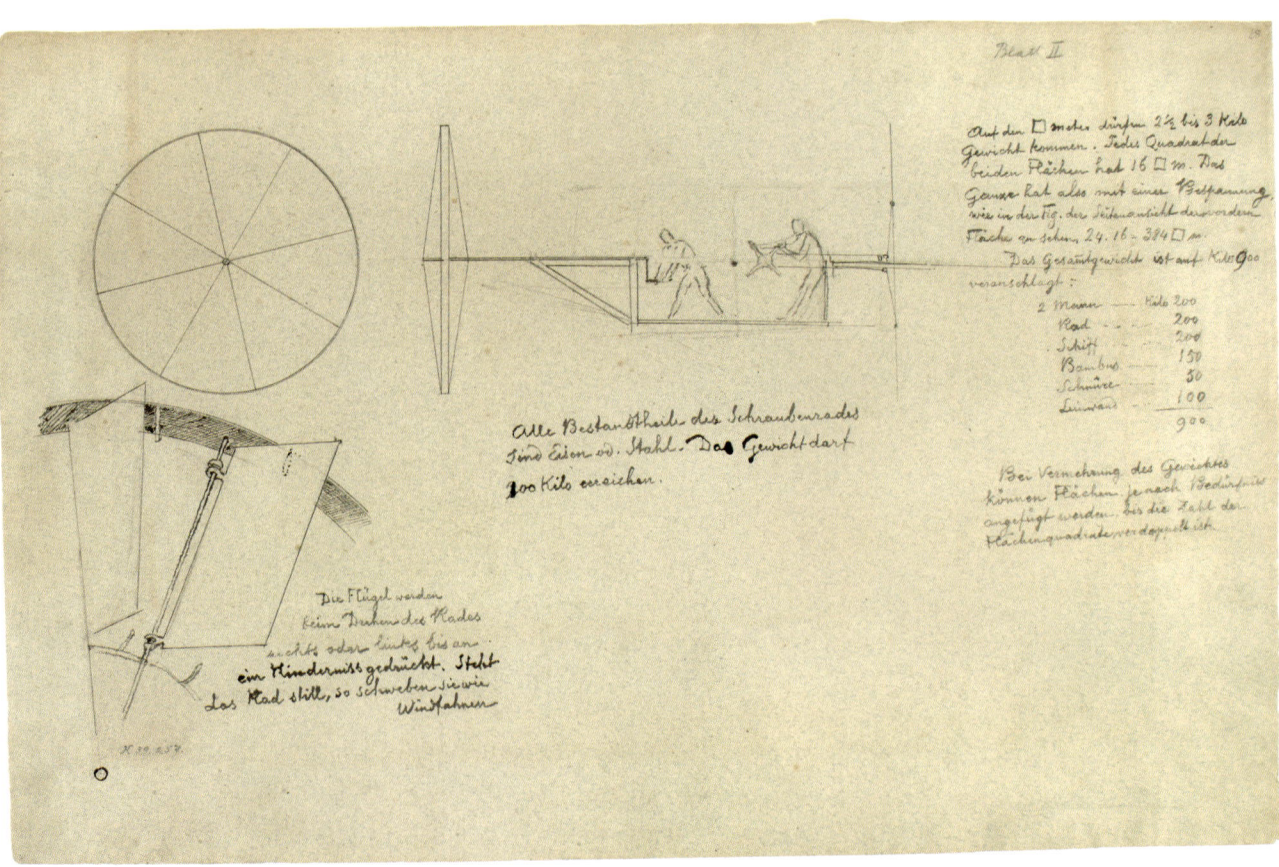

7-10c

Flügeln. Unter dem teilnehmenden Interesse des Berliner Industriellen Werner Siemens und Sachverständigen des preußischen Militärs erprobte er an weiteren Apparaten den unmotorisierten Menschenflug.

In einem Brief an Generalleutnant Colmar von der Goltz erläuterte Böcklin 1889 ein Fluggerät, dessen Auftrieb von manuell zu betätigenden Propellern verstärkt werden sollte. Dieses Prinzip veranschaulicht die Konstruktionszeichnung aus dem Jahr 1892. Aus gesundheitlichen Gründen beendete Böcklin seine Versuche zur Überwindung der Schwerkraft. Einen Brief an den Physiker Hermann von Helmholtz schloss er 1894 resignierend: »Wenn nicht, nun so werde ich mit diesem unerfüllten Wunsche wie mit so vielen andern, auch ebenso unerfüllten, in die Grube fahren«. *fk*
Lit. Panamarenko 1977; Runkel 1909

7-11 Entwürfe zur Lösung des Flugproblems

a) Studien zum Taubenflügel
Um 1888, Otto Lilienthal
Bleistift auf Papier, 21 x 33
Deutsches Museum, München, Archiv,
BN 46907/HS-Nr. 06267

b) Messungen am Rotationsapparat von 7 Meter Durchmesser
13.–24. August 1888, Otto Lilienthal
Bleistift auf Papier, 21 x 33
Deutsches Museum, München, Archiv,
BN 46905/HS-Nr. 06261

c) Antrieb des Schlagflügelapparats
um 1893, Otto Lilienthal
Bleistift, Tinte auf Papier, 22 x 28
Deutsches Museum, München, Archiv,
BN 06156/HS-Nr. 06277

d) Normal-Segelapparat
4. Februar 1895, Otto Lilienthal
Bleistift, Tusche, Rotstift auf Zeichenkarton,
61,5 x 79
Deutsches Museum, München, Archiv, BN 35094/TZ 004078/30

Otto Lilienthal sah im Vogelflug das natürliche Vorbild für den Menschenflug. Anhand von Studien zum Taubenflügel berechnete er den Luftwiderstand beim Auffliegen. Lilienthal erkannte als Erster die Bedeutung des Flügelprofils. Seinen Berechnungen zufolge konnten leicht gewölbte Flächen in der Form von Vogelflügeln die wichtigsten Flugprinzipien, einen starken Auftrieb sowie geringen Luftwiderstand erzielen. Innerhalb von sieben Jahren baute Lilienthal 21 Fluggeräte, die er ab 1894 auf dem eigens aufgeschütteten »Fliegeberg« in Berlin-Lichterfelde erprobte. Dabei gelang ihm der Übergang vom Gleit- zum Segelflug. Der 1894 entwickelte Normal-Segelapparat war seine erfolgreichste Konstruktion, die seriell gebaut wurde. Neu war das durch das waagerechte Leitwerk und die vertikale

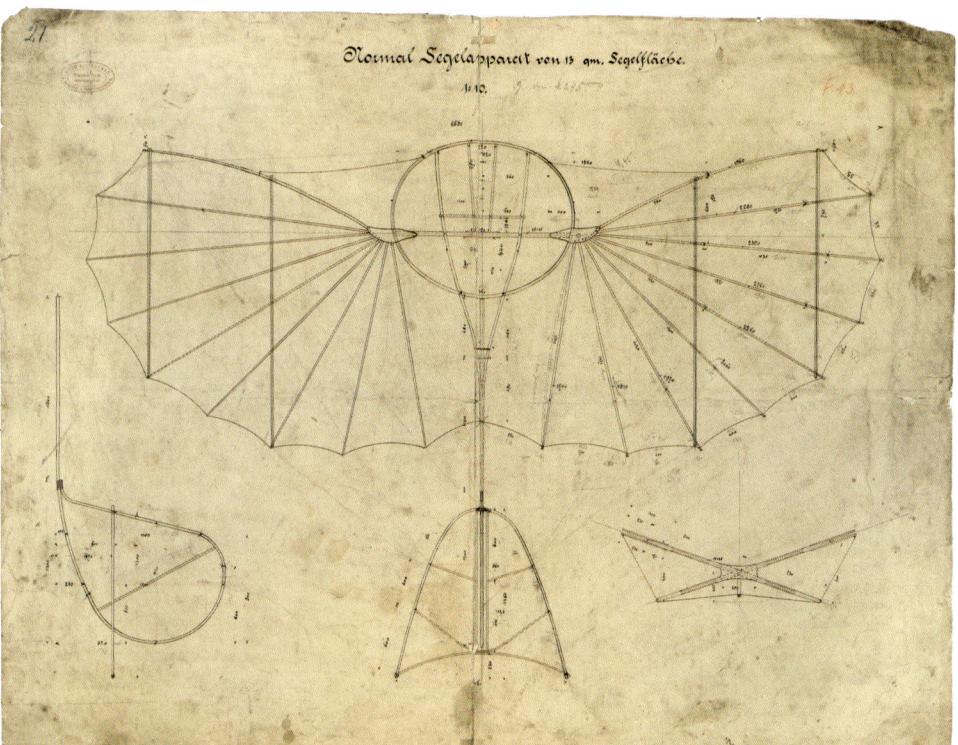

7-11d

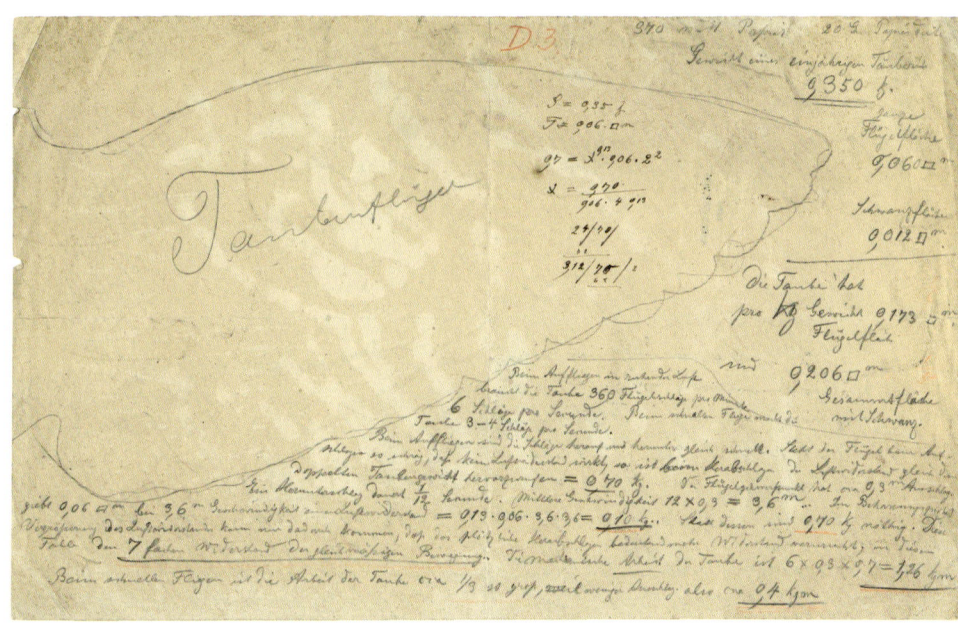

7-11a

Schwanzfläche gebildete Kreuzsteuer. Um den Schwebeflug verlängern und in den Ruderflug übergehen zu können, experimentierte er zudem mit Flügelschlagapparaten, deren bewegliche Flügel hebend und vorwärtstreibend wirkten. Für die Zukunft sah er zusätzlich einen Kohlensäuremotor als Antriebskraft vor, der jedoch nicht über Probeläufe hinauskam. Bei einem Flug mit dem Normal-Segelapparat stürzte Lilienthal 1896 am Gallenberg bei

Stölln im Havelland tödlich ab. *fk*
Lit. Schwipps 1979; Schwipps 1984

7-12 Konstruktion einer Vernichtungswaffe

a) Schale des Geräts A IV
27. April 1941, Wernher von Braun
Bleistift auf Papier, 17 x 10,5
Deutsches Museum, München, Archiv, 5212

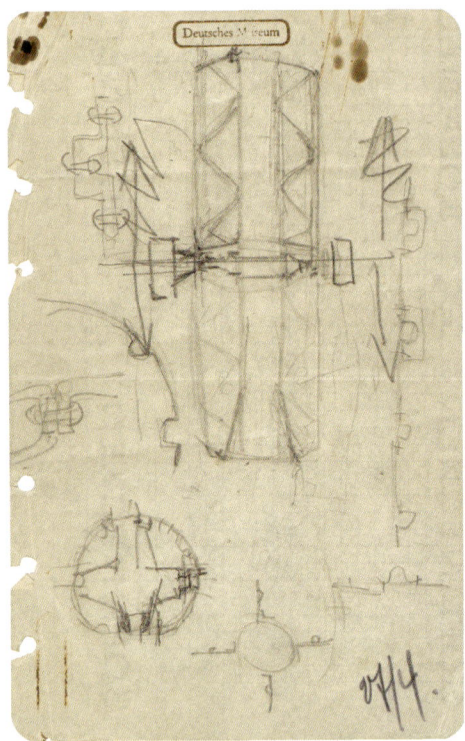

7-12

b) Berechnungen des Geräts A IV
27. April 1941, Wernher von Braun
Bleistift auf Papier, 17 x 10,5
Deutsches Museum, München, Archiv, 5213
c) Aggregat IV
Schematische Zeichnung des Antriebs, Baureihe BS,
Ausführung A
1944, Wernher von Braun
Lichtpause, 83 x 59
Deutsches Museum, München, Archiv, 12563

Am 3. Oktober 1942 startete in Peenemünde auf Usedom die erste Fernrakete
der Welt. Die Raketentechnologie war das
ehrgeizigste Rüstungsprojekt der Nationalsozialisten. In Peenemünde war seit
1936 das deutsche Raketenzentrum ent-

standen, in dem unter der technischen
Leitung Wernher von Brauns Physiker
und Ingenieure ballistische Flüssigkeits-
raketen entwickelten. Nach Beginn des
Zweiten Weltkriegs im September 1939
konzentrierten sich die Arbeiten auf den
Bau von »Aggregat IV«, einer Boden-
Boden-Rakete, die unter der Bezeichnung
»Vergeltungswaffe 2« (V2) die nationalsozialistische Propaganda des letzten
Kriegsjahres beherrschte.
Brauns Skizzen und Notate dokumentieren die Herstellung der Vernichtungs-
waffe. Seine Handzeichnungen zur
Konstruktion der Raketenschale und
Berechnungen der Schubleistung zeigen
die entscheidenden technologischen Entwicklungen des Raketenantriebs.
Nach dem ersten erfolgreichen Flug verfügte das Regime über eine Rakete, die
25 Tonnen Schub leistete und bei dreifacher Schallgeschwindigkeit eine Distanz
von 200 Kilometern überwand. Im Sommer 1943 setzte die Produktion der V2 ein,
der mehr als 10 000 Zwangsarbeiter und
Häftlinge aus Konzentrationslagern zum
Opfer fielen. Die ersten Raketen wurden
am 7. und 8. September 1944 in Richtung
Paris und London abgefeuert, zu einem
Zeitpunkt, als deutsche Truppen europaweit auf dem Rückzug waren. Die erhoffte
kriegsentscheidende Wirkung der
»AIV/V2« blieb jedoch aus: Ihre Zerstörungskraft war geringer als erwartet,
nicht zuletzt, weil die Zielgenauigkeit zugunsten einer Flächenwirkung aufgegeben worden war.
Wernher von Braun verschleierte später
seine Rolle bei der Entwicklung von Raketen für den Kriegseinsatz. Er verkörperte
den Typus des weitgehend unpolitischen
Wissenschaftlers, der für seine wissenschaftlichen Interessen zu politischen Bekenntnissen bereit war und die Strukturen
des NS-Staates nicht nur nutzte, sondern
diesen auch unterstützte. *nd*
Lit. Eisfeld 1996; Erichsen/Hoppe 2006;
Neufeld 2009; Pulla 2006

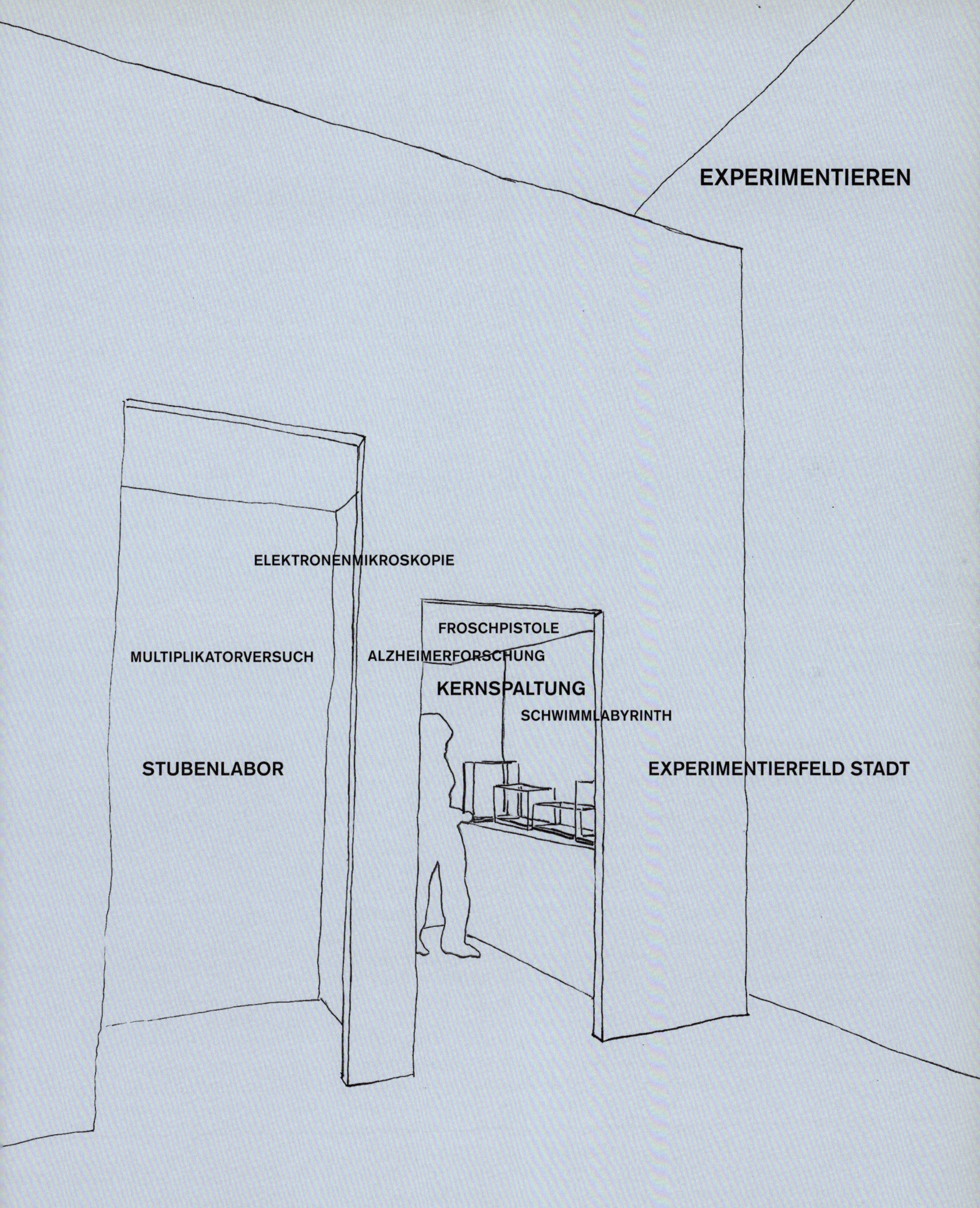

EXPERIMENTIEREN

ELEKTRONENMIKROSKOPIE

FROSCHPISTOLE

MULTIPLIKATORVERSUCH

ALZHEIMERFORSCHUNG

KERNSPALTUNG

SCHWIMMLABYRINTH

STUBENLABOR

EXPERIMENTIERFELD STADT

EXPERIMENTIEREN

Henning Schmidgen

»Die Experimentiertätigkeit führt ein Eigenleben.«[1] Dieser Satz des Philosophen Ian Hacking hat in der Wissenschaftsphilosophie und Wissenschaftsgeschichte der letzten zwanzig Jahre, aber auch in Literaturforschung, Medienwissenschaft und Kunstgeschichte Furore gemacht. Mit ihm wandte sich Hacking auf prägnante Weise gegen die Theoriezentriertheit der klassischen Wissenschaftsphilosophie. Tatsächlich hatten seine Vorgänger – Karl Popper, Alexandre Koyré, Thomas Kuhn – zumeist die ideellen, theoretischen Voraussetzungen der Forschung thematisiert. Von der Materialität der wissenschaftlichen Praxis, dem Hantieren mit Instrumenten im Labor oder dem Registrieren von Buchstaben und Ziffern war nur im Ausnahmefall die Rede gewesen.

Mit seinem einprägsamen Satz wies Hacking aber nicht nur auf ein Versäumnis hin. Er brachte zugleich die Ausrichtung der neueren Wissenschaftsforschung auf eine griffige Formel. Anfang der 1980er-Jahre hatte eine junge Generation von Soziologen und Anthropologen im Innersten der modernen Gesellschaft ein weitgehend unerschlossenes Gebiet entdeckt. Sie nannten es *Laboratory Life* und holten Papiere und Stifte, Tonbänder und Fotoapparate hervor, um dessen Bewohner zu befragen und das Gelände zu kartieren. Auch Historiker fingen an, durch Entzifferung längst verloren geglaubter Labortagebücher, durch Rekonstruktion alter Versuchsanordnungen und durch akribisches Studium historischer Texte und Bilder zum Experiment das Leben des Labors zu erschließen.

Das Ergebnis war die Entdeckung einer Kulturtechnik, die neuartige Zusammenhänge eröffnete. Denn die Geschichte des Experimentierens zeigte schnell, dass diese in Arbeitszimmern von Schriftstellern und Ateliers von Künstlern ebenso beheimatet war wie in den Laboratorien der Wissenschaftler. Nicht nur die großen Wissenschaftsfiguren des 19. Jahrhunderts, nicht nur Claude Bernard, Michael Faraday und Heinrich Hertz hatten experimentiert. Dasselbe galt für die Künstler der Avantgarde, zum Beispiel für Marcel Duchamp und Max Ernst. Und manchmal trafen wissenschaftliches und künstlerisches Experimentieren sogar in einer Person aufeinander, wie bei Gertrude Stein oder Robert Musil. Letzterer hatte um 1900 im Labor des Berliner Psychologen Carl Stumpf an der Entwicklung neuer Instrumente für sinnesphysiologische Experimente gebastelt, bevor er mit der Arbeit an seinem Roman »Der Mann ohne Eigenschaften« begann.

Bei einem solchen Eigenleben der Experimentiertätigkeit überrascht es kaum, dass Hacking wenig Gehör fand, als er sein berühmtes Statement zu revidieren versuchte. Angesichts einer Fülle neuer Studien zur Geschichte des *Laboratory Life* wollte Hacking nicht mehr allgemein von Experimentiertätigkeit reden, sondern konkret von Experimenten, also Versuchsanordnungen, Forschungsmaschinen, Laborinstallatio-

1 Hacking, Ian: Einführung in die Philosophie der Naturwissenschaften, Stuttgart 1996, S. 250.

nen. Zehn Jahre später betonte er deshalb in einem neuen Text, »dass *Experimente* ein Eigenleben haben«.[2]

Es scheint sich nur um eine Akzentverlagerung zu handeln: von *experimentation* zu *experiment*, von der Tätigkeit zum Gegenstand, vom Handeln zu den Dingen, was hier allerdings auch einen Übergang vom Menschen zur Maschine, von der Kulturtechnik zur materiellen Kultur bedeutete. Hacking hob die Bedeutung dieser Verschiebung noch hervor, indem er erklärte, dass Laborversuche sich dadurch auszeichneten, eine Art Körper zu haben. Anders als Gedankenexperimente bestünden sie nicht einfach aus Ideen, sondern aus *things* und *marks*, etwa aus Instrumenten und Modellorganismen einerseits und aus materiell basierten Zeichen andererseits. Die materielle Kultur des Experiments war demzufolge immer auch eine semiotische und umgekehrt.

Der andere, vielleicht noch wichtigere Punkt, um den es Hacking ging, betraf die eigentümliche »Seinsweise«, den Existenzmodus des Experiments. Hacking zufolge können sich Materialität und Semiotizität einer Versuchsanordnung im Verlaufe eines Forschungsprozesses zwar verändern. Dennoch bleibt das Experiment einer langfristigen Entwicklung unterworfen, was unter anderem in der Rede von seiner Replizierung zum Ausdruck kommt. In der Tat erscheinen die Entitäten oder Wesen, die wir Experimente nennen, genau dadurch charakterisiert, dass sie *nicht* einmalig sind. Experimente finden nie nur einmal statt, sonst wären sie keine. Erst durch die Wiederholung werden sie zu dem, was sie sind.

Um diesen genuin reproduktiven Charakter des Experiments zur Geltung zu bringen, fächerte Hacking seine biologische Metaphorik auf. Zuerst hatte er nur gesagt: Experimente haben ein Eigenleben. Nun ergänzte er: »Ich stelle mir Experimente als lebendig vor: sie reifen, entwickeln sich, passen sich an, werden nicht nur wiederverwertet, sondern buchstäblich auch neu bestückt.«

Die revidierte Fassung von Hackings Slogan hat in der etablierten Wissenschaftsforschung deutlich weniger Widerhall gefunden als die erste. Einer der Gründe mag darin liegen, dass Hacking durch die Neuakzentuierung seines Satzes eine Aufgabe gestellt hat, der die Soziologen, Philosophen und Historiker der Wissenschaft bis heute kaum gewachsen sind. Denn wie wäre das Eigenleben eines Experiments in seiner halb technologischen, halb biologischen Beschaffenheit, in seiner ebenso heterogenen wie dynamischen Ding- und Zeichenhaftigkeit zu schildern? Etwa in der Art wie die Anthropologie die »kulturelle Biographie von Objekten« rekonstruiert, beispielsweise von Halsketten oder Coca-Cola-Flaschen? Einmal davon abgesehen, dass Experimente weitaus komplexere Entitäten sind, wie könnte bei einer solchen Dinggeschichte dem Sachverhalt Rechnung getragen werden, dass sich Versuchsanordnungen nicht nur in bestimmte kulturelle, architektonische und technische Umgebungen einfügen, sondern auch spezifische Umwelten hervorbringen bzw. erschaffen?

Experimente finden aber nicht nur in Laboratorien, sondern auch in ganz alltäglichen Räumen statt, etwa in Wohnungen oder Hotelzimmern. So führte der Berliner Elektrophysiologe Emil Du Bois-Reymond in den frühen 1840er-Jahren seine ersten Versuche an Froschmuskeln in der Wohnung seiner Eltern an der Postdamer Straße durch. Ist aber erst ein Anfang gemacht, erfordern Experimente bald besondere Immobilien, ganze Laboratoriumsgebäude oder zumindest Abteilungen eines Instituts –

2 Ders.: Do Thought Experiments have a Life of Their Own?, in: Philosophy of Science Association, Conference Proceedings 1992, Bd. 2, S. 302–308, hier: S. 307 (Hervorhebung H.S.).

auch wenn der Einzug in solche Räumlichkeiten mitunter auf sich warten lässt. Bei Du Bois-Reymond dauerte es bis 1877, bis der Institutsneubau an der Ecke von Wilhelm- und Dorotheenstraße bezogen werden konnte.[3]

Zudem sind Experimente an spezielle Mobilien gebunden: an Schränke, aus denen Instrumente und Substanzen entnommen werden, an Regale, auf denen Hand- und Notizbücher stehen, an Käfige oder Becken, in denen Versuchstiere gehalten werden, besonders aber an Tische, auf denen alle Komponenten des Experiments versammelt werden können. Seit mehr als hundert Jahren werden solche Tische für Laborausstattung in vielen Ausführungen angeboten, als fest montierte oder fahrbare Tische, als Experimentiertische aus Eichen- oder Teakholz, als eisenfreie Tische, als Tische mit Wannen, Schubläden, mit Gas- und Wasserhähnen und so weiter. Über ihre Geschichte und Gegenwart wissen wir aber so gut wie nichts.

Und selbst wenn diese beweglichen und unbeweglichen Umweltelemente zur Geltung gebracht würden, bliebe die Schwierigkeit, dass Experimente mehr als andere Dinge Grenzgänger sind, dass sie fortwährend scheinbar selbstverständliche Markierungen übertreten, um das Unsichtbare kenntlich, das Ungehörte vernehmbar und das scheinbar Identische different zu machen.

Um diesen Punkt hervorzuheben, hätte Hacking sich einmal mehr auf Gaston Bachelard berufen können. Denn Bachelard sprach schon 1936 von den Transgressionen, den Überschreitungen und Grenzverletzungen des Experiments, vor allem im Hinblick auf unser alltägliches Wissen: »Das Experimentieren verlässt stets den Bereich der ersten Beobachtung, und zwar in einem solchen Maße, dass man sagen möchte, das Experimentieren strebte eher danach, diese Beobachtung zu widerlegen als sie zu bestätigen.« Bachelard zufolge gibt es eine *transcendance expérimentale*, ein experimentelles Transzendieren jedes Alltagsverstands.[4]

Die Paradoxie besteht darin, dass dieses Überschreiten von vorgängigen Einschränkungen abhängt. In der Tat setzen Experimente, und das gilt für die Tischversuche eines Otto Hahn ebenso wie für die Teilchenbeschleuniger von heute, zunächst einmal einen Rahmen. Wie ein Fotoapparat definieren sie einen bestimmten Ausschnitt von Realität. Durch das Zusammenfügen und Gegeneinanderstellen von Instrumenten, Organismen und Aufzeichnungsgeräten erlauben sie das Einfangen, Darstellen und Messen von sonst kaum greifbaren Phänomenen und Prozessen: das Zucken einzelner Muskeln, die Wirkungsweise von Krankheitserregern, das Zerplatzen von Atomkernen.

Die so entstehenden Rahmenräume könnte man Laborfraktale nennen, denn sie reproduzieren innerhalb des Labors eben jene Mischung aus architektonischer Abschirmung und technisch-medialer Verbindung, mit denen sich wissenschaftliche Unternehmungen von ihrer städtischen Außenumgebung absondern, um sich auf anderen Wegen mit ihr wieder zu verbinden: über Briefe, Zeitschriften und Zeitungen, aber eben auch durch Leitungen und Röhren, durch Ströme, Wellen und Strahlen. Das ist auch der Grund, warum das, was auf einem Experimentiertisch versammelt ist, als Raum im Raum erscheint, als eine Stadt in der Stadt, als urbaner Mikrokosmos, in dem Lebewesen und Dinge sich auf Häuser und Plätze verteilen, die untereinander

3 Dierig, Sven: Wissenschaft in der Maschinenstadt. Emil du Bois-Reymond und seine Laboratorien in Berlin, Göttingen 2006.
4 Bachelard, Gaston: Critique préliminaire du concept de frontière épistémologique, in: Actes du huitième congrès international de philosophie de Prague, du 2 au 7 septembre 1934, Prag 1936, S. 3–9, hier: S. 5.

mit Leitungen, Straßen und Kanälen verbunden oder durch Zäune, Mauern und Wälle voneinander abgetrennt sind.

Ähnlich wie im gründerzeitlichen Berlin bildet sich in diesen kleinen Räumen des *capturing* eine eigene Temporalität aus, eine spezifische »Laborzeit«. Dabei handelt es sich um eine künstlich hergestellte Gegenwart, die durch die gleichzeitige Anwesenheit oder Verfügbarkeit sowie die Funktionstüchtigkeit aller Komponenten eines Versuchsaufbaus gekennzeichnet ist. Im Fall der physiologischen Experimente von Du Bois-Reymond waren dies etwa das Muskelpräparat, die galvanischen Elemente, Quecksilberkontakte, Messinstrumente wie der Galvanometer sowie rotierende und stillstehende Aufzeichnungsflächen, ein berußter Zylinder und ein Labortagebuch.

In der Forschungspraxis ist die Gegenwart eines Experiments jedoch keineswegs nur momentan. Tatsächlich ist diese Gegenwart, auch wenn sie – wie hier – mit Museumsmitteln rekonstruiert wird, stets unvollendet, über sich hinausweisend, »transgressiv«, um mit Bachelard zu sprechen. Ein Experiment ist kein stillstehendes oder stillgestelltes Bild, also keine Fotografie und kein Schnappschuss, sondern eine Aufeinanderfolge sich verändernder Bilder, eine *mise en scène* von Bewegungsbildern, wenn man so will, eine Art Kinematografie.

Diese Rückbindung der Momentaufnahmen an die laufende Zeit der Forschung ist auch beim Betrachten der Objekte in dieser Ausstellung in Rechnung zu stellen. Denn die Exponate bilden nicht den Prozess des Experimentierens ab, sondern greifen gewissermaßen eine Einstellung aus dem laufenden Experimentalfilm heraus. Die Eigenzeit des Experiments muss daher in jedem Fall ergänzt werden: im Sinne eines extrem spezifischen, lokal begrenzten, zugleich aber ergebnis- und letztlich sogar gegenstandsoffenen Vorgangs des Wiederholens und Differenzierens, als ein Vor und Zurück mit unkalkulierbaren Umwegen, aber auch aberwitzigen Abkürzungen, das gewiss nicht immer zum anfänglich ins Auge gefassten Ziel führt.

Hermann von Helmholtz, der das Kunststück fertiggebracht hat, die Physiologie von Berlin aus ebenso nachhaltig zu prägen wie die Physik, hat diese Eigenzeit durch den Vergleich des Laborwissenschaftlers mit einem Bergsteiger zu fassen versucht, »der ohne den Weg zu kennen, langsam und mühselig hinaufklimmt, oft umkehren muss, weil er nicht weiter kann, bald durch Überlegung, bald durch Zufall neue Wegspuren entdeckt, die ihn wieder ein Stück vorwärts leiten, und endlich, wenn er sein Ziel erreicht, zu seiner Beschämung einen königlichen Weg findet, auf dem er hätte herauffahren können, wenn er gescheit genug gewesen wäre, den richtigen Anfang zu finden«.[5]

Von Laborfraktalen ist demnach nicht nur mit Blick auf den Raum, sondern auch auf die Zeit zu sprechen. In der Tat korrespondieren die temporalen Relationen der urban geprägten Außenwelt des Labors mit denen, die sich innerhalb des Experiments manifestieren. Denn zum einen werden Großstädte wie Berlin seit Mitte des 19. Jahrhunderts zunehmend zu Orten einer von Uhren, Zeitungen und anderen Synchronisierungsmedien beherrschten Vernetzung. Zum anderen wandeln sich dieselben Städte zu dichtbevölkerten Landschaften, in denen man sich – fast wie ein Bergsteiger – verirren kann, auch wenn man durch Schübe, Schocks und andere Unfälle neue Orientierung gewinnt.

5 Helmholtz, Hermann von: »Rede«, in: Ansprachen und Reden gehalten bei der am 2. November 1891 zu Ehren von Hermann von Helmholtz veranstalteten Feier, Berlin 1892, S. 46–59, hier S. 54.

Über Laborfraktale wäre aber noch in einem anderen Sinn zu reden. Neben dem Raum und der Zeit fraktalisiert sich nämlich auch der eigentliche Gegenstand, der Inhalt des Experiments. Als ob im 19. Jahrhundert schon vorsorglich Widerspruch gegen Hackings Akzentverlagerung von der Tätigkeit zur Dinglichkeit eingelegt worden wäre, führte in dieser Epoche das Experiment tatsächlich aufs Experimentieren zurück. Besonders deutlich wird das in den Lebenswissenschaften, die im Berliner Kontext durch Helmholtz und Du Bois-Reymond so starken Auftrieb erhielten. Je mehr sich die Biologen dieses Zeitalters dem Experiment zuwandten, umso plausibler erschien es ihnen, das Leben selbst als ein Experimentieren zu betrachten, als ein Probieren und Improvisieren, als Prozess des *trial and error*.

In diesem Sinne war für Helmholtz das Leben eng mit dem Experimentieren verbunden. Das Durchführen von Experimenten war für ihn nicht nur der hauptsächliche Erkenntnisweg jeder Wissenschaft, sondern zugleich tief ins Erleben des modernen Subjekts eingeschrieben: »Dieselbe grosse Bedeutung [...], welche das Experiment für die Sicherheit unserer wissenschaftlichen Ueberzeugungen hat, hat es auch für die unbewussten Inductionen unserer sinnlichen Wahrnehmungen. Erst indem wir unsere Sinnesorgane nach eigenem Willen in verschiedene Beziehungen zu den Objecten bringen, lernen wir sicher urtheilen über die Ursachen unserer Sinnesempfindungen, und solches Experimentieren geschieht von frühester Jugend an ohne Unterbrechung das ganze Leben hindurch.«[6]

Es scheint sich um einen Zirkelschluss zu handeln: Das Experimentieren führt auf das Experimentieren zurück. In Wahrheit handelt es sich um eine Spirale, um eine Helix. Die Kulturtechnik überschreitet hier ihre eigenen Grenzen und wird zu einer Technik der Natur. Der Rahmenraum des Experiments markiert somit eine Offenheit, die sich von uns nicht endgültig schließen lässt. Umgekehrt kann deswegen auch die Betrachtung der Dinge in einer Ausstellung den Charakter eines Experiments annehmen. Man muss nur seine »Sinnesorgane nach eigenem Willen in verschiedene Beziehungen zu den Objecten« bringen.

6 Ders.: Handbuch der physiologischen Optik, Leipzig 1867, S. 452.

Stubenlabor: Emil Du Bois-Reymonds frühe physiologische Experimente

Der Berliner Kreis um Johannes Müller bildete eine Keimzelle der modernen Physiologie. Hing dieser selbst zum Teil noch vitalistischen und naturphilosophischen Anschauungen an, strebten seine Schüler wie Emil Du Bois-Reymond, Hermann von Helmholtz und Ernst von Brücke nach einem Naturverständnis durch experimentelle Analyse.
Du Bois-Reymond, Müllers Nachfolger auf dem Lehrstuhl für Physiologie, befasste sich frühzeitig mit dem Phänomen der tierischen Elektrizität. Mithilfe seiner hochwertigen, selbst gebauten Instrumente gelangen ihm die Entdeckung des Verletzungsstroms und der sogenannten negativen Schwankung am Muskel. Während seiner Assistentenzeit diente ihm die eigene Wohnung als Laboratorium. Dort hielt er zu Hunderten Frösche aus dem benachbarten Tierarzneischulgarten als Versuchstiere. Auf dem Präpariertisch befestigte er freigelegte Muskeln, Nerven oder lebende Amphibien auf Stativen und verband sie mit den Apparaturen. Zahlreiche Versuche galten auch dem eigenen Körper oder dem interessierten Besucher. *rh*
Lit. Du Bois-Reymond 1848–1884; Dierig 2004; Dierig 2006

8-1 Multiplikator nach Du Bois-Reymond

Berlin, 1849, Boetticher & Halske/Emil Du Bois-Reymond
Metall, Glas, 35 x 21 x 21
Medizinhistorisches Museum des Johannes-Müller-Instituts für Physiologie, Inv.-Nr. 0/31

Der Multiplikator, ein Saitengalvanometer, ist ein Messgerät für geringe elektrische Ströme. Zwei magnetische Nadeln – eine im Inneren der Kupferdrahtspule, die andere über einer Skala angebracht – werden durch den angelegten Strom um die Achse des Aufhängungsfadens abgelenkt. *rh*

8-2 Multiplikatorversuch

Berlin, um 1849, C. G. Oehme
Daguerreotypie (Reproduktion)
Staatsbibliothek zu Berlin – Preußischer Kulturbesitz, Handschriftenabteilung, Sign. Slg. Darmstaedter 3k 1841: DuBois-Reymond, Emil, Bl. 58

Die Fotografie zeigt den Bruder Emil Du Bois-Reymonds, David Paul Gustave, im Selbstversuch am Multiplikator. Er misst die elektrischen Ströme zwischen linker und rechter Hand, die durch stärkste Anspannung der einen, bei gleichzeitiger vollkommener Entspannung der anderen Hand entstehen. *rh*

8-3 Froschpistole

Berlin, Mitte 19. Jahrhundert, Emil Du Bois-Reymond
Zeichnung (Reproduktion)
Staatsbibliothek zu Berlin – Preußischer Kulturbesitz, Handschriftenabteilung, Sign. Slg. Darmstaedter 3 k 1841: DuBois-Reymond, Emil, Bl. 12, Fig. 2

Die Zeichnung zeigt ein Gerät, das Du Bois-Reymond vermutlich zu Demonstrationszwecken in seinen Vorlesungen genutzt hat. Es diente der Demonstration der Erregungsleitung in den Nerven und ließ den eingespannten Froschschenkel auf Knopfdruck zucken. *rh*

8-1

8-4 Quecksilberschlüssel

Berlin, 1849, Emil Du Bois-Reymond
Messing, Holz, 14 x 10 x 10
Medizinhistorisches Museum des Johannes-Müller-Instituts für Physiologie, Inv.-Nr. 0/15.1

Der von Du Bois-Reymond entwickelte Schalter diente dem Öffnen und Schließen eines Stromkreises für die experimentelle elektrische Reizung von Muskeln oder Nerven. Im mit Quecksilber gefüllten Porzellantiegel wurde durch Eintauchen und Entfernen eines beweglichen Bügels der Stromfluss hergestellt bzw. unterbrochen. *rh*

8-5 Schlitteninduktorium

Berlin, 1849, Wichmann/Emil Du Bois-Reymond
Metall, Holz, 120/60 x 11 x 11
Medizinhistorisches Museum des Johannes-Müller-Instituts für Physiologie, Inv.-Nr. 0/30.6

Gerät für elektrische Reizversuche an Muskeln und Nerven. Zwischen der an eine Stromquelle angeschlossenen Primärspule und einer beweglichen Sekundärspule auf einem Schlitten wurde ein Magnetfeld aufgebaut. Durch Veränderung des Abstands der Spulen veränderte sich mit dem Magnetfeld auch der in der Sekundärspule entstehende Reizstrom. *rh*

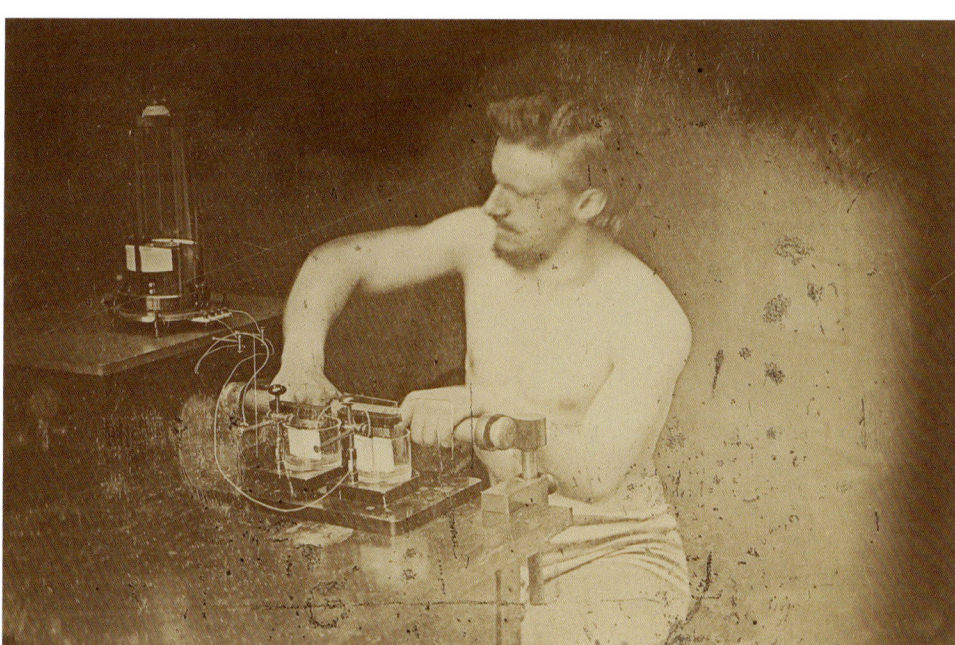

8-2

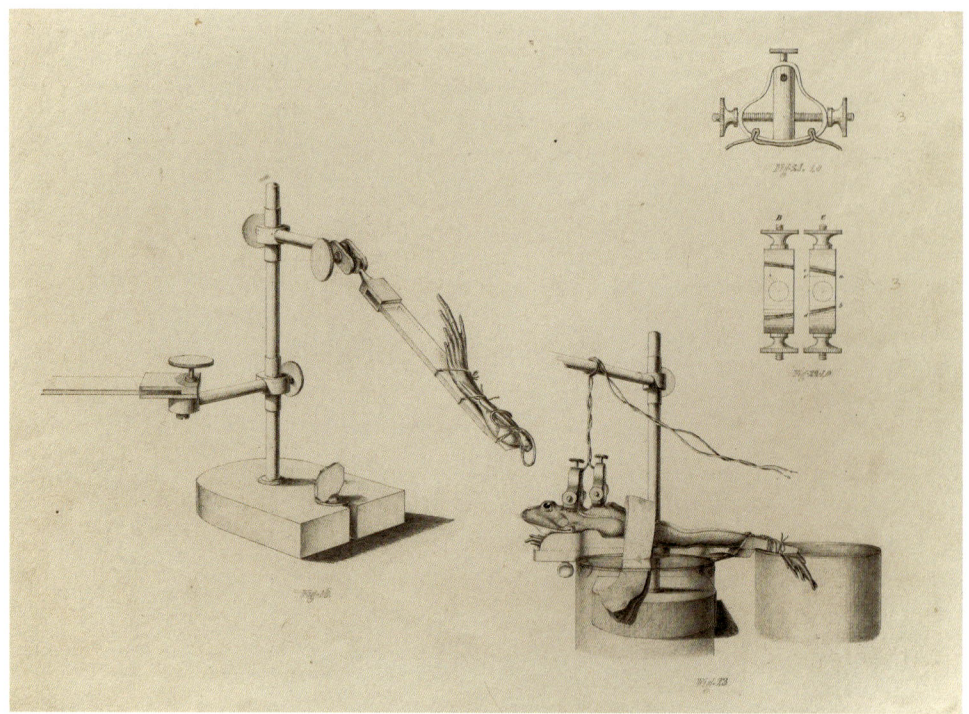

8-9

8-6 **Mikroskop**
Um 1850
Messing, Glas, 29 x 9 x 10
Berliner Medizinhistorisches Museum der Charité,
Inv.-Nr. BMM 2007/135

8-7 **Präparierbesteck**
Berlin, 19. Jahrhundert, Stiefenhofer, München/Windler
Metall, 3,5 x 21 x 9
Charité – Universitätsmedizin Berlin, CCM, Centrum für
Anatomie, Inv.-Nr. ANA A1-48

8-8 **Versuchsjournal**
Berlin, 1845–1849, Emil Du Bois-Reymond
Staatsbibliothek zu Berlin – Preußischer Kulturbesitz,
Handschriftenabteilung, Slg. Darmstaedter DuBois-
Reymond, K. 10, Nr. 7e

Während nahezu seiner gesamten wissenschaftlichen Karriere, also von 1841 bis 1895, dokumentierte Du Bois-Reymond die von ihm vorgenommenen Versuche in handgeschriebenen, nummerierten Heften. Das »Journal VII« entstand noch in der Zeit seiner häuslichen Experimente in der Karlstraße. *rh*

8-9 **Versuchsanordnungen**
Um 1848, Emil Du Bois-Reymond
Zeichnung, 24 x 32
Staatsbibliothek zu Berlin – Preußischer Kulturbesitz,
Handschriftenabteilung, Slg. Darmstaedter 3k 1841:
DuBois-Reymond, Bl. 32

Eigenhändige Zeichnungen Du Bois-Reymonds dienten als Vorlagen für die Kupferstiche seines Werks »Untersuchungen über thierische Elektricität« (1848–1884). Zu sehen ist ein Stativ mit Glasplattenträger und Froschbein, ein Stativ zur Befestigung lebender Frösche und Strom zuführende Klemmen, die an den Frosch angelegt wurden. *rh*

Experimentierfeld Stadt:
Die Erprobung des Tuberkulin

Anfang August 1890 gab Robert Koch, der Entdecker des Tuberkulose-Bazillus, bekannt, ein wirksames Mittel gegen die Volksseuche gefunden zu haben. Die Ankündigung auf dem 10. Internationalen Medizinischen Kongress in Berlin versetzte Tuberkulosekranke wie Ärzte weltweit in Euphorie. Von der großen Nachfrage nach dem Therapeutikum profitierten Koch und seine Mitarbeiter zunächst als alleinige Hersteller und Verkäufer. Nach anfänglicher Begeisterung zeigte sich jedoch schnell die fehlende, bisweilen sogar schädliche Wirkung des später Tuberkulin genannten Präparats. Die Markteinführung war wissenschaftlich unzureichend abgesichert geschehen. Nach Versuchen an sich selbst, seiner Geliebten und seinen Assistenten sowie einer kurzen Erprobung an der Charité hatte Koch sein »Experimentierfeld« durch die frühzeitige Freigabe auf ganz Berlin ausgeweitet. *rh*
Lit. Elkeles 1990; Gorsboth/Wagner 1988; Gradmann 2005a

8-10 **Alt-Tuberkulin**
Hoechst am Main, um 1900, Farbwerke vorm. Meister
Lucius & Brüning
Glas, Gummi, 10 x 4 x 4
Charité – Universitätsmedizin Berlin, Institut für Mikrobiologie und Hygiene, Robert-Koch-Museum

Bei Robert Kochs Tuberkulin handelte es sich ursprünglich um einen in Glyzerin gelösten Extrakt aus Tuberkulose-Bazillus-Kulturen. Nach dem offensichtlichen Misserfolg verkaufte Koch die Rechte an dem Mittel an die Farbwerke in Hoechst am Main. Heute wird Tuberkulin erfolgreich als Tuberkulose-Test eingesetzt. *rh*

8-11 **Spritze nach Koch**
Um 1900
Glas, Metall, Gummi, 14 x 5 x 5
Deutsches Medizinhistorisches Museum Ingolstadt

Das Tuberkulin wurde subkutan, das heißt unter die Haut gespritzt. Bevorzugte Stellen waren die Rückenhaut zwischen den Schulterblättern und die Lenden-

8-5

gegend. Koch empfahl zur Verabreichung eine eigens von ihm erdachte Spritze, die mit einem Gummiballon versehen war. *rh*

8-12 Eine Koch'sche Impfung in der Charité
1896
Holzstich, Reproduktion
Stiftung Stadtmuseum Berlin

Nach der ersten Erprobung des Tuberkulin durch Koch im Selbstversuch begann die eigentliche klinische Anwendung im September 1890 in zwei Abteilungen der Charité. Vor der Markteinführung am 13. November 1890 wurden hier allerdings nur 13 Tuberkulosekranke mit dem Mittel behandelt. *rh*

8-13 Hauttuberkulose »Lupus«
Dresden, 1920–1930
Wachsmoulage, 20,5 x 14 x 30,5
Deutsches Hygiene-Museum, Dresden, Inv.-Nr. DHMD 1991/231

Die Moulage, eine dreidimensionale, naturgetreue Wachsnachbildung krankhafter Körperregionen, demonstriert einen Fall von Hauttuberkulose. Gerade bei der Anwendung des Tuberkulin bei diesem Krankheitsbild kann eine schnell einsetzende, deutliche Reaktion des erkrankten Hautgewebes festgestellt werden, die anfangs fälschlicherweise als Heilung interpretiert wurde. *rh*

Der Beginn eines neuen Zeitalters: Entdeckung und Deutung der Kernspaltung

Kaum eine wissenschaftliche Entdeckung hat die Welt so verändert wie die experimentelle Realisierung der Kernspaltung. Der Einsatz der Atombombe – und das anschließende Atomzeitalter mit seinen Utopien und Ängsten – prägte über Jahrzehnte die Weltpolitik und stellte auch die Frage nach der Verantwortung von Wissenschaft auf neue Weise.
Die Chemiker Otto Hahn und Fritz Straßmann bestrahlten 1938 im Berliner Kaiser-Wilhelm-Institut für Chemie Uran mit Neutronen. Dieses andernorts bereits durchgeführte Experiment gestaltete sich in Umsetzung und Auswertung durch die hierbei verwendeten winzigen Mengen äußerst schwierig. Die Berliner Forscher fanden als Produkt kleinste Spuren eines Stoffes, der sich chemisch scheinbar wie Barium verhielt, was im Widerspruch zu den Erwartungen stand. Erst in der Kommunikation mit der Physikerin Lise Meitner und ihrem Austausch mit Otto Frisch, gelang die Deutung: Der Urankern war

durch den Beschuss mit Neutronen zerfallen. Es entstanden das nachgewiesene Barium sowie das entwichene Edelgas Krypton und freie Neutronen. Da diese grundsätzlich weiteres Uran zu spalten vermögen, ist eine Kettenreaktion möglich. *jh*

8-14 Tisch mit Experimentiergerät zur Kernspaltung
Berlin/München, 1938/1953/1963, Otto Hahn, Mitarbeiter
Diverse Instrumente, Holztisch (Nachbau einer Rekonstruktion), 107 x 77 x 142
Deutsches Museum, München, Inv.-Nr. 80880

Auf dem Tisch sind Geräte und Materialien zusammengetragen, wie sie Teil der Experimente von Hahn und Straßmann waren – unter anderem ein rundlicher Paraffinblock zur Verlangsamung der Neutronenstrahlung, eine Saugflasche, Bleischiffchen, Anodenbatterien, ein Geiger-Müller-Zählrohr und ein Faksimile des Laborbuchs. Die Zusammenstellung vermag die Komplexität des originalen Experiments, das sich über einen Bestrahlungsraum, ein Chemielabor und einen Messraum erstreckt hat, nur anzudeuten. Der ausgestellte Tisch ist ein Nachbau der »Original-Rekonstruktion« von 1953, der 1963 vom Deutschen Museum für die Präsentation auf Sonderausstellungen außerhalb Münchens erstellt wurde. *jh*
Lit. Brandlmeier 2004; Reinhardt 2011; Sime 2010

8-15 Otto Hahn und Lise Meitner in den 1930er-Jahren
Ohne Datum
Fotografie (Reproduktion)
Archiv der Max-Planck-Gesellschaft, Berlin-Dahlem

Otto Hahn und Lise Meitner hatten in Berlin rund 30 Jahre zusammengearbeitet, zunächst am Chemischen Institut der Universität, später am Kaiser-Wilhelm-Institut für Chemie. Dort konnte die Österreicherin jüdischer Abstammung Meitner bis 1938 arbeiten, war aber nach dem »Anschluss« Österreichs nicht mehr vor den sogenannten Nürnberger Rassengesetzen geschützt. Sie floh nach Schweden. Zuvor hatte sie gemeinsam mit Otto Hahn und Fritz Straßmann die Experimente zur Bestrahlung von Uran mit Neutronen entworfen. Nach ihrer Flucht nach Stockholm hatte Hahn sie über die überraschenden Ergebnisse informiert. Im Austausch mit ihrem Neffen Otto Frisch kam Meitner zur Auswertung, die sie Hahn brieflich mitteilte. Hahn und Straßmann publizierten ihre Experimente und die Ergebnisse 1939. Der Nobelpreis für Chemie 1944 wurde im Jahr 1945 jedoch allein an Hahn überreicht. Hahn wurde später mit

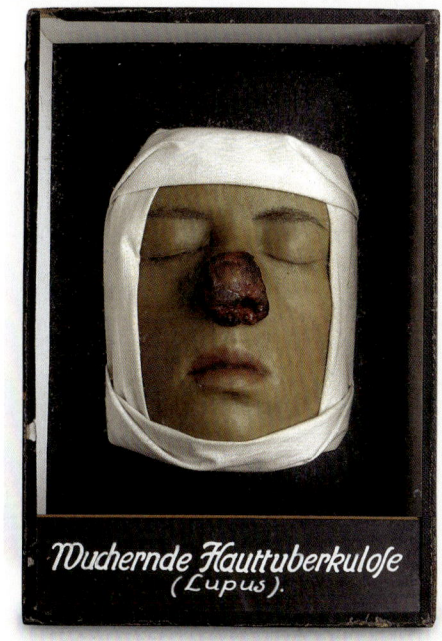

8-13

dem Vorwurf konfrontiert, zur Geringschätzung von Meitners Rolle beigetragen zu haben, sodass der Preis für Hahn Auszeichnung und Bürde zugleich wurde. *jh*
Lit. Sime 2006; Walker 2003

8-10

8-16 Brief an Otto Hahn zur Deutung von dessen Uran-Experiment

Stockholm, 1. Januar 1939, Lise Meitner
Raumton, © teamstratenwerth, Basel
Archiv der Max-Planck-Gesellschaft, Berlin-Dahlem

In dem Brief an Hahn nennt Lise Meitner die grundsätzliche Möglichkeit, dass in dem Experiment von Hahn und Straßmann Urankerne durch die Bestrahlung mit Neutronen in leichtere Elemente »zerplatzt« seien. Meitner geht auch auf die den Experimenten ursprünglich zugrunde liegende Annahme ein, dass sich bei der Bestrahlung Uran mit Neutronen zu einem schwereren Element als Uran, einem Transuran, vereinigen würde. Zwei Tage später schon schrieb Meitner in einem weiteren Brief, dass sie sich nun »ziemlich sicher« sei, dass eine »Zertrümmerung« des Urans stattgefunden habe und das leichte Element Barium entstanden sei. *jh*

8-17 Der »Hahn-Tisch«: Ein Symbol des Atomzeitalters

Berlin, 1988
Diverse Zeitungsartikel (Reproduktionen)
Die tageszeitung, Meldung, 5. Dezember 1988; Berliner Morgenpost, Titelseite (Ausschnitt), 3. Dezember 1988; BZ, Titelseite, S. 12, 3. Dezember 1988

Im Jahr 1953 wurde auf Initiative der USA mit der internationalen Kampagne »Atome für den Frieden« die friedliche Nutzung der Kernenergie propagiert, um damit die Aufmerksamkeit von der Atombombe abzulenken. Zeitgleich stellten Mitarbeiter von Hahn dem Deutschen Museum Objekte zur Verfügung, um sie zum »Hahn-Tisch« zu arrangieren und so Anschauungsmaterial zur Entdeckung der Kernspaltung zu präsentieren. Ursprünglich als Symbol einer Errungenschaft konzipiert, wurde es später Teil des symbolischen Widerstandes gegen die Nutzung der Kernkraft. Eine Ausstellung zum »50. Jahrestag der Entdeckung der

Kernspaltung« an der TU Berlin wurde im Dezember 1988 kurz vor ihrer Eröffnung zerstört. *jh*
Lit. Reinhard 2011

Zwischen Grundlagenforschung und industrieller Anwendung: die Entwicklung des Elektronenmikroskops

In den 1930er-Jahren war Berlin das Zentrum für die Entwicklung der Elektronenmikroskopie: Nach den ersten Experimenten an der Technischen Hochschule Anfang der 30er-Jahre, für die Ernst Ruska 1986 den Nobelpreis für Physik erhielt, bestimmten in der Folgezeit die Industrielabore von Siemens & Halske und AEG die Entwicklung kommerzieller Instrumente. Nach den Vertreibungen jüdischer Forscher im Nationalsozialismus verließen auch nach 1945 weitere Elektronenmikroskopiker Berlin, andere wie Ruska blieben.

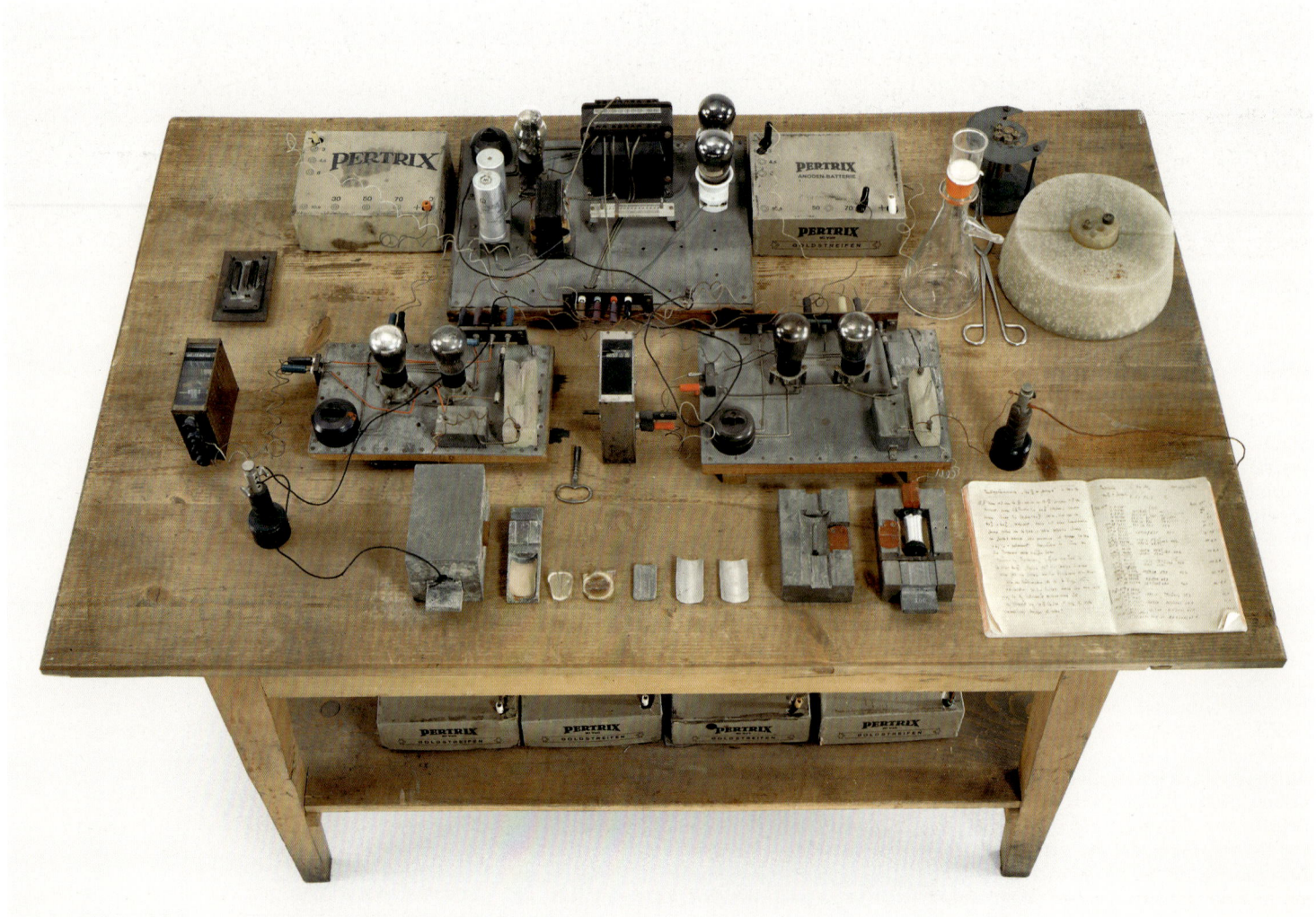

8-14

8-15

Heute gehört die Elektronenmikroskopie weltweit zu den wichtigsten Methoden der Strukturanalyse in den Lebens- und Materialwissenschaften. Die Technische Universität Berlin setzt mit der Einweihung eines Hochleistungslabors 2010 ihre Tradition in diesem Bereich fort. *jh* Lit. Müller 2009

8-18 Elektronenoptische Bank von Ernst Ruska

Berlin, 1950–1952, anschließende Modifikationen, Ernst Ruska u. a.
138 x 122 x 61
Deutsches Museum, München, Inv.-Nr. 2003-115

Ab 1949 leitete Ernst Ruska das elektronenmikroskopische Labor des heutigen Fritz-Haber-Instituts in Berlin-Dahlem. Der ausgestellte Aufbau geht auf diese Zeit zurück. Ruskas Interesse galt weniger der eigenen Anwendung des Elektronenmikroskops als vielmehr dessen

Weiterentwicklung. Wie das Elektronenmikroskop allgemein nutzt auch die »Elektronenoptische Bank« nicht wie ein herkömmliches Mikroskop die Welleneigenschaft von Licht, sondern die von Elektronen. Analog zu optischen Linsen sind hier die Bausteine Elektronenlinsen, um die Flugbahn von Elektronen abzulenken. Der Aufbau zielte auf die gute Austauschbarkeit einzelner Komponenten ab, um sie separat untersuchen zu können. Die Bank wurde auch für Lehrzwecke benutzt und war bis 1997 im Einsatz. Sie vereint Bestandteile aus fünf Jahrzehnten, einige stammen noch original von Ruska. *jh* Lit. Ruska 1952

8-19 Fotos von Berliner Pionieren der Elektronenmikroskopie

Ohne Jahr
Reproduktionen
Ernst Ruska und Max Knoll, © TU Berlin; Ernst Brüche,

© Technoseum; Reinhold Rüdenberg, ullstein bild; Manfred von Ardenne, ullstein bild

Experimentieren unter standardisierten Bedingungen: Alzheimer-Forschung mit Modellorganismen

Was genau passiert im menschlichen Gehirn, wenn es an Alzheimer erkrankt? Wie lässt sich Alzheimer behandeln? Mithilfe des standardisierten Verhaltensexperiments »Morris Water Maze« versuchen Berliner Wissenschaftler, den Verlust des Gedächtnisses zu erforschen, indem sie das Verhalten gesunder und kranker Mäuse miteinander vergleichen. *bht*

8-20 White Tub – Schwimmlabyrinth

Filmische Installation, Berlin, 2010,
Boris Hars-Tschachotin
Fiktiver Laborraum mit dinglichen Zitaten aus einem High-Tech-Labor für molekulare Medizin: Käfige

als dem Menschen ähnlich. Doch die Funktion ihrer Zellen, ihres Gewebes und ihrer Organe gleicht auf frappierende Weise denen des Homo sapiens, sodass sich die Forschungsergebnisse teilweise auf den Menschen übertragen lassen. Die Installation »White Tub – Schwimmlabyrinth« greift eine international standardisierte Versuchsanordnung an Modellorganismen auf.

In einem nahezu orientierungslosen, vollkommen in Weiß gehaltenen Rundbecken soll die schwimmende Maus eine unter der milchigen Wasseroberfläche verborgene Plattform entdecken. Maximal eine Minute schwimmen die Mäuse, dann müssen sie aus dem Becken genommen, getrocknet werden und mindestens eine Stunde pausieren. Gesunde Mäuse finden nach kurzem Training zielsicher die rettende Insel. Die an Alzheimer erkrankten Knockout-Mäuse schwimmen ziellos umher. Bei ihnen setzen die Wissenschaftler über einen festgelegten Zeitraum neue Wirkstoffe ein, um im besten Falle die neurologischen Defekte im Gehirn der kranken Mäuse reparieren zu können. Der Film der Installation rekonstruiert aus einer künstlerischen Perspektive den Versuchsaufbau und beschreibt die dramatische Suche der Maus nach der rettenden, nur durch die Erinnerung auszumachenden, unsichtbaren Insel bis zur abstrakten, computerbasierten Auswertung ihres Verhaltens. Im Versuchsraum herrschen besondere Bedingungen, alle Elemente drücken vollständige Kontrolle aus. Raum, Käfige, Körper und Zellen der Versuchstiere: alles erscheint speziell entworfen, alles unterliegt der Überwachung durch Wissenschaftler und Tierpfleger. Innerhalb der Installation durchläuft der Besucher eine sechsminütige Versuchsanordnung und wird Teil des Experiments. *bht*

8-20

Typ II-1284L, Tür, Desinfektionsmatte und Überkopf-Projektion, Farbe, Ton, HD-Cam
Experimentdauer 6:13 min., Loop

Der glatte Kunststoffboden reflektiert kaltgrelles Licht, ferne Schritte hallen durch die nüchternen Gänge. Es ist die äußerste Hemisphäre eines Forschungszentrums für Molekulare Medizin, das mithilfe von Modellorganismen Molekularbiologie betreibt. Um in seinen Kern, die High-Tech-Labore, vorzudringen, bedarf es der Überschreitung vieler Schwellen. Der Wissenschaftler durchläuft selbstklebende weiße Desinfektionsmatten, Luftschleusen, die Schuhe bekommen grüne Plastiküberzieher, die Kleider werden in keimfreie Zellulosekittel gehüllt, Gummihandschuhe und Mundschutz sind zu tragen. Es ist der Eintritt in die Welt von 50 000 Modellorganismen. Der Laie würde von Mäusen sprechen, der Wissenschaftler spricht von Knockout- oder transgenen Mäusen. Der klassischen Knockout-Maus fehlt ein Gen, ihre embryonalen Stammzellen wurden gezielt für die molekulare Grundlagenforschung manipuliert. Die Tiere scheinen rein äußerlich alles andere

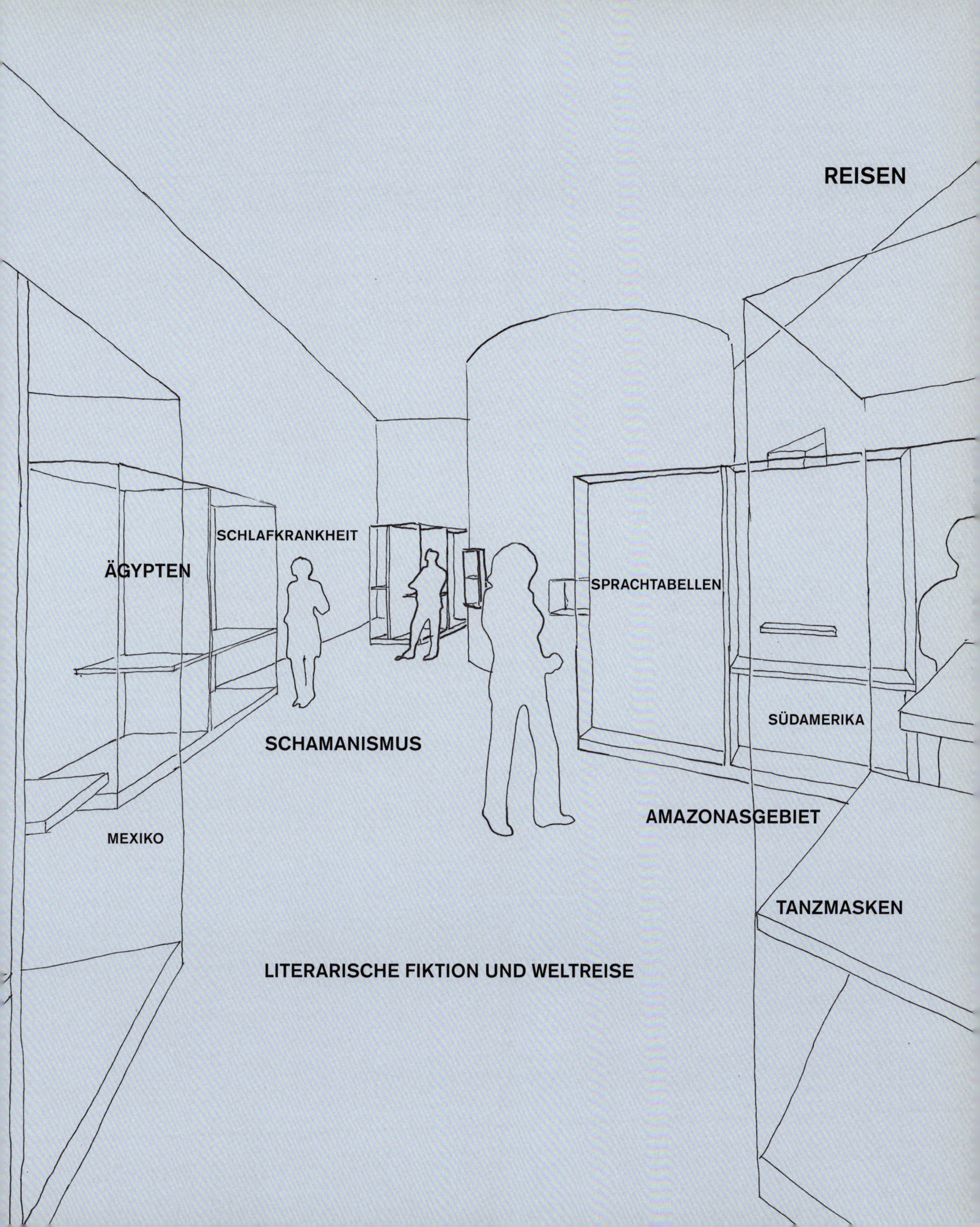

REISEN

Michael Kraus

Wissenschaft lebt in hohem Maße von Ideen und Objekten mit Migrationshintergrund. Die Beschäftigung mit intellektuellen Konzepten und materiellen Hinterlassenschaften fremder Zeiten und Regionen ist wesentlicher Bestandteil wissenschaftlicher Forschungs- und Erkenntnisprozesse.

Diese Auseinandersetzung kann zum einen in der Heimat des Forschers stattfinden. In Bibliotheken, Sammlungen und Laboren werden Objekte und Ideen fremden Ursprungs analysiert, klassifiziert und weiterentwickelt. Doch zählt zum anderen auch das »Reisen«, das Aufsuchen eines Forschungsgegenstandes in den ihm jeweils eigentümlichen Gebieten und Zusammenhängen, zu den genuinen Formen wissenschaftlicher Tätigkeit.

Die Betrachtung überlieferter Dokumente zeigt dabei, dass bereits die Motivation zum Aufbruch in der Regel äußerst vielschichtig ist und sich nicht auf einen Aspekt reduzieren lässt. Neben wissenschaftlichem Erkenntnisdrang bekannte beispielsweise Alexander von Humboldt gleich zu Beginn seiner »Reise in die Äquinoktialgegenden des Neuen Kontinents« die aus Jugendtagen herrührende Sehnsucht nach fernen Ländern.[1] Bei Karl Richard Lepsius hingegen waren knapp fünfzig Jahre später berufsstrategische Überlegungen von entscheidender Bedeutung für die Hinwendung zur Ägyptologie.[2] Und noch einmal vierzig Jahre später betonte Adolf Erman, damals Direktor der Ägyptischen Abteilung der Berliner Museen, die Verbindung von Forschungsexpeditionen und Nationalprestige, als er forderte: »Preußen muss graben, damit wir nicht wieder einmal das Nachsehen haben.«[3]

Was in diesen Berichten ebenfalls regelmäßig deutlich wird, ist die Abhängigkeit der Wissenschaftler von Faktoren, die keine noch so solide Vorbereitung vorherzusehen vermag. So beabsichtigte Humboldt gegen Ende des 18. Jahrhunderts zunächst eine Ägyptenreise, die aus politischen Gründen schließlich nicht durchführbar war, entschloss sich darauf, an einer Expedition in die Südsee teilzunehmen, die ebenfalls nicht wie vorgesehen zustande kam, um schließlich erneut eine Reise nach Nordafrika ins Auge zu fassen. Über die Flüchtigkeit aller Pläne heißt es schließlich in seinem Bericht: »Ich verließ Paris mit der Absicht, mich nach Algier und Ägypten einzuschiffen; und wie nun einmal der Zufall in allem Menschenleben regiert, sah ich meinen Bruder bei der Rückkehr vom Amazonenstrom und aus Peru wieder, ohne das Festland von Afrika betreten zu haben.«[4]

Die reale Erfahrung des Unwägbaren fand manchmal bereits bei den Vorbereitungen Berücksichtigung. Als Christian G. Ehrenberg und Friedrich W. Hemprich 1820 zu einer Expedition nach Afrika aufbrachen, verzichtete die Preußische Akademie der

1 Humboldt, Alexander von: Reise in die Äquinoktial-Gegenden des Neuen Kontinents, Bd. 1, Frankfurt am Main 1991, S. 44.
2 Wildung, Dietrich: Preussen am Nil. Berlin 2002, S. 26. Vgl. auch Essner, Cornelia: Deutsche Afrikareisende im neunzehnten Jahrhundert. Zur Sozialgeschichte des Reisens, Stuttgart 1985, S. 93ff., hier: S. 120f.
3 Zit. n. Matthes, Olaf: Deutsche Ausgräber im Vorderen Orient, in: Trümpler, Charlotte (Hg.), Das Große Spiel. Archäologie und Politik zur Zeit des Kolonialismus (1860–1940), Köln 2008, S. 226–235, hier: S. 227, 229.
4 Humboldt: Reise in die Äquinoktial-Gegenden des neuen Kontinents, S. 49.

Wissenschaften auf strikte regionale Vorgaben, da man sich bewusst war, wie sehr »die Jahreszeiten, die örtlichen Verhältnisse und selbst politische Ereignisse« eine Forschungsreise beeinflussen, ja zum Scheitern bringen können. Die Flexibilität, die man den Forschern zugestand, ging einher mit der Verpflichtung, »ihrem Zug jederzeit diejenige Richtung zu geben, welche ihnen die reichste Ausbeute für naturhistorische Beobachtungen und für das Einsammeln von Seltenheiten aus diesem Fach verspricht«.[5]

Auch die Notwendigkeit, die Kosten der eigenen Reise zu sichern, konnte die Möglichkeiten des Forschens immer wieder einschränken. Dies verdeutlichen die Erfahrungen Theodor Koch-Grünbergs, der zu Beginn des 20. Jahrhunderts ethnografische Expeditionen in das Amazonasgebiet unternahm. Finanziell unterstützt wurde Koch-Grünberg, wie auch zahlreiche andere Reisende seiner Zeit, vor allem von Museen, die im Gegenzug die Übersendung entsprechender Sammlungen erwarteten. Koch-Grünberg sah sich dadurch wiederholt gezwungen, weiterzuziehen, um zusätzliche Objekte zu erwerben, wo er eigentlich noch hätte bleiben und seine Arbeit vertiefen wollen. In seinem Reisebericht wie auch in seinen privaten Briefen betonte er mehrfach, dass sein Hauptbestreben nicht alleine das Sammeln, sondern das Forschen war, was nur bei längerem Aufenthalt und in engem freundschaftlichem Austausch mit den Bewohnern der besuchten Regionen möglich sei.[6]

Was die Wissenschaftler unterwegs von ihren zu Hause arbeitenden Kollegen unterscheidet, ist allem voran die Notwendigkeit, sich geistig wie körperlich auf einen fremden und in der Regel kaum kontrollierbaren Kontext einzulassen. Neben sprachlichen und sozialen Aspekten können auch klimatische, geografische oder politische Faktoren ihre Vorhaben beeinflussen. Was die Forscher von anderen Reisenden abhebt, ist neben ihrer Ausbildung und wissenschaftlichen Ausrüstung die zunehmende Reflexion und methodische Verfeinerung ihres Vorgehens. Nicht willkürlich sollen Ideen und Objekte in die Herkunftsorte der Wissenschaftler gelangen, um dann dort untersucht zu werden, sondern gezielt und unter zunehmender Berücksichtigung ihrer Entstehungs- und Erhebungszusammenhänge. Im Mittelpunkt der Unternehmungen steht idealerweise Erkenntnisgewinn.

Während beispielsweise Kolumbus die Eingeborenen Amerikas vor allem nach Gold fragte, berichtete Humboldt bei seinem ersten Zusammentreffen mit der indigenen Bevölkerung begeistert von verschiedenen Früchten und Pflanzen sowie dem Panzer eines Gürteltiers, die er in ihrem Einbaum sichtete. Einer der ersten Indianer, die er antraf, wurde aufgrund seines großen Wissensschatzes für 16 Monate zum Begleiter des Forschers. Achtung vor den angetroffenen Menschen und Regionen zeichneten den Berliner Universalgelehrten ebenso aus wie Neugier und Erkenntnisinteresse.[7]

Im Verbund mit vorherrschenden Machtkonstellationen kann ein Aufenthalt in der Fremde allerdings auch mit der brutalen Durchsetzung wissenschaftlicher Interessen einhergehen. So experimentierten deutsche Ärzte in den Kolonialgebieten auf Kosten der einheimischen Bevölkerung und erprobten rücksichtslos »an vermeintlich minderwertigen und uneingeschränkt in der Gewalt der Verwaltungsbehörden befindlichen Menschen [...] Medikamente für die Pharmazeutische Industrie der Metropole«.[8]

Art und Dauer, Umgangs- und Wahrnehmungsformen, Erkenntnisabsichten, aber auch Folgen wissenschaftlicher Reisen variieren somit beträchtlich, und dies nicht

5 Zit. n. Essner: Deutsche Afrikareisende im neunzehnten Jahrhundert, S. 75.
6 Koch-Grünberg, Theodor: Reisen in Nordwest-Brasilien 1903/1905, Berlin 1909/10, S. II ff. Vgl. auch Kraus, Michael: Bildungsbürger im Urwald. Die deutsche ethnologische Amazonienforschung (1884–1929), Marburg 2004, S. 106, 299 ff., 416 f.
7 Humboldt: Reise in die Äquinoktial-Gegenden des Neuen Kontinents, S. 214 f.
8 Eckart, Wolfgang U.: Medizin und Kolonialimperialismus. Deutschland 1884–1945, Paderborn 1997, S. 544. Vgl. auch Gradmann, Christoph: Krankheit im Labor. Robert Koch und die medizinische Bakteriologie, Göttingen 2005, S. 330.

nur nach Epoche und Disziplin. Angewandte Methoden gilt es dabei stets neu auf das Erkenntnisziel einer Untersuchung abzustimmen. Angesichts der zahlreichen, oft extensiv ein großes Areal durchstreifenden Expeditionen forderte Konrad Theodor Preuss, Zeitgenosse und Kollege von Koch-Grünberg am Königlichen Museum für Völkerkunde zu Berlin, zu Beginn des 20. Jahrhunderts programmatisch das »Ende des Herumreisens« und die Konzentration auf vertiefende Studien im Rahmen längerer stationärer Feldaufenthalte.[9] Gut neunzig Jahre nach Preuss, der unter anderem bei den im heutigen Mexiko lebenden Huichol gearbeitet hatte, kontaktierten Ingrid Kummels und Manfred Schäfer diese Ethnie; auch sie interessierten sich für die Religion der Indianer. Während sich Preuss der indigenen Mythologie mittels Gesprächen und Interviews im Verlauf eines mehrmonatigen Dorfaufenthaltes genähert hatte, begleiteten Kummels und Schäfer einige Huichol auf ihrer Pilgerreise nach Wirikuta, das heilige Land der Indianer. Die Bereitschaft zum gemeinsamen »Herumreisen« bildete die notwendige Voraussetzung, um Einblicke in die religiöse Praxis des besuchten Volkes zu erlangen. Zudem beschränkten sich die Forscher nicht auf einen einmaligen Besuch, sondern kehrten zu den Huichol zurück, um das Ergebnis ihrer Arbeit – einen Film über die aufgenommene Pilgerreise – auch den Protagonisten ihrer Studie vorzustellen und gemeinsam mit ihnen zu diskutieren. Bilder und Ideen zirkulieren somit weiter. Die aufgenommenen Informationen bleiben nicht ausschließlich im Besitz derjenigen, die sie produziert haben, sondern kehren zurück an ihren Ursprungsort und werden ihrerseits Gegenstand neuer Auseinandersetzungen.

»Reisen« dient dabei nicht einfach zur Erlangung von Resultaten, sondern wirkt sich zugleich auf diese aus. Ideen und Dinge werden transformiert und in einen neuen Zusammenhang eingebettet. In Indien war Robert Koch die erstmalige Identifizierung von Cholerabakterien in Reinkultur gelungen, was wiederum die weitere Analyse der Krankheit im heimischen Labor ermöglichte. In der wissenschaftshistorischen Betrachtung verwandelte sich die Krankheit hierdurch zu einem »Berliner Objekt«.[10]

Wie neben Objekten auch die von Reisenden transportierten Erkenntnisse immer wieder neu konstruiert werden, und wie einseitig und fragwürdig häufig die Zuschreibung sogenannter »Entdeckungen« erfolgt, verdeutlicht eine Aussage Alexander von Humboldts, der sich gegen die Bezeichnung eines »Humboldt-Stroms« verwehrte. War er auch der Erste gewesen, der hierzu Messungen durchgeführt hatte, so war das Phänomen selbst, so Humboldt, »schon 300 Jahre vor mir allen Fischerjungen von Chili bis Payta bekannt«.[11]

Neue Kontexte können zudem Verfremdungseffekte auslösen, die weit über das bloße Weitertragen von Informationen hinausgehen. So musste der japanische Arzt und Schriftsteller Mori Ôgai, der Ende des 19. Jahrhunderts unter anderem bei Robert Koch in Berlin studiert hatte, während eines Vortrags in der Gesellschaft für Erdkunde entsetzt feststellen, welch – aus seiner Sicht – blühenden Unsinn ein damaliger Japanreisender über Ostasien erzählte.[12]

Der beim Reisen durchschrittene Erfahrungsraum ist folglich nicht einfach mit der Anzahl zurückgelegter Kilometer gleichzusetzen. Doch vermag umgekehrt das bloße Nachdenken die existenzielle Erfahrung des »Reisens als kulturelle Praxis«[13] nicht zu ersetzen. Der Verweis auf ein zunächst vielleicht ungewöhnlich erscheinendes Beispiel soll dies zumindest andeuten. Der deutsche Professor Hermann Döll hatte sich

9 Vgl. Kraus: Bildungsbürger im Urwald, S. 259, 281.
10 Gradmann: Krankheit im Labor, S. 296.
11 Zit. n. Kortum, Gerhard: »Die Strömung war schon 300 Jahre vor mir allen Fischerjungen von Chili bis Payta bekannt!«. Der Humboldt-Strom, in: Kunst- und Ausstellungshalle der BRD (Hg.): Alexander von Humboldt. Netzwerke des Wissens, Bonn 1999, S. 98–99, hier: S. 98.
12 Ôgai, Mori: Deutschlandtagebuch 1884–1888, hg. u. a. d. Japanischen übers. v. Heike Schöche, Tübingen 2008, S. 114 ff.
13 Einführend z. B. Bauerkämper, Arnd/Bödeker, Hans Erich/Struck, Bernhard (Hg.): Die Welt erfahren. Reisen als kulturelle Begegnung von 1780 bis heute, Frankfurt am Main 2004.

lange Zeit mit philosophischen Überlegungen zu anthropologischen Fragestellungen beschäftigt. Als er in fortgeschrittenem Alter aufgrund einer Erkrankung in das ihm unvertraute Feld einer psychiatrischen Heilanstalt eingewiesen wurde, versuchte er die neu auf ihn eindrängenden Kontakte und Erfahrungen mithilfe eines Tagebuchs festzuhalten und zu verarbeiten. Die existenzielle Auseinandersetzung im fremdkulturellen Raum ließ ihn frühere Überzeugungen nachhaltig in Zweifel ziehen. Seine an der Universität, vor der eigenen Reise hinter den »Zaun der geschlossenen Antiwelt« entworfene Anthropologie, bewertete Döll nunmehr selbst als »zu akademisch und harmlos«.[14]

Reisen in fremde Gefilde umfassen, prägen, ja transformieren auch den Menschen »wesentlich«. Sie bilden ihn in existenzieller Weise neu – was mit Chancen und Verwerfungen gleichermaßen verbunden sein kann.

Betrachtet man die positive Seite dieses Prozesses, so lässt sich die These formulieren, dass es wohl der reisende Alexander war, der das auf seinen Bruder Wilhelm zurückgehende »Humboldt'sche Bildungsideal« am vollständigsten verkörpert und gelebt hat: Begleitet von Einsamkeit und Freiheit, von der harmonischen Ausbildung aller Fähigkeiten, von der Zurückweisung staatlicher Eingriffe und Verpflichtungen, vom kommunikativen Austausch im Geiste eines Ideals und von der mit innerer Kraft die toten Datensammlungen belebenden Idee, findet sich Wissenschaft hier charakterisiert als nie ganz verwirklichte, nie endende Suche.[15]

14 Döll, Hermann K. A.: Philosoph in Haar. Tagebuch über mein Vierteljahr in einer Irrenanstalt, Frankfurt am Main 1981, S. 191.
15 Humboldt, Wilhelm von: Über die innere und äußere Organisation der höheren wissenschaftlichen Anstalten in Berlin, in: Müller, Ernst (Hg.), Gelegentliche Gedanken über die Universitäten. Leipzig 1990, S. 273–283.

9-3b

Alexander von Humboldt – Die amerikanische Reise (1799–1804)

Seit seiner Jugend plante Alexander von Humboldt, sowohl den Amazonas als auch den Irtysch in Sibirien zu erkunden. Die erste Reise unternahm Humboldt gemeinsam mit Aimé Bonpland von 1799 bis 1804 auf eigene Kosten und in eigener Regie. Frei von politischen Verpflichtungen, folgte er seinen Forschungsinteressen in einer wenig bekannten Region. Dabei scheute er weder Risiko noch Anstrengung, seine Reiseberichte versetzen das Publikum bis heute in Staunen. Der Ertrag der Reise war sensationell. Humboldt brachte wertvolle Objekte, Informationen und Messergebnisse mit, die er in den folgenden Jahren auswertete und publizierte. Bereits hier setzte er seine epochemachende Strategie um, Naturphänomene in ihren Zusammenhängen zu betrachten – sie begründete seinen Ruhm als innovativer Wissenschaftler. Humboldts ganzheitlicher Forschungsansatz veränderte die damalige Wissenschaftslandschaft und legte die Grundlage für neue Forschungszweige, wie etwa die Geobotanik oder die Klimaforschung. *af*

9-1 *Bertholletia excelsa*, Paranuss

Herbarbeleg, Alexander von Humboldt, Aimé Jacques Alexandre Bonpland
Getrocknete Pflanze auf Papier, 39,5 x 32,5
Botanischer Garten und Botanisches Museum Berlin-Dahlem, Freie Universität Berlin Willdenow-Herbarium
B-W 10107-01-0

Die aus den Regenwäldern Südamerikas stammende Paranuss, *Bertholletia excelsa*, gehört zu den Pflanzen, die auf der Amerikareise Humboldts erstmalig wissenschaftlich belegt wurden. Unter enormen Schwierigkeiten hatten Humboldt und Bonpland mehrere Tausend Pflanzen gesammelt, getrocknet und beschrieben. Sie trugen einen einzigartigen botanischen Schatz zusammen, der, wie auch dieser zweihundert Jahre alte Typusbeleg, im Berliner Botanischen Garten aufbewahrt wird. *af*
Lit. Holl 1999; Theatrum Naturae 2000

9-2 Maisgöttin Chicome Coatl

Mexiko
Tuffstein, 37 x 17 x 16
Staatliche Museen zu Berlin, Ethnologisches Museum,
Inv.-Nr. IV Ca 2

Humboldt brachte die Skulptur einer aztekischen Maisgöttin (14.–16. Jahrhundert) von seiner Reise mit. Auch in der Erforschung der prähispanischen Kultur Südamerikas setzte Humboldt neue Akzente. Anders als viele Reisende vor ihm, sah er in den Zeugnissen aztekischer Kultur mehr als nur Relikte heidnischer Kulte. Er verglich die antiken Kulturen Mexikos mit denen Ägyptens, Mesopotamiens oder Griechenlands und verfolgte auch hier einen global vergleichenden Ansatz. *af*
Lit. Holl 1999; Humboldt Vues des Cordillières 1810–1813

9-3 Besteigung des Chimborazo

a) Tagebucheintrag im amerikanischen Reisetagebuch Chimborazo (Ecuador), 23.–28. Juni 1802, Alexander von Humboldt
Privatbesitz

b) Chimborazo und Carguairazo
Berlin, 1806, Johann Friedrich Arnold
Aquatintaradierung nach einer Vorlage von Alexander von Humboldt und Friedrich Gmelin, 16,3 x 31,9 (Bild); 22,5 x 37,2 (Platte); 34 x 50 (Blatt)
Staatliche Museen zu Berlin, Kupferstichkabinett,
Inv. Nr. 955-110, 00079914

c) Ueber zwei Versuche den Chimborazo zu besteigen
Stuttgart/Tübingen, 1837, Alexander von Humboldt

In: Jahrbuch für 1837, Heinrich Christian Schumacher (Hg.) Universitätsbibliothek der Humboldt-Universität zu Berlin, Sign. Oh 2093: F8 2.1837

Auf der zweijährigen Andenreise bestieg Alexander von Humboldt viele aktive und inaktive Vulkane. Sein Versuch, den Chimborazo zu besteigen, stellte dabei einen für lange Zeit unübertroffenen Höhenrekord dar. Diese physische Leistung ist bezeichnend für Humboldts persönlichen Enthusiasmus für die Forschung. Sein Interesse an Vulkanen geht auf die Auseinandersetzung mit der Erdgeschichte zurück. Er ging davon aus, dass die Erdoberfläche durch vulkanische Aktivitäten und nicht durch einen Urozean geformt worden sei, wie eine damals verbreitete Auffassung lautete. Humboldt nahm im Gegensatz zu vielen prominenten Zeitgenossen an, dass Erdbeben und Vulkanaktivitäten in Zusammenhang stehen und auf tiefer liegende Erdaktivitäten zurückzuführen seien. *af*
Lit. Humboldt 2006; Kunst um Humboldt 2009

9-4 Die Erkundung des Orinoco

a) Einmündung des Apure und Krümmung des Orinoco bis Caicara
Um 1800, Alexander von Humboldt
Tinte auf Papier, 9,5 x 15
Staatsbibliothek zu Berlin – Preußischer Kulturbesitz, Handschriftenabteilung, Autogr. I/1809
b) Le Poison Caribe de l'Orinoque
Ohne Jahr (um 1800), Alexander von Humboldt
Bleistift auf Papier, 18,5 x 27,5
Staatsbibliothek zu Berlin – Preußischer Kulturbesitz, Handschriftenabteilung, Autogr. I/2107-13a

Täglich notierte Humboldt seine Beobachtungen und zeichnete Tiere nach der Natur. Diese Aufzeichnungen stammen aus einem spektakulären Abschnitt der Amerikaexpedition. Humboldt reiste 1800 von Caracas zum Río Apure und weiter in das Strombett des Orinoco, bis zum Río Negro. Die 75-tägige Flussfahrt wurde mit einem Einbaum von 13 Metern Länge und einem Meter Breite unternommen. Neben der siebenköpfigen Besatzung transportierte das Boot auch Käfige mit gefangenen Vögeln und Affen, Messinstrumente, Zeichnungen, Pflanzen und Bälge, was das Leben an Bord zu einem in jeder Hinsicht aufreibendem Balanceakt machte. Ein weiteres Ergebnis dieser Reise bildete Humboldts Nachweis, dass der Orinoco eine Stromverbindung zum Amazonas besitzt. *af*
Lit. Beck 2009; Holl 1997

9-5 Beobachtungen zu Meeresströmungen

7. März – 14. März 1804, Alexander von Humboldt
Tinte auf Papier, 32 x 13,2
Staatsbibliothek zu Berlin – Preußischer Kulturbesitz, Handschriftenabteilung, Nachlass Alexander von Humboldt, K. 4, Nr. 21

Das Blatt aus dem Reisejournal zeigt Messungen, die Humboldt auf der Reise von Veracruz nach Havanna protokollierte. In einer Tabelle listete er Datum, Breitengrad, Meeres- und Lufttemperatur sowie Windgeschwindigkeit auf. Diese für die Ozeanografie wichtigen Daten bilden heute ein hochaktuelles Forschungsfeld. Humboldt war auch auf diesem Gebiet ein Pionier. Im März 1803 konnte er durch Temperaturmessungen vor der peruanischen Küste eine nach ihm benannte Meeresströmung nachweisen. *af*
Lit. Beck 2009

9-6 Reisebarometer nach Schiegg mit Thermometer

Um 1800, Schiegg von Vaccano
Holz, Papierskala, Höhe 97, Durchmesser 6,8
Deutsches Museum, München, Inv.-Nr. 27

Das Reisebarometer war eines der zahlreichen Messinstrumente, die Humboldt mit sich führte. Regelmäßige Messreihen dienten der Kartierung des unwegsamen Geländes, aber auch der Erforschung klimatischer und atmosphärischer Phänomene. Das Barometer wurde unter anderem bei Höhenmessungen eingesetzt und war so empfindlich wie unentbehrlich. Es wurde deshalb von einem zu Fuß gehenden Begleiter getragen. Dennoch hielt es der extremen Luftfeuchtigkeit am Orinoco nicht stand. *af*
Lit. Holl 1999

9-7 Geographie der Pflanzen in den Tropen-Ländern, ein Naturgemälde der Anden, gegründet auf Beobachtungen und Messungen, welche vom 10ten Grade nördlicher bis zum 10ten Grade südlicher Breite angestellt worden sind, in den Jahren 1799 bis 1803, von Alexander von Humboldt und A.G. Bonpland

Tübingen/Paris, 1807, Alexander von Humboldt
Kupferstich, koloriert, 37 x 80,3
Humboldt-Universität zu Berlin, Universitätsbibliothek, Zweigbibliothek Naturwissenschaften, Sign. Nat. 10374:1:F4

Humboldt demonstrierte in dieser außergewöhnlichen Darstellung den Zusammenhang von Botanik, Geografie und Klima im Andengebiet. Er zeigt einen vereinfachten Gebirgsquerschnitt, in den Vegetationsarten und atmosphärische Phänomene notiert wurden, und kombiniert ihn mit einer Tabelle mit Mess- und Beobachtungsergebnissen. Die Darstellungsform entspricht Humboldts Überzeugung, dass die Natur nur als komplexes Spiel verschiedenster Faktoren, als ökologisches System, zu verstehen ist. *af*
Lit. Holl 1999

Alexander von Humboldt – die russisch-sibirische Reise (1829)

Lange hatte Alexander von Humboldt eine Expedition nach Asien geplant, sie kam jedoch aufgrund politischer Konstellationen erst spät zustande. Auf seiner Russlandreise, 1829, wollte er, zusammen mit Christian Gottfried Ehrenberg und Gustav Rose, Vergleichsmaterial zu den amerikanischen Forschungen sammeln. Sie fand

9-4a

unter gänzlich anderen Bedingungen als die Amerikareise statt. Humboldt war nun eine wissenschaftliche Autorität: Er reiste mit großem Gefolge auf Einladung der zaristischen Regierung, die jeden seiner Schritte verfolgte. Humboldts Aufgabe bestand darin, die russische Montanindustrie zu inspizieren sowie nach Gold-, Edelstein- und Diamantenvorkommen im Ural und Altaigebirge zu suchen. Nur gegen Widerstand gelang es ihm, auch eigene Forschungen durchzuführen. Die Asienreise war in jeder Hinsicht das Gegenstück zur Amerikareise: weniger exotisch und weniger spektakulär, aber auf dem Gebiet der Mineralogie und Geografie gleichwohl bedeutend. *af*

9-8 Urkunde zur Aufnahme in die Societas Mineralogica
St. Petersburg, Russland, 24. April 1829
61,3 x 44 x 6,5
Berlin-Brandenburgische Akademie der Wissenschaften, Akademiearchiv, NL A. v. Humboldt, Nr. 2

Schon vor Beginn der eigentlichen Expedition wurde Humboldt am Petersburger Hof gewürdigt, wo er während seines dreiwöchigen Aufenthalts in die Petersburger Mineralogische Gesellschaft aufgenommen wurde. *af*
Lit. Holl 1999

9-9 Reiseverlauf
a) Reise von Petersburg nach Moskau, 8.–12. Mai 1829
Reise von Moskau nach Nischni Nowgorod, 16.–19. Mai 1829
Alexander von Humboldt
Tinte auf Papier, 2 Blatt, je 21 x 13,5
Staatsbibliothek zu Berlin – Preußischer Kulturbesitz, Handschriftenabteilung, Nachlass Alexander von Humboldt, gr. K. 4, Nr. 51, Bl. 4v, 5r
b) Reise von Jekaterinburg nach Tobolsk, 18.–24. Juli 1829
Alexander von Humboldt
Tinte auf Papier, 2 Blatt, je 21 x 13,5
Staatsbibliothek zu Berlin – Preußischer Kulturbesitz, Handschriftenabteilung, Nachlass Alexander von Humboldt, gr. K. 4, Nr. 51, Bl. 20, 21

c) Reisetagebuch der Russisch-Sibirischen Reise 1829, Alexander von Humboldt
Tinte auf Papier, 19,5 x 11
Schloss Tegel, Privatsammlung

Humboldt protokollierte seine Reiseetappen nach einem festgelegten Plan in Reisetagebüchern. Auf den hier gezeigten Seiten werden unter anderem Reisedauer und Distanzen, Temperaturen und Höhenunterschiede, Wetterlage und Luftdruck festgehalten. Die Tagebücher sind reines Arbeitsmaterial und nicht zur Veröffentlichung gedacht, sie dienten später als Grundlage für die wissenschaftliche Auswertung, etwa die Erstellung von Karten. Anders als auf der Amerikareise notierte Humboldt auf der Asienexpedition nur wenige persönliche Eindrücke. *af*
Lit. Humboldt 2009b

9-10 Mineralogie
a) Brauneisenstein, Goethit, Kamensk an der Isset
Mineral, handtellergroß
Museum für Naturkunde Berlin, Inv.-Nr. 1984-0039

b) Samarskit vom Ilmengebirge im Ural
Mineral, 1 x 2,5 x 3,5
Museum für Naturkunde Berlin, Inv.-Nr. 1998-8182
c) Cancrinit
Mineral, 5,5 x 5 x 7
Museum für Naturkunde Berlin, Inv.-Nr. 1999-0080
d) Goldsand
Papier, Goldsand, 6 x 10 x 8
Alexander von Humboldt
Museum für Naturkunde Berlin

Die Gesteinsproben stammen von der
Russlandreise Humboldts, bei der die
Mineralogie und die Geologie einen
Schwerpunkt darstellten. Als Bergbau-
spezialist war Humboldt eine gesuchte
Kapazität. Seine Aufgabe war es, Erzlager-
stätten, Eisen-, Silber- und Kupferminen
zu besuchen, aber auch Gold-, Edelstein-
und Diamantenvorkommen im Ural
und Altaigebirge zu lokalisieren. Sein Können
war für die russische Wirtschaft, die ein
großes Interesse an der Förderung und
Verarbeitung von Eisenerzen und Edel-
metallen zeigte, von höchster Bedeutung.
Er nutzte diese Gelegenheit aber auch,
um eigene Forschungsinteressen wie
Geografie und Erdgeschichte weiterzu-
verfolgen. *af*
Lit. Holl 1999; Humboldt 2009b

9-11 Der »erste Diamant der alten Welt«
Ural, 1829, Alexander von Humboldt
Mineral, Durchmesser 0,2
Museum für Naturkunde Berlin, Inv.-Nr. 1999-4995

Der erste Diamant der sogenannten alten
Welt gehörte zum Ertrag der Russland-
expedition. Humboldt hatte bereits vor
seiner Abreise vom Petersburger Hof vor-
hergesagt, dass er auf seiner Expedition
Diamanten finden könne, was ihm tatsächlich gelang. Es ist der erste bekannte
Diamant, der außerhalb der Tropen gefunden wurde. *af*
Lit. Holl 1999; Humboldt 2009b

9-12 Die Geografie Asiens
a) Central-Asien: Untersuchungen über die Gebirgs-
ketten und die vergleichende Klimatologie, Bd. 1
Berlin, 1844, Alexander von Humboldt
Druck, 22 x 14 x 3,5
Staatsbibliothek zu Berlin – Preußischer Kulturbesitz,
Historische Drucke, Sign. Un 6140-1<a>
b) Gebirgsketten und Vulkane in Central-Asien nach
den neusten astronomischen Beobachtungen und
Höhenmessungen
Berlin, 1844, Alexander von Humboldt
Druck, 42,3 x 59,5
Staatsbibliothek zu Berlin – Preußischer Kulturbesitz,
Kartenabteilung III C

Die Bücher und Karten über die Geografie
Asiens sind Ergebnis der russischen Expedition und untermauerten Humboldts
Ruhm als Geoforscher. Leider gelang es
ihm nicht, in die Gebirge Asiens selbst

vorzudringen. Zu diesem Thema formulierte er daher nur Hypothesen. Humboldts Publikationen über die Geografie
Zentralasiens legen jedoch die Vergleich-
barkeit des asiatischen mit dem amerikanischen Kontinent nahe und gelten als
Beginn der modernen Erdkunde Asiens. *af*
Lit. Holl 1999; Humboldt 2009b; Humboldt
im Netz

9-13 Illustrierte Darstellung einer Sonnenfinsternis
1817
Staatsbibliothek zu Berlin – Preußischer Kulturbesitz,
Ostasienabteilung, Libri sin. 244

Das Buch mit der Darstellung einer Son-
nenfinsternis ist das Gastgeschenk eines
Offiziers der chinesischen Grenztruppen.
Am 17. August 1829 erreichte Alexander
von Humboldt die Grenze am Irtysch,
den östlichsten Punkt seiner Asienexpedi-
tion, weiter als von zaristischer Seite ge-
wünscht. An der russisch-chinesischen
Grenze erfolgten diesseits und jenseits des
Flusses den Konventionen entsprechende
Besuche. *af*
Lit. Humboldt 2009b

Adelbert von Chamisso – Die Rurik-Expedition (1815–1818)

Der Schriftsteller und Naturwissenschaftler Adelbert von Chamisso begleitete die
sogenannte Rurik-Expedition zur Erkundung der Nordwestpassage zwischen
Pazifischem Ozean und Atlantik. Der
russische Reichskanzler, Graf Nikolai P.
Rumjanzew, finanzierte die Reise – das
Kommando übertrug er Kapitän Otto von
Kotzebue.
Bereits zur Zeit seines Studiums an der
Berliner Universität formulierte Chamisso
den Wunsch, »für die Wissenschaft zu reisen«. Während der dreijährigen Weltum-
segelung auf der Brigg »Rurik« unternahm
er geologische und botanische Studien auf
den Aleuten, in Alaska und Kamtschatka
und sammelte im Auftrag des Zoologischen Museums und des Königlichen
Herbariums.
Die Forschungsreise sicherte Chamisso
gesellschaftliche und wissenschaftliche
Anerkennung. Nach der Rückkehr 1818
wertete Chamisso, zum Kustos des Berliner Herbariums ernannt, seine reichen
Funde aus und veröffentlichte seine Beobachtungen. Kurz vor seinem Tod 1838
erschien der Bericht »Reise um die Welt«,
in dem poetische Weltsicht und naturwissenschaftliche Erkenntnisse miteinander
verschmelzen. Chamissos Beschreibungen fremder Kulturen zeugen von einer
respektvollen Wahrnehmung und einem
Bewusstsein für ihre Bedrohung durch

9-9c

Missionierung und die Ausdehnung wirtschaftlicher Interessensphären. *nd*

9-14 Peter Schlemihl's wundersame Reise mitgetheilt von Adelbert von Chamisso
Nürnberg, 1814, Adelbert von Chamisso
Staatsbibliothek zu Berlin – Preußischer Kulturbesitz,
Historische Drucke, Sign. 344501 R

In der Novelle nimmt Chamisso die spätere Weltreise literarisch vorweg. Sie ist
beeinflusst von Reiseberichten und seiner
Hinwendung zur Naturwissenschaft. In
der Figur des Peter Schlemihl, dem Mann
ohne Schatten, der mit Siebenmeilenstie-
feln rastlos die Kontinente durchstreift,
entwirft Chamisso das Bild des einsamen
Forschungsreisenden zwischen Romantik
und Positivismus. Die Erfahrung von
Fremdheit begleitete den französischen
Emigranten Chamisso, der von sich selbst
sagte: »Ich bin nirgends am Platz, ich bin
überall fremd.« Parallel zu der Novelle
entstanden erste Studien zur Botanik. *nd*
Lit. Oksiloff 2004

9-15 Schlemihl reist zum Nordpol und wird von demselben freundlich empfangen
Berlin, nach 1814, Ernst Theodor Amadeus Hoffmann
Tusche auf Papier, doubliert, 22 x 30,7
Staatliche Museen zu Berlin, Kupferstichkabinett,
Inv.-Nr. SZ 1

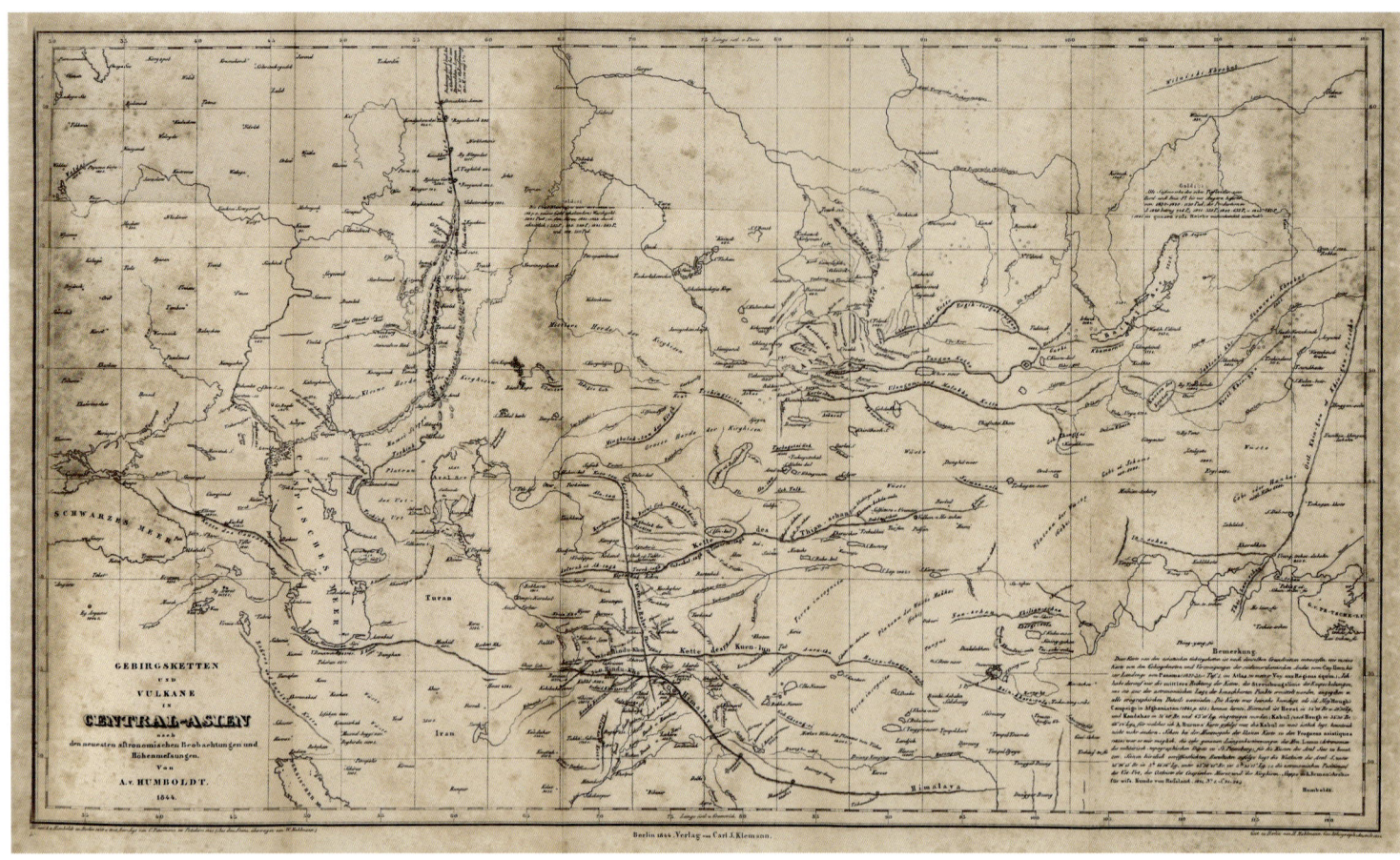

9-12b

Chamisso gehörte dem literarischen Zirkel der »Serapionsbrüder« um E. T. A. Hoffmann an. Hoffmanns auf einen Aktendeckel hingeworfene Zeichnung verbindet Fiktion und Realität: Unter dem Motto »Schlemihl forever« steht sein Porträt Chamissos, der sich noch im Studium gegen ein Leben als Literat entschied: »Die Freunde selbst haben mir nie einreden können, daß ich zum Dichter geboren, und von müßiger Spekulation wend' ich mich mit Ueberdruß ab.« (Adelbert von Chamisso, 1812) *nd*
Lit. Mit den Augen des Fremden 2004

9-16 Wissenschaftliche Empfehlung
a) Wissenschaftliche Empfehlung für Adelbert von Chamisso
Berlin, 22. Mai 1815, Karl Asmund Rudolphi, Christian Samuel Weiß, Paul Erman
Tinte auf Papier, 37 x 22,5
Staatsbibliothek zu Berlin – Preußischer Kulturbesitz, Handschriftenabteilung, Nachlass Adelbert von Chamisso, Kasten 1, Mappe 6, Blatt 7
b) Notizheft
Auflistung von Kleidungsstücken für die Reise
Berlin, Frühjahr 1815, Adelbert von Chamisso
Bleistift auf Papier, 16,5 x 10
Staatsbibliothek zu Berlin – Preußischer Kulturbesitz, Handschriftenabteilung, Nachlass Adelbert von Chamisso, Kasten 9, Mappe 6

c) Reisepass von Adelbert von Chamisso zur Einreise nach Dänemark
Hamburg, 19. Juli 1815, Wilhelm Bockelmann, Dänischer Gesandter in Hamburg
Bleidruck, Tinte auf Papier, 40 x 26,5
Staatsbibliothek zu Berlin – Preußischer Kulturbesitz, Handschriftenabteilung, Nachlass Adelbert von Chamisso, Kasten 1, Mappe 6, Blatt 11

Nachdem sein Versuch, an einer Brasilien-Expedition des Prinzen Max zu Wied teilzunehmen, gescheitert war, erfuhr Chamisso im Sommer 1815 aus einer Zeitungsnotiz von der russischen Nordmeerexpedition. Er konnte außer seinem Studium jedoch keine wissenschaftlichen Referenzen vorweisen. Daher bewarb er sich mit dem Empfehlungsschreiben seiner Universitätslehrer – dem Zoologen Rudolphi, dem Mineralogen Weiß und dem Physiker Ermann – darum, die Reise als Naturforscher zu begleiten. Durch Vermittlung des Verlegers Julius Eduard Hitzig war es ihm letztlich möglich, anstelle des Botanikers Karl Friedrich Ledebour an der »Entdeckungsreise in die Südsee und um die Welt« teilzunehmen. In Kopenhagen bestieg er das Forschungsschiff »Rurik«, das am 17. August 1815 ablegte. *nd*
Lit. Mit den Augen des Fremden 2004

9-17 Entdeckungs-Reise in die Süd-See und nach der Berings-Straße zur Erforschung einer nordöstlichen Durchfahrt, Expeditionsbericht in 3 Bänden
Weimar, 1821, Otto von Kotzebue
26,2 x 22
Staatsbibliothek zu Berlin – Preußischer Kulturbesitz, Historische Drucke, Sign. 4" Stabi 2872

In einem dreibändigen Bericht dokumentierte der Kapitän der »Rurik«, Otto von Kotzebue, die Reise. Der Expedition gelang es, die nordamerikanische Küste nördlich und südlich der Beringstraße zu untersuchen sowie unerschlossene Inselgruppen im Zentralpazifik zu kartografieren. Der letzte Band enthält Beiträge zur Meereskunde, Geografie, Meteorologie, Landeskunde und Sprache der bereisten Gebiete. Eine schiffbare Passage zwischen Pazifik und Atlantik wurde nicht gefunden.
Sie hätte die Absicherung und Versorgung von Russisch-Amerika, dem heutigen Alaska, erleichtert. Die Russisch-Amerikanische Kompanie nutzte die Kartierungen für die Erschließung von Absatzmärkten im Pazifik und in Nordamerika. *nd*
Lit. Mit den Augen des Fremden 2004; Oksiloff 2004

9-18 Charte von der Beringstrasse nach Merkators Projection.

In: Entdeckungsreise in die Süd-See und nach der Bering-Straße zur Erforschung einer nordöstlichen Durchfahrt. Bd. 1, Weimar 1821, S. 134
August 1816, Otto von Kotzebue
Staatsbibliothek zu Berlin – Preußischer Kulturbesitz, Historische Drucke, Sign. 4" Stabi 2872

Die »Rurik«-Expedition erforschte und kartografierte den Pazifik zwischen 12° nördlicher Breite sowie 170° und 150° westlicher Länge. Während der ersten von zwei Nordmeerkampagnen glaubte von Kotzebue irrtümlich, die gesuchte Nordwestpassage gefunden zu haben. Neu war die Benennung der beschriebenen Gebiete nach Expeditionsteilnehmern: So wurde der entdeckte Meerbusen »Kotzebue-Sund« getauft, eine Insel »Chamisso-Insel« und eine Bucht im Südosten »Eschscholtz-Bucht«. *nd*
Lit. Mit den Augen des Fremden 2004

9-19 Beschreibung des Generationswechsels

a) *Cyclosalpa affinis*
Spanien, 1815–1818, Adelbert von Chamisso
Feuchtpräparat, 10,5 x 4,5 x 4,5
Museum für Naturkunde Berlin, Inv.-Nr. ZMB Tun 1459
b) *Salpa pinnata*
1815–1818, Adelbert von Chamisso
Bleistift auf Papier, 24 x 19,5
Staatsbibliothek zu Berlin – Preußischer Kulturbesitz, Handschriftenabteilung, Nachlass Adelbert von Chamisso, Kasten 8, Mappe 3
c) *De Salpa*
Berlin, 1819, Adelbert von Chamisso
Staatsbibliothek zu Berlin – Preußischer Kulturbesitz, Sign. 4" Lp 851-1 II D

Während einer Flaute im Atlantik untersuchte Chamisso gemeinsam mit dem Schiffsarzt und Zoologen Johann Friedrich Eschscholtz die Fortpflanzung der Salpen (Feuerwalzen). Die bis zu 30 Zentimeter langen, wirbellosen Lebewesen treten in wärmeren Meeren an der Wasseroberfläche auf. In der Publikation »De Salpa« von 1819 beschrieb Chamisso als Erster die später auch bei anderen Arten entdeckte Fortpflanzungsform des Generationswechsels (Metagenese). Für seine Erkenntnisse erhielt er die Doktorwürde der Berliner Universität. *nd*
Lit. Chamisso 1836

9-20 Botanische Entdeckungen

a) Kalifornischer Goldmohn, *Eschscholzia californica*
Herbarbeleg
Kalifornien, 1817, Adelbert von Chamisso
getrocknete Pflanze auf Papier, 43,2 x 27,2 (Blatt)
Botanischer Garten und Botanisches Museum Berlin-Dahlem, Freie Universität Berlin, Inv.-Nr. Generalherbarium B 100127830

b) Kalifornischer Goldmohn, *Eschscholtzia californica*
In: Christian Gottfried Nees von Esenbeck: Horae physicae Berolinenses, Tafel XV
Bonn, 1820, Friedrich Guimpel
Kolorierter Kupferstich, 37 x 24
Staatsbibliothek zu Berlin – Preußischer Kulturbesitz, Abteilung Historische Drucke, Sign. 2" Lf 17886

Auf ihrer Reise dokumentierten Chamisso und Eschscholtz erstmals die bis dahin unerforschte Flora Alaskas und der Aleuten. In der Bucht von San Francisco sammelte Chamisso eine gelborange blühende Pflanze. In Erinnerung an den Schiffsarzt der »Rurik« und den Fundort nannte er die Pflanzenart *Eschscholzia californica*. Chamisso überließ den Typusbeleg mit der getrockneten Pflanze dem Königlichen Herbarium in Schöneberg, an dem er von 1819 bis 1839 als Kustos beschäftigt war. In dem Sammelband »Horae physicae Berolinenses« von 1820 ist der Kalifornische Goldmohn – heute die Nationalpflanze Kaliforniens – erstmals wissenschaftlich beschrieben. Etwa 2500 getrocknete Pflanzen und Sämereien sammelte Chamisso während der Reise. Bei der Bearbeitung wurden etwa 50 neue Pflanzengattungen und 700 neue Arten bestimmt. *nd*
Lit. Jahn 2004; Theatrum Naturae 2000

9-21 Körbe der Aleuten

Corbeilles des Iles Aléoutiennes
In: Voyage pittoresque autour du monde, avec des portraits de sauvages d'Amerique, d'Asie, d'Afrique, et des îles du Grand Ocean; des paysages, des vues maritimes, et plusieurs objets d'histoire naturelle; accompagne de descriptions par m. le Baron Cuvier, et m. A. de Chamisso, et d'observations sur les cranes humains, par m. le Docteur Gall, Tafel X
Paris, 1822, Ludwig Choris
Lithografie, 60 x 47,4 x 4
Sächsische Landesbibliothek – Staats- und Universitätsbibliothek, Dresden, Sign. XMAR126766

Der Maler Ludwig Choris hielt in detailreichen Aquarellen die Geografie und Botanik der bereisten Gebiete fest: Darstellungen von Trachten, Gebrauchsgegenständen und des Alltags sind frühe Zeugnisse der wissenschaftlichen Wahrnehmung außereuropäischer Kulturen, etwa eines ethnografischen Interesses an der Eskimokultur, die angesichts der Ausbeutung der Aleuten durch die Russisch-Amerikanische Handelskompanie bedroht war. Chamisso beschrieb die Auswirkungen auf das Leben der Eskimos in seinem Bericht von 1838. *nd*
Lit. Chamisso 1836; Mit den Augen des Fremden 2004

9-22 Wale des kamtschatkischen Meeres, von Bewohnern der Aleuten in Holz nachgebildet

Berlin, 1823, Adelbert von Chamisso
Wasserfarbe, Tusche, Bleistift auf Papier, 16,2 x 19,9
Staatsbibliothek zu Berlin – Preußischer Kulturbesitz, Handschriftenabteilung, Sammlung Darmstädter, Chamisso Weltreisen 1815, IIIA, Blatt 23

Während der zwei Aufenthalte in Unalaschka beobachtete Chamisso verschiedene Walarten. Neun Holzmodelle unterschiedlicher Wale wurden von

9-15

9-23

Einheimischen geschnitzt und nach der Reise dem Zoologischen Museum in Berlin übergeben. Chamissos Beobachtungen über die Wale (*Cataceen*) Kamtschatkas erschienen in den »Verhandlungen der Leopoldinischen Akademie«. Die eigenhändige Zeichnung der Modelle diente als Illustration des Beitrags. *nd*
Lit. Chamisso 1824; Theatrum Naturae 2000

9-23 Adelbert von Chamisso in der Südsee
Ratak-Inseln (Marshallinseln), Polynesien, Oktober 1817, Ludwig Choris
Wasserfarbe auf Papier, auf brauner Pappe montiert, 22,8 x 18,4 (Papier), 30,8 x 22,8 (Pappe)
Stiftung Stadtmuseum Berlin, Inv.-Nr. TA 00/2026

Das Porträt zeigt Chamisso, wie ihn Zeitgenossen beschrieben haben: mit einer polnischen Uniformjacke, der Kurtka, einem Samtbarett und mit Pfeife. Ludwig Choris fertigte das Aquarell im Oktober 1817 während des Aufenthalts auf den Marshallinseln an. Die Darstellung des Europäers in einer Südseelandschaft deutet einen kulturellen Gegensatz an und verbildlicht die Erfahrung von Fremdheit, die Chamissos Leben vor der Reise bestimmte: »Ich bin nirgends zu Hause, ich bin überall fremd.«
Insbesondere auf den polynesischen Inseln bemerkte Chamisso den kulturellen Verlust durch die Verdrängung indogener Kulturen angesichts der zunehmenden Fremdkontakte. In seinen »Bemerkungen und Ansichten« (1821) bemühte er sich um eine genaue Beschreibung der ver-

schiedenen Sprachen, Legenden, Lieder und Sitten. *nd*
Lit. Mit den Augen des Fremden 2004; Oksiloff 2004; Schweizer 1973

9-24 Karte mit Inseln Mikronesiens
1816–1817, Adelbert von Chamisso
Tusche auf Papier, 29,8 x 47
Staatsbibliothek zu Berlin – Preußischer Kulturbesitz, Handschriftenabteilung, Nachlass Adelbert von Chamisso, Kasten 7, Mappe 7

Nach dem Aufenthalt in Kalifornien entdeckte die Expedition die heute als Marshall- oder Ratak-Kette bekannte Inselgruppe im südlichen Pazifik. Von den Einheimischen erhielt von Kotzebue Angaben über die Geografie der Inseln, schiffbare Wege und benachbarte Inselgruppen. Durch ihre Hilfe erlernte die Besatzung der »Rurik« die Navigationstechniken der Polynesier in unbekannten Gewässern mittels Stabkarten. Dreimal landete die Expedition auf den Marshallinseln. *nd*
Lit. Mit den Augen des Fremden 2004; Schweizer 1973

9-25 Kadu, Einwohner der Karolinen-Inseln
In: Voyage pittoresque autour du Monde. Vues et paysages de régions équinoxiales recueillis dans un voyage autour du monde, Tafel XVII
Paris, 1826, Ludwig Choris
Kolorierte Lithografie, 47,4 x 29,8
Niedersächsische Staats- und Universitätsbibliothek Göttingen, Sign. 2 H NAT II, 1165 RARA, Tafel XVII

Vom Frühjahr bis zum Herbst 1817 begleitete der Polynesier Kadu die Expedition auf ihrer zweiten Fahrt in die Arktis. Er vermittelte auch zwischen Europäern und Einheimischen. Für Chamissos sprachwissenschaftliche Studien war Kadu wichtig, da er mehrere polynesische Dialekte beherrschte. Kadu, der ursprünglich von dem Karolinen-Atoll Wòleai stammte, war als Schiffbrüchiger auf den Ratak-Inseln gestrandet. Das Frontispiz der »Bemerkungen und Ansichten« zeigt ihn in europäischer Kleidung, der Reisebericht von Choris mit nacktem Oberkörper. *nd*
Lit. Mit den Augen des Fremden 2004; Schweizer 1973

9-26 Vergleichende Wortliste polynesischer Dialekte
1818, Adelbert von Chamisso
Tinte auf Papier, 25 x 40
Staatsbibliothek zu Berlin – Preußischer Kulturbesitz, Handschriftenabteilung, Nachlass Adelbert von Chamisso, Kasten 8, Mappe 1

Die Liste mit Begriffen der Seefahrt sowie Vogel- und Fischnamen in den Dialekten der Marianen (Chamori), Yap (Eap), Wòleai (Ulea) und Ratak (Radack) fertigte Chamisso als Vorarbeit für das Kapitel über Schrift und Sprache Mikronesiens im dritten Band des Reiseberichts zur Expedition an. Der Sprachvergleich zwischen Marshall-, Karolinen- und anderen Südseeinseln ließ Chamisso eine enge Verwandtschaft der Völker Ozeaniens annehmen. Er bestätigte auch James Cooks These ihrer asiatischen Herkunft. *nd*
Lit. Mit den Augen des Fremden 2004; Oksiloff 2004

9-27 *Tubipora chamissonis*
Koralle, Trockenpräparat
Polynesien, Ratak-Inseln (Marshallinseln), 1815–1818
Trockenpräparat, 29 x 18 x 3
Museum für Naturkunde Berlin, Inv.-Nr. ZMB 2826

Diese Korallenart wurde zuerst von Chamisso auf den Ratak-Inseln beobachtet und im 1821 herausgegebenen Expeditionsbericht als *Tubipora musica* beschrieben. Ehrenberg bezeichnete sie 1833 als *Tubipora chamissonis* und diagnositizierte: »Semipedalis, laete rubra, tubis«. *nd*
Lit. Chamisso/Eisenhardt 1821; Ehrenberg 1833

9-28 Korallen-Theorie
a) *Heliopera coerulea*
Korallen, Trockenpräparat
Polynesien, Ratak-Inseln (Marshallinseln), 1815–1818
Trockenpräparat, um 25 x 11 x 12
Museum für Naturkunde Berlin, Inv.-Nr. ZMB 1006
b) *Heliopera coerulea*
Koralle, Trockenpräparat
Polynesien, Ratak-Inseln (Marshallinseln), 1815–1818
Trockenpräparat, 15 x 7 x 6
Museum für Naturkunde Berlin, Inv.-Nr. ZMB 1008

Peter Simon Pallas beschrieb 1766 erstmals die Korallenart *Heliopera coerulea*. Ende des 18. Jahrhunderts fanden Korallen als sogenannte »Pflanzentiere« (*Zoophyta*) bei Botanikern und Zoologen viel Beachtung. Während des Aufenthaltes auf den Ratak-Inseln beobachtete Chamisso, dass riffbildende Korallen bewegtes Wasser an der Wasseroberfläche bevorzugen, und leistete damit Vorarbeit für Darwins Theorie zur Entstehung der Korallenriffe. Chamisso sah diese als Krönungen submariner Berge. *nd*
Lit. Esper 1791–1830; Pallas 1766

6.29 Reise um die Welt mit der Romanzoffischen Entdeckungs-Expedition in den Jahren 1815–1818 auf der Brigg Rurik

Leipzig, 1836, Adelbert von Chamisso
Staatsbibliothek zu Berlin – Preußischer Kulturbesitz, Historische Drucke, Sign. Ak 3271-1/2

Auf Grundlage der Tagebücher verfasste Chamisso 1834/35 eine »Reisebeschreibung, wie sie nicht mehr Mode sind, ein Kapitel aus meinem Leben, von allem Wissenschaftlichen frei, nur der Mensch unter Menschen«. Die Erzählung ergänzt von Kotzebues Bericht und ist ein literarisches Pendant zum »Schlemihl«. Während das Reisen in der »wundersamen Geschichte« von 1814 noch Phantasmagorie ist, möchte Chamisso kurz vor seinem Tod »nur mich selbst in der fremden Umgebung dem teilnehmenden Leser vergegenwärtigen«. *nd*
Lit. Oksiloff 2004

Richard Lepsius – Die Königlich Preußische Expedition an die Ufer des Nils (1842–1845)

1842 entsandte König Friedrich Wilhelm IV. unter Leitung des Ägyptologen und Sprachforschers Carl Richard Lepsius eine wissenschaftliche Expedition an den Nil. Ihr Ziel war die Beförderung der neuen Wissenschaftsdisziplin Ägyptologie durch neue Erkenntnisse zur Chronologie, Kunst- und Sprachgeschichte sowie Bauhistorie. Über drei Jahre hinweg erforschte das sechsköpfige Team Monumente, unternahm Geländebegehungen und fertigte Situationspläne sowie maßgetreue Gebäudeaufnahmen an, die neue Maßstäbe in der Vermessungstechnik und historischen Bauforschung setzten. Die Camera lucida und die Schulung von Max Weidenbach als Hieroglyphenzeichner gewährleisteten erstmals die Aufnahme der Denkmäler frei von zeitgenössischer europäischer Ästhetik und deren verklärtromantischem Orientbild. Vergleiche der Handabschriften mit den Papierabklatschen und Pausen ermöglichten in Berlin Korrekturen der eigenen Dokumentationen vor Drucklegung der Publikationen und gewährleisteten höchste wissenschaftliche Genauigkeit, von der die Ägyptologie heute noch profitiert. *sg*

9-30 Stele Thutmosis' III. aus Heliopolis
47. Jahr Thutmosis' III., ca. 1432 v. Chr.
Kalkstein, versenktes Relief, 98 x 62 x 13
Staatliche Museen zu Berlin, Ägyptisches Museum und Papyrussammlung, Inv.-Nr. 1634

Im April 1843 erwarb Lepsius diese Stele für das Neue Museum in Berlin. Sie bekundet den Bau einer Umfassungsmauer für den Re-Tempel in Heliopolis und ist in das 47. Regierungsjahr des Königs Thutmosis III. datiert. Originale Monumente

mit Königsnamen und Datumsangaben waren für Lepsius besonders wichtig, da er überzeugt war, dass nur die gesicherte chronologische Abfolge der Pharaonen einen raschen Fortschritt in der Erforschung Altägyptens ermögliche. *sg*
Lit. LD III; LDT I; Klug 2002; Radwan 1981

9-31 Lettre à M. le professeur H. Rossellini sur l'alphabet hiéroglyphique
Rom, 1837, Carl Richard Lepsius
22,5 x 14,8 x 1,5
Staatliche Museen zu Berlin, Ägyptisches Museum und Papyrussammlung, Inv.-Nr. Archival./Buch/91

Die »Lettre à M. Rosselini« gilt als Vollendung der Entzifferung der Hieroglyphen, die zuerst dem Franzosen Jean-François Champollion gelang und in der »Lettre à M. Dacier […] relative à l'alphabet des hiéroglyphes phonétiques« (Paris 1822) dargelegt wurde. Lepsius stellte sich mit dem Titel seiner Schrift direkt in Champollions Nachfolge, dessen Erkenntnisse er erweiterte und vertiefte. Er nutzte ebenso Koptisch und Griechisch, um weitere Lesungen und Wortbedeutungen zu entschlüsseln. So war er während der Expedition in der Lage, Königsnamen und Inschriften relativ leicht zu lesen. *ff*
Lit. Pharaonendämmerung 1990

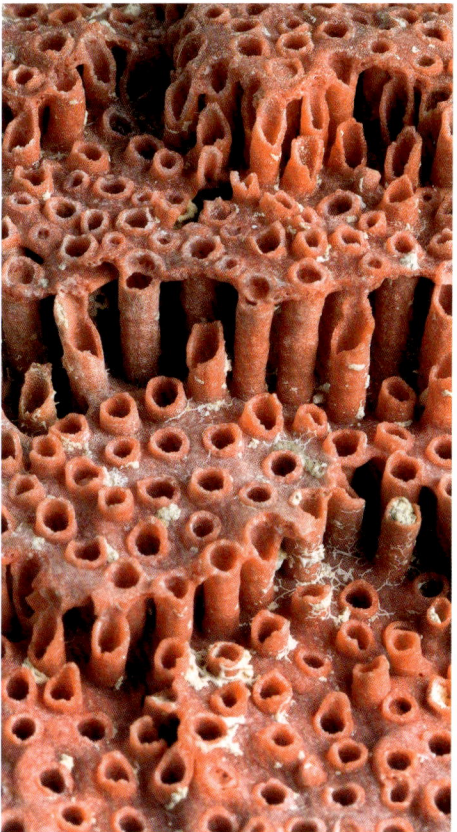

9-27

9-32 Der große Tempel zu Edfu (Apollinopolis Magna)

In: Grundrisse Aegyptischer Tempel meist nach Gau copiert
1842–1845, Georg Erbkam, Richard Lepsius (handschriftliche Eintragungen)
Bleistift, Tusche auf Papier, 31,2 x 47,5 x 1,5 cm
Berlin-Brandenburgische Akademie der Wissenschaften, Archiv Altäg. Wörterbuch, Ägypt. 4.9./604

Das bei der Reise mitgeführte Buch »Grundrisse Aegyptischer Tempel« enthält Nachzeichnungen von Grundrissen und Plänen früherer Expeditionen. Der Architekt Georg Erbkam vermerkte darin mit Bleistift Unstimmigkeiten zu der Situation vor Ort. Der hier gezeigte Grundriss des großen Tempels von Edfu zeigt auch Bemerkungen in Tinte von Richard Lepsius, die vor allem sein Interesse an einer Zuweisung der Baustufen an die einzelnen Herrscher der ptolemäischen Dynastie widerspiegeln. *ff*
Lit. Kurth 1994; von Specht 2006

9-33 Vorbereitung der Forschungsreise

a) Denkschrift über die auf Befehl Seiner Majestät des Königs Friedrich Wilhelm IV. zu unternehmende wissenschaftliche Reise nach Aegypten
Berlin, 24. Mai 1842
Tinte auf Papier, 34,3 x 43
Geheimes Staatsarchiv Preußischer Kulturbesitz, Inv.-Nr. I, HA Rep. 89, Geheimes Zivilkabinett, jüngere Periode, Nr. 21351, Bl. 31–32

b) Richard Lepsius
um 1840, Alexander Alboth
Kupferstich, 28 x 19,5 (Platte)
Staatliche Museen zu Berlin, Kupferstichkabinett, Inv.-Nr. 108-2006

Richard Lepsius war ab 1840 einer der führenden Ägyptologen seiner Zeit. Unterstützt von namhaften Gelehrten wie Alexander von Humboldt und Ignaz von Olfers, legte er 1842 eine umfangreiche Denkschrift mit detaillierten Planungen für eine wissenschaftliche Forschungsreise nach Ägypten vor. Sie schloss auch Erwerbungen für die königlichen Museen ein. Durch Geschick und Energie verhalf er der Berliner Ägyptischen Sammlung zu einem Platz unter den ersten Museen Europas. *ih*

9-34 Übersichtskarte der Nilländer mit eingezeichneter Route der Expedition

Berlin, 1850, Heinrich Kiepert, Carl Richard Lepsius
Farbige Lithografie, 79 x 63
Berlin-Brandenburgische Akademie der Wissenschaften, Archiv Altäg. Wörterbuch, LD Loseblattexemplar ohne Inv.-Nr.

Im September 1842 endlich in Alexandria gelandet, begann die Expedition ihren je 1700 km langen Weg per Schiff, zu Fuß, auf Eseln und Dromedaren durch das Niltal bis nach Khartum und zurück. Besonders die Pyramiden-Friedhöfe des Alten Reichs im Norden, Nubien südlich des ersten Nilkatarakts mit dem Blauen Nil (damals Aethiopien genannt) und Stätten am Roten Meer und auf dem Sinai wurden besucht und die Ruinenstätten mit neuesten Verfahren erforscht. *sg*
Lit. LD I

9-35 Tagebuch meiner aegyptischen Reise, begonnen am 20ten August 1842

1842–1843, Georg Erbkam
Tinte auf Papier, 17,7 x 12,2 x 1,8
Staatliche Museen zu Berlin, Ägyptisches Museum und Papyrussammlung, Inv.-Nr. 94

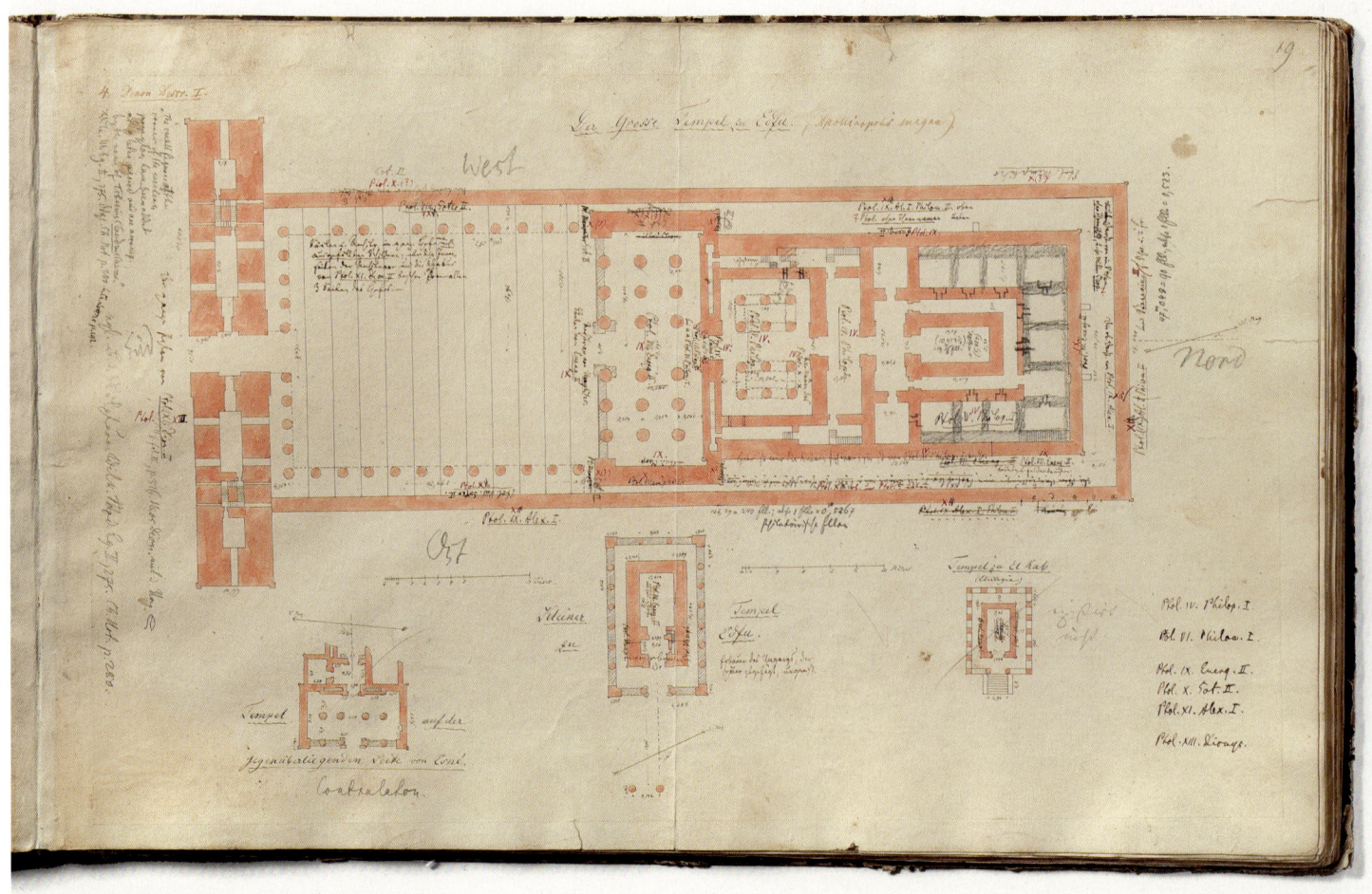

9-32

Der Berliner Baumeister Georg Gustav Erbkam wurde von Richard Lepsius als Architekt und Geodät in die Expeditionstruppe aufgenommen. Von ihm stammen die topografischen Pläne sowie Hunderte Grund- und Aufrisse von Gräbern und Tempeln. Seine Genauigkeit setzte neue Maßstäbe für die ägyptologische Bauforschung. In seinem Tagebuch folgt er dem Verlauf der Reise und gibt aufschlussreiche kulturelle und politische Einblicke in das türkisch regierte Ägypten des 19. Jahrhunderts. *ih*

9-36 Aufhissen der preußischen Fahne auf der Pyramide des Cheops unter Führung des Prof. Lepsius am 15. Oktober 1842

Gise, 1842, Johann Jacob Frey
Aquarell, Kupferstich auf Papier, 37,8 x 46,4
Staatliche Museen zu Berlin, Kupferstichkabinett,
Inv.-Nr. B 53, Nr. 1

Mit dem Hissen der preußischen Fahne auf der Cheopspyramide feierte die Expeditionsgruppe am 15. Oktober 1842 den Geburtstag von Friedrich Wilhelm IV. Ihm galt der Dank für großzügige Unterstützungen der dreijährigen Expedition. Neben Richard Lepsius und dem Missionar Wilhelm Isenberg sind hier die Teilnehmer Carl Franke, Ernst und Max Weidenbach, Georg Erbkam, James Wild, Joseph Bonomi und Johann Jacob Frey zu sehen. Von dieser Zeichnung wurden mehrere Kopien hergestellt. *ih*

9-37 Anfänge der Bauforschung

a) Situationsplan des Pyramidenfeldes von Gise
15. November 1842 – 3. Januar 1843, Georg Gustav Erbkam
Bleistift, Tusche, Wasserfarben auf Papier,
71,5 x 82,5
Berlin-Brandenburgische Akademie der Wissenschaften, Archiv Altäg. Wörterbuch, Zeichnung 14
b) Theodolit
Firma Lingke, Freiburg, um 1850
Messing, 31,2 x 23,2 x 21,4
Deutsches Technikmuseum Berlin, Inv.-Nr. 1/930505
c) Fraunhofer Teleskop in vier Auszügen
Firma Merz, Utzschneider & Fraunhofer, München,
1823–1827
Holz, Messing, Höhe 25,7–89 (ausgezogen),
Durchmesser 6,5
Deutsches Technikmuseum Berlin,
Inv.-Nr. 1/1994/0008

Fast zwei Monate arbeitete der Geodät und Architekt Georg Erbkam in Gise an dieser Karte des dortigen Gräberfeldes. Er verschaffte sich zunächst einen Überblick von den Spitzen der Pyramiden aus und schritt dann das Gebiet viele Male über Stunden ab (Schrittlänge = 0,74 m). Die so gewonnenen Entfernungen übertrug er in die neueste Karte aus John Gardner Wilkinsons Reiseführer »Modern

9-36

Egypt and Thebes« (1830). Er vermerkte die Lage der Gräber und überprüfte und nummerierte sie durch erneute Ortsbegehung mit Lepsius. Der mit dem Jahreswechsel 1842/43 eingetroffene Theodolit zeigte aber, dass die Position der großen Sphinx falsch eingetragen war. So musste nochmals vermessen und im Plan verbessert werden. Das Ergebnis war die erste exakt vermaßte Karte des Gise-Plateaus, die den Auftakt einer Folge von wissenschaftlichen Dokumentationen bildet und Gise heute zum am besten ergrabenen und erforschten königlichen Friedhof Altägyptens macht. *sg*
Lit. LD I; von Specht 2006

9-38 Baugeschichte der Pyramiden

a) Pyramide von Meidum, Ansicht der Südwestecke
22. Mai 1843, Ernst Weidenbach
Bleistift auf Papier, 48 x 59,3
Berlin-Brandenburgische Akademie der Wissenschaften, Archiv Altäg. Wörterbuch, Zeichnung 61
b) Reisetagebuch
1842, Carl Richard Lepsius
Bleistift, Tinte auf Papier, 35,2 x 45,5 x 2,2
Staatliche Museen zu Berlin, Ägyptisches Museum und Papyrussammlung, Inv.-Nr. Archival./Buch/75

Lepsius interessierte sich eingehend für die Baugeschichte der Pyramiden. Der in seinem heutigen Zustand nur noch als Pyramidenstumpf erhaltene Bau des Königs Snofru (ca. 2543–2510 v. Chr.) in Meidum wurde am 2. März 1843 unter-

sucht. Lepsius nahm zu Recht an, dass der Wechsel von unbearbeiteten und polierten Gesteinslagen zu dem ursprünglichen Plan einer Stufenpyramide gehörte, die mehrmals unter Glättung der jeweiligen Außenseite erweitert wurde. Letztlich wurde durch Ausfüllung der Stufen eine echte Pyramide geschaffen. Auf der Zeichnung von Ernst Weidenbach ist links im Bauschutt eine spitzwinkelig aufgemauerte Ecke zu erkennen, die Lepsius als Teil der endgültigen Pyramide interpretierte. Antike Steinräuber haben von dieser Verkleidung kaum noch eine Spur gelassen. In sein wissenschaftliches Tagebuch »Aegyptische Reise« trägt Lepsius erste Bemerkungen und Skizzen zum Bau dieser Pyramide ein. Seine Beobachtungen zur Baugeschichte der Pyramide von Meidum sind auch heute noch interessant. *ff*
Lit. Freier/Grunert 1984

9-39 Dokumentation der Kultkammer des Merib

a) Südwestecke
Dezember 1842 – Januar 1843, Joseph Bonomi d.J., Johann Jacob Frey
Bleistift, Tusche, Wasserfarben auf Papier,
47,8 x 59,8
Berlin-Brandenburgische Akademie der Wissenschaften, Archiv Altäg. Wörterbuch, Zeichnung 258
b) Nordostecke
Dezember 1842 – Januar 1843, Johann Jacob Frey
Bleistift, Tusche, Wasserfarben auf Papier,
48,2 x 59,2

9-37 b

9-40 **Denkmäleraufnahme**

a) Memnonskolosse
1844, Ernst Weidenbach
Bleistift auf Transparentpapier, 13,5 x 22,3
Staatliche Museen zu Berlin, Kupferstichkabinett, KdZ
299936
b) Camera lucida mit 12 Linsen
um 1900 (Nachbau)
Messing, Etui: 3,5 x 28 x 6,5, Camera lucida: 26 x 5
Museum für Kunst und Gewerbe Hamburg,
Inv.-Nr. P 2002.1073

In Theben-West nahm die Expedition Gräber und Tempelanlagen auf. Ein Situationsplan der gesamten Westseite wie für Gise wurde nicht gewagt, stattdessen einzelne Monumente naturgetreu in der Landschaft erfasst. Das zeitsparende Verfahren mit der Camera lucida ermöglichte eine genaue Wiedergabe des Vorbildes, erlaubte dem Zeichner aber auch, akzentuierend einzugreifen. Je zwei Prismen erzeugen dabei ein Abbild des Objektes im menschlichen Auge und gleichzeitig die Illusion eines durchsichtigen, realistischen Abbildes auf dem Zeichenpapier, das einfach nachgefahren wird. So wurden auch die monumentalen Sitzfiguren Amenophis' III. erfasst, die einst den Zugang zu seinem Totentempel bewachten. Ernst Weidenbach zeichnete nur Umrisse, rekonstruierte die zerstörten Gesichter der beiden Kolosse und überging Beschädigungen. Die Inschriften auf den Beinen des rechten Kolosses wurden als Papierabklatsche genommen. *sg*
Lit. Freier/Grunert 1984; LD I; LD VI; LDT III

9-41 **Dokumentation des Ramesseums**

a) Ramesseum und Memnonskolosse
Feldskizzenbuch II
Abd el-Qurna, November 1844, Georg Erbkam
Bleistift, Wasserfarben auf Papier, 21 x 18 x 2,2
Staatliche Museen zu Berlin, Ägyptisches Museum und
Papyrussammlung, Inv.-Nr. 99
b) Ramesseum, Grundriss
Abd el-Qurna, 13.–25. November 1844
Georg Erbkam
Bleistift, Tusche, Wasserfarben auf Papier, 47,5 x 59
Berlin-Brandenburgische Akademie der Wissenschaften,
Archiv Altäg. Wörterbuch, Zeichnung 140

Erbkam nutzte sein Skizzenbuch, um Rohskizzen zu zeichnen. Die aufgeschlagene Seite zeigt eine Grundrissskizze des Ramesseums, des Totentempels Ramses' II. in Theben-West, und eine stimmungsvolle farbige Zeichnung der Nillandschaft mit den Flussufern und den Memnonskolossen, wie sie Erbkam vom Ramesseum her (Blickrichtung nach Südosten) gesehen haben muss. Auf der Grundlage des Skizzenbuches fertigte Erbkam die farbige Grundrisszeichnung sowie Studien zum Ziegelmauerwerk der Magazinbauten hinter dem Tempel an. Die Funk-

Berlin-Brandenburgische Akademie der Wissenschaften, Archiv Altäg. Wörterbuch, Zeichnung 264

Ziel des Aufenthalts in Gise war es, neues Material aus der älteren Zeit der ägyptischen Kultur zu gewinnen, das bisher in europäischen Sammlungen fast gänzlich fehlte. Westlich der Cheops-Pyramide wurde die perfekt erhaltene Kultkammer des Merib gefunden, die man zur Mitnahme nach Berlin später abbaute. Neben der Bauaufnahme durch Erbkam stand die Dokumentation der farbigen Reliefs durch die Zeichner Bonomi und Frey im Mittelpunkt der Feldarbeit. Auf dem See-

weg nach Berlin nahm die Bemalung durch Feuchtigkeit Schaden und ging verloren, sodass heute allein die Zeichnungen einen Eindruck der ursprünglichen Farbigkeit vermitteln. Die Nordwand zeigt den Grabherrn Merib mit Blick zur Eingangstür der Kammer, wie ihm eine Liste mit Opfergaben durch seine Schreiber vorgelegt wird. Auf der gegenüberliegenden Wand steht er vor seiner Mutter und empfängt ein königliches Opfer, das ein Priester vor ihnen verliest. *sg*
Lit. Freier/Grunert 1984; LD I; LDT I; Priese 1984

tion der verschiedenen Farben erläuterte
eine Legende: »dunkelroth: stehende,
sichtbare Mauern und Säulen / blaßroth:
ergänzte unzweifelhaft vorhanden gewe-
sene Gebäudetheile / gelb: in den Fels
gehauene Fundamentgräben«.
Erbkam notierte am 6. November 1844
in sein Tagebuch: »[…] das Gebäude, von
jeher mein Liebling, wird mir immer
werther und scheint mir in der Harmonie
seines Grundrisses das edelste Muster
egyptischer Baukunst.« Sein Grundriss
bildete den Ausgangspunkt für die archäologische Erschließung des Totentempels
Ramses' II. *ff*

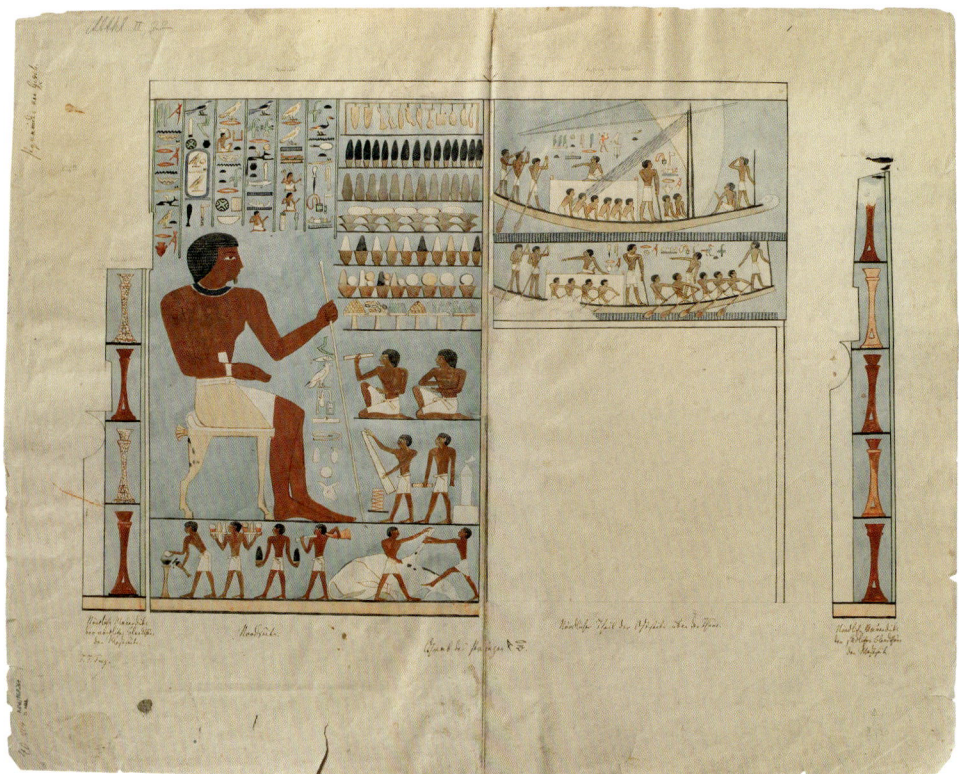

9-39b

9-42 Dokumentation des Ramesseums

a) Säulen aus der großen Halle des Ramesseums
Abd el-Qurna, November 1844, Georg Erbkam
Bleistift, Wasserfarben auf Papier, 59 x 47
Berlin-Brandenburgische Akademie der Wissenschaften,
Archiv Altäg. Wörterbuch, Zeichnung 142
b) Königskartusche Ramses' II.
Abklatsch von einer Säule des Peristyls, Ramesseum,
Abd el-Qurna, 28,8 x 46,5 x 0,3
Berlin-Brandenburgische Akademie der Wissenschaften,
Archiv Altäg. Wörterbuch, Abklatsch 158/1

Die während der Expedition angefertigten
Zeichnungen erfüllten nicht nur ihren
dokumentarischen Zweck. Sie sind auch
für sich genommen künstlerisch hochwertige Werke. Bei der Einrichtung des
Neuen Museums in Berlin sollte die Gestaltung der Museumsräume einen lebendigen Bezug zu der präsentierten Kultur
herstellen. Es war ganz im Sinne von
Lepsius, Meisterwerke ägyptischer Kunst
und Architektur großflächig für die Deko-
ration der Räume der Ägyptischen Sammlung zu verwenden. Die Studien der Säulen – eine »offene« und eine »einfache«
Papyrusbündelsäule mit zugehörigem
Architrav aus dem Hypostyl – dienten als
direkte Vorlage für die Säulen des zentralen Säulenhofs der Ägyptischen Abteilung.
Abakus und Architrav sind mit den
Namen Ramses II. und einer Widmung
des Tempels an den Gott Amun-Re beschrieben. Der Papierabklatsch mit der
Königskartusche dokumentiert Lepsius'
Interesse an der Sammlung der Herr-
schernamen zur Datierung und für seine
chronologischen Studien. Er erkannte
vor Ort, dass an einzelnen Säulen die
Königskartuschen Ramses' II. zunächst
durch die von Ramses IV., später dann
durch die von Ramses VI. ersetzt worden
waren. *ff*
Lit. von Specht 2006

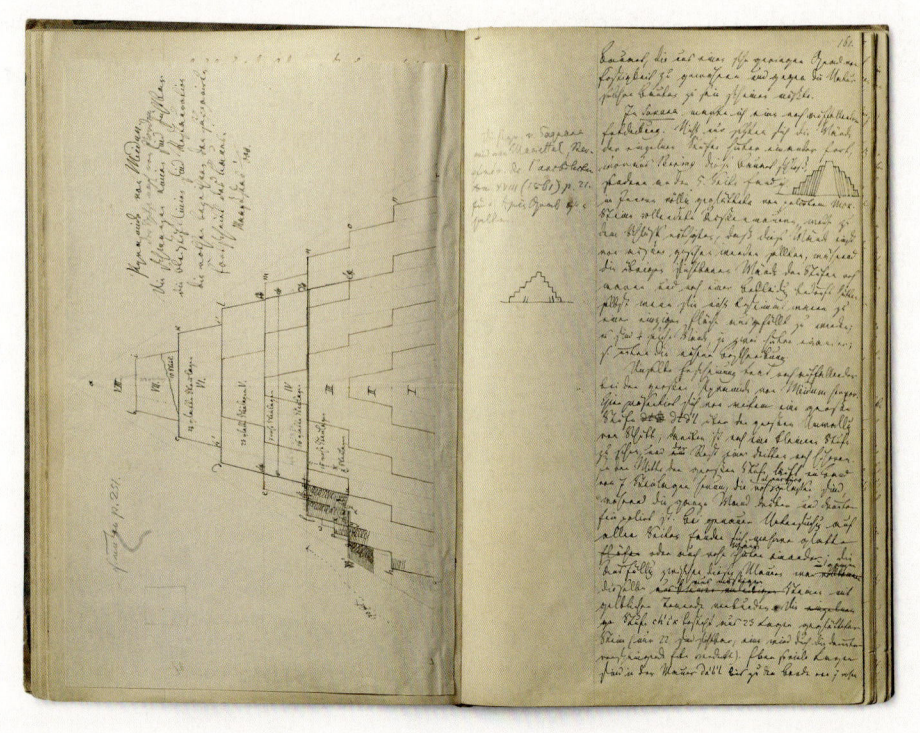

9-38b

9-43 Die Ägyptische Abteilung
im Neuen Museum

a) Der Ägyptische Hof im Neuen Museum zu Berlin
Berlin, 1850, Eduard Gaertner
Lithografie, 43,2 x 54,9 (Blatt), 27,8 x 37 (Platte)

9-42a

9-43a

Stiftung Preußische Schlösser und Gärten Berlin-Brandenburg, Kupferstichbände, B 73, Bl. 13
b) Brief Richard Lepsius an Olfers
29. Januar 1843 und 31. Januar 1843, Carl Richard Lepsius
Tinte auf Papier
Privatbesitz

Während der Expedition bleibt Richard Lepsius ständig in Briefkontakt mit dem Generaldirektor der Königlichen Museen Ignaz von Olfers. Darin macht Lepsius detaillierte Vorschläge zur Ausgestaltung der Ägyptischen Abteilung des Neuen Museums. Er übersendet Zeichnungen von frisch entdeckten Grabkammern und von fein kolorierten Säulen und Architraven ägyptischer Tempel. Den Grundsätzen einer neuen Museumsdidaktik folgend, will er dem Publikum das ausführliche Bildprogramm ägyptischer Architektur präsentieren – historisch und thematisch auf Wänden, Decken und Säulen des Museums angeordnet. *ih*

Theodor Koch-Grünberg – Ethnologische Forschungen in Südamerika

Von 1903 bis 1905 bereiste Theodor Koch-Grünberg im Auftrag des Königlichen Museums für Völkerkunde zu Berlin das Amazonasgebiet. Wochenlang war er in verschiedenen indianischen Dörfern zu Gast. In seinen Berichten überschneiden sich zwei zeitgenössische Interpretationslinien: Der Vorstellung von einer »kulturellen Evolution«, nach der die Indianer

einer vermeintlich primitiveren Stufe angehörten, stand die Kritik an den zerstörerischen Einflüssen der europäisch-amerikanischen Zivilisation gegenüber. Abwertenden Äußerungen über die »Wildheit« der angetroffenen Menschen trat Koch-Grünberg regelmäßig entgegen. Im Vorwort seines Reiseberichts betonte er, dass derjenige, »der den Indianer nicht als Versuchsobjekt für seine wissenschaftlichen Studien, sondern von vornherein als Menschen betrachtet, auch den Menschen in ihm findet«. *mk*
Lit. Koch-Grünberg 1909/10; Kraus 2004

9-44 Tagebuch der Rio-Negro-Reise, Heft VI

Brasilien, Oberer Rio Negro, 15. Juni – 17. September 1904, Theodor Koch-Grünberg
Schreibheft mit Bleistifteintragungen, 20,5 x 15 x 1
Völkerkundliche Sammlung, Fachgebiet Kultur- und Sozialanthropologie, Philipps-Universität Marburg, Inv.-Nr. Nachlass Theodor Koch-Grünberg VK Mr B.1.2 (Heft VI)

Neben allgemeinen Angaben zum indianischen Alltagsleben finden sich in Koch-Grünbergs Aufzeichnungen vor allem Informationen über Sprachen, religiöse Vorstellungen, Wirtschaftsformen und materielle Kultur der besuchten Völker. Im aufgeschlagenen Eintrag vom 15. September 1904 notierte er zudem entsetzt Hinweise auf gewaltsame Übergriffe gegen die Indianer. *mk*

9-45 Karte der Reisewege des Dr. Theodor Koch, Oberer Rio Negro

Brasilien, Oberer Rio Negro, 1903/04, Theodor Koch-Grünberg
Wasserfarben auf Papier, 32 x 44,5
Völkerkundliche Sammlung, Fachgebiet Kultur- und Sozialanthropologie, Philipps-Universität Marburg, Inv.-Nr. Nachlass Theodor Koch-Grünberg VK Mr B. III

Über das von Koch-Grünberg bereiste brasilianisch-kolumbianische Grenzgebiet existierten zur damaligen Zeit nur wenige zuverlässige Informationen. Die Karte seiner Reiseroute zeichnete der Forscher selbst. Über ein Teilstück der Fahrt, auf dem sich seine angeheuerten Begleiter, wie er unterwegs feststellen musste, selbst nicht recht auskannten, schrieb er später in einem Brief an seine Verlobte: »So gondelten wir denn los, so recht ins Ungewisse, ohne es zu ahnen.« *mk*
Lit. Kraus 2004

9-46 Tabelle zur Aufnahme südamerikanischer Sprachen, mit Eintragungen zur Sprache der »Umáua« und der »Kobéua«

Berlin/Brasilien, Oberer Rio Negro, vor 1905, Theodor Koch-Grünberg
Vordruck mit Buntstifteintragungen, 14,5 x 21,5 x 1
Völkerkundliche Sammlung, Fachgebiet Kultur- und Sozialanthropologie, Philipps-Universität Marburg, Inv.-Nr. Nachlass Theodor Koch-Grünberg VK Mr C.1.2

Indianische Sprachen zählten zu den Forschungsschwerpunkten Koch-Grünbergs, der vor seinem Wechsel an das Berliner Völkerkundemuseum als Lehrer, vor allem für Latein und Griechisch, gearbei-

tet hatte. Auf Reisen verwendete er die
»Tabellen« des Museums, kleine Hefte,
in denen, nach Sachgebieten geordnet,
Wörter und ganze Sätze auf Deutsch,
Spanisch und Portugiesisch vorgedruckt
waren. Dies sollte die systematische Aufnahme und den späteren Vergleich der
indigenen Sprachen erleichtern. *mk*

9-47 Skizzenbuch C

Rio Tiquié (Tukáno, Diikána), vor 1905,
Theodor Koch-Grünberg
Gebundenes Heft, mit Bleistiftskizzen, 15,1 x 22,0 x 1
Völkerkundliche Sammlung, Fachgebiet Kultur- und
Sozialanthropologie, Philipps-Universität Marburg,
Inv.-Nr. VK Mr B. III

Koch-Grünberg ließ verschiedene Indianer für ein geringes Entgelt in sein Skizzenbuch malen. Neben Bleistiftskizzen
von Menschen und Tieren finden sich
hier Tanzmasken, Hausbemalungen oder
auch Sternbilder. 1905 veröffentlichte er
diese »Handzeichnungen« in seinem Buch
»Anfänge der Kunst im Urwald«, wobei er
die Bilder im Sinne der evolutionistischen
Theorie interpretierte und stellenweise
mit europäischen Kinderzeichnungen
verglich. *mk*
Lit. Koch-Grünberg 1905

9-48 Fotografien der Rio-Negro-Reise 1903–1905

a) Übersetzen des Bootes an der Cachoeira Juruparí
Theodor Koch-Grünberg
Reproduktion
Völkerkundliche Sammlung, Fachgebiet Kultur- und
Sozialanthropologie, Philipps-Universität Marburg,
Inv.-Nr. KG-H-II-70
b) Weihnachten 1904 an der Cachoeira Iauarete
Theodor Koch-Grünberg
Reproduktion
Völkerkundliche Sammlung, Fachgebiet Kultur- und
Sozialanthropologie, Philipps-Universität Marburg,
Inv.-Nr. KG-H-II-78
c) Maskenherstellung bei den Kubeo: Befestigen
von Baststreifen am Sipóring
Theodor Koch-Grünberg
Reproduktion
Völkerkundliche Sammlung, Fachgebiet Kultur- und
Sozialanthropologie, Philipps-Universität Marburg,
Inv.-Nr. KG-H-II-117
d) Maskenherstellung bei den Kubeo: Annähen des
Sipóringes an den Maskenkörper
Theodor Koch-Grünberg
Reproduktion
Völkerkundliche Sammlung, Fachgebiet Kultur- und
Sozialanthropologie, Philipps-Universität Marburg,
Inv.-Nr. KG-H-II-118
e) Tanz des Jaguar, Kubeo, Rio Aiari
Theodor Koch-Grünberg
Reproduktion
Völkerkundliche Sammlung, Fachgebiet Kultur- und
Sozialanthropologie, Philipps-Universität Marburg,
Inv.-Nr. KG-H-II-140
f) Maloka der Káua an der Cachoeira Jurupari
Theodor Koch-Grünberg
Völkerkundliche Sammlung, Reproduktion

9-48a

9-48f

9-48g

Fachgebiet Kultur- und Sozialanthropologie, Philipps-Universität Marburg, Inv.-Nr. KG-H-II-62

g) Theodor Koch-Grünberg zeigt einigen Wanano Fotografien
Theodor Koch-Grünberg
Reproduktion
Völkerkundliche Sammlung, Fachgebiet Kultur- und Sozialanthropologie, Philipps-Universität Marburg, Inv.-Nr. KG-H-II-86

h) Theodor Koch-Grünberg mit Makúna, Yabahána und Yahúna am unteren Rio Apaporis
Theodor Koch-Grünberg
Reproduktion
Völkerkundliche Sammlung, Fachgebiet Kultur- und Sozialanthropologie, Philipps-Universität Marburg, Inv.-Nr. KG-H-II-88

i) Frau beim Herstellen von Kaschirí (Maniokbier)
Theodor Koch-Grünberg
Völkerkundliche Sammlung, Reproduktion
Fachgebiet Kultur- und Sozialanthropologie, Philipps-Universität Marburg, Inv.-Nr. KG-H-II,100

j) Tuyúka in vollem Tanzschmuck
Theodor Koch-Grünberg
Reproduktion
Völkerkundliche Sammlung, Fachgebiet Kultur- und Sozialanthropologie, Philipps-Universität Marburg, Inv.-Nr. KG-H-II-42

9-49 Tanzmasken der Kubeo

a) Fischmaske (*háimä*)
1904
126 x 88
Ethnologisches Museum, Staatliche Museen zu Berlin, Inv.-Nr. VB 5677

b) Jaguarmaske (*yauí*)
1904
120 x 40
Ethnologisches Museum, Staatliche Museen zu Berlin, Inv.-Nr. VB 5508

Die Masken fanden bei Totenfeiern Verwendung. Die Maskentänze interpretierte Koch-Grünberg als Mittel zur Dämonenvertreibung sowie als Fruchtbarkeitskult. Nach Abschluss des Rituals wurde die Mehrzahl der verwendeten Masken verbrannt. Koch-Grünberg erwarb am oberen Rio Negro allein bei den Kubeo mehr als fünfzig Tanzmaskenanzüge, die zum überwiegenden Teil speziell für den Forscher hergestellt worden waren. *mk*
Lit. Koch-Grünberg 1909/10

9-50 Tonwaren der Káua und Siusí vom Rio Aiari

a) Tonschale mit roter Bemalung
Vor 1905
9 x 23 x 23
Ethnologisches Museum, Staatliche Museen zu Berlin, Inv.-Nr. VB 5731

b) Wassertopf mit roter Bemalung
Vor 1905
18,5 x 25 x 25
Ethnologisches Museum, Staatliche Museen zu Berlin, Inv.-Nr. VB 5784

c) Schwarzes Speisetöpfchen
Vor 1905
9 x 19 x 19
Ethnologisches Museum, Staatliche Museen zu Berlin, Inv.-Nr. VB 5818

1298 Objekte umfasste die Liste der Gegenstände, die Theodor Koch-Grünberg nach seiner Rückkehr im November 1905 dem Berliner Museum für Völkerkunde übergab. Eine kleinere Sammlung hatte er zuvor bereits in Belém (Brasilien) an das Museum Goeldi verkauft. Neben seinen Aufzeichnungen dokumentierten mehr als 1000 Fotografien, die er direkt vor Ort selbst entwickelt hatte, die Expedition. Sein Buch »Zwei Jahre unter den Indianern. Reisen in Nordwest-Brasilien 1903/1905«, das 1909 und 1910 in zwei Bänden erschien, wurde zur vielbeachteten Pionierstudie über die Kulturen der indianischen Völker des oberen Rio Negro. »Ich betrachte meine Reise«, so Koch-Grünberg im Vorwort des Buches, »jedoch nicht in erster Linie als Sammelreise. Mein Hauptbestreben ging dahin, bei einem oft wochen-, ja monatelangen Aufenthalt unter einzelnen Stämmen und in einzelnen Dörfern, im engen Verkehr mit den Indianern ihr Leben mit zu erleben und in ihre Anschauungen einen tieferen Einblick zu tun«. *mk*
Lit. Koch-Grünberg 1909/1910; Kraus 2002

9-51 Galatanzschmuck

Brasilien, Rio Tiquié, vor 1905, Tukano
Palmfaser, Ara-, Reiher- und Geierfedern, Affenhaar, Holz, 53 x 20 x 25, Rückenkordel Länge 157
Ethnologisches Museum, Staatliche Museen zu Berlin, Inv.-Nr. VB 6136 - 6138

9-52 Tanzschurz

Brasilien, Rio Tiquié, vor 1905, Tukano
Rindenbast mit blauer Bemalung, 75 x 23
Ethnologisches Museum, Staatliche Museen zu Berlin, Inv.-Nr. VB 6175

9-53 Kniebändertroddeln

Brasilien, Rio Tiquié, vor 1905, Tuyuka
Tukumáfruchtschalen, Federn, 33
Ethnologisches Museum, Staatliche Museen zu Berlin, Inv.-Nr. VB 6122

9-54 Tanzklappern

Brasilien, Rio Tiquié, vor 1905, Tukano
Fruchtschalen, Baumwolle, 8 x 53
Ethnologisches Museum, Staatliche Museen zu Berlin, Inv.-Nr. VB 6057

9-55 Kniebandanhänger

Brasilien, Rio Tiquié, vor 1905, Tuyuka
Käferkörper, Federn, 16 x 14
Ethnologisches Museum, Staatliche Museen zu Berlin, Inv.-Nr. VB 5467

9-49b

9-51

9-56 Tanzstab mit aufgemaltem Muster
Brasilien, Rio Tiquié, vor 1905, Bará
Embauva-Holz, bemalt, 122 x 9 x 9
Ethnologisches Museum, Staatliche Museen zu Berlin,
Inv.-Nr. VB 6052

9-57 Musikinstrument
Brasilien, Rio Tiquié, vor 1905, Tukano
Schildkrötenpanzer, 16 x 20 x 36
Ethnologisches Museum, Staatliche Museen zu Berlin,
Inv.-Nr. VB 6372

9-58 Tanzrassel mit Ritzornamenten
Brasilien, Rio Tiquié, vor 1905, Tukano
Holz, Kürbis, Samen, 10 x 11 x 38
Ethnologisches Museum, Staatliche Museen zu Berlin,
Inv.-Nr. VB 5855

9-59 Panflöte
Brasilien, Rio Uaupés, vor 1905, Wanano
43 x 17
Ethnologisches Museum, Staatliche Museen zu Berlin,
Inv.-Nr. VB 6322

Die Erforschung der Schlafkrankheit. Robert Koch in Deutsch-Ostafrika (1906/07)

Die schnelle Ausbreitung der Schlafkrankheit in Afrika veranlasste die deutsche Regierung 1906, eine Forschungsexpedition in die Kolonie Deutsch-Ostafrika (heute Tansania) auszurüsten. Unter der Leitung des Nobelpreisträgers Robert Koch erforschten Mediziner den Krankheitsverlauf und testeten Medikamente zur Behandlung der *Trypanosomiasis*.
Die politischen Rahmenbedingungen des Kolonialismus ermöglichten unzulässige pharmakologische Experimente und die Internierung der infizierten Afrikaner in eigens errichteten Lagern.
Neben der Erforschung des Krankheitserregers interessierte die Forscher die Wirksamkeit des Medikaments Atoxyl. Trotz der schädlichen Nebenwirkungen und dem ausbleibenden Nachweis für eine dauerhafte Genesung pries Koch das arsenhaltige Präparat als »wahres Heilmittel«.
Kochs Erfahrungen wurden zum Maßstab bei der Bekämpfung der Schlafkrankheit. Atoxyl etablierte sich als Standardmedikament. Auch seine Empfehlung, Infizierte dauerhaft in Lagern zu isolieren, wurde in den deutschen Kolonien verbindlich.
nd
Lit. Broch 1988; Eckart 1997; Eckart 2009; Münch/Biel 1998

9-60 Die Ausbreitung der Schlafkrankheit in Ost-Afrika
1907, Robert Koch
Druck, Buntstift auf Papier, 39 x 41,3
Bundesarchiv, Berlin, R86 2631

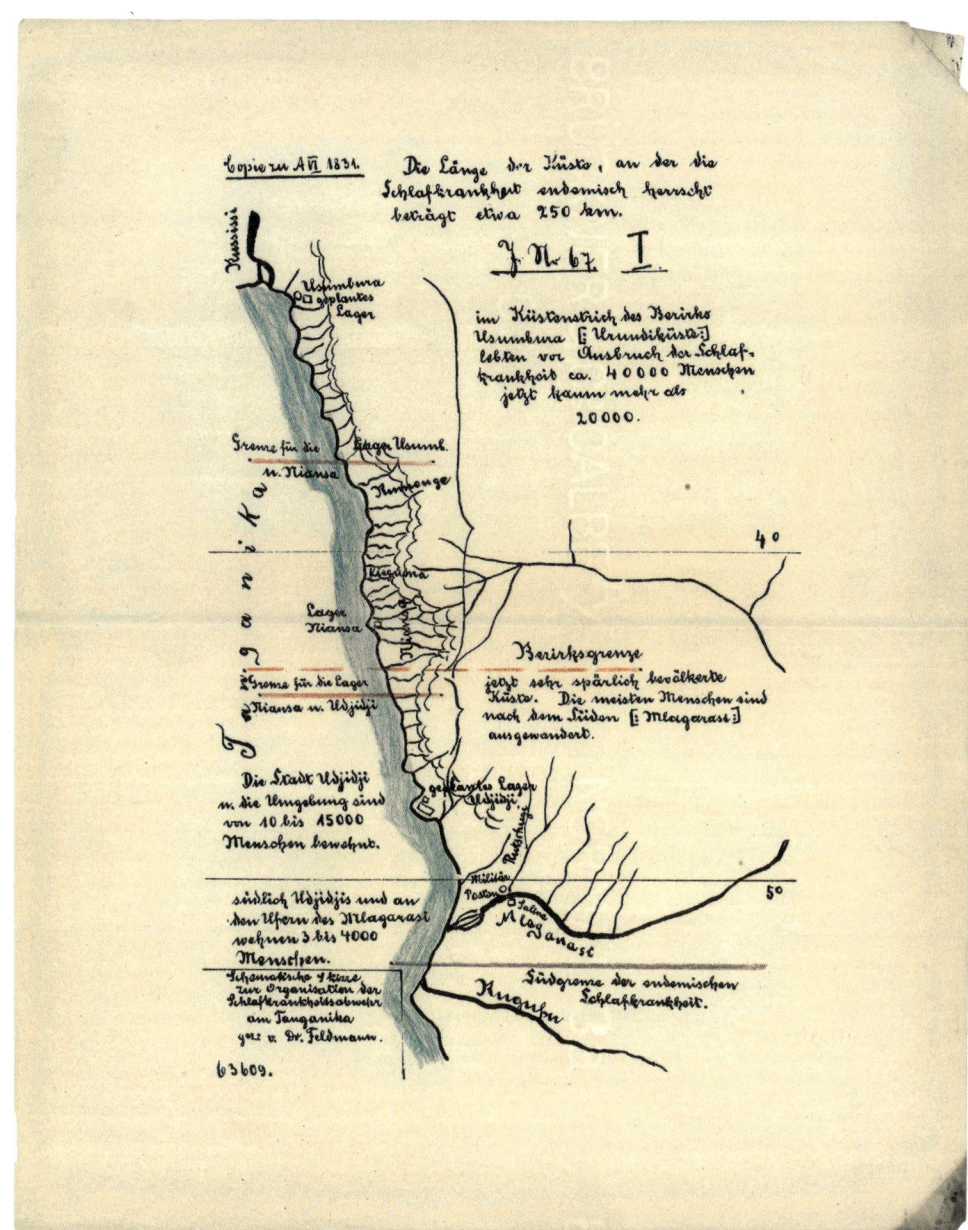

9-61

9-61 Skizze der Küste, an der die Schlafkrankheit endemisch herrscht, mit eingezeichneten Krankenlagern
16. Mai 1908, Robert Koch
Buntstift, Tinte auf Papier, 41,5 x 32,6
Bundesarchiv, Berlin, R86 2631

9-62 Krankenlager, Hauptlager Miansa
Miansa, 10. September 1908, Feldmann
Bleistift, Buntstift, Tinte auf Papier, 55 x 67
Bundesarchiv, Berlin, R86 2631

9-63 Handschriftlicher Bericht über die Tätigkeit der Schlafkrankheits-Expedition
Entebbe, 5. November 1906, Robert Koch
Tinte auf Papier, 29,4 x 21,4
Bundesarchiv, Berlin, RG86 2616

9-64 Krankenbaracken aus Holz und Gras für 86 Personen – Rundhütte aus Holz und Gras für je 4–5 Patienten
Miansa, 1907, Robert Koch
Bleistift auf Papier, 32,2 x 20,3
Robert-Koch-Institut, Berlin, Inv.-Nr. as/w6/012

9-65 Bericht von Stabsarzt Feldmann über die Schlafkrankheit im Bezirk Udjidji am Tanganjika-See
Udjidji, Tanganjika-See, 18. Januar 1907, Feldmann
Typoskript, Papier, 32,9 x 20,8
Bundesarchiv, Berlin, R86 2630

Nach Kochs Vorschlägen wurde die systematische Bekämpfung der Schlafkrankheit unter der Leitung seines ehemaligen Assistenten, Stabsarzt Friedrich Karl

9-66a

Kleine (1869–1951), in Deutsch-Ostafrika fortgesetzt. Deutsche Ärzte behandelten zahlreiche Patienten am Viktoria- und Tanganjikasee in dafür eingerichteten Internierungslagern. *nd*
Lit. Eckart 1997; Eckart 2009

9-66 Die Schlafkrankheit

Fotografien infizierter Afrikaner in Miansa, 1906/07
a) Schlafkranker wird in einer Hängematte zur Behandlung nach Bugala gebracht
Fotografie, s/w
Robert-Koch-Institut, Berlin, Album 6105
b) Kranke innerhalb des Behandlungsraumes
Fotografie, s/w
Robert-Koch-Institut, Berlin, Album 6105
c) Kranker auf improvisierter Tragbahre
Fotografie, s/w
Robert-Koch-Institut, Berlin, Album 6105
d) Kranke mit Erkennungsmarke
Fotografie, s/w
Robert-Koch-Institut, Berlin, Album 6105
e) Schlafkranke Kinder mit Augenlidschwellung
Fotografie, s/w
Robert-Koch-Institut, Berlin, Album 6105
f) Tobsüchtiger Kranker in der Sklavengabel
Fotografie, s/w
Robert-Koch-Institut, Berlin, Album 6105
g) Schwerkranker nach zweimonatiger Behandlung mit Atoxyl
Fotografie, s/w
Robert-Koch-Institut, Berlin, Album 6105

Apathie, Schlaf-, Bewegungs- und Sprachstörungen sind Symptome der Schlafkrankheit, die zur körperlichen Schwächung und bis zum Tod führen können.
Bei den infizierten Patienten kommt es zu wechselnden Fieberschüben mit Gesichts- und Augenlidschwellungen, Lymphkno-tenschwellungen und Hautausschlägen. Die Trypanosomen befallen das Zentralnervensystem, wodurch Kopfschmerzen, psychische Veränderungen und Bewegungsstörungen ausgelöst werden. Nach Monaten können die Kranken nicht mehr gehen und verfallen in einen Dämmerzustand. Ohne medizinische Behandlung ist die Erkrankung auch heute noch tödlich.
nd
Lit. Broch 1988; Münch/Biel 1998

9-67 Das Interesse der Medizin

a) *Trypanosoma gambiense* und *Trypanosoma brucei* jeweils in der männlichen und weiblichen Form
1906/07, Robert Koch
Bleistift, Buntstift auf Papier, 17 x 11
Robert-Koch-Institut, Berlin
b) Robert Koch in einem Arbeitszelt
Fotografie, s/w
Robert-Koch-Institut, Berlin, Inv.-Nr. 3110056a
c) Teilnehmer der Expedition
Fotografie, s/w
Robert-Koch-Institut, Berlin, Inv.-Nr. Album 6105

Bereits 1894 wies der englische Mediziner David Bruce nach, dass die Schlafkrankheit durch einen Blutparasiten, ein Trypanosoma, verursacht wird, der von kranken auf gesunde Menschen von einer Stechfliege, der Tsetsefliege (*Glossina palpalis*), übertragen wird.
Kochs Untersuchungen führten jedoch nicht zur erhofften Aufdeckung des Entwicklungszyklus der Parasiten im Magen-Darm-Kanal der Fliegen. 1909 gelang Friedrich Karl Kleine der Nachweis, dass die Trypanosomen im Fliegenkörper ungefähr drei Wochen zur Ausbildung der ansteckungsfähigen Form benötigen. *nd*
Lit. Broch 1988; Eckart 1997; Grüntzig/Mehlhorn 2005

9-68 Mikroskopische Präparate

1906/07, Robert Koch
Mikroskopische Präparate, Glas, Pappe, 6 x 29 x 21
Robert-Koch-Institut, Berlin

Der Auftrag der Expedition war es, die Übertragung des Schlafkrankheitserregers auf den Menschen zu untersuchen. Die

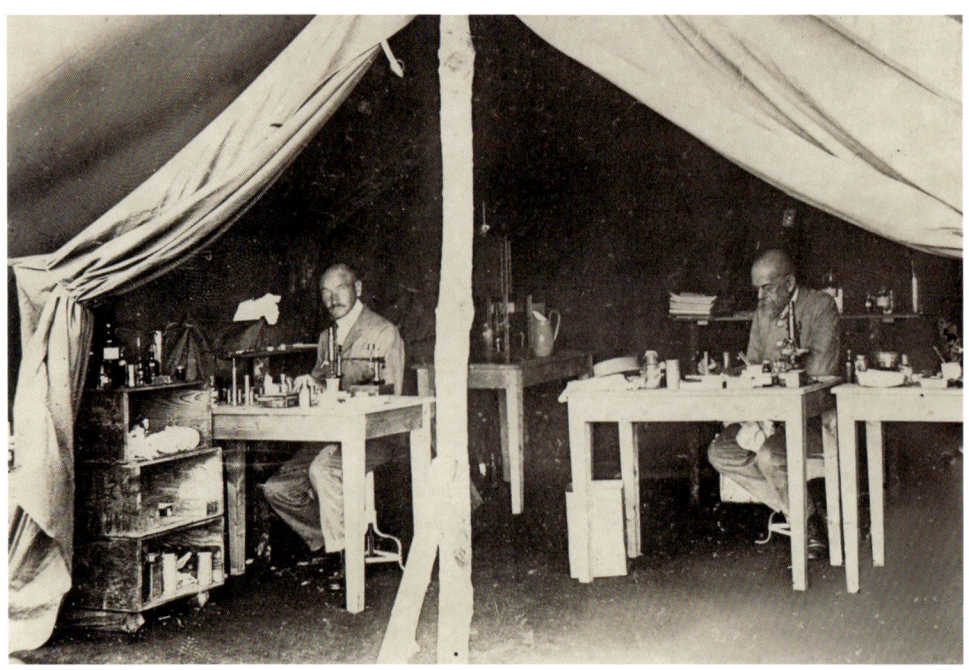

9-67

mikroskopische Analyse von Blutaus-
strichen attestierte die Übertragung der
Krankheit über tierische Zwischenwirte
auf den Menschen. Dafür wurde das Blut
von Rindern, Antilopen und Krokodilen
sowie der Tsetsefliege untersucht. Beim
Menschen erbrachte eine schmerzhafte
Drüsenpunktion den sicheren Nachweis
von Parasiten im Blut. *nd*
Lit. Broch 1988; Münch/Biel 1998

9-69 Robert Kochs Vokabelheft, Deutsch-Suaheli

Miansa, 1907, Robert Koch
Tinte auf Papier, 14,5 x 17,9
Robert-Koch-Institut, Berlin, Inv.-Nr. as/L3/013-018

9-70 Pharmakologische Experimente

Rechnung an das Kaiserliche Gesundheitsamt
Berlin/Sese, 24. Februar 1907
Vereinigte Chemische Werke, Charlottenburg
Tinte auf Papier, 29,2 x 21,5
Bundesarchiv, Berlin, RG 86 2616

Mit zunehmender Patientenzahl richtete
sich Kochs Interesse auf die wirksame
Bekämpfung der tödlichen Krankheit.
In Europa war das Arsenpräparat Atoxyl
aus den Vereinigten Chemischen Werken,
Berlin, bislang nur an Tieren getestet
worden. Nachdem bei Tests in Deutschland Probanden erkrankt waren, er-
schwerte eine kritische Öffentlichkeit
Humanexperimente. Diese Aufmerksamkeit existierte in den Kolonien nicht.
Subkutan gespritzt erzielte Atoxyl eine
schnelle klinische Besserung. Die Erhöhung der Dosis, um Rückfälle zu vermeiden, führte zur dauerhaften Erblindung
der Testpersonen. Koch resümierte: »Es ist
wohl möglich, dass im Laufe der Zeit andere Mittel gefunden werden, welche
noch mehr Erfolg haben als das Atoxyl
und dann an dessen Stelle treten können.
Aber das Atoxyl ist, wenn auch kein un-
fehlbares Mittel, so doch eine so gewaltige
Waffe im Kampfe gegen die Schlafkrankheit, das man es jetzt schon so viel als
irgend möglich dafür ausnutzen muss.«
nd
Lit. Eckart 1997; Eckart 2009

Die doppelte Reise – Pilgerschaft und Forschung in Mexiko

Die Huichol (Wixarika) leben in der Sierra
Madre Occidental im Nordwesten Mexi-
kos. Mehrmals im Leben unternimmt ein
Teil von ihnen eine Pilgerfahrt an den
»Ort, an dem sich die Götter versammeln«
(Wirikuta). Geführt werden die Pilger von
einem Schamanen (*mara'akame*). Nach
Vorstellung der Huichol verwandeln sich
die Reisenden unterwegs selbst in Götter.
In Wirikuta sammeln sie Peyote. Die

9-71

Einnahme dieses halluzinogen Kaktus
ermöglicht ihnen Visionen, die sie mit
der Götterwelt in Verbindung bringen.
Die Ethnologen Ingrid Kummels und
Manfred Schäfer begleiteten 1996 einige
Huichol mit der Filmkamera auf diesem
Weg. Die Pilgerfahrt wurde zur For-
schungsreise in die religiöse Welt der
Huichol. Ingrid Kummels ist heute Profes-
sorin für Altamerikanistik/Kulturanthro-
pologie am Lateinamerika-Institut der
Freien Universität Berlin. *mk*
Lit. Artes de México 2007; Kummels 2006

9-71 Acrylgarnbild

Tepic, erworben im Mai 1995, Huichol
Spanplatte, Acrylgarn, Wachs, 60 x 60
Ingrid Kummels, Berlin

Seit den 1950er-Jahren stellen die Huichol
Wollbilder her. Die Künstler erschaffen
diese Bilder dank »der Gabe zu sehen«
(*nierika*), die ihnen bei der Pilgerschaft
nach Wirikuta zuteil wird. Der Verkauf
der Bilder stellt mittlerweile ein einträgli-
ches Gewerbe dar. Im ausgestellten Bild
bewacht die bunte, giftige Eidechse (*imu-
kui*, rechts unten) das heilige Land Wiri-

kuta. Sie besitzt einen Körper aus Peyote-
Kakteen. Wirikuta wiederum ist in der
mythischen Vorzeit aus dem Geist »unseres älteren Bruders, der blaue Hirsch«,
hervorgegangen (*Tamatsi Maxa Yuawi*,
rechts Mitte). Für den Schamanen gleicht
die Suche nach Peyote der Jagd nach dem
blauen Hirsch; er kommuniziert mit ihm
und heilt mittels seines gefiederten Stabes
(*muwieri*). *ik*

9-72 Schamanenstuhl (*uwéni*)

San Andrés Cohamiata, vor 1990, Huichol
Holz- und Bambusstöcke, Borkenrindenstreifen u.a.,
100 x 52 x 65
Hansjörg Volkhardt, München

Der Schamane leitet viele Zeremonien
von einem zierlich wirkenden, aber sorgfältig gebauten Stuhl aus. Er ist von einer
komplexen Symbolik. Von Natur aus ge-
gabelte Holzstöcke bilden das Rahmen-
werk der Rücken- und Armlehnen.
Agavenfasern und ein Klebstoff aus der
chautle-Pflanze verbinden die Teile. Im
Stuhl werden starke und schwache Hölzer
verschiedener Bäume so kombiniert, dass
sich die Oppositionen aufheben. Dies

9-78e

geschieht in Analogie zur Fähigkeit des Schamanen, das Gleichgewicht herzustellen. *ik*

9-73 Drei Votivkürbisschalen (*xukurite*)
a) Huichol, vor 1990
6 x 8, Kordel 60
Hansjörg Volkhardt, München
b) Huichol, vor 1990
5 x 11
Hansjörg Volkhardt, München
c) Huichol, vor 1990
5 x 10
Hansjörg Volkhardt, München

Vor allem Frauen stellen die Votivkürbisschalen her, die bei der Pilgerreise nach Wirikuta eine wichtige Rolle spielen. Die innen mit Wachs überzogenen Schalen werden mit asymmetrischen Motiven aus Glasperlen oder Bohnen verziert, die Botschaften symbolisieren. Die Pilger geben die Schalen an der »Pforte« von Wirikuta in das heilige Wasserloch von Tatei Matinieri. Die dort lebenden »Mütter des Wassers« sollen ihre individuellen Bitten erfüllen. Die schlichten Kürbisschalen gelten als Medium, das die Kommunikation und den kontinuierlichen Austausch zwischen Menschen und Göttern ermöglicht. *ik*

9-74 Aufenthaltsgenehmigung
San Andrés Cohamiata, 2. Februar 1996
Faxpapier, 31 x 20
Ingrid Kummels, Berlin

In dem im Original in spanischer Sprache verfassten Dokument genehmigen die Huichol den Aufenthalt in einer ihrer Gemeinden: »Gut für 100.00 N $ (Neue Pesos). Ich habe von Herrn Manfred Schäfer die Summe von einhundert Neuen Pesos aus Anlass seines Aufenthaltes von fünf Tagen in dieser Gemeinde TATEIKI San Andrés Cohamiata, Munizip von Mezquitic, Jalisco, erhalten. 2. Februar 1996. Der traditionelle Gouverneur Antonio Carrillo Bautista. Traditioneller Srio. Angel Bautista Parras. Kommandant Maximino Montoyo. Anmerkung: Dieses Dokument trägt keinen Stempel. Der zweite Gouverneur hat den Stempel mitgenommen. Anmerkung: Den Besucher nicht weiter belästigen.« *ik*

9-75 Übersetzung aus dem Huichol ins Spanische von Maurilio Trinidad zur Filmsequenz »Tabak rauchen an der Pforte zu Wirikuta«
Mexiko, 1996
Typoskript mit handschriftlichen Eintragungen, 29,7 x 22
Ingrid Kummels, Berlin

9-76 Aufnahmegerät Sony Walkman WM D6C
Berlin, 1994, Sony
17,5 x 9,5 x 4
Ingrid Kummels, Berlin

9-77 Minolta-Sucherkamera analog
Berlin, 1994, Minolta
4 x 14,5 x 7,5; Schnur: 17
Ingrid Kummels, Berlin

9-78 Fotografien von den Dreharbeiten zu »Reise nach Wirikuta«
a) Die Pilger legen an der Wasserquelle Tatei Matinieri in Votivkürbisschälchen geweihte Essensgaben aus, 20. Februar 1996
Ingrid Kummels, Berlin
b) Gruppenfoto der Pilger, 20. Februar 1996
Ingrid Kummels, Berlin
c) Chavelo Trinidad präsentiert seinen Fund bei der Peyote-»Jagd« in Wirikuta, 25. Februar 1996
Ingrid Kummels, Berlin
d) Der Schamane José ruht bei den Dreharbeiten auf dem *uwéni* aus, 5. März 1996
Ingrid Kummels, Berlin
e) Der Fahrer Chavelo Trinidad repariert den Lastwagen, 5. März 1996
Ingrid Kummels, Berlin
f) Vorführung des Films »Reise nach Wirikuta« in Tuxpan de Bolaños, 1997
Ingrid Kummels, Berlin

Zu Abb. 9-78b: Links außen befindet sich das Filmteam, Ingrid Kummels und Manfred Schäfer. Der Huichol Fernando (vorne rechts) hat sich auf die Aufforderung hin, sich für ein Foto aufzustellen, hingelegt, da die zu Göttern gewordenen Pilger vieles »verkehrt herum« tun.

9-79 Reise nach Wirikuta. Die Huichol und der Peyote-Kaktus
1998, Ingrid Kummels, Manfred Schäfer
Dokumentarfilm, 16 mm, Farbe, 45 min.
Ingrid Kummels, Berlin – 3sat, WDR, SWF

9-78b

9-78f

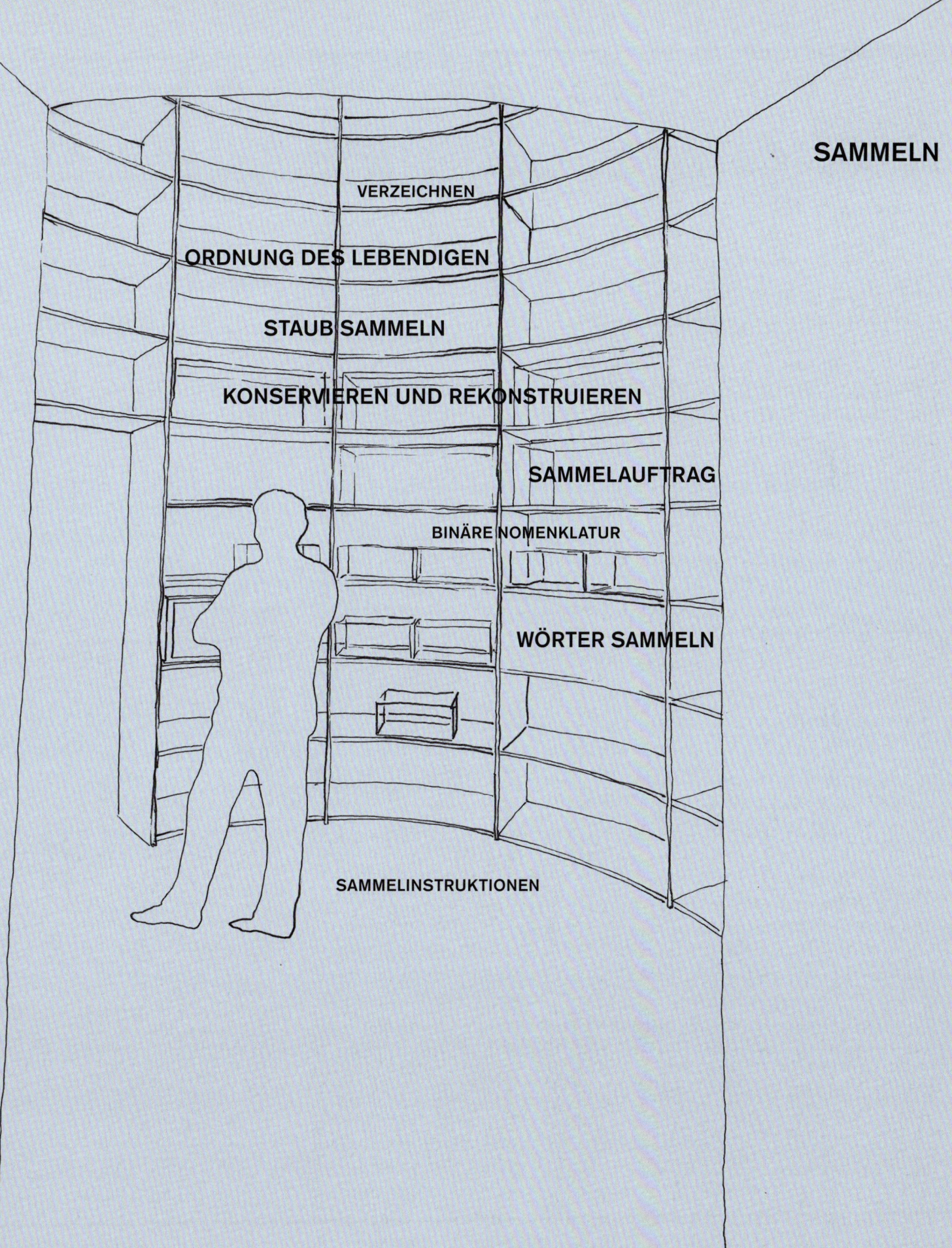

SAMMELN

VERZEICHNEN

ORDNUNG DES LEBENDIGEN

STAUB SAMMELN

KONSERVIEREN UND REKONSTRUIEREN

SAMMELAUFTRAG

BINÄRE NOMENKLATUR

WÖRTER SAMMELN

SAMMELINSTRUKTIONEN

SAMMELN

Stefan Siemer

Dem Sammeln sind keine Grenzen gesetzt. Das Spektrum reicht vom Trivialsten bis zum Ungewöhnlichsten, vom Konkreten bis hin zum Abstrakten. Blasensteine und Eingeweidewürmer finden ebenso ihre Sammler wie Fingerhüte und Feuerzeuge oder Töne und Wörter. Denn was einst Trödel, Plunder, Kram oder Krempel war, wandert nur allzu bald als beschriebenes und konserviertes Objekt in Schränke, Schubladen und Vitrinen von Privatsammlungen und öffentlichen Museen.

Am Anfang vieler Sammlungen stehen oft das Begehren nach Besitz und der Wunsch nach Vollständigkeit. Zwischen der Sammlung selbst und ihrem Besitzer, dem leidenschaftlichen Jäger nach immer neuen Kostbarkeiten, lässt sich dabei kaum unterscheiden: »Denn im Endergebnis sammelt man immer nur sich selbst«, schreibt Jean Baudrillard[1] über diese für viele Sammlungen typische Identität von Sammler und Gesammeltem. Der Sammler entzieht dabei, so der Sammlungshistoriker Krzysztof Pomian[2], die Objekte seines Begehrens ihrer alltäglichen Verwendung: Sie haben innerhalb der Sammlung keinen ökonomischen Nutzen und keinen Gebrauchswert.

Die Sammlung als künstliche Welt und Fluchtraum autonomer Objekte ist jedoch nur die eine Seite. Denn auf der anderen Seite lösen die öffentlichen Sammlungen die Sammlungsobjekte von ihren einstigen Besitzern ab und machen aus ihnen ein Mittel zum Zweck, eine Brücke zu wissenschaftlicher Erkenntnis. Doch wie auch immer wir unsere Sammlungsziele definieren: In dem Versuch, uns die Welt im Ausschnitt als Mikrokosmos anzueignen, stellt sich die ernüchternde Erkenntnis ein, dass eine Sammlung per se unabschließbar ist.

Am Anfang der neuzeitlichen Geschichte des Sammelns stand im 15. und 16. Jahrhundert die Entdeckung ferner exotischer Welten. Die Schatzkammern Afrikas, Amerikas und Indiens bargen nicht nur Gold und Gewürze, sondern auch eine unermessliche Fülle neuer unbekannter Dinge, die im Laufe der Zeit nach Europa gelangten. Zu dem in den Bibliotheken gespeicherten Bücherwissen gesellten sich daher bald die Kunst- und Naturalienkammern, machte eine neue Welt von Dingen der traditionellen Welt der Wörter Konkurrenz. Anfänge wissenschaftlicher Sammlungen finden sich etwa bei Ulisse Aldrovandi in Bologna, Conrad Gesner in Zürich oder Carolus Clusius in Amsterdam. Die Sammlung war ein Ort der Neugier und ein Motor der wissenschaftlichen Revolutionen der frühen Neuzeit.

Doch erst im 18. Jahrhundert wurde aus den Sammlungen endgültig ein Ort methodisch betriebener Wissenschaft. An die Stelle wunderlicher Schaustücke trat das sezierte, analysierte und systematisierte Sammlungsobjekt. Auch dessen Erwerb überließ man nicht mehr dem Zufall, da nun Akademien und wissenschaftliche Gesellschaften

1 Baudrillard, Jean: Das System der Dinge. Über unser Verhältnis zu alltäglichen Gegenständen, Frankfurt am Main 1991, S. 116.
2 Siehe Pomian, Krzysztof: Der Ursprung des Museums. Vom Sammeln, Berlin 1988.

groß angelegte Forschungsprogramme entwarfen und ihre Mitarbeiter zu langjährigen Expeditionen auf Reisen schickten.

Der Ertrag dieser neu erblühten Entdecker- und Sammellust war außerordentlich und nährte unter den Naturforschern die Hoffnung, die Tier- und Pflanzenwelt einmal in Gänze beschreiben zu können. Carl von Linné schätzte in dieser Zeit die Zahl der Tierarten auf 549; heute liegen die bescheidensten Schätzungen der Zoologen bei ca. 13 Millionen. Die Konsequenz aus dieser neuen Artenfülle war eine zunehmende Spezialisierung. Niemand konnte mehr für sich beanspruchen, das gesamte Gebiet der Natur zu überschauen. Selbst vermeintliche Spezialgebiete erwiesen sich als äußerst umfangreich. So sammelte und beschrieb Henry Walter Bates während eines elfjährigen Aufenthaltes am Amazonas zwischen 1848 und 1859 die fast unglaubliche Zahl von 14 000 Insekten.

Doch nicht nur die Naturforscher sammelten. Von Jacob Grimm erfahren wir im Vorwort zum ersten, 1837 zusammen mit seinem Bruder Wilhelm herausgegebenen Band des »Deutschen Wörterbuchs« Näheres über das Los des Wörtersammlers: »Wie wenn tagelang feine, dichte flocken vom himmel nieder fallen, bald die ganze gegend in unermeszlichem schnee zugedeckt liegt, werde ich von der masse aus allen ecken und ritzen auf mich andringender wörter gleichsam eingeschneit.« Das Ende des alphabetisch abgesteckten Feldes der Philologen erwies sich als unabsehbar. Zwar konnte mit dem Eintrag »Zypressenzweig« 1954 das Wörterbuch abgeschlossen werden, doch waren die ersten Bände nach mehr als hundert Jahren gänzlich veraltet. Um all die in der Zwischenzeit neu aufgetauchten Wörter neu zu erfassen, musste man nun wieder beim Buchstaben A neu beginnen.

Mit der Erfindung des Phonographen 1877 durch Thomas Alva Edison war es bald sogar möglich, Laute, Stimmen und Musik in die Sammlung zu bringen. So entstand in Berlin 1900 als Teil des Ethnologischen Museums das Phonogramm-Archiv und zwanzig Jahre später in der Preußischen Staatsbibliothek ein Lautarchiv. Mit ihren Zylindern und Schallplatten bildeten diese neuen Sammlungen die Grundlage für vergleichende Studien auf den Gebieten der Musikwissenschaft, Linguistik und Ethnologie.

Die Bedeutung und Aktualität vieler über Jahrhunderte hinweg angelegter Sammlungen spiegelt sich auch in der Naturkunde. Angesichts eines weltweit grassierenden Artensterbens sind die Naturkundemuseen Archive der Artenvielfalt und Zentren der Biodiversitätsforschung. Denn in den dunklen Magazinen finden sich oft Arten, die es in der Natur längst nicht mehr gibt. Hier lagern die sogenannten Typusexemplare, an denen Forscher eine Art erstmalig wissenschaftlich beschrieben haben und die deshalb Unikate von unschätzbarem wissenschaftlichen Wert sind. Auch die Samensammlungen innerhalb eines weltweiten Verbunds botanischer Gärten sind eine Grundlage gegenwärtiger Forschung, etwa wenn es um die Erforschung neuer pflanzlicher Wirkstoffe geht.

Was neugierige Forscher auf Reisen entdeckten und womit sie ihre Taschen, Körbe und Kisten füllten, fand bald nach ihrer Rückkehr den Weg in die Schubladen und Schränke ihrer Studierstuben und Sammlungen. Zunächst jedoch landete das Gesammelte auf dem Schreibtisch. Denn spätestens hier begann für den Wissenschaftler die Arbeit des Beschreibens und Verzeichnens in Katalogen und Registern. Diese Verzeichnisse erleichterten nicht nur das Auffinden der Objekte, sondern sie verwandelten sie zugleich zu Gegenständen wissenschaftlichen Erkenntnisinteresses, die nun mit anderen Objekten in anderen Sammlungen verglichen werden konnten. Gedruckt und überall verfügbar, setzten Kataloge die Sammlungsobjekte in Bewegung.

Manche Sammler orientierten sich bei ihren Katalogen an einer von ihnen favorisierten wissenschaftlichen Systematik, andere wiederum gliederten sie schlicht nach den jeweiligen Aufbewahrungsorten. Doch wie die Zahl der Objekte selbst ist auch die Zahl der Systematiken unabsehbar. Denn bekanntlich »existiert keine Klassifikation des Universums, die nicht willkürlich und mutmaßlich wäre«, wie Jorge Luis Borges in seinem Essay »Die analytische Sprache bei John Wilkins« feststellt.[3] Wir wissen eben nicht, so Borges, was das Universum ist.

Doch nicht allein Systematiken machen Sammlungen zugänglich. Während man im 18. Jahrhundert vor allem im Verborgenen sammelte, traten im darauffolgenden Jahrhundert die Sammler mit ihren Sammlungen ans Licht einer breiten Öffentlichkeit. Die großen öffentlichen Museen des 19. Jahrhunderts präsentierten ihre Sammlungen in aufwendigen Inszenierungen und gingen zugleich daran, sie im Hintergrund, fern von jeder Öffentlichkeit für die Wissenschaftler nutzbar zu machen. So entstanden strikt voneinander getrennte Bereiche, die man nach den jeweiligen Bedürfnissen von Laien und Forschern gestaltete.

So auch in Berlin. Hier kam es vor der Gründung und Errichtung eines neuen großen Naturkundemuseums zum Streit über die Anlage des Gebäudes und der Sammlungen. Auf der einen Seite stand der vom Ministerium beauftragte Architekt August Tiede, auf der anderen der für die Sammlungen zuständige Zoologe Wilhelm Peters. Während Tiede für eine Trennung von wissenschaftlicher Sammlung und einer öffentlich zugänglichen Schausammlung plädierte, beharrte Peters auf dem Standpunkt, alle Objekte dem Publikum zugänglich zu machen. Dass es ausgerechnet ein Architekt war, der gegen den Naturforscher für eine Trennung beider Bereiche eintrat und sich damit am Ende auch durchsetzte, war untypisch. Denn viele Naturwissenschaftler verteidigten ihre Sammlungen als universitäre Lehrsammlungen im Dienste der Forschung und betrachteten den Betrieb einer Schausammlung als eher störend. Neben den öffentlichen Sammlungen entstanden so an manchen Instituten umfangreiche Sammlungen, die nur Forschern und Studenten zugänglich waren.

In den neuen Museen war damit die jahrhundertealte Einheit von Forschung und Anschauung in wissenschaftlichen Sammlungen aufgebrochen. Was der Besucher zu sehen bekam, war nur ein Teil des in Magazinen verborgenen Gesamtbestandes, den man ihm in pädagogisch geschickt aufbereiteten Ausstellungen präsentierte. Während man hinter den Kulissen eifrig systematisierte und forschte, ging man gleichzeitig daran, in neuartigen Schauräumen mit Vitrinen, Modellen und Dioramen die jeweiligen Ergebnisse dieser Bemühungen zu inszenieren.[4]

Diese Trennung war nicht zuletzt der Fülle des Materials geschuldet, das in keiner noch so großen Schausammlung unterzubringen war. Doch mit der Ersetzung des Objekts durch den Datensatz und seine Verfügbarkeit im World Wide Web werden heute die Umrisse der Universalsammlung in neuer Gestalt wieder sichtbar. Wie einst die

3 Borges, Jorge Luis: Die analytische Sprache bei John Wilkins, in: ders.: Gesammelte Werke, Essays III, hg. von Gisbert Haefs/Arnold Fritz, München 2003, S. 109–113, hier: S. 112.
4 Siehe Asma, Stephen T.: Stuffed Animals and Pickled Heads. The Culture and Evolution of Natural History Museums, Oxford 2001.

Kataloge erfassen und vernetzen heute Datenbanken die räumlich getrennten Einzelbestände. Selbst die klassische Trennung von Schausammlung und wissenschaftlicher Sammlung stellen mittlerweile einige Museen infrage. So macht das 2009 eröffnete Darwin Center im Londoner Natural History Museum die wissenschaftlichen Sammlungen des Museums für Besucher zugänglich.

Auch der umgekehrte Weg – weg von der wissenschaftlichen Sammlung hin zur Schausammlung – lässt sich belegen. Nach seiner Berufung an die Berliner Charité baute der Pathologe Rudolf Virchow zielstrebig eine große Lehrsammlung auf, mit der er nahezu alle damals bekannten Krankheiten dokumentieren wollte. Die auf mehr als 23 000 Präparate angewachsene Sammlung machte er ab 1899 in einer eigenen Ausstellung einem allgemeinen Publikum zugänglich.

Bleibt schließlich noch zu fragen, was denn nun eigentlich zum Sammeln antreibt? Neben Interesse, Geduld und wissenschaftlichem Ehrgeiz können auch Pedanterie, Größenwahn, Eitelkeit und Gier Teil einer Sammlungsgeschichte sein. Mit dem sezierenden Blick des Moralisten betrachtet bereits 1688 La Bruyère die Sammler als eine besondere Gattung, so seltsam wie das, was in ihren Sammlungen unsere Neugier erweckt.

Im Rahmen der neuen Institution, dem öffentlichen Museum, gingen indes die meisten dieser Sammlungen, der Leidenschaften, Vorlieben und Biografien ihrer einstigen Besitzer entkleidet, in einer allgemeinen wissenschaftlichen Systematik auf. Doch immer mehr Museen interessieren sich heute für die Geschichte ihrer Sammlungen, die sie in Ausstellungen zu rekonstruieren suchen. Das Medizinhistorische Museum der Berliner Charité zum Beispiel macht in seinen Ausstellungsräumen in moderner Inszenierung das von Rudolf Virchow 1899 eröffnete Pathologische Museum erneut zugänglich.

Heute sind auf dem Gebiet der Naturforschung die großen Sammlerpersönlichkeiten, wenn es sie überhaupt noch gibt, fast gänzlich aus der Öffentlichkeit verschwunden. Allein der Kunstsammler erfährt heute vielleicht noch jene Beachtung, derer sich Sammler anderer Objekte bis ins 19. Jahrhundert gewiss sein konnten.

10-1 Sammelinstruktion für Carl Heinrich Bergius

Berlin, 22. Mai 1815, Martin Hinrich Lichtenstein
Tinte auf Papier, 34,2 x 21
Museum für Naturkunde Berlin, Inv.-Nr. Historische
Arbeitsstelle, Bestand Zoologisches Museum,
Sign. SI. Instruktionen für Sammler

Das Reisen im Auftrag einer Institution
gehörte seit Anfang des 19. Jahrhunderts
zu den wichtigsten Strategien planvoller
Sammlungserweiterung. Das 1814 gegründete Zoologische Museum der Berliner Universität schloss mit dem dafür
beauftragten Carl Heinrich Bergius einen
Vertrag über seine Tätigkeit in Südafrika.
Schriftlich bestimmte der Direktor Martin
Hinrich Lichtenstein, was gesammelt werden sollte, die Verpackung sowie Details
des Versendens. Ein Zusatzprotokoll legte
die Preise fest. *nd*

10-2 Führer für Forschungsreisende. Anleitung zu Beobachtungen über Gegenstände der physischen Geographie und Geologie

Berlin, 1886, Ferdinand Freiherr von Richthofen
20,8 x 14,2
Universitätsbibliothek der Humboldt-Universität zu Berlin,
Abteilung Historische Sammlungen, Sign. Nat Lq 1458

Verzeichnen

Das Sammeln bringt spezifische Um-
gangsweisen mit Gegenständen hervor.
Gesammelte Objekte werden erst erfasst
und deponiert. Doch mit der Inventarisie-
rung und Einordnung ist der Prozess nicht
abgeschlossen: Objekte wechseln zwischen alltäglichen und gelehrten Räumen,
Schausammlung und Depot. Sie werden
beforscht und verändern mitunter ihre
Bedeutungen.
Inventare und Kataloge sind Ausdruck der
jeweiligen Handhabung der Objekte. Sie
dokumentieren das Speichern, Aufzeich-
nen und Ordnen der Gegenstände. Sie
tragen die Handschrift wechselnder wissenschaftlicher Kategorien und des herrschenden Geschmacks – soziale, historische und ästhetische Faktoren, die eine
Sammlung auch jenseits der angestrebten
systematischen Ordnung beeinflussen
können. *nd*

10-3 Kataloge

a) Alphabetischer Katalog der Gebiete Mathematik
und Mechanik, Königliche Bibliothek
Berlin, 1660, Johannes Raue
Tinte auf Pergament, Ledereinband, 33 x 24
Staatsbibliothek zu Berlin – Preußischer Kulturbesitz,
Handschriftenabteilung, Inv.-Nr. Ms. Cat. A, Nr. 7

b) Alphabetischer Katalog der Gebiete Medizin und
Physik, Königliche Bibliothek

Berlin, 1660, Johannes Raue
Tinte auf Pergament, Ledereinband, 33 x 24
Staatsbibliothek zu Berlin – Preußischer Kulturbesitz,
Handschriftenabteilung, Sign. Cat. A, Nr. 6

10-4 Thesaurus Brandenburgicus

Aufgeschlagen: Titelstich von Band III: Antiquorum
Numismatum et Gemmarum, […] Statuas, Thoracas,
Clypeos, Imagines, tam Deorum, quam Regnum &
Illustrium […] Vasa & Instrumenta, 1701
Köln, 1696–1701, Lorenz Beger
Druck, Ledereinband, Blattgoldauflage,
38,9 x 26,5 x 6,5
Staatsbibliothek zu Berlin – Preußischer Kulturbesitz,
Abteilung Historische Drucke, Sign. 2" Nx 6363-1<a>,
Bd. 3

In dem mit 1400 Seiten umfangreichsten
Sammlungskatalog des 17. Jahrhunderts
ordnete Lorenz Beger, der Hofantiquar
Friedrichs III./I., den Berliner Antiken-
besitz des Hauses Hohenzollern nach
Materialgattungen. Der Katalog verzeich-
nete griechische und römische Münzen,
Gemmen, Statuen, Büsten und Kleinplasti-
ken. Das Titelkupfer versinnbildlicht die
herrschaftlich-repräsentative Funktion
der Kunstsammlungen, indem die Thron-
besteigung Friedrichs I. mit der Dokumentation verbunden wird. Die Götter-
mutter, Magna Mater, bittet einen Mann
in antikisierendem Gewand, die zerstreut
liegenden Antiken zu erschließen. Dieser
deutet mit ausholender Geste auf den un-
besetzten Thron. Das Wissen, das zuvor

das Privileg einer Person, das Privileg
Begers, war, wird durch seine Verschrift-
lichung im Katalog tradiert. *nd*
Lit. Gröschel 1989; Ketelsen 1990; Klapsia
1935

10-5 Das Zoologische Museum der Universität zu Berlin, Sammlungsverzeichnis

Berlin, 1816, Martin Hinrich Lichtenstein
Katalog, 19,3 x 12
Staatsbibliothek zu Berlin – Preußischer Kulturbesitz,
Abteilung Historische Drucke, Inv.-Nr. LK 2432

Das erste Sammlungsverzeichnis des 1814
eröffneten Zoologischen Museum in der
Berliner Universität erscheint als kleinfor-
matiges Buch. Darin sind die Museumsräume mit ihren Tiergruppen erfasst. Die
Aufstellung folgte der Systematik des Zoologen Johann Karl Illiger, dem ersten
Direktor des Museums. Veröffentlicht
wurde das Verzeichnis von seinem Nachfolger Martin Hinrich Lichtenstein. Auf
dem Titelblatt findet sich seine Widmung
des Buches an den Mathematiker Johann
Georg Tralles. *nd*
Lit. Illiger 1811

10-6 Gemäldegalerie, Inventar »Italienische Meister«

Berlin, ohne Jahr
Karteikarten, beschriftet, je 26 x 20
Gemäldegalerie, Staatliche Museen zu Berlin

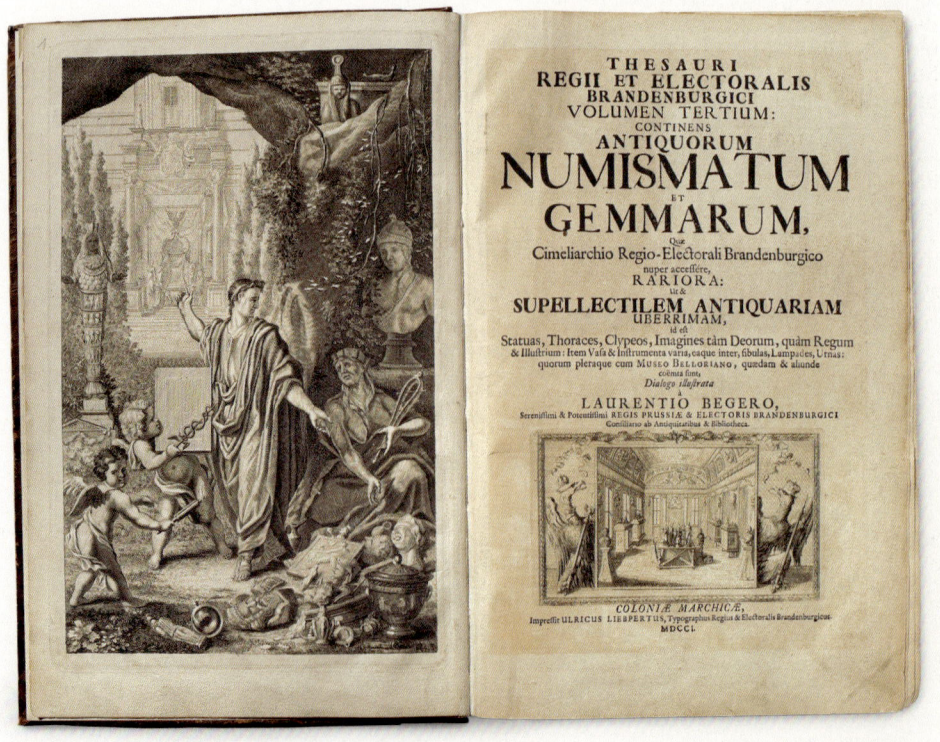

10-4

Das Inventar aus dem 19. Jahrhundert führt alle italienischen Gemälde der Berliner Gemäldegalerie auf. Im Unterschied zum ausführlicheren Katalog hat das Inventar auch die juristische Funktion der Bestandserfassung, hier der »Italienischen Meister«. Die chronologisch-topografische Ordnung von Kunstwerken setzte sich im 19. Jahrhundert europaweit durch. Gemälde wurden nach Epochen und Schulen geordnet und ausgestellt. In dieser Systematik zeigte sich die Akzentverschiebung vom Künstlermuseum zum Kunstmuseum, dem wissenschaftliche Kriterien der Sammlungsordnung und didaktische der Sammlungspräsentation zugrunde liegen. *nd*
Lit. Savoy 2006

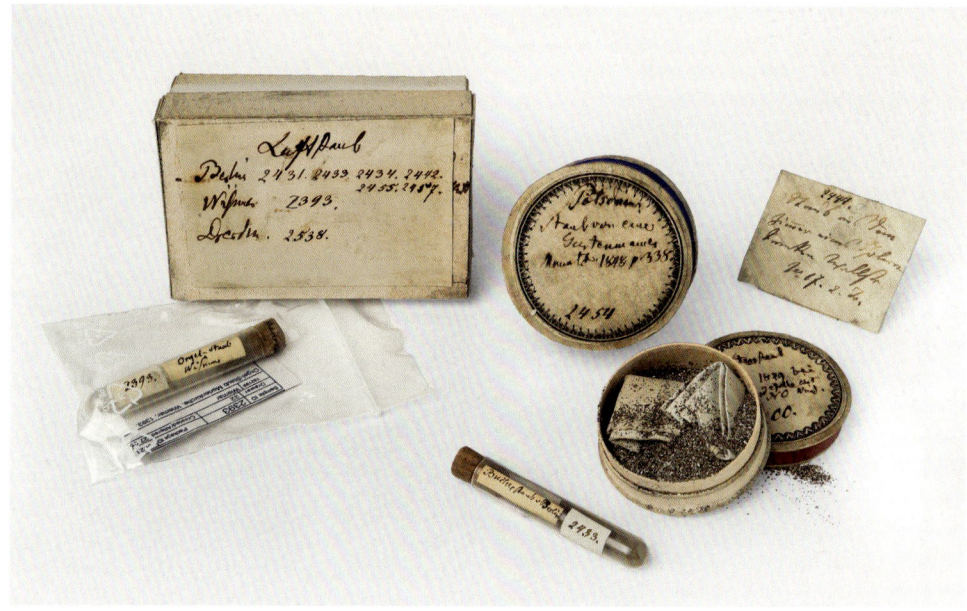

10-7

Christian Gottfried Ehrenberg: Staub sammeln

Christian Gottfried Ehrenberg erforschte als Erster systematisch Mikroorganismen seiner Umwelt. Der Begründer der Mikrobiologie und Mikropaläontologie beschrieb zahlreiche mit bloßem Auge unsichtbare Lebewesen, darunter Algen, Bakterien und Schimmelpilze. Seine bis heute genutzte Sammlung umfasst Wasser-, Erd-, Staub- und Gesteinsproben, mikroskopische Präparate und nahezu 3000 Zeichnungen.
In »Die Infusionsthierchen als vollkommene Organismen« (1838) systematisierte Ehrenberg die Vielfalt der Mikroorganismen und widerlegte die weitverbreitete Vorstellung einer Stufenleiter des Lebendigen. Die Bezeichnung »Infusionsthierchen« beruht auf der Vorstellung, dass Mikroorganismen in einem Aufguss pflanzlichen Materials, einer Infusion, selbst entstehen. Ehrenberg bewies, dass sie sich geschlechtlich oder durch Selbstteilung fortpflanzen. Ihre Herkunft vermutete er in der Luft und untersuchte daher Luftstaub, den er selbst sammelte und von Kollegen aus aller Welt zugeschickt bekam. *nd*

10-7 **Staubproben**

a) Meteorstaub im May bei Aden gefallen mit Nord- und Nordost-Wind
Christian Gottfried Ehrenberg
Staub, Papier, Pappe, beschriftet, Höhe 2, Durchmesser 3,5
Museum für Naturkunde Berlin, Ehrenberg Collection (EC), 200
b) Potsdam, Staub von einer Gartenmauer
Christian Gottfried Ehrenberg
Staub, Papier, Pappe, beschriftet, Höhe 2, Durchmesser 5
Museum für Naturkunde Berlin, Ehrenberg Collection (EC), 2454

c) Luftstaub vom Berliner Hausflur
Christian Gottfried Ehrenberg
Staub, Papier, Pappe, beschriftet, 2,5 x 8 x 5
Museum für Naturkunde Berlin, Ehrenberg Collection (EC), 2434
d) Berlin, Bodenstaub meines Hauses
Christian Gottfried Ehrenberg
Staub, Papier, Pappe, beschriftet, Höhe 6, Durchmesser 1
Museum für Naturkunde Berlin, Ehrenberg Collection (EC), 2431
e) Staub aus dem Zimmer eines Cholerakranken, Wallstr. 17, 2. Treppe
Christian Gottfried Ehrenberg
Staub, Papier, Pappe, beschriftet, 3,5 x 4,5
Museum für Naturkunde Berlin, Ehrenberg Collection (EC), 2444a

Lit. Ehrenberg 1838; Ehrenberg 1854; Jobst 2008; Theatrum Naturae 2000

Jacob und Wilhelm Grimm: Wörter sammeln

1854 erschien der erste Band des »Deutschen Wörterbuchs« der Brüder Jacob und Wilhelm Grimm, ein Wörterbuch, das sich erstmals an einen breiten Leserkreis wendete. Angelegt als klassisches Belegwörterbuch, ist in alphabetischer Ordnung der Wortschatz der neuhochdeutschen Schriftsprache versammelt und Herkunft, Geschichte und Gebrauch der Begriffe erläutert. Gemeinsam mit den beiden Grimms erschlossen ab 1838 rund einhundert Exzerptoren bis dato erschienene Lexika, wissenschaftliche und literarische Quellen. 1840 wurden Jacob und Wilhelm Grimm vom preußischen König Friedrich Wilhelm IV. als Mitglieder der Akademie der Wissenschaften nach Berlin berufen, wo sie dieses monumentale Projekt bis zu ihrem Tod fortführten. Anfang

des 20. Jahrhunderts wurde die Arbeit von der Preußischen Akademie der Wissenschaften wieder aufgenommen und nach 1945 als gesamtdeutsches Projekt der Akademien in Ostberlin und Göttingen fortgesetzt. Seit 1971 ist es vollständig und mit dem Jahr 2002 auch online verfügbar. *fk*
Lit. Die Brüder Grimm in Berlin 2004; Grimm 1991; Reiher/Friemel 1997

10-8 **Deutsches Wörterbuch, Bd. 1**

Leipzig, 1854, Jacob Grimm, Wilhelm Grimm
26,4 x 35 x 5
Berlin-Brandenburgische Akademie der Wissenschaften, Deutsches Wörterbuch – Neubearbeitung, Gr 51440

10-9 **Zusammenführen**

a) Belegkarte »Zins«
Ohne Jahr, Jacob Grimm
Pappe, Papier, beschrieben und beklebt, 10,4 x 16,5
Berlin-Brandenburgische Akademie der Wissenschaften, Deutsches Wörterbuch – Neubearbeitung
b) Belegkarte »grün«
Ohne Jahr, Wilhelm Grimm
Pappe, Papier, beschrieben und beklebt, 10,4 x 16,5
Berlin-Brandenburgische Akademie der Wissenschaften, Deutsches Wörterbuch – Neubearbeitung
c) Belegkarte »grün«
Ohne Jahr, Jacob Grimm
Pappe, Papier, beschrieben und beklebt, 10,4 x 16,5
Berlin-Brandenburgische Akademie der Wissenschaften, Deutsches Wörterbuch – Neubearbeitung

Für jeden Begriff des Wörterbuchs existieren Belegzettel mit Zitaten und Quellenangaben. Die überlieferten 600 000 Exemplare sind die Grundlage des Deutschen Wörterbuchs und ermöglichen es, die Prozesse des Sammelns und Edierens nachzuvollziehen. *fk*
Lit. Die Brüder Grimm in Berlin 2004; Reiher/Friemel 1997

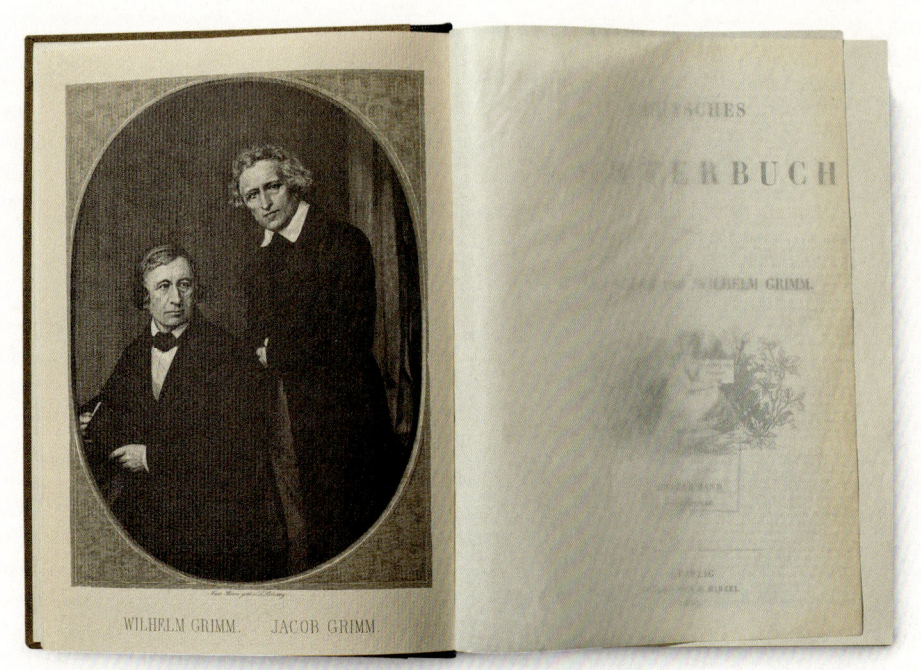

10-8

10-11 **Korrespondieren**

Brief an Wilhelm Grimm,
Göttingen, 12. Januar 1841, Gabriel Riedel
Tinte auf Papier, 19,5 x 15,7
Staatsbibliothek zu Berlin – Preußischer Kulturbesitz,
Handschriftenabteilung, Nachlass Grimm 623,
Bl. 294–297

Der Universitätssekretär Gabriel Riedel
exzerpierte nahezu zwanzig Jahre literarische Quellen und Lexika des 15.–19. Jahrhunderts für die Grimms. Er zählte zu
den 83 im Vorwort des Deutschen Wörterbuchs namentlich genannten Exzerptoren. In einem Brief an Wilhelm Grimm
nannte Riedel Wörter und Wendungen,
die in Joachim Campes »Wörterbuch der
deutschen Sprache« nicht oder ungenü-
gend belegt seien. *fk*
Lit. Schröter 1997; Schröter 2002

10-12 **Exzerpieren: die Bibliothek der Brüder Grimm**

a) Wörterbuch der littauischen Sprache
1851, Georg Heinrich Ferdinand Nesselmann.
Mit handschriftlichen Bemerkungen Jacob Grimms
23,7 x 15 x 2,9
Universitätsbibliothek der Humboldt-Universität
zu Berlin, Sign. Zq 714315:F8
b) Mittellateinisch-hochdeutsch-böhmisches
Wörterbuch
1846, Lorenz Diefenbach
17,7 x 12 x 1,9
Universitätsbibliothek der Humboldt-Universität
zu Berlin, Sign. V 8006:F8
c–e) Handwörterbuch der deutschen Sprache, 3 Bde.
1833–1849, Johann Christian August Heyse
24,8 x 13,6 x 6,5
Universitätsbibliothek der Humboldt-Universität
zu Berlin, Sign. Yb 2717:1:F8, Yb 2717:2:1:F8,
Yb 2717:2:2:F8
f) Teutsch-Lateinisches Wörter-Buch
1741, Johann Leonhard Frisch
27,7 x 23,2 x 9
Universitätsbibliothek der Humboldt-Universität
zu Berlin, Sign. Yb 2553:1-2:'a':F4
g) Teuthonista of Duytschlender
1804, Gert van der Schueren
25,9 x 22,4 x 3,9
Universitätsbibliothek der Humboldt-Universität
zu Berlin, Sign. Yd 13011:F4
h) Glossarium Germanicarum medii aevi
1781/84, Johann Georg Scherz
36 x 25,2 x 9,2
Universitätsbibliothek der Humboldt-Universität
zu Berlin, Sign. Yb 2014:F2
i) Thesaurus linguae et sapientiae Germanicae
1616, Georg Henisch
32,8 x 23,3 x 9,7
Universitätsbibliothek der Humboldt-Universität
zu Berlin, Sign. Yb 2516:F4

10-10 **Belegkarte »trinken«**

Ohne Jahr, Wilhelm Grimm
Pappe, Papier, beschrieben und beklebt, 10,4 x 16,5
Berlin-Brandenburgische Akademie der Wissenschaften,
Deutsches Wörterbuch – Neubearbeitung

Mit der Schriftstellerin Bettina von Arnim
verband Jacob und Wilhelm Grimm eine
enge Freundschaft. Für den Eintrag
»trinken« zitiert Wilhelm aus ihrem 1835

veröffentlichten »Tagebuch«: »wie die
lechzende erde – den fruchtbaren gewit-
terregen trinkt«. Das Zitat auf dem Belegzettel verweist auf die grammatikalische
Verwendung des Wortes mit unpersönli-
chem Subjekt und stellt semantisch den
Zusammenhang mit der Flüssigkeitsauf-
nahme des Bodens und der Pflanzenwelt
her. *fk*
Lit. Arnim 1835

Die Bibliothek von Jacob und Wilhelm
Grimm umfasst nahezu 5000 Bände aus
unterschiedlichen Wissenschaftsgebieten
und zahlreiche fremdsprachliche Publikationen. Insbesondere den sprachwissenschaftlichen Büchern ist die editorische
Arbeit am Deutschen Wörterbuch in Form
von Anstreichungen, Zitaten und Verwei-

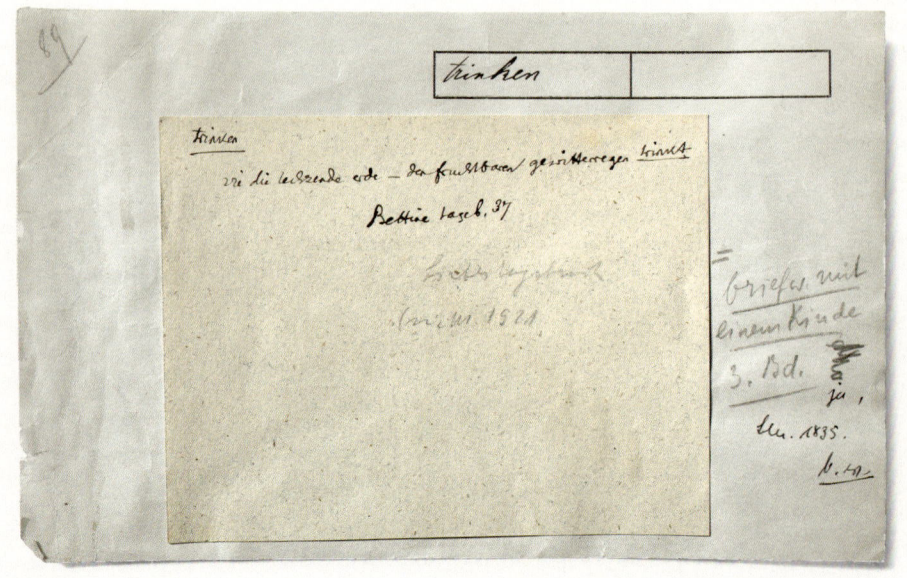

10-10

10-13

Des
Ritters Carl von Linné
Königlich Schwedischen Leibarztes ꝛc. ꝛc.
vollständiges

Natursystem

nach der
zwölften lateinischen Ausgabe
und nach Anleitung
des holländischen Houttuynischen Werks
mit einer ausführlichen

Erklärung

ausgefertiget
von
Philipp Ludwig Statius Müller
Prof. der Naturgeschichte zu Erlang und Mitglied der Röm. Kaiſ.
Akademie der Naturforscher ꝛc.

Erſter Theil.
Von den
ſäugenden Thieren.

Mit 32. Kupfern.

Nürnberg,
bey Gabriel Nicolaus Raſpe, 1773.

sen eingeschrieben. Im »Wörterbuch der littauischen Sprache« findet sich etwa der Vermerk Jacob Grimms: »341ᵇ durch die lappen gehen«. Seine Notiz bezieht sich auf den vorangehenden Wörterbucheintrag »Blizges, Wolfslappen« und erläutert die etymologische Bedeutung der Redewendung. Demnach werden bei der Wolfsjagd rote Lappen über im Wald gespannte Schnüre gehängt, das Tier an diesen entlang dem Jäger zugetrieben: »selten geht der Wolf durch die Lappen«.
fk
Lit. Reiher/Friemel 1997

Die Ordnung des Lebendigen

Mit der eindeutigen Benennung und Gruppierung nach Arten, Gattungen, Familien und Ordnungen folgt die zoologische Systematik bis heute traditionellen Konzepten, die bereits vor über 250 Jahren etabliert wurden. Allerdings erlauben veränderte Forschungsansätze, Fragestellungen und Untersuchungsmethoden, immer wieder neue – der Wissenschaft bisher unbekannte – Arten zu entdecken. Das betrifft vor allem die innere Ordnung der Natur, die einst irrtümlicherweise als Höherentwicklung im Sinne einer »scala naturae« hin zum Menschen aufgefasst wurde. Als Erben Darwins gilt den Zoologen gegenwärtig die Feststellung der tatsächlichen stammesgeschichtlichen Verwandtschaft als das entscheidende

Kriterium. Sie verwenden zwar die ursprünglich vergebenen Namen in leicht modifizierter Form, doch die Systematik – und damit letztlich auch die Sammlungsordnung – ändert sich beständig, um gleichsam als Spiegel die fortschreitenden wissenschaftlichen Erkenntnisse zur Differenzierung in der Natur abzubilden. *es*

10-13 Binominale Nomenklatur

In: Vollständiges Natursystem. Erster Theil. Von den Säugenden Thieren
Nürnberg, 1773, Carl von Linné
19,8 x 13,5 x 3,8
Niedersächsische Staats- und Universitätsbibliothek Göttingen, Sign. 8 H NAT I, 7109

1735 veröffentlichte der schwedische Botaniker Carl von Linné das grundlegende Werk zur modernen wissenschaftlichen Systematik, das »Systema naturae«. Er ordnete neben den Mineralien die Naturreiche der Pflanzen und der Tiere nach einem einheitlichen systematischen Verfahren. Damit einher ging die Vereinheitlichung der Nomenklatur zur Namensgebung. Für Linné repräsentierte sich in der Naturgeschichte eine göttliche Ordnung. Linnés binominale Benennung charakterisiert jede Art mit zwei lateinischen Namen: davon bestimmt der erste die jeweilige Gattung, der zweite spezifiziert die zu der Gattung gehörende Art, »gleich dem menschlichen Familiennamen und dem Vornamen des täglichen Lebens.« (Linné 1751). Die 10. Auflage des »Sys-

tema naturae« aus dem Jahre 1758 bildet bis heute die Grundlage für die moderne zoologischen Taxonomie. Linnés Ordnung der Pflanzen basiert auf der Morphologie ihres Fortpflanzungssystems: auf Anzahl, Lage und Größenverhältnissen von Staubblättern, Blütenblättern und Stempel. Für Linné repräsentierte sich in der Naturgeschichte eine göttliche Ordnung. Die Vielfalt der Arten erklärte er im Rahmen der biblischen Überlieferung. Das Linné'sche System entspricht nach heutigen Vorstellungen nicht einem »natürlichen System«, das versucht, die im Laufe der Evolution entstanden natürlichen Einheiten zu erfassen. *es*
Lit. Jahn 2004

10-14 Evolution der Arten

a) Belegmaterial zur Formenreihe der fossilen Schnecken von Steinheim (*Planorbis multiformis*)
Berlin, 1877–1901, Franz Hilgendorf
106 Glasröhrchen, je Höhe 3, Durchmesser 0,8
Museum für Naturkunde Berlin, Inv.-Nr. MB.Ga 635-740
b) Formenreihe der fossilen Schnecken von Steinheim (*Planorbis multiformis*)
Berlin, 1877–1901
fünf Karten mit aufgeklebten Schneckenhäusern
1) Übergang *Steinheimensis – tenuis* 2) *Steinheimensis* und *tenuis* 3) *tenus* und *sulcatus* 4) Übergang *discoideus – trochiformis* 5) Stammbaum der Varietät von *Planorbis multiformis*, je 13 x 8
Museum für Naturkunde Berlin, Inv.-Nr. MB.Ga 741-745 (b)
c) Planorbis multiformis im Steinheimer Süßwasserkalk. Ein Beispiel von Gestaltveränderung im Laufe der Zeit
In: Monatsberichte der Königlichen Akademie der Wissenschaften Berlin, 1866, S. 474–504
19. Juli 1866, Franz Hilgendorf
21,8 x 14,2 x 5,1
Universitätsbibliothek der Humboldt-Universität zu Berlin, Sign. Aa 7248 a':F8

Der Berliner Zoologe und Paläontologe Franz Hilgendorf erarbeitete 1863 einen der ersten Belege für Darwins Evolutionstheorie (1859) anhand fossilen Materials: In seiner Dissertation »Beiträge zur Kenntnis des Süßwasserkalks von Steinheim« untersuchte Hilgendorf versteinerte Schnecken aus dem Tertiär, die er im Steinheimer Becken in Baden-Württemberg sammelte. Er rekonstruierte anhand der Abfolge der Fossilien in den verschiedenen Sedimentschichten eine Stammesgeschichte der Schnecke *Planorbis multiformis*. Hilgendorf fand über einhundert Schnecken, die er 19 verschiedenen Taxa zuordnete. Alle, so schrieb er, evolvierten aus derselben Gründerpopulation. Diese fossile Formenreihe lieferte damit den ersten paläontologischen Beleg für die Evolutionstheorie. Hilgendorfs Arbeit erregte großes Aufsehen und stieß bei zeitgenössischen Wissenschaftlern nicht selten auf Skepsis. *es*
Lit. Junker 2004

10-15 Sammeln: Friedrich Dahl, Ralum

a) 256 Mollusken
1896/97, Friedrich Dahl
Alkoholpräparate
Museum für Naturkunde Berlin, Inv.-Nr. Moll.:
1 – Moll. 256
b) *Conibycus dahlia*
1896/97, Friedrich Dahl
Trockenpräparat in Pappbehälter, 3,3 x 4,4 x 1,8
Museum für Naturkunde Berlin, Inv.-Nr. Moll. 105256
c) *Durgellina vitrina*
1896/97, Friedrich Dahl
Trockenpräparat in Pappbehälter, 3,4 x 4,4 x 1,9
Museum für Naturkunde Berlin, Inv.-Nr. Moll. 105306
d) Eingangsliste Abteilung Mollusken
Berlin 1896/97, Eduard von Martens
Tinte auf Papier, 35,1 x 24,9
Museum für Naturkunde Berlin, Inv.-Nr. Historische
Arbeitsstelle, Bestand S III, Friedrich Dahl, Blatt 39

Der Zoologe Friedrich Dahl hielt sich von
1896 bis 1897 im Bismarck-Archipel auf,
das zu jener Zeit zur Kolonie Deutsch-
Neuguinea gehörte. Sein Ziel war es, in
dieser Zeit eine umfangreiche Sammlung
an Tieren und Pflanzen dieses Lebens-
raumes anzulegen. Das Unternehmen
wurde von der Königlich-Preußischen
Akademie der Wissenschaften und dem
Auswärtigen Amt finanziert. Der Ertrag
einer Expedition in deutsche Kolonien,
die aus Reichsmitteln gefördert wurde,
stand den Königlichen Museen Berlins zu.
Das Naturkundemuseum erhoffte sich,
eine faunistische Sammlung zu erlangen,
die die Fauna der Inselgruppe möglichst
vollständig repräsentierte. Dahl war damit
durchaus erfolgreich. In Abständen von
vier Wochen schickte er vier Kisten mit
den gesammelten Tieren nach Berlin. Das
umfangreiche Spektrum an Sammlungs-
stücken umfasste alle Tiergruppen, darunter zahlreiche bisher unbeschriebene
Arten. Noch heute finden sich diese Präpa-

rate nahezu vollständig unter den rund
dreißig Millionen Objekten des Museums
für Naturkunde. *es*
Lit. Groeben 2004; Schmitt 2010

10-16 Mollusken vom Bismarck-Archipel, von Neu-Guinea und Nachbar-Inseln

In: Zoologische Jahrbücher/Abteilung für Systematik,
Ökologie und Geographie der Tiere 55, S. 119–146
Jena, 1928, Johannes Thiele
23,7 x 17,5 x 4
Staatsbibliothek zu Berlin – Preußischer Kulturbesitz,
Sign. Lk1368; Syst.-55.1928

Nach Eingang neuen Sammlungsmateri-
als erfolgte in der Regel die Bestimmung
der Arten. Bisher unbekannte Arten wurden neu beschrieben und in einer wissenschaftlichen Zeitschrift veröffentlicht.
Johannes Thiele, Kurator der Weichtier-
sammlung, bearbeitete 1928 einige der
Schnecken des Bismarck-Archipels und
Neuguineas. In der Sammlung Dahl bestimmte Thiele zwölf Tiere als neue Arten.
Verbunden mit einer detaillierten Beschreibung der Morphologie und einer
maßstabsgetreuen Zeichnung erforderte
eine Artbeschreibung die Hinterlegung
sogenannten Typusmaterials. *es*
Schmitt 2010

Wie entstehen Arten?

Die Frage, wie neue Arten entstehen,
gehört seit Darwin zu einem der großen
Rätsel der Biologie. Lange ging man
davon aus, dass es geografische Barrieren
– also räumliche Hindernisse wie Gebirge, Meere oder große Ströme – sind,
die Gruppen von Individuen voneinander
trennen. Nach einiger Zeit des fehlenden
genetischen Austausches und der unterschiedlichen Anpassungen verändern sich
diese getrennt lebenden Tiergruppen so,
dass sie sich beim späteren Zusammentreffen nicht mehr fruchtbar miteinander
paaren.
Inzwischen haben Forscher allerdings
herausgefunden, dass es auch zu einer
Trennung von Populationen im selben
Lebensraum kommen kann. Dabei spielen
vor allem ökologische und verhaltens-
biologische Faktoren eine wesentliche
Rolle. In einem Forschungsprojekt von
Matthias Glaubrecht am Museum für
Naturkunde wird dies exemplarisch an
Süßwasserschnecken in den großen Hoch-
landseen auf der indonesischen Insel
Sulawesi untersucht. Die dort lebenden
Arten von *Tylomelania* haben sich ihren
Lebensraum in den tropischen Seen regel-
recht aufgeteilt. Die Berliner Forscher
konnten mittels molekulargenetischer
Methoden einen Artenschwarm eng mit-
einander verwandter, aber ökologisch
getrennter Formen nachweisen. *es*

10-17 Ökologische Sonderung

a) Radula einer Schnecke der Gattung *Tylomelania*,
Hartsubstrat (Fels), 11h
Rasterelektronenmikroskop-Fotografie
Museum für Naturkunde Berlin, ZMB Moll.
b) Radula einer Schnecke der Gattung *Tylomelania*,
Weichsubstrat (Schlamm), 11f
Rasterelektronenmikroskop-Fotografie
Museum für Naturkunde Berlin, ZMB Moll.
c) Schnecke der Gattung *Tylomelania*, Hartsubstrat,
11h
Matano-See, Sulawesi, Indonesien
Fotografie
Museum für Naturkunde Berlin, ZMB Moll.
d) Schnecke der Gattung *Tylomelania*, Weichsubstrat,
11f
Matano-See, Sulawesi, Indonesien
Fotografie
Museum für Naturkunde Berlin, ZMB Moll.

Schnecken nehmen ihre Nahrung mithilfe
einer Raspelzunge (*Radula*) auf. Die einzelnen Arten von Süßwasserschnecken
haben sich in ihrer Ernährung speziali-
siert. So siebt eine Art der Gattung *Tylomelania* im Mantano-See die Nahrung aus
dem Schlamm, während eine andere
Nahrungspartikel auf Fels abschabt. Die
verschiedenen Substrate, die die Arten
bevorzugen, gehen mit Unterschieden
im Feinbau ihrer Zungen einher. Die Tatsache der verschiedenen Spezialisierun-
gen, verbunden mit der unterschiedlichen
Bezahnung, kann ein Hinweis auf eine
ökologische Sonderung sein, die zur Entstehung neuer Arten führen könnte. *es*
Lit. Glaubrecht/von Rintelen 2008;
von Rintelen 2010

Konservieren und Rekonstruieren: Das Ischtar-Tor, Babylon

Durch die deutschen Ausgrabungen von
1899 bis 1917 wurde aus dem mythischen
Babylon die historisch-reale Stadt. Anfangs noch unter dem Einfluss biblischer
und griechischer Berichte untersucht,
zeigte sich während der Arbeiten eine völlig unabhängig zu betrachtende Eigenent-
wicklung der antiken Metropole, deren
Wurzeln bis in das 3. Jahrtausend v. Chr.
zurückreichen. Nicht zufällig waren mit
dieser ersten umfassenden Untersuchung
Architekten beauftragt worden, die her-
ausfinden sollten, welcher materiell noch
erkennbare Kern sich unter den Schutt-
hügeln verbarg und welche daran erkennbare Rolle Babylon gespielt hatte. Unter
der Leitung von Robert Koldewey und
der Assistenz von Walter Andrae wurden
große Teile der Stadtanlage aus dem
6. Jahrhundert v. Chr. untersucht. Die
exakte Beobachtung und Dokumentation
der Arbeiten ließ nicht nur die Topografie
und die relative Entwicklung des Ortes
aus dem Dunkel der Geschichte treten,
sondern begründete zugleich die neue

10-15

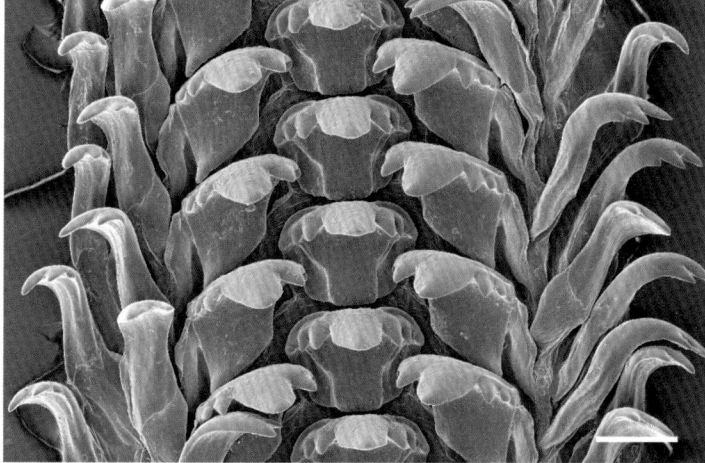

10-17a

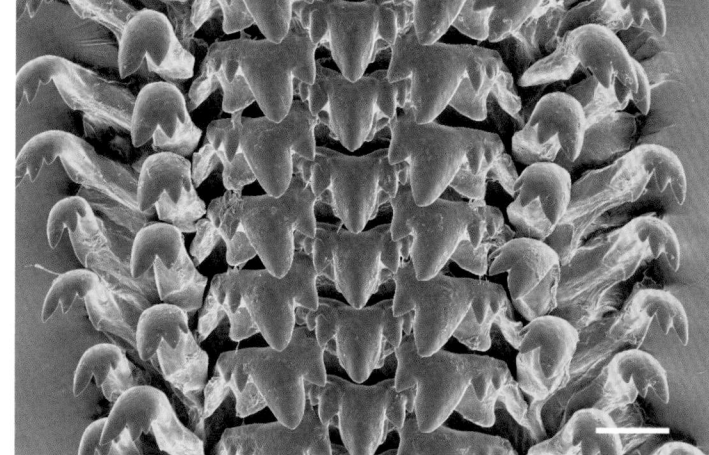

10-17a

10-17b

10-17b

Wissenschaftsdisziplin der Bauforschung. Die Ergebnisse der Grabungen zeigen großformatige Rekonstruktionen im Berliner Vorderasiatischen Museum. Dabei wurden einerseits Realbefunde nachgeformt, andererseits wurde durch moderne Ergänzungen die Wirkung solcher musealer Abbildvermittlung unterstützt. *jm*
Lit. Koldewey 1918; Koldewey 1990; Marzahn 1992; Marzahn 2008

10-18 Das Ischtar-Tor Babylon

a) Transportkiste mit glasierten Ziegelfragmenten
Babylon
Holz, glasierte Ziegelfragmente, in Gips gefasst, 45,5 x 87,5 x 45,5
Staatliche Museen zu Berlin, Vorderasiatisches Museum
b) Babylon-Inventar IV
Babylon, 1903–1908, Gottfried Buddensieg
Kassabuch mit Pappeinband, 37 x 51 x 1,5
Deutsche Orient-Gesellschaft e.V.
c) Skizzenbuch Babylon, 7
Babylon, 1901, Walter Andrae
Karton im Leineneinband, Aquarell, 12 x 38
Deutsche Orient-Gesellschaft e.V., DOG II, 1.1.6.2.1

d) Rekonstruierter Reliefziegel
Von der Mähne eines Löwen, Prozessionsstraße
Babylon, 6. August 1899, Walter Andrae
Aquarell, Karton, 14 x 32,5
Deutsche Orient-Gesellschaft e.V.

Transportkiste, Skizzenbuch und Rekonstruktionszeichnung dokumentieren getrennt die unterschiedlichen Zustände einer Rekonstruktion von babylonischen Bauwerken, zeigen aber zusammen den Weg von der Fundsituation zum musealen Denkmal. Den Ausgangsstoff bildeten die unzähligen Ziegelbrocken, die in Babylon gesammelt und nach Berlin verschickt worden waren. An den noch erhaltenen älteren Baustufen des ehemaligen nördlichen Stadttores, dem Ischtar-Tor, konnten noch in Babylon dessen Proportionen und Bauschmuck gesichert werden. Vor dem musealen Wiederaufbau mussten aus den Fragmenten die glasierten und reliefierten Ziegeloberflächen zusammengesetzt werden. Für den Aufbau des Tores im Museum wurden nur jene Originalziegel verwendet, die die Relieftiere der

Wände zeigen. Der übrige Teil der Wandflächen ist aus dem Original nachgestalteten Material gefertigt und mit den Tierbildern zu einer architektonischen Einheit gefügt. *jm*
Lit. Koldewey 1918; Marzahn 1992; Marzahn 2008

10-19 Rekonstruieren

a) Sortieren der Ziegelfragmente des Ischtar-Tores
Provisorische Werkstatt in der Säulenhalle des Neuen Museums
Berlin, 1928
Fotografie
Staatliche Museen zu Berlin, Vorderasiatisches Museum, Inv.-Nr. Bab 3700 R
b) Drei rekonstruierte Ziegelteile des Ischtar-Tores
Berlin, 1927
Fragmente, 6. Jh. v. Chr.
Keramik, glasiert, je 8,4 x 18
Staatliche Museen zu Berlin, Vorderasiatisches Museum
c) Zeichnung eines Löwen von der Prozessionsstraße
Babylon, 1899, Walter Andrae
Bleistift, Tusche auf Papier, 53,5 x 105
Deutsche Orient-Gesellschaft e.V.

10-20

Nachdem die fragmentarischen Reste der Tore und Mauern von Babylon über zwei Jahrtausende unter Schutt und Sand begraben waren, galt es zunächst, die gefundenen Ziegelbrocken zu reinigen und dauerhaft zu erhalten. Der mesopotamische Ton, aus dem die einstigen Ziegel geformt waren, besitzt jedoch einen hohen Salzgehalt, was eine Auslaugung des Salzes und die Festigung des keramischen Materials erforderlich machte. Diese Arbeiten wurden in monatelangen Zyklen von Restauratoren in Berlin geleistet, bevor man an die Auswahl, Zuordnung und die Zusammensetzung von Ziegeln gehen konnte, um daraus originale Bauteile zu rekonstruieren. Nur dadurch war es möglich, heutigen Betrachtern die lebendige Farbigkeit einiger wichtiger Bauwerke Babylons zu demonstrieren. *jm*
Lit. Marzahn 2008

10-20 Erster Entwurf der Rekonstruktion des Ischtar-Tores, Ansicht von Norden
Berlin, 1912, Friedrich Wachtsmuth, nach Angaben von Walter Andrae
Aquarell auf Karton, 52 x 68
Deutsche Orient-Gesellschaft e.V.

Die Grafik geht zurück auf Walter Andraes ersten Entwurf für die Front des Ischtar-Tores mit der Verteilung der Tierfiguren und Farbornamente. Ob es jemals in Berlin zu einer Rekonstruktion babylonischer Bauwerke kommen würde, war unsicher. Noch vor Ort befassten sich die Ausgräber mit der Wiedergewinnung der einstigen Architektur. Gesichert waren jedoch nur die freigelegten Grundrisse. So ist der Gesamtaufbau des Ischtar-Tores frei nach Vorbildern assyrischer Reliefs gestaltet. Die Rekonstruktion des Tores im Pergamonmuseum musste sich jedoch den baulichen Bedingungen anpassen, weshalb das Bauwerk heute erheblich kleiner erscheint als es diese Entwurfszeichnung vorsah. *jm*
Lit. Marzahn 1992; Marzahn 2008

10-18a

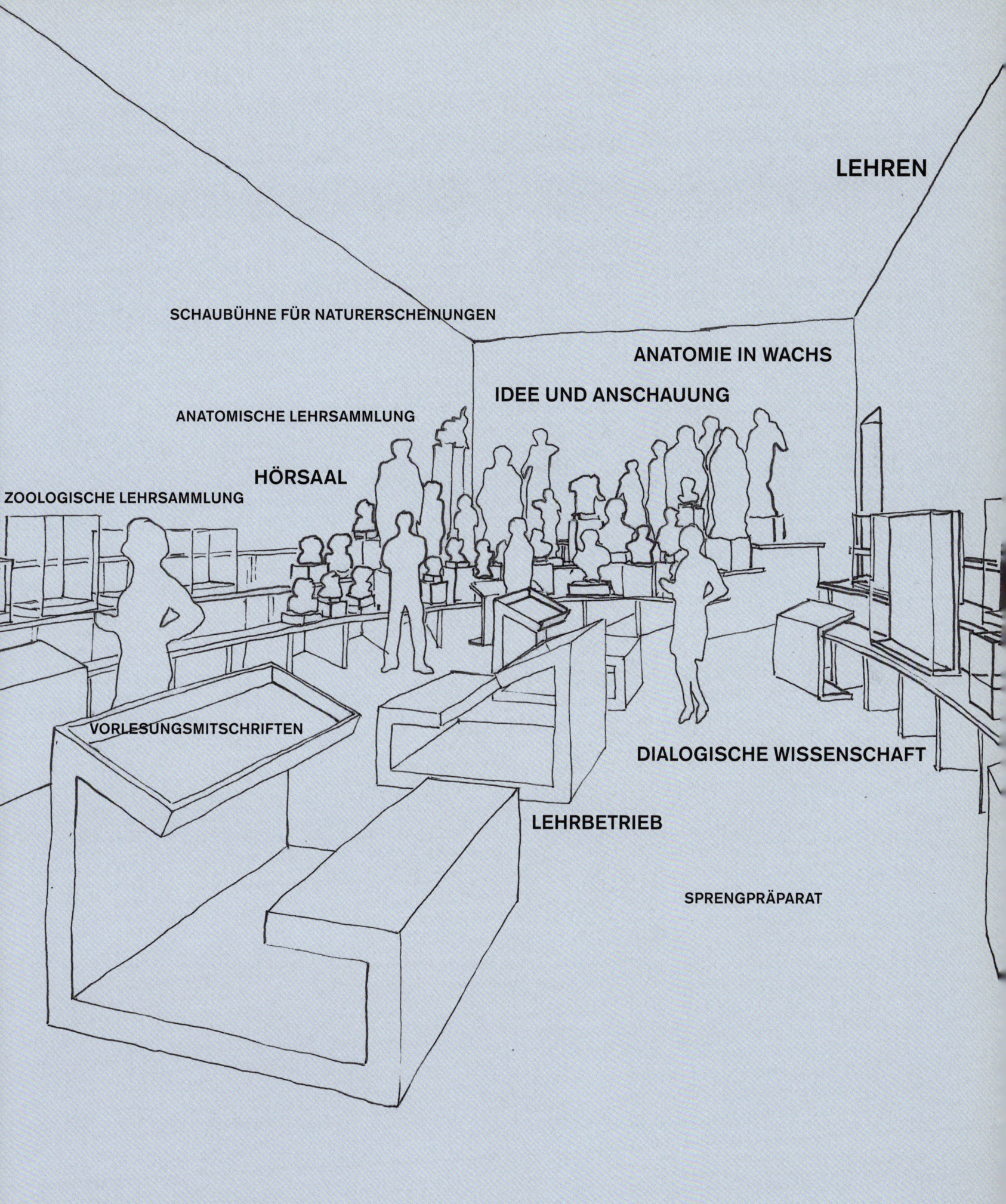

LEHREN. BERLINER IDEEN REVISITED

Holger Helbig

> Kein Mensch weiß so viel über eine Textstelle, [...], als dass er nicht etwas
> dazulernen könnte, wenn er sie noch einmal gemeinsam mit seinen Studenten
> liest – statt sie ihnen vorzulesen.
> Ezra Pound, *ABC des Lesens*

> Auch die Schulmeister waren einmal Schuljungen, sagte Stephen übertrieben
> höflich. Aristoteles war einst Platons Schüler.
> James Joyce, *Ulysses*

Richard P. Feynman, hauptamtlich Physiker und Nobelpreisträger, nebenher Safe-
knacker und Bongospieler, war ein begnadeter Lehrer. Seine Überblicksvorlesungen
zur Physik, »The Feynman Lectures«, sind nach wie vor in Gebrauch. Aus seiner Zeit
als Assistent hat er eine Anekdote überliefert, die die Bedeutung der Lehre für die
Wissenschaft im Allgemeinen und die Forschung im Speziellen illustriert.

Feynman arbeitete in Princeton unter John Wheeler. Aus einem Experiment heraus
entwickelten sie gemeinsam eine neue Theorie über die Ladungspotenziale von Elektronen. Der Professor war von der Arbeit seines Assistenten begeistert und schlug vor,
dieser solle den Ansatz in einem Vortrag vorstellen. Es war der erste Vortrag, den Feynman halten sollte; er war dementsprechend aufgeregt. Wheeler beruhigte ihn: »Sie
müssen Erfahrungen sammeln, wie man Vorträge hält. In der Zwischenzeit werde ich
den quantentheoretischen Teil ausarbeiten und später darüber ein Seminar halten.«[1]

Feynman hatte allen Grund, aufgeregt zu sein. Die Ankündigung seines Themas rief
eine hohe Dichte von Nobelpreisträgern im Saal hervor, Geistesgrößen wie John von
Neumann, Albert Einstein und Wolfgang Pauli hörten ihm zu. Der Vortrag ging glatt
über die Bühne. Feynman lernte bei der Gelegenheit zum einen, dass in den Fragen bedeutender Denker oft Antworten verborgen sind. Zum anderen erfuhr er etwas über
akademische Lehre: Nach Vortrag und Diskussion, auf dem Weg zur Bibliothek, kam
es zu einem Gespräch zwischen Pauli und Feynman. Der knapp zwanzig Jahre ältere
erkundigt sich bei dem jungen Mann nach der Fortsetzung der Forschung.

»Was wird Wheeler über die Quantentheorie sagen, wenn er seinen Vortrag hält?«
Ich antwortete: »Ich weiß es nicht. Er hat es mir nicht gesagt. Er arbeitet das allein
aus.« »Ah ja?« sagte er. »Der Mann arbeitet und erzählt seinem Assistenten nicht, was
er mit der Quantentheorie macht?« Er kam näher und sagte mit leiser, geheimnisvol-
ler Stimme: »Wheeler wird dieses Seminar nie halten.«[2]

1 Feynman, Richard P.: »Sie belieben wohl zu scherzen, Mr. Feynman!«. Abenteuer eines neugierigen
Physikers, München 1991, S. 103.
2 Ebd., S. 105.

Pauli behielt recht. Nicht nur das Seminar wurde nie gehalten, auch die entsprechende Theorie kam nicht zustande.

Die Episode ist in mehrerer Hinsicht aufschlussreich. An ihr ist abzulesen, dass die Universität gleichzeitig eine Lehranstalt und eine Forschungseinrichtung ist. Einerseits hält Pauli Forschung für die Voraussetzung von Lehre, andererseits ist Lehre die Bedingung von Forschung. Das Seminar kommt nicht zustande, weil der Professor mit seinem Assistenten nichts zu besprechen hat – dann kann er auch seinen Studenten nichts zu sagen haben. Pauli betrachtet Forschung und Lehre als kollektive Anstrengung und kommunikatives Ereignis. Es sind zwei unterschiedliche Modi im Umgang mit Wissen, die zum selben Ziel führen: mehr Wissen.

Die Idee einer Universität, die durch den hier anekdotisch angezeigten Zusammenhang zwischen Forschung und Lehre charakterisiert wird, ist mit dem Namen Wilhelm von Humboldts verbunden. Und tatsächlich ist die Gründung der Berliner Universität zwischen November 1810 und Januar 1838 – so lange dauerte es, bis aus den provisorisch erlassenen Anordnungen ein gültiges Statut wurde – eine entscheidende Station bei der Verwirklichung dieser Idee.

Die Funktionsweise einer solchen Universität lässt sich sowohl anhand verschiedener Formen des Wissens als auch anhand ihres sozialen Gefüges beschreiben. Wissenschaftliche Relevanz und institutioneller Status entsprechen dabei einander nicht zwangsläufig. Betrachtet man den Zusammenhang zwischen Forschung und Lehre so wie die Nobelpreisträger, die gekommen waren, um zu hören, was ein Assistent in seinem ersten Vortrag zu sagen hat, so lautet der Befund: Was an einer Universität zählt, sind die Studenten. James D. Watson, bekannt für die Entdeckung der Doppelhelix (gemeinsam mit Francis Crick) und für provozierend deutliches Aussprechen seiner Ansichten, hat diese Sichtweise einmal anhand der Harvard University erläutert. Er habe es nicht bereut, dorthin gegangen zu sein. »More and more I was learning that the quality of your students matters much more than that of your faculty colleagues. In that regard Harvard couldn't be faulted.«[3] Die Pointe dieser Beobachtung liegt eben darin, dass damit nichts gegen die Institution Harvard gesagt ist: Sie wählt ihre Studenten sorgfältig aus.[4] – Und wenn die richtigen Studenten versammelt sind, dann ist gute Forschung leichter. Dass das auch den Studenten zugute kommt, ist für Watson selbstverständlich. Nicht alle Studenten wollen einmal in der Forschung arbeiten, aber ein forschungsnahes Studium nützt auch jenen, »die eigentlich untauglich sind für die Wissenschaft im höchsten Sinne«.[5] Sie werden Kenntnisse erwerben und vor allem ihre eigenen Grenzen kennenlernen. Friedrich Schleiermacher, von dem der letzte zitierte Halbsatz stammt, hielt dies für ein Kennzeichen von Bildung. Ihn trennen gute anderthalb Jahrhunderte von Feynman und Watson.

In Feynmans Anekdote und Watsons Beobachtung kommt die Perspektive des lehrenden Forschers zum Tragen. Ihr Blick auf die Lehre ist das Erbe jener Reformer, die mit Humboldt gemeinsam die Forschungsuniversität entwarfen. In ihr nimmt die Lehre einen zentralen Platz ein. Am Ende eines Studiums nämlich sollte ein Student nicht nur über Wissen verfügen, er sollte auch in der Lage sein, sich selbstständig Wissen zu verschaffen. Er sollte selbst forschen können.

3 Watson, James D.: Avoid Boring People. Lessons From a Life in Science, New York 2007, S. 132.
4 Vgl. dazu etwa grundlegend: Karabel, Jerome: The Chosen: The Hidden History of Admission and Exclusion at Harvard, Yale, and Princeton, Boston 2005, sowie den Kommentar von Gladwell, Malcolm: Getting in. The social logic of Ivy League admissions, in: The New Yorker, 10.10. 2005.
5 Schleiermacher, Friedrich: Gelegentliche Gedanken über Universitäten in deutschem Sinn, in: ders., Schriften, hg. von Andreas Arndt, Frankfurt am Main 1996, S. 335–438, hier: S. 366.

Diese Forderung entsprach dem sich schon vor 1800 wandelnden Verständnis von Wissenschaft und ihren Institutionen. Die Universität hatte nicht länger die Aufgabe, einen Kanon zu tradieren, sondern sollte neues Wissen hervorbringen. Wissenschaft erscheint, in einer berühmten Formulierung Humboldts, als »etwas noch nicht ganz Gefundenes und nie ganz Aufzufindendes.«[6] Die neue Qualität der Institution zeigt sich nicht nur im Umgang mit dem Wissen, sondern auch an dem daraus resultierenden Verhältnis ihrer Mitglieder untereinander. Denn das neue Wissen wird hervorgebracht, indem gelehrt wird. Auf dieser Prämisse beruht das Verhältnis der Lehrenden und Studierenden. Humboldts Entwurf ist diesbezüglich ebenso klar und radikal wie Watsons Beobachtungen. Über Lehrer und Schüler an der Universität heißt es in seiner programmtischen Schrift »Über die innere und äussere Organisation der höheren wissenschaftlichen Anstalten in Berlin« unmissverständlich: »Der erstere ist nicht für die letzteren, Beide sind für die Wissenschaft da; sein Geschäft hängt mit an ihrer Gegenwart und würde, ohne sie, nicht gleich glücklich von statten gehen; er würde, wenn sie sich nicht von selbst um ihn versammelten, sie aufsuchen.«[7]

Der wissenschaftliche Nutzen der Lehre steht außer Zweifel. In der idealen Konstruktion ist ein guter Forscher auch ein guter Hochschullehrer. Das resultiert zwangsläufig aus einem Verständnis von Wissenschaft, bei dem die Vermittlung der Ergebnisse einen Teil der Forschungsleistung bildet. Das »erste Gesetz jedes auf Erkenntnis gerichteten Bestrebens [ist] Mitteilung«,[8] heißt es bei Schleiermacher in dessen Programmschrift »Gelegentliche Gedanken über Universitäten in deutschem Sinn«.

Auf die Idee, dass jemand, der unermüdlich und erfolgreich forscht, nicht in der Lage oder nicht daran interessiert sein könnte, sein Wissen den Studenten mitzuteilen, kamen die Berliner Reformer nicht. Es war für sie selbstverständlich, dass die wissenschaftliche Auseinandersetzung auch und vor allem im Bereich der Lehre ausgetragen wurde. In Berlin las Arthur Schopenhauer im Wintersemester 1820 in Konkurrenz zu Friedrich Hegel. Die Studenten entschieden sich für Hegel, Schopenhauer fiel durch. In Göttingen bot Georg Gottfried Gervinus im Sommersemester 1836 seine Vorlesung zur Literaturgeschichte just zu den Terminen an, zu denen bisher Jacob Grimm gelesen hatte – über dasselbe Thema. Grimm sagte seine Vorlesung ab.[9] Später gingen beide nach Berlin. – Schleiermacher sprach von der Universität als »Kampfplatz, wo […] der Streit der Systeme geführt wird. Hier scheint kaum andere Hülfe zu sein, als eben in jener Freiheit des Lehrens.«[10] Das meint: Man gebe jedem Professor Raum, seine Ansichten vorzutragen, und die Studenten werden den Streit entscheiden. Auf diesen Kampf um die Köpfe setzte Humboldt in seinem Entwurf, wenn es um den Fortschritt der Wissenschaft ging:

»Die Wissenschaften sind gewiss ebenso sehr und in Deutschland mehr durch die Universitätslehrer, als durch die Akademiker erweitert worden, und diese Männer sind gerade durch ihr Lehramt zu diesen Fortschritten in ihren Fächern gekommen. Denn der freie mündliche Vortrag vor Zuhörern, unter denen doch immer eine bedeutende Zahl selbst mitdenkender Köpfe ist, feuert denjenigen, der einmal an diese Art des Studiums gewöhnt ist, sicherlich ebenso sehr an, als die einsame Muse des Schriftstellerlebens oder die lose Verbindung einer akademischen Genossenschaft.«[11]

Der für die Reformer entscheidende Veranstaltungstyp war die Vorlesung. Der Lehrbetrieb ist ganz auf sie hin konzipiert, in ihr kommt der Zusammenhang zwischen

6 Humboldt, Wilhelm von: Über die innere und äussere Organisation der höheren wissenschaftlichen Anstalten in Berlin, in: ders., Politische Denkschriften, Bd. 1, hg. von Bruno Gebhardt, Berlin 1903, S. 250–260, hier: S. 253.
7 Ebd., S. 256f.
8 Schleiermacher: Gelegentliche Gedanken über Universitäten in deutschem Sinn, S. 338.
9 Vgl. dazu Grün, Klaus-Jürgen: Arthur Schopenhauer, München 2000, S. 25; Martus, Steffen: Die Brüder Grimm. Eine Biographie, Berlin 2009, S. 348.
10 Schleiermacher: Gelegentliche Gedanken über Universitäten in deutschem Sinn, S. 393.
11 Humboldt: Über die innere und äussere Organisation der höheren wissenschaftlichen Anstalten in Berlin, S. 257.

Forschung und Lehre am deutlichsten zum Tragen. Das ist schon an den Statuten der neuen Universität abzulesen. Die Fakultäten haben sicherzustellen, dass alle Studenten die Gelegenheit haben, »über alle Hauptdisziplinen« Vorlesungen zu hören.[12] Damit wird die Möglichkeit des Vergleichens eröffnet. Für die Bildung der Studenten ist aber nicht wichtig, für welchen der Kandidaten auf dem Kampfplatz sie sich entscheiden, sondern dass sie überhaupt mit der wissenschaftlichen Lehrweise in Berührung kommen. Das Modell der Lehrweise ist der Kathedervortrag. Der »wahre eigentümliche Nutzen, den ein Universitätslehrer stiftet, steht immer in gradem Verhältnis mit seiner Fertigkeit in dieser Kunst«.[13] Schleiermacher hat dieser Kunst eine eigene Theorie gewidmet. Sie steht nicht zufällig unter der Überschrift »Nähere Betrachtung der Universität im allgemeinen«: Was an der Vorlesung als Kern des Lehrbetriebs expliziert wird, gilt für die Institution als Ganzes. Das letzte Ziel der universitären Lehre lautet: Bildung zur Selbstbildung. Mit der Vorlesung lässt sich das Ziel am ehesten erreichen. Sie ermöglicht es den Studenten, das Lernen zu lernen.

Ein Kathedervortrag soll »die Natur des alten Dialogs haben, wenn auch nicht seine äußere Form«.[14] Die beiden zentralen Forderungen an eine Vorlesung bringt Schleiermacher auf die Formel »populär und produktiv«. Ein Vortrag ist populär, insofern er auf das Vorwissen der Hörer zugeschnitten ist, und produktiv, insofern er ihnen ermöglicht, mitzudenken. »Der Lehrer muß alles was er sagt, vor den Zuhörern entstehen lassen; er muß nicht erzählen was er weiß, sondern sein eignes Erkennen, die Tat selbst, reproduzieren, damit sie beständig nicht etwa nur Kenntnisse sammeln, sondern die Tätigkeit der Vernunft im Hervorbringen der Erkenntnis unmittelbar und anschauend nachbilden.«[15] Das Wissen, das letztlich vermittelt werden soll, ist methodischer, wenn nicht gar epistemologischer Art: Es betrifft die Beschaffenheit des Wissens selbst. Eine gründliche und lebendige Vorlesung gestattet den Hörern zu erkennen, nach welchen Regeln wissenschaftliche Aussagen generiert werden und was sie fachlich interessant und relevant macht – und zwar unabhängig davon, um welches Thema es geht. Die Vorlesung steht im Zentrum der Lehre, weil sie in dieser und anderer Hinsicht paradigmatisch für das Ganze ist. Der Weg zum Wissen und der Fähigkeit, es selbst hervorzubringen, wird in jeder Vorlesung beschritten; an seinem Ende steht ein neuer Forscher. Er ist nicht nur fachlich kompetent und urteilsfähig, er weiß auch, wie Wissenschaft funktioniert und deren Ergebnisse mitgeteilt werden. Kurzum: Er ist in der Lage, weiterzusprechen.

Darin besteht der Wert des Studiums. Es bringt »die Einsicht in die Natur der Erkenntnis überhaupt«[16] hervor. Indem sie ihn immer wieder mit der Idee von Wissenschaft konfrontiert, provoziert die Vorlesung Selbstständigkeit beim Studenten. Sie übt ihn in dem, was Humboldt meinte, als er schrieb, Einsamkeit und Freiheit seien die »vorwaltenden Prinzipien« einer Universität: Eigenständigkeit und Unabhängigkeit im Denken und Urteilen.[17]

Schleiermacher ging davon aus, dass der Kathedervortrag ebendies vorführe. Er setzte ganz auf den Kontakt zwischen Professor und Hörern im Saal, er setzte auf Interaktion während des Sprechens, er meinte tatsächlich einen Dialog. Und dieses dialogische Prinzip wollten die Reformer auf die ganze Universität ausdehnen. Das war freilich ein Ideal. Aber auch daran ist zu erkennen, dass Lehre für eine Forschungsuniversität unverzichtbar ist.

12 Die Preussischen Universitäten. Eine Sammlung der Verordnungen welche die Verfassung und Verwaltung dieser Anstalten betreffen, hg. von Johann Friedrich Wilhelm Koch, Berlin 1839, S. 41.
13 Schleiermacher: Gelegentliche Gedanken über Universitäten in deutschem Sinn, S. 371.
14 Ebd., S. 372.
15 Ebd.
16 Ebd., S. 354.
17 Vgl. Humboldt: Über die innere und äussere Organisation der höheren wissenschaftlichen Anstalten in Berlin, S. 251.

Der Idealismus der Entwürfe wurde durch etliche realistische Momente austariert. Bei Schleiermacher gehört dazu der kritische Blick auf die Vorlesungen einiger Kollegen – »jämmerlich« und »lächerlich« sind die verwendeten Attribute – sowie die Forderung, die Universität müsse auch als Spezialschule fungieren können, auf der »nutzbare Kenntnisse« vermittelt werden. Vor allem aber plante er eine Massen-Universität: »[E]s ist unvermeidlich, dass Viele zur Universität kommen, die eigentlich untauglich sind für die Wissenschaft im höchsten Sinne, ja dass diese den größeren Haufen bilden.«[18] Darin sah er keinen Nachteil. Zum einen sei so sichergestellt, dass der Forschung kein Talent verloren gehe, zum anderen gewinne der Staat gebildete Bürger.

Für die institutionelle Bewältigung der Vielen setzte er auf Auslese durch natürliche Faulheit und gezielte Förderung: »Es schließt sich an die Vorlesungen eine Kette von Verhältnissen, an denen, je vertrauter sie werden, schon von selbst desto Wenigere teilnehmen, Konversatorien, Wiederholungs- und Prüfungsstunden, solche, in denen eigene Arbeiten mitgeteilt und besprochen werden, bis zum Privatumgang des Lehrers mit seinen Zuhörern, wo das eigentliche Gespräch dann herrscht.«[19] Dort erfährt der Lehrer dann auch, was den Hörern von seinen Vorlesungen im Gedächtnis geblieben ist. Persönliche »Bekanntschaft mit den immer abwechselnden Generationen« bildet die Voraussetzung, um »auch außerhalb des Katheders noch etwas für die studierende Jugend zu sein«.[20] – Spätestens an dieser Stelle wird sichtbar, dass das Prinzip der dialogischen Wissenschaft in den Entwurf einer aufgeklärten Gesellschaft mündet. Gelingende Lehre an einer Universität ist vor allem Bildung, und erst dann Ausbildung.

Auf diesen Grundsatz könnte sich, zweihundert Jahre später, sicherlich auch die europäische Bildungspolitik verständigen. Die Vorstellungen der Berliner Reformer sind von den Ideen, die der Sorbonne-Erklärung zugrunde liegen, nicht weit entfernt. Zu einer Zeit, in der »Massenuniversität« ein Euphemismus und »Qualitätssicherung« ein Schlagwort der Bildungspolitik geworden ist, lohnt der Blick zurück: Lehre ohne Forschung ist noch immer ein Widerspruch in sich. Und gelingende Lehre erkennt man nach wie vor daran, dass sie der Forschung nützt, was nichts anderes heißt, als dass sie Bürger hervorbringt, die unabhängig denken und urteilen.

Am 22. August 1975 schrieb eine Studentin an Richard P. Feynman wegen einer Stelle aus dem zweiten Band der »Feynman Lectures on Physcis«. Es geht um die Geltung des Gauß'schen Gesetzes. Die Studentin erklärte es in der Prüfung so, wie es in dem Standardwerk zu lesen war. Ihr Prüfer widerlegte die Aussage mit einem unaufwendigen Experiment. Selbst als sie das Buch von Feynman als Argument anführte, gab er ihr keine Punkte. Die Studentin erkundigt sich also beim Autor nach der entsprechenden Stelle der »Lectures«: »This was confusing, as it seemed to contradict all your previous statements.«[21] Feynman antwortete am 12. September: »Your instructor was right not to give you any points for your answer was wrong as he demonstrated using Gauss' law. You should, in science, believe logic and arguments, carefully drawn, and not authorities. You also read the book correctly and understood it. I made a mistake, so the book is wrong. [...] I am not sure how I did it, but I goofed. And you goofed too, for believing me.«[22]

18 Ebd., S. 366.
19 Ebd., S. 375.
20 Ebd., S. 374 f.
21 Feynman, Michelle (Hg.): Perfectly Reasonable Deviations from the Beaten Track. The Letters of Richard P. Feynman, New York 2005, S. 289.
22 Ebd., S. 290.

Vorlesen und Mitschreiben

Vorlesungen sind aus dem akademischen Betrieb nicht wegzudenken. Sie vertreten diesen nicht nur exemplarisch, sondern nehmen vor allem im Zusammenhang der universitären Lehre einen besonderen Platz ein. Eine Vorlesung ist die Transformation eines Textes vermittelt über das Ereignis Lehre. Das besondere Zusammenspiel von Mündlichkeit und Schriftlichkeit beruht auf so verschiedenen Tätigkeiten wie Entwerfen, Skizzieren, Vortragen, Zuhören, Verstehen, Mitschreiben, Nachschreiben. Vorlesungsmitschriften tradieren das vorgetragene Wissen als unscharfe Kopie: Notiert wird nicht, was gesagt, sondern was davon verstanden wurde.

Entstehung und Entwicklung der Vorlesung lassen sich von der Geschichte der Institution Universität nicht trennen. Der historische Bogen reicht vom Lehrgespräch der Peripatetiker und der Glossierung kanonischer Texte bis hin zur Kinderuniversität und dem Open-Source-Projekt des MIT. Der Gründung der Berliner Universität kommt dabei eine besondere Bedeutung zu. Die Reformer konzipierten einen Lehrbetrieb, in dem die Vorlesung die wichtigste Rolle einnimmt. In ihr kommt das Zusammenspiel von Forschung und Lehre am wirkungsvollsten zur Geltung. *hh/ua*

11-1 Mitschrift einer Vorlesung Johannes Müllers

Berlin, 1840, Hermann von Helmholtz
Manuskript, 22 x 22,5
Berlin-Brandenburgische Akademie der Wissenschaften,
Akademiearchiv, Inv.-Nr. NL Helmholtz 538

Johannes Müller prägte als Lehrer eine ganze Generation von Anatomen und Physiologen. Zu seinen Schülern gehörten Jakob Henle und Theodor Schwann, Robert Remak, Hermann von Helmholtz, Ernst Haeckel, Rudolf Virchow und Emil Du Bois-Reymond. Sie alle entfalteten einen weitreichenden Einfluss auf die Lebenswissenschaften des 19. Jahrhunderts. Von einer »Schule« Müllers lässt sich dennoch nur bedingt sprechen; die meisten seiner Schüler teilten Müllers wissenschaftliche Ansichten nicht, überwanden oder widerlegten sie gar. Dessen ungeachtet förderte Müller sie weiter. Viele von ihnen wurden später selbst nach Berlin berufen.

Helmholtz' hier gezeigtes Kollegheft ist eine illustrierte Mitschrift der Vorlesung Müllers über Vergleichende Anatomie aus dem Jahr 1840. *ua*
Lit. Hess 2010; Otis 2007

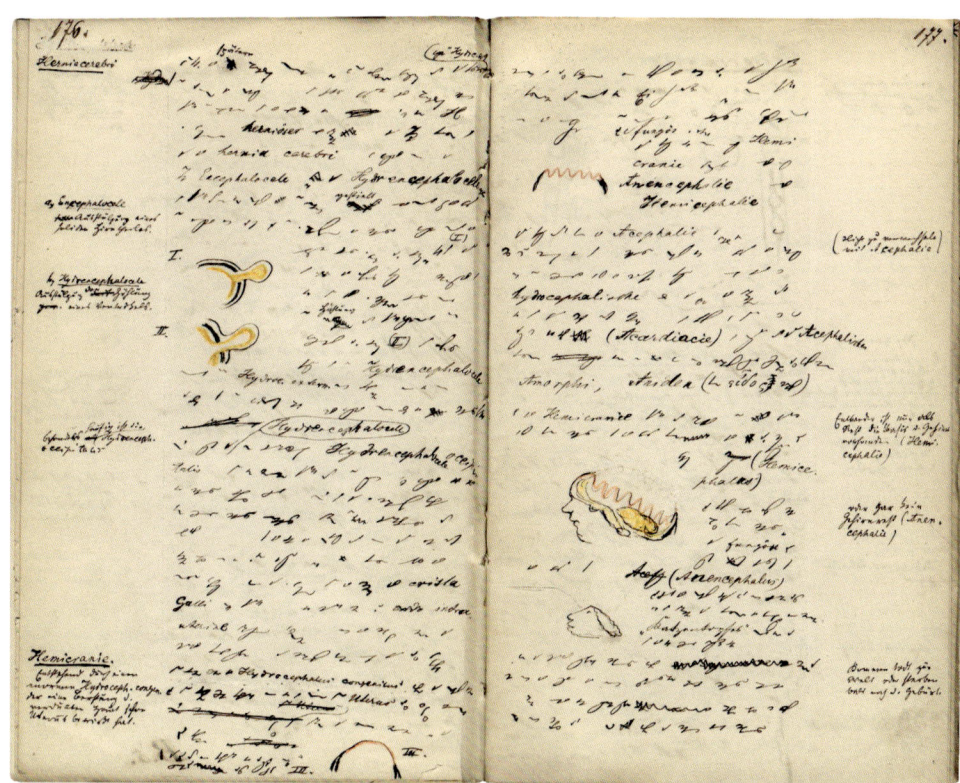

11-2

11-2 Mitschrift einer Vorlesung Rudolf Virchows

Berlin, 1858, Hermann Schlesinger
Manuskript, 18,8 x 13,5
Universitätsbibliothek der Humboldt-Universität zu Berlin,
Sign. Hdschr. Koll. 223

1858 erschien Virchows Abhandlung über die »Cellularpathologie«, in der er die Entstehung von Krankheiten auf veränderte Körperzellen zurückführte. Im Vorwort des Buches bemerkte er: »Meine Zeit reicht nicht aus, um mir die schriftliche Ausarbeitung eines solchen Werkes möglich zu machen. Ich habe mich deshalb genöthigt gesehen, die Vorlesungen, wie sie gehalten wurden, stenographieren zu lassen und mit leichten Aenderungen zu redigiren.« Die Aufzeichnungen Hermann Schlesingers der Vorlesung über »Specielle Pathologische Anatomie« dienten Virchow zwar nicht als Vorlage, gestatten aber einen Blick aus der Perspektive des damaligen Hörers. Sie geben nicht nur Aufschluss über Virchow als Dozent, sondern stellen zugleich eine Momentaufnahme dar, die den Entstehungsprozess einer bahnbrechenden Erkenntnis im Erprobungszustand der akademischen Lehre widerspiegelt. *ua*
Lit. Virchow 1858

11-3 Nachschrift einer Vorlesung Emil Du Bois-Reymonds

Berlin, 1881/82, Ernst Baege
Manuskript, 20,8 x 17
Universitätsbibliothek der Humboldt-Universität zu Berlin,
Sign. Hdschr. Koll. 310:2

»Der physiologische Hörsaal musste eine Schaubühne für Naturerscheinungen werden«, erklärte der Berliner Physiologe Emil du Bois-Reymond anlässlich der Eröffnung seines neuen Instituts. Ernst Baeges Mitschriften der Vorlesungen, die Du Bois-Reymond dort in den Jahren 1881 und 1882 gehalten hat, ermöglichen den Blick auf jenes wissenschaftliche Theater der experimentellen Physiologie, auf ihre Gerätschaften und Experimentalaufbauten. Die abgebildete Seite zeigt die Skizze eines »Zuckungstelegraphen«, der dazu diente, die durch elektrische Reizung bewirkte Kontraktion eines Muskel-Nervenpräparates vom Frosch sichtbar zu machen. *ua*
Lit. Du Bois-Reymond 1877; Schmidgen 2009

11-4 Vorlesung zur Religionsphilosophie

Berlin, 1821, Georg Wilhelm Friedrich Hegel
Manuskript, 26 x 21
Staatsbibliothek zu Berlin – Preußischer Kulturbesitz,
Handschriftenabteilung, Sign. Ms. germ. qu. 397, Bl. 2v,
Bl. 3r

Die Vorlesungen Georg Wilhelm Friedrich Hegels waren außerordentlich gut besucht. Die nachhaltige Wirkung des Philosophen verdankte sich nicht zuletzt diesem Umstand: Über die Hälfte seines Werks wurde nicht von ihm selbst aufgeschrieben, sondern von seinen Hörern; es sind Kompilationen der Vorlesungsnachschriften der engsten Schüler. Aufgeschlagen ist Hegels eigenhändiges Manuskript seiner Vorlesung über Religionsphilosophie von 1821. *ua*

11-5 Nachschrift einer Vorlesung Friedrich Schleiermachers

Berlin, 1833, Ernst Ludwig Theodor Henke
Manuskript, 21,5 x 17
Universitätsbibliothek Marburg, Heike Heuser,
Sign. Ms. 642

1833 reiste Ernst Ludwig Theodor Henke, Theologe und Gymnasialprofessor in Braunschweig, während seines Urlaubs nach Berlin, um bei Friedrich Schleiermacher Vorlesungen zu hören. Er war mit dem Stoff – der Exegese des Matthäus-Evangeliums – hinreichend vertraut, sodass er beim Mitschreiben auch noch Zeit fand, einige Porträts des berühmten Theologen zu zeichnen. Zu erkennen ist nicht nur die kleine, etwas verwachsene Statur

des Berliner Professors, sondern auch seine Konzentration beim Vortrag. *hh*

11-6 Grundheft Hermeneutik

Berlin, 1819, Friedrich Daniel Ernst Schleiermacher
Manuskript, 20,8 x 16,7
Berlin-Brandenburgische Akademie der Wissenschaften,
Akademiearchiv, Inv.-Nr. NL Schleiermacher 83

Im Sommersemester 1819 hielt Schleiermacher eine Vorlesung zur Hermeneutik. Der Text in der linken Spalte entstand als Vorbereitung dazu. Als er 1828 die Vorlesung zum dritten Mal wiederholte, ergänzte er seine Aufzeichnungen in der rechten Spalte. Beide Texte zusammen bilden einen dritten, der wörtlich nicht zu rekonstruieren ist: Er wurde am 22. Oktober 1828 zwischen acht und neun Uhr von Schleiermacher in seiner Vorlesung gesprochen. *hh*

11-7 Mitschrift Theodor Wiegands einer Vorlesung Reinhard Kekulés von Stradonitz über die »Grundzüge der Archäologie«

Berlin, ohne Jahr, Theodor Wiegand
Manuskript, 16,5 x 10,8
Deutsches Archäologisches Institut, Zentrale Berlin,
Archiv, Inv.-Nr. NL Theodor Wiegand K. 31, Mappe:
Museumsnotizen, Vorlesungsmitschriften

11-8 Mitschrift einer Vorlesung August Boeckhs

Berlin, 1833/34, Otto Jahn
Manuskript
Staatsbibliothek zu Berlin – Stiftung Preußischer Kulturbesitz, Handschriftenabteilung, Sign. NL 172 (August Boeckh), K. 4, aufgeschlagen Seiten 26–27 mit Einlage, Streifenmarkierung

August Boeckh gehörte zu den ersten Professoren der neu gegründeten Universität. In den annähernd sechzig Jahren seiner Lehrtätigkeit, von 1811 bis 1867, hielt er unzählige Veranstaltungen ab. Mehr als 120 Semester stand Boeckh als Dozent auf dem Katheder. Seine kanonische Vorlesung über »Griechische Alterthümer« fand im regelmäßigen Turnus statt und wurde unter anderem von Alexander von Humboldt besucht. 1812 begründete Boeckh das philologische Seminar und etablierte damit eine neue Form der Lehre, die Dialog und Diskussion in den Vordergrund rückte. *ua*

11-9 Mitschrift der Vorlesung Theodor Mommsens zur römischen Kaisergeschichte

Berlin, um 1870, anonym
Manuskript, 23,3 x 19,7
Universitätsbibliothek der Humboldt-Universität zu Berlin,
Sign. Hdschr. Koll. 69

11-10 Ankündigung einer Vorlesung Leopold von Rankes

Berlin, ohne Jahr
Druck, 14,2 x 13,8
Staatsbibliothek zu Berlin – Preußischer Kulturbesitz,
Handschriftenabteilung, Sign. Autogr. I/181/45

Die Berliner anatomische Lehrsammlung

Die Sammlung des Centrums für Anatomie der Charité reicht in ihren Anfängen weit in das 18. Jahrhundert zurück. Wies bereits die kurfürstliche Raritäten- und Kunstkammer Bestände an tierischen und menschlichen Naturalien auf, so begann die systematische Herstellung und Sammlung anatomischer Präparate erst mit der Gründung des Collegium medico-chirurgicum (1724). Zur Erweiterung des Lehrmittelbestands dieser Ausbildungsstätte preußischer Ärzte und Chirurgen trugen seitdem viele namhafte Berliner Anatomen wie Johann N. Lieberkühn, Johann Friedrich Meckel d. Ä. und Johann Gottlieb Walter bei. Auch nach der Gründung der Berliner Universität wurde die Sammlung durch die Direktoren des Instituts für Anatomie, Karl Asmund Rudolphi, Johannes Müller, Carl Bogislaus Reichert und Wilhelm Waldeyer weiter gepflegt und ergänzt. Die Sammlung am Centrum für Anatomie, seit dem Ende des 19. Jahrhun-

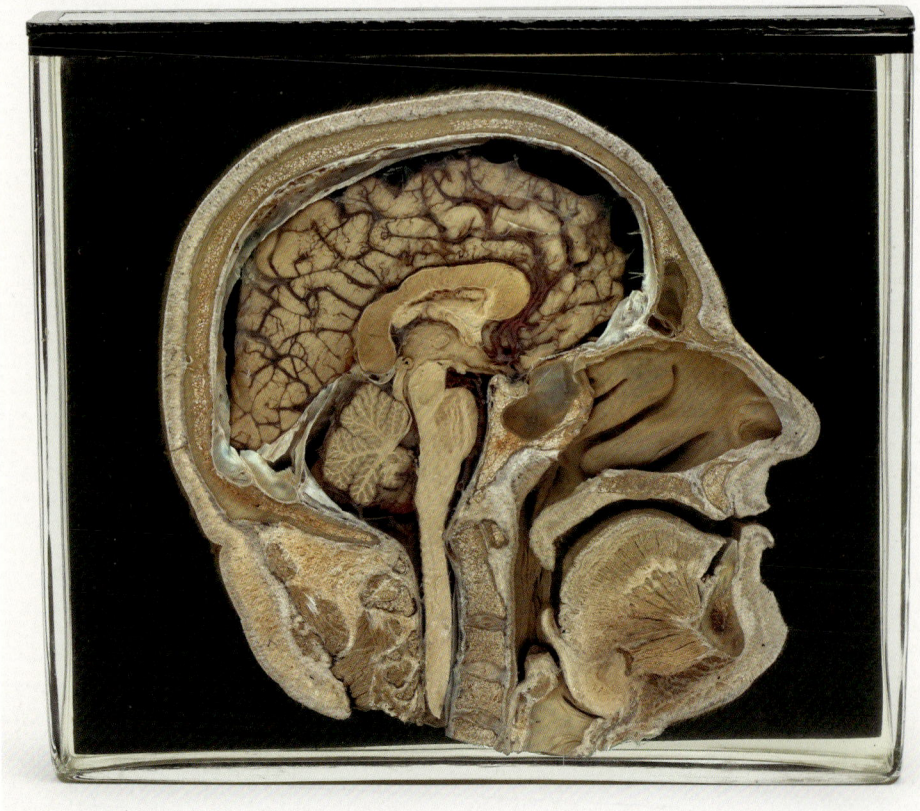

11-15

derts zunehmend durch Modelle aus Holz, Gips und Wachs sowie Moulagen erweitert, dient auch heute noch der Lehre. *rh*
Lit. Kunst/Schnalke/Bogusch (Hg.) 2010

11-11 Sympathisches Nervensystem eines Mannes im Bauch- und Brustraum
Um 1850, Friedrich Schlemm
Feuchtpräparat in Alkohol, Glas, 60 x 30 x 30
Charité – Universitätsmedizin Berlin, CCM, Centrum für Anatomie, Inv.-Nr. 1890/53

Das Präparat des Berliner Professors für Anatomie Friedrich Schlemm zeigt den Verlauf der Eingeweidenerven, die unter anderem für die Schmerzwahrnehmung sowie für die Regulierung von Durchblutung und Bewegung der Organe zuständig sind. *rh*

11-12 Kopf und oberer Rumpf eines Mannes
1891, Jean Wickersheimer
Trockenpräparat, 53 x 70 x 43
Charité – Universitätsmedizin Berlin, CCM, Centrum für Anatomie, Inv.-Nr. 1891/44

Der Anatomiediener und spätere Präparator des Anatomischen Instituts Jean Wickersheimer entwickelte in den 1870er-Jahren eine wässrige Lösung, die mit einem Gemisch aus Alaun, Kochsalz, Salpeter, Pottasche, arseniger Säure, Glycerin und Methylalkohol versetzt war. Die sogenannte Wickersheimer'sche Flüssigkeit konservierte Leichen und Leichenteile unter Beibehaltung von Form, Farbe und Beweglichkeit der Gelenke. *rh*

11-13 Hintere Rumpfwand eines Menschen
20. Jahrhundert
Wachs, Knochen, Metall, 18 x 30 x 75
Charité – Universitätsmedizin Berlin, CCM, Centrum für Anatomie, ohne Inv.-Nr.

11-14 Nerven und Gefäße des Kopfes und Halses, Wachsbüste in Glaskasten
Paris, 20. Jahrhundert, Fa. Vasseur
Wachs, Holz, 36 x 14 x 20
Charité – Universitätsmedizin Berlin, CCM, Centrum für Anatomie, ohne Inv.-Nr.

11-15 Medianschnitt durch den Kopf
20. Jahrhundert
Feuchtpräparat, 26,5 x 30 x 5
Charité – Universitätsmedizin Berlin, CCM, Centrum für Anatomie, Inv.-Nr. ANA2007/513

11-16 Rechte Gehirnhemisphäre
20. Jahrhundert, Evelyn Heuckendorf
Kunststoff, 4 x 9 x 14
Charité – Universitätsmedizin Berlin, CCM, Centrum für Anatomie, ohne Inv.-Nr.

Hierbei handelt sich um ein Beispiel für die heutige Präpariermethode des Plastinierens. Perfektioniert von dem Heidelberger Anatomen Gunter von Hagens, wird bei diesem Verfahren das Körperwasser in einem Vakuum durch Kunststoffe ersetzt. Die Präparate zeichnen sich durch einen sehr lebensnahen Zustand von Form und Farbe aus. *rh*

11-17 Milchgebiss eines zweijährigen Kindes
Paris, 1884, Fa. Tramond
Knochen, Metall, Holz, 18,5 x 9 x 6
Charité – Universitätsmedizin Berlin, CCM, Centrum für Anatomie, Inv.-Nr. ANA2007/329

11-18 Milchgebiss eines sechsjährigen Mädchens
20. Jahrhundert
Knochen, Metall, Holz, 21 x 10,5 x 9
Charité – Universitätsmedizin Berlin, CCM, Centrum für Anatomie, Inv.-Nr. ANA2006/180

11-19 Gebiss eines zehnjährigen Kindes
Paris, 1884, Fa. Tramond
Knochen, Metall, Holz, 21 x 10,5 x 9
Charité – Universitätsmedizin Berlin, CCM, Centrum für Anatomie, Inv.-Nr. ANA2006/226.12

11-20 Bleibendes Gebiss eines jungen Erwachsenen
1994, Günter Wilcke
Knochen, Metall, Holz, 19,5 x 11,5 x 11
Charité – Universitätsmedizin Berlin, CCM, Centrum für Anatomie, Inv.-Nr. ANA2007/335

11-21 Abguss des linken Arms und dazugehöriges, montiertes Armskelett
1894
Gips, Holz
Charité – Universitätsmedizin Berlin, CCM, Centrum für Anatomie, ohne Inv.-Nr.

Der Abguss des linken Unterarms und das dazugehörige Skelett eines 45-jährigen Mannes stammen aus der Königlich Akademischen Hochschule der bildenden Künste in Charlottenburg. *rk*

11-22 Abguss des linken Fußes und dazugehöriges montiertes Fußskelett
20. Jahrhundert
Gips, Holz
Charité – Universitätsmedizin Berlin, CCM, Centrum für Anatomie, ohne Inv.-Nr.

11-23 Skoliotisches Thoraxskelett eines Mannes
1912, Hans Virchow
Knochen, Gips, Metall, Holz, 57 x 31 x 26
Charité – Universitätsmedizin Berlin, CCM, Centrum für Anatomie, Inv.-Nr. ANA2006/1032

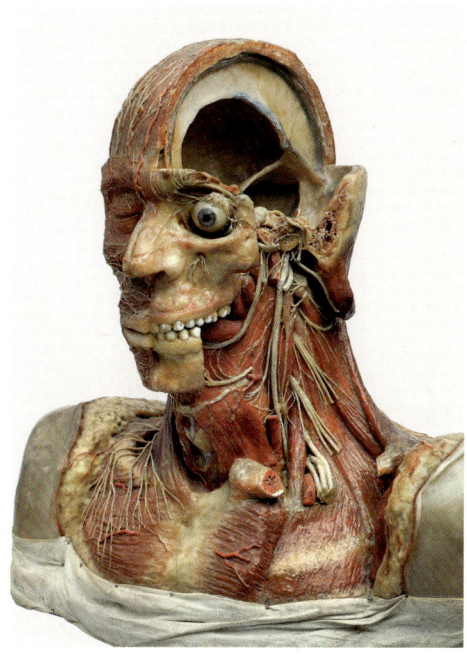

11-14

Bei der Skoliose handelt es sich um eine seitliche Verbiegung der Wirbelsäule bei gleichzeitiger Verdrehung der Wirbel. Sie entsteht während der Wachstumsphasen und kann verschiedene Ursachen haben. Hans Virchow, der Sohn des bekannten Pathologen Rudolf Virchow, arbeitete seit 1884 als Prosektor am Anatomischen Institut. *rh*

Präparate und Modelle – Die Brüder Seifert

Die Arbeit der Brüder Adolf, Paul und Otto Seifert ist eng mit der Geschichte des Anatomischen Instituts der Berliner Universität verbunden. Adolf Seifert begann hier nach einer Ausbildung zum Wachsmodelleur in Castans Panoptikum seine berufliche Laufbahn als Anatomiediener. Sein handwerkliches Geschick ließ ihn bald zum Nachfolger des Präparators Jean Wickersheimer werden. Neben der Arbeit am Institut betrieb er mit seinem Bruder Paul das »Atelier für wissenschaftliche Präparate und Modelle A. & P. Seifert«, das seine Produkte weltweit verkaufte. Otto Seifert, ebenfalls bei Castan in die Kunst der Wachsmodelliertechnik eingeweiht, wurde 1918 der Nachfolger seines Bruders am Anatomischen Institut. Mehr als vierzig Jahre bereicherte er die Lehrmittelsammlung mit zahlreichen Präparaten und Modellen, die in den unterschiedlichsten Techniken gefertigt wurden. *rh*
Lit. Bogusch 2010; Witte 2010

11-25

An diesem Lehrmodell sind beachtenswerte anatomische Gegebenheiten wie zum Beispiel die Nasennebenhöhlen oder der Tränenkanal (grün hervorgehoben) besonders gut ablesbar. *rh*

11-30 Gesprengter Schädel
1902, Adolf Seifert
Knochen, Holz, Messing, 32,5 x 22 x 16
Charité – Universitätsmedizin Berlin, CCM,
Centrum für Anatomie, Inv.-Nr. ANA2006/160

11-31 Ober- und Unterkiefer, Dentitionspräparat 6 Jahre
1890–1920, A. & P. Seifert
Gips, Metall, Holz, 21 x 10,5 x 9
Charité – Universitätsmedizin Berlin, CCM,
Centrum für Anatomie, Inv.-Nr. ANA2006/173

11-32 Ober- und Unterkiefer, Dentitionspräparat 12 Jahre
1890–1920, A. & P. Seifert
Gips, Metall, Holz, 22,5 x 12 x 10
Charité – Universitätsmedizin Berlin, CCM,
Centrum für Anatomie, Inv.-Nr. ANA2006/172

11-33 Fußskelett, sechsfach vergrößert
20. Jahrhundert, Otto Seifert
Gips, Holz, 45 x 120 x 55
Charité – Universitätsmedizin Berlin, CCM,
Centrum für Anatomie, ohne Inv.-Nr.

Anatomie in Gips

Der Leipziger Anatom Wilhelm His war – neben der Entwicklung der Wachsplattentechnik zur dreidimensionalen, vergrößerten Rekonstruktion von Embryonen – vor allem für die Fertigung von Gipsabgüssen anatomischer Präparate bekannt. Um seinen Studenten mit neuem Anschauungsmaterial das Lernen zu erleichtern, arbeitete His eng mit dem ebenfalls in Leipzig ansässigen Gipsmodelleur Franz-Josef Steger zusammen. Ganze Serien von Gipsabgüssen entstanden, abgenommen von den mit Chromsäure fixierten Präparaten, die noch heute durch ihre Genauigkeit und Farbgebung beeindrucken. *rh*

11-24 Kopf, Hals und Brustraum mit Herzen und großen Gefäßen
20. Jahrhundert, A. & P. Seifert
Knochen, Wachs, Holz, 59 x 40 x 31
Charité – Universitätsmedizin Berlin, CCM,
Centrum für Anatomie, ohne Inv.-Nr.

11-25 Lunge eines 37-jährigen Mannes
1914, Adolf Seifert
Metallausguss, 28 x 18 x 15
Charité – Universitätsmedizin Berlin, CCM,
Centrum für Anatomie, Inv.-Nr. 1914/53

11-26 Rechte Schädelhälfte mit Darstellung der Hirnnerven
20. Jahrhundert, A. & P. Seifert
Knochen, Wachs, Holz, 35,5 x 29,5 x 21,5
Charité – Universitätsmedizin Berlin, CCM,
Centrum für Anatomie, ohne Inv.-Nr.

11-27 Rechte Schädelhälfte mit Zahngefäßen und Zahnnerven
20. Jahrhundert, Adolf Seifert
Wachs, Knochen, Holz, Metall, 20,5 x 6 x 13
Charité – Universitätsmedizin Berlin, CCM,
Centrum für Anatomie, Inv.-Nr. ANA 2006/242

11-28 Gehirn im menschlichen Schädel (aufklappbar)
1913, A. & P. Seifert
Knochen, Wachs, Metall, 26,5 x 15 x 21
Charité – Universitätsmedizin Berlin, CCM,
Centrum für Anatomie, Inv.-Nr. ANA2006/871

11-29 Frontalschnitte durch den Gesichtsschädel
Um 1925, A. & P. Seifert
Knochen, Wachs, Metall, 35,5 x 28,5 x 7,5
Charité – Universitätsmedizin Berlin, CCM,
Centrum für Anatomie, Inv.-Nr. ANA2006/719

11-34 Mittlere Region des Kopfes
20. Jahrhundert, Franz Josef Steger
Gips, Metall, 36,5 x 25 x 19
Charité – Universitätsmedizin Berlin, CCM,
Centrum für Anatomie, Inv.-Nr. ANA2006/266

Die tiefe Gesichts-, Hals- und Nackenmuskulatur sowie Arterien und Nerven sind hier freigelegt. *rh*

11-35 Tiefe Region des Kopfes
20. Jahrhundert, Franz Josef Steger
Gips, Metall, 40,5 x 26 x 22

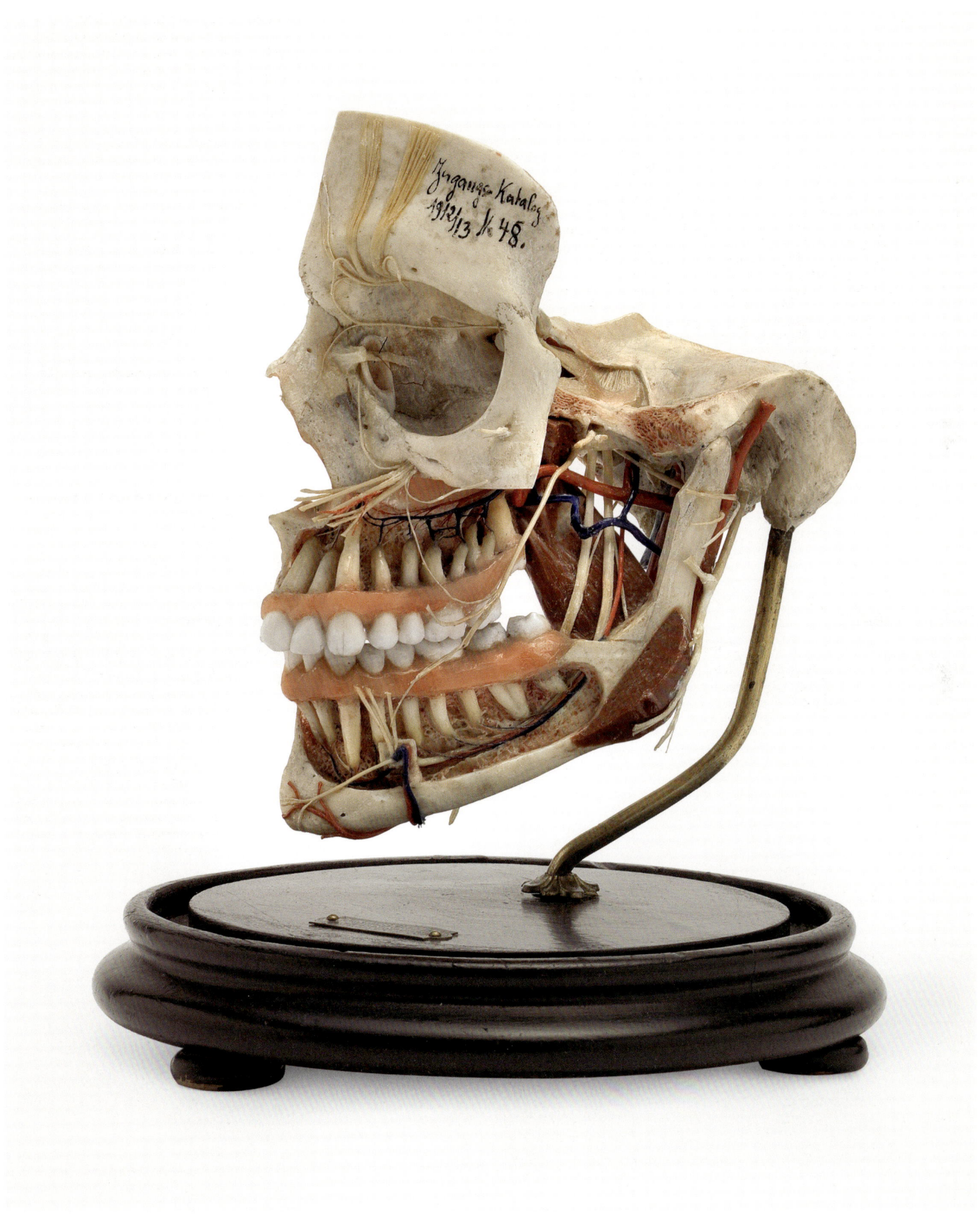

11-27

Charité – Universitätsmedizin Berlin, CCM,
Centrum für Anatomie, Inv.-Nr. ANA2006/268

Erkennbar sind tiefe Gesichtsmuskulatur,
Zungen-, Mundboden- und Augenmus-
keln, Hals- und Brustwirbelsäule, Nerven,
Lunge, Arterien und Venen. *rh*

11-36 Medianschnitt des Kopfes
20. Jahrhundert, Franz Josef Steger
Gips, Metall, 36 x 14,5 x 20
Charité – Universitätsmedizin Berlin, CCM,
Centrum für Anatomie, Inv.-Nr. ANA2006/269

Hier wurden Gehirn, Rückenmark,
Nasenhöhle und Nasennebenhöhlen,
Zunge sowie Kehlkopf freigelegt. *rh*

11-37 Rumpf einer jungen Frau
1899, Franz Josef Steger
Gips, Metall, 75 x 46 x 21
Charité – Universitätsmedizin Berlin, CCM,
Centrum für Anatomie, Inv.-Nr. ANA2006/1182

11-38 Rumpf eines jungen Mannes
1899, Franz Josef Steger
Gips, Metall, 66 x 43,5 x 17
Charité – Universitätsmedizin Berlin, CCM,
Centrum für Anatomie, Inv.-Nr. ANA2006/1180

Die Bauch- und Beckeneingeweide sind
von rechts freigelegt. *rh*

Anschauliche Menschwerdung

Die Firma Ziegler in Freiburg im Breisgau
gehörte um 1900 zu den wichtigsten Her-
stellern anatomischer Lehrmodelle. Seit
den frühen 1850er-Jahren produzierte der
Arzt und Modelleur Adolf Ziegler, später
auch sein Sohn Friedrich, in seinem privaten »Atelier für wissenschaftliche Plastik« – vor allen Dingen in Wachs. Die
Zusammenarbeit mit dem Anatomen
Wilhelm His legte den Schwerpunkt
auf die Embryologie. Die neue Wachsplattentechnik ermöglichte das Herstellen ganzer Modellserien, die den Studenten der Medizin die Entwicklung des
werdenden Lebens veranschaulichen
sollten. *rh*

11-39 Entwicklung des menschlichen Gehirns
20. Jahrhundert, Friedrich Ziegler
Wachs, 31 x 15 x 11
Charité – Universitätsmedizin Berlin, CCM,
Centrum für Anatomie, Inv.-Nr. 985

Diese nach den Originalpräparaten von
Wilhelm His gefertigten Wachsmodelle
geben die Entwicklung des Gehirns eines
drei Monate alten Embryos wieder. Zur
besseren Veranschaulichung wurde das
nur daumennagelgroße Organ in zehnfa-
cher Vergrößerung hergestellt. Gezeigt
werden die Gefäße des Seitenventrikels
des entstehenden Großhirns, ein Medianschnitt durch das Organ und der Hirn-
stamm mit seiner typischen gekrümmten
Form. *rh*

Moulagen – Krankheitsbilder in Wachs

Im Gegensatz zum anatomischen Wachs-
modell, das eine normierte, idealisierte
Form des menschlichen Körpers oder
seiner Organe zeigt, stellt die Moulage
immer ein Abbild eines individuellen
Krankheitsfalls dar. Gefertigt als ein Gips-
abdruck, der wiederum als Gussform für
das Wachspositiv dient, wird die Moulage
im Beisein des Patienten vom Wachsbildner durch farbliche Retuschen und bisweilen dem Einsetzen von Haaren und
Glasaugen dem Original weitestgehend
angenähert.
Ab 1850 entstanden weltweit in zahlreichen Krankenhäusern Moulagensamm-
lungen. Berlin entwickelte sich erst spät
zum europäischen Moulagenzentrum:
Um das Jahr 1890 begann der Dermato-
loge Oskar Lassar in seiner privaten
Hautklinik in Zusammenarbeit mit dem
Wachsbildner Heinrich Kasten damit,
eine weit über 1000 Moulagen umfassende Sammlung aufzubauen. Eine ähnlich große Sammlung entstand etwa zehn

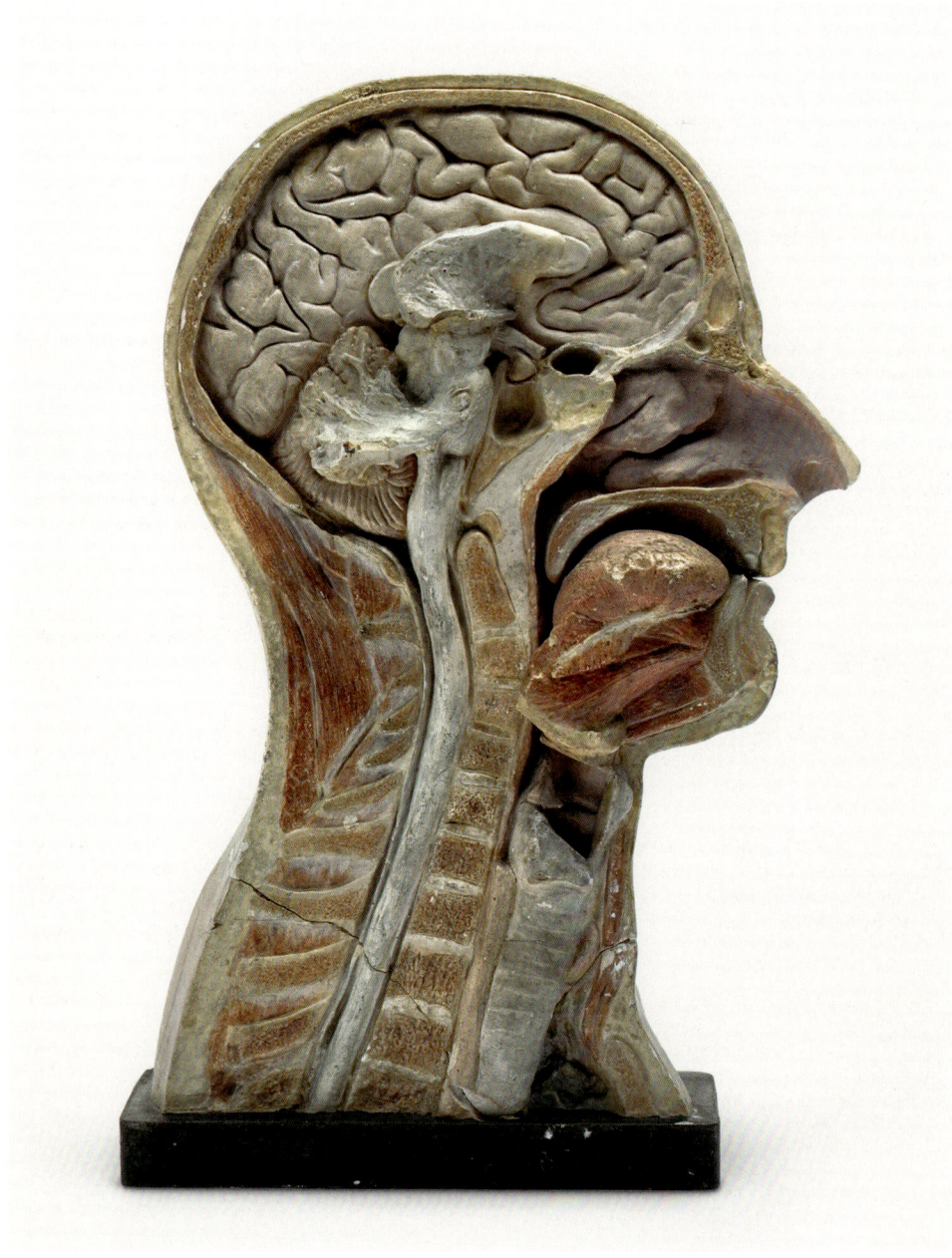

11-36

Jahre später an der Charité-Klinik für Haut- und Geschlechtskrankheiten unter Edmund Lesser, gefertigt von dem Mouleur Fritz Kolbow. *rh*
Lit. Schnalke 1995

11-40 **Narbenbildung bei Pocken**
Nach 1945
Hautmoulage, Wachs, Holz, 33,5 x 24,5 x 11
Charité – Universitätsmedizin Berlin, Institut für Mikrobiologie und Hygiene, Robert-Koch-Museum, Inv.-Nr. 2249

Die linke Gesichtshälfte des Erwachsenen zeigt die typischen Hautveränderungen nach einer überstandenen Pocken-Erkrankung. *rh*

11-41 **Hautwolf**
Nach 1945
Hautmoulage, Wachs, Holz, 33,5 x 24,5 x 12
Charité – Universitätsmedizin Berlin, Institut für Mikrobiologie und Hygiene, Robert-Koch-Museum, Inv.-Nr. 2517

Der Hautwolf oder das intertriginöse Ekzem ist eine hochrote, nässende, oft pilzbedingte Entzündung der Haut, die durch Aufweichung, beispielsweise bei Harninkontinenz, starkem Schwitzen oder durch Reibung gefördert wird. *rh*

11-42 **Lepra**
Nach 1945
Hautmoulage, Wachs, Holz, 33,5 x 24,5 x 12
Charité – Universitätsmedizin Berlin, Institut für Mikrobiologie und Hygiene, Robert-Koch-Museum, Inv.-Nr. 483

Bei der Lepra handelt es sich um eine bakteriell verursachte Infektionskrankheit der Haut, die zu Lähmungen und Verstümmelungen führen kann. Gezeigt wird das Gesicht eines Erwachsenen mit den typischen Hautveränderungen bei einer länger bestehenden Lepra-Erkrankung. *rh*

11-43 *Lupus miliaris disseminatus*
Nach 1945
Hautmoulage, Wachs, Holz, 33,5 x 24,5 x 12
Charité – Universitätsmedizin Berlin, Institut für Mikrobiologie und Hygiene, Robert-Koch-Museum, Inv.-Nr. 3030

Unter dem Begriff *Lupus* (lat. Wolf) wurden ursprünglich die hauptsächlich im Gesicht lokalisierten, »fressenden« Geschwüre von chronischem Verlauf zusammengefasst. Die hier gezeigte Ausprägung – lange Zeit als Hauttuberkulose diagnostiziert – wird heute einem breiteren Ursachenspektrum zugeordnet. *rh*

11-44 **Narben nach Syphilis**
Nach 1945
Hautmoulage, Wachs, Holz, 33,5 x 33,5 x 15
Charité – Universitätsmedizin Berlin, Institut für Mikrobiologie und Hygiene, Robert-Koch-Museum, Inv.-Nr. 3170

Die Syphilis wird in verschiedene Entwicklungsstadien unterteilt. Lues III, das sogenannte Tertiärstadium, beginnt erst drei bis fünf Jahre nach der Infektion und ist gekennzeichnet durch Schäden an Haut, Schleimhäuten und inneren Organen, vor allem aber an Knochen, Nasenscheidewand und Gaumen. *rh*

11-45 *Acne vulgaris conglobata*
Nach 1945
Hautmoulage, Wachs, Holz, 33 x 24,5 x 10
Charité – Universitätsmedizin Berlin, Institut für Mikrobiologie und Hygiene, Robert-Koch-Museum, Inv.-Nr. 3037

Zu sehen ist die schwerste Form der in Pubertät und Erwachsenenalter auftretenden Akne vulgaris. *rh*

11-46 *Trichophytia profunda*
Nach 1945
Hautmoulage, Wachs, Holz, 33 x 24,5 x 13,5
Charité – Universitätsmedizin Berlin, Institut für Mikrobiologie und Hygiene, Robert-Koch-Museum, ohne Inv.-Nr.

Die *Trichophytia profunda*, eine Infektionskrankheit der Haut, wird durch Pilze der Gattung Trichophyton verursacht. Die tiefe (profunde) Form kommt vorwiegend auf dem behaarten Kopf und im Bartbereich vor und führt zu Knoten und Abszessen. *rh*

11-47 *Erythema exsudativum multiforme*
Nach 1945
Hautmoulage, Wachs, Holz, 33 x 24,5 x 9,5
Charité – Universitätsmedizin Berlin, Institut für Mikrobiologie und Hygiene, Robert-Koch-Museum, ohne Inv.-Nr.

Hierbei handelt es sich um eine allergische Reaktion bei bestimmten bakteriellen oder Herpes-Infektionen sowie auf Medikamente. *rh*

11-48 **Schweinerotlauf (*Erysipeloid*)**
Nach 1945
Hautmoulage, Wachs, Holz, 33,5 x 25,5 x 9
Charité – Universitätsmedizin Berlin, Institut für Mikrobiologie und Hygiene, Robert-Koch-Museum, ohne Inv.-Nr.

Die mikrobiell bedingte Infektionskrankheit kommt häufig bei Beschäftigten in Fleisch, Geflügel oder Fisch verarbeitenden Betrieben vor. *rh*

11-49 **Epidermophytie**
Nach 1945
Hautmoulage, Wachs, Holz, 24,5 x 18,5 x 7,5
Charité – Universitätsmedizin Berlin, Institut für Mikrobiologie und Hygiene, Robert-Koch-Museum, ohne Inv.-Nr.

Diese pilzbedingte Infektion und Schädigung von Haut, Nägeln und Haaren kann hier am rechten Fuß eines Erwachsenen beobachtet werden. *rh*

11-50 **Knochenmarksentzündung (*Osteomyelitis*)**
Nach 1945 (Originalabformung 1900–1912)
Hautmoulage, Wachs, Holz, 33,5 x 24,5 x 13,5
Charité – Universitätsmedizin Berlin, Institut für Mikrobiologie und Hygiene, Robert-Koch-Museum, Inv.-Nr. 903

Die Moulage des linken Unterschenkels eines Erwachsenen zeigt ein offenes Bein mit einer ausgebreiteten Knochenmarksentzündung. *rh*

11-51 **Endogenes Ekzem**
Nach 1945
Hautmoulage, Wachs, Holz, 55,5 x 27,5 x 12,5
Charité – Universitätsmedizin Berlin, Institut für Mikrobiologie und Hygiene, Robert-Koch-Museum, ohne Inv.-Nr.

Das endogene oder atopische Ekzem tritt bei Neurodermitis auf und kann unter anderem auch durch Kontakt mit Allergenen ausgelöst werden. *rh*

11-52 **Gasbrand (*Phlegmone emphysematosa gangraenosa*)**
Nach 1945
Hautmoulage, Wachs, Holz, 79 x 38,5 x 11,5
Charité – Universitätsmedizin Berlin, Institut für Mikrobiologie und Hygiene, Robert-Koch-Museum, ohne Inv.-Nr.

Hierbei handelt es sich um eine durch Bazillen ausgelöste, schwere Wundinfektion. Die Erkrankung geht einher mit Gasentwicklung sowie Absterben des Gewebes und kann unter Umständen tödlich sein. *rh*

11-53 **Scharlach**
Nach 1945
Hautmoulage, Wachs, Holz, 34,5 x 34,5 x 9,5
Charité – Universitätsmedizin Berlin, Institut für Mikrobiologie und Hygiene, Robert-Koch-Museum, ohne Inv.-Nr.

Die Lehrsammlung der Zoologie

Die Beschäftigung mit den zentralen Fragen der Evolutionsbiologie erfordert auch im Zeitalter von Molekularbiologie und Digitalisierung die direkte Anschauung. Die Zoologische Lehrsammlung des Instituts für Biologie ist eine der wenigen rein didaktisch ausgerichteten Sammlungen der Humboldt-Universität. Im Jahre 1884 begründet, spielt sie auch heute noch eine zentrale Rolle bei der Vermittlung zoologischer Kenntnisse während des Biologiestudiums. Trotz großer Verluste durch den Zweiten Weltkrieg, die DDR-Hochschulreform sowie die darauffolgende Vernachlässigung der Sammlung umfasst die Zoologische Lehrsammlung heute etwa 30 000 Objekte. Darunter sind mikroskopische und anatomische Präparate, Skelette, Dermoplastiken, Wandtafeln sowie Modelle. *gs*
Lit. Bredekamp/Brüning/Weber (Hg.) 2000

11-54 Skelett eines Kängurus
Macropus sp.
Trockenpräparat, Glas, 53 x 80 x 26
Zoologische Lehrsammlung, Institut für Biologie,
Humboldt-Universität zu Berlin, Inv.-Nr. 28.12.2-6

11-55 Sprengpräparat eines Rinderschädels
Bos primigenius taurus
1888
Trockenpräparat, Holz, 43 x 42 x 23
Zoologische Lehrsammlung, Institut für Biologie,
Humboldt-Universität zu Berlin, Inv.-Nr. 28.12.13.2.-62.1

Sprengpräparate demonstrieren den Aufbau einer komplexen Struktur – in diesem Falle eines Schädels – durch die räumliche Separation von Einzelteilen. Einerseits wird so die Form der einzelnen Elemente verdeutlicht, andererseits aber auch das Zusammenwirken der Elemente im Gesamtgefüge sichtbar und verständlich gemacht. *gs*

11-56 Schädel eines Chinesischen Palasthundes – Pekinese
Haushund (*Canis lupus f. familiaris*)
1941
Trockenpräparat, Holz, Glas, 22 x 20 x 20
Zoologische Lehrsammlung, Institut für Biologie,
Humboldt-Universität zu Berlin, Inv.-Nr. 28.12.11.1-5

Pekinesen wurden ursprünglich nur am Hofe der chinesischen Kaiser gehalten. Mitte des 19. Jahrhunderts brachten Engländer die Rasse nach Europa. Ein Vergleich mit einem Wolfsschädel macht den großen Einfluss züchterischer Selektion deutlich. Der Schädel zeigt einen starken Unterbiss und eine verkürzte Nasenregion, die bei den Tieren zu Atemnot führt. Nicht zuletzt anhand derartiger Beispiele

11-55

aus der Haustierzüchtung entwickelte Charles Darwin seine Theorie der natürlichen Auslese. *gs*

11-57 Rostrum eines Sägefisches
Pristis pristis
Trockenpräparat, 75 x 11,5
Zoologische Lehrsammlung, Institut für Biologie,
Humboldt-Universität zu Berlin, Inv.-Nr. 28.5/8.0-25

11-58 Schädel eines Kabeljaus
Gadus morhua
1890
Trockenpräparat, Holz, 32 x 28 x 16
Zoologische Lehrsammlung, Institut für Biologie,
Humboldt-Universität zu Berlin, Inv.-Nr. 28.5/8.0-26a

11-59 Sprengpräparat eines Flusskrebses
Astacus astacus
Trockenpräparat, Glas, 40,5 x 22 x 3,5
Zoologische Lehrsammlung, Institut für Biologie,
Humboldt-Universität zu Berlin, Inv.-Nr. 21.5.15.0-2

Das Präparat verdeutlicht den Aufbau des Flusskrebskörpers. Dabei wird die Differenzierung der segmentalen Strukturen entlang der Längsachse sichtbar,

insbesondere die der verschiedenen Extremitäten, die als Sinnesorgane, Mundwerkzeuge, Verteidigungswaffen, Reproduktionsorgane und zur Brutpflege eingesetzt werden. *gs*

11-60 Gürteltier
Neunbinden-Gürteltier (*Dasypus novemcinctus*)
von der Naturalienhandlung Linnea in Berlin erworben
Trockenpräparat, Holz, 14 x 82 x 15
Zoologische Lehrsammlung, Institut für Biologie,
Humboldt-Universität zu Berlin, Inv.-Nr. 28.12.9.3-1

11-61 Schuppentier
Manis sp.
Trockenpräparat, 15 x 78 x 16
Zoologische Lehrsammlung, Institut für Biologie,
Humboldt-Universität zu Berlin, Inv.-Nr. 28.12.8-1

11-62 Nashornkopf
Spitzmaulnashorn (*Diceros bicornis*)
Trockenpräparat, 74 x 60 (Ohren) x 52
Zoologische Lehrsammlung, Institut für Biologie,
Humboldt-Universität zu Berlin, Inv.-Nr. 28.12.13.4-5

11-63 Modellserie zur Entwicklung des Lanzettfischchens

Branchiostoma lanceolatum
1884, Freiburg, Adolf Ziegler
Wachs, Messingdraht, Holz, Höhe 9–16, Durchmesser 6,8–13
Zoologische Lehrsammlung, Institut für Biologie, Humboldt-Universität zu Berlin, Inv.-Nr. 28.4.2.1 bis 2.25

Aufgrund seiner verwandtschaftlichen Nähe zu den Wirbeltieren und seines einfachen, doch prinzipiell ähnlichen Baus dient das Lanzettfischchen seit dem ausgehenden 19. Jahrhundert als Modellorganismus zum Verständnis der Entwicklung, Anatomie und Evolution der Wirbeltiere. Die hier präsentierten Wachsmodelle der Firma Ziegler zeigen eine Serie von Entwicklungsstadien – beginnend mit der Zygote bis hin zur Entwicklung der Körpergestalt der Larve. *gs*

11-59

11-64 Zwei Modelle der Embryonalentwicklung eines Flusskrebses

Edelkrebs (*Astacus astacus*)
1891, Paul Loth
Wachs, Glas, 33 x 55 x 14
Zoologische Lehrsammlung, Institut für Biologie, Humboldt-Universität zu Berlin, Inv.-Nr. 21.5.15.0-20

Die Wachsmodellserie des Leipziger Herstellers Paul Loth veranschaulicht den Formwandel in der Entstehung des einheimischen Edelkrebses. Der englische Forscher Thomas Huxley hatte 1880 ein erfolgreiches Buch zum Thema veröffentlicht, in dem er am Beispiel des Flusskrebses auch die Fragestellungen und Methoden der damaligen Biologie darstellte. Ende des 19. Jahrhunderts wurden, wohl darauf basierend, zahlreiche Präparate zur Anatomie und Entwicklung von Krebsen hergestellt, darunter auch diese Modellserie. In dem einen Kasten sind stark vergrößerte, angeschnittene Eier des heimischen Flusskrebses *Astacus astacus* in verschiedenen Entwicklungsstadien zu sehen. Die Keimblattbildung, die der Organdifferenzierung vorausgeht, wird durch einen Längsschnitt und die farbige Absetzung verdeutlicht.
Im zweiten Kasten finden sich ein fast fertig ausdifferenzierter Embryo und ein frisch geschlüpftes Tier in starker Vergrößerung. Obwohl aus heutiger Sicht einige Merkmale etwas fehlerhaft ausgeführt sind, bestechen die Modelle durch ihre Detailgenauigkeit. *gs*

11-65 Flusskrebs mit regenerierter Schere

Edelkrebs (*Astacus astacus*)
Alkoholpräparat, Glas, 20 x 12,5 x 8,5
Zoologische Lehrsammlung, Institut für Biologie, Humboldt-Universität zu Berlin, Inv.-Nr. 21.5.15.0-19

In Ergänzung zu den Wachsmodellen demonstriert dieses Flusskrebspräparat das Aussehen und die Größe des erwachsenen Tieres. Zusätzlich werden Informationen über das Regenerationsvermögen von Flusskrebsen vermittelt: Die kleinere Schere ist eine Neubildung, die sich den in regelmäßigen Abständen stattfindenden Häutungen verdankt. *gs*

11-66 Blattnachahmende Schmetterlinge

Kallima sp.
1935
Trockenpräparat, Glas, Holz, 33,5 x 41,5 x 3
Zoologische Lehrsammlung, Institut für Biologie, Humboldt-Universität zu Berlin, Inv.-Nr. 21.10.21.2-84

In dem Insektenkasten sind diverse Arten von blattnachahmenden Schmetterlingen aus unterschiedlichen Regionen zusammengestellt. Die ersten elf Individuen in den beiden oberen Reihen stammen aus Indien, die folgenden vier kleineren aus Südamerika. Die beiden kleineren Falter sind aus Afrika, sechs Falter in der unteren Reihe kommen aus Java. Die Blattnachahmung wirkt nur bei zugeklappten Flügeln in der Ruhehaltung. Die Dorsalseite der Flügel zeigt eine attraktive, bunte und schillernde Färbung. *gs*

11-67 Modell eines Stechmückenkopfes

Kopf mit Stechrüssel im Schnitt
Gips, Holz, 83 x 72 x 19
Zoologische Lehrsammlung, Institut für Biologie, Humboldt-Universität zu Berlin, Inv.-Nr. 21.10.22.0-1

11-68 Ei eines Hais

Stierkopfhai (*Heterodontus portusjacksoni*)
2002
Trockenpräparat, Glas, Holz, 10 x 15,5 x 11
Zoologische Lehrsammlung, Institut für Biologie, Humboldt-Universität zu Berlin, Inv.-Nr. 28.5/8.0-53

11-69 Spanischer Mondhornkäfer

Copris hispanus mit Pille
Trockenpräparat, Glas, 5 x 12 x 7,5
Zoologische Lehrsammlung, Institut für Biologie, Humboldt-Universität zu Berlin, Inv.-Nr. 21.10.15.2-94

11-70 Habitus und Skelett einer Hauskatze

Felis silvestris f. catus
Halbdermoplastik mit Skelett, Glas, 43 x 70 x 25,5
Zoologische Lehrsammlung, Institut für Biologie, Humboldt-Universität zu Berlin, Inv.-Nr. 28.12.3/15.0-64

11-71 Anatomie eines mediterranen Spritzwurms

Sipunculus nudus
Zoologische Station Neapel
Alkoholpräparat, Glas, Höhe 30, Durchmesser 14
Zoologische Lehrsammlung, Institut für Biologie, Humboldt-Universität zu Berlin, Inv.-Nr. 17-1

11-72 Das Perlboot *Nautilus pompilius*

Weiblicher Kopffüßer in seiner Schale
Um 1893 von der Naturalienhandlung Linnea in Berlin erworben
Alkoholpräparat, Glas, 23 x 18,5 x 13
Zoologische Lehrsammlung, Institut für Biologie, Humboldt-Universität zu Berlin, Inv.-Nr. 22.4.1-1

11-73 Anatomie eines weiblichen Skorpions

Waldskorpion (*Pandinus africanus*)
1891, August Brauer
Alkoholpräparat, Glas, Höhe 26, Durchmesser 7,5
Zoologische Lehrsammlung, Institut für Biologie, Humboldt-Universität zu Berlin, Inv.-Nr. 21.3.1-1

11-74 Geißelgarnelen

Männchen und Weibchen von *Penaeus monodon*
1997
Alkoholpräparat, Glas, 21,5 x 21,5 x 10,5
Zoologische Lehrsammlung, Institut für Biologie, Humboldt-Universität zu Berlin, Inv.-Nr. 21.5.15.1-0

11-66

11-75 Embryo einer Zwergfledermaus

Pipistrellus pipistrellus mit Plazenta
Alkoholpräparat, Glas, 12 x 7,5 x 6
Zoologische Lehrsammlung, Institut für Biologie,
Humboldt-Universität zu Berlin, Inv.-Nr. 28.12.5.0-2

Derartige Präparate sind selten zu sehen: Durch die über die Nabelschnur mit dem Embryo verbundene Plazenta wird der Säugetiercharakter der Fledermaus deutlich. Dass Fledermäuse trotz ihres Flugvermögens keine Vögel sind, ist eine Erkenntnis, die sich erst innerhalb der letzten Jahrhunderte durchgesetzt hat. *gs*

11-76 Schädel eines Störs

Atlantischer Stör (*Acipenser sturio*)
Prag, 1889, W. Fri
Alkoholpräparat, Glas, Höhe 61,5, Durchmesser 16
Zoologische Lehrsammlung, Institut für Biologie,
Humboldt-Universität zu Berlin, Inv.-Nr. 28.5/8.0-29

11-77 Lunge und Luftsäcke der Haustaube

Columba livia
Metallausguss, Wood'sches Metall, Glas, Holz, Höhe 32,
Durchmesser 16
Zoologische Lehrsammlung, Institut für Biologie,
Humboldt-Universität zu Berlin, Inv.-Nr. 28.11.0-71

Das Präparat wurde vom Begründer der Zoologischen Lehrsammlung, Franz Eilhard Schulze, angefertigt. Zunächst auf dem Gebiet der Anatomie und Systematik von Meeresschwämmen tätig und international hoch geschätzt, wandte sich Schulze in späteren Jahren der Untersuchung der Luftatmungsorgane von Vögeln zu. Hier wird der Metallausguss der Lunge und der Luftsäcke der Haustaube gezeigt. Dazu wurden Lunge und Luftsäcke herauspräpariert, aufgeblasen und in Alkohol gehärtet. Zum Ausgießen wurde eine spezielle Metalllegierung verwendet. Hinterher wurden Gewebereste entfernt und die einzelnen Teile farbig lackiert. *gs*

11-78 Habitus eines Lanzettfischchens

Branchiostoma lanceolatum
Alkoholpräparat, Glas, Höhe 10,5, Durchmesser 7
Zoologische Lehrsammlung, Institut für Biologie,
Humboldt-Universität zu Berlin, Inv.-Nr. 28.4-1

Das Feuchtpräparat eines erwachsenen Lanzettfischchens zeigt die natürliche Größe und Gestalt des Tieres. Die Lanzettfische leben als Filtrierer von Kleinpartikeln im Sand vergraben am Meeresgrund. *gs*

11-79 Auge eines Blauwals

Balaenoptera musculus
1898, Wilhelm Berndt
Alkoholpräparat, Glas, 22 x 14 x 8,5
Zoologische Lehrsammlung, Institut für Biologie,
Humboldt-Universität zu Berlin, Inv.-Nr. 28.12.3/15.0-1

11-80 Blauhai

Männliches Jungtier von *Prionace glauca*
1885, Zoologische Station Neapel
Alkoholpräparat, Glas, Höhe 51,5, Durchmesser 7,5
Zoologische Lehrsammlung, Institut für Biologie,
Humboldt-Universität zu Berlin, Inv.-Nr. 28.8.1.1-1

Als ein Raubfisch der offenen Meere gilt der bis zu vier Meter lange Blauhai gleichzeitig als gefürchteter »Menschenfresser« – und als in ihrem Bestand tendenziell gefährdete Art. *gs*

11-81 Körperanhänge eines Urzeitkrebses

Lepidurus apus
1890, August Brauer
Alkoholpräparat, Glas, Höhe 30, Durchmesser 8
Zoologische Lehrsammlung, Institut für Biologie,
Humboldt-Universität zu Berlin, Inv.-Nr. 21.5.2-1

11-82 Entwicklungsstadien des Flusskrebses

Edelkrebs (*Astacus astacus*)
von der Naturalienhandlung Linnea in Berlin erworben
Alkoholpräparat, Glas, Höhe 31, Durchmesser 11
Zoologische Lehrsammlung, Institut für Biologie,
Humboldt-Universität zu Berlin, Inv.-Nr. 21.5.15.0-16

11-83 Zentralnervensystem des Flusskrebses

Edelkrebs (*Astacus astacus*)
Alkoholpräparat, Glas, 25 x 10,5 x 8,5
Zoologische Lehrsammlung, Institut für Biologie,
Humboldt-Universität zu Berlin, Inv.-Nr. 21.5.15.0-4

11-84 Polypenkolonie eines Nesseltiers in Form eines Bäumchens

Abietinaria abietina
Alkoholpräparat, Glas, 25,5 x 10,5 x 8,5
Zoologische Lehrsammlung, Institut für Biologie,
Humboldt-Universität zu Berlin, Inv.-Nr. 8.1.1.2-4

11-85 Blutkreislauf eines Knochenfisches

Hecht (*Esox lucius*)
Prag, 1888, V. Fri
Injektionspräparat in Alkohol, Latex, Glas, Höhe 30,
Durchmesser 14
Zoologische Lehrsammlung, Institut für Biologie,
Humboldt-Universität zu Berlin, Inv.-Nr. 28.5/8.0-35a

Dieses Präparat von Herz und Kiemengefäßen eines Hechtes ist Teil einer Serie von Objekten zur vergleichenden Anatomie und der Evolution von Blutkreislaufsystemen der Wirbeltiere. Alle Blutgefäße wurden mit Latex gefüllt und freipräpariert. Die venöses (sauerstoffarmes) Blut führenden Gefäße sind jeweils blau, die arterielles (sauerstoffangereichertes) Blut führenden Gefäße sind rot gefärbt. *gs*

11-63

11-86 Entwicklung eines Froschlurchs

Geburtshelferkröte (*Alytes obstetricans*)
Um 1896 von der Naturalienhandlung Linnea in Berlin erworben
Alkoholpräparat, Glas, Höhe 47, Durchmesser 11
Zoologische Lehrsammlung, Institut für Biologie,
Humboldt-Universität zu Berlin, Inv.-Nr. 28.9.3.0-23

11-87 Zentralnervensystem eines Frosches

Teichfrosch (*Pelophylax kl. esculentus*)
Um 1900, Paul Deegener
Alkoholpräparat, Glas, Höhe 27, Durchmesser 13
Zoologische Lehrsammlung, Institut für Biologie,
Humboldt-Universität zu Berlin, Inv.-Nr. 28.9.3.0-3

11-88 Zentralnervensystem einer Hauskatze

Felis silvestris f. catus
Alkoholpräparat, Glas, Höhe 61, Durchmesser 9
Humboldt-Universität zu Berlin, Institut für Biologie,
Zoologische Lehrsammlung, Inv.-Nr. 28.12.3/15.0-6

Die Lehrsammlung der Kristallografie

11-89 Kristallgittermodelle

Kristall- oder Raumgitter zeigen die Anordnung der molekularen beziehungsweise atomaren Bausteine von Mineralen oder kristallinen chemischen Verbindungen. Von diesem Gitter sind die Kristallform des Minerals und seine physikalischen Eigenschaften abhängig. Die Atome beziehungsweise Moleküle sind durch farbige Holzkugeln, die Abstände durch Metallstäbe in 250-millionenfacher Linearvergrößerung dargestellt. Die gezeigten

Modelle wurden für die Lehrveranstaltungen des Kristallografen Will Kleber, einem der Gründerväter der modernen Kristallografie, in den Werkstätten seines Instituts an der Humboldt-Universität angefertigt. *ce*

a) Cuprit
Berlin, um 1950, Werkstattarbeiten Humboldt-Universität zu Berlin
Holz, Metall, 29 x 26,5 x 26,5
Institut für Physik der Humboldt-Universität zu Berlin, AG Kristallographie, ohne Inv.-Nr.
b) Perowskit
Berlin, um 1950, Werkstattarbeiten Humboldt-Universität zu Berlin
Holz, Metall, 37 x 35 x 35
Institut für Physik der Humboldt-Universität zu Berlin, AG Kristallographie, ohne Inv.-Nr.
c) Anhydrit
Berlin, um 1950, Werkstattarbeiten Humboldt-Universität zu Berlin
Holz, Metall, 45 x 42 x 42
Institut für Physik der Humboldt-Universität zu Berlin, AG Kristallographie, ohne Inv.-Nr.
d) Diamant
Berlin, um 1950, Werkstattarbeiten Humboldt-Universität zu Berlin
Holz, Metall, 38 x 36 x 36
Institut für Physik der Humboldt-Universität zu Berlin, AG Kristallographie, ohne Inv.-Nr.

11-90 Kristallmodelle

Der tschechische Mineraloge und Kristallograf Karl Vrba lieferte um 1890 die Vorlagen für über 520 verschiedene Kristallmodelle an die Firma Dr. F. Krantz in Bonn. Vrba wirkte als Professor für Mineralogie in Czernowitz und Prag und benötigte Anschauungsmaterial für seine Vor-

lesungen. Die Modelle mussten bestimmte Voraussetzungen erfüllen, und so regte er die Herstellung aus starker, mit Leim imprägnierter Pappe an. Ein Erfolgsmodell für die Firma Krantz, denn die leichten, um 10 bis 25 Zentimeter großen Modelle wurden zum Verkaufsschlager an Bildungseinrichtungen, in denen das Fach Mineralogie unterrichtet wurde. Die lange Haltbarkeit ermöglicht, dass die alten Modelle auch heute noch Verwendung finden. *ce*

a) Würfel
Bonn, um 1900, Firma Dr. F. Krantz – Rheinisches Mineralienkontor Bonn
Pappe mit Leim imprägniert, 15,3 x 15,3 x 15,3
Institut für Physik der Humboldt-Universität zu Berlin, AG Kristallographie, Inv.-Nr. 1
b) Oktaeder
Bonn, um 1900, Firma Dr. F. Krantz – Rheinisches Mineralienkontor Bonn
Pappe mit Leim imprägniert, 10 x 13 x 13
Institut für Physik der Humboldt-Universität zu Berlin, AG Kristallographie, Inv.-Nr. 3
c) Rhombendodekaeder
Bonn, um 1900, Firma Dr. F. Krantz – Rheinisches Mineralienkontor Bonn
Pappe mit Leim imprägniert, 12 x 13 x 14
Institut für Physik der Humboldt-Universität zu Berlin, AG Kristallographie, Inv.-Nr. 4
d) Tetrakishexaeder
Bonn, um 1900, Firma Dr. F. Krantz – Rheinisches Mineralienkontor Bonn
Pappe mit Leim imprägniert, 16 x 15 x 15
Institut für Physik der Humboldt-Universität zu Berlin, AG Kristallographie, Inv.-Nr. 6

11-75

11-79

e) Deltoidikositetraeder
Bonn, um 1900, Firma Dr. F. Krantz – Rheinisches
Mineralienkontor Bonn
Pappe mit Leim imprägniert, 13 x 14 x 15
Institut für Physik der Humboldt-Universität zu Berlin,
AG Kristallographie, Inv.-Nr. 7

f) Trisoktaeder
Bonn, um 1900, Firma Dr. F. Krantz – Rheinisches
Mineralienkontor Bonn
Pappe mit Leim imprägniert, 11,5 x 11,5 x 11,5
Institut für Physik der Humboldt-Universität zu Berlin,
AG Kristallographie, Inv.-Nr. 8

g) Hexakisoktaeder
Bonn, um 1900, Firma Dr. F. Krantz – Rheinisches
Mineralienkontor Bonn
Pappe mit Leim imprägniert, 18,5 x 18,5 x 16,5
Institut für Physik der Humboldt-Universität zu Berlin,
AG Kristallographie, Inv.-Nr. 9

h) Linke Form des Pentagonikositetraeders
Bonn, um 1900, Firma Dr. F. Krantz – Rheinisches
Mineralienkontor Bonn
Pappe mit Leim imprägniert, 13 x 16 x 15
Institut für Physik der Humboldt-Universität zu Berlin,
AG Kristallographie, Inv.-Nr. 10

i) Rechte Form des Pentagonikositetraeders
Bonn, um 1900, Firma Dr. F. Krantz – Rheinisches
Mineralienkontor Bonn
Pappe mit Leim imprägniert, 13 x 16 x 15
Institut für Physik der Humboldt-Universität zu Berlin,
AG Kristallographie, Inv.-Nr. 11

j) Tetraeder
Bonn, um 1900, Firma Dr. F. Krantz – Rheinisches
Mineralienkontor Bonn
Pappe mit Leim imprägniert, 13,3 x 15 x 15
Institut für Physik der Humboldt-Universität zu Berlin,
AG Kristallographie, Inv.-Nr. 12

k) Tristetraeder
Bonn, um 1900, Firma Dr. F. Krantz – Rheinisches
Mineralienkontor Bonn
Pappe mit Leim imprägniert, 15 x 17 x 18
Institut für Physik der Humboldt-Universität zu Berlin,
AG Kristallographie, Inv.-Nr. 15

l) Deltoiddodekaeder
Bonn, um 1900, Firma Dr. F. Krantz – Rheinisches
Mineralienkontor Bonn
Pappe mit Leim imprägniert, 17 x 16 x 17,5
Institut für Physik der Humboldt-Universität zu Berlin,
AG Kristallographie, Inv.-Nr. 16

m) Hexakistetraeder
Bonn, um 1900, Firma Dr. F. Krantz – Rheinisches
Mineralienkontor Bonn
Pappe mit Leim imprägniert, 20 x 19,5 x 20
Institut für Physik der Humboldt-Universität zu Berlin,
AG Kristallographie, Inv.-Nr. 17

n) Pentagondodekaeder
Bonn, um 1900, Firma Dr. F. Krantz – Rheinisches
Mineralienkontor Bonn
Pappe mit Leim imprägniert, 18 x 19 x 18,5
Institut für Physik der Humboldt-Universität zu Berlin,
AG Kristallographie, Inv.-Nr. 19

o) Disdodekaeder
Bonn, um 1900, Firma Dr. F. Krantz – Rheinisches
Mineralienkontor Bonn
Pappe mit Leim imprägniert, 13 x 17 x 17
Institut für Physik der Humboldt-Universität zu Berlin,
AG Kristallographie, Inv.-Nr. 20

p) Linke Form des tetraedrischen Pentagondode-
kaeders
Bonn, um 1900, Firma Dr. F. Krantz – Rheinisches
Mineralienkontor Bonn
Pappe mit Leim imprägniert, 19 x 18 x 17
Institut für Physik der Humboldt-Universität zu Berlin,
AG Kristallographie, Inv.-Nr. 21

q) Rechte Form des tetraedrischen Pentagondode-
kaeders
Bonn, um 1900, Firma Dr. F. Krantz – Rheinisches
Mineralienkontor Bonn
Pappe mit Leim imprägniert, 19 x 18 x 17
Institut für Physik der Humboldt-Universität zu Berlin,
AG Kristallographie, Inv.-Nr. 22

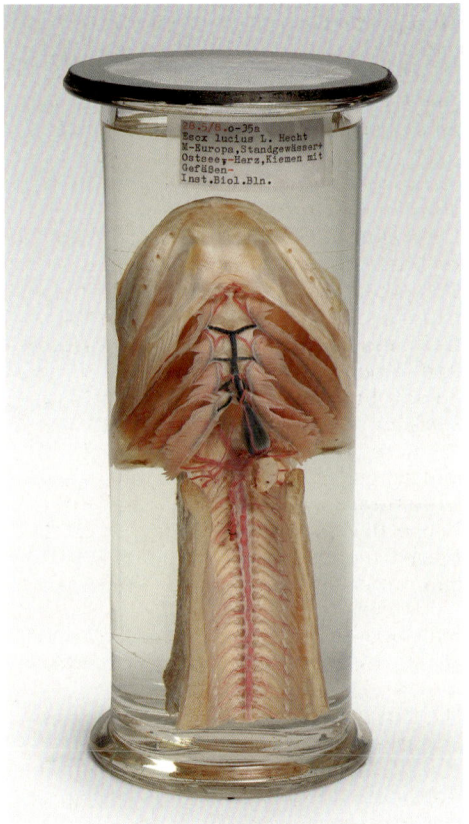

11-85

11-80

r) Würfel-Oktaeder-Rhombendodekaeder
Bonn, um 1900, Firma Dr. F. Krantz – Rheinisches
Mineralienkontor Bonn
Pappe mit Leim imprägniert, 13,8 x 13,8 x 13,8
Institut für Physik der Humboldt-Universität zu Berlin,
AG Kristallographie, Inv.-Nr. 28

s) Würfel-Oktaeder-Rhombendodekaeder
Bonn, um 1900, Firma Dr. F. Krantz – Rheinisches
Mineralienkontor Bonn
Pappe mit Leim imprägniert, 13,8 x 13,8 x 13,8
Institut für Physik der Humboldt-Universität zu Berlin,
AG Kristallographie, Inv.-Nr. 29

t) Rhombendodekaeder-Deltoidikositetraeder
Bonn, um 1900, Firma Dr. F. Krantz – Rheinisches
Mineralienkontor Bonn
Pappe mit Leim imprägniert, 14,5 x 14,5 x 14
Institut für Physik der Humboldt-Universität zu Berlin,
AG Kristallographie, Inv.-Nr. 34

u) Würfel-Hexakisoktaeder
Bonn, um 1900, Firma Dr. F. Krantz – Rheinisches
Mineralienkontor Bonn
Pappe mit Leim imprägniert, 11,5 x 11,5 x 11,5
Institut für Physik der Humboldt-Universität zu Berlin,
AG Kristallographie, Inv.-Nr. 35

v) Linksquarz
Bonn, um 1900, Firma Dr. F. Krantz – Rheinisches
Mineralienkontor Bonn
Pappe mit Leim imprägniert, 12,5 x 15,5 x 29
Institut für Physik der Humboldt-Universität zu Berlin,
AG Kristallographie, Inv.-Nr. 195

w) Rechtsquarz
Bonn, um 1900, Firma Dr. F. Krantz – Rheinisches
Mineralienkontor Bonn
Pappe mit Leim imprägniert, 12,5 x 15,5 x 29
Institut für Physik der Humboldt-Universität zu Berlin,
AG Kristallographie, Inv.-Nr. 197

Die Berliner Abguss-Sammlung antiker Plastik

Bereits 1696 begründete Kurfürst Friedrich III. die Berliner Abguss-Sammlung an der Akademie der Künste. Abgüsse nach antiken Skulpturen aus Italien dienten Künstlern als Vorbilder. 1841/42 wurden die Gipsabgüsse an die königlichen Museen abgegeben. In dem 1855 eröffneten Neuen Museum waren das Treppenhaus – das repräsentative Zentrum des Museums – sowie das mittlere Geschoss für deren Präsentation vorgesehen. Besonders im weiteren Verlauf des 19. Jahrhunderts wuchs die Sammlung stark an.
Zu dieser Zeit entstanden an vielen deutschen Universitäten eigene Abguss-Sammlungen, die der Forschung und Lehre dienten. In dieser Tradition erfolgte 1916 die Überführung der Berliner Sammlung an die Friedrich-Wilhelms-Universität. Mittlerweile auf 2500 Exponate angewachsen, war sie ab 1921 im Hauptgebäude der Berliner Universität wieder öffentlich zugänglich.
Der Zweite Weltkrieg brachte nur geringe Verluste, doch bei der späteren Umnutzung der Räume wurde der Großteil der Abgüsse zerstört, die Überreste ausgelagert. Die Gussformen aber verblieben

weitgehend unversehrt in der Gipsformerei. Seit den 1970er-Jahren konnten daher die Freie Universität und die Staatlichen Museen Preußischer Kulturbesitz den Wiederaufbau betreiben. 1988 wurde die Abguss-Sammlung Antiker Plastik in Charlottenburg eröffnet.
Seit der Wiedervereinigung werden nun auch die Reste der alten Berliner Sammlung schrittweise erschlossen. Ab 2009 unterstützt das vom Bundesministerium für Bildung und Forschung finanzierte »Berliner Skulpturennetzwerk« diese Arbeit und bildet den Rahmen für die Kooperation aller Institutionen. *lwh*
Lit.: Platz 1979; Stemmer 2008; Stürmer/
Wrede 1998

Die Abguss-Sammlung als Forschungsinstrument

Die Gründung von Abguss-Sammlungen im späten 18. und frühen 19. Jahrhundert verfolgte das Ziel, antike Meisterwerke auch unabhängig von ihrem Standort studieren zu können. Der Abguss bot die Möglichkeit, unzugängliche und an unterschiedlichen Orten aufbewahrte Skulpturen aus nächster Nähe und von allen Seiten zu betrachten und direkt miteinander zu vergleichen. Gipssammlungen dienten der ästhetischen Bildung von Künstlern und der Öffentlichkeit. Antike Skulpturen verkörperten das Idealschöne, das nachzuahmen der Ästhetik des Klassizismus zufolge die Aufgabe von Künstlern war. Gerade der makellos weiße Gips entsprach den Vorstellungen der reinen Form am besten.
Mit dem Erscheinen von Johann Joachim Winckelmanns »Geschichte der Kunst des Alterthums« (1764) beginnt die wissenschaftliche Erforschung der antiken, vor allem der griechischen Plastik. Im Zuge dessen gelingt der systematische Nachweis, dass die große Masse römischer Bildwerke Kopien griechischer Originale sind. Erst in den 1930er-Jahren setzt die »Ehrenrettung« dieser römischen Kunstauffassung ein, die das Kopieren als eigenständiges und bewusstes Handeln betrachtet.
Diese Forschung ist ohne Abgüsse unvorstellbar, da ein Vergleichen von Körperformen und -volumina nur dreidimensional möglich ist. Anhand der Reproduktionen antiker Hinterlassenschaften können Archäologen, unabhängig vom Aufstellungsort des Originals, vereinzelte Teile einer Skulptur zusammenführen. Für das Studium ist die Anschauung von Abgüssen unersetzlich, um die Körperhaftigkeit von Skulptur räumlich zu begreifen.
In den praxisbezogenen Modulen der neuen Studiengänge lernen Studierende in Auseinandersetzung mit Sammlungs

gegenständen, wissenschaftliche Themen in Ausstellungen umzusetzen. *vs/lwh*

11-91 Doryphoros des Polyklet
a) Doryphoros
Minneapolis, Institute of Art, römische Kopie nach griechischem Original, Mitte 1. Jahrhundert v. Chr., Polyklet, Marmor
Gipsabguss, Berlin, Höhe 204
Abguss-Sammlung Antiker Plastik der Freien Universität Berlin, Inv.-Nr. V 252
Lit. (Original) Borbein 2002; Kreikenbom 1990
Lit. (Abguss) Stemmer (Hg.) 1995
b) Torso Pourtalès
Berlin, Staatliche Museen, Antikensammlung, römische Kopie nach griechischem Original, um 20–30 n. Chr.
Polyklet, Marmor
Gipsabguss, Berlin, Höhe 131
Abguss-Sammlung Antiker Plastik der Freien Universität Berlin, Inv.-Nr. 82/6
Lit. (Original) Borbein 2002; Kreikenbom 1990
Lit. (Abguss) Stemmer (Hg.) 1995

Der athenische Bildhauer Polyklet prägte die Entwicklung der griechischen Plastik entscheidend. Trotz der weitreichenden Wirkung seines Schaffens ist über den Künstler selbst nur wenig bekannt. Eines seiner bekanntesten Werke ist die Statue eines Speerträgers, Doryphoros. Sie entstand um 440 v. Chr. und wurde zahlreich kopiert. Das Original war in Bronze gegossen, während die römischen Kopien aus Marmor angefertigt wurden. Aus dem stilistischen Vergleich der Abgüsse ergibt sich die Datierung der jeweiligen Kopie. Die früheste Kopie stammt aus Pompeji und datiert in das 1. Jahrhundert v. Chr. (heute: Neapel, Nationalmuseum). Die Kopien in Minneapolis und Berlin zeigen bereits stilistische Merkmale des 1. Jahrhunderts n. Chr. *ns*

11-92 Chiotische Kore
Athen, Akropolis Museum, um 525 v. Chr., Marmor
Gipsabguss, Berlin, Höhe 182
Abguss-Sammlung Antiker Plastik der Freien Universität Berlin, Inv.-Nr. 35/05
Lit. (Original) Karakasi 2001; Richter 1968
Lit. (Abguss) Fless/Moede/Stemmer (Hg.) 2006

Für die griechisch-archaische Epoche sind Statuen von aufrecht stehenden Männern, Koroi, und Frauen, Koren, charakteristisch. Sie wurden als Weihgeschenke in Heiligtümern und als Grabdenkmäler in Nekropolen errichtet. Die sogenannte Chiotische Kore stammt von der Athener Akropolis, dem Heiligtum für die Stadtgöttin Athena. Ihre Gestaltung lässt einen Ursprung auf der Insel Chios vermuten, was ihr ihren Namen gab. Sie zeigt die epochentypische angedeutete Schrittstellung mit einem leicht vorgesetzten linken Bein. Über ihrem dünnen Chiton trägt sie einen schrägen Schultermanttel, ein Himation. Je vier lange Locken fallen über ihre Schultern; Ohrringe, ein Diadem und ein aufwendiger Haarkranz schmücken den Kopf, während die Gesichtszüge vollkommen idealisiert sind. *ns*

11-93 Manteljüngling

Athen, Akropolis Museum, um 500 v. Chr., Marmor
Gipsabguss aus Stückform, Athen, um 1916, Höhe 124
Sammlungen des Winckelmann-Instituts, Inv.-Nr. I 146

Rechte Hand und Füße der Skulptur fehlen; der rechte abgewinkelte Unterarm hielt ursprünglich ein Weihgeschenk, die linke Hand rafft den Mantel und das darunterliegende Untergewand (Chiton) zusammen. Chiton und Mantel sind sorgsam um den jugendlichen Körper gespannt, der sich mit seinen breiten Schultern an das Vorbild der Ehren- und Grabstatuen (Koroi) der Zeit anlehnt. Das Gesicht des Gabenbringers ist beim Sturz stark beschädigt worden; das noch erkennbare »archaische Lächeln« verweist die Figur in die spätarchaische Epoche. *vs*
Lit. Bol (Hg.) 2002; Brinkmann 2003

11-94 Kritiosknabe

Athen, Akropolis Museum, kurz vor 480 v. Chr., parischer Marmor
Gipsabgüsse aus Stückformen, Berlin, 1880 (Körper), 2010 (Kopf), Höhe 117 (mit ergänztem Kopf)
Sammlungen des Winckelmann-Instituts, Inv.-Nr. Fr-W. 491

Der Körper der Skulptur wurde bereits 1865/66 beim Bau des Akropolis-Museums gefunden, der Bruch an Bruch passende Kopf erst 1888. Aufgrund der Darstellung natürlicher Bewegtheit hat die Forschung einen Bezug zur Tyrannenmördergruppe (477 v. Chr.) von Kritios und Nesiotes hergestellt. Die Ponderation – die Verlagerung des Körpers auf Stand- und Spielbein, ist bei der Figur des jugendlichen Siegers perfekt durchmodelliert. Der sogenannte Kritiosknabe gehört in die Phase der Frühklassik, die auch als Strenger Stil bezeichnet wird. Ihr Kennzeichen ist die Körperperspektive. Der Bildhauer hält einen Moment der menschlichen Bewegung auf Dauer fest. *vs*
Lit. Furtwängler 1880; Schuchardt 1939

11-95 Kore oder Sappho Albani

Rom, Villa Albani
kaiserzeitliche Kopie nach frühklassischem Original
Gipsabguss Berlin, Höhe 190
Abguss-Sammlung Antiker Plastik der Freien Universität Berlin, Inv.-Nr. 02/3
Lit. (Original) Baumer 1997; Bol (Hg.) 1994; Strocka (Hg.) 2005

Das Original der weiblichen Gewandstatue im Typus der sogenannten Kore

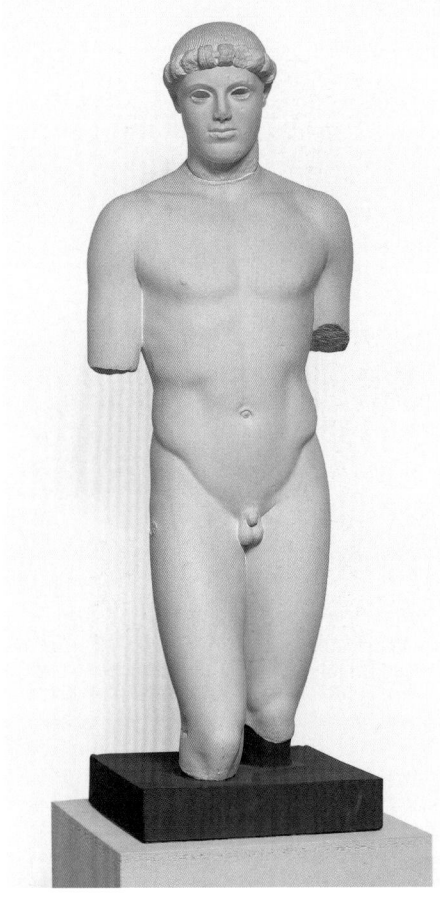

11-94

entstand rund ein Jahrhundert nach den Koren von der Athener Akropolis. Die Figur steht frontal auf beiden Füßen und neigt ihren Kopf leicht zur linken Seite. Sie trägt einen langen, krepppartigen Chiton und stoffreichen Mantel um die Hüften und die linke Schulter. Das Haar ist bis auf die Partie über der Stirn vollkommen von einem Tuch bedeckt. Das verlorene griechische Original aus dem 5. Jahrhundert v. Chr. wurde bisher verschiedenen Künstlern zugeschrieben, unter anderem dem berühmten athenischen Künstler Phidias. *ns*

11-96 Jüngling von Marathon

Athen, Nationalmuseum
Praxiteles, Bronze
Gipsabguss aus Stückform, Athen, 1929, Höhe 123
Sammlungen des Winckelmann-Instituts, Inv.-Nr. I 225

Das Original aus Bronze stammt vermutlich von einer gesunkenen Schiffsladung. Die leicht unterlebensgroße Jünglingsfigur kann aufgrund ihrer filigranen, geradezu lasziven Beweglichkeit dem Umkreis des Praxiteles zugerechnet werden. Die kurzen, in einzelne Strähnen aufgelösten Haare werden von einem Band zusammengefasst. Der Abguss lässt nicht die

dunkelgrüne Oberfläche wie die eingelegten Augen aus Marmor und Kristall des Bronzeoriginals erkennen. Dennoch zeigt er die narbige Oberfläche der lange im Meerwasser lagernden Figur. *vs*

11-97 Dionysos von Tivoli

Rom, Museo Nazionale, um 130 n. Chr., Marmor
Gipsabguss aus Stückform, vermutlich Rom, vor 1885, Höhe 189
Sammlungen des Winckelmann-Instituts, Inv.-Nr. Fr.-W. 520
Lit. Giuliano (Hg.) 1979; Raeder 1983

1881 in der Hadriansvilla bei Tivoli gefunden, ist die Figur mit Ausnahme der rechten Hand nahezu vollständig; linker Unterschenkel mit Fuß ergänzt. Es handelt sich um eine Kopie hadrianischer Zeit eines griechischen Originals aus dem Umkreis des berühmten Bildhauers Polyklet (Ende 5./Anfang 4. Jahrhundert v. Chr.). Der Gott ist jugendlich und bis auf das raffiniert drapierte Ziegenfell (Nebris) nackt dargestellt. Insbesondere die Behandlung der Augen zeigt das Bemühen des römischen Bildhauers, ein griechisches Bronzeoriginal wiederzugeben. Vor allem die Zutat der Baumstütze verrät die römische Kopie. *vs*

11-98 Fundilia-Gruppe

a) Statue der Fundilia
Kopenhagen, Ny Carlsberg Glyptotek, tiberisch, Marmor
Gipsabguss, Berlin, Höhe 178
Abguss-Sammlung Antiker Plastik der Freien Universität Berlin, Inv.-Nr. 23/87
Lit. (Original) Boschung 2002; Fejfer 2008; Johansen 1994; Moltesen (Hg.) 1997
Lit. (Abguss) Fless/Moede/Stemmer (Hg.) 2006; Stemmer (Hg.) 1995
b) Statue des Schauspielers C. Fundilius Doctus
Kopenhagen, Ny Carlsberg Glyptotek, tiberischclaudisch, Marmor
Gipsabguss, Berlin, Höhe 183
Abguss-Sammlung Antiker Plastik der Freien Universität Berlin, Inv.-Nr. 22/87
Lit. (Original) Boschung 2002; Fejfer 2008; Johansen 1994; Moltesen (Hg.) 1997
Lit. (Abguss) Fless/Moede/Stemmer (Hg.) 2006; Stemmer (Hg.) 1995
c) Hermenbüste der Staia Quinta
Kopenhagen, Ny Carlsberg Glyptotek, tiberischclaudisch, Marmor
Gipsabguss, Berlin, Höhe 44
Abguss-Sammlung Antiker Plastik der Freien Universität Berlin, Inv.-Nr. 7/85
Lit. (Original) Boschung 2002; Fejfer 2008; Johansen 1994; Moltesen (Hg.) 1997
Lit. (Abguss) Fless/Moede/Stemmer (Hg.) 2006; Stemmer 1995 (Hg.)

Die Abgüsse sind Teil einer Fundgruppe aus dem Diana-Heiligtum bei Nemi in Mittelitalien. Neben einem Tempel umfasst das Heiligtum auch einen von Portiken umfassten Platz. Aus dem Ostportikus stammt eine umfangreiche Reihe von Hermen und zwei Statuen mit Privatporträts. An der Rückwand einer Kammer waren beide Statuen aufgestellt: Die Figur einer Frau in Stola und Palla, die durch die Inschrift auf der Plinthe als Fundilia benannt ist. Die neben ihr errichtete männliche Statue in der Toga trägt das Porträt des Fundilius, eines Freigelassenen der Fundilia, laut Inschrift ein Schauspieler (*parasitus Apollinis*). Außerdem wurden in dem kleinen Raum neun Hermenporträts gefunden: Zwei von ihnen bilden abermals Fundilia und Fundilius ab, weitere stellen unter anderem Berufskollegen des Fundilius dar. Wie die Inschriftenformeln auf den Statuenplinthen zeigen, handelt es sich um Stiftungen des Fundilius. Die leicht abweichenden Entstehungszeiten der Bildnisse lassen auf eine etappenweise Skulpturenausstattung schließen. Das Porträt der Fundilia mit einer traditionellen Zopffrisur zeigt fleischige Formen und weiche, bewegte Übergänge im Gesicht. Das Bildnis der Fundilia kann wie das des Fundilius in tiberische Zeit datiert werden. Staia Quinta dagegen trägt eine modische Frisur mit Korkenzieherlocken, die rechts und links des Mittelscheitels nach hinten geführt sind. Ihre Frisur ist stark an die der Kaiserin Agrippina Minor angelehnt und lässt eine etwas spätere Datierung annehmen.

Dieser gut erhaltene Fundkomplex dokumentiert den Aufwand privater Weihungen und Stiftungen in der sozialen Schicht der Freigelassenen und möglicherweise auch der Berufsverbände. Er zeigt auch, welch hohen Wert die gemeinsame Überlieferung von Bild und Text, von Statue und zugehöriger Inschrift, für das heutige Verständnis der Ehrungen und Stiftungen hat. *ns*

Ausgrabungen in Olympia

Die Ausgrabungen im antiken Olympia begannen 1828 mit der französischen Expédition de Morée, die unter Schlammschichten einen Zeustempel entdeckte. Für Ernst Curtius, der 1838 Olympia besucht hatte, war der Ort von besonderer Bedeutung: Denn die antike Stätte, an der alle vier Jahre während der Spiele Eintracht unter den Griechen herrschte, symbolisierte für ihn auch die angestrebte deutsche Einheit. Seine Bemühungen um die Genehmigung von Ausgrabungen begannen bereits mit einem Vortrag über Olympia am 10. Januar 1852 in der Singakademie. Doch erst mit der Berufung an die Berliner Universität 1867 konnte er, unterstützt von König und Kronprinz, sein Ziel weiter verfolgen. Der Deutsch-Französische Krieg (1870/71) verhinderte die Umsetzung, und mit der Reichsgründung war die symbolische Funktion

11-98c

Olympias obsolet. Curtius änderte daher die Begründung für sein Vorhaben: Die Grabung sollte der Welt zeigen, dass das Deutsche Reich, geeint durch einen Krieg, fähig war zur »Aufdeckung von Olympia [als] […] Friedenswerk von dauernder Bedeutung für alle gebildeten Nationen«. Ab 1871 führte der Kronprinz, der spätere Kaiser Friedrich III., Verhandlungen mit Griechenland, 1874 kam es zur Unterzeichnung des Grabungsvertrags. Das Deutsche Reich bewilligte fünf Kampagnen (1875–1880), eine weitere von 1881 bezahlte Wilhelm I. aus seinen Dispositionsfonds. *vs*

Abgüsse der Olympia-Skulpturen

1880 wurden die Abgüsse der Olympia-Skulpturen erstmalig in Berlin in einem zur Dombaustätte gehörenden Raum ausgestellt. Ein Grund dafür war, dass nicht jeder mit dem Verbleib der Originale in Olympia einverstanden war. Denn aus Pergamon und anderen Grabungen gelangten bedeutende Antiken mit geringerem finanziellen Einsatz nach Berlin. Nur mühsam konnten die Gipsskulpturen im »Vaterländischen Saal« des Neuen Museums aufgestellt werden. Erst mit der Unterbringung in der Universität – in einem eigens für die Abguss-Sammlung gebauten Flügel – war auch eine adäquate Ausstellung möglich. Diese war von 1921 bis September 1944 für das Publikum geöffnet. Vom Krieg weitgehend verschont,

wurden die Sammlungsräume 1950 zweckentfremdet und die Gipse ausgelagert. Seit 2000 gibt es Pläne, den im Grunde noch vorhandenen Olympiasaal für die Skulpturen erneut zur Verfügung zu stellen. *vs*
Lit. Curtius 1878; Wrede 2009

11-99 Nike des Paionios von Mende

Olympia, Archäologisches Museum, um 421 v. Chr., Marmor
Gipsabguss, mehrteilig aus Stückform, Athen, vor 1880, Höhe 195
Sammlungen des Winckelmann-Instituts, Inv.-Nr. Fr.-W. 496
Lit. Treu 1897; Wrede 2000

Bei der ersten Grabungskampagne in Olympia 1875 wurden die Fragmente der einst 30 Meter vor der Ostseite des Zeustempels auf einem dreiseitigen Pfeiler stehenden Göttin Nike gefunden. Die überlebensgroße Figur schwebte über dem Adler des Zeus in 11,70 Meter Höhe, wog 20 Tonnen und stellt damit eine der kühnsten Leistungen griechischer Bildhauerkunst dar. Das in Marmor gemeißelte Gewand schien wie vom Wind an den Körper gepresst, die Dynamik und Wucht des Fliegens wurde durch einen aufgeblähten Mantel veranschaulicht. Statisch war die gesamte, vom Bildhauer Paionios nahezu aus einem Block Marmor gefertigte Figur an ihrem Mantel aufgehängt.

Die Inschrift auf dem Sockel lautet: »Die Messenier und Naupaktier weihten [diese Statue] dem Olympischen Zeus aus dem zehnten Teil ihrer in Kriegen erzielten Beute. Geschaffen von Paionios aus Mende, der auch mit den Akroteren auf dem Tempel siegte.« *vs*

11-100 Modell der Nike des Paionios aus Olympia

Berlin, 1883, Richard Grüttner, Gipsformerei Berlin SMB/PK
Gips, mehrteilig aus Stückform, Höhe 232, Maßstab 1:5
Sammlungen des Winckelmann-Instituts, Inv.-Nr. I 186

Der Bildhauer Richard Grüttner arbeitete zusammen mit dem Archäologen Georg Treu an der Zusammensetzung und Ergänzung der Olympia-Skulpturen. Um den ursprünglichen Zustand zu visualisieren, stellte Grüttner verkleinerte Modelle auf Grundlage des zeitgenössischen Forschungsstands her. Bei der Nike wurde etwa die ursprüngliche Idee, ihr einen Palmzweig in die rechte Hand zu geben, modifiziert. Vielmehr sollte sie, mit beiden Händen den Mantel haltend, sanft herabschweben. Das Modell zeigt die dadurch hervorgerufene Wirkung eindrücklicher als das um den Mantel weitgehend beraubte Original. Grüttner arbeitete mehr

11-99

als vierzig Jahre an verschiedenen Versionen der Nike. *vs*
Lit. Curtius 1878; Treu 1897; Wrede 2000; Wrede 2009

Römische Kaiserporträts

Die Porträtkunst – und das römische Kaiserporträt im Besonderen – ist einer der zentralen Forschungsgegenstände der klassischen Altertumswissenschaften. Zum einen können stilistische Entwicklungen an Porträts verfolgt und eingeordnet werden, zum anderen spiegeln sich in ihnen gesellschaftliche und politische Normen sowie individuelle Ansprüche der Dargestellten wider. Während der römischen Kaiserzeit wurden Bildnisse des jeweils regierenden Kaisers und seiner Familienmitglieder in außerordentlich hoher Zahl im Römischen Reich aufgestellt. Das Antlitz des Kaisers war jedem Bewohner Roms und der Provinzen stets vor Augen, ob in Stein gehauen, in bronzenen oder vergoldeten Werken oder aber in der Malerei; auf Münzen geprägt, lief sein Bildnis durch unzählige Hände. Die Bildnisse wurden auf öffentlichen Plätzen, in Kultstätten, in Hallen, im Theater und in privaten Villen und Häusern auf Sockeln mit Inschriften über die Umstände ihrer Errichtung aufgestellt. Auf diese Weise demonstrierten Städte, Einzelpersonen oder Gruppen ihre Achtung und politische Zustimmung gegenüber dem Geehrten. Kaiserporträts sind gewissermaßen ein zentrales Kommunikationsmedium zwischen Kaiser und Bürgern, Städten oder Provinzen.
Über eine lange Zeit dominierten Ikonografie, Typeneinteilung und Chronologie der Kaiserporträts die archäologische Forschung. Zu identifizieren und zu benennen sind rundplastische Kaiserporträts mithilfe von Münzbildern, da seit der frühen Kaiserzeit das Herrscherbild samt Titulatur auf Münzen geprägt wurde. Für fast alle Kaiser sind mehrere Bildnistypen überliefert: Wahrscheinlich gaben bedeutende Ereignisse wie Adoptionen, Regierungsantritte oder Jubiläen Anlass zur Prägung neuer Porträttypen. Urbilder dieser Typen waren wohl Porträts in der Hauptstadt, die kopiert und im gesamten Reich verbreitet wurden. Beim Kopiervorgang sind in erster Linie Frisurenbestandteile wie Locken und Strähnen über der Stirn besonders getreu wiedergegeben; sie lassen daher am deutlichsten die Zugehörigkeit zu einem bestimmten Porträttypus erkennen. Die archäologische Grundlagenarbeit der Typenbestimmung anhand dieser Locken hat der Fachwelt denn auch den Vorwurf des »Lockenzählens« eingebracht. *ns*

11-101 Das Porträt des Augustus

a) Porträt des Augustus (Typus Octavian)
Privatbesitz, Alcudia, Mallorca, frühaugusteisch, Marmor
Gipsabguss, Berlin, Höhe 38 cm
Abguss-Sammlung Antiker Plastik der Freien Universität Berlin, Inv.-Nr. 85/39
Lit. (Original) Boschung 1993a; Hofter (Hg.) 1988; Zanker 1973
Lit. (Abguss) Fless/Moede/Stemmer (Hg.) 2006
b) Porträt des Augustus (Typus Forbes)
Boston, Museum of Fine Arts, spätaugusteisch, Marmor
Gipsabguss, Berlin, Höhe 31
Abguss-Sammlung Antiker Plastik der Freien Universität Berlin, Inv.-Nr. 81/34
Lit. (Original) Boschung 1993a
Lit. (Abguss) Fless/Moede/Stemmer (Hg.) 2006
c) Porträt des Augustus (Typus Prima Porta)
Rom, Kapitolinische Museen, spätaugusteisch, Marmor
Gipsabguss, Berlin, Höhe 40,5
Abguss-Sammlung Antiker Plastik der Freien Universität Berlin, Inv.-Nr. 90/35
Lit. (Original) Boschung 1993a; Fittschen/Zanker 1994; Hofter (Hg.) 1988
Lit. (Abguss) Fless/Moede/Stemmer (Hg.) 2006
d) Porträt des Augustus (Typus Prima Porta)
Okayama, Kurashiki Ninagawa Museum, Japan, mittelaugusteisch-spättiberisch-caliguläisch, Marmor
Gipsabguss, Berlin, Höhe 44,5
Abguss-Sammlung Antiker Plastik der Freien Universität Berlin, Inv.-Nr. 2/86 (166)
Lit. (Original) Boschung 1993a; Hofter (Hg.) 1988; Simon 1982
Lit. (Abguss) Fless/Moede/Stemmer 2006

Am Beispiel der Bildnisse des ersten römischen Kaisers Augustus lassen sich Entstehung und Verbreitung des Herrscherporträts zeigen. Die über 250 überlieferten Porträts des Augustus gehören vorwiegend drei Bildnistypen an. Ein Vertreter des frühesten Typus, des sogenannten Octavian-Typus, ist ein Kopf auf Mallorca. Die Stirnlocken sind locker aufgebauscht und in drei Strähnen nach rechts gelegt; auf der rechten Seite bildet sich dadurch ein Zangen-, links ein Ga-

belmotiv. Die Gesichtszüge des wohl um 40 v. Chr. entstandenen Typus sind jugendlich und leicht bewegt. Rund ein Jahrzehnt später wurde der Haupttypus des Augustus-Porträts geprägt. Anlass könnte der große militärische Triumph von 29 v. Chr. gegen Marcus Antonius oder die Verleihung des Augustus-Titels im Jahr 27 v. Chr. gewesen sein. Nach dem Fundort einer berühmten Statue wird er Prima-Porta-Typus genannt. Der dritte Typus, dessen Datierung umstritten ist, wird in der Forschung nach den zwei Hauptvertretern Typus Forbes oder Typus Louvre MA 1280 genannt. In diesem Porträtentwurf sind die Stirnlocken flach über fast die gesamte Stirnbreite nach rechts gestrichen.
Trotz der ausgereiften Kopiertechniken der Antike ist allerdings keine Kopie mit dem Vorbild identisch, sodass sich auch die Repliken eines Typus untereinander stark unterscheiden können. Sowohl Zeitgeschmack und Künstlerkönnen als auch geografische Stilrichtungen wirken sich auf die Beschaffenheit der jeweiligen Kopie aus. *ns*

11-102 Kaisergalerie aus dem Amphitheater in Arsinoe, Fayum

a) Büste des Augustus (Typus Prima Porta)
Kopenhagen, Ny Carlsberg Glyptotek, Anfang 1. Jahrhundert n. Chr., Marmor
Gipsabguss, Berlin, Höhe 54
Abguss-Sammlung Antiker Plastik der Freien Universität Berlin, Inv.-Nr. 29/86
Lit. (Original) Boschung 1993a; Boschung 2002; Hofter (Hg.) 1988; Johansen 1994; Rose 1997
Lit. (Abguss) Born/Stemmer 1996; Fless/Moede/Stemmer 2006
b) Büste des Tiberius (Typus Kopenhagen 623)
Kopenhagen, Ny Carlsberg Glyptotek, Anfang 1. Jahrhundert n. Chr., Marmor
Gipsabguss, Berlin, Höhe 47

11-101

Abguss-Sammlung Antiker Plastik der Freien Universität
Berlin, Inv.-Nr. 8/85
Lit. (Original) Boschung 1993a; Boschung 2002; Hofter
(Hg.) 1988; Johansen 1994; Polacco 1955; Rose 1997
Lit. (Abguss) Born/Stemmer 1996; Fless/Moede/
Stemmer (Hg.) 2006

c) Büste der Livia (Typus Kopenhagen 615)
Kopenhagen, Ny Carlsberg Glyptotek, Anfang
1. Jahrhundert n. Chr., Marmor
Gipsabguss, Berlin, Höhe 34
Abguss-Sammlung Antiker Plastik der Freien Universität
Berlin, Inv.-Nr. ST 154
Lit. (Original) Alexandridis 2004; Bartmann 1999;
Boschung 1993a; Boschung 2002; Hofter (Hg.) 1988;
Johansen 1994; Rose 1997
Lit. (Abguss) Born/Stemmer 1996; Fless/Moede/
Stemmer (Hg.) 2006; Stemmer (Hg.) 1995

11-102

Die heute in Kopenhagen aufbewahrten
Büsten gelangten Ende des 19. Jahrhunderts in den Kunsthandel. Nach Angaben
des Händlers fand man sie in Nischen des
Amphitheaters in Arsinoe-Krokodilopolis
im Fayum-Becken in Unterägypten. Die
Fundnachrichten sind zwar strittig, zwingen aber dennoch, nach einer gemeinsamen Entstehung und Aufstellung der drei
Büsten zu fragen. In ihren Maßen unterscheiden sich die Büsten eindeutig, die
Marmorsorte scheint dagegen bei allen
dreien übereinzustimmen. Auf den ersten
Blick stehen sich die Bildnisse der Livia
und des Tiberius stilistisch am nächsten:
Beide weisen scharfe Augenlider, gleichzeitig aber auch etwas wulstige Orbitalhaut und leichte Erhebungen im Inkarnat
auf; das Haar ist feingliedriger gestaltet
als bei dem Augustusporträt. Auch ist bei
Letzterem die klassizistische Wiedergabe
der Hautpartien nicht mehr derart streng
wie in frühaugusteischer Zeit. Die Datierung der drei Bildnisse bleibt weiterhin
umstritten: Sie gehören aber zu den besten Vertretern des jeweiligen Porträttypus
und weisen keinerlei geografisch bedingte, provinzielle Stilmerkmale auf.
Die drei Porträttypen entstanden zu unterschiedlichen Zeiten: Während der Prima-
Porta-Typus des Augustus in die frühen
20er-Jahre des 1. Jahrhunderts v. Chr. zu
datieren ist, weist derjenige der Livia in
die Jahre zwischen 27 und 23 v. Chr.;
der Tiberius-Typus ist womöglich erst
um 4 n. Chr. entstanden. *ns*

11-103 **Nero (III)-Kopf**

Rom, Museo Nazionale, 59–64 n. Chr., Marmor
Gipsabguss, Berlin, Höhe 31
Abguss-Sammlung Antiker Plastik der Freien Universität
Berlin, Inv.-Nr. 13/83
Lit. (Original) Bergmann/Zanker 1981
Lit. (Abguss) Fless/Moede/Stemmer 2006

Das Porträt des Nero zeigt einen jungen
Mann mit massigem Hals, fülligem Gesicht und fleischigen Formen. Die Haare
sind in langen Strähnen vom Hinterkopf
nach vorne in Sichellocken um die Stirn

gelegt: Diese Frisur, die in literarischen
Quellen als *coma in gradus formata* bezeichnet wird, war aufwendig und konnte
nur mittels Brennscheren in Form gelegt
werden. Während die frühen Bildnistypen
des Nero noch ganz der Tradition seiner
Vorgänger der iulisch-claudischen Dynastie folgen, setzt sich dieser Porträtentwurf
deutlich von bisherigen Kaiserbildern ab.
Die hier eingesetzten Formeln drücken
Luxus- und Genussliebe aus, sind allerdings auch an zeitgleichen Porträts von
Privatpersonen wiederzufinden. *ns*

11-104 **Kopf des Vespasian**

Kopenhagen, Ny Carlsberg Glyptotek, flavisch, Marmor
Gipsabguss, Berlin, Höhe 40
Abguss-Sammlung Antiker Plastik der Freien Universität
Berlin, Inv.-Nr. ST 150
Lit. (Original) Johansen 1995; Wegner 1966
Lit. (Abguss) Fless/Moede/Stemmer (Hg.) 2006

Vespasian übernahm die Macht nach
Neros Sturz und den Wirren des sogenannten Vierkaiserjahres. Als Sechzigjähriger setzte er sich aufgrund seiner Erfahrung durch, was sich programmatisch in
seinen Porträts widerspiegelt. Anders als
seine Vorgänger ist er als älterer Mann
mit kahlem Kopf und Falten dargestellt.
Diese Formeln zeigen vor allem republikanische Porträts von erfahrenen und
energischen Politikern in fortgeschrittenem Alter. *ns*

11-105 **Büste des Domitian**

Rom, Museo Capitolino, spätdomitianisch, Marmor
Gipsabguss, Berlin, Höhe 56
Abguss-Sammlung Antiker Plastik der Freien Universität
Berlin, Inv.-Nr. 35/01
Lit. (Original) Fittschen/Zanker 1994
Lit. (Abguss) Fless/Moede/Stemmer (Hg.) 2006

Die Büste zeigt Kaiser Domitian mit nacktem Oberkörper und einer Kopfwendung
nach links. Die Fleischigkeit der Hautpartien ist den Bildnissen von Nero verwandt.
Auch die überaus elaborierte und aufwendig gelegte Frisur ist eine Reminiszenz
an die Büsten Neros. *ns*

11-106 **Büste des Trajan**

München, Glyptothek, römische Kopie eines griechischen
Originals 108–117 n. Chr., Marmor
Gipsabguss, Berlin, Höhe 57
Abguss-Sammlung Antiker Plastik der Freien Universität
Berlin, Inv.-Nr. 79/4
Lit. (Original) Gross 1940; Ohly 1977
Lit. (Abguss) Fless/Moede/Stemmer 2006

Mit Kaiser Traian beginnt die Epoche der
sogenannten Adoptivkaiser, welche das
dynastische Nachfolgeprinzip ablöst. Auch
in seinem Porträt setzt sich der neue Kaiser deutlich von der flavischen Dynastie
ab: Das Haar ist kurz und in glatten Strähnen vom Hinterkopf nach vorne in die
Stirn gekämmt und zeigt keine Spuren
der in neronischer und flavischer Zeit
beliebten Luxusfrisuren. Die Büste mit

Schwertband, Ägis und Eichenlaubkranz unterstreicht die militärische Stärke des Kaisers. *ns*

11-107 **Hadrian-Br-Kopf**

Jerusalem, Israel Museum, frühhadrianisch, Bronze
Gipsabguss, Berlin, Höhe 35
Abguss-Sammlung Antiker Plastik der Freien Universität
Berlin, Inv.-Nr. 7/89
Lit. (Original) Hausmann 1975
Lit. (Abguss) Fless/Moede/Stemmer (Hg.) 2006;
Stemmer (Hg.) 1988

Das Porträt von Kaiser Hadrian im sogenannten Rolllockentypus stammt aus Scythopolis, im heutigen Israel. Bei der Grabung wurde auch der Torso im Brustpanzer und weitere Körperfragmente der Bronzestatue gefunden. Die Haare des Kaisers sind von hinten in Wellen nach vorne gekämmt und über der Stirn in gerollte Locken gelegt. Die elaborierte Haartracht erinnert an Porträts von Nero und Domitian. Als erster römischer Kaiser trägt Hadrian einen kurz geschnittenen Bart. *ns*

11-108 **Bildnisse des Lucius Verus und Marc Aurel**

a) Büste des Marc Aurel (3. Typus)
Paris, Louvre, um 170 n. Chr., Marmor
Gipsabguss, Berlin, Höhe 87
Abguss-Sammlung Antiker Plastik der Freien Universität
Berlin, Inv.-Nr. 14/84
Lit. (Original) Deppmeyer 2008; Fittschen 1999;
Neudecker 1988; Wegner 1939; Wegner 1979
Lit. (Abguss) Fless/Moede/Stemmer (Hg.) 2006;
Stemmer (Hg.) 1988
b) Büste des Lucius Verus (Variante des 4. Typus)
Paris, Louvre, vor 180 n. Chr., Marmor
Gipsabguss, Berlin, Höhe 102
Abguss-Sammlung Antiker Plastik der Freien Universität
Berlin, Inv.-Nr. 7/88
Lit. (Original) Deppmeyer 2008; Fittschen 1999;
Neudecker 1988; Wegner 1939; Wegner 1980
Lit. (Abguss) Fless/Moede/Stemmer (Hg.) 2006;
Stemmer (Hg.) 1988

Die Büsten von Kaiser Marc Aurel und seinem Mitkaiser Lucius Verus entstammen einer Fundgruppe aus einer Villenanlage an der Via Cassia in Rom. Marc Aurel ist im militärischen Gewand dargestellt: Über dem Brustpanzer wird der Militärmantel, das Paludamentum, auf der rechten Seite mit einer großen Fibel zusammengehalten. Die Büste des Lucius Verus ist vom Hals bis zur Brust eine moderne Ergänzung, deshalb ist die Charakterisierung mithilfe der Tracht unsicher. Gemeinsam mit den Büsten wurden in der Anlage weitere Kaiserbildnisse geborgen, unter anderen drei weitere Büsten des Marc Aurel und vier des Lucius Verus, sodass es in der Villa mindestens zwei Paare mit je einem Porträt der beiden gemeinsam regierenden Kaiser gegeben

haben muss. Ihre Büstenformen und -maße sowie die stilistische Beschaffenheit stimmen vollkommen überein. Die Errichtung von Galerien mit Bildnissen der Kaiserfamilie in Privathäusern oder Villen war in römischer Zeit eine geläufige Form der Loyalitätsbekundung. Zum Teil wurden geschlossene Bildnisgruppen aufgestellt oder einzelne Porträts hinzugefügt. Da die Aufstellung von zahlreichen Kaiserbildnissen in einer Villenanlage auch von einer persönlichen Beziehung der Besitzer zum Kaiserhaus zeugen kann, wird die Anlage an der Via Cassia als Villa einer hochrangigen Persönlichkeit oder als Kaiservilla gedeutet. *ns*

11-109 **Lucius-Verus-Büste eines Privatmannes**

Kopenhagen, Ny Carlsberg Glyptotek,
um 160–170 n. Chr., Marmor
Gipsabguss, Berlin, Höhe 78
Abguss-Sammlung Antiker Plastik der Freien Universität
Berlin, Inv.-Nr. 90/24
Lit. (Original) Johansen 1995; Zanker 1995
Lit. (Abguss) Fless/Moede/Stemmer (Hg.) 2006;
Stemmer (Hg.) 1988

Der junge Mann mit vollem gepflegtem Bart und reichem, gewellten Haupthaar neigt seinen Kopf leicht nach links unten. Frisur und Barttracht sowie das schmale längliche Gesicht greifen den Porträttypus von Kaiser Lucius Verus auf. Das Bildnis zeigt beispielhaft die ikonografische Nähe zwischen Privatbildnissen und Kaiserporträts in römischer Zeit. Stilistisch unterscheidet es sich von dem Porträt des Lucius Verus durch die fehlenden Bohrungen der Iris und der Haare. *ns*

11-110 **Bildnisse des sogenannten Äsop und des Caracalla**

a) Statue eines Verwachsenen, sog. Äsop
Rom, Villa Albani, antoninisch, Marmor
Gipsabguss, Berlin, Höhe 56
Abguss-Sammlung Antiker Plastik der Freien Universität
Berlin, Inv.-Nr. 04/2
Lit. (Original): Bol (Hg.) 1989; Richter 1965; von den Hoff 2004
Lit. (Abguss) Fless/Moede/Stemmer (Hg.) 2006;
Stemmer (Hg.) 1988
b) Porträtbüste des Caracalla (1. Alleinherrschertypus)
Neapel, Museo Archeologico Nazionale,
212–217 n. Chr., Marmor
Gipsabguss, Berlin, Höhe 54
Abguss-Sammlung Antiker Plastik der Freien Universität
Berlin, Inv.-Nr. 14/83
Lit. (Original) Cantilena u. a. 1989; Fittschen 1977;
Gasparri 1983–84
Lit. (Abguss) Fless/Moede/Stemmer (Hg.) 2006;
Stemmer (Hg.) 1988

Die von Kaiser Caracalla gestiftete Thermenanlage südlich des Aventin in Rom wurde trotz ihrer gewaltigen Dimensionen in nur vier Jahren errichtet. Die Anlage bestach durch eine reiche Skulpturendekoration: Über sechzig Skulpturen haben sich bis heute erhalten oder sind durch literarische Quellen und Grabungsnotizen bekannt. Teil der in vielerlei Hinsicht heterogenen Skulpturenausstattung der Thermen waren auch ein Porträt von Caracalla und die Porträtstatue eines verkrüppelten Mannes.
Das heute in einer Büste in Neapel zu identifizierende Bild des Kaisers wurde 1545/46 bei Grabungen der Familie Farnese im Hauptgebäude der Thermen gefunden: Noch am Fundort schnitt man aus der schlecht erhaltenen Panzerstatue die Büste mit Kopf heraus. Caracalla zeigt

11-108

11-110

eine starke Kopfwendung nach links und trägt die militärische Tracht, bestehend aus Panzer und Paludamentum. Die Porträtstatue des Bauherrn in den Thermen repräsentierte kaiserliche Fürsorge und Freigebigkeit. Mit nur einer Ausnahme sind auch alle weiteren Porträts aus den Thermen Zeugnisse kaiserlicher Repräsentation. Lediglich die lebensgroße Statue eines Mannes mit deformiertem Körper stellt eine nichtkaiserliche Person dar. Der nackte Körper weist Verwachsungen auf und der Oberkörper ist stark gestaucht; zum Körper steht der Kopf indes in einem starken Kontrast. Die Gegenüberstellung mit Porträts von Marc Aurel zeigt deutliche Parallelen des Privatporträts zum Kaiserbild: Anlage und Gestaltung des Haupthaars und des Barts folgen ganz dem kaiserlichen Vorbild. Während man früher in dem verkrüppelten Körper des Mannes den griechischen Fabelschreiber Äsop vermutete, ist man sich heute weitgehend einig, dass es sich um das Bildnis eines Römers handeln muss.

Körperliche Makel tauchten allerdings im römischen Porträt gewöhnlich nicht auf, vielmehr wurden der Kopf und besonders der Körper stets konstruiert und idealisiert. Für den sogenannten Äsop muss von einer gewissen Nähe zum Kaiser und zum kaiserlichen Machtzentrum ausgegangen werden, möglicherweise handelt es sich bei dem Dargestellten um einen Hofnarren.
Der Abguss stammt aus der Alten Berliner Abguss-Sammlung und gibt die 1758 gefundene Statue in einem frühen Zustand wieder. Dies beweist das im Abguss unverdeckte Geschlechtsteil, während am Original, das sich in der Villa Albani in Rom befindet, dieses durch ein Feigenblatt aus Gips verdeckt wurde. *ns*

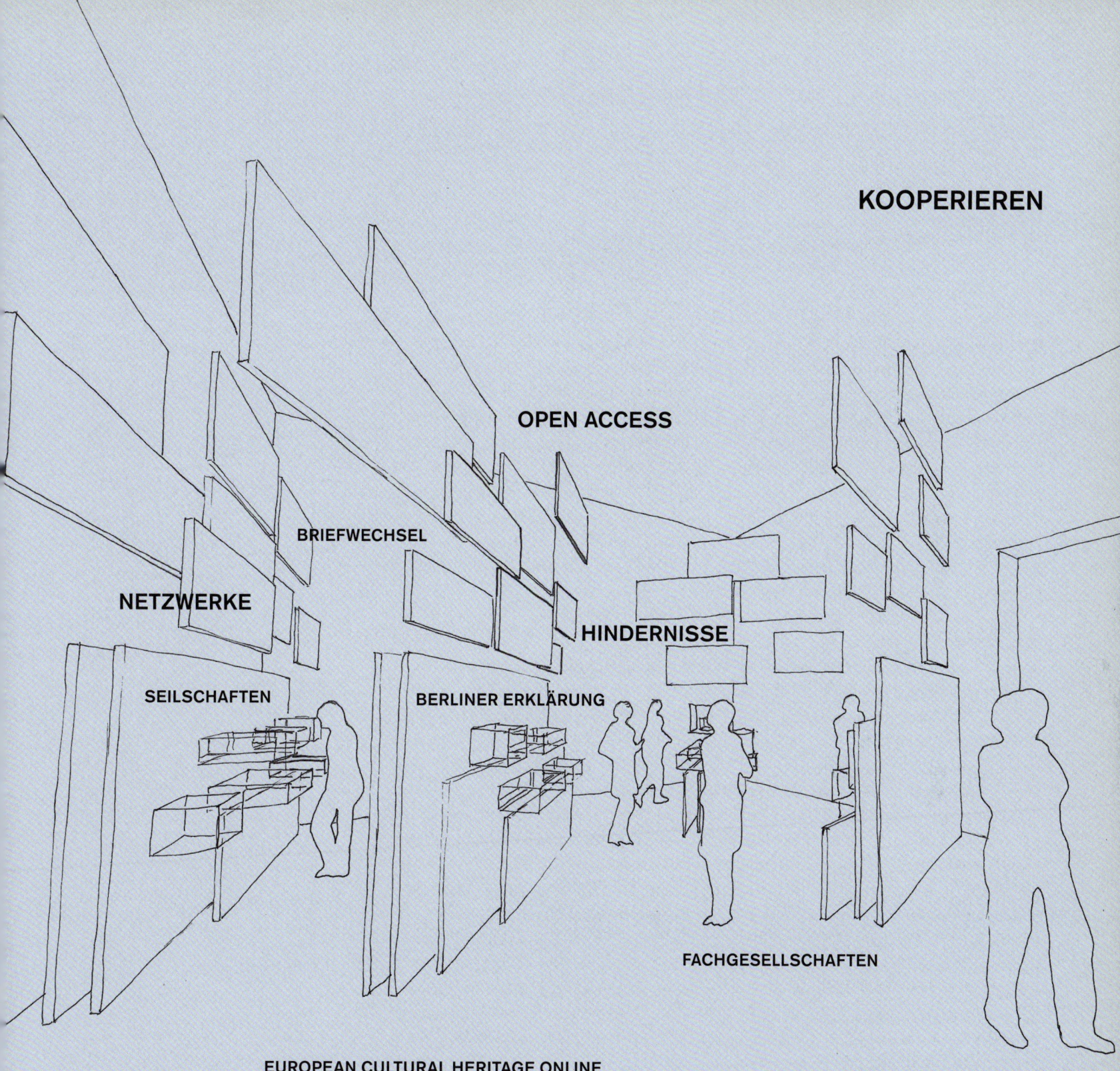

KOOPERIEREN

OPEN ACCESS

BRIEFWECHSEL

NETZWERKE

HINDERNISSE

SEILSCHAFTEN

BERLINER ERKLÄRUNG

FACHGESELLSCHAFTEN

EUROPEAN CULTURAL HERITAGE ONLINE

KOOPERIEREN UND KORRESPONDIEREN. VOM BRIEFWECHSEL ZUM E-MAIL-EXERZITIUM

Aleida Assmann

Wissenschaft findet nicht nur an universitären und außeruniversitären Forschungseinrichtungen, in Hörsälen, Konferenzräumen und Labors statt. Bis in die Mitte des 20. Jahrhunderts hatte sie einen weiteren *locus classicus*, der heute, soweit ich sehe, im Verschwinden begriffen ist: die Privatkorrespondenz. Dieses Medium des wissenschaftlichen Austauschs, das die lateinisch schreibenden Humanisten erfunden haben, hatte sich seit dem 18. Jahrhundert fest etabliert und ist bis in die Mitte des letzten Jahrhunderts die entscheidende Plattform für das Forschen, Denken und Argumentieren geblieben. Einer Veröffentlichung von neuen Einsichten und Thesen ging in der Regel dieser kommunikative Austausch auf handschriftlicher Basis voraus, in dem die Bewertung neuer Funde und wichtige Weichenstellungen in der Forschungsrichtung auf dem Postweg verhandelt wurden.

Dass dem so war, lässt sich buchstäblich mit Händen greifen. Man braucht nur in die Archive zu gehen, wo die Nachlässe von Gelehrten aufgehoben werden. Den entscheidenden Anteil an diesen Hinterlassenschaften haben die fachbezogenen Briefwechsel, die im Falle kanonisierter Gelehrter inzwischen einen wichtigen Anteil ihrer Werkeditionen bilden.

Was sich heute in Publikationen und Archiven niederschlägt, war einst ein zentraler Bestandteil wissenschaftlicher Lebensform. Zum Lebensrhythmus eines Gelehrten gehörte nicht selten eine strikte Regelung des Tagesablaufs, die vorsah, dass man am Vormittag Kolleg hielt und den Nachmittag nach dem Verdauungsschlaf ausschließlich der Korrespondenz widmete. Die wissenschaftliche Bedeutung, die der Korrespondenz zugemessen wurde, zeigt sich in der Zeitbudgetierung im Tageslauf des Gelehrten ebenso wie in der Sorgfalt und der Kultur des Schreibens. In diesem Medium wurde halb formell vorartikuliert, was später in Aufsätzen und Buchkapiteln zu lesen war; hier wurden neue Gedanken auf ihre Akzeptanz und Belastbarkeit getestet, bevor sie im Druck erschienen. Dank dieses handschriftlichen Vorlaufs blieb Wissenschaft weitgehend eine kommunikative Angelegenheit, die auch noch in ihrer schriftlichen Verfasstheit wesentlich dem Gespräch verpflichtet war.

Man kann sich fragen, was heute aus dieser Kommunikationsform geworden ist. Wird es auch in diesem Jahrhundert noch bedeutende Briefwechsel geben, die es wert sind, archiviert und ediert zu werden? Der kommunikative Austausch in der Wissenschaft findet weiterhin und sogar forciert statt, doch die Formen haben sich geändert. Eine davon ist die graue Antragsprosa der Sonderforschungsbereiche, Forschergruppen und Exzellenzcluster. In dieser Gattung des gemeinsamen und interaktiven Schreibens werden inzwischen voluminöse Bände produziert, die allerdings nicht für interessierte Leser, sondern für kritische Gutachter geschrieben werden und einen ausschließlich forschungsföderungs-strategischen Status haben. Diese Bände werden durch ihren eigenen Erfolg überholt, sobald das erwünschte Ziel der Drittmitteleinwerbung erreicht wurde. Es ist kaum zu erwarten und auch nicht unbedingt wünschenswert, dass spätere Generationen diese Textsorte irgendwann einmal für sich entdecken und sich an die Publikation dieser broschierten Bände machen werden.

Eine andere Form, in der das handschriftliche Gelehrtengespräch fortlebt, ist das morgendliche oder abendliche E-Mail-Exerzitium, das ebenfalls zum festen Bestandteil eines wissenschaftlichen Tageslaufs geworden ist. Die E-Mail ist ein Fenster zur globalen Welt, durch das in unsere PCs und Büros sehr viel mehr hineinweht als in die abgeschlossene und lärmgeschützte Studierstube. E-Mail-Schreiben hat eine sportliche Seite, die man am besten mit Squash vergleichen kann: Es geht darum, möglichst schnell zurückzuschmettern. Im Vordergrund steht die Reaktionsgeschwindigkeit. Was nicht sofort beantwortet wird, ist verschwunden und begraben, frei nach Nietzsche: »[...] der Augenblick, im Husch da, im Husch vorüber, vorher ein Nichts, nachher ein Nichts.« Diejenigen, die dieses Medium voll beherrschen, verstehen es vor allem, immer zeitnah und knapp zu antworten. Lange E-Mails mit liebevollen Formulierungen und Geistesblitzen mögen erquicken, aber sie halten den Betrieb auf. Der Code, der sich hier mittlerweile eingespielt hat, duldet Tippfehler und nähert sich mit der Verwendung von Kürzeln (z.B. asap = as soon as possible) den SMS-Botschaften an. Mit der besinnlichen Erprobung der eigenen Gedanken in einem Briefwechsel hat dieses atemlose Hin und Her wenig zu tun, weshalb auch nicht zu erwarten ist, dass die Archivare der Zukunft – angenommen, das wäre technisch möglich – diese Quelle wissenschaftlicher Kommunikation in ihren grauen Kästen einmal konservieren werden.

Hier muss allerdings sofort hinzugefügt werden, dass sich E-Mail und Internet inzwischen zu zentralen nichtterritorialen Orten der Wissenschaft entwickelt haben. Die Schwerfälligkeit des Drucks kann nicht mehr mithalten, wenn es darum geht, neue Ergebnisse umgehend bekannt zu machen oder Datensätze der Allgemeinheit zur Verfügung zu stellen. Der digitale Datenstrom fördert obendrein die Demokratisierung der Wissenschaft durch radikale Verkürzung der Wege. Studentinnen, die an irgendeiner Universität ein Referat für eine Veranstaltung vorbereiten, in dem zufällig ein Aufsatz von mir herangezogen wurde, habe ich auf diesem Wege schon öfters bei der Vorbereitung helfen können. Die elektronische Verflüssigung hat dabei nicht nur den Zeittakt beschleunigt und Akte der Kommunikation ins Unerwartbare und Unübersehbare vervielfältigt, sondern vor allem auch global entschränkt. Wissenschaftliche Gedanken sind damit frei, sich über Kontinente und Grenzen hinwegzusetzen. Das ist oft der Auftakt zum nächsten Schritt, der darin besteht, dass sich auch die Wissenschaftler selbst in Bewegung setzen.

Im Vergleich zur handschriftlichen Gelehrtenkorrespondenz dreht sich die über E-Mail abgewickelte akademische Kommunikation – soweit ich das beurteilen kann – immer mehr um organisatorische Belange. Wissenschaft verbindet sich immer mehr mit Management. Man organisiert Reisen, Einladungen, Gastprofessuren, Kolloquien, Workshops, Ringvorlesungen, Forschungsverbünde, Drittmittelanträge. Ohne diese organisatorischen Vorkehrungen läuft heute in der Wissenschaft gar nichts. Dabei geht es nicht nur um die Zunahme von Wissenschaft als Betrieb, es geht auch um zunehmende räumliche Bewegung.

Parerga – das sind die »Nebenwerke« wie Tagebücher, Entwürfe oder Briefe, die sich um ein literarisches oder wissenschaftliches Werk ranken und es zugleich durch solche informelle Rahmung festigen. Im Zeitalter der Gelehrtenkorrespondenz waren dies die handschriftlichen Briefe, in denen gemeinsam vorgedacht wurde, was in Druck zu geben war. Diese kommunikative Vorschule der Publikationen hat sich im Zeitalter der elektronischen Korrespondenz, des hyperaktiven Tagungswesens und des Wissenschaftstourismus in die räumliche Mobilität verlagert. Es sind heute immer weniger die Gedanken, die auf Reisen geschickt werden, und immer mehr die Wissenschaftlerinnen und Wissenschaftler selbst, die sich im Raum bewegen. Was früher der briefgestützte Vorlauf der Gedanken durch verschiedene Köpfe war, ist heute die Mobilität und überlokale Präsenz der Wissenschaftler auf allen Kontinenten. Zu ihrer wichtigsten Ressource ist deshalb neben Labor und Bibliothek ein gewieftes Reisebüro geworden.

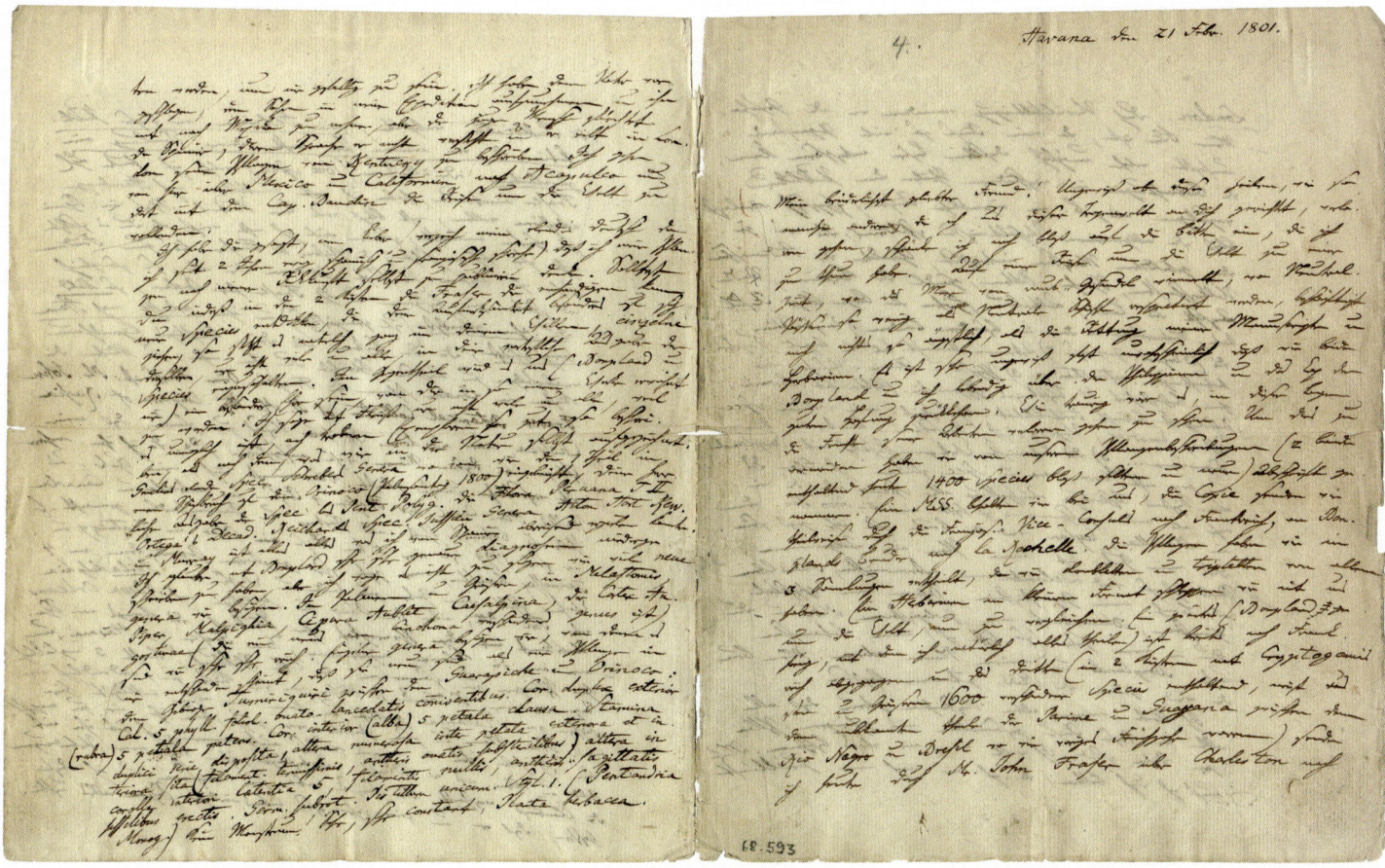

12-2

Ein Kosmopolit in den Wissenschaften: Alexander von Humboldt

Der Berliner Naturforscher und Weltreisende Alexander von Humboldt hat mit mehr als 2500 Briefpartnern eine der umfangreichsten Korrespondenzen geführt, die je bekannt wurden. Etwa 50 000 Briefe schickte er ab und empfing 100 000. Briefe waren ein wesentlicher Bestandteil seiner wissenschaftlichen Kommunikation. Für seine vielfältigen Forschungen knüpfte er Kontakte zu Gelehrten verschiedenster Disziplinen, deren spezialisiertes Wissen er einholte und in seinem Werk zusammenführte. Langjährige Aufenthalte in Paris sowie Forschungsreisen erweiterten den Korrespondentenkreis über nationale und europäische Grenzen hinaus. *mm*
Lit. Biermann 1981; Ette 2006; Päßler 2008; Werner 2004

12-1 Brief an Christian Gottfried Schütz

Leipzig, 25. Mai 1793, Alexander von Humboldt
Manuskript, 24 x 18,3
Herzog August Bibliothek, Wolfenbüttel, Sign. Sammlung Mengen, M II-VI 410

Alexander von Humboldt sandte dem Jenaer Professor der »Poesie und Beredsamkeit«, Christian Gottfried Schütz, ein Exemplar seiner 1793 erschienenen Schrift »Flora subterranea Fribergensis« mit der Bitte um Rezension in der Allgemeinen Literatur-Zeitung zu. Als Autor der entsprechenden Rezension wird der im Brief erwähnte Professor der Naturgeschichte und Gründer der Naturforschenden Gesellschaft zu Jena, August Johann Georg Karl Batsch, vermutet. *mm*
Lit. Jahn/Lange 1973

12-2 Brief an Carl Ludwig Willdenow

Havanna, 21. Februar 1801, Alexander von Humboldt
Manuskript, 12 Seiten, je 4 à 25 x 20; je 4 à 25,5 x 20, je 4 à 23,4 x 19
Deutsches Literaturarchiv Marbach, Sign. 68.593

Im Frühjahr 1801 stand Alexander von Humboldt kurz vor seiner zweiten großen Südamerika-Expedition. Vor Antritt der Reise sicherte er das bislang in Venezuela zusammengetragene Sammelgut und teilte es samt den Manuskriptkopien in drei etwa gleichwertige Lieferungen auf. Eine dieser Sammlungen sollte durch den englischen Botaniker John Fraser dem

Berliner Botaniker Carl Ludwig Willdenow übermittelt werden. *mm*
Lit. Humboldt 1993; Lack 2003; Lack 2009

12-3 Coffea coriacea, Humb. & Bonpl. ex Schult.

Herbarexemplar, Venezuela, 1800, gesammelt von Alexander von Humboldt und Aimé Bonpland, beschriftet von Aimé Bonpland »Prairial an 8«, »No 972« und »Venezuela: Javita & San Baltazard« und von Carl Ludwig Willdenow »capsula ovata costata coronata 1-locul. 2 sperm. semen hinc plana […] convexa« sowie spätere Vermerke
Getrocknete Kaffeepflanze mit Beeren auf Papier, 38 x 24
Botanischer Garten und Botanisches Museum Berlin-Dahlem, Freie Universität Berlin, Sign. Herbarium, Nr. B-W 04131-01 0

Die mit dem Brief vom 21. Februar 1801 angekündigte Lieferung von Pflanzen und Manuskripten erreichte Carl Ludwig Willdenow spätestens am 1. Oktober 1802. Die Pflanzen hatte Alexander von Humboldt dem Berliner Botaniker versprochen. Sehr wohl behielt sich von Humboldt die Publikation der Pflanzenbeschreibungen vor, gestattete jedoch die vorzeitige Bekanntgabe einzelner neuer Pflanzenarten in dem prominenten und von Willdenow

herausgegebenen Werk »Species plantarum«. *mm*
Lit. Humboldt 1993

12-4 Brief an Carl Friedrich Gauß

Berlin, 8. September 1828, Alexander von Humboldt
Manuskript, 25 x 20
Mit Lageskizze zum Haus der seinerzeitigen Wohnung Alexander von Humboldts, Hinter dem neuen Packhof Nr. 4
Niedersächsische Staats- und Universitätsbibliothek Göttingen, Sign. Cod Ms Gauß Briefe A, A. v. Humboldt, 7

Mit dem Mathematiker und Direktor der Göttinger Sternwarte Carl Friedrich Gauß verband Alexander von Humboldt ein fast fünfzig Jahre währender Briefwechsel. Zu einem persönlichen Zusammentreffen kam es erstmals 1826 in Göttingen. 1828 beherbergte von Humboldt den von ihm hoch geschätzten Gelehrten, als jener anlässlich der VII. Versammlung der deutschen Naturforscher und Ärzte nach Berlin reiste. *mm*
Lit. Biermann 1977

12-5 Brief an Carl Friedrich Gauß

[Berlin], [Ende September 1828], Alexander von Humboldt
Manuskript, 17 x 20
Universitätsbibliothek Leipzig, Sign. Sammlung Kestner II A IV, 860

Carl Friedrich Gauß hielt sich im Sommer 1828 drei Wochen in Berlin auf. Zum Abschied gab Alexander von Humboldt seinem Gast verschiedene, zum Teil stichpunktartige Fragen bezüglich der »Atmosphären der Planeten«, der »Abplattung der Sonne« sowie der »Bewegung des Sonnensystems« zur späteren Beantwortung mit auf den Weg nach Göttingen. *mm*
Lit. Biermann 1977

12-6 Brief an Alexander von Humboldt

Göttingen, 12. Oktober 1828, Carl Friedrich Gauß
Manuskript, 25,5 x 21
Staatsbibliothek zu Berlin – Preußischer Kulturbesitz, Handschriftenabteilung, Sign. Nachlass Alexander von Humboldt, Kasten 12, Nr. 36

Im Antwortschreiben diskutierte Gauß die von Humboldt angegebene Literatur des englischen Physikers William Hyde Wollaston und des Gießener Mathematikers Georg Gottlieb Schmidt zu den »Atmosphären der Planeten«, berichtete über eigene Untersuchungen zur Richtung der Sonnenbewegungen und verwies auf Berechnungen des Tübinger Astronomen Johann Gottlieb Friedrich von Bohnenberg zur Abplattung der Sonne. *mm*
Lit. Biermann 1977

12-7 Brief an Jacob Grimm

Potsdam, 27. September 1848, Alexander von Humboldt
Manuskript, 20,8 x 12,5
Staatsbibliothek zu Berlin – Preußischer Kulturbesitz, Handschriftenabteilung, Sign. Nachlass Alexander von Humboldt, Autogr. I/185

1848 reiste der Physiker Carlo Matteucci im Auftrag der toskanischen Regierung »zu diplomatischen Zwecken« nach Frankfurt am Main. Alexander von Humboldt stellte dem »Entdecker der elektro-magnetischen Strömung in belebten Organen, ohne Anwendung äusserer Potenzen« ein Empfehlungsschreiben an den Berliner Germanisten Jacob Grimm aus, der sich seinerzeit als Abgeordneter der Nationalversammlung in Frankfurt aufhielt. *mm*

12-8 Brief an August Hartvici

Berlin, 2. Februar 1852, Alexander von Humboldt
Manuskript, 21,6 x 13,3
Ibero-Amerikanisches Institut, Stiftung Preußischer Kulturbesitz, Sign. Ms Deut ba 347

Der Lehrer August Fürchtegott Hartvici hatte Humboldt gebeten, ihn bei der Suche nach einer Anstellung in Berlin zu unterstützen. Dieser entschuldigte sich für die späte Antwort und verwies auf sein hohes Alter von 82 Jahren, in welchem er eine Korrespondenz mit jährlich »3000! Briefen und Paqeten« ohne Hilfe eines Sekretärs führe. Der wissenschaftlichen Arbeit könne er sich nur nachts »zwischen 11 und 3 Uhr« früh widmen. *mm*
Lit. Schwarz 2000

12-9 Korrespondenzkästen Alexander von Humboldts

Beschriftet von Alexander von Humboldt: »Briefe des Königs u[nd] anderer« und »Sehr alte Briefe« sowie »Bd. 37 S. 241« und »v[om] 13 15 Juli 1856 p[agina] 271«
28,3 x 23,9 x 13; 19 x 14,7 x 7,5
Deutsches Literaturarchiv Marbach, Inv.-Nr. 98.18

Ein Spezialist im Fachgespräch: Albrecht von Graefe

Der Berliner Augenarzt Albrecht von Graefe gilt als Begründer der modernen Augenheilkunde (Ophthalmologie) in Deutschland. Nahe der Charité eröffnete er 1851 eine private Augenklinik. Aus der Praxis heraus beschrieb er neue Krankheitsbilder und entwickelte innovative diagnostische und therapeutische Verfahren. Daneben korrespondierte er mit Augenärzten im In- und Ausland. Die Gründung einer Fachzeitschrift ermöglichte es ihm, neue Erkenntnisse zu publizieren und so einer Fachöffentlichkeit zugänglich zu machen. Schließlich gab er den Anstoß zur Gründung der deut-

schen Fachgesellschaft auf dem Gebiet der Augenheilkunde. *mm*
Lit. Hirschberg 1906; Hirschberg 1918; Hoffmann-Axthelm 1996; Velhagen 1983

12-10 Albrecht von Graefe

Um 1848, Theodor Kaselowsky
Handzeichnung, 25,1 x 19,8
Graefe-Sammlung der Deutschen Ophthalmologischen Gesellschaft am Berliner Medizinhistorischen Museum der Charité – Universitätsmedizin Berlin, Sign. Graefe-sammlung, B a 32

Nach Abschluss des Medizinstudiums im Wintersemester 1847/48 unternahm Albrecht von Graefe eine Reihe wissenschaftlicher Bildungsreisen, die ihn zu den Wirkungsstätten seinerzeit bedeutender europäischer Augenärzte in Prag, Paris, Wien, London, Glasgow und Dublin führten. Aus den seinerzeit geknüpften Kontakten sollten sich zum Teil langjährig geführte Briefwechsel entwickeln, so mit Ferdinand von Arlt und Frans Cornelis Donders. *mm*
Lit. Hirschberg 1906; Hirschberg 1918

12-11 Brief an Hermann von Helmholtz

Berlin, 7. November [1851], Albrecht von Graefe
Manuskript, 21,5 x 14
Berlin-Brandenburgische Akademie der Wissenschaften, Akademiearchiv, Sign. Nachlass Helmholtz, Nr. 172, 1

1851 trat Hermann von Helmholtz mit seiner »Beschreibung eines Augenspiegels zur Untersuchung der Netzhaut im lebenden Auge« an die Öffentlichkeit. Albrecht von Graefe wandte sich brieflich an den Königsberger Physiologie-Professor und bat, dieses »lang ersehnte diagnostische Mittel erproben« zu dürfen. Daraufhin erhielt er drei Augenspiegel, von denen er je einen an William Bowman in London und Louis-Auguste Desmarres in Paris übersandte. *mm*
Lit. Velhagen 1983

12-12 Ophthalmoskope mit Korrekturgläsern nach Hermann von Helmholtz

Um 1852
Metall, Holz, Textil und Glas, 7 x 20 x 14 (Etui)
Deutsches Museum, München, Inv.-Nr. 56 922

Mithilfe des Augenspiegels wurde es möglich, Lichtstrahlen einer seitlichen Lichtquelle über einen halbdurchlässigen Spiegel in das zu untersuchende Auge zu lenken. Der Betrachter konnte nun die reflektierten Lichtstrahlen wahrnehmen, ohne selbst den Lichteinfall in das zu untersuchende Auge zu behindern. Zusätzliche Korrekturgläser sollten eine scharfe Abbildung des Augenhintergrundes auch bei fehlsichtigen Patienten gewährleisten. *mm*

Lit. Colicchia/Wiesner 2000; Hirschberg 1918; Velhagen 1983

12-13 Brief an Frans Cornelis Donders

Berlin, 11. Juli 1853, Albrecht von Graefe
Manuskript, 22,7 x 14
Graefe-Sammlung der Deutschen Ophthalmologischen
Gesellschaft am Berliner Medizinhistorischen Museum
der Charité – Universitätsmedizin Berlin, Sign. Graefe-
sammlung, M a 1 I 4

Die Erfindung des Augenspiegels wie anatomische und physiologische Arbeiten
führten zu zahlreichen neuen Erkenntnissen. Um augenärztliche Beobachtungen
und Forschungsergebnisse der breiteren
Fachöffentlichkeit auch überregional mit-
teilen zu können, plante Albrecht von
Graefe die Gründung einer wissenschaftlichen Zeitschrift. Unter anderen lud er
den Utrechter Medizinprofessor Frans
Cornelis Donders ein, sich als Mitredak-
teur zu beteiligen. *mm*
Lit. Velhagen 1983; Weve/Doesschate 1935

12-14 Archiv für Ophthalmologie 1 (1854)
12-15 Archiv für Ophthalmologie 2 (1855)

Zeitschrift
Universitätsbibliothek der Freien Universität Berlin,
Sign. 2 ZR 64

1854 legte Albrecht von Graefe den ersten
Band des bis heute fortgeführten »Archivs
für Ophthalmologie« zunächst als allein-
iger Herausgeber vor. Von Beginn an war
ihm an einer Erweiterung des Herausge-
berkreises der Zeitschrift gelegen. Ab dem
zweiten Band des Archivs für Ophthalmologie treten auch Frans Cornelis Donders
aus Utrecht und der seinerzeit in Prag
tätige Ferdinand von Arlt als Mitherausgeber auf. *mm*

12-16 Brief an Adolf Weber

Juni 1856, Albrecht von Graefe
Manuskript, 22 x 13,7
Graefe-Sammlung der Deutschen Ophthalmologischen
Gesellschaft am Berliner Medizinhistorischen Museum
der Charité – Universitätsmedizin Berlin, Sign. Graefe-
sammlung, M a 1 m-4

Neben dem schriftlichen Kontakt suchte
Albrecht von Graefe einen Rahmen für
das direkte und persönliche Gespräch
»an einem schönen Punkte, zum Beispiel
Heidelberg«, im Kollegenkreis, wie er es
in einem Brief an den Darmstädter Augenarzt Adolf Weber anregte. Im Vorfeld
des ersten Internationalen Ophthalmolo-
genkongresses in Brüssel fand sich Anfang September 1857 ein kleiner Kreis
von Augenärzten zu einer Tagung in Heidelberg zusammen. *mm*
Lit. Esser 1957; Velhagen 1983

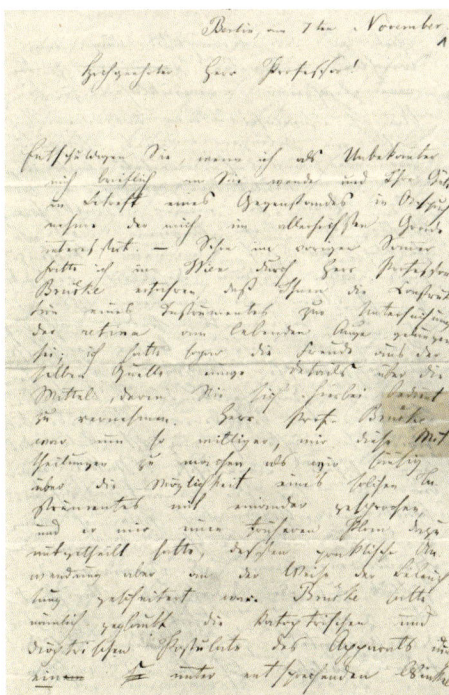
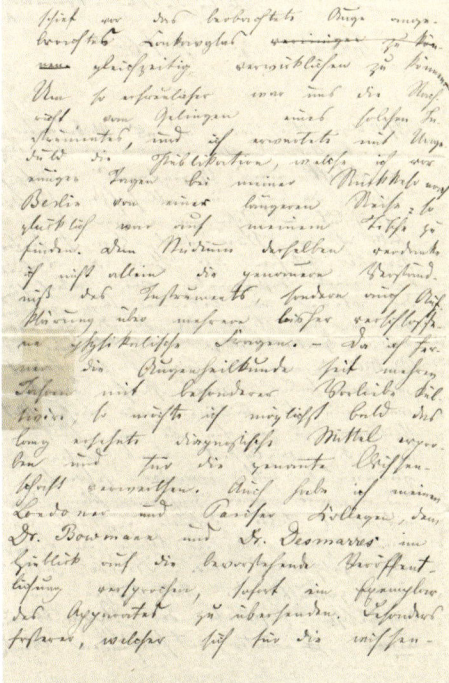

12-11

12-17 Gründungsstatut der Ophthal-
mologischen Gesellschaft

Heidelberg, 5. September 1863, in: Klinische Monats-
blätter für Augenheilkunde 1, 1863, S. 437
Medizinische Bibliothek der Charité – Universitätsmedizin Berlin, Sign. 2 Z / 175

Die Heidelberger Tagung gab den Auftakt
zu jährlichen, zunächst informellen Zu-
sammenkünften, die 1863 zur Gründung
der Ophthalmologischen Gesellschaft als
einer Vorläuferin der bis heute bestehenden Deutschen Ophthalmologischen Gesellschaft führten. Unterzeichner des
Gründungsstatuts waren neben Albrecht

12-12

12-21 Medizinischer Text

Nippur, altbabylonisch, sumerisch (ca. 18. Jahrhundert v. Chr.)
Ton, 14,8 x 9,8 x 1,8
Hilprecht-Sammlung im Eigentum der Friedrich-Schiller-Universität Jena, Sign. HS 1883

12-22 The Cuneiform Digital Library Initiative (CDLI)

Berlin, 2010
Monitorpräsentation
teamstratenwerth, Basel

Die »Cuneiform Digital Library Initiative« hat derzeit über 225 000 Keilschrifttafeln vom Beginn der Schriftkultur, ca. 3350 v. Chr., bis zum Ende der vorchristlichen Zeit katalogisiert – nahezu die Hälfte des weltweit in Museen und privaten Sammlungen vorhandenen Bestandes. Für Zehntausende der Katalogeinträge sind bereits Scans, Umzeichnungen und standardisierte Umschriften der Tafeln abrufbar. Durch die Verknüpfung der Daten mit dem elektronischen »Pennsylvania Sumerian Dictionary«, einer elektronischen Zeitschrift sowie Beschreibungen und Lehrtexten über archäologische, historische und philologische Zusammenhänge eröffnet CDLI nicht nur Assyrologen, sondern auch Wissenschafts- und Kulturhistorikern, Lehrern, Schülern und interessierten Laien einen einzigartigen Zugang zu den schriftlichen Quellen altorientalischer Kulturen. *ed/sr*

12-23 European Cultural Heritage Online (ECHO)

Berlin, 2010
Monitorpräsentation
teamstratenwerth, Basel

2003 initiierte das Berliner Max-Planck-Institut für Wissenschaftsgeschichte gemeinsam mit 15 europäischen Forschungsinstitutionen die Open-Access-Initiative European Cultural Heritage Online (ECHO). Ziel des Projekts ist es, eine Infrastruktur zu schaffen, die Kulturerbe im Internet in hoher Qualität offen und frei verfügbar macht und gleichzeitig digitale Werkzeuge zur Erschließung, Bearbeitung und Veröffentlichung des Materials anbietet. Inzwischen präsentieren 120 Institutionen weltweit mehr als 675 000 hochaufgelöste Aufnahmen aus Werken ihrer Bestände sowie zugehörige Forschungsdaten in ECHO. *ed/sr*

12-24 Berliner Erklärung über den offenen Zugang zu wissenschaftlichem Wissen

22. Oktober 2003, Max-Planck-Gesellschaft
Internetveröffentlichung (Reproduktion),

---

von Graefe auch Ferdinand von Arlt aus Wien, Frans Cornelis Donders aus Utrecht, Johann Friedrich Horner aus Zürich, Wilhelm Hess aus Mainz und Carl Wilhelm von Zehender aus Rostock. *mm*
Lit. Bergdolt 2007; Esser 1957

Ressourcen vernetzen – The Cuneiform Digital Library Initiative

Die Cuneiform Digital Library Initiative (CDLI) des Berliner Max-Planck-Instituts für Wissenschaftsgeschichte und der University of California, Los Angeles, vereint die weltweit verstreuten Bestände antiker Keilschriftarchive im Internet und macht sie der Forschung zugänglich. CDLI wurde zum Modell für die Forschungsumgebung European Cultural Heritage Online (ECHO), in der digitalisierte Quellen für die geisteswissenschaftliche Forschung frei verfügbar und mit anderen wissenschaftlichen Daten vernetzt werden. Die 2003 in engem Zusammenhang mit ECHO entstandene Berliner Erklärung fordert einen dauerhaft freien Zu-

gang zu kulturhistorischen Primärquellen. *ed/sr*
Lit. Rieger/Schoepflin 2007;
http://www.cdli.ucla.edu;
http://www.echo-project.eu;
http://oa.mpg.de/openaccess-berlin/berlindeclaration.html
(Stand jeweils 6/2010)

12-18 Verwaltungstext

Nippur, Ur III
Tontafel mit Tonumschlag/-hülle, 4,5 x 3,6 x 1,7 (Tafel), 5,4 x 5 x 3 (Hülle)
Hilprecht-Sammlung im Eigentum der Friedrich-Schiller-Universität Jena, Sign. HS 1073

12-19 Mathematischer Text

Nippur, Ur III
Ton, 7 x 4,5 x 2,4
Hilprecht-Sammlung im Eigentum der Friedrich-Schiller-Universität Jena, Sign. HS 201

12-20 Literarischer Text

Nippur, altbabylonisch, sumerisch (ca. 18. Jahrhundert v. Chr.)
Ton, 20,3 x 14,5 x 1,8

Die von der Max-Planck-Gesellschaft 2003 veröffentlichte Berliner Erklärung wurde bereits von weltweit über 280 Institutionen unterzeichnet. Die Unterzeichner fordern den freien und dauerhaften Zugang zu wissenschaftlichem Wissen ebenso wie zu den zugrunde liegenden Forschungsdaten und Primärquellen. Darunter fällt auch die Forderung nach Zugang zu kulturellem Erbe als Grundlage des geistes- und kulturwissenschaftlichen Wissens. *ed/sr*

Interdisziplinär kooperieren – Johann-Gerhard Helmcke und die Arbeitsgruppe »Biologie und Bauen«

1961 gründeten der Biologe Johann-Gerhard Helmcke und der Architekt Frei Otto an der Technischen Universität die Arbeitsgruppe »Biologie und Bauen«. Sie widmete sich der vergleichenden Analyse von Konstruktionsstrukturen in Natur und Architektur. Ein zentrales Forschungsthema der Gruppe waren Diatomeen (Kieselalgen), mit deren Bauformen Helmcke sich intensiv beschäftigte. Bereits seit 1956 arbeitete er zudem mit dem Luftfahrtingenieur Heinrich Hertel in der Gruppe »TUB TUB – Technik und Biologie an der Technischen Universität Berlin« zusammen. Während diese Kooperation 1972 zur Gründung des Lehrstuhls für Bionik an der TU führte, verlagerte sich die Gruppe »Biologie und Bauen« ab 1964 nach Stuttgart, wo Otto das Institut für leichte Flächentragwerke gründete. *ed*
Lit. Biologie und Bauen 1985; Fischer/ Sattler 2009; Otto 1980; Otto 2004

12-25 Diatomeenschalen im elektronenmikroskopischen Bild, Teil 1

Berlin, 1953, Johann-Gerhard Helmcke, Willi Krieger
Fotografien mit Textheft in Klappkassette, Stereobrille, 22 x 15,2 x 5,6 (Klappkassette)
Alexander Moers, Berlin, ohne Inv.-Nr.

Ende der 1930er-Jahre begann Helmcke seine Forschungen an Diatomeen – einzelligen Algen von großer Formenvielfalt, die sowohl in Süß- als auch in Salzgewässern beheimatet sind. Speziell das von dem mit Helmcke befreundeten Ernst Ruska 1931 in Berlin entwickelte Elektronenmikroskop eröffnete neue Sichtweisen auf den Aufbau der Diatomeenschalen. Helmcke setzte zudem stereoskopische Verfahren ein, um die räumliche Struktur der Diatomeen dreidimensional betrachten zu können. *ed*
Lit. Helmcke 1985

12-26 Lebende und technische Konstruktionen – Bemerkungen zu Schalen und Raumtragwerken in Natur und Technik

In: Deutsche Bauzeitung 11, 1962, S. 856–861
Johann-Gerhard Helmcke, Frei Otto
Berthold Burkhardt, Braunschweig, ohne Inv.-Nr.

Sowohl Helmcke als auch Otto beschäftigten sich mit Leichtbaustrukturen – Helmcke in der Biologie, Otto in der Architektur. In der Arbeitsgruppe »Biologie und Bauen«, zu der anfangs Biologen, Architekten und Mathematiker gehörten, führten sie die Ansätze der jeweiligen Fachdisziplinen zusammen, um insbesondere Bauformen der Natur mit dem an der Architektur geschulten Blick zu betrachten. *ed*
Lit. Otto 1980; Otto 2004

12-27 Einzelne Kammern von *Biddulphia sp.*

Berlin, ohne Jahr (vermutlich 1960er-Jahre), Kurt Bogen
Rekonstruktionszeichnung, 46 x 62
Berthold Burkhardt, Braunschweig, ohne Inv.-Nr.

12-28 Grundriss, Querschnitt und Gesamtansicht einer Kammer von *Biddulphia rhombus f. trigona*

Berlin, ohne Jahr (vor 1961), Kurt Bogen
Rekonstruktionszeichnung, 27,5 x 32,2
Berthold Burkhardt, Braunschweig, ohne Inv.-Nr.

Raumrichtige Rekonstruktionszeichnungen, die Helmcke auf Grundlage fotogrammetrischer Ausmessungen elektronenmikroskopischer Stereobildpaare anfertigen ließ, machen die Bauformen der Diatomeen sichtbar. Für Helmcke und Otto waren sie eine Grundlage dafür, Diatomeen als Leichtbaustrukturen zu beschreiben. *ed*

12-29 Ausgussmodell einer Ballonpackung

Braunschweig, 2007, Annabelle Hillegeist, Linda Diekmann
Gips, 15 x 32 x 26
Berthold Burkhardt, Braunschweig, ohne Inv.-Nr.

Zur Herstellung dieses Modells wurde eine Tüte voller dicht gedrängter, luftgefüllter Ballons mit Gips gefüllt. In den Zwischenräumen bildete sich eine stabile Struktur aus schmalen Stegen. Auf ähnliche Weise entstehen viele Diatomeenschalen: Indem sich Silikat um Bläschen (»Pneus«) herum absetzt, entsteht eine äußerst stabile Baustruktur. Derartige Formexperimente waren ein entscheidender Bestandteil der von der Arbeitsgruppe »Biologie und Bauen« entwickelten Analogieforschung. Das hier demonstrierte Prinzip des »Pneus« nahm in ihrer Arbeit einen zentralen Stellenwert ein. *ed*
Lit. Kull 2005; Otto 2004

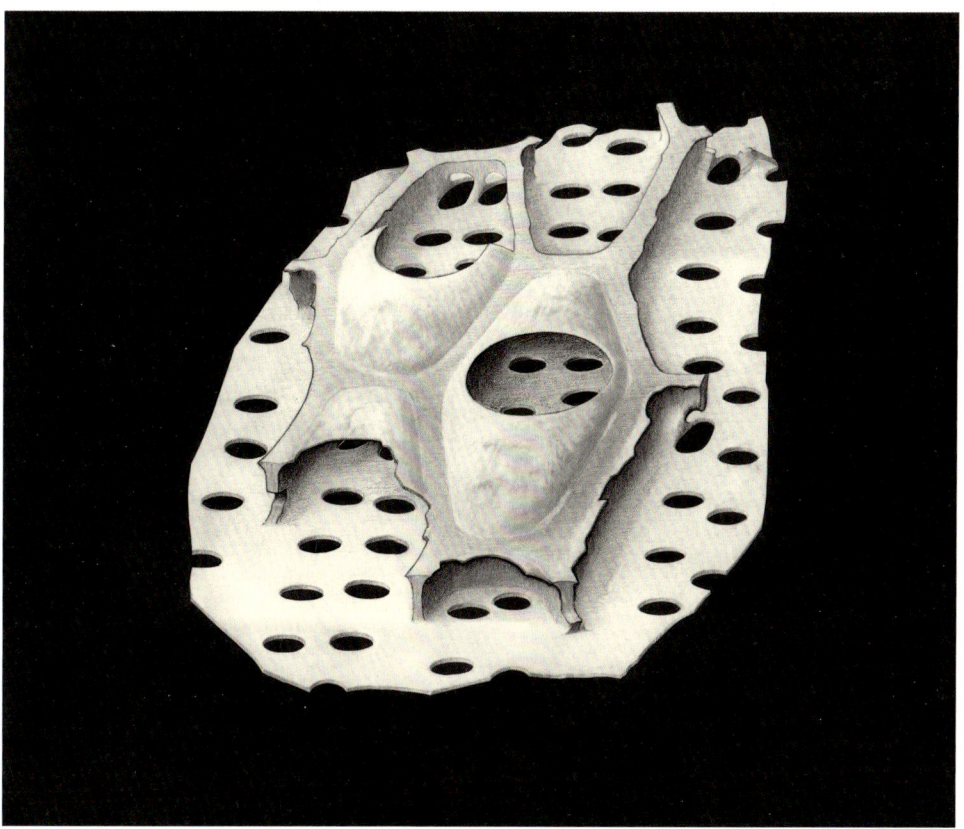

12-27

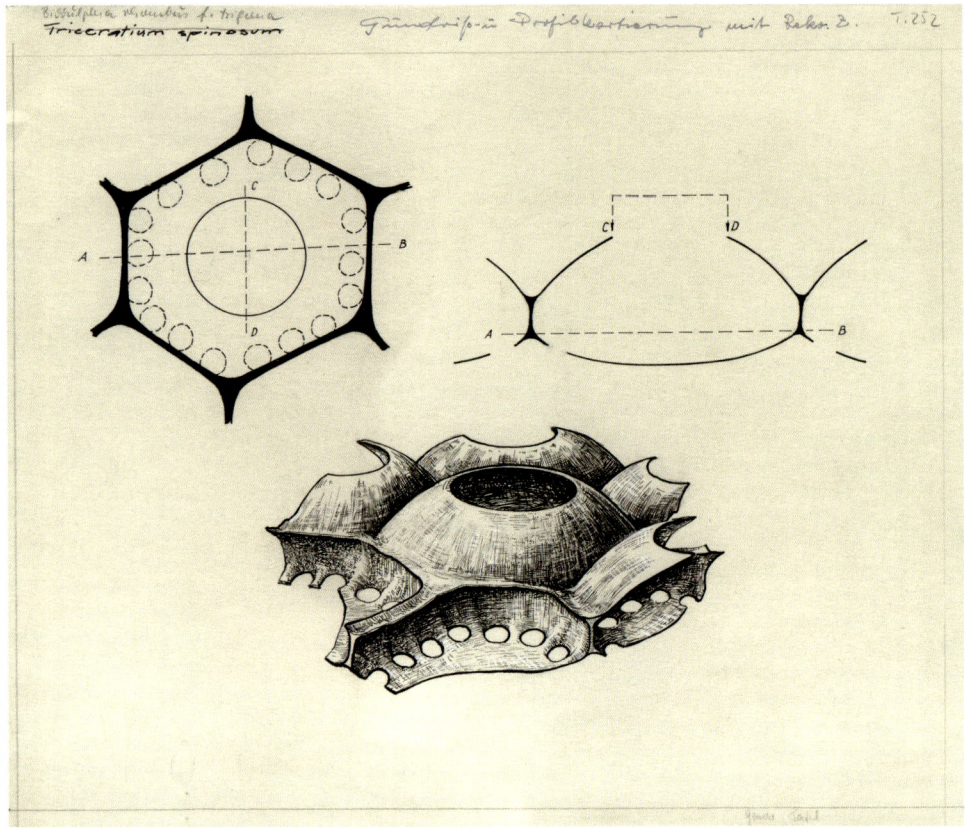

12-28

12-30 Glockenturm für die Evangelische Kirche Zehlendorf/Schönow (Ansicht, Schnitt und Grundriss)

Berlin, 1962, Ewald Bubner, Frei Otto
Plan, Kopie, 137 x 58,5
Evangelisches Landeskirchenarchiv in Berlin,
Sign. 3.0/ 1419, Blatt 3

12-31 Glockenturm für die Evangelische Kirche Zehlendorf-Schönow

Berlin, Stuttgart, 2010, space4
Modell zweier Bauelemente, 50 x 20 x 20

Frei Otto und Ewald Bubners Entwurf
des 1963 in Berlin-Schönow errichteten
Glockenturms geht auf Formexperimente
zum Pneu zurück: Zwischen zwei Platten
wurden luftgefüllte Ballons eng aneinan-
dergepresst. Die Zwischenräume wurden
mit Gips ausgegossen. Auf diese Weise
entstand ein Tragwerk mit biegesteifen
Knoten, das hohe Stabilität bei geringem
Materialaufwand ermöglicht – eine Struktur, wie sie auch für den Bau von Diatomeen charakteristisch ist. *ed*
Lit. Bach/Burkhardt 1985; Nerdinger
2005; Roland 1965

12-32 Brief an Johann-Gerhard Helmcke

Cambridge, Massachusetts, 14. März 1962, Richard
Buckminster Fuller
Typoskript, 28 x 22
Staatsbibliothek zu Berlin – Preußischer Kulturbesitz,

Handschriftenabteilung, Nachlass 135 (Johann-Gerhard
Helmcke), Kasten 2, Mappe 42 »Buckminster Fuller«,
Blatt 1

Durch Vermittlung Ottos sandte Helmcke
1962 einige Fotografien von Diatomeen an
den amerikanischen Architekten Richard
Buckminster Fuller, dessen Theorien dem
Forschungsansatz von »Biologie und
Bauen« ähnelten. Mit diesem Brief dankt
Buckminster Fuller Helmcke für die zu-
gesandten Bilder. Bei seinem Deutsch-
landaufenthalt im gleichen Jahr besuchte
er die Arbeitsgruppe in Berlin. Er war
begeistert von Helmckes Aufnahmen, an
denen er Strukturelemente der von ihm
entworfenen Kuppelbauten wiederer-
kannte. *ed*
Lit. Otto 1980

12-33 Brief an Frei Otto

Cambridge, Massachusetts, 12. März 1962, Richard
Buckminster Fuller
Typoskript, Kopie, (Anlage zum Brief Buckminster Fullers
an Helmcke vom 14. März 1962), 27,5 x 22
Staatsbibliothek zu Berlin – Preußischer Kulturbesitz,
Handschriftenabteilung, Sign. Nachlass 135 (Johann-
Gerhard Helmcke), Kasten 2, Mappe 42 »Buckminster
Fuller«, Anlage

Seinem Brief an Helmcke legte Buckminster Fuller die Kopie eines Schreibens bei,
das er kurz zuvor an Otto geschickt hatte.

Darin erörtert Buckminster Fuller die Parallelen zwischen den von Helmcke foto-
grafierten Objekten und seinen eigenen
Bauten. Zu dieser Zeit missversteht er die
Bilder jedoch als Fotografien von Insek-
tenaugen. Der Irrtum scheint seine Theorie eines der Natur zugrunde liegenden
mathematischen Systems geradezu zu bestätigen. *ed*

Kooperation mit Hindernissen – Das Corpus Inscriptionum Latinarum

Das Corpus Inscriptionum Latinarum
wurde 1853 an der Berliner Akademie
der Wissenschaften gegründet. Es ist weltweit maßgeblich in der systematischen
Erschließung und kritischen Edition lateinischer Inschriften des Imperium Roma-
num. Bereits sein Gründer, der Berliner
Historiker Theodor Mommsen, verstand
es als europäisches Kooperationsprojekt.
Von Beginn an arbeitete die Berliner
Arbeitsstelle unter anderem mit Wissenschaftlern aus Italien, Frankreich und
Spanien zusammen. Einen jähen Ein-
schnitt für die Zusammenarbeit bedeutete
der Erste Weltkrieg. Heute kooperieren
die Berliner Mitarbeiter des Projekts mit
Kollegen aus 18 Ländern in Europa, Nordafrika und Nordamerika. *ed*
Lit. Schmidt 2007

12-34 Ueber Plan und Ausführung eines Corpus Inscriptionum Latinarum

Berlin, 1847, Theodor Mommsen
Universitätsbibliothek der Humboldt-Universität zu Berlin,
Sign. Wb 12248: F8

In seiner Denkschrift formulierte Mommsen Grundsätze für die Arbeit des wenige
Jahre später gegründeten »Corpus Inscriptionum Latinarum«. Entscheidend war für
ihn die Arbeit an den überall in Europa,
Nordafrika und dem Nahen Osten sich
befindenden Originalen. Daher betonte
Mommsen die Notwendigkeit von Reisen.
Der Kontakt zu den Gelehrten vor Ort
konnte dabei von großem Nutzen sein. *ed*

12-35 Brief an Emil Hübner

Madrid, 19. August 1864, Jacobo Zobel y Zangroniz
Manuskript, 18,2 x 11,2
Berlin-Brandenburgische Akademie der Wissenschaften,
Archiv der Arbeitsstelle des Corpus Inscriptionum Latina-
rum, ohne Inv.-Nr.

Die Transkriptionen der zu edierenden
Inschriften wurden den Berliner Mitarbeitern des Corpus-Projekts häufig von ihren
Kollegen aus dem jeweiligen Herkunfts-
land der Monumente zugeschickt. In diesem Brief an Emil Hübner, der die spani-
schen Inschriften edierte, berichtet der

deutsch-philippinische Numismatiker und Philologe Jacobo Zobel y Zangroniz von einem bei Bilbao gefundenen Meilenstein. *ed*

12-36 Schede einer Inschrift aus Santander (CIL II 4888)
Berlin, ohne Jahr (vor 1869), Emil Hübner
Manuskript, 17 x 21
Berlin-Brandenburgische Akademie der Wissenschaften, Archiv der Arbeitsstelle des Corpus Inscriptionum Latinarum, ohne Inv.-Nr.

12-37 Schede einer Inschrift aus Cazalla de la Sierra (CIL II 1048)
Berlin, ohne Jahr (vor 1869), Emil Hübner
Manuskript, 17 x 21
Berlin-Brandenburgische Akademie der Wissenschaften, Archiv der Arbeitsstelle des Corpus Inscriptionum Latinarum, ohne Inv.-Nr.

12-38 Schede einer Inschrift aus Alcalá del Río (CIL II 1086)
Berlin, ohne Jahr (vor 1869), Emil Hübner
Manuskript, 17,5 x 21
Berlin-Brandenburgische Akademie der Wissenschaften, Archiv der Arbeitsstelle des Corpus Inscriptionum Latinarum, ohne Inv.-Nr.

12-39 Schede einer Inschrift aus Bollullos (CIL II 955)
Berlin, ohne Jahr (vor 1869), Emil Hübner
Manuskript, 17,5 x 21
Berlin-Brandenburgische Akademie der Wissenschaften, Archiv der Arbeitsstelle des Corpus Inscriptionum Latinarum, ohne Inv.-Nr.

Zur Vorbereitung des Drucks wurden die Informationen zu den Inschriften auf sogenannte Scheden (lat. scheda, Zettel) übertragen. Der Text wurde, wie es in den Publikationen des CIL damals und auch heute noch üblich ist, in lateinischer Sprache abgefasst. Neben Literaturangaben verweisen Formulierungen wie »Misit Demetrio de los Rios a(nno) 1862« (»1862 von Demetrio de los Rios zugesandt«, Schede 1048) auf die Informationsquellen des Herausgebers. Vermerkt ist auch, wenn die Wiedergabe der Inschrift nach einem Abklatsch erfolgte (»Descripsi ex ectypo …«, Schede 1086). Schede Nr. 4888 wurde zu der im Brief von Zobel y Zangroniz genannten Inschrift angefertigt. *ed*

12-40 Corpus Inscriptionum Latinarum. Vol. II. Inscriptiones Hispaniae Latinae
Berlin, 1869, Emil Hübner
Universitätsbibliothek der Humboldt-Universität zu Berlin, Sign. FX 000000-2,1

Wie auf den Scheden, so wird auch in der Edition jede Inschrift mit einer Transkription, Informationen zum Fundort und Hinweisen zu Quellen veröffentlicht. *ed*

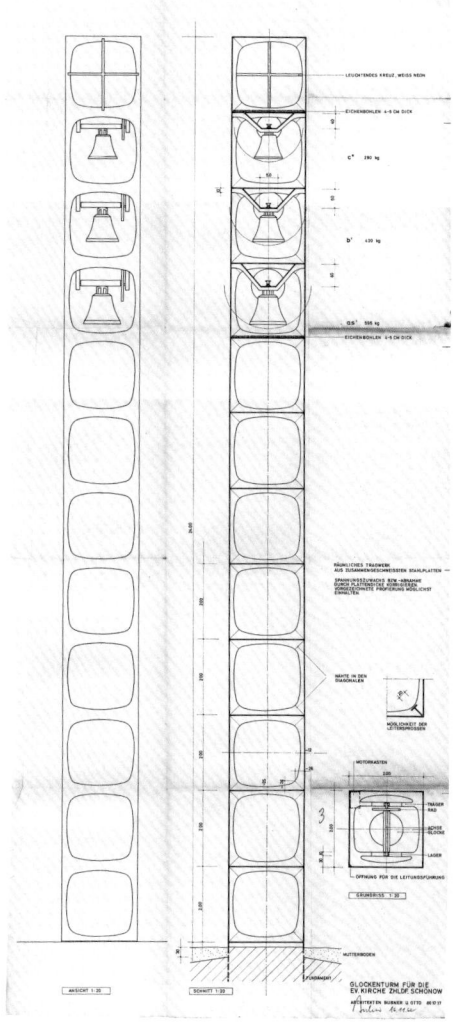

12-30

12-41 Inschrift aus Tarragona (CIL II 6082)
1886, Emil Hübner
Papierabklatsch, 29 x 46,5
Berlin-Brandenburgische Akademie der Wissenschaften, Archiv der Arbeitsstelle des Corpus Inscriptionum Latinarum, Inv.-Nr. EC0010683

Abklatsche waren bereits im 19. Jahrhundert ein wichtiges Hilfsmittel der Epigrafik. Hierfür wird ein gewässerter Bogen ungeleimtes Papier auf die gesäuberte Inschrift gelegt und mit einer Bürste so angedrückt, dass sich nach dem Trocknen die Inschrift auf dem Papier reliefartig abzeichnet. Das Archiv der Arbeitsstelle des »Corpus Inscriptionum Latinarum« besitzt ca. 20 000 Clichés lateinischer Inschriften, ein großer Teil der Sammlung besteht aus Papierabklatschen. *ed*
Lit. Schmidt 2003

12-42 Inschrift aus Tarragona (CIL II 6082)
In: Géza Alföldy: Die römischen Inschriften von Tarraco. Tafeln, Berlin 1975 (Madrider Forschungen; 10), Nr. 80 Tafel 70, Abb. 1
Fotografie (Reproduktion), 10,5 x 7,8

12-43 Hermann Dessau
Berlin, Sandan
Fotografie (Reproduktion), 12,5 x 9,3
Universitätsbibliothek der Humboldt-Universität zu Berlin Porträtsammlung; Dessau, Hermann

Der Berliner Althistoriker und Epigrafiker Hermann Dessau führte Mommsens Arbeit am »Corpus Inscriptionum Latinarum« nach dessen Tod fast zwanzig Jahre lang fort. Einer seiner Forschungsschwerpunkte waren die Inschriften Nordafrikas, zu deren Bearbeitung er sowohl selbst nach Algerien und Tunesien reiste als auch intensiv mit den vor Ort arbeitenden französischen Kollegen kooperierte. *ed*
Lit. Schmidt 2009; Wannack 2007

12-44 René Cagnat
In: René Dussaud: Notice sur la vie et les travaux de M. René Cagnat, in: Comptes-rendus des séances de l'Académie des Inscriptions et Belles-Lettres 81, 1937, Nr. 5, S. 374–389, hier: S. 374
Fotografie (Reproduktion), 12,5 x 9,3

Der französische Epigrafiker René Cagnat hatte ab 1887 den Lehrstuhl für Epigrafik und römische Altertümer am Collège de France in Paris inne. Bis zum Ausbruch des Ersten Weltkriegs bearbeitete er gemeinsam mit seinen Berliner Kollegen Johannes Schmidt und Hermann Dessau mehrere Supplementbände des »Corpus Inscriptionum Latinarum« zu Inschriften in Nordafrika. *ed*
Lit. Wannack 2007

12-45 Postkarte an René Cagnat
Berlin, 2. August 1914, Hermann Dessau
Manuskript, 9 x 14
Berlin-Brandenburgische Akademie der Wissenschaften, Akademiearchiv, Sign. Allg. Sammlung, Hermann Dessau

Am 2. August 1914, einen Tag vor der Kriegserklärung Deutschlands an Frankreich, schrieb Hermann Dessau an René Cagnat eine Postkarte, in der er die gemeinsame Edition des Supplementbandes zu den afrikanischen Inschriften ansprach (Vol. VIII. Suppl. 4). Angesichts des Ausbruchs des Ersten Weltkriegs äußerte Dessau seine Absicht, die Zusammenarbeit mit den Kollegen im Ausland weiterzuführen: »Was mich betrifft, so bleibe ich dabei, meine Aufgaben in Zusammenarbeit mit meinen Kollegen aus dem Ausland zu erfüllen, so weit die Umstände das erlauben. In meiner großen inneren Bewegtheit reiche ich Ihnen die Hand und bitte Sie, meinen herzlichen Freund-

schaftsgefühlen und meiner ergebenen Anhänglichkeit zu vertrauen.« Da die Zustellung fehlschlug, versuchte Dessau, die Karte über seinen Kollegen Francis Haverfield in Oxford nach Frankreich schicken zu lassen, was allerdings ebenfalls misslang. *ed*
Lit. Wannack 2007

12-46 Brief an Francis Haverfield

Berlin, 3. August 1914, Hermann Dessau
Manuskript, 18 x 11,4, Umschlag (adressiert an Francis Haverfield) 10,2 x 15,5, Umschlag (adressiert an René Cagnat) 10 x 14,8
Berlin-Brandenburgische Akademie der Wissenschaften, Akademiearchiv, Sign. Allg. Sammlung, Hermann Dessau

12-47 Corpus Inscriptionum Latinarum. Vol. VIII. Suppl. 4. Inscriptiones Africae proconsularis

Berlin, 1916
Universitätsbibliothek der Humboldt-Universität zu Berlin, Sign. FX 000 000 8.4

Der Kontakt der Berliner Mitarbeiter zu ihren französischen Kollegen brach mit Beginn des Ersten Weltkriegs ab. Als 1916 Vol. VIII. Suppl. 4 erscheinen sollte – ein Resultat deutsch-französischer Zusammenarbeit vor Kriegsausbruch –, schien es nunmehr unmöglich, die französischen Mitarbeiter auf dem Titelblatt zu nennen. Dessau verzichtete daher ganz auf die Nennung von Herausgebern. Im Vorwort würdigte er Cagnat jedoch ausdrücklich als Hauptautor des Bandes. *ed*
Lit. Wannack 2007

12-48 Abschriften von Hermann Dessau

Brief an René Cagnat, Berlin, 17. Januar 1920, Hermann Dessau; Brief an Hermann Dessau, Paris, 27. Januar 1920, René Cagnat
Handschrift (Faksimile), 28,5 x 20
Berlin-Brandenburgische Akademie der Wissenschaften, Sign. II-VIII, 119, f. 77

1920 wandte Dessau sich erstmals nach dem Ende des Ersten Weltkriegs in einem Brief an Cagnat, in dem er über sein Vorgehen bei der Herausgabe des Bandes von 1916 berichtet. In seiner Antwort schrieb Cagnat, Dessau habe eine »glückliche Lösung« gefunden, die »sowohl den Interessen der Wissenschaft als auch denen der Höflichkeit und Gerechtigkeit« entspräche. *ed*
Lit. Schmidt 2007; Wannack 2007

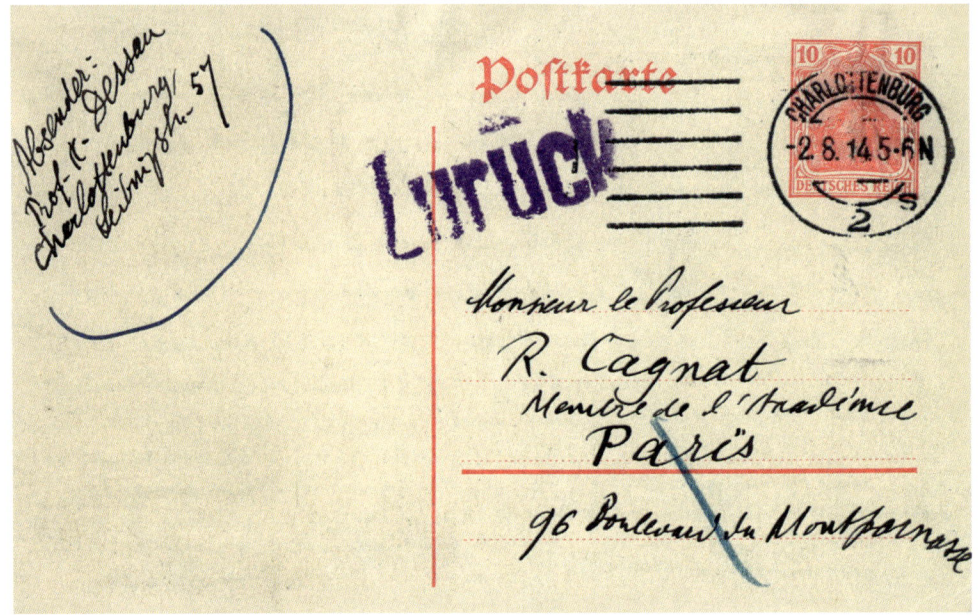

12-45

12-49 Corpus Inscriptionum Latinarum. Vol. VIII. Suppl. 4. Inscriptiones Africae proconsularis

Berlin, 1916
5 Exemplare
Berlin-Brandenburgische Akademie der Wissenschaften, Archiv der Arbeitsstelle Corpus Inscriptionum Latinarum, ohne Inv.-Nr.

In seinem Brief an Cagnat erwähnt Dessau auch Belegexemplare des Bandes von 1916, die er wegen des Krieges nicht nach Frankreich hatte schicken können. Doch Cagnat fand es nicht nötig, dass Dessau dies nachholte. Die ursprünglich für die französischen Kollegen bestimmten Exemplare werden noch heute im Archiv der Arbeitsstelle des Corpus-Projekts aufbewahrt. *ed*

12-50 Netzwerk der internationalen Kooperation des Corpus Inscriptionum Latinarum 2010

Berlin, Stuttgart, 2010, space4
Informationsgrafik
Medienarchäologischer Fundus am Lehrgebiet Medientheorien des Instituts für Musikwissenschaft der Humboldt-Universität zu Berlin, ohne Inv.-Nr.

In der Zeit des Nationalsozialismus blieb die Arbeit des »Corpus Inscriptionum Latinarum« aufgrund der politischen Verhältnisse und des Zweiten Weltkriegs eingeschränkt. Dann erschwerten der Kalte Krieg und die Teilung Deutschlands die Arbeit des Projekts. Heute ist die Berliner Arbeitsstelle Zentrum eines weit gespannten Netzwerks mit Kooperationspartnern in Europa, Nordafrika, Kanada und den USA. *ed*
Lit. Schmidt 2007

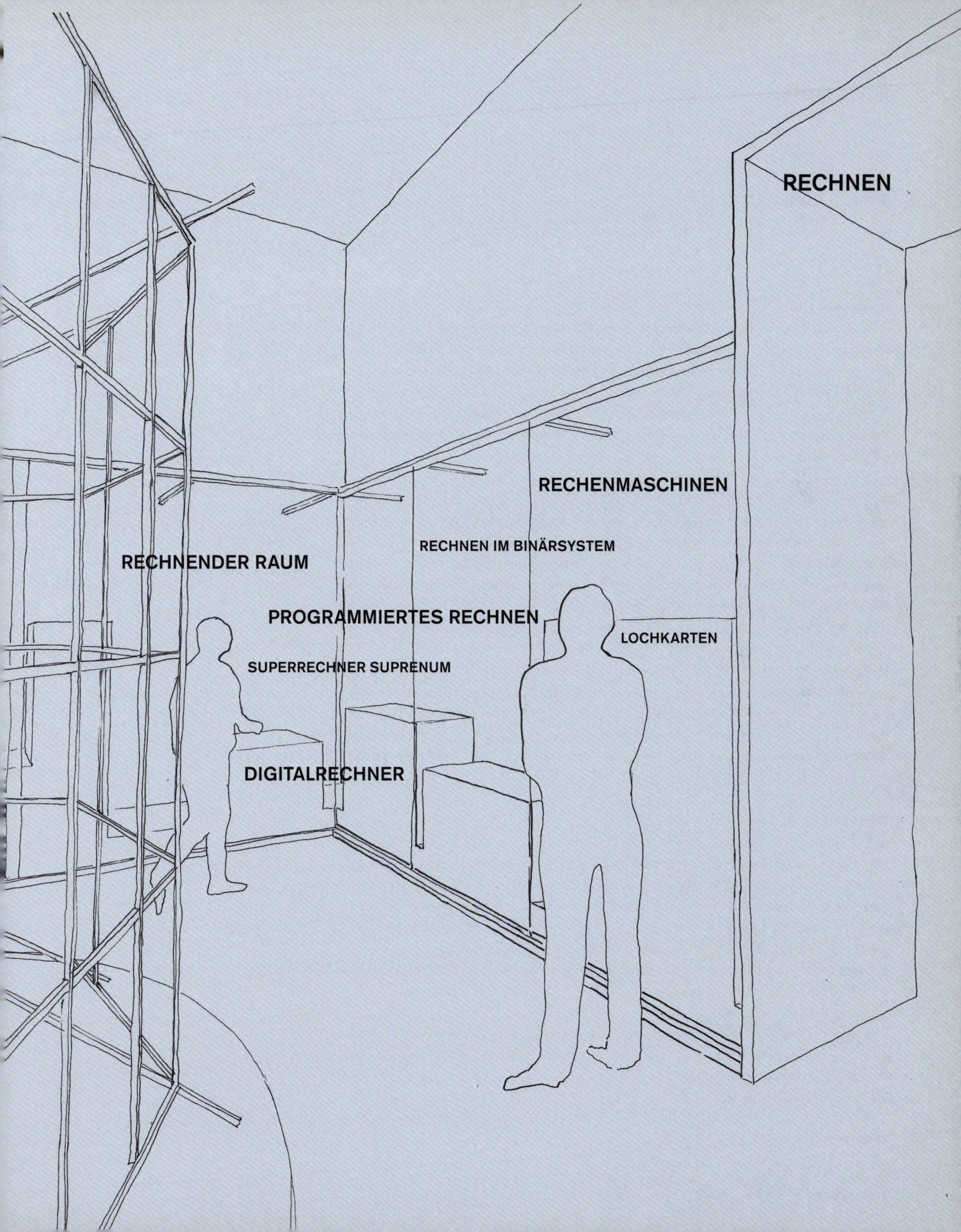

RECHNEN

RECHENMASCHINEN

RECHNEN IM BINÄRSYSTEM

RECHNENDER RAUM

PROGRAMMIERTES RECHNEN

LOCHKARTEN

SUPERRECHNER SUPRENUM

DIGITALRECHNER

RECHNEN

Günter M. Ziegler

Rechnen ist Kultur

Die Spannbreite des Begriffs dessen, was wir Rechnen nennen, umfasst die gesamte menschliche Kultur. Schon auf einem kleinen Tierknochen, der vor mehr als 20 000 Jahren bei Ishango in Zentralafrika, an der Grenze zwischen Kongo und Uganda am Nordwestufer des Eduardsees, von Menschen bearbeitet und dann bei einem Vulkanausbruch verschüttet wurde,[1] finden sich Markierungen von Zahlen, darunter die Primzahlen 11, 13, 17 und 19. Das Zählen und wohl auch das Rechnen kommt historisch also lange vor der Schrift.

Von diesen Anfängen und den frühen Hochkulturen an Euphrat, Tigris und Nil führen 6000 Jahre Mathematik zu den großen Leistungen des Rechnens heute.[2] Mit dem zweiten deutschsprachigen Rechenbuch von Adam Riese (1492/93–1559) »Rechenung auff der linihen vnnd federn« aus dem Jahr 1522 begann das Volk in Deutschland die Grundbegriffe des Rechnens im indisch-arabischen Zehnersystem zu lernen. Das Buch enthält die Anleitung zum Gebrauch der Zahlen und Grundrechenarten, Bruchrechnung, den Dreisatz und Zinseszinsrechnungen, viele Beispiele und einiges mehr.

Der nächste Schritt ist die Entwicklung der Mathematik über das Rechnen hinaus, wobei sich die Entwicklung dieser abstrakten Konzepte schrittweise über die Jahrhunderte nachvollziehen lässt;[3] gleichzeitig haben viele abstrakte Konzepte ihren Ursprung in Berechungsproblemen, etwa der Funktionsbegriff der Analysis in der Bestimmung von Flächeninhalten und Volumina sowie der Begriff einer »Gruppe« in der Lösungstheorie für Polynom-Gleichungen.

Rechnen ohne Rechner

Ein Glanzpunkt des Rechnens ist sicherlich die spektakuläre Wiederentdeckung des Planetoiden Ceres, der am Neujahrstag 1801 entdeckt worden war, nach vierzigtägiger Beobachtung hinter der Sonne verschwand und im Dezember 1801 exakt an der von Carl Friedrich Gauß (1777–1855) berechneten Position wiederentdeckt wurde. Für die Berechnung der Bahn des Ceres hat Gauß die wohl von ihm selbst erfundene Ausgleichsrechnung (»Methode der kleinsten Quadrate«) verfeinert und dann rechnerisch anhand der vorhandenen Beobachtungsdaten ausgewertet. Mit dieser Rechenleistung wurde er als Astronom berühmt.

Ein weiteres Paradebeispiel des »wissenschaftlichen Rechnens« war die Lösung des sogenannten »Baseler Problems« durch den mit Berlin eng verbundenen Mathematiker Leonhard Euler (1707–1783): Die Bestimmung der unendlichen Summe der Kehrwerte der Quadratzahlen:

1 Huylebrouck, Dirk: The Bone that began the Space Odyssey, in: The Mathematical Intelligencer 18, 1996, S. 56–60.
2 Wußing, Hans: 6000 Jahre Mathematik. Eine kulturgeschichtliche Zeitreise, Bd. 1: Von den Anfängen bis Leibniz und Newton, Heidelberg 2008.
3 Ebd., Bd. 2: Von Euler bis zur Gegenwart.

$$1 + \frac{1}{4} + \frac{1}{9} + \frac{1}{16} + \frac{1}{25} + \frac{1}{36} + \frac{1}{49} \quad \text{etc.}$$

Euler präsentierte die Antwort 1735 nach fast zehnjähriger Arbeit, wobei er im ersten Schritt die Summe bis auf 6 (später bis auf 17) Stellen nach dem Komma genau berechnet hatte: Dafür musste er mathematische Approximationstechniken entwickeln und verfeinern. Die Summe ergibt 1,644934066684823.

Im zweiten Schritt identifizierte er das Ergebnis als $\frac{1}{6}\pi^2$. Er behielt diese Erkenntnis aber für sich, bis ihm endlich auch der dritte Schritt gelungen war: ein Beweis! Der erste Schritt von Euler war also eine Berechnung; auch den zweiten – von dem wir nicht wissen »how Euler did it«[4] – kann man heute durch eine Rechnung auf dem Computer mit dem PSLQ-Algorithmus des Mathematikers und Bildhauers Helaman Ferguson schaffen.[5] Der dritte Schritt erforderte eine eigene Kreativität, da jeder Beweis immer eine Beweisidee benötigt.

Was ist ein Rechner?

Gerechnet wurde schon seit frühesten Zeiten mit Hilfsmitteln, mit Markierungen auf Knochen, auf Tontafeln, mit Papier und Feder und schließlich mit Bleistift auf Karopapier. Später kam es zur Entwicklung von Rechenmaschinen als weiteren Hilfsmitteln. Bemerkenswert ist dabei die Vielfalt der Ideen, der Konzepte und der Architekturen von »Rechenmaschinen«: Es wurde analog gerechnet (auch der mechanische Rechenschieber arbeitet analog, also kontinuierlich), digital (wie der mechanische Abakus), im Binärsystem (so wie heute alle Computer – nach einem Konzept von Gottfried Wilhelm Leibniz, dem Gründer der Preußischen Akademie der Wissenschaften zu Berlin, der eine Rechenmaschine entwickelt hatte).

Schon seit langem bezeichnet im Deutschen ein »Rechner« nicht mehr einen Menschen, der rechnet, obwohl diese Bedeutung in Zusammensetzungen wie »Kopfrechner« noch präsent ist. Auch im Englischen bezeichnete »computer« in einer wichtigen Forschungsarbeit aus dem Jahr 1910 über Diskretisierungsansätze zur Lösung von Differentialgleichungen noch einen Menschen.[6] Der Sprachgebrauch muss sich gewandelt haben, als erstmals Computer im heutigen Sinne zur Verfügung standen. Dafür gibt es ein konkretes Datum: Am 14. Februar 1946 wurde der ENIAC öffentlich vorgestellt – sein Name war ein Akronym aus »Electronic Numerical Integrator and Computer«.

Aber schon fünf Jahre vorher, 1941, hatte der deutsche Erfinder Konrad Zuse, abseits der Öffentlichkeit in einer kleinen Wohnung in der Methfesselstraße in Berlin-Kreuzberg, mit dem »Z3« den ersten vollwertigen Computer im modernen Sinne gebaut: Der Computer ist eine Berliner Erfindung! Und Zuse reklamiert seine Erfindung auch in diesem Namen; seine Lebenserinnerungen erschienen unter dem Titel »Der Computer – mein Lebenswerk«.[7]

Es folgten raumfüllende Großcomputer, später Tischrechner, PCs, Vektorrechner, Parallelrechner, Taschenrechner, PC-Cluster, Cloud-Architekturen, Supercomputer und so weiter. In Berlin wurde noch um 1990 ein Supercomputer konzipiert und gebaut: Nach Plänen des Informatikers Wolfgang Giloi (1930–2009) von der TU Berlin in Zusammenarbeit mit dem Mathematiker Ulrich Trottenberg in Köln entstanden die »SUPRENUM«-Rechner, die bei der Lösung spezieller Probleme um 1990 kurzzeitig

4 Sandifer, C. Edward: How Euler did it, Washington, DC 2007.

5 Borwein, Jonathan M./Bailey, David H.: Mathematics by Experiment. Plausible Reasoning in the 21st Century, Natick, MA 2004.

6 Richardson, Lewis Fry: The approximate arithmetical solution by finite differences of physical problems involving differential equations, with an application to the stresses in a masonry dam, Phil. Trans. Roy. Soc. London, A210 (1910), S. 307–357; Deuflhard, Peter: Recent progress in extrapolation methods for ordinary differential equations, in: SIAM Review 27, 1985, S. 505–535.

7 Zuse, Konrad: Der Computer – Mein Lebenswerk, Berlin 1993.

an der Weltspitze mithalten konnten. Verschiedene massive, umfangreiche Rechenprojekte werden heutzutage verteilt im Internet gerechnet. Dazu kommen Utopien wie das DNA-Computing und der Quantencomputer.

Man ist leicht davon beeindruckt, was Computer heutzutage alles können. Möglich wurde dies aber erst durch Mathematik. Ein Beispiel: Lineare Optimierung, also die Lösung von großen, dünn-besetzten Systemen linearer Ungleichungen ist zweifellos eine der industriell wichtigsten Problemstellungen. Dafür verwendet man das 1947 von George Dantzig eingeführte sogenannte Simplex-Verfahren. Der Mathematiker Robert E. Bixby berichtet über den Fortschritt im Rechenerfolg, den er durch die Entwicklung seiner eigenen Software-Bibliothek CPLEX maßgeblich mitgeprägt hat:[8] Im Zeitraum 1988–2004 wurden die mathematischen Algorithmen computerunabhängig um einen Faktor von ungefähr 3300 schneller, während im gleichen Zeitraum die Computer (von der Workstation 1988 bis zum PC von 2004) um einen Faktor 1600 schneller wurden. Insgesamt ergibt das einen Geschwindigkeitsfortschritt von 5300000, sodass Rechnungen, die 1988 noch zwei Monate gebraucht hätten, jetzt in einer Sekunde erledigt sind. Das heißt aber auch, dass der Anteil der Mathematik am Fortschritt größer ist als der Anteil der Computer! Und noch viel dramatischer fällt der Vergleich im Bereich des »Integer Programming« aus, wo der Algorithmen-Fortschritt in einem vergleichbaren Zeitraum mit einem Faktor von 30000 angesetzt werden kann.

Auch in Zukunft bauen wir auf die kombinierte Beschleunigung, die sich aus der Kombination von Rechner-Fortschritten und Mathematik-Innovationen ergibt. Für die Berechnung der Zehntageprognose des Deutschen Wetterdienstes wird zum Beispiel schon heute der Erdball von einem globalen Netz mit einer Maschenweite von etwa vierzig Kilometern überzogen, was bei vierzig Höhenschichten zu 16 Millionen Gitterpunkten führt. Ab 2012 sollen dann Daten und Rechner für sehr viel genauere Rechnungen vorliegen, aber mit der aktuellen Numerik, also den mathematischen Verfahren, können derzeit nur 3–7% der Leistung der neuen Rechner praktisch genutzt werden. Mathematiker und Meteorologen arbeiten intensiv und unter großem Zeitdruck an einer effektiveren Nutzung.

Rechnen gewinnt an Bedeutung

Die zunehmende Mathematisierung der Ingenieurwissenschaften wird in der Zukunft kaum nachlassen: Es muss mit großer Präzision, verlässlich und schnell in vielen Bereichen »in Echtzeit« gerechnet werden. Das heißt nicht, dass Mathematik sichtbarer oder uns die Allgegenwärtigkeit der Rechner auch bewusst wird.

Wenn die Fahrpläne der Berliner U-Bahn schnelles Umsteigen garantieren oder Fahrpläne nicht nur »funktionieren«, sondern auch im laufenden Betrieb an aktuelle Gegebenheiten angepasst werden können, dann steckt Mathematik dahinter. Der Fahrgast wird über die mathematischen Verfahren und Rechnungen kaum nachdenken. Die Grenzen solcher aktueller Umplanungen, die Abhängigkeit von mathematischen Methoden und damit der Bedarf an zusätzlicher, verbesserter Mathematik konnte 2010 während der streik- und vulkanbedingten Chaostage im Bahn- und Flugverkehr schmerzlich empfunden werden. Die Kompetenz für derartige Verfahren wird in Berlin im DFG-Forschungszentrum Matheon »Mathematik für Schlüsseltechnologien« gebündelt.

8 Bixby, Robert E.: Solving real-world linear programs: A decade and more of progress, in: Operations Research 50, 2002, S. 3–15.

Auch Autokarosserien und Wettervorhersagen sieht man die mathematischen Entwurfsverfahren und Berechnungen nicht an, mittlerweile noch nicht einmal mehr den Rechengeräten selbst. War das Rechnen früher durch das Klicken noch akustisch wahrnehmbar, traf dies schon bald nicht mehr zu. Die »Connection Machines« der Firma Thinking Machines wurden zwar mit blinkenden roten Leuchtdioden auf der Oberfläche ausgestattet, die die Aktivität des Computers aber nur sehr indirekt diagnostisch anzeigten, was wohl mehr eine Frage des Designs als der Wissenschaft war. Jedes Navigationsgerät, jedes iPhone ist ein Computer, in dem unter der Oberfläche viel gerechnet wird, die Mathematik aber gut versteckt ist.

»Fehlerfreiheit« gibt es nicht!

Der Diagnose von Carl Friedrich von Weizsäcker aus dem Jahr 1964 zufolge besteht indes die Gefahr eines naiven Vertrauens auf die Rechner: »Der Glaube an die Wissenschaft spielt die Rolle der herrschenden Religion unserer Zeit.«[9] Die rechnergestützte Perfektion moderner Technik wird nie vollständig sein, und mit der Möglichkeit von Fehlern ist zu rechnen. In der Tat verschieben sich mit der Mathematisierung der Ingenieurwissenschaften auch die Bereiche, in denen Fehler entstehen können und verantwortet werden müssen. Bei »naiver« Rechnergläubigkeit oder inkompetenter Anwendung mathematischer Verfahren sind Katastrophen vorprogrammiert.

Schon heute können verschiedenste Desaster, Flugzeugabstürze, Verluste von Raumsonden und Bohrinseln auf verschiedene Arten von »Rechenfehlern« zurückgeführt werden. Dabei geht es unter anderem um: 1. Fehler im Hardware-Entwurf der Computer, 2. defekte Computer-Hardware, 3. Fehler im Software-Design, 4. Programmierfehler, 5. Einsatz falscher mathematischer Verfahren, 6. falschen Einsatz mathematischer Verfahren sowie 7. notwendige oder nicht notwendige Rundungsfehler. Der berühmte »Pentium bug« etwa war ein Entwurfsfehler des Pentium-Chips der Firma Intel, der 1993 auf den Markt kam und fehlerhafte Multiplikationen ergab. Aufgedeckt wurde der Fehler von einem Mathematiker.[10] Ganz anderer Natur war ein Programmierfehler in »Excel 2007« von Microsoft, der zu Multiplikationen wie $10{,}2 \times 6425 = 100\,000$ führte. Manche solcher Fehler sind vermeidbar, andere nicht. Man kann natürlich hoffen, dass kritische Hightech-Anwendungen sich nicht auf »Excel«-Rechnungen verlassen. Falls aber die unter Ausnutzung quantenmechanischer Effekte arbeitenden »Quantencomputer« jemals zum praktischen Einsatz gelangen sollten, dann werden deren Rechnungen notwendigerweise unsichere Ergebnisse liefern, die aber trotzdem wertvoll sein können.

9 Weizsäcker, Carl Friedrich von: Die Tragweite der Wissenschaft, Bd. 1: Schöpfung und Weltentstehung. Die Geschichte zweier Begriffe, Stuttgart 1964.
10 Cipra, Barry: Divide and conquer, in: Zorn, Paul (Hg.), What's Happening in the Mathematical Sciences, Bd. 3: 1995–1996, Providence, RI 1996, S. 38–47.

Danksagung:
Für wertvolle Hinweise, Informationen und Diskussionen danke ich insbesondere Robert E. Bixby (Gurobi), Peter Deuflhard (ZIB Berlin) und Ulrich Trottenberg (Fraunhofer SCAI, St. Augustin).

Ordnen, Rechnen, Schreiben

Die ursprüngliche Wortbedeutung von Rechnen ist »Ordnen« oder »Zusammenscharren«. Die Geschichte des Rechnens beginnt mit dem Gruppieren von Kerben auf Tierknochen und dem Anhäufen von Zählsteinen zu größeren Einheiten.

Schriftliches Rechnen war jedoch erst mit der Erfindung von Zahlensymbolen, dem Stellenwertsystem und der Null möglich. In der neuzeitlichen Wissenschaft wurde Rechnen zur grundlegenden Erkenntnismethode. Insbesondere die Fortschritte in den Naturwissenschaften beruhen auf Rechenverfahren der modernen Mathe-

matik. Die Berechnungen auf den Notizzetteln unterschiedlichster Wissenschaftler zeigen: Rechnen ist ein Ordnungsprozess – auch wenn das bisweilen auf den ersten Blick nicht so erscheint. *ek*
Lit. Bauer 2009; Wußing 2008

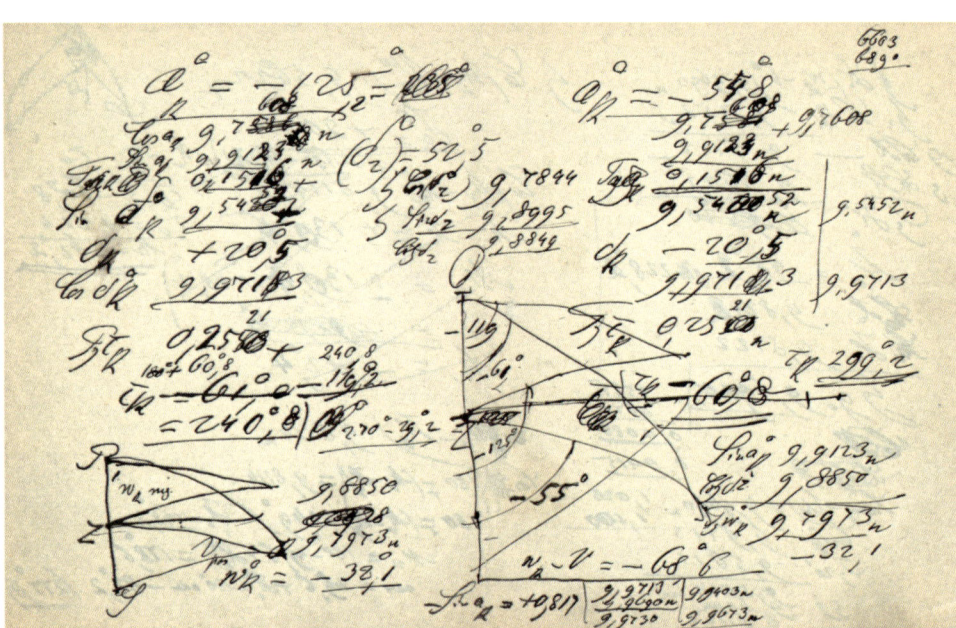

13-4

13-7

13-1 Sur la Probabilité des Séquences dans la Loterie Génoise
Berlin, vor 1765, Leonhard Euler
Manuskript (Faksimile), 19,5 x 16
Berlin-Brandenburgische Akademie der Wissenschaften, Akademiearchiv, PAW (1700–1811), I-M 144, Bl. 14

13-2 Berechnung von Gebirgsprofilen
Ohne Ort, ohne Datum (vermutlich Teneriffa, Juni 1799), Alexander von Humboldt
Manuskript (Faksimile), 29 x 21
Staatsbibliothek zu Berlin – Preußischer Kulturbesitz, Handschriftenabteilung, Inv.-Nr. Nachlass Alexander von Humboldt, gr. Kasten 8, Nr. 1a, Bl. 16

13-3 Berechnungen zum »Zylinder-Universum«
Berlin, 1917, Albert Einstein
22 x 18
Max-Planck-Institut für Wissenschaftsgeschichte, Berlin, Nachlass E. Gehrcke 68-G

13-4 Rechnung zum Manuskript »Zur Ausgleichung der fundamentalen Ortsbestimmungen am Himmel«
Berlin, vor 1902, Wilhelm Foerster
Manuskript, 12,5 x 20
Berlin-Brandenburgische Akademie der Wissenschaften, Akademiearchiv, NL Foerster, Nr. 34

10 ist 2: Rechnen im Binärsystem

Zum Rechnen braucht man ein Zahlensystem. Im uns geläufigen Zehnersystem werden die Zahlen mit den Ziffern 0 bis 9 dargestellt. Im 17. Jahrhundert schlug der Philosoph und Mathematiker Gottfried Wilhelm Leibniz vor, im Binärsystem zu rechnen. Dieses Zahlensystem besteht aus nur zwei Ziffern, der 0 und der 1. Statt 1, 2, 3... zählt man hier 01, 10, 11... Leibniz versprach sich vom Binärsystem eine Vereinfachung der Rechenvorgänge. Die Schöpfung aller Zahlen aus 1 und 0 erschien ihm überdies als Sinnbild für die Schöpfung der Welt aus Gott und sonst nichts. Praktische Bedeutung bekam das Binärsystem erst 250 Jahre später mit der Erfindung des Computers. *ek*
Lit. Stein/Wriggers 2007; Zacher 1973

13-5 Funktionsmodell der binären Rechenmaschine nach Leibniz
Kassel/Stauffenberg, 2005, Ludolf von Mackensen/Gerhard Weber
Plexiglas, Holz, Metall, 29 x 39 x 44
Deutsches Technikmuseum Berlin, Inv.-Nr. 1/2008/0424

13-6

In dem Text »De Progressione Dyadica« (1679) entwarf Leibniz eine Rechenmaschine, die binäre Zahlen addieren und multiplizieren kann. Leibniz hat eine solche Maschine nie gebaut, beschrieb sie aber als Büchse mit Löchern, durch die Kugeln in eine Rinne fallen. Eine Kugel stand für die Ziffer 1, keine Kugel für die Ziffer 0. Beim Zweierübertrag sollten die Kugeln automatisch in die nächste Rinne fallen. *ek*

13-6 Brief an Gottfried Wilhelm Leibniz

Berlin, Dezember 1700/Januar 1701, Philippe Naudé
Manuskript (Faksimile), 4 Seiten, unterschiedliche Maße
Forschungsbibliothek Gotha, Inv.-Nr. Chart. A 448/449,
Bl. 118–120

Leibniz ging davon aus, dass sich in binären Zahlenreihen neue mathematische Strukturen finden ließen. Da ihm die aufwendigen Umrechnungen zu mühsam waren, versuchte er, Berliner Mathematiker für das binäre Zahlensystem zu begeistern. Der Hofmathematiker Philippe Naudé berechnete einige binäre Zahlenreihen, zum Beispiel Primzahlen oder Potenzen. Sein Akademiekollege Pierre Dangicourt untersuchte die mathematischen Muster dieser Zahlenreihen. *ek*

Plus, Minus, Mal, Geteilt: Rechenmaschinen für die Wissenschaft

Auch bei wissenschaftlichen Berechnungen sind die vier Grundrechenarten Addieren, Subtrahieren, Multiplizieren und Dividieren die Basis für komplexere Formeln und Gleichungen. Um diese als »geistlos« empfundenen Einzelberechnungen zu beschleunigen, konstruierten einige Wissenschaftler ab dem 17. Jahrhundert mechanische Rechenmaschinen. Aber erst mit der Nutzung in Verwaltung und Wirtschaft seit Ende des 19. Jahrhunderts konnten diese Maschinen in hoher Stückzahl gefertigt werden und waren damit für wissenschaftliche Institute erschwinglich. Die Feinmechanik war nun ausgereift, die Berechnungen wurden verlässlich. *ek*
Lit. Anthes 2000

13-7 Rechenmaschine »Gauß«

Charlottenburg, 1905–1909, Christel Hamann/
Mercedes Bureau-Maschinen-Gesellschaft
Metall, 10 x 14 x 14
Braunschweigisches Landesmuseum, Niedersächsisches
Landesmuseen Braunschweig, Inv.-Nr. LMB 24212/026

Der Berliner Feinmechaniker Christel Hamann war der bedeutendste Rechenmaschinenkonstrukteur seiner Zeit in Deutschland. In Zusammenarbeit mit Christian Vogler, Geodäsieprofessor der Berliner Landwirtschaftlichen Hochschule, entwarf er die kreisförmige Rechenmaschine »Gauß«. Er entwickelte ein äußerst kompaktes, reduziertes Modell mit nur einer Staffelscheibe, die mit größter Zuverlässigkeit rechnete. *ek*
Lit. Hashagen 2003

13-8 Etui zur Rechenmaschine »Gauß«

Charlottenburg, 1905–1909, Christel Hamann/
Mercedes Bureau-Maschinen-Gesellschaft
Leder, Papier, 13 x 15 x 15
Deutsches Museum, München, Inv.-Nr. 75648

Im Etui konnte die »Gauß« leicht verstaut und transportiert werden. Das war wichtig, damit die Rechenmaschine auch auf Reisen und »ins Feld« mitgenommen werden konnte. Wurde statt des Standfußes ein Holzgriff an die Maschine geschraubt, wog sie nur noch 850 Gramm. Andere Rechenmaschinen dieser Zeit brachten mindestens das Zehnfache auf die Waage und waren damit nur am Schreibtisch einsetzbar. *ek*

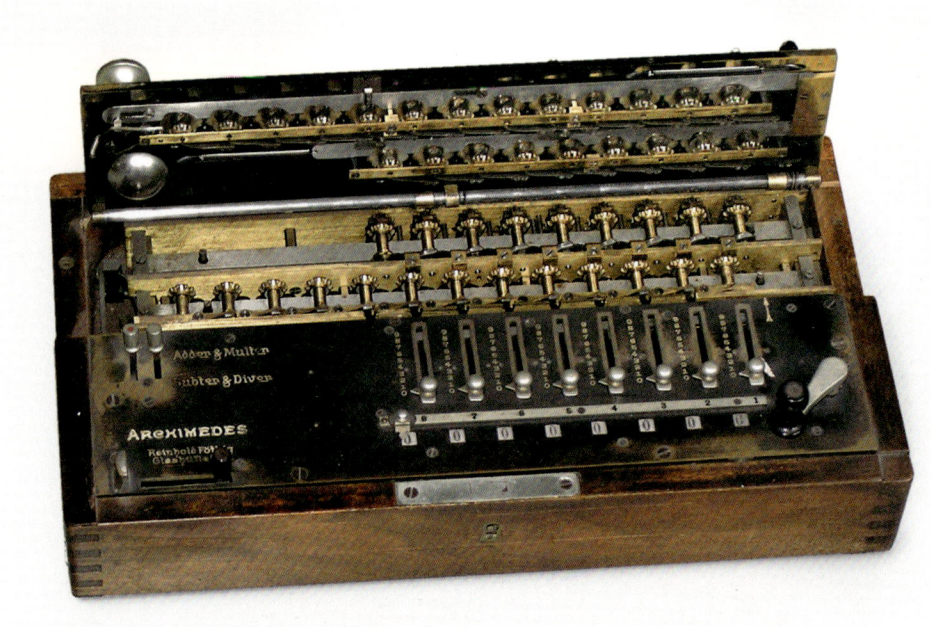

13-11

13-9 Die Hamann'sche Rechenmaschine »Gauß«

In: Zeitschrift für Instrumentenkunde
Berlin, 1906, J. Wilhelm G. Schulz
Staatsbibliothek zu Berlin – Preußischer Kulturbesitz,
Inv.-Nr. 4° Mv 2327-26.1906<a>

Die Geodäten der Berliner Landwirt-schaftlichen Hochschule waren begeistert von der »Gauß«. Sie entwickelten die »Software« zur Maschine und stellten Methoden, etwa zum Ziehen von Quadratwurzeln, vor. Auch die für die Geodäsie zentrale Ausgleichsrechnung des Mathematikers Carl Friedrich Gauß konnte mit der nach ihm benannten Maschine leicht ausgeführt werden. Die kreisförmige Anordnung der Zahlen und eine komplizierte Subtraktion erschwerten allerdings die Benutzung. *ek*

Beobachten und Berechnen: Astronomie und Mathematik

Fortschritte von Astronomie und Mathematik sind seit jeher eng miteinander verknüpft. So entstanden wesentliche Forschungsergebnisse beider Disziplinen erst aus dem Zusammenspiel von Beobachtung und Berechnung, wie beispielsweise die Entdeckung von Planeten oder die Bestätigung der Relativitätstheorie. In Berlin beschäftigten sich bedeutende Mathematiker wie Leonhard Euler oder Joseph-Louis Lagrange mit Berechnungsmethoden für die Astronomie. An der Sternwarte wurde 1874 das Astronomi-sche Rechen-Institut gegründet, das unter anderem die Bahnen von Planeten berechnete und mit seinen Seminaren zum wissenschaftlichen Rechnen auch über die Astronomie hinaus wirkte. *ek*
Lit. Dick/Fritze (Hg.) 2000

13-10 Logarithmisch-trigonometrische Tafeln mit acht Dezimalstellen: enthaltend die Logarithmen aller Zahlen von 1–200 000 und die Logarithmen der trigonometrischen Funktionen für jede Sexagesimalsekunde des Quadranten

Leipzig, 1910/11, 2 Bände, Julius Bauschinger/
Jean Peters
Astrophysikalisches Institut Potsdam, Inv.-Nr. 9/90

Das wichtigste Rechenhilfsmittel bis weit ins 20. Jahrhundert war die Logarithmentafel. Gerade für die Berechnung komplexer astronomischer Funktionen bildeten diese Zahlentafeln ein unentbehrliches Nachschlagewerk. Problematisch waren allerdings Fehler, die bei der Berechnung und beim Druck auftraten. Julius Bauschinger, der Direktor des Astronomischen Rechen-Instituts, ließ daher 1909 die Zahlen seiner neu erstellten Tafel mit einer Spezialrechenmaschine überprüfen. *ek*
Lit. Campbell-Kelly/Croarken 2003

13-11 Rechenmaschine »Archimedes«

Glashütte, 1913/14, Glashütter Rechenmaschinen-Fabrik Archimedes, Reinhold Pöthig
Metall, Holz, 11 x 35,5 x 21
Astrophysikalisches Institut Potsdam

Mit zunehmender Luftverschmutzung und Beleuchtung in Berlin wurden im 19. Jahrhundert die Beobachtungsbedingungen an der alten Sternwarte im Stadtzentrum immer schlechter. Daher wurde in Potsdam-Babelsberg eine neue Sternwarte gebaut und 1913 fertiggestellt. In dem dort eigens eingerichteten »Rechenzimmer« war neben anderen Rechenmaschinen auch die »Archimedes« im Gebrauch. An ihr konnten die vier Grundrechenarten mit Staffelwalzen mechanisch ausgeführt werden. *ek*

Der Beginn des Computerzeitalters: programmiertes Rechnen

Der Begriff »Computer« war ursprünglich keine Bezeichnung für Maschinen, sondern für Menschen, die aufwendige Berechnungen durchführten. Genervt von monotonen baustatischen Rechnungen, entwickelte der Ingenieur Konrad Zuse Mitte der 1930er-Jahre die Idee eines »mechanischen Gehirns«.
Er ging davon aus, dass sich auch komplexe Rechenaufgaben in elementare Rechenschritte zerlegen lassen und dadurch maschinell lösbar sind. In Berlin baute er die weltweit ersten frei programmierbaren Rechenmaschinen. Mit Rechenwerk, Speicher, Eingabe- und Ausgabeeinheit wiesen sie bereits alle wesentlichen Elemente moderner Computer auf. *ek*
Lit. Grier 2007; Petzold 1992; Rojas (Hg.) 1998

13-12 Funktionsnachbau der programmgesteuerten Rechenmaschine Z3 von Konrad Zuse, 1941

Berlin, 2010, Horst Zuse
Relais, Metall, Plastik, Holz, 232 x 330 x 40 (Rechen- und 2 Speicherschränke), 65 x 80 x 70 (Schaltkonsole)
Horst Zuse, Berlin

Die Z3 arbeitete nach dem binären Prinzip. Alle Zahlen und Befehle wurden in Nullen und Einsen umgewandelt. Programmiert durch einen gelochten Filmstreifen, führten die Relais die Rechenoperationen aus. Die Originalmaschine wurde von der Deutschen Versuchsanstalt für Luftfahrt teilfinanziert, die besonders an der Lösung von Gleichungssystemen für aerodynamische Berechnungen interessiert war. 1943/44 wurde die Z3 bei Bombenangriffen auf Berlin zerstört. *ek*

13-13 Rundrelais aus dem Besitz von Konrad Zuse

1940er-Jahre
Elektromagnet, verschiedene Metalle, 2,5 x 9 x 5
Horst Zuse, Berlin

Alle Schaltungen der Z3 waren elektromagnetische Relais, 600 Stück im Rechenwerk und circa 2000 im Speicherwerk. Ein Relais entsprach einem Bit: Es konnte den binären Wert 0 oder 1 annehmen, je nachdem, ob es aus- oder eingeschaltet war. Wegen der schwierigen Materialbeschaffung während des Zweiten Weltkriegs benutzte Zuse ausgediente Telefonrelais des Oberkommandos der Wehrmacht. Die Entwicklung des Nachfolgemodells Z4 wurde vom Luftfahrtministerium gefördert, das den Computerbau nun als kriegswichtig einstufte. Bombenangriffe verzögerten den Bau der Z4. Sie wurde erst in den letzten Kriegstagen fertiggestellt. *ek*

13-14 Schrittschalter aus dem Besitz von Konrad Zuse

1940er-Jahre
Metall, 5,5 x 13,5 x 16,5
Horst Zuse, Berlin

Die Berechnungen in der Z3 liefen in vielen Einzelschritten ab. Neben den eigentlichen Rechenoperationen mussten etwa Daten oder Zwischenergebnisse von einem Teil der Maschine zum nächsten übertragen werden. Zur Steuerung dieser Prozesse verwendete Zuse Schrittschalter, wie sie damals in der Telefonvermittlung üblich waren. Ein unter elektrischer Spannung stehender Arm wurde in Bewegung gesetzt und aktivierte nacheinander einzelne Schaltkreise. *ek*

13-15 Konrad Zuse erklärt die Funktionsweise der Z3

Aus: »Konrad Zuse. Porträt des Computerpioniers und seiner Maschinen«, 1990, Mathias Knauer
© attacca Filmproduktion Zürich 2010

13-14

Rechnen im Zentrum: Großcomputer für die Forschung

Rechenzentren für Forschung und Lehre wurden in Deutschland ab Mitte der fünfziger Jahre eingerichtet und mit industriell gefertigten Großcomputern ausgestattet. Sie dienten zunächst vor allem Berechnungen der angewandten Mathematik und bildeten die Grundlage für die Entstehung der neuen Wissenschaftsdisziplin Informatik.
In Westberlin initiierte der Mathematikprofessor Wolfgang Haack Rechenzentren an der Technischen Universität und dem Hahn-Meitner-Institut für Kernforschung. In Ostberlin wurde 1964 ein Rechenzentrum an der Humboldt-Universität gegründet, das eng mit den mathematischen Instituten der Akademie der Wissenschaften zusammenarbeitete. *ek*

Lit. Held (Hg.) 2009; Pieper 2009; Töpfer 1998

13-16 Lochstreifenleser des Siemens-Digitalrechners 2002 aus dem Hahn-Meitner-Institut, Berlin

München, 1963, Siemens & Halske AG
Holz, Metall, Papier, Glas, diverse Elektronikbauteile, 76 x 65 x 65
Fachhochschule Kiel, Inv.-Nr. 1186

Während die Firma Siemens & Halske noch mit der Entwicklung ihres ersten Transistorcomputers beschäftigt war, trafen bereits drei Aufträge der Deutschen Forschungsgemeinschaft ein. 1959 wurde einer dieser »Siemens 2002« genannten Computer an das gerade gegründete Hahn-Meitner-Institut für Kernforschung

in Westberlin geliefert. Ab 1963 war dort ein zweiter Computer gleichen Typs in Benutzung. Der Lochstreifenleser diente zum Einlesen von Zahlen und Rechenvorschriften. *ek*

13-17 Schaltkarte des Siemens-Digitalrechners 2002 aus dem Hahn-Meitner-Institut, Berlin

München, 1960er-Jahre, Siemens & Halske AG
Epoxid, diverse Elektronikbauteile, 10,5 x 18,5 x 1,5
Gerhard Ploch, Berlin

Der »Siemens 2002« ist der erste in Deutschland gebaute Computer, in dem Transistoren als Schaltungen verwendet wurden. Im Vergleich mit den zuvor üblichen Relais- und Röhrenschaltungen konnten dadurch die Rechenprozesse

13-16

Lit. Dittmann 2009; Löffler 2008; Merkel 2008

enorm beschleunigt werden. Außerdem stellten die Transistoren den Beginn der Miniaturisierung dar: Mehrere dieser Schaltungen wurden auf steckbaren Leiterplatten angebracht und an der Unterseite mit gelöteten Kupferbahnen verbunden. *ek*

13-18 Mappe zum Ausbildungskurs des Siemens-Digitalrechners 2002

München/Berlin, 1960, Siemens & Halske AG/
Gerhard Ploch
Pappe, Papier, 30 x 23,5 x 1,5
Gerhard Ploch, Berlin

Der Großrechner wurde ohne Betriebssystem und Software geliefert. Zunächst mussten sich die Mitarbeiter des Rechenzentrums mit der ungewöhnlichen Codierung vertraut machen. Statt komplette Dezimalzahlen ins Binärsystem zu übersetzen, bekam jede einzelne Dezimalziffer einen vierstelligen binären Code zugewiesen. Mit den im Institut entwickelten Betriebssystemen HASI und POESIA war die Maschine dann für wissenschaftliche Berechnungen einsetzbar. *ek*

13-19 Berechnungen am Siemens-Digitalrechner 2002 im Hahn-Meitner-Institut, Berlin

Berlin, 1959, Siemens & Halske AG
Fotografie, 24 x 17,5
Helmholtz-Zentrum Berlin für Materialien und Energie GmbH, Berlin

Im Hahn-Meitner-Institut entstanden nicht nur Rechenprogramme für die dortige Atomforschung, sondern auch für die Westberliner Universitäten und die Stadtverwaltung. Für die jeweiligen Anwendungen wurden die passenden Algorithmen entwickelt und in Lochstreifenprogramme übersetzt. So wurde beispielsweise die Schaltung von Berliner Ampelanlagen programmiert oder aus den Daten des Meteorologischen Instituts der Freien Universität Wettervorhersagen berechnet. *ek*

Knoten statt Zentren: Vernetztes Rechnen

Die Verbindung von Computern zu Rechnernetzen dient dazu, Daten auszutauschen und Rechenkapazitäten besser auszunutzen. Das 1969 in den USA zunächst im militärischen Kontext entstandene Internet entwickelte sich zunehmend zum wissenschaftlichen Forschungsfeld und weltweiten Kommunikationsmittel.
Der Aufbau von Computernetzwerken in Deutschland ging von Berlin aus. An der Akademie der Wissenschaften in Ostberlin wurde seit Mitte der 1970er-Jahre am Rechnernetzwerk DELTA geforscht. Es verknüpfte die Großcomputer der Akademieinstitute und der Technischen Universität Dresden. In Westberlin startete 1974 das HMI-NET im experimentellen Betrieb, dessen Nachfolger BERNET vier Forschungseinrichtungen vernetzte. *ek*

13-20 Der Großrechner BESM 6 im Einsatz am Zentrum für Rechentechnik, Zeuthen

Zeuthen, 1980er-Jahre
Fotografie, 23 x 16
Hermann Meier, Zeuthen

13-21 Schaltkarten des Großrechners BESM 6

Sowjetunion, um 1970
diverse Elektronikbauteile, 15 x 20 x 2
a) Schaltkarte aus dem Institut für Hochenergie, Zeuthen
Deutsches Elektronen-Synchrotron DESY, Zeuthen
b) Schaltkarte aus dem Zentrum für Rechentechnik, Berlin-Adlershof
Jürgen Rauschenbach, Berlin
c) Schaltkarte aus dem Rechenzentrum der Technischen Universität Dresden
Museen der Stadt Dresden, Technische Sammlungen, Inv.-Nr.: TSD 4923e

Anfang der 1970er-Jahre wurden in der DDR sowjetische Großrechner vom Typ BESM 6 installiert. Dieser Transistorcomputer war mit einer Million Rechenoperationen pro Sekunde der schnellste Computer des Ostblocks. Um deren Kapazitäten optimal zu nutzen, wurde am Zentrum für Rechentechnik in Ostberlin und an der Technischen Universität Dresden ein Rechnernetzwerk entwickelt. So konnten umfangreiche Rechenaufgaben zwischen den Hochleistungscomputern aufgeteilt werden. *ek*

13-22 Topologie des Rechnernetzes DELTA

Zeuthen, 1980er-Jahre
Präsentationsfolie, 27 x 21
Hermann Meier, Zeuthen

Das Rechnernetz DELTA ging 1979 mit zwei Knoten in Betrieb und wurde 1981 auf fünf Knoten erweitert. Das Herzstück des Netzes bildeten Großrechner in Adlershof, Berlin-Buch, Zeuthen und Dresden, die durch Modems über Standleitungen miteinander verbunden wurden. Mit dem eigens entwickelten Kommunikationssystem KOMET konnten Datenpakete mit einer Geschwindigkeit von 48 Kilobit pro Sekunde übertragen werden. Nach Prag gab es eine Testverbindung mit 1,2 Kilobit pro Sekunde. *ek*

13-23 Collage mit Lochkarten und Fotografie aus dem Zentrum für Rechentechnik, Zeuthen

Zeuthen, 1980er-Jahre
Papier, Fotografie, 30 x 21
Hermann Meier, Zeuthen

Lochkarten waren das wichtigste Ein- und Ausgabemedium für Nutzer des Rechnernetzwerks DELTA. Landwirtschaftliche Betriebe der DDR konnten beispielsweise Daten zu Bodenbeschaffenheit und Anbaufrucht an Kleinrechnern eingeben und über Telefonleitungen an das Zentrum für Rechentechnik schicken. Unter Zuhilfenahme der aktuellen meteorologischen Daten wurde dort die optimale Wassermenge für die Bewässerungsanlagen errechnet und den Betrieben zurückgesendet. *ek*

Paralleles Rechnen: Entwicklung von Supercomputern

Fortschritte in Computertechnik und Softwareentwicklung führten in den letzten Jahrzehnten zu einer enormen Erhöhung der Rechengeschwindigkeit. Die weltweit jeweils schnellsten Hochleistungsrechner werden Supercomputer genannt. Diese haben Simulationen und Modellierungen in den Wissenschaften erheblich verbessert und werden gegenwärtig insbesondere in der Klimaforschung und der theoretischen Physik eingesetzt. In einem nationalen Forschungsverbund wurde in den 1980er-Jahren der erste Supercomputer in Deutschland entwickelt. Im Parallelrechner SUPRENUM, der 1990 der schnellste Computer der Welt war, arbeiteten zahlreiche Prozessoren gleichzeitig an der Lösung einer Aufgabe. *ek*
Lit. Trottenberg 2008; Wiegand 1994

13-24 Rechenknoten des Superrechners SUPRENUM

Bonn, 1989, Suprenum GmbH
Prozessoren, diverse Elektronikbauteile, 2 x 51 x 26
Deutsches Museum, München, Inv.-Nr. 2001-750

Der »SUPer-REchner für NUMerische Anwendungen« war ein massiv paralleler Rechner: 256 Prozessoren führten unabhängig voneinander verschiedene Operationen durch, tauschten die Ergebnisse untereinander aus und kamen gemeinsam zur Lösung einer komplexen Rechenaufgabe. Mit einer Geschwindigkeit von bis zu 2,8 Milliarden Rechenoperationen pro Sekunde konnte der Computer beispielsweise Gleichungssysteme mit mehreren Millionen Unbekannten berechnen. *ek*

13-25 Strukturskizze zur Rechenknoten-Architektur des SUPRENUM

Berlin, 1980er-Jahre, Forschungsinstitut für innovative Rechnerstrukturen (FIRST)
Präsentationsfolie, 30 x 21
Fraunhofer-Institut für Rechnerarchitektur und Softwaretechnik FIRST

Die große Herausforderung beim Bau eines Parallelrechners liegt in der koordinierten Entwicklung von Hard- und Software. Für die Aufteilung der Rechenaufgabe auf mehrere Prozessoren und die Kommunikation zwischen den einzelnen Rechenschritten bedarf es innovativer mathematischer Verfahren. Insgesamt waren zweihundert Wissenschaftler an der Entstehung des Superrechners beteiligt,

wobei die Rechnerarchitektur in Berlin und die Softwareentwicklung in Bonn geleitet wurde. *ek*

13-26 Modell des Superrechners SUPRENUM

Berlin, 1980er-Jahre, Forschungsinstitut für innovative Rechnerstrukturen (FIRST)
Pappe, Papier, 7 x 16 x 14
Fraunhofer-Institut für Rechnerarchitektur und Softwaretechnik FIRST

Die Gesamtanlage des SUPRENUM war drei Meter hoch und benötigte eine Standfläche von über zwanzig Quadratmetern. Allerdings scheiterte die Markteinführung des Prototyps, nur fünf kleinere Maschinen wurden ausgeliefert. Die Nachfrage nach Parallelrechnern war Anfang der 1990er-Jahre gering und keine Computerfirma zunächst bereit, in die Weiterentwicklung zu investieren. Das Konzept des SUPRENUM war jedoch richtungweisend für den späteren Bau kommerzieller Superrechner. *ek*

Womit können wir rechnen?

Innovative mathematische Verfahren und leistungsstarke Computer ermöglichen heute die Simulation komplexer Phänomene unterschiedlichster Wissenschaftsfelder im »digitalen Labor«. Ganze Wissenschaftszweige wurden durch die Möglichkeiten der numerischen Modellierung verändert oder um neue Fachrichtungen ergänzt, beispielsweise die Bioinformatik.
Berlin ist heute ein wichtiges Zentrum der Forschung in den Bereichen Mathematik und Informatik. In zahlreichen Instituten und gemeinsamen Initiativen wie MATHEON werden Algorithmen und mathematische Modelle für Schlüsseltechnologien entwickelt, etwa auf dem Gebiet der Logistik, und damit komplexe Daten besser berechenbar. *ek*
Lit. Gramelsberger 2010

13-27 Wissenschaftler berichten über die Bedeutung des Rechnens in ihrer Forschung

Kurzfilme
© uncertainty-film, Ralf Hinterding, 2010

a) Der Genetiker Hans Lehrach/Max-Planck-Institut für Molekulare Genetik, Berlin, 4:29 min.

b) Die Mathematikerin Olga Holtz/Technische Universität Berlin, 4:28 min.

c) Der Astrophysiker Harry Enke/Astrophysikalisches Institut Potsdam, 4:01 min.

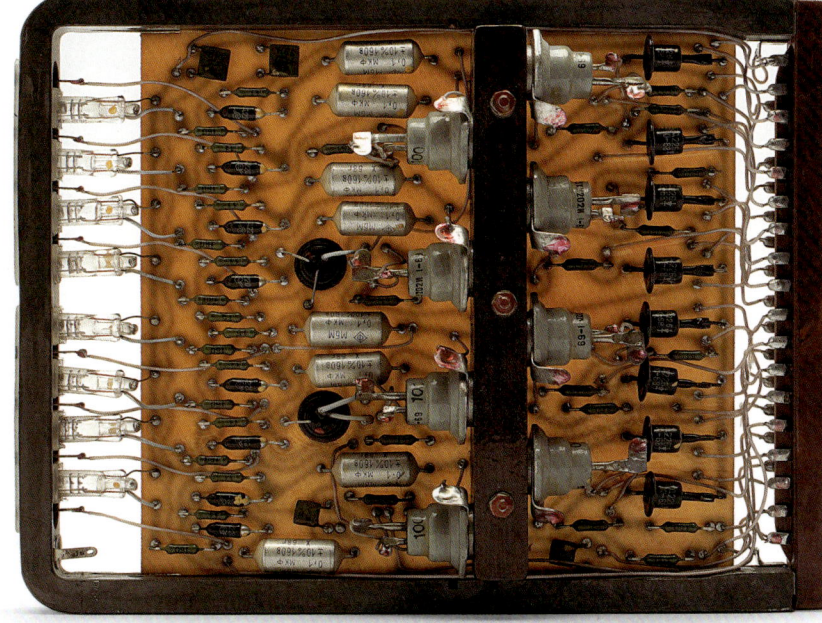

13-21a

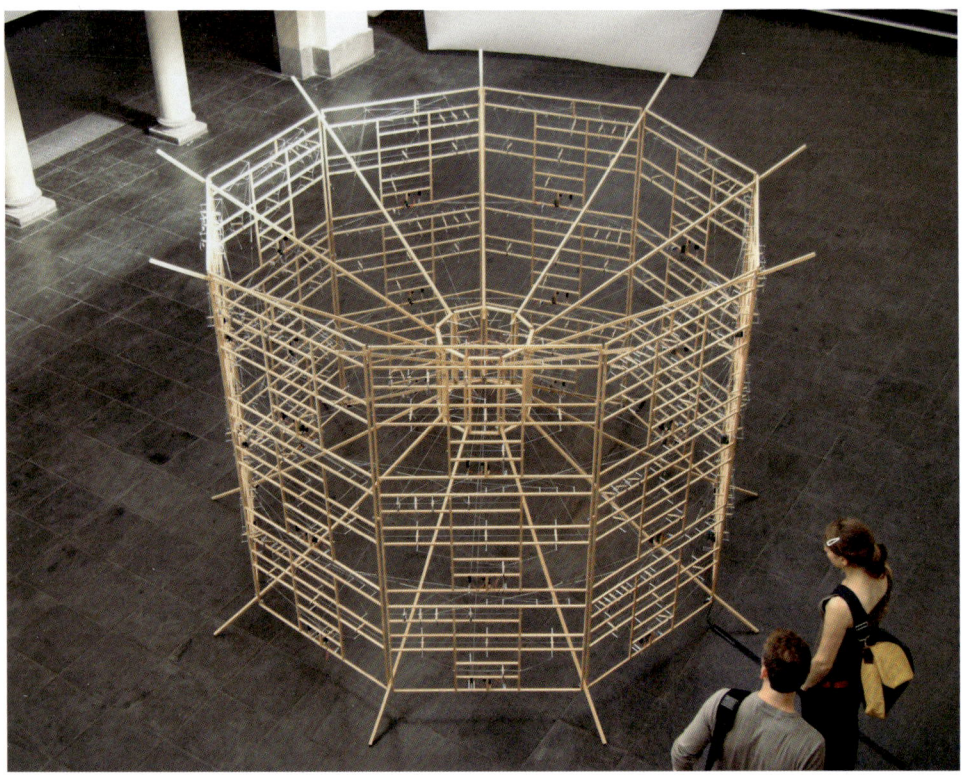

13-28

Rechnender Raum

Ist das Universum eine gigantische Rechenmaschine? Das Bild der Welt als
Maschine zieht sich durch die Geistesgeschichte der letzten Jahrhunderte. Auto-
matentheorie und Kybernetik gaben dieser Anschauung seit Mitte der 1950er-
Jahre neue Impulse. Der Computerpionier
Konrad Zuse veröffentlichte 1967 seine
Vision vom »Rechnenden Raum«. Danach
lassen sich alle Informationen in kleinste
Ja-Nein-Einheiten übersetzen, die er
»Digitalteilchen« nannte. Sie treten miteinander in Wechselwirkung und bilden
einen universalen zellularen Automaten.
Der Kosmos könnte damit als riesiger natürlicher Computer verstanden werden,
der Daten und Rechenbefehle verarbeiten
kann. *ek*
Lit. Falkenberg/Huber 2007; Zuse 1969

13-28 **Rechnender Raum.**
Inverted machine
2007, Ralf Baecker
Holz, Metall, Gummiband, Microcontroller, Servo-Motor,
290 x 345 x 345
Ralf Baecker

Die kinetische Skulptur »Rechnender
Raum« zeigt digitale Prozesse in Anlehnung an Konrad Zuses Ideen. Schnüre,
Hebel und Gewichte sind zu elementaren
Einheiten verknüpft und bilden die logischen Operationen Und/Oder/Nicht. Aus
der Verkettung der logischen Schaltungen
entsteht ein zellularer Automat. Gleichzeitig werden unsere Vorstellungen vom
Computer infrage gestellt: Die Rechenprozesse finden an der Oberfläche statt, die
Ergebnisse bleiben im Inneren unsichtbar. *ek*

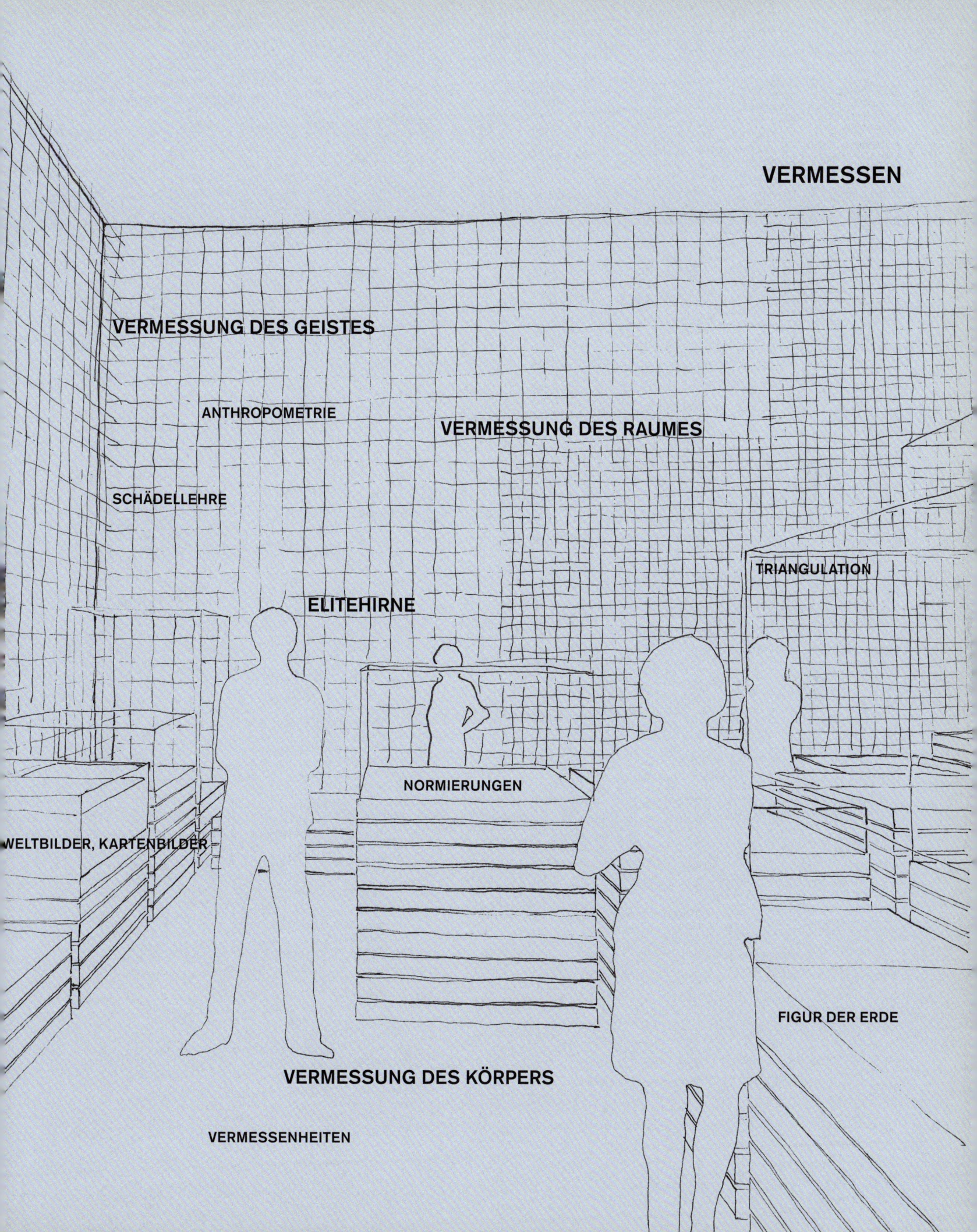

VERMESSEN

Volker Hess

Messen ist ein, wenn nicht sogar der Modus der Weltaneignung schlechthin. Spuren dieser messenden Aneignung finden sich überall: Große gusseiserne Waagen aus dem vorletzten Jahrhundert auf den Berliner S-Bahnstationen, Verkehrsschilder mit Kilometer-Angaben an der nächsten Straßenecke, Kleidergrößen im Kaufhaus nebenan oder in jedem Haushalt, wo neben Fieberthermometer, Küchen- oder Badwaage alle möglichen Messinstrumente ihren Platz gefunden haben. Diese Apparate erleichtern uns nicht nur das tägliche Leben. Sie haben dank ihrer Fähigkeit zur instrumentellen Aneignung auch die Welt verändert.

Bereits der Vorgang des Messens unterzieht die Natur einem spezifischen Zugriff: Apparaturen und Instrumente verleihen ihr eine mechanische Sprache, deren Genauigkeit und Präzision eine bis dahin nicht bekannte Objektivität repräsentieren. Sie reduzieren die qualitative Mannigfaltigkeit der Welt auf quantitative Differenzen, die sich in numerischen Werten ausmessen, vergleichen, sammeln und zu statistischen Durchschnitten akkumulieren lassen. Bei dieser Verobjektivierung erhalten die einstmals subjektiven Ideale einer ästhetischen Urteilskraft eine normative Geltung, die statt einer typologischen Vielfalt nur noch ein Maß kennt, das Durchschnittliche als normal und jede Form der Abweichung als pathologisch oder abnorm markiert.

Der Prozess der modernen metrischen Aneignung der inneren und äußeren Natur setzte im Laufe des 18. Jahrhunderts ein. Für die Vermessung der äußeren Natur stehen paradigmatisch die großen Forschungsreisen jener Zeit. Als 1799 Alexander von Humboldt und Aimé Jacques Alexandre Bonpland (1773–1858) nach Südamerika aufbrachen, nahmen sie rund fünfzig Instrumente mit. Neben meteorologischen Instrumenten befanden sich auch Fernrohre, Winkelmesser, Kompass und Inklinationsmesser im Gepäck – im Grunde alles, was für eine geodätische Landnahme nötig ist. Bei ihrer Rückkehr nach Europa waren nicht nur die Notizbücher und Botanisiertrommeln prall gefüllt, wie bei solchen Expeditionen üblich. Sie brachten darüber hinaus auch reiches Datenmaterial mit, das sich einer »präzisen Beobachtung« verdankte. Dadurch unterschied sich Humboldts berühmte Beschreibung der Vegetationszonen von den üblichen physischen Erdbeschreibungen, jenen vorzugsweise aus bereits publizierten Reiseberichten zusammengestellten wortreichen Darstellungen wie beispielsweise im elfbändigen Werk des Berliner Konsistorialrates Anton Friedrich Büsching (1724–1763).

Die vermessende Aneignung einer fremden Welt war nicht nur eine physische Grenzerfahrung wie Humboldts legendäre Besteigung des Chimborazo. In und mit ihr deutete sich auch ein imperialistischer Gestus an, dessen Ambivalenz sich im Laufe des 19. Jahrhunderts immer deutlicher offenbarte. Er weist die wissenschaftlich objektivierende Geografie als Kind des 19. Jahrhunderts aus, das, aus der Neugier der Aufklärung geboren, der politischen Instrumentalisierung geopfert und schließlich im Kolonialismus des späten 19. Jahrhunderts zu Tode getragen wird.

Die gleiche Ambivalenz kennzeichnet aber auch die Vermessung der inneren Natur. Während die Humboldt'schen Forschungsreisen als Projekt der Aufklärung begriffen wurden, betrachtete der Bildhauer und Kunstlehrer Johann Gottfried Schadow (1764–1850) seine Lehre von den »Verhältnissen des menschlichen Körpers« formal als Fortführung der antiken Ästhetik. Das 1834 veröffentlichte Lehrbuch und Tafelwerk »Polyklet« nahm bewusst die traditionelle Proportionslehre auf. Die klassische Proportionslehre suchte, wie beispielsweise bei Albrecht Dürer, die Natur des menschlichen Körpers mithilfe von »Zirckel und Richtscheyt« als geometrisches Verhältnis von Kopf, Rumpf und Gliedmaßen zu bestimmen; Schadow, der Direktor der Berliner Kunstakademie, griff indes zum Metermaß und Rheinländischen Zollstock, um die »wirklichen Naturgrößen« nach Alter und Geschlecht zu vermessen. Diese Form der Objektivierung sah sich mit zwei grundlegenden Problemen konfrontiert: Erstens waren Schadows Tafeln, im Gegensatz zu den selbstreferenziellen Proportionalangaben, von einer geeichten und genormten – französischen oder preußischen – Messskala abhängig.[1] Die Vermessung des Menschen war folglich in den nationalen Wettstreit um eine Vereinheitlichung der Messgrößen eingebunden, die der industriellen Massenproduktion den Boden bereitete.[2] Zweitens produzierte eine derartige Vermessung neue Normen. Der vitruvianische Mensch bedurfte für seine wohlproportionierte Gestalt »ad quadratum« und »ad circulum« keiner metrischen Größenangabe. Sobald jedoch Messwerte in diskreten Zahlen erhoben wurden, stellte sich die Frage des Vergleichs und des Bezugs. Schadows Tafeln zeigen entweder die Vermessung eines, bis hin zur Namensangabe individualisierten, konkreten Menschen oder ein repräsentatives Körpermaß ohne genauere Herkunftsangaben. Während die traditionelle Proportionslehre sich um die Darstellung eines ästhetischen Ideals, nämlich um den schönen (männlichen) Körper, bemühte, musste sich jede metrische Vermessung auf empirischem Wege legitimieren.

Schadows Zeichenlehre markiert damit jenen Schritt, den Immanuel Kant als gedankliches Modell vorweggenommen hat. Unter Verweis auf die antike Proportionslehre überlegt der Königsberger Philosoph in der Kritik der Urteilskraft, wie der menschliche Verstand eine Vorstellung von der Normalgröße einer erwachsenen »Mannsperson« gewinne. Hierzu würden im Geiste die Bilder von angenommen tausend Männern übereinander projiziert, woraus die Einbildungskraft ein Durchschnittsmaß ermittle. Diese intellektuelle Operation sei – laut Kant – mit einer seriellen Messung vergleichbar, denn man könnte dasselbe auch »mechanisch heraus bekommen, wenn man alle tausend Mannspersonen mäße, ihre Höhen [...] zusammenaddierte, und die Summe durch tausend dividierte«.[3]

Der bei Kant nur als Gedankenexperiment vorgenommene Schritt wurde im Laufe des 19. Jahrhunderts methodisch ausformuliert. Mithilfe von langen seriellen Vermessungen von Soldaten, Schülern und anderen Bevölkerungsgruppen entwarfen Adolphe Quetelet (1796–1874) und andere Statistiker den *homme moyen*, den »mittleren Menschen«. Dabei wurde zugleich die philosophische Idee des Normalen aus dem Kopf des Erkenntnissubjektes in das mathematische Kalkül einer Statistik verlagert und externalisiert. Was einst eine »Idee« war, wurde nun »objektiv«, womit die vormalige

1 Döring, Daniela: Zeugende Zahlen. Mittelmaß und Durchschnittstypen in Proportion, Statistik und Konfektion des 19. Jahrhunderts. Diss. phil. Humboldt-Universität Berlin 2009, auch im Folgenden.
2 Cahan, David (Hg.): An institute for an empire: the Physikalisch-Technische Reichsanstalt 1871–1918, Cambridge 1989 [dt.: Meister der Messung. Die Physikalisch-Technische Reichsanstalt im Deutschen Kaiserreich, Weinheim 1992]; Berz, P.: 08/15. Ein Standard des 20. Jahrhunderts, München 1998.
3 Kant, Immanuel: Critic der Urteilskraft. Zweite Auflage, Berlin 1793.

Leistung der Einbildungskraft als natürliche oder biologische Norm begriffen und konzeptualisiert wurde. Schadow selbst beschränkte sich noch auf die Vermessung der Kinder aus seinem näheren Umkreis; der von ihm eingeschlagene Weg führte jedoch zu einer umfassenden Vermessung der inneren und äußeren Natur des Menschen. Bemühten sich Johann Caspar Lavater (1741–1801) und Franz Josef Gall (1758–1828), auf dem Weg der eingehenden Beschreibung der Gesichtszüge beziehungsweise der knöchernen Schädelform Rückschlüsse auf den individuellen Charakter eines Menschen zu ziehen, so glaubte Schadow, mithilfe einer Vielzahl von Hilfslinien und Messpunkten über eine genaue Vermessung des Kopfes den »Nationalcharakter« zu erfassen – gewissermaßen im Vorgriff auf die anthropologischen Erhebungen, die Ende des 19. Jahrhunderts populär wurden.

Für Schadow und seine Zeitgenossen blieb das Maß des Menschen jedoch immer Element einer typologischen Ordnung, auch wenn es nach Alter und Geschlecht differenziert wurde. So wie es verschiedene Nationalcharaktere gab, so ließen sich auch verschiedene Idealtypen aufstellen.

Dies änderte sich mit dem instrumentellen Zugriff der neuen Lebenswissenschaften. In das Labor wie in die Klinik zogen das Messen und Zählen ein. 1849 begann der junge Assistenzarzt Ludwig Traube (1818–1876) die Körpertemperatur der an Fieber erkrankten Patienten seiner Krankenabteilung in der Berliner Charité zu messen und die erhobenen Daten mit dem Krankheitsverlauf zu korrelieren. Das hatten vor ihm schon andere versucht. Doch Traube war der Erste, der nach einigen Monaten beharrlichen Messens den Schluss zog, dass weder Frösteln noch Pulsfrequenz, sondern die erhöhte Temperatur das zuverlässigste Anzeichen für eine Fiebererkrankung sei.[4]

Dieser Erfolg verdankt sich zum einen der Methode: Traube publizierte eine präzise Anweisung für die praktische Handhabung des Instruments, mit der die Körpertemperatur zuverlässig gemessen und andernorts reproduziert werden konnte. Darüber hinaus führte er eine neue Darstellungsmethode ein. Er begnügte sich nicht mit der Angabe bloßer Temperaturwerte, sondern bildete den Fieberverlauf in Form einer grafischen Kurve ab. Damit übersetzte er die gemessenen Daten in eine physiologische Sprache. Beide Schritte charakterisieren den neuen Zugriff des Messens: Das methodische Verfahren und die instrumentelle Übersetzung.[5] An die Stelle wortreicher Differenzierungen der alten Fieberlehre traten nun diskrete Zahlenwerte, die sich auf eine einheitliche metrische Skala bezogen, mit der die temperaturabhängige Ausdehnung des Quecksilbers abgebildet wurde. Die qualitative Vielfalt der subjektiven Empfindungen wurde verobjektiviert und auf eine quantitative Angabe reduziert.

Messen tilgt folglich Qualitäten und ebnet sie auf quantitative Differenzen ein. Es übersetzt die lebensweltliche Erfahrung in die Sprache von Maschinen.[6] Die Fieberkurve, mit der Traube seine neue Theorie des Fiebers publik machte, glich dabei nicht zufällig der Aufzeichnungspraxis des physiologischen Labors. Sie übertrug bewusst eine laborexperimentelle Aufschreibetechnik in die Klinik. Die sorgsam mit Stift und Lineal gezeichneten Temperaturkurven ahmten eine physiologische Aufzeichnungstechnik nach: Der 1846 eingeführte Kymograph oder Kurvenschreiber hatte die Physiologie durch die fortlaufende Aufzeichnung organischer Veränderungen revolutioniert, indem er gewissermaßen die Natur selbst zum Sprechen brachte.[7] Die rotierende Trommel dokumentierte die Spuren physiologischer Lebensäußerungen als zeit-

4 Hess, Volker: Der wohltemperierte Mensch. Wissenschaft und Alltag des Fiebermessens (1850–1900), Frankfurt am Main 2000.
5 Ders.: Messen und Zählen. Die Herstellung des normalen Menschen als Maß der Gesundheit, in: Berichte zur Wissenschaftsgeschichte 22, 1999, S. 266–280.
6 Reiser, Stanley Joel: Medicine and the Reign of Technology, Cambridge 1977, Kapitel 5.
7 Chadarevian, Soraya de: Graphical Method and Discipline. Self-Recording Instruments in the Nineleenth-Century Physiology, in: Studies in the History and Philosophy of Science 24, 1993, S. 267–291.

liche Funktion, die sich, wie die Berliner Physiologen Emil Du Bois-Reymond und Hermann von Helmholtz Anfang der 1850er-Jahre noch optimistisch formulierten, auf mathematische Gesetzmäßigkeiten hin entschlüsseln lassen sollten. Den beiden Berlinern gelang es tatsächlich, den Verlauf der auf eine elektrische Erregung folgenden Muskelzuckung regelhaft darzustellen. Doch die Hoffnung, dass sich weitere organische Funktionen auf eine mathematische Formel reduzieren lassen, erfüllte sich nicht.[8]

Die Anstrengungen des Labors illustrieren eine Seite des messenden Zugriffs: die Übersetzung der Natur in eine mechanische Sprache nach den Regeln der Mathematik.

Die Kliniker hingegen gingen einen anderen, den von Kant vorgedachten und von Schadow im Ansatz entwickelten Weg einer statistischen Ermittlung eines mittleren Maßes. Sie maßen über Jahre hinweg die Körpertemperatur Tausender Kranker. Aus dem statistischen Mittel folgte, dass jeder krank sei, »dessen Temperatur nach auf- oder abwärts die Gränzen der Norm« überschreite. Die Statistik der Reihenmessungen schuf aber nicht nur Normen, sondern verdeutlichte zugleich den prekären Status solcher normativer Festlegungen. Denn es sei »nicht jeder gesund, der eine normale Temperatur« zeige, wie ein zweiter Fundamentalsatz der Kliniker lautete.[9]

Dieses Beispiel zeigt eine dritte Charakteristik des Messens. Die Erhebung großer Zahlenreihen führt scheinbar zwangsläufig zu Normen und generiert über den Weg des statistischen Durchschnitts jene für die modernen Lebenswissenschaften charakteristische Gleichsetzung von normal und pathologisch. So unterscheiden sich statistische Mittelwerte in zweifacher Weise von der alten Proportionslehre: Erstens liegt dem durch die Beobachtung gefundenen Typus ein nie zu erreichendes Ideal zugrunde, während die statistische Verdatung nur ein Zuviel oder Zuwenig kennt. Und während zweitens die »Idee des Schönen« eine intellektuelle Leistung des Erkenntnissubjekts darstellt, geben die statistisch erzeugten Mittelwerte vor, ein rein empirisches, vom Erkenntnisobjekt gestiftetes Wissen zu repräsentieren. Durchschnittlich heißt jedoch nicht notwendigerweise normal oder gar gesund – und die Differenz zwischen den statistisch ermittelten Größen und deren normativer oder regulativer Interpretation ist nicht empirisch aufzulösen, sondern verweist vielmehr auf implizite und verschwiegene soziale und technische Normsetzungen. Ein besonders augenfälliges Beispiel illustrieren die aktuellen Debatten über das durchschnittliche Körpergewicht der Bevölkerung westlicher Industrieländer und die medizinische Bedeutung des Body-Mass-Index. Solche normativen Zuschreibungen sind empirisch unterdeterminiert, von methodischen und technischen Prämissen erzeugt und Folge gesellschaftlicher Aushandlungsprozesse.

Das Verfahren einer metrischen Vermessung der Natur ist nicht zu trennen von Fragen, wie Typen, Normen und Standards generiert und begründet werden. Messen erzeugt Durchschnitte, aber keine Normen. Es gibt neben der statistischen Verarbeitung andere Möglichkeiten der Datenverarbeitung. Auch Rudolf Virchow (1821–1902) insistierte auf dieser Differenz zwischen Typologie und statistischem Durchschnitt.

Der Berliner Pathologe und Politiker war auch als Anthropologe tätig, er gilt sogar als einer der Gründungsväter der neuen Disziplin.[10] Es war daher kein Zufall, dass unter seiner Leitung die »rassische« Zusammensetzung des deutschen Volkes ermittelt wer-

8 Brain, Robert M./Wise, M. Norton: Muscles and Engines: Indicator Diagrams and Helmholtz's Graphical Methods, in: Krüger, Lorenz (Hg.), Universalgenie Helmholtz. Rückblick nach 100 Jahren, Berlin 1994, S. 124–145.

9 Hess, Volker: Messende Praktiken und Normalität, in: Normierung der Gesundheit. Messende Verfahren der Medizin als kulturelle Praktik um 1999 (Abhandlungen zur Geschichte der Medizin und Naturwissenschaften, hg. von R. Winau) Husum 1997, S. 7–16.

10 Ackerknecht, Erwin Heinz: Rudolf Virchow. Arzt, Politiker, Anthropologe, Stuttgart 1957; Goschler, C.: Rudolf Virchow. Mediziner – Anthropologe – Politiker, Köln 2002.

den sollte. Von 1874 bis 1876 wurden in einer Reihenuntersuchung über sieben Millionen Schulkinder nach Haut-, Augen- und Haarfarbe erfasst – eine massenstatistische Erhebung bis dahin ungekannten Ausmaßes. Diese Daten wurden nach »Juden« und »Nicht-Juden« getrennt erhoben. Virchow befürwortete diese Unterscheidung, weil er sich von der Erhebung ein wissenschaftliches Argument gegen den aufkommenden Rassismus erhoffte. Er war kein Antisemit und hatte die Verknüpfung von Darwins Evolutionstheorie mit Rassefragen entschieden kritisiert. Als Naturwissenschaftler war er jedoch ein begeisterter Vermesser, der das groß angelegte Projekt mit seiner Autorität legitimierte.

Das Ergebnis der Studie war mager: Nur bei einem Drittel der Deutschen ließen sich jene Merkmale nachweisen, die als »arisch« galten. Es gab auch kein »rassisches« Gefälle zwischen Ost und West, wie manche gemutmaßt hatten. Lediglich im norddeutschen Raum zeigte sich statistisch ein höherer Anteil blonder und blauäugiger Kinder, wobei gerade diese Merkmale sich wiederum statistisch nicht auf die Herkunft der Kinder beziehen ließen. Auch unter den Kindern jüdischer Herkunft fand sich ein beachtlicher Anteil eines »rein blonden Typus«. Stattdessen verwiesen die Daten auf die aktuelle wie historische Migration: War in norddeutschen Städten der Anteil des »dunklen Typus« präsenter als auf dem Land, so war es in Süddeutschland gerade andersherum. Auch entlang der großen Verkehrswege waren die statistischen Differenzen geringer.

Virchow zufolge belegten diese Resultate eindeutig die Unhaltbarkeit von Rassetheorien. Stattdessen verwiesen die statistischen Befunde auf verschiedene »Idealtypen« – einen hellen und einen dunklen Typus –, die sich weder in ihrer biologischen Natur noch in ihrer kulturellen Leistungsfähigkeit unterschieden. Doch die statistische Vermessung ließ sich auch anders interpretieren. Bezog man die Befunde nicht auf gleichberechtigte aber verschiedene Idealtypen, sondern verortete sie auf einer imaginären Maßskala einer »rassischen Mehr- oder Minderwertigkeit«, dann konnte die statistische Erhebung auch als Hinweis für eine zunehmende »Entartung« und »Rassenmischung« gedeutet werden. So war die aufkommende Rassenideologie auf empirischem Wege nicht zu widerlegen. Vielmehr begründete sich der dominant werdende Diskurs der Sozial- und Rassenhygiene nach allen Regeln der zeitgenössischen Wissenschaften, und den nackten Zahlen waren die Vor- und Fehlurteile nicht anzusehen, die in sie eingeschrieben wurden. Messen liefert auch nicht den Nachweis für jene Genialität, die man mit der gleichen Zuversicht in die objektivierende Kraft der Quantifizierung aus der seriellen Vermessung »großer Gehirne« zu gewinnen glaubte.

Diese Lehre des 20. Jahrhunderts lässt sich verallgemeinern. In ihrer Eindeutigkeit bleiben Zahlen immer mehrdeutig. Offen für Deutungen, produziert jede Messung mit präziser Genauigkeit einen Raum der Interpretation. Statistische Durchschnitte setzen keine Norm, und Abweichungen vom Mittelwert begründen keine Pathologie. Die Begründung und Rechtfertigung solcher Werturteile nimmt uns das Messen nicht ab.

Der vermessene Mensch

Der Akt des Vermessens galt lange als Souveränitätsgeste des Forschers, der sich die Welt anzueignen versuchte. Der quantifizierende Zugriff auf den menschlichen Körper wurde oft von einem anthropologischen Interesse geleitet. Eine Vielzahl von Daten mussten erhoben werden, um Gesetzmäßigkeiten und Regelhaftigkeiten zu identifizieren. Vermessen wurden vor allem Extreme – also Menschen, die von der vermeintlichen Norm abwichen: fremde Ethnien, Kriminelle und »Degenerierte«; aber auch Eliten, berühmte Wissenschaftler, Politiker oder Künstler. Dass Messergebnisse exakt und neutral seien, ist bis heute eine geläufige Vorstellung. Sie lässt allerdings außer Acht, dass metrische Verfahren immer auf ein messendes Subjekt angewiesen sind. Jedes anthropologische Exponat verweist damit immer auch auf die Weltbilder und Wissensformationen, in deren Namen es gesammelt, hergestellt, ausgestellt und gedeutet wurde. *ua*

Lit. Gould 1999; Hagner 2005

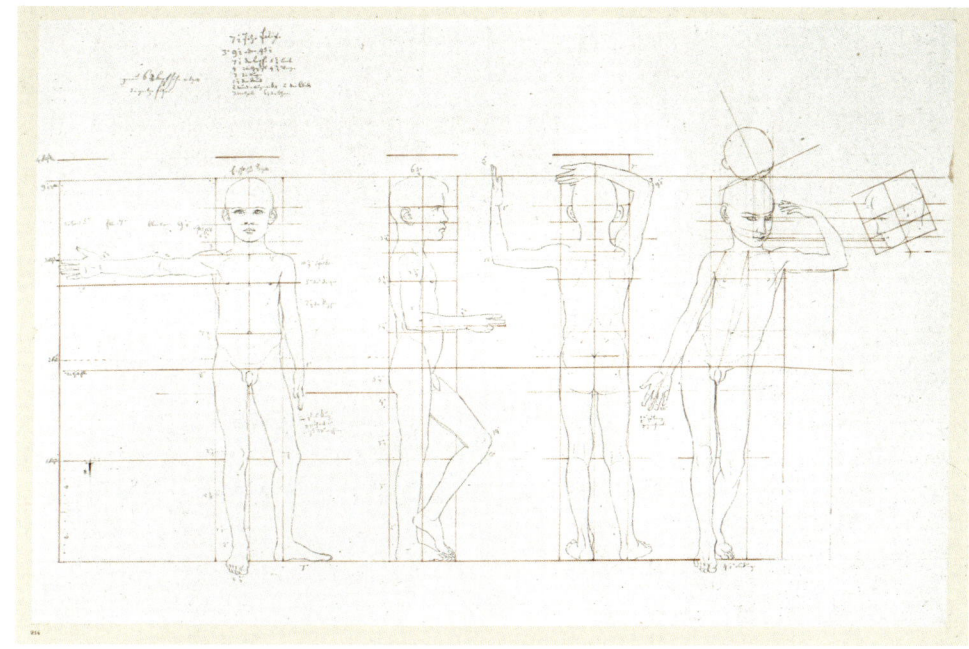

14-1

Johann Gottfried Schadow und die Vermessung des Körpers

Seit der Antike wird in der Kunst nach dem Maß menschlicher Schönheit gesucht. Der Bildhauer und Direktor der Königlich-Preußischen Akademie, Johann Gottfried Schadow, widmete sich diesem Unterfangen erstmals mit wissenschaftlicher Systematik. Dreißig Jahre lang studierte er historische Proportionslehren, zeichnete nach der Natur und vermaß zahlreiche Bekannte, Angehörige, Modelle, Schädel und Präparate. Seine Ergebnisse über anatomische Eigenschaften, nationale Besonderheiten und geschlechtsspezifische Differenzen veröffentlichte er in mehreren Lehrwerken. Angehende Künstler und Studierende der Akademie wurden nicht nur über das schöne, sondern das allgemeingültige Körpermaß unterrichtet. Schadows Suche nach dem künstlerischen Ideal war stets von dem Ringen zwischen Theorie und Praxis geprägt, zwischen individueller Mannigfaltigkeit und der vom Künstler herauszustellenden Gesetzmäßigkeit der Natur. *dd*

Lit. Badstübner-Gröger 2006; Döring 2009

14-1 **Proportionsstudien von Jungen in vier verschiedenen Altersstufen**
Berlin, Johann Gottfried Schadow
Skizze, Bleistift
Akademie der Künste, Archiv, Inv.-Nr. Schadow 901

14-2 **Vermessene Körperteile der dreijährigen Lida Schadow**
Berlin, 1824, Johann Gottfried Schadow
Skizze, Bleistift, 34,5 x 20,5
Akademie der Künste, Archiv, Inv.-Nr. Schadow 904

Vermessungen des kindlichen oder wachsenden Körpers sind in der Geschichte der Proportionslehren selten. Schadow widmete sich der Messung von Kindern, um für jedes Alter einen Kanon, eine Regel zu ermitteln. In der fragmentierenden Zeichnung skizziert er mithilfe von Konstruktionslinien das Maß einzelner Körperteile seiner Tochter Lida. Mit Zirkel und Lineal begleitete er das Wachstum seiner Kinder, sammelte Proportionsstudien, markierte Geschlechterunterschiede und wählte repräsentative Idealmaße aus. *dd*

14-3 **Proportionsskizze vom Körper der Emilia Stüber**
Berlin, 1825, Johann Gottfried Schadow
Skizze, schwarze Kreide auf grauem Velin, 35 x 21
Akademie der Künste, Archiv, Inv.-Nr. Schadow 861

Die Skizze mit Maßangaben des Modells Emilia Stüber war vermutlich der Beginn einer Reihe von Vermessungen des weiblichen Körpers. Die Maße fanden im Lehrwerk »Polyklet« von 1834 Eingang. Dem Wachstum des männlichen Körpers nachgeordnet, wurden die weiblichen Figuren jedoch nicht der Entwicklung nach in Altersstufen abgehandelt. Vielmehr ging es um den Vergleich mit den Idealmaßen männlicher Körper und antiker Skulpturen. *dd*

14-4 **Präparierter Kopf eines Mannes aus der Südsee, in Seiten- und Vorderansicht**
Berlin, 1824, Johann Gottfried Schadow
Kreide, Konstruktionslinien in Bleistift auf Velin, Doppelblatt, 21,5 x 42
Akademie der Künste, Archiv, Inv.-Nr. Schadow 978

Schadow widmete sich besonders der Erforschung und Vermessung des Kopfes. Neben der Zeichnung eines individuellen Charakters wollte er das Wesenhafte der »Rassen« und »Nationen« lesbar machen. Der präparierte Kopf stammte vermutlich aus der Südsee und wurde von Schadow aufgrund des langen Kiefers gezeichnet. Sendungen dieser Art waren keineswegs ungewöhnlich und waren zumeist für die hiesigen Sammlungen und Museen der Universität vorgesehen. Weder die Herkunft noch das Typische der Ethnie konnten eindeutig bestimmt werden, erst das vermeintlich objektive Maß stellte die angenommenen nationalen Differenzen her. *dd*

14-5 **Kopfstudien nach dem sog. Caffern-Prinzen, Bildnis en face und im Profil nach links, dazwischen Schädelskelett**
Berlin, um 1821/22, Johann Gottfried Schadow
Skizze, Rötel, Bleistift auf Velin, 20 x 38,5
Akademie der Künste, Archiv, Inv.-Nr. Schadow 968d

Schadows Studien des Profils, der Schädelform und des Gesichtswinkels dienten als Vorlage für die Bestimmung des »Caffers« im Lehrbuch der »National-Physiognomien«. Ludwig Krebs, ein Sammler des Berliner Zoologischen Museums, sandte

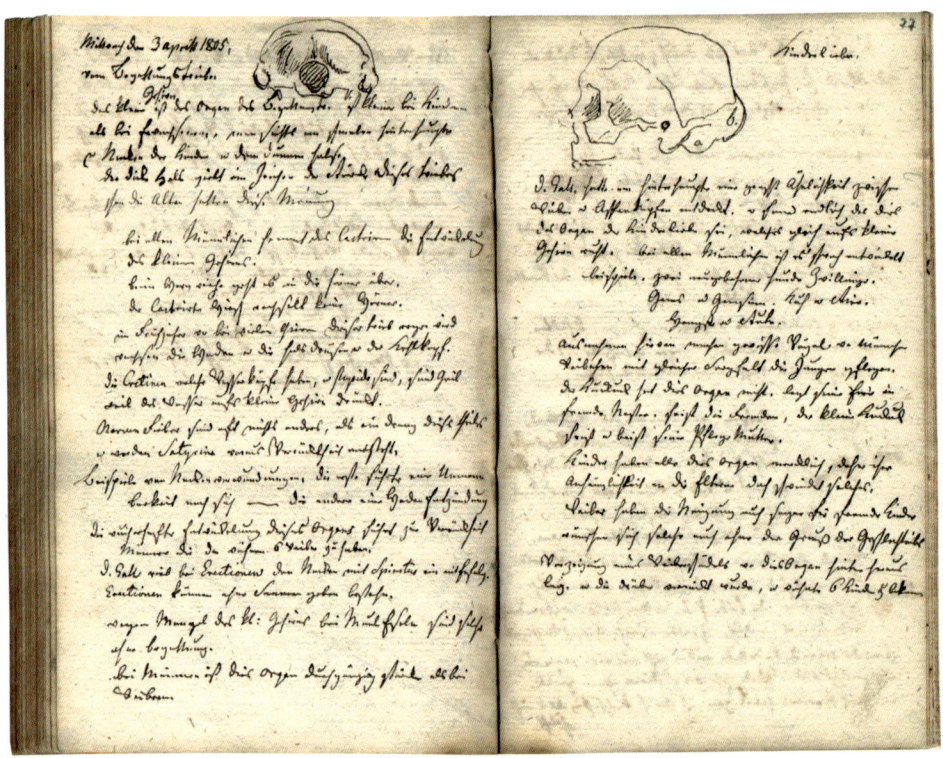

14-10

14-8 Studien von Teilen eines männlichen Skeletts

Berlin, um 1829, Johann Gottfried Schadow
Skizze, Bleistift
Akademie der Künste, Archiv, Inv.-Nr. Schadow 885

14-9 Schädel mit Beschriftungen nach der Lehre von Gall

Um 1800, Franz Josef Gall
Knochenpräparat, 26 x 13 x 20
Charité – Universitätsmedizin Berlin, CCM, Centrum für Anatomie, Inv.-Nr. AN 8711

Der Wiener Arzt und Anatom Franz Josef Gall begründete um 1800 die sogenannte Schädellehre oder Phrenologie. Er nahm an, dass die geistige Natur des Menschen auf physische Gegebenheiten zurückzuführen sei: Die »Verrichtungen des Hirns« ließen sich an den »Erhabenheiten und Vertiefungen am Kopfe oder Schedel« erkennen und entsprechend lokalisieren. Gall unterschied eine Reihe von Charaktereigenschaften, denen er genau bezeichnete Schädelregionen zuwies. Dazu gehörten unter anderem der Kunstsinn, die Kinderliebe, der Würge- und Mordsinn, der Scharf- und Tiefsinn und der »Witz«. Die anfängliche Begeisterung für seine organologische Lehre führte dazu, dass phrenologisch beschriftete Schädel in großer Zahl hergestellt und verkauft wurden. Galls Theorie blieb indes umstritten, in Wien wurde sie gar verboten. Hegel kritisierte, dass »der Schädelknochen für sich ein so gleichgültiges, unbefangenes Ding« sei, dass an ihm nichts »anderes zu sehen und zu meinen [ist] als nur er selbst«. Für die Entwicklung der Lokalisationstheorie, nach der die Großhirnrinde in funktionelle Areale gegliedert ist, spielte Gall gleichwohl eine wichtige Rolle. *ua*
Lit. Hagner 1997

14-10 Nachschrift einer Vorlesung Galls

Berlin, 1804/05, Johann Gottfried Schadow
Notizheft (Reproduktion)
Staatliche Museen zu Berlin, Zentralarchiv, Sign. NL Schadow Notizbuch Inv.-Nr. E 41

Nachdem seine Privatvorlesungen in Wien verboten wurden, begab sich Franz Josef Gall 1805 auf eine Vortragsreise durch Deutschland, die ihn auch nach Berlin führte. Gall hielt dort »seine Vorträge von der Schädellehre, was dazu beitrug, dem ›Polyclet‹ [...] das Heft von den Nationalphysiognomien folgen zu lassen«, erinnerte sich Schadow später in seinem Buch »Kunstwerke und Kunstansichten«. Im März und April 1805 hatte der Künstler mehrfach die Abendkollegien Franz Josef Galls besucht und diese akribisch in sei-

den in Spiritus eingelegten Kopf des sogenannten Caffernprinzen, der bei einem Gefängnisaufstand ums Leben kam, nach Berlin. Zu seiner Herkunft bemerkte Schadow: »Caffer wurde von Madagaskar an Professor Lichtenstein geschickt in Spiritus.« In Berlin wurde er zum Gegenstand der Erforschung des »Anderen« – im Vergleich mit dem männlichen, europäischen Idealbild. *dd/ua*

14-6 Der Neger Selim

Berlin, 1807, Johann Gottfried Schadow
Gips, 48 x 27 x 22
Akademie der Künste, Archiv, Inv.-Nr. Pl 148

14-7 »National-Physiognomieen«

Berlin, 1835, Johann Gottfried Schadow
Universitätsbibliothek Rostock, Da-15(4)

In den »National-Physiognomieen« von 1835 beschäftigte sich Schadow mit den Verschiedenheiten »nationaler« Gesichter. Sowohl die Vielfalt der Natur als auch das Normative im Individuellen sollte eingefangen werden, zur Legitimierung und Weiterentwicklung der Kunst und ästhetischen Praxis. Maßstab für die Vermessung des »Fremden« blieb jedoch das im »Polyklet« entwickelte Idealbild des männlichen, weißen Europäers. Dieser eurozentristische, hierarchisierende Blickwinkel

14-4

nem Notizbuch festgehalten. Die erste Niederschrift vom 3. April dokumentiert in Text und Bild die Ausführungen des berühmten Phrenologen zum Begattungstrieb. Die letzte endet mit Galls Vortrag vom 10. April, der »Vom Winckel und der Gesichtslinie« handelte. *ua*
Lit. Badstübner-Gröger 2006

14-11 Schädelstudien. Vergleich der Schädel Raphaels und eines Schweizers

Berlin, um 1805, Johann Gottfried Schadow
Skizze, Rötel, Pinsel, Feder, Bleistift, 51,5 x 33,5
Akademie der Künste, Archiv, Inv.-Nr. Schadow 956

Rudolf Virchow und die Physische Anthropologie

Rudolf Virchow, Arzt, Forscher und engagierter Politiker (vgl. Kap. 3) wandte sich seit den 1860er-Jahren verstärkt anthropologischen Fragestellungen zu. Mit anderen Berliner Gelehrten wie dem Arzt und späteren Direktor des Königlichen Museums für Völkerkunde, Adolf Bastian, zählte er 1869 zu den Gründungsmitgliedern der Berliner Gesellschaft für Anthropologie, Ethnologie und Urgeschichte (BGAEU), deren Geschicke er bis zu seinem Tod 1902 maßgeblich mitbestimmte. 1888 bezog die BGAEU Räume im zwei Jahre zuvor neu eröffneten Völkerkundemuseum. Vermessen wurden von Virchow sowohl lebende Personen, wie beispielsweise deutsche Schulkinder oder auf Völkerschauen ausgestellte Vertreter indigener Völker, als auch Knochen und Schädel aus der ganzen Welt, von denen er eine umfassende Sammlung anlegte. Ziel der (physischen) Anthropologie war es unter anderem, Fragen nach der Entstehung und Verbreitungsgeschichte der Menschheit zu untersuchen, das Verhältnis von Veränderlichkeit und Permanenz im Körperbau zu bestimmen sowie Kriterien für die Unterscheidung angenommener »Rassen« zu entwickeln. Folgenreich war die Bereitschaft vieler Wissenschaftler, von physischen auf intellektuelle und kulturelle Eigenheiten einer Person oder eines ganzen Volkes zu schließen wie auch die Billigung oder gar Förderung teils brutaler Methoden, um an Untersuchungsobjekte zu gelangen, wofür Deutschlands Übergang zu einer aktiven Kolonialpolitik ab 1884 zahlreiche neue Möglichkeiten schuf. *mk*
Lit. Goschler 2002; Zimmerman 2001

14-12 Schädelpräparate aus der anthropologischen Sammlung von Rudolf Virchow

Berlin, Ende 19. Jahrhundert
a) und **b)** Schädel aus Bulgarien

c) Schädel eines Kelten, Fund von Dr. Fröhlich, von einem alten Klosterkirchhof in Ballinskellygsbay, Kerry Country
d) und **e)** Schädel zweier Basken
f) und **g)** Schädel aus Ungarn, aus der »Bärenhöhle«
h) Schädel eines Etruskers
Berliner Gesellschaft für Anthropologie, Ethnologie und Urgeschichte, Inv.-Nr. RV 486 (a), RV 489 (b), RV 1750 (c), RV 1081 (d), RV 1080 (e), RV 291 (f), RV 292 (g), RV 689 (h)

14-13 Verzeichnis der anthropologischen Objekte der Rudolf-Virchow-Sammlung

Auflistung von Kranien und Kalvarien; Schädel aus Asien, Grönland, Nordamerika, Afrika, Zypern, Ozeanien, Europa
Berlin, ohne Jahr
Gebundenes Verzeichnis mit handschriftlichen Einträgen, 33,5 x 22
Berliner Gesellschaft für Anthropologie, Ethnologie und Urgeschichte, Inv.-Nr. BGAEU-NSRV 38

14-14 Verzeichnis der Schädelsammlung Rudolf Virchows

Berlin, ohne Jahr
Karteikästen, Karteikarten, 17,5 x 7,5 x 23,5 (Karteikasten geschlossen), 16 x 21 (Karteikarte)
Berliner Gesellschaft für Anthropologie, Ethnologie und Urgeschichte, ohne Inv.-Nr.

14-15 Zeichnung eines vermutlich aus merowingisch-karolingischer Zeit stammenden Schädels

Ohne Jahr
Tuschezeichnung, 30 x 27
Berliner Gesellschaft für Anthropologie, Ethnologie und Urgeschichte, Inv.-Nr. BGAEU-NSRV 58b

14-16 Gesichtsmasken von Papua aus dem ehemaligen »Deutsch-Neuguinea«

Finschhafen/Berlin, 1886/88 (Abformung), 1890/94 (Positivform)
a) Makiri, Häuptling der Jabim, 56 bis 60 Jahre, Gips, 32 x 22 x 14
Berliner Gesellschaft für Anthropologie, Ethnologie und Urgeschichte, Inv.-Nr. SAAM 1
b) Gilao, Frau von 35 Jahren, Gips, 32 x 22 x 14 (Abbildung)
Berliner Gesellschaft für Anthropologie, Ethnologie und Urgeschichte, Inv.-Nr. SAAM 12
c) Detatong, Mann von 15 Jahren, mit originalem Ohrschmuck, Gips, 32 x 22 x 14
Berliner Gesellschaft für Anthropologie, Ethnologie und Urgeschichte, Inv.-Nr. SAAM 20
d) Dtangabi, Mann von 30 Jahren, mit Trauerturban, Gips, 32 x 22 x 14
Berliner Gesellschaft für Anthropologie, Ethnologie und Urgeschichte, Inv.-Nr. SAAM 22

Insgesamt 39 Personen aus dem heutigen Papua-Neuguinea wurden von dem Arzt Otto Schellong, der von 1885 an gut zwei Jahre für die Neu-Guinea-Compagnie in den »deutschen Schutzgebieten« in der Südsee arbeitete, »abgegipst«. Im Berliner Atelier von Castan's Panopticum stellte man aus den Negativformen die fertigen Masken her, die dort auch farbig gefasst und schließlich von der Berliner Gesell-

schaft für Anthropologie, Ethnologie und Urgeschichte erworben wurden. Die Abformung einer Lebendmaske konnte vierzig Minuten dauern und Hautirritationen hervorrufen. Um die Atmung nicht zu behindern, wurden der betroffenen Person kleine Röhrchen in die Nase gesteckt. Nach Schellongs eigener Darstellung stellten sich die Einheimischen gegen Bezahlung freiwillig für die Abformung zur Verfügung, nachdem er sie durch Abgipsen eines mit ihm befreundeten Kaufmanns sowie weiterer Personen von der Ungefährlichkeit der Prozedur überzeugt hatte. Andere Forscher, wie Otto Finsch, der ebenfalls Lebendmasken herstellte, berichteten hingegen von großem Widerwillen gegen die Abformungen. Nach einem auf Virchow zurückgehenden Schema, das Schellong als »für beide Teile ziemlich ermüdend« bezeichnete, wurden die Einheimischen vom ihm zudem umfassend vermessen. *mk*
Lit. Friederici 2009; Zimmerman 2001

14-17 Drei ganzfigurige Lebendabgüsse afrikanischer und indianischer Stammesvertreter

Berlin, um 1880, Otto Friedrich Hermann Finsch
175 x 60 x 60, 146 x 60 x 50, 125 x 60 x 50
Gipsformerei der Staatlichen Museen zu Berlin
Inv.-Nr. 4307 (a), 4003 (b), 4065 (c)

14-18 Virchow in seinem Arbeitszimmer des pathologischen Instituts der Berliner Charité

Berlin, 1900, unbekannt
Fotografie (Reproduktion)
Bildagentur für Kunst, Kultur und Geschichte (bpk), Bild-Nr. 10001761

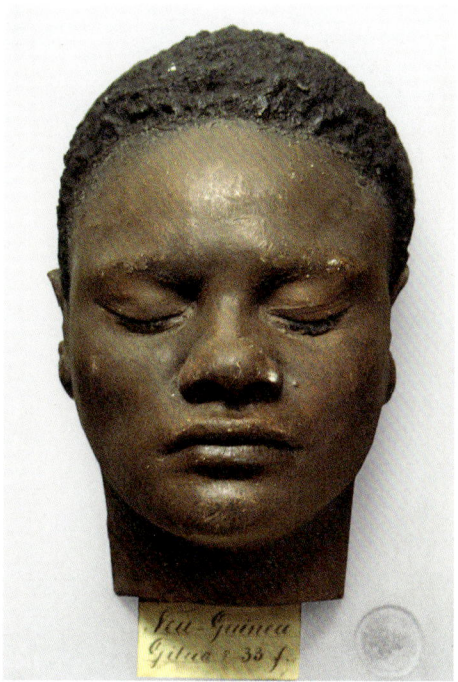

14-16b

14-18

14-19 Anthropometrische Mess-instrumente nach Rudolf Virchow

a) Reisestangenzirkel
Berlin, um 1880, J. Thamm
Messing, 26,5 x 17
Museum für Völkerkunde Dresden, Staatliche Ethnogra-phische Sammlungen Sachsen, Staatliche Kunstsamm-lungen Dresden, ohne Inv.-Nr.

b) Anthropometrisches Besteck zur Körpermessung
Berlin, um 1880, J. Thamm
Messing, Stahl, 29 x 13
Museum für Völkerkunde Dresden, Staatliche Ethno-graphische Sammlungen Sachsen, Staatliche Kunst-sammlungen Dresden, ohne Inv.-Nr.

c) Tasterzirkel
Berlin, vor 1885, Rehse
Holzschenkel, Stahlspitze, 67 x 33
Museum für Völkerkunde Dresden, Staatliche Ethno-graphische Sammlungen Sachsen, Staatliche Kunst-sammlungen Dresden, Nr. 17

d) Tragbares Anthropometer nach Rudolf Virchow
Berlin, um 1890
Messing, Höhe 211
Museum für Völkerkunde Dresden, Staatliche Ethno-graphische Sammlungen Sachsen, Staatliche Kunst-sammlungen Dresden, ohne Inv.-Nr.

e) Goniometer
Berlin, 1921/22
Edelstahl, Holz, Samt (Futteral), 7,5 x 32
Charité – Universitätsmedizin Berlin, CCM, Centrum für Anatomie, Inv.-Nr. ANA A3-57

1894 definierte Rudolf Virchow als »erste Aufgabe der Anthropologie«, zu deren Entwicklung und Etablierung als Wissen-schaft er entscheidend beigetragen hatte, die »objektive Erforschung des Men-schen«. Im Mittelpunkt seiner Arbeit als Anthropologe stand die Anthropometrie, genauer das Vermessen von Skeletten und Schädeln. Hierzu entwickelte Virchow ein umfangreiches Instrumentarium. Um vergleichbare Daten zu gewinnen, legte er zudem ein standardisiertes Messver-fahren für Schädel und deren Klassifizie-rung in Typen fest. Zur Schädelmessung kamen insbesondere Tasterzirkel und Kraniometer zum Einsatz. *ua*

14-20 Der Verbrecher in anthropo-logischer Beziehung

Leipzig, 1893, Abraham Adolf Baer
Universitätsbibliothek der Humboldt-Universität zu Berlin,
Sign. 2009 A 4168

Im letzten Drittel des 19. Jahrhunderts hielten in die noch junge Wissenschaft der Kriminologie umfangreiche anthropo-metrische Erhebungen Einzug. Man ver-suchte anhand der Daten einen *homo delinquens* zu konstruieren. 1876 wurde in Berlin ein Verbrecheralbum angelegt, ab 1872 die Reichskriminalstatistik erho-ben. Von großer Bedeutung waren die kriminalanthropologischen Theorien des italienischen Arztes Cesare Lombroso. Nach Lombroso stellte der Kriminelle ein Degenerationsphänomen dar, eine Art evolutionären Rückfall. Der Gefängnisarzt der Strafanstalt in Plötzensee, Abraham Baer, war einer der wenigen Kriminalan-thropologen, der die Thesen einer Vielzahl seiner Kollegen durch eigene Reihenun-tersuchungen an Verbrechern zu wider-legen gedachte. Seine 1893 erschienene Studie zeigte, dass die durch umfangreiche Messungen an den Insassen festge-stellten körperlichen Abweichungen alle-samt individuell waren und keineswegs signifikanter Ausdruck einer Verbrecher-typologie. Unter Bezugnahme auf Virchow hielt Baer die Idee vom »geborenen Ver-brecher« und auch den »Verbrechertypus« im Sinne Lombrosos für Irrwege und distanzierte sich davon. *ua*
Lit. Becker 2002; Reinke 2008; Wetzell 2000

Die Vermessung des Geistes

Das Gehirn wurde im 19. Jahrhundert zu einem zentralen Gegenstand wissen-schaftlicher Untersuchungen. Präludiert von Franz Josef Galls Topografie der _Hirnfunktionen und den physiologischen Experimenten der romantischen Natur-philosophen, vermaßen Mediziner und Anthropologen unermüdlich Schädel, öffneten Schädeldecken, entnahmen Ge-hirne, präparierten und färbten, sezierten und kartierten sie. Im letzten Drittel des 19. Jahrhunderts entstanden umfangrei-che Datensammlungen und Tabellen-werke, die nicht mehr nur die Schädel-maße dokumentierten, sondern auch Volumen, Gewicht und Windungen des Gehirns verzeichneten. Die Forschungs-praktiken stützten sich auf Messbarkeit, Quantifizierung und Statistik. Insbeson-dere die Gehirne herausragender Zeit-genossen wurden zum Gegenstand des Interesses: Die Elitegehirnforschung suchte einen Zusammenhang zwischen physiologischer Beschaffenheit und geisti-ger Leistung des menschlichen Zentralor-gans herzustellen. David von Hansemann, ein Schüler Rudolf Virchows, untersuchte die Gehirne von Theodor Mommsen und Hermann von Helmholtz. Oskar Vogt wurde berühmt durch seine spektakuläre Sektion des Gehirns von Lenin und be-gründete gemeinsam mit seiner Frau Cé-cile die Theorie von der Architektur des Gehirns. Alois Kornmüller, Vogts Schüler, entwickelte das Elektroenzephalogramm weiter, mit dem es möglich wurde, Hirn-ströme zu messen und aufzuzeichnen. *ua*

14-21 Apparatur zur Bestimmung der Nervenleitgeschwindigkeit

In: Wissenschaftliche Abhandlungen, Bd. 2
Leipzig, 1883, Hermann von Helmholtz
Staatsbibliothek zu Berlin, Musikabteilung mit Mendels-sohn-Archiv, Sign. D 1 Hel 1

Der Physiker Hermann von Helmholtz trug wesentlich zur Begründung der expe-rimentellen Physiologie bei. Der 1850 von ihm entworfene Versuchsaufbau zur Mes-sung der Nervenleitgeschwindigkeit bei Fröschen gilt als wegweisendes Experi-ment in der Geschichte der modernen (Lebens-)Wissenschaften. Über den zeit-

messenden Strom eines Galvanometers wurden die unterschiedlichen Reaktionszeiten gemessen, bis sich der Muskel zusammenzog. Helmholtz' psychophysiologische Zeitexperimente resultierten nicht nur in der überraschenden Feststellung, dass die Nervenleitung in der stets gleichen Geschwindigkeit von 27 m/s abläuft, sondern auch in der Entwicklung des Myografen. Dieser Messschreiber verwendet statt einer mechanischen eine exaktere elektrische Messung. *sb*
Lit. Gradmann 1998; Schmidgen 2010

14-22 Über die Gehirne von Theodor Mommsen, Historiker, R. W. Bunsen, Chemiker, und Ad. v. Menzel, Maler

Stuttgart, 1907, David von Hansemann
Universitätsbibliothek der Humboldt-Universität zu Berlin, Sign. XG 8800 H249

1907 beauftragten Angehörige des Künstlers Adolf Menzel den Berliner Pathologen David Hansemann damit, eine Sektion des Verstorbenen »zum Zweck der Untersuchung des Gehirns und etwaiger daran hervortretender Eigentümlichkeiten« vorzunehmen. Hansemann betonte in seiner Abhandlung »das ungeheure Können und die geniale Leistungsfähigkeit auf jedem Gebiete der darstellenden Kunst« und leitete dies aus der Beschaffenheit der Hirnrinde Menzels und der Vielzahl seiner Hirnwindungen ab. *ua*

14-23 Über das Gehirn von Hermann von Helmholtz

In: Zeitschrift für Psychologie und Physiologie der Sinnesorgane 20, 1899, Tafel I
Leipzig, 1899, David von Hansemann
Universitätsbibliothek der Freien Universität Berlin, 28/74/1139(7)-20.1899

Nach seinem Tod am 8. September 1894 wurde Hermann von Helmholtz, der »Reichskanzler der Wissenschaften«, selbst zum Untersuchungsgegenstand. Die Sektion seines Leichnams fand im Pathologischen Institut Rudolf Virchows statt und wurde in dessen Abwesenheit von seinem Assistenten David Hansemann durchgeführt. Julius Hirschberg, ein Schüler von Helmholtz, erinnerte sich in seinem Nachruf an »die staunende Bewunderung« der anwesenden Ärzte über die »ungewöhnliche Entwicklung der Gehirnwindungen«. Während die rechte Hemisphäre des Verstorbenen aufgrund der tödlichen Hirnblutung zerstört war, wurde die linke, noch erhaltene in Gips abgeformt. Der Abguss selbst hat sich, obwohl mehrere Exemplare angefertigt wurden, nicht erhalten. *ua*
Lit. Hagner 2004

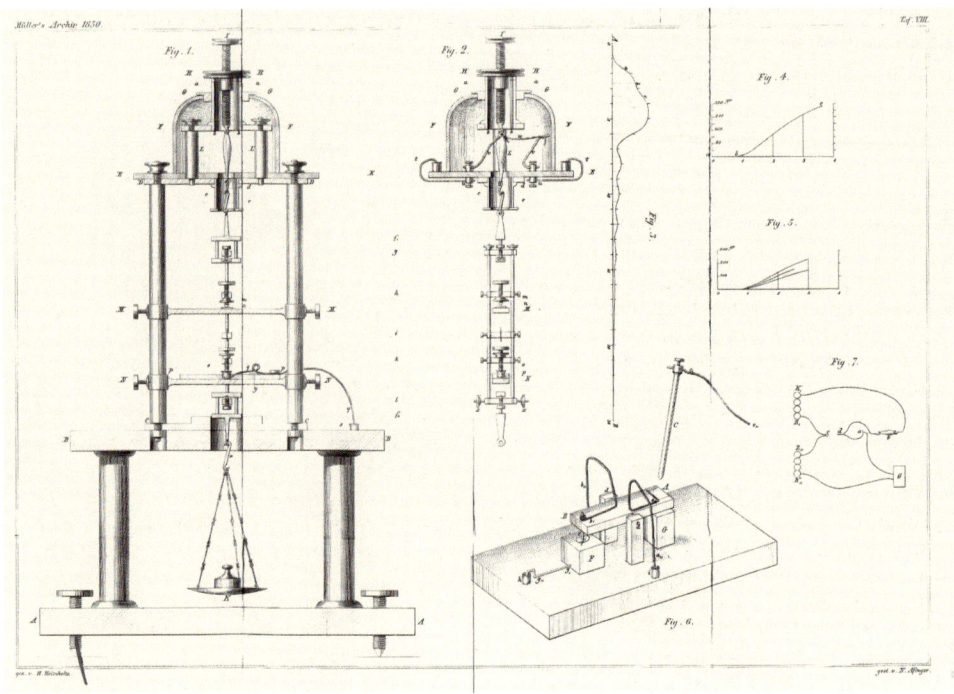

14-21

Physiognomik des Geistes – Die Elitegehirnforschung Oskar und Cécile Vogts

Nachdem seine Habilitation gescheitert war, eröffnete der Nervenarzt Oskar Vogt 1898 in einem Berliner Mietshaus mit privaten Mitteln eine »Neurobiologische Privatstation«. Dort führte er unter anderem hirnanatomische Untersuchungen durch. 1902 ging daraus das »Neurobiologische Laboratorium der Universität« hervor. Gemeinsam mit seiner Frau Cécile begründete er die »Cytoarchitektonik«, die auf einer genauen Analyse der zellulären Strukturen, der Nervenzellen, Zellverbände und Leitungsbahnen beruhte. Ein Gehirn musste hierfür in bis zu 30 000 Schnitte zerlegt werden, um unter dem Mikroskop untersucht zu werden. Korbinian Brodmann, ein enger Mitarbeiter der Vogts, formulierte schließlich die bis heute gültige Einteilung der Großhirnrinde in »cytoarchitektonische« Felder. Aus Vogts Laboratorium an der Universität ging 1914 das Kaiser-Wilhelm-Institut für Hirnforschung hervor, das er bis zu seiner Amtsenthebung durch die Nationalsozialisten 1937 leitete. *ua*
Lit. Hagner 2004

14-24 Oskar Vogt

Berlin, um 1950, unbekannt
Fotografie, 24 x 18
C. & O. Vogt-Institut für Hirnforschung, Heinrich-Heine-Universität Düsseldorf, Inv.-Nr. BA 150

14-25 Cécile Vogt

Berlin, um 1950, unbekannt
Fotografie, 24 x 18
C. & O. Vogt-Institut für Hirnforschung, Heinrich-Heine-Universität Düsseldorf, Inv.-Nr. BA 149

14-26 Mikrotom Oskar Vogts

Um 1900
46 x 45 x 90
C. & O. Vogt-Institut für Hirnforschung, Heinrich-Heine-Universität Düsseldorf, ohne Inv.-Nr.

Das Mikrotom diente den Vogts und ihren Mitarbeitern dazu, feinste Schnittpräparate des Hirns anzufertigen. Diese konnten mit speziellen Techniken gefärbt werden, um so die Gewebestrukturen und insbesondere die Lage der Zellverbände sichtbar zu machen. Mithilfe einer optischen Bank wurden die eingefärbten Präparate zudem auf fotografische Platten projiziert. Die so entstandenen zytoarchitektonischen Hirnbilder ermöglichten eine präzise Kartierung der kortikalen Areale; sie dienten aber nicht nur als Erkenntnisinstrument, sondern trugen auch erheblich zur Popularität der Vogts und ihrer Forschungen bei. *ua*

14-27 Histologische Schnitte durch das Gehirn

Berlin, 20. Jahrhundert (?), angefertigt von Oskar Vogt und Korbinian Brodmann
13 x 18,5 x 2,5
C. & O. Vogt-Institut für Hirnforschung, Heinrich-Heine-Universität Düsseldorf, ohne Inv.-Nr.

14-28 Oskar und Cécile Vogt mit Mitarbeitern in ihrem Institut

Berlin, 1907, unbekannt
Fotografie, 29 x 23
C. & O. Vogt-Institut für Hirnforschung, Heinrich-Heine-Universität Düsseldorf, Inv.-Nr. BA 272

Hirnschrift

Im Jahr 1924 gelang es dem Neurologen Hans Berger zum ersten Mal, die elektrischen Hirnströme des Menschen aufzuzeichnen. Allerdings publizierte er die Ergebnisse seiner Untersuchungen erst fünf Jahre später. Einer der ersten, der die Forschungen aufgriff, war der junge Physiologe Alois Eduard Kornmüller vom Kaiser-Wilhelm-Institut für Hirnforschung in Berlin-Buch. Obwohl die Öffentlichkeit erwartete, dass die »Hirnschrift« nun bald entschlüsselt sein werde, konzentrierten er und seine Kollegen ihre Untersuchungen auf die elektrische Aktivität einzelner Hirnregionen. Auf diese Weise ließ sich die neuroanatomische Landkarte des Gehirns – im Sprachgebrauch des Instituts »Hirnrindenarchitektonik« – um spezifische physiologische Befunde ergänzen. In den Jahren 1938 bis 1939 wandte sich die Gruppe um Kornmüller der klinischen Anwendung der Elektroenzephalografie zu. Die Aufzeichnung der Hirnströme beim Gesunden wie Kranken mittels eines eigens konstruierten Stirnreifens (»Kornmüller-Haube«) standen in der Folge im Mittelpunkt. *rh*
Lit. Borck 2005

14-29 Kornmüller-Kopfhaube

Alfeld bei Hannover, 1949, Alois E. Kornmüller
Kunststoff-Ring, Metallständer, 136 x 60 x 60
Klinik für Neurologie, Charité – Universitätsmedizin Berlin, ohne Inv.-Nr.

Bis heute werden Hirnerkrankungen, epileptische oder tumorbedingte Krankheitsherde auch mithilfe der Elektroenzephalografie aufgespürt. Die Ende der 1930er-Jahre entwickelte, sogenannte Kornmüller-Haube aus dem Krankenhaus Berlin-Buch wurde auf dem Kopf des Patienten befestigt. Ein Ableitkopf auf einem Stativ übertrug die registrierten Ströme auf ein Gerät, das die Impulse in eine EEG-Kurve umwandelte. *rh*

14-30 Druckfahne eines Aufsatzes über die »Architektonische Lokalisation bioelektrischer Erscheinungen auf der Großhirnrinde«

Berlin, 1932, Alois E. Kornmüller
Typoskript mit handschriftlichen Korrekturen, 27 x 20
Archiv der Max-Planck-Gesellschaft, Berlin-Dahlem, Inv.-Nr. Atr. I, Rep. 21, 4/1 (1932), Blatt 1-3

Bevölkerungserfassung und Statistik in Preußen

Die Anfänge der Statistik und statistischen Bevölkerungserfassung sind im Zusammenhang hoher Sterblichkeit, aufkommender Bürokratie und nationalökonomischen Denkens zu sehen. Die zunehmende Datenfülle, die immer neue Messverfahren und Erhebungen lieferten, erforderte eine neue Ordnung und Organisation des gesammelten Wissens. Die Quantifizierung und ihre Auswertung in Tabellen, Kurven und thematischen Karten ersetzte dabei mehr und mehr die beschreibenden Narrative früherer Jahrzehnte.
Die Pestepidemien und der Dreißigjährige Krieg (1618–1648) hatten Brandenburg-Preußen in weiten Teilen entvölkert. Ziel des Kameralismus, der absolutistischen Wirtschaftspolitik, war daher bis ins 18. Jahrhundert vorrangig die Förderung des Bevölkerungswachstums. Als Grundlage hierfür diente eine Übersicht über die aktuelle Bevölkerungsverteilung; aus Kirchenbüchern erstellte man Listen mit Geburten- und Sterbezahlen. Im Laufe des 18. Jahrhunderts nahmen die Erhebungen in Preußen neue Dimensionen an. Diese Art der Statistik lässt sich allerdings nicht mit der heutigen, mit Wahrscheinlichkeiten operierenden Methodik vergleichen. Vielmehr wurde eine beschreibende Staatenkunde betrieben, die sowohl der Ausbildung der Beamten diente und praktische Grundlage für die Bevölkerungspolitik war als auch die Neugier der Leserschaft über ferne Länder befriedigen sollte. *sb/ua*
Lit. Rassem/Stagl (Hg.) 1994

14-31 Der Königlichen Residentz Berlin schneller Wachsthum und Erbauung. In zweyen Abhandlungen erwiesen

Berlin, 1752, Johann Peter Süßmilch
Zentral- und Landesbibliothek Berlin. Stiftung des öffentlichen Rechts, Sign. B 114/7a

Der Theologe und Demograf Johann Peter Süßmilch war einer der ersten, der sich im 18. Jahrhundert um die aufkommende Wissenschaft der Statistik verdient machte, die er mit einem empirischen Gottesbeweis in Einklang zu bringen versuchte. In seinem Hauptwerk »Die göttliche Ordnung« von 1741 verblüffte er etwa damit, dass bei den Geburtenzahlen das Verhältnis von Mädchen und Jungen stets gleich sei. Im ausgestellten Buch konstatiert Süßmilch den Erfolg der Bevölkerungspolitik des Königs und schließt mit dem optimistischen ergebnis, »daß anjetzo mehr als siebenmahl so viel allhier leben, als um das Jahr 1690«. *sb*
Lit. Rassem/Stagl (Hg.) 1994

14-32 Neue Erdbeschreibung

Berlin, 1787, Anton Friedrich Büsching
Staatsbibliothek zu Berlin – Preußischer Kulturbesitz, Kartenabteilung III C, Sign. Kart LS HM 804 604 – 1

Der Geistliche Anton Friedrich Büsching verfasste mit seiner mehrbändigen monumentalen Erdbeschreibung eines der einflussreichsten geografischen Überblickswerke des 18. Jahrhunderts. Zahlreiche Auflagen und auf sein Werk bezogene Karten und Atlanten belegen seinen Erfolg. Wie damals üblich, stellte Büsching die einzelnen Staaten mittels einer enzyklopädischen Sammlung von Daten zu Lage, landestypischen Produkten, Witterung, Einwohnern, Geschichte, »Merkwürdigkeiten« und der jeweiligen Verwaltungsgliederung vor. Eine Betrachtung der wechselseitigen Abhängigkeiten lag ihm hingegen noch fern. *mh*

14-33 Administrativ-Statistischer Atlas

Berlin, 1827, Ferdinand von Döring
70 x 48,5
Staatsbibliothek zu Berlin – Preußischer Kulturbesitz, Kartenabteilung III C, Sign. 2" Kart. N 60

Der »Administrativ-Statistische Atlas« setzte bei seinem Erscheinen Maßstäbe und betrat in mehrfacher Hinsicht Neuland. Alle Themen wurden auf der Kartengrundlage 1:1,6 Mio. dargestellt. Der Atlas beinhaltet Karten zum Militärwesen, Wirtschafts- und Verkehrskarten, erfasst die Bevölkerungsdichte, Konfessionszugehörigkeiten und die jeweilige Verwaltungsorganisation eines Staates. Während topografische Karten der allgemeinen Orientierung dienen, ist es thematischen Karten um die Darstellung eines einzelnen Aspekts in seiner räumlichen Relation zu tun. Dörings Staatsbeschreibung dokumentiert zugleich die Bedeutung, die der Statistik in dieser Zeit zukam – sie hatte sich hier bereits zu einer wissenschaftlichen Disziplin entwickelt. Sein Atlas zählt zu den frühesten Versuchen, statistische Daten im Kartenbild festzuhalten. Die Urheberschaft blieb lange ungeklärt, wurde aber im Umfeld der bedeutenden Geografen Carl Ritter und Alexander von Humboldt gesucht, die die Entwicklung thematischer Karten entscheidend gefördert hatten. Als Auftraggeber konnte der Kronprinz und spätere König Wilhelm IV. ermittelt werden. *wcr/ua*

14-34 Physikalischer Atlas

Gotha, 1849, Heinrich Berghaus
Staatsbibliothek zu Berlin – Preußischer Kulturbesitz, Kartenabteilung III C, Sign. 2" Kart. 182-1<a>

In der ersten Hälfte des 19. Jahrhunderts
förderten die führenden Geografen in
Zusammenarbeit mit Kartografen und
Verlagen die Weiterentwicklung der thematischen Kartografie. Voraussetzungen
hierfür waren methodische Neuerungen
in der Darstellungsweise wie auch eine
zunehmende Qualität der vorhandenen
Daten, insbesondere statistischer Quellen.
Eine herausragende Stellung nahm in
diesem Zusammenhang der Kartograf
Heinrich Berghaus ein. Mit seinem Physikalischen Atlas schuf er den ersten nach
Themen sortierten Weltatlas. Auch Alexander von Humboldt schätzte Berghaus'
Arbeiten. Als dieser jedoch Grundlagen
und Manuskripte seiner eigenen Publikationen plagiierte, kam es zum Zerwürfnis
zwischen den beiden. Der »Physikalische
Atlas« besticht durch stringenten Aufbau
und hohe Qualität. Das Blatt »Menschen-
Rassen« zeigt neben der Haupt- eine Bei-
karte zu Nahrungsweisen und Bevölkerungsdichte sowie sechs Diagramme, die
auf der Auswertung verschiedener Quellen beruhen. Umrahmt wird sie durch
Physiognomien und Schädelformen, die
die wichtigsten Ethnien mit ihren hervor-
stechenden Merkmalen abbilden. *mh*

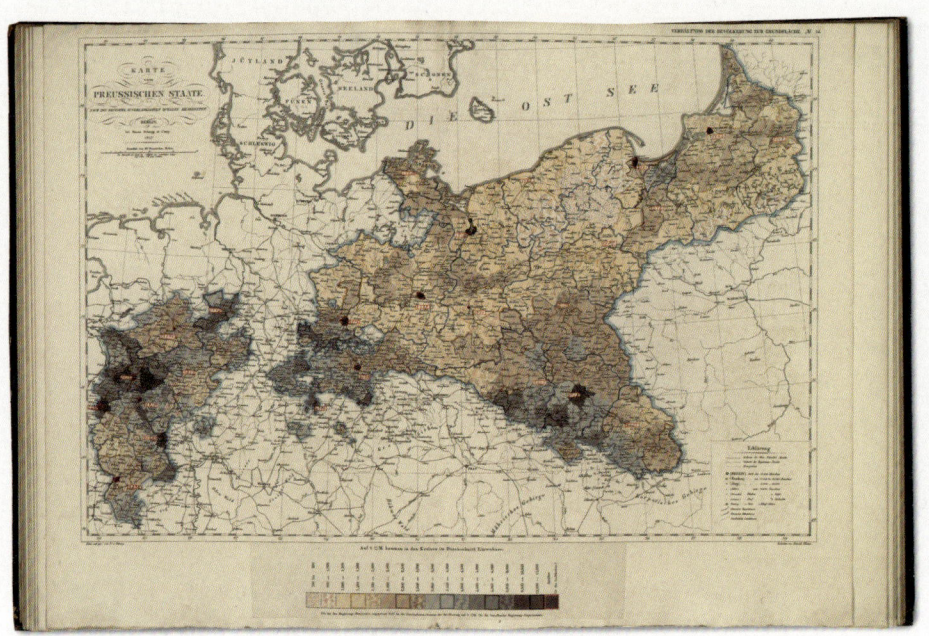

14-33

14-35 Drei Kartogramme der statistischen Schulkinderuntersuchung 1874 bis 1878

a) Entwürfe für Karten zu Ergebnissen der Schulkinder-
statistik
Berlin, 1882, H. Lange
Papier, koloriert mit handschriftlichen Anmerkungen,
36,5 x 43
Berliner Gesellschaft für Anthropologie, Ethnologie und
Urgeschichte, Inv.-Nr. BGAEU-KP-15
b) Statistische Karte zur Erhebung über die Pigmentie-
rung von Schulkindern, Darstellung des blonden Typus
Berlin, 1882, H. Lange / Deutsche Anthropologische
Gesellschaft
Papier, farbiger Druck, 35,5 x 44,5
Berliner Gesellschaft für Anthropologie, Ethnologie und
Urgeschichte, Inv.-Nr. BGAEU-KP-11
c) Statistische Karte zur Erhebung über die Pigmentie-
rung von Schulkindern, Darstellung des braunen Typus
Berlin, 1882, H. Lange / Deutsche Anthropologische
Gesellschaft
Papier, farbiger Druck, 35,5 x 44,5
Berliner Gesellschaft für Anthropologie, Ethnologie und
Urgeschichte, Inv.-Nr. BGAEU-KP-11

Eine der umfangreichsten statistischen
Untersuchungen überhaupt war die Erfassung von Schulkindern im Deutschen
Reich nach Körpergröße, Haar-, Haut- und
Augenfarbe. 1871 hatte der französische
Zoologe und Anthropologe Armand de
Quatrefages behauptet, dass es eine »preußische Rasse« gebe, die sich von der »deutschen« unterscheide. Die nach dem
deutsch-französischen Krieg geschaffene
deutsche Einheit sei deshalb ein Irrtum.
Rudolf Virchow initiierte daraufhin die
von 1874 bis 1878 durchgeführte Datenerhebung, bei der weit über 6 Millionen

Kinder untersucht wurden. Die Ergebnisse wurden veröffentlicht und in statistischen Kartenwerken dokumentiert. Virchow kam dabei zum Ergebnis, dass
moderne Staaten nicht auf Rassen aufgebaut seien, da ihre Bevölkerung sich aus
einem Gemisch verschiedener Rassen zu-
sammensetze. Er sah den Begriff der
»Rasse« infolgedessen als Konstrukt an,
die Verschiedenheit der Völker beruhe
weniger auf der Anatomie als auf unterschiedlichen Kulturen und Sitten. *al/ua*

Die Vermessung des Raumes

Der Prozess der modernen vermessenden
Aneignung der Welt setzte im 18. Jahrhundert ein. Einer Zeit, in der sich allmählich
eine empirisch und methodisch fundierte
Forschung herausbildete, genügte das un-
genaue Bild, das man bis dato von der
Welt hatte, nicht mehr. Parallel zur physischen Eroberung der Welt vollzog sich
nunmehr ihre schematische Erfassung.
Territoriale Neuordnungen und militärische Interessen sorgten darüber hinaus
für die systematische Kartierung des
eigenen Landes und seiner Ressourcen.
Die räumliche Erschließung des Raumes
war dabei eng an die technologische
Entwicklung gebunden, also an Vermes-
sungspraktiken, den Bau neuer und
genauerer Instrumente und an die Erfindung von Kompass, Theodolit oder Satel-
litenfotografie.
Die aus den Landesaufnahmen hervorge-
gangenen Karten sind dabei keine neutra-
len Abbilder der Wirklichkeit. Sie sind

Ausdruck einer Ermächtigung und bisweilen selbst Instrumente der Macht, auf
denen Staaten und Monarchen ihre Ein-
flusssphären abstecken. In jedem Falle
sind Karten selektive Repräsentationen;
sie sind stets abhängig von den ihnen zugrunde gelegten Untersuchungsparame-
tern und -interessen. Jede Karte spiegelt
damit eine Vorentscheidung wider, indem
sie nur das zeigt, was für relevant gehalten wird. *ua*
Lit. Monmonier 1996; Schlögel 2003

14-36 Sotzmann-Globus

Berlin, 1808, Daniel Friedrich Sotzmann
Holz, Papier, Höhe 53, Durchmesser 31
Staatsbibliothek zu Berlin – Preußischer Kulturbesitz,
Kartenabteilung III C, Inv.-Nr. Kart. 20735

Der preußische Kriegsrat Sotzmann war
seit 1786 Kartograf der Königlich-Preußischen Akademie der Wissenschaften.
1792 entwarf er als Gegenstück zu einem
Himmelsglobus von Johann Elert Bode
den ersten in Berlin geschaffenen Erdglo-
bus. Seine Globen gehören aufgrund ihrer
sorgfältigen quellenkritischen Bearbeitung und ihrem sehr klaren Kartenbild zu
den besten und schönsten ihrer Zeit. Mit
der Einzeichnung von insgesamt 36 detaillierten Reiserouten reflektierte er das
neue Interesse gebildeter Kreise an der
Entdeckung neuer Welten, aber auch der
wissenschaftlichen Erforschung der Erdoberfläche, die insbesondere durch die
Fahrten von James Cook ausgelöst worden war. *mh*

Abriss der Landesvermessung in Preußen

Der topografische Wissensdrang wurde in Preußen zunächst unterbunden: Pläne waren geheim, um die Sicherheit des Landes nicht unnötig zu gefährden. König Friedrich Wilhelm I. richtete eine Plankammer ein, in der die wichtigsten Karten und Pläne zusammengetragen wurden. Sein Sohn Friedrich II. beförderte die Kartenproduktion maßgeblich. In erster Linie wurden für einzelne Landesteile großmaßstäbliche Kartenwerke, allerdings unter Verzicht auf trigonometrische Grundlagen, gezeichnet. Diese handgezeichneten Karten blieben hinter der bereits möglichen Genauigkeit vermessener Karten zurück, bestechen aber durch ihr Kartenbild. Die Nutzung dieser Karten war nur mit Genehmigung des Königs erlaubt. Aber auch für Verwaltung und Wirtschaft (Domänen, Forste) gewannen detaillierte Karten zunehmend an Bedeutung, wofür sich insbesondere der Minister Friedrich Wilhelm Graf von der Schulenburg-Kehnert einsetzte. Er beeinflusste und förderte maßgeblich die erste großflächige Landesaufnahme der preußischen Gebiete östlich der Weser unter Friedrich Wilhelm Carl Graf von Schmettau. Für repräsentative Zwecke und zur Demonstration von Macht und Herrschaft wurden dagegen dekorative Pläne gedruckt und verbreitet.

Während der Reformbestrebungen oblag die Landesaufnahme zunächst dem Statistischen Bureau, wurde aber alsbald dem Kriegsministerium zugeordnet. Mit der Einrichtung der Bureaus für Trigonometrie und Topografie begann ab 1816 die organisierte Vermessung und Kartierung, wozu an den Kriegsschulen und der Kriegsakademie Soldaten und Offiziere unterrichtet und ausgebildet wurden. Dabei angewandte Verfahren und Techniken wie die Einführung der Triangulation (Dreiecksmessung) und des Messtisches wurden stetig weiterentwickelt. Mit der preußischen Uraufnahme 1:25000 wurde das bedeutendste Werk geschaffen, das als Vorläufer der einheitlichen Reichsaufnahme ab den 1870er-Jahren gilt. *wcr*

14-37 »Plan de la Ville de Berlin«

1749, Samuel von Schmettau
Kupferstich, 54 x 74
Staatsbibliothek zu Berlin – Preußischer Kulturbesitz, Kartenabteilung, X 17374

Im Auftrag Friedrichs II. schuf der Offizier, Kartograf und Kurator der Akademie der Wissenschaften Samuel von Schmettau 1749 einen der historisch bedeutendsten Berliner Stadtpläne. Nach einer eigens für die Erstellung durchgeführten Neuaufnahme der Stadt entstand ein detailreicher Plan, der aufgrund des großen Maßstabs ohne Legende auskommt. *kb*

14-38 Schulenburg-Schmettausches Kartenwerk II

Berlin, 1767–1787, Friedrich Wilhelm Carl von Schmettau
Handzeichnung, 57 x 90
Staatsbibliothek zu Berlin – Preußischer Kulturbesitz, Kartenabteilung III C, Inv.-Nr. Kart. L 5420-77

Während der Regierung Friedrichs II. unterlag das Kartenwesen größter militärischer Geheimhaltung. Dennoch förderte der zuständige Minister Friedrich Wilhelm Graf von der Schulenburg-Kehnert den Einsatz von Karten auch in Wirtschaft und Verwaltung. Im Auftrag des Generaldirektoriums ließ er ein Kartenwerk im Maßstab 1:100000 herstellen, das zum Teil auf der »Kabinettskarte preußischer Provinzen östlich der Weser und angrenzender Gebiete« im Maßstab 1:50000 von Friedrich Wilhelm Carl Graf von Schmettau basiert. Schmettau verfolgte damit das Ziel, ein einheitliches Kartenwerk für Preußen zu schaffen. Es zeichnet sich durch seine planmäßige und exakte Anlage der 270 Sektionen und seine anspruchsvolle zeichnerische Gestaltung aus. Das Kartenwerk wurde ohne königlichen Auftrag erstellt und daher privat finanziert, jedoch spekulierte Schmettau auf eine Aufwandsentschädigung durch den Kronprinzen und späteren König Friedrich Wilhelm II. *wcr*

14-39 Schulenburg-Schmettausches Kartenwerk II

Berlin, 1767–1787, Friedrich Wilhelm Carl von Schmettau
Handzeichnung, 57 x 90
Staatsbibliothek zu Berlin – Preußischer Kulturbesitz, Kartenabteilung III C, Sign. Kart. L 5420-78

Erst 1816, nach der Errichtung des 2. Departments des Kriegsministeriums, wurde die Kartografie in Preußen zu einer staatlichen Aufgabe erhoben. Zuständig für die Landesaufnahme war die 5. Abteilung des Departments, dessen Aufgaben sich in zwei Bureaus, eines für die Trigonometrie, eines für die Topografie, gliederten. Als Grundlage für die nun beginnenden kartografischen Arbeiten diente zunächst der von Carl von Decker während der Befreiungskriege verfasste und 1816 gedruckte Erfahrungsbericht »Das militairische Aufnehmen …«, dem 1818 eine erste offizielle Vorschrift für militärkartografische Arbeiten folgte. Bis 1821, als von Decker aus dem Topographischen Bureau ausschied, waren 670 Blätter für die Provinz Brandenburg und angrenzenden Territorien im Maßstab 1:25000 fertig gestellt. Ein Teil dieser Karten diente schließlich als Vorlage zur Umzeichnung im reduzierten Maßstab 1:50000 der Berliner Umgebung. *wcr*

14-40 Instruction für die topographischen Arbeiten des Königlichen Preußischen Generalstabes

Berlin, 1821, Friedrich Carl Ferdinand Müffling
Staatsbibliothek zu Berlin – Preußischer Kulturbesitz, Kartenabteilung III C, Sign. Kart KS 2" Hv 9760

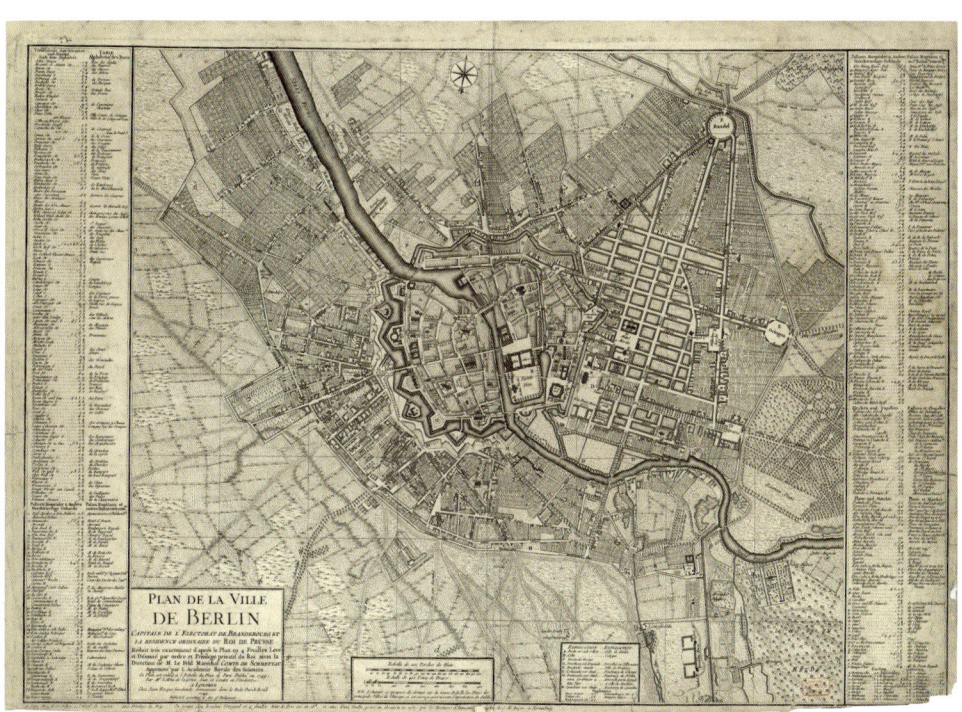

14-37

14-41 Karte eines Feldmanövers bei Potsdam

Berlin, 1818/19, Carl von Decker
Lithografie, handschriftliche Einträge, 46 x 62,5
Staatsbibliothek zu Berlin – Preußischer Kulturbesitz,
Kartenabteilung III C, Sign. Kart. Man. 1162-1

Die Entstehungsgeschichte des Kartenblattes ist an dessen Rand gut dokumentiert. Die Aufnahmen wurden zwischen 1816 und 1818 im Zuge der Kartierung der Provinz Brandenburg unter der Leitung von Carl von Decker durchgeführt, 1818/19 in einen reduzierten Maßstab umgezeichnet, anschließend in Stein geschnitten und 1820 gedruckt. Noch 1828 dienten sie bei der Durchführung von Manövern als Grundlage für die Einzeichnung der Truppenstandorte und ihrer Bewegungen. Derartige Karten sind frühe Belege für die Bedeutung des Topographischen Bureaus beim Generalstab. *wcr*

14-42 Kartenwerk Carl von Deckers nach der Instruktion von Müffling

Berlin, 1824, Carl von Decker
Kupferstich, Papier, 63,3 x 82
Staatsbibliothek zu Berlin – Preußischer Kulturbesitz,
Kartenabteilung III C, Kart. L 7040 a_

Die Genehmigung zur Veröffentlichung von Kartenmaterial ist in Preußen bis weit ins 19. Jahrhundert von militärischen Aspekten geprägt. Großmaßstäbliche Karten wurden seit der Einrichtung des Topographischen Bureaus in großem Umfang erstellt, jedoch nur in seltenen Fällen für den Druck freigegeben. Eine Vermittlerrolle für die Vergabe von Druckprivilegien, insbesondere bei Übersichtskarten, kam zunächst der Akademie zu, doch wurden diese auch vom König selbst vergeben. Das Kartenbild des »Land zwischen Rhein und Maas« ist durch die hervorgehobene Stellung der Schraffen geprägt. Einzelne, trigonometrisch bestimmte Höhenpunkte sind besonders vermerkt, was bereits auf die nächste Stufe der kartografischen Entwicklung hinweist. *wcr*

14-43 Die Neumessung der Grundlinien von Strehlen, Berlin und Bonn

Berlin, 1897, Schemann, Kühnen
Deutsches GeoForschungsZentrum GFZ, ohne Inv.-Nr.

14-44 8-zölliger Theodolit

München, Georg von Reichenbach
Messing, 45 x 30
Deutsches Museum, München, Inv.-Nr. 46502

14-44 Graphometer

1775
Messing, 26,5 x 20 x 36
Deutsches Museum, München, Inv.-Nr. 44758

14-45

Die Figur der Erde

Die Landes- und Katastervermessung war meist geopolitisch motiviert und brachte vor allem geodätisches Wissen über die Erdoberfläche hervor. Daneben bestand großes wissenschaftliches Interesse an Fragen der »höheren« Geodäsie, der Erdvermessung. Diese widmet sich der Größe, Form und Gestalt der Erde als Ganzer. Bereits im 18. Jahrhundert erbrachten Gradmessungen in Lappland und Peru erste Nachweise dafür, dass die Erde keine regelmäßige Kugel ist, sondern die Pole abgeplattet sind. Die höhere Geodäsie blieb gleichwohl bis zur Mitte des 19. Jahrhunderts das Geschäft vereinzelter Großprojekte. Einer ihrer Protagonisten war der Generalmajor Johann Jacob Baeyer, der als langjähriger Leiter der Trigonometrischen Abteilung des Preußischen Generalstabs mit aufwendigen Landesaufnahmen bestens vertraut war. Er begründete von Potsdam aus die erste europäische Gradmessung und damit eine der ersten großen Kooperationen über Ländergrenzen hinweg. Diese hatte nicht nur die Vermessung Mitteleuropas nach Längen- und Breitengraden zum Ziel, sondern auch die Untersuchung der Erdanziehung und der Krümmung der Erdoberfläche. Potsdam entwickelte sich in der Folge zu einem wichtigen Zentrum der Geowissenschaften. 1909 wurde hier die Erdanziehungskraft so genau bestimmt, dass das Messergebnis zu einem weltweit gültigen Referenzwert wurde, der erst 1971 korrigiert wurde. *ua*
Lit. Torge 2007

14-45 Messgerät von Maupertuis

Um 1730
170 x 75 x 75
Astrophysikalisches Institut Potsdam, ohne Inv.-Nr.

Schon Isaac Newton wies darauf hin, dass die Erde wegen der Fliehkraft keineswegs die Gestalt einer regelmäßigen Kugel habe, sondern am Äquator aufgewölbt und an den Polen abgeplattet sein müsse. Pierre Louis Moreau de Maupertuis belegte die Newton'sche Theorie: 1736 leitete er eine Lappland-Expedition und konnte durch Gradmessungen die Abplattung der Erde an den Polen zeigen. Die Abplattung ergibt sich durch die Rotation der Erde. Sie hat die Figur eines Rotationsellipsoids. 1746 wurde Maupertuis zum Präsidenten der Berliner Akademie der Wissenschaften ernannt. Seinen in Lappland eingesetzten Quadranten überließ er später der Akademie. *sb/ua*
Lit. Hecht (Hg.) 1999

14-46 Entwurf zur Anfertigung einer guten Karte

Berlin, 1868, Johann Jacob Baeyer
Deutsches GeoForschungsZentrum GFZ Bibliothek,
ohne Inv.-Nr.

14-47 Über die Größe und Figur der Erde

Berlin, 1861, Johann Jacob Baeyer
Deutsches GeoForschungsZentrum GFZ Bibliothek,
ohne Inv.-Nr.

Die Schrift, die dem Andenken Alexander von Humboldts gewidmet ist, gibt einen geschichtlichen Überblick über die bis dahin unternommenen Versuche, Größe und Figur der Erde zu bestimmen, und entwirft im Anschluss daran das Vorhaben einer mitteleuropäischen Gradmessung, deren wichtigstes Ziel die Untersuchung von Krümmungsanomalien der Erdfigur ist.
Aktuelle, satellitenunterstützte Messungen bestätigen, dass die Erde Beulen und Dellen aufweist, die auf der unregelmäßigen Verteilung von Gesteinen in ihrer Kruste und ihrem Mantel beruhen. Die Darstellung der schwerkraftbedingten Abweichungen der Erdgestalt gegenüber einem Ellipsoid ist als »Potsdamer Kartoffel« bekannt geworden. *ua*

14-48 Doppeltes Horizontalpendel

Um 1900
Höhe 35, Durchmesser ca. 35
Deutsches GeoForschungsZentrum GFZ, Potsdam,
Inv.-Nr. 1781

14-49 Universalinstrument zur Messung in allen drei Achsenrichtungen

1851, Fa. Pistor und Martens
Messing, Höhe 70, Durchmesser 60
Deutsches GeoForschungsZentrum GFZ, Potsdam,
Inv.-Nr. 1781

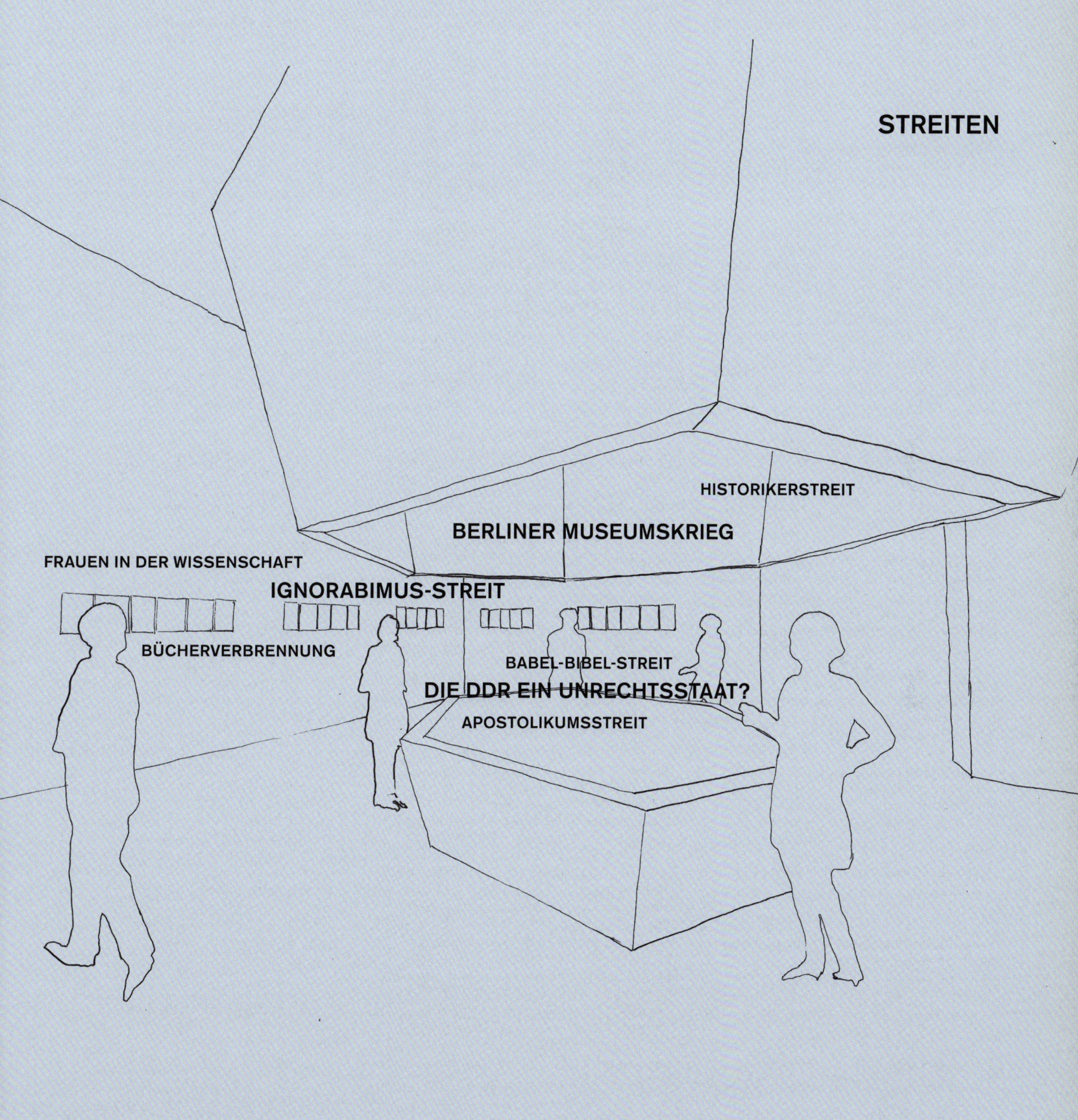

STREITEN

HISTORIKERSTREIT

BERLINER MUSEUMSKRIEG

FRAUEN IN DER WISSENSCHAFT

IGNORABIMUS-STREIT

BÜCHERVERBRENNUNG

BABEL-BIBEL-STREIT

DIE DDR EIN UNRECHTSSTAAT?

APOSTOLIKUMSSTREIT

STREITEN

Christoph Markschies

Wissenschaft besteht selbstverständlich nicht nur aus der uneigennützigen und zweckfreien Suche nach der Wahrheit in »Einsamkeit und Freiheit«, vorgetragen in einer Abfolge von abgeklärten Texten und ziselierten mündlichen Klarstellungen. Zur Wissenschaft gehören auch höchst unterschiedliche Formen von Streit, die oft mit einer kämpferischen oder gar kriegerischen Metaphorik beschrieben werden: Da fahren zwei Kollegen schweres Geschütz auf, zwei andere fechten mit dem Florett, wieder andere treten im Ring gegeneinander an – und so weiter und so fort. Man darf solche Auseinandersetzungen, in denen es auch nach der Abschaffung der Duelle immer wieder einmal um Leben und Tod geht (nämlich um die akademische Existenz), nicht verklären, wie es gelegentlich mit Begriffen wie dem der »akademischen Streitkultur« geschieht: Denn in solchen Auseinandersetzungen gibt es nach wie vor ziemlich schmutzige Tricks, die im akademischen Betrieb nur selten ein Ringrichter ahndet, werden brutale Techniken wie Rufmord eingesetzt, die oft keinerlei Sanktionen durch die Scientific Community nach sich ziehen; da existieren Imperien in Gestalt der Schulen mächtiger Despoten, die um die Hegemonie im Diskurs und bei den Lehrstuhlbesetzungen kämpfen, Rezensionszeitschriften kontrollieren und mit ihrer Macht scheinbar objektive Peer-Review-Verfahren oder Evaluationen steuern. Und doch gibt es immer wieder einmal so etwas wie gelungene »akademische Streitkultur«: geistvolle Debatten in ästhetisch ansprechender Form und von intellektuell herausragendem Inhalt, bei denen die Entscheidung für die eine oder andere Position schwerfällt, oder aber Positionskämpfe, bei denen auch der Irrtum groß genannt werden kann. In der Vergangenheit waren solche akademischen Wortschlachten oft die Voraussetzung für erfolgreiche wie auch gescheiterte Umstürze in den Wissenschaften. Solche von verbalem Schlachtenlärm begleiteten Umstürze sind heute allerdings eher selten geworden, und heftige akademische Auseinandersetzungen gelten gegenwärtig eher als unfein. Angesichts augenblicklicher Tendenzen von Harmoniesucht im wissenschaftlichen Diskurs, wie sie sich beispielsweise im Rezensionswesen beobachten lässt, werden sogar schon erste Vorschläge für einen als »gewaltfreie Auseinandersetzung« pazifizierten und also politisch korrekt gemachten akademischen Streit vorgelegt.[1]

Selbstverständlich ist auch die Geschichte der Berliner Wissenschaft von Streit in all seinen Varianten durchzogen – nicht nur vom beständigen Streit um Geld, vom heftigen Streit um einzelne Berufungen, vom Streit um den Einfluss auf die Politik in der Weimarer Republik oder vom Streit zwischen West und Ost im Kalten Krieg, sondern vor allem vom *wissenschaftlichen* Streit.

Solche Streitigkeiten könnte man nun nach bestimmten Kriterien kategorisieren: Da ist zunächst der durch die Medien angefachte und oft auch in Gang gehaltene wissenschaftliche Streit ohne wirklich tiefe fachliche Substanz, ein unter den Bedingun-

1 Gebhard, Gunther: Streitkulturen – eine Einleitung, in: ders. (Hg.), Streitkulturen: polemische und antagonistische Konstellationen in Geschichte und Gegenwart, Bielefeld 2008, S. 11–34 sowie Müller, Tim B./van Rahden, Wolfert/Schlak, Stephan: Zum Thema, in: Zeitschrift für Ideengeschichte III/4, Kampfzone, 2009, S. 4.

gen einer modernen Mediengesellschaft relativ verbreitetes Muster von Streit. Paradigmatisch sichtbar wurde diese Kategorie in den schweren medialen Auseinandersetzungen um eine – ungehaltene – Rede, die der seinerzeit an der Freien Universität lehrende Historiker Ernst Nolte am 6. Juni 1986 in der »Frankfurter Allgemeinen Zeitung« veröffentlichte und dadurch den sogenannten Historikerstreit auslöste. Nolte hatte »die folgende Frage für zulässig, ja unvermeidbar« gehalten: »Vollbrachten die Nationalsozialisten, vollbrachte Hitler eine ›asiatische‹ Tat vielleicht nur deshalb, weil sie sich und ihresgleichen als potenzielle oder wirkliche Opfer einer ›asiatischen‹ Tat betrachteten?«[2] Der historisch abwegige Versuch des damals ebenso bekannten wie anerkannten Berliner Faschismusforschers Nolte, die nationalsozialistische Massenvernichtung der Juden als »Antwort« auf den stalinistischen Terror zu erklären, wurde freilich nicht nur vehement von der intellektuellen Öffentlichkeit der alten Bundesrepublik vor der Wiedervereinigung (zuerst von Jürgen Habermas) zurückgewiesen, sondern auch von Fachhistorikern wegen methodischer und inhaltlicher Probleme auseinandergenommen.[3] Einen wirklichen wissenschaftlichen Streit im Sinne eines Streites um die unterschiedliche Interpretation von basalen Daten für die Rekonstruktion eines wissenschaftlichen Zusammenhangs oder Problems kann man die damalige Auseinandersetzung nicht nennen. Die öffentlichen Auseinandersetzungen wurden eher um die Frage geführt, ob die Thesen Noltes Ausdruck eines politischen Rechtsrucks deutscher Historiker seien und einer allmählichen Auflösung des allgemeinen Bewusstseins für die Singularität der nationalsozialistischen Verbrechen, als um die vorausgesetzten (und zutiefst problematischen) historiografischen Annahmen Noltes.[4]

Bevor man diesen Typ von Streit zu einem Phänomen der modernen Mediengesellschaft erklärt, sollte man sich klarmachen, dass dem »Historikerstreit« der alten Bundesrepublik in gewissem Sinne eine andere Auseinandersetzung aus dreihundert Jahren Berliner Wissenschaftsgeschichte vergleichbar ist. Gemeint ist der sogenannte Berliner Antisemitismusstreit, eine öffentliche Debatte der Jahre 1879 bis 1881 über den Einfluss des Judentums. Zeitgenossen sprachen eher vom »Treitschkestreit« oder der »Treitschkiade«, weil die Auseinandersetzungen durch einen Aufsatz des Berliner Historikers Heinrich von Treitschke (1834–1896) ausgelöst wurden. Die heute übliche Bezeichnung »Berliner Antisemitismusstreit« geht auf eine Dokumentensammlung des Jahres 1965 zurück.[5] Treitschke hatte im Kontext einer durch Gründerkrach und »große Depression« angeheizten antisemitischen Stimmung in einem Aufsatz unter dem Titel »Unsere Aussichten« behauptet, eine angebliche »nationale Sonderexistenz« der Juden stelle eine Gefahr für die Einheit des Deutschen Reiches dar, und den aufkeimenden Antisemitismus als »natürliche Reaktion des germanischen Volksgefühls gegen ein fremdes Element« zu rechtfertigen versucht. Ebenso berühmt wie berüchtigt wurde vor allem ein Satz aus diesem Beitrag: »Bis in die Kreise der höchsten Bildung hinauf, unter Männern, die jeden Gedanken kirchlicher Unduldsamkeit oder nationalen Hochmuths mit Abscheu von sich weisen würden, ertönt es heute wie aus einem Munde: die Juden sind unser Unglück!«[6] Der Satz und seine fatale Wirkung machten vergessen, dass Treitschke nicht die »Zurücknahme oder Schmälerung der vollzogenen Emanzipation« forderte, vielmehr unmittelbar nach dem berühmten Satz schrieb, solches wäre ein »offenbares Unrecht, ein Abfall von den guten Traditionen unseres Staates«. Allerdings hielt er die Emanzipation für einen Gnadenakt des preußischen Staates, aus dem sich Forderungen nach vollständiger Assimilation der Juden und nach Ablegen ihres angeblichen Wesens, das Treitschke in trüben antise-

2 Nolte, Ernst: Die Vergangenheit, die nicht vergehen will. Eine Rede, die geschrieben, aber nicht gehalten werden konnte (ursprünglich in: Frankfurter Allgemeine Zeitung, 6.6.1986), hier zit. n. Augstein, Rudolf: »Historikerstreit«. Die Dokumentation der Kontroverse um die Einzigartigkeit der nationalsozialistischen Judenvernichtung, München 1987, S. 39–47, hier: S. 45.
3 Schieder, Wolfgang: Der Nationalsozialismus im Fehlurteil philosophischer Geschichtsschreibung. Zur Methode von Ernst Noltes »Europäischem Bürgerkrieg«, in: Geschichte und Gesellschaft 15, 1989, S. 89–114.
4 Meier, Christian: Eröffnungsrede zur 36. Versammlung deutscher Historiker in Trier, 8. Oktober 1986, in: Augstein, Rudolf: »Historikerstreit«, S. 204–214.
5 Boehlich, Walter (Hg.): Der Berliner Antisemitismusstreit, Frankfurt am Main 1965. Vgl. inzwischen auch: Krieger, Karsten (Hg.): Der »Berliner Antisemitismusstreit« 1879–1881. Eine Kontroverse um die Zugehörigkeit der deutschen Juden zur Nation, kommentierte Quellenedition im Auftrag des Zentrums für Antisemitismusforschung, 2 Bde., München 2003.
6 Treitschke, Heinrich von: Unsere Aussichten, in: Boehlich (Hg.), Der Berliner Antisemitismusstreit, S. 7–14, hier: S. 13.

mitischen Klischees beschrieb, ableiteten.[7] Daraufhin erschien eine Reihe kritischer – aber auch zustimmender – Beiträge; unter anderen wies Treitschkes Berliner Kollege, der Mediävist Harry Bresslau (1848–1926), in einem öffentlichen Brief die Thesen zurück, vor allem aber legte der Breslauer Historiker Heinrich Graetz (1817–1891) eine geharnischte »Erwiderung« vor, in der er gegen »eine nur wenig in Baumwolle gewickelte Angriffswaffe gegen die Juden in Deutschland« anschrieb.[8] Treitschke musste sich daher zunehmend nicht nur gegen den wenig schmeichelhaften Vorwurf verteidigen, ihm seien allerlei historische und statistische Ungenauigkeiten unterlaufen. Der Berliner Althistoriker Theodor Mommsen (1817–1903) bezeichnete ihn als Propheten eines »Wahnes, der jetzt die Massen erfaßt hat« und diagnostizierte präzise, wo in Treitschkes Polemik das »arge Unrecht und der unermeßliche Schaden« lagen: Der Kollege habe die Juden als »Mitbürger zweiter Klasse betrachtet, gleichsam als eine allenfalls besserungsfähige Strafcompagnie. Das heißt den Bürgerkrieg predigen.«[9] Entsprechend hatte Mommsen auch eine »Notabelnerklärung« von 75 Personen des öffentlichen Lebens organisiert, die sich gegen Antisemitismus und für Gleichberechtigung und Toleranz aussprach.[10] Der »Historiker-« wie der »Antisemitismus-Streit«, so unterschiedlich sie im Einzelnen auch ausfallen, ähneln sich aber nicht nur in der gewaltigen medialen Aufmerksamkeit, die sie jeweils gefunden haben. Sie entsprechen sich einerseits durch die Debatte um politische Konsequenzen wissenschaftlicher Positionen, andererseits aber auch durch das erhebliche Gewicht ahistorischer Rahmenannahmen aus der Philosophie bei den Protagonisten: Treitschke konstruierte in schlechter Tradition deutscher romantischer Völkerpsychologie »Wesen« von Völkern und stellte diese einander antitypisch gegenüber; Nolte reduzierte die bunte historische Wirklichkeit auf antithetisch verfasste Wesenheiten, die er (darin Hegel vergleichbar) ohne große Rücksicht auf historische Quellenbefunde konstruierte. Eine solche Verquickung eher aus der Philosophie entlehnter Grundprinzipien mit Ergebnissen einer Fachdisziplin verschärft fachwissenschaftliche Auseinandersetzungen und macht sie für Beteiligte wie Außenstehende schwer durchschaubar. Dafür bieten die zwei genannten Konflikte, die von Berlin ausgingen, aber nicht auf die Wissenschaft dieser Stadt beschränkt blieben, ein vorzügliches Beispiel.

Neben solchem Streit *innerhalb* einer Disziplin, der durch metadisziplinäre Annahmen und Voraussetzungen verunklart wird, stehen Auseinandersetzungen *zwischen* Disziplinen, die zugleich oft Ausdruck eines Hegemonialkampfes sind. Paradigmatisch hierfür steht in der Berliner Wissenschaftsgeschichte der sogenannte »Babel-Bibel-Streit«, ausgelöst durch einen öffentlichen Vortrag des damaligen Berliner Ordinarius für Assyriologie und Direktors der vorderasiatischen Abteilung der Museen Friedrich Delitzsch (1850–1922), den dieser am 13. Januar 1902 in der Berliner Sing-Akademie in Gegenwart Kaiser Wilhelms II. gehalten hatte und auf dessen Wunsch knapp zwei Wochen später im Königlichen Schloss wiederholte. In diesem Vortrag vertrat Delitzsch die These, das Alte Testament und die jüdische Religion gingen auf babylonische Wurzeln zurück, ja auch dem zeitgenössischen religiösen Denken hafte »durch das Medium der Bibel noch gar manches Babylonische an«. Insofern sei »Babel als Interpret und Illustrator der Bibel« zu begreifen.[11] Nachdem insbesondere konservative jüdische und christliche Kreise Delitzsch schroff angegriffen und von »einem weit gehenden, wissenschaftlich unhaltbaren Subjectivismus« gesprochen hatten,[12] betonte er ein Jahr später in einem zweiten Vortrag die kulturelle, sittliche und schließlich sogar religiöse Überlegenheit der babylonisch-assyrischen Kultur gegenüber der alttestamentlich-israelitischen und forderte – mit antisemitischen Untertönen gegen das deut-

7 Ebd.

8 Bresslau, Harry: Zur Judenfrage. Sendschreiben an Herrn Prof. Dr. Heinrich von Treitschke, in: Boehlich (Hg.): Der Berliner Antisemitismusstreit, S. 54–78, sowie Graetz, Heinrich: Erwiderung an Herrn Treitschke, in: ebd., S. 27–33, hier S. 27.

9 Mommsen, Theodor: Auch ein Wort über unser Judenthum, in: ebd., S. 212–226, hier S. 216, 221f.

10 Hoffmann, Christhard: Juden und Judentum im Werk deutscher Althistoriker des 19. und 20. Jahrhunderts, Leiden 1988, S. 123–131.

11 Delitzsch, Friedrich: Babel und Bibel. Ein Vortrag, Leipzig 1903, S. 44, 53.

12 Jeremias, Alfred: Im Kampfe um Babel und Bibel. Ein Wort zur Verständigung und Abwehr, 3. Aufl., Leipzig 1903, S. 4.

sche Judentum – die Entfernung des Alten Testaments aus dem christlichen Kanon.[13] Der Streit ist zunächst einmal vor dem Hintergrund der großen Fortschritte der Assyriologie zu sehen, die nicht zuletzt dank der Ausgrabungen, an denen der Berliner Vortragende selbst beteiligt war, zustande gekommen waren. Er entbehrte überdies nicht einer gewissen Pikanterie: Delitzsch war der Sohn des eher konservativen Alttestamentlers Franz Delitzsch, und der Streit führte zu einer tiefen Verunsicherung gerade der alttestamentlichen Disziplin innerhalb der Theologie. Die Forderung des führenden Berliner Theologen jener Zeit, Adolf von Harnack (1851–1930), das Alte Testament innerhalb der Theologie nur noch als religionsgeschichtliches Dokument zu begreifen und als kanonische Urkunde außer Geltung zu stellen, gehört in diesen Kontext.[14] Zugleich trug der Streit mit dazu bei, die alttestamentliche Wissenschaft grundlegend umzuformen: Nach der Polemik von Delitzsch verlor der bislang mindestens in konservativen Kreisen noch beherrschende theologische Begriff der Offenbarung seine Zentralstellung zugunsten einer rein historischen Beschreibung des literarischen Wachstums der hebräischen Bibel. Wissenschaftlicher Streit ist, wie das Beispiel zeigt, zugleich häufig auch ein Dokument neu aufkommender Hegemonialansprüche von Disziplinen, Element eines Selbstbehauptungskampfes innerhalb des wissenschaftlichen Wettbewerbs um Anerkennung und Finanzierung. Und er ist, wie angesichts der mehrmaligen Anwesenheit des Kaisers bei den Vorträgen von Delitzsch deutlich wird, gelegentlich auch ein Buhlen um die Anerkennung der Politiker, die für die Wissenschaftsförderung verantwortlich zeichnen.

Natürlich könnte man solche Charakteristika ebenfalls an Auseinandersetzungen der jüngeren Vergangenheit explizieren – beispielsweise indem man den zwischen philosophierenden Neurologen und neurologisch oft dilettierenden Philosophen ausgefochtenen Streit um den freien Willen als Hegemonialkampf um den Einfluss der Lebenswissenschaften im Wissenschaftsbetrieb porträtiert.[15] Aber anstelle solcher nicht unproblematischer Aktualisierungen soll eine weitere Dimension wissenschaftlichen Streitens den Abschluss unserer Betrachtungen bilden.

Neben allen Auseinandersetzungen um die unterschiedliche Interpretation basaler Daten für die Rekonstruktion eines wissenschaftlichen Zusammenhangs oder Problems, neben der Verquickung von Grundprinzipien anderer Disziplinen mit Ergebnissen einer dritten und neben den Hegemonialkämpfen von Disziplinen existiert noch eine weitere, demgegenüber scheinbar fundamentale Ebene von Streitigkeiten in der Wissenschaft: die Ebene des Vorwurfs mangelnder Originalität, verschärft im Vorwurf, andere plagiiert zu haben. Auch dieser Vorwurf scheint ein Spezifikum in Zeiten zu sein, in denen keineswegs nur Studierende wissenschaftliche Texte mittels »Copy and Paste«-Verfahren zusammenbringen. Aber dem ist selbstverständlich nicht so. Gottfried Wilhelm Leibniz (1646–1716), in gewisser Weise die Gründerfigur des Berliner Wissenschaftsbetriebs, wurde bereits 1673 bei seinem ersten Londonbesuch, als er dort seine Formel zur Berechnung von Reihen vorführte, von dem englischen Mathematiker John Pell (1611–1685) beschuldigt, eine Entdeckung François Regnaulds als seine eigene auszugeben. Rund drei Jahrzehnte später warf man Leibniz in England vor, seine größte mathematische Entdeckung, die Grundlagen der Differentialrechnung, bei Sir Isaac Newton (1643–1727) abgeschrieben zu haben. Dieser hatte sein Prinzip der Infinitesimalrechnung bereits 1666 entwickelt, aber nicht veröffentlicht. In London erinnerte man sich sogleich an die alte Affäre, und der Skandal war perfekt. Noch 1712 kam die Royal Society zum Ergebnis, dass der deutsche Universalgelehrte

13 Johanning, Klaus: Der Bibel-Babel-Streit, Frankfurt am Main 1988 sowie Lehmann, Reinhard G.: Friedrich Delitzsch und der Babel-Bibel-Streit, Freiburg (Schweiz) 1994.
14 Kinzig, Wolfram: Harnack, Marcion und das Judentum. Nebst einer kommentierten Edition des Briefwechsels Adolf von Harnacks mit Houston Stewart Chamberlain, Leipzig 2004, S. 85–152.
15 Markschies, Christoph: Ist Theologie eine Lebenswissenschaft?, in: ders., Antike ohne Ende, Berlin 2008, S. 17–61, hier: S. 50–61.

plagiiert habe, und der heftige Streit überschattete Leibniz' letzte Lebensjahre.[16] Spätestens seit 1948 ist aber klar, dass Leibniz seine Entdeckung selbstständig gemacht hatte. Auf diese Weise wird zuletzt auch deutlich, dass Zeit oftmals ein entscheidender Faktor beim wissenschaftlichen Streit ist. Im Unterschied zum Sport, wo normalerweise nach festgelegten Regeln gekämpft wird, sind in der Wissenschaft spätestens seit dem Ende des stark reglementierten mittelalterlichen Disputationswesens die Regeln des akademischen Streits und der dazugehörigen schiedsrichterlichen Instanzen notorisch unklar. Das bedeutet: Alle Formen von Regelverstößen können heutzutage meist nur noch durch einen sich sehr allmählich erst etablierenden Konsens der Scientific Community geahndet werden. Beschleunigt werden aber kann dieses vergleichsweise langsame Verfahren der Ahndung von Regelverstößen nur durch streitbare Forschungsbeiträge.

16 Hall, Alfred Rupert: Philosophers at War. The Quarrel between Newton and Leibniz, Cambridge 1980.

6 Hörspiele historischer Streitfälle der Berliner Wissenschaft

2010
teamstratenwerth, Basel
Audiostation mit Illustrationen

a) Blicke auf die Neue Welt

1768 löste der niederländische Theologe Cornelius de Pauw mit seinem Buch »Philosophische Untersuchungen über die Amerikaner« in Berlin eine heftige Debatte aus. In übelster Manier beschrieb er die Neue Welt als geschunden und »ausgeartet«, den Europäern unterlegen, wobei er gängige Vorurteile bediente. Dagegen mühte sich der Bibliothekar Friedrichs des Großen, Antoine-Joseph Pernety, in einem Vortrag vor der Berliner Akademie, die Schilderungen als »ein Gespinst voller Falschheiten und Übertreibungen« zu entlarven. Auch wenn er, im Gegensatz zu de Pauw, diese Welt mit eigenen Augen gesehen hatte, hielten sich die Vorurteile bei Philosophen und Naturwissenschaftlern bis weit ins 19. Jahrhundert. *pk*

b) Koch, Pettenkofer, die Cholera und ein Selbstversuch

Im Alter von 74 Jahren schien der Mediziner Max von Pettenkofer, hoch verehrt und dekoriert, zu verzweifeln. Der Bakteriologe Robert Koch meinte herausgefunden zu haben, dass jedes pathogene Bakterium für eine spezifische Krankheit verantwortlich sei. Folglich würde krank, wer sich mit einem solchen Bakterium infizierte. Bestimmte Bodenbeschaffenheiten und Schwankungen im Grundwasserspiegel, die Pettenkofer für die Ausbreitung von Krankheiten als ebenfalls unerlässlich angesehen hatte, wären danach irrelevant. Im Kampf um die Meinungshoheit ging Pettenkofer nun bis zum Äußersten. Er trank eine Reinkultur mit Choleraerregern, erkrankte nicht und stand am Ende mit seiner Überzeugung doch allein da. *pk*

c) Frauen in der Wissenschaft

»Es fehlt dem weiblichen Geschlechte nach göttlicher und natürlicher Anordnung die Befähigung zur Pflege und Ausübung der Wissenschaften und vor Allem der Naturwissenschaften und der Medicin.« Mit Äußerungen wie dieser sprach sich der Anatomieprofessor Theodor von Bischoff 1872 gegen eine Zulassung von Frauen zum Wissenschaftsbetrieb aus. Leicht fand er Unterstützer. Doch Ende des 19. Jahrhunderts formierten sich auch Gegenstimmen. »Soweit es sich um die Geistes- und Körperkräfte handelt«, so Hermann Munk, Professor an der Berliner Tierarzneischule, »finde ich in Anbetracht der wei

15-1c

ten Grenzen, innerhalb deren wir bei den Studenten diese Kräfte schwanken sehen, nichts gegen das akademische Frauenstudium einzuwenden«. 1908 durften sich schließlich in Berlin die ersten Frauen immatrikulieren. *pk*

d) Der Babel-Bibel-Streit

Lässt sich die Bibel auf babylonische Quellen zurückführen? Ist das Alte Testament keine göttliche Offenbarung? Diese Fragen warf der Assyriologe Friedrich Delitzsch 1902 in einer Rede in der Berliner Singakademie in Anwesenheit des Königs auf. Die Provokation blieb nicht ungehört. Heftige Diskussionen entbrannten im Saal und verlagerten sich in der Folge auf die Straße. Nach einer zweiten und dritten Rede Delitzschs fühlte sich der Kaiser genötigt zu intervenieren. Mit einem Brief an den stellvertretenden Vorsitzenden der Deutschen Orient-Gesellschaft, Admiral Friedrich von Hollmann, gelang es ihm, die Diskussion zurück in Fachkreise zu lenken, sodass sich die Lage beruhigte. *pk*

e) Der Historikerstreit

Am 6. Juni 1986 sorgte der Berliner Historiker Ernst Nolte in der »Frankfurter Allgemeinen Zeitung« für einen Tabubruch. Unter dem Titel »Vergangenheit, die nicht vergehen will« verglich er den Massenmord der Nationalsozialisten mit den Verfolgungen in der Sowjetunion und fragte: »War nicht der ›Klassenmord‹ der Bolschewiki das logische und faktische Prius des ›Rassenmords‹ der Nationalsozialisten?« In den Zeitungen entbrannte ein heftiger Streit. Noltes Gegner, darunter der Soziologe Jürgen Habermas, sahen durch das Vorgehen die Einzigartigkeit

15-1a

nationalsozialistischer Verbrechen verharmlost. Im Lauf der Auseinandersetzung isolierte sich Nolte von der Fachwelt. *pk*

f) Der freie Wille

Anfang des 21. Jahrhunderts sorgten technische Fortschritte auf dem Gebiet der bildgebenden Verfahren in den Neurowissenschaften für neue Erkenntnisse. Hirnforscher sahen das gültige Menschenbild vor einer Revolution und fragten: Ist der Mensch nur ein Handlanger der physiologischen Prozesse seines Gehirns? Hat er keinen freien Willen? Und ist er demnach für sein Handeln gar nicht verantwortlich zu machen? Heftiger Protest kam aus den Geisteswissenschaften: »Es geht nie gut, wenn wir Fragen, die sich auf der einen Beschreibungsebene stellen, auf einer anderen zu beantworten suchen«, so Peter Bieri, Professor für Sprachphilosophie an der Freien Universität Berlin. Daher versucht man heute, in Einrichtungen wie der Berlin School of Mind and Brain disziplinübergreifend das Wissen und Denken von Freiheit und Handeln zu verbinden. *pk*

15-2 10 Plakate mit Streitfällen aus der Geschichte der Berliner Wissenschaft
2010
Texte und Bildauswahl: André Grzeszyk
Grafik

a) Die DDR – ein Unrechtsstaat?

Mindestens 136 Tote forderte allein die Mauer, die West- und Ostberlin fast vierzig Jahre lang teilte. Die Wiedervereinigung war der Startschuss für die Debatte um das gesamtdeutsche Erinnern. Die Frage nach dem Umgang mit der DDR-Vergangenheit setzte neue, scharfe und heftig umkämpfte Trennlinien. Namhafte Wissenschaftler und Politiker mischen sich immer wieder engagiert in die Auseinandersetzung ein.
Der Begriff »Unrechtsstaat« ist politischer Natur, er ist kein juristischer Terminus und zieht somit keine völkerrechtlichen Konsequenzen nach sich. Dennoch war und ist der Streitfall außerordentlich bedeutsam für das Bemühen, eine gesamtdeutsche kulturelle Identität zu schaffen. Diese sollte sich nämlich primär auf eine gemeinsame Erinnerung gründen, die in entsprechenden Erzählungen fixiert werden muss. Gleichzeitig bleibt die Debatte auch ein für die Zukunft wichtiger Prozess, in dem die Vergangenheit immer neuen Bewertungen unterliegen wird. *ag/pk*

15-1d

b) Gerhardt, Bierwisch, Kant und der Einmarsch im Irak

Im Jahr 2003 gab es in Deutschland eine überwältigende Meinungsmehrheit gegen den selbst ernannten Anführer der freien Welt, den amerikanischen Präsidenten George W. Bush. Doch der Philosoph Volker Gerhardt sprach sich für die militärische Intervention im Irak aus. In seiner Argumentation berief er sich auf Kant: Eine Friedensordnung kann sich nur zwischen Rechtsstaaten stabilisieren. Der Sprachwissenschaftler Manfred Bierwisch hielt dagegen und stellte Gerhardts Kant-Interpretation infrage.
Gerhardt warf notwendige und legitime Fragen in Bezug auf eine mögliche Friedensordnung in einer globalisierten, postnationalen Welt auf. Anhand der eigenen Kant-Lektüre führte Bierwischs kritische Antwort die Debatte fruchtbar fort, wie eine weitere Replik Gerhardts zeigte. Die Diskussion der beiden Berliner Professoren war insofern von Bedeutung, als sie eine produktive Perspektive jenseits der einstimmigen Polemik gegen Bush in dieser Zeit eröffnete. *ag/pk*

c) Warburg versus Emerson – Nobelpreis schützt vor Fehlern nicht

War Otto Warburg, die deutsche Koryphäe auf dem Gebiet der Fotosyntheseforschung, ein armseliger Fantast? Ab 1938 wagte der US-amerikanische Forscher und einstige Schüler Warburgs, Robert Emerson, was sich in Deutschland niemand getraut hätte: Er stellte die Spitzenwerte an Effizienz bei der Umwandlung von Sonnen- in chemische Energie infrage, die sein Lehrmeister 1922 veröffentlicht hatte und die seit diesem Datum als gesichert galten.
Erst nach dem Ende der NS-Diktatur durfte Otto Warburg wieder wissenschaftlich veröffentlichen, was ihm als Juden jahrelang verboten war. 1950 meldete er sich mit einem neuerlichen Höchstwert zurück und behauptete nun, dass die Effizienz der Umwandlung bei 90 Prozent liege. Emersons Tonfall in der Debatte blieb respektvoll, aber es wurde mehr und mehr deutlich, dass Warburg seinen Anspruch auf die Führung in der Fotosyntheseforschung längst verloren hatte. *ag/pk*

d) War Einstein ein Plagiator?

Einstein ist ein Plagiator! Seine gerühmte Relativitätstheorie verstößt gegen jeden gesunden Menschenverstand, unanschaulich wie sie ist. Die »Arbeitsgemeinschaft deutscher Naturforscher zur Erhaltung reiner Wissenschaft e.V.« war sich einig und stellte Einstein 1920 bei einem Kongress in der Berliner Philharmonie an den Pranger. In einer kruden Mischung aus antisemitischer Propaganda und wissenschaftlichem Disput gründete sich die sogenannte Arische Physik.
Der Versuch einer rassenspezifischen Physik musste scheitern, weil sich Naturgesetze weder nach Ideologien noch nach

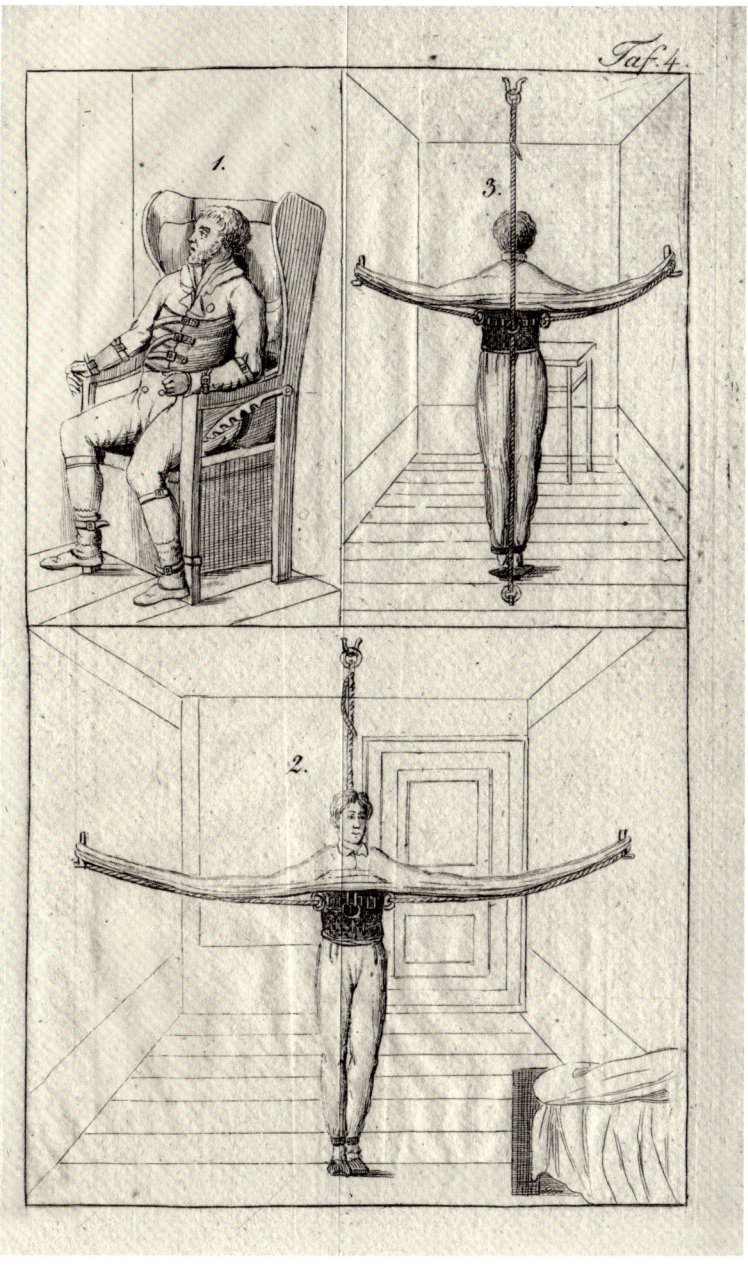

15-2i

rung jeglicher Kunst der Moderne in der Ausstellung »Entartete Kunst«. Justis Konzeptionen für ein Museum zeitgenössischer Kunst entfalteten dennoch weltweiten Einfluss. *ag/pk*

f) Rahel Hirsch und die Männer der Charité

»Der ist wohl die Puderquaste in den Nachttopf gefallen.« So die einzig überlieferte Reaktion im Publikum auf einen Vortrag der Medizinerin Rahel Hirsch 1907 vor der Gesellschaft der Ärzte der Charité. In ihren Ausführungen hatte sie – entgegen der herrschenden Lehrmeinung – nachgewiesen, dass größere, feste Partikel durch die Schleimhaut des Dünndarms gelangen und als Fremdkörper ausgeschieden werden können.
Der folgende Streit gründete weniger auf den Erkenntnissen Hirschs als auf der mangelnden Vorstellungskraft ihrer Zuhörer. Sie wurde verspottet, ohne dass die Richtigkeit ihrer Ergebnisse auch nur in Erwägung gezogen wurde. Zwar bestätigte der ungarische Physiologe Fritz Verzár ihre Ergebnisse 1911, dennoch geriet Hirsch in Vergessenheit. Erst ab 1957 wurde sie durch Gerhard Volkheimer und den neuerlichen Beweis ihrer Forschungen rehabilitiert. Ihr zu Ehren benannte er die Durchlässigkeit des Darmtrakts als »Hirsch-Effekt«. *ag/pk*

g) Der Apostolikumsstreit

Wer soll noch an die buchstäbliche Wahrheit der jungfräulichen Geburt Marias glauben? 1892 rüttelte der Theologe Adolf von Harnack an den heiligen Grundfesten innerhalb des evangelischen Glaubensbekenntnisses (»… geboren von der Jungfrau Maria …«). Er setzte sich für den Pfarrer Christoph Schrempf ein, der die liturgische Rezitation des Apostolikums aus Gewissensgründen verweigert hatte und daraufhin entlassen worden war.
Ein Proteststurm der kirchlichen Öffentlichkeit war Harnack damit sicher. Harnack erreichte durch seine Intervention den Erlass des »Irrlehregesetzes«. Mit einer Disziplinarkommission hatten Geistliche demnach nur noch zu rechnen, wenn sie die Ordnungen der Kirche explizit herabwürdigten. Somit wurde der institutionelle Rahmen für kritisches Denken auf dem Papier erweitert. Was die Kirchenrichter nicht davor zurückhielt, noch im selben Jahr den evangelischen Pfarrer Carl Jatho, der ein eigenverfasstes Bekenntnis verwendet hatte, von seinen Pflichten zu entbinden. *ag/pk*

nationalen Interessen richten. Die Argumente der Arischen Physik gegen die Erkenntnisse moderner Physik waren schwach, ja unhaltbar, der fachliche Machtverlust musste durch antisemitische Hetzpropaganda und politischen Einfluss ausgeglichen werden. Nach dem Ende des Nationalsozialismus verlor die auch Deutsche Physik genannte »Bewegung« sämtliche Relevanz. *ag/pk*

e) Der Berliner Museumskrieg

Der Direktor der Nationalgalerie, Ludwig Justi, sei unfähig und verhalte sich kriecherisch, so 1921 der einflussreiche Kunstkritiker Karl Scheffler. Er warf ihm gar völliges Versagen vor und griff Justis Präsentation moderner zeitgenössischer Kunst in einer »Neuen Abteilung im Kronprinzenpalais« scharf an. Dessen öffentliche Antwort ließ nicht lange auf sich warten: Justi konterte souverän und nicht weniger persönlich.
In ihrer harten Debatte über eine zeitgemäße Kunstauffassung übersahen Justi und Scheffler die eigentliche Bedrohung: Bereits 1933 wurde Justi von den Nationalsozialisten seines Amtes enthoben, und »Kunst und Künstler«, Schefflers Zeitschrift, verboten. 1937 folgte die Diffamie-

h) Der Ignorabimus-Streit

»Ignoramus et ignorabimus« (»Wir wissen es nicht, und wir werden es niemals wissen«). Der Satz des Physiologen Emil Du Bois-Reymond trifft die Versammlung deutscher Naturforscher und Ärzte 1872 wie ein Donnerschlag. Bezweifelt Du Bois-Reymond tatsächlich die absolute Omnipotenz naturwissenschaftlicher Erkenntnis und das gesicherte Heilsversprechen des mechanistischen Weltbildes?

1880 veranschaulichte Du Bois-Reymond seine Haltung in der Rede »Die sieben Welträtsel«, in der er unter anderem nach dem Ursprung der Bewegung fragt. Damit rief er die bekannten Antworten auf dieses Problem auf – von Aristoteles' diesseitigem unbewegten Beweger bis zu Thomas von Aquins jenseitiger erster Ursache in Gott. Das Außergewöhnliche an Du Bois-Reymonds Position war jedoch, dass er keine eigene Lösung präsentierte. Damit erteilte er sowohl rationalistischen als auch theologischen Sinnversprechen eine Absage. *ag/pk*

15-2j

i) Wilhelm Griesinger und die Begründung der modernen Psychiatrie

1864: Revolution in der Anstalt! Die konservativen Psychiater schließen sich hektisch zusammen und bringen ihre Gegenargumente in Stellung. Die Angst geht um. Der Quereinsteiger Wilhelm Griesinger schickt sich an, die traditionellen Pfründe zu reformieren: Er fordert eine individuell abgestimmte Versorgung der Patienten. Dabei gilt die geschlossene Irrenanstalt doch pauschal als angemessen für alle Arten psychischer Erkrankung.

Einerseits wurde Griesinger als Person schnell zur eigentlichen Zielscheibe, denn aufgrund seiner Vita als Mediziner, der kaum Erfahrung als Psychiater vorweisen konnte, war er angreifbar. Andererseits galten die Kategorien »heilbar« bzw. »unheilbar« dem zeitgenössischen Wissen als gesichert, weshalb es keinerlei differenzierter Formen der Unterbringung bedurfte. Doch Griesinger setzte sich durch und gilt heute als Begründer der modernen Psychiatrie. *ag/pk*

j) Die mutmaßlich erste Berliner Bücherverbrennung

1752 lacht ganz Europa über Pierre Louis Moreau de Maupertuis. Voltaire hat die Koryphäe mit einem scharfzüngigen Pamphlet blamiert. Dabei dachte Maupertuis, mit seinem »Prinzip der kleinsten Aktion« nichts weniger als den Gottesbeweis erbracht zu haben. Die Ehre des Präsidenten der Berliner Akademie der Wissenschaften musste gerettet werden – Friedrich II. selbst eilt zu Hilfe und befiehlt, Voltaires Schmähschrift öffentlich zu verbrennen. Im Rückblick war der Streit ein Intrigenspiel, bei dem die wissenschaftliche Thematik schnell aus dem Blick geriet. Verletzter Stolz, jahrelang gehegte Freund- und Feindschaften und das Buhlen um die Anerkennung des Königs bildeten die Triebfeder der Auseinandersetzung zwischen Maupertuis und Voltaire. Voltaire trieb der Neid auf den Günstling bei Hofe, nicht das Interesse an einer wissenschaftlichen Debatte. *ag/pk*

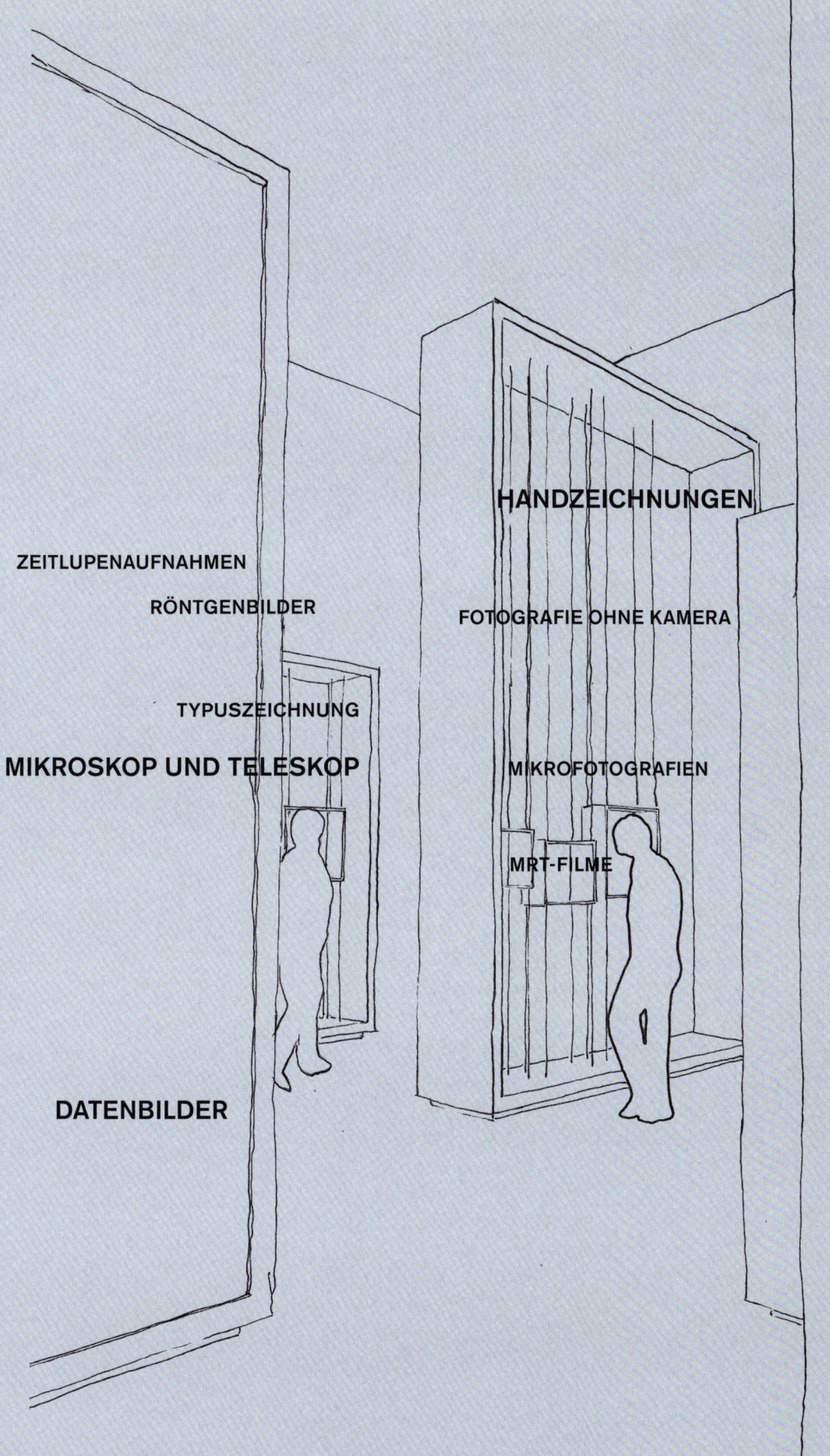

VISUALISIEREN

HANDZEICHNUNGEN

ZEITLUPENAUFNAHMEN

RÖNTGENBILDER

FOTOGRAFIE OHNE KAMERA

TYPUSZEICHNUNG

MIKROSKOP UND TELESKOP

MIKROFOTOGRAFIEN

MRT-FILME

DATENBILDER

VISUALISIEREN

Randolf Menzel

Wissenschaftler machen Entdeckungen und wollen sie anderen Leuten erklären; sie reden und schreiben darüber und führen ihre Entdeckungen vor. Manchmal sind sie nicht unmittelbar sichtbar, da sie aus der Erkenntnis von Zusammenhängen bestehen und nicht direkt vorgeführt werden können. Sprache bleibt dabei häufig unzulänglich, sodass nur Bilder weiterhelfen. Bilder können mehr sagen als Worte, weil Bilder unserer unmittelbaren Erfahrung näher sind als die Abstraktion der Wörter. Bilder folgen indes einer eigenen Logik.

Entdeckungen beziehen sich nicht auf den einzelnen Fall, sondern auf eine Regel aller gleichartigen Fälle, daher müssen Bilder von einem einzelnen Gegenstand das Exemplarische, das Typische, das allgemein Gültige wiedergeben. Es ist die schöpferische Arbeit des Entdeckers, dieses zu erkennen und bildlich darzustellen. Zu diesem Zweck sammelt der Wissenschaftler viele Einzelfälle und entwickelt eine Vorstellung des Allgemeinen. Skizzen schärfen den Blick; in ihnen können einzelne Abweichungen und Variabilitäten vernachlässigt werden, sodass am Abbild des einzelnen Exemplars das allgemein Gültige am deutlichsten zur Darstellung gelangt. Die Genauigkeit der Beobachtung und das Vergleichen mit bereits Bekanntem ist dabei der Schlüssel zur Erkenntnis.

Bilder in der Wissenschaft sollen perfekt und schön sein; sie sind Idealvorstellungen. Was wir als schön empfinden, hat auf versteckte Weise etwas mit den Naturgegenständen zu tun, auf die uns unsere evolutive Geschichte geprägt hat. Regelmäßigkeit, die lebenden Objekten wie Pflanzen und Tieren eher eignet als unbelebten Dingen, ist so eine Größe, Symmetrie – radiär oder gespiegelt – eine andere. Farben werden als harmonisch abgestimmt empfunden, und die Tiefe der dreidimensionalen Welt wird im Bild als stimmig oder widersprüchlich erkannt. Solche »Schönheitsmerkmale« bestimmen das Abbild des Entdeckten und machen damit das Bild zu einem eigenen Gegenstand mit mehr oder weniger Beziehung zum Dargestellten. Dennoch ist der Wissenschaftler fest davon überzeugt, dass in dem Bild die wahre Entdeckung dargestellt wird und es diesen Gegenstand so in der Welt gibt. In diesem Sinne sind Naturwissenschaftler naive Realisten, denen man nicht ausreden kann, dass sie die Welt so entdecken, wie sie ist.

Menschen besitzen Sinnesorgane, die nur zur Wahrnehmung eines kleinen Ausschnitts einer mittleren Welt zwischen Mikro- und Makrokosmos geeignet sind. Selbst in diesem kleinen Ausschnitt nehmen wir viele physikalische und chemische Zustände nicht wahr. In dieser Hinsicht sind uns viele Tiere weit voraus. Aber wir können unsere Wahrnehmungswelt mit Geräten erweitern, mit Mikroskopen für das Kleine, mit Teleskopen für das Große und Ferne, und mit vielfältigen Messgeräten für alle möglichen physikalischen und chemischen Zustände. Die Bilder, die mithilfe dieser Geräte erzeugt werden, können wir in unsere mittlere Wahrnehmungswelt übersetzen; sie lassen sich zeichnen oder fotografieren und damit als Beleg verwenden. Die Geräte dienen dabei gewissermaßen als Übersetzer; sie verändern den Gegenstand in vielfältiger Weise und entrücken ihn unserer direkten Erfahrung. Bilder der Mondoberfläche können so übersetzt werden, dass sie einer handgreiflichen Überprüfung standhalten, sollten wir dereinst auf dem Mond spazieren gehen. Galaxien und Bakterien werden dagegen nie darauf zu überprüfen sein, wie sie sich anfühlen, welche Farbe sie »wirklich« haben und ob sie Geruch und Geschmack besitzen. Dennoch ist der Wissenschaftler, der seine Geräte genau kennt, davon überzeugt, dass sie ihm etwas Wirkliches vermitteln, etwas, das seine Entdeckung grundlegend auszeichnet. Diese naiv-realistische Überzeugung bedarf der ständigen Überprüfung mit immer neuen Geräten, die immer wieder neue Eigenschaften der Objekte in Bilder für unsere Vorstellung übersetzen.

Auch in der Zeitdomäne ist unsere Wahrnehmung auf eine mittlere Welt beschränkt. Schnelles (eine fliegende Pistolenkugel etwa) oder Langsames (wie das Wachsen von Bäumen oder die Bewegung von Kontinenten) müssen auf eine unserem Wahrnehmungsvermögen angepasste zeitliche Skala übertragen werden. Dabei nehmen wir an, dass die Zeit sich wie ein sich gleichmäßig ausbreitender Pfeil verhält und ihre Eigenschaften über viele Größenordnungen beibehält. Eine Annahme, die wohl für sehr kurze Zeiten in der atomaren Welt und für sehr lange Zeiten im Kosmos nicht gelten mag. Der lineare Zeitstrahl unserer Vorstellung, mit dem wir im Verlaufe unserer Evolution so gut zurechtgekommen sind, ist dennoch ein zuverlässiges Mittel der Welterfahrung, Abweichungen davon bleiben der mathematischen Abstraktion vorbehalten.

Viele Phänomene unterliegen einem zeitlichen Rhythmus, so etwa der Herzschlag, der scheinbare Tagesgang der Sonne, die Jahreszeiten oder das periodische Auftreten von Kometen. Die Übersetzung der zeitlichen Domäne in eine bildhaft-räumliche hilft uns, feine Strukturen der Rhythmik zu erkennen. Einem solchen Bild entspricht kein Gegenstand. Es visualisiert Ereignisse aus einer anderen Welt. Für unsere Erkenntnis und die Kommunikation der Wissenschaftler untereinander sind diese Übersetzungen außerordentlich hilfreich, weil sie, besser als mit vielen Worten, unmittelbar – sozusagen auf einen Blick – Strukturen (hier zeitliche Strukturen) erkennen lassen. Die suggestive Kraft dieser Bilder stellt gleichermaßen einen Gewinn und eine Gefahr dar. Solange wir uns über ihren Entstehungsprozess im Klaren sind, die Übersetzungsschritte und mancherlei Willkür bei der Wahl der Darstellungsweisen (etwa der Farbgebung) berücksichtigen, stellen sie Informationsträger für wirkliche Naturphänomene dar. Sie bilden dann ausgewählte Eigenschaften so ab, dass wir sie erfassen können. Das Bild selbst ist aber dem dargestellten »Gegenstand« sehr fern.

Eine noch größere Ferne überbrücken Bilder, denen keine wie auch immer gearteten Weltphänomene entsprechen. Das trifft zum Beispiel auf mathematische Formeln zu, deren Variablen sich in Raumdimensionen, in der Farbskala und in der Zeitskala abbilden lassen. Die mathematischen Formeln selbst verstehen wir durch die Bildbetrachtung nicht, aber die Aussagen dieses Formalismus können zumindest teilweise erfasst werden. Wir erkennen Periodizitäten, verschlungene Regelhaftigkeiten und

Sprünge. Für die angewandte Mathematik und die Arbeit mit dem Computer sind solche Visualisierungen hilfreich, auch wenn ihnen keine Wirklichkeit entspricht.

Die Bilderflut in den modernen Naturwissenschaften wird durch die riesige Menge von Daten, die immer kräftiger werdenden Algorithmen zur Übersetzung solcher Datenfluten in »virtuelle« Bilder und die immer leistungsfähigeren Computer bestimmt. Virtuell sind viele dieser Bilder, weil sie Messgrößen darstellen, denen nur indirekt bildhafte Eigenschaften zukommen. Darüber hinaus werden die Daten einer Fülle von Rechenoperationen unterzogen, die sich in komplexer Weise auf die Darstellung auswirken. Messwerte werden gemittelt und geglättet, dynamische Vorgänge statisch dargestellt, Kontraste werden überhöht und lineare Skalen von Messgrößen in Farben übersetzt. Gerade letzteres Verfahren, das so eindrucksvolle Bilder liefert, ist mit besonderer Vorsicht zu betrachten, da unsere Farbwahrnehmung kategorial und nicht linear ist (Blau und Gelb sowie Rot und Grün schließen sich gegenseitig aus) und Farben für uns Bedeutungsträger sind (Rot ist wichtiger als Blau). Für den wissenschaftlichen Prozess stellt dies meist kein Problem dar, weil die Wissenschaftler um die Entstehung der Bilder wissen. Bilder allein gelten auch nicht als Beweisstücke. Die Belege für eine Schlussfolgerung werden den originalen Messserien entnommen und müssen einer rigiden statistischen Bearbeitung standhalten. Als Kommunikationsmittel und als Generator für Hypothesen sind diese virtuellen Darstellungen jedoch sehr hilfreich. Dabei ist die Disziplinen überschreitende Zusammenarbeit von besonderer Bedeutung, denn sowohl die Verfahren der primären Datengewinnung als auch die der bildlichen Darstellung sind außerordentlich komplex und erfordern die Arbeit von Spezialisten. Bei Laien können virtuelle Bilder zu falschen Vorstellungen über den Wirklichkeitscharakter führen; die Bilder werden aber für den wissenschaftsinternen Prozess erzeugt und bedürfen wie jeder wissenschaftliche Befund der Erklärung, wenn sie der Öffentlichkeit vorgestellt werden.

Bilder sind Interpretationen, manchmal ganz nahe an einem Objekt und manchmal, ohne einen Bezug zu einem realen Objekt zu haben. In all diesen Formen kommunizieren Bilder wissenschaftliche Inhalte, unterstützen Sprache wie mathematische Formulierung und sprechen unser ästhetisches Empfinden an. Damit vermitteln sie reichhaltige Information, weil sich unser Sehsystem im Verlaufe unserer Evolution zu einer leistungsfähigen kognitiven Domäne entwickelt hat. In all ihren Formen entsprechen den Bildern – konkrete oder abstrakte – Wirklichkeiten, nur sind sie nicht selbst die Wirklichkeit und unterliegen als Bilder eigenen Gesetzen, die ihnen bei der Wahrnehmung durch unser kognitives Sehsystem aufgeprägt werden.

Zeichnen nach Beobachtung mit dem Auge

Zeichnen gehört zu den grundlegenden wissenschaftlichen Techniken und wird auch heute noch ergänzend zu technischen bildgebenden Verfahren eingesetzt. Die zeichnende Person ist zur genauen Beobachtung gezwungen und zu einer Vielzahl von Entscheidungen, ob einzelne Merkmale typisch oder vernachlässigbar sind. Das so fixierte Wissen prägt in der Folgezeit die Kenntnisse über den Untersuchungsgegenstand. *jh*

16-1 Handzeichnung aus der Bloch'schen Fischsammlung, *Bodianus aya*

1790, nach Vorlage von Johann von Nassau-Siegen
47 x 27
Museum für Naturkunde Berlin, Bestand: Zool. Mus.,
Sign. B VIII/423-25

Der Arzt Marcus Élieser Bloch legte privat umfangreiche Naturaliensammlungen an, wobei sein besonderes Interesse der Erforschung und Systematisierung von Fischen galt. Als er die Absicht, seine Forschungen einschließlich einer aufwendigen Bebilderung zu publizieren, Friedrich II. mitteilte, entgegnete dieser ablehnend: »[...] kein Mensch würde solches kauffen.« Zwischen 1782 und 1784 veröffentlichte Bloch mit privater finanzieller Unterstützung die dreibändige »Oecono-

mische Naturgeschichte der Fische Deutschlands« und zwischen 1785 und 1795 neun Bände einer »Naturgeschichte der ausländischen Fische« mit insgesamt 432 handkolorierten Bildtafeln. Die gezeigte Zeichnung diente als Vorlage für einen Kupferstich im vierten Teil. Entgegen der Mutmaßung Friedrichs II. wurden die Bände sehr schnell von europäischen Königshäusern, Fürsten, Akademien und Universitäten erworben und verbreiteten Blochs Forschungen. *vs/jh*
Lit. Lesser 1999

16-2 Darstellung einer Schlange in »Brehms Thierleben. Allgemeine Kunde des Thierreichs«, 1. Band

Leipzig, 2. Auflage, 1878, Gustav Mützel
Universitätsbibliothek der Humboldt-Universität zu Berlin,
Sign. 2718 zf:7:'2':F4

Ab 1863 erschienen die ersten Bände der Enzyklopädie »Illustrirtes Thierleben« von Alfred Brehm, Zoologe und Direktors des Hamburger Zoologischen Gartens sowie des Berliner Aquariums. Später in »Brehms Thierleben« umbenannt, wurde dieses Nachschlagewerk nicht zuletzt aufgrund seiner reichen Bebilderung weltweit und über Fachgrenzen hinaus berühmt. Die zweite Auflage erschien zwischen 1876 und 1879 mit neuen Illustrationen des Berliner Tiermalers Gustav Mützel. Für die Holzstiche zur zweiten

Auflage von »Brehms Thierleben« nutzte er eigene Skizzen »nach dem Leben«, die er beim Studium der Tiere zeichnete oder aquarellierte. Mützel beschritt einen anderen Weg als der Illustrator der ersten Auflage, Robert Kretschmer, da er nicht das Gruppenverhalten der Tiere, sondern die detailgetreue Einzeldarstellung eines Wesens als Repräsentant seiner Art in den Mittelpunkt stellte. *vs/jh*
Lit. Hauffe/Klös 1996

16-3 Typuszeichnungen *Cophixalus Balbus* und *Cophixalus Discodactylus*

Berlin, 2003, Nils Hoff
Bleistift auf Papier, 2 Blätter, je 30 x 42
Museum für Naturkunde Berlin

Die Abbildungen sind Typuszeichnungen neu entdeckter Froscharten aus Neuguinea. Als Typusexemplar bezeichnet man ein Exemplar, nach dem eine Art zum ersten Mal beschrieben und benannt wird. Neben Bildern sind Beschreibungen und Tonaufnahmen für die Bestimmung einer Art von Bedeutung. Die Handzeichnung erfolgte auf Grundlage eines Alkoholpräparates, das als angemessener Vertreter seiner Art ausgewählt worden war. Merkmale wie Verfärbungen der Haut wurden mikroskopisch untersucht, um zu entscheiden, ob sie als Pigmente und damit als relevant für die Zeichnung zu deuten waren, oder als Folgen von Verletzungen

16-1

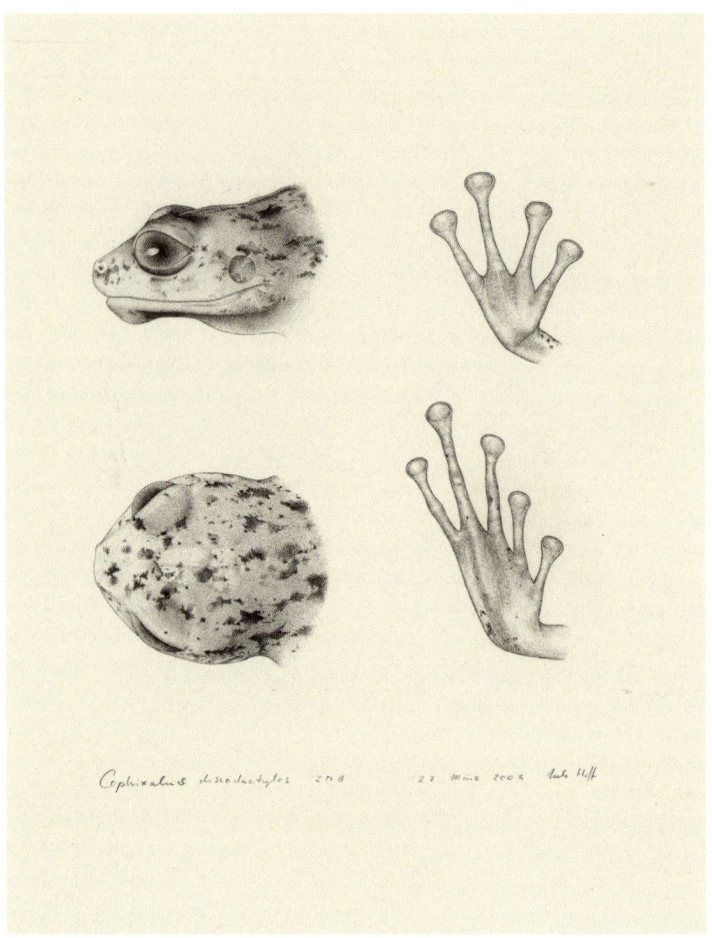

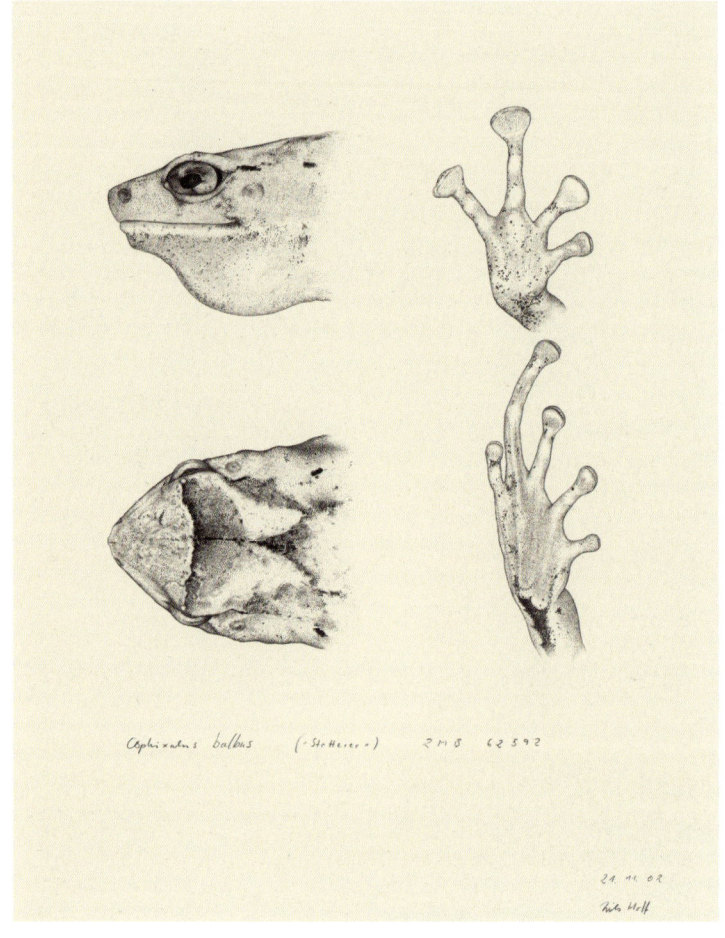

16-3

identifiziert und nicht aufgenommen
wurden. Die Verwendung eines Bleistiftes
ermöglichte es, der natürlichen Unregel-
mäßigkeit der Hautfärbung zeichnerisch
gerecht zu werden. *jh*
Lit. Wittmann 2008

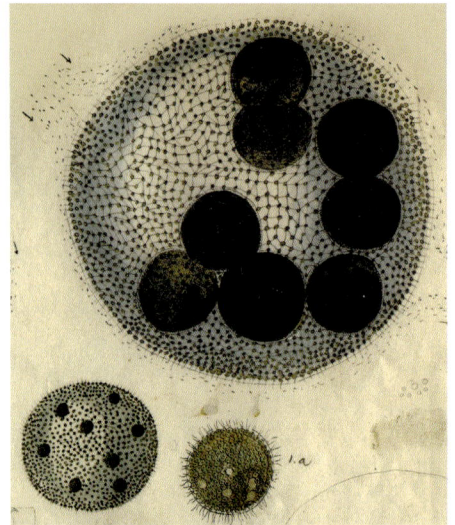

16-4

Zeichnen nach Beobachtung mit optischen Instrumenten

Mikroskop und Teleskop, die den Blick ins
Kleine und ins Ferne ermöglichen, sind
seit Jahrhunderten Symbole naturwissenschaftlichen Forschens. Mithilfe von
Zeichnungen kann man das dort Erblickte
analysieren und verbreiten. Der Prozess
des Zeichnens ist dabei immer schon ein
Interpretieren: Die Wahl der Zeichentech-
nik oder des dargestellten Ausschnitts
lässt Aspekte hervortreten und prägt das
Verständnis des Untersuchten. *jh*

16-4 Mikroskopische Zeichnungen Ehrenbergs

Berlin, Mitte des 19. Jahrhunderts, Christian Gottfried
Ehrenberg
Handzeichnungen, Sechs Blatt: Wimperntierchen
(*Ciliata*), Grünalgen Volvox, Zwei Blatt Foraminifera,
Zwei Blatt Rädertierchen (*Rotifera*), je ca. 22 x 28
Museum für Naturkunde Berlin, Ehrenberg-Slg. Nr.
1290, 1295, 1443, 2444, 2534, 2549

Ehrenberg gilt als einer der Väter der
Mikrobiologie und Mikropaläontologie.
Zu seinen wichtigsten Werkzeugen gehörten Mikroskop und Zeichnung, mit denen
er Ein- und Mehrzeller beobachtete und
dokumentierte. Die Ehrenberg-Sammlung
im Museum für Naturkunde umfasst noch
heute 40 000 mikroskopische Präparate
und 3000 Handzeichnungen. Seine mit
Druckgrafiken (Kupfertafeln) reich bebilderten Publikationen trugen zur Verbreitung des Wissens über eine Vielzahl neu
entdeckter Arten bei und dienen der Forschung auch heute noch als Nachschlage-
werke.
Die Zeichnung zu einer ½ mm großen
Grünalge (*Volvox globator*) aus einem See
des Tiergartens um 1830 zeigt etwa dieses
»grüne Kugelthier« als Zusammenschluss
vieler einzelner Organismen. Weitere Proben stammten aus dem Tegeler See in
Berlin, eigenen Expeditionen oder von anderen Forschungsreisenden. Anhand von
Proben aus der Verlegung und Reparatur
des transatlantischen Telegrafen-Kabels
konnte Ehrenberg sogar die Existenz
einer Fauna in 3500 Meter Tiefe nachweisen. Die Bandbreite von Ehrenbergs
Wirken erstreckte sich von der Aufklärung
des Meeresleuchtens oder Krankheitserregern bis hin zu Kriminalfällen. *jh*
Lit. Landsberg 2001

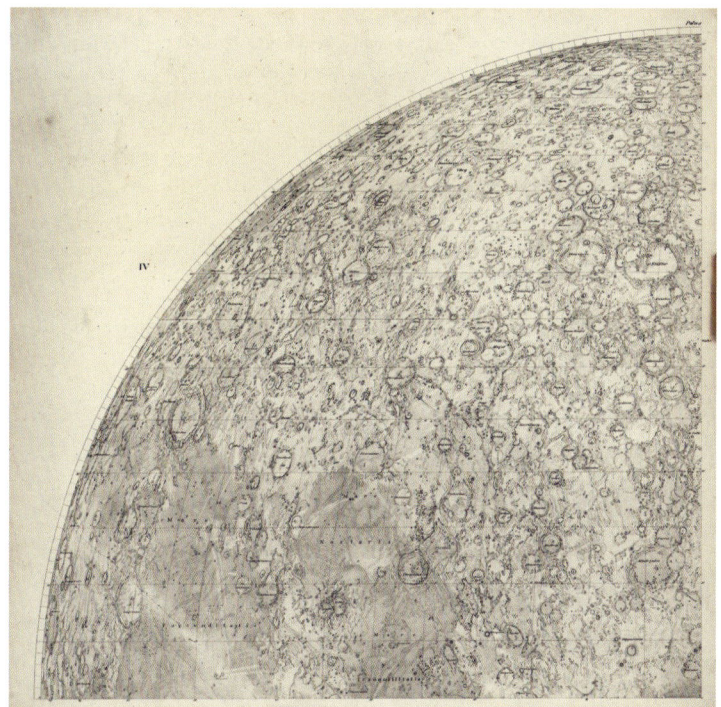
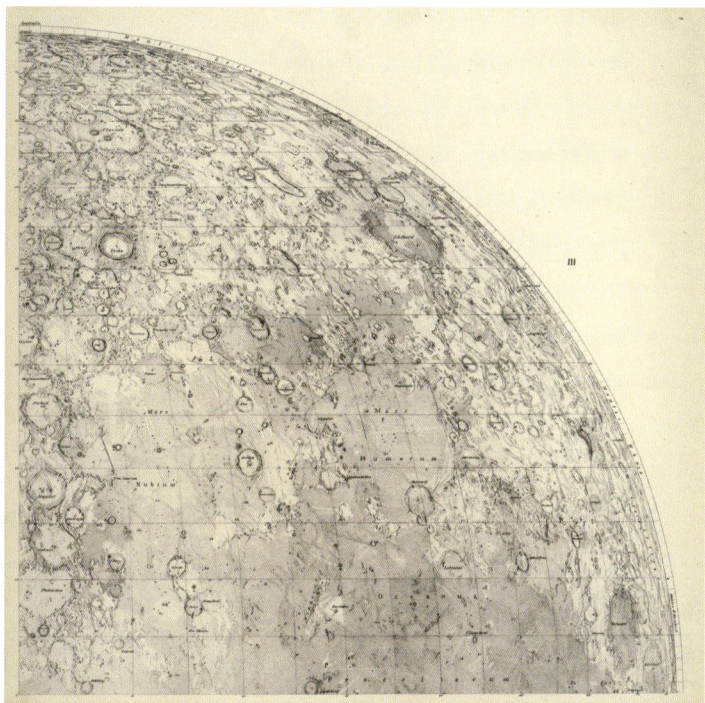
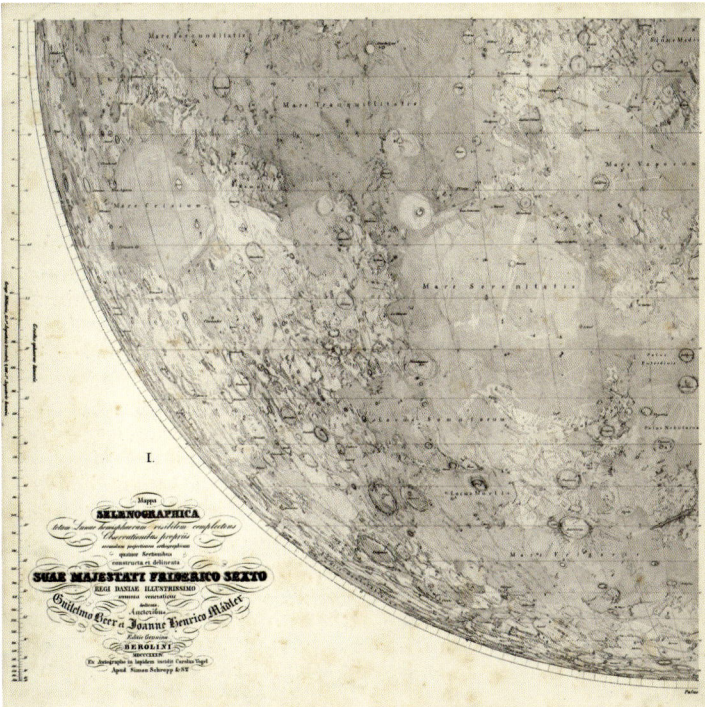
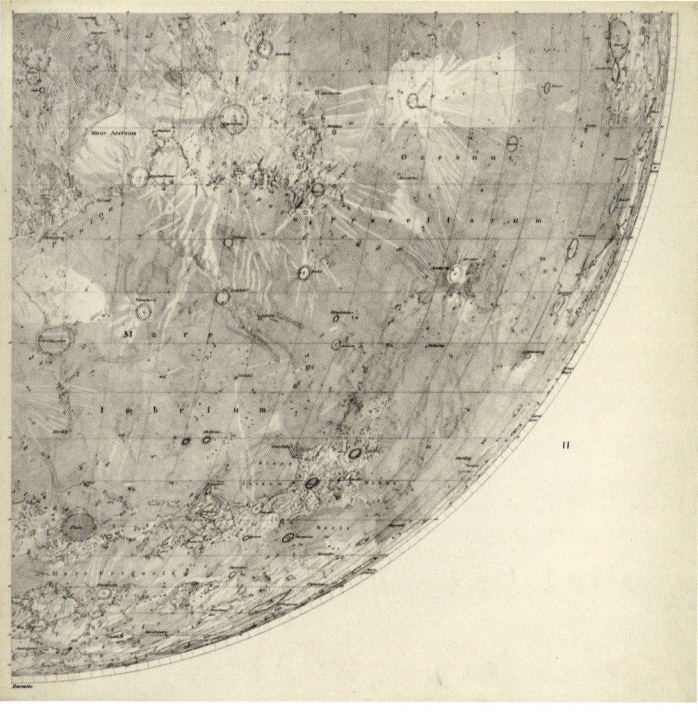

16-5

16-5 Mondkarte »Mappa selenographica«
Berlin, 1834–1836, Johann Heinrich Mädler, Wilhelm
Beer, Carl Vogel (Lithograf)
Lithografie, 4 Blatt, je 50 × 52
Staatsbibliothek zu Berlin – Preußischer Kulturbesitz,
Kartenabteilung, III, C, Kart. A 2060/1–4

Der Privatlehrer für Mathematik und
Astronomie Johann Heinrich Mädler und

sein Schüler Wilhelm Beer führten in
ihrer privaten Sternwarte im Tiergarten
ab 1830 Beobachtungen und Vermessungen von Planeten, Sonnenfinsternissen,
Sternen sowie vor allem des Mondes
durch. Rund 600 Nachtwachen benötigten
sie, um das Material für ihre große Mondkarte »Mappa Selenographica« zusammenzutragen. Mädler und Beer kombi-

nierten die Ergebnisse teleskopischer Beobachtungen mit Informationen aus bereits existierenden Karten, um mit Blick
auf Größe und Genauigkeit einen neuen
Standard zu etablieren. Sie zeichneten den
Mond zunächst auf 102 Einzelblättern
doppelt so groß wie auf den später publizierten vier Blättern. Besondere Merkmale, die sie auf ihren 102 Blättern nur

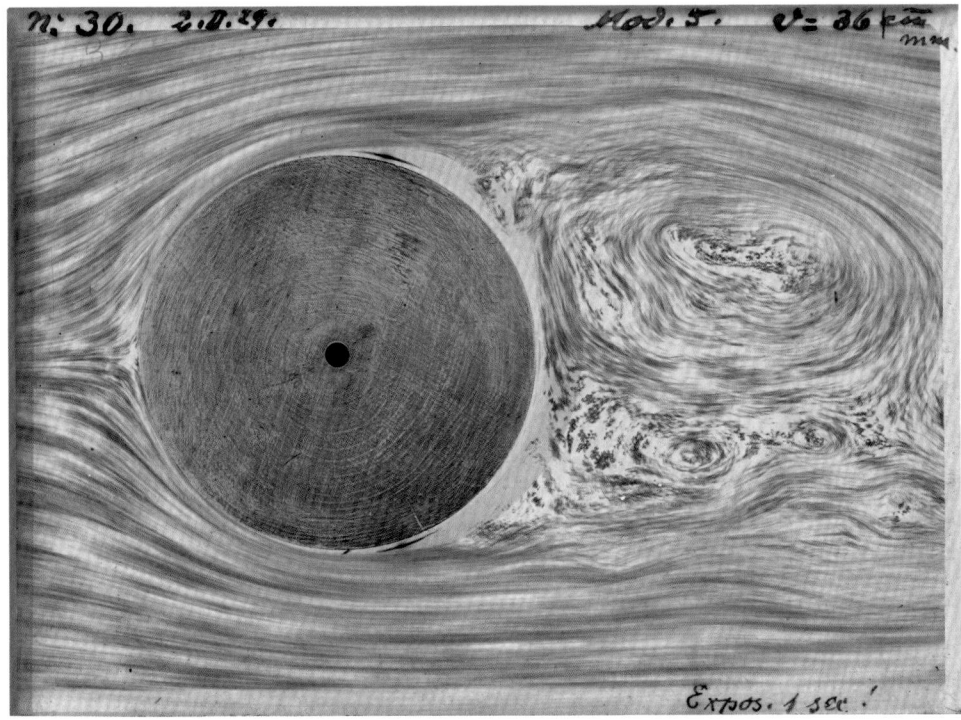

16-6

andeuteten, zeichneten sie detailliert auf
weiteren Einzelblättern. Sie wählten für
ihre Darstellung die orthografische Projektion, bei der Merkmale des Himmels-
körpers am Rand näher aneinander-
gerückt erscheinen als in der Mitte. Die
Karte kommt damit dem Anblick des
Mondes von der Erde aus nahe.
Mädler bescherte die Veröffentlichung der
Karte eine nicht mehr für möglich gehaltene akademische Karriere: 1836 wurde
er »Observator an der königlichen Sternwarte« zu Berlin, 1840 Direktor der Sternwarte in Dorpat (heute Tartu, Estland)
sowie Professor für Astronomie. Obwohl
Pläne zu einer noch größeren Mondkarte
scheiterten, hat er maßgeblich zur Popularisierung der Astronomie beigetragen.
vs/jh
Lit. Eelsalu/Hermann 1985; Wattenberg
1974

Optische Aufzeichnungen
mit der Kamera

Fotografie und Film sind seit ihrer Erfindung Teil wissenschaftlicher Forschung.
Sie dienen nicht nur der Dokumentation
und Wiedergabe. Vielmehr können durch
Vergrößern, Verkleinern, Raffen, Dehnen
oder das Wählen von Ausschnitten Vorgänge festgehalten und zugänglich gemacht werden, die dem menschlichen
Auge sonst entgehen. *jh*

16-6 Fotografien von Strömungs-
experimenten

Berlin-Adlershof, 1. Drittel 20. Jahrhundert, Friedrich
Ahlborn
Sechs Glasdias (Reproduktionen), je 13 x 18, 9 x 12
Deutsches Museum, München, Archiv, NL Ahlborn

Der Berliner Biologielehrer Friedrich
Ahlborn näherte sich der Strömungsfor-
schung über Untersuchungen an fliegen-
den Fischen (1895) und zum Vogelflug
(1896). Später widmete er sich Schlepp-
versuchen in Wasserkanälen, die er foto-
grafisch festhielt.
Im Ersten Weltkrieg wurde die Strö-
mungsforschung mit Blick auf die Bewegung von Torpedos, Luftschiffen und
Kriegsflugzeugen massiv gefördert. Ahlborn wurde Leiter einer hydrodynami-
schen Versuchsabteilung der Flugzeug-
meisterei in Berlin-Adlershof und baute
ein großes Labor mit einem 20 Meter langen Wasserkanal auf, das nach Kriegsende
aufgelöst wurde.
Ahlborn geriet ins wissenschaftliche Abseits, was vor allem Kontroversen mit dem
Göttinger Strömungsforscher Ludwig
Prandtl geschuldet war. Die Differenzen
waren inhaltlicher und methodischer Art:
Ahlborns an Anschauung und Phänomen
orientiertes Forschungsideal bildete in
den 1920er-Jahren unter Strömungsfor-
schern die Ausnahme. Der Technikprofes-
sor Prandtl erschien der neuen Generation von Aerodynamikern, Mathematikern
und Schiffbauingenieuren näher an der
Wirklichkeit als Ahlborn.

Ahlborn selbst war mitunter aber auch
nicht bereit, inhaltliche Hinweise von Kollegen aufzugreifen. Er sah sich als einen
»Außenseiter, der eigene Wege geht« und
»den zünftigen Herrn der Theorie unbe-
quem« sei. *jh*
Lit. Eckert 2006

16-7 Zeitlupenaufnahmen von
Geschossen

Film: Der Bruchvorgang im Glas – Historische Aufnah-
men der Bruchausbreitung beim Beschuss verschiedener
technischer Gläser (Cranz-Schardin-Verfahren)
Berlin, 1942/43, 1976, Hubert Schardin
Funkenkinemathografie, 16mm-Film, digitalisiert
© IWF, Göttingen, Sign. E 2355

1929 entwickelte der Ballistiker Hubert
Schardin gemeinsam mit seinem Lehrer,
dem Ballistiker Carl Cranz, die Funken-
zeitlupenkamera. Mit dieser konnten sehr
schnell ablaufende Vorgänge wie der Flug
eines Geschosses in extremer Zeitlupe
aufgenommen werden. Die Kamera bestand aus einem Funkenkopf, aus dem
24 Beleuchtungsfunken in extrem kurzer
Abfolge von 1/200 000 Sekunde gezündet
wurden, und einer Kamera mit 24 Objek-
tiven, die Fotografien in entsprechend
schneller Folge ermöglichte. Das Prinzip
findet bis heute Anwendung.
Mithilfe seiner Kamera nahm Schardin
den Beschuss von wassergefüllten Gefä-
ßen auf und bestimmte die maximale
Bruchgeschwindigkeit. Der Film entstand
1942/43 am Institut für Technische Physik
und Ballistik der Technischen Akademie
der Luftwaffe (TAL) in Berlin-Gatow,
das Schardin ab 1936 leitete. 1976 wurde
er in der Bundesrepublik zum Einsatz in
Forschung und Lehre veröffentlicht. Nach
dem Krieg waren die Alliierten an Schar-
dins Forschungen interessiert; eine Einladung der USA lehnte er ab und setzte
stattdessen seine Arbeit im französischen
Saint-Louis fort. Später forschte er in Freiburg und wurde 1964 ins Bundesministerium der Verteidigung berufen. *vs/jh*
Lit. Arbeitsgemeinschaft 1967; Schardin/
Struth 1937; Schardin/Struth/Elle 1976

16-8 Robert Kochs Mikrofotografien

Berlin, 3. Drittel 19. Jahrhundert, Robert Koch,
Mitarbeiter
Drei Glasdias, je 12 x 10
Robert-Koch-Institut, Berlin

Das Verdienst des Bakteriologen Robert
Koch liegt nicht allein in der Aufdeckung
des biologischen Verhaltens des Milz-
branderregers, sondern ebenso in der Entwicklung einer Methode und Apparatur,
die mit dem bloßen Auge unsichtbare
Phänomene zu visualisieren erlaubte:
1877 veröffentlichte der spätere Nobelpreisträger als erster Wissenschaftler

Fotografien von Mikroorganismen. Im Unterschied zur illustrierenden Zeichnung galt Koch die Fotografie als objektives Beweisstück, sodass er 1881 proklamierte, das Bild eines mikroskopischen Gegenstandes sei unter Umständen wichtiger als dieser selbst. Wenngleich der Naturforscher betonte, dass seine Mikrofotografien es vermochten, bis dato der menschlichen Wahrnehmung gänzlich entzogene Objekte unmittelbare Präsenz und Realität zu verleihen, machen die Aufnahmen in ihrer Form deutlich, dass es sich um interpretationsbedürftige Artefakte handelt. Sie stellen Sichtbarkeit und Evidenz durch die Färbung eines Präparates und die Wahl des Ausschnitts her, anstatt das Chaos des Lebens unter dem Mikroskop lediglich wiederzugeben. Der Faszination und Bedeutung von Kochs technischen Bildern einer in dieser visuellen Prägnanz zuvor verborgenen Welt des Wissens tut diese Einsicht indes keinen Abbruch. *jb*
Lit. Brons 2004; Schlich 1997

16-9 »Photographie ohne Kamera« – Paul Lindners Schattenbilder

Berlin, 1. Drittel 20. Jahrhundert, Paul Lindner
Fotogramm
Deutsches Museum, München, Bibliothek,
Sign. 1000/SA 1078 (29)

Im Berliner Institut für Gärungszwecke, einer brautechnischen Einrichtung, sah

16-9

sich Paul Lindner ein ehemaliger Mitarbeiter Robert Kochs, 1912 mit dem Problem konfrontiert, in zylindrischen Zuchtgefäßen wachsende Pilzkulturen mit der Kamera zu fotografieren. Da die Wölbung die Bilder verzerrte, ließ er die Kamera weg und brachte in der Dunkelkammer ein Fotopapier direkt an der Glasaußenwand an. Er beleuchtete das Gefäß von der anderen Seite und erhielt ein Schattenbild der durchleuchteten Kulturen. Die einzige bekannte Originalschattenaufnahme Lindners zeigt eine Paradiesvogelfeder, die er einer Buchstiftung seines 1920 erschienenen Werkes »Photographie ohne Kamera« an das Deutsche Museum beigefügt hat. In diesem ersten Buch zu Schattenbildern beschrieb Lindner die Herstellungstechnik und reflektierte zudem Licht und Schatten aus Sicht der Biologie und Naturgeschichte. So verglich er den »unendliche Lichtmengen verschluckenden« Meeresspiegel mit einer fotografischen Platte. Lindner zielte nicht nur auf einen wissenschaftlichen, sondern auch auf einen sinnlichen Nutzen ab: »Möge die schöne Kunst der Hellschattenaufnahmen uns die kommende Zeit der schwarzen Schatten etwas leichter tragen und uns von düsteren Gedanken ablenken helfen.« *jh*
Lit. Roth 2008

16-10 Sichtbarmachung der Herzentwicklung bei Zebrafischen

Berlin, 2010, Salim Seyfried, Cécile Otten, Stefan Rohr, Justus Veerkamp
Fünf Filme: differentielle Interferenzkontrast-Mikroskopie, Fluoreszenz-Mikroskopie (2 x), Laserscanning-Fluoreszenz-Mikroskopie, digitale Animation
je ca. 20 sek.
Max-Delbrück-Centrum für Molekulare Medizin
Berlin-Buch

Das Herz wird im durchsichtigen Zebrafischembryo (*Danio rerio*) schon am ersten Tag ausgebildet. Aufgrund der geringen Größe von nur wenigen zehntel Millimetern sind aufwendige mikroskopische Aufnahmeverfahren notwendig, um das Organ in Entwicklung und Funktion zu beschreiben. Ein besseres Verständnis der frühen Zebrafisch-Herzentwicklung soll zur Aufklärung der Ursachen angeborener Herzfehler des Menschen beitragen. Mithilfe der differentiellen Interferenzkontrast-Mikroskopie, die auf der Verwendung der sogenannten Nomarski-Optik beruht, können Herzschlag und Blutstrom mit hoher räumlicher und zeitlicher Auflösung dargestellt werden. Die Herzfrequenz eines 30 Stunden alten Zebrafischembryos beträgt etwa 120 Schläge pro Minute.
Zeitlupenaufnahmen des Herzschlages von Zebrafischembryonen belegen eine große Ähnlichkeit der Phasen dieses Pro-

Milzbrand Sporen 1000x

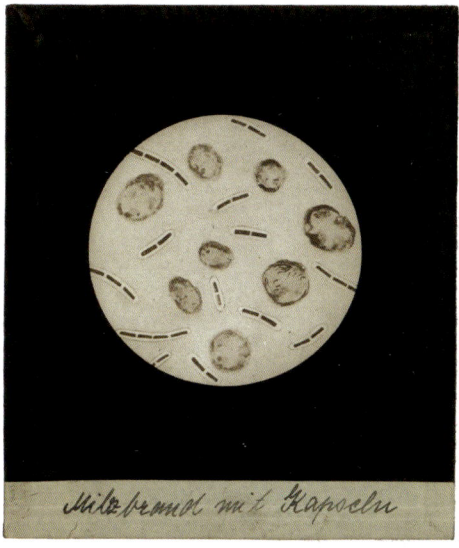

Milzbrand mit Kapseln

Milzbrand Schlingen einer Kolonie 250x

16-8

zesses (Systole und Diastole) mit dem Herzschlag des Menschen. Die Färbung der Herzen wird durch grün fluoreszierende Eiweiße hervorgerufen, welche in der Fluoreszenz-Mikroskopie durch kurzwellige aktivierende Bestrahlung mit Lasern (488 nm Wellenlänge) angeregt werden.

In Zeitrafferfilmen wird die frühe Herzentwicklung innerhalb von vier Stunden dargestellt. Die gemeinsame Wanderung von rot fluoreszierenden Herzmuskelzellen mit grün fluoreszierenden Blutgefäßzellen wird durch Laserscanning-Fluoreszenz-Mikroskopie sichtbar gemacht. Bei dieser Methode werden zu jedem Aufnahmezeitpunkt durch unterschiedlich aktivierende Bestrahlung« sowohl grün leuchtende (488 nm Wellenlänge) als auch rot leuchtende (561 nm Wellenlänge) Eiweiße angeregt.

Durch die digitale Auswertung von Zeitrafferfilmen und die Modellierung einzelner Herzmuskelzellen oder Blutgefäßzellen werden sowohl die Geschwindigkeit als auch die Richtung der verschiedenen Zellwanderungen in dreidimensionalen Darstellungen sichtbar gemacht.

In Zeitrafferfilmen der Fluoreszenz-Mikroskopie wird die frühe Herzentwicklung während eines Zeitraumes von 6 Stunden dargestellt. Zu jedem Aufnahmezeitpunkt wird durch aktivierende Bestrahlung (488 nm Wellenlänge) ein grün leuchtendes Eiweiß angeregt und mit hoher Aufnahmegeschwindigkeit aufgezeichnet. Die Wanderung von grünfluoreszierenden Herzmuskelzellen wird dadurch sichtbar gemacht. *ss*

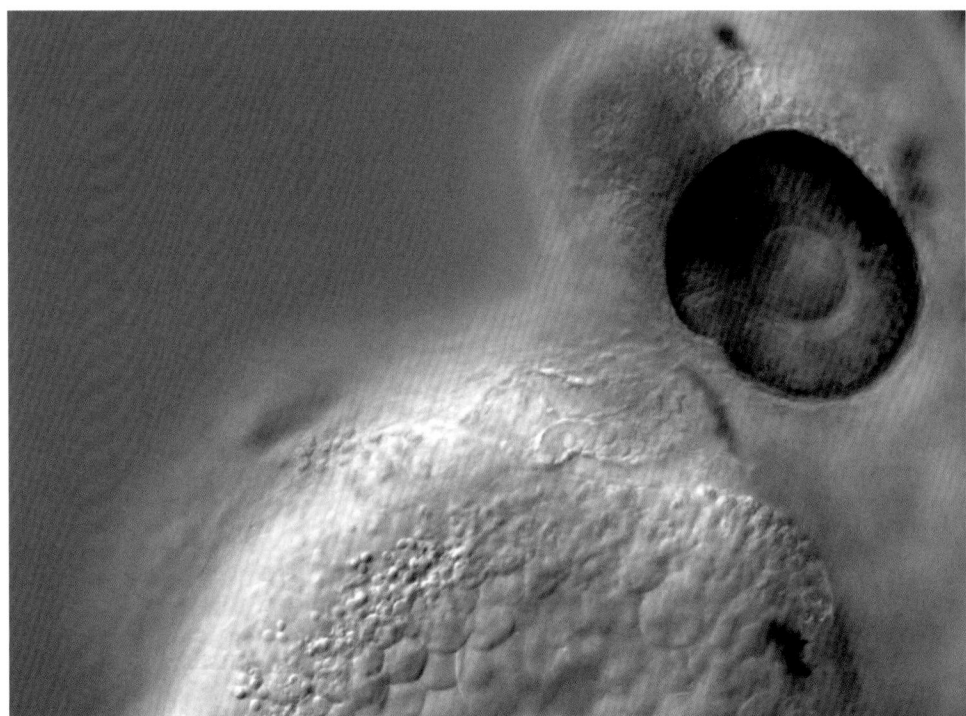

16-10

Instrumentelle Sichtbarmachungen in der Medizin

Bildgebende Verfahren in der Medizin ermöglichen Einblicke unter die Haut. Ihre Entwicklung hat die medizinische Diagnostik wie das Bild vom Körper tiefgreifend verändert. *jh*

16-11 Röntgenaufnahme einer Hand

Berlin, 1896
Reproduktion, ca. 25 x 15
Geheimes Staatsarchiv Preußischer Kulturbesitz,
Inv.-Nr. I. HA Rep. 76 Va Sekt. 2. Tit. X Nr. 160 Bd. 1
(Blatt 20)

Nach seiner Entdeckung der damals sogenannten »X-Strahlen« am 8. November 1895 schickte Wilhelm Conrad Röntgen Bilder von Würzburg nach Berlin – unter anderem ein Bild der Hand seiner Frau. Beeindruckt von diesen Aufnahmen, überzeugte Marie Kundt, die damalige Assistentin und spätere Direktorin der 1890 eingerichteten Photographischen Lehran-

stalt des Berliner Lette-Vereins, den damaligen Leiter, Dankmar Schultz-Hencke, alle nötigen Geräte zur Durchführung solcher Experimente anzuschaffen. Am 29. Januar 1896 präsentierte Schultz-Hencke Röntgenbilder zu Materialprüfungen von Holz, Büchern und einer Perlenkette. Doch das Publikum verlangte die »Live-Aufnahme« einer Hand. Marie Kundt stellte »innerlich voller Zittern und Zagen« ihre Hand zur Verfügung. Der Gerichtschemiker Paul Jeserich steckte ihr einen großen Brillantring an, um die Wiedererkennbarkeit und Authentizität der Aufnahme zu garantieren. Die Veranstaltung wurde zum Spektakel, gleichzeitig wurde etwas bis dahin nicht Beobachtetes erstmals sichtbar: Die Ringe sind auch hinter den Knochen noch zu erkennen. Knochen absorbieren Röntgenstrahlen demnach nicht vollständig, auch dahinterliegende Gewebestrukturen können sichtbar gemacht werden. *vs*
Lit. Hübner 2000; Kundt 1922

16-12 Röntgenbild der ersten Herzkatheterisierung

Eberswalde, 1929, Werner Forßmann
Reproduktion, ca. 30 x 40

1956 erhielt Werner Forßmann für seine weltweit erste Herzkatheterisierung den Nobelpreis für Medizin (zusammen mit André Cournand und Dickinson Richards). Bereits 1929 hatte er sich einen Katheter über die Ellenbeugenvene in die

rechte Herzkammer eingeführt. Die Lage des Katheters verfolgte Forßmann anhand von Röntgenbildern, die er in einem Spiegel vor dem Durchleuchtungsschirm sah. Er veröffentlichte die Bilder in der »Klinischen Wochenschrift«, durch die Presse fanden sie internationale Verbreitung. In akademischen Kreisen gab es zunächst keinen Zuspruch: Ferdinand Sauerbruch, Leiter der Chirurgischen Klinik der Berliner Charité, an die Forßmann zwischenzeitlich gewechselt war, entließ Forßmann. Wegen seiner Mitgliedschaft in NS-Organisationen wie der SA erhielt Forßmann nach 1945 ein Berufsverbot, später praktizierte er in Westdeutschland und wurde Chefarzt in Düsseldorf. Er erhielt unter anderem das Bundesverdienstkreuz, die Leibniz-Medaille der Akademie der Wissenschaften der DDR und die Ehrendoktorwürde der Medizinischen Fakultät der Humboldt-Universität. Forßmann starb 1979 an einem Herzinfarkt. *vs*
Lit. Bröer 2004; Forßmann 1929, 2009

16-13 MRT-Filme des schlagenden Herzens

Berlin, 2009, Thoralf Niendorf, Jeanette Schulz-Menger
7T Ganzkörper-MR-Tomograf, 2D CINE Gradientenecho-Technik, 16 Schnittebenen, je 30 Bilder (ca. 1 sek.), Endlosschleife
Max-Delbrück-Centrum für Molekulare Medizin, Berlin; in Kooperation mit: Charité - Universitätsmedizin Berlin; Leibniz-Institut für Molekulare Pharmakologie; Physikalisch-Technische Bundesanstalt

An der Berlin Ultrahigh-Field Facility (B.U.F.F.) werden Magnetresonanz-Tomografien mit besonders hohen Magnetfeldern zur Technologieentwicklung wie -anwendung durchgeführt. Die Herzbewegung ist mit einer Geschwindigkeit von dreißig Bildern pro Sekunde mit einer Auflösung von 1 Millimeter dargestellt. Die 16 Schichten wurden nacheinander aufgenommen und werden in den Filmen synchronisiert gezeigt. Zu sehen ist die Kontraktion und Relaxation der Herzkammern sowie Füllung und Auswurf des weiß dargestellten Blutes in den Herzkammern. Aus den Bildern lassen sich für die Diagnostik wichtige Parameter wie Herzvolumen, Herzmasse, Pumpfunktion und Auswurffraktion ablesen. *tn/jh*

Datenbilder

Bei digitalen bildgebenden Verfahren werden Daten gemessen oder errechnet und visuell dargestellt. Form und Farbe können frei gewählt werden, lehnen sich aber zur guten Interpretierbarkeit häufig an Gewohnheiten und Konventionen an. Die Bilder erscheinen daher trotz ihres abstrakten Ursprungs zumeist vertraut. *jh*

16-14 Schwarze Löcher und Neutronensterne im virtuellen Labor

Berlin/Potsdam, 2009/10
4 Filme: Verschmelzung zweier Schwarzer Löcher, Gravitationskollaps eines Neutronensternes zu einem Schwarzen Loch, Verschmelzung von Neutronensternen und Umwandlung zu Schwarzem Loch, Umkreisung und Verschmelzung zweier Schwarzer Löcher
Numerische Simulationen: Max-Planck-Institut für Gravitationsphysik, Potsdam (Albert-Einstein-Institut); Visualisierungen: Zuse-Institut Berlin; Max-Planck-Institut für Gravitationsphysik, Potsdam

Albert Einsteins Relativitätstheorie sagt die Existenz von Gravitationswellen voraus, das sind winzige Verzerrungen der Raumzeit. Sie direkt zu messen gehört zu den spannendsten Aufgaben der modernen Physik, denn die Gravitationswellenastronomie verspricht, Einblicke in bisher unzugängliche Bereiche des Universums zu ermöglichen. Die Suche nach diesen Gravitationswellen erfordert die Arbeit mit großen, mehrere Kilometer langen Detektoren, gepaart mit modernsten Methoden der Datenanalyse und detailliertem Wissen über die zu erwartenden Signale. Dazu werden Einsteins Gleichungen für die Kollisionen Schwarzer Löcher und Neutronensterne auf Supercomputern gelöst. Bei diesen kosmischen Katastrophen entstehen nach Vorhersage der Relativitätstheorie Gravitationswellen. Die numerische Simulation liefert die Lösung der Einsteingleichungen in Form

von Zahlenkolonnen. Zur Interpretation werden diese in Grapheme, Bilder und Filme übersetzt. Die Interpretation der Visualisierungen liefert Erkenntnisse über die mögliche Form der Signale von Raumzeitwellen und erleichtert die Suche danach in den Detektordaten. Zudem liefert sie Informationen zur Weiterentwicklung des Computercodes. Vor allem aber können die Wissenschaftler anhand der Visualisierungen die physikalischen Prozesse tatsächlich verstehen. *em*

16-15 Mathematische Modelle

Berlin, 2010, Konrad Polthier
Modell einer Penta-Fläche, ca. 30 x 30 x 20
Berlin, 2006, Beau Janzen, Konrad Polthier
Film: Mesh (Ausschnitt)
Institut für Mathematik, Freie Universität Berlin

16-16 Strömungsfilm der Nordhalbkugel in fünf Kilometern Höhe

Berlin, 2010, Thomas Dümmel
Institut für Meteorologie, Freie Universität Berlin

Die Animation zeigt die Strömungsverhältnisse und die Temperatur auf der Nordhalbkugel im Zeitraum August 2009 bis Mai 2010 in der meteorologisch wichtigen Höhe von circa fünf Kilometern. Zu sehen sind geschlossene Windbänder, in denen die Luft um die gesamte Nordhalbkugel bewegt wird. Die wellenförmigen Strukturen sorgen für einen Temperaturausgleich zwischen nördlichen und südlichen Breiten.
Diese Technik der Strömungsfilme wurde 2002 im Institut für Meteorologie der

Freien Universität Berlin für die Darstellung im TV-Wetterbericht (zunächst bei RTL) entwickelt. Mittlerweile kommen Strömungsanimationen bei vielen Sendern zur Veranschaulichung der Wettersituation und der Windverhältnisse zum Einsatz.
Das Institut für Meteorologie der FU verfügte bereits seit Mitte der 1950er-Jahre über ein eigenes Wetterradar, das 1992 digitalisiert wurde. 1993 wurde ein Projekt zur Visualisierung meteorologischer Daten für den Fernsehbereich gestartet. Mit dem lokalen Berliner Fernsehsender IA-TV (heute TV-Berlin) wurde 1994 das erste Visualisierungsprojekt vereinbart. Die Bevölkerung hatte erstmals aktuellen Zugang zu lokalen und globalen meteorologischen Fernerkundungsdaten. *td*

16-17 Topografisches Bildmosaik des Marsvulkans Olympus Mons

Berlin, 2008
High Resolution Stereo Camera (HRSC), farbkodiertes digitales Geländemodell aus Daten von Nadirkanal und Stereokanälen, 70 x 40
© ESA/DLR/FU Berlin (G. Neukum)

Die in Berlin am Deutschen Zentrum für Luft- und Raumfahrt (DLR) unter der Leitung von Principal Investigator (PI) Prof. Dr. Gerhard Neukum (Freie Universität Berlin) konzipierte und entwickelte hochauflösende Stereokamera HRSC befindet sich seit Ende 2003 als Teil der ESA-Sonde Mars Express in einer Umlaufbahn um den Mars. Im Gegensatz zu einer herkömmlichen Kamera erfasst sie Daten in

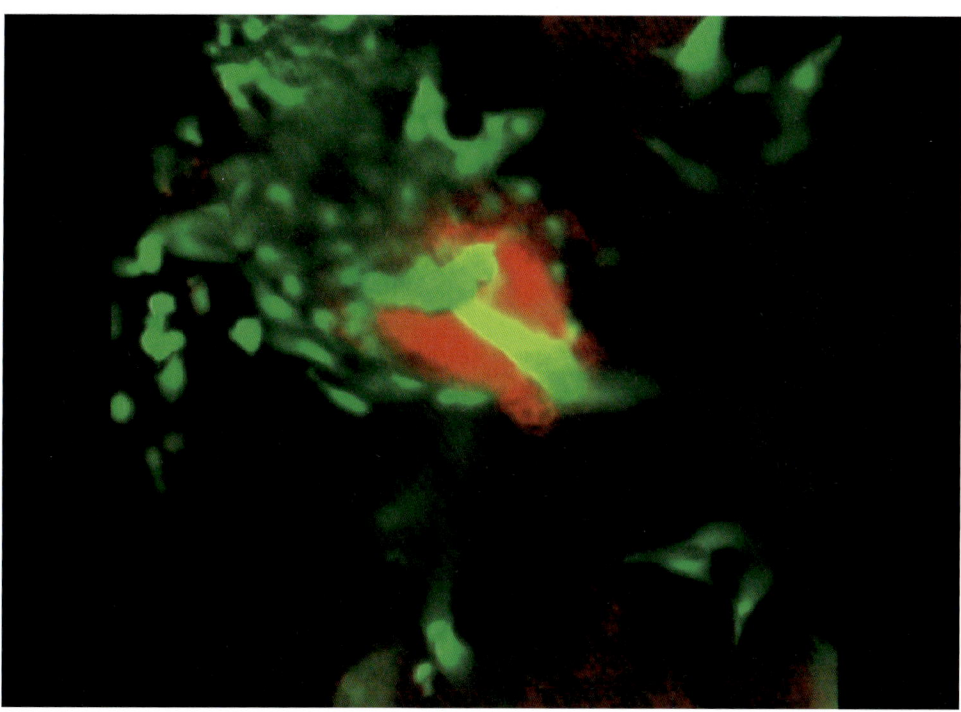

16-10

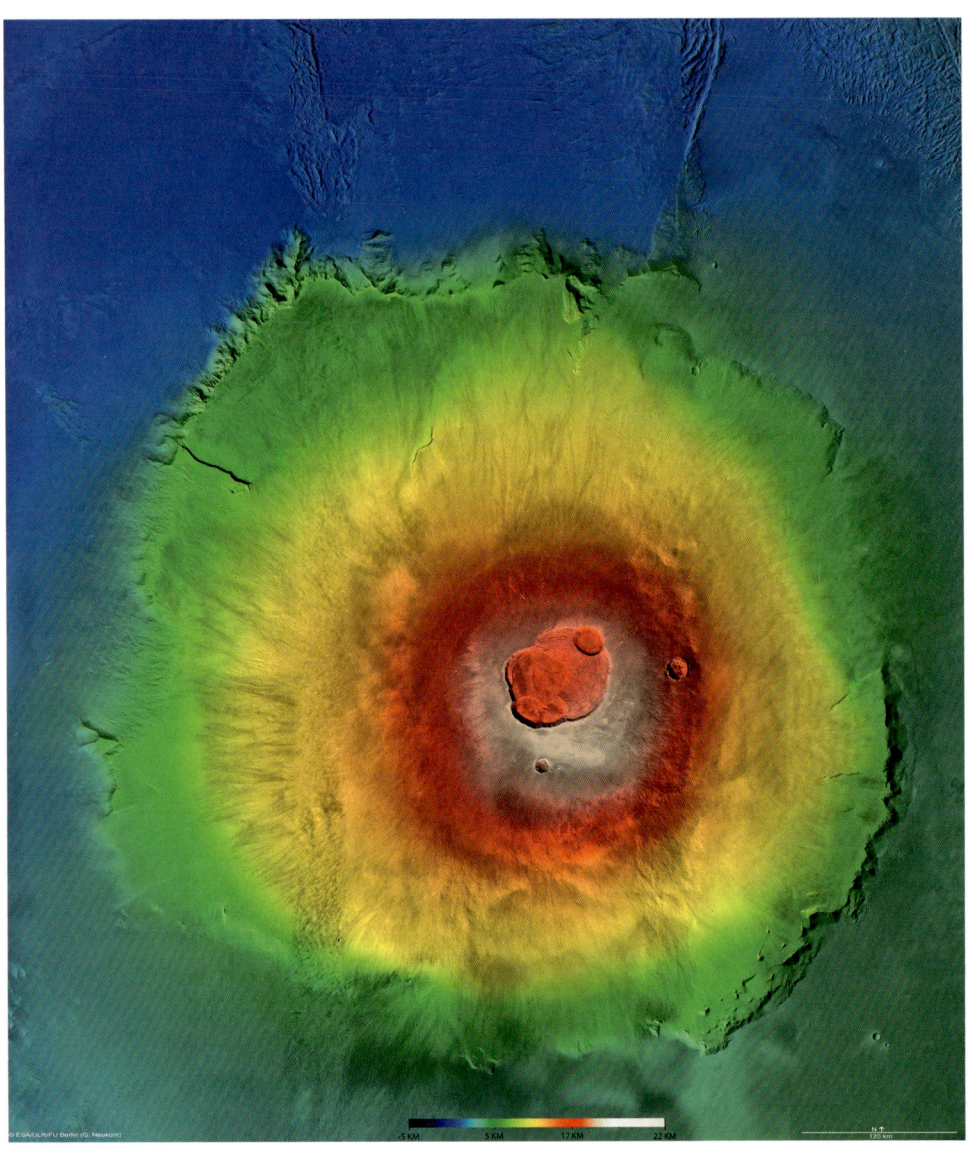

unterschiedlichen Winkeln und in vier Farbkanälen. Die systematische Prozessierung der Daten erfolgt am DLR in Berlin-Adlershof. Die Bildprodukte werden in der PI-Arbeitsgruppe Planetologie und Fernerkundung an der Freien Universität Berlin erstellt, die als Grundlage für die topografische Kartierung des Mars dienen und nach geologischen Fragestellungen ausgewertet werden. Das Bild zeigt die Caldera, den Gipfelkrater des Olympus Mons, mit 24 Kilometern Höhe der höchste Vulkan im Sonnensystem. Von dem Vulkan wurden insgesamt 35 Gigabyte an Daten aus 16 Bildstreifen zu einer Karte mit einer Auflösung von 12 bis 50 Metern zusammengesetzt. Die Farben geben unterschiedliche Höhen über einem Referenzniveau, dem Areoid, auf dem Mars an.
jh/uk/gn

16-17

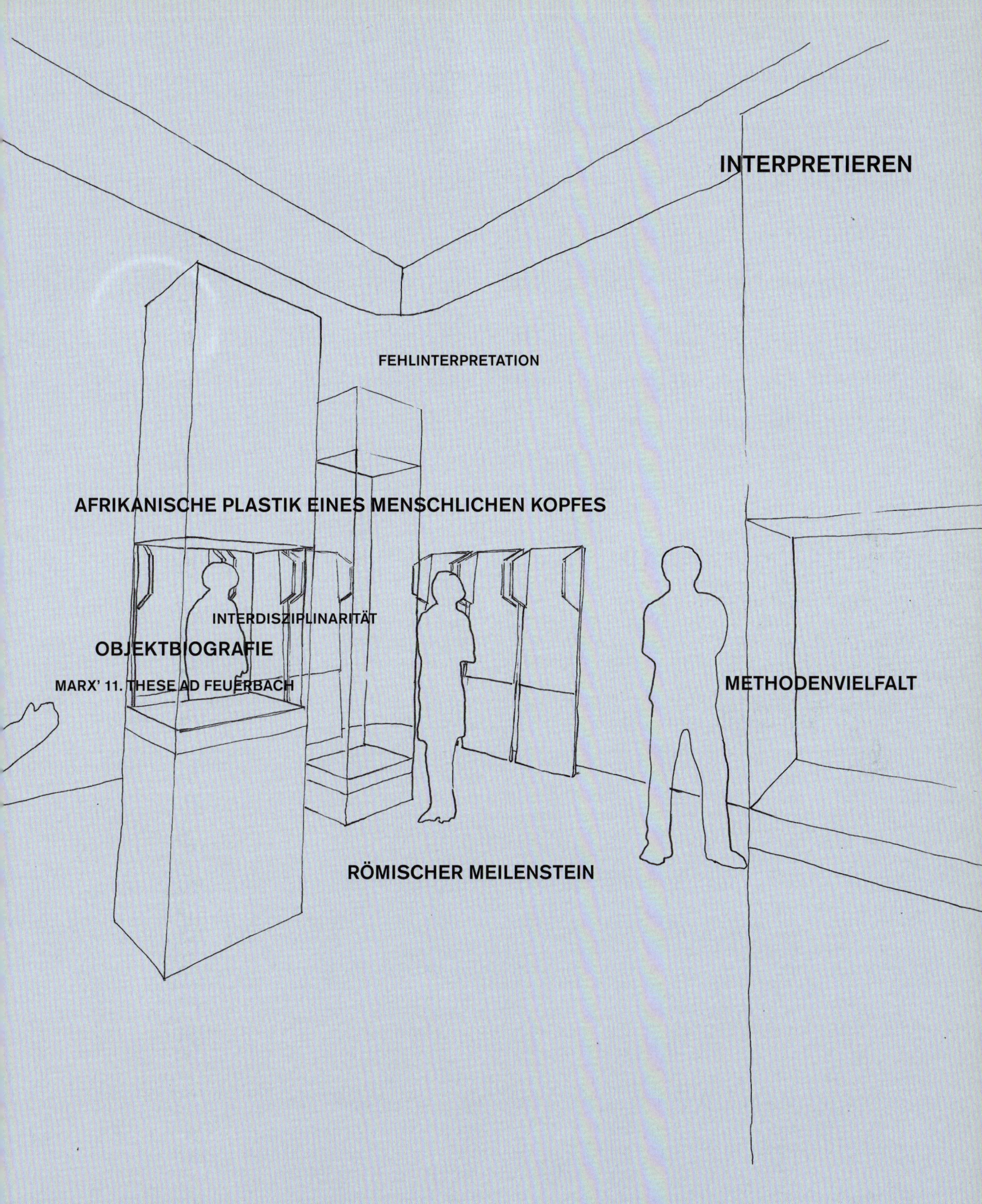

INTERPRETIEREN

Volker Gerhardt

Zwei Revolutionäre

Karl Marx in allen Ehren. Aber gemessen an der Revolution, die Friedrich Nietzsche für nötig hält, muss er für provinziell gehalten werden. Marx beschränkt sich auf die disziplinäre Provinz der Ökonomie, auch wenn er sie so revolutionieren möchte, dass sich die Besitz- und Lebensverhältnisse der bürgerlichen Gesellschaft ändern. Nietzsche hingegen gibt sich mit der bürgerlichen Gesellschaft erst gar nicht ab. Er sucht ein Zeitalter von mehr als 2500 Jahren aus den Angeln zu heben, um es durch einen Aeon zu ersetzen, der einen neuen Menschen fordert. Nach Nietzsche müsse erst alles – die Wissenschaft, die Moral, die Kunst, die Wahrheit, der Glaube –, kurz, die Lebensweise des Menschen überhaupt, zugrunde gehen. Dann würde die Stunde des »Übermenschen« schlagen, der alles überbietet, was sich seit Sokrates in der Mittelmäßigkeit seines Daseins eingerichtet hat. Der Mensch, dem Marx ein nicht entfremdetes Leben ermöglichen will, hätte dann ohnehin ausgespielt.

Trotz des gewaltigen Unterschieds zwischen beiden Konzeptionen von Revolution kann man auch Gemeinsamkeiten erkennen. Am Ende wollte wohl auch Marx auf einen neuen Menschen hinaus. Die in seiner romantischen Frühzeit formulierte Vision von der »Naturalisierung des Menschen«, die sich gleichzeitig mit der »Humanisierung der Natur« vollzieht, hat er nie aufgekündigt. Damit kann er als Bundesgenosse eines Denkens am »Leitfaden des Leibes« gelten, mit dem Nietzsche der »großen Vernunft des Leibes« zum geschichtlichen Durchbruch verhelfen will. Der »Übermensch« soll ja die Entgegensetzung von Sinnlichkeit und Verstand überwinden, um eine »neue Einheit von Natur und Kultur« entstehen zu lassen.

Wir verkennen nicht, dass Nietzsche sich die »großen Individuen« zum Vorbild nimmt, während Marx wohl eher an den Industriearbeiter denkt, der endlich auch (wie noch die Adligen seines Jahrhunderts) jederzeit »Jäger«, »Angler« und oder »kritischer Kritiker« sein können soll. Wir sehen auch einen Unterschied darin, dass Marx die Revolution so unmittelbar vor Augen steht, dass er nicht zulassen will, die Arbeiter in den englischen Kohlerevieren durch die »goldenen Ketten« des Siedlungsbaus an das nur noch kurze Zeit Bestehende zu binden. Mit Engels ist er der Ansicht, das müsse den Elan versiegen lassen, den das Proletariat für den bevorstehenden Aufstand braucht.

Nietzsche hingegen kalkuliert auch mit Blick auf die Zukunft in denkbar großen Zeiträumen. Er ist der Auffassung, dass es Jahrhunderte dauern könne, bis die alle und alles erfassende »Umwertung der Werte« vollzogen ist. Der *amor fati* im Umschwung der »ewigen Wiederkehr des Gleichen« schließt für ihn ohnehin die »Hektik« und »machinale« Betriebsamkeit der Revolutionäre seines Jahrhunderts aus. Auch in seinem Vorgriff auf die Zukunft möchte er als »unzeitgemäß« gelten.

Im Vergleich mit den Marxisten haben die Anhänger Nietzsches den Vorteil, unter geringerem Zeitdruck zu stehen. Außerdem können sie, wenn sie geduldig sind, auch kleinen Veränderungen die Hoffnung entnehmen, dass die Botschaft des Denkers, dessen Kopf der Weise mit Namen Zarathustra entsprang, ihre Wirkung tut.

Ein Beispiel ist der Erfolg des Begriffs der Interpretation, der, uralt und eher unscheinbar, von Nietzsche mit einer Bedeutung aufgeladen wird und Einsichten verrät, die auf ein neues, umfänglicheres Bewusstsein vorausweisen könnten. Dieses müsste in der Lage sein, »unser neues ›Unendliches‹« zu begreifen.

Die Tradition der Hermeneutik

Die Ursprünge des Interpretationsbegriffs und seiner lateinischen Äquivalente (*interpretatio, interpretari, interpres*) reichen bis in jene Zeit zurück, als das Griechische die Kultursprache Alteuropas war. Da war von *hermeneuein* die Rede, was wörtlich das Überbringen einer Botschaft bedeutet – so wie dies in mythischen Zeiten dem Götterboten Hermes oblag. Die durch den geflügelten Gott überbrachten olympischen Botschaften galten als ebenso unumstößlich wie die Überlegenheit der Götter selbst.

Hermeneia war damit die Aussage von Gedanken und Einsichten vorzüglich von etwas, das als »richtig« gelten konnte. So behandelt Aristoteles in seiner Schrift »Peri hermeneias« den angemessenen Umgang mit den auf Sachverhalte bezogenen Urteilen. Hätte man sich damals schon um eine Übersetzung der *hermeneia* in *interpretatio* bemüht, hätte man diese wohl mit »richtigem Urteil«, »zutreffender Auffassung« oder einfach mit »Erkenntnis« ins Deutsche übertragen können. Das muss festgehalten werden, um Nietzsches Korrektur historisch einschätzen zu können. Nur wenn man ihn selbst für einen neuen Hermes hält, wird man ihm folgen können.

Trotz der frühen Einbindung des *hermeneuein* in den Prozess logisch, grammatisch, epistemisch und praktisch zutreffender Erkenntnis, blieb die *hermeneia* der Sphäre des Göttlichen verbunden, indem ihr in der Mantik die bevorzugte Rolle der »Auslegung« zukam. Sie hatte also die Zeichen zu deuten, in denen die Götter sich mitteilten, wenn sie Hermes nicht direkt als Überbringer einer Nachricht zu den Menschen schickten. Bei der Deutung des Opferbrands und des Aufstiegs von Flamme und Rauch, später auch bei der Schau von Eingeweide und Vogelflug, kam es auf die überzeugende Auslegung an. Auf *hermeneia* war man auch beim richtigen Verständnis der Gebote der Könige und den Botschaften ihrer Herolde angewiesen. Und wer sich darauf verstand, der konnte zugleich als Übersetzer der herrschaftlichen Mitteilungen gelten. *Hermeneuein* im engeren Verständnis des Wortes hat also mit dem »Überbringen«, »Übersetzen« und »Ausdeuten« eines vorgegebenen Sinns zu tun.

Es war in der Hauptsache dieser in der hellenistischen Kultur ausgeprägte Gebrauch von *hermeneia*, den die Römer in ihren Begriff der *interpretatio* übernahmen. Das Geschäft des Interpretierens war Sache der Auguren sowie der Traum- und Flammendeuter. Es ging aber auch um ein treffendes Verständnis der überlieferten Texte, vornehmlich der Urkunden und Gesetze der *res publica*. Der Interpret erkundete den autoritativen Willen von Traditionen und Institutionen. Damit war der sich über Jahrhunderte erstreckende Sinn der *interpretatio* in Jurisprudenz und Theologie vorgeprägt. Es schloss jedoch nicht aus, dass noch in der Neuzeit von einer *interpretatio naturae* gesprochen werden konnte. Das verständige Lesen im »Buch der Natur« galt eben auch als eine Form der Interpretation.

Die Praxis der Interpretation

Erst der Anspruch der neuzeitlichen Wissenschaften, ihre Fächergrenzen methodologisch so verbindlich zu machen, dass sich Schulen darauf bauen ließen, führte zur Akquisition bestimmter Verfahren durch bestimmte Disziplinen. Den Anfang machte die protestantische Theologie, die sich in ihrem Interesse am griechisch verfassten Neuen Testament wieder auf die *hermeneia* besann und seit der Mitte des 17. Jahrhunderts eine Hermeneutik betrieb, mit der sie den Gehalt der christlichen Botschaft zu erschließen gedachte.

Im Anschluss an eine große Tradition der Bibelexegese, die bis auf die Kirchenväter zurückgeht, suchte die protestantische Theologie den Sinn der Texte aus ihrem historischen Zusammenhang heraus zu verstehen. Dazu musste der Hermeneut zwischen seiner eigenen Position in der Gegenwart und der geschichtlichen Lage zur Zeit der Entstehung eines Textes nachvollziehbar unterscheiden können. Dazu hatte er die möglichen Wandlungen des Sinns in der Abfolge der Überlieferung zu bedenken.

Es versteht sich von selbst, dass der methodologische Gewinn dieses differenzierenden Umgangs mit der Tradition einerseits und mit der eigenen Ausgangslage andererseits allen historisch verfahrenden Wissenschaften zugutekam. Das gilt insbesondere für die Rechtswissenschaften, die bereits vor dem großen Historisierungsschub in Humanismus und Aufklärung auf die Interpretation ältester Institutionen und Pandekten angewiesen waren.

Die Jurisprudenz interpretiert in allen ihren Leistungen – nicht nur im administrativen, diplomatischen und advokatorischen Geschehen, sondern auch in der gerichtlichen Urteilsfindung sowie im Geschäft der Gesetzgebung selbst. Jedes neue Gesetz schafft ältere Gesetze ab, ergänzt oder ändert sie und hat sich in bestehende Zusammenhänge einzufügen. In alledem tritt die Interpretation als praktische Leistung hervor. Man denke nur an die Folgen der Interpretation, die Richter in der Rechtsprechung vollziehen. Mit jedem Urteil schaffen sie neue Tatbestände für die im Prozess Betroffenen und nicht selten auch für die nachfolgende Rechtsprechung. Hier wird die Interpretation unmittelbar praktisch.

Die Jurisprudenz, die selbst eine wissenschaftliche Form der Interpretation ihres Gegenstandes ist, macht sich die unterschiedlichen Aufgaben der Interpretation in Gesetzgebung, richterlicher Rechtsprechung und gesellschaftlicher Anwendung bewusst und wirkt so auf die Methodendiskussion über die angemessene Form historischen Erkennens zurück. Der Rahmen dieser Interpretationstätigkeit ist freilich so weit gespannt, dass er sich nicht auf die Disziplin der Rechtswissenschaft begrenzen lässt. Hat sie ihr Geschäft des Auslegens und Ausdeutens erst einmal so umfassend bestimmt, kann jeder Vorgang, auch wenn es nicht um Recht und Rechtsansprüche geht, als Interpretation begriffen werden.

Diese Konsequenz zieht ein literarisch höchst anspruchsvoller, als Platon-Übersetzer philologisch und philosophisch ausgewiesener und überdies als hochbegabter Administrator tätiger Berliner Theologe. Er löst das Interpretieren aus allen disziplinären

Bindungen und begreift es als Element eines Theorie und Praxis tragenden Verstehens überhaupt. Und indem er daraus zwar eine Methode für seine Wissenschaft macht, ist sie gleichwohl auf das gegründet, was in der offenen und unabschließbaren Weise des menschlichen Vernehmens und Sprechens alle gesellschaftlichen Tätigkeiten trägt.

Die Rede ist von Friedrich Schleiermacher – nach Wilhelm von Humboldt der wichtigste Inspirator und langjährige Motor der Berliner Universitätsgründung. Er ist der Theoretiker und Praktiker der modernen Hermeneutik, die ihre wissenschaftliche Leistung nur erbringen kann, wenn sie das interpretierende Deuten und Verstehen als Element des menschlichen Weltverstehens überhaupt begreift. Schleiermachers Hermeneutik orientiert sich am lebendigen Gespräch zwischen den Menschen. Eingebunden in den Lebensprozess, werden die Individuen vom Vertrauen auf den sie verbindenden Sinn der gemeinsam gesprochenen Sprache getragen. Was immer sie verstehen, ist Auslegung dessen, was im Sinn einer Mitteilung traditionell und aktuell angelegt ist. So verschmilzt das Verstehen mit der Erkenntnis. Interpretation und Kognition werden vorrangig. Das tritt bei Schleiermacher auch darin hervor, dass zur Interpretation die Reproduktion des Gemeinten gehört. Damit nimmt er das Moment auf, das bei Kant neben »Apprehension« und »Rekognition« zu einer jeden Erkenntnis gehört.

Interpretation als Lebensform
In seiner abgrundtiefen Distanz zur Theologie hatte Nietzsche nur Spott für deren Vertreter übrig. Bei Schleiermacher genügte ihm bereits der Name, um alles für »Falschmünzerei« zu halten, was aus der »um jeden Preis« gesuchten »moralischen Erregtheit« dieses Autors folgt. Doch aus Nietzsches Urteilen über Sokrates, Platon, Kant oder Hegel wissen wir, dass die Schärfe der geäußerten Abwehr die Nähe in Einstellung und philosophischer Einsicht verdeckt.

So ist es auch hier: Während der Berliner Philosoph Wilhelm Dilthey sich anschickt, die Bedeutung Schleiermachers für das Selbstverständnis der nunmehr so genannten Geisteswissenschaften produktiv zu machen, geht Nietzsche – als sei er ohne Vorläufer – daran, alles Erkennen als Interpretation zu deuten. Das allerdings vollzieht sich mit einer Prägnanz, deren Genie tatsächlich alles Vorherige vergessen lassen kann. Nietzsches Bemerkungen sind im Übrigen so knapp, so dicht und überdies so weitreichend, dass die auf Dilthey folgende, Bibliotheken füllende akademische Debatte über die Hermeneutik ihnen bislang noch nicht gerecht geworden ist. Hier liegt der Grund für die Mutmaßung über die unabsehbaren Folgen seiner Einsichten für eine noch ferne Zukunft.

Nietzsche würde verkannt, wenn man in seiner Exposition der Interpretation lediglich einen Vorschlag zur geisteswissenschaftlichen Hermeneutik erkennen wollte. Seine Idee zielt auf eine Revision der Vorstellung von Erkenntnis überhaupt. Genauer: Er möchte die Einstellung des Menschen zum Wissen verändern. Dabei denkt er an eine Umwertung aller jener Werte, die wir mit dem Erkennen verbinden. Das Wissen sollte uns nicht länger an die erkannten Tatsachen binden, sondern uns zu der Unendlichkeit befreien, die nur inmitten der Endlichkeit zu finden ist. Interpretation hat zur Lebensform des Menschen zu werden, in der letztlich auch die Grenzen zwischen Theorie und Praxis überwunden werden.

Unser neues »Unendliches«

Seinem gelungensten Buch, der 1882 veröffentlichten »Fröhlichen Wissenschaft«, fügt Nietzsche 1887, nach dem Abschluss des »Zarathustra«, nach »Jenseits von Gut und Böse« und der »Genealogie der Moral« einen fünften Teil hinzu, in dem sein Denken, zwei Jahre vor dem Zusammenbruch, auf dem Höhepunkt steht. Hier findet sich der Aphorismus 374, der den Titel »Unser neues ›Unendliches‹« trägt. In diesem kurzen Text kommt »Interpretation« gleich dreimal vor und soll, wie es anderer Stelle heißt, deutlich machen, dass buchstäblich »alles« Interpretation genannt werden muss. Auf das Verständnis dieses »alles« kommt es an.

Zunächst wird an die Einsicht erinnert, dass alles Dasein »perspektivisch« ist. Alles Vorhandene hat seinen Ort und seine Zeit und ist in beiden an eine spezielle Ausgangslage gebunden. Was das bedeutet, kann man sich mit Blick auf die lebendigen Wesen anschaulich machen, deren Reiz- und Reaktionsmöglichkeiten an die physischen, organischen und sozialen Konditionen ihrer begrenzten Raumzeit gebunden sind. Was immer sie von sich und ihrer Welt erfahren, ist auf den Ausschnitt begrenzt, den ihnen die Beschaffenheit ihrer Organisation und ihrer Umwelt eröffnet.

Es ist also nicht erst die Wahrnehmung der Lebewesen, die Nietzsche »perspektivisch« nennt, sondern ihr Dasein selbst ist perspektivisch angelegt. Leben vollzieht sich in Perspektiven, ja, es ist nicht mehr als das! Darin liegt die *erste* Aussage des Aphorismus.

Die *zweite*, damit eng verbundene Aussage macht klar, dass es sich bei der Perspektive nicht um eine Verkürzung, sondern um die Eröffnung aller mit dem bestimmten Dasein verbundenen Möglichkeiten handelt. Das einzelne Dasein ist durch die ihm zugehörende Perspektive nicht eingeschränkt, sondern zuallererst aufgetan. Darin liegt seine Welt. »Alles Dasein«, so erwägt Nietzsche nicht ohne Behutsamkeit, könnte »essentiell ein *auslegendes* Dasein« sein. Es besteht eben darin, sich in der Auslegung – und nur in ihr – zu entfalten.

Nimmt man dies an, dann darf man es mit der *dritten* Aussage des kurzen Aphorismus für ausgeschlossen halten, die eigene Perspektive jemals verlassen zu können. »Wir können nicht um unsere eigene Ecke sehen.« Und wir sollten es demnach, anders als die Metaphysiker und Theologen es nach Nietzsches Ansicht unablässig tun, auch gar nicht erst versuchen! Höchst sinnfällig ist damit illustriert, worin Nietzsche sich von aller vorausgehenden Philosophie unterscheiden möchte: Ihm zufolge will sie das Ganze denken, für das man streng genommen noch nicht einmal einen Begriff haben kann. Alles ist Teil, und jeder Teil kann niemals mehr als den Anteil haben, aus dem er lebt. Wer »auslegt« und nicht mehr beabsichtigt als das, der hat sich als Teil unter Teilen anerkannt.

Mit der *vierten* Aussage, die nur einen Satz umfasst, tritt unvermittelt der umwälzende philosophische Genius Nietzsches hervor: Statt mit Schopenhauer darüber zu klagen, dass jedes Individuum in das Gefängnis seines Daseins eingeschlossen ist, sieht Nietzsche eben darin die Befreiung allen Daseins zur Unendlichkeit der Perspektiven, die mit ihm gegeben sind: »Die Welt ist uns vielmehr noch einmal ›unendlich‹ geworden: insofern wir die Möglichkeit nicht abweisen können, dass sie *unendliche Interpretationen in sich schliesst.*«

Wer diesen Gedanken ernsthaft fasst, kann nach Nietzsche nicht mehr auf den alten Stand des Denkens zurück, von dem aus man das Unendliche im Ganzen zu betrachten – und religiös zu verehren – suchte. Und so liegt die *fünfte* und letzte Aussage im Spott über das Verlangen nach einem ewig-unwandelbaren Unendlichen, in dem man achtlos über die Unendlichkeit der unablässig abfolgenden Interpretationen hinweggeht. Für Nietzsche ist bereits die Sehnsucht nach der Unendlichkeit eines Ganzen eine Flucht ins Jenseits des Lebens und folglich eine Ablenkung von der menschlichen Existenz. Die »menschlich, allzumenschliche« Interpretation kann nur in der radikal perspektivischen Endlichkeit des individuellen Daseins zur Geltung kommen.

Nietzsche denkt die Interpretation selbst als eine Lebensform, die wir, anders als das, was die politischen Revolutionäre seines Jahrhunderts zu entwerfen suchten, nicht neu erfinden müssen. Wir sind, wie alle anderen Existenzen auch, essenziell interpretierende Lebewesen. Aber wir müssen lernen, die darin liegende Chance zur Konzentration unserer Kräfte nicht nur zu erkennen, sondern auch einzuüben. Dazu können die Wissenschaften die Anleitung geben – wenn sie denn zu interpretieren lernen.

Die Philosophie steht dabei freilich vor einer nicht geringen Schwierigkeit: Sie muss erklären, wie es Nietzsche möglich ist, überhaupt eine solche Empfehlung zu geben. Denn es scheint, als nehme er in seiner Deutung der perspektivischen Interpretation doch so etwas wie eine umfassende Perspektive der Perspektiven in Anspruch. Kann man über Interpretationen sprechen, ohne mehr als ein Interpret zu sein? Lässt sich die Behauptung, alles sei Interpretation, selbst als bloße Interpretation verstehen? Und schließlich: Wie kann man Nietzsches Vision gegen ihn selbst verteidigen, wenn er gegen seinen eigenen Perspektivismus antritt und behauptet: »Aber es giebt Nichts ausser dem Ganzen!« – Doch was immer wir hier als Antwort geben: Es ist eine Frage der Interpretation.

Interdisziplinäre Interpretationen eines römischen Meilensteins

Der Meilenstein wird interpretiert vom Exzellenzcluster »Topoi«. Bei Topoi arbeiten Wissenschaftlerinnen und Wissenschaftler verschiedener Fächer und Institutionen gemeinsam in Forschergruppen, um den Zusammenhang von Raum und Wissen in der Antike besser beschreiben und verstehen zu können. Territorien und Grenzen, Wissenstransfer und Raumtheorien – aus den verschiedenen Blickwinkeln der Forscher eröffnen sich neue Wissenshorizonte für unsere Gegenwart. *pk/ad*

17-1 Römischer Meilenstein

Sontheim an der Brenz, 212 n. Chr.
Kalkstein, 214 x 43 x 43
Archäologisches Landesmuseum Baden-Württemberg,
Limesmuseum Aalen, ohne Inv.-Nr.

a) Hans-Joachim Gehrke
Althistoriker im Exzellenzcluster »TOPOI – Die Formation und Transformation von Raum und Wissen in der antiken Gesellschaft«
Präsident des Deutschen Archäologischen Instituts

Der Historiker erschließt mithilfe der Meilensteine Ereignisse, Zustände und Einstellungen der Vergangenheit. Derartige Überreste verweisen auf die historischen Zusammenhänge, in die sie hineingehören, und befördern noch heute eine direkte Verbindung zu jenen. Sie vermitteln also den Eindruck von Authentizität und stellen zugleich angesichts ihres häufig fragmentarischen Zustandes hohe Anforderungen an die Interpretation.
Zwei Phänomene sind charakteristisch: Die Meilensteine wurden seriell entlang der römischen Straßen in festen Abständen aufgestellt. Sie informieren über Entfernungen zwischen den an der Straße gelegenen Orten und geben zugleich Hinweise auf die für deren Bau Verantwortlichen, insbesondere die römischen Kaiser, ihre Namen und Titel, damit aber auch deren Ideologie und Selbstdarstellung.
Deshalb lassen sich aus den Steinen zentrale Themen der römischen Geschichte erschließen und damit Einblicke in die Entwicklung, Struktur und Perspektive eines der bedeutendsten und wirkungsmächtigsten Weltreiche der Geschichte gewinnen. Es geht um drei wesentliche Bereiche, die römische Macht, die römische Herrschaft und die römische Sicht. Der Bau von gut befestigten Wegen war ein wesentliches Instrument der römischen Expansion und Machtentfaltung. Sie öffneten den Zugang in – zunächst – feindliches Land, erlaubten die Kontrolle größerer Räume und erleichterten die Kommunikation zwischen den Siedlungen. Durch die Aufstellung der Steine

wurde die Präsenz der römischen Herrschaft unter namentlicher Nennung der konkreten Herren den Untertanen sinnlich und symbolisch erfahrbar gemacht, gleichsam eingepflanzt. Die serielle Reihung verweist auf eine besondere Raumsicht, die linear war und sich an Strecken und Markierungen orientierte. Mit derart gekennzeichneten und möglichst geradlinigen Straßen demonstrierten die Römer zugleich, dass sie auch die Natur zähmen wollten.

b) Klaus Geus
Historiker im Exzellenzcluster »TOPOI – Die Formation und Transformation von Raum und Wissen in der antiken Gesellschaft«
Freie Universität Berlin

Saxa loquuntur, »Steine sprechen«. Der aus dem Lukas-Evangelium stammende Satz charakterisiert besonders treffend die römischen Meilensteine, informieren diese doch nicht nur über den Stifter und den Zeitpunkt der Aufstellung, sondern auch über Distanzen auf den Römerstraßen. Für die Historische Geografie sind besonders diese Entfernungsangaben von Interesse, weil sie Identifizierungen von römischen Orten und Straßen mit heutigen Orten und Straßen, aber auch Schlüsse auf die Genauigkeit der römischen Messungen, ja sogar auf das »Raumbild« in der Antike ermöglichen.

Der 2002 in Sontheim an der Brenz am Aufstellort gefundene Meilenstein nennt eine Entfernung von fünf römischen Meilen »A Phoebianis«. Da auf römischen Meilensteinen ausschließlich Distanzen nach Rom oder nach zentralen »Zählorten« angegeben werden, liefert er uns nicht nur Bestätigung für die bis dahin umstrittene Identifizierung von Phoebiana(e) mit dem nahe gelegenen Faimingen, sondern auch für die Vermutung, dass das Apollo-Grannus-Heiligtum von Faimingen zu den überregionalen Verkehrsknotenpunkten zu Beginn des 3. Jahrhunderts n. Chr. gezählt wurde. Irritierend für den Historischen Geografen ist in der Inschrift allerdings die Zahl 5. Die Wegstrecke zwischen der Fundstelle in Sontheim und dem Tempelbezirk von Faimingen beträgt, wie jeder bei »Google Earth« oder diversen Routenplanern nachprüfen kann, circa zehn Kilometer. Das entspricht etwa sieben römischen Meilen – beträchtlich mehr als die auf dem Meilenstein genannten »5 milia passuum« (= ca. 7,4 km). Haben die Römer falsch gemessen? Hat der Steinmetz einen Fehler begangen? Ist die »5« vielleicht eine »(ab)gerundete« Zahl? Benutzen die Römer eine andere – kürzere – Straße als wir heute? Oder ist auf dem Meilenstein gar nicht die Zahl der »Schritte« auf der Straße, sondern die »Luftlinie« angegeben?

Alle Lösungen erscheinen möglich. In Betracht kommt aber auch folgende Erklärung: Wahrscheinlich war der Apollo-Grannus-Tempel gar nicht der »Zählpunkt« der Meilensteine, sondern die Kreuzung zwischen der Route Mainz–Augsburg und der an der Donau entlangführenden Römerstraße. Das *caput viae* wäre dann wohl nicht in Faimingen, sondern genau östlich von Gundelfingen bzw. südlich von Echenbrunn an der Donau zu suchen. Bis dahin wären es die angegebenen »5 milia passum«.

Der Meilenstein von Sontheim hat zwar »gesprochen« – das endgültige Wort ist aber noch nicht gesprochen.

c) Carmen Marcks-Jacobs
Kunsthistorikerin im Exzellenzcluster »TOPOI – Die Formation und Transformation von Raum und Wissen in der antiken Gesellschaft«
Humboldt-Universität zu Berlin

Der Meilenstein von Sontheim wurde bei seinem ursprünglichen Aufstellungsort im Graben der römischen Straße, die von Faimingen in Richtung Urspring führte, fünf römische Meilen von deren Anfangspunkt entfernt, gefunden. Zwei Gegenstücke des sorgfältig gearbeiteten Steins, die die dritte respektive vierte Meile seit dem *caput viae* markierten, wurden dagegen von ihrem einstigen Aufstellungsort entfernt und im Fundament des frühmittelalterlichen Vorgängerbaus der Kirche St. Martin zu Gundelfingen verbaut. Damit teilten sie das Schicksal vieler anderer Meilensteine, die aus ihrem einstigen Aufstellungskontext herausgelöst, neuen Funktionen zugeführt und damit zur Spolie wurden. Mit der Verwendung als Spolie verbinden sich interessante Aspekte.

Wenn die Meilensteine nicht einfach als Baumaterial in Fundamenten oder Mauern vor allem mittelalterlicher Gebäude wiederverwendet wurden, dienten sie wegen ihrer charakteristischen, ästhetisch ansprechenden zylindrischen Form und ihrer beträchtlichen Höhe von zwei bis drei Metern in mittelalterlichen Kirchenbauten bisweilen als Säulenschäfte. Gern stellte man bei der Wiederverwendung die lateinischen Inschriften zur Schau, die man auch problemlos hätte tilgen können. Offenbar verliehen sie dem Bau jedoch eine historische Dimension und damit Bedeutung, konnten unter Umständen aber auch den Aspekt der Transposition, die mühsame Materialbeschaffung über eine große Distanz hinweg, sichtbar machen. Indem sie den Transport der bisweilen tonnenschweren Bauelemente bezeugten, dokumentierten sie zugleich den in den Bau investierten Aufwand.

Da die Inschrift eines Meilensteins zugleich dessen einstigen Aufstellungsort bekannt macht, gestattet sie uns heute, den Weg zu rekonstruieren, den die Spolie von ihrem einstigen Aufstellungsort genommen hat, eine Information, die uns bei wiederverwendeten Objekten sonst meist vorenthalten bleibt.

d) Cosima Möller
Rechtshistorikerin im Exzellenzcluster »TOPOI – Die Formation und Transformation von Raum und Wissen in der antiken Gesellschaft«
Freie Universität Berlin

Die Texte, die eine Rechtshistorikerin des römischen Rechts interpretiert, sind gewöhnlich umfangreicher als Inschriften. Sie sind von Juristen geschrieben, die sich auf der Grundlage einer systematischen Erfassung des Rechts zur Interpretation von Rechtsquellen oder zu Fällen äußern. Darum geht es bei der Meilensteininschrift nicht. Diese Inschrift führt zu einer klaren Zuordnung. Der Meilenstein bezeugt, dass der Kaiser Straßen und Brücken gibt oder auch zur Verfügung stellt, »vias et pontes dedit«. So werden diese Verkehrsadern in den hoheitlichen Bereich eingeordnet. Für Wege ist das keine Selbstverständlichkeit. Es gibt nicht nur *viae publicae*, öffentliche Straßen, sondern auch *viae privatae*, also private Straßen oder Wege. Wege dienen, wie heute auch, nicht nur dem öffentlichen Verkehr, sondern können auch zwischen nicht unmittelbar benachbarten Grundstücken Abkürzungen herstellen. Dies kann der Landwirtschaft dienen oder auch einer verbesserten Anbindung an das öffentliche Wegenetz. Solche privaten Wege beruhen auf Grunddienstbarkeiten (Servituten), denen eine private Vereinbarung zwischen den beteiligten Grundstückseigentümern zugrunde liegt. Im römischen Recht wurde das Institut Servitut so ausgestaltet, dass es ein dingliches, grundstücksbezogenes Rechtsverhältnis darstellte. Bei einem Eigentümerwechsel ist der Bestand des einmal eingerichteten Wegerechts nicht betroffen. Private Wege erhalten eine von den Personen unabhängige Beständigkeit.

Die römischen Juristen diskutierten über die Abgrenzung von öffentlichen und privaten Wegen, insbesondere wegen des unterschiedlichen Rechtsschutzes. Ein Gesichtspunkt war die Anlage der Straße auf öffentlichem Grund und Boden, ein anderer die bestimmungsgemäße Nutzung. Der Sontheimer Meilenstein macht diese Debatte insoweit überflüssig: Wo der Kaiser mit der üblichen Herrschertitulatur einen Stein setzt, handelt es sich um eine *via publica*.

e) Stephan G. Schmid
Archäologe im Exzellenzcluster »TOPOI – Die Formation
und Transformation von Raum und Wissen in der antiken
Gesellschaft«
Humboldt-Universität zu Berlin

Meilensteine wie der hier ausgestellte
säumten in der römischen Antike die vom
Staat bzw. der Provinzverwaltung gebauten Fernstraßen und enthielten Orts- und
Entfernungsangaben. Darüber hinaus
nannten sie den übergeordneten Bauherrn der entsprechenden Straße, in der
Kaiserzeit (ab 27 v. Chr.) in der Regel den
jeweiligen Kaiser mit seiner Titulatur,
was wiederum eine präzise Datierung ermöglicht. Diese Angaben waren in den
Stein gemeißelt, manchmal auch nur auf-
gemalt und liefern der archäologischen
Forschung heute wichtige Informationen
zur Infrastruktur der römischen Provinzen. Die lateinische Bezeichnung *miliarium* bezieht sich auf die Angabe von *mille
passus*, tausend Schritten, was rund 1480
Metern entsprach.
Durch die aufwendige Bauweise mit
Fundamentierung, Wasserabflüssen und
Belag, durch regelmäßige Relaisstationen
und natürlich durch regelmäßigen Unterhalt ermöglichten diese Straßen eine weitaus bessere Fernkommunikation, die für
die Wirtschaft, aber auch für militärische
Belange von großer Bedeutung war. Der
regelmäßige Unterhalt hatte unter anderem zur Folge, dass bei Reparaturen neue
Meilensteine – manchmal direkt neben
die alten – gesetzt wurden, wir also auch
über die Datierung der Reparaturen informiert sind. Mit der Anlage der Römerstraßen, einer im wahrsten Sinn des Wortes wegweisenden Leistung, übertraf die
römische Administration alle älteren
Anstrengungen systematischer Erschließung von Herrschaftsgebieten und schuf
Standards, die erst in der Moderne wieder
erreicht wurden.
Gerade der hier ausgestellte Meilenstein
unterrichtet uns darüber, dass zur Anlage
römischer Straßen auch Brücken (Via-
dukte) gehörten, sowie in geringerer Anzahl auch Tunnel. Dies sind die gleichen
Formen antiker Ingenieurkunst, die auch
bei einer weiteren Spitzenleistung römischer Infrastruktur auftreten, die bis in
die Neuzeit Maßstäbe setzte: der Bau
von Fernwasserleitungen, sogenannten
Aquädukten, die frisches Quellwasser
direkt zum Verbraucher brachten. Der
Meilenstein steht somit stellvertretend
für die zivilisatorischen Hauptleistungen
der römischen Antike.

f) Manfred G. Schmidt
Epigrafiker im Exzellenzcluster »TOPOI – Die Formation
und Transformation von Raum und Wissen in der antiken
Gesellschaft«
Berlin-Brandenburgische Akademie der Wissenschaften

Als Epigrafiker bin ich vor allem mit
antiken Monumenten konfrontiert, deren
Inschriften über die Jahrtausende unle-
serlich oder lückenhaft geworden sind.
Ihre Rekonstruktion, Lesung und Datierung ist wesentliche Aufgabe unserer
Disziplin.
Ein epigrafischer Text erschließt sich
nur dem, der die Inschrift zu kontextuali-
sieren weiß. Da ist einmal der Vergleich
mit gleichartigen Zeugnissen – hier die
Meilensteininschriften; denn dass es sich
bei dieser Säule um ein sogenanntes
miliarium handelt, zeigt der Schluss der
Inschrift: »A Phoebianis milia passuum
quinque« (»von Phoebiana 5 Meilen«),
lautet die Entfernungsangabe.
Sodann ist der topografische Kontext zu
beachten: Meilensteine weisen sich im
weitverzweigten Netz der römischen
Reichsstraßen durch ihre Inschrift gewissermaßen den Platz selbst an – eben
»5 Meilen von Phoebiana« entfernt. Fundort ist das Städtchen Sontheim in Bayern.
Da der Meilenstein an seinem ursprünglichen Aufstellungsort gefunden wurde,
lässt sich die genannte Straßenstation
Phoebiana mit dem benachbarten Faimingen gleichsetzen. Grabungen stießen dort
auf Reste eines Apollo-Grannus-Tempels;
der griechische Beiname für Apollo ist
Phoebus, davon abgeleitet der Name des
Ortes.
Den weitaus größten Raum in der Inschrift nehmen Namen und Titulatur des
»Bauherrn« ein, des Kaisers M. Aurelius
Antoninus, besser bekannt als Caracalla
(Zeilen 1 bis 6). Sie weisen in das Jahr
212 n. Chr., in eine Zeit also, als der Impe-
rator an der Nordgrenze der Provinz Rä-
tien, dem heutigen Bayern, den Kampf
gegen die Alamannen aufnahm. Zur Vorbereitung dieses Zuges hatte der Kaiser
im Aufmarschgebiet »Straßen und Brücken« anlegen lassen – »vias et pontes
dedit«, wie es heißt. So auch jene Straße,
die einstmals vorbei an Sontheim dem
Donaulauf folgte und bei Regensburg auf
den Limes stieß.

Philosophische Interpretationen von Karl Marx' elfter »These ad Feuerbach«

In dem Notizbuch von Karl Marx aus den
Jahren 1844 bis 1847 finden sich elf »Thesen ad Feuerbach«. Sie wurden erst nach
seinem Tod von Friedrich Engels in leicht
veränderter Form veröffentlicht. In den
Thesen setzt sich Marx mit dem Philosophen Ludwig Feuerbach auseinander.
Gleichzeitig bilden sie eine Skizze dessen,
was Marx mit Engels in der »Deutschen
Ideologie« ausführlich darlegt.
Seit 1953, dem Karl-Marx-Jahr in der
DDR, ist die elfte These in goldenen Let-
tern im Foyer der Humboldt-Universität

zu Berlin zu lesen. Nach dem Zusammenbruch der DDR gab es Pläne, sie zu entfernen. Proteste und der Denkmalschutz
verhinderten dies. Dennoch folgte den
Ereignissen im Wintersemester 1994/95
eine Ringvorlesung, in der elf Philosophen
ihre zum Teil sehr gegensätzlichen Interpretationen diskutierten. Die Ausstellung
präsentiert drei der Interpretationen in
stark gekürzten Fassungen. *pk*

17-2 **Karl Marx' Notizbuch**

Berlin, 1844–1847
Faksimile, 16,2 x 10 x 0,3
Russländisches Staatliches Archiv für Sozial- und Politik-
geschichte

a) Christian Möckel, Philosoph
Humboldt-Universität zu Berlin
1996

Die Kritik der elften Feuerbach-These,
die eine Utopie des mit sich selbst ver-
söhnten Menschen impliziert, sollte deren
Forderung nach Veränderung als Konsequenz einer bestimmten, folgerichtigen
Denkbewegung betrachten. Das heißt,
eine Kritik der These muss sich auf ihre
»Interpretation« stützen und die erfordert
zunächst – ohne sich auf eine Marx-Philo-
logie einzulassen – einen zumindest kurzen Blick auf die Überlegungen, deren Extrakt sie ist. Das – zu Lebzeiten von Marx
(und Engels) unveröffentlicht gebliebene –
Manuskript über die »Deutsche Ideologie«
von 1845/46, das die in der »neuesten
deutschen Philosophie« vorherrschende
Kritik der Religion zu überschreiten sucht,
bietet einen ersten Schritt, indem es Er-
weiterungen der knappen These enthält,
so heißt es einmal: »die […] Forderung
[der Junghegelianer], das [von ihnen ver-
selbständigte] Bewusstsein [als die eigentliche Fessel des Menschen] zu verändern,
läuft auf die Forderung hinaus, das Bestehende anders zu interpretieren, d.h. es
vermittelst einer anderen Interpretation
anzuerkennen.« Wobei für Marx »anerkennen« in dem Fall nicht einfach »hin-
nehmen« bedeutet, sondern »notwendig
voraussetzen«! Das »Bestehende« waren
1844/45 die noch weitgehend vorliberalen
Zustände am Vorabend der politischen
Revolution in Deutschland.
Die Stelle macht zunächst einmal deutlich, dass Marx nicht unbedingt einen
radikalen Gegensatz zwischen »verändern« und »interpretieren« der Wirklichkeit sieht. Zumindest für die idealistische
Philosophie der Junghegelianer gilt:
»Verändern des Bewusstseins« und »anders Interpretieren des Bestehenden«
läuft auf dasselbe hinaus, wenn die Wirklichkeit vor allem als Produkt des Bewusstseins verstanden wird. Das heißt,
die »neueste deutsche Philosophie« »verändert«, indem sie »interpretiert«. Und

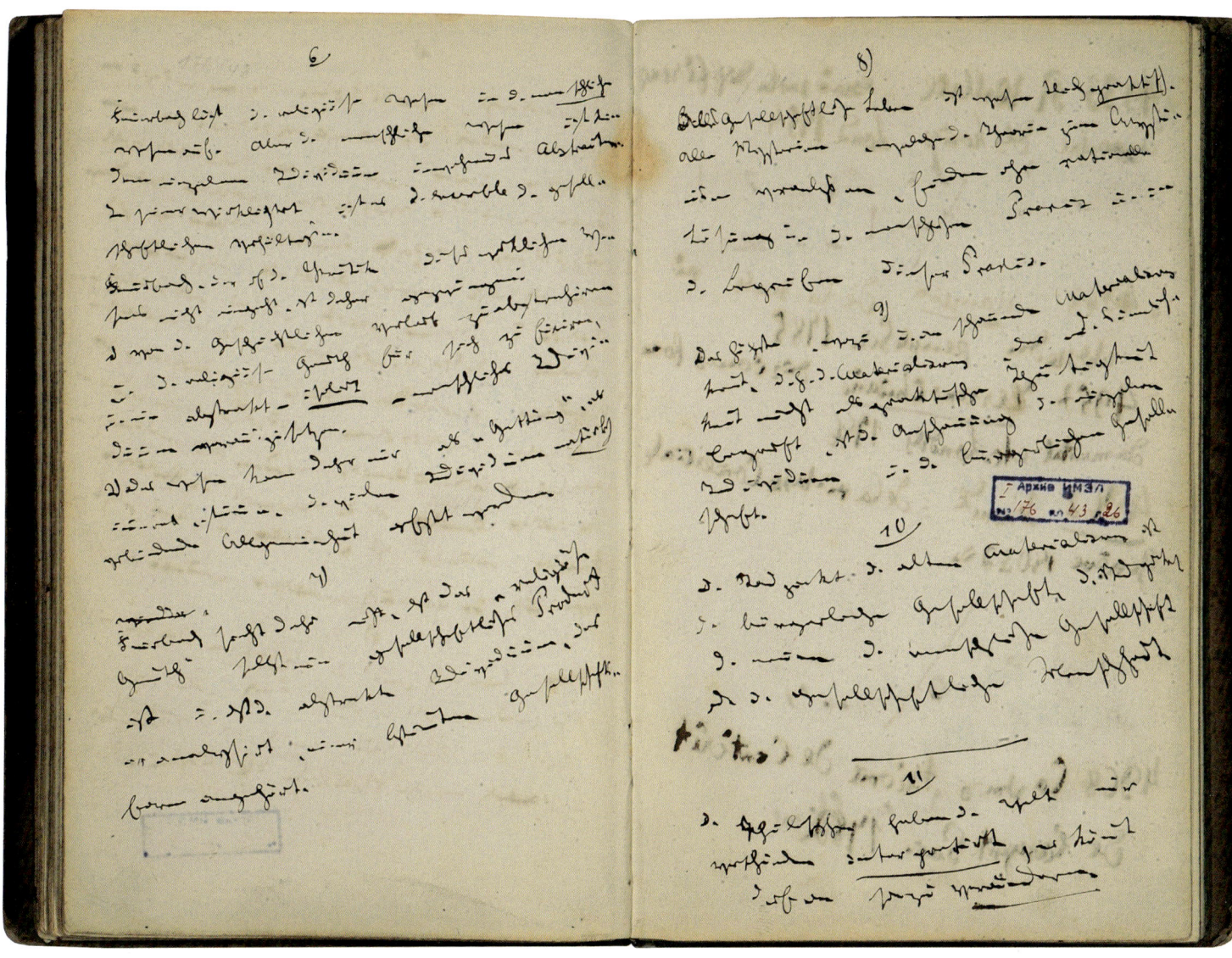

17-2

das wertet Marx allerdings als eine konservative Haltung, da die »Verhältnisse der Menschen, ihr ganzes Tun und Treiben« unberührt, unverändert bleiben. Den Gedanken nimmt weiter im Text der »Deutschen Ideologie« die nur bruchstückhaft erhaltene Formulierung mit der Forderung wieder auf, wonach es »sich in Wirklichkeit und für den praktischen Materialisten [...] darum handelt, die bestehende Welt zu revolutionieren, die vorgefundenen Dinge praktisch anzugreifen und zu verändern«. Wenn Marx in seiner elften These von »den Philosophen« spricht, sind also nicht »alle« Philosophen, nicht »alle« Weisen des Philosophierens gemeint, wie die im Foyer der Humboldt-Universität zu Berlin angebrachte isolierte These suggeriert, sondern das Philosophieren der Alt- und Junghegelianer. Deren idealistisches Philosophieren war zwar auf die Veränderung der vorliberalen Wirklichkeit im Deutschland der 30er- und 40er-Jahre gerichtet, habe aber wegen seiner Orientierung auf die Veränderung des Bewusstseins das »Bestehende« belassen.

b) Gerd Irrlitz, Philosoph
Humboldt-Universität zu Berlin
1996

Die elfte These, allein gelesen, könnte als Absage an philosophische Hirnwebereien und Enthusiasmus für so etwas wie *action directe* genommen werden. Sie ist vom Marx-Missverständnis – und als Losungswort für eine Universität im Ganzen auch von banausischem Marx-Missbrauch – ausreichend in den Dienst genommen worden. Die hohe Wirkung des Satzes geht von dessen entgrenzender Aussage aus: Die Philosophen, alle Philosophen, haben nur äußerlich variierend etwas ganz Einseitiges getan. Man kann sich das alles sparen, da es auf etwas anderes und kräftig Praktisches ankommt. Das ist natürlich nicht gemeint bei einem Mann, der von den sublimen Leistungen europäischer Wissenschaftskultur gebildet war und seine Lebensaufgabe darin erkannte, diffizilste Theorie aus der Tradition der Oberschichten zum Leitfaden der plebejischen Bewegung zu machen, sodass diese durch solche Zündung endlich zum Erfolg käme.
Die Rolle von Theorie in Marx' Verständnis von Arbeiterbewegung gehört dem plebejischen kulturellen Topos an. Die Überzeugung herrscht, dass die umfassend gedachte Generalreformation nur aus umgreifender Theorie und bei breiter geistiger Übereinstimmung gelingen kann.

17-3

dieser Kunstgegenstände. Dazu gehörte auch die Plastik eines menschlichen Kopfes, die er zunächst als »Kopf eines rachitischen Mädchens mit eingesunkener Nase« bezeichnete und als Kunst beschrieb. Dies bedeutete in seiner Zeit durchaus einen neuen Blick auf die künstlerischen Erzeugnisse Afrikas. Etwas später nahm bezeichnenderweise der Kunsthistoriker Carl Einstein erneut bezug auf die Plastik und stärkte damit den eingeschlagenen Weg der Anerkennung für die außereuropäische Kunst. Schließlich aktualisiert die Beschreibung Stefan Eisenhofers vom Staatlichen Museum für Völkerkunde München beide Positionen und legt zugleich die Veränderungen in der Bewertung afrikanischer Kunst dar.

17-3 Plastik eines menschlichen Kopfes

Benin, 15. Jahrhundert
Bronze, 14,5 x 19
Staatliche Museen zu Berlin, Ethnologisches Museum
IIIC 12514

a) Felix von Luschan
Arzt, Anthropologe, Forschungsreisender, Archäologe und Ethnograf
Von 1904 bis 1911 Direktor der Afrika- und Ozeanien-Abteilungen des Berliner Völkerkundemuseums
1919

»Dieser Kopf eines rachitischen Mädchens mit eingesunkener Nase, kam von einer Auktion bei J. C. Stevens und Webster nach Berlin. Er ist links und im Scheitel stark beschädigt, aber trotzdem eines der stärksten und wertvollsten Stücke der ganzen Benin-Beute. Es kann kein Zweifel darüber bestehen, daß er als richtiges Porträt einer mikromelen Frau aufzufassen ist. Ein rechteckiges Dübelloch in der Nähe des mit einer einfachen Schnur runder Perlen geschmückten Halsrandes läßt annehmen, daß der Kopf ursprünglich einem aus Holz geschnitzten Körper aufgesetzt war; dabei ist die Ebene der Halsschnur vermutlich nicht wagrecht, sondern etwas nach vorn geneigt gewesen, so daß die Prognathie nicht so stark in die Erscheinung trat. Der Kopf erinnert unmittelbar an den der mikromelen Frau des Wiener Museums. Ein Vergleich ergibt, daß auf beiden Bildwerken vermutlich dieselbe Frau dargestellt ist, wobei freilich noch die Frage offen bleiben muss, ob sie beide, der Berliner Kopf und die ganze Figur in Wien, gleichaltrig sein müssen. Es ist möglich, daß die Wiener Figur eine etwas spätere Replik eines älteren, aus Holz geschnitzten Bildwerkes ist, von dem nur der aus Bronze gegossene Kopf erhalten blieb. Solche Bildwerke sind nicht ohne afrikanische Analogie; das Berliner und das Frankfurter Museum besitzen mehrere fast lebensgroße, geschnitzte Ahnenfiguren aus Nordwest-Kamerun, deren Gesicht mit Kupfer überzogen ist.

Marx streifte das aus der plebejischen Tradition kommende Leitbild fixierter Theorie und insofern die Theorieform Utopie ab.

c) Richard Schröder, Philosoph und Theologe
Humboldt-Universität zu Berlin
1996

Also, indem die Philosophen interpretieren, sanktionieren sie zugleich das Bestehende.
Aber bitte, lieber Marx, wer verändert, interpretiert doch hoffentlich auch vorher. Wer ein Haus verändert, macht einen Bauplan. Wer in der Gesellschaft etwas verändern will, verkündet ein Programm. Er beschreibt Status quo, Ziel und die Wege zum Ziel. Wie sollen wir Verändern verstehen, wenn wir es nicht mit Interpretieren verbinden dürfen? Wie verstehst du Politik? Marx müsste antworten: in Analogie zur Selbstbewegung des absoluten Geistes, und das heißt: als Selbsterzeugung des wahren menschlichen Wesens oder Gattungslebens.
Dass das Wort Verändern genügt und Verbessern nicht hinzugefügt werden muss, hat seinen Grund in dem Paradigma »Selbsterzeugung«. Wenn das Proletariat begreift, was es welthistorisch und im

menschheitlichen Selbsterzeugungsprozess ist, wird es auch vollziehen, was es ist. Es wird sich emanzipieren, und damit notwendig die Menschheit zu ihrem wahren Ziel bringen.
Aber woher nimmst du den Maßstab, woher weißt du, was als das wahre Leben des Menschen zu bezeichnen ist? Marx würde antworten: aus der Kritik der bestehenden Verhältnisse. Aber das genügt uns nicht.
Auch diese Kritik bedient sich eines Maßstabs. Jede Kritik menschlicher Verhältnisse muss sich eines Maßstabs bedienen, der das Menschenmögliche im Blick auf ein gutes Leben beschreibt. Woher nimmst du ihn? Die Antwort: Er entnimmt ihn der Religionskritik Feuerbachs.

Interpretationen einer afrikanischen Plastik aus unterschiedlichen historischen Kontexten

1897 eroberte die britische Armee das Königreich Benin. Dabei raubte sie insgesamt rund 2000 Kunstgegenstände und brachte sie nach London. Hier wurde ein Großteil der Objekte auf Auktionen versteigert. Felix von Luschan erwarb für das Berliner Völkerkundemuseum rund 600

Der Berliner Kopf ist durch besonders korrekte und sorgfältig gebildete Ohren ausgezeichnet und durch eine wohltuende Einfachheit in der Wiedergabe des ganz kurz geschorenen Haares; bei der Wiener Figur sind die Ohren wesentlich schematischer; auch ist ihr Haupthaar nach vorn derart durch eine Wulst abgegrenzt, daß man ohne Kenntnis des Berliner Kopfes eher an eine eng anliegende, netzartige Haube als an die natürlichen Haare denken würde.«

b) Carl Einstein
Kunsthistoriker
1921

»Diesen Mädchenkopf aus dem Benin des 16. Jahrhunderts bezeichnete Luschan als ›Kopf eines rachitischen Mädchens mit eingesunkener Nase‹.
Vor allem beachte man die schiefe Achse des Kindergesichts. Wir finden diese Achsenführung bei einigen Jorubaköpfen, dann vornehmlich bei Plastiken aus dem Majombe, die uns oft wie degeneriertes Benin erscheinen. Ältere Autoren wiesen bereits auf Schiffsverbindungen zwischen Benin und der Kongomündung hin. Es fällt noch der starke Richtungskontrast zwischen dem gerade gestellten Kinn und der gesenkten Achse des Gesichts auf. Das Stück ist dünnwandig gegossen und scheint zu den älteren Arbeiten zu gehören. Es ist anzunehmen, dass in Afrika besonders dünnwandige Stücke geschätzt wurden. Ich verweise auf eine Bakubaüberlieferung, wonach zwei Männer aus heiligem Blut um die Häuptlingswürde stritten. Sie wurde dem zuteil, der das leichteste Stück Metall zu gießen verstand.
Die afrikanische Kunst moduliert das reiche Repertoire, das zwischen dem individualisierenden Porträt und der nur magischen Darstellung, dem Zeichen, liegt, in erstaunlicher Fülle. Das Porträt ist ein wichtiges Hilfsmittel des Ahnenkultus, der beim Afrikaner immer neue bildnerische Tätigkeit auslöste. Im allgemeinen meidet Ahnenkunst dynamische Psychologie und erregten Funktionalismus; gleiches zeigt ägyptische Plastik. Die Assoziation des Todes, welche diese Schöpfungen umgibt, erzwingt Monumentalität. Das Funktionale dieser Bildwerke liegt im magischen Effekt; damit dieser stark gerate, wird der Verfertiger sich mit hellseherischer Deutlichkeit den Verstorbenen vorstellen; es entstehen dann diese merkwürdigen ekstatischen Statuen. Solch magische Gegenstände sind nicht animistisch zu erklären; nicht die Gegenstände sind belebt, vielmehr ergreift die Seelenkraft des Ahnen Besitz von ihnen oder wohnt bei ihnen. So verstehen wir die nach europäischem Begriff abstrusen Entgleisungen der religiösen Kunst; das Religiöse kann bildnerisch ungemein steigern, aber gleicherweise destruktiv wirken, indem es unbildmäßige Vorstellungen zur Darstellung vorschickt. Gerade das Phantastische der Religion löst mitunter präzis bildende Kräfte auf und Werke entstehen, die nur im magischen Glauben gerechtfertigt werden.«

c) Stefan Eisenhofer
Ethnologe, Kunstethnologe und Historiker
2010

Luschans Einschätzung dieses Kopf-Fragments als »rachitisches Mädchen« entspringt der Hilflosigkeit, Darstellungen aus dem Reich Benin mangels zuverlässiger Quellen zu deuten. Das Reich mit seiner Hauptstadt Benin City war im Jahr 1897 von englischen Truppen erobert und zerstört worden. In der Folge gelangten Tausende von Bronzearbeiten und Elfenbeinschnitzereien als Kriegsbeute undokumentiert und zusammenhanglos nach Europa. Man kannte weder das Alter der Werke noch wusste man, wofür sie in einheimischen Zusammenhängen benutzt worden sind, noch was auf und in ihnen dargestellt ist.
Dass es sich hier um den Kopf eines sogenannten »Hofzwerges« handelt, konnten erst Forschungen der letzten Jahrzehnte klären. Neben diesem Kopffragment sind aus Benin noch mindestens zwei weitere Darstellungen von kleinwüchsigen Menschen bekannt. Alle drei sind aus Kupferlegierungen im Wachsausschmelzverfahren gegossen und weisen einen für die Kunst Benins außerordentlich hohen Grad an Naturalismus auf. Dieser Kopf steht mit seiner unidealisierten Porträthaftigkeit geradezu im Gegensatz zu den allermeisten anderen Bronzewerken aus Benin. Diese wurden von höfischen Gießern ausschließlich für die Eliten des Reiches geschaffen und verkörpern in aller Regel stark standardisiert und idealisiert eher den gesellschaftlichen Rang einer Person als deren persönlich-körperliche Eigenheiten.
Die Einschätzung von Carl Einstein, dass dieser Kopf infolge seines meisterhaft dünnwandigen Gusses zu den ältesten Werken aus Benin zählt, entspringt einer auch heute noch weitverbreiteten Auffassung. Demnach würden die realistischen und technisch perfektesten Werke aus Benin aus dem 15. und 16. Jahrhundert stammen, während unvollkommenere Arbeiten später gegossen worden seien. Solche zeitlichen Einordnungen sind jedoch stark von rassistischer Ideologie und kolonialpolitischen Interessen geprägt, denen zufolge im Afrika des 19. Jahrhunderts nichts mehr von Belang entstanden wäre, wodurch der koloniale Zugriff der Europäer gerechtfertigt sei.

ANHANG

Literaturverzeichnis

Aberle, Johanna/Prescher, Ina: Die Urkundensammlung des Historischen Seminars der Friedrich-Wilhelms-Universität zu Berlin, heute in der Universitätsbibliothek der Humboldt-Universität, Zweigbibliothek Geschichte, Berlin 1997.

Abbot, Alison: Seeing is Achieving. New miracles from microscopes, in: Nature 459 (2009), S. 615, 629–639, 642–644.

Achenbach, Sigrid (Hg.): Alexander von Humboldt und die Kunst, Ausstellungskatalog, München 2009. [a]

Achenbach, Sigrid (Hg.): Kunst um Humboldt. Reisestudien aus Mittel- und Südamerika von Rugendas, Bellermann und Hildebrandt im Berliner Kupferstichkabinett, München 2009. [b]

Ackerknecht, Erwin: Rudolf Virchow. Arzt, Politiker, Anthropologe, Stuttgart 1957.

Adelmann, Ralf: Orbits. Visuelle Modellierungen der Marsoberfläche am Deutschen Zentrum für Luft- und Raumfahrt, in: Ralf Adelmann/Jan Frercks/Martina Heßler/Jochen Hennig (Hg.): Datenbilder. Zur digitalen Bildpraxis in den Naturwissenschaften. Bielefeld 2009, S. 23–64.

Adler, Hans (Hg.): Nützt es dem Volke, betrogen zu werden? Est-il utile au Peuple d'être trompé? 2 Bde., Stuttgart 2007.

Albers, Johann Christoph: Geschichte der Königlichen Thierarzneischule zu Berlin nebst ihrer bisherigen Leistungen und gegenwärtigen Verfassung. Einladungsschrift zur Einweihung des neuerbauten Gebäudes der Thierarzneischule und des fünfzigjährigen Bestehens der Anstalt am 2. Februar 1841, Berlin 1841.

Aleksander, Karin (Hg.): Von der Ausnahme zur Alltäglichkeit. Frauen an der Berliner Universität Unter den Linden, Berlin 2003.

Alexandridis, Annetta: Die Frauen des römischen Kaiserhauses. Eine Untersuchung ihrer bildlichen Darstellung von Livia bis Iulia Domna, Mainz 2004.

Aly, Götz: »Von den tragenden Volkskräften isoliert.« Zum 100. Geburtstag von Rudolf Schottlaender, in: Jahrbuch für Universitätsgeschichte 6 (2003), S. 197–204.

Ames, Eric: Carl Hagenbeck's Empire of Entertainments, Seattle 2008.

Andraschke, Udo/Ruisinger, Marion Maria (Hg.): Die Sammlungen der Universität Erlangen-Nürnberg, Nürnberg 2007.

Ansprachen und Reden, gehalten bei der am 2. November 1891 zu Ehren von Hermann von Helmholtz veranstalteten Feier, Berlin 1892.

Anthes, Erhard: Mechanische Rechenmaschinen für wissenschaftliche Berechnungen, in: Werner H. Schmidt/Werner Girbardt (Hg.): Erstes Greifswalder Symposium zur Entwicklung der Rechentechnik, Greifswald 2000, S. 61–72.

Arbeitsgemeinschaft für Wehrtechnik e. V. (Hg.): Beiträge zur Ballistik und Technischen Physik. Gedenkschrift für Hubert Schardin, Wiesbaden 1967.

Arend, Sabine: »Einen neuen Geist einführen …?« Das Fach Kunstgeschichte unter den Ordinarien Albert Erich Brinckmann (1931–1935) und Wilhelm Pinder (1935–1945), in: Rüdiger vom Bruch (Hg.): Die Berliner Universität in der NS-Zeit, Bd. 2: Fachbereiche und Fakultäten, Stuttgart 2005, S. 179–198.

Arndt, Andreas (Hg.): Wissenschaft und Geselligkeit. Friedrich Schleiermacher in Berlin 1796–1802, Berlin 2009.

Arndt, Andreas/Viermond, Wolfgang (Hg.): Friedrich Schleiermacher zum 150. Todestag. Handschriften und Drucke, Berlin 1984.

Arnheim, Fritz: Freiherr Benedikt Skytte (1614–1683), der Urheber des Planes einer brandenburgischen ›Universal-Universität der Völker, Wissenschaften und Künste‹, in: Verein für Geschichte der Mark Brandenburg (Hg.): Beiträge zur brandenburgischen und preußischen Geschichte, Leipzig 1908, S. 65–99.

Arnim, Bettina von: Tagebuch, Berlin 1835.

Arte antiguo Cora y Huichol. La colección de Konrad T. Preuss, Artes de México 85 (2007).

Asen, Johannes (Bearb.): Gesamtverzeichnis des Lehrkörpers der Universität Berlin, Bd. 1: 1810–1945. Die Friedrich-Wilhelms-Universität, die Tierärztliche Hochschule, die Landwirtschaftliche Hochschule, die Forstliche Hochschule, Leipzig 1955.

Ash, Mitchell G.: Gestalt psychology in German culture, 1890–1967. Holism and the quest for objectivity, Cambridge 1995.

Ash, Mitchell G.: Geschichtswissenschaft, Geschichtskultur und der ostdeutsche Historikerstreit, in: Geschichte und Gesellschaft 24 (1998), S. 283–304.

Ash, Mitchell G.: Mythos Humboldt Vergangenheit und Zukunft der deutschen Universitäten, Wien u. a. 1999.

Ash, Mitchell G.: Die Universitäten im deutschen Vereinigungsprozess – ›Erneuerung‹ oder Krisenimport? in: ders. (Hg.): Mythos Humboldt – Vergangenheit und Zukunft der deutschen Universitäten, Wien 1999, S. 105–135.

Ash, Mitchell G.: Wissenschaft und Politik als Ressourcen für einander, in: Rüdiger vom Bruch/Brigitte Kaderas (Hg.): Wissenschaften und Wissenschaftspolitik. Bestandsaufnahmen zu Formationen, Brüchen und Kontinuitäten im Deutschland des 20. Jahrhunderts, Wiesbaden 2002, S. 32–51.

Ash, Mitchell G.: Wissenschaftswandlungen in politischen Umbruchzeiten. 1933, 1945 und 1990 im Vergleich, in: Acta Historica Leopoldina 39 (2004), S. 75–95.

Asma, Stephen T.: Stuffed Animals and Pickled Heads. The Culture and Evolution of Natural History Museums, Oxford 2001.

Atzl, Isabel: Persönlichkeiten aus drei Jahrhunderten Berliner Medizin, Berlin 2010.

Augstein, Rudolf/Bracher, Karl Dietrich/Broszat, Martin: »Historikerstreit«. Die Dokumentation der Kontroverse um die Einzigartigkeit der nationalsozialistischen Judenvernichtung, München 1997.

Aurenhammer, Hans: Neues Quellenmaterial zur Kunstgeschichte: Programm im »Kriegseinsatz der Geisteswissenschaften« (1941), in: Jutta Held/Martin Papenbrock (Hg.): Kunstgeschichte an den Universitäten im Nationalsozialismus, Göttingen 2003, S. 217–228.

Ausstellungsgruppe an der Humboldt-Universität zu Berlin und Zentrum für interdisziplinäre Frauenforschung (Hg.): Von der Ausnahme zur Alltäglichkeit. Frauen an der Berliner Universität Unter den Linden, Berlin 2003.

Bach, Klaus/Burkhardt, Berthold: Diatomeen 1. Schalen in Natur und Technik, Stuttgart 1985.

Bachelard, Gaston: Critique préliminaire du concept de frontière épistémologique, in: Actes du huitième congrès international de philosophie de Prague, du 2 au 7 septembre 1934, Prag 1936.

Badakhshi, Harun R.: Körper in/aus Zahlen. Digitale Bildgebung in der Medizin, in: Inge Hinterwaldner/Markus Buschaus (Hg.): The Picture's Image. Wissenschaftliche Visualisierung als Komposit, München 2006, S. 199–205.

Badstübner-Gröger, Sibylle/Czok, Claudia/von Simson, Jutta (Hg.): Johann Gottfried Schadow. Die Zeichnungen, Berlin 2006.

Bahar, Alexander: Sozialrevolutionärer Nationalismus zwischen Konservativer Revolution und Sozialismus. Harro Schulze-Boysen und der GEGNER-Kreis, Koblenz 1992.

Balk, Norman: Die Friedrich-Wilhelms-Universität zu Berlin. Mit einer Darstellung des Berliner Bildungswesens bis 1810, Berlin 1926.

Barkhoff, Jürgen (Hg.): Netzwerke. Eine Kulturtechnik der Moderne, Köln u. a. 2004.

Barner, Jörg/Al-Hellani, Rabie/Schlüter, A. Dieter/Rabe, Jürgen P.: Synthesis with Single Macromolecules: Covalent Connection between a Neutral Dendronized Polymer and Polyelectrolyte Chains as well as Graphene Edges, in: Macromolecular Rapid Communications 31 (2010), S. 362–367.

Bartmann, Dominik (Hg.): Eduard Gaertner, 1801–1877, Berlin 2001.

Bartmann, Elisabeth: Portraits of Livia. Imaging the imperial woman in Augustan Rome, Cambridge u. a. 1999.

Baudrillard, Jean: Das System der Dinge. Über unser Verhältnis zu alltäglichen Gegenständen, Frankfurt am Main 1991.

Bauer, Friedrich L.: Rechnen heißt: Ordentlich machen, in: ders.: Historische Notizen zur Informatik, Berlin 2009, S. 88–100.

Bauerkämper, Arnd: Americanisation as Globalisation? Remigrés to West Germany after 1945 and Conceptions of Democracy. The Cases of Hans Rothfels, Ernst Fraenkel and Hans Rosenberg, in: Leo Baeck Institute Yearbook 49 (2004), S. 153–170.

Bauerkämper, Arnd/Bödeker, Hans Erich/Struck, Bernhard (Hg.): Die Welt erfahren. Reisen als kulturelle Begegnung von 1780 bis heute, Frankfurt am Main 2004.

Baumer, Lorenz E.: Vorbilder und Vorlagen. Studien zu klassischen Frauenstatuen und ihrer Verwendung für Reliefs und Statuetten des 5. und 4. Jahrhunderts vor Christus, Bern 1997.

Baumunk, Bodo/Joerges, Jasdan (Hg.): Sieben Hügel. Bilder und Zeichen des 21. Jahrhunderts, Ausstellungskatalog, 7 Bde., Berlin 2000.

Bayer, Kirsten/Mahrenholz, Jürgen-K.: »Stimmen der Völker« – Das Berliner Lautarchiv, in: Horst Bredekamp/Jochen Brüning/Cornelia Weber (Hg.): Theatrum naturae et artis – Theater der Natur und Kunst. Wunderkammern des Wissens, Ausstellungskatalog, Berlin 2000, S. 117–128.

Beck, Hanno: Alexander von Humboldt, Bd. 2: Vom Reisewerk zum »Kosmos« 1804–1859, Wiesbaden 1961.

Beck, Lorenz Friedrich: Max Planck und die Max-Planck-Gesellschaft. Zum 150. Geburtstag am 23. April 2008 aus den Quellen zusammengestellt vom Archiv der Max-Planck-Gesellschaft, Berlin 2008.

Becker, Josef: Von der Bauakademie zur Technischen Universität. 150 Jahre technisches Unterrichtswesen in Berlin, Berlin 1949.

Becker, Peter: Verderbnis und Entartung. Eine Geschichte der Kriminologie des 19. Jahrhunderts als Diskurs und Praxis, Göttingen 2002.

Beddies, Thomas: Kinder-»Euthanasie« in Berlin-Brandenburg, in: Günter Morsch/Sylvia de Pasquale (Hg.): Perspektiven für die Dokumentationsstelle Brandenburg. Beiträge der Tagung in der Justizschule der Justizvollzugsanstalt Brandenburg am 29./30. Oktober 2002, Münster 2004, S. 123–133.

Beddies, Thomas/Hübener, Kristina (Hg.): Kinder in der NS-Psychiatrie, Berlin 2004.

Beddies, Thomas/Schmiedebach, Peter: ›Euthanasie‹-Opfer und Versuchsobjekte. Kranke und behinderte Kinder in Berlin während des Zweiten Weltkriegs, in: Medizinhistorisches Journal 39 (2004), S. 1–33.

Benz, Wolfgang: Mythos und Skandal. Traditionen und Wirkungen der Bücherverbrennung des 10. Mai 1933, in: Zeitschrift für Geschichtswissenschaft 51 (2003), S. 398–406.

Berg, Nicolas: Der Holocaust und die westdeutschen Historiker, Göttingen 2003.

Berg, Nicolas: Ein Außenseiter der Holocaustforschung. Joseph Wulf (1912–1974) im Historikerdiskurs der Bundesrepublik, in: Leipziger Beiträge zur jüdischen Geschichte und Kultur 1 (2003), S. 311–346.

Bergdolt, Klaus: Die Geschichte der DOG bis 1933, in: Deutsche Ophthalmologische Gesellschaft (Hg.): Visus und Visionen. 150 Jahre DOG, Köln 2007, S. 17–31.

Bergemann, Claudia: Mitgliederverzeichnis der Kaiser-Wilhelm-Gesellschaft zur Förderung der Wissenschaften, 2 Teile, Berlin 1990–1991.

Bergmann, Marianne/Zanker, Paul: Umgearbeitete Nero- und Domitianporträts. Zur Ikonographie der flavischen Kaiser und des Nerva, in: Jahrbuch des Deutschen Archäologischen Instituts 96 (1981), S. 317–419.

Berlin-Brandenburgische Akademie der Wissenschaften (Hg.): Beiträge zur Alexander-von-Humboldt-Forschung. Schriftenreihe der Alexander-von-Humboldt-Forschungsstelle, Berlin 1968–2000.

Bernau, Nikolaus: Von der Kunstkammer zum Musenarchipel. Die Berliner Museumslandschaft 1830–1994, in: Joachimides, Alexis u. a. (Hg.): Museumsinszenierungen. Zur Geschichte der Institution des Kunstmuseums. Die Berliner Museumslandschaft 1830–1990, Dresden 1995, S. 15–35.

Berthold, Rudi u. a.: Die Humboldt-Universität gestern – heute – morgen. Zum einhundertfünfzigjährigen Bestehen der Humboldt-Universität zu Berlin und zum zweihundertfünfzigjährigen Bestehen der Charité, Berlin 1960.

Berz, Peter: 08/15. Ein Standard des 20. Jahrhunderts, München 1998.

Beyler, Richard H.: »Reine« Wissenschaft und personelle Säuberungen. Die Kaiser-Wilhelm-/Max-Planck-Gesellschaft 1933 und 1945, in: Carola Sachse/Susanne Heim (Hg.): Ergebnisse. Vorabdrucke aus dem Forschungsprogramm »Geschichte der Kaiser-Wilhelm-Gesellschaft im Nationalsozialismus«, Nr. 16, Berlin 2004.

Bezirksamt Treptow von Berlin (Hg.): Die verhinderte Weltausstellung. Beiträge zur Berliner Gewerbeausstellung 1896, Berlin 1996.

Bielka, Heinz: Geschichte der medizinisch-biologischen Institute Berlin-Buch, Berlin u.a. 2002.

Bieri, Peter: Das Handwerk der Freiheit. Über die Entdeckung des eigenen Willens, München 2001.

Biermann, Kurt-R./Schwarz, Ingo: »Moralische Sandwüste und blühende Kartoffelfelder«. Humboldt – ein Weltbürger in Berlin, in: Kunst- und Ausstellungshalle der Bundesrepublik Deutschland (Hg.): Alexander von Humboldt. Netzwerke des Wissens, Bonn 1999, S. 183–200.

Bierwisch, Manfred: Kant und der Irakkrieg – Eine Erwiderung, in: MERKUR – Deutsche Zeitschrift für europäisches Denken, November 2003, 57. Jahrgang, S. 1075–1079.

Biermann, Kurt-Reinhard (Hg.): Briefwechsel zwischen Alexander von Humboldt und Carl Friedrich Gauß, Berlin 1977.

Biermann, Kurt-Reinhard: Wer waren die wichtigsten Briefpartner Alexander von Humboldts?, in: NTM. Zeitschrift für Geschichte der Naturwissenschaften, Technik und Medizin 18 (1981), S. 34–43.

Bitterli, Urs: Der Eintritt des amerikanischen Überseebewohners in die europäische Geschichte (15.–18. Jahrhundert), in: ders./Eberhard Schmitt (Hg.): Die Kenntnis beider »Indien« im frühneuzeitlichen Europa, München 1991, S. 63–92.

Bixby, Robert E.: Solving real-world linear programs. A decade and more of progress, in: Operations Research 50 (2002), S. 3–15.

Bleek, Wilhelm/Mertens, Lothar (Hg.): Bibliographie der geheimen DDR-Dissertationen, München 1994.

Bleek, Wilhelm/Mertens, Lothar: DDR-Dissertationen. Promotionspraxis und Geheimhaltung von Doktorarbeiten im SED-Staat, Opladen 1994.

Bleker, Johanna: »… der einzig wahre Weg, brauchbare Männer zu bilden«. Der medizinisch-klinische Unterricht an der Berliner Universität 1810–1850, in: Peter Schneck (Hg.): Die Medizin an der Berliner Universität und an der Charité zwischen 1810 und 1850, Husum 1995, S. 90–100.

Bleker, Johanna: Fallgeschichten aus der Berliner Charité, unveröff. Manuskript 2009.

Bleker, Johanna/Hess, Volker (Hg.): Die Charité. Geschichte(n) eines Krankenhauses, Berlin 2010.

Bloch, Marcus Elieser: Oeconomische Naturge-schichte der Fische Deutschlands, Teil 2, Berlin 1784.

Bloch, Marcus Elieser: Naturgeschichte der ausländischen Fische, Teil 2–3, Berlin 1786f.

Bloch, Peter: Berlins Museen. Geschichte und Zukunft, München u. a. 1994.

Bloch, Roland/Pasternack, Peer: Die Ost-Berliner Wissenschaft im vereinigten Berlin. Eine Transforma-tionsanalyse, Lutherstadt Wittenberg 2004.

Blumenberg, Hans: Die Lesbarkeit der Welt, Frankfurt am Main 1983.

Blumtritt, Oskar: Slaby-Stäbe – funkende Funkmess-technik, in: Ulf Hashagen/Oskar Blumtritt/Helmuth Trischler (Hg.): Circa 1903. Artefakte in der Grün-dungszeit des Deutschen Museums, München 2003, S. 205–227.

Bock, Gisela: Nationalsozialistische Sterilisierungs-politik, in: Klaus-Dietmar Henke (Hg.): Tödliche Me-dizin im Nationalsozialismus. Von der Rassenhygiene zum Massenmord, Köln u. a. 2008, S. 85–100.

Boehlich, Walter (Hg.): Der Berliner Antisemitismus-streit, Frankfurt am Main 1965.

Böhme-Kaßler, Katrin: Gemeinschaftsunternehmen Naturforschung. Modifikation und Tradition in der Gesellschaft Naturforschender Freunde zu Berlin 1773–1906, Stuttgart 2005.

Böhme, Katrin: Die Emanzipation der Botanik. Eine Wissenschaft im Spiegel der Gesellschaft Naturfor-schender Freunde zu Berlin 1851–1878, Berlin 1998.

Bogusch, Gottfried: Zergliederte Körper – Die Anato-mische Sammlung Walter, in: Horst Bredekamp/ Jochen Brüning/Cornelia Weber (Hg.): Theatrum naturae et artis – Theater der Natur und Kunst. Wunderkammern des Wissens, Ausstellungskatalog, Berlin 2000, S. 149.

Bol, Peter C. (Hg.): Forschungen zur Villa Albani. Katalog der antiken Bildwerke, Bd. 1: Bildwerke im Treppenaufgang und im Piano nobile des Casino, Berlin 1989.

Bol, Peter C. (Hg.): Forschungen zur Villa Albani. Katalog der antiken Bildwerke, Bd. 4: Bildwerke im Kaffeehaus, Berlin 1994.

Bol, Peter C. (Hg.): Die Geschichte der antiken Bild-hauerkunst, Bd. 1: Frühgriechische Plastik, Mainz 2002.

Bolliger, Stefan/Van der Heyden, Ulrich/Kessler, Mario: Verlierer der Einheit. Die Geisteswissenschaf-ten aus der DDR, in: hochschule ost 3–4 (2000), S. 199–207.

Borbein, Adolf: Polyklet, in: Wolf-Dieter Heilmeyer: Die Griechische Klassik – Idee oder Wirklichkeit, Ausstellungskatalog, Mainz 2002, S. 354–363.

Borck, Cornelius: Hirnströme. Eine Kulturgeschichte der Elektroenzephalographie, Göttingen 2005.

Borgelt, Christiane: Botanisches Museum & Ge-wächshäuser der Freien Universität Berlin, Berlin 2004.

Borges, Jorge Luis: Die analytische Sprache bei John Wilkins, in: ders.: Gesammelte Werke, Essays, Teil 3, hg. von Gisbert Haefs/Fritz Arnold, München 2003, S. 109–113.

Born, Hermann/Stemmer, Klaus: Damnatio Memo-riae. Das Berliner Nero-Porträt, Mainz 1996.

Borwein, Jonathan M./Bailey, David H.: Mathematics by Experiment. Plausible Reasoning in the 21st Cen-tury, Natick, MA 2004.

Boschung, Dietrich: Das römische Herrscherbild, Abt. 1, Bd. 2: Die Bildnisse des Augustus, Berlin 1993. [a]

Boschung, Dietrich: Die Bildnistypen der iulisch-clau-dischen Kaiserfamilie, in: Journal of Roman archae-ology 6 (1993), S. 39–79. [b]

Boschung, Dietrich: Gens Augusta. Untersuchungen zu Aufstellung, Wirkung und Bedeutung der Statuen-gruppen des julisch-claudischen Kaiserhauses, Mainz 2002.

Brachmann, Christoph/Suckale, Robert (Hg.): Die Technische Universität Berlin und ihre Bauten. Ein Rundgang durch zwei Jahrhunderte Architektur-und Hochschulgeschichte, Berlin 1999.

Brachner, Alto/Hartl, Gerhard/Sichau, Christian (Hg.): Abenteuer der Erkenntnis. Albert Einstein und die Physik des 20. Jahrhunderts, München 2005.

Bragulla, Maren: Die Nachrichtenstelle für den Orient. Fallstudie einer Propagandainstitution im Ersten Weltkrieg, Saarbrücken 2007.

Brain, Robert M./Wise, M. Norton: Muscles and En-gines. Indicator Diagrams and Helmholtz's Graphical Methods, in: Lorenz Krüger (Hg.): Universalgenie Helmholtz. Rückblick nach 100 Jahren, Berlin 1994, S. 124–145.

Brandlmeier, Thomas: Arbeitstisch zur Uranspaltung von Hahn, Meitner und Straßmann. Ein Experiment, das die Welt erschütterte, in: Deutsches Museum (Hg.): Meisterwerke aus dem Deutschen Museum, Bd. 1, München 2004, S. 28–31.

Bramke, Werner: Kooperation in der Konfrontation. Begegnungen in der deutsch-deutschen Geschichts-landschaft der achtziger Jahre, in: Arnd Bauerkäm-per (Hg.): Doppelte Zeitgeschichte. Deutsch-deut-sche Beziehungen 1945–1990, Bonn 1998, S. 131–139.

Brather, Hans-Stephan: Leibniz und seine Akademie. Ausgewählte Quellen zur Geschichte der Berliner Sozietät der Wissenschaften 1697–1719, Berlin 1993.

Braun, Hermann: Friedrich Wilhelm Joseph Schelling (1775–1854), in: Ottfried Höffe (Hg.): Klassiker der Philosophie, Bd. 2, München 1995, S. 93–114.

Braunfels, Sigrid: Vom Mikrokosmos zum Meter, in: Sigrid Braunfels et. al. (Hg.): Der »vermessene« Mensch. Anthropometrie in Kunst und Wissenschaft. München 1973, S. 43–74.

Bredekamp, Horst: Antikensehnsucht und Maschi-nenglauben. Die Geschichte der Kunstkammer und die Zukunft der Kunstgeschichte, Berlin 2000.

Bredekamp, Horst: Die Architekturzeichnung als Gegen-Bild, in: Margit Kern/Thomas Kirchner/ Hubertus Kohle (Hg.): Geschichte und Ästhetik. Festschrift für Werner Busch, München u.a. 2004, S. 548–553. [a]

Bredekamp, Horst: Die Fenster der Monade. Gott-fried Wilhelm Leibniz' Theater der Natur und Kunst, Berlin 2004. [b]

Bredekamp, Horst: Modelle der Kunst und der Evolu-tion, in: Präsident der Berlin Brandenburgischen Akademie der Wissenschaften (Hg.): Modelle des Denkens. Streitgespräch in der Wissenschaftlichen Sitzung der Versammlung der Berlin-Brandenburgi-schen Akademie der Wissenschaften am 12. Dezem-ber 2003, Berlin 2005, S. 13–20.

Bredekamp, Horst: Theorie des Bildakts. Über das Lebensrecht der Bilder, Berlin 2010.

Bredekamp, Horst: Die Erkenntniskraft der Plötzlich-keit. Hogrebes Szenenblick und die Tradition des Coup d'œil, in: Joachim Bromand/Guido Kreis (Hg.): Was sich nicht sagen lässt. Das Nicht-Begriffliche in Wissenschaft, Kunst und Religion. Festschrift für Wolfram Hogrebe, Berlin 2010 [im Druck].

Bredekamp, Horst/Brüning, Jochen/Weber, Cornelia (Hg.): Theatrum naturae et artis – Theater der Natur und Kunst. Wunderkammern des Wissens, 3 Bde., Berlin 2000.

Bredekamp, Horst/Fischel, Angela/Schneider, Birgit/Werner, Gabriele: Bildwelten des Wissens, in: Bildwelten des Wissens 1,1: Bilder in Prozessen (2003), S. 9–20.

Bredekamp, Horst/Labuda, Adam: Kunstgeschichte, Universität, Museum und die Mitte Berlins 1810–1873, in: Heinz-Elmar Tenorth (Hg.): Geschichte der Universität 1810–2010, Bd. 4: Genese der Diszipli-nen. Die Konstitution der Universität, Berlin 2010, S. 237–263. [a]

Bredekamp, Horst/Labuda, Adam (Hg.): In der Mitte Berlins. 200 Jahre Kunstgeschichte an der Hum-boldt-Universität, Berlin 2010 [im Druck]. [b]

Breidbach, Olaf: Representation of the Microcosm. The Claim for Objectivity in 19th Century Scientific Microphotography, in: Journal of the History of Biol-ogy 35 (2002), S. 221–250.

Breidbach, Olaf: Schattenbilder: Zur elektronenmikroskopischen Photographie in den Biowissenschaften, in: Beiträge zur Wissenschaftsgeschichte 28 (2005), S. 160–171.

Breslau, Ralph: Verlagert, verschollen, vernichtet … Das Schicksal der im Zweiten Weltkrieg ausgelagerten Bestände der Preußischen Staatsbibliothek, Berlin 1995.

Breslau, Ralf: Berichte zur Geschichte der Deutschen Staatsbibliothek in Berlin, Wiesbaden 1996.

Brill, Werner: Die Rassenhygiene im akademischen Unterricht an der Berliner Universität 1933–1945, in: Christoph Jahr (Hg.): Die Berliner Universität in der NS-Zeit, Bd. 1: Strukturen und Personen, Stuttgart 2005, S. 89–98.

Brinkmann, Vinzenz: Die Polychromie der archaischen und frühklassischen Skulptur, München 2003.

Brinkschulte, Eva: Professor Dr. Rahel Hirsch (1870–1953) – der erste weibliche Professor der Medizin – vertrieben, verfolgt, vergessen, in: dies. (Hg.): Weibliche Ärzte. Die Durchsetzung des Berufsbildes in Deutschland, Berlin 1995, S. 103–110.

Broch, Thomas D.: Robert Koch. A life in Medicine and Bacteriology, Berlin u.a. 1988.

Brocke, Bernhard vom (Hg.): Wissenschaftsgeschichte und Wissenschaftspolitik im Industriezeitalter. Das »System Althoff« in historischer Perspektive, Hildesheim 1991.

Brocke, Bernhard vom (Hg.): Der Historiker Conrad Grau und die Akademiegeschichtsschreibung. Wissenschaftliches Kolloquium zum Gedenken an Conrad Grau (1932–2000) am 15. März 2003 in Berlin, Berlin 2009.

Brocke, Bernhard vom/Laitko, Hubert (Hg.): Die Kaiser-Wilhelm/Max-Planck-Gesellschaft und ihre Institute. Studien zu ihrer Geschichte. Das Harnack-Prinzip, Berlin u.a. 1996.

Bröer, Ralf: Der Herzkatheter-Selbstversuch. Dichtung und Wahrheit, in: Ärzte Zeitung, 27. August 2004. URL: http://www.aerztezeitung.de/panorama/default.aspx?sid=315957 (Stand 03/2010).

Brons, Franziska: Das Versprechen der Retina. Zur Mikrofotografie Robert Kochs, in: Bildwelten des Wissens 2,2: Instrumente des Sehens (2004), S. 19–28.

Bruch, Rüdiger vom: Wissenschaft, Politik und öffentliche Meinung. Gelehrtenpolitik im Wilhelminischen Deutschland (1890–1914), Husum 1980.

Bruch, Rüdiger vom: Die Berliner Universität 1933–1945 in der Erinnerungskultur nach 1945, in: Christoph Jahr (Hg.): Die Berliner Universität in der NS-Zeit, Bd. 1: Strukturen und Personen, Stuttgart 2005, S. 228–234.

Bruch, Rüdiger vom: Gelehrtenpolitik, Sozialwissenschaften und akademische Diskurse in Deutschland im 19. und 20. Jahrhundert, Stuttgart 2006.

Bruch, Rüdiger vom (Hg.): Die Berliner Universität im Kontext der deutschen Universitätslandschaft nach 1800, um 1860 und um 1910, München 2010.

Bruch, Rüdiger vom/Jahr, Christoph (Hg.): Die Berliner Universität in der NS-Zeit, 2 Bde., Stuttgart 2005.

Bruch, Rüdiger vom/Jahr, Christoph (Hg.): Studieren in Trümmern. Die Wiedereröffnung der Berliner Universität im Januar 1946. Dokumentation einer Ausstellung von Studierenden des Instituts für Geschichtswissenschaften der Humboldt-Universität zu Berlin, Berlin 2006.

Bruch, Rüdiger vom/Henning, Eckart: Wissenschaftsfördernde Institutionen im Deutschland des 20. Jahrhunderts, Berlin 1999.

Bruch, Rüdiger vom/Kaderas, Brigitte (Hg.): Wissenschaften und Wissenschaftspolitik. Bestandsaufnahmen zu Formationen, Brüchen und Kontinuitäten im Deutschland des 20. Jahrhunderts, Stuttgart 2002.

Bruch, Rüdiger vom/McClelland, Charles: Geschichte der Universität Unter den Linden 1810–2010. Biographie einer Institution, Bd. 1: 1810–1918, Berlin 2011 [im Druck].

Bruch, Rüdiger vom/Schalenberg, Marc: London, Paris, Berlin, in: Richard van Dülmen/Sina Rauschenbach (Hg.): Macht des Wissens. Entstehung der modernen Wissensgesellschaft, Köln u.a. 2004, S. 681–699.

Bruch, Rüdiger vom/Tenorth, Heinz-Elmar: Geschichte der Universität Unter den Linden 1810–2010, Bd. 1–3: Biographie einer Institution, Bd. 4–6: Praxis ihrer Disziplinen, Berlin 2010–2011 [s. Einzelbände].

Brysac, Shareen Blair: Mildred Harnack und die Rote Kapelle. Die Geschichte einer ungewöhnlichen Frau und einer Widerstandsbewegung, Bern 2003.

Buck-Bechler, Gertraude/Schaefer, Hans-Dieter/Wagemann, Carl-Hellmut (Hg.): Die Hochschulen in den Neuen Bundesländern. Ein Handbuch der Hochschulerneuerung, Weinheim 1997.

Buddensieg, Tilmann: Das Alte bewahren, das Neue verwirklichen. Zur Fortschrittsproblematik im 19. Jahrhundert, in: ders. (Hg.): Die nützlichen Künste. Gestaltende Technik und Bildende Kunst seit der Industriellen Revolution, Ausstellungskatalog, Berlin 1981, S. 47–66.

Buddensieg, Tilmann/Düwell, Kurt/Sembach, Klaus-Jürgen (Hg.): Wissenschaften in Berlin. Disziplinen, Objekte, Gedanken, 3 Bde., Berlin 1987.

Bürgel, Bruno H.: Vom Arbeiter zum Astronomen. Der Aufstieg eines Lebenskämpfers. Berlin 1919.

Bundell Jones, Peter: Hans Scharoun, London 1995.

Burkhardt, Berthold: Das Institut für leichte Flächentragwerke, Universitätsinstitut und Spinnerzentrum, in: Winfried Nerdinger (Hg.): Frei Otto. Das Gesamtwerk. Leicht bauen, natürlich gestalten, Ausstellungskatalog, Basel 2005, S. 91–101.

Burmeister, Klaus-Joachim/Lange-Pfautsch, Ruth: Die Charité von der Befreiung Berlins bis zur Wiederaufnahme des Lehrbetriebs an der Berliner Universität (1945–1946), in: Charité-Annalen N.F. 5 (1986), S. 263–268.

Cahan, David (Hg.): An institute for an empire. The Physikalisch-Technische Reichsanstalt 1871–1918, Cambridge 1989.

Cahan, David: Meister der Messung. Die Physikalisch-Technische Reichsanstalt im Deutschen Kaiserreich, Weinheim 1992.

Campbell-Kelly, Martin/Croarken, Mary u.a. (Hg.): The history of mathematical tables. From Sumer to spreadsheets, Oxford 2003.

Cantilena, Renata u.a.: Le collezioni del Museo Nazionale di Napoli, Abt. 1, Bd. 2, Rom 1989.

Carlyle, Thomas: Geschichte Friedrichs des Zweiten von Preußen, genannt Friedrich der Große, Bd. 4, Berlin 1866.

Castagnetti, Giuseppe u.a.: Wissenschaft zwischen Grundlagenkrise und Politik. Einstein in Berlin, Berlin 1994.

Chadarevian, Soraya de: Graphical Method and Discipline. Self-Recording Instruments in the Nineteenth-Century Physiology, in: Studies in the History and Philosophy of Science 24 (1993), S. 267–291.

Chamisso, Adelbert von: Verhandlungen der Akademie der Naturforscher, T. XII, P.I., Leipzig 1824.

Chamisso, Adelbert von: Reise um die Welt mit der Romanzoffischen Entdeckungs-Expedition in den Jahren 1815–1818 auf der Brigg Rurik, Leipzig 1836.

Chamisso, Adelbert von/Eisenhardt, C. G.: De animalibus quibusdam e classe vermium Linnaeana […], Nov. Act. Caes. Leop., o.O. 1821.

Chemie an der Humboldt-Universität zu Berlin. 100 Jahre Chemische Institute in der Hessischen Straße. Festschrift, Berlin 2000.

Chevallier, Sonja: Fräulein Professor – Lebensspuren der Ärztin Rahel Hirsch 1870–1953, Düsseldorf 1998.

Ciesla, Burghard: Ein »Meister deutscher Waffentechnik«. General-Professor Karl Becker zwischen Militär und Wissenschaft (1918–1940), in: Rüdiger vom Bruch/Brigitte Kaderas (Hg.): Wissenschaften und Wissenschaftspolitik. Bestandsaufnahmen zu Formationen, Brüchen und Kontinuitäten im Deutschland des 20. Jahrhunderts, Stuttgart 2002, S. 263–281.

Cipra, Barry: Divide and conquer, in: Paul Zorn (Hg.): What's Happening in the Mathematical Sciences, Bd. 3: 1995–1996, Providence, RI 1996, S. 38–47.

Colicchia, Giuseppe/Wiesner, Hartmut: Der Augenspiegel im Physikunterricht, in: Praxis der Naturwissenschaften. Physik 49 (2000), S. 7–12.

Cornelißen, Christoph: Historikergenerationen in Westdeutschland seit 1945. Zum Verhältnis von persönlicher und wissenschaftlich objektivierter Erinnerung an den Nationalsozialismus, in: ders. (Hg.): Erinnerungskulturen. Deutschland, Italien und Japan seit 1945, Frankfurt 2003, S. 139–152.

Corssen, Stefan: Max Herrmann und die Anfänge der Theaterwissenschaft, Tübingen 1998.

Corssen, Stefan/Kirsch, Mechthild: Max Hermann und die Anfänge der deutschsprachigen Theaterwissenschaft. Ausstellung im Foyer der Universitätsbibliothek der Freien Universität Berlin vom 16. November – 31. Dezember 1992, Berlin 1992.

Cremer, Hermann: Zum Kampf um das Apostolikum – eine Streitschrift wider Harnack, Berlin 1892.

Curtius, Ernst: Die Gyps-Abgüsse der in Olympia ausgegrabenen Bildwerke. Ein Leitfaden für die Ausstellung in der Dombaustätte, Berlin 1878.

Danyel, Jürgen: Antifaschismus als Geschichtswissenschaft. Programmatischer Anspruch, Wissenschaftsmentalität und selbstverschuldete Unmündigkeit der ostdeutschen Zeitgeschichtsschreibung zum Nationalsozialismus, in: Claudia Keller (Hg.): Die Nacht hat zwölf Stunden, dann kommt schon der Tag. Antifaschismus. Geschichte und Neubewertung, Berlin 1996, S. 203–219.

D'Aprile, Iwan/Disselkamp, Martin/Sedlarz, Claudia (Hg.): Tableau de Berlin. Beiträge zur »Berliner Klassik« (1786–1815), Hannover 2005.

Dark, Philip/Forman, Werner/Forman, Bedřich: Die Kunst von Benin, Prag 1960.

Darwin, Charles: On the Origin of Species. A Facsimile of the First Edition, Cambridge 2001.

Das Museum für Naturkunde der königlichen Friedrich-Wilhelms-Universität in Berlin. Zur Eröffnungsfeier, Berlin 1889.

Daston, Lorraine: Neugierde als Empfindung und Epistemologie in der frühmodernen Wissenschaft, in: Andreas Grothe (Hg.): Macrocosmos in Microcosmo. Die Welt in der Stube. Zur Geschichte des Sammelns 1450 bis 1800, Opladen 1994.

Daston, Lorraine/Galison, Peter: Das Bild der Objektivität, in: Peter Geimer (Hg.): Ordnungen der Sichtbarkeit. Fotografie in Wissenschaft, Kunst und Technologie, Frankfurt am Main 2002, S. 29–99.

Daum, Andreas W.: Wissenschaftspopularisierung im 19. Jahrhundert. Bürgerliche Kultur, naturwissenschaftliche Bildung und die deutsche Öffentlichkeit, 1848–1914, München 2002.

Daum, Andreas W.: Varieties of Popular Science and the Transformations of Public Knowledge. Some Historical Reflections, in: Isis 100 (2009), S. 319–332.

David, Heinz: »... es soll das Haus die Charité heißen ...«. Kontinuitäten, Brüche und Abbrüche sowie Neuanfänge in der 300jährigen Geschichte der Medizinischen Fakultät (Charité) der Berliner Universität, 2 Bde., Hamburg 2004.

Daxner, Michael: Alma mater Restituta oder eine Universität für die Hauptstadt Berlin, Berlin 1994.

Delitzsch, Friedrich: Babel und Bibel. Ein Vortrag, Leipzig 1903.

Denecke, Ludwig/Peschke, Elke-Barbara/Hofer, Henrik/Friemel, Berthold: Die Bibliothek der Brüder Grimm. Nachträge und Berichtigungen zum annotierten Verzeichnis, in: Ruth Reiher/Berthold Friemel (Hg.): Brüder Grimm Gedenken, Bd. 12, Stuttgart 1997, S. 16–58.

Deppmeyer, Korana: Kaisergruppen von Vespasian bis Konstantin. Eine Untersuchung zu Aufstellungskontexten und Intentionen der statuarischen Präsentation kaiserlicher Familien, Bd. 2: Katalog, Hamburg 2008.

Derenthal, Ludger/Stahl, Christiane: Mikrofotografie. Schönheit jenseits des Sichtbaren, Berlin 2010.

»Der Fall Kurras ist vor allem ein Produkt der Medien«. Interview mit Hans-Ulrich Wehler, in: Stuttgarter Zeitung, 2. Juli 2009.

Detemple, Siegfried (Hg.): Die Schopenhauer-Welt, Frankfurt am Main 1988.

Dettke, Barbara: Die asiatische Hydra. Die Cholera von 1830/31 in Berlin und den preußischen Provinzen Posen, Preußen und Schlesien, Berlin u.a. 1995.

Deuflhard, Peter: Recent progress in extrapolation methods for ordinary differential equations, in: SIAM Review 27 (1985), S. 505–535.

Deutrich, Volker: Von der Königlichen Tierarzneischule zur Veterinärmedizinischen Fakultät der Humboldt-Universität zu Berlin (1790–1990). 200 Jahre veterinärmedizinische Ausbildung und Forschung in Berlin, München 1990.

Dick, Wolfgang R.: 300 Jahre Astronomie in Berlin und Potsdam – ein Überblick, in: ders./Klaus Fritze (Hg.): 300 Jahre Astronomie in Berlin und Potsdam. Eine Sammlung von Aufsätzen aus Anlaß des Gründungsjubiläums der Berliner Sternwarte, Thun u.a. 2000, S. 11–42.

Die Königliche Friedrich-Wilhelms-Universität Berlin in ihrem Personalbestande seit ihrer Errichtung. Michaelis 1810–Michaelis 1885, Berlin 1885.

Diepgen, Paul/Heischkel, Edith: Die Medizin an der Berliner Charité bis zur Gründung der Universität. Ein Beitrag zur Medizingeschichte des 18. Jahrhunderts, Berlin 1935.

Dierig, Sven: Die Kunst des Versuchens. Emil Du Bois-Reymonds »Untersuchungen über thierische Elektricität«, in: Henning Schmidgen/Peter Geimer/Sven Dierig (Hg.): Kultur im Experiment, Berlin 2004, S. 123–146, 384–391.

Dierig, Sven/Schnalke, Thomas (Hg.): Apoll im Labor. Bildung, Experiment, mechanische Schönheit. Eine Ausstellung des Berliner Medizinhistorischen Museums der Charité in Zusammenarbeit mit dem Max-Planck-Institut für Wissenschaftsgeschichte, Begleitbuch, Berlin 2005.

Dierig, Sven: Wissenschaft in der Maschinenstadt. Emil du Bois-Reymond und seine Laboratorien in Berlin, Göttingen 2006.

Diether, Kerstin: »... zusammenkommen, um von den Künsten zu räsonieren«. Materialien zur Geschichte der Akademie der Künste, Ausstellungskatalog, Berlin 1991.

Dill, Carl Alexander: Voltaire in Potsdam – mehr als nur eine Episode, Berlin 1991, S. 64.

Dilly, Heinrich: Weder Grimm, noch Schmarsow, geschweige denn Wölfflin ... Zur jüngsten Diskussion über die Diaprojektion um 1900, in: Constanza Caraffa (Hg.): Fotografie als Instrument und Medium der Kunstgeschichte, Berlin u.a. 2009, S. 91–116.

Dilthey, Wilhelm: Archive für Literatur, in: ders.: Gesammelte Schriften, Bd. 15: Zur Geistesgeschichte des 19. Jahrhunderts. Portraits und biographische Skizzen, Quellenstudien und Literaturberichte zur Theologie und Philosophie im 19. Jahrhundert, Göttingen 1991, S. 1–16.

Dinter, Andreas: Berlin in Trümmern. Ernährungslage und medizinische Versorgung Berlins nach dem II. Weltkrieg, Berlin 1999.

Dittmann, Frank: Technik versus Konflikt. Datennetze durchdringen den Eisernen Vorhang, in: Osteuropa 10 (2009), S. 101–119.

Dittmann, Frank/Seising, Rudolf (Hg.): Kybernetik steckt den Osten an. Aufstieg und Schwierigkeiten einer interdisziplinären Wissenschaft in der DDR, Berlin 2007.

Ditzen, Stefan: Kunstformen instrumenteller Sichtbarkeit. Etappen einer Bildgeschichte des Mikroskops, Aachen 2008.

Döll, Hermann K.A.: Philosoph in Haar. Tagebuch über mein Vierteljahr in einer Irrenanstalt, Frankfurt am Main 1981.

Döring, Daniela: Zeugende Zahlen. Mittelmaß und Durchschnittstypen in Proportion, Statistik und Konfektion des 19. Jahrhunderts, Berlin 2009.

Dolezel, Eva: »Lehrreiche Unterhaltung« oder »Wissenschaftliche Hülfsmittel«? Die Berliner Kunstkammer um 1800. Eine Sammlung am Schnittpunkt zweier musealer Konzepte, in: Jahrbuch der Berliner Museen 46 (2004), N.F., S. 147–160.

Dost, Friedrich Hartmut: Geschichte der Universitäts-Kinderklinik der Charité zu Berlin. Bis zum 250. Jahre des Bestehens des Charité-Krankenhauses, Gießen 1960.

Droysen, Johann Gustav: Grundriß der Historik in der ersten handschriftlichen (1857/58) und in der letzten gedruckten Fassung (1882), in: ders.: Historik, hg. von Peter Ley, Bd. 1, Stuttgart 1977.

Du Bois-Reymond, Emil: Untersuchungen über thierische Elektricität, Berlin 1848–1884.

Du Bois-Reymond, Emil: Über die Grenzen des Naturerkennens, Leipzig 1916.

Ebert, Hans/Rupieper, Hermann-J.: Technische Wissenschaft und nationalsozialistische Rüstungspolitik. Die Wehrtechnische Fakultät der TH Berlin, in: Reinhard Rürup (Hg.): Wissenschaft und Gesellschaft. Beiträge zur Geschichte der Technischen Universität Berlin 1879–1979, Berlin u.a. 1979, S. 469–471.

Eckart, Wolfgang U.: Friedrich Althoff und die Medizin, in: Bernhard vom Brocke (Hg.): Wissenschaftsgeschichte und Wissenschaftspolitik im Industriezeitalter. Das »System Althoff« in historischer Perspektive, Hildesheim 1991, S. 375–404.

Eckart, Wolfgang U.: Medizin und Kolonialimperialismus. Deutschland 1884–1945, Paderborn 1997.

Eckart, Wolfgang: »Der Welt zeigen, daß Deutschland erwacht ist …«. Ernst Ferdinand Sauerbruch (1875–1951) und die Charité-Chirurgie 1933 bis 1945, in: Sabine Schleiermacher/Udo Schagen (Hg.): Die Charité im Dritten Reich. Zur Dienstbarkeit medizinischer Wissenschaft im Nationalsozialismus, Paderborn 2008, S. 189–206.

Eckart, Wolfgang U.: Die Kolonie als Laboratorium. Schlafkrankheitsbekämpfung und Humanexperimente in den deutschen Kolonien Togo und Kamerun, 1908–1914, in: Birgit Griesecke/Markus Krause/Nicolas Pethes (Hg.): Kulturgeschichte des Menschenversuchs im 20. Jahrhundert, Frankfurt am Main 2009, S. 199–227.

Eckert, Michael: Euler and the Fountains of Sanssouci, in: Archive for History of Exact Sciences 56 (2002), S. 451–468.

Eckert, Michael: Wie entstehen Wirbel? Strömungsforscher im Streit um Theorie und Wirklichkeit, in: Kultur & Technik 2 (2006), S. 48–54.

Eckert, Michael: Water-art problems at Sans-souci. Euler's involvement in practical hydrodynamics on the eve of ideal flow theory, in: Physica D 237 (2008), S. 1870–1877.

Eelsalu, Heino/Herrmann, Dieter B.: Johann Heinrich Mädler (1794–1874). Eine dokumentarische Biographie, Berlin 1985.

Effinger, Maria/Zimmermann, Karin (Hg.) Löwen, Liebstöckel und Lügensteine. Illustrierte Naturbücher seit Konrad von Megenberg, Ausstellungskatalog, Heidelberg 2009.

Ehrenberg, Christian Gottfried: Die Korallentiere des roten Meeres, Berlin 1833.

Ehrenberg, Christian Gottfried: Die Infusionsthierchen als vollkommene Organismen. Ein Blick in das tiefere organische Leben der Natur, Leipzig 1838.

Ehrenberg, Christian Gottfried: Mikrogeologie. Das Erden und Felsen schaffende Wirken des unsichtbar kleinen selbständigen Lebens auf der Erde, Leipzig 1854.

Einstein, Albert: Akademie-Vorträge. Die Wiederabdrucke der Akademie-Vorträge Albert Einsteins, Berlin 1979.

Einstein, Albert: Meine Antwort, Ueber die Antirelativistische G.m.b.H. [1920], in: Siegfried Grundmann: Einsteins Akte – Einsteins Jahre in Deutschland aus der Sicht der deutschen Politik, Berlin 1998, S. 157.

Einstein, Carl: Negerplastik, Leipzig 1915.

Einstein, Carl: Afrikanische Plastik, Berlin 1922.

Eisfeld, Reiner: Mondsüchtig. Wernher von Braun und die Geburt der Raumfahrt aus dem Geist der Barbarei, Reinbek bei Hamburg 1996.

Elkeles, Barbara: Der »Tuberkulinrausch« von 1890, in: Deutsche Medizinische Wochenschrift 115 (1990), S. 1729–1732.

Elkeles, Barbara: Robert Koch (1843–1910), in: Dietrich von Engelhardt/Fritz Hartmann (Hg.): Klassiker der Medizin, Bd. 2, München 1991, S. 247–271.

Elkins, James: An den Grenzen des Darstellbaren. Bilder in der neueren astrophysikalischen Bildgebung, in: Ingeborg Reichle/Steffen Siegel (Hg.): Maßlose Bilder. Visuelle Ästhetik der Transgression, München 2009, S. 195–318.

Eller, Johann Theodor: Nützlich und auserlesene medicinische und chirurgische Anmerkungen so wohl von innerlichen als auch äusserlichen Kranckheiten, und bey selbigen zum Theil verrichteten Operationen, welche bishero in dem von Sr. Königl. Maj. in Preußen gestifteten großen Lazareth der Charité zu Berlin, vorgefallen. Nebst e. vorangegebenen kurtzen Beschreibung der Stiftung, Anwachs und jetzigen Beschaffenheit dieses Hauses, Berlin 1730.

Ellwanger, Jutta: Forscher im Bild, Bd. 1: Wissenschaftliche Mitglieder der Kaiser-Wilhelm-Gesellschaft zur Förderung der Wissenschaften, Berlin 1989.

Emerson, Robert/Lewis, Charlton M.: The Dependence of the Quantum Yield of Chlorella Photosynthesis on Wave Lenghth of Light, in: American Journal of Botany 30,3 (1943), S. 165–178.

Enderlein, Volkmar: Wilhelm von Bode und die Berliner Teppichsammlung, Berlin 1995.

Engel, Michael/Engel, Brita (Red.): Chemie und Chemiker in Berlin. Die Ära August Wilhelm Hofmann 1865–1892, Berlin 1992.

Engstrom, Eric J.: Disziplin, Polykratie und Chaos. Zur Wissens- und Verwaltungsökonomie der psychiatrischen und Nervenabteilung Charité, in: Jahrbuch für Universitätsgeschichte 3 (2000), S. 162–180.

Engstrom, Eric J./Hess, Volker: Zwischen Wissens- und Verwaltungsökonomie. Zur Geschichte des Berliner Charité-Krankenhauses im 19. Jahrhundert, in: Jahrbuch für Universitätsgeschichte 3 (2000), S. 7–19.

Ennenbach, Wilhelm: Sammlungsgeschichtliche Betrachtungen zu einigen Kupferstichen D. N. Chodowieckis. Mit einem Verzeichnis zeitgenössischer Sammlungen in Berlin, in: Neue Museumskunde 1 (1980), S. 51–60.

Erbe, Michael (Hg.): Berlinische Lebensbilder, Bd. 4: Geisteswissenschaftler, Berlin 1989.

Erbe, Michael: von Leibniz zu Einstein. Drei Jahrhunderte Wissenschaft in Berlin, Berlin 2010.

Erichsen, Johannes, Hoppe, Bernhard M. (Hg.): Peenemünde. Mythos und Geschichte der Rakete 1923–1989, Berlin 2004.

Esper, Eugen Johann: Die Pflanzenthiere in Abbildungen nach der Natur, Nürnberg 1791–1830.

Esser, Albert: Geschichte der Deutschen Ophthalmologischen Gesellschaft, München 1957.

Essner, Cornelia: Deutsche Afrikareisende im neunzehnten Jahrhundert. Zur Sozialgeschichte des Reisens, Stuttgart 1985.

Essner, Cornelia: Berlins Völkerkunde-Museum in der Kolonialära. Anmerkungen zum Verhältnis von Ethnologie und Kolonialismus in Deutschland, in: Hans J. Reichhardt (Hg.): Berlin in Geschichte und Gegenwart, Berlin 1986, S. 65–94.

Ette, Ottmar: Alexander von Humboldt, die Humboldtsche Wissenschaft und ihre Relevanz im Netzzeitalter, in: Humboldt im Netz VII,12 (2006), S. 31–39.

Ette, Ottmar: Alexander von Humboldt und die Globalisierung. Das Mobile des Wissens, Frankfurt am Main 2009.

Ette, Ottmar/Knobloch, Eberhard (Hg.): Humboldt im Netz. Internationale Zeitschrift für Humboldt-Studien. URL: http://www.uni-potsdam.de/u/romanistik/humboldt/hin/index.htm (Stand 06/2010).

Ette, Ottmar/Lubrich, Oliver: Die andere Reise durch das Universum. Nachwort, in: Alexander von Humboldt: Kosmos. Entwurf einer physischen Weltbeschreibung, hg. von Ottmar Ette/Oliver Lubrich, Frankfurt am Main 2004, S. 905–920.

Ette, Ottmar/ Lubrich, Oliver: Alexander von Humboldt. Über einen Versuch den Gipfel des Chimborazo zu besteigen, Frankfurt am Main 2006.

Euler, Leonhard: Opera Omnia, Serie 4A, Bd. 6, Basel 1986.

Falk, Johann Daniel: Denkwürdigkeiten der Berliner Charité aufs Jahr 1797 in alphabetischer Ordnung nebst e. Gegenstück zu Herrn Biesters Darstellung aus Acten, Weimar 1799.

Falkenberg, Brigitte/Huber, Renate: Die Welt als Maschine – eine Metapher, in: Spektrum der Wissenschaft Spezial 3: Ist das Universum ein Computer? (2007), S. 20–26.

Fangerau, Heiner: Das Standardwerk zur menschlichen Erblichkeitslehre und Rassenhygiene von Erwin Baur, Eugen Fischer und Fritz Lenz im Spiegel der zeitgenössischen Rezensionsliteratur 1921–1941, Bremen 2000.

Feiveson, Harold A.: »Faux Renaissance. Global Warming, Radioactive Waste Disposal, and the Nuclear Future«, in: Arms Control Today 37 (May 2007), S. 13–18.

Fejfer, Jane: Roman Portraits in Context, Berlin u.a. 2008.

Feynman, Michelle (Hg.): Perfectly Reasonable Deviations from the Beaten Track. The Letters of Richard P. Feynman, New York 2005.

Feynman, Richard P.: »Sie belieben wohl zu scherzen, Mr. Feynman!« Abenteuer eines neugierigen Physikers, München 1991.

Fichte, Johann Gottlieb: Werke, Bd. 6, Berlin 1845–1846.

Findlen, Paula: Possessing Nature. Museums, Collecting and Scientific Culture in Early Modern Italy, Berkeley u.a. 1994.

Fischbach, Elisabeth: Jetzt wächst zusammen … Eine Bibliothek überwindet die Teilung. Ausstellungskatalog, Berlin 1993.

Fischer, Manuela/Bolz, Peter/Kamel, Susan (Hg.): Adolf Bastian and His Universal Archive of Humanity. The Origins of German Anthropology, Hildesheim 2007.

Fischer, Martin S./Sattler, Felix: Diatomeen – Formensinn, Ausstellungskatalog, Gera 2009.

Fischer, Wolfram u.a. (Hg.): Exodus von Wissenschaften aus Berlin. Fragestellungen – Ergebnisse – Desiderate. Entwicklungen vor und nach 1933, Berlin 1994.

Fischer, Wolfram (Hg.): Die Preußische Akademie der Wissenschaften zu Berlin 1914–1945, Berlin 2000.

Fittschen, Klaus: Antik oder nicht-antik? Zum Problem der Echtheit römischer Bildnisse, in: Ursula Höckmann/Antje Krug (Hg.): Festschrift für Frank Brommer, Mainz 1977, S. 93–99.

Fittschen, Klaus/Zanker, Paul: Katalog der römischen Porträts in den Capitolinischen Museen und den anderen kommunalen Sammlungen der Stadt Rom, Bd. 1: Kaiser- und Prinzenbildnisse. Text, Mainz 1994.

Fittschen, Klaus: Prinzenbildnisse antoninischer Zeit, Mainz 1999.

Flachowsky, Sören: Die Bibliothek der Berliner Universität während der Zeit des Nationalsozialismus, Berlin 2000.

Flachowsky, Sören: Neuaufbau und Wiederbeginn. Der Wissenschaftsorganisator Johannes Stroux an der Berliner Universität 1945–47, in: Jahrbuch für Universitätsgeschichte 7 (2004), S. 191–214.

Flachowsky, Sören: Von der Notgemeinschaft zum Reichsforschungsrat. Wissenschaftspolitik im Kontext von Autarkie, Aufrüstung und Krieg, Stuttgart 2008.

Fleiter, Andreas: Die Kalkulation des Rückfalls. Zur kriminalistischen Konstruktion sozialer und individueller Risiken im langen 19. Jahrhundert, in: Désirée Schauz/Sabine Freitag (Hg.): Verbrecher im Visier der Experten. Kriminalpolitik zwischen Wissenschaft und Praxis im 19. und 20. Jahrhundert, Stuttgart 2007, S. 169–198.

Fless, Friederike/Moede, Katja/Stemmer, Klaus (Hg.): Schau mir in die Augen … Das antike Porträt, Berlin 2006.

Flierl, Thomas/Parzinger, Hermann: Humboldt-Forum Berlin. Das Projekt – Ortsbestimmung, in: dies. (Hg.): Humboldt-Forum Berlin – Das Projekt/The Project, Berlin 2009, S. 8f.

Florath, Bernd: Die europäische Union, in: Johannes Tuchel (Hg.): Der vergessene Widerstand. Zur Realgeschichte und Wahrnehmung des Kampfes gegen die NS-Diktatur, Göttingen 2005, S. 114–139.

Formey, Johann Ludwig: Versuch einer Medicinischen Topographie von Berlin, Berlin 1796.

Forster, Georg: Ein Blick in das Ganze der Natur, in: ders.: Kleine Schriften, hg. v. F. L. Huber, 3. Teil, Berlin 1794.

Forssmann, Werner: Die Sondierung des rechten Herzens, in: Klinische Wochenschrift 45 (1929), S. 2085–2088.

Forssmann, Werner: Selbstversuch. Erinnerungen eines Chirurgen [1972], Berlin 2009.

Friederici, Angelika: Lebendmasken aus Papua-Neuguinea, Berlin 2009.

Fuchs, Petra u.a. (Hg.): »Das Vergessen der Vernichtung ist Teil der Vernichtung selbst«. Die Lebensgeschichten von Opfern der nationalsozialistischen »Euthanasie«, Göttingen 2007.

Furtwängler, Adolf: Statue von der Akropolis, in: Mitteilungen des Deutschen Archäologischen Instituts. Athenische Abteilung 5 (1880), S. 20–42.

Gadebusch Bondio, Mariacarla: Die Rezeption der kriminalanthropologischen Theorien von Cesare Lombrosco in Deutschland von 1880–1914, Husum 1995.

Gaehtgens, Thomas W.: Die Berliner Museumsinsel im Deutschen Kaiserreich, München 1992.

Galassi, Silviana: Kriminologe im Deutschen Kaiserreich. Geschichte einer gebrochenen Verwissenschaftlichung, Stuttgart 2004.

Gamm, Gerhard: Der Deutsche Idealismus. Eine Einführung in die Philosophie von Fichte, Hegel und Schelling, Stuttgart 1997.

Gandert, Klaus-Dietrich: Vom Prinzenpalais zur Humboldt-Universität. Die historische Entwicklung des Universitätsgebäudes in Berlin mit seinen Gartenanlagen und Denkmälern, Berlin 1992.

Gasparri, Carlo: Sculture provenienti dalle terme di Caracalle e di Diocleziano, in: Rivista dell'Istituto Nazionale d'Archeologia e Storia dell'Arte 6–7 (1983–84), S. 133–141.

Gausemeier, Bernd: Natürliche Ordnungen und politische Allianzen. Biologische und biochemische Forschung an Kaiser Wilhelm Instituten, Göttingen 2005.

Gebhard, Gunther: Streitkulturen – eine Einleitung, in: ders. (Hg.): StreitKulturen. Polemische und antagonistische Konstellationen in Geschichte und Gegenwart, Bielefeld 2008, S. 11–34.

Geier, Manfred: Die Brüder Humboldt. Eine Biographie, Reinbek bei Hamburg 2009.

Generaldirektion der Stiftung Preußischer Schlösser und Gärten Berlin-Brandenburg (Hg.): Friedrich Wilhelm IV. Künstler und König, Potsdam 1995.

Gerbi, Antonello: The dispute of the new world. The history of a Polemic, 1750–1900, Pittsburgh 1973.

Gerhardt, Volker (Hg.): Eine angeschlagene These. Die 11. Feuerbach-These im Foyer der Humboldt-Universität zu Berlin, Berlin 1996.

Gerhardt, Volker: Die Macht im Recht – Ideologie und Politik nach dem 11. September 2001, in: MERKUR – Deutsche Zeitschrift für europäisches Denken, 57. Jahrgang (Juli 2003), S. 557–569.

Gerhardt, Volker: Exemplarisches Denken. Aufsätze aus dem Merkur, München 2009.

Gerhardt, Volker/Mehring, Reinhard/Rindert, Jana: Berliner Geist. Eine Geschichte der Berliner Universitätsphilosophie bis 1946, Berlin 1999.

Gerlach, Joseph: Die Photographie als Hülfsmittel mikroskopischer Forschung, Leipzig 1863.

Gesellschaft für interregionalen Kulturaustausch e.V.: Mit den Augen des Fremden. Adelbert von Chamisso – Dichter, Naturwissenschaftler, Weltreisender, Ausstellungskatalog, Berlin 2004.

Geyer, Christian (Hg.): Hirnforschung und Willensfreiheit. Zur Deutung der neuesten Experimente, Frankfurt am Main 2004.

Giersberg, Hans-Joachim: Der große Kurfürst. 1620–1688. Sammler, Bauherr, Mäzen, Berlin 1988.

Gill, Glenys/Klenke, Dagmar: Institute im Bild, Teil 1: Bauten der Kaiser-Wilhelm-Gesellschaft zur Förderung der Wissenschaften, Berlin 1993.

Giuliano, Antonio (Hg.): Museo nazionale romano, Abt. 1: Le sculture, Bd. 1: Sale di exposizione, Rom 1979.

Giuriato, David/Kammer, Stephan: Die graphische Dimension der Literatur? Zur Einleitung, in: dies. (Hg.): Bilder der Handschrift. Die graphische Dimension der Literatur, Basel u.a. 2006, S. 7–24.

Gladwell, Malcolm: Getting in. The social logic of Ivy League admissions, in: The New Yorker, 10. Oktober 2005.

Glaubrecht, Matthias/Rintelen, Thomas von: The species flocks of lacustrine gastropods. Tylomelania on Sulawesi as models in speciation and adaptive radiation, in: Proceedings of the »Speciation in Ancient Lakes IV«, Hydrobiologia 615 (2008), S. 181–199.

Göber, Willi/Herneck, Friedrich (Hg.): Forschen und Wirken. Festschrift zur 150-Jahr-Feier der Humboldt-Universität zu Berlin 1810–1960, 3 Bde., Berlin 1960.

Goenner, Hubert: Einstein in Berlin 1914–1933, München 2005.

Göppinger, Horst: Juristen jüdischer Abstammung im »Dritten Reich«. Entrechtung und Verfolgung, München 1990.

Gorsboth, Thomas/Wagner, Bernd: Die Unmöglichkeit der Therapie. Am Beispiel der Tuberkulose, in: Kursbuch 94: Die Seuche (1988), S. 123–146.

Goschler, Constantin (Hg.): Wissenschaft und Öffentlichkeit in Berlin. 1870–1930, Stuttgart 2000.

Goschler, Constantin: Rudolf Virchow. Mediziner – Anthropologe – Politiker, Köln u.a. 2002.

Gould, Stephen Jay: Der falsch vermessene Mensch, Frankfurt am Main 1999.

Gradmann, Christoph: Krankheit im Labor. Robert Koch und die medizinische Bakteriologie, Göttingen 2005. [a]

Gradmann, Christoph: Das Maß der Krankheit – das pathologische Tierexperiment in der medizinischen Bakteriologie Robert Kochs, in: Cornelius Borck u.a. (Hg.): Maß und Eigensinn. Studien im Anschluß an Georges Canguilhem, Paderborn 2005, S. 71–90. [b]

Gramelsberger, Gabriele: Computerexperimente. Zum Wandel der Wissenschaft im Zeitalter des Computers, Berlin 2010.

Grau, Conrad: Die Preußische Akademie der Wissenschaften zu Berlin. Eine deutsche Gelehrtengesellschaft in drei Jahrhunderten, Heidelberg u.a. 1993.

Graubner, Ingrid: Geschichte und Gedenkkultur an der Humboldt-Universität in der DDR. Gedanken aus der Sicht einer Beteiligten, in: Christoph Jahr (Hg.): Die Berliner Universität in der NS-Zeit, Bd. 1: Strukturen und Personen, Stuttgart 2005, S. 235–247.

Grier, David A.: When computers were human, Princeton 2007.

Griesecke/Marcus Krause/Nicolas Pethes/Katja Sabisch (Hg.): Kulturgeschichte des Menschenversuchs im 20. Jahrhundert, Frankfurt am Main 2009.

Griesinger, Wilhelm: Ueber Irrenanstalten und deren Weiter-Entwicklung in Deutschland, in: Archiv für Psychiatrie und Nervenkrankheiten 1,1 (1868), S. 8–43.

Grimm, Herman: Über Künstler und Kunstwerke 1 (Februar 1865).

Grimm, Herman: Die Umgestaltung der Universitätsvorlesungen über Neuere Kunstgeschichte durch die Anwendung des Skioptikons, in: ders.: Beiträge zur Deutschen Culturgeschichte, Berlin 1897, S. 276–395.

Grimm, Jacob und Wilhelm: Deutsches Wörterbuch, Bd. 1: A–Biermolke [1854], fotomechanischer Nachdruck der Erstausgabe, München 1991.

Groeben, Christine: Impact of Travels on Scientific Knowledge: Ralum (New Britain). A Research Station (1895–1897), in: Proceedings of the California Academy of Science 55 (2004), Suppl. II, S. 57–76.

Gröschel, Sepp-Gustav: Herrscherpanegyrik in Lorenz Begers Thesaurus Brandenburgicus selectus, in: Johannes Irmscher/Max Kunze (Hg.): Antike und Barock, Stendal 1989, S. 35–61.

Gross, Walter Hatto: Das römische Herrscherbild, Abt. 2, Bd. 2: Die Bildnisse Trajans, Berlin 1940.

Grün, Klaus-Jürgen: Arthur Schopenhauer, München 2000.

Grüntzig, Johannes W./Mehlhorn, Heinz: Expeditionen ins Reich der Seuchen. Medizinische Himmelfahrtskommandos der deutschen Kaiser- und Kolonialzeit, München 2005.

Grüttner, Michael: Studenten als nationalsozialistische Avantgarde 1928–1933, in: ders.: Studenten im Dritten Reich, Paderborn 1995, S. 19–61. [a]

Grüttner, Michael: Studenten im Dritten Reich, Paderborn 1995. [b]

Grüttner, Michael: Geschichte der Universität Unter den Linden 1810–2010. Biographie einer Institution, Bd. 2: 1918–1945, Berlin 2011 [im Druck].

Grüttner, Michael: Die Studentenschaft in Demokratie und Diktatur, in: ders: Geschichte der Universität Unter den Linden 1810–2010. Biographie einer Institution, Bd. 2: 1918–1945, Berlin 2011 [im Druck].

Grüttner, Michael: Nachkriegszeit, in: ders.: Geschichte der Universität Unter den Linden 1810–2010. Biographie einer Institution, Bd. 2: 1918–1945, Berlin 2011 [im Druck].

Grüttner, Michael/Kinas, Sven: Die Vertreibung von Wissenschaftlern aus den deutschen Universitäten 1933–1945, in: Vierteljahrshefte für Zeitgeschichte 1 (2007), S. 123–186.

Grützing, Johannes W./Mehlhorn, Heinz: Expeditionen ins Reich der Seuchen, Heidelberg 2005.

Grundmann, Siegfried: Einsteins Akte. Einsteins Jahre in Deutschland aus der Sicht der deutschen Politik, Berlin 1998.

Gumbrecht, Hans Ulrich: Diesseits der Hermeneutik. Die Produktion von Präsenz, Frankfurt am Main 2004.

Habrich, Christa: Zur Bedeutung von Sammlungen und Museen für die Wissenschafts- und Medizingeschichte, in: Deutsche Gesellschaft für Geschichte der Medizin, Naturwissenschaft und Technik e.V. (Hg.): Ideologie der Objekte – Objekte der Ideologie. Naturwissenschaft, Medizin und Technik in Museen des 20. Jahrhunderts, Kassel 1991, S. 15–30.

Hachtmann, Rüdiger: Berlin 1848. Eine Politik- und Gesellschaftsgeschichte der Revolution, Bonn 1997.

Hachtmann, Rüdiger: Wissenschaftsmanagement im »Dritten Reich«. Geschichte der Generalverwaltung der Kaiser-Wilhelm-Gesellschaft, 2 Bde., Göttingen 2007.

Hacking, Ian: Do Thought Experiments have a Life of Their Own?, in: Proceedings of the Biennal Meeting of the Philosophy of Science Association 2 (1992), S. 302–308.

Hacking, Ian: Einführung in die Philosophie der Naturwissenschaften, Stuttgart 1996.

Haeberle, Erwin J.: Einführung in: Magnus Hirschfeld: Die Homosexualität der Mannes und des Weibes [1914], Berlin u.a. 1984, S. 5–31.

Haemmerlein, Hans-Dietrich: Der Sohn des Vogelpastors. Szenen, Bilder, Dokumente aus dem Leben von Alfred Edmund Brehm, Berlin 1987.

Haff, Robert: Die »Urania« in Berlin, in: Daheim 25 (1888/89), S. 238.

Hagner, Michael: Homo cerebralis. Der Wandel vom Seelenorgan zum Gehirn, Berlin 1997.

Hagner, Michael: Geniale Gehirne. Zur Geschichte der Elitegehirnforschung, Göttingen 2004.

Hagner, Michael: Anthropologische Objekte. Die Wissenschaft vom Menschen im Museum, in: Anke te Heesen/Petra Lutz (Hg.): Dingwelten. Das Museum als Erkenntnisort, Köln 2005, S. 171–186.

Hagner, Michael: Der Geist bei der Arbeit. Historische Untersuchungen zur Hirnforschung, Göttingen 2006.

Hagner, Michael: Das Hirnbild als Marke, in: Bild-welten des Wissens 6,1: Ikonografie des Gehirns (2008), S. 43–51.

Hahlbrock, Peter (Hg.): Alexander von Humboldt und seine Welt 1769–1859, Berlin 1969.

Hall, Alfred Rupert: Philosophers at War. The Quarrel between Newton and Leibniz, Cambridge 1980.

Hamel, Jürgen: Die Entdeckung des Planeten Neptun an Enckes 55. Geburtstag. Vorgeschichte, Ablauf und Wirkung einer »geplanten« Entdeckung, in: Die Sterne. Zeitschrift für alle Gebiete der Himmels-kunde 68,3 (1992), S. 161–174.

Hamel, Jürgen: Geschichte der Astronomie, Stuttgart 2002.

Hamel, Jürgen/Knobloch, Eberhard/Pieper, Herbert (Hg.): Alexander von Humboldt in Berlin. Sein Einfluß auf die Entwicklung der Wissenschaften, München 2003.

Hamel, Jürgen/Tiemann, Klaus-Harro: Vorwort, in: Alexander von Humboldt: Die Kosmos-Vorträge 1827/28 in der Berliner Singakademie, Frankfurt am Main 2004, S. 11–36.

Hammerstein, Notker: Die Deutsche Forschungsge-meinschaft in der Weimarer Republik und im Dritten Reich. Wissenschaftspolitik in Republik und Diktatur 1920–1945, München 1999.

Hampe, Oliver: Seltsame Wesen oder Fiktionen? Die Entdeckung des Urwals *Basilosaurus cetoides* und das Schnabeltier, in: Horst Bredekamp/Jochen Brü-ning/Cornelia Weber (Hg.): Theatrum naturae et artis – Theater der Natur und Kunst. Wunderkammern des Wissens, Ausstellungskatalog, Berlin 2000, S. 142f.

Hanf, Georg: Berufsausbildung unter dem Einfluss der Rationalität. Industrielle Psychotechnik und die Konstruktion des Facharbeiters, in: Tilmann Budden-sieg u.a. (Hg.): Wissenschaften in Berlin, Bd. 3: Gedanken, Ausstellungskatalog, Berlin 1987, S. 159–162.

Hanisch, Ludmila: Gelehrtenselbstverständnis. Wissenschaftliche Rationalität und Politische »Emotionen«, in: Die Welt des Islams 32 (1992), S. 107–123.

Hanisch, Ludmila: Die Nachfolger der Exegeten. Deutschsprachige Erforschung des Vorderen Orients in der ersten Hälfte des 20. Jahrhunderts, Wiesba-den 2003.

Hansen, Reimer/Ribbe, Wolfgang (Hg.): Geschichts-wissenschaft in Berlin im 19. und 20. Jahrhundert, Berlin 1992.

Harder, Hans-Bernd/Kaufmann, Ekkehard (Hg.): 200 Jahre Brüder Grimm. Die Brüder Grimm in ihrer amtlichen und politischen Tätigkeit, Bd. 3, Teil 1, Kassel 1985.

Harig, Georg: Zur Stellung und Leistung jüdische Wissenschaftler an der Berliner Medizinischen Fakul-tät, in: Charité-Annalen 8 (1989), S. 213–225.

Harnack, Adolf von: Das Apostolische Glaubensbe-kenntnis – ein geschichtlicher Bericht nebst einem Nachwort, Berlin 1892.

Harnack, Adolf von: Geschichte der Königlich Preussischen Akademie der Wissenschaften zu Berlin, Berlin 1900.

Hardtwig, Wolfgang: Die Preußische Akademie der Wissenschaften in der Weimarer Republik, in: Wolf-ram Fischer (Hg.): Die Preußische Akademie der Wissenschaften zu Berlin 1914–1945, Berlin 2000, S. 25–51.

Hartke, Werner/Maskolat, Henny (Hg.): Wilhelm von Humboldt, 1767–1967. Erbe – Gegenwart – Zukunft. Beiträge vorgelegt von der Humboldt-Universität zu Berlin anläßlich der Feier des zweihundertsten Ge-burtstages ihres Gründers, Halle an der Saale 1967.

Hartkopf, Werner/Wangermann, Gert: Dokumente zur Geschichte der Berliner Akademie der Wissen-schaften von 1700 bis 1990, Heidelberg u.a. 1991.

Hartkopf, Werner: Die Berliner Akademie der Wis-senschaften. Ihre Mitglieder und Preisträger 1700–1990, Berlin 1992.

Hartung, Olaf: Kleine deutsche Museumsgeschichte. Von der Aufklärung bis zum frühen 20. Jahrhundert, Köln 2010.

Hashagen, Ulf: Die Rechenmaschine »Gauß« – eine gescheiterte Innovation?, in: ders./Oskar Blum-tritt/Helmuth Trischler (Hg.): Circa 1903. Wissen-schaftliche und technische Artefakte in der Grün-dungszeit des Deutschen Museums, München 2003, S. 371–398.

Hasner, Joseph von: Analekten. Allgemeine Physio-logie und Pathologie, in: Vierteljahresschrift für die Praktische Heilkunde 3,2 (1852), S. 1–4.

Hauffe, Friederike/Klös, Heinz-Georg: Der Tierillu-strator Gustav Mützel, in: Bongo. Beiträge zur Tier-gärtnerei und Jahresberichte aus dem Zoo Berlin 26 (1996), S. 29–46.

Hauke, Petra: Bibliographie zur Geschichte der Kaiser-Wilhelm-/Max-Planck-Gesellschaft zur Förde-rung der Wissenschaften (1911–1994), Teilbände I–III, Berlin 1994.

Hausmann, Ulrich: Römerbildnisse, Stuttgart 1975.

Havemann, Robert: Fragen, Antworten, Fragen. Aus der Biographie eines deutschen Marxisten, München 1970.

Havemann, Robert: Rückantworten an die Hauptver-waltung »Ewige Wahrheiten«, München 1971.

Havemann, Robert: Warum ich Stalinist war und Anti-stalinist wurde. Texte eines Unbequemen, Berlin 1990.

Havemann, Robert: Dokumente eines Lebens, Berlin 1991.

Hecht, Arno (Hg.): Enttäuschte Hoffnungen. Autobio-grafische Berichte abgewickelter Wissenschaftler aus dem Osten Deutschlands, Berlin 2008.

Hecht, Hartmut (Hg.): Pierre Louis Moreau de Mau-pertuis. Eine Bilanz nach 300 Jahren, Berlin 1999.

Heim, Susanne (Hg.): Autarkie und Ostexpansion. Pflanzenzucht und Agrarforschung im Nationalsozia-lismus, Göttingen 2002.

Heim, Susanne: Kalorien, Kautschuk, Karrieren. Pflanzenzüchtung und landwirtschaftliche Forschung in Kaiser-Wilhelm-Instituten 1933–1945, Göttingen 2003.

Hein, Dieter: Die Revolution von 1848/49, München 2007.

Heine, Peter: C. Snouck Hurgronje versus C. H. Becker. Ein Beitrag zur Geschichte der angewandten Orientalistik, in: Die Welt des Islams 23/24 (1984), S. 376–387.

Heinemann, Isabel: Wissenschaft und Homogenisie-rungsplanungen für Osteuropa. Konrad Meyer, der »Generalplan Ost« und die DFG, in: Patrick Wag-ner/Isabel Heinemann (Hg.): Wissenschaft, Planung, Vertreibung. Neuordnungskonzepte und Umsied-lungspolitik im 20. Jahrhundert, Stuttgart 2006, S. 45–72.

Heinrich, Gerd (Hg.): Berlinische Lebensbilder, Bd. 5: Theologen, Berlin 1990.

Heinrich, Klaus: Erinnerung an das Problem einer freien Universität (1967), in: ders.: Vernunft und Mythos. Ausgewählte Texte, Frankfurt am Main 1983, S. 64–79.

Heinze, Martin (Hg.): Willensfreiheit – eine Illusion? Naturalismus und Psychiatrie, Berlin 2005.

Held, Wilhelm (Hg.): Geschichte der Zusammenarbeit der Rechenzentren in Forschung und Lehre. Vom Anfang des Informationszeitalters in Deutschland, vom Betrieb der ersten Rechner bis zur heutigen Kommunikation und Informationsverarbeitung, Münster 2009.

Helmcke, Johann-Gerhard: Diatomeen – morphoge-netische Analyse und Merkmalssynthese an Diato-meenschalen (ein Versuch), in: Klaus Bach/Berthold Burkhardt: Diatomeen 1. Schalen in Natur und Tech-nik, Stuttgart 1985, S. 10–207.

Helmcke, Johann-Gerhard: Biologie und Bauen – Chronologische Entwicklung, in: Klaus Bach/Bert-hold Burkhardt: Diatomeen 1. Schalen in Natur und Technik, Stuttgart 1985, S. 320f.

Helmholtz, Hermann: Handbuch der physiologischen Optik, Leipzig 1867.

Helmholtz, Hermann von: »Rede«, in: Ansprachen und Reden gehalten bei der am 2. November 1891 zu Ehren von Hermann von Helmholtz veranstalteten Feier, Berlin 1892, S. 46–59.

Hemmerle, Oliver Benjamin: Erinnerungskultur und -stätten an deutschen Hochschulen nach 1945, in: Karen Bayer (Hg.): Universitäten und Hochschulen im Nationalsozialismus und in der frühen Nachkriegszeit, Stuttgart 2004, S. 271–285.

Hennes, Michael: Der neue militärisch-industrielle Komplex in den USA, in: Aus Politik und Zeitgeschichte 46 (2003), S. 41–46.

Hennig, Jochen: Bildtradition und Differenz. Visuelle Erkenntnisgewinnung in der Wissenschaft am Beispiel der Rastertunnelmikroskopie, in: Horst Bredekamp/Birgit Schneider/Vera Dünkel (Hg.): Das Technische Bild. Kompendium zu einer Stilgeschichte wissenschaftlicher Bilder, Berlin 2008, S. 86–95.

Hennigsen, Bernd (Hg.): Humboldts Zukunft. Das Projekt Reformuniversität, Berlin 2007.

Henning, Eckart: Beiträge zur Wissenschaftsgeschichte Dahlems, Berlin 2004.

Henning, Eckart/Kazemi, Marion: Chronik der Kaiser-Wilhelm-Gesellschaft zur Förderung der Wissenschaften, Berlin 1988.

Henning, Eckart/Kazemi, Marion: Chronik der Max-Planck-Gesellschaft zur Förderung der Wissenschaften unter der Präsidentschaft Otto Hahns (1946–1960), Berlin 1992.

Henning, Eckart/Kazemi, Marion: Dahlem – Domäne der Wissenschaft. Ein Spaziergang zu den Berliner Instituten der Kaiser-Wilhelm-/Max-Planck-Gesellschaft im »deutschen Oxford«, Berlin 2002.

Herbst, Klaus-Dieter: Astronomie um 1700. Kommentierte Edition des Briefes von Gottfried Kirch an Olaus Rümer vom 25. Oktober 1703, Thun u.a. 1999.

Herbst, Klaus Dieter: Die astronomischen Instrumente von Gottfried Kirch, in: Jürgen Hamel (Hg.): Der Meister und die Fernrohre. Das Wechselspiel zwischen Astronomie und Optik in der Geschichte. Festschrift zum 85. Geburtstag von Rolf Riekher, Frankfurt am Main 2007, S. 203–228.

Hermann, Armin: Max Planck (1858–1947), in: Karl von Meyenn (Hg.): Die großen Physiker. Von Maxwell bis Gell-Mann, München 1997, S. 143–159.

Herrmann, Dieter B.: Sterne über Treptow. Die Geschichte der Archenhold-Sternwarte, Berlin 1987.

Herrmann, Dieter B./Hoffmann, Karl-Friedrich (Hg.): Die Geschichte der Astronomie in Berlin, Berlin 1998.

Herrmann, Ferdinand: Beiträge zur afrikanischen Kunst, Berlin 1958.

Hermannstädter, Anita (Red.): Deutsche am Amazonas – Forscher oder Abenteurer? Expeditionen in Brasilien 1800–1914, Berlin 2002.

Herrn, Rainer: Magnus Hirschfelds Institut für Sexualwissenschaft und die Bücherverbrennung, in: Julius H. Schoeps/Werner Treß (Hg.): Verfemt und Verboten. Vorgeschichte und Folgen der Bücherverbrennungen 1933, Hildesheim u.a. 2010, S. 97–152.

Hertz, Deborah: Die jüdischen Salons im alten Berlin. 1780–1806, München 1995.

Hess, Volker: Messende Praktiken und Normalität, in: ders. (Hg.): Normierung der Gesundheit. Messende Verfahren der Medizin als kulturelle Praktik um 1999, Husum 1997, S. 7–16.

Hess, Volker: Messen und Zählen. Die Herstellung des normalen Menschen als Maß der Gesundheit, in: Berichte zur Wissenschaftsgeschichte 22 (1999), S. 266–280.

Hess, Volker: Der wohltemperierte Mensch. Wissenschaft und Alltag des Fiebermessens (1850–1900), Frankfurt am Main 2000.

Hess, Volker: Aufnahme, Belegung und Kurkostenerstattung. Fragmente einer Sozialgeschichte der Charité, in: Jahrbuch für Universitätsgeschichte 3 (2000), S. 218–226.

Hess, Volker: Medizin zwischen Sammeln und Experimentieren, in: Heinz-Elmar Tenorth (Hg.): Geschichte der Universität Unter den Linden 1810–2010, Bd. 4: Genese der Disziplinen. Die Konstitution der Universität, Berlin 2010, S. 489ff.

Heuvel, Gerd van den (Hg.): Leibniz in Berlin. Ausstellungskatalog, Berlin 1987.

Hilbert, David: Naturerkennen und Logik [1930], in: ders.: Gesammelte Abhandlungen, Bd. 3, Berlin 1935, S. 378–387.

Hillebrand, Franz: Zur Geschichte des Drehstroms, in: Elektrotechnische Zeitschrift 13 (1959), S. 409–421.

Hirsch, Max: Wissenschaftlicher Centralverein Humboldt-Akademie. Skizze ihrer Tätigkeit und Entwicklung 1878–1896, Berlin 1896.

Hirsch, Rahel: Über das Vorkommen von Stärkekörnern im Blut und im Urin, Zeitschrift für die experimentelle Pathologie und Therapie 3,2 (Juli 1906).

Hirschberg, Julius: Albrecht von Graefe, Leipzig 1906.

Hirschberg, Julius: Die Reform der Augenheilkunde, Berlin 1918.

Höxtermann, Ekkehard und Sucker, Ulrich: Otto Warburg. Reihe: Biographien hervorragender Naturwissenschaftler, Techniker und Mediziner, Leipzig 1989.

Hoff, Ralf von den: Horror and Amazement. Colossal Mythological Statue Groups and the New Rhetoric of Images in Late Second and Early Third Century in Rome, in: Barbara E. Borg (Hg.): Paideia. The World of the Second Sophistic, Berlin 2004, S. 105–129.

Hoffmann, Christhard: Juden und Judentum im Werk deutscher Althistoriker des 19. und 20. Jahrhunderts, Leiden 1988, S. 123–131.

Hoffmann, Christoph: Festhalten, Bereitstellen. Verfahren der Aufzeichnung, in: ders. (Hg.): Daten sicher. Schreiben und Zeichnen als Verfahren der Aufzeichnung, Zürich 2008, S. 7–20.

Hoffmann, Dieter: Naturwissenschaft und Technik und die Berliner Wissenschaftslandschaft um 1900, in: Werner Kroker (Hg.): Naturwissenschaften und Industrie um 1900. Vorträge der Jahrestagung der Georg-Agricola-Gesellschaft 1996 in Berlin, Bochum 1997, S. 57–72.

Hoffmann, Dieter: Einsteins Berlin. Auf den Spuren eines Genies, Weinheim 2006.

Hoffmann, Dieter (Hg.): Max Planck und die moderne Physik, Berlin 2010.

Hoffmann, Dieter/Lemmerich, Jost: 100 Jahre Quantentheorie, Berlin 2000.

Hoffmann, Dieter/Schreier, Wolfgang (Hg.): Werner von Siemens (1816–1892). Studien zu Leben und Werk, Braunschweig 1995.

Hoffmann, Jessica (Hg.): Geschichte der Freien Universität Berlin. Ereignisse – Orte – Personen, Berlin 2008.

Hoffmann, Petra: Weibliche Arbeitswelten in der Wissenschaft. Frauen an der Preußischen Akademie der Wissenschaften zu Berlin 1890–1945, Berlin 2010 [im Druck].

Hoffmann-Axthelm, Walter: Albrecht von Graefe – Mensch und Werk, in: Christian Hartmann (Hg.): Albrecht von Graefe: Berlin 1828–1870, Germering 1996, S. 23–36.

Hofter, Mathias René (Hg.): Kaiser Augustus und die verlorene Republik, Ausstellungskatalog, Berlin 1988.

Holdorff, Bernd/Winau, Rolf (Hg.): Geschichte der Neurologie in Berlin, New York 2001.

Holmes, Frederic L./Rheinberger, Hans-Jörg (Hg.): Reworking the Bench. Research Notebooks in the History of Science, Dordrecht 2003.

Holl, Frank (Hg.): Alexander von Humboldt. Netzwerke des Wissens, Ausstellungskatalog, Bonn 1999.

Holländer, Hans: Erkenntnis, Erfindung, Konstruktion. Studien zur Bildgeschichte von Naturwissenschaften und Technik vom 16. bis zum 19. Jahrhundert, Berlin 2000.

Hollender, Martin (Hg.): »Denn eine Staatsbibliothek ist, bitte sehr! kein Vergnügungsetablissemang.« Die Berliner Staatsbibliothek in der schönen Literatur, in Memoiren, Briefen und Bekenntnissen namhafter Zeitgenossen aus fünf Jahrhunderten, Berlin 2008.

Hoormann, Anne: Schwindel im Ganzfeld und Farb-Täuschung. Wahrnehmungsschwellen im Werk von James Turrell, in: Anne Hoormann und Karl Schawelka (Hg.): Who's Afraid of. Zum Stand der Farbforschung, Weimar 1998, S. 336–365.

Hoppe, Günter: Martin Heinrich Klaproth (1743–1817) als Mineralchemiker und Mineralsammler, in: Der Aufschluß. Zeitschrift für die Freunde der Mineralogie und Geologie 40 (1989), S. 201–214.

Hoppe, Günter: Martin Heinrich Klaproth (1743–1817). Zum 250. Geburtstag des bedeutenden Berliner Pharmazeuten und Chemikers, in: Mitteilungen des Vereins für die Geschichte Berlins 4 (1993), S. 190–197.

Hübner, Klaus: Eugen Goldstein und die frühe Verwertung der Röntgenschen Entdeckung in Berlin. Eugen Goldstein zum 150. Geburtstag, Berlin 2000.

Hülsbergen, Henrike (Hg.): Berlinische Lebensbilder, Bd. 9: Stadtbild und Frauenleben. Berlin im Spiegel von 16 Frauenporträts, Berlin 1997.

Hufeland, Christoph Wilhelm: Hufelands Ideen über die neu zu errichtende Universität zu Berlin und ihre Verbindung mit der Akademie der Wissenschaften und anderen Instituten, in: Max Lenz (Hg.): Geschichte der Königlichen Friedrich-Wilhelms-Universität zu Berlin, Halle an der Saale 1910, S. 75–88.

Hulverscheidt, Marion/Laukötter, Anna (Hg.): Infektion und Institution. Zur Wissenschaftsgeschichte des Robert Koch-Instituts im Nationalsozialismus, Göttingen 2009.

Humboldt, Alexander von: Reise in die Äquinoktial-Gegenden des Neuen Kontinents, Bd. 1, Frankfurt am Main 1991.

Humboldt, Alexander von: Briefe aus Amerika 1799–1804, hg. von Ulrike Moheit, Berlin 1993.

Humboldt, Alexander von: Kosmos. Entwurf einer physischen Weltbeschreibung, hg. von Ottmar Ette/Oliver Lubrich, Frankfurt am Main 2004.

Humboldt, Alexander von: Amerikanische Reise, rekonstruiert und kommentiert von Hanno Beck, Wiesbaden 2009.

Humboldt, Alexander von: Reise durchs Baltikum nach Russland und Sibirien 1829, rekonstruiert und kommentiert von Hanno Beck, Wiesbaden 2009.

Humboldt, Alexander von: Vues des Cordillères et Monuments des Peuples Indigènes de l'Amérique, Paris 1810–1813.

Humboldt, Wilhelm von: Über die innere und äußere Organisation der höheren wissenschaftlichen Anstalten in Berlin (1809/10), in: Preußische Akademie der Wissenschaften (Hg.): Wilhelm von Humboldts gesammelte Schriften, Abt. 2: Politische Denkschriften, Bd. 10: Bruno Gebhardt (Hg.): 1802–1810, Berlin 1903, S. 250–260.

Humboldt, Wilhelm von: »Über die innere und äußere Organisation der höheren wissenschaftlichen Anstalten in Berlin«, in: ders.: Werke in fünf Bänden, hg. von Andreas Flitner/Klaus Giel, Bd. 4, Darmstadt 1981, S. 255–266.

Humboldt, Wilhelm von: Über die innere und äußere Organisation der höheren wissenschaftlichen Anstalten in Berlin, in: ders.: Gelegentliche Gedanken über die Universitäten, hg. von Ernst Müller, Leipzig 1990, S. 273–283.

Humboldt, Wilhelm von: Antrag auf Errichtung der Universität Berlin, 24. Juli 1809, in: ders.: Werke in fünf Bänden, hg. von Andreas Flitner/Klaus Giel, Bd. 4, Darmstadt 1981, S. 113–120.

Humboldt, Wilhelm von: Über die Verschiedenheit des menschlichen Sprachbaues und ihren Einfluß auf die geistige Entwicklung des Menschengeschlechts [1836], hg. von Donatella Di Cesare, Paderborn 1998.

Huylebrouck, Dirk: The Bone that began the Space Odyssey: in: The Mathematical Intelligencer 18 (1996), S. 56–60.

Illiger, Johann Karl Wilhelm: Prodromus systematis mammalium et avium. Additis terminis zoographicis utriusque classis, eorumque versione germanica, Berlin 1811.

Index lectionum quae auspiciis Regis Augustissimi Friderici Guilelmi Tertii in Universitate Litteraria Berolini constituta per semester hibernum […] [erstes Vorlesungsverzeichnis der Berliner Universität], Berlin 1810.

Institut für Wissenschaftliche Veröffentlichungen (Hg.): 200 Jahre Humboldt-Universität Berlin – 300 Jahre Charité, Berlin [2009].

Irmscher, Waltraud (Hg.): Beiträge zur Arbeit der Universitätsbibliothek Berlin in Vergangenheit und Gegenwart, Berlin 1980.

Jacob, François: Die Maus, die Fliege und der Mensch, Berlin 1998.

Jäckel, Gerhard: Die Charité. Die Geschichte eines Weltzentrums der Medizin, Bayreuth 1986.

Jahn, Ilse: Biologische Fragestellungen in der Epoche der Aufklärung (18. Jh.), in: dies. (Hg.): Geschichte der Biologie, Hamburg 2004, S. 231–273.

Jahn, Ilse/Lange, Fritz G. (Hg.): Die Jugendbriefe Alexander von Humboldts 1787–1799, Berlin 1973.

Jahn, Regine/Landsberg, Hannelore: Christian Gottfried Ehrenberg. Entdeckung der Biodiversität im Mikro-Kosmos, in: Horst Bredekamp/Jochen Brüning/Cornelia Weber (Hg.): Theatrum naturae et artis – Theater der Natur und Kunst. Wunderkammern des Wissens, Ausstellungskatalog, Berlin 2000, S. 219–225.

Jahr, Christoph: »Das ›Führen‹ ist ein sehr schwieriges Ding«. Anspruch und Wirklichkeit der »Führeruniversität« in Berlin 1933–1945, in: Christoph Jahr (Hg.): Die Berliner Universität in der NS-Zeit, Bd. 1: Strukturen und Personen, Stuttgart 2005, S. 17–36.

Jarausch, Konrad H.: Deutsche Studenten 1800–1970, Frankfurt am Main 1984.

Jarausch, Konrad H.: Die Vertreibung der jüdischen Studenten und Professoren von der Berliner Universität unter dem NS-Regime. Vortrag, 15. Juni 1993.

Jarausch, Konrad H.: Die Vertreibung der jüdischen Studenten und Professoren von der Berliner Universität unter dem NS-Regime, in: Jahrbuch für Universitätsgeschichte 1 (1998), S. 112–133.

Jarausch, Konrad H.: Gebrochene Tradition. Wandlungen des Selbstverständnisses der Berliner Universität, in: Jahrbuch für Universitätsgeschichte 2 (1999), S. 121–135.

Jarausch, Konrad H.: Säuberung oder Erneuerung? Zur Transformation der Humboldt-Universität 1985–2000, in: Michael Grüttner/Rüdiger Hachtmann/Konrad H. Jarausch/Jürgen John/Matthias Middell (Hg.): Gebrochene Wissenschaftskulturen. Universität und Politik im 20. Jahrhundert, Göttingen 2010, S. 327–352.

Jarausch, Konrad H./Middell, Matthias/Vogt, Annette: Geschichte der Universität Unter den Linden 1810–2010. Biographie einer Institution, Bd. 3: Von 1945 bis zur Gegenwart, Berlin 2011 [im Druck].

Jeremias, Alfred: Im Kampfe um Babel und Bibel. Ein Wort zur Verständigung und Abwehr, Leipzig 1903.

Jessen, Ralph: Akademische Elite und kommunistische Diktatur. Die Ostdeutsche Hochschullehrerschaft in der Ulbricht-Ära, Göttingen 1999.

Jessen, Ralp/John, Jürgen (Hg.): Wissenschaft und Universitäten im geteilten Deutschland der 1960er Jahre, in: Jahrbuch für Universitätsgeschichte 8 (2005), Stuttgart 2005, S. 7–24.

Joachimides, Alexis u.a. (Hg.): Museumsinszenierungen. Zur Geschichte der Institution des Kunstmuseums. Die Berliner Museumslandschaft 1830–1990, Dresden 1995.

Jobst, Anne: Humboldt und sein »sibirischer Reisecumpan«. Der Briefwechsel zwischen Christian Gottfried Ehrenberg und Alexander von Humboldt, in: Hartmut von Hecht/Regina Mikosch/Ingo Schwarz/Harald Siebert/Romy Werther (Hg.): Kosmos und Zahl. Beiträge zur Mathematik- und Astronomiegeschichte, zu Alexander von Humboldt und Leibniz, Stuttgart 2008, S. 201–212.

Johanning, Klaus: Der Bibel-Babel-Streit, Frankfurt am Main 1988.

Johansen, Flemming: Roman Portraits. Catalogue Ny Carlsberg Glyptotek, 2 Bde., Kopenhagen 1994–1995.

John, Otto: Falsch und zu spät. Der 20. Juli 1944, München u.a. 1984.

Jordan, Carlo: Kaderschmiede Humboldt-Universität zu Berlin. Aufbegehren, Säuberungen und Militarisierung 1945–1989, Berlin 2001.

Junker, Thomas: Charles Darwin und die Evolutionstheorien des 19. Jahrhunderts, in: Ilse Jahn (Hg.): Geschichte der Biologie, Hamburg 2004, S. 356–385.

Justi, Ludwig: Habemus papam! – Bemerkungen zu Schefflers Bannbulle »Berliner Museumskrieg«, Berlin 1921.

Kähler, Dörte: Der Nobelpreisträger Emil Fischer in Berlin. Eine Erkundungsreise, Berlin 2009.

Kaindl, Klaus B./Friemel, Berthold (Red.): Die Brüder Grimm in Berlin. Bilder, Studien, Dokumente, Ausstellungskatalog, Berlin 2004.

Kant, Immanuel: Kritik der Urteilskraft, Berlin 1793.

Kantzenbach, Friedrich Wilhelm: Friedrich Daniel Ernst Schleiermacher in Selbstzeugnissen und Bilddokumenten, Reinbek bei Hamburg 1967.

Käppner, Joachim: Erstarrte Geschichte. Faschismus und Holocaust im Spiegel der Geschichtswissenschaft und Geschichtspropaganda der DDR, Hamburg 1999.

Karabel, Jerome: The Chosen. The Hidden History of Admission and Exclusion at Harvard, Yale and Princeton, Boston 2005.

Karakasi, Katarina: Archaische Koren, München 2001.

Karlsch, Rainer: Hitlers Bombe. Die geheime Geschichte der deutschen Kernwaffenversuche, München 2005.

Karlsch, Rainer/Petermann, Heiko (Hg.): Für und Wider ›Hitlers Bombe‹. Studien zur Atomforschung in Deutschland, Münster u.a. 2007.

Kaschuba, Wolfgang: Humboldt-Forum: Europa und der Rest der Welt?, in: Thomas Flierl/Hermann Parzinger (Hg.): Humboldt-Forum Berlin – Das Projekt/The Project, Berlin 2009, S. 144–146.

Kaufmann, Doris (Hg.): Geschichte der Kaiser-Wilhelm-Gesellschaft im Nationalsozialismus. Bestandsaufnahme und Perspektiven der Forschung, 2 Bde., Göttingen 2000.

Kaufmann, Stefan H. E.: Wächst die Seuchengefahr? Globale Epidemien und Armut. Strategien zur Seucheneindämmung in einer vernetzten Welt, Frankfurt am Main 2008.

Kazemi, Marion: Nobelpreisträger in der Kaiser-Wilhelm-/Max-Planck-Gesellschaft zur Förderung der Wissenschaften, Berlin 2006.

Keilson-Lauritz, Marita: Magnus Hirschfeld und seine Gäste. Das Exilgästebuch 1933–1935, in: Elke-Vera Kotowski/Julius H. Schoeps (Hg.): Der Sexualreformer Magnus Hirschfeld, Berlin 2004.

Keller, Evelyn Fox: Das Jahrhundert des Gens, Frankfurt am Main 2001.

Kelm, Antje: Der Blaue Tod. Die Cholera in Hamburg 1892, Ausstellungskatalog, Hamburg 1992.

Kemp, Martin: Bilderwissen. Die Anschaulichkeit naturwissenschaftlicher Phänomene, Köln 2003.

Ketelsen, Thomas: Künstlerviten, Inventare, Kataloge. Drei Studien zur Geschichte der kunsthistorischen Praxis, Ammersbek bei Hamburg 1990.

Kettenmann, Helmut/Zaun, Jörg/Korthals, Stefanie (Hg.): Unsichtbar – Sichtbar – Durchschaut. Das Mikroskop als Werkzeug des Lebenswissenschaftlers, Berlin 2001.

Keune, Angelika: Gelehrtenbildnisse der Humboldt-Universität zu Berlin. Denkmäler, Büsten, Reliefs, Gedenktafeln, Gemälde, Zeichnungen, Graphiken, Medaillen, Berlin 2000.

Kilias, Rudolf/Freydank, Wolfgang: Das Museum für Naturkunde in Berlin. Eine Forschungs-, Lehr- und Bildungsstätte der Humboldt-Universität, Berlin 1984.

Kinzig, Wolfram: Harnack, Marcion und das Judentum. Nebst einer kommentierten Edition des Briefwechsels Adolf von Harnacks mit Houston Stewart Chamberlain, Leipzig 2004, S. 85–152.

Kirsten, Christa/Treder, Hans-Jürgen (Hg.): Albert Einstein in Berlin 1913–1933, 2 Bde., Berlin 1979.

Klaproth, Martin Heinrich: Beiträge zur chemischen Kenntniss der Mineralkörper, Bd. 1, Posen u.a. 1795.

Klaproth, Martin Heinrich: Beiträge zur chemischen Kenntniss der Mineralkörper, Bd. 6, Berlin u.a. 1798.

Klaproth, Martin Heinrich: Beiträge zur chemischen Kenntniss der Mineralkörper, Bd. 6, Posen u.a. 1815.

Klapsia, Heinrich: Von Kunstkammer-Inventaren. Versuch einer quellenkritischen Grundlegung, in: Mitteilungen des österreichischen Instituts für Geschichtsforschung 49 (1935), S. 444–455.

Klatt, Werner: Hermann Gunkel. Zu seiner Theologie der Religionsgeschichte und zur Entstehung der formgeschichtlichen Methode, Göttingen 1969.

Klein, Helmut (Hg.): Humboldt-Universität zu Berlin, Überblick und Dokumente 1810–1985, 2 Bde., Berlin 1985.

Klein-Arendt, Reinhard: Die Funkstation Nauen bei Berlin, in: Ulrich van der Heyden/Joachim Zeller (Hg.): »… Macht und Anteil an der Weltherrschaft«. Berlin und der deutsche Kolonialismus, Münster 2005, S. 155–161.

Klette, Kathrin (Red.): Kommilitonen von 1933. Die Vertreibung von Studierenden der Berliner Universität, Begleitband zur Ausstellung des Projektseminars »Wissenschaft unter dem Hakenkreuz« im Foyer der Humboldt-Universität zu Berlin, Berlin 2002.

Klös, Heinz-Georg (Hg.): Der Berliner Zoo im Spiegel seiner Bauten, 1841–1989. Eine baugeschichtliche und denkmalpflegerische Dokumentation über den Zoologischen Garten Berlin, Berlin 1990.

Klös, Heinz-Georg/Fradrich, Hans/Klos, Ursula: Die Arche Noah an der Spree. 150 Jahre Zoologischer Garten Berlin. Eine tiergärtnerische Kulturgeschichte von 1844 bis 1994, Berlin 1994.

Klug, Andrea: Königliche Stelen in der Zeit von Ahmose bis Amenophis III, Turnhout 2002.

Knobloch, Eberhard: Unbekannte Studien von Leibniz zur Eliminations- und Explikationstheorie, in: Archive for History of Exact Sciences 12,2 (1974), S. 142–173.

Knobloch, Eberhard: Die Astronomie an der Sozietät der Wissenschaften, in: Studia Leibnitiana, Sonderheft 16 (1990), S. 231–240.

Knobloch, Eberhard: Mathematik an der Technischen Hochschule und der Technischen Universität Berlin. 1770–1988, Berlin 1998.

Knobloch, Eberhard: Die Wissenschaften an der Berliner Akademie im 18. Jahrhundert, in: Dina Emundts (Hg.): Immanuel Kant und die Berliner Aufklärung, Wiesbaden 2000, S. 30–39.

Knudsen, Hans: Theaterwissenschaft. Werden und Wertung einer Universitätsdisziplin, Berlin u.a. 1950.

Koch, Johann Friedrich Wilhelm (Hg.): Die Preussischen Universitäten. Eine Sammlung der Verordnungen welche die Verfassung und Verwaltung dieser Anstalten betreffen, Berlin 1839.

Koch, Robert, Verfahren zur Untersuchung, zum Conservieren und Photographieren der Bacterien, in: Beiträge zur Biologie der Pflanzen 2 (1877), S. 399–434.

Koch, Robert: Zur Untersuchung von pathogenen Organismen, in: Mitteilungen des kaiserlichen Gesundheitsamts 1 (1881), S. 1–48.

Koch-Grünberg, Theodor: Anfänge der Kunst im Urwald. Indianer Handzeichnungen auf seinen Reisen in Brasilien gesammelt von Dr. Theodor Koch-Grünberg, Berlin 1905.

Koch-Grünberg, Theodor: Zwei Jahre unter den Indianern. Reisen in Nordwest-Brasilien 1903/1905, 2 Bde., Berlin 1909/10.

Kocka, Jürgen (Hg.): Die Königlich Preußische Akademie der Wissenschaften zu Berlin im Kaiserreich, Berlin 1999.

Kocka, Jürgen (Hg.): Die Berliner Akademien der Wissenschaften im geteilten Deutschland 1945–1990, Berlin 2002.

Kocka, Jürgen/Mayntz, Rente (Hg.): Wissenschaft und Wiedervereinigung. Disziplinen im Umbruch, Berlin 1998.

Kocka, Jürgen/Weber, Corina/Bilavsky, Jörg von (Hg.): Wissenschaft und Wiedervereinigung. Bilanz und offene Fragen. Dokumentation des Symposiums im Rahmen des Wissenschaftsjahres »Forschungs-expedition Deutschland«, Berlin 2010.

Köhler, Henning: Die Neuere Geschichte am Fried-rich-Meinecke-Institut, in: Karol Kubicki/Siegward Lönnendonker (Hg.): Die Geschichtswissenschaften an der Freien Universität Berlin, Beiträge zur Wissen-schaftsgeschichte der Freien Universität Berlin, Göttingen 2008, S. 63–75.

König, Wolfgang: Künstler und Strichezieher. Konstruktions- und Technikkulturen im deutschen, britischen, amerikanischen und französischen Maschinenbau zwischen 1850 und 1930, Frankfurt am Main 1999.

König, Wolfgang: Wilhelm II. und die Moderne. Der Kaiser und die technisch-industrielle Welt, Paderborn 2007.

Köpke, Rudolf: Die Gründung der Königlichen Fried-rich-Wilhelms-Universität zu Berlin. Nebst Anhängen über die Geschichte der Institute und den Personal-bestand, Berlin 1860.

Kohn, Eckhardt: Sammler, in: Michael Opitz/Erdmut Wizisla (Hg.): Benjamins Begriff, Frankfurt am Main 2000, S. 695–725.

Koldewey: Das Ischtar-Tor von Babylon, Leipzig 1918.

Koldewey, Robert: Das wiedererstehende Babylon, München 1990.

Kornmeier, Uta: Taken from Life. Madame Tussaud und die Geschichte des Wachsfigurenkabinetts vom 17. bis frühen 20. Jahrhundert, Berlin 2002.

Kortum, Gerhard: »Die Strömung war schon 300 Jahre vor mir allen Fischerjungen von Chili bis Payta bekannt!«. Der Humboldt-Strom, in: Kunst- und Aus-stellungshalle der BRD (Hg.): Alexander von Hum-boldt. Netzwerke des Wissens, Bonn 1999, S. 98–100.

Koselleck, Reinhart: Preußen zwischen Reform und Revolution. Allgemeines Landrecht, Verwaltung und soziale Bewegung von 1791 bis 1848, München 1989.

Kotowski, Vera: Der Sexualreformer Magnus Hirsch-feld. Ein Leben im Spannungsfeld von Wissenschaft, Politik und Gesellschaft, Berlin 2004.

Krämer, Sybille: Wo also ist eine Spur? Und worin besteht ihre epistemologische Rolle? Eine Bestands-aufnahme, in: Sybille Krämer/Werner Kogge/Gernot Grube (Hg.): Spurenlesen als Orientierungstechnik und Wissenskunst, Frankfurt am Main 2007, S. 11–33.

Kraft, Alexander: Chemiker in Berlin. Andreas Sigis-mund Marggraf (1709–1782), in: Der Bär von Berlin. Jahrbuch des Vereins für die Geschichte Berlins 58 (2009), S. 9–30.

Kraus, Hans-Christof: Kultur, Bildung und Wissen-schaft im 19. Jahrhundert, München 2008.

Kraus, Hans-Joachim: Geschichte der historisch-kritischen Erforschung des Alten Testaments, Neu-kirchen 1956, S. 274–283.

Kraus, Michael: »… und wann ich endlich weiter-komme, das wissen die Götter …«. Theodor Koch-Grünberg und die Erforschung des oberen Rio Negro, in: Doris Kurella/Dietmar Neitzke (Hg.): Ama-zonasindianer. Lebensräume. Lebensrituale. Lebens-rechte, Stuttgart 2002, S.113–128.

Kraus, Michael: Bildungsbürger im Urwald. Die deutsche ethnologische Amazonienforschung (1884–1929), Marburg 2004.

Kreikenbom, Detlev: Bildwerke nach Polyklet. Kopienkritische Untersuchungen zu den männlichen statuarischen Typen nach polykletischen Vorbildern, Berlin 1990.

Kreikenbom, Detlev: Ein Torso im Winckelmann-Insti-tut der Humboldt-Universität, in: Detlef Rößler/Veit Stürmer (Hg.): Modus in rebus. Gedenkschrift für Wolfgang Schindler, Berlin 1995, S. 209–215.

Krieger, Karsten (Hg.): Der »Berliner Antisemitismus-streit« 1879–1881. Eine Kontroverse um die Zuge-hörigkeit der deutschen Juden zur Nation, kommen-tierte Quellenedition im Auftrag des Zentrums für Antisemitismusforschung, 2 Bde., München 2003.

Krietsch, Peter/Dietel, Manfred: Pathologisch-anato-misches Cabinet. Vom Virchow-Museum zum Berliner Medizinhistorischen Museum in der Charité, Berlin u.a. 1996.

Krönig, Waldemar/Müller, Klaus-Dieter: Nachkriegs-semester. Studium in Kriegs- und Nachkriegszeit, Stuttgart 1990.

Kroll, Frank-Lothar: Bildung und Wissenschaft im 20. Jahrhundert, München 2003.

Krüger, Lorenz (Hg.): Universalgenie Helmholtz. Rückblick nach 100 Jahren, Berlin 1994.

Kubicki, Karol/Lönnendonker, Siegward: Die Freie Universität Berlin, 1948–2007. Von der Gründung bis zum Exzellenzwettbewerb, Göttingen 2008.

Kuby, Erich: Prag und die Linke, Hamburg 1968.

Küpper, Mechthild: Die Humboldt Universität. Ein-heitsschmerzen zwischen Abwicklung und Selbst-reform, Berlin 1993.

Kuhlmann, Carola: Alice Salomon, in: Heinz-Elmar Tenorth (Hg.): Klassiker der Pädagogik, Bd. 2, Mün-chen 2003, S. 99–111.

Kuhlmann, Carola: Character is Destiny. The Auto-biography of Alice Salomon, Ann Arbor 2004.

Kull, Ulrich: Frei Otto und die Biologie, in: Winfried Nerdinger (Hg.): Frei Otto. Das Gesamtwerk. Leicht bauen, natürlich gestalten, Ausstellungskatalog, Basel 2005, S. 45–54.

Kummels, Ingrid: Land, Nahrung und Peyote. Soziale Identität von Rarámuri und Mestizen nahe der Grenze USA-Mexiko, Berlin 2006.

Kundt, Marie: Wilhelm von Röntgen. Eine Erinnerung, in: Die Technische Assistentin 4 (1923), S. 21–24.

Kunst- und Ausstellungshalle der Bundesrepublik Deutschland (Hg.): Alexander von Humboldt. Netz-werke des Wissens, Bonn 1999.

Kunze, Rolf-Ulrich: Ernst Rabel und das Kaiser-Wilhelm-Institut für ausländisches und internationa-les Privatrecht 1926–1945, Göttingen 2004.

Kurth, Dieter: Edfu – Ein ägyptischer Tempel gese-hen mit den Augen der Alten Ägypter, Darmstadt 1994.

Lack, Hans Walter: Alexander von Humboldt und die botanischen Sammlungen in Berlin, in: Jürgen Hamel/Eberhard Knobloch/Herbert Pieper (Hg.): Alexander von Humboldt in Berlin. Sein Einfluß auf die Entwicklung der Wissenschaften, Augsburg 2003, S. 107–132.

Lack, Hans Walter: Alexander von Humboldt und die botanische Erforschung Amerikas, München 2009.

Lack, Hans Walter (Hg.): Humboldts Grüne Erben. Der Botanische Garten und das Botanische Museum in Dahlem 1910 bis 2010, Berlin 2010.

Landsberg, Hannelore: Gesellige Zitterthierchen und lebender Baugrund in Berlin. Die mikroskopischen Arbeiten des Berliner Naturforschers Christian Gottfries Ehrenberg, in: Helmut Kettenmann/Jörg Zaun/Stefanie Korthals (Hg.): Unsichtbar – Sichtbar – Durchschaut. Das Mikroskop als Werkzeug des Lebenswissenschaftlers, Berlin 2001, S. 36–42.

Laehr, Heinrich: Fortschritt? – Rückschritt! – Re-form-Ideen des Herrn Geh. Rathes Prof. Dr. Griesin-ger in Berlin auf dem Gebiete der Irrenheilkunde beleuchtet von Dr. Heinrich Laehr, Berlin 1868.

Lämmert, Eberhard: Freie Universität Berlin. Veritas – Iustitia – Libertas, in: Alexander Demandt (Hg.): Stätten des Geistes. Große Universitäten Europas von der Antike bis zur Gegenwart. Köln u.a. 1999, S. 279–301.

Laitko, Hubert u.a. (Hg.): Wissenschaft in Berlin. Von den Anfängen bis zum Neubeginn nach 1945, Berlin 1987.

Laitko, Hubert: Geschichte der Wissenschaft in Ber-lin im Spannungsfeld von wissenschaftshistorischem Weltprozeß und urbaner Prägung, Berlin 1988.

Laitko, Hubert (Hg.): Die Entwicklung Berlins als Wissenschaftszentrum. 1870–1930, 8 Bde., Berlin 1981–1985.

Laitko, Hubert: Wissenschaftler in Berlin in der frühen Nachkriegszeit, in: Rüdiger vom Bruch/Brigitte Kaderas (Hg.): Wissenschaften und Wissenschaftspolitik. Bestandsaufnahmen zu Formationen, Brüchen und Kontinuitäten im Deutschland des 20. Jahrhunderts, Stuttgart 2002, S. 373–392.

Landau-Tasseron, Ella: Art. »Jihād«, in: Jane Dammen McAuliffe (Hg.): Encyclopedia of the Qur'ān, Bd. 3: J–O, Leiden u.a. 2003, S. 35–42.

Lang, Martin: Der Babel-Bibel-Streit, in Charlotte Trümpler (Hg.): Das große Spiel. Archäologie und Politik zur Zeit des Kolonialismus (1860–1940), Köln 2008, S. 114–123.

Large, David Clay: Berlin. Biographie einer Stadt, München 2002.

Latour, Bruno, Woolgar/Steve (Hg.): Laboratory Life. The Construction of Scientific Facts, Princeton 1986.

Latour, Bruno: Drawing things together. Die Macht der unveränderlichen mobilen Elemente, in: Andréa Belliger/David J. Krieger (Hg.): ANThology. Ein einführendes Handbuch zur Akteur-Netzwerk-Theorie, Bielefeld 2006, S. 259–307.

Laufer, Ulrike/Ottomeyer, Hans (Hg.): Gründerzeit 1848–1871. Industrie & Lebensräume zwischen Vormärz und Kaiserreich, Berlin 2008.

Lazardzig, Jan: Theatermaschine und Festungsbau. Paradoxien der Wissensproduktion im 17. Jahrhundert, Berlin 2007.

Lehmann, Reinhard G.: Friedrich Delitzsch und der Babel-Bibel-Streit, Freiburg (Schweiz) 1994.

Lehnert, Elke/Kriszio, Marianne/Vogt, Annette/Ruschhaupt, Ulla: Frauen an der Humboldt-Universität 1908–1998. Vorträge anläßlich der Festveranstaltung 90 Jahre Frauen an der Berliner Universität, Berlin 1999.

Leibniz, Gottfried Wilhelm: Fragmente zur Logik, Berlin 1960.

Lemke, Michael (Hg.): Konfrontation und Wettbewerb. Wissenschaft, Technik und Kultur im geteilten Berliner Alltag (1948–1973), Berlin 2008.

Lemmerich, Jost: Zur Geschichte der Physik an der technischen Hochschule Berlin-Charlottenburg, Berlin 1986.

Lemmerich, Jost: Maß und Messen. Ausstellung aus Anlaß der Gründung der Physikalisch-Technischen Reichsanstalt vor 100 Jahren, Berlin 1987.

Lemmerich, Jost u.a. (Hg.): Dokumente zur Gründung der Kaiser-Wilhelm-Gesellschaft und der Max-Planck-Gesellschaft zur Förderung der Wissenschaften, Berlin 1981.

Lennig, Petra: Die Berliner Charité. Schlaglichter aus 3 Jahrhunderten, Berlin 2008.

Lenz, Max: Geschichte der Königlichen Friedrich-Wilhelms-Universität zu Berlin, 4 Bde., Halle an der Saale 1910–1918.

Leonardo da Vinci: Trattato della pittura, hg. von Ettore Camesasca, Mailand 1995.

Lepsius, Carl Richard (Hg.): Denkmaeler aus Aegypten und Aethiopien nach den Zeichnungen der von Seiner Majestät dem Könige von Preussen Friedrich Wilhelm IV nach diesen Ländern gesendeten und in den Jahren 1842–1845 ausgeführten wissenschaftlichen Expedition auf Befehl Seiner Majestät herausgegeben und erläutert von C. R. Lepsius, Abt. I–VI [LD I–VI], Leipzig 1849–1859.

Lesser, Richard: Dr. Marcus Elieser Bloch. Ein Jude begründet die moderne Ichthyologie, in: Das Achtzehnte Jahrhundert 23,2 (1999), S. 238–246.

Levenson, Thomas: Albert Einstein. Die Berliner Jahre 1914–1932, München 2005.

Lévi-Strauss, Claude: Das wilde Denken, Frankfurt am Main 1979.

Liebersohn, Harry: Aristocratic Encounters. European Travelers and North American Indians, New York 1998.

Lilienthal, Georg: »Rheinlandbastarde«, Rassenhygiene und das Problem der rassenideologischen Kontinuität. Zur Untersuchung von Reiner Pommerin: »Sterilisierung der Rheinlandbastarde«, in: Das Medizinhistorische Journal 15 (1980), S. 426–436.

Linfert, Carl: Die Grundlagen der Architekturzeichnung. Mit einem Versuch über französische Architekturzeichnungen des 18. Jahrhunderts, in: Kunstwissenschaftliche Forschungen 1 (1931), S. 133–246.

Linné, Carl von: Genera plantarum […], Leiden 1737.

Lischke, Ralph-Jürgen: Friedrich Althoff und sein Beitrag zur Entwicklung des Berliner Wissenschaftssystems an der Wende vom 19. zum 20. Jahrhundert, Berlin 1990.

Löffler, Helmut: Rechnernetzforschung und -entwicklung an der TU Dresden, in: Birgit Demuth (Hg.): Informatik in der DDR. Grundlagen und Anwendungen, Bonn 2008, S. 60–66.

Lönnendonker, Siegward: Freie Universität Berlin. Gründung einer politischen Universität, Berlin 1988.

Lösch, Niels: Rasse als Konstrukt. Leben und Werk Eugen Fischers, Frankfurt am Main 1997.

Lühe, Barbara von der: Gegen Vorurteile: 20 Jahre Zentrum für Antisemitismusforschung, in: Tribüne. Zeitschrift zum Verständnis des Judentums 41 (2002), S. 26–35.

Lüsebrink, Hans-Jürgen: Von der Faszination zur Wissenssystematisierung. Die koloniale Welt im Diskurs der europäischen Aufklärung, in: ders. (Hg.): Das Europa der Aufklärung und die außereuropäische koloniale Welt, Göttingen 2006, S. 9–18.

Lundgreen, Peter: Techniker in Preußen während der frühen Industrialisierung. Ausbildung und Berufsfeld einer entstehenden sozialen Gruppe, Berlin 1975.

Madajczyk, Czeslaw (Hg.): Vom Generalplan Ost zum Generalsiedlungsplan, München u.a. 1994.

Mahnegold, Karl-Heinz: Universität, Technische Hochschule und Industrie, Berlin 1970.

Mahrenholz, Jürgen-K.: Zum Lautarchiv und seiner wissenschaftlichen Erschließung durch die Datenbank IMAGO, in: Marianne Bröcker (Hg.): Berichte aus dem ICTM-Nationalkomitee Deutschland, Bd. 12, Bamberg 2003, S. 131–152.

Maier, Helmut (Hg.): Rüstungsforschung im Nationalsozialismus. Organisation, Mobilisierung und Entgrenzung der Technikwissenschaften, Göttingen 2002.

Maier, Helmut: Forschung als Waffe. Rüstungsforschung in der Kaiser-Wilhelm-Gesellschaft und das Kaiser-Wilhelm-Institut für Metallforschung 1900–1945/48, 2 Bde., Göttingen 2007.

Maier, Helmut (Hg.): Gemeinschaftsforschung, Bevollmächtigte und der Wissenstransfer. Die Rolle der Kaiser-Wilhelm-Gesellschaft im System kriegsrelevanter Forschung des Nationalsozialismus, Göttingen 2007.

Malitz, Jürgen: »Auch ein Wort über unser Judenthum«. Theodor Mommsen und der Berliner Antisemitismusstreit, in: Josef Wiesehöfer (Hg.): Theodor Mommsen. Gelehrter, Politiker und Literat, Stuttgart 2005, S. 137–164.

Mallinckrodt, Brigitta von/Fehlauer, Jens: Vom Ende des Ersten bis zum Ende des Zweiten Weltkriegs. Ein Neubau, großzügige Ausbauplanungen in den zwanziger Jahren und ihre Umsetzung im Dritten Reich, in: Christoph Brachmann/Robert Suckale (Hg.): Die Technische Universität und ihre Bauten. Ein Rundgang durch zwei Jahrhunderte Architektur- und Hochschulgeschichte, Berlin 1999, S. 95–110.

Malycha, Andreas (Hg.): Geplante Wissenschaft. Eine Quellenedition zur DDR-Wissenschaftsgeschichte 1945–1961, Leipzig 2003.

Manger, Heinrich Ludewig: Baugeschichte von Potsdam, besonders unter der Regierung König Friedrichs des Zweiten, 3 Bde., Berlin/Stettin 1789.

Marienfeld, Wolfgang: Wissenschaft und Schlachtflottenbau in Deutschland 1897–1906, Berlin 1957.

Markschies, Christoph: Ist Theologie eine Lebenswissenschaft?, in: ders.: Antike ohne Ende, Berlin 2008, S. 17–61.

Markschies, Christoph: Was von Humboldt noch zu lernen ist. Aus Anlass des zweihundertjährigen Jubiläum der preußischen Reformuniversität, Berlin 2010.

Martus, Steffen: Die Brüder Grimm. Eine Biographie, Berlin 2009.

Marzahn, Joachim: Das Ischtar-Tor von Babylon, Mainz 1992.

Marzahn, Joachim: Von der Grabung zum Museum – Babylon wird sichtbar, in: ders./Günter Schauerte (Hg.): Babylon – Mythos und Wahrheit, Bd. 1: Babylon – Wahrheit, Ausstellungskatalog, München 2008, S. 91–98.

Marx, Karl: Der achtzehnte Brumaire des Louis Bonaparte [1852], in: ders./Friedrich Engels: Werke, Bd. 8, Berlin 1960, S. 11–207.

Materna, Ingo/Ribbe, Wolfgang: Geschichte in Daten, Berlin u.a. 1997.

Matschenz, Ingrid (Hg.): Dokumente gegen Legenden. Chronik und Geschichte der Abwicklung der MitarbeiterInnen des Instituts für Geschichtswissenschaften an der Humboldt-Universität zu Berlin, Berlin 1996.

Matthes, Olaf: Deutsche Ausgräber im Vorderen Orient, in: Charlotte Trümpler (Hg.): Das Große Spiel. Archäologie und Politik zur Zeit des Kolonialismus (1860–1940), Köln 2008, S. 226–235.

Matyssek, Angela: Das Pathologische Museum der Friedrich-Wilhelms-Universität, Magisterarbeit, Berlin 1998.

Matyssek, Angela: Rudolf Virchow, das Pathologische Museum. Geschichte einer wissenschaftlichen Sammlung um 1900, Darmstadt 2002.

Mayntz, Renate: Deutsche Forschung im Einigungsprozess. Die Transformation der Akademie der Wissenschaften der DDR 1989 bis 1992, Frankfurt am Main 1994.

Meier, Christian: Eröffnungsrede zur 36. Versammlung deutscher Historiker in Trier, 8. Oktober 1986, in: Rudolf Augstein/Karl Dietrich Bracher/Martin Broszat: »Historikerstreit«. Die Dokumentation der Kontroverse um die Einzigartigkeit der nationalsozialistischen Judenvernichtung, München 1987, S. 204–214.

Menzel, Randolf: Ästhetik als Mittel der Erkenntnis. Die Geschichte einer Entdeckung, in: Bildwelten des Wissens 6,1: Ikonografie des Gehirns (2008), S. 9–18.

Merkel, Gerhard: Forschungsarbeiten zur Informatik in der Akademie der Wissenschaften der DDR, in: Birgit Demuth (Hg.): Informatik in der DDR – Grundlagen und Anwendungen, Bonn 2008, S. 29–40.

Mertens, Lothar/Voigt, Dieter (Hg.): Opfer und Täter im SED-Staat, Berlin 1998.

Meyer, M. Wilhelm: Denkschrift betreffend meinen Konflikt mit dem Aufsichtsrat der Gesellschaft Urania, [Berlin 1897].

Missiroli, Antonio: Die Deutsche Hochschule für Politik, Sankt Augustin 1988.

Möbius, Hanno (Hg.): Vierhundert Jahre Technische Sammlungen in Berlin. Von der Raritätenkammer der Kurfürsten zum Museum für Verkehr und Technik, Berlin 1983.

Mövius, Ruth: In memoriam Max Herrmann, in: Max Hermann: Die Entstehung der berufsmäßigen Schauspielkunst im Altertum und in der Neuzeit, Berlin 1962, S. 289–297.

Moltesen, Mette (Hg.): I Dianas hellige Lund. Fund fra en helligdom i Nemi, Kopenhagen 1997.

Monmonier, Mark: Eins zu einer Million. Die Tricks und Lügen der Kartographen. Basel 1996.

Müllenhoff, Karl: Die neue Urania in Berlin, in: Die Natur N.F. 22 (1896), S. 298.

Müller, Falk: The birth of a modern instrument and its development during World War II. Electron microscopy in Germany from the 1930s to 1945, in: Ad Maas/Hans Hooijmaijers (Hg.): Scientific Research in World War II. What Scientists did in the War, New York 2009, S. 121–146.

Müller, Guido: Weltpolitische Bildung und Akademische Reform. Carl Heinrich Beckers Wissenschafts- und Hochschulpolitik 1908–1930, Köln u.a. 1991.

Müller, Guido: Einleitung, in: Carl Heinrich Becker: Internationale Wissenschaft und Nationale Bildung. Ausgewählte Schriften, Frankfurt am Main 1997, S. 1–29.

Müller, Jan-Werner: Ein gefährlicher Geist. Carl Schmitts Wirkung in Europa, Darmstadt 2007.

Müller, Rainer A.: Geschichte der Universität. Von der mittelalterlichen Universitas zur deutschen Hochschule, München 1990.

Müller, Tim B./van Rahden, Wolfert/Schlak, Stephan: Zum Thema, in: Zeitschrift für Ideengeschichte III,4: Kampfzone (2009), S. 4.

Mueller-Vollmer, Kurt: Wilhelm von Humboldts Sprachwissenschaft. Ein kommentiertes Verzeichnis des sprachwissenschaftlichen Nachlasses. Mit einer Einleitung und zwei Anhängen, Paderborn 1993.

Müller-Wille, Staffan/Rheinberger, Hans-Jörg: Das Gen im Zeitalter der Postgenomik. Eine wissenschaftliche Bestandsaufnahme, Frankfurt am Main 2009.

Münch, Ragnhild: Gesundheitswesen im 18. und 19. Jahrhundert. Das Berliner Beispiel, Berlin 1995.

Münch, Ragnhild: Theater des Todes – Museum des Lebens, in: Horst Bredekamp/Jochen Brüning/Cornelia Weber (Hg.): Theatrum naturae et artis – Theater der Natur und Kunst. Wunderkammern des Wissens, Essays, Berlin 2000, S. 135–142.

Münch, Ragnhild/Biel, Stefan: Expedition, Experiment und Expertise im Spiegel des Nachlasses von Robert Koch, in: Sudhoffs Archiv 82,1 (1998), S. 1–28.

Museum für Naturkunde der Humboldt-Universität zu Berlin. 100 Jahre Museumsgebäude in der Invalidenstraße 43, Berlin 1989.

Naturhistorisches Forschungsinstitut Museum für Naturkunde, Zentralinstitut der Humboldt-Universität zu Berlin (Hg.): Ausstellung, Mission, Geschichte. Führer durch die Ausstellungen, Berlin 2000.

Neidhöfer, Gerhard: Michael von Dolivo-Dobrowolsky und der Drehstrom. Anfänge der modernen Antriebstechnik und Stromversorgung, Berlin 2004.

Nerdinger, Winfried (Hg.): Frei Otto. Das Gesamtwerk. Leicht bauen, natürlich gestalten, Ausstellungskatalog, Basel 2005.

Neudecker, Richard: Die Skulpturenausstattung römischer Villen in Italien, Mainz 1988.

Neufeld, Michael J.: Wernher von Braun. Visionär des Weltraums, Ingenieur des Krieges, München 2009.

Neugebauer, Wolfgang/Holtz, Bärbel: Kulturstaat und Bürgergesellschaft. Preußen, Deutschland und Europa im 19. und 20. Jahrhundert, Berlin 2010.

Neumann, Helga (Red.): Die Bestände der Stiftung Archiv der Akademie der Künste, Berlin. Baukunst, Bildende Kunst, Kunstsammlung, Darstellende Kunst, Film- und Medienkunst, Literatur, Musik, Historisches Archiv, Bibliothek, Berlin 2003.

Nicolai, Friedrich: Beschreibung der Königlichen Residenzstädte Berlin und Potsdam, aller daselbst befindlicher Merkwürdigkeiten, und der umliegenden Gegend, Berlin 1786.

Nipperdey, Thomas: Deutsche Geschichte 1800–1866. Bürgerwelt und starker Staat, München 1998.

Nipperdey, Thomas: Deutsche Geschichte 1866–1918, Bd. 1: Arbeitswelt und Bürgergeist, München 1998.

Nitz, Bernhard/Schultz, Hans D./Schulz, Marlies (Hg.): 1810–2010. 200 Jahre Geographie in Berlin: an der Universität zu Berlin (ab 1810), Friedrich-Wilhelms-Universität zu Berlin (ab 1828), Universität Berlin (ab 1946), Humboldt-Universität zu Berlin (ab 1949), Berlin 2010.

Noack, Lothar/Splett, Jürgen (Hg.): Bio-Bibliographien. Brandenburgische Gelehrte der frühen Neuzeit, Berlin 2009.

Nötzoldt, Peter: Wolfgang Steinitz und die Deutsche Akademie der Wissenschaften zu Berlin. Zur politischen Geschichte der Institution (1945–1968), Berlin 1998.

Nolte, Ernst: Die Vergangenheit, die nicht vergehen will. Eine Rede, die geschrieben, aber nicht gehalten werden konnte, in: Rudolf Augstein/Karl Dietrich Bracher/Martin Broszat: »Historikerstreit«. Die Dokumentation der Kontroverse um die Einzigartigkeit der nationalsozialistischen Judenvernichtung, München 1987, S. 39–47.

Nolte, Jakob: Demagogen und Denunzianten. Denunziation und Verrat als Methode polizeilicher Informationserhebung bei den politischen Verfolgungen im preußischen Vormärz, Berlin 2007.

Nottebohm, Friedrich Wilhelm: Chronik der Königlichen Gewerbe-Akademie zu Berlin, Berlin 1871.

Nuclear Weapon and Fissile Material Stockpiles and Production, in: The International Panel on Fissile Materials. Global Fissile Material Report (2008), S. 7–21.

Nützenadel, Alexander (Hg.): Zeitgeschichte als Problem. Nationale Traditionen und Perspektiven der Forschung in Europa, Göttingen 2004.

Oberdieck, Klaus D.: »Was man gegen die Cholera thun kann …«. Seuchen in der Geschichte, Ausstellungskatalog, Osnabrück 1996.

Oechslin, Werner: Eine »praktische Wissenschaft« der Architektur als Antwort auf die veränderte, »selbstdenkende« Welt in Preußen, in: Michael Bollé (Hg.): Kunstgeschichte und Museum. Beiträge zu Ehren von Rolf Bothe, München u.a. 2003, S. 22–31.

Oels, David: »Den zweiten Hauptsatz der Thermodynamik angeben«. Zu einem unpassenden Beispiel von C.P. Snows Zwei Kulturen, in: Non Fiktion. Arsenal der anderen Gattungen – Entropie 4,2 (2009), S. 51–69.

Ôgai, Mori: Deutschlandtagebuch 1884–1888, hg. und aus dem Japanischen übers. von Heike Schöche, Tübingen 2008.

Ohly, Dieter: Glyptothek München. Griechische und Römische Skulpturen, München 1977.

Oksiloff, Assenka: From Panorama to Close-up. Adelbert von Chamisso's Voyage Around the World, in: Philippe Despoix/Justus Fetscher (Hg.): Interkulturelle Begegnungen und Wissenskonstruktionen im 18. und 19. Jahrhundert. Außereuropäische und Europäische Forschungsreisen im Vergleich, Kassel 2004, S. 364–388.

Olbrich, Hubert: Schlesien in der ersten Hälfte des 19. Jahrhunderts unter besonderer Berücksichtigung der Bedeutung für Franz Carl Achard, Düsseldorf 1998.

Otis, Laura: Müller's Lab, Oxford 2007.

Ottino, Julio M.: Is a picture worth 1,000 words?, in: Nature 421 (2003), S. 474–476.

Otto, Frei: Biologie und Bauen, in: Deutsche Bauzeitung 9 (1980), S. 11–13.

Otto, Frei: Was wir Johann-Gerhard Helmcke verdanken, in: Ulrich Kull/Klaus Bach (Hg.): Diatomeen 2. Schalen in Natur und Technik 3, Stuttgart 2004, S. 6, 141–143.

Paepke, Hans-Joachim: Blochs Schlangenkopf- und Labyrinthfische. Ein Beitrag zum 200. Todestag von Marcus Elieser Bloch, in: Der Makropode 21 (2001), Sonderdruck.

Päßler, Ulrich: Alexander von Humboldt und die transnationale Wissenschaftskommunikation im 19. Jahrhundert, in: Humboldt im Netz IX, 17 (2008), S. 39–52.

Päßler, Ulrich/Werner, Petra: »Sie haben eine schöne Karriere vor sich.« Der erhaltene Briefwechsel zwischen Alexander von Humboldt und Charles Darwin aus der Staatsbibliothek zu Berlin und der Cambridge University Library, Berlin 2009.

Pallas, Peter Simon: Elenchus zoophytorum, Frankfurt am Main 1766.

Panamarenko. Flugobjekte und Zeichnungen. Arnold Böcklin, Leonardo da Vinci, Wladimir Tatlin: Flugmodelle, Pläne und Fotos, Ausstellungskatalog, Basel 1977.

Parthey, Heinrich: Bibliometrische Profile von Instituten der Kaiser-Wilhelm-Gesellschaft zur Förderung der Wissenschaften (1923–1943), Berlin 1995.

Pasternak, Luise (Hg.): Wissenschaftler im biomedizinischen Forschungszentrum, Frankfurt am Main 2004.

Pauen, Michael: Was ist der Mensch? Die Entdeckung der Natur des Geistes, München 2007.

Pauen, Michael: Die Zukunft der Hirnforschung. Vorlesung, DVD, Grünwald 2009.

Pauen, Michael/Roth, Gerhard: Freiheit, Schuld und Verantwortung. Grundzüge einer naturalistischen Theorie der Willensfreiheit, Frankfurt am Main 2008.

De Pauw, Cornelius: Recherches philosophiques sur les Américains, ou Mémoires intéressants pour servir à l'histoire de l'Espèce humaine, Berlin 1772.

Pearson, Helen: CSI. Cell biology, in: Nature 434 (2005), S. 952–953.

Pearson, Helen: The Good, the Bad and the Ugly, in: Nature 447 (2007), S. 138–140.

Penny, H. Glenn: Objects of Culture. Ethnology and ethnographic museums in Imperial Germany, Chapel Hill 2002.

Pernety, Antoine-Joseph, Dissertation sur l'Amérique et les Americains contre les Recherches philosophiques de Mr. de P***, Berlin 1770.

Petzold, Hartmut: Moderne Rechenkünstler. Die Industrialisierung der Rechentechnik in Deutschland, München 1992.

Pfankuch, Peter (Hg.): Hans Scharoun. Bauten, Entwürfe, Texte, Berlin 1993.

Pharaonendämmerung. Wiedergeburt des Alten Ägypten, Ausstellungskatalog, Strasbourg 1990.

Philipp Lenard: Erinnerungen eines Naturforschers. Kritische annotierte Ausgabe des Originaltyposkriptes von 1931/1943, hg. von Arne Schirrmacher, Berlin 2009.

Pieper, Christine: Hochschulinformatik in der Bundesrepublik und der DDR bis 1989/1990, Stuttgart 2009.

Pieper, Herbert: Netzwerk des Wissens und Diplomatie des Wohltuns. Berliner Mathematik, gefördert von A.v. Humboldt und C.F. Gauß, Leipzig 2004.

Plankensteiner, Barbara (Hg.): Benin. Könige und Rituale. Höfische Kunst aus Nigeria, Antwerpen 2007.

Platz-Horster, Gertrud: Zur Geschichte der Berliner Gipssammlung, in: Willmuth Arenhövel/Christa Schreiber (Hg.): Berlin und die Antike. Aufsätze, Ausstellungskatalog, Berlin 1979, S. 273–292.

Poeppel, David: The Cartographic Imperative. Confusing Localization and Explanation in Human Brain Mapping, in: Bildwelten des Wissens 6,1: Ikonografie des Gehirns (2008), S. 19–29.

Polacco, Luigi: Il volto di Tiberio. Saggio di critica iconografica, Rom 1955.

Pomian, Krzysztof: Der Ursprung des Museums. Vom Sammeln, Berlin 1988.

Pommerin, Reiner: Sterilisierung der Rheinlandbastarde. Das Schicksal einer farbigen deutschen Minderheit 1918–1937, Düsseldorf 1979.

Poser, Hans (Hg.): Leibniz in Berlin. Symposion der Leibniz-Gesellschaft und des Instituts für Philosophie, Wissenschaftstheorie, Wissenschafts- und Technikgeschichte der Technischen Universität Berlin im Schloss Charlottenburg, Berlin, 10. bis 12 Juni 1987, Stuttgart 1990.

Präsident der Freien Universität Berlin (Hg.): 40 Jahre Freie Universität Berlin. Die Geschichte 1948–1988. Einblicke, Ausblicke, Ausstellungskatalog, Berlin 1988.

Präsident der Humboldt-Universität zu Berlin (Hg.): Gründungstexte. Johann Gottlieb Fichte, Friedrich Daniel Ernst Schleiermacher, Wilhelm von Humboldt, Berlin 2010.

Pratschke, Margarete: Windows als Tableau. Zur Bildgeschichte grafischer Benutzeroberflächen, Phil. Diss., Humboldt-Universität zu Berlin 2010.

Pratschke, Margarete: Digitale Architektur als Tableau – »overlapping windows« zwischen Displays und gebautem Raum, in: Andreas Beyer/Matteo Burioni/Johannes Grave (Hg.): Das Auge der Architektur. Zur Frage der Bildlichkeit in der Baukunst, München 2010 [im Druck].

Prell, Uwe/Wilker, Lothar (Hg.): Die Freie Universität zu Berlin. 1948 – 1968 – 1988. Ansichten und Einsichten, Berlin 1989.

Priese, Karl-Heinz: Die Opferkammer des Merib, Berlin 1984.

Prussat, Margit/Till, Wolfgang (Hg.): »Neger im Louvre«. Texte zur Kunstethnographie und moderner Kunst, Amsterdam 2001.

Pulla, Ralf: Raketentechnik in Deutschland. Ein Netzwerk aus Militär, Industrie und Hochschulen 1930 bis 1945, Frankfurt am Main 2006.

Raabe, Paul: Friedrich Nicolai 1733–1811. Die Verlagswerke eines preußischen Buchhändlers der Aufklärung 1759–1811, Wolfenbüttel 1983.

Racek, Milan: Mumia viva – Kulturgeschichte der Human- und Animalpräparation, Graz 1990.

Radwan, Ali: Zwei Stelen aus dem 47. Jahr Thutmosis' III., in: Mitteilungen des Deutschen Archäologischen Instituts. Abteilung Kairo 37 (1981), S. 403–407.

Raeder, Joachim: Die statuarische Ausstattung der Villa Hadriana bei Tivoli, Frankfurt am Main u.a. 1983.

Rahden, Wofert von/Schlak, Stephan (Hg.): Zeitschrift für Ideengeschichte II,4: Die Insel West-Berlin, München 2008.

Rassem, Mohammed/Stagl, Justin (Hg.): Geschichte der Staatsbeschreibung. Ausgewählte Quellentexte 1456–1813, Berlin 1994.

Rave, Paul Ortwin: Schinkels Skizzenbücher, in: Zeitschrift für Kunstgeschichte 1 (1932), S. 126–139.

Rebenich, Stefan: Theodor Mommsen. Eine Biographie, München 2007.

Reinalter, Helmut (Hg.): Lexikon zu Demokratie und Liberalismus 1750–1848/49, Frankfurt am Main 1993.

Reinhardt, Carsten: Das Max-Planck-Institut für Chemie, in: Max-Planck-Gesellschaft (Hg.): Max-Planck-Gesellschaft und Kaiser-Wilhelm-Gesellschaft. Brüche und Kontinuitäten 1911–2011, Dresden 2010.

Reinke, Herbert: Kriminalpolitik im Kaiserreich, in: Hans-Jürgen Lange (Hg.): Kriminalpolitik, Wiesbaden 2008, S. 15–23.

Reiser, Stanley Joel: Medicine and the Reign of Technology, Cambridge 1977.

Remak, Robert: Ueber extracellulare Entstehung thierischer Zellen und über Vermehrung derselben durch Theilung, in: Archiv für Anatomie, Physiologie und wissenschaftliche Medizin (1852), S. 47–57.

Renn, Jürgen/Sauer, Tilmann: Heuristics and Mathematical Representation in Einstein's Search for a Gravitational Field Equation, in: Hubert Goenner/Jürgen Renn/Tim Ritter/Tilmann Sauer (Hg.): The expanding World of General Relativity, Basel u.a. 1999, S. 87–125.

Renn, Jürgen (Hg.): Albert Einstein – Ingenieur des Universums, 3 Bde.: Einsteins Leben und Werk im Kontext, Dokumente eines Lebensweges, 100 Autoren für Einstein, Weinheim 2005.

Renn, Jürgen/Sauer, Tilmann: Errors and Insights. Reconstructing the Genesis of General Relativity from Einstein's Zurich Notebook, in: Frederic L.

Holmes/Jürgen Renn/Hans-Jörg Rheinberger (Hg.): Reworking the Bench. Research Notebooks in the History of Science, Dordrecht u.a. 2003, S. 253–268.

Rex, Joachim: Die Berliner Akademiebibliothek. Die Entwicklung der Bibliothek der Akademie der Wissenschaften in drei Jahrhunderten, Wiesbaden 2002.

Rheinberger, Hans-Jörg: Präparate – »Bilder« ihrer selbst, in: Bildwelten des Wissens 1,2: Oberflächen der Theorie (2003), S. 9–19.

Rheinberger, Hans-Jörg: Epistemologie des Konkreten. Studien zur Geschichte der modernen Biologie, Frankfurt am Main 2006.

Ribbe, Wolfgang (Hg.): Berlinische Lebensbilder, Bd. 7: Stadtoberhäupter. Biographien Berliner Bürgermeister im 19. und 20. Jahrhundert, Berlin 1992.

Ribbe, Wolfgang (Hg.): Berlinische Lebensbilder, Bd. 8: Baumeister, Architekten, Stadtplaner. Biographien zur baulichen Entwicklung Berlins, Berlin 1987.

Richardson, Lewis Fry: The approximate arithmetical solution by finite differences of physical problems involving differential equations, with an application to the stresses in a masonry dam, in: Philos. Trans. Roy. Soc. Ser. A 210 (1910), S. 307–357.

Richter, Gisela Marie Augusta: The Portraits of the Greeks, Bd. 1, London 1965.

Richter, Gisela Marie Augusta: Korai. Archaic Greek maidens, London 1968.

Richter, Stefan: Die Lehrsammlung des Zoologischen Instituts der Berliner Universität – ihre Geschichte und Bedeutung, in: Sitzungsberichte der Gesellschaft Naturforschender Freunde zu Berlin, N.F. 37 (1998), S. 59–76.

Riedmüller, Barbara: Wissenschaftsstadt Berlin. Hochschulen und Forschung im Einigungsprozess, in: Werner Süß (Hg.): Berlin. Die Hauptstadt. Vergangenheit und Zukunft einer europäischen Metropole, Berlin 1999. URL: http://www.poliwiss.fu-berlin.de/people/Ried/BlnWissendownload.pdf (Stand 08/2010).

Rieger, Simone/Schoepflin, Urs: »European Cultural Heritage Online« (ECHO) – eine Forschungsinfrastruktur für die Geisteswissenschaften, in: Kunstchronik. Monatsschrift für Kunstwissenschaft, Museumswesen und Denkmalpflege 60 (2007), S. 510–513.

Rieke-Müller, Annelore/Dietrich, Lothar: Der Löwe brüllt nebenan. Die Gründung Zoologischer Gärten im deutschsprachigen Raum 1833–1869, Köln u.a. 1998.

Riekher, Rolf/Hamel, Jürgen/Keil, Inge: Der Meister und die Fernrohre. Das Wechselspiel zwischen Astronomie und Optik in der Geschichte, Frankfurt am Main 2007.

Riemann, Gottfried: Reise durch England, Schottland und Wales, in: Karl Friedrich Schinkel 1781–1841, Ausstellungskatalog, Berlin 1981, S. 307–314.

Riemann, Gottfried/Heese, Christa: Karl Friedrich Schinkel. Architekturzeichnungen, Berlin 1996.

Ringer, Fritz K.: Die Gelehrten der Niedergang der deutschen Mandarine. 1890–1933, München 1987.

Rintelen, Thomas von/Rintelen, Kristina von/Glaubrecht, Matthias: The species flocks of the viviparous freshwater gastropod Tylomelania (Mollusca, Cerithioidea, Pachychilidae) in the ancient lakes of Sulawesi, Indonesia. The role of geography, trophic morphology and colour as driving forces in adaptive radiation, in: Matthias Glaubrecht/Hendryk Schneider (Hg.): Evolution in action, Hamburg 2010.

Ritter, Gerhard A.: Großforschung und Staat in Deutschland. Ein historischer Überblick, München 1992.

Ritter, Hellmut: Dem Andenken an C.H. Becker, den Begründer dieser Zeitschrift, in: Der Islam 38 (1963), S. 272–282.

Robert Koch-Institut des Bundesgesundheitsamtes (Hg.): 100 Jahre Robert-Koch-Institut, Berlin 1991.

Rölleke, Heinz: Grimms Berliner Märchenwerkstatt. Die späteren Auflagen der »Kinder- und Hausmärchen«, in: Klaus B. Kaindl/Berthold Friemel (Red.): Die Brüder Grimm in Berlin. Bilder, Studien, Dokumente, Ausstellungskatalog, Berlin 2004, S. 91–95.

Rohs, Peter: Johann Gottlieb Fichte, München 2007.

Rojas, Raúl (Hg.): Die Rechenmaschinen von Konrad Zuse, Berlin 1998.

Roland, Conrad: Frei Otto – Spannweiten. Ideen und Versuche zum Leichtbau. Ein Werkstattbericht von Conrad Roland, Berlin 1965.

Rose, Charles Brian: Dynastic Commemoration and Imperial Portraiture in the Julio-Claudian Period, Cambridge 1997.

Roth, Tim Otto: Lebende Bilder – Zu Paul Lindners Naturgeschichte der Schattenbilde, in: Kultur & Technik 3 (2008), S. 42–46.

Rott, Wilfried: Die Insel. Eine Geschichte West-Berlins, 1948–1990, München 2009.

Rotzoll, Maike u.a. (Hg.): Die nationalsozialistische »Euthanasie«-Aktion »T4«. Geschichte und ethische Konsequenzen für die Gegenwart, Paderborn u.a. 2010.

Rürup, Reinhard: Ein »Zentrum für Antisemitismusforschung« an der Technischen Universität Berlin, in: ders. (Hg.): Antisemitismus und Judentum, Göttingen 1979, S. 580f.

Rürup, Reinhard (Hg.): Wissenschaft und Gesellschaft. Beiträge zur Geschichte der Technischen Universität Berlin 1879–1979, 2 Bde., Berlin 1979.

Rürup, Reinhard (Hg.): Jüdische Geschichte in Berlin. Essays und Studien, Berlin 1995.

Rürup, Reinhard: Schicksale und Karrieren. Gedenkbuch für die von den Nationalsozialisten aus der Kaiser-Wilhelm-Gesellschaft vertriebenen Forscherinnen und Forscher, Göttingen 2008.

Rürup, Reinhard/Kaderas, Brigitte (Hg.): Wissenschaften und Wissenschaftspolitik. Bestandaufnahmen zu Formationen, Brüchen und Kontinuitäten im Deutschland des 20. Jahrhunderts, Stuttgart 2002.

Rürup, Reinhard/Schieder, Wolfgang (Hg.): Geschichte der Kaiser-Wilhelm-Gesellschaft im Nationalsozialismus, 17 Bde., Göttingen 2000–2008.

Runkel, Ferdinand (Hg.): Neben meiner Kunst. Flugstudien, Briefe und Persönliches von und über Arnold Böcklin, Berlin-Charlottenburg 1909.

Ruoff, Michael: Hermann von Helmholtz, Paderborn 2008.

Ruska, Ernst: Über den Aufbau einer elektronenoptischen Bank für Versuche und Demonstrationen, in: Zeitschrift für wissenschaftliche Mikroskopie und mikroskopische Technik 60 (1952), S. 317–328.

Sabrow, Martin: Geschichte als Herrschaftsdiskurs. Der Fall Günter Paulus, in: Initial 4/5 (1995), S. 51–67.

Sabrow, Martin (Hg.): Verwaltete Vergangenheit. – Geschichtskultur und Herrschaftslegitimation in der DDR, Leipzig 1997.

Sabrow, Martin: Der Streit um die Verständigung. Die deutsch-deutschen Zeithistorikergespräche in den achtziger Jahren, in: Arnd Bauerkämper (Hg.): Doppelte Zeitgeschichte. Deutsch-deutsche Beziehungen 1945–1990, Bonn 1998, S. 113–130.

Sabrow, Martin (Hg.): Geschichte als Herrschaftsdiskurs. Der Umgang mit der Vergangenheit in der DDR, Köln 2000.

Sabrow, Martin: Das Diktat des Konsenses. Geschichtswissenschaft in der DDR 1949–1969, München 2001.

Sabrow, Martin (Hg.): Wohin treibt die DDR-Erinnerung? Dokumentation einer Debatte, Bonn 2007.

Sachse, Carola (Hg.): Die Verbindung nach Auschwitz. Biowissenschaften und Menschenversuche an Kaiser-Wilhelm-Instituten, Göttingen 2003.

Saherwala, Geraldine u.a. (Hg.): Zwischen Charité und Reichstag. Rudolf Virchow. Mediziner, Sammler, Politiker, Berlin 2002.

Sandifer, C. Edward: How Euler did it, Washington, DC 2007.

Savoy, Benedicte: Zum Öffentlichkeitscharakter deutscher Museen im 18. Jahrhundert, in: ders.: Tempel der Kunst. Die Geburt des öffentlichen Museums in Deutschland 1701–1815, Mainz 2006, S. 9–26.

Schäche, Wolfgang: Architektur und Stadtplanung während des Nationalsozialismus am Beispiel Berlin, in: Hans J. Reichhardt/Wolfgang Schäche (Hg.): Von Berlin nach Germania. Über die Zerstörungen der Reichshauptstadt durch Albert Speers Neugestaltungsplanungen. Ausstellungskatalog, Berlin 1990, S. 9–34.

Schaeder, Hans Heinrich (Hg.): Carl Heinrich Becker. Ein Gedenkbuch, Göttingen 1950.

Schardin, Hubert/Struth, Wolfgang: Neue Ergebnisse der Funkenkinematografie, in: Zeitschrift für technische Physik 11 (1937), S. 474–477.

Schardin, Hubert/Struth, Wolfgang/Elle, Dietrich: Der Bruchvorgang im Glas. Historische Aufnahmen der Bruchausbreitung beim Beschuß verschiedener technischer Gläser (Cranz-Schardin-Verfahren). Film E2355 des IWF, Göttingen 1976.

Scheffler, Karl: Berliner Museumskrieg, Berlin 1921.

Schieder, Wolfgang: Der Nationalsozialismus im Fehlurteil philosophischer Geschichtsschreibung. Zur Methode von Ernst Noltes »Europäischem Bürgerkrieg«, in: Geschichte und Gesellschaft 15 (1989), S. 89–114.

Schieder, Wolfgang/Trunk, Achim (Hg.): Adolf Butenandt und die Kaiser-Wilhelm-Gesellschaft. Wissenschaft, Industrie und Politik im ›Dritten Reich‹, Göttingen 2004.

Schimpke, Thomas: Lydia Rabinowitsch-Kempner (1871–1935). Leben und Wirken einer Tuberkuloseforscherin, Würzburg 1996.

Schindling, Anton: Bildung und Wissenschaft in der Frühen Neuzeit. 1650–1800, München 1999.

Schivelbusch, Wolfgang: Vor dem Vorhang. Das geistige Berlin 1945–1948, München 1995.

Schlange-Schöningen, Heinrich: Ein »goldener Lorbeerkranz« für die ›Römische Geschichte‹. Theodor Mommsens Nobelpreis für Literatur, in: Josef Wiesehöfer (Hg.): Theodor Mommsen. Gelehrter, Politiker und Literat, Stuttgart 2005, S. 207–228.

Schleiermacher, Friedrich: Gelegentliche Gedanken über Universitäten in deutschem Sinn, in: ders.: Schriften, hg. von Andreas Arndt, Frankfurt am Main 1996, S. 335–438.

Schleiermacher, Sabine: Rassenhygiene und Rassenanthropologie an der Universität Berlin, in: Christoph Jahr (Hg.): Die Berliner Universität in der NS-Zeit, Bd. 1: Strukturen und Personen, Stuttgart 2005, S. 71–88.

Schleiermacher, Sabine/Schagen, Udo (Hg.): Die Charité im Dritten Reich. Zur Dienstbarkeit medizinischer Wissenschaft im Nationalsozialismus, Paderborn 2008.

Schleiermacher, Sabine/Schagen, Udo (Hg.): Wissenschaft macht Politik. Hochschulen in den politischen Systemumbrüchen 1933 und 1945, Stuttgart 2009.

Schleiermacher, Sabine/Pohl, Norman: Wissenschaft in der SBZ und DDR. Organisationsformen, Inhalte, Realitäten, Husum 2009.

Schlich, Thomas: Repräsentation von Krankheitserregern. Wie Robert Koch Bakterien als Krankheitsursache dargestellt hat, in: Hans-Jörg Rheinberger/Michael Hagner/Bettina Wahrig-Schmidt (Hg.): Räume des Wissens. Repräsentation, Codierung, Spur, Berlin 1997, S. 165–190.

Schlingensiepen, Ferdinand: Dietrich Bonhoeffer, 1906–1945. Eine Biographie, München 2006.

Schlögel, Karl: Im Raume lesen wir die Zeit. Über Zivilisationsgeschichte und Geopolitik. München 2003.

Schlüter-Ahrens, Regina: Der Volkswirt Jens Jessen. Leben und Werk, Marburg 2001.

Schmaltz, Florian: Kampfstoff-Forschung im Nationalsozialismus. Zur Kooperation von Kaiser-Wilhelm-Instituten, Militär und Industrie, Göttingen 2005.

Schmidgen, Henning: Die Helmholtz-Kurven. Auf der Spur der verlorenen Zeit. Berlin 2010.

Schmidt, Manfred Gerhard: Spiegelbilder römischer Lebenswelt. Inschrift-Clichés aus dem Archiv des Corpus Inscriptionum Latinarum, Berlin u.a. 2003.

Schmidt, Manfred Gerhard: Corpus Inscriptionum Latinarum, Berlin 2007.

Schmidt, Manfred Gerhard (Hg.): Hermann Dessau (1856–1931). Zum 150. Geburtstag des Berliner Althistorikers und Epigraphikers. Beiträge eines Kolloquiums und wissenschaftliche Korrespondenz des Jubilars, Berlin u.a. 2009.

Schmiedebach, Heinz-Peter: Robert Remak (1815–1865). Ein jüdischer Arzt im Spannungsfeld von Wissenschaft und Politik, Stuttgart 1995.

Schmiedel, Helga: Berüchtigte Duelle, Berlin 1992.

Schmieder, Ulrike: Das Bild Lateinamerikas in der preußischen und deutschen Publizistik vom Ende des 18. Jahrhunderts bis zur Mitte des 19. Jahrhunderts, in: Sandra Carreras/Günter Maihold (Hg.): Preußen und Lateinamerika. Im Spannungsfeld von Kommerz, Macht und Kultur, Münster 2004, S. 59–92.

Schmitt, Elisa: Das Ralum-Projekt im Bismarck-Archipel. Entstehung und Ertrag einer tropischen Forschungsstation auf »deutschem Boden« (1896–1897). Versuch einer Kontextualisierung zoologischer Sammlungen am Beispiel derer Friedrich Dahls für das Berliner Museum für Naturkunde, unveröff. Diplomarbeit, Humboldt-Universität zu Berlin 2010.

Schmitz, Colleen M.: Ein Leben ohne Arme. Carl Hermann Unthan und seine Arbeit zur Motivation Kriegsinvalider in Deutschland, in: Melissa Larner/James Peto/Coleen M. Schmitz (Hg.): Krieg und Medizin, Göttingen 2009, S. 61–69.

Schmuhl, Hans-Walter (Hg.): Rassenforschung an Kaiser-Wilhelm-Instituten vor und nach 1933, Göttingen 2003.

Schmuhl, Hans-Walter: Grenzüberschreitungen. Das Kaiser-Wilhelm-Institut für Anthropologie, menschliche Erblehre und Eugenik 1927–1945, Göttingen 2005.

Schnalke, Thomas (Hg.): Natur im Bild. Anatomie und Botanik in der Sammlung des Nürnberger Arztes Christoph Jacob Trew, Erlangen 1995.

Schnalke, Thomas: Der expandierte Mensch. Zur Konstitution von Körperbildern in anatomischen Sammlungen des 18. Jahrhunderts, in: Frank Stahnisch/Florian Steger (Hg.): Medizin, Geschichte und Geschlecht. Körperhistorische Rekonstruktion von Identitäten und Differenzen, Stuttgart 2005, S. 63–82.

Schnalke, Thomas: Von erdigen Konkrementen und kranken Knochen. Systematisierende Bestrebungen für die Pathologie im Walterschen Anatomischen Museum zu Berlin, in: Rüdiger Schultka/Josef N. Neumann (Hg.): Anatomie und Anatomische Sammlungen im 18. Jahrhundert. Anlässlich der 250. Wiederkehr des Geburtstages von Philipp Friedrich Theodor Meckel (1755–1803), Münster 2007, S. 295–316.

Schnalke, Thomas: Stumme Gesänge. Zur Geschichte einer Sirene im Berliner Medizinhistorischen Museum, in: Bernhard J. Dotzler/Henning Schmidgen (Hg.): Parasiten und Sirenen. Zwischenräume als Orte der materiellen Wissensproduktion, Bielefeld 2008, S. 179–194.

Schnalke, Thomas: Bühne, Sammlung und Museum. Zur Funktion des Berliner anatomischen Theaters im 18. Jahrhundert, in: Helmar Schramm/Ludger Schwarte/Jan Lazardzig (Hg.): Spuren der Avantgarde, Bd. 2: Theatrum anatomicum. Frühe Neuzeit und Moderne im Kulturvergleich, Berlin 2010, S. 1–27. [a]

Schnalke, Thomas: Vom Objekt zum Subjekt. Grundzüge einer materialen Medizingeschichte, in: Beate Kunst/Thomas Schnalke/Gottfried Bogusch (Hg.): Der zweite Blick. Besondere Objekte aus den historischen Sammlungen der Charité, Berlin 2010, S. 1–15. [b]

Schnalke, Thomas: Ausstellen, Forschen, Lehren. Das Medizinhistorische Museum zwischen universitärer Medizin und Öffentlichkeit, in: N.T.M. Zeitschrift für Geschichte der Wissenschaften, Technik und Medizin 18 (2010), S. 61–67. [c]

Schnalke, Thomas/Atzl, Isabel (Hg.): Dem Leben auf der Spur. Im Berliner Medizinhistorischen Museum der Charité, München 2010.

Schneck, Peter (Hg.): Die Medizin an der Berliner Universität und an der Charité zwischen 1810 und 1850, Husum 1995.

Schneck, Peter (Hg.): Medizin in Berlin an der Wende vom 19. zum 20. Jahrhundert. Theoretische Fachgebiete, Husum 1999.

Schneider, Frank: Der Typus der Sprache. Eine Rekonstruktion des Sprachbegriffs Wilhelm von Humboldts auf der Grundlage der Sprachursprungsforschung, Münster 1995.

Schneider-Kempf, Barbara (Hg.): Belle Vue auf die Welt. 150 Jahre Kartenabteilung der Staatsbibliothek zu Berlin, Ausstellungskatalog, Berlin 2010.

Schochow, Werner (Hg.): 325 Jahre Staatsbibliothek in Berlin. Das Haus und seine Leute, Ausstellungskatalog, Wiesbaden 1986.

Schochow, Werner: Bücherschicksale. Die Verlagerungsgeschichte der Preußischen Staatsbibliothek. Auslagerung, Zerstörung, Entfremdung, Rückführung, Berlin 2003.

Schoenberner, Gerhard: Joseph Wulf – Aufklärer über den NS-Staat – Initiator der Gedenkstätte Haus der Wannsee-Konferenz, Teetz 2006.

Schoeps, Julius/Kotowski, Elke-Vera: Magnus Hirschfeld. Ein Leben im Spannungsfeld von Wissenschaft, Politik und Gesellschaft, Brandenburg 2004.

Scholder, Klaus (Hg.): Die Mittwochs-Gesellschaft. Protokolle aus dem geistigen Deutschland 1932 bis 1944, Berlin 1984.

Schottlaender, Rudolf: Trotz allem ein Deutscher. Mein Lebensweg seit Jahrhundertbeginn, Freiburg 1986.

Schottlaender, Rudolf: Verfolgte Berliner Wissenschaft, Berlin 1988.

Schröder, Ann-Katrin: Max Herrmann und die Theaterwissenschaft in Berlin. Disziplingenese und Institutsgründung, Magisterarbeit, Humboldt-Universität zu Berlin 2003.

Schroedl, Barbara: Architektur, Film und Kunstgeschichte im Nationalsozialismus, in: Nikola Doll/Christian Fuhrmeister/Michael H. Sprenger (Hg.): Kunstgeschichte im Nationalsozialismus. Beiträge zur Geschichte einer Wissenschaft zwischen 1930 und 1950, Weimar 2005, S. 305–324.

Schröter, Ulrich: »Sie wissen, wie schätzbar mir Ihre theilnahme an dem wörterbuch ist«. Zum Briefwechsel Wilhelm Grimm–Gabriel Riedel, in: Berthold Friemel (Hg.): Brüder Grimm Gedenken, Bd. 13, Stuttgart 1999.

Schröter, Ulrich (Hg.): Briefwechsel zwischen Wilhelm Grimm und Gabriel Riedel, in: Günter Breuer/Jürgen Jaehrling/Ulrich Schröter (Hg.): Briefwechsel der Brüder Jacob und Wilhelm Grimm. Kritische Ausgabe in Einzelbänden, Bd. 2, Stuttgart 2002, S. 239–318.

Schuchardt, Walter Herwig: Rundwerke ausser den Koren, in: Hans Schrader (Hg.): Die archaischen Marmorbildwerke der Akropolis, Bd. 1, Frankfurt am Main 1939, S. 191–195.

Schüring, Michael: Minervas verstoßene Kinder. Vertriebene Wissenschaftler und die Vergangenheitspolitik der Max-Planck-Gesellschaft, Göttingen 2006.

Schulenberg, Frank (Bearb.): Bildung für Berlin. Berliner Wissenschaftseinrichtungen in der NS-Zeit, Berlin 2007.

Schultz, Helga: Berlin 1650–1800. Sozialgeschichte einer Residenz, Berlin 1992.

Schumann, Dieter: Neugier und Nutzen. 50 Jahre Technische Universität Berlin, Ausstellungs-Begleitband, Berlin 1996.

Schuster, Klaus-Peter (Hg.): Carl Blechen: zwischen Romantik und Realismus, München 1990.

Schwab, Andreas (Hg.): Die 68er. Kurzer Sommer – lange Wirkung, Ausstellungskatalog, Essen 2008.

Schwan, Gesine: In der Falle des Totalitarismus – Wer die DDR einen »Unrechtsstaat« nennt, stellt ihre ehemaligen Bürger unter einen moralischen Generalverdacht, in: Die Zeit, 25. Juli 2009.

Schwanitz, Wolfgang G.: Djihad »Made in Germany«. Der Streit um den Heiligen Krieg 1914–1915, in: Sozial.Geschichte 18 (2003), S. 7–23.

Schwarz, Ingo: »Bei meiner innigen Achtung für den Lehrerstand …«. Alexander von Humboldts Briefe an August Hartvici, in: Mitteilungen N.F. 9 (2000), S. 128–135.

Schwarz, Ingo: Ehrenbürger Berlins. Alexander von Humboldt, Berlin 2006.

Schwarz, Ingo (Hg.): Alexander von Humboldt, Samuel Heinrich Spiker. Briefwechsel, Berlin 2007.

Schwarz, Karl (Hg.): 1799–1999. Von der Bauakademie zur Technischen Universität Berlin. Geschichte und Zukunft. Eine Ausstellung der Technischen Universität Berlin aus Anlaß des 200. Gründungstages der Bauakademie und des Jubiläums 100 Jahre Promotionsrecht der Technischen Hochschule, Aufsätze, Berlin 2000.

Schwarzenbach, Alexis: Das verschmähte Genie. Albert Einstein und die Schweiz, München 2005.

Schweizer, Nikolaus R.: A Poet among Explorers. Chamisso in the South Seas, Bern u.a. 1973.

Schwemin, Friedhelm: Der Berliner Astronom. Leben und Werk von Johann Elert Bode 1747–1826, Frankfurt am Main 2006.

Schwerin, Alexander von: Experimentalisierung des Menschen. Der Genetiker Hans Nachtsheim und die vergleichende Erbpathologie 1920–1945, Göttingen 2004.

Schwinges, Rainer Christoph (Hg.): Humboldt International. Der Export des deutschen Universitätsmodells im 19. und 20. Jahrhundert, Basel 2001.

Schwipps, Werner: Lilienthal, Berlin 1979.

Schwipps, Werner: Riesenzigarren und fliegende Kisten: Bilder aus der Frühzeit der Luftfahrt in Berlin, Berlin 1984.

Seeck, Andreas (Hg.): Durch Wissenschaft zur Gerechtigkeit? Textsammlung zur kritischen Rezeption des Schaffens von Magnus Hirschfeld, Münster u.a. 2003.

Segebrecht, Wulf (Hg.): Meister Floh. Ein Märchen in sieben Abenteuern zweier Freunde, Stuttgart 1985.

Segelken, Barbara: Bilder des Staates. Kammer, Kasten und Tafel als Visualisierungen staatlicher Zusammenhänge, Berlin 2010.

Seier, Hellmut: Der Rektor als Führer. Zur Hochschulpolitik des Reichserziehungsministeriums 1934–1945, in: Vierteljahrshefte für Zeitgeschichte 12 (1964), S. 105–146.

Siebenhaar, Klaus: Magnus Hirschfeld, in: Tilmann Buddensieg u.a. (Hg.): Wissenschaften in Berlin, Bd. 1: Objekte, Ausstellungskatalog, Berlin 1987, S. 232f.

Siegel, Steffen: Tabula. Figuren der Ordnung um 1600, Berlin 2009.

Siemens, Werner: Das naturwissenschaftliche Zeitalter, in: Tageblatt der 59. Versammlung Deutscher Naturforscher und Ärzte zu Berlin. 18.–24. September 1886, Berlin 1886, S. 92–96.

Sime, Ruth: The Politics of Memory. Otto Hahn and the Third Reich, in: Physics in Perspective 8 (2006), S. 3–51.

Sime, Ruth: An Inconvenient History. The Nuclear Fission Display in the Deutsches Museum, in: Physics in Perspective 12 (2010), S. 190–218.

Simmel, Georg: Persönliche und sachliche Kultur, in: ders.: Gesamtausgabe, Bd. 5: Aufsätze und Abhandlungen 1894–1900, hg. von Heinz-Jürgen Dahme/David P. Frisby, Frankfurt am Main 1992, S. 560–582.

Simon, Christian: Kaiser Wilhelm II. und die deutsche Wissenschaft, in: John C.G. Röhl, (Hg.): Der Ort Kaiser Wilhelms II. in der deutschen Geschichte, München 1991, S. 91–110.

Simon, Dieter: Wissenschaft, in: Karl R. Korte/Werner Weidenfeld (Hg.): Handbuch zur deutschen Einheit, Frankfurt am Main 1993, S. 725–735.

Simon, Dieter: Wiedervereinigung des deutschen Hochschulwesens, in: Christian Führ/Carl-Ludwig Furck (Hg.): Handbuch der deutschen Bildungsgeschichte, Bd. 6,2: 1945 bis zur Gegenwart. DDR und neue Bundesländer, München 1998, S. 390–397.

Simon, Erika: Augustus und Antonia Minor in Kurashiki/Japan, in: Archäologischer Anzeiger (1982), S. 232–343.

Snow, Charles P.: The two cultures and the scientific revolution, New York 1961.

Sösemann, Bernd: »Der kühnste Entschluss führt am sichersten zum Ziel«. Eduard Meyer und die Politik, in: William M. Calder/Alexander Demandt (Hg.): Eduard Meyer. Leben und Leistung eines Universalhistorikers, Leiden u.a. 1990, S. 446–483.

Sohns, Andreas: Die Entwicklung der Charité zwischen 1800 und 1830 im Spiegel von Hufelands Journal der praktischen Arzney- und Mundarzneykunde, Berlin 1989.

Specht, Agnete von (Hg.): Lepsius – Die deutsche Expedition an den Nil/The German Nile Expedition, Ausstellungskatalog, Berlin 2006.

Spur, Günter: Industrielle Psychotechnik – Walther Moede. Eine biographische Dokumentation, München 2008.

Stark, Johannes: »Weiße Juden« in der Wissenschaft, in: Das Schwarze Korps, 15. Juli 1937.

Starnick, Jürgen (Hg.): 100 Jahre TU Berlin. Reden, Kommentare, Berlin 1979.

Steakley, James: Anders als die Andern. Ein Film und seine Geschichte, Hamburg 2007.

Stegmeier, Anita: Fingerfertigkeit ohne Hände. Der Fußkünstler Unthan, in: Horst Bredekamp/Jochen Brüning/Cornelia Weber (Hg.): Theatrum naturae et artis – Theater der Natur und Kunst. Wunderkammern des Wissens, Ausstellungskatalog, Berlin 2000, S. 212.

Stein, Erwin/Wriggers, Peter (Hg.): Gottfried Wilhelm Leibniz. Das Wirken des großen Philosophen und Universalgelehrten als Philosoph, Mathematiker, Physiker, Techniker, Hannover 2007.

Stein, Rosemarie: Charité 1945–1992. Ein Mythos von innen, Berlin 1992.

Stemmer, Klaus (Hg.): Kaiser Marc Aurel und seine Zeit. Das römische Reich im Umbruch, Berlin 1988.

Stemmer, Klaus (Hg.): Standorte. Kontext und Funktion antiker Skulptur, Berlin 1995.

Stemmer, Klaus: Einleitung, in: Johanna Fabricius/Lorenz Winkler-Horaček (Hg.): Zwanzig Jahre Abguss-Sammlung Antiker Plastik der Freien Universität Berlin, Berlin 2008, S. 5–29.

Stiftung Archiv der Akademie der Künste (Hg.): Gute Partien in Zeichnung und Kolorit. 300 Jahre Kunstsammlung der Akademie der Künste, Ausstellungskatalog, Berlin 1997.

Stiftung Archiv der Akademie der Künste (Hg.) »…und die Vergangenheit sitzt immer mit am Tisch«. Dokumente zur Geschichte der Akademie der Künste (West) 1945/1954–1993, Berlin 1997.

Stiftung Archiv der Akademie der Künste (Hg.): Zwischen Diskussion und Disziplin. Dokumente zur Geschichte der Akademie der Künste (Ost) 1945/1950 bis 1993, Berlin 1997.

Stoff, Heiko: Eine zentrale Arbeitsstätte mit nationalen Zielen. Wilhelm Eitel und das Kaiser-Wilhelm-Institut für Silikatforschung, 1926–1945, in: Carola Sachse/Susanne Heim (Hg.): Ergebnisse. Vorabdrucke aus dem Forschungsprogramm »Geschichte der Kaiser-Wilhelm-Gesellschaft im Nationalsozialismus«, Nr. 28, Berlin 2006.

Stoltzenberg, Dietrich: Fritz Haber. Chemiker, Nobelpreisträger, Deutscher, Jude. Eine Biographie, Weinheim 1994.

Strehlow, Harro: Zoos and Aquariums of Berlin, in: Robert J. Hoage/William A. Deiss (Hg.): New Animals. From Menagerie to Zoological Park in the Nineteenth Century, London 1996, S. 64.

Strocka, Volker Michael (Hg.): Meisterwerke. Internationales Symposion anlässlich des 150. Geburtstages von Adolf Furtwängler, München 2005.

Stürmer, Veit/Wrede, Henning: Ein Museum im Wartestand. Die Abgußsammlung antiker Bildwerke, Berlin 1998.

Stürzbecher, Manfred: Beiträge zur Berliner Medizingeschichte. Quellen und Studien zur Geschichte des Gesundheitswesens vom 17. bis zum 19. Jahrhundert, Berlin 1966.

Szöllösi-Janze, Margit: Fritz Haber (1868–1934). Eine Biographie, München 1998.

Szöllösi-Janze, Margit: Die institutionelle Umgestaltung der Wissenschaftslandschaft, in: Rüdiger vom Bruch/Brigitte Kaderas (Hg.): Wissenschaften und Wissenschaftspolitik. Bestandsaufnahmen zur Formationen, Brüchen und Kontinuitäten im Deutschland des 20. Jahrhunderts, Stuttgart 2002, S. 60–74.

te Heesen, Anke: Vom naturgeschichtlichen Investor zum Staatsdiener. Sammler und Sammlungen der Gesellschaft Naturforschender Freunde zu Berlin um 1800, in: dies./Emma C. Spary: Sammeln als Wissen. Das Sammeln und seine wissenschaftsgeschichtliche Bedeutung, Göttingen 2001, S. 62–84. [a]

te Heesen, Anke/Spary, Emma C. (Hg.): Sammeln als Wissen. Das Sammeln und seine wissenschaftsgeschichtliche Bedeutung, Göttingen 2001. [b]

te Heesen, Anke/Lutz, Petra (Hg.): Dingwelten. Das Museum als Erkenntnisort, Köln 2005.

te Heesen, Anke: Verkehrsformen der Objekte, in: dies./Petra Lutz (Hg.): Dingwelten. Das Museum als Erkenntnisort, Köln 2005, S. 53–64.

Teichmann, Gabriele/Völger, Gisela (Hg.): Faszination Orient. Max von Oppenheim – Forscher, Sammler, Köln 2003.

Tembrock, Günther: Die Geschichte des Zoologischen Instituts, in: Wissenschaftliche Zeitung der Humboldt-Universität 9 (1961), Beiheft zum Jubiläumsjahrgang, S. 107–125.

Tenorth, Heinz-Elmar (Hg.): Geschichte der Universität Unter den Linden 1810–2010. Praxis ihrer

Disziplinen, Bd. 4: Genese der Disziplinen. Die Konstitution der Universität, Berlin 2010.

Tenorth, Heinz-Elmar (Hg.): Geschichte der Universität Unter den Linden 1810–2010. Praxis ihrer Disziplinen, Bd. 5: Wandel der Wissensordnung. Verwissenschaftlichung der Gesellschaft und Vergesellschaftung des Wissens, Berlin 2010 [im Druck].

Tenorth, Heinz-Elmar (Hg.): Geschichte der Universität Unter den Linden 1810–2010. Praxis ihrer Disziplinen, Bd. 6: Gefährdung und Selbstbehauptung einer Vision, Berlin 2011 [im Druck].

Tent, James F.: Freie Universität Berlin, 1948–1988. Eine deutsche Hochschule im Zeitgeschehen, Berlin 1988.

Theuerkauff, Christian: Die Brandenburgisch-Preußische Kunstkammer. Eine Auswahl aus den alten Beständen, Berlin 1981.

Thom, Ilka/Weining, Kirsten (Hg.): Mittendrin. Eine Universität macht Geschichte, Berlin 2010.

Tiedemann, Rolf/Gödde, Christoph/Lonitz, Henri: Walter Benjamin 1892–1940, Marbach am Neckar 1990.

Timmermann, Heiner (Hg.): Agenda DDR-Forschung. Ergebnisse, Probleme, Kontroversen, Münster 2005.

Töpfer, Hans-Joachim: Mathematik am Hahn-Meitner-Institut, in: Heinrich Begehr (Hg.): Mathematik in Berlin. Geschichte und Dokumentation, Bd. 1, Aachen 1998, S. 597–606.

Torge, Wolfgang: Geschichte der Geodäsie in Deutschland. Berlin 2009.

Topp, Sascha/Peiffer, Jürgen: Das MPI für Hirnforschung in Gießen. Institutskrise nach 1945, die Hypothek der NS-»Euthanasie« und das Schweigen der Fakultät, in: Sigrid Oehler-Klein (Hg.): Die Medizinische Fakultät der Universität Gießen im Nationalsozialismus und in der Nachkriegszeit. Personen und Institutionen, Umbrüche und Kontinuitäten, Stuttgart 2007, S. 539–607.

Treu, Georg: Die Bildwerke von Olympia in Stein und Thon, Berlin 1897, S. 44–137.

Treue, Wilhelm (Hg.): Berlinische Lebensbilder, Bd. 6: Techniker, Berlin 1990.

Treue, Wilhelm/Hildebrandt, Gerhard (Hg.): Berlinische Lebensbilder, Bd. 1: Naturwissenschaftler, Berlin 1987.

Treue, Wilhelm/Gründer, Karlfried (Hg.): Berlinische Lebensbilder, Bd. 3: Wissenschaftspolitik in Berlin. Minister, Beamte, Ratgeber, Berlin 1987.

Treue, Wilhelm/Ribbe, Wolfgang (Hg.): Berlinische Lebensbilder, Bd. 2: Mediziner, Berlin 1987.

Trottenberg, Ulrich: Das Superrechnerprojekt SUPRENUM (1984–1989), in: Bernd Reuse/Roland Vollmar (Hg.): Informatikforschung in Deutschland, Berlin 2008, S. 176–187.

Trümpler, Charlotte (Hg.): Das große Spiel. Archäologie und Politik zur Zeit des Kolonialismus (1860–1940), Köln 2008.

Tutzke, Dietrich u.a.: Die Charité 1710–1985, Berlin 1985.

Uebele, Susanne: Institute im Bild, Teil 2: Bauten der Max-Planck-Gesellschaft zur Förderung der Wissenschaften, Berlin 1998.

Uhlig, Franziska: Ready-made Farbe. Vom Mond aus betrachtet, in: Bildwelten des Wissens 4,1: Farbstrategien (2006), S. 25–33.

Ullmann, Dirk: Quelleninventar Max Planck, Berlin 1996.

URANIA Berlin e.V. (Hg.): 100 Jahre Urania Berlin. Festschrift. Wissenschaft heute für morgen, Berlin 1988.

Vaillant, Kristina/Fesseler, Ernst: Ideen täglich. Wissenschaft in Berlin, Berlin 2010 [im Druck].

Van der Heyden, Ulrich/Zeller, Joachim (Hg.): Kolonialmetropole Berlin. Eine Spurensuche, Berlin 2002.

Van der Heyden, Ulrich/Zeller, Joachim (Hg.): »... Macht und Anteil an der Weltherrschaft«. Berlin und der deutsche Kolonialismus, Münster 2005.

Veigel, Hans-Joachim: Licht wird produziert, in: Franziska Nentwig (Hg.): Berlin im Licht, Berlin 2008, S. 17–33.

Velhagen, Karl: Geschichte der Augenheilkunde, Leipzig 1983.

Verzár, Fritz: Aufsaugung und Ausscheidung von Stärkekörnern, in: Biochemische Zeitschrift 34 (1911), S. 68.

Vierhaus, Rudolf/Brocke, Bernhard vom (Hg.): Forschung im Spannungsfeld von Politik und Gesellschaft. Geschichte und Struktur der Kaiser-Wilhelm-/Max-Planck-Gesellschaft, Stuttgart 1990.

Virchow, Rudolf: Die Eröffnung des Pathologischen Museums der Königlichen Friedrich-Wilhelms-Universität zu Berlin am 27. Juni 1899, Berlin 1899.

Vogt, Annette: Die Fräulein Doktor werden immer mehr. Zur Entwicklung des Frauenstudiums und der Berufstätigkeit von Frauen am Beispiel der Promotionen von Frauen zu naturwissenschaftlichen Themen an der Philosophischen bzw. ab 1936 der Mathematisch-Naturwissenschaftlichen Fakultät der Berliner Universität zwischen 1898 und 1945, Berlin 1996.

Vogt, Annette: Vom Hintereingang zum Hauptportal? Lise Meitner und ihre Kolleginnen an der Berliner Universität und in der Kaiser-Wilhelm-Gesellschaft, Stuttgart 2007.

Vogt, Annette: Wissenschaftlerinnen in Kaiser-Wilhelm-Instituten, Berlin 2008.

Voigt, Gudrun: Die kriegsbedingte Auslagerung von Beständen der Preußischen Staatsbibliothek und ihre Rückführung. Eine historische Skizze auf der Grundlage von Archivmaterialien, Hannover 1995.

Vollrath, Sven: Zwischen Selbstbestimmung und Intervention. Der Umbau der Humboldt-Universität Berlin 1989 bis 1996, Berlin 2008.

Walker, Mark: Die Uranmaschine. Mythos und Wirklichkeit der deutschen Atombombe, Berlin 1990.

Walker, Mark: Otto Hahn. Verantwortung und Verdrängung, Berlin 2003.

Walker, Mark: Eine Waffenschmiede? Kernwaffen- und Reaktorforschung am Kaiser-Wilhelm-Institut für Physik, in: Carola Sachse/Susanne Heim (Hg.): Ergebnisse. Vorabdrucke aus dem Forschungsprogramm »Geschichte der Kaiser-Wilhelm-Gesellschaft im Nationalsozialismus«, Nr. 26, Berlin 2005.

Walter, Johann Gottlieb: Museum anatomicum […], Berlin 1805.

Walter, Friedrich August: Anatomisches Museum, 2 Bde., Berlin 1796.

Wannack, Katja: Hermann Dessau. Der fast vergessene Schüler Mommsens und die Großunternehmen der Berliner Akademie der Wissenschaften, Hamburg 2007.

Warburg, Otto: Energetik der Photosynthese. Nach einem am 6. Mai 1952 in Kopenhagen gehaltenen Vortrag, in: Die Naturwissenschaften 39 (1952), S. 337–341.

Watson, James D.: Avoid Boring People. Lessons From a Life in Science, New York 2007.

Watson, James D./Crick, Francis H.: Molecular Structure of Nucleic Acids. A Structure for Desoxyribose Nucleic Acid, in: Nature 171 (1953), S. 737 f.

Wattenberg, Diedrich: Zur Geschichte der Astronomie in Berlin im 16. bis 18. Jahrhundert. Eine Quellenübersicht. Sonderdruck aus der Zeitschrift »Die Sterne«, Leipzig u.a. 1973.

Wattenberg, Diedrich: Johann Heinrich Mädler. Zum 100. Todestag des Astronomen am 14. März 1974, Berlin 1974.

Wawra, Steffen (Red.): »... eine Stütze des Gedächtnisses«. Die Akademiebibliothek in Geschichte und Gegenwart, Berlin 2000.

Wazeck, Milena: Einsteins Gegner. Die öffentliche Kontroverse um die Relativitätstheorie in den 1920er Jahren, Frankfurt am Main 2009.

Wegeleben, Christel: Beständeübersicht des Archivs zur Geschichte der Max-Planck- Gesellschaft in Dahlem, Berlin 1997.

Wegener, Richard: Die Reise nach Frankreich und England im Jahre 1826, München 1990.

Wegner, Max: Das römische Herrscherbild, Abt. 2, Bd. 4: Die Herrscherbildnisse in antoninischer Zeit, Berlin 1939.

Wegner, Max: Das römische Herrscherbild, Abt. 2, Bd. 1: Die Flavier, Berlin 1966.

Wegner, Max: Verzeichnis der Kaiserbildnisse von Antoninus Pius bis Commodus, in: Boreas 2 (1979), S. 87–181.

Wegner, Max: Verzeichnis des Kaiserbildnisse von Antoninus Pius bis Commodus II, in: Boreas 3 (1980), S. 12–116.

Weide, Hans-Günter: Der Tiefraumvideospeicher R3m für das Phobosprojekt – ein Ergebnis der digitalen Dichtspeicherentwicklung aus der DDR, Diss. B. Akademie der Wissenschaften der DDR 1989.

Weischedel, Wilhelm (Hg.): Idee und Wirklichkeit einer Universität. Dokumente zur Geschichte der Friedrich-Wilhelms-Universität zu Berlin, Berlin 1960.

Weizsäcker, Carl Friedrich von: Die Tragweite der Wissenschaft, Bd. 1: Schöpfung und Weltentstehung. Die Geschichte zweier Begriffe, Stuttgart 1964.

Werner, Petra: Himmel und Erde. Alexander von Humboldt und sein Kosmos, Berlin 2004.

Wesenberg, Angelika: Freistätte für Kunst und Wissenschaft. Die Berliner Museumsinsel, in: Peter Betthausen (Red.): Friedrich Wilhelm IV. Künstler und König, Potsdam 1995, S. 77–84.

Wetzell, Richard: Inventing the Criminal. A History of Criminology 1880–1945, Chapel Hill u.a. 2001.

Weve, H[enricus] J[acobus] M[arie]/Doesschate, G. ten (Hg.): Die Briefe Albrecht von Graefe's an F.C. Donders (1852–1870), Stuttgart 1935.

Wiedmann, Franz: Georg Wilhelm Friedrich Hegel. Mit Selbstzeugnissen und Bilddokumenten, Reinbek bei Hamburg 2003.

Wiegand, Josef: Informatik und Großforschung. Geschichte der Gesellschaft für Mathematik und Datenverarbeitung, Frankfurt am Main 1994.

Wiesner, Herbert: Der Sturm auf Magnus Hirschfelds Institut für Sexualwissenschaft, in: Zeitschrift für Geschichtswissenschaft 51 (2003), S. 398–406.

Wildung, Dietrich: Preußen am Nil, Berlin 2002.

Winau, Rolf: Medizin in Berlin, Berlin u.a. 1987.

Winteroll, Michael: Die Geschichte Berlins. Ein Stadtführer durch die Jahrhunderte, Berlin 2002.

Witt, Peter-Christian: Wissenschaftsfinanzierung zwischen Inflation und Deflation. Die Kaiser-Wilhelm-Gesellschaft 1918/19–1934/35, in: Rudolf Vierhaus/Bernhard vom Brocke (Hg.): Forschung im Spannungsfeld von Politik und Gesellschaft. Geschichte und Struktur der Kaiser-Wilhelm/Max-Planck-Gesellschaft, Stuttgart 1990, S. 579–656.

Wittmann, Barbara: Das Porträt der Spezies. Zeichnen im Naturkundemuseum, in: Christoph Hoffmann (Hg.): Daten sichern. Schreiben und Zeichnen als Verfahren der Aufzeichnung, Zürich 2008, S. 47–72.

Wolf, Charlotte: Magnus Hirschfeld – A Portrait of a Pioneer of Sexology, London u.a. 1985.

Wolff, Stefan L.: Die Quecksilberdampflampe von Leo Arons, in: Ulf Hashagen/Oskar Blumtritt/Helmuth Trischler (Hg.): Circa 1903. Artefakte in der Gründungszeit des Deutschen Museums, München 2003, S. 329–346.

Wolf-Heidegger, Gerhard/Cetto, Anna Maria: Die anatomische Sektion in bildlicher Darstellung, Basel u.a. 1967.

Wolle, Stefan: Der Traum von der Revolte. Die DDR 1968, Berlin 2008.

Wrede, Henning: 125 Jahre Berliner Ausgrabungen in Olympia. Das ›Friedenswerk‹ der deutschen Einheit, in: Horst Bredekamp/Jochen Brüning/Cornelia Weber (Hg.): Theatrum naturae et artis – Theater der Natur und Kunst. Wunderkammern des Wissens, Ausstellungskatalog, Berlin 2000, S. 99–109.

Wrede, Henning: Olympia. Ernst Curtius und die kulturgeschichtliche Leistung des Philhellenismus, in: Annette M. Baertschi/Colin G. King (Hg.): Die modernen Väter der Antike. Die Entwicklung der Altertumswissenschaften an Akademie und Universität im Berlin des 19. Jahrhunderts, Berlin 2009, S. 165–208.

Wußing, Hans: 6000 Jahre Mathematik. Eine kulturgeschichtliche Zeitreise, Bd. 1: Von den Anfängen bis Leibniz und Newton, Berlin 2008.

Zacher, Hans J.: Die Hauptschriften zur Dyadik von G. W. Leibniz. Ein Beitrag zur Geschichte des binären Zahlensystems, Frankfurt am Main 1973.

Zanker, Paul: Studien zu den Augustus-Porträts, Bd. 1: Der Actium-Typus, Göttingen 1973.

Zanker, Paul: Die Maske des Sokrates. Das Bild des Intellektuellen in der antiken Kunst, München 1995.

Zantop, Susanne M.: Kolonialphantasien im vorkolonialen Deutschland (1770–1870), Berlin 1999.

Zeller, Joachim: »Das Interesse an der Kolonialpolitik fördern und heben« – Das Deutsche Kolonialmuseum in Berlin, in: Ulrich van der Heyden/Joachim Zeller (Hg.): Kolonialmetropole Berlin. Eine Spurensuche, Berlin 2002, S. 142–149.

Zentrum für transdisziplinäre Geschlechterstudien der Humboldt-Universität zu Berlin (Hg.): Störgröße »F«. Frauenstudium und Wissenschaftlerinnenkarrieren an der Friedrich-Wilhelms-Universität Berlin – 1892 bis 1945, Berlin 2010.

Ziegelmann, Horst: Albert Einstein. Leben und Werk, Norderstedt 2005.

Ziegler, Hansgeorg: Ein Stück Zukunft vertan. Der Niedergang der Industrieforschung Ost, in: Deutschlandarchiv 26 (1993), S. 689–702.

Ziegler, Susanne: Die Wachszylinder des Berliner Phonogramm-Archivs, Berlin 2006.

Zimmerman, Andrew: Anthropology and Antihumanism in Imperial Germany, Chicago u.a. 2001.

Ziolkowski, Theodore: Berlin. Aufstieg einer Kulturmetropole um 1810, Stuttgart 2002.

Zögner, Lothar: Die Welt in Händen. Globus und Karte als Modell von Erde und Raum, Ausstellungskatalog, Berlin 1989.

Zuelzer, Wolf: Der Fall Nicolai, Frankfurt am Main 1981.

Zuse, Konrad: Rechnender Raum, Braunschweig 1969.

Zuse, Konrad: Der Computer – Mein Lebenswerk, Berlin 1993.

Meyerheim, Paul (1842–1915)   45

Meyerhof, Otto (1884–1951)   169

Mitterrand, François (1916–196)   88

Möbius, Karl (1876–1953)   46

Moede, Walther (1888–1958)   170, 180

Mommsen, Theodor (1817–1903)   29, 135, 137, 142, 144f., 159, 280, 308, 332, 334, 342

Morsbach, Adolf (1890–1937)   169

Moulton Thorndike, Alan (1918–2006)   208

Müffling, Friedrich Carl Ferdinand (1775–1851)   337

Müllenhoff, Karl (1818–1884)   47

Müller, Johannes Peter (1801–1858)   29, 52, 61, 124, 141, 218, 231, 279f.

Müller von Reichenstein, Franz Joseph (1740–1825)   114

Munk, Hermann (1839–1912)   345

Musil, Robert (1880–1942)   226

Mützel, Gustav (1839–1893)   353

Napoleon Bonaparte (1769–1821)   25, 68, 126

Naudé, Philippe (1884–1745)   317

Naumann, Friedrich (1860–1919)   167

Nauwerck, Karl (1810–1891)   127

Neander, Johann August Wilhelm (1789–1850)   27

Nees von Esenbeck, Christian Gottfried Daniel (1776–1858)   247

Nelson, Ted (*1937)   39

Nernst, Walther (1864–1941)   139, 169

Nesselmann, Georg Heinrich Ferdinand (1811–1881)   268

Neubauer, Theodor (1890–1945)   174

Neumann, Franz (1900–1954)   189

Neumann, John von (1903–1957)   274

Newton, Sir Isaac (1643–1727)   338, 343

Nickel, Hildegard Maria (*1948)   198

Nicolai, Georg Friedrich (1874–1964)   25, 43, 99, 108f., 154f., 166

Niebuhr, Barthold Georg (1776–1831)   28, 118

Nietzsche, Friedrich Wilhelm (1844–1900)   301, 362f., 365–367

Nolte, Ernst (*1923)   341f., 345f.

Norden, Eduard (1868–1941)   166

Ôgai, Mori (1862–1922)   240

Ohnesorg, Benno (1940–1967)   192

Olfers, Ignaz von (1798–1872)   114, 250, 254

Oncken, Hermann (1869–1945)   154

Oppenheim, Max Freiherr von (1869–1945)   164

Orlik, Emil (1870–1932)   171

Ossietzky, Carl von (1889–1938)   169

Oswald, Richard (1880–1963)   173

Otto, Frei (*1925)   307f.

Pabel, Hilmar (1910–2000)   193

Pahlavi, Mohammad Reza, Schah von Persien (1919–1980)   192f.

Pallas, Peter Simon (1741–1811)   114f., 249

Pätzold, Kurt (*1930)   195

Pauli, Wolfgang (1900–1958)   274f.

Pechstein, Max (1881–1956)   171

Pell, John (1611–1685)   343

Pernety, Antoine-Joseph (1716–1796)   345

Peters, Wilhelm (1815–1883)   264

Pettenkofer, Max von (1818–1901)   345

Pfaundler, Leopold (1839–1920)   147

Pinder, Wilhelm (1878–1947)   176

Pintsch, Helene (1857–1923)   163

Pintsch, Oskar (1844–1912)   163

Planck, Max (1858–1947)   142, 147, 155, 157, 159, 169f., 177

Platzer, Johann Georg (1704–1761)   205f.

Popper, Karl (1902–1994)   226

Pöthig, Reinhold (1877–1955)   318

Pott, Johann Heinrich (1692–1777)   98

Pound, Ezra (1885–1972)   274

Prandtl, Ludwig (1875–1953)   356

Preuss, Konrad Theodor (1869–1938)   240

Pufendorf, Samuel Freiherr von (1632–1694)   101

Quetelet, Adolphe (1796–1874)   325

Rabinowitsch-Kempner, Lydia (1871–1935)   146

Ramakrishnan, Venkatraman (*1952)   79

Ranke, Leopold von (1795–1886)   28, 124, 280

Raspe, Gabriel Nicolaus (1712–1785)   111

Rathenau, Emil Moritz (1838–1915)   151

Rathenau, Walter (1867–1922)   170

Raue, Johann (1610–1679)   101, 266

Raumer, Friedrich Ludwig (1781–1873)   27

Reichenbach, Georg von (1771–1826)   338

Reichert, Karl Bogislaus (1811–1883)   280

Reimer, Georg Andreas (1776–1842)   125

Remak, Robert (1815–1865)   211f., 217f., 279

Reuleaux, Franz (1829–1905)   140f.

Richards, Dickinson (1895–1973)   358

Richthofen, Ferdinand Freiherr von (1833–1905)   266

Riedel, Gabriel (1781–1859)   268

Riedler, Alois (1850–1936)   140f.

Riese, Adam (1492/1493–1559)   312

Ritter, Carl (1779–1859)   27, 119, 124, 335

Röntgen, Wilhelm Conrad (1845–1923)   358

Roosevelt, Franklin Delano (1882–1945)   37

Rose, Gustav (1798–1873)   243

Rose, Heinrich (1795–1864)   124

Roth, Joseph (1894–1939)   178

Rudolphi, Karl Asmund (1771–1832)   246, 280

Rumjanzew, Graf Nikolai P. (1757–1826)   245

Rürup, Reinhard (*1934)   195

Ruska, Ernst (1906–1988)   54, 189, 234f., 307

Sack, Friedrich Samuel Gottfried (1738–1817)   70

Saint-Simon, Claude Henri de Rouvroy de (1760–1825)   217

Salomon, Alice (1872–1948)   145, 179

Sand, Karl (1795–1820)   120

Sandvoß, Hans-Rainer (*1949)   195

Sauerbruch, Ferdinand (1875–1951)   161f., 176, 358

Savigny, Friedrich Carl von (1779–1861)   27f., 68, 118–120, 123

Schaarschmidt, August (1720–1791)   106

Schabinger, Karl Emil (1877–1967)   163f.

Schadow, Johann Gottfried (1764–1850)   65, 325–327, 329f.

Schadow, Lida (1821–1895)   329

Schäfer, Dietrich (1845–1929)()   159

Schardin, Hubert (1902–1965)   356

Scharoun, Hans (1893–1972)   220f.

Scheffauer, Georg (1887–1927)   166

Scheffler, Karl (1869–1951)   347

Schelling, Friedrich Wilhelm (1775–1854)   120, 122f.

Schellong, Otto (1858–1945)   313

Scherer, Heinrich (1628–1704)   35

Scherz, Johann Georg (1678–1754)   268

Schiek, Friedrich Wilhelm (1790–1870)   141

Schiemann, Elisabeth (1881–1974)   184

Schinkel, Karl Friedrich (1781–1841)   28, 129, 131, 211, 219

Schlegel, August Wilhelm (1767–1845)   43

Schlegel, Friedrich (1772–1829)   68, 215

Schleiden, Matthias Jacob (1804–1881)   124, 218

Schleiermacher, Friedrich Daniel Ernst (1768–1834)   26–28, 43, 66–74, 118, 120f., 123, 127, 275–278, 280, 365

Schlemm, Friedrich (1795–1859)   281

Schlesinger, Georg (1874–1949)   170,

Schlesinger, Hermann (1866–1934)   279,

Schlesinger, Johann Jakob (1792–1855)   122

Schmalz, Theodor Anton Heinrich (1760–1831)   68, 121, 124

Schmettau, Friedrich Wilhelm Carl Graf von (1743–1806)   337

Schmettau, Samuel von (1864–1751)   337

Schmidt, Georg Gottlieb (1768–1837)   304

Schmidt, Johann Gottfried (1764–1803)   102

Schmidt-Ott, Friedrich (1860–1956)   30, 155

Schmitt, Carl (1888–1985)   176

Schmoller, Gustav (1838–1917)   145, 154

Schnebel, Carl (1874–1939[?])   152

Schopenhauer, Arthur (1788–1860)   120, 123, 276, 366

Schoppe, Julius (1795–1868)   27

Schramm, Hilde (*1936)   197

Schrempf, Christoph (1860–1944)   347

Schröder, Richard (1788–1860)

Schuckmann, Friedrich von (1755–1834)   27

Schueren, Gert van der (1411–1496)   268

Schulenburg-Kehnert, Friedrich Wilhelm Graf von der (1742–1815)   337

Schultz, Johann Bernhard (†1695)   100

Schultz-Henke, Dankmar (1857–1913)   358

Schulze, Franz Eilhard (1840–1921)   288,

Schulze-Boysen, Harro (1909–1942)   174f., 184

Schulze-Boysen, Libertas (1913–1942)   175

Schulze-Delitzsch, Hermann (1808–1883)   46

Schumacher, Heinrich Christian (1780–1850)   243

Schünemann, Georg (1884–1945)   164

Schütz, Christian Gottfried (1747–1832)   303

Schwann, Theodor (1810–1882)   218, 279

Schwarz, Joachim (1930–1998)   191

Sedlmair, Richard (1890–1963)   176

Seeberg, Reinhold (1859–1935)   159

Seghers, Anna (1900–1983)   178

Seifert, Otto (1888–1959)   281f.

Sellow, Friedrich (ca. 1789–1831)   114

Sello, Johann Wilhelm (1753–1822)   107

Sering, Max (1857–1939)   145, 178

Shaftesbury, Anthony Ashley-Cooper (1621–1683)   215

Leihgeberverzeichnis

Aalen
Archäologisches Landesmuseum Baden-Württemberg – Limesmuseum Aalen, Rastatt

Amsterdam, Niederlande
Netherlands Institute for War Documentation, CJ Amsterdam

Bad Honnef
Deutsche Physikalische Gesellschaft e.V. (DPG)

Bern, Schweiz
Graphische Sammlung, Schweizerische Nationalbibliothek Bern

Berlin
Abguss-Sammlung Antiker Plastik der FU Berlin
Akademie der Künste, Archiv
Akademie der Künste, Berlin, Walter Benjamin Archiv / Hamburger Stiftung zur Förderung von Wissenschaft und Kultur
Alice Salomon Archiv der Alice Salomon Hochschule Berlin
Architekturmuseum der Technischen Universität Berlin in der Universitätsbibliothek
Archiv der Max-Planck-Gesellschaft, Berlin-Dahlem
Archiv Schloss Tegel
Auswärtiges Amt – Politisches Archiv
Ralf Baecker
Berlin-Brandenburgische Akademie der Wissenschaften
Berlin-Brandenburgische Akademie der Wissenschaften, Akademiearchiv
Berlin-Brandenburgische Akademie der Wissenschaften, Akademiebibliothek
Berlin-Brandenburgische Akademie der Wissenschaften, Arbeitsstelle »Deutsche Texte des Mittelalters«
Berlin-Brandenburgische Akademie der Wissenschaften, Archiv Altäg. Wörterbuch
Berlin-Brandenburgische Akademie der Wissenschaften, Archiv der Arbeitsstelle des Corpus Inscriptionum Latinarum
Berlin-Brandenburgische Akademie der Wissenschaften, Bibliothek »Deutsche Texte des Mittelalters« und Akademiebibliothek
Berlin-Brandenburgische Akademie der Wissenschaften, Deutsches Wörterbuch – Neubearbeitung
Berliner Geschichtswerkstatt e.V.
Berliner Gesellschaft für Anthropologie, Ethnologie und Urgeschichte
Berliner Medizinhistorisches Museum der Charité
Berlinische Galerie – Landesmuseum für Moderne Kunst, Fotografie und Architektur
Botanischer Garten und Botanisches Museum Berlin-Dahlem, Freie Universität Berlin
Charité – Universitätsmedizin Berlin, CCM, Centrum für Anatomie

Charité – Universitätsmedizin Berlin, Institut für Mikrobiologie und Hygiene, Robert-Koch-Museum
Deutsche Orient-Gesellschaft e.V.
Deutsches Archäologisches Institut, Zentrale Berlin, Archiv
Deutsches Blinden-Museum Berlin
Deutsches Technikmuseum Berlin
Jens Dobler
Ernst Ruska Archiv
Prof. G. Ertl, Fritz-Haber-Institut der MPG
Evangelisches Landeskirchenarchiv in Berlin
Frauenforschungs-, -bildungs- und -informationszentrum FFBIZ e.V.
Fraunhofer-Institut für Rechnerarchitektur und Softwaretechnik FIRST
Freie Universität Berlin, Fachbereich Physik, Didaktik der Physik, AG Nordmeier
Geheimes Staatsarchiv Preußischer Kulturbesitz
Gesteinssammlung des Geographischen Institutes der Humboldt-Universität zu Berlin
Gipsformerei der Staatlichen Museen zu Berlin
Graefe-Sammlung der Deutschen Ophthalmologischen Gesellschaft am Berliner Medizinhistorischen Museum der Charité – Universitätsmedizin Berlin
Verena V. Hafner
Humboldt-Universität zu Berlin
Humboldt-Universität zu Berlin – Universitätsbibliothek, Zweigbibliothek Naturwissenschaften
Ibero-Amerikanisches Institut, Stiftung Preußischer Kulturbesitz
Institut für Energietechnik der Technischen Universität Berlin
Institut für Mathematik der Humboldt-Universität zu Berlin
Institut für Meteorologie der Freien Universität Berlin
Institut für Physik der Humboldt-Universität zu Berlin, AG Kristallographie
Institut für Veterinär-Anatomie, Fachbereich Veterinärmedizin, Freie Universität Berlin
Kartensammlung des Geographischen Instituts der Humboldt-Universität zu Berlin
Helmut Keupp
Kay Kohlmeyer
Ingrid Kummels
Kustodie – Kunstschätze der Humboldt-Universität zu Berlin
Land Berlin, vertreten durch den regierenden Bürgermeister von Berlin – Senatskanzlei – Bereich Kultur, diese vertreten durch das Landesarchiv Berlin, vertreten durch den Direktor
Lautarchiv der Humboldt-Universität
Magnus-Hirschfeld-Gesellschaft
Martin-Gropius-Bau Berlin, Möbellager
Kai Matuschewski
Medienarchäologischer Fundus am Lehrgebiet Medientheorien des Instituts für Musikwissenschaft und Medienwissenschaft der Humboldt-Universität zu Berlin
Medizinhistorisches Museum des Johannes-Müller-Instituts für Physiologie

Medizinische Bibliothek der Charité – Universitätsmedizin Berlin
Alexander Moers
Maria-Andrea Mroginski
Museum für Kommunikation Berlin
Museum für Naturkunde – Leibniz-Institut für Evolutions- und Biodiversitätsforschung an der Humboldt-Universität zu Berlin
Kristina Normann
Marisa Pamplona
Physikalisch-Technische Bundesanstalt – Institut Berlin
Gerhard Ploch
Dr. Jürgen Rauschenbach
Robert-Koch-Institut
Sammlungen des Winckelmann-Instituts
Igor M. Sauer
Prof. Dr.-Ing. Dr. h. c. mult. Günter Spur
Staatliche Museen zu Berlin, Ägyptisches Museum und Papyrussammlung
Staatliche Museen zu Berlin, Antikensammlung
Staatliche Museen zu Berlin, Ethnologisches Museum
Staatliche Museen zu Berlin, Gemäldegalerie
Staatliche Museen zu Berlin, Kunstbibliothek
Staatliche Museen zu Berlin, Kunstgewerbemuseum
Staatliche Museen zu Berlin, Kupferstichkabinett
Staatliche Museen zu Berlin, Münzkabinett
Staatliche Museen zu Berlin, Museum für Asiatische Kunst
Staatliche Museen zu Berlin, Museum für Asiatische Kunst, Kunstsammlung Süd-, Südost- und Zentralasien
Staatliche Museen zu Berlin, Museum für Islamische Kunst
Staatliche Museen zu Berlin, Museum für Vor- und Frühgeschichte
Staatliche Museen zu Berlin, Nationalgalerie
Staatliche Museen zu Berlin, Vorderasiatisches Museum
Staatliche Museen zu Berlin, Zentralarchiv
Staatsbibliothek zu Berlin – Preußischer Kulturbesitz
Staatsbibliothek zu Berlin – Preußischer Kulturbesitz, Handschriftenabteilung
Staatsbibliothek zu Berlin – Preußischer Kulturbesitz, Historische Drucke
Staatsbibliothek zu Berlin – Preußischer Kulturbesitz, Kinder- und Jugendbuchabteilung
Staatsbibliothek zu Berlin – Preußischer Kulturbesitz, Musikabteilung mit Mendelssohn-Archiv
Staatsbibliothek zu Berlin – Preußischer Kulturbesitz, Ostasienabteilung
Stefan Mundlos
Steffen Mischke
Stiftung Deutsches Historisches Museum
Stiftung Stadtmuseum Berlin
Stiftung Topographie des Terrors
Sudanarchäologische Sammlung der Humboldt-Universität zu Berlin
Technische Abteilung der Humboldt-Universität zu Berlin (Möbellager)
Technische Universität Berlin, Universitätsbibliothek
Universitätsarchiv der Freien Universität Berlin

Universitätsarchiv der Humboldt-Universität zu Berlin
Universitätsarchiv der Technischen Universität Berlin
in der Universitätsbibliothek
Universitätsbibliothek der Freien Universität Berlin
Universitätsbibliothek der Humboldt-Universität zu
Berlin
Universitätsbibliothek der Humboldt-Universität zu
Berlin, Zweigbibliothek Campus Nord
Zentral- und Landesbibliothek Berlin. Stiftung des
öffentlichen Rechts
Zentrum für Antisemitismusforschung der Techni-
schen Universität Berlin
Zentrum für transdisziplinäre Geschlechterstudien
an der Humboldt-Universität zu Berlin
Zoologische Lehrsammlung, Institut für Biologie,
Humboldt-Universität zu Berlin
Horst Zuse

Braunschweig
Braunschweigisches Landesmuseum
Bertholdt Burkhardt

Cambridge, Groß Britannien
Churchill Archives Centre, Churchill College,
Cambridge

Dresden
Deutsches Hygiene-Museum
Militärhistorisches Museum der Bundeswehr
Museen der Stadt Dresden, Technische Sammlungen
Museum für Völkerkunde Dresden, Staatliche
Ethnographische Sammlungen Sachsen,
Staatliche Kunstsammlungen Dresden
Sächsische Landesbibliothek – Staats- und Univer-
sitätsbibliothek Dresden

Düsseldorf
C. & O. Vogt-Institut für Hirnforschung, Heinrich-
Heine-Universität Düsseldorf

Frankfurt am Main
Senckenbergisches Institut für Geschichte und Ethik
der Medizin

Göttingen
Niedersächsische Staats- und Universitätsbibliothek
Göttingen

Halle
Franckesche Stiftungen zu Halle

Hamburg
Archiv des Hamburger Instituts für Sozialforschung
Museum für Kunst und Gewerbe Hamburg

Hannover
Gottfried Wilhelm Leibniz Bibliothek – Niedersächsische Landesbibliothek

Heidelberg
Institut für Geschichte und Ethik der Medizin,
Ruprecht-Karls-Universität Heidelberg
Philipp Osten

Ingolstadt
Bayerisches Armeemuseum
Deutsches Medizinhistorisches Museum Ingolstadt

Jena
Hilprecht-Sammlung im Eigentum der Friedrich-
Schiller-Universität Jena

Jerusalem, Israel
The Albert Einstein Archives at The Hebrew
University of Jerusalem

Karlsruhe
Dr. Timo Mappes, Karlsruhe, www.musoptin.com
Landesarchiv Baden-Württemberg Abteilung
Generallandesarchiv Karlsruhe

Kiel
Fachhochschule Kiel

Köln
Hausarchiv des Bankhauses Sal. Oppenheim
AG & Co. KGaA

Leipzig
Universitätsbibliothek Leipzig

Luckenwalde
Heimatmuseum Luckenwalde

Marbach a. N.
Deutsches Literaturarchiv Marbach

Marburg
Emil-von-Behring-Bibliothek für Geschichte und
Ethik der Medizin, Philipps-Universität Marburg
Universitätsbibliothek Marburg, Heike Heuser
Völkerkundliche Sammlung, Fachgebiet Kultur-
und Sozialanthropologie, Philipps-Universität
Marburg

München
Bayerische Staatsbibliothek München
Deutsches Museum, München
Hansjörg Volkhardt
Karl Stehle
Münchner Stadtmuseum
Siemens Corporate Archives
Staatssammlung f. Anthropologie und Paläo-
anatomie, Abt. Anthropologie

Pasadena, USA
Archives, California Institute of Technology

Potsdam
Astrophysikalisches Institut Potsdam
Brandenburgisches Landesinstitut für Rechtsmedizin
Deutsches GeoForschungsZentrum GFZ
Stiftung Preußische Schlösser und Gärten Berlin-
Brandenburg

Rostock
Universitätsbibliothek Rostock

Stuttgart
Linden-Museum Stuttgart, Staatliches Museum
für Völkerkunde

Wiesbaden
Hessisches Hauptstaatsarchiv Wiesbaden

Weinheim
Mario Rainer Lepsius

Wolfenbüttel
Herzog August Bibliothek

Zeuthen
Deutsches Elektronen-Synchrotron DESY
Hermann Meier

Lizenzgeber Medien, Filme

attacca Filmproduktion
Bundesarchiv, Filmarchiv. Lizenzgeber: Transit Film
GmbH
Charité – Universitätsmedizin Berlin. Lizenzgeber:
IWF Göttingen
DEFA-Stiftung 1999. Lizenzgeber: Progress Film-
Verleih GmbH, Berlin
Deutsche Wochenschau GmbH, Hamburg
Deutsches Hygiene-Museum
Deutsches Rundfunkarchiv
FU Berlin, FB Mathematik und Informatik
FU Berlin, Institut für Meteorologie
Humboldt-Universität zu Berlin, Institut für
Musikwissenschaft und Medienwissenschaft,
Lautarchiv
Ingrid Kummels. Lizenzgeber: WDR
IWF Göttingen
KirchMedia GmbH & Co. KGaA i. In., Unterföhring.
Lizenzgeber: Deutsches Filminstitut – DIF e.V.,
Frankfurt am Main
Max Delbrück Center (MDC) for Molecular Medicine,
Berlin
Max-Planck-Institut für Gravitationsphysik (Albert-
Einstein-Institut), Potsdam; Zuse-Institut Berlin
Nachlass Carl Lamb
Nachlass Hans Cürlis
NDR
R.C.F.-Film Gesellschaft, Berlin
RIAS Berlin. Lizenzgeber: Deutschlandradio
Staatliche Museen zu Berlin – Preußischer
Kulturbesitz
teamstratenwerth, Basel
The U.S. National Archives and Records Administra-
tion Tonproduktion: teamstratenwerth, Basel
Mit freundlicher Genehmigung der polyband Medien
GmbH
WDR
weltwissen, uncertainty-film – Ralf Hinterding, 2010

Danksagung

Wir möchten denjenigen Personen danken, die uns bei der Vorbereitung und Realisierung von Ausstellung und Katalog mit Rat und Unterstützung geholfen haben. Wir danken den zahlreichen in das Projekt involvierten Mitarbeitern der Veranstalter, Partnerinstitutionen, Leihgeber und des Martin-Gropius-Bau.

Olad Aden, Berlin
Hans-Martin Adler, Berlin
Monika Anderegg, Bern
Erhard Anthes, Ludwigsburg
Andreas Arndt, Berlin
Elke Bannicke, Berlin
Eva-Maria Barkhausen, Berlin
Alexandra Nina Bauer, Potsdam
Laurin Baumgardt, Berlin
Lorenz Beck, Berlin
Thomas Beddies, Berlin
Udo Benzenhöfer, Frankfurt am Main
Regina von Berlepsch, Potsdam
Roland Bertelmann, Potsdam
Marion Bertram, Berlin
Falk Blask, Berlin
Peter Bolz, Berlin
Regina Borchert, Berlin
Horst Bredekamp, Berlin
Matthias Bruhn, Berlin
Ewald Bubner, Dorsten
Oksana Bulgakowa, Berlin
Mariana Bulaty, Berlin,
Ralf Bülow, Kiel
Berthold Burkhardt, Braunschweig
Roman Buß, Berlin
Herbert Butz, Berlin
Tina Campt, New York
Wolfgang Crom, Berlin
Ferdinand Damaschun, Berlin
Peter Damerow, Berlin
Tile von Damm, Berlin
Frank Dittmann, München
Daniela Döring, Berlin
Ilona Domke, Berlin
Astrid Dostert, Berlin
Frank Drauschke, Berlin
Ines Drescher, Berlin
Desmond Durkin-Meistererernst, Berlin
Bernd Ebert, Berlin
Vera Enke, Berlin
Manfred Erhardt, Berlin
Wolfgang Ernst, Berlin
Lutz Fahrenkrog-Petersen, Berlin
Beate Fähse, Berlin

Olaf Fechner, Rundeshagen
Reiner Felsberg, Berlin
Stefanie Firyn, Berlin
Erika Fischer-Lichte, Berlin
Klaus von Fleischbein-Brinkschulte, Berlin
Bert Flemming, Berlin
Hermann Forkl, Stuttgart
Julia Franke, Berlin
Lina Franke, Berlin
Norbert Franken, Berlin´
Ute Frevert, Berlin
Petra Fuchs, Berlin
Christian Fuhrmeister, München
Michael Funke, Leipzig
Raffael D. Gadebusch, Berlin
Maria Gaida, Berlin
Kathrin Gantner, Berlin
Petra Gebeschus, Berlin
Anna Gestering, Berlin
Robert Giel, Berlin
Matthias Glaubrecht, Berlin
Anne Glock, Berlin
Ulf Göbel, Berlin
Steffi Graeser, Berlin
Silke Grallert, Berlin
Roni Grosz, Jerusalem
Kathrin Grotz, Berlin
Noa Ha, Berlin
Richard Haas, Berlin
Sabine Hackethal, Berlin
Ingelore Hafemann, Berlin
Verena Hafner, Berlin
Anke Hahn, Berlin
Ines Hahn, Berlin
Carmen Hammer, Berlin
Ulf Hashagen, München
Hartmut Häußermann, Berlin
Karsten Heck, Berlin
Isabell Heinemann, Münster
Markus Heinz, Berlin
Ulrich von Heinz, Berlin
Holger Helbig, Berlin
Katrin Herbst, Berlin
Klaus-Dieter Herbst, Jena
Melanie Hertel-Terbach, Berlin
Volker Hess, Berlin
Evelyn Heuckendorf, Berlin
Irene Hilden, Berlin
Almut Hoffmann, Berlin
Bernd Hoffmann, Berlin
Monika Hoffmann, Berlin
Carolin Höfler, Berlin
Nora Hogrefe, Berlin
Joseph Hoppe, Berlin
Frank Hörnigk, Berlin
Anja Horst, Berlin

Gisela Jacobasch, Berlin
Sanne Jaeger, Berlin
Gabriele Jähnert, Berlin
Anna Lena Joisten, Berlin
Peter Junge, Berlin
Horst Junker, Berlin
Bertold Just, Berlin
Torsten Kahlert, Berlin
Yukiyo Kasai, Berlin
Wolfgang Kaschuba, Berlin
Karin Kase, Berlin
Robert Kastl, Berlin
Christoph Keller, Berlin
Angelika Keune, Berlin
Helmut Keupp, Berlin
Susanne Kiewitz, Berlin
Anna Kijaniza, Berlin
Helen Kim, Berlin
Jürgen Kleidt, München
Cornelia Kleinitz, Berlin
Eberhard Knobloch, Berlin
Wolfgang Knobloch, Berlin
Jürgen Kocka, Berlin
Martin Koerber, Berlin
Stefanie Kofnit, Berlin
Kay Kohlmeyer, Berlin
Michael Kowalski, Ingolstadt
Sybille Krämer, Berlin
Till Krause, Hamburg
Joachim Krausse, Berlin
Manfred Krebernik, Jena
Martin Kröger, Berlin
Ulrich Kubisch, Berlin
Andreas Kubitza, Berlin
Thomas Kuczynski, Berlin
Katja Kühn, Berlin
Ingrid Kummels, Berlin
Beate Kunst, Berlin
Elisabeth Lack, Berlin
Walter Lack, Berlin
Hubert Laitko, Berlin
Lothar Lambacher, Berlin
Hannelore Landsberg, Berlin
Jan Lazardzig, Berlin
David Lazarus, Berlin
Verena Lepper, Berlin
Paul Lerner, Los Angeles
Annette Lewerentz, Berlin
Lilou, Berlin
Bernd Lindemann, Berlin
Anke Lünsmann, Berlin
Carsten Lüter, Berlin
Bernd Mahr, Berlin
Jürgen Mahrenholz, Berlin
Timo Mappes, Karlsruhe
Nigjar Marduchaeva, Berlin

Patricia Marquardt, Berlin
Michael Marx, Potsdam
Ursula Marx, Berlin
Roswitha März, Berlin
Joachim Marzahn, Berlin
Kai Matuschewski, Berlin
Michael Matthes, Berlin
Harald Meier, Norderstedt
Frank Melchert, Berlin
Michael Metzger, Berlin
Steffen Mischke, Berlin
Julietta Mollinedo Montenegro, Berlin
Maria-Andrea Mrogrinski, Berlin
Falk Müller, Frankfurt am Main
Stefan Mundlos, Berlin
Katrin Mundorf, Berlin
Gunnar Musan, München
Kilian Müller, Berlin
Herfried Münkler, Berlin
Siegmar Nahser, Berlin
Manfred Neuhaus, Berlin
Renate Nickel, Berlin
Kristina Normann, Berlin
Beate Obua, Berlin
Sven Olaf Oehlsen, Berlin
Philipp Osten, Heidelberg
Frei Otto, Leonberg
Everardus Overgaauw, Berlin
Marisa Pamplona, Berlin
Hartmut Petzold, Berlin
Roland Platz, Berlin
Johanna Plendl, Berlin
Gerhard Ploch, Berlin
Angie Pohlers, Berlin
Carola Pohlmann, Berlin
Carola Radke, Berlin
Patricia Rahemipour, Berlin
Ingo Rechenberg, Berlin
Helmut Recknagel, Berlin
Martin Rehbock, München
Angelika Reimer, Berlin
Thomas Reinhard, Berlin
Ansgar Reiss, Ingolstadt
Stefan Remler, Ingolstadt
Constanze Richter, Berlin
Thomas Richter, Berlin
Ester von Richthofen, Berlin
Nadine Riedel, Berlin
Simone Rieger, Berlin
Elisabeth Rochau-Shalem, Berlin
Volker Roelcke, Giessen
Maike Rotzoll, Heidelberg
Maria Ruisinger, Ingolstadt
Dietmar Ruppert, Berlin
Lilla Russell-Smith, Berlin
Peter Sandner, Wiesbaden

Igor M. Sauer, Berlin
Joachim Sauer, Berlin
Holger Scheerschmidt, Berlin
Gerd Schilling, Berlin
Markus Schindlbeck, Berlin
Johanna Schlaack, Berlin
Jan Schlink, München
Robert Schlögl, Berlin
Jörg Schmalfuß, Berlin
Sibylle Schmerbach, Berlin
Manfred G. Schmidt, Berlin
Alrun Schmidtke, Berlin
Marco Schneider, Berlin
Gerhard Scholtz, Berlin
Beate Schreiber, Berlin
Nele Schröder, Berlin
Richard Schröder, Berlin
Martin Schubert, Berlin
Michael Schudack, Berlin
Bert Schülke, Berlin
Sabrina Schulze, Berlin
Winfried Schultze, Berlin
Claudia Schuster, Berlin
Ingo Schwarz, Berlin
Daniela Schwarz-Wings, Berlin
Barbara Segelken, Frankfurt am Main
Christian Sichau, Heilbronn
Christian Sicka, München
Dieter Simon, Berlin
Stefan Simon, Berlin
Günter Spur, Berlin
Jochen Staadt, Berlin
Ralf Steeg, Berlin
Susanne Stemmler, Berlin
Gabriele Stolz, Berlin
Sebastian Stork, Berlin
Martina Stoye, Berlin
Karl-Heinz Stritzke, München
Veit Stürmer, Berlin
Bettina Tacke, Berlin
Julietta Takayanagi, Berlin
Fumi Takayanagi, Berlin
Andreas Teltow, Berlin
Heinz-Elmar Tenorth, Berlin
Jens Thiel, Berlin
Wolfgang Thierse, Berlin
Ilka Thom, Berlin
Meong Reun Thoma, Berlin
Marion Thomma, Berlin
Elisabeth Tietmeyer, Berlin
Jakob Tigges, Berlin
Sascha Topp, Gießen
Heide Tröllmich, Berlin
Ulrich Trottenberg, Sankt Augustin
Thomas Tunsch, Berlin
Inga Turzyn, Berlin

Susanne Uebele, Berlin
Konrad Vanja, Berlin
Wladimir Velminski, Zürich
Birgit Verwiebe, Berlin
Wolfgang Virmond, Berlin
Joseph Vogl, Berlin
Robert Vogt, Berlin
Gerhard Volkheimer, Berlin
Sven Vollrath, Berlin
Horst Völz, Berlin
Maria Walter, Berlin
Jutta Weber, Berlin
Hans-Günther Weide, Berlin
Sigrid Weigel, Berlin
Janet Weigner, Berlin
Kirsten Weining, Berlin
Frauke Weiß, Berlin
Sandra Westerburg, Berlin
Navena Widulin, Berlin
Albrecht Wiedmann, Berlin
Christiane Wienand, Berlin
Lorenz Winkler-Horacek, Berlin
Fabienne Winter, Berlin
Nico Wittenberg, Berlin
Frank Wittendorfer, München
Renate Wittern-Sterzel, Erlangen
Gabriele Wohlauf, Berlin
Gregor Wolff, Berlin
Claudia Zachariae, Berlin
Susanne Ziegler, Berlin
Johannes Zilien, Wiesbaden
Evelyn Zimmermann, Berlin
Olivia Zorn, Berlin

Deutsche Kinemathek – Museum für Film und
Fernsehen, Berlin
Studierende und DozentInnen der Erzieher-
ausbildung der Stiftung SPI, Berlin
Teilnehmer des Seminars: Urbane Akteure an der
Humboldt-Universität zu Berlin, Berlin
Weingut Manz, Weinolsheim
WEISSCAM GmbH, München

Abbildungsverzeichnis

Sabine Krofzik, Jürgen Rybak; Randolf Menzel,
  Institut für Neurobiologie, FU Berlin: Titelbild.
Akademie der Künste, Berlin, Baukunstarchiv;
  VG Bild-Kunst, Bonn 2010: 7-9a.
Akademie der Künste, Berlin, Walter Benjamin
  Archiv; © Hamburger Stiftung zur Förderung
  von Wissenschaft und Kultur/Suhrkamp Verlag:
  7-3f.
Akademie der Künste, Berlin, Archiv: 14-1, 14-4.
Archäologisches Landesmuseum Baden-Württem-
  berg – Limesmuseum Aalen: 17-1.
Architekturmuseum der Technischen Universität
  Berlin in der Universitätsbibliothek: 3-20,
  4-102a.
Archiv der Max-Planck-Gesellschaft, Berlin-Dahlem:
  3-62b, 4-64, 4-82b, 4-82d, 8-15.
Astrophysikalisches Institut Potsdam: 13-11.
Atelier Schneider Berlin: 15-2j.
Ralf Baecker: 13-28.
Berlin-Brandenburgische Akademie der Wissen-
  schaften, Akademiearchiv: 1-13, 1-21, 1-26,
  2-1, 3-32, 3-41, 4-1, 4-38a, 4-40, 4-106,
  12-11, 12-45, 13-4.
Berlin-Brandenburgische Akademie der Wissen-
  schaften, Akademiebibliothek: 1-17.
Berliner Gesellschaft für Anthropologie, Ethnologie
  und Urgeschichte: 14-16b.
Berliner Medizinhistorisches Museum der Charité:
  1-51, 1-52.
Berlinische Galerie; Landesmuseum für Moderne
  Kunst, Fotografie und Architektur; Modellbau
  Ulrich Höhn: 4-67.
Botanischer Garten und Botanisches Museum
  Berlin-Dahlem, Freie Universität Berlin: 1-90.
Bildagentur für Kunst, Kultur und Geschichte (bpk) |
  Bayerische Staatsbibliothek | Heinrich Hoff-
  mann:
  4-93.
Bildagentur für Kunst, Kultur und Geschichte (bpk):
  3-50b, 4-91c, 4-142, 9-3b, 15-1a, 15-1d,
  17-3, 14-18.
Braunschweigisches Landesmuseum, Braunschweig:
  13-7.
Bundesarchiv Koblenz: 3-84c.
Bundesarchiv Berlin: 9-61.
Berthold Burkhardt, Braunschweig: 12-27, 12-28.
Charité – Universitätsmedizin Berlin, CCM, Centrum
  für Anatomie: 4-24.
Deutsche Orient-Gesellschaft, Berlin; Archiv: 10-20.
Deutsches Historisches Museum, Berlin: 4-16.
Deutsches Hygiene-Museum, Dresden: 8-13.
Deutsches Literaturarchiv Marbach: 12-2.
Deutsches Medizinhistorisches Museum Ingolstadt:
  3-51, 4-18.
Deutsches Museum: 4-124, 7-11a, 7-11d, 7-12a,
  8-14, 16-6.

Deutsches Technikmuseum Berlin: 4-70, 9-37b.
Antje Dittmann/MfN: 1-80.
Eberle & Eisfeld | Berlin: 1-7, 1-9, 1-33, 1-34, 2-12,
  2-35, 2-36, 2-59, 2-66, 3-1, 3-18, 3-25i,
  3-25k, 3-25l, 3-29, 4-131, 5-58, 5-61, 6-9,
  7-5a, 7-5e, 7-5f, 7-5g, 7-6, 8-2, 8-5, 8-9,
  9-4a, 9-32, 9-39b, 9-42a, 9-50a, 9-55, 9-57,
  9-58, 9-71, 10-4, 10-8, 10-10, 11-14, 11-15,
  11-25, 11-27, 11-36, 11-55, 11-59, 11 63,
  11-66, 11-75, 11-79, 11-80, 11-85, 11-94,
  11-98c, 11-101, 11-102, 11-108, 11-110,
  12-12, 13-13, 13-14, 13-21a, 14-45, 16-8,
  16-9.
ESA/DLR/FU Berlin (G. Neukum): 16-17.
Ethnologisches Museum, Staatliche Museen zu
  Berlin, Foto: Claudia Obrocki: 3-69, 9-51.
Ethnologisches Museum, Staatliche Museen zu
  Berlin, Foto: Martin Franken: 9-49b.
Evangelisches Landeskirchenarchiv in Berlin; mit
  freundlicher Genehmigung von Frei Otto &
  Ewald Bubner, 2010: 12-30.
Fachhochschule Kiel: 13-16.
Forschungsbibliothek Gotha, Chart. A 448/449,
  Bl. 118r: 13-6.
Geheimes Staatsarchiv Preußischer Kulturbesitz,
  Berlin: 7-7b.
Matthias Glaubrecht/MfN: 10-17a, 10-17b.
Gottfried Wilhelm Leibniz Bibliothek – Niedersächsi-
  sche Landesbibliothek: 7-1.
Hwa Ja Götz/MfN: 1-84, 10-7.
Graphische Sammlung, Schweizerische National-
  bibliothek Bern: 7-10c, 7-10d.
Boris Hars-Tschachotin: 8-20.
Harald Hauswald/OSTKREUZ: 6-10.
Heimatmuseum Luckenwalde: 5-26.
Hessisches Hauptstaatsarchiv Wiesbaden: 4-130.
Nils Hoff/MfN: 16-3.
Ingrid Kummels, Berlin: 9-78e, 9-78f, 9-78b.
Kustodie – Kunstschätze der Humboldt-Universität
  zu Berlin: 2-10, 2-49.
Landesarchiv Berlin: 4-118.
LURI©Weyermann-Flechsenhar: 6-11.
Jürgen-K. Mahrenholz; Humboldt-Universität zu
  Berlin, Institut für Musikwissenschaft und
  Medienwissenschaft; Lautarchiv: 4-33a.
Max-Delbrück-Centrum für Molekulare Medizin
  (MDC) Berlin-Buch: 16-10.
Museum für Naturkunde: 16-4.
Museum für Naturkunde, Bestand: Zool. Mus.,
  Signatur: B VIII/423-25: 16-1.
Museum für Vor- und Frühgeschichte, Staatliche
  Museen zu Berlin - Preußischer Kulturbesitz,
  Foto: Claudia Plamp: 3-73a.
Nachlass Hans Cürlis: 4-74.
Niedersächsische Staats- und Universitätsbibliothek
  Göttingen: 10-13.
PIKO Spielwaren GmbH: 5-59.
Carola Radke/MfN: 1-62, 1-69, 9-27, 10-15.
Robert Koch-Institut, Berlin: 9-66a, 9-66g, 9-67b.
Russländisches Staatliches Archiv für Sozial- und
  Politikgeschichte: 17-2.

Sammlungen des Winckelmann-Instituts: 11-99.
Schloß Tegel, Privatsammlung: 9-9c.
Senckenbergisches Institut für Geschichte und Ethik
  der Medizin, Frankfurt a.M.: 4-120a, b.
Staatliche Museen zu Berlin, Ägyptisches Museum
  und Papyrussammlung, Inv.-Nr.
  Archival./Buch/75: 9-38b.
Staatliche Museen zu Berlin, Ägyptisches Museum
  und Papyrussammlung, Inv.-Nr. ÄM 10114,
  Foto: Jürgen Liepe: 3-65.
Staatliche Museen zu Berlin, Gipsformerei: 14-17.
Staatliche Museen zu Berlin, Kupferstichkabinett:
  9-15, 9-36.
Staatliche Museen zu Berlin, Museum Europäischer
  Kulturen: 3-72.
Staatliche Museen zu Berlin, Museum für Asiatische
  Kunst: 3-71.
Staatliche Museen zu Berlin, Nationalgalerie: 2-13.
Staatliche Museen zu Berlin, Vorderasiatisches
  Museum: 10-18a.
Staatliche Museen zu Berlin, Skulpturensammlung
  und Museum für Byzantinische Kunst: 3.67.
Staatliche Museen zu Berlin, Zentralarchiv: 7-8,
  14-10.
Staatsbibliothek zu Berlin – Preußischer Kulturbesitz,
  Musikabteilung mit Mendelssohn-Archiv: 6-1.
Staatsbibliothek zu Berlin – Stiftung Preußischer
  Kulturbesitz – Handschriftenabteilung: 4-105,
  7-2.
Staatsbibliothek zu Berlin – Stiftung Preußischer
  Kulturbesitz – Kartenabteilung III C: 1-27,
  1-41, 14-33, 14-37, 16-5.
Staatsgalerie Stuttgart: 15-2e.
Stiftung Archiv der deutschen Frauenbewegung,
  Kassel: 15-1c.
Stiftung Preußische Schlösser und Gärten Berlin-
  Brandenburg: 9-43a.
Stiftung Preußische Schlösser und Gärten Berlin-
  Brandenburg/Roland Handrick: 2-67.
Stiftung Stadtmuseum Berlin; Reproduktion:
  Hans-Joachim Bartsch, Berlin: 9-7.
Stiftung Stadtmuseum Berlin; Reproduktion:
  Oliver Ziebe, Berlin: 9-12b, 9-23.
Stiftung Stadtmuseum Berlin Reproduktion:
  Michael Setzpfand, Berlin: 2-40, 2-52, 2-64,
  3-38.
The Hebrew University of Jerusalem, Israel: 7-4a.
ullstein bild: 4-14, 4-43.
UB der HU zu Berlin; Yt 16383: F 8: 2-6.
UB der HU zu Berlin; Smlg. Hdschr. Koll. Nr.: 223:
  11-2.
UB der HU zu Berlin; Hh 1/56: 15-2i.
Virtual Laboratory/MPIWG, Berlin: 14-21.
Völkerkundliche Sammlung, Fachgebiet Kultur-
  und Sozialanthropologie, Philipps-Universität
  Marburg: 9-48a, 9-48f, 9-48g.
Antonia Weiße, Berlin: 8-1, 8-10.
Antonia Weiße, Berlin; mit freundlicher Genehmigung
  der Physikalisch-Technischen Bundesanstalt,
  Institut Berlin, 2010: 3-55a.

Horst Bredekamp: Bild, Beschleunigung und das Gebot der Hermeneutik. Carola Radke/MfN: Abb. 2. Robert Koch-Institut, Archiv, Fotografie, Abzug Nr. 712: Abb. 3a. Robert Koch-Institut, Archiv, Fotografie, Abzug Nr. 714: Abb. 3b. ullstein bild – Zander & Labisch: Abb. 4. Max-Delbrück-Centrum für Molekulare Medizin Berlin-Buch: Abb. 5. Konrad-Zuse-Zentrum für Informationstechnik Berlin: Abb. 6.

Rüdiger vom Bruch: Aufbrüche und Zäsuren. Stationen der Berliner Wissenschaftsgeschichte. bpk – Bildagentur für Kunst, Kultur und Geschichte: Abb. 1, 6, 8. bpk – Bildagentur für Kunst, Kultur und Geschichte | Kupferstichkabinett, SMB | Jörg P. Anders: Abb. 4a, 4b. bpk – Bildagentur für Kunst, Kultur und Geschichte | Friedrich Seidenstücker: Abb. 9. Berlin-Brandenburgische Akademie der Wissenschaften, Archiv, Faksimile Nr. 7/7: Abb. 2. Geheimes Staatsarchiv Preußischer Kulturbesitz, Berlin: Abb. 3. Antonia Weiße, Berlin: 5. Archiv der Max-Planck-Gesellschaft, Berlin-Dahlem: Abb. 7. Bildarchiv Heinrich von der Becke im Sportmuseum Berlin: Abb. 10.

Andreas W. Daum: Bühnen des Wissens – Orte der Anschauung. Zu den Anfängen öffentlicher Wissenschaft in Berlin. ullstein bild: Abb. 1, 4. ullstein bild – Roger Viollet: Abb. 7. bpk – Bildagentur für Kunst, Kultur und Geschichte: Abb. 2, 3, 6. akg-images: Abb. 5. Berliner Gesellschaft für Anthropologie, Ethnologie und Urgeschichte: Abb. 8.

Anke te Heesen: Das Bild der unendlichen Menge. F. Dumur/J. Leborgne, © MNHN: Abb. 1. Antje Dittmann/MfN: Abb. 2. Mark Dion: Abb. 3, 4.

Holger Helbig: Schleiermachers »Grundheft Hermeneutik« als Exponat. Museologische Betrachtung als hermeneutische Praxis. Eberle & Eisfeld | Berlin: Abb. 1, 2, 3, 5. Universitätsbibliothek Marburg, Heike Heuser: Abb. 4. space4, Stuttgart: Abb. 6.

Henning Meyer: Zur Ausstellungsgestaltung. space4, Stuttgart: Abb. 1, 2.

Jürgen Renn/Simone Rieger: Wie Wissen unsere Welt formt. Max-Planck-Institut für Wissenschaftsgeschichte: Abb. 1. Robert Koch-Institut, Berlin, Foto: Franziska Brons: Abb. 2. Deutsches Museum, München: Abb. 3.

Hans-Jörg Rheinberger: Molekulare Modelle als epistemische Objekte. Ribosomen im Spiegel von 50 Jahren Forschung. Ada Yonath, 2010: Abb. 8. Knud H. Nierhaus, 2010: Abb. 3. Melanie L. Oakes: Abb. 7. ASM Press: Abb. 9, 10, 11. Georg Stöffler, Marina Stöffler-Meilecke: Abb. 6.

Thomas Schnalke: Das Ding an sich. Zur Geschichte eines Berliner Gallensteins. Eberle & Eisfeld | Berlin: Abb. 1–7.

Schutzumschlag (Buchhandelsausgabe): Front: Museum für Naturkunde, Berlin; Rückseite: 2-13: bpk/Nationalgalerie, SMB/Klaus Göken; 3-25k: Deutsches Museum, München, Foto: Eberle & Eisfeld | Berlin; 4-14: ullstein bild – Zennig(L); 6-1: © Staatsbibliothek zu Berlin – Preußischer Kulturbesitz, Musikabteilung mit Mendelssohn-Archiv, Mus.ms. autogr. Beethoven, Ludwig van, 2; 7-11d: Deutsches Museum, München; 8-15: Archiv der Max-Planck-Gesellschaft, Berlin-Dahlem; 9-3b: bpk/Kupferstichkabinett, SMB/Volker-H. Schneider; 9-39a: Berlin-Brandenburgische Akademie der Wissenschaften, Archiv Altäg. Wörterbuch, Foto: Eberle & Eisfeld | Berlin; 9-48a: Völkerkundliche Sammlung, Fachgebiet Kultur- und Sozialanthropologie, Philipps-Universität Marburg; 10-17a: Nils Hoff/MfN; 11-110: Abguss-Sammlung Antiker Plastik der FU Berlin, Foto: Eberle & Eisfeld | Berlin; 12-13: Graefe-Sammlung der Deutschen Ophthalmologischen Gesellschaft am Berliner Medizinhistorischen Museum der Charité – Universitätsmedizin Berlin; 12-28: Berthold Burkhardt, Braunschweig; 16-1: Museum für Naturkunde, Berlin, Bestand: Zool. Mus., Signatur: B VIII/423-25; 16-3: Nils Hoff/MfN; 16-5: Staatsbibliothek zu Berlin – Stiftung Preußischer Kulturbesitz – Kartenabteilung III C; 16-8: Robert Koch-Institut, Berlin.

Trotz intensiver Recherchen war es nicht in allen Fällen möglich, die Rechteinhaber der Abbildungen ausfindig zu machen. Berechtigte Ansprüche werden selbstverständlich im Rahmen der üblichen Vereinbarungen abgegolten.

Autorenverzeichnis

AD	Astrid Dostert
AFD	Anna Franziska Dannemann
AF	Angela Fischel
AG	André Grzeszyk
AL	Annette Lewerentz
BHT	Boris Hars-Tschachotin
CM	Cosima Möller
CMJ	Carmen Marcks-Jacobs
CT	Corinna Tomberger
DD	Daniela Döring
ED	Eva Dolezel
EK	Eva Kudraß
EM	Elke Müller
FB	Franziska Brons
FK	Franziska Kunze
FS	Frauke Stuhl
GN	Gerhard Neukum
IH	Ingelore Hafemann
IK	Ingrid Kummels
JH	Jochen Hennig
JR	Jürgen Renn
KB	Kristin Boberg
KG	Klaus Geus
LM	Lisa Medrow
LWH	Lorenz Winkler-Horacek
MGS	Manfred G. Schmidt
MH	Markus Heinz
MK	Michael Kraus
MM	Marion Mücke
NB	Natalie Baumann
ND	Nikola Doll
NS	Nele Schröder
PK	Patrick Kleinschmidt
RH	Roland Helms
RHg	Ralph Hinterding
SB	Stefanie Bräuer
SE	Stefan Eisenhofer
SG	Silke Grallert
SGS	Stephan G. Schmid
SK	Susanne Kiewitz
SS	Seyfried Salim
SW	Sabine Witt
TD	Thomas Dümmel
TK	Thorsten Krause
TN	Thoralf Niendorf
TOR	Tim Otto Roth
UA	Udo Andraschke
UK	Ulrich Köhler
VS	Violeta Sánchez
VSt	Veit Stürmer
WCr	Wolfgang Crom
WV	Wladimir Velminski

Ausstellung

WeltWissen. 300 Jahre Wissenschaften in Berlin
Eine Ausstellung im Rahmen des
Berliner Wissenschaftsjahres 2010
Martin-Gropius-Bau, 24.9.2010 – 9.1.2011

Veranstalter
Humboldt-Universität zu Berlin, Charité – Universitätsmedizin Berlin, Berlin-Brandenburgische Akademie der Wissenschaften, Max-Planck-Gesellschaft

Ausstellungspartner
Staatsbibliothek zu Berlin – Preußischer Kulturbesitz, Freie Universität Berlin, Technische Universität Berlin

Partnermuseen
Museum für Naturkunde Berlin; Staatliche Museen zu Berlin; Deutsches Museum, München

Projektleitung
Jochen Hennig, Stellvertreter: Udo Andraschke

**Ausstellungsteam an der
Humboldt-Universität zu Berlin**

Kuratoren
Jochen Hennig (Leitung), Udo Andraschke, Nikola Doll, Patrick Kleinschmidt, Michael Kraus
Bereichskuratoren
Eva Dolezel, Eva Kudraß, Marion Mücke, Frauke Stuhl
Wissenschaftliche Mitarbeit und Recherchen
Marvin Altner, Tanja Baensch, Michael Dorrmann, Carsten Eckert, Angela Fischel, Ilona Fogarasi, Julia Franke, Corinna Greb, André Grzeszyk, Monika Hampe, Heike Hartmann, Roland Helms, Torsten Kahlert, Wolfgang Knobloch, Christoph Kopke, Yara-Colette Lemke Muniz de Faria, Jürgen Mahrenholz, Ulrich Moritz, Andreas Quermann, Simone Rieger, Violeta Sánchez, Elisa Schmitt, Jurek Sehrt, Anne Seubert, Corinna Tomberger, Sabine Witt

Projektplanung
Katrin Herbst

Ausstellungsbüro
Kristin Boberg (Leitung), Barbara Höffer, Frauke Stuhl, Simone Ruf
Pädagogisches Programm und Veranstaltungen
Kerstin Wallbach (Leitung), Astrid Faber, Katja Treppschuh
Leihbüro
Isabel Bernheimer (Leitung), Anna Kuhlmann, Marie Helene Probst, Viktoria Tissen

Bildredaktion
Yara-Colette Lemke Muniz de Faria, Jana August
Textredaktion
Kristin Boberg, Patrick Kleinschmidt
Studentische Mitarbeiter und Mitarbeiterinnen
Lena Bätz, Stefanie Bräuer, Anna Franziska Dannemann, Anika Fiedler, Anna Krolikiewicz, Franziska Kunze, Mohammed Matalqah, Lisa Medrow, Katja Treppschuh, Alrun Schmidtke (Praktikantin)

Gestaltung

Konzeption: SPACE4, Stuttgart mit teamstratenwerth, Basel (Henning Meyer, Alexander Minx, Christoph Stratenwerth)
Ausstellungsgestaltung und Grafik: SPACE4, Stuttgart
Projektpartner: Henning Meyer, Alexander Minx
Projektleitung: Birgit Messmer
Mitarbeit: Tim Bonfert, Mathias Mödinger, Uta Hang, Charlotte Schattauer
Grafik: Felix Seyfarth

Medienplanung und Mediengestaltung
teamstratenwerth, Basel
Leitung: Christoph Stratenwerth
Koordination: Claudia Klausner
Recherche Bilder, Filme, Quellen: Claudia Klausner, Lukas Meier, Barbara Reber
Texte: Gabriele Hoffmann, Lukas Meier
Sounddesign: Knut Jensen
Technische Planung: Hanspeter Giuliani (Leitung), Roland Brönnimann
Screen-Design, Programmierung: Nicolas Büchi
Tonmeister: Hartmut Homolka
Schnitt: Christine Burlet, Steffi Giaracuni.
Zeitzeugen-Interviews: Nathalie Baumann (Leitung), Hanspeter Giuliani (Kamera), Barbara Reber (Produktionsleitung), Simon Chorzelski (Assistenz).
Hörspiele »Streiten«: Lukas Meier, Barbara Reber (Texte, Bildrecherche), Christine Burlet (Montage), Knut Jensen (Sounddesign).
Porträts »Mathematik Heute«: Ralf Hinterding (Buch, Regie), Andreas Umpfenbach (Kamera), Steffi Giaracuni (Schnitt), uncertainty film (Produktion).
Audio-Fernrohre: Nicolas Büchi (Konzeption), Hanspeter Giuliani (Technik), Klaus-Dieter Schwarz (Optik), Roland Bitterli (Konstruktion), Marco Troeiro (Design), Tweaklab AG (Herstellung).
Ausführende Firmen: Tweaklab AG (Audiotechnik, Sonderanfertigungen, Postproduktion), Setis Cine Elektonik (Videotechnik)

Fotografie
Eberle & Eisfeld | Berlin, Thomas Bruhns, Ulrich Schwarz

Lichtplanung und -Einrichtung
LDE Belzner Holmes, Andrew Holmes, Stephanie Schuster, Stuttgart mit SPACE4, Stuttgart

Objekteinbringung, konservatorische Betreuung
Friederike Beseler, Rüdiger Tertel, Stephan Böhmer, Vendulka Cjechan, Nicole Freivogel-Sippel, Lluisa Sarries, Gesine Siedler, EMArt GmbH: Ruben Erber und Mitarbeiter

Faksimiles
Sanne Jaeger

Lektorat
Georg Hiller, Julia Niehaus, Lutz Stirl

Übersetzung
Meredith Dale, Berlin; Paul Bewicke, London; Ellen Dolamore, London; Emily Schalk, Berlin; Ashley Marc Slapp, Berlin

Kunstprojekte

Lichthof-Installation
Eine Gemeinschaftsproduktion von Mark Dion, Space4, teamstratenwerth, Team WeltWissen; Koordination: Michael Kraus, Tragwerksplanung: Wilhelm + Partner Ingenieurbüro für Bauwesen, Stuttgart; Viktor Wilhelm; Prüfstatik: Gerd-Walter Miske, Prüfingenieur für Baustatik, Berlin; Museumstechnik: Ruben Erber
White Tub – Schwimmlabyrinth
Idee, Regie, Produzent: Boris Hars-Tschachotin; Kamera: Jörg Johow; Weisscam HS-2 Operator: Christoph Skofic, Leander Brinkmann (Assistent); Tiertrainerin: Christine Voß, EKKIFANT Tiermodellagentur; Schnitt: Johannes Bock; Tonbearbeitung: Uwe Bossenz; Wissenschaftler-Interviews mit: Carmen Birchmeier, Francesca M. Spagnoli, Gary Lewin, Boris Jerchow, Babila Tacho, Michael Bader, Gerd Kempermann; Mitarbeit: Jana August; Transkription: Manuela Arnet; Studio: PAN/GROSS; Weisscam: Simone Becker
facing science
Konzept und künstlerische Umsetzung: Tim Otto Roth; Webprogrammierung: Martin Dilg; Netzwerkvisualisierung SemaSpace: Dietmar Offenhuber (Programmierung), Gerhard Dirmoser

Interviewpartner

Aktuelle Forschungen
Dmitriy Bogdanov, Verena V. Hafner, Yukiyo Kasai, Kay Kohlmeyer, Hans Walter Lack, Verena Lepper, Michael Marx, Kai Matuschewski, Steffen Mischke, Maria Andrea Mroginski, Stefan Mundlos, Kristina Norman, Marisa Pamplona, Carola Pohlmann, Igor M. Sauer, Gerhard Scholtz, Daniela Schwarz-Wings
Zeitzeugen
Oksana Bulgakowa, Manfred Erhardt, Frank Hörnigk, Gisela Jacobasch, Angelika Keune, Jürgen Kocka, Thomas Kuczynski, Hubert Laitko, Roswitha März, Joachim Sauer, Sibylle Schmerbach, Richard Schröder, Dieter Simon, Heinz-Elmar Tenorth, Wolfgang Thierse, Sven Vollrath
Sammeln
Joachim Marzahn
Statements Interpretieren
Horst Bredekamp, Erika Fischer-Lichte, Ute Frevert, Ulf Göbel, Sybille Krämer, Bernd Mahr, Herfried Münkler, Robert Schlögl, Joseph Vogl, Sigrid Weigel

Audioguide
Inhalte: teamstratenwerth, Basel, in Kooperation mit Team WeltWissen
Tonproduktion: teamstratenwerth, Basel
Technik: Dataton Center Germany (Technik)
Betrieb: x:hibit GmbH, Berlin

Führungen
Kulturprojekte Berlin

Schülerlabor Geisteswissenschaften
Yvonne Pauli (Leitung), Christina Brandt, Roland Helms, Katja Biermann, Torsten Krausche, Benjamin Lahusen, Martina Baleva, Ingeborg Reichle, Isabel Atzl, Hannah Lotte Lund

Die Ausstellung wird aus Mitteln der Stiftung Deutsche Klassenlotterie Berlin gefördert.

Die Eröffnung wurde ermöglicht durch die Investitionsbank Berlin – IBB

Mit freundlicher Unterstützung von BerlinPartner, arte, rbb Dussmann – das KulturKaufhaus, Ströer Out-of-Home Media AG

WeltWissen. 300 Jahre Wissenschaften in Berlin
Diese Publikation erscheint anlässlich der gleich-
namigen Ausstellung im Martin-Gropius-Bau, Berlin
24.9.2010 – 9.1.2011

BERLIN – HAUPTSTADT FÜR DIE WISSENSCHAFT W²⁰¹⁰

Herausgeber
Jochen Hennig, Udo Andraschke

Katalogkoordination
Udo Andraschke, Kristin Boberg

Bildredaktion
Yara Colette Lemke Muniz de Faria, Jana August

Lektorat
Udo Andraschke, Barbara Delius, Gennaro
Ghirardelli, Georg Hiller, Silke Körber, Julia Niehaus,
Lutz Stirl, Mareike Wöhler

Korrektorat
Stefanie Adam, Tanja Bokelmann, Hartmut Schönfuß

Fotografie (soweit nicht anders angegeben)
Eberle und Eisfeld | Berlin

Grafische Gestaltung
SPACE4, Stuttgart – Felix Seyfarth, Alexander Minx
mit Gunnar Musan

Gestaltung Trennseiten
SPACE4, Stuttgart – Tim Bonfert

Gestaltung Titel
Bureau Mario Lombardo, Berlin – Enver Hadzijaj

Satz und Produktion
Gunnar Musan

Lithografie
Reproline Genceller, München

Druck und Bindung
Firmengruppe APPL aprinta druck, Wemding

Papier
EuroBulk 135g

Schriften
Berthold Walbaum Book, Berthold Akzidenz Grotesk

Wenn nicht anders angegeben, erfolgen die Maßangaben zu den Objekten in Zentimetern und
in der Reihenfolge Höhe x Breite bzw. Höhe x
Breite x Tiefe.
Redaktionsschluss für das Objektverzeichnis war
der 15. August 2010. Spätere Zusagen und Absagen
sowie sachliche Ergänzungen und Korrekturen
konnten nicht mehr berücksichtigt werden.

Die Deutsche Nationalbibliothek verzeichnet diese
Publikation in der Deutschen Nationalbibliografie;
detaillierte bibliografische Daten sind im Internet
über http://dnb.d-nb.de abrufbar.

Printed and bound in Germany

© 2010 Hirmer Verlag GmbH, München,
    und die Autoren

Alle Rechte vorbehalten

ISBN 978-3-7774-2701-0

www.hirmerverlag.de